“十二五”国家重点图书出版规划项目

水与可持续发展
——未来农业用水对策方案及综合评估

Water for food Water for life
A Comprehensive Assessment of Water Management in Agriculture

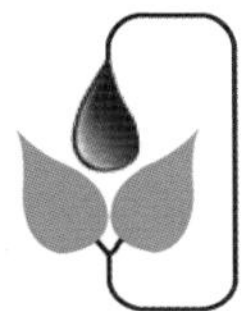

〔美〕大卫·莫登 主编

李保国 黄峰 译

天津出版传媒集团

天津科技翻译出版有限公司

著作权合同登记号：图字：02-2013-38

图书在版编目（CIP）数据

水与可持续发展：未来农业用水对策方案及综合评估/（美）莫登（Molden，D.）主编；李保国，黄峰译.—天津：天津科技翻译出版有限公司，2014.11

书名原文：Water for food，water for life：a comprehensive assessment of water management in agriculture

ISBN 978-7-5433-3459-5

Ⅰ.①水… Ⅱ.①莫… ②李… ③黄… Ⅲ.①农田水利-研究 Ⅳ.①S27

中国版本图书馆 CIP 数据核字（2014）第 241854 号

Water for Food，Water for Life：A Comprehensive Assessment of Water Management in Agriculture 1st Edition by David Molden.

ISBN 978-1-84407-396-2

授权单位：Taylor & Francis Group
出　　版：天津科技翻译出版有限公司
出 版 人：刘 庆
地　　址：天津市南开区白堤路 244 号
邮政编码：300192
电　　话：（022）87894896
传　　真：（022）87895650
网　　址：www.tsttpc.com
印　　刷：山东临沂新华印刷物流集团有限公司
发　　行：全国新华书店
版本记录：889×1194　16 开本　40 印张　1200 千字　配图 600 幅
　　　　　2014 年 11 月第 1 版　2014 年 11 月第 1 次印刷
　　　　　定价：280.00 元

（如发现印装问题，可与出版社调换）

译者介绍

李保国，博士，中国农业大学资源与环境学院土壤和水科学系教授，教育部"长江学者"特聘教授，中国土壤学会副理事长，美国土壤学会(SSSA)和美国农学会(ASA)会士(Fellow)。从事土水资源利用、土壤过程定量化、土壤作物系统建模和资源环境信息技术领域研究。主持承担了国家攻关、国家自然科学基金重大项目、973、863等各类课题20余项。发表论文330篇，其中SCI、EI收录论文110余篇，出版专著15部。中国土壤学会盐渍土委员会副主任，中国农学会计算机农业应用分会副理事长，北京市土壤学会理事长，中国农业大学学位委员会委员，国际土壤学会会员。作为主要研究者完成的"区域水盐运动监测预报"成果，1992年获国家教委(甲类)一等奖；作为主要内容的一部分，1993年荣获国家科技进步特等奖；1993年入选首批"国家教委跨世纪人才计划"；1995年其专著《区域水盐运动监测预报》获全国优秀科技图书二等奖；1999年"节水农业应用基础研究成果"获农业部科技进步二等奖(甲类，排名第一)；1997年获得北京市第十一届"五四"奖章，国务院政府特殊津贴；2001年获第七届中国农学会青年科技奖；2004年获首届"中国土壤学会奖"；2005年作为学术带头人带领的团队成为教育部长江学者科技创新团队；2006年"沙漠化发生规律及其综合防治模式研究"获国家科技进步二等奖。

黄峰，博士，中国农业大学资源与环境学院土壤和水科学系副教授。荷兰皇家农学会会员。先后毕业于北京农业大学、荷兰瓦赫宁根大学和中国农业大学。从事水土资源利用、农业水管理、应用流域水文-作物建模研究区域水分循环和作物高效用水等方向的研究和教学。曾获荷兰政府奖学金。发表学术论文20余篇，出版专著1部(合著)。参加多项省部级项目研究，负责年度《中国农业用水报告》的相关研究和报告编制。

主编介绍

大卫·莫登(David Molden)博士是国际著名水资源和生态专家。2011年12月起任国际农业科研咨询委员会(CGIAR)下属研究所之一的国际山地综合开发研究中心主任。莫登博士在水资源管理、扶贫开发、环境和生态系统服务等领域拥有30多年的规划、设计、行政和项目监管的丰富经验。在加入国际山地综合开发研究中心之前,任位于斯里兰卡的国际水资源研究所副所长。他在印度–喜马拉雅山脉国家具有丰富的工作经验,这些国家包括中国、印度、尼泊尔和巴基斯坦。在印度河、恒河、黄河、湄公河、长江及咸海流域项目工作多年。他还承担过多种管理工作,包括:尼泊尔灌溉管理项目主持人、埃及水资源战略管理项目主持人,以及国际农业科研咨询委员会内跨多个研究机构的“国际农业水管理综合评估”项目的主持人。

莫登博士1987年获美国科罗拉多州立大学水利工程博士学位(水资源管理方向),之后就一直致力于将社会、技术和环境视角融入自然资源综合管理的研究、咨询和管理工作。迄今为止发表学术论文、专著、专业报告200余篇(部),曾接受多家国际媒体采访。由于他的杰出贡献,2009年国际农业科研咨询委员会授予他“杰出科学家奖”。2011年获得国际水资源协会“水晶水滴奖”,2012年获得斯德哥尔摩世界水资源奖金。

农业水资源综合评估报告筹备团队

主编:David Molden

各章协调主编:Deborah Bossio, Bas Bouman, Gina E. Castillo, Patrick Dugan, Malin Falkenmark, Jean-Marc Faurès, C. Max Finlayson, Charlotte de Fraiture, Line J. Gordon, Douglas J. Merrey, David Molden, François Molle, Regassa E. Namara, Theib Y. Oweis, Don Peden, Manzoor Qadir, Johan Rockström, Tushaar Shah, Dennis Wichelns

各章主编:Akiça Bahri, Randolph Barker, Christophe Béné, Malcolm C.M. Beveridge, Prem S. Bindraban, Randall E. Brummett, Jacob Burke, David Coates, William Critchley, Pay Drechsel, Karen Frenken, Kim Geheb, Munir A. Hanjra, Nuhu Hatibu, Phil Hirsch, Elizabeth Humphreys, Maliha H. Hussein, Eiman Karar, Eric Kemp-Benedict, Jacob. W. Kijne, Bancy Mati, Peter McCornick, Ruth Meinzen-Dick, Paramjit Singh Minhas, A.K. Misra, Peter P. Mollinga, Joke Muylwijk, Liqa Raschid-Sally, Helle Munk Ravnborg, Claudia Sadoff, Lisa Schipper, Laurence Smith, Pasquale Steduto, Veliyil Vasu Sugunan, Mark Svendsen, Girma Tadesse, To Phuc Tuong, Hugh Turral, Domitille Vallée, Godert van Lynden, Karen Villholth, Suhas Wani, Robin L. Welcomme, Philippus Wester

审稿编辑:Sawfat Abdel-Dayem, Paul Appasamy, Fatma Attiah, Jean Boroto, David Coates, Rebecca D'Cruz, John Gowing, Richard Harwood, Jan Lundqvist, David Seckler, Mahendra Shah, Miguel Solanes, Linden Vincent, Robert Wasson

统计顾问:Charlotte de Fraiture, Karen Frenken

总结报告写作团队:David Molden, Lisa Schipper, Charlotte de Fraiture, Jean-Marc Faurès, Domitille Vallée

编辑:Bruce Ross-Larson（编辑组长）, Meta de Coquereaumont, Christopher Trott, 华盛顿哥伦比亚传播发展有限公司

研究和评估项目资助人(帮助项目组建、提供关键投入、成果传播的组织):
国际农业研究咨询小组
《生物多样性公约》秘书处
联合国粮农组织
《拉姆萨湿地公约》秘书处

研究指导委员会:David Molden，主席（国际水资源研究所）; Bas Bouman（国际水稻研究所）; Gina E. Castillo（Oxfam Novib公司）; Patrick Dugan（世界渔业中心）; Jean-Marc Faurès（联合国粮农组织）; Eiman Karar（南非国家水资源研究委员会）; Theib Y. Oweis（国际干旱区农业研究中心）; Johan Rockström（斯德哥尔摩环境研究所）; Suhas Wani（国际半干旱热带区作物研究所）

研究和评估项目秘书处:David Molden（协调人）,Sithara Atapattu, Naoya Fujimoto, Sepali Goonaratne, Mala Ranawake, Lisa Schipper, Domitille Vallée

对研究和评估过程以及本书出版提供核心支持的组织和个人:荷兰政府、瑞典政府、瑞士政府;世界银行的世行系统项目;国际农业研究咨询小组的粮食和水计划;国际水资源研究所的资助方;奥地利政府、日本政府和中国台湾地区政府对特定项目的支持;欧盟对地中海灌溉项目的制度和社会创新项目的资助;联合国粮农组织;石油输出国组织基金;洛克菲勒基金会;Oxfam Novib公司;国际农业研究咨询小组的性别和多样性项目。除此之外,很多个人和组织也参与了研究和评估。

中文版序一

改革开放30多年来，在取得巨大经济成就的同时，资源耗竭、环境污染和生态退化已经成为影响我国可持续发展的主要限制因素。正如2011年1月的中央1号文件所指出的，水是“生命之源”“生产之要”“生态之基”，水是人类生存和社会发展最重要的战略资源。然而水资源短缺严重威胁着我国经济发展、社会进步、粮食安全、生态健康和环境美好。水资源安全已经被提升到影响国家安全的战略层次，需要我们加强研究和决策力度来加以解决。同时，我国水资源还面临着气候变化的巨大威胁。气候变化总体上会对我国的水资源产生负面影响，加剧水资源时空分配不均的局面。统计分析《中国水资源公报》近14年（1998~2011）的数据表明：我国降水总量、内生可再生水资源总量均呈下降趋势。因此，气候变化将使我国水资源越趋短缺，进而危及生态、粮食和能源安全。

“生命之源”是指水资源的不可替代性。生命体对水的需求是刚性的、不可替代的。生命体的生长发育需要大量的水，满足人类基本生命和生活需求的用水就是生命之水。“生产之要”指的是工农业生产部门产出产品需要的用水量，其中农业用水占绝大部分（世界平均水平是70%，我国是62%）。“生态之基”指的是水在维持和发挥生态系统功能上的核心作用。我们常说“万物生长靠太阳”，但是很多生物没有太阳的普照也能生存，而水才是维持生物基本生存的最关键因素。所以，“万物生存靠水源”：生态系统如果没有或者缺乏水，就不能称为“生态”，而是“死态”。

维护生态系统的健康是实现我国社会、经济、生态可持续发展的重要目标之一。联合国2005年发布的《千年生态系统评估报告》定义的生态系统健康主要是指生态系统能够维持正常的服务功能，并具有弹性、多样性和变异性。而生态系统主要有四大功能，即供给（生产或提供鱼类、野生动物、水果和谷物等种类的食物；淡水、纤维和燃料、生物化学产品、遗传物质）；调节（气候调节、水资源调控、水质净化和污水处理、自然灾害调节、授粉）；文化（精神陶冶和创作灵感、休闲和审美、教育）；支撑（土壤形成、养分循环）。这些功能的实现都需要水在其中发挥重要的作用。

以往，我们习惯将生态用水和生产、生活用水区别或对立起来。但是，水是运动的和连续的。用水部门的人为区分是为了统计上的方便。自然界中的水是在流域中、部门间不断转化和运动中的，生态用水也不例外。“三生”用水之间关系密切。如：农业是全球（70%）和我国（62%）的首要用水部门。从广义上看，农业生态系统是全球陆地生态系统的主要组成部分，对于维持生态系统的服务功能具有重要作用。农业的总用水量，不仅包括统计公报中统计的“农业用水量”，更包括降落在农业生态系统中能够被农业直接利用的水量。同样，生态用水不仅仅是统计公报中所显示的“生态环境用水量”，还包括直接被各个陆地生态系统接收利用的水量。水在各个生态系统中的运动、循环、转化对于“三生”用水的统一规划和管理具有重要意义，因此，需要建立一个综合的分析框架为科学决策提供依据。

近20年来，全球水资源和农业水资源管理领域出现了一场分析范式变革，其中包括一系列新的观点、理念、概念和方法。核心内容涵盖了蓝水和绿水，水资源收支解析，真实节水，净/有效灌溉效率，水分生产力，虚拟水流动和贸易。这些观念和方法形成了一个相互关联而统一的有机整体，从新的视角分析、解读各个“三生”用水部门的关系。从更大的空间尺度对用水管理进行分析，为实现粮食安全、水资源安全、生态安全、能源安全的多目标的水资源综合利用与开发提供了有力的分析工具。在这些概念中，绿水和蓝水的概念起到引领作用。蓝水和绿水实际上是对传统的水资源量概念的扩展和修正。“蓝水”即传统意义上的“水资源”，包括河流湖泊中的地表水和地下含水层中的地下水。而“绿水”是指天然降水中降落在森林、草地、农田、牧场等陆地生态系统上被直接利用的水量。因此，在维持作物生产生态系统的意义上，总的天然降水量才是所有“水资源”的来源。生态水文学赋予了绿水和蓝水同等重要的地位。

因此，无论是国内还是国际，农业和生态用水的解决都在尝试建立并应用创新性的分析框架和解决方案。2004年，世界银行、联合国粮农组织、国际农业研究咨询小组及其下属的国际水资源研究所联合启动了“未来农业用水对策方案及综合评估”项目，集合了全球数百位水资源、农业和生态领域的科学家、决策者和投资人，针对全球农业、生态系统以及水资源的过去、现状和未来进行深入研究，利用上述新的分析和决策框架，分析如何实现粮食安全、生态安全和水资源安全的三赢结果。2007年，在将近4年研究的基础上，由国际水资源研究所牵头，汇集了几百位参与研究的科学家、决策者和投资人，在具有世界水平的科学家的组织下，撰写并出版了*Water for Food, Water for Life：A Comprehensive Assessment of Water Management in Agriculture*。从该书的书名来看，就反映了对生产用水（water for food）和生态用水（water for life）的同等重要性的认识。该书全面总结、分析了近几十年来全球水资源开发管理和农业用水量领域的新观念、新方法和新实践，并提出了未来的研究、决策和投资的方向。从综合的视角全面分析了水资源的短缺、粮食安全和生态环境退化之间的关系。该书体系结构完整，覆盖了农业、生态和水资源领域的科学和技术、经济和社会、制度和政策、投资和管理的各个方面。

这是值得我国水资源、农业生态和环境等领域的广大管理、决策和科研人员认真阅读、消化，并在实际工作中参考和应用的一本好书！

石元春

中国科学院院士

中国工程院院士

中文版序二——原版主编致辞

Growing Enough Food with Limited Water Supplies

The world is experiencing a water crisis marked by water scarcity and water insecurity taking different forms in different parts of the world. Producing enough food with available water resources is already a question in many parts of the world with increasing competition for limited water supplies. China is on the front line of this crisis having to meet growing demands with a limited water resource. If China is successful in dealing with these water management challenges, there is certainly hope that other regions around the world can manage. It gives me great pleasure to introduce this version of *Water for Food, Water for Life* in Chinese as a contribution of ideas and solutions to meet the water challenges of the present and future.

There is a tremendous history and wealth of experience and knowledge in China about the development and management water resources to meet the needs of society. However, today China, like many other countries faces even more pressure on its water resources than ever before, and confronts a set of new issues in meeting its water needs. The difficult question is how to provide and manage water in such a way that meets food security needs, leaves enough water for cities and industries, yet respects the needs of an ecological society. Striking this balance is in essence what the book *Water for Food, Water for Life* seeks to achieve.

From a national perspective, China is blessed with ample water, but like many countries, it is not necessarily in the place or time needed. In many river basins in China, especially in the North and West, physical water scarcity is a key concern because water is already heavily developed and in many cases over-allocated with symptoms of shrinking rivers and lowering groundwater levels. Here traditional "supply side" approaches of tapping more water with reservoirs and pumps have reached or breached their limits. Yet, it is somewhat alarming that grain production is shifting from the water rich south to the water scarce north.

Given limited supplies of water and growing demand across sectors, agricultural water withdrawals have been declining continuously from some 70% in 1998 to 61% in 2011. At the same time population is projected to increase until 2030, and demand for water for cities will continue to grow. In addition, there is an increasing recognition of the need to maintain a healthy environment.

Water for Food, Water for Life points to global trends and drivers that also find their place in China. A growing wealthier, urbanized population tends to eat a more varied diet including more meat and fish products. Because these require more feed grains to be produced, the demand for grain production tends grow faster than population growth causing the demand for agricultural water to grow dramatically. Often times this demand is met by pumping groundwater reserves deeper and deeper, or reusing city wastewater for food. Unless we can figure out how grow more per unit of water, it will be difficult to provide water meet those demands, and indeed food security comes in to question.

Fortunately there are solutions. The first is to increase agricultural water productivity, essentially growing more food per unit of water. Because aquaculture, fisheries and livestock will become increasingly important, and all are large consumers of water, special attention is required for these sectors, even though they typically fall outside the domain of water managers. An expanded view of water itself is also required, with rainwater also viewed as part of the overall water supply to be managed. Farmers are often part of the poorest segments of societies, and addressing their needs, can also address issues of poverty. Water governance, taking a larger basin approach, including all uses and users of water, and including groundwater, will become increasingly critical to meet increasing demand for water.

Shifts in thinking and action are required. While massive water "supply side" developments in China like the South-North Diversion, ample water reservoirs and large irrigation are indeed impressive marvels, the time is right to shift thinking to more "demand side" solutions to achieve food and water security. These include better water governance, improving water productivity and rainfed agriculture. Water management practices on-farm, at watershed level, and larger basin level need to be well-coordinated and in tune with water infrastructure. At the same time, a change in thinking is required about how water and food production are part of ecosystem processes, and if managed well can meet ecosystems needs, but if managed poorly contribute to further environmental degradation.

Water for Food, Water for Life was put together by a group of over 1000 researchers and practitioners from around the world to help develop solutions to our world's water problem. I hope that many of these ideas and solutions will be put to use in China. It is also my hope that China will develop new ideas and solutions that will in turn help the world as we aim toward solving our water problems, and moving towards a more water secure world.

David Molden

中文版序二——原版主编致辞

用有限的供水生产足够的食物

世界正在经历一场水资源危机,水资源匮乏和水安全程度下降,在世界各地以不同程度和形式都有所表现。随着用水竞争加剧,利用可用的水资源生产出足够的食物在很多地方已经成为问题。中国位于这场危机的前沿,面临着用有限的供水满足不断增长的需求的挑战。如果中国能成功应对这场水管理上的挑战,我们就有理由相信世界上其他地区也能应对挑战。在此,我非常高兴能为*Water for Food, Water for Life:A Comprehensive Assessment of Water Management in Agriculture* 的中文译本《水与可持续发展——未来农业用水对策方案及综合评估》(以下简称《水与可持续发展》)撰写序言,因为这本书为解决当前和未来的水危机提供了很多有益的思想和解决方案。

中国在开发和管理水资源以满足社会需求方面有着源远流长的历史,并积累了丰富的知识和经验。但是,目前中国和许多其他国家一样面临着前所未有的水资源压力,在满足其用水需求上亟需解决很多新出现的问题。其中最大的难题在于:如何在满足粮食安全用水需求的情况下,为城市和工业预留足够的水量,同时还要满足建设生态型社会的用水需求。而如何实现三者的平衡和共赢恰恰是本书所要追求的目标。

从国家层面上讲,中国是一个水资源丰富的国家,但水资源的丰富并不一定意味着时空分配的均衡(这种情况出现在很多国家)。中国的很多流域,特别是在华北和西部地区,天然性缺水仍是关键问题,对水资源的过度开发已经造成河流断流、地下水位下降等严重问题。在这些地方,利用传统的“供方”解决办法(即建设更多水库和地下水开发)解决用水危机已经达到或突破了它们的极限。而同时还需警觉的是:中国的粮食生产重心已经从丰水的南方转移到了缺水的北方。

因此,在供水有限但各部门用水需求不断增长的情况下,农业用水在总用水量中的比例从1998年的约70%持续下降到2011年的61%。同时,中国人口的增长势头将保持到2030年,城市用水需求将持续增长。但保持健康的生态环境的意识也在日益提高。

《水与可持续发展》明确指出了全球水资源和粮食(食物)生产的发展趋势和主要驱动因素,而这些趋势和因素也同样存在于中国。日益富裕的、更加城市化的人口对膳食的需求会更加多样化,对肉类和鱼类等食物的需求增加。由于这些动物性产品需要更多的饲用粮,因此对粮食需求的增长速度会大于人口的增长速度,从而造成农业用水需求的大幅增长。大多数情况下,人类都是通过开采地下水以及回收城市产生的污水来满足这种需求的,这就造成了地下水越采越深以及污水灌溉造成的对土壤和地下水污染等诸多问题。如果我们还不及时思考如何用每单位的水生产出足够多的粮食的话,我们就无法满足这种需求,那么,粮食安全也就成问题了。

值得庆幸的是,我们还有解决办法。首先就是要提高农业的水分生产力,即:用每单位水生产出更多的食物。由于水产养殖、渔业和畜牧业的重要性日益凸显，同时它们还都是耗水大户，而这些部门一般来说并不在传统的水资源管理范畴之内，所以就需要我们给予特别关注。第二，扩大我们对水资源的视野也至关重要，要把雨水也看作可管理的总体供水的一部分。第三，农民常常是社会中最弱势的群体，解决他们的需求有助于解决贫困问题。第四，在水治理上采取把所有用水部门、用户、水源（包括地下水）容纳进来的"大流域视角"，对满足用水需求的增长日益重要。

转变我们的思维和行为方式也十分必要。尽管中国实施了宏伟的"供方"水资源开发策略，创造了举世瞩目的奇迹（南水北调、大型水库、大型灌区），但现在应是转变为更多地运用"需方"思维并寻求相应解决方案的时候了，只有这样才能实现粮食和水安全的双赢。需要转变的思维方式和解决办法主要包括：优化水资源治理模式、提高水分生产力、重视雨养农业。农田和小流域以及更大的流域尺度上的水管理措施需要更好地协调起来，并都要与水利基础设施相匹配。同时，思维方式的转变还意味着如何把水和粮食生产作为生态系统过程的一部分加以管理，对它们的管理得当将有助于满足生态系统的需求，而管理不当则会造成环境的进一步恶化。

《水与可持续发展》凝结了全世界将近1000位水资源研究者和从业者的研究成果和实践经验，目的就是帮助人类找出解决世界水资源危机的办法。我希望本书的诸多有益思想和解决方案能在中国得以应用。同时，我更希望中国能将实践中产生的新思路、新方法回馈世界，协助促进全球水资源问题的解决和全球水安全目标的实现！

大卫·莫登
国际水资源研究所前副所长
国际山地综合开发中心现任所长
2014年10月27日

序

1998年至2000年，我有幸在“世界水视野”(World Water Vision)工作，这是一个超过15 000人参与的公共政策论坛，旨在从新的视角对那些影响各个国家、地区和部门的水资源问题开发解决方案，该论坛的指导思想深刻体现了水资源综合管理的理念。在荷兰海牙举行的第二次世界水论坛和部长级会议上，该论坛的活动达到了高潮，因为海牙论坛聚集了当时世界上很多关切水问题的人们。我对那次论坛印象最深的一点就是：自然生态用水讨论组和粮食与农业用水讨论组都在自说自话。也许这两组讨论者并非观点不同，只是没有被安排在一处开会，何谈交流！所以，他们的结论无论在各自的领域内是多么的全面和综合，但从总体的角度看，却是完全相互矛盾的。

自然生态用水讨论组将他们的论证建立在“环境可持续性目标”基础之上，这一目标是被广泛接受的。他们得出的结论是：大量取水，特别是所谓浪费了大量水资源的农业取水，已经对环境造成了严重的损害。他们同意为不断增长的城市和工业增加供水，但同时要求停止或逆转环境质量退化的进程。他们的结论是：农业肯定要放弃一部分用水量，只要提高灌溉效率就能做到这一点。

粮食与农业用水讨论组将他们的论证建立在“减贫目标”基础之上，这一目标同样是被广泛接受的。他们得出的结论是：为了养活不断增长的、更加富裕的全球人口以及减少饥饿，即便竭尽全力提高灌溉效率，农业用水的增长也是不可避免的。

这场争论表明，“从自然环境中抽取多少水量为农业所利用”是一个关键性的指标。对于所有尝试评价全球缺水或水危机严重程度的情景研究来说，这个指标同样十分关键。但是在2000 年，人们还没有对“这个量应该是多少”的问题达成共识。

在我担任国际水资源研究所(IWMI)所长期间，我提出建议：我们的研究所应该在回答“灌溉农业到底需要多少水”这一问题上有所建树。现在，整整七年过去了，我怀着十分荣幸的心情为“未来农业用水对策方案及综合评估”项目(以下简称“综合评估”)撰写序言。这项评估在很多方面都是对这一关键问题的回答，也为其他很多重要问题提供了答案。这次综合评估的开展很快便超越了国际水资源研究所这一个机构，几乎遍及了国际农业研究咨询委员会(CGIAR)下属的各个研究机构。不仅如此，甚至还超越了CGIAR本身而遍及全球其他研究机构。

本综合评估最初是以研究项目的形式启动的，涵盖了与水资源、粮食和环境相关的关键性知识空白领域。大卫·莫登(David Molden，本书主编)和综合评估指导委员会的同事一起，逐渐将这个项目转变成为一个真正意义上的评估项目，对农业水管理过去50年的发展进行了回顾和总结，并对未来50年的趋势进行了预测和展望。

幸运的是，在过去的七年中发生了很多转变。在农业工作者和生态环境保护工作者之间，已架起了一座座关于用水问题的有益的沟通桥梁。目前，《拉姆萨湿地公约》缔约成员国的生态学家们在讨论着农业和湿地问题，而农业生态系统中的生物多样性问题也列入了农业工作者的议事日程。在很多领域，农业和生态环境之间的对话都取得了进展。本综合评估是对联合国《千年生态系统评估报告》的补充，后者的重点是环境，农业只是作为评估的考量项目之一；本综合评估的重点却是农业，是从环境角度出发对农业进行重点考量。本综合评估的成果还能为新的《世界农业科技发展评估》(the International Assessment of Agriculture Science and Technology for Development)提供重要参考。

本综合评估到底得出了什么结论？水资源到底够不够用？我们是不是已经用水过度？综合评估的答案是：为了满足很多地方(包括闭合的和正在闭合的流域)的所有需求，我们正在过度地使用水资源，如果现行政策继续下去，情况会继续恶化。这确实不是一个利好消息。本综合评估还明确了减轻或避免水危机的重要机遇。其中一个令人意外的结论是，权威证据证实，雨养农业具有十分乐观的前景。评估结论认为，解决贫困和提高水分生产力的一个关键点就是非洲热带稀树草原地区。虽然很多人怀疑，在如此艰苦的环境中能否取得明显的进展，但业已取得的实实在在的进步却激励着我们继续前行，实践经验也证明了成功的可能性很大。巴西的热带稀树草原地区已经取得了作物产量和水分生产力的“双提高”。

本综合评估经全球700多位科学家的严谨研究和分析，得出了大量权威的证据和结论，为解决未来世界水资源危机提出了关键性的建议，即：提升农业水资源的管理水平。我坚信，本综合评估的成果经过不同区域、国家和流域的适应性调整，将成为全球农业用水政策的一项重要指南。这对不同研究者、研究机构之间分享知识，以及制定研究规划都十分重要。我希望并期待，这项综合评估所做的巨大投入和努力，将成为全球数以亿计的、正在和缺水做斗争的贫困人口最终脱贫的一块坚实的垫脚石。

Frank Rijsberman

国际水资源研究所所长

前 言

本书作为农业水管理的综合评估，严谨而审慎地评估了过去50年全球水资源开发的成本、收益和影响，人类社会所面临的水管理挑战，以及世界各地所需求的解决方案。这项评估是一个多方参与的调研过程，旨在评估目前对如何管理好水资源的了解认识程度和促进方法，以便满足农业生产日益增长的需求，有助于脱贫和消除粮食的不安全性，并促进环境的可持续性。所得出的调研结论通盘考虑了其对未来50年的影响，因而在不久的将来，水资源和农业方面的投资和管理决策将更加科学，更趋合理。

这项评估是由多方面的从业者、研究者和决策者共同努力合作完成的，采用一种合作者联网的评估程序，产生和综合了各方面的知识，并阐述了创新性方法和应对措施。评估有别于综述，是提供给决策者而不是科学家看的，是由要解决的具体问题而不是泛泛的科学兴趣驱动的。有明确的判断和客观的分析，处理过程中的不确定性也是层出不穷的。

评估报告的阅读对象主要是那些对农业水管理进行投资和做出决策的人，即农业生产者、水资源管理者、投资者、决策者及民众团体。此外，评估报告还要让广大民众了解本领域的一些重要问题，使我们大家能通过参政议政协助做出正确的决策。

这项评估的范围是农业（包括渔业和畜牧业）的水管理，以及整个谱系的作物生产，从补充灌溉和雨水收集的土壤耕作到可持续环境条件下的完全灌溉。本评估最初设计了十个课题（见框），随着关注范围的扩大，又列入了一些至关重要的课题：如何开发和管理好农业水资源以消除贫困和饥饿，确保在可持续环境条件下的农业发展，并在粮食和环境安全之间找到合理的平衡点？

本综合评估将农业的水资源管理置于社会、经济和政治的背景下，评估了驱动变革的主导因素；详细论述了生产性用水、维持生计用水和生态环境用水之间的一水多用、信息反馈和动态相互作用；并从成本、收益和影响的角度分析了人类过去和现在进行水资源开发所做出的努力，综合考虑了各项社会因素（经济和农村发展、提高粮食安全性、农业发展、健康和贫困）和环境因素（生态系统及农业的保护和退化）。

本综合评估涉及十分重要但其他相关评估未涉及的主要领域。联合国的千年评估报告将农业确定为生态系统变化的关键驱动力，并在全球尺度上论述了农业之所以成为驱动力的原因以及可供采用的应对措施（MEA 2005）。“世界水资源评估计划”在其报告中权衡考虑了水资源的方方面面，也涉及了农业用水，但并未做进一步的深入分析（UN - Water 2006）。目前正在进行的“国际农业科学和技术发展评估”（IAASTD）把水列为关键问题，并引用了本综合评估的研究结果。

本综合评估采用了一种参与、开放的评估过程（Watson and Gitay 2004）：

- 为指导对复杂公共问题的决策提供了关键而客观的信息评价。
- 在初期就让所有利益相关方参与评估，达成共识或就有争议的问题进行讨论。
- 提供技术上准确并有事实依据的分析、总结和综合报告，报告既简明扼要又能增加现有信息的参

框	本"综合评估"最初的设计课题

这十个课题是由"综合评估指导委员会"在2001年确定的：

1.提高农业水分生产力可供选择的措施及其效果是什么？

2.灌溉农业的发展所取得的效益、所付出的成本、所造成的影响是什么？什么是这些影响的决定因素？

3.土地和水的退化对水分生产力以及小流域内的各种水用户会造成什么后果？

4.在农业中利用劣质水(咸水和污水)的适用范围和重要意义是什么，利用劣质水有哪些可供选择的措施？

5.有哪些可供选择的举措能更好地管理雨水以支持农村生计、粮食生产以及缺水地区的土地复垦？

6.利用地下水有什么可供选择的举措及其效果？

7.如何管理水资源以维持并提升捕捞渔业和水产养殖渔业生产体系？

8.有哪些可供选择的举措能对河流流域和集水区(小流域)的水资源进行综合管理？

9.为实现粮食安全和环境安全，什么样的政策和制度框架能适宜各种条件下的水资源管理？

10.在满足粮食安全和环境可持续性双重目标的需求条件下，农业到底需要多少水？

考价值。

- 由多样性的大型专家团队(科学家、相关领域从业者、决策者)进行评估，包括各地理区域和各学科的代表。
- 总结本评估的研究结果，向目标读者群体提供一份简明易懂的信息，对他们提出的问题给予明确的回答，并让多学科和多方利益相关者共同参与。
- 评估报告包括外部人士对本评估的意见，以便进一步提高其客观性、代表性和公开性。

为了实现有资料依据的咨询性和包容性评估目标，本研究广泛邀请了科学家、决策者、从业者和利益攸关方参与其中。通过对话、辩论及其他形式的交流，确定并讨论了各类相关问题。背景资料的评估研究是单独分期进行的，发表于一系列报告和专著中(www.iwmi.cgiar.org/assessment)。通过与700多个组织、网络和个人协作，背景材料和各章节的内容得到了充实、审定和提高。

每一章的写作团队都包括1~3位协调主编、2~4位主编、5~10位参与作者以及一个由50余位专家组成的顾问团队。每一章都要经过两轮评审，每一轮要由10余位专家进行评审。由一位评审人专门负责核实所提出的每一条评审意见是否得到相应的处理。这种广泛深入的评审过程也是我们为听取各民众团体、科学家和决策者意见所做的另一种努力。本综合评估的横向关联议题是健康、性别和气候变化。来自这些领域的专家团队为各章的写作提供了极有价值的信息和反馈，并对各期议程进行了评议。这种评审过程不仅提供了一种知识共享的机制，而且激发了对水和食物的新见解。因此最终的评估结果不仅是对现有知识和经验的评估，也是对农业水管理的重新认识。

这种评估方法优点诸多。它提供了既有科学依据又与政策挂钩的结论，传播了整个综合评估中的研究成果，并通过对协调主编和评审过程的引导使本书保持了高度的科学性。这样一个包容和协作的过程不仅保证了本评估具有高度严谨的科学性，而且强调了其权威性，对广大读者来说是有着参考价值的。我们希望所做的这些努力能使人们对水资源管理的见解和行动措施发生重要改变。

国际农业研究咨询小组《生物多样性公约》秘书处、联合国粮农组织和《拉姆萨湿地公约》秘书处是本项评估的联合发起方。尽管它们未正式签发这项评估的结论，但对这些结论都给予了极大的支持和关注。它们的作用是：

- 为本评估推荐一些关键性问题从而完善了评估过程。
- 参与了本评估的制定过程。
- 在它们的机构内传达了本评估的结果。

本综合评估是通过国际农业研究咨询小组的水资源管理系统动议组织的，由国际水资源研究所召集，并由它提出实施措施，提供秘书处以促进评估工作的进展。让食物和环境相关组织共同参与本评估是找到农业可持续发展解决方案的重要一步。

每一章的开头都有一幅美术作品，示出本章的中心议题。其中大多数作品是由这项评估资助的竞选赛中的获胜作品，旨在以新颖的方式为广大读者传递其核心信息。

参考文献

International Assessment of Agricultural Science and Technology for Development website. [www. agassessment.org].

MEA (Millennium Ecosystem Assessment). 2005. *Ecosystems and Human Well-being: Synthesis*. Washington, D.C.: Island Press.

UN–Water (United Nations World Water Assessment Programme). 2006. *United Nations World Water Development Report: Water, a Shared Responsibility*. Paris.

Watson, R.T., and H. Gitson. 2004. "Mobilization, Diffusion, and Use of Scientific Expertise." Report commissioned by the Institute for Sustainable Development and International Relations. Paris. [www.iddri.org/iddri/telecharge/gie/wp/iddri_IEG-expertise.pdf].

目　录

绪论　全书概览——供决策者参考 …… 1

会有足够的水资源种植足够的粮食吗？答案是肯定的，但是必须…… …… 1
不同的观点会造成不同的认识 …… 5
粮食用水——生命用水 …… 7
水资源短缺——水资源管理 …… 10
未来对食物(也即对水)的需求 …… 13
对未来会造成什么影响 …… 17
政策行动1　改变我们对农业和水资源的思维方式 …… 19
政策行动2　通过改进农业水资源的使用权及提高利用效率来脱贫 …… 19
政策行动3　为提高生态系统的服务功能管理农业 …… 22
政策行动4　提高水分生产力 …… 24
政策行动5　提升雨养农业体系——细水长流 …… 26
政策行动6　改造传统灌溉以适应未来需要 …… 29
政策行动7　完善改革过程——目标是国家相关机构 …… 32
政策行动8　协调处理及做出艰难抉择 …… 34

第1部分　研究背景 …… 39

第1章　研究背景 …… 41

农业水资源管理综合评估的目的 …… 42
关键概念 …… 43
概念框架 …… 47
在几个可能的途径中，哪一个是公平的和可持续的？——情景分析的方法 …… 51
本研究报告的不确定性 …… 51
本研究报告的结构 …… 51

第2部分　趋势和情景 …… 55

第2章　水资源和农业发展的趋势 …… 57

概览 …… 57
水资源现状——确实存在水资源的危机吗？ …… 61

关键趋势及其驱动力：我们是如何形成现在的状况的？ …… 66
成本和收益，赢家和输家 …… 82
随时间推移对水-粮食-环境的复合挑战做出变化的响应 …… 83
第3章　展望2050年——不同投资选择的情景分析 …… 89
概览 …… 89
农业用水的驱动力 …… 91
寻求替代战略 …… 102
权衡利弊 …… 122
对南亚和非洲撒哈拉以南地区这类全球大部分贫穷人口聚居地区的比较研究 …… 128
本研究设想的情景 …… 130
第3部分　综合问题研究 …… 143
第4章　逆转水的流向：农业水管理的脱贫途径 …… 145
概览 …… 145
理解由水造成的贫困 …… 147
挑战和压力 …… 163
前面的路 …… 179
第5章　政策和制度改革：无限可能的艺术 …… 187
概览 …… 187
对改革本身进行改革 …… 189
评估制度和政策挑战 …… 192
对以往经验的批判性回顾和综述：我们要吸取什么教训？ …… 200
前面的路 …… 210
降低不确定性：进行研究以支撑改革过程 …… 216
第6章　农业、水资源和生态系统：避免付出过重的代价 …… 225
概览 …… 225
水和农业——对生态系统管理的挑战 …… 227
后果和生态系统的影响 …… 233
社会的响应和机遇 …… 246
结论 …… 258
第7章　提高农业水分生产力的途径 …… 269
概览 …… 269
什么是水分生产力？为什么水分生产力如此重要？ …… 271
水分生产力框架 …… 272
作物水分生产力的基本知识 …… 273
提高水分生产力的途径 …… 280
通过水分生产力脱贫的途径 …… 293
创造实现水分生产力提高的条件 …… 294

投资的优先领域 …… 295

第4部分　专题研究 …… 301

第8章　管理雨养农业用水 …… 303

概览 …… 303

雨养农业需要的主要水投资 …… 305

投资于雨养农业以改善生计并提高环境的可持续性 …… 318

新的投资机遇和政策选择 …… 329

第9章　重新认识灌溉 …… 339

概览 …… 339

灌溉：20世纪农业革命的关键因素 …… 341

灌溉投资的新时代 …… 347

公共灌溉系统的整体效能 …… 357

政府的角色变化 …… 363

支撑农村的增长并减少贫困 …… 364

管理灌溉对人类健康和自然环境的影响 …… 366

改造灌溉系统以适应部门间的竞争 …… 369

附录：灌溉系统的类型 …… 372

第10章　地下水：从全球角度评估其利用规模和意义 …… 379

概览 …… 379

地下水灌溉的全球趋势 …… 381

驱动力 …… 384

社会经济影响 …… 390

可持续的地下水管理的前景 …… 395

第11章　农业利用劣质水：机遇和挑战 …… 407

概览 …… 407

现状和展望 …… 409

劣质水应用的影响 …… 414

劣质水利用的应对方案和管理策略 …… 418

与劣质水相关的政策和制度 …… 428

第12章　内陆渔业和水产养殖 …… 437

概览 …… 437

内陆渔业和水产养殖对经济和社会发展的贡献 …… 438

水产养殖 …… 444

保持水的流动 …… 449

把机遇变为现实 …… 454

第13章　促进人类发展的水资源和畜牧业 …… 461
概览 …… 461
水、畜牧业和人类发展 …… 463
穷人蓄养的牲畜在哪里? …… 465
对畜牧产品的需求 …… 470
畜牧业水分生产力——对动物和水资源之间的交互关系进行综合管理 …… 470
牲畜水分生产力及动物肉和奶中虚拟水含量的估算 …… 482
牲畜水分生产力和性别 …… 484
应用牲畜水分生产力的原则 …… 485
第14章　水稻:养活数十亿人口的作物 …… 491
概览 …… 491
现状和趋势 …… 493
挑战 …… 506
响应措施 …… 508
第15章　保育土地资源——保护水资源 …… 523
概览 …… 523
土地退化的关键因素 …… 525
土地退化的驱动力 …… 532
贫困和生计 …… 537
响应策略 …… 540
结论 …… 550
第16章　河流流域开发和管理 …… 555
概览 …… 555
河流流域简介 …… 557
水资源面临的巨大压力 …… 559
缓解压力:流域治理的响应战略 …… 582
结论 …… 587
协调主编、主编及审稿编辑 …… 593
作者与评审人和交叉学科评审人所属机构的隶属关系 …… 609
索引 …… 613
译后记 …… 617

农业用水——正面临着粮食保障、减少贫困和环境可持续发展的挑战
尼泊尔艺术家:Surendra Pradhan

绪论 全书概览——供决策者参考

会有足够的水资源种植足够的粮食吗?答案是肯定的,但是必须……

问题:在未来50年会有足够的土地、水资源和人力来生产满足日益增长的人口所需要的粮食吗?或者人类会不会"用尽"所有的水资源?

我们的回答:有可能生产足够的粮食。但是,如果目前的粮食生产和环境变化趋势继续下去,那很可能导致世界许多地区发生危机。我们只有行动起来改善农业用水的管理,才能应对未来50年人类面临的严峻的淡水需求危机。

现在的形势有什么不同?

50年前,世界人口不到现在的一半,而且也没有现在富裕。当时人类消耗的热量少,吃的肉更少,因此生产粮食所需要的水也少。人类对环境施加的压力较小。他们从河流中抽取的水量相当于我们现在的1/3。

目前,在世界许多地方,对短缺的水资源的竞争日趋激烈。许多流域已经没有足够的水满足所有的用水需求,有的河流甚至没有水流入大海。人类进一步占用水资源已经变得不可能了,因为很多流域已经达到甚至超过了水资源利用的极限。一些流域事实上已经"闭合",不可能有更多的水供人类利用。因此,缺水已经成为为数亿人生产粮食的最大限制因素。农业在应对缺水挑战中居于核心地位,因为生产粮食和其他农产品需要的淡水占人类从河流和地下水中抽取的总水量的70%。

越来越激烈的用水竞争引发了以下一些问题：谁将得到水资源？如何分配这些水资源？农民和牧民之间的矛盾、农场和城市之间的冲突、上游和下游之间的争执将愈演愈烈。

竞争不仅仅存在于人类。用于农业的水并非只是有益于湿地、河流、三角洲以及动植物，也会使水生和陆地生态系统遭受到破坏，随之发生变化。我们种植粮食的方式威胁着生态系统的服务功能。同时，气候也在变化，影响到社会、生态系统和经济的方方面面。

> 我们只有行动起来改善农业用水的管理，才能应对未来50年人类面临的严峻的淡水需求危机。

整体趋势在大声疾呼，我们现在的所做所为欠妥欠佳。富人和穷人之间在用水受益上的不平等正在加大，这将有损于粮食生产。河流和地下水的污染和耗竭将会持续。全球生产的粮食充足并不意味着每一个人都有足够的食物。

本综合评估是全世界700多名科学家和实践者5年多工作的结晶。他们发出强烈的、紧迫的信息：如果现在不着手解决，这些问题会愈演愈烈。

路在何方？实现土地和水分生产力的双提高

解决这些问题寄希望于缩小世界许多地区的农业生产力的差距——这种差距一点也不比古罗马帝国时期的生产力差异小。我们同时还寄希望于通过更好地管理水资源，加上政策和生产技术的并非难以企及的变革，以此来实现未曾开发的潜在生产力。在未来的半个世纪，世界将有充足的淡水资源生产能够满足人类需求的粮食。但是，当今世界的领导者应该从现在就行动起来，以免丧失实现这个目标的大好时机。

也有好消息：在人类未来50年需要的粮食增量中，75%可以通过提高现有低产农田的生产力而实现。而低产田生产力，只要提高到类似高产农田的80%，就可以满足要求。更好的水资源管理将在缩小生产力差距方面发挥关键作用。

更好的消息是：提高单产的最大潜力是雨养农田，因为雨养农田上生活着世界上最贫穷的人口，那里的水管理对提高粮食产量也是至关重要的。只有领导者决定这么做，使这些地区的水资源和土地管理更好一些，才能减少贫困，提高生产力水平。

还有更好的消息是：尽管我们也许需要扩大灌溉农田的面积来养活80亿~90亿的人口，尽管我们将不得不解决由于灌溉面积扩大而带来的负面环境后果，然而只要我们进行果断且重点突出的变革，在现有的许多灌溉农田上提高产量还是有很大空间的。这么做会减轻这些地区用水增长的需求，也会减轻进一步扩大灌溉面积的压力。在一半以上的作物面积是灌溉农田但生产力低下的南亚地区，采取果断的政策变革，并配合健全的制度，通过提高灌溉农田的水分生产力几乎完全能够满足粮食增产的需求。在非洲撒哈拉以南的农村，对水资源的综合管理和健全的制度保障将刺激经济增长，使所有人受益。尽管有些地区地下水濒临枯竭，但在许多地区仍有高生产力地下水扶贫利用的潜力，比如印度恒河的下游以及非洲撒哈拉以南部分地区。

需要进行什么样的变革?

尽管有可能取得如前所述的成就,但我们仍需要对水资源管理采取力度更大的政策变革。这种变革必须遵循的原则是,确保粮食安全并保护生态系统,这对保障人类生存是至关重要的。水资源系统的建设必须为多重目标服务,并为提供多种生态系统服务进行管理。无论在雨养农业、灌溉农业,还是在畜牧业和渔业中,都存在着保护和恢复健康的生态系统的巨大机遇。

为实现确保粮食安全、减少贫困和保护生态系统这三重目标,我们必须改变对水资源的认识。

不同的环境需要采取不同的发展战略。撒哈拉以南地区,考虑到可供选择的范围,需要在基础设施上进行投资。而在那些基础设施已经很发达的地区(如亚洲),要解决的重点问题是提高生产力、重新配置供给以便恢复生态系统。在所有情况下,建立完善的支撑制度并根据具体需要改变策略,都是最基本的要求。

在摆脱贫困的路径上也有很多不同的选择。在某些条件下,低成本的技术是进步的基础和基石,因为对许多人来说,这些技术简单易行,可以在保障粮食安全的前提下迅速增加收入。而在完善的制度和市场条件下,将会有其他选择,比如大规模的灌溉或者其他创造就业和收入的机会。但是,最初的步骤是至关重要的。

我们需要什么样的政策?

先从以下八个方面谈起:

- 政策行动1　改变我们对水资源和农业的思维方式。为了达到确保粮食安全、减少贫困和保护生态系统这三重目标,我们必须改变对水资源的认识。我们不能狭隘地只关注河流和地下水,而要将天然降水视为所有水的来源。我们不要只停留在蓝图设计上,而要精心制定完善的制度,同时要认识到改革是一个充满着政治争议的过程。而且我们不能将农业视为孤立的生产体系,而要将它看作一个综合的多用途体系,看作一个农业生态系统,不但可以为人类提供各种服务,而且和其他生态系统具有交互作用。
- 政策行动2　通过改进农业水的获取及使用权来战胜贫困。目标是增加小规模农户的收入,措施是:确保其持有水权,并在其需要的蓄水和输水基础设施上有投资就能获取水资源;通过各种扶贫技术提高用水所获得的价值;以及在道路和市场建设上投入资金。实现从家庭、农作物生产、农林业和家畜用水的多用途系统上提高水分生产力,从而减少贫困。
- 政策行动3　为提高生态系统效能管理农业。良好的农业生产实践有助于提高其他生态系统服务的效能。农业生态系统中除了生产食物、纤维和动物蛋白外,还有促进其他服务功能的很大空间。农业生产并不意味着一定要以牺牲河流和湿地中水所发挥的其他服务为代价。但是,由于集约化的发展,以及土地和水资源利用的增加,生态系统注定会有所改变。因此,如何权衡农业生产和生态系统服务就变得十分艰难。

为了开拓更加广阔的政策和投资领域，必须要打破灌溉农业和雨养农业的界限，同时要将渔业和畜牧业更好地同水资源管理联系起来。

- 政策行动4　*提高水分生产力*。用更少的水生产更多的粮食、获取更多的经济价值，能够有效减少未来对水资源的需求，遏制环境的退化，减缓各部门对水资源的竞争。水分生产力提高35%能够有效减少作物额外耗水20%~80%。在所有农作体系中，单位用水都能够产出更多的粮食和食物，而在畜牧生产体系中这个结论需要商榷。但是，这种乐观的估计需要谨慎地接受，因为在生产力已经很高的地方，进一步提高的空间是有限的。即便如此，提高单位用水的经济价值产出依然存在较大的潜力，尤其是利用综合生产体系、更高的价值生产体系，以及通过减少社会和环境成本。通过精心地设定预期目标，贫困人群就能够从作物、渔业、畜牧以及混合农业生产体系的水分生产力提高中最终获益。
- 政策行动5　*雨养农业体系的更新换代，让少量的水产生大的效能*。雨养农业生产的更新换代，可以通过提高土壤的水分保持并在可能的情况下进行补充灌溉来实现。以往，这些技术在提高水分生产力并使大量人口摆脱贫困方面的潜力并未完全发挥出来，尤其是在非洲撒哈拉以南地区和亚洲的某些国家。随着对畜牧产品的需求的日益增长以及提高这些生产体系的生产力机遇的来临，种植业和畜牧业的混合农作体系蕴含着巨大的潜力。
- 政策行动6　*改造传统的灌溉体系以适应未来的需要*。大规模扩充灌溉面积的时代已经成为过去。当前面临的新任务是让传统的灌溉体系适应未来的需要。灌溉系统的现代化将会造就更高生产力、可持续的灌溉体系。这种现代化所蕴含的不仅仅是技术上的更新换代，更有管理上的创造和创新，以便更好地对所有灌溉参与者的利益诉求做出响应。作为一揽子技术和管理措施的一部分，灌溉系统需要更好地同农业生产体系相结合，达到支撑高附加值农业生产以及整合畜牧业、渔业和林业生产及管理的最终目的。
- 政策行动7　*对改革过程的改革，目标是国家管理体制的改革*。为了现实可行地满足地方需求，需要进行较大的政策转型，以便为水管理投入资金，这对灌溉和雨养农业具有重要的意义。为了开拓更广阔的政策和投资领域，必须打破灌溉农业和雨养农业的界限，同时要将渔业和畜牧业更好地同水资源管理联系起来。这种改革过程没有预定的蓝图，并且需要一定时间，同时还要考虑当地的制度和政治背景。改革需要有谈判和合作的基础。民众社会团体和私有部门是主要的参与者。尽管国家的水资源管理体制通常是最需要改革的对象，但是国家依然是改革的关键推动者。
- 政策行动8　*权衡利弊，做出艰难的抉择*。人们通常不会很快地适应环境的变化，所以需要采取大胆的步骤和所有水资源管理的利益攸关者及时进行沟通。由了解情况的多方利益攸关者参加的协商谈判对决策水资源使用和配置至关重要。调解各个部门对水资源的竞争需求需要信息透明和共享。其他用水群体，即没有政府背景的渔民、小农户，以及那些依靠生态系统的用水群体，则必须联合起来，以形成强有力的发言权。

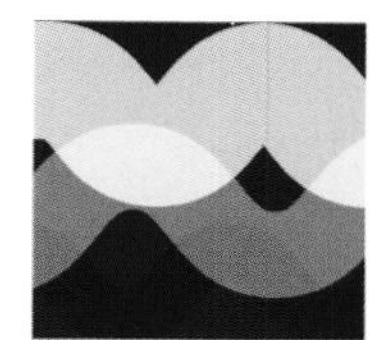

不同的观点会造成不同的认识

水资源是用于粮食生产还是用于生态系统？人们在这一点上所持的观点相差甚远。有些人强调通过大型水利基础设施建设来缓解水资源的短缺、为经济发展提供动力、保护脆弱人群并缓解对环境的压力。从水资源丰富地区向水资源贫乏地区的跨流域调水工程遵循的就是这种解决办法。与这个观点针锋相对的另一个极端观点是：呼吁停止农业和水利基础设施的扩张，将投资用于恢复生态系统。

当前权衡粮食用水和生态系统用水配置的分歧主要源于人们对一些基本问题的不同理解。

观点分歧的主要原因是人们对一些基本问题的认识差异。农业到底用了多少水？农业用水中，灌溉又用了多少水？地下水在农业灌溉中占多大的比例？雨养农业的现状和未来潜力有多大？不同的人对水资源利用的评价不同。此外，人类对水资源利用的既往影响和当前状况也缺乏认知和了解。我们的这项研究将许多不同专业背景的科学家和决策者聚集到一起，就是为了寻求达成共识的基础，从而向前迈进了一大步。

农业到底用了多少水资源？

为了生产能满足一个人一天的饮食所需要的粮食，需要将大约3000 L的水从液态转化成气态，大约相当于每千卡热量要消耗1L水。而饮用水一个人一天只需要2~5 L。在未来，更多的人会需要更多的水来满足自身对食物、纤维、工业用作物、畜牧产品和渔业产品的需求。我们可以通过改变人们的消费行为和在生产食物时的用水方式来减少每个人消耗的水量。

全球65亿人口的粮食需求所用掉的水量到底有多少呢？假设挖一条10米深、100米宽、710万千米长的运河（这个长度足够环绕地球180圈），里面盛满了水，就是这么多！如果全球再增加20亿至30亿人口，同时他们的饮食习惯从谷物类食品为主转变为更多的肉食和蔬菜为主，这条运河就不得不再延伸500万千米。

大约有80%的农业蒸发蒸腾量（蒸散量），即作物将液态水转化为汽态水的量（框1），直接来源于天然降雨，其余20%则来源于灌溉（地图1）。像中东、中亚以及美国西部这样的干旱地区，倾向于依赖灌溉来维持农业生产。同时，在南亚和东亚有大规模的灌溉生产体系，拉丁美洲则稍少一些，而非洲撒哈拉以南地区则很少见到灌溉工程的踪影。

取水量：农业70%，工业20%，城市10%

现在看一下人类如何利用江河湖泊的水及地下水——蓝水。全球的淡水抽取量估计是3800 km^3，其中2700 km^3（或70%）用于灌溉，这个比例在各国之间以及国内各地之间都存在着巨大的差异。相对于农业，工业和生活用水的增长较快。同时，能源用水（水力发电和降温用水）也在快速增长。并不是所有抽

框 1 灌溉农业和雨养农业的水资源利用

下面的示意图示出了水资源在全球的利用，以及每一种利用方式所提供的服务。水的主要来源是降落在地球表面上的天然降雨（约 110 000 km^3）。图中箭头表示不同水资源利用方式占总降雨量的百分数以及提供的服务。举例说，陆地生态系统的各种景观通过蒸发、蒸腾所消耗的 56% 的绿水，主要用于支撑生物能源生产、森林产品、牲畜放牧用地和生物多样性。4.5%则消耗于雨养农业生产中，用于作物生产和畜牧产出。全球大约有 39%的降雨（43 500 km^3）转化成蓝水来源，这部分水资源对支撑生物多样性、渔业和水生生态系统具有重要意义。而蓝水资源的取水量约占所有蓝水资源量的 9%（3800 km^3），其中 70%用于灌溉（2700 km^3）。灌溉农业的总蒸散量大约是 2200 km^3（降雨总量的 2%），其中有 650 km^3 来源于天然降雨的蒸散量（绿水），而其余的则来源于灌溉水（蓝水）的蒸散。城市生活和工业则抽取了 1200 km^3 的蓝水，不过其中 90%都会返回蓝水资源量中，但水质有所下降。剩余的蓝水则会流入海洋，同时发挥维持海岸生态系统功能的作用。在全球不同的流域，上述数字的差别是巨大的。在某些情况下，人类消耗了绝大多数抽取的蓝水量，只有很少的水量注入海洋。

全球水资源利用

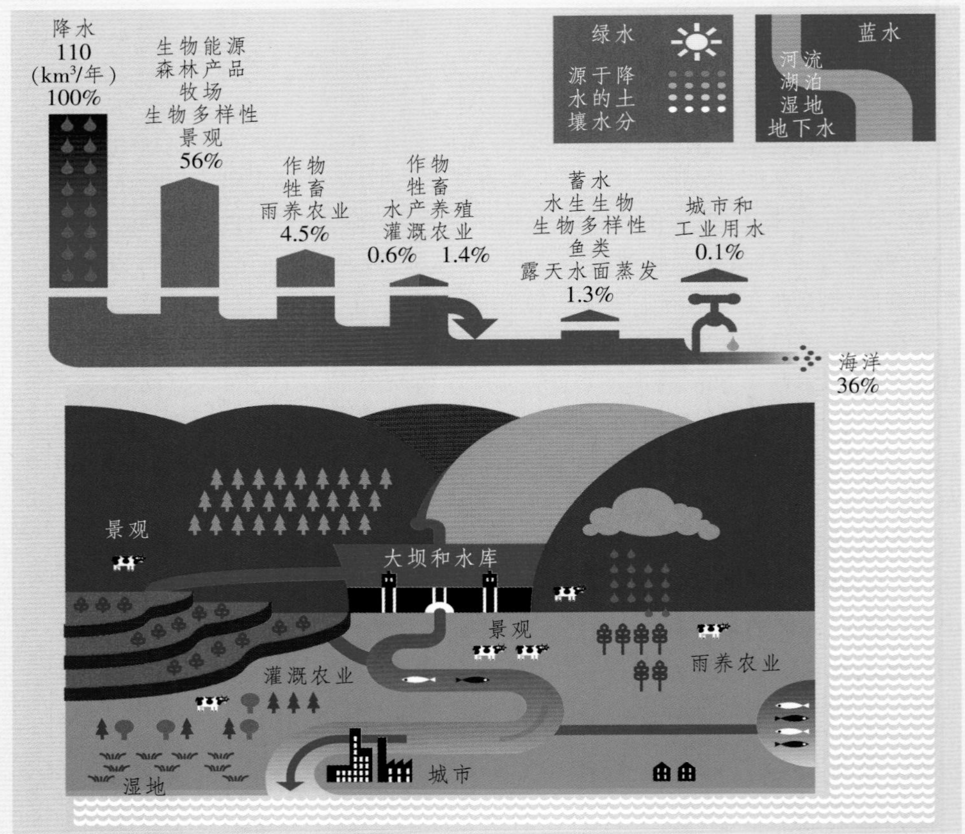

来源：本书中所有计算均依据下列资料提供的数据。T. Oki and S. Kanae, 2006, "Global Hydrological Cycles and World Water Resources," *Science* 313 (5790): 1068 - 72; UNESCO - UN World Water Assessment Programme, 2006, *Water: A Shared Responsibility*, The United Nations World Water Development Report 2, New York, UNESCO and Berghahn Books.

地图 1 全球雨养农业和灌溉农业蒸散量的地区差异

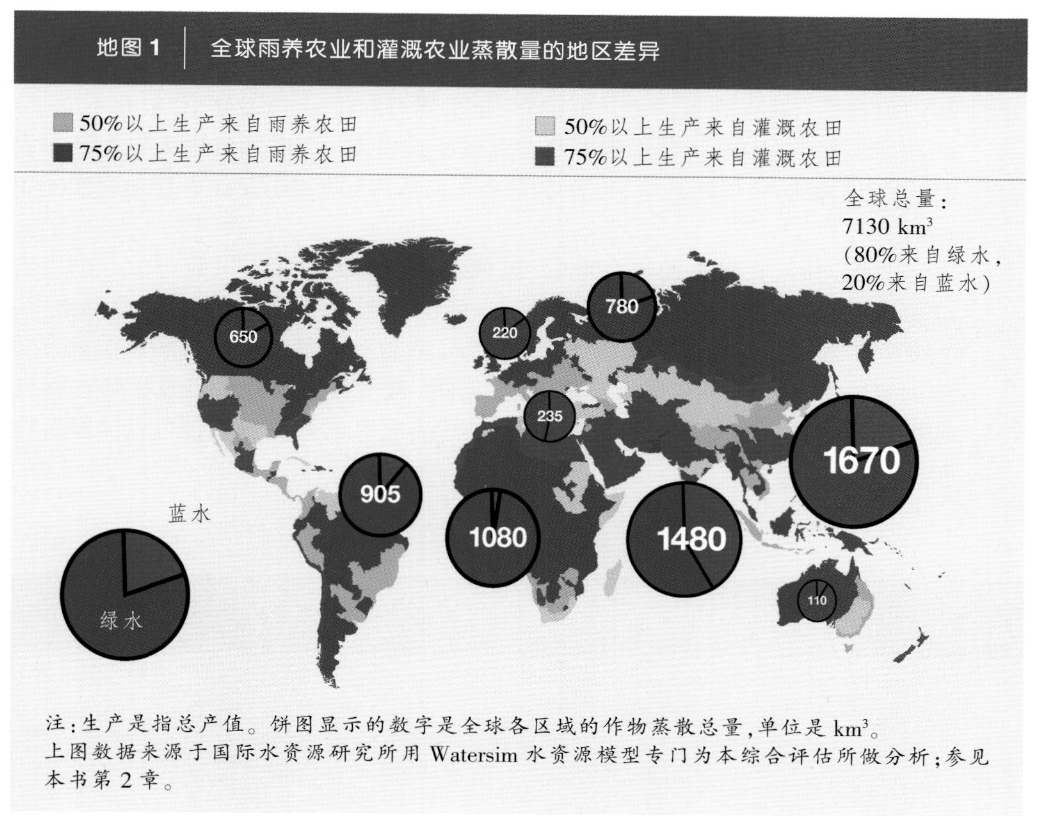

注：生产是指总产值。饼图显示的数字是全球各区域的作物蒸散总量，单位是 km³。
上图数据来源于国际水资源研究所用 Watersim 水资源模型专门为本综合评估所做分析；参见本书第 2 章。

取的水都被用掉了，其中大多数可被沿河流域重复利用，只不过水质会有所下降。

水是生物圈的血液，是连接所有陆地生态景观的关键因素。农业活动改变了水量、水质和水流的时空分布，从而改变了相互联系的生态系统提供除生产粮食以外的其他服务能力。仅仅因为生产粮食所需要的用水量而造成对生态系统的某些改变是不可避免的，但是，如果能够更好地管理水资源，很多生态系统改变是完全可以避免的。

粮食用水——生命用水

过去的50年，无论是水资源开发还是农业生产都取得了巨大进步。尤其是水利基础设施大规模开发和建设使得水资源能够更好地为人类服务。全球人口从1950年的25亿增长到现在的65亿，灌溉面积增长了1倍，而用水量增长了2倍。

农业生产率的提高主要是由于作物新品种的开发和肥料的使用，而这些都源于增加的灌溉用水。世界粮食生产的增长超过了人口的增长。全球粮食价格显著下降(图1)。灌溉农业用水量的增长有益于农户和贫困人口,起到了推动经济增长、改善农民生计、消除贫困的作用。

但是还有许多未竟之业。2003年,全世界有8.5亿人口还处于“粮食不安全”的状态,其中有60%生活在南亚和非洲撒哈拉以南。70%的贫困人口生活在农村。在非洲撒哈拉以南地区,粮食不安全人口从1980年的1.25亿人增加到2000年的2亿人。

与此同时,在过去的半个世纪,地球的生态系统也发生了前所未有的巨大改变,造成了许多严重的负面后果。联合国《千年生态系统评估报告》明确指出:农业的扩张要为这种改变承担大部分责任。农业生产活动要对生态系统调节功能的丧失(如天然授粉、生物害虫防治、蓄洪、微气候的改变),以及生物多样性和栖息地的减少负主要责任。我们的观点是:更好的水资源管理可以减轻这些负面后果。

图 1 灌溉面积扩展和粮食价格下降趋势

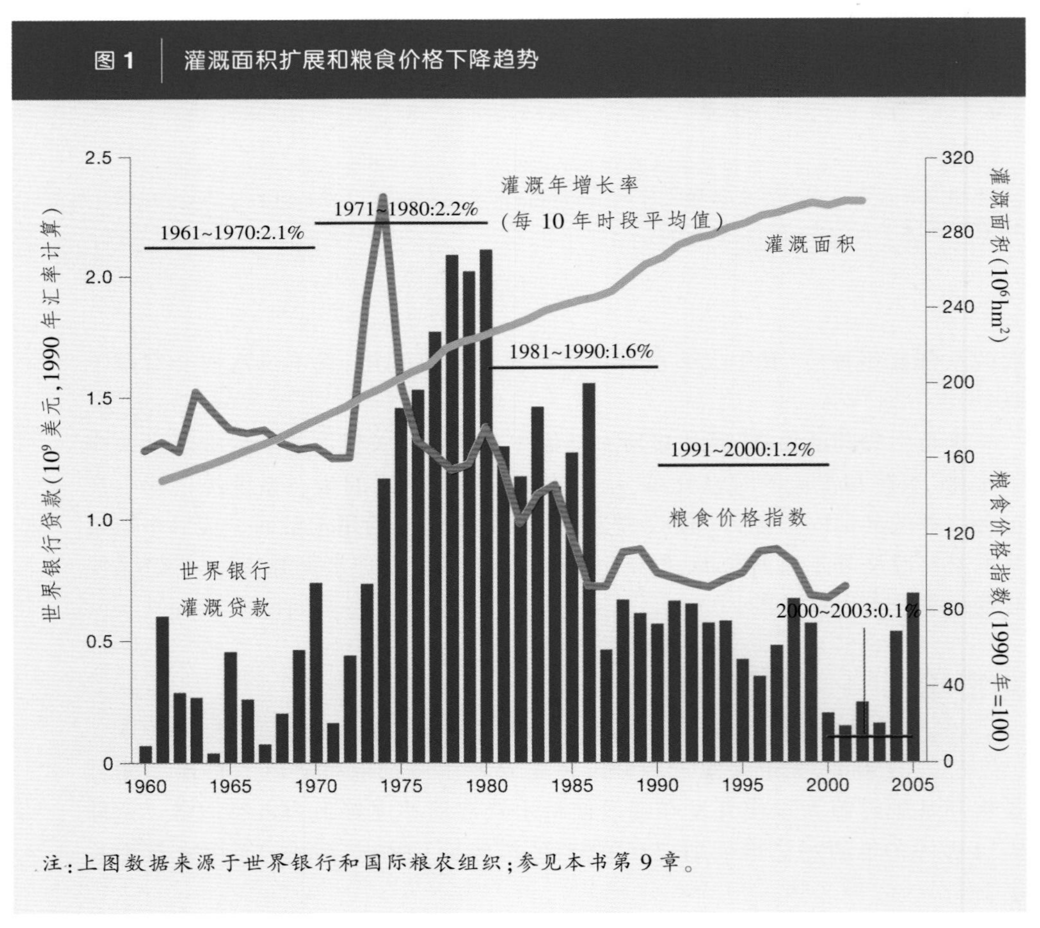

注:上图数据来源于世界银行和国际粮农组织;参见本书第9章。

乐观的趋势

- 人均食物消费和水果、蔬菜及畜牧产品的总消费在稳步增长，使许多人的营养状况更好，营养不良的人口比例有所下降。全球人均食物供给从1970年的2400 kcal（1 kcal=4.184 kJ）增加到2000年的2800 kcal，全球生产出的食物足以供给日益增长的人口需求。
- 土地生产力和水分生产力稳步上升。在过去的40年，粮食作物的平均产量从1.4 t/hm^{2}增加到2.7 t/hm^2。
- 在灌溉和农业水管理领域的新增投资对刺激农业和其他部门的经济增长孕育了巨大潜力。由于吸取了许多历史的经验和教训，这些投资所耗费的社会和环境成本很少。在一些地方，更加完善的自然资源管理已使环境退化有所减轻。
- 国际食品贸易的增长以及随之而来的虚拟用水量（食品出口所蕴含的耗水量）的增长，为进一步提高国内食品安全性，以及缓解用水压力带来了机遇。

> 农业生产活动要对生态系统调节功能的丧失，以及生物多样性和栖息地的减少负主要责任。但更好的水资源管理措施可以有效缓解上述许多负面效应。

悲观的趋势

- 全球还有大约8.5亿人口营养不良。
- 南亚和非洲撒哈拉以南地区的人均日食物供给（南亚2400 kcal，非洲撒哈拉以南地区2200 kcal）尽管在缓慢增长中，但仍低于2000年的全球平均水平2800 kcal，更是远远低于工业化国家的营养过剩供给（3450 kcal）。在可供给食物和人类实际消费食物之间还存在着巨大的损耗（大约占1/3），这是对水资源的间接浪费。
- 由于农业生产和耗水的增加，污染在日益加剧，越来越多的河流正在干涸。这种状况损害并威胁着对维持贫困人口生计至关重要的淡水渔业生产。土壤侵蚀、污染、盐渍化、养分耗竭和海水入侵造成了土地质量和水质的退化。
- 牧民大多以牲畜作为储蓄手段，从而使全球的牧场承受着巨大压力。
- 一些流域，由于水资源管理不善，而且给各个用水部门（包括环境部门）的配给过多，从而使水资源不能满足所有部门的需求。
- 在人口稠密的北非、中国华北、印度和墨西哥，由于不加节制的开采，地下水位在急剧下降。
- 水资源管理制度的制定或修改滞后，不能适应水资源领域出现的新问题和新情况。

双面趋势

- 发展中国家的灌溉取水量和耗水量的增长有益于这些国家的经济增长和贫困人口的减少，但是不利于环境的保护。

- 如果运用得当，农业补贴可以成为增加农村贫困人口收入和保护环境的有效管理工具。如果运用不得当，这种补贴则会扭曲水资源的管理和农业生产。
- 城市和工业用水需求的增长为就业和收入增长提供了潜在的机会。不过，它们也会将更多的水资源从农业中转移出去，对农村社区造成更大的压力并引发水污染问题。
- 鱼类和肉类消费的不断增长会带动水产养殖和工业化畜牧水产的发展，有助于农民收入的增加和福利条件的改善，但同时也会对水资源和环境施加更大的压力。

虽然不断增长的人口是造成当今缺水问题的一个主要因素，但是造成缺水问题的主要原因却在此之外——对水资源和贫困问题缺乏重视，投资不足且对象不合理，能力建设不足，体制低效以及管理不当。

正在涌现的力量

- 正在发生的气候变化影响了气温和降水的模式。那些极度贫困的热带地区，如非洲撒哈拉以南的大部分地区，受到的负面影响最大。而那些依赖融雪的灌溉农户更易受到河流流量改变的影响。
- 全球化进程将长期持续下去，为商业化的和高附加值的农业提供了新的机遇，同时也为农村发展提出了新的挑战。
- 城市化进程加剧了对水资源的需求，产生了更多的污水，也改变了对农产品的需求模式。
- 居高不下的能源价格提高了取水、施肥和运输成本。过度依赖生物能源会影响粮食作物的生产和价格，也会增加农业用水量。
- 人们对水资源的认识和想法正在改变，水资源的工作者和决策者已经意识到不仅要改善蓝水(河流、湖泊和地下含水层)的使用，还要加强绿水(土壤水分)的管理和使用。
- 生态系统和其他一些综合的方法正在受到越来越多的关注，同时，农业用水以外的影响因素如何影响农业和水也成为重要的研究领域。

水资源短缺——水资源管理

联合国《千年生态系统评估报告》中所设定的减少贫困、饥饿和可持续发展的目标，只有在更好的农业水资源管理条件下才能够实现。一些水资源以外的原因使全球数百万贫困男女难以获取水资源。在一些地方，尽管水资源很丰富，但由于缺乏必要的基础设施以及政治和社会文化造成的限制，使得人们获取水资源十分困难。在其他一些地方，人们的需求超出了自然资源所能满足的范围，所以并不能保证每一个人都能得到足够的用水。

在世界许多地方，水资源获取意义上的水资源短缺是农业发展的关键限制因素。世界人口的1/5(12亿多人)，居住在自然水资源缺乏地区，没有足够的水来满足每个人的需求。大约16亿人生活在缺水流域，由于能力或财力的匮乏，往往不能进行能满足需要的水资源开发(地图2)。在当今缺水问题的背后，隐藏着

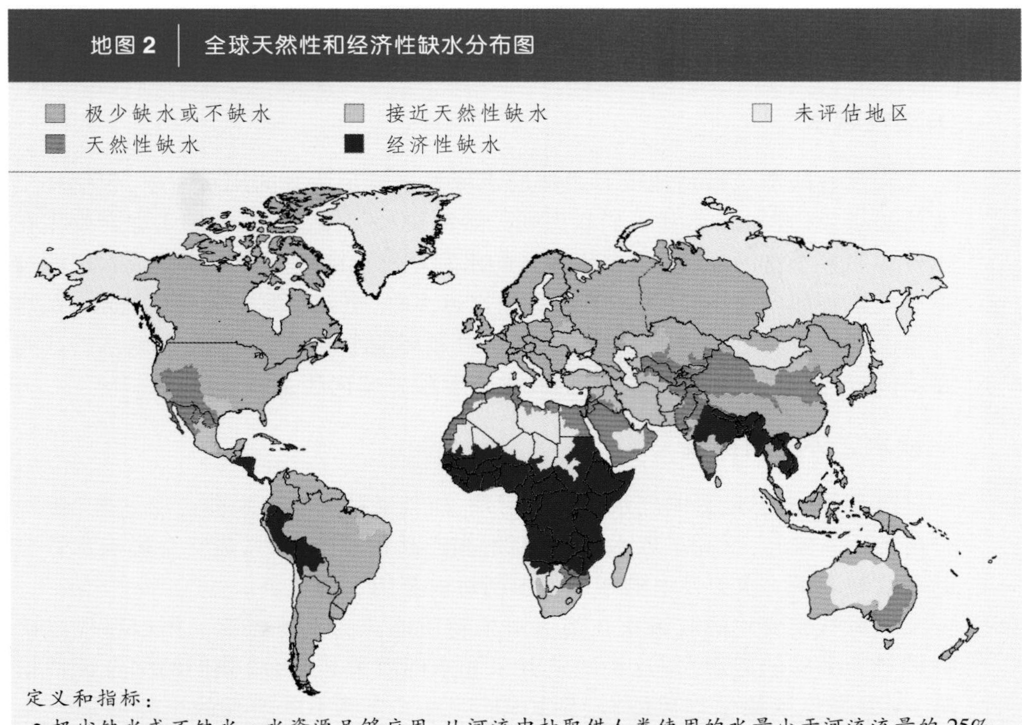

定义和指标：

- 极少缺水或不缺水。水资源足够应用，从河流中抽取供人类使用的水量小于河流流量的25%。
- 天然性缺水（水资源开发接近或已经超过可持续极限）。大于75%的河流流量被抽取供农业、工业和生活使用（考虑了回流水的再利用）。相对于水需求的水资源可获性这个定义意味着即使干旱地区也不一定缺水。
- 接近天然性缺水。超过60%的河流流量被利用。这些流域在不远的将来将会经历天然性缺水。
- 经济性缺水（即使当地自然界可用水资源能满足人类需求，因为人为、制度和财务资本的限制也不能获取足够的水资源）。水资源相对于用水来说是丰富的，小于25%的河流流量被抽取供人类使用，但是仍存在营养不良。

注：上图数据来源于国际水资源研究所用 Watersim 水资源模型专门为本综合评估所做分析；参见本书第2章。

一些很有可能在未来不断扩大并且不断复杂化的影响因素。虽然不断增长的人口是其中一个主要因素，但是造成缺水问题的主要原因却在此之外——对水资源和贫困问题缺乏重视，投资不足且投资对象不合理，能力建设不足，体制低效以及管理不当。

经济性缺水

经济性缺水的原因是缺乏水资源方面的投资，或者在满足水资源需求上缺乏能力。大多数经济性缺水是由于制度功能上的问题，偏向某一群体而忽视别的群体，不能倾听各个群体（尤其是妇女）的声音。

经济性缺水的征兆包括：缺乏大型或小型基础设施建设，因而人们难以获取足够的水用于农业或饮用。即便是拥有基础设施的地区，水的分配往往也不平等。非洲撒哈拉以南的大部分地区都存在经济性缺水现象,所以要进一步开发水资源才能大大减少贫困。

天然性缺水

天然性缺水是指当地没有足够的水资源来满足所有的用水需求,包括环境水流需求。干旱地区常让人们联想到天然性缺水,但是,天然性缺水也会发生在水资源明显丰富的地区。当富水地区的水利基础设施过度开发而造成水资源过度分配给各部门使用时,特别是灌溉用水过多时,也就会发生天然性缺水。在这种情况下就没有足够的水去满足人类需求和环境水流需要。天然性缺水的征兆是:环境严重退化,地下水位的下降,水资源配置偏向于某些群体。

> **气候变化将影响人类社会和地球环境的方方面面,会对当前和未来的水资源和农业产生强烈影响。**

短缺水之外的新挑战

当前,能源已经影响到水资源的管理,而且这种影响将来会愈加显著。能源价格的不断攀升,推高了取水、肥料制造和产品运输的成本,最终会影响水资源的获取和灌溉。水力发电的增加将加剧对农业用水的竞争。

应对气候变化的政策正在加大对生物质能源的支持力度, 用以替代以矿物燃料为基础的能源。但这种政策并未和水的政策相结合。我们的综合评估预测:如果强化依赖生物质能源,到2050年,为了支撑不断增长的生物质能源所需要的农业蒸散量将大致等于目前农业的总耗用量。对生物质能源的依赖将会进一步加剧对土地和水资源的竞争,所以,我们要意识到生物质能源的“双刃剑”性质。

城市化和全球市场将主导全世界农户的生产和销售决策。全球市场的变化和全球化进程的扩散将决定农业生产的利润。在那些基础设施完善、国家相关政策到位的地方,将会涌现出多种多样商机的市场,为那些具有创新和创业精神的农民创造机会。在某些国家,农业对国民经济的贡献将会减少,从而对依赖推广、技术和区域市场的小农户和自耕农产生影响。务农的人口结构随着城市化进程而改变。很多妇女和老人会留在农村照看农田。大多数撒哈拉以南的非洲国家,农业开发仍然是唯一的和最主要的经济发展动力。为了保证这些国家农业部门发展的可持续性,在技术和能力建设领域的投资必须和使农民在经济上获利的政策紧密携手。

气候变化将影响人类社会和环境的各个方面,直接或间接地影响着当前和未来的水资源和农业。气候正在以惊人的速度变化,引起温度升高、降水模式改变以及极端天气事件的频发。大多数的贫穷国家所在的亚热带地区,农业所受到的影响最大。气候变化对未来的影响必须纳入到项目的规划中,人类的行为、基础设施和投资都要进行调整,以适应未来的气候变化特征。在蓄水和治水上的投资将是应对气候变化最重要的农村发展战略。同时,我们还需要充分考虑为减少温室气体排放而制定的、或者为适应气候变化而调整的政策和法规所产生的影响。

未来对食物(也即对水)的需求

随着人口的增加,对粮食和水的需求也会相应增加。

人类需要多少新增的粮食?

> 如果水分生产力不进一步提高,到 2050 年,作物生产所蒸散的水量将会在现在的基础上翻一番。

未来50年,全球粮食和饲料的需求量将会增加一倍。人口增长和膳食结构改变是驱动未来粮食需求、决定人类到底需要多少新增的粮食的两大主因。随着收入增加和城市化加速,人们的膳食习惯向着更有营养、更多样化的方向改变,不仅需要更多的大宗粮食作物消费,而且不同粮食品种的消费格局也会发生改变。从谷物转向畜牧和渔业产品以及高附加值的农产品(图2和图3)。

经济合作和发展组织(OECD)国家的人均食物供给将稳定在2800 kcal以上,通常将这个数值作为国家粮食安全的阈值。尽管中低收入国家将大幅提高食物热量的摄取,但未来几十年穷国和富国仍将存在显著的差异。

肉类、奶类、糖类、油料和蔬菜的生产通常比生产谷物类食品需要消耗更多的水,而且水的管理方式也不同。畜牧业生产的增长需要更多的谷物作为饲料,这会导致谷物的需求量增加25%。因此,膳食结构是决定需水量的主要因素。以饲料为基础的畜牧生产会增加耗水,而以放牧为基础的畜牧生产却完全不同。从水资源的角度审视,对于土地面积大的地区,放牧是进行畜牧生产的最佳选择,但需要采用更佳的放牧和用水方式。

需要多少新增的水资源?

如果水分生产力不进一步提高,或者生产模式不进行重大转变,到2050年,

图 2 到 2050 年东亚的肉类消费将会增长一倍多

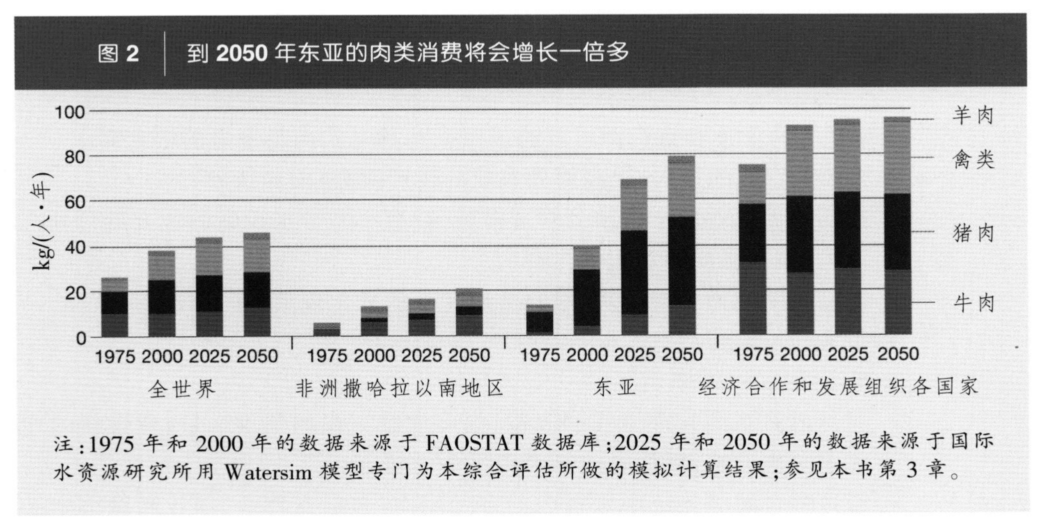

注:1975 年和 2000 年的数据来源于 FAOSTAT 数据库;2025 年和 2050 年的数据来源于国际水资源研究所用 Watersim 模型专门为本综合评估所做的模拟计算结果;参见本书第 3 章。

图 3　饲料的需求会推动未来对谷物的需求

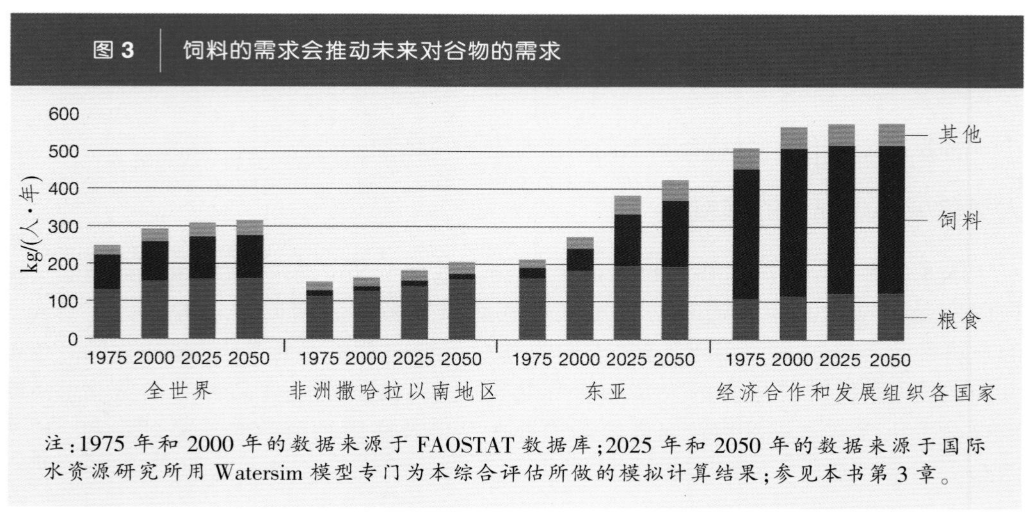

注：1975 年和 2000 年的数据来源于 FAOSTAT 数据库；2025 年和 2050 年的数据来源于国际水资源研究所用 Watersim 模型专门为本综合评估所做的模拟计算结果；参见本书第 3 章。

农业蒸腾的耗水量将增加70%~90%。届时，作物生产的总蒸散量将达到12 000~13 000 km³，几乎在目前7130 km³的基础上翻了一番。这相当于年均增加作物蒸散耗水100~130 km³，几乎是阿斯旺大坝每年向埃及供水量的3倍。

在这个基础上，还要加上生产纤维作物和生物质能源作物所需要的耗水量。棉花的需求量预计每年将增长1.5%，而对能源作物的需求似乎更无止境。到2030年，世界能源需求将增长60%，2/3的需求增长将来自发展中国家，而其中部分需求将由生物质能源满足。

值得庆幸的是：过去几十年，农业水分生产力一直在稳步提高，这在很大程度上取决于作物单产的不断提高，而作物的单产在未来也会继续增加。由于采取不同的政策和投资措施，单产增加的幅度将会差异很大，同时，单产提高对环境和农业人口生计的影响差异也会很大。我们用一组情景分析探讨了几种不同的选择（图4）。

如何利用土地和水资源满足未来的粮食和纤维需求？

全球现有的土地和水资源可以通过以下几种方式满足未来的粮食需求。

- 加大雨养农业的投入，提高雨养农业的生产能力（雨养情景）。
  - 提高雨养农业的土壤水分管理措施，在有小型蓄水设施的地方进行补充灌溉，以提高雨养农田的生产力。
  - 提高土壤肥力管理，包括遏制并逆转土地退化现象。
  - 扩大种植面积。
- 投资灌溉农业（灌溉情景）。
  - 通过灌溉系统管理方式的改革，提高灌溉工程的年供水量；建设新的地表水蓄水设施；增加对地下水和污水的利用。
  - 通过整合灌溉系统中水资源的多种用途（包括畜牧业、渔业和城市生活

图 4 目前和未来不同情景下水和土地资源的利用

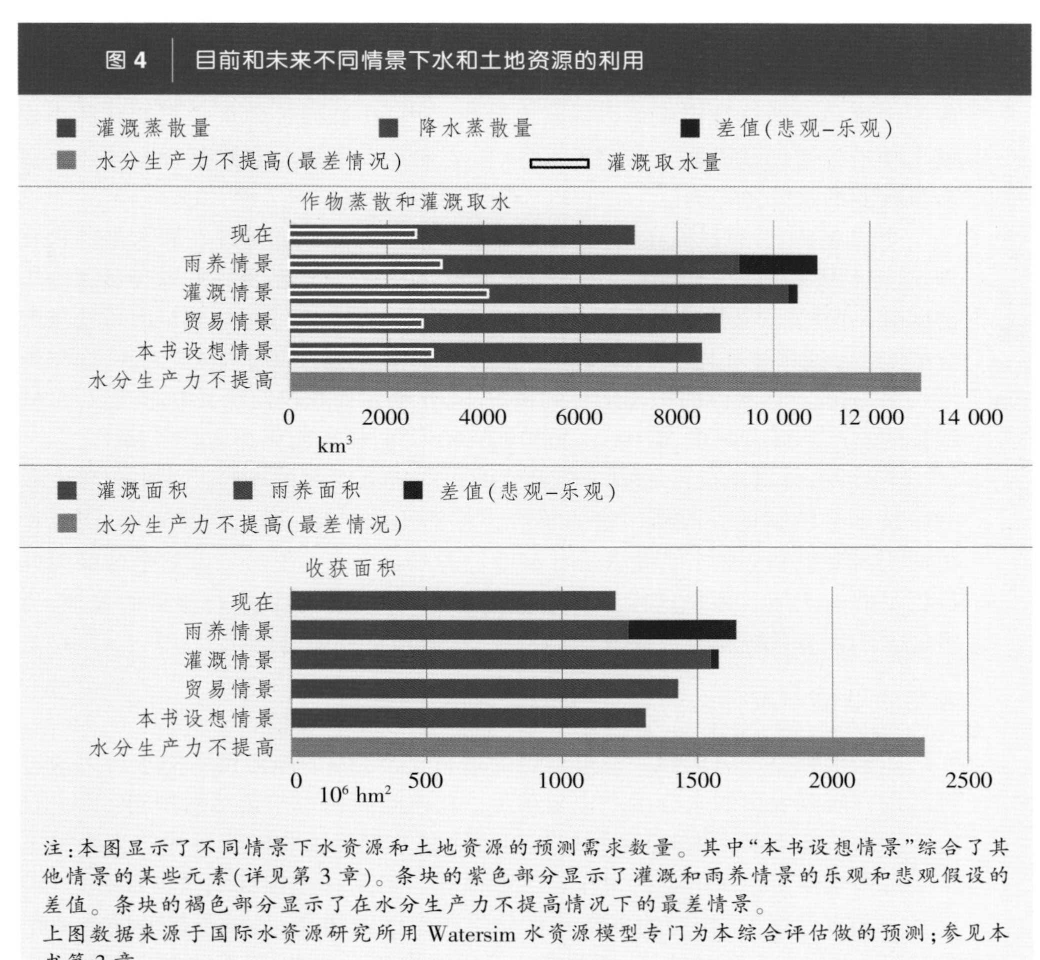

注:本图显示了不同情景下水资源和土地资源的预测需求数量。其中“本书设想情景”综合了其他情景的某些元素(详见第 3 章)。条块的紫色部分显示了灌溉和雨养情景的乐观和悲观假设的差值。条块的褐色部分显示了在水分生产力不提高情况下的最差情景。

上图数据来源于国际水资源研究所用 Watersim 水资源模型专门为本综合评估做的预测;参见本书第 3 章。

用水的用途),提高灌溉农田的水分生产力和单位水资源的经济价值。

- 拓展国内和国际农产品贸易(贸易情景)。
- 通过影响居民的膳食结构,减少收获后粮食的损耗(包括加工行业和居民家庭的浪费)来减少粮食的总需求。

上述策略都能够对水资源利用、环境和贫困人口产生影响,但是,由于当地条件的不同,影响的程度差异悬殊。我们的情景分析综合了适合每个地区的不同方法。

升级换代后的雨养农业能够满足未来的粮食需求吗?

目前,全球72%的播种面积在雨养条件下生产了全球粮食总产值的55%。过去,很多国家将它们水资源开发利用的重点放在灌溉农业的发展上。未来的粮食生产到底是靠灌溉还是雨养是一个争论激烈的话题,而且不同的政策选择会产生超出国界的影响力。

其中一个重要的政策选择是通过改进水管理措施使雨养农业升级换代。更好的土壤和土地管理措施可以提高水分生产力，比如通过雨水收集这样的小规模干预措施增加灌溉水。在雨养地区，重要的是以平衡的方式整合畜牧业来提高畜牧业的水分生产力。

> 在全球水平上，通过提高生产力，雨养农业的潜力足以满足现在和未来的粮食需求。

全球水平上，通过提高生产力，雨养农业的潜力足以满足现在和未来的粮食需求（图4，雨养情景）。乐观的雨养情景假设，在雨养农业系统提升取得显著进步的同时，对灌溉农业生产的依赖达到最小的程度。雨养农业可达到最大可获得产量的80%。这将使平均单产从2000年的2.7 t/hm^{2}提高到2050年的4.5 t/hm^2，即年均增长率为1%。在灌溉面积不增长的情况下，作物总面积仅需增长7%就能与日益增长的农产品需求同步，而1961~2000年的40年间，耕地面积却增长了24%。

不过，粮食增长仅寄希望于雨养农业也会带来巨大的风险。如果雨养农业的新技术采纳率低且雨养作物的单产也停滞不前的话，那么到2050年，雨养作物面积需要提高53%才能够满足日益增长的粮食需求（图4）。虽然全球能为此提供足够的土地，但是这样做会导致农业生产利用不适宜进行耕种的土地，更多的天然生态系统将变成农业生产系统，从而加重环境的退化。

灌溉农业能贡献什么？

如果水分生产力能够实现最乐观的增长，大约3/4的新增粮食需求可以通过提高现有灌溉农田的水分生产力来满足。在灌溉面积占作物总面积50%以上且生产力水平低下的南亚地区，可以通过提高现有灌溉面积的水分生产力来满足新增的粮食需求，而不必扩大作物生产面积。但是在中国和埃及的部分地区，以及一些发达国家，作物的单产和水分生产力已经很高，进一步提升的潜力十分有限。在许多水稻种植区，雨季节水几乎没有什么意义，因为节省下来的水也不能用作其他用途。

另一种战略就是继续扩大灌溉面积，因为这可以使更多的人获得水资源，并能为将来的粮食安全提供更好的保障（图4，灌溉情景）。到2050年，灌溉农业的产出可能会占到粮食供给总产值的55%。但是这种扩张会使农业用水总量增加40%，肯定会对很多地区的水生生态系统及捕捞渔业生产构成威胁。而在非洲撒哈拉以南地区，由于现有灌溉面积很少，灌溉面积扩大看起来是有保证的。如果这个地区的灌溉面积增加一倍，灌溉农业对粮食供给的贡献会从现在的5%增加到2050年的11%。

贸易在缓解淡水资源压力方面的潜力有多大？

通过进口农产品，一个国家可以“节省”在本国生产这些进口农产品所需要的水量。2000年，严重缺水的埃及从美国进口了800万t的粮食。如果在埃及本国生产这么多粮食将会需要8.5 km^{3}的灌溉水，而埃及每年来自纳赛尔湖的供水量也不过55.6 km^3。在土地资源严重匮乏的全球第一大粮食进口国日本，如果在本国生产每年所进口的粮食则需要30 km^{3}的作物耗水量。国际谷物贸易对灌溉水需求的影响是温和的，因为全球的主要粮食出口国——美国、加拿大、法国、澳大利亚和阿根廷，都是依赖高生产力的雨养条件生产粮食作物的。

因此，国际粮食贸易的战略性增长能缓解水资源短缺的压力，并能减少环境的退化(图4，贸易情景)。缺水国家应该从富水国家进口粮食，而不要力求实现粮食的自给自足。但是，那些贫困国家目前还在很大程度上依靠本国的农业生产，因为它们从国际市场上获取所需粮食的购买力往往很低。为了保障粮食安全，这些国家对依靠进口来满足基本食物需求的做法仍持谨慎的态度。因此，一定程度的粮食自给仍然是重要的政策目标。尽管面临着不断浮现的水资源问题，很多国家仍然将水资源开发看作是实现粮食供给目标和提高居民收入的更可靠的途径，尤其是那些贫困的农村社区。这意味着，在目前的全球和国家地缘政治和经济形势下，短期内不可能通过粮食贸易来解决水资源短缺问题。

即便在乐观的投资情景条件下，到2050年作物面积也将会增加9%，农业用水将会增加13%。

对未来会造成什么影响

由于世界对粮食需求的增长是不可避免的，农业必然会需要更多的土地和水资源。一部分粮食生产增长可以通过提高作物单产和水分生产力来实现，正如综合评估设想情景所示(表1)，需要在灌溉和雨养农业领域进行合理投资。即便在乐观的投资情景条件下(图4，贸易情景)，到2050年作物面积也将会增加9%，农业用水将会增加13%，因而将剥夺其他生态系统的资源。人类面临的挑战之一是如何以一种最大程度减少对生态系统和水生食物生产负面影响(而且可能的话要起积极的促进作用)的方式管理好这些新增的水资源，同时还要提高粮食生产、减轻贫困。这样做需要制定一个适合每个国家和地区的水资源-粮食-环境议政日程。

尽管在水资源领域迫切需要投资，但是，投资的种类和方式对投资效果关系重大。本书对投资的观点相当广泛，考虑了很多选择 (框2)。其中包括：投资于管理体系的改善，投资于建立有效的体制应对不断变化的需求，投资于增进知识和人类能力建设。尽管怀着良好的愿望，但是仍难以做出有意义的投资决定以便周密制定相关制度，使人们能对水资源做出更好的选择。在建设大型基础设施时人们往往不考虑其他选择方案以及相应的环境和社会成本，轻易做出决定，政治上采取权宜之计，这种状况必须改变。

虽然需要一种将投资、政策和研究综合考虑的决策方式，但每一种战略都会有风险和利弊。任何一种战略都需要相应的政策转变。全球的政治和经济环境会为各地区的农业提供总体的框架，而各地的条件将决定未来农业水资源领域投资的最终选择。

这些变化不一定需要政府投入大笔的资金。很多明智的投资决策能节省很多资金。而且在条件适合的时候，个人也会为自己的福利而投资于水资源项目。

表 1　综合评估各情景

区域	雨养面积生产力提高潜力	灌溉面积生产力提高潜力	灌溉面积增加潜力
非洲撒哈拉以南	高	一些	高
中东和北非	一些	一些	极有限
中亚和东欧	一些	好	一些
南亚	好	高	一些
东亚	好	高	一些
拉丁美洲	好	一些	一些
经济合作和发展组织各国	一些	一些	一些

框 2　雨养和灌溉农业之间的连续谱系

农业水管理包括一个系列的选项——从充分灌溉下的生产到完全雨养下的种植，再到支撑畜牧生产、林业和渔业生产，直到和其他主要生态系统相互促进。水资源管理谱系的起点是完全依靠雨养的农田或牧场。田间保育措施将重点放在土壤水分的贮存。沿着这个连续谱系向前，则加入了更多的地表水或地下水以促进作物生产。加入的额外淡水资源为水的多种用途提供了机会，包括农业生产系统中的水产养殖和畜牧生产。

农业水管理沿这个连续谱系的多样化选择

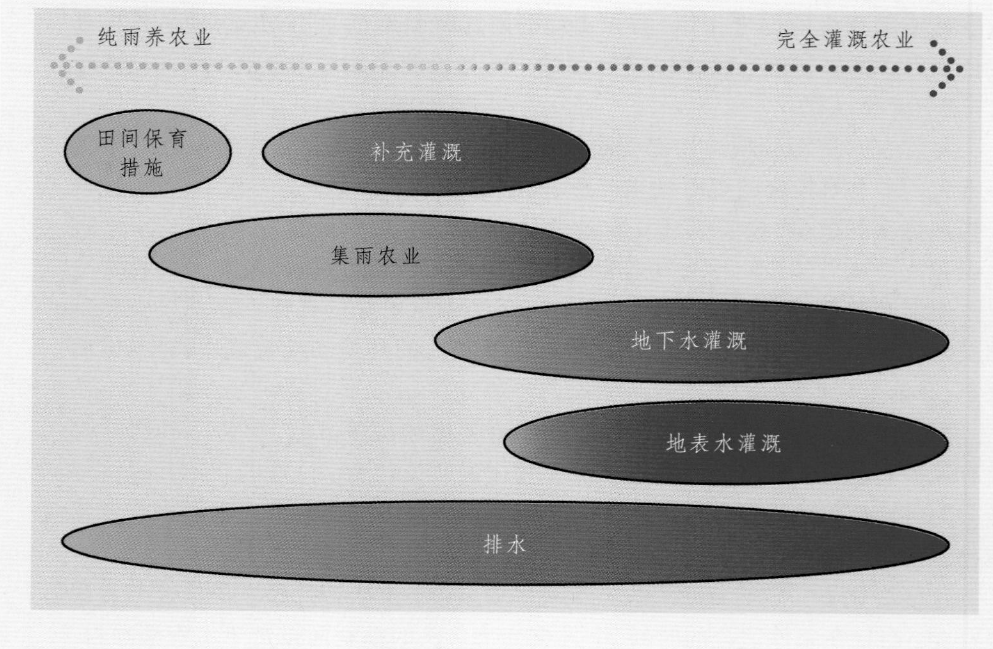

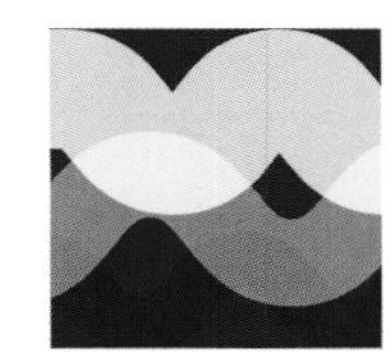

政策行动1 改变我们对农业和水资源的思维方式

今天和未来所面临的水资源管理挑战和过去几十年所遇到的挑战有很大不同。农业需要更多的水资源来减少饥饿,供养日益增长的人口。其对贫困和生态系统的影响则取决于投资的类型。如果我们要实现保障粮食安全、减少贫困和保持生态系统的完整性这三项目标,就必须改变我们对水资源的传统思维方式。

> 这些变化不一定需要政府投入大笔的资金。很多明智的投资决策能节省很多资金。

除了挑战和以往不同,今天需要的投资也和过去半个世纪大不一样。现在和将来的投资必须能提高人类和公共机构的能力,必须能改善基础设施和管理水平,必须能整合多样化需求和不断变化的对水资源的需求(表2)。投资要更具战略意义,并在整个农村和农业发展框架中进行综合规划。

现在是该抛弃雨养农业和灌溉农业传统划分界限的时候了。应用新的政策分析方法,天然降雨将被视为关键的淡水资源,包括蓝水和绿水在内的所有水资源都将为各种生计选择在当地社区适当的范围内进行开发。还要考虑到劣质水的水资源在改善生计中所起的作用。不要把城市排出的水视为污水,应将其看作城市或郊区贫困农户的一种可利用资源。我们要把农业看作一种生态系统,我们要认识到保护作为支撑农业生产基础的自然资源的重要性。我们必须谨慎地使用这些资源,过度开采地下水、过度开发流域地表水终会有穷尽之时,会导致一系列的问题出现。

为了支撑这些思想观念的变革,人类需要在建立知识储备、改革并建立相应的制度上加大投入。教育、科研、能力建设和意识提高都是通向完善农业水资源管理的阶梯。我们需要有新的决策者、管理者和推广者团队,团队的成员要经过培训以便了解并支持生产者在农田和社区在水管理方面进行的投资。但是,仅有投资是不够的,还必须辅之以治理和决策权限的变革。

改善农业水资源的管理需要边做边学,采用灵活的适应性的方法。适应性管理适用于各种参数持续波动的可变资源。具体地说,适应性管理就是要了解系统内的可变性以及长期和缓慢启动的变化。这样能使管理措施对这些变化(有些变化会很快)及时作出反应。

政策行动2 通过改进农业水资源的使用权及提高利用效率来脱贫

由于获取可靠、安全和负担得起的水得不到保障,数亿人口仍不能摆脱贫困。其中大部分人从事农业以获取粮食和收入。如果不采取果断的行动,当河流干涸、地下水位下降、水权丧失的时候,将会有更多的小农户、渔民、牧民和那些依赖湿地为生的人们陷入贫困。

表2 农业水管理观念的演变

传统观念	现在和未来的观念
关注点主要集中于灌溉以及抽取和利用河流和地下水	■要考虑农业水管理全范围的各种选择，包括雨养和灌溉农业，以及渔业和畜牧业的整合 ■更多地关注雨水的管理、蒸散和再利用 ■把土地利用决策视为水决策 ■将水资源使用者之间的相互关联性纳入整体水文循环
分别看待农业用水和生态用水	■将农业也看作是一个能产生多种服务功能，并能和生态系统的保育功能相互促进的生态系统
仅考虑食物生产的成本和效益	■广纳生计论题，以增加贫困人口的财富，让他们更多地参与决策过程，提高收入，降低风险和脆弱性
主要针对作物生产	■大力宣传水在农业中的多种作用和多重目标 ■要认识到不同性别、年龄、种族和阶层所发挥的不同作用
在一种政治真空中运行，从外部实施单一因素的改革	■构建一种环境特异性方法，以便洽谈和创建有效的制度和政策，并认识到改革具有政治可争论性
以一种命令和控制的方式管理水资源	■使灌溉服务有监督且灵活、可靠和透明
以“干预”的方式进行投资来满足贫困人口的需要	■把水资源作为增加贫困人口粮食生产的手段来加以关注，让他们用自己的双手来摆脱贫困 ■通过多种经营和地方经济的发展，创造更多的涉农和非农就业机会，提高农民的市场参与度以获得较高的收入
扩大农业用地来增加生产	■通过提高土地和水分生产力增加农业生产，以限制新增用水和农业用地的扩张
将国家视为资源开发和管理的责任单位	■对水资源的干预决策更加全面和透明
将生物多样性问题边缘化成别人的问题，仅将它看作是“生态保育”问题	■让公众社会组织能够参与决策 ■将生物多样性和生态系统服务功能纳入主流问题进行考虑和解决，避免它们的损失或管理不善
将环境用水看作水的“浪费”	■将环境用水的合理经济评价纳入用水协调和决策中

广义上讲,脱贫策略应包含四个要素:

- 确定正确的目标人群,使人们能更好地利用水资源;
- 确保可靠的获取水资源权利;
- 提高水资源的治理水平;
- 支持多样化的谋生手段。

定向支持小农户(特别是大部分雨养农区的,以及那些灌溉农区的)可为发展中国家尽快脱贫提供最佳机会。世界农村的贫困人口大部分是小农户。他们通常都在边际土地上,主要依靠雨水从事粮食生产,因此,他们对干旱、洪水、农产品市场和价格的变动极为敏感。在以农业经济为主的地区,农业水管理仍然是减少农村贫困策略的关键因素。小农户中蕴藏着未开发的巨大潜能,直接影响着土地和水资源的管理。

定向支持小农户(特别是大部分雨养农区的,以及那些灌溉农区的)可为发展中国家尽快脱贫提供最佳机会。

重视利用小规模、个体化的用水技术,这在热带干旱和半干旱地区的脱贫方面具有远大的前景。这些技术包括小型水泵和一些改良技术,如低成本的滴灌技术、买得起的小水泵和小规模蓄水。即使社区中最穷的一些成员也能够负担得起,而且这些技术简便易行,没有大型工程项目的滞后效应。私人在水泵上的投资已经改善了非洲和亚洲数以百万计的农民和牧民的生计和粮食安全。这些措施从长期上看只是第一步,随后在基础设施上还需要更多的投资。

如果实施得当,明晰的水权能确保贫困人口可靠地获取农业用水。在某些情况下,集体水权可能优于个人水权。再分配政策可以使农村的贫困人口有权获取财产、市场和服务。了解习惯法和非正规机构有利于促进当地对水和其他自然资源的管理。通过专门的培训可以提高人们管理水资源的能力。地方管理要与流域、区域和国家的管理机构相结合,并将其视为农村全面发展的基础。

在资源分配平等的地区,改进水管理减少贫困会对农业生产力的提高产生很大的影响。不平等,尤其是性别不平等,会削弱各项脱贫措施的效果。在大多数发展中国家,妇女在生产粮食上所占的比率大约为2/3,而她们往往没有充分的土地、水、劳力、资金、技术以及其他投入和服务的使用权和支配权。这种情况极不合理,妨碍了她们潜能的充分发挥,也削弱了为脱贫而加强水管理所做的努力。

由社区或个人利用地下水、河水和污水所建成和运行的小型水管理系统,对许多贫困农户是必不可少的,但却常常得不到官方的认可。这些非正式的水管理系统所实现的灌溉和管理成果已受到极大的关注,从而影响到各级管理机构为其提供政策和技术上的支持和帮助,以确保贫困农民持续拥有资源的使用权。

政策制定者要从一水多用的系统观点关注水资源基础设施的设计和开发。这样,他们才能使贫困人口单位用水的收益最大化,并确保组织机构和法律框架让农村人口和边缘群体能参与到政策制定和基础设施投资决策的各个阶段。可供民用、作物生产、水产养殖、农林业、畜牧业利用的多用途系统,能有效地提高水分生产力和减少贫困。这些多种用途对生计,尤其是对贫困农户的贡献是十分巨大的。

农业水利研究要以脱贫为目标。要着眼于一些适合不同性别和文化的低成本技术和措施。要进行仔细的调研，让每粒粮食能获得更多的营养，这对保障没有充足进入市场机会的地区粮食安全是极其重要的。而且要调研如何来提高各国人口应对洪灾、旱灾和其他与水相关灾害的能力。

> 可供民用、作物生产、水产养殖、农林业、畜牧业利用的多用途系统，能有效地提高水分生产力和减少贫困。

渔业要更好地整合到水资源的管理中。它是重要的生计和营养来源，淡水鱼生产对人类营养和收入的价值远远大于它在国民生产总值中所占的比例。大部分渔业生产是小规模经营的，不仅要全面参与捕捞和繁殖，而且要参与加工和营销等辅助性工作。

畜牧业也要更好地整合到水资源的管理中。畜牧业除了能增加收入和提高食物安全以外，对70%的世界农村贫困人口的生计也起着巨大的作用，通过出售牲畜使贫困家庭能渡过粮食短缺的难关，应对收入的突发降低，以及满足家庭意外或大额的开支。

仅靠农业水管理投资并不能消除贫困。加快脱贫进程还要靠可靠的信誉和保障，更好的运营措施，与市场和支持服务的更紧密联系，以及改善卫生保健。所以水管理方案要更好地整合到综合的脱贫战略中。

政策行动3　为提高生态系统的服务功能管理农业

土地用途的改变和水资源向农业的转向已经成为生态系统退化和丧失的主要驱动力。生产更多的粮食是以牺牲生物多样性和生态系统服务功能为代价的。服务功能包括调控、支撑、提供和文化功能，这些服务功能对贫困人口的生计往往是至关重要的。

为什么要管理生态系统的服务功能？

农业生产系统的生态服务功能除了粮食生产以外还包括：减轻洪灾，补给地下水，控制侵蚀，为鸟类、鱼类和其他动物提供栖息地。许多种服务功能（授粉、捕食）已被当作农业资源使用。

农业水资源管理不当会以多种方式损害生态系统及其服务功能。例如：

- 河流和地下水的耗竭以及由此产生的下游水生生态系统（包括湿地、三角洲和海岸生态系统）的退化给渔业造成灾难性后果。
- 排干湿地以及污水排放到依赖于地表和地下水源的生态系统。
- 过度施用养分和农业化学品，造成陆地和水生生态系统的破坏，以及对人类健康的影响。
- 土地和水资源管理不当造成土壤过度侵蚀，导致河流、湿地和沿海地区的泥沙淤积，此外还会造成土壤保育不良，从而会限制对绿水（土壤水）的利用。
- 自然资源基础的丧失改变了人们的应对策略，使人们更易受自然灾害的冲击，从而影响其生计。

如何管理多样化的农业生态系统

即便如此，很多农业水管理系统还是演化成多样化的农业生态系统，其生物多样性和生态服务功能的丰富远远超过了粮食生产的范围。有很多事例都表明，水稻田就是半天然的湿地（图5）。

避免负面影响的策略：

- 改进农业耕作方式促进生态系统服务功能的提高。农业生态系统可促进的服务范围远不止食物、纤维和动物产品的生产功能。农业生产不一定以牺牲河流和湿地中水所提供的其他服务功能为代价。
- 通过确保农村贫困人口获得相当大的收益来调整对维持或提高生态系统服务功能的支持。否则脱贫工作和良好的生态系统会产生矛盾。
- 适应对农业生态系统用水的管理并适应生态系统变化的不确定性。
- 改善土地和水资源的管理以体现对生物多样性的重要性和作用的正确认识。生物多样性支撑着生态系统的服务功能，因此对它的适当管理对于保持并提高人类生存质量具有重要意义。处理好这些关系是所有水资源用户的责任。
- 管理者和规划者都要以提高生物多样性为目的。多样性有益于生态和经济系统的繁荣、适应性和可持续性。保持多样性的一个途径是尽可能近似地模仿生态系统的自然特点和状态，例如，以近似原始的方式来排放环境流量。将生态系统的某些部分简化，以增加某些部门或利益相关方的经济产

> 很多农业水管理系统演化成多样化的农业生态系统，具有丰富的生物多样性和生态服务功能。

图5 稻田的多种功能

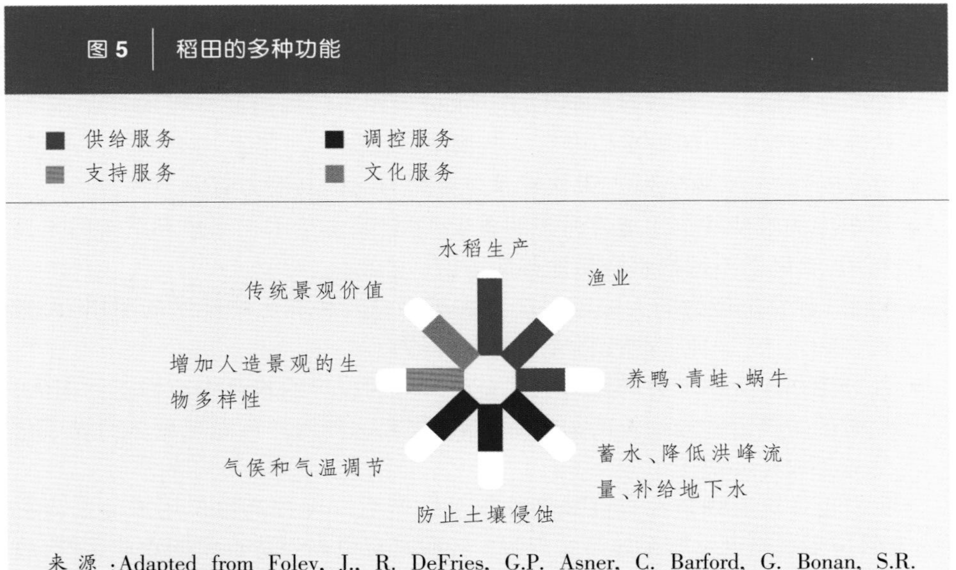

来源：Adapted from Foley, J., R. DeFries, G.P. Asner, C. Barford, G. Bonan, S.R. Carpenter, F.S. Chapin, and others, 2005, "Global Consequences of Land Use," *Science* 309 (22 July): 570–74. 参见本书第4章和第6章。

出(比如集约化的单一作物种植)不一定是坏事,也许是一种生态系统的生产性利用率。但是采用这种方式必须有一个更广泛的从整体上管理生态服务功能的战略,而且必须能促进生物多样性的可持续性和可恢复性。

- 通过教育、信息传播以及各利益相关方、部门和学科之间的对话,增强对生态系统服务功能的作用和价值的意识。
- 改进对生态系统的清查、评估和监测,尤其是与生态系统适应性和阈值相关的方面。生态系统的阈值是指一旦超过某个界限,系统就不再能提供一系列的服务功能。

提高水分生产力是一种增加农业产出以及减缓环境退化的有效方式。

政策行动4　提高水分生产力

提高水分生产力,即提高单位耗水量的产出和价值,是一种增加农业产出以及减缓环境退化的有效方式。有很多乐观的理由。提高天然性水分生产力(即提高单位用水量的产出)的潜力仍然很大,尤其是在单产低的雨养农业和管理不善的灌溉系统这些贫困和粮食短缺的地区。良好的农业生产措施(土壤肥力管理和减少土地退化)对提高每一滴水的产出至关重要。本书对畜牧业和渔业的评估发现,这些生产体系同样具有较大的提升空间,而且仅从畜牧业和渔业能满足人类对肉和鱼不断增长的需求即看出其重要性。

理应乐观但要谨慎

有很多种提高单位耗水产量的方法,其中包括:更可靠和更精确地施用灌溉用水(如滴灌)、补充和亏缺灌溉,提高土壤的肥力,土壤保育措施。在小型畜牧生产体系中,将作物残茬作为动物饲料可以成倍地提高水分生产力。综合措施比单一技术更为有效。

在乐观的同时还要持谨慎的态度。水分生产力的提高通常很难实现,而且对天然性水分生产力的提高幅度有一些误解。比如:

- 在水分生产力高的地区,天然性水分生产力的提高潜力有限。
- 灌溉中的浪费往往比通常所想的要少,主要是由于水在当地和下游的重复利用,农民都不想把水轻易地排向下游。
- 以前,水分生产力的大幅度提高和突破来自育种和生物技术的利用,而在现在和未来,这种可能性将大大减少(框3)。
- 部分用户水分生产力的提高也许会使另一些用户的水分生产力受到损失,上游的增产也许被渔业的损失所抵消,或者这种增产可能把更多的农业化学品排放到环境中。

我们也许更有理由在提高经济性水分生产力 (即提高单位用水的经济价值)方面持乐观态度。那么如何实现呢?转向具有更高经济价值的农业生产,或者降低生产成本。一些综合措施对提高每一滴水的价值和工作机会是重要的,其中包括:农业-水产养殖综合生产体系,更好地把畜牧生产纳入雨养和灌溉农

框 3 生物技术能够提高水分生产力吗?

本书得到的结论是：在今后的 15~20 年间通过对农作物的基因改良来提高作物的水分生产力的潜力是有限的。但是这种基因改良会降低作物绝产的风险。针对非传统作物和鱼类的育种工程可提高水分生产力。尽管这可以通过缓慢的传统育种方法来实现,但需采用适宜的生物技术方法可加快其进程,转基因只是其中的一种方法。更容易、效果更明显、争议较少的增产手段就是改进管理,因为在实际产量和生物物理潜力之间目前还存在着巨大的差距。

业中,把灌溉水用于家庭和小工业。举一个例子,有效的兽医服务可提高水分生产力,因为健康的动物会使单位用水获得更多的收益。

提高天然性和经济性水分生产力会以两种方式减少贫困。第一,目标干预措施会使贫困人口或边缘化生产者能够获取或更有效地利用水资源来增加单位用水的营养和收入产出。第二,对粮食安全、就业和收入的倍增效果会使贫困人口受益。但是这样的项目必须确保能让贫困人口受益，尤其是农村贫困妇女,而不被有权势者扣留。包括所有相关方在内的谈判会增加听取各方面意见的机会。

要有良好的政策和机制环境

很多已知的技术和管理措施都有可能大幅度提高水分生产力。而实现这种提高还需要有良好的政策和机制环境,将不同空间尺度(从田间到流域到国家)的不同用户的动机统一起来,以促进新技术的采用并协调各方的利益。政策要能够:

- 抵御风险。农民面对的风险包括农产品的价格低、市场的不确定性以及水配给和降雨的不确定性。对水资源的管理可减少部分风险。更好的市场进入和信息获取会有所帮助。但是还需要某些类型的保险。
- 对提高水分生产力者给予奖励。生产者的动机(用更多的水提高产出和收入)往往与广泛的社会动机(减少农业用水,让更多的水用于城市和环境)完全不同。从水资源重新配置中得益的社会阶层要为减少农业用水的农民提供补偿,而不是向农民征收更多的水费。
- 调整流域水平的水资源配置。旨在提高水分生产力实际措施的改变会造成流域其他部分的变化。采用节水或增加雨水收集的方法来提高农业生产力会使下游用户(如海岸渔业生产)可获得的水量减少。在实施改变之前,必须了解流域水文特征和水资源配置的总体设想,这样才能保证流域整体上水分生产力的确实提高而不仅仅是局部的提高。
- 针对贫困人口采取可持续的水分生产力提升措施。有权势者往往会占有既得利益,尤其是通过那些制定不完善的开发或援助项目。经过仔细规划的长期项目(旨在整合技术、具体做法和市场,降低风险并确保收益)才是扶贫增收所需。

- 在水利部门外寻求机遇。在处理农业产业脆弱性、风险、市场和经济收益方面存在许多可能性。

提高水分生产力的侧重点包括：

- 贫穷且水分生产力低下地区，而且穷人能受益的地方——非洲撒哈拉以南大多数地区以及南亚和拉丁美洲的部分地区（图6和图7）。
- 天然性缺水且水资源竞争激烈的地区（印度河流域和黄河流域），尤其需要提高经济性水分生产力。
- 水资源开发利用较低的地区，如非洲撒哈拉以南，少量水就能带来大的改变。
- 由水驱动的生态系统退化地区，如地下水位下降以及河流干涸的地区。

> 很多已知的技术和管理措施都有可能大幅度提高水分生产力。实现这种提高需要良好的政策和机制环境，将不同空间尺度（从田间到流域到国家）的不同用户的动机统一起来，以促进新技术的采用并协调各方利益。

政策行动5 提升雨养农业体系——细水长流

全世界大约70%的贫困人口生活在农村，在那里，他们很难依靠农业以外的职业谋生。很多农村贫困人口主要依靠雨养农业作为食物来源，但是多变的降雨、干旱期和旱灾使雨养农业成为风险极大的营生（地图3）。对雨水、土壤水分和补充灌溉加以更好的管理是帮助大多数贫困人口脱贫的关键，主要原因有三条：

- 这会减少干旱所造成的产量损失。在非洲撒哈拉以南地区，每五次收获就有一次由于干旱而减产。

图6 非洲撒哈拉以南地区有待于像发达国家早期以及亚洲和拉美国家在绿色革命期间所完成的作物产量的“腾飞”

注：美国的数据来源于美国国家农业部统计信息；其他国家的数据来源于FAOSTAT数据库。

- 这可以使农民在进行肥料和高产品种之类的风险投入时更有安全感。因为农民在对一种可能由于缺水而减产或绝收的作物进行生产资料的投入时不敢冒任何风险。
- 这可以使农民种植经济价值更高的作物,如蔬菜或水果。这些作物对缺水更为敏感并需要更昂贵的投入。这样农民就可以从低价值的大宗作物的生产转移出来,获取现金收入。

提高依赖降雨地区的农业生产力在减少贫困和饥荒方面潜力最大,尤其是非洲撒哈拉以南地区和亚洲大部分地区。目前很多雨养环境下的单产很低,改善雨养农业的措施可以使产量翻番, 甚至翻两番。在非洲撒哈拉以南地区,玉米、高粱和小米的"产量差"最大。消除这些产量差会带来极大的社会、经济和环境回报。

> 对雨水、土壤水分加以管理是帮助大多数贫困人口脱贫的关键。

进展缓慢

尽管很多研究都表明水土保持措施、蓄水和补灌可以提高雨养农业的收益,但往往是一些孤立的成功案例。采用率低有四个主要原因;农业的经济效益

图 7　单产水平极低的地区同时也是贫困地区其水分生产力提高潜力最大

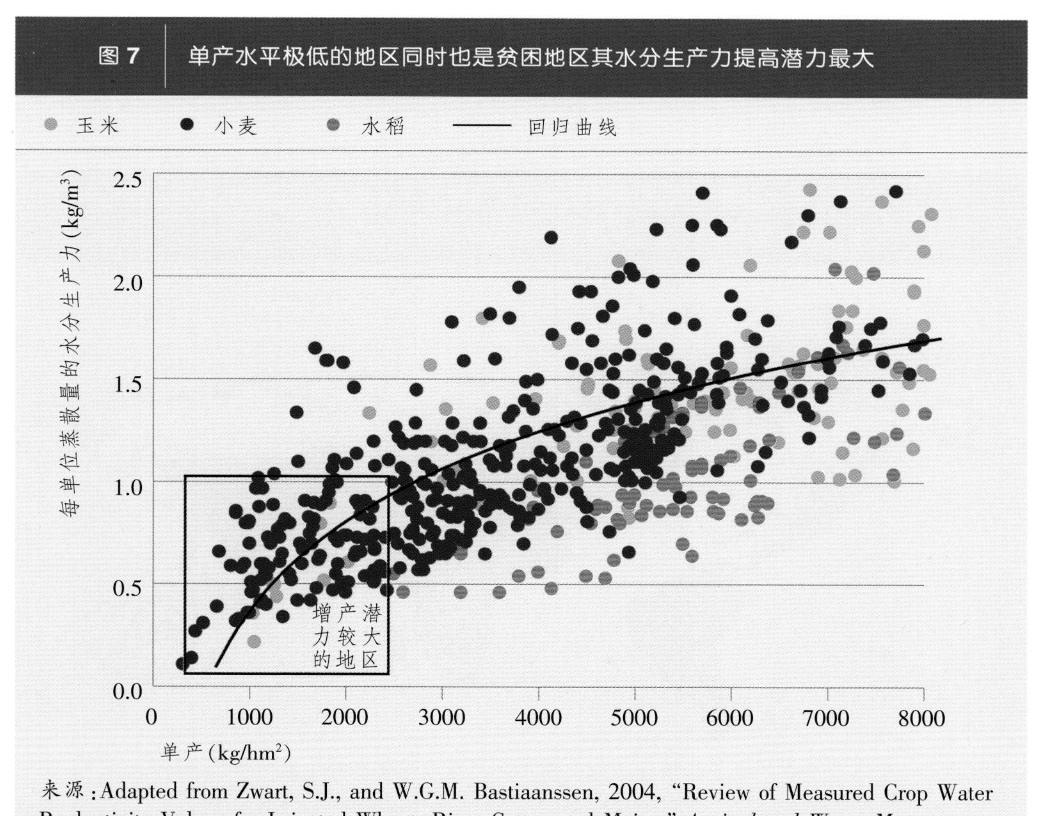

来源:Adapted from Zwart, S.J., and W.G.M. Bastiaanssen, 2004, "Review of Measured Crop Water Productivity Values for Irrigated Wheat, Rice, Cotton and Maize," *Agricultural Water Management* 69 (2): 115 - 33. 参见本书第 7 章。

低，缺乏市场，劳动力成本较高，风险较高。过去的这些努力并没有显著提高全国的单产量。现在需要的是提高农民进入市场、得到贷款和购买农业投资（肥料）的能力。但是首先要解决水的问题，如果不能满足对水的实时和实地的需要，农村人口就有绝产和饥荒的风险。

为增强抵御与水相关风险的能力和提高雨养农业区的生产力而投资，对于实现平等和保护环境势在必行。雨养农业每公顷的投资成本比灌溉农业低。雨养农业系统实施起来快，产生的边际回报高且快，而且可以大幅度减少贫困。提升雨养农业的换代技术业已存在，有的技术甚至已经存在了上千年。例如，保墒耕作可以尽可能少地扰动土壤，以避免土壤水分的损失。这项技术已用于4500万hm^2的土地，大多数在南美洲和北美洲。印度拉贾斯坦恢复了被废弃的传统蓄水设施，使农民能在一年中种植两季农作物，提高了生产力，也减少了地下水的抽取成本。

> 为增强抵御与水相关风险的能力和提高雨养农业区的生产力而投资，对于实现平等和保护环境势在必行。

发挥出现有雨养农田的潜力可能减少了为新建大型灌溉工程取水的需要，但是通过蓄水和补灌提高雨养农田生产力也需要修建一些基础设施，不过其规模小而且比较分散。

发挥出这一潜力还需要采取一些减轻风险的措施。半干旱地区的农业生产应对多变的气候以及未来的气候变化的能力高度脆弱。对降雨的过度依赖会降低农民适应变化的能力。蓄水技术有助于农民度过短暂的干旱期，但是干旱持续时间较长，会导致减产甚至绝收。由于有这种风险，农民们不愿意在肥料、农

地图 3 在降雨多变、干旱和旱灾频繁的半干旱和干旱亚湿润气候带，营养缺乏比例最高（营养缺乏人口占总人口的比例，2001~2002）

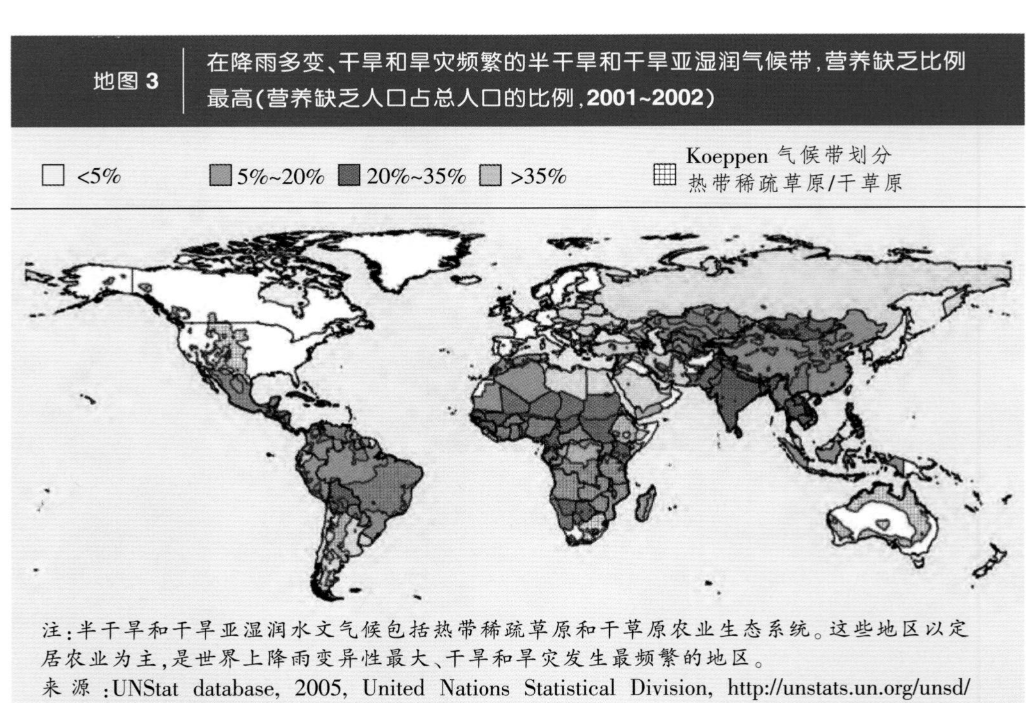

注：半干旱和干旱亚湿润水文气候包括热带稀疏草原和干草原农业生态系统。这些地区以定居农业为主，是世界上降雨变异性最大、干旱和旱灾发生最频繁的地区。
来源：UNStat database, 2005, United Nations Statistical Division, http://unstats.un.org/unsd/default.htm. 参见本书第 8 章。

药和劳动力上投入,造成一种风险和贫穷恶性循环局面。因此在雨养农业中增加补灌措施往往是提升其生产力的一大要举。

改进雨养农业也会带来负面的环境效应。根据情况的不同,蓄集雨水或多或少会增加作物的耗水量,减少了流入河流及湖泊的水量,或者减少了地下水的补给。而对下游水资源的影响需要针对具体位点进行评估。

加速进程

有了正确的动机和措施来减少个体农户风险之后,雨养农业的水管理就有了巨大的潜力,既能增加粮食生产和脱贫,又能维持生态系统的各项服务功能。

挖掘雨水潜力,实现增产增收的关键步骤有:

- *在农作物最需要水的时候能得到更多的雨水*。为此可以截获更多的降雨贮存起来以备不时之需,对雨养系统进行补充灌溉,更有效地利用雨水,以及减少无用的蒸发水量。蓄雨、补灌、保墒耕作和小型技术(踏板式水泵和简易滴灌设施),实践证明是行之有效的方法。例如,在作物开花或灌浆期出现短暂干旱期时,投入少量资金进行补灌,为每平方米提供100 L水,就会使农业生产力和水分生产力提高一倍以上。其所需资金大大低于典型的完全灌溉。
- *生产能力建设*。水资源的规划者和决策者要制定并应用雨水的管理策略,而且推广服务机构则要给农民提供技术和资金支持,使他们掌握雨水利用技术,并和他们一起探讨如何针对当地的特定条件采用和改进这些技术。这曾是流域水管理的一个盲区。
- *扩大水资源和农业政策与管理范围*。应该将上游蓄水设施和田间的雨水管理纳入规划,并要建立相应的配套制度。

政策行动6　改造传统灌溉以适应未来需要

在大多数发展中国家,灌溉仍然是农村经济的支柱(地图4)。尽管灌溉仍将继续发挥满足粮食安全需求和支撑农村经济的关键作用,但是自20世纪下半叶以来,把巨额公共投资引向大规模灌溉工程的条件已经大大改变。

大规模公共灌溉农业快速扩展的时代已经结束,我们面临的新的重大任务是改造传统方式的灌溉以适应未来的需要。首要的是,灌溉必须对变化的需求做出反应,为生产力不断增长的农业服务。重点是改革水资源管理制度,即改变激励机制并进行生产能力建设以应对新挑战。

为何要投资灌溉?

尽管仍然需要投资于灌溉,但是这种投资必须是战略性的(框4)。灌溉投资必须在其他开发性投资的环境中被考虑,要全面考虑包括社会、文化、经济和环境在内的各项成本和效益。同时还要考虑所有的灌溉方式谱系,从满足大多数

地图 4 灌溉面积占耕地面积的百分比

■ <5% ■ 5%~15% ■ 15%~40% ■ >40% □ 无数据 ■ 内陆水体

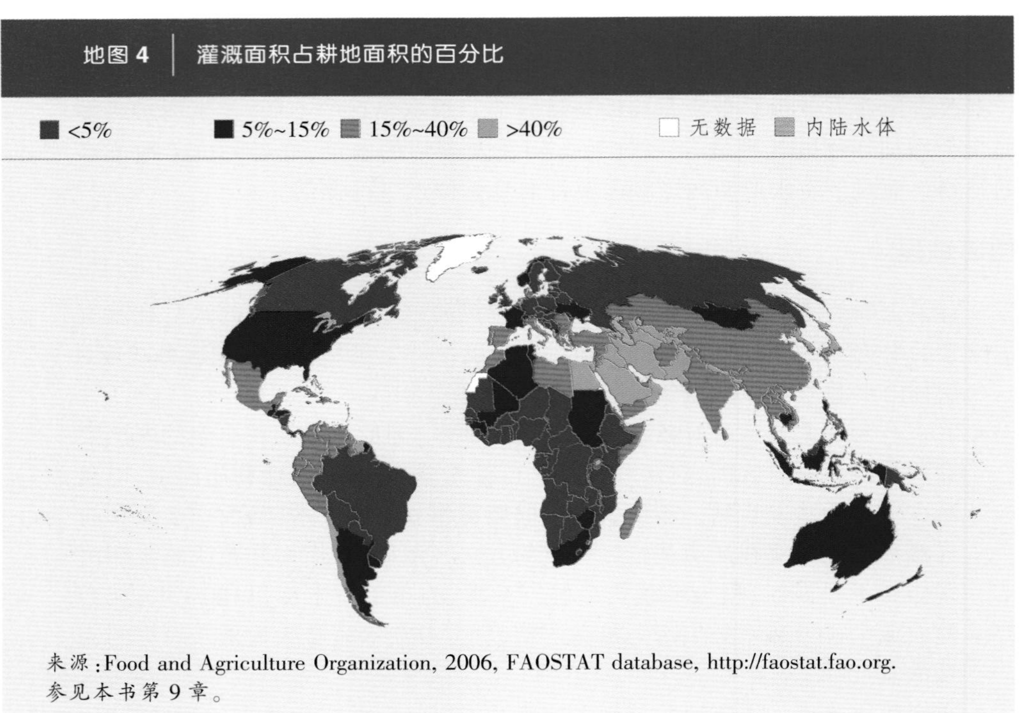

来源：Food and Agriculture Organization, 2006, FAOSTAT database, http://faostat.fao.org.
参见本书第 9 章。

框 4 投资灌溉的四个理由

1.减少农村贫困。在那些农业占 GDP 主要份额的国家和地区(非洲撒哈拉以南大多地区)，提高农业生产力是减少贫困最切实可行的选择，而且发展灌溉农业是促进经济发展的跳板。灌溉系统方案有利于一水多用，从而将农业、畜牧业、渔业和其他增收产业结合起来，以提高农村的收入和发展的持续性。

2.适应全球市场对农产品的需求，适应食物需求偏好和社会需求的变化。到 2050 年要满足 20 亿~30 亿新增人口的粮食需求就要求提高现有灌溉农田的生产力并适当扩大灌溉农田。很多发展中国家的城市化进程使食物需求从大宗粮食作物转向水果、蔬菜和畜产品。

3.适应城市化、工业化和日益增长的环境用水配给。对水资源日益激烈的竞争需要加大投资，使农民能用更少的水生产出更多的食物。

4.应对气候的变化。应对气候变化和极端气候需要大型蓄水设施，进一步开发灌溉系统，并改变现有灌溉系统的运行方式。

尽管在上述理由认为投资新灌溉系统很合理的地区，今后的大量投资也会集中在现有灌溉系统的维护和现代化上，以提高其性能，使其适应新的功能。这一点特别适用于南亚地区，因为那里的单产水平低，不平等现象相当严重，耕地水浸和盐渍化较普遍。

作物用水需求的大型灌溉系统到雨养农业体系中为度过短暂干旱期的小规模供水技术。

提高现有灌溉系统的性能和增加新的灌溉系统，会增加农民收入，为无地者提供就业，降低大宗农作物的价格，以及引发次生效益(如促进农业产业的发展)来促进整个经济的增长，从而可以减少贫困。

需要何种投资？投入多少？

新世纪灌溉农业面临的挑战是：增进平等，减少对环境的损害，增强生态服务功能，提高现有和新增灌溉系统的水分和土地生产力。各个国家都要因地制宜地进行灌溉投资，要考虑国家的现实情况，整体发展水平，与世界经济的整合度，贫困和平等的状况，水资源和土地的可用量，农业在国民经济中的比重，以及在地方、区域和世界市场中的相对优势。

> 新世纪灌溉农业面临的挑战是：增进平等，减少对环境的损害，增强生态服务功能，提高现有和新增的灌溉系统的水分和土地生产力。

有些地区扩大灌溉面积还有潜力，尤其是非洲撒哈拉以南地区。而其他一些地方，面临的挑战是如何通过技术升级和更好的管理措施来提高现有的基础设施的效率。

受市场和农民增收动机的驱使，现有的各种类型灌溉系统都有提高生产力的可能性。大型地面灌溉系统需要有更有效的信息和水资源调控措施，还需要有更高的以服务为导向的管理文化，而且要对农民、牧民、渔民以及小规模产业或生活用水者的需求负责任地做出反应。

灌溉管理还必须提高供水的可靠性。这将需要投入更多的资金来周密构想水资源的掌控和传输，以及灌溉的自动化和测量的改进方案，并对人员进行更好的培训，提高业务能力。

那些灌溉基础设施老化严重的国家，需要在技术和管理提升上投入更多的资金，相应地对排水系统的投资也要按适当的比例配套。因此，政府的投资意愿和融资能力将会与各方面的资金需求产生相当大的矛盾。

可持续地管理地下水

所幸有一个富饶的全球地下水源，亚洲和非洲的千百万农民和牧民才得以改善生计和粮食安全。地下水对20世纪70年代以来的灌溉面积的增长做出了巨大贡献，尤其是在南亚和中国华北平原这些农村贫困率较高的地区。亚洲无可争辩的证据显示，和大型地面灌溉系统相比，地下水灌溉更能够促进人与人之间、男女之间、各阶层间，以及不同地域间的平等。

但是近年来，地下水源开始衰败了。地下水灌溉的无节制扩张对环境产生了极大威胁，但仍然是小农户维持生计的主要支柱。地下水与能源的结合构成了一种奇特的政治经济学矛盾：居高不下的能源价格有助于挽救地下含水层，但却会威胁以地下水为生计的农户。因此，只有提高地下水灌溉的能效才有助于保护地下含水层和农民的生计。按目前对地下水的开采趋势，如果不进行更有力度的资源管理，这些地区的地下水利用将不可持续。

但是在其他一些地方，地下水还有很大的开发空间。在那些地下含水层丰富且补水条件较好但贫困率高的地区，如印度的恒河平原，发展地下水灌溉仍不失为一种重要的战略选择。如何才能管理好地下水呢？地下水可持续管理的共同参与方法将会把供水方的措施（人工补水、地下含水层恢复、跨流域调水）和需水方的措施（地下水定价、法律和行政控制、水权和抽取许可证制度、节水作物和技术）结合起来。

在一些地区，扩大灌溉规模仍然具有一定空间，但在其他一些地方，面临的挑战将是如何在现有的灌溉系统上得到更多的产出。

实践证明，供水方措施比需水方措施更易于实施，即使技术先进的国家也如此。但是要把地下含水层的开采减轻到可接受的程度，唯一办法也许就是减少灌溉面积、改善农作体系、转向节水作物种植，不过这些措施都难以实施，尤其是在发展中国家。

利用好劣质水资源以解燃眉之急

劣质的淡水也是一种重要的水资源。发展中国家城市及其周边地区的千百万小农户都是用工业、商业和民用所产生的污水进行灌溉。居住在三角洲地区和大型灌溉系统末端地区的其他数百万农民，则利用渠道水、含盐排放水和咸水的混合水源进行灌溉。他们中的许多人对一周、一个月或一个季度内得到的水量或水质是无法掌控的。

目前还难以对农业中污水的再利用进行评价，但它在某些地区（大多为干旱和湿润环境）的作用十分明显。在越南河内，80% 的蔬菜生产是用混有污水的水源灌溉的，在加纳的库马西，记录在案的日常灌溉大多用的是污水，面积达11 900 hm^2，约是这个国家官方统计的灌溉面积的1/3。目前主要有三种管理措施来提高对边际水的管理：减少边际水的产生量，最大限度降低农业中边际水利用的风险，最大限度减少用这种水种植粮食作物的风险。

改变对灌溉的管理方法

最重要的是，我们要改变对灌溉的管理方法。随着新建灌溉基础设施的减少，以及管理责任向使用者的转移，公共灌溉系统管理机构就要迅速进行角色转变。原先属于这些机构的规划和设计、签订工程合同和监督合同执行，以及向农户输水等职能会变得不再那么重要。新的职责则包括：资源配置，大规模的输水，流域内的管理，用水部门监管，以及促进诸如“联合国千年发展目标”此类全球性社会和环境目标的实现。

政策行动7　完善改革过程——目标是国家相关机构

虽然国家将继续发挥改革的主要推动者作用，但是国家的相关机构是最需要改革的。有一些“改革失败国家”的实例，这些国家不但没有改革成功，所进行的机构调整还给农业和水管理带来了严重损害。国家必须承担更加平等的获取水资源的责任，并促进投资以降低贫困率。保护不可缺少的生态系统服务功能也是至关重要的，尤其对维持贫困人口的生计。

不幸的是，过去30多年对农业水管理的改革除了少有的例外，绝大多数的结果都令人失望。尽管对农业分权、整合、改革和更有效管理的呼吁不绝于耳，但是实施的结果并非完全成功，还有很多问题有待解决才能取得有效的结果（框5）。

我们需要重新思考改革的路径和方法。本综合评估研究采用了一种更周密更接近自然的制度改革方法，这种方法的依据和方针是以当地社会经济、政治、自然环境以及对制度动态特性的认知为基础的，而不是沿用几十年一直采用的程式化的模式（框6）。

大多数的改革由于只把重点放在正式的灌溉机构或水管理政策和组织上，所以忽略了很多其他影响农业用水的因素——其他用水部门的政策和政府机构、非正式的用户制度、宏观经济环境和更广阔的社会制度。

为什么以前的改革模式大部分都失败了？

以前的很多改革都没有考虑构成制度变化空间的历史、文化、环境和既得利益因素。所依据的大多是“蓝图式”的解决方案，遵循着其他地方已取得成功的经验模式。改革达不到预期效果的另一个原因是，只注重单一类型的机构而忽略了范围更广的体制环境。由于只把重点放在正规的灌溉或水管理政策和组织上，大多数改革忽略了很多其他影响农业用水的因素——其他部门、非正规的用户组织，以及宏观经济环境和更广阔的社会公共机构的政策和管理作用。

框 5 程式化的改革模式往往达不到预期效果

- 灌溉管理权转移。为了减少政府花费、提高灌溉系统的效率，很多国家寻求一种将灌溉管理权从国家转移到使用者（用水协会或农户组织）的政策。
  这种做法显示有一定潜力，但是效果却有好有坏。
- 流域管理机构。集权化流域管理机构曾被大力宣传成管理用水竞争和实施水资源综合管理的最佳模式。
  那些取得成功的国家都把流域管理的重点放在开发、管理和维护各方协作关系上，建立在现有的组织机构、习惯做法和行政架构上。
- 灌溉水的定价。灌溉水定价曾被认为是一种增收的有效途径，既能实现水的利用效率又足以支付灌溉基础设施的建设、运行和维护费用。
  这项政策的实施经常因政治冲突而搁浅，并且由于难以测量输水量和难以向大量小用户征收水费而进行不下去。作为一种一揽子措施来实施，有利的一方当然是需求管理机构，因此这种定价会承担加剧水资源掠夺和贫困的风险。
- 可交易水权。灌溉水定价值得关注的另一方面与水资源市场有关。在存在水权且水权和土地权分离的国家，理论上讲，市场可以确保通过水权贸易实现部门间水资源的重新分配。
  实际上，迄今为止水权贸易拥有的再分配水资源量太少了（在澳大利亚和美国西部，年度永久的水权交易不足1%）。根据目前的经验，在未来的20~30年间，水资源市场不太可能对亚洲或非洲撒哈拉以南的农业用水产生重大影响。

其他一些常见的障碍还有：

- 对改革的支持力度不够。改革需要在政策和决策层面以及实施层面上给予支持。
- 改革的能力建设和奖励不足。需要改变办事方式的个人和组织通常都需要掌握新的技能和知识。
- 经常低估变革所需的时间、努力和投入。尤其是对那些与时间受限、援助者投资项目有关的改革，人们往往急于求成。结果是改革被过早地判为失败，最后不得不半途而废。

> 我们的研究发现：当一个由国家和公民社会共同积极参与的复合的政治空间为不同事业和人群的权利辩护的时候，更能取得更加和谐平衡的结果。

精心制定改革策略

向前迈进需要在既考虑到现实情况又考虑到历史状况的基础上制定出政策和制度改革策略。首先，改革是一种内在的政治过程。其次，政府是改革发起者，但不是唯一的推动者。第三，制度的多元化和社会守旧性会影响着水资源的开发、管理和利用。第四，能力建设、信息共享和公开辩论是必不可少的保障。第五，实施计划必须能应对新的知识和机遇。

政策行动8　协调处理及做出艰难抉择

当今的水资源管理需要做出艰难选择并要学会协调。现实中双赢的局面其实很难实现。但是，协商而包容的决策过程有助于确保协调，不会产生不公平的

框 6　当前农业水管理的 7 大方针

1.要让水资源的技术管理系统意识到，水资源管理不仅仅是技术问题，而且是社会和政治问题。这就意味着要满足贫困男女对水资源多种需要：种植作物用水、饮用水、卫生和防疫用水，以及通过一系列活动产生对水的需求。

2.要支持农业用水综合性的管理方法。例如：管理水资源不仅是为了提高粮食生产而且要增强生态系统服务功能；将畜牧业和渔业纳入水资源管理范畴；改进雨水管理并鼓励提升雨养农业生产能力的投资；支持相关系统和服务机构，以促进一水多用；污水的安全再利用以及地表水和地下水的联合应用。

3.制定对用水者和政府机构工作人员的奖惩制度，以及提高用水的公平性、高效性和可持续性。

4.提高各级政府机构的工作效率，特别是其调控职能，并在国家的行为和其他执行部门行为之间找到恰当的平衡点。

5.在水资源开发、管理及其相关部门内建立一种政府、民众团体和私人组织之间有效的协调和谈判机制。

6.要使妇女和其他对水资源管理虽有利害关系但目前尚无发言权的社会弱势群体获得应有的权利。需要建立专门的支撑体制来推进千年发展目标。

7.建立政府、民众团体、私人和社区用户之间的联合机制，并利用市场力量来实现成功的改革。

效果。

改革和变革是不可预测的。即便有最先进的决策科学,在确定外部驱动因素和决策后果方面也还存在着高度的不确定性。最大的驱动因素之一就是气候变化,因为它影响着生产力和生态系统,需要有相应的政策和法规来应对气候变化。水资源管理机构必须采取适应性的管理策略,要有能力识别危险征象,在涌现出更深入的认识时候要有及时改变政策的灵活性。要与有见识的多方利益相关人士进行谈判,协商解决问题,用富有创造性的方法实施决策。

当国家重新形成一种融合的政治氛围,民众团体积极为各项议事或公民群体辨护时,通常才能取得更加和谐平衡的结果。

需要权衡的主要关系

- *农业蓄水-环境用水*。综合评估报告指出,要因地制宜地提高蓄水能力,包括储备在大型和小型水库的水、地下水和雨水收集(尽管水量不大)。在很多地区,蓄水是应对气候变化导致降雨量改变所广泛采取的措施。但是蓄水也会剥夺环境用水。
- *再分配-过度分配*。让贫困人口获得用水权并维护其用水权被认为是脱贫的关键措施。但是在很多已经“闭合”的流域,水资源已经被过度分配,因此很难做出再分配决策。在闭合流域重新进行水资源分配需要进行重新谈判。谁将会从新增加的水资源中获益最大?所造成的损失将如何补偿?
- *上游-下游*。淡水渔业、环境流量和海岸地区都会受到流域上游水资源开发(通常未经协商)的影响。难办的是难以确定因果关系,所以是在不清楚后果的情况下采取了行动。而贫困的渔民没有发表意见的渠道或政治途径去保住他们的水。
- *公平性-生产力*。促进高产高效农业一般对富裕者有利,而促进更公平的农业不一定是高产农业。
- *这一代-下一代*。有些抉择现在可能是有益的,但对后代来说或许是损失。随着很多地方地下水位的下降,现在继续开采下去也许就意味着下一代就不再享有同样的资源。但是今天利用地下水促进的经济增长也许意味着未来一代不易再依赖地下水。

做出艰难抉择

政府在推动改革中的角色是关键性的,但是不能仅仅依靠政府来实现变革。单靠制定新的法规或通过行政命令收效甚微。良好的治理很少是由意向性政策文件或口号驱动的。综合评估研究发现,当国家重新形成一种融合的政治氛围,民众团体积极为各项议事或公民群体辨护时,通常才能取得更加和谐平衡的结果。

因此需要明确制定出对水资源分配决策中受损者的奖励制度或补偿措施。为环境服务付费的概念代表了一种保护生态系统的观点。

进行协商谈判的关键因素:

- *促进社会参与和公开辩论*。在共享信息基础上的公开辩论会使变革受到更广泛的信任,更具合法性,而且更理解变革的原因,从而增加了成功实现的可能性。这样的辩论可以为包括贫困人口在内的各方利益相关者(即变革的得利者或损失者)创造机遇,因为他们中的大多数人很少意识到无地者、渔民、牧民,以及那些依赖湿地和森林生态系统为生的人群的利益诉求。

- 完善利益权衡的评估方法。这样的评估方法要有助于确定在某一特定区域哪一种生态系统服务功能最有益于社会。现有的评估方法包括成本-收益评价法、不可流通服务的评估、灾害风险评估和估算湿地所需水流评估模型。
- 公平共享知识和信息。更多数据需要生成、转化为可靠的信息并将其广泛分享给利益相关者,从而提高他们的认识和理解,即通过知识提高其能力。当政府机构无法吸引并留住具备新的专业技能的人才时,水管理机构掌握的新技能和能力就显得至关重要了。

第 1 部分 研究背景

第 1 章描述了全书的大背景，介绍了本综合评估项目产生的环境,阐明了那些将贯穿全书的基本概念。

第 1 章　研究背景

农业水利用是生命的支柱

尼泊尔艺术家:Jhun Jhun Jha and Hira Karn

第1章 研究背景

作者:David Molden, Jean-Marc Faurès, C. Max Finlayson, Habiba Gitay, Joke Muylwijk, Lisa Schipper, Domitille Vallée, and David Coates

人类正面临着水资源管理的前所未有的挑战:如何可持续地利用水资源以应对全球很多地方对食物需求的增长?如何为那些用水量已经超过可持续利用极限的地区找到实用的解决方案?我们需要更多的解决方案和创新性的解决方案。本研究报告基于这样一个前提:寻找既可确保经济和社会发展,又可满足日益增长的粮食安全和农业可持续发展需求的解决办法。

现代农业生产实践(包括高产品种作物的投资,以及农业化学物和水资源的高强度投入)已经使全球粮食生产的增长超过了全球人口的增长,并使全球食品价格下降。农业用水的增长有益于全球农民和贫困人口。但是农业部门还面临着许多没有解决的问题和挑战:为贫困人口提供资源和机会,使他们解决温饱,过上健康的生活;使单位用水量更少而产生数量更多、品质更高的食物;使用清洁生产技术以确保环境的可持续发展;为地方和国家经济增长做出更多的贡献。

尽管目前看起来粮食充足且价格低廉,但为全球所有人口提供粮食安全的任务还远远没有完结。在21世纪初,全球仍然有8.5亿人口处于粮食不安全状态,其中60%生活在南亚和非洲撒哈拉以南地区,70%的贫困人口生活在农村地区。很多人口都居住在农业和人类发展受经济、制度以及不当的政策制约的地区。家庭中,粮食安全的责任主要落在妇女的肩上,而妇女在与此相关的政策制定中却没有得到足够的重视。

一直以来,在农业的绿色革命中相对被忽略的一点是水资源对健康的生态系统的作用。河流的断流、干涸和污染，水生物种濒临威胁，农用化学物残留的累积以及自然生态系统功能的丧失和退化，这样的现象随处可见(MEA 2005)。快速扩张的城市，蓬勃发展的工业，以及农业化学物使用的日益增长都对河流、湖泊、地下含水层和其他生态系统的水质造成破坏。地下水作为一种农业和饮用水都越发偏爱的水源，正在遭受污染和耗竭的威胁，这将使获取地下水变得困难，或者说对其利用将效率低下且不可持续。

> 确保平等的水资源的获取及其对当前和未来人类的利益是我们目前面临的主要挑战，尤其是在水资源短缺和竞争日益加剧的情况下。

农业水资源管理综合评估的目的

展望未来几十年，农业需要更多的水资源来满足日益增长的人口的需要。确保平等的水资源的获取及其对当前和未来人类的利益是我们目前面临的主要挑战，尤其是在水资源短缺和竞争日益加剧的情况下。随着人类对环境问题的日益关注，我们必须做出一些艰难的抉择。未来需要做一些权衡是不可避免的，而且在政治上是有争议的。有关农业用水和管理的决策，将在很大程度上决定各国是否能够达到联合国千年发展目标中设定的经济和社会发展以及环境可持续性的目标，这些目标是相互关联的(表1.1)。

未来应该如何管理农业水资源？2000年，荷兰海牙的"世界水观察论坛"出版了名为《水资源和自然观察报告》(*Vision for Water and Nature*，IUCN 2000)和《粮食用水和农村发展观察报告》(*A Vision for Water for Food and Rural Development*，van Hofwegen and Svendsen 2000)。这两个"观察报告"包含了许多与以往不同的观点，涉及农业水资源开发的必要性，社会如何更好地利用水资

表 1.1　农业水管理和联合国千年发展目标之间的关系

千年发展目标	农业水管理所能发挥的作用
目标 1 消灭极端贫困和饥饿	增加农业生产、提高农业生产力以保持与需求的增长同步；为贫困人口保持可负担的粮食价格；改善农村贫困人口获取生产要素和市场的条件
目标 3 促进两性平等并赋予妇女权力	提高水资源获取的平等性，从而提高生产粮食的能力
目标 4 降低儿童死亡率 目标 5 改善产妇保健 目标 6 与艾滋病、疟疾和其他疾病作斗争	有助于提供更好的卫生条件和更健康的饮食，尤其是通过对劣质水的适当利用将水的多种用途纳入新的和现有的农业水管理体系中，这些用途包括水的生活和生产功能
目标 7 确保环境的可持续能力	将可持续发展的原则整合进农业水资源开发中以扭转环境资源丧失的局面
目标 8 全球合作促进发展	各相关领域的实践者、研究者和决策者共同参与水资源管理行动的筹备工作

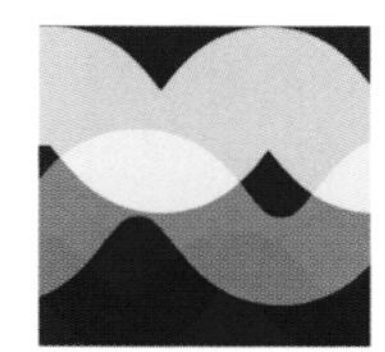

源，以及相关开发的成本和收益。形成这些不同观点的主要原因在于对一些基本前提理解上的差异。如：如何有效利用水资源以减少贫困，生态环境的影响范围，地下水的贡献，雨养农业当前和未来潜在的用水。虽然提出了技术和制度上的解决方案，但却难以被采纳，且潜在影响存在争议。同时，对过去用水方式造成的影响了解有限，对水资源使用现状也缺乏清醒的了解。

在发展中国家建立一种更为公平有效的农业用水方式，其关键步骤就是要全面理清当前农业水资源的管理方式及其对食物和环境可持续性影响的情况。为了向前迈进，我们既要全面了解以往的成功经验和失败教训、受益者和未受益者，同时还要了解那些前景看好的、非传统方法的相关信息，这样才能掌握未来水资源管理的关键。我们还需要确定提高农业水分生产力的潜力范围及其实现途径。本研究项目旨在从应用层面上把握这些问题，对可能成功的方法提供更好的理解思路，同时找出认识上的重要分歧。

农业水管理综合评估研究项目旨在从应用层面上把握这些问题，对可能成功的方法提供更好的理解思路，同时找出认识上的重要分歧。

关键概念

农业水管理需要一种多学科交叉和整合的方法。农业水管理涉及的问题涵盖跨多领域的调查以及人类生计的方方面面。本研究项目中重复出现的重要概念将在本节予以解释和讨论。

农业水源和水流

本综合评估报告以“降雨是所有水资源的首要来源”的基本理念为出发点。这与传统的认识方式有所不同。因为传统农业用水概念主要关注从地表(河流和湖泊)和地下水源抽取出来用于灌溉的水。降雨被分成流入河道的径流和暂时储存在土壤中的水分，而储存于土壤中的水分继续转化成土壤表面蒸发和植物蒸腾。我们在这里用蓝水和绿水的概念来描述上述复杂的水循环的来源和流向。蓝水是指在河流、地下含水层、水库和湖泊中储存的水，主要用于灌溉农业。绿水则是指由于降雨渗入土壤而产生的、可以被植物吸收利用的水分。绿水构成了雨养农业的主要水源。农业水管理体系主要依赖于这样几种水源：降雨、地下水、地表水和再利用的循环水。

农业水管理

在农业中，水用于粮食、纤维、燃料和油料作物的生产，也用于渔业和畜牧业。在产品产出的时候，农业生产者都要满足他们各自特定的生计需要。水仅仅是农业生产投入中的一种，它的相对重要性及管理方式随着农业体系的不同而有所不同。农业水资源的利用所产生的影响是深远的，因为对农业水资源的管理会占用相当多的自然和人力资源。

本综合研究报告考虑了许多种农业水管理体系。它评估了地下水和劣质水(咸水、微咸水、城市污水、灌溉排水)的使用，小农户为了增加收入越来越多地使用这种水源；关注了由于水资源使用的增加对农民生计产生的影响和压力；追踪了水从降水到海洋的整个历程，研究水如何在城市、农业和生态系统中被利用和再利用的过程，以及水在多种用途中的使用和消耗。

在纯雨养农业和纯灌溉农业的中间地带，也存在一些水资源管理和使用的生产体系措施（图1.1）。本综合评估报告考虑了完全依赖降雨的农作体系、雨养结合补充灌溉的农作方式、完全依赖地表水和地下水灌溉的农业。

> 农业水管理的几个重点包括：系统的规模和管理，制度环境，基础设施和供水服务的费用。

这些农作体系主要依据其对绿水水源（土壤水分）或蓝水水源（地下水、河流、湖泊）的依赖程度而划分为不同的类型。田间水分的保育措施倾向于农田水分的保育，地表水和地下水灌溉则是蓝水利用的关键因素。整个谱系的中间部分（补充灌溉、集雨、地下水灌溉）是最令人感兴趣的部分，但其有效的利用措施却相对较少。这些农作方式的水源规模可大可小，可服务于一人，也可服务于多人。农业排水措施（为创造适宜的农业生产环境而将水分从农田中排出）对提高雨养和灌溉农业的生产力和可持续性具有重要作用。

许多农村贫困人口依赖养殖牲畜维持他们的生计。家养动物能提供肉、奶、皮革、血液、现金收入和农业动力，其粪便可转化为燃料和土壤养分（见第13章有关畜牧业的论述）。和其他农业活动一样，牲畜的养殖业也需要大量的水资源。牲畜养殖体系管理不善会造成土地和水源的退化与污染。与此相似，渔业对许多贫困人口来说是重要的食物和收入来源（见第12章有关内陆渔业的论述）。几乎所有的内陆水体都会以某种形式支持渔业生产，而鱼类产品是生态系统能

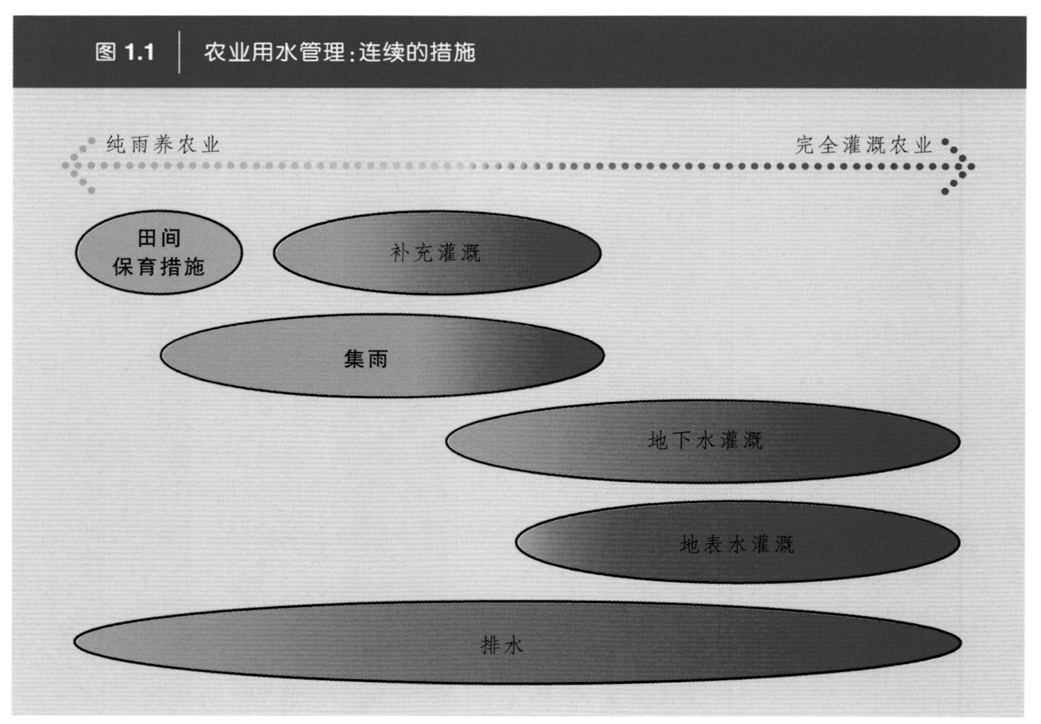

够提供的最基本的服务之一。因而渔业和畜牧业一样,也被包含在水资源管理这一连续性体系中。

农业水管理的几个重点包括:

- 系统的规模和管理,这些系统是单独管理还是被集体管理。
- 制度环境,主要包括地权和水权、基础设施开发的政策、水资源的配置、环境保护。
- 基础设施的费用,包括其运行、维护和供水服务。且这些经费是由个人支付,还是以私有化、集体化或公共基金的形式支付?

将这些影响考虑进去的水资源管理的干预措施就可以在特定的社会、文化、经济、技术和生产环境下加强、打破或适应现有的性别模式和动态。

生计

生计的概念涵盖了多种多样的生活方式,用以满足个人、家庭和社区的基本需求。发展的生计方法把人置于发展战略的核心地位,即从人力、社会、自然、物力、财力五种资源的角度对贫困人口进行优势和劣势评估。

实现可持续的生计是协助人类过上幸福生活的一种手段,它通过提高人民健康和教育水平、增加机会,以及确保健康的环境和中等生活水平来体现。实现这种生计方法的可持续性特点,必须帮助人们建立抵抗外界冲击和压力的弹性机制;保证自然资源的长期生产力;摆脱对外界不可持续支援的依赖;以及避免破坏他人的生存资源。有效解决生计问题的政策和措施通常是针对个人、群体或小群体的,而不是将所有贫困人口情况一概而论的。注意倾听穷人的声音,将他们纳入到决策过程中去(Chambers and Conway 1999),强化解决有关生计的治理问题,这些都有助于产生适当的响应措施。

权力制衡,性别,社会环境,多样性

女人和男人的角色、权利和责任是由社会界定的,是基于特定文化的,反映了正式的和非正式的权力结构,而这种权力结构又影响了做出管理决策的方式,以及是否惠及或损害某些群体的利益。农业、水资源管理和其他相关的活动对社会的互动和结构都会产生影响。因此任何在水管理方面或生产体系上的变动都会影响不同阶级和年龄段的男人和女人的关系。理解农业水管理中的社会变动要求对多种形式的社会差异(如性别、贫困、阶级、阶层、宗教信仰和种族)有深刻理解并在多样化的情境下对它们做出分析。所有这些方面在社会环境下起作用时是相互关联且同等重要的。

因而,当水资源管理的实践者、推广工作者、科学家和决策者们试图指导或改变管理方式和生产动态时,都会直接或间接地影响这些社会关系。将这些影响考虑进去的水资源管理的干预措施就可以在特定的社会、文化、经济、技术和生产环境下加强、打破或适应现有的性别模式和动态。

生态系统和生态系统服务功能

生态系统是由既定区域内所有生命体(植物、动物和微生物)与其所在环境中的非生命性物理和化学因素共同组成的功能单元，这些生命体和非生命因素通过养分循环和能量的流动相互连接在一起。生态系统的大小和类型相差很大，但共同特点是它们都是作为一个整体来发挥作用的。生态系统的服务功能是人类从生态系统中能够得到的收益（见第6章有关生态系统的论述）。联合国《千年生态系统评估报告》（MEA 2005）定义了生态系统的四大类服务功能：

> 当水资源缺乏的时候，考虑单位水量的产出，即水分生产力就更有意义了。

- 供给服务。从生态系统中得到产品，包括食物、淡水、燃料和物种资源。
- 调节服务。从生态系统的调节过程中受益，主要包括授粉、侵蚀控制、风暴抵御、生物控制、人类疾病的调控、气候和水的调控、水的净化和废物处理。
- 文化服务。从生态系统中得到非物质收益，主要包括文化多样性和文化遗产、审美价值、娱乐和旅游。
- 支撑服务。对其他类别服务的产生具有支撑作用，通常间接地对人类产生影响，主要包括土壤形成和保持、初级生产、养分和水分循环、栖息地的提供。

农业系统（农业生态系统）是被有利于农业的生产活动所改造的生态系统。农业生态系统和其他生态系统之间的区别主要是概念性的，且主要基于人类对有利于农业生产进行干预的程度定性。同样的标准不一定适用于渔业生产，因为渔业生产主要依赖于野外捕捞，尽管在一些地方通过保护鱼类数量和改良栖息地这些措施来增加捕捞数量和提高整体生产力。而对鱼类和其他水产品的水产养殖业，则是通过不断提高对生产的管理来提高整体生产效能的，粗放型和集约型的生产方式同时并存。无论是否被高度管理，许多生态系统都对食物生产有所贡献，如授粉、害虫控制、蓄水和土壤形成。

生物多样性。生物多样性包括所有的经过管理和未经管理的生态系统，以及它们所提供的物种和基因资源。生物多样性是一个包罗万象的概念，包括经过管理的和未经管理的系统。许多经管理的生态系统有着与此相关的独特的生物多样性。这样的生物多样性通常由人类活动所维护，尤其是农业。农业反过来又依赖于生物多样性，因为生物多样性会维护生态系统的功能，使其范围远远超出该系统本身的局限。

生物多样性作为农产品的来源对农业是具有重要意义的，如提供动物和植物物种资源。生物多样性间接支持农业生产，比如通过传粉昆虫支持农作物的生长和发育，通过土壤生物多样性保持土壤质量，提供养分循环以及控制土壤侵蚀。生物多样性对持续提供农业用水也十分重要（通过维持水循环和集水条件实现）。同时它还对农业造成的污染有循环和吸收的功能。

农业对生物多样性也会产生重要影响，因为农业是人类最主要的土地利用方式，是生物多样性丧失的主要驱动力，也是主要的水资源使用者。但是农业也缓解了对环境的其他压力，如贫困和饥饿。所以，农业对改善生物多样性管理具有重要作用，且受益的不仅仅是农业本身。

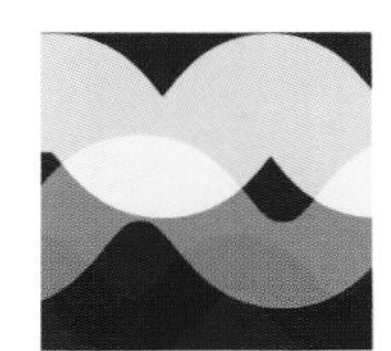

农业改变了生物多样性,从而改变了环境。减少这种改变有利于生物多样性的其他利用者和农业本身。研究管理措施对生物多样性的影响效果可为农业的可持续规划提供一种辅助工具。有关生物多样性的全球性协议如《生物多样性公约》(the Convention on Biological Diversity)和《拉姆萨湿地公约》(the Ramsar Convention on Wetlands)都支持这样的发展进程,即:保护和可持续性地使用各种形式的生物多样性,并承诺显著降低生物多样性的减少率,同时认识到这也是实现人类发展目标的要求(见www.biodiv.org)。

本研究报告跨越了时间和空间,充分考虑了农业生产体系、人类、管理这些因素与生命支撑系统之间的动态交互关系。

水分生产力

单位面积的产出量(如每公顷产出的吨数)常用来衡量农业生产力。但是当水资源缺乏的时候,考虑单位水量的产出,即水分生产力就更有意义了(见第7章有关水分生产力的论述)。物质水分生产力主要是指每单位水的农业产品(如作物、鱼类和畜牧产品)的产出数量。经济水分生产力则是指每单位水产出的经济价值,反映了包括生计和生态系统价值、收益及成本在内的毛回报率。水的单位十分重要,它可以表达为输水(降雨加上从蓝水水源的抽取量),还可以表达为耗水(通过蒸发、蒸腾、污染或者流汇而不能被再利用的水)。

江河流域——开放、闭合、正在闭合的流域

江河流域是指在分水岭界限内由一系列共同汇于某一终点的溪流、河流组成的地理区域,它们共同的汇合点通常是海洋或者是内陆水体。流域是本研究报告中重要的分析单元,因为流域内的水将用水者和生态系统联系起来。在很多江河流域,人们投资兴建满足城市、工业和农业发展用水的水资源基础设施,这些用水使流域水正在接近或超过极限,以致很多河流的产水量不能满足下游河道环境流量的需要(例如,环境流量可冲洗盐分和泥沙),或是不能满足全年(甚至不到一年)的用水需求。这个过程被称为流域的闭合。当人类用水过度的时候,流域就处于"闭合"的状态,当接近闭合状态时,被称为"正在闭合"。

概念框架

本研究报告在农业与生态系统二者对水资源争夺日益激烈的情境下,对改善水资源管理的各种选项进行考察。目的是实现联合国千年发展目标中所述的:利用水和其他资源,保证以环境可持续发展的方式为每一个人生产足够多的食物。该方法认识到水资源管理是在农业生产体系范畴内的,而农业生产体系范畴又是在更广泛的自然资源基础(包括土地、水、生物多样性和人类)范畴内的。本研究的全部体系都是置于社会和政治情境下的(图1.2)。

本研究报告跨越了时间(前后各50年)和空间(从地方到全球),充分考虑了农业生产体系、人类、管理这些因素与生命支撑系统之间的动态交互关系。它将变革的驱动力和农业水管理及农业生产系统的演化关联起来,也和这些管理及

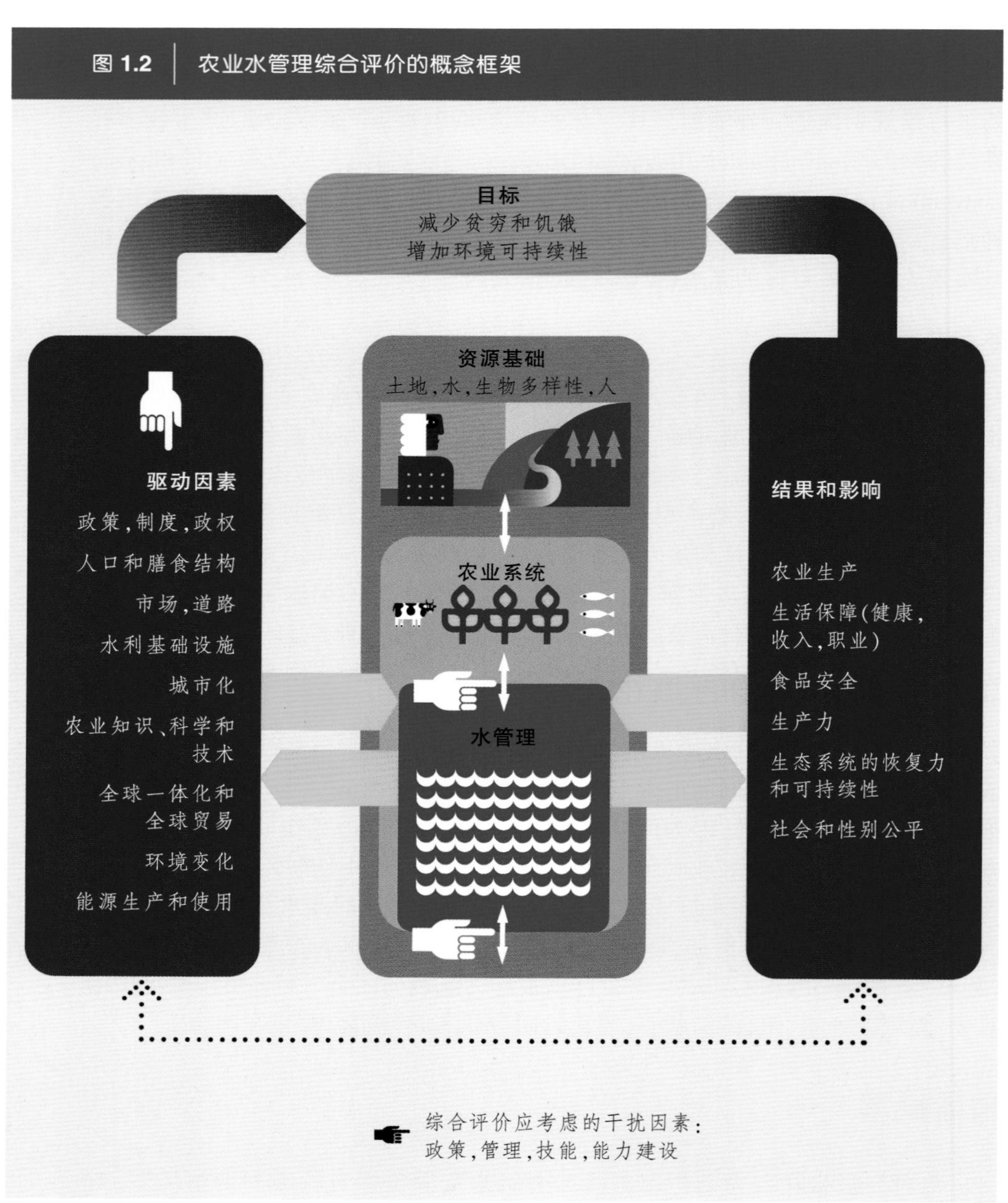

演化的后果、影响和目标关联起来。这个框架展示了这些要素之间的相互作用,但是这只是众多联系中的一个片段,并不能完全反映农业水管理中社会、文化、政治和制度因素的重要性,以及在农村和地方环境下的所有情况。

驱动力

本研究报告认识到农业中的水资源管理不能够孤立地运行。一系列复杂

的、相互关联的驱动力影响了农业生产系统、水资源管理,以及生产能力的演化,并在今后50年将继续发挥作用。另外,这些驱动因素本身也将在未来几十年经历变化。本研究报告确定了对农业水管理尤为重要的几个驱动力:政策、制度和政权;人口和膳食结构;市场的有效性和可获得性;水的储存、输送和排水设施;城市化;农业知识、科学和技术;全球化和贸易;环境变化;能源生产和使用。

在某些情况下还会出现直接和间接的反馈循环,所以,水资源管理的变化会影响到驱动力的维度、方向、速率和影响力,反过来这些又会影响到水的管理。某些驱动力是以这种方式受到影响的,但是更多的驱动力必须经过几十年甚至几个世纪的时间才能显现效果,因此这些驱动力变化的大小和速率在短期内不能被影响。更进一步说,这些只有在长时期内才能被影响的驱动力主要被其他过程所影响,如全球政治发展。

过去的许多干预措施都是以牺牲环境的可持续性为代价,来实现粮食增产的。

后果和影响

农业水管理有助于提高农业产出,农业产出又会通过食物和营养、健康状况、收入和就业的改善提高人类的生计水平。显而易见,为了实现千年发展目标,需要多层面地考虑投资和管理决策所产生的各种后果。

本研究报告考虑的后果和影响主要包括:农业生产、生计安全(健康、收入、就业)、粮食安全、生产力、生态系统弹性和可持续性、社会和性别平等。

因为农业改变了自然资源的存量和分布,因此也影响了生态系统。这些后果是积极的还是消极的,还是兼而有之,都取决于管理者做出什么样的管理决策。某些干预措施提高了国内粮食产量,却并未相应提高人民的粮食安全水平。过去的许多干预措施都是以牺牲环境的可持续性为代价,来实现粮食增产的。

不同的时间和空间尺度

在不同的空间尺度上(全球、国家、区域和地方)会有不同的利益攸关方和参与者,干预措施的决策和实施需要在不同的层面上做出,从个体农户及其家庭和社区到国际开发银行都要有所顾及。在一个层面上做出的干预措施会影响到其他层面的后果。个人和团体所要求的权力、财富、影响力以及对其需求、顾虑和权力的表达能力是不同的。跨越时间和空间概念的联系,无论是水文还是政策上,都必须多学科的参与,因为这些学科能够考虑不同层面内和层面间的动态状况。

不同的参与者可在不同层次上改变权力的结构。他们能够改变对资源的获取和有关这些资源的决策过程。尺度的选择既可将人的因素包括在水资源管理的选择和收益之内,也可将其排除在外。水资源管理和农业发展问题通常是在和行政管辖及决策机构不同的尺度上进行的。水资源在一个农场或灌溉系统中的管理方式会影响到流域内的其他用户。这会造成发展、政策和需求之间的不匹配。

尽管“地区”的策略会有着明确的目标，但是当范围变大的时候，事情会变得更模糊。比如，通过农场池塘、地下水、雨水收集或小型水窖来增加地方供水将会影响下游的水量。在某些情形下，上述用水方式比下游建设大型水库生产效率更高且更具可持续性，所以整体构想会变得愈加复杂。

由政府主导的干预措施和地方参与者实施的调整措施也是相互关联的。例如，对微灌技术或土壤保育措施给予补贴意味着鼓励农民实行本地保育措施，而农民对地下水的使用会引起国家的干预或政策回应。政治和社会结构将直接影响地方参与者选择何种农业方式，也会对所有层次的水资源开发类型产生影响。

对不同方式的选择将会受到时间和物理因素、后果的不确定性、文化条件、性别和权力关系、政治以及公平性和权衡利弊等因素的显著影响。

全球水平上的部门和市场联系会对流域农业生产和水资源利用产生空间作用。相对价格或变动要素价格、税收或补贴、移民、世贸组织或其他自贸协定，以及世界市场的演变都会由此产生巨大后果。

时间也会发挥作用。农业和水资源系统的现状是几千年来人类干预及其演化的结果。一些过程会在相对较短的时间内发生，比如给作物浇水，而有些对可持续性至关重要的影响过程则是多年累积的结果，如盐分的累积或地下水位的下降。

选择干预和响应的方式

本研究报告考虑了一系列干预措施和政策选择的有效性，衡量其是否为减少贫困和增进环境可持续性的农业水管理措施。以下三种途径对实现这些目标来说是至关重要的切入点：

- 改变农业体系中水资源的管理方式（技术和管理措施的改变）。
- 对自然资源库和其他生态系统之间的交互性进行管理（从资源库中抽取水资源，使用后的劣质水回归资源库）。
- 通过制度和政策变革影响相关驱动力。

包括以上三点的干预措施将更为有效。

干预措施可以通过法律、法规、动机、结构性投资和执法实现，可以经由包括公民社会在内的协作和伙伴计划实施，可以通过包括能力建设在内的信息和知识共享实现，还可以通过公共、集体和私人行动实施。对不同方式的选择将会受到时间和物理因素、后果的不确定性、文化条件、性别和权力关系、政治以及公平性和权衡利弊等因素的显著影响。不同层面的制度会有相应的不同的回应结果，因而制定改革决策需考虑周全以确保政策的连贯性。

决策过程是一个充满价值判断的过程，其中结合了不同程度的政治和技术因素。管理选择可能会基于目标和结果的协同或折衷，而既定目标和最终结果也许是相互矛盾竞争的，并且改变了农业和生态系统提供的服务的类型、规模和不同服务的相对比例。

在几个可能的途径中，哪一个是公平的和可持续的？——情景分析的方法

农业水管理的未来是高度不确定的。首先，对目前农业系统状态和它们的驱动力的信息不足，包括不同系统之间的相互关系和来自更大的系统中有关生态系统退化程度的负面反馈。第二，即便有这些信息也不可能预测突发事件和随机事件，如大规模自然灾害、减弱的生态系统弹性和不断增加的气候变异。反复发生的洪涝灾害对农业水管理会产生显著的影响，但是未来气候变化的特点以及对极端事件发生频率的影响也存在着高度的不确定性。第三，未来是不确知的，它取决于那些还未做出的决策。例如，水资源或者生态系统的服务会被定价收费吗？减弱的生态系统弹性会对农业系统有何影响？

> 本研究报告没有试图预测未来最有可能发生的情景，而是采用了一系列情景分析方法来探索基于不同投资选择类型的可能的未来图景。

本研究报告没有试图预测未来最有可能发生的情景，而是采用了一系列情景分析方法来探索基于不同投资选择类型的可能的未来图景。情景分析通过探索一系列投资选择的后果，对不同的变化驱动力是如何起作用的做出深入分析。

本研究报告认识到解决方案必须涉及有关贫困、环境和粮食安全的所有问题。同时也认识到，在不同时考虑其他目标的情况下，想单独实现其中任何一个目标都会导致情况的恶化，因为这三个目标有着密切的联系。因而，认识到这几个因素之间的有可能产生的负面影响并尽量将其降到最低程度也是十分必要的。

本研究报告的不确定性

由于需要对本研究报告证据的真实性和不确定性进行综合和判断，本研究的结论和成果的不确定性必须被明确指出。这可以定量来做，也可以定性来做。气候变化政府间组织(the Intergovernmental Panel on Climate Change，IPCC)的评估报告中，有关处理全球气候系统以及基于大气和海洋系统耦合模型的部分就采用了概率结果的定量分级的方法(IPCC 2001)。而本研究报告则采用了IPCC研发的一种对不确定程度判断分级的方法(Moss and Schneider 2000)，而这种方法也应用在后来的联合国千年生态系统评估研究项目中。不确定程度的级别是根据证据的数量和科学家与专业团队对证据认可的程度来划分的(图1.3)，这种方法将会贯穿全书。

本研究报告的结构

本研究报告的第二部分是由对农业水资源的管理趋势的综述开始的，这些管理趋势影响了农业水管理的思路、干预措施和投资取向。第二部分放眼未来，以情景分析的方式探讨了在几个关键的水管理驱动力的作用下水资源管理的未来(图1.2)。第三部分考察了作者认为对水管理决策和行动十分关键的跨学科和跨领域的问题:贫困、政策和制度、生态系统、水分生产力。第四部分的各章中对目前水资源管理的主要要素的相关知识进行了总结和提炼,包括:雨养农业、灌溉、地下水、劣质水、内陆渔业、畜牧业、水稻、土地和流域。

图 1.3 不确定程度的定性尺度

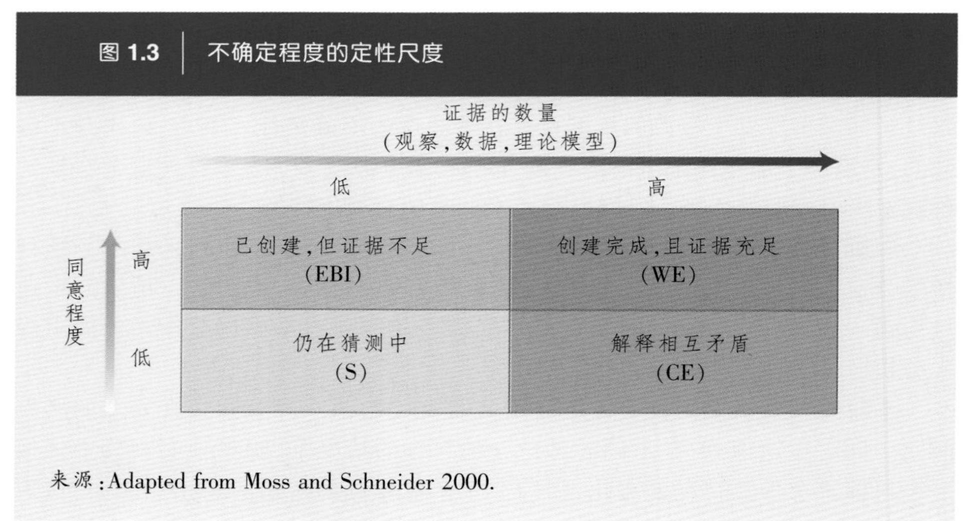

来源:Adapted from Moss and Schneider 2000.

参考文献

Chambers, R., and G. Conway. 1991. *Sustainable Rural Livelihoods: Practical Concepts for the 21st Century*. IDS Discussion Paper 296. Institute of Development Studies, Brighton, UK.

IPCC (Intergovernmental Panel on Climate Change). 2001. *Climate Change 2001: Synthesis Report*. A Contribution of Working Groups I, II, and III to the Third Assessment Report of the Intergovernmental Panel on Climate Change. Cambridge, UK: Cambridge University Press.

IUCN (World Conservation Union). 2000. *Vision for Water and Nature: A World Strategy for Conservation and Sustainable Management of Water Resources in the 21st Century*. Gland, Switzerland.

MEA (Millennium Ecosystem Assessment). 2005. *Ecosystems and Human Well-being: Synthesis*. Washington, D.C.: Island Press.

Moss, R.H., and S.H. Schneider. 2000. "Uncertainties in the IPCC TAR: Recommendations to Lead Authors for More Consistent Assessment and Reporting." In R. Pachauri, T. Taniguchi, and K. Tanaka, eds., *Guidance Papers on the Cross-Cutting Issues of the Third Assessment Report of the IPCC*. Geneva: World Meteorological Organization.

Van Hofwegen, P., and M. Svendsen. 2000. "A Vision for Water for Food and Rural Development." Paper presented to the 2nd World Water Forum, 17–22 March, The Hague, Netherlands.

第 2 部分 趋势和情景

本部分中的各章论述了农业水资源利用和管理中水、粮食、生计和环境的关键驱动力、趋势以及社会响应，分析了当前形势并探讨了未来发展的可能路径。

第 2 章　水资源和农业发展的趋势

第 3 章　展望 2050 年——不同投资选择的情景分析

改变饮食会使农业用水发生改变
马来西亚艺术家:Sineal Yap Fui Yee

第2章 水资源和农业发展的趋势

主编:David Molden, Karen Frenken, Randolph Barker, Charlotte de Fraiture, Bancy Mati, Mark Svendsen, Claudia Sadoff, and C. Max Finlayson
主要作者:Sithara Attapatu, Mark Giordano, Arlene Inocencio, Mats Lannerstad, Nadia Manning, Francois Molle, Bert Smedema, and Domitille Vallée

概览

以环境可持续的方式实现粮食增产、脱贫和缓解饥饿的目标,需要改变农业水资源管理的重点,以及水资源管理制度的创新。世界上某些地区对水的各种使用需求已经超过了水资源的供给。但是对世界上绝大多数地区来说,即将到来的供水危机不是由于缺水造成的, 而是由于对水资源的管理不善造成的。本研究报告从个人水资源用户的角度定义水资源的短缺,他们缺乏正规途径来获取安全和经济的水以持续满足食物生产、饮用、清洁的用水需求(即维持生计的用水需求)。

全世界大约有28亿人(占世界总人口的40%以上)生活在那些可以被视为水资源缺乏的流域内[CE]。约有16亿人口生活在经济性缺水的地区。经济性缺水是指由于人类、制度和财政资本的限制而造成的获取水资源的困难,即便自然界中的水能够满足当地的用水需求。经济性缺水的特征包括:水资源基础设施的缺乏或开发程度低下,无论是小型设施(集雨设施),还是大型设施(水库、输水管网);易受长期和短期干旱的影响;很难获取可靠的供水,尤其是对农村人口。这些情况在南亚和非洲撒哈拉以南地区随处可见。另外的12亿人生活在天然性缺水的流域。这些流域对水资源的开发利用程度已经超过了可持续开发的极限。天然性缺水的特征包括环境退化和用水竞争。如果说好的水资源管理方式可以缓解缺水状况，那么，不良的管理也会使本来不缺水的地区出现缺水问题。

尽管发展中世界总体上的收入和营养水平在不断提高，但是贫困和营养不良的问题在一些地区仍然存在，这些地区包括亚洲、非洲撒哈拉以南地区和拉丁美洲部分地区。全球包括水果、蔬菜和动物制品在内的人均食物消费稳步增长，使得许多国家和地区的营养水平大幅度改善，饥饿现象大为减少。全球人均每日食物供给已经从1970年的2400 kcal增加到2000年的2800 kcal，说明全球有足够的食物满足增长的人口的需求。鱼类和肉类的消费不断增长，从而对水产养殖和工业化牲畜生产的依赖度不断增加。这虽然带来了一些正面的改善，提高了人民生活水平，增加了收入，但是却给水资源和环境带来了更大的压力。但是粮食不安全的现象依然存在。南亚的人均日食物供给(2400 kcal)和非洲撒哈拉以南地区(2200 kcal)的人均供给尽管有缓慢增长，但是还是低于全球2000年的人均2800 kcal的水平。

如果说好的水资源管理方式可以缓解缺水状况，那么，不良的管理也会使本来不缺水的地区出现缺水问题。

关键趋势及其驱动力

在20世纪的后半叶，全球人口数量翻了一番，食物生产系统通过粮食产量更大倍率的增长满足了人口增长对粮食的需求[WE]。1963~2000年，发展中国家的粮食生产增长远远快于发达国家，粮食生产的增长超过了人口的增长，只有非洲是唯一例外。但是粮食生产仍然存在着极大的地区间和地区内差异。集约化的农业生产和单产的增加是粮食增产的主导因素，其中灌溉农业发挥了主要作用。20世纪70年代以来，几乎所有的谷物产量增长都来源于不断提升的单产水平。世界不同地区单产提高的时间不尽相同。在一些地区单产已经达到上限，出现平稳的趋势。

全球大约80%的农业用水（蒸散量）直接来源于绿水（储存在土壤中的降雨），其余部分则来源于蓝水资源(河流、水库、湖泊和地下含水层的水量抽取)[WE]。当然，蓝水和绿水的比例存在较大的地区间差异。灌溉对亚洲和北非相对更加重要一些，而非洲撒哈拉以南地区则主要是雨养农业。在很多地区地下水由于农业和人类生活需求而被过度开采，因而造成地下水位的下降。工业和生活用水需求相对于农业用水来说在不断增加。随着用水竞争的加剧，农业用水在已开发的淡水资源中所占的比例将会进一步减少。

尽管在过去的半个世纪(20世纪下半叶)，大型灌溉基础设施增长迅速，世界上绝大多数地区的农业生产还是主要依赖雨养生产(WE)。农业总产值中约55%来源于雨养农业，占总收获面积的72%[1]。许多依赖雨养农业的地区受短时干旱期和长期干旱影响都较大，因而雨养农业的农户就不愿意过多投入以提高产量。发展中国家雨养农业生产力的提高速率和面积扩展速率都低于灌溉农业。非洲撒哈拉以南地区的很多雨养系统的生产力存在着很大的提升空间，但同时这种潜力也很难实现。

1963~2003年，全球收获面积增加了24%，总面积达到12亿 hm^2，其中28% 是

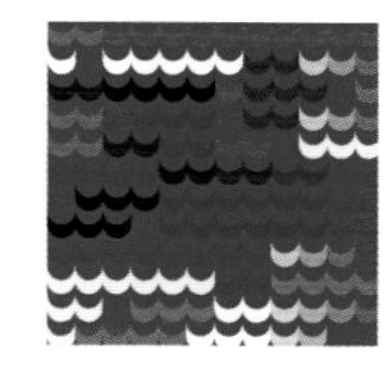

灌溉农田。而历史同期，装备灌溉面积[2]几乎翻番，从1.39亿 hm^2增加到2.77亿 hm^2。这些灌溉面积的增长主要源于国际开发银行、私人援助机构以及各国政府的投资，而后期的灌溉增长则主要源于小规模的私人投资[EBI]。灌溉水通过与肥料的互作促进作物生长，是实现高产的重要条件。全世界有大约70%的灌溉农田在亚洲，占亚洲耕地面积的35%。相形之下，非洲撒哈拉以南地区几乎没有灌溉。全球对农业用水的援助在20世纪70年代末80年代初达到10亿美元的高峰，然后到20世纪80年代末下降到不到原先一半的水平。成本–收益比随着谷物价格的下跌和建设成本的增加而下降。认为大型灌溉系统运行效率低下的观念十分普遍，反对的声音还涉及对大坝引起的环境退化和社会矛盾的争论。目前看来已达成这样的共识，那就是适度规模的水利基础设施的建设必须取决于特定的环境、社会和经济条件及目标，并且要有所有的利益攸关方的参与。

> 尽管提高雨养农业生产力还存在着潜力，但是这种潜力在某些地区却极难达到。

生物多样性在世界所有主要生物群落都在快速减少[WE]。生物多样性的丧失在依赖淡水生活的物种中表现得尤为明显，其下降速率几乎是海洋和陆地物种的两倍。大多数的生物气候已经被大规模地改造了，全球14个生物群落的20%~50%已经被转化成农田了。对陆地生态系统来说，在过去的50年，造成变化的最重要的直接驱动力是土地覆被的变化。而造成栖息地损失的更重要的土地利用变化主要与农业的过度扩张密切相关。对淡水生态系统来说，最重要的直接变化驱动因素包括对淡水栖息地的直接物理改变，如排干湿地和建设大坝，以及由于水的抽取和污染造成水资源时空分布格局的改变。很多非直接驱动力则通过农业相关活动造成的土地利用改变而产生影响。

两个主要因素促进了食物需求的增长，并从而导致对粮食生产用水需求的增长，这两大因素是人口的增长和生活水平提高带来的膳食结构改变[WE]。收入的增加不仅会提高对谷物的需求量，也会改变人们的食品消费结构，即从谷物转向更多的动物产品、鱼类和高经济附加值作物。随着人口的不断增加和收入水平的不断提高，人均食物需求会更多，同时人们对食物的种类和营养价值的需求也会增加。因此，食物生产所需要的水量取决于人们的膳食结构，以及食物的生产方式。

在发展中国家，从农村向城市快速的人口迁徙也会影响到农作方式和需水量[EBI]。20世纪60年代，全世界2/3的人口居住在农村，60%的经济活跃人口从事农业生产。今天，只有一半左右的人口居住在农村，只有40%多一点的经济活跃人口主要以农业为生。在未来几年，纯农村人口的数量将会开始下降，到2050年，全世界2/3的人口将生活在城市。但是在南亚和非洲撒哈拉以南地区的许多贫穷国家，农村人口数量会继续上升，直到2030年，依赖农业为生的人口也会继续增加。城市需水的激增是以牺牲农村尤其是农业用水为代价的。城市的中心地带是典型的污染源，会对流域下游的灌溉和水生生态系统产生负面影响。

农民需要调整自己以适应由于经济增长、收入增加和城市化进程加快而带来的农业的转型[CE]。尽管农业一直在增长，但是其增长速度却没有其他经济部门增长那么快，同时人们开始转向种类和营养更加丰富的膳食结构。有的农民将从主要从事谷物生产转向经济附加值高的园艺作物、牲畜和渔业生产，有的农民将专门生产出口作物。而那些继续从事谷物生产的农民将不断提高作物的生产力。农业转型的下一个步骤就是使农民在现代零售部门获得进入高附加值产品供应链的机会。许多发展中国家已经涌现出职业农民的群体，他们的收入完全来源于农业。而更多的农户随着劳动力流动性的不断增加，越来越普遍地从非农产业活动中提高他们自身的收入水平。这种农业转型的方式对于旨在脱贫的水资源投资具有重要意义。在旨在提高生产力的水资源投资的早期阶段，投资的效果在脱贫方面十分显著。但是，随着经济增长，这种效果逐渐减弱。到后期阶段，生计的多样化就会成为脱贫的主要策略，最终会导致劳动力退出农业，转向其他产业。这也是摆脱农村贫困的另一种途径。

城市需水的激增是以牺牲农村尤其是农业用水为代价的。

成本和收益

投资农业用水对改善农村生计、提高粮食安全、减少贫困具有积极作用(EBI)。这种积极影响可以通过就业增加、食物价格合理、粮食稳产而显现出来。投资于灌溉具有事半功倍的作用，可以提高作物单产、增加农户收入，从而促进对非农业部门的商品和服务的需求的增加，即一种放大原始投资效益的作用。为数不多的研究表明，灌溉投资的收益倍数为2.5~4.0。灌溉投资对当地的非农部门就业岗位的增加数量是农业部门的两倍，因此对脱贫具有显著作用。

考虑不周且执行不力的水资源管理干预措施会带来较高的社会和环境成本[WE]。社会成本主要是指在利益分配上的不平等，以及谋生机会的丧失。公共资源，如河流和湿地，对贫困的渔民和资源采集者的生计来说十分重要，但是却被开采用于其他目的，造成当地贫困人口谋生机会的丧失。那些由于大坝的建设而移民的社区没有得到适当的补偿。灌溉对环境的不良影响主要是由于从自然的水生生态系统的大规模调水造成的，如从河流、湖泊、绿洲和其他依赖于地下水源的湿地调水。对环境直接和间接的不良影响都有充分的报告，如：盐渍化、河道侵蚀、生物多样性减少、外来物种入侵、水质退化、由于栖息地的破碎化而造成的物种分隔、洪积平原面积的减少，以及内陆和海岸鱼类的减少。

随时间推移而改变的对水资源–粮食–环境综合挑战的响应策略

在社区组织的支持下，农民、渔民和牧民及其社区已经在有政府或者没有政府参与的情况下对水资源的匮乏做出响应[EBI]。由于大型公共灌溉系统不能及时在农民所需的时间和地点向农田供水，从而刺激了很多私人投资于个人的泵站及其他私人灌溉系统。当机会允许时，农民会从更灵活和更可靠的供水途径及小型蓄水设施中获取灌溉用水并受益。但是，地方性的响应机制的重点在于提高本地的粮食生产水平并改善生计状况，并不能应对大范围的水–粮食–环境问题的挑战。不加管制的地下水的开采会导致地下水水位的下降，或者造成地下水位的上升而导致盐分的增加，这种情况在半干旱地区尤为显著。私人灌溉设施的发展也许会进一步损害贫困农民的利益，因为他们支付不起投资的费用。同时，私

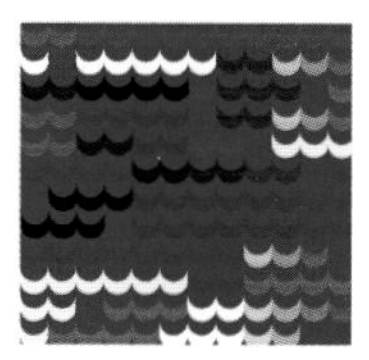

人灌溉设施的发展也会削弱农户灌溉协会的作用。

国家级别的响应措施一般表现出更为广泛的考虑范围，但是也反映了一些特定的判断角度和关注重点[CE]。制度的发展通常都不能与快速发展的基础设施相匹配，这样就会削弱投资的效益，不能适应不断变化的经济、环境和社会条件。当今很多的水资源管理机构是为建设大型灌溉基础设施而建立起来的。这种对基础设施的过度重视有时会形成迎合工程建设的体制和做法，而不太适合适应性的管理策略的建立和实施，而这种适应性的管理策略正是运行长期的和多用途的水利基础设施所需要的。今天，尽管整合水资源管理的呼声不绝于耳，但是政府的响应措施还是倾向于以部门为主导的，部门间水资源配置的管理还是分割的、各自为政的，在很多国家还被高度政治化。即便在农业内部，重点还是放在灌溉农业，而对雨养农业、渔业和畜牧业的水资源管理重视不够。

尽管很多人认为水的问题基本是属于地方性的问题，但是全球性问题的产生会影响全球的用水问题，因而水资源问题的解决需要全球范围的协调行动[CE]。全球贸易、能源和补贴问题对水资源的利用都会产生影响，但是水很少成为全球讨论的重点议题，也少达成这方面的协议。2000年举行的第二届世界水论坛在调动对全球水资源危机问题的思考上具有积极作用，许多议题成为热点，如供水、农业、环境、生计问题。观点上的差异最终反映在《有关粮食用水和农村发展的报告》中，也体现在《有关水和自然关系的报告》中。随着水的问题再次成为全球问题的前沿，相关的讨论都放在一个多方权衡的情境下进行，越来越多地考虑到水资源管理和开发决策所带来的社会和环境问题。

> 良好的农业实践活动对生态系统的作用也越来越明显，呈现出对流域保护、环境流量、水生生态系统的可持续发展、泉水和地下含水层等生态系统要素的重要作用。

农业水管理需要一种从流域的角度以及将雨养农业、渔业、畜牧业包含在内通盘考虑水资源管理问题的新模式。对水资源管理进行跨部门的整合受到越来越多的重视，对公共和私人部门发挥的作用也受到更多的重视。良好的农业实践活动对生态系统的作用也越来越明显，呈现出对流域保护、环境流量、水生生态系统的可持续发展、泉水和地下含水层等生态系统要素的重要作用。同时，环境保护的社会团体对水、粮食和生计问题之间密切关系的认识也在不断提高。

水资源现状——确实存在水资源的危机吗？

尽管全球淡水资源的总量是基本恒定的，但是世界人口数量和淡水的需求量在不断增长。在未来的50年，全球有足够的土地、水和人力来生产足够的食物，总体来说可以满足世界人口增长的需求。所以从这个意义上说，水资源不是影响全球食物生产的限制性因素。那么为什么还会有很多关于水资源危机的讨论呢？

这是因为很多地方性的水危机加在一起就会构成全球性的水危机。在世界的某些地方，水的需求量已经超过了供给量。但是对于世界绝大多数地区来说，水资源危机不是由于水资源的短缺造成的，而是由于对水资源的管理不善造成的。避免这种危机的发生需要制度上的革新，新的制度需要同时兼顾粮食安全、脱贫和环境可持续发展的多重目标。

当前的缺水状况

对于世界绝大多数地区来说，水资源危机不是由于水资源的短缺造成的，而是由于对水资源的管理不善造成的。

什么是水资源的匮乏？我们在本研究报告中从个人用户的角度，而不是从区域水文学的角度来定义水资源的匮乏。当个人缺乏足够的安全且价格合理的水以满足他们的饮用、个人卫生、食物生产和生计需求的时候，我们就可以定义为个人没有获得水资源安全。当某一个地区大多数人处于水资源不安全状态的时候，我们就可以说这个地方是缺水的(Rijsberman 2006)。

全球数以百万的人口由于水资源物理储量之外的原因而造成水资源获取的困难。大约有28亿人口生活在水资源短缺的地区，其中大约12亿人口(将近全世界人口的五分之一)生活在天然性水资源匮乏的地区，另外的16亿人则生活在经济性水资源匮乏的流域，在那里因人力或财力的匮乏而造成水资源开发利用程度的不足。在很多经济性缺水的地区，自然界中实际上是有足够的水量供人类使用的(地图2.1)。在这些地区，贫困的人口最易受到缺水造成的负面影响的困扰。缺乏财力、缺乏人力、管理不善、缺乏善治，所有这些因素都会促成水资源的匮乏。

天然性缺水。当有效水资源不足以满足所有需求，包括最小环境流量需求(见第16章有关河流流域的论述和照片2.1)的时候，就会发生天然性的水资源匮乏。干旱地区通常会发生天然性缺水。但是值得警惕的新的趋势是：人为引发的天然性缺水即便在水资源明显富足的地区也还会发生。这主要是由于对水资源的过度配置和过度开发，没有为满足新的用水需求预留出足够的有效水资源。因而就没有足够的水满足人类需求和环境流量的基本需要。

天然性缺水的主要表征包括：严重的环境退化，如河流的干涸和污染；地下水位的下降；对水资源配置的争执激烈；不能满足某些群体的用水需求。全球大约有12亿人口生活在绝对天然性缺水的地区(人类用水超过了可持续利用的极限)。另外，还有5亿人生活在很快接近天然性缺水临界点的流域。尽管天然性缺水引入了一些复杂的难题，对最佳管理方式的投资和投入还是可以有效缓解其中很多问题的。

经济性缺水。当需要满足用水增长的需求却没有足够的财力、人力或制度能力来进行投资的时候，就会发生经济性的水资源匮乏(照片2.2)。人们感觉到的经济性缺水主要是由于制度运行的方式造成的：对某些群体优惠而对其他群体没有优惠措施和政策，不能倾听妇女和弱势群体的声音。经济性缺水的表征是：基础设施开发不足，使人们很难获取足够的水以满足农业和生活需要；受季节性的水资源波动影响较大，包括洪水和长期、短期的干旱；即便水资源基础设施健全，水资源分配上仍存在不平等的情况。非洲撒哈拉以南的大多数国家都处于经济性缺水的状态，在世界上还有很多地方存在着水资源分配的不平等现象。对水资源的进一步开发可能会缓解贫困和不平等的问题。

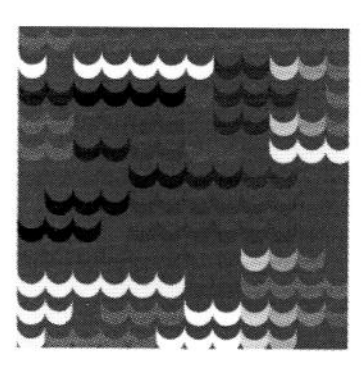

第 2 章 水资源和农业发展的趋势

地图 2.1 全球天然性和经济性缺水地区分布图

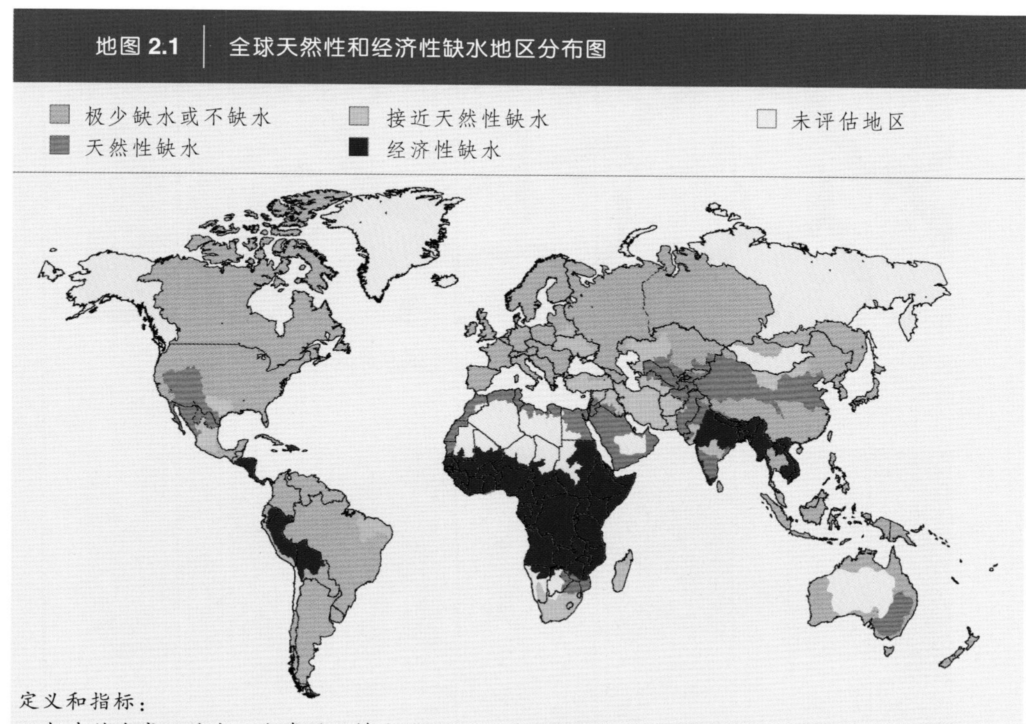

定义和指标：

- 极少缺水或不缺水。水资源足够应用，从河流中抽取供人类使用的水量小于河流流量的 25%。
- 天然性缺水（水资源开发接近或已经超过可持续极限）。大于 75%的河流流量被抽取供农业、工业和生活使用（考虑了回流水的再利用）。相对于水需求的水资源可获性这个定义意味着即使干旱地区也不一定缺水。
- 接近天然性缺水。超过 60%的河流流量被利用。这些流域在不远的将来将会经历天然性缺水。
- 经济性缺水（即使当地自然界可用水资源能满足人类需求，因为人为、制度和财务资本的限制也不能获取足够的水资源）。水资源相对于用水来说是丰富的，小于 25%的河流流量被抽取供人类使用，但是仍存在营养不良。

注：上图数据来源于国际水资源研究所用 Watersim 水资源模型专门为本综合评估所做分析。

贫困和营养缺乏现象依旧

纵观整个发展中世界，人民的收入和营养水平从总体上得到了很大改善。尽管全球食物生产增长的步伐快于人口增长的步伐且食物价格下降，在诸如亚洲、非洲撒哈拉以南和拉美的部分地区，贫穷和营养不良依然挥之不去。显而易见，农业生产增长的效益并没有被平均分配。

有关贫困的统计数字是令人揪心的：

- 有10多亿人每天的生活费低于2001年1美元的最低贫困线（UNDP 2005）。
- 另外还有15亿人每天的生活费超过了1美元，但不到2美元。
- 大部分绝对贫困的人口是妇女和儿童（UN 2006a）。
- 2004年，有11亿人还不能获取清洁的用水（WHO and UNICEF 2006）。
- 2004年，有26亿人还不能获取基本的卫生条件（WHO and UNICEF 2006）。

摄影:Karen Conniff

照片 2.1　天然性缺水:水资源开发正在接近或已经超过可持续开发的极限。

摄影:Mats Lannerstad

照片 2.2　经济性缺水:自然界中虽然有水,但是获取困难。

- 全球有8.5亿人营养缺乏,其中8.15亿人生活在发展中国家,占发展中国家总人口的17%(FAO 2004)。

很多贫困人口无法生产足够的食物满足自己的需求,也没有足够的收入购买这些食物。发展中国家营养缺乏人口的比例从近东、北非、拉美和加勒比地区的10%到非洲撒哈拉以南地区的33%不等(图2.1)。

有乐观的估计表明，世界营养缺乏人口的数量到2015年有望下降至6.1亿(Bruinsma 2003),但仍远远高于1996年世界粮食峰会制定的4亿人的目标(FAO 1997),以及千年发展目标制定的“1990~2015年,将世界饥饿人口比例减半”的目标(UN2006)。

这8.5亿营养缺乏的人口(FAO 2004)以不同的方式依赖着农业中的水资源:

- 小农户(50%)依赖获取安全的供水以生产食物、获取营养、增加收入和就业。
- 城市贫民(20%)已经从食品价格下降中获益,而食物价格的下降是农业生产力提高的结果之一。同时还存在着农村-城市之间的家庭联系,通常是家庭中的男性移居到城市,用收入供养留在农村的其他家庭成员,一般是老人、妇女和儿童。
- 农村无地人口(20%)靠为别人务农获得收入。

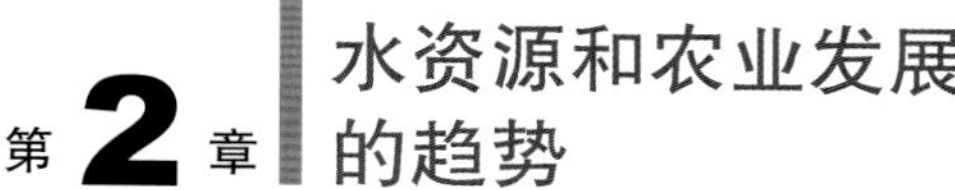

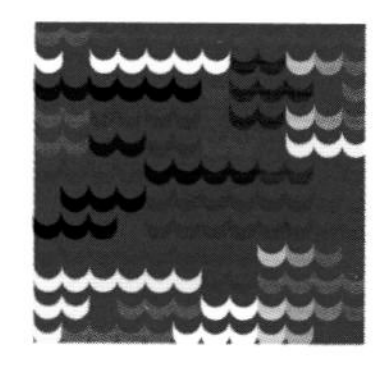

图 2.1 | 全球营养缺乏人口数量和百分比的地区间差异很大(2000~2002 年)

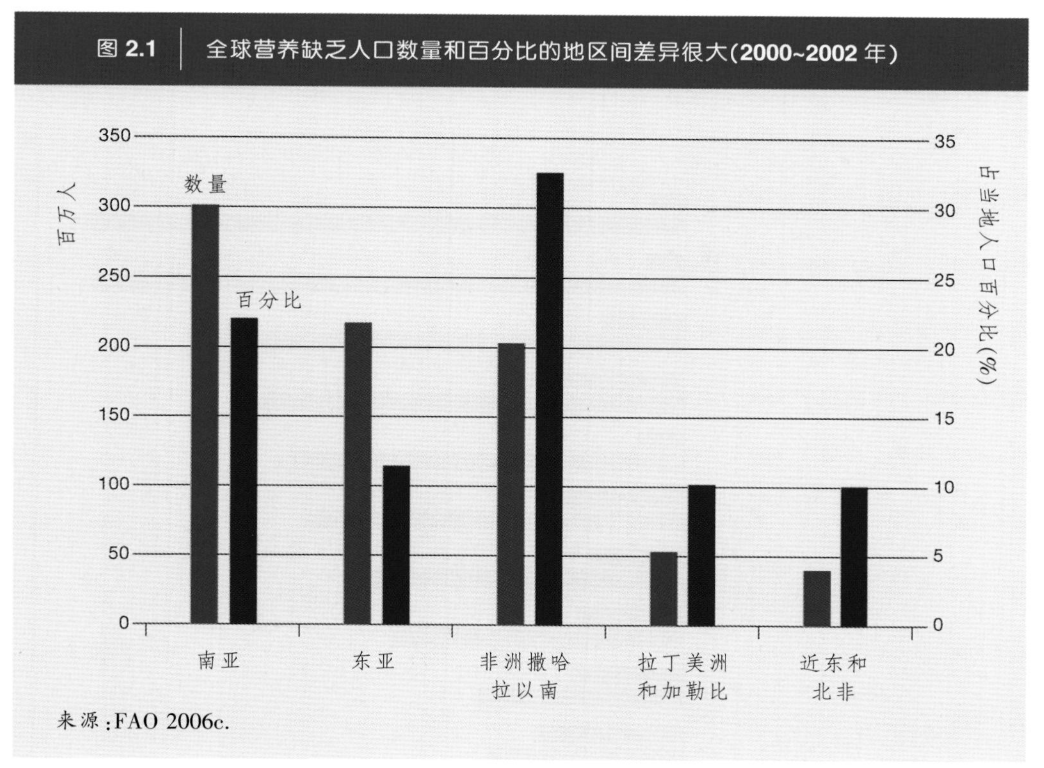

来源:FAO 2006c.

■ 其余的营养缺乏人群(10%)包括:易受干旱和气候变化影响的牧民,易受水污染和河流干涸影响的渔民,易受到伐木为田、伐木修路和森林采伐影响的依赖森林为生的人群。

更多的人口易受到由于用水竞争加剧、气候变化、洪水和干旱造成的水量、水质和供水时机变化的影响。

农业的发展是生态系统变化和生物多样性丧失的驱动力之一

《千年生态系统评估报告》(MEA 2005a,b)提到,全球很多生态系统由于人类活动已经遭到巨大的改变。造成这种变化的一个主要驱动力就是世界人口的成倍增长,从1959年的30亿增加到1999年的60亿。在1950年以后的30年间,新增加的农田面积比1800~1950年的150年间新增的农田面积还多。目前,全球大约有24%的陆地面积被农耕系统所覆盖。1960~2000年, 全球水库蓄水量翻了两番,改变了自然河流的流量。大约有35%的红树林由于水产养殖和农业开发而丧失(根据有可靠数据来源的国家的统计,这些国家的红树林面积约占全球的一半)。在全球14个主要生物群落(全球相似动物、植物和气候的区域划分),半数以上经历了20%~50%的面积被转为人类用途。其中,温带和地中海森林、温带草地受到的影响最大(图2.2)。

图 2.2 全球 14 种生物群落中受到威胁的脊椎动物种数量

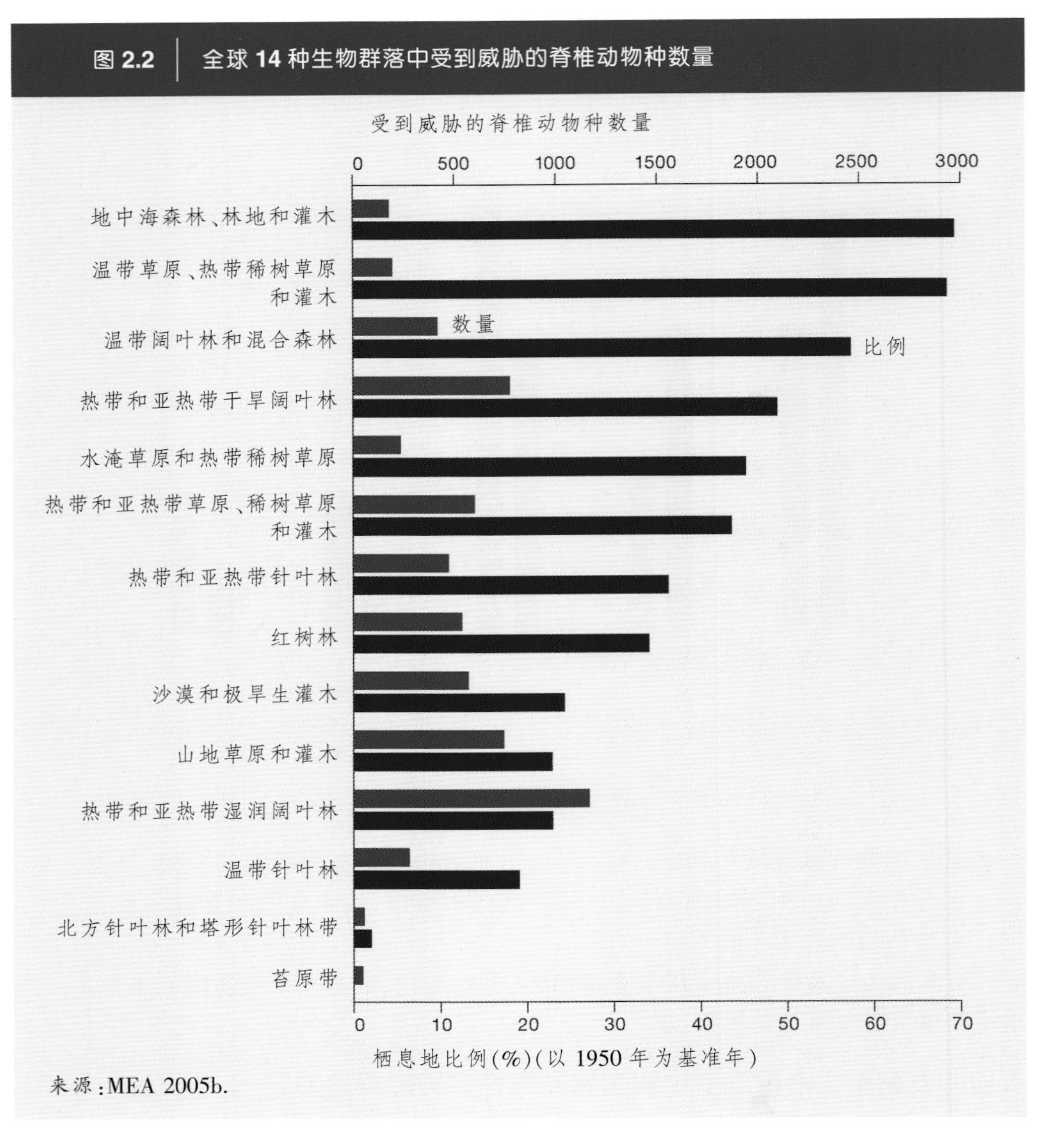

来源:MEA 2005b.

关键趋势及其驱动力:我们是如何形成现在的状况的?

在有关农业发展和用水方面,什么样的关键变化和思维方式使得人们认识到水是一种稀缺资源?

农业生产力

在20世纪的后半叶,全球食物生产体系以食物增长大于人口增长的速度成功应对了人口倍增的难题。因此,在食物平均分配的情况下,食物生产完全能够

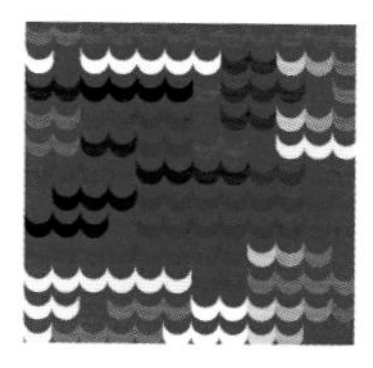

满足人们对食物的需求。1963~2000年，发展中国家食物生产的增长远远高于发达国家食物生产的增长，且食物生产的增长超过人口数量的增长，只有非洲是个例外（图2.3和表2.1）。食物生产存在着较大的区域内和区域间差异。2000年，人均每天消耗的食品热量全球平均值为2800 kcal，非洲撒哈拉以南地区为2200 kcal，南亚国家为2400 kcal，拉美为2850 kcal，东亚为2875 kcal，发达工业化国家为3450 kcal，各地区食物消耗情况也有所差异（FAO 2006c）。

这种作物生产的显著增长是一系列因素综合作用的结果：耕地面积的扩展、耕作强度的增加（多种种植或较短的休闲期）、单产的提高。其中，耕地面积扩展很少，大部分新增的耕地由于城市化占用优质的农用地而向边际质量的土地上扩张（Penning de Veries and others 2002）。人均农田的拥有数量目前约为0.25 hm^2，而1961年为0.45 hm^2。农业的集约化生产和单产的提高是农业生产增长的主导因素，其中，灌溉农业又发挥了显著作用。1970年以来，几乎所有的谷物增产都是由于单产的提高（见表2.1）。在发展中国家，由于在20世纪70年代引进并推广使用了灌溉条件下水稻和小麦的高产品种，粮食增产开始加速，这就是所谓的绿色革命的成果之一。

在20世纪的后半叶，全球食物生产体系以食物增长大于人口增长的速度成功应对了人口倍增的难题。

世界不同地区单产增加的时间是不同的。例如，美国的玉米单产在20世纪40年代之前就已经开始增加，中国是在20世纪60年代提高了玉米的单产水平，拉丁美洲则是在20世纪70年代和90年代两次大幅度提高了玉米的单产水平。但是非洲的单产水平看起来还没有起飞的迹象（见“绪论”的图6；FAO 2006b）。一些地区的单产已经达到上限，增长曲线开始变得平缓。

农业中的绿水和蓝水利用

农业主要通过蒸散过程利用水资源（蒸散由植物蒸腾和土壤蒸发构成）。从河流、水库、湖泊及地下含水层抽取的水可以称为“蓝水”。直接利用的土壤中贮存的降水被称为“绿水”。作物生产可以选择从蓝水到绿水的多种选项。纯粹的雨养农业完全利用绿水。而对雨养农业升级换代的做法是用蓝水补充绿水。灌溉农业是在利用绿水维持适当的土壤水分的基础上，额外地利用蓝水资源，使作物能够达到它们能够达到的最大潜在单产。蓝水资源是一种采用一定手段和管理措施、可以用于满足生活、工业和水力发电需要的淡水资源。同时，蓝水也支撑着河流和湖泊中的水生生态系统（UN 2006b）。

全球水平上，有大约80%的农业蒸散量直接源于绿水，其余部分则由蓝水资源满足（地图2.2）。但是这个比例的地区间差异很大。灌溉农业在亚洲和北非相对更为重要，而非洲撒哈拉以南地区则是雨养农业为主导。

绿水利用和蓝水利用的意义大不相同（见第6章有关生态系统的论述）。蓝水源的蒸散量的增加会减少河流的径流量和地下水水位。而绿水源的蒸散量增加通常是由于耕地面积的扩大，其影响主要是针对陆地生态系统的，而对蓝水流量影响不大。还有，任何土地利用的变化都会影响河流的流量。在南非，由于认识到了“径流量-减少人类活动”（streamflow-reducing activities）之间的关系，

图 2.3 除非洲外的全球所有地区 1963~2000 年的粮食增长速度都超过了人口增长速度

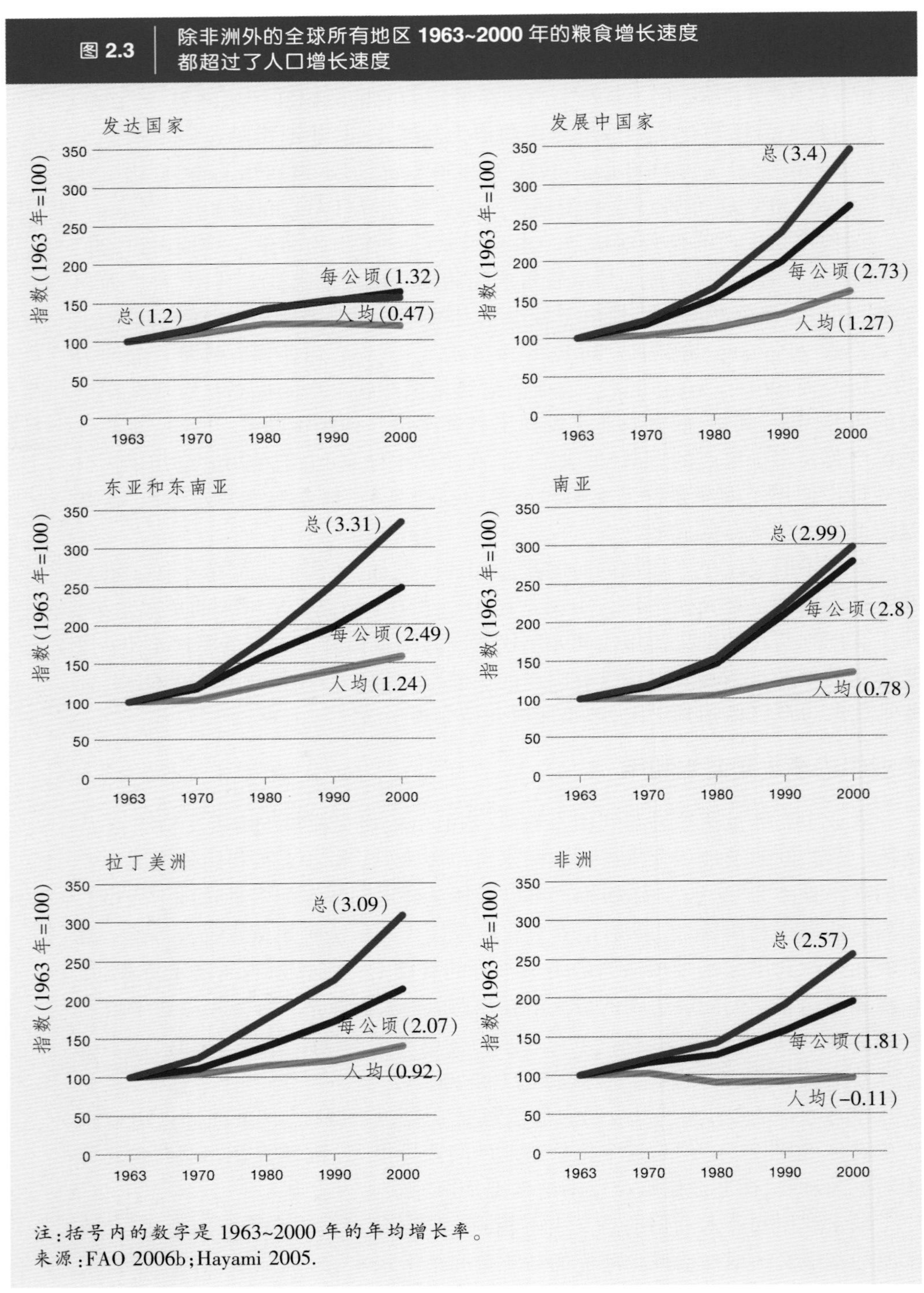

注:括号内的数字是 1963~2000 年的年均增长率。
来源:FAO 2006b;Hayami 2005.

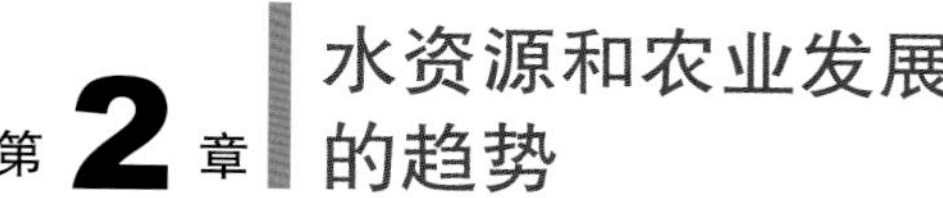

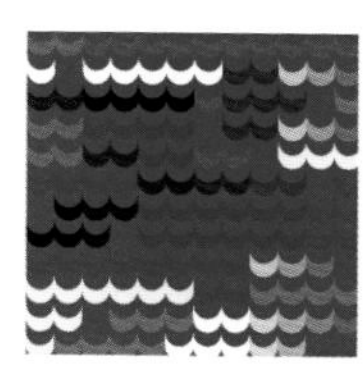

表 2.1 全球 1970~2005 年的谷物生产情况

年份	面积（10^6 hm^2）	单产（t/hm^2）	产量（10^6 t）
1970	676	1.77	1192
1980	717	2.16	1550
1990	708	2.75	1952
2000	674	3.06	2060
2005	686	3.27	2240

来源：FAO 2006b；Falcon and Taylor 2005.

地图 2.2 全球雨养农业和灌溉农业蒸散量的区域差异

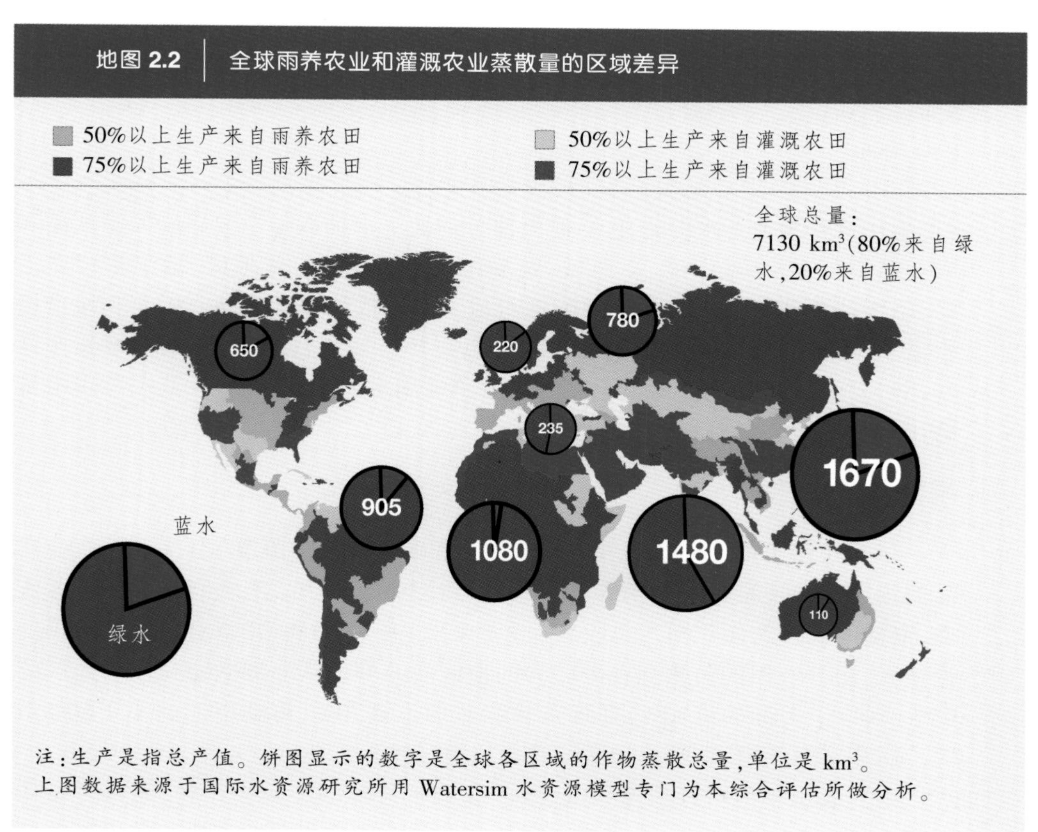

注：生产是指总产值。饼图显示的数字是全球各区域的作物蒸散总量，单位是 km^3。上图数据来源于国际水资源研究所用 Watersim 水资源模型专门为本综合评估所做分析。

当地政府采用了控制商业性森林采伐的措施，并且清除了外来入侵树种，通过这样的措施来减少蒸散量并增加河道的径流量（Hope 2006）。

全球蓝水资源的抽取量估计是3830 km^3，其中的2664 km^3（70%）用于农业（表2.2；FAO，2006a）。灌溉农业的净蒸散量是1570 km^3，而其余的7130 km^3则直接来源于降雨。蓝水抽取量（3830 km^3）中大约1000 km^3（25%~30%）来源于地下水

表 2.2　2000 年全球淡水资源和抽取量(如果没有特别指出,单位都是 km³/年)

地区	可再生淡水资源量	淡水抽取总量	淡水抽取量						抽取量占资源量百分比(%)
			农业		工业		城市生活		
			数量	比例(%)	数量	比例(%)	数量	比例(%)	
非洲	3936	217	186	86	9	4	22	10	5.5
亚洲	11 594	2378	1936	81	270	11	172	7	20.5
拉丁美洲	13 477	252	178	71	26	10	47	19	1.9
加勒比	93	13	9	68	1	9	3	23	14.4
北美洲	6253	525	203	39	252	48	70	13	8.4
大洋洲	1703	26	19	72	3	10	5	18	1.5
欧洲	6603	418	132	32	223	53	63	15	6.3
全世界	43 659	3830	2664	70	785	20	381	10	8.8

来源:FAO 2006a.

(见第10章有关地下水的论述)。而大部分的地下水抽取量主要用于人类饮用和农业灌溉。在中国、印度、墨西哥、埃及和北非的其他一些地区,地下水位在下降,因为这些地区的农业和人类生活对地下水的依赖程度很高。工业和城市用水需求不断增长,包括发电及能源需水也在日益增长,而农业用水的增长比这些部门要缓慢(图2.4)。随着这些部门竞争性用水需求的加剧,农业占总用水量的比重将不断减少。

雨养农业

尽管在过去的半个世纪中,大型灌溉基础设施增加显著,但是世界农业产品的绝大多数还是来源于雨养农业[3]。大约55%的农产品毛利润来源于雨养农业,而雨养农田的面积则占总收获面积的72%(见表2.3和第3章有关情景分析的论述)。雨养农田的份额存在着较大的地区间差异,从非洲撒哈拉以南地区的95%,到拉丁美洲的近90%,到近东和北非的不到70%,再到南亚的小于60%不等。而在东南亚国家,雨养和灌溉农业的情况较为复杂。

雨养农田不但可种植像橡胶、茶叶和咖啡这样的多年生作物,还可种植像小麦、玉米,水稻这样的一年生作物。块根和块茎类作物是非洲撒哈拉以南地区的大宗作物种类,但在绿色革命中,这类作物没有得到足够的重视。在发展中国家,降雨和洪涝情况高度不确定的地区的贫困率也是最高的。许多依赖雨养农业为生的人们最易受到短期(2~3个星期)干旱期和长期(整个季节)旱灾的影响,因此他们就不愿意进行过多的有助于提高单产水平的农业投入。这种情况在小农户身上会越加恶化,尤其是当气候变化带来更大的不确定性时。

发展中国家雨养农业生产力提高和面积扩展的幅度要低于灌溉农业(见下

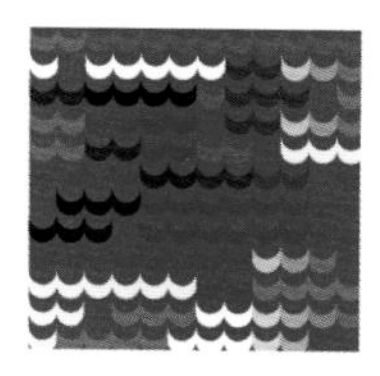

图 2.4 | 部门间对供人类使用的蓝水抽取量竞争日益激烈

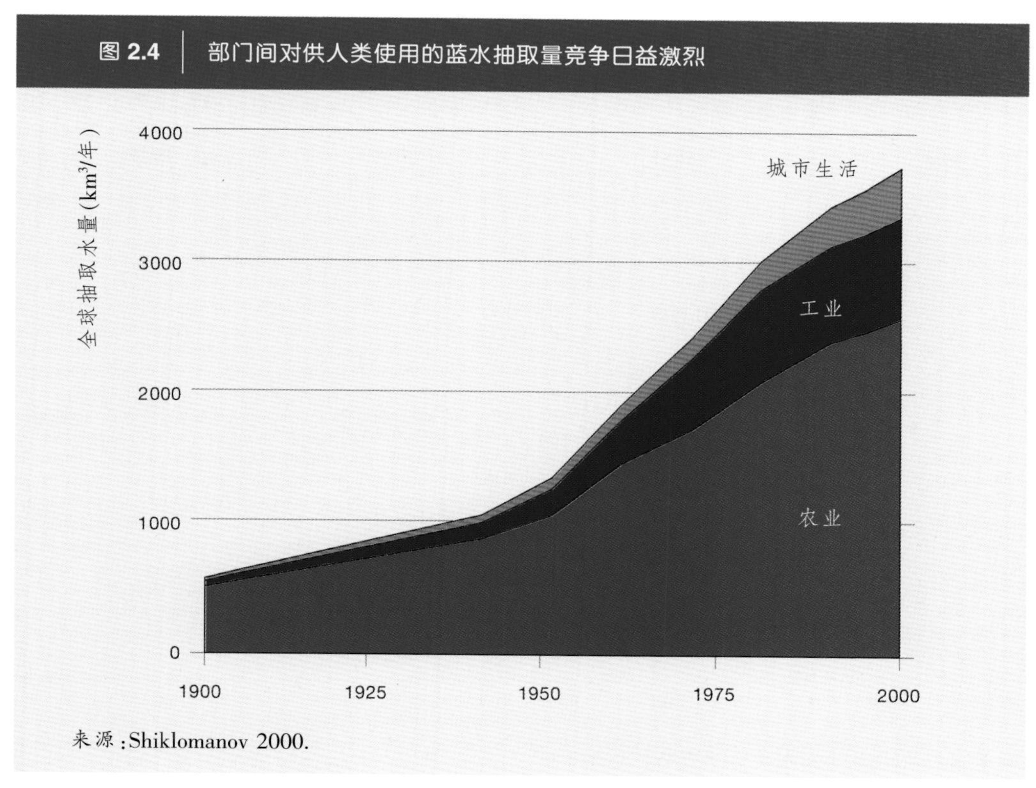

来源：Shiklomanov 2000.

文)。大部分的灌溉设施是设置在已经雨养耕作过的农田上,而不是在新开垦的土地上。在降雨相对可靠且土壤条件较好的情况下,雨养农业一般会获得较高的单产,尤其是在有补充灌溉的地方(见第8章有关雨养农业的论述)。在非洲撒哈拉以南地区的很多雨养农业系统(特别是玉米、高粱、小米)还存在着较大的生产力提升的空间,但是这种潜力很难实现。

灌溉农业

在过去的半个世纪,为了提高大宗作物产量、确保粮食安全,各国对大型公共地面灌溉系统进行了大规模的投资。灌溉是高产和肥料敏感作物品种取得高产的最基本条件。这些由国际开发银行、援助机构和各国政府主导的灌溉系统扩张项目为大多数发展中国家奠定了粮食安全的坚实基础。在这一时期,许多国家(特别是亚洲国家)超过半数的农业预算、世界银行超过半数的贷款都是投资于灌溉项目的(Rosegrant and Svendson 1993)。同时,灌溉需水增长主导了取水量的增长。

尽管世界耕地面积在1961~2003年间增长了13%(从13.68亿 hm^2到15.42亿 hm^2),但是灌溉面积却从1.39亿 hm^2增加到2.77亿 hm^2,增长了一倍,占耕地面积的比例从10%增加到18%。灌溉收获面积,包括一年两作,估计有3.4亿 hm^2(见表2.3和第3章有关情景分析的论述)。新的不完全的证据表明,灌溉收获面积实际

表 2.3　全球水资源和土地资源统计

水资源(km^3)			土地资源(10^6 hm^2)	
用途	统计		用途	统计
	陆地上的总降水量　110 000			陆地上的土地总量　13 000
	以水汽形式返回大气中的水　70 000	流入海洋的径流量　40 000		
	蒸散量	取水量		
放牧牲畜消耗的生物量中蕴含的水量	840		放牧土地	3430
雨养作物	4910		雨养收获耕地	860
灌溉作物	灌溉　1570 降雨　650	2664	灌溉耕地	收获面积　340[a]
城市生活用水	53	381		
工业用水	88	785		
水库蓄水	208			

a. 其中的277×10^6 hm^2装备有灌溉基础设施。

注：抽取量和装备灌溉面积的数据来源于FAO 2006a；蒸散量的数据来源于国际水资源研究所Watersim水资源模型的分析结果；收获灌溉作物面积数据来源于本书第3章的情景分析；放牧消耗的生物量来源于瑞典斯德哥尔摩环境研究所为本研究报告做的专门统计；城市生活用水、工业用水和水库蓄水数字来源于Shiklomanov 2000；土地统计数字来源于FAO 2006b。

上可能更高，因为灌溉农田更高的集约化程度和通常被统计忽略的、未报告的地下水或私人小型灌溉工程等原因(Thenkabail and others 2006)。世界灌溉面积中有将近70%在亚洲(图2.5)，亚洲的灌溉面积占其耕地面积的34%。仅中国和印度就占亚洲灌溉面积的一半以上。随着时间的推移，作为世界上人口密度较大的大洲，它对灌溉的依赖程度越来越深。灌溉促进了亚洲农业生产力的提升，确保了其粮食安全。大于三分之二的谷物增长来源于灌溉农田。

相比之下，非洲撒哈拉以南地区只有很少的灌溉农田。20世纪60和70年代，那里启动了几个大型的公共投资灌溉项目，大部分是以双边贷款的形式投资，作为定居计划的一部分。对水的应用采用的是地面灌溉方式，提升水分生产力的应用几乎没有。决策是高度集权的，灌溉工程的效益很低。大多数项目都是不可持续的，一些已经关闭。1985年以后，世界银行对于灌溉和排水系统的贷款快速下滑(Donkor 2003)。

在20世纪90年代，大多数的东非和南非国家将实施脱贫项目作为重点，因此对农业预算的配置不足，尤其是农业水管理的预算缺乏。同时，由于投入成本

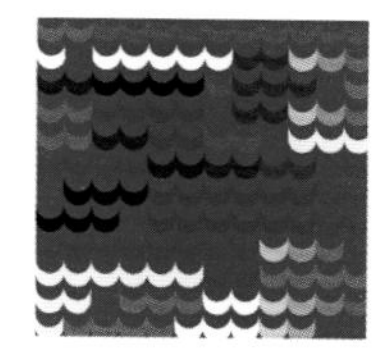

照片 2.3　灌溉农业中使用的大型行走式喷灌系统。

图 2.5　除非洲以外，发展中国家的装备灌溉面积增长速度快于发达国家

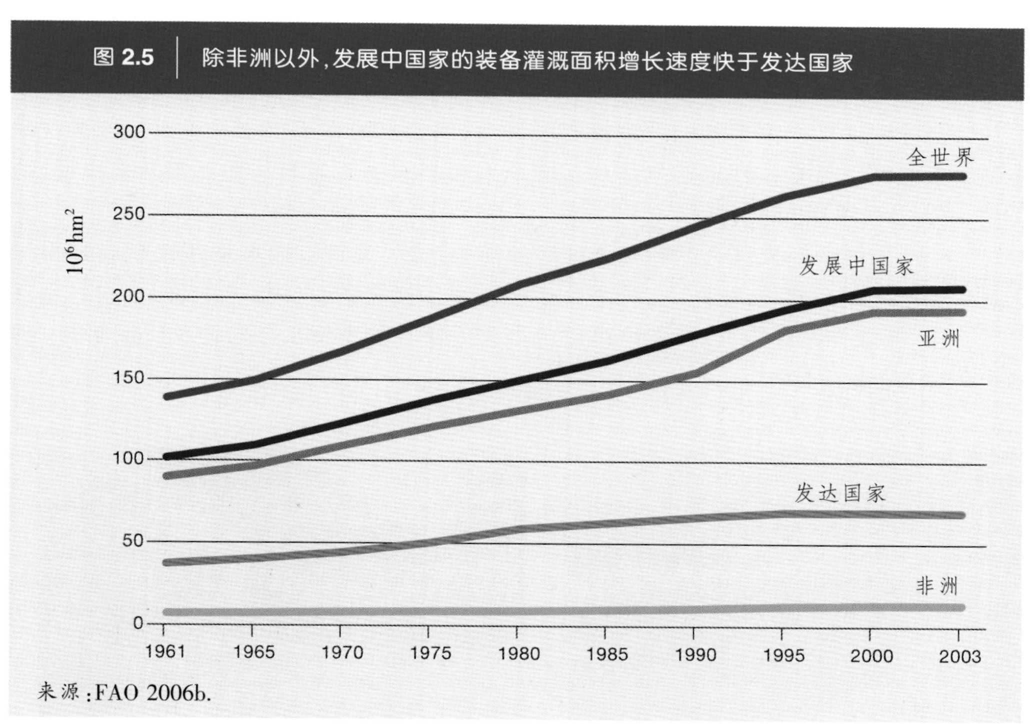

来源：FAO 2006b.

飙升、通货膨胀，农产品价格下跌。即便灌溉和排水的投资在90年代末曾经一度恢复，2002~2005年的灌溉贷款仍然不到1978~1981年的一半，相比其他一些地区的贷款还是很低。投资于非洲撒哈拉以南地区的农业用水金额只占对整个水资源部门投资的一小部分，只占非洲开发银行1968~2001年对全部用水部门贷款的14%（Peacock，Ward，and Gambarelli forthcoming）。

> 尽管世界耕地面积在 1961~2003 年间增长了 13%，但灌溉面积却增加了一倍。

全球的灌溉援助在20世纪70年代末和80年代初达到10亿美元的峰值（按1980年美元价值），然后在80年代末下降到不到峰值水平的一半（Rosegrant and Svendson，1993）。80年代公共灌溉投资的下降主要是四大因素的作用。首先，80年代谷物价格急剧下滑。第二，形成了对灌溉系统效能低下[4]的共识。第三，灌溉基础设施的建设成本上升（Inocencio and others forthcoming）。下滑的粮食价格和上升的建设成本降低了成本–收益比，使得进一步的投资望而却步。第四，由于建设灌溉基础设施而造成的环境退化和移民问题引发的反对声也使进一步投资水库和大坝等基础设施的意愿降低。1997年成立的世界大坝委员会（the World Commission on Dams）为了回应对环境关切的呼声，系统回顾了大坝建设的经验和教训，并为新建的大坝工程确立了一个决策框架（WCD 2000）。

最近，投资农业水管理项目的兴趣又有所回潮。世界银行发布的新的水资源部门战略（Water Resources Sector Strategy）就呼吁一种遵循原则的但是更实际的方法来平衡在基础设施和制度建设上的投资，同时宣布了重新投资农业水管理的战略（World Bank，2004，2006）。

目前主要有两种投资趋势。一种是像中国的南水北调工程、印度的河流连接计划这样的大型基础设施投资项目，它们的目的在于将水从丰水地区调往缺水地区。另外一种思路就是广泛的个人和小规模的灌溉与地下水开采投资（照片2.4和照片2.5）。

发展中国家私人的和基于社区的灌溉系统，尤其是抽水泵（图2.6）自20世纪80年代以来增长迅速。这种增长主要是由于便宜的打井技术的普及、农村电气化、能源补贴政策，以及农民可以付得起的便宜的小型水泵的普及所推动的。抽

摄影：Mats Lannerstad

照片 2.4　一个主要的投资趋势是对超大型工程项目的投资。

摄影：Tushaar Shah

照片 2.5　另一个主要的投资趋势是在灌溉和地下水方面的大量个人投资。

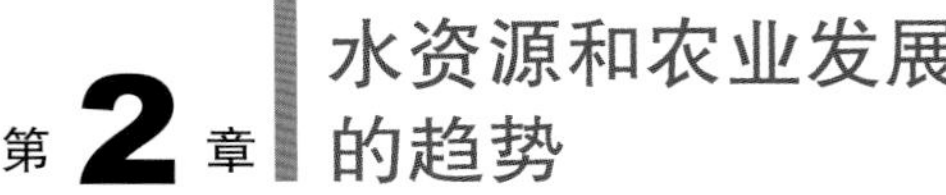

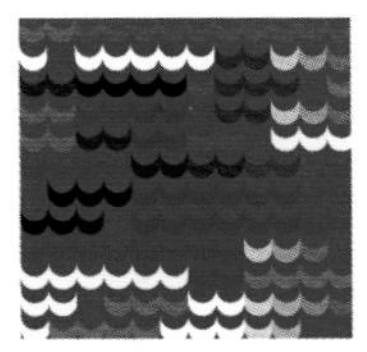

图 2.6 孟加拉国和越南的灌溉水泵数量自20世纪80年代以来迅速增加

来源:Bangladesh Ministry of Agriculture 2000; Viet Nam General Statistics Office 2001.

水泵可以使农民在雨养农田内发展小型灌溉系统。印度有2600万水泵拥有者，地下水灌溉量已经超过了地表水灌溉量。当然，后果之一就是地下水位的加速下降。

在相关人群中一个争论比较激烈的问题就是大型和小型基础设施的相对优势。在现实中，适度规模的基础设施应该取决于特定的环境、社会和经济条件及目标，同时要有相关利益攸关方的参与。

生物多样性丧失和生态系统改变的驱动因素

世界主要的生物群落的生物多样性正在快速下降。尽管不同地区和生物群落的下降速率不同，但是生物多样性丧失速度最快的是那些依赖淡水为生的物种，它们丧失的速率是海洋和陆地生态系统物种的几乎两倍(图2.7)。这既由于和内陆水体相关的生物多样性主要集中在有限的区域，又因为许多依赖内陆水体为生的物种对环境的变化十分敏感，还因为随着满足人口和发展需要对水资源的压力日增而造成对淡水威胁加剧(MEA 2005a)。

很多因素会导致生物多样性的变化。造成生物多样性丧失的最重要的直接驱动因素就是栖息地的改变(土地利用变化、对河流的物理改变、从河流中取水、拖网捕鱼对海床造成的损害)、气候变化、外来物种入侵、物种的过度利用和污染。对大多数生态系统来说，影响是恒定的或增加的。

- 栖息地的改变和破碎化。主要包括土地覆被的变化，如土地转为农业用地、养分释放到河流中、从河流取水用于灌溉。

图 2.7　地球生态指数显示出依赖淡水生存的物种的生物多样性下降速率最快

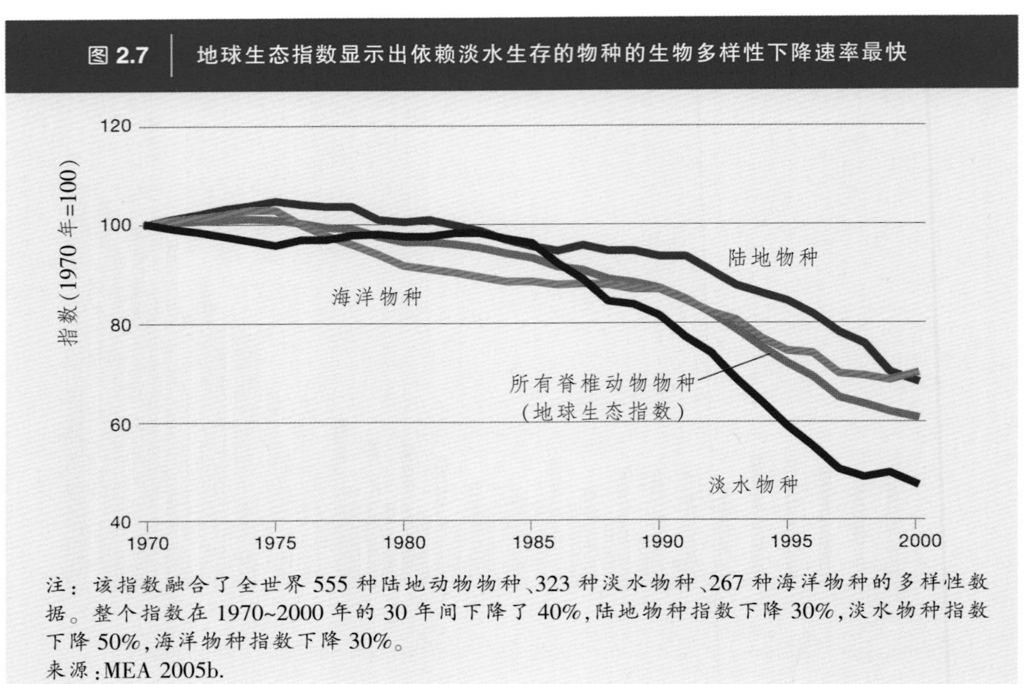

注：该指数融合了全世界 555 种陆地动物物种、323 种淡水物种、267 种海洋物种的多样性数据。整个指数在 1970~2000 年的 30 年间下降了 40%，陆地物种指数下降 30%，淡水物种指数下降 50%，海洋物种指数下降 30%。
来源：MEA 2005b.

- 水流量和时间的改变。很多河流由于建设大坝而变得支离破碎。河流调节设施改变了流量和水流的时间。
- 外来入侵物种的扩散。国际贸易和国际旅行的增加会对外来物种(和致病生物)的入侵起到推波助澜的作用。非本地物种的入侵是造成目前淡水生态系统物种数量减少的主要原因。尽管对外来物种入侵的渠道的控制措施越来越严密，还是有很多入侵渠道没有被有效地调控。
- 养分排放。1950年以来，人类使用的氮素、磷素、硫素以及其他与养分元素相关的污染物排放量的增加成为陆地、淡水和海岸生态系统变化的最主要的驱动力之一。人类现在生产出的活性(生物可用的)氮的数量远比所有天然途径合成的数量还要多。

大部分的生物群落都发生了显著的改变，14个主要生物群中有20%~50%被转变为农田。对陆地生态系统来说，过去50年最重要的直接驱动力就是土地覆被的变化。土地利用变化造成的栖息地的丧失主要与农业的扩张有关，其次与城市和基础设施的扩展有关。

对淡水生态系统来说，过去50年最重要的直接驱动力包括：对淡水栖息地的直接的物理改变，如排干湿地和建设大坝；对河流水文状况的刻意改变，如通过取水和水污染造成。所有这些因素都通过土地利用所产生的影响间接体现出来，例如：过度侵蚀导致的河流、三角洲和湖泊的泥沙淤积。外来入侵物种也是重要的驱动力。很多驱动力都产生于与农业有关的活动(如畜牧业、渔业

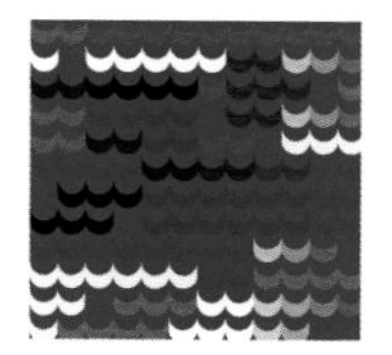

和水产养殖)。

人类的膳食结构

两个主要的因素促成粮食需求增加并因此造成对粮食生产需水量的增加，这两个因素，一个是人口的增长，另外一个就是随着生活水平的提高，膳食结构发生的改变。全球人口预计从2000年的61亿增加到2015年的72亿，再增加到2050年的89亿(UN 2003b)。此后，增长放缓(非洲撒哈拉以南地区除外)。收入增加不仅会增加大宗谷物食物的消费，还会造成谷物需求构成的改变，以及从谷物转向动物产品和高经济价值的作物。

衡量和评价世界食物状况的演变，其关键指标就是人均每天消费的食物热量，以千卡(kcal)为单位(FAO 2006c)。全球食物供给水平从1970年的人均每天2400 kcal增加到2000年的2800 kcal[5]。这是全球平均水平，在全球地区间还存在着巨大差异。在历史同期，发达国家的人均每天食物供给从3050 kcal增加到3450 kcal，而在非洲撒哈拉以南地区仅从2100 kcal增加到2200 kcal(图2.8)。

人均食物消费的增长伴随着食物结构的显著变化。在全世界食物总消费中，谷物类食物依然占据最重要的位置，但是地区间的食物商品构成存在巨大差异(图2.9)。在非洲撒哈拉以南地区，块根和块茎类作物迄今为止依然是最重要的食物来源，在可以预期的未来，这种情况不会有太大改变。在除非洲撒哈拉以南地区之外的世界所有地区，植物油的消费在过去30年明显增加。肉类消费

图 2.8 | 20 世纪 60 年代以来全球营养状况稳步改善，但是发展中国家仍然落后

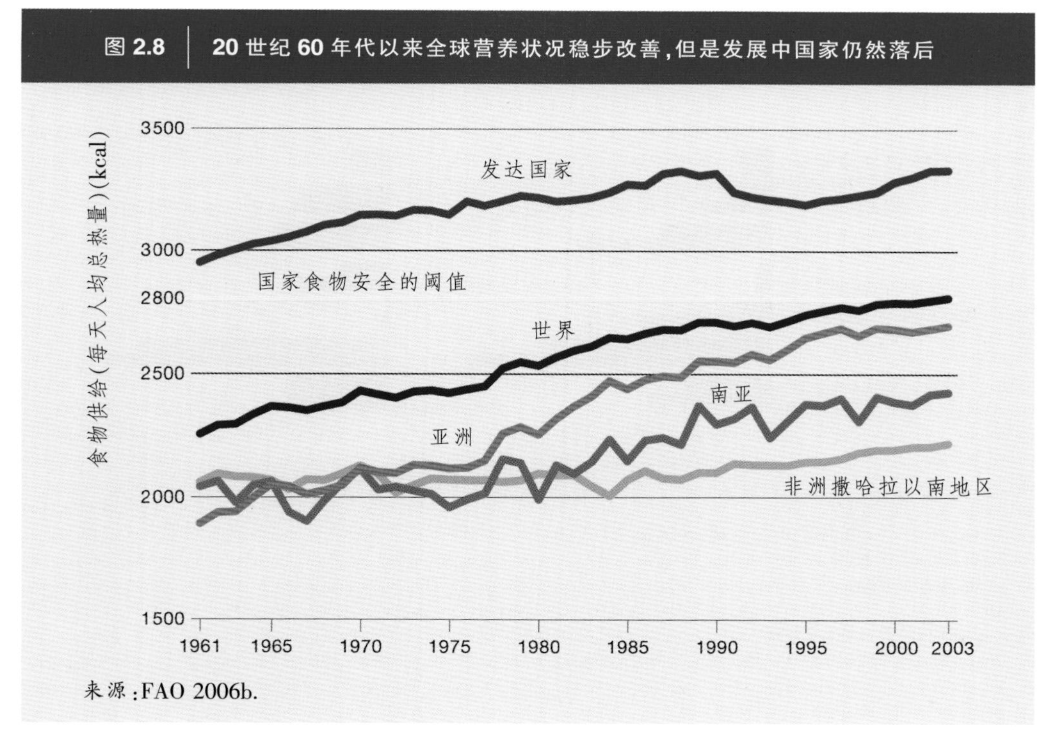

来源:FAO 2006b.

图 2.9 主要膳食结构组成成分的区域间和时间差异

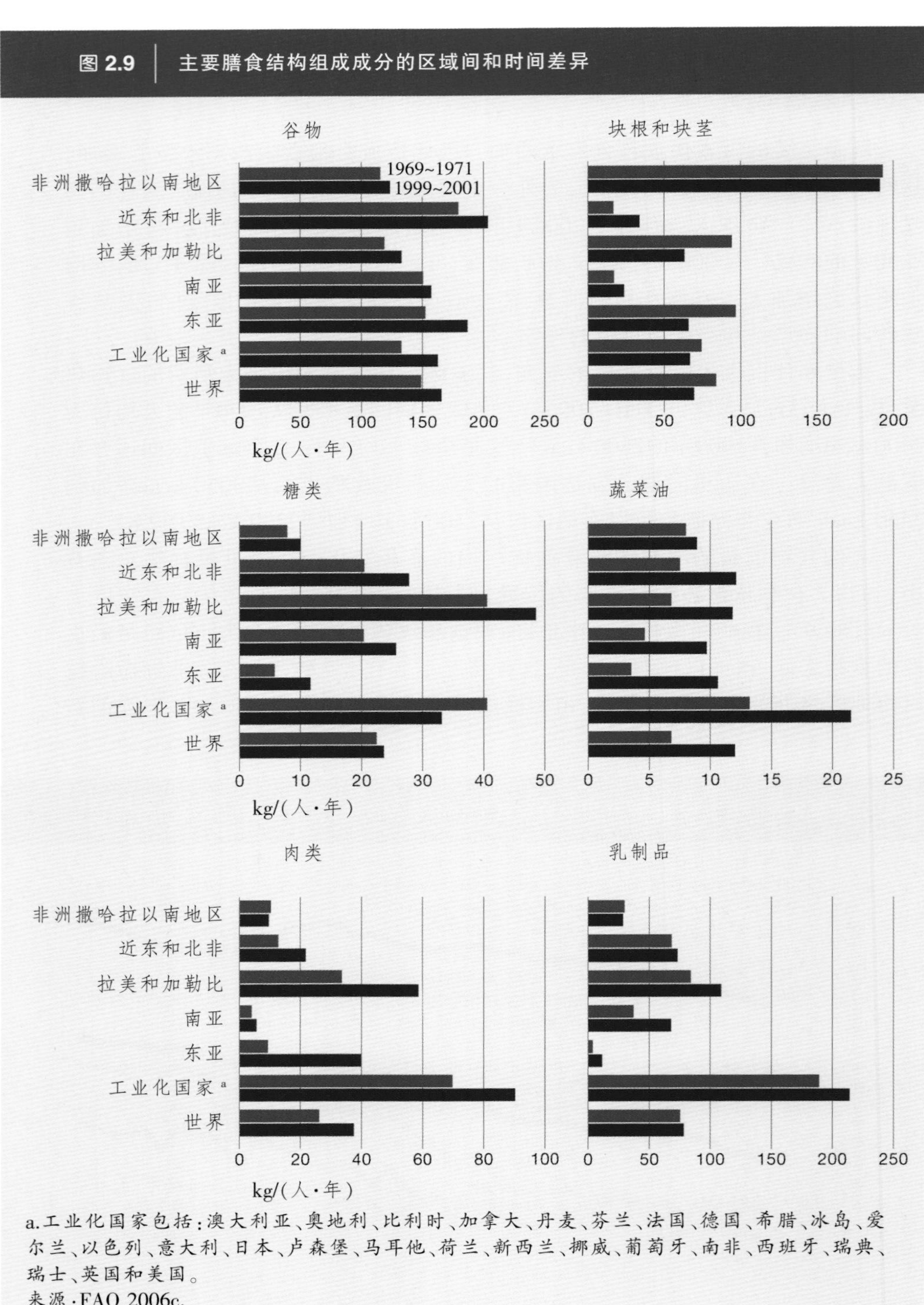

a.工业化国家包括：澳大利亚、奥地利、比利时、加拿大、丹麦、芬兰、法国、德国、希腊、冰岛、爱尔兰、以色列、意大利、日本、卢森堡、马耳他、荷兰、新西兰、挪威、葡萄牙、南非、西班牙、瑞典、瑞士、英国和美国。

来源：FAO 2006c.

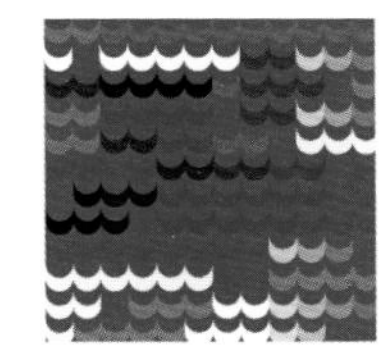

在除了非洲撒哈拉以南地区都有增加。迄今为止，发达的工业化国家仍然是最大的肉类消费者，人均每年消费103 kg的肉，这种趋势预计在未来50年还会继续下去。同样，乳制品的消费现状和趋势也是如此。

数量不断增加的且健康状况更加良好的人口需要消费更多的人均食物量。因此对生产这些食物的水的需求就取决于膳食结构和食物的生产方式（见第7章有关水分生产力的论述）。相关计算结果表明：2000年，作物生产通过消耗7130 km^{3}的水生产了养活61亿人的粮食（见第3章有关情景分析的论述），这个数字不包括牧场的蒸散量。从河流、湖泊和地下含水层中抽取的2664 km^{3}的蓝水中，有1570 km^{3}通过蒸散的方式形成作物产量（见表2.2）。由作物蒸散量推算，大致相当于每天用3000 L的水养活一个人，或者说平均1 L水生产1 cal的食物。但是，这个数量会随着水分生产力和膳食结构的不同而变化。没有肉类的膳食结构每天需要大约2000 L水生产所需的食物，而包含相当高比例的（由饲料饲养的）牛肉的膳食结构则需要每天5000 L水（Renault and Wallender 2000；见第7章有关水分生产力的论述）。

> 生产食物的需水量取决于膳食结构和食物的生产方式。由作物蒸散量推算，大致相当于每天用3000 L的水养活一个人，或者说平均1 L水生产1 cal的食物。

这样我们就会清楚认识到：如果有更多的人在他们的膳食中消费更多的动物性食品，那么生产这些食物所必需的水资源量也会更高。但是这对水资源不一定意味着是坏事。牧草饲养的自由游徙的牲畜不会消耗额外的蓝水资源，而在很多没有农业的地方，动物只能依赖天然草地作为它们食物的来源。同时，对于许多营养不良的人口来说，动物性食品对平衡的膳食结构十分重要。而牲畜的饲养、鱼类的捕捞对很多贫困人口来说是极其重要的生计来源。

发展中国家动物性食品的消费和生产以每年2.5%~4%的速度增长，每年比发达国家低0.5%（见第13章有关畜牧的论述）。发展中国家的每年人均肉类消费量仍然低于发达国家30年前的水平，而在未来的30年这种情况仍将继续。增长的肉类需求主要是由混合和工业化牲畜饲养系统满足的，这种生产体系主要依赖人工饲料而不是天然放牧的方式生产肉用牲畜。从而对饲料作物（也即对水）的需求将会增加。

1970~2000年，淡水鱼类消费的年增长率是3.3%，而在1990~2000年，年增长率是4.5%。鱼类，包括贝类和软体水产，约占全球动物蛋白消费的16%，是营养价值很高的矿物质和脂肪酸的主要来源。尽管海洋捕捞鱼类数量自1990年以来几乎没有什么增长，但全球淡水鱼类（包括捕捞的淡水鱼和水产养殖的淡水鱼）的年产量却在1990~2000年的10年间翻了一番。

由于海洋和淡水捕捞渔业在全世界的很多地方已经达到了可持续捕捞的极限，所以未来日益增长的鱼类需求将主要由水产养殖来满足。自1980年以来，水产养殖业以8%的年增长率增长，目前在世界鱼类总供给量中的份额已经上升到43%（FAO 2006d）。沿海地区的水产养殖已经成为满足增长的鱼类需求的主要方式，也是世界上增长最快的食品部门。2001年的总产达到3790万 t（Kura and others 2004）。和工业化的畜牧业生产一样，水产养殖也需要淡水来生产饲料，同时内陆水产养殖业还需要额外的水量，这都加剧了对水资源的竞争。

城市化和人口迁徙

20世纪60年代，世界三分之二的人口生活在农村（图2.10），60%的经济活跃人口从事农业生产。而今天，只有一半左右的人生活在农村，40%多一点的经济活跃人口依靠农业谋生。从绝对意义上说，农村人口在未来几年会开始下降。到2030年，全球大约60%的人口将生活在城市。但是，这种平均数字会掩盖地区间

图 2.10 世界人口正在向城市转移

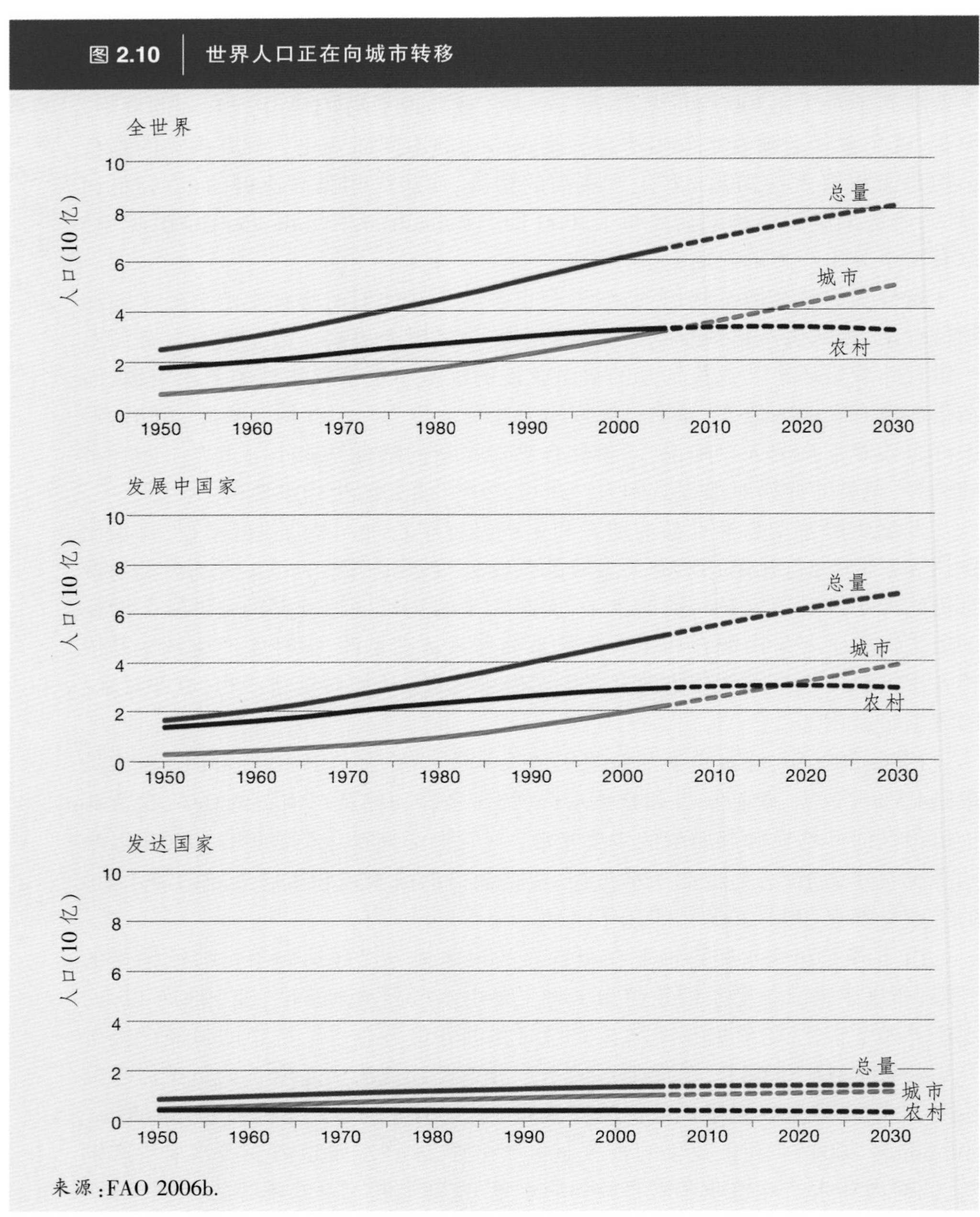

来源：FAO 2006b.

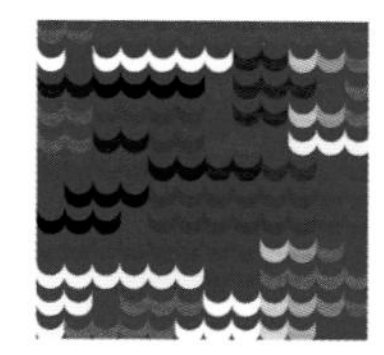

的巨大差异。在南亚和非洲撒哈拉以南的很多贫困国家，直到2030年，农村人口都将会继续增加，以农业为生的人口也会继续增长。

从农村到城市的快速的人口迁徙已经影响到了农作方式和对水资源的需求。而且，向城市迁徙的人口主要是男性，而老人、妇女和儿童则留在农村。结果之一就是发展中国家妇女在农业经济活动人口中的比例上升，从1961年的39%增长到2004年的44%，而发达国家的趋势恰恰相反，妇女在农业就业人口中的比例从44%降到35%(FAO 2006b)。

城市对水资源的要求也在快速增长，这种增长通常是以农村用水和农业用水为代价的。况且，城市的中心地带是主要的污染源，对下游的灌溉和水生生态系统会有明显的负面影响。未经处理的城市污水越来越多地成为灌溉水源，尤其是在内陆城市。出于对人类健康和环境的考虑，污水的利用有其独特的方法和设施(见第11章有关劣质水应用的论述)。

农业的转型

经济的发展一般始于农业的发展。在经济发展早期阶段，农业为工业部门提供劳动力和资本(通常以粮食出口收入的方式)，继而又为工业产品提供了市场。随着经济继续向前发展，农业也随之增长，但是增长速度没有非农部门快，造成农业在国民生产总值(GDP)中的份额下降。随着收入增加和城市化进程加快，食品消费习惯开始转向种类和营养更加丰富的农产品。

在不同的国家或地区，这种农业转变表现的形式也不尽相同。为适应消费者需求的改变，一些农民从粮食作物的生产转向经济附加值更高的园艺作物、畜牧产品和渔业的生产。而另外一些农民则专门从事出口农产品的生产。那些继续生产大宗粮食作物的农民将需要提升作物的生产力。低成本的粮食生产对于贫困人口来说依然十分重要，因为粮食产品消费是他们家庭经济开支的主要部分，还因为便宜的食物价格使低工资可被接受，从而使劳动密集的经济活动更加有利可图(Timmer 2005)。

农业转型的下一步就是进入现代零售部门的增值供应链体系，在这个供应链中，新增的价值主要来源于更优质的产品、及时的供应、食品安全以及生产构成中较高的劳动力素质。

农业转型的下一步就是进入现代零售部门的增值供应链体系，在这个供应链中，新增的价值主要来源于更优质的产品、及时的供应、食品安全以及生产构成中较高的劳动力素质(Timmer 2005)。很难判断这种农业转型所需要经历的时间，但是在许多发展中国家已经涌现出很多职业化的农民群体，他们的收入完全来源于农业。相比传统农民，他们更富于创新精神、拥有的农场规模更大、能够获取更多更好的市场和信贷资源。超级市场在这些增值供应链中发挥大的中介作用越来越重要，它们确保了优质、环境可持续的农产品进入市场。

另一方面，发展中国家大量的农民家庭正在参与另一种类型的农业转变，他们通过增加在非农产业的经济活动来增加他们的收入。劳动力具有更大的流动性。随着农村家庭在城乡之间的迁移，以及在农业和非农产业赚取收入，使得城市和农村间的界限变得模糊了(Rigg 2005)。

正在进行的农业转型将在很大程度上塑造未来对农业水资源的管理方式。例如，那些主要依靠非农产业赚取收入的农村家庭，或者那些投资购买水泵获取用水的家庭将不愿参与大型灌溉系统的使用，也不愿承担维护其运行的责任。

这种农业转型展开的方式对旨在脱贫的水资源投资将具有重要意义。在农业转型的初期，投资于农业水管理以提高生产力会显著减少贫困，尤其在乘数效应的作用下。但是随着经济的继续成长，这种积极影响将会递减。再后来，很多机会将会对农村贫困人口敞开，包括在城市就业的机会。在后期阶段，生计的多样化将会成为重要的策略选择。如果不扩大农场的规模，仅仅从农业一种产业增加财富的可能性越来越小。最终的结果是贫困人口退出农业生产，这也是另外一种摆脱贫困的途径。但是，纵观整个农业转型的过程，还是存在着解决农村贫困的办法，即对粮食用水定向投资，从而显著改善农村贫困人群的营养、收入和卫生健康水平。

从全球角度来看，过去50年在农业水管理上的投资所取得的经济效益要远远大于成本，但是这些收益并不是平均分配的。

成本和收益，赢家和输家

从全球角度来看，过去50年在农业水管理上的投资所取得的经济效益要远远大于成本，但是这些收益并不是平均分配的。另外，社会和环境成本有时是非常高昂的，但是却在成本–效益的分析中被忽略掉。如果得到足够的重视，这种成本也会相应地降低。

在粮食安全、经济发展、脱贫和环境可持续性方面取得的收益

大规模的灌溉投资其主要目的是实现经济发展、确保粮食安全、缓解贫困。由于灌溉面积的扩展和绿色革命技术的普及，全球粮价显著下降。由于农业生产力的增加带来的回报通过生产者赚取更高的收入和消费者得到价格更低的食品这样的方式被两者分享。但是消费者得到的收益比生产者多很多，尤其是那些贫困的粮食生产者，只能从他们生产的粮食中得到仅能满足每日所需食物的一半(或比一半多一点)。

研究还表明：对农业用水的投资会改善农村人口的生计、确保粮食安全、减少贫困 (Lipton, Litchfield, and Faurès 2003; Hasnip and others 2001; Hussain 2005)。这种积极作用体现在就业的增加、付得起的食品价格和更稳定的粮食产量。灌溉投资在乘数效应的作用下提高了粮食产量、增加了农户收入，从而增加了对非农部门产品和服务的需求，这就相当于放大了或倍增了原始投资的收益。几个相关研究的结果表明，这种灌溉投资的乘数效应其增倍幅度为2.5~4 (Bhattarai, Barker, and Narayanamoorthy forthcoming)。Mellor(2002)还注意到，灌溉投资增加的地方，非农产业部门就业数量的增加是农业部门的两倍，因此，对减少贫困有着显著的影响。

对水资源的管理也会对环境的可持续发展贡献甚多。集约型灌溉的发展减少了农业的土地使用量。人类历史上，湿地和农业已经共存了1万多年，共同形

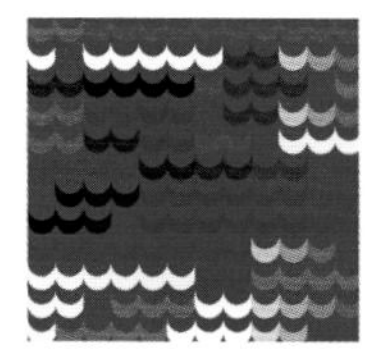

成了生物多样性的多种适应方式（Bambaradeniya and Amerasinghe 2004）。Galraith，Amerasinghe和Huber-Lee(2005)发现，近年来修建的灌溉和蓄水工程为亚洲的水鸟创造了新的栖息地，并使它们的种群数量增加。

社会和环境成本

考虑欠妥、执行不力的水管理干预措施会产生高昂的社会和环境成本。社会成本包括收益分配不均和缺乏谋生机会。不同人群间存在着收入增长的差距，这种现象十分普遍，尤其是在社会中有权和无权的阶层之间，如有地者和无地者、富人和穷人、男人和女人、大地主和小地主。一些项目有利于上游用户，而对下游用户不利。下游用户因而部分或完全地无法获取到优质的水资源。一些公共资源，如河流和湿地，是贫穷的渔民和资源采集者的重要的生计来源，而这些资源却被挪作他用，造成这些贫困人群生计机会的丧失(Gowing, Tuong, and Hoanh 2006)。类似的例子还有，由于大坝的建设而造成的大坝上游的移民却没有获得适当的补偿(WCD 2000)。

> 灌溉产生的绝大部分的负面环境效应都来源于从自然水生生态系统中的调水。

灌溉产生的绝大部分的负面环境效应都来源于从自然水生生态系统中的调水，如从河流、湖泊、绿洲和其他依赖地下水补给的湿地。很多研究报告详细记载了这些直接和间接的负面效应(Richter and others 1997; Revenga and others 2000; WCD 2000; Bunn and Arthington 2002; MEA 2005a,b;本书第6章有关生态系统的论述)，包括盐渍化、河道侵蚀、生物多样性减少、外来入侵物种的引入、水质下降、栖息地破碎化造成的基因的地理隔绝、洪积平原面积减少、内陆和沿海渔业产量下降。

管理不善的灌溉行为会导致土壤盐分的累积，尽管累积的程度多大还具有不确定性。现有的但不太可靠的数据表明：在全球干旱和半干旱气候带，大约有2000万~3000万 hm^2的灌溉耕地受到盐渍化的严重影响，占全球灌溉耕地总面积的10%和这些受影响地区灌溉面积的20%。目前最新的估计数字是：全球每年有25万~50万 hm^2的灌溉面积由于盐分累积而丧失生产能力(FAO 2002)，这个数字比经常被引用的100万~200万 hm^2的面积要小很多。随着大型灌溉系统建设速度放缓，盐渍化灌溉面积增长的速度也大大放慢。新建灌溉系统的地下水位通常是开始上升很快，造成农田的土壤滞水和盐渍化，但最终会与农田排水达到平衡。而在最新建设的灌溉系统中，主要是采用地下水源，这样会使农田处于排水状态，从而有利于盐分的排出。

随时间推移对水-粮食-环境的复合挑战做出变化的响应

应对水-粮食-环境的复合挑战需要以一种环境可持续发展的方式生产粮食以减少贫困，同时还需要在必须做出权衡时有效管理可能发生的负面后果。个人、社区、政府、国际社会都对水资源问题做出响应，但是不同时间采用的方法和途径却不一样。

农户和社区在地方水平上的响应措施

过度重视水利基础设施建设会导致制度和实践倾向于适应工程建设的需要，但不适合长期的、多用途的水利基础设施运行的管理需要。

农民、渔民和牧民以及他们所生活的社区通常受到社区组织的支持，既可以在有政府支持，也可以在没有政府支持的情况下对水资源的短缺做出响应(Noble and others 2006)。大型公共灌溉系统不能及时为农民提供所需用水刺激了很多人投资个人用水泵和其他种类的私人灌溉体系。在很多地方，这种非正式的灌溉部门十分繁荣。具体事例包括：利用老旧的灌溉系统从事雨水收集的工作(在印度的Rajastan邦恢复使用传统的Johads；Shah and Raju 2002)或改造原有系统以适应当地情况。城市郊区的灌溉把污水作为主要水源(Drechsel and others 2006；见本书第11章有关劣质水利用的论述)。当机会允许的时候，农民会从更灵活和更可靠的供水中获益，也会从与微灌和地方化灌溉系统配合使用的小型蓄水设施中获益，因为这些手段可以帮助他们从大宗的粮食作物的生产转向经济价值更高的作物的生产。

但是地方性的响应措施并不是总能满足范围更广的水-粮食-环境的挑战，因为它们的重点主要聚焦于本地粮食产量的提高和生计的改善。农民及其社区的行为对下游和环境造成了负面影响，却不会承担由此产生的环境成本。在干旱地区尤其如此，对地下水不合理地开采导致了地下水位的下降(见第10章有关地下水的论述)。流域上游对水资源的开发利用会减少下游的可用水资源量。此外，私人灌溉设施的发展会进一步损害贫困农民的利益，因为他们负担不起投资成本，同时也会削弱农户灌溉协会的作用。很多学者争论说，应该把这些地方性措施统一起来融入更大的计划或制定的管制政策中，这样可以减少负面影响。

国家政府的响应

国家层面的响应政策通常表达了更广泛的观点，但是即便这样，它们也反映了特定的视角和优先领域。水资源部门治理的成功与否通常决定了国家层面政策实施的成功与失败。制度的发展通常落后于基础设施的快速开发，从而会削减投资效率，并且不能适应不断变化的经济、环境和社会状况。目前存在的大多数的水资源治理机构是为了建设大型水利基础设施而设立的。过度重视水利基础设施建设会导致制度和实践倾向于适应工程建设的需要，但不适合长期的、多用途的水利基础设施运行的管理需要(见第9章有关灌溉的论述和第5章有关政策和制度的论述)。

20世纪90年代，由于水资源管理重点发生转移，对水利基础设施的投资锐减。新的水资源管理强调需求方管理，合理的水资源配置，制度和能力建设，以及用市场工具促进水资源更高效利用和现有供水设施更高效运行。

在此期间还形成了有关对水资源综合管理、环境用水需求、生态用水需求等问题的全球共识(下文论述)。人类越来越意识到，应将农业水资源管理的方方面面视为一个整体来考虑，包括水资源、用水、水管理和水供给这一系列环节

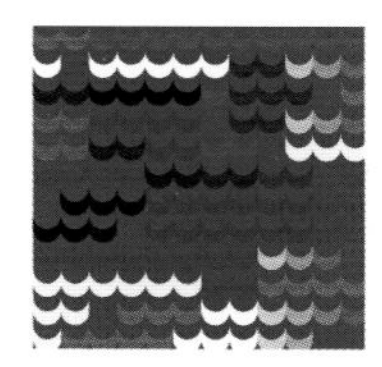

的所有方面。发生了一些重要的变革性事件，如《南非水法》的通过和实施。该法律首次将环境用水配置明确地以法律的形式加以保护。

尽管对水资源综合管理模式的呼声日益高涨，政府对该问题的响应依然是基于各个部门的水管理策略。大多数国家的跨部门的对水资源配置的管理仍然是各自为政的状态，并且是一个被过度政治化的问题。即便在农业部门的内部，灌溉依然最受重视，而雨养农业、渔业和畜牧业的用水很少纳入讨论的议题。

大多数国家的跨部门的对水资源配置的管理仍然是各自为政的状态，并且是一个被过度政治化的问题。

全球和区域范围的响应

在水资源方面，全球还没有一个像荒漠化、湿地和生物多样性等问题那样的全球公约。有人争辩说这是因为水的问题基本上还是一个地方性的问题，因此没有必要采取全球性的行动。但是其他一些重要的全球性问题会影响到全球的水资源利用，因此就有必要采取全球行动去解决全球性的水资源问题。

以最近在亚洲发生的一系列谷物生产和贸易事件为例。在20世纪的70和80年代，亚洲的两大粮仓——横跨印度和巴基斯坦的旁遮普地区，以及中国的华北平原，粮食产量取得了显著的增长。但是今天，随着这两个地区对水资源的开发利用已经超过可持续的极限，地下水被抽取的速率远远低于补给的速率。最近的一份报告表明，中国华北温带地区的灌溉受到的威胁将使得中国不得不大量进口小麦以满足粮食需求，从而对全球粮食生产和贸易产生深远影响(Lohmar and others 2003)。为避免这样的结果发生并提高农民的收入，中国政府自2004年开始对全国的谷物生产进行补贴。这会使小麦种植区域向中国南方更湿润的地区扩展，这样的结果和印度东部以及孟加拉国发生的情况相类似。

1992年在巴西里约热内卢举行的联合国环境和发展大会(地球高峰会议)是一个里程碑，它呼吁人类采取全球行动对水资源进行更高效的管理。基于都柏林原则(ICWE 1992)而形成的全球水资源善治的共识是：淡水资源是一种有限的和脆弱的资源，并且对支撑生命、发展和环境至关重要；对水资源的开发和管理应该遵循参与式原则，要将所有层面的用水者、规划者和决策者纳入进来；妇女应该在供水、水管理和保证供水方面发挥核心作用；水资源在所有竞争性用途中都是具有经济价值的，应该被看成是一种商品。共识还意识到挑战的紧迫性，很多人都认为水危机迫在眉睫；同时，水资源管理的危机和缺水的危机同等严重。

2000年召开的第二届世界水论坛在调动对全球水危机问题进行思考方面发挥了积极作用，讨论的问题涵盖了供水、农业、环境和生计(HRH Prince of Orange and Rijsberman 2000)。思想上的分歧在随后的《农业用水和农村发展的报告》(van Hofwegen and Svendsen 2000)及《水和自然关系的报告》(IUCN 2000)中清楚地反映出来。很多议程、会议、组织和行动都被调动起来讨论全球水资源危机的问题，如联合国全球水伙伴计划、联合国-水计划[6]、世界水理事会、斯德哥尔摩世界水周、国际农业研究挑战计划设立的水和粮食专题咨询组以及本农业用水综合评估项目。

随着水资源再次登上全球问题的舞台，相关讨论变得更加平衡，对水管理的社会和环境权衡及其引起的发展决策做了更多考虑（SIWI and IWMI 2004; World Bank 2004）。

新的分析和决策范式呼吁要将农业水管理放在流域的背景下进行，应该把雨养农业、渔业和畜牧业纳入讨论的范围。同时，更加注重跨部门的整合，注重公共和私人部门在水管理中的适当作用。良好的农业耕作方式对生态多样性的影响作用越来越明显，农业越来越多地意识到小流域保护、环境流量、水生生态系统的可持续管理、地下含水层对农业的重要意义。

同时，环境保护社会团体对水、粮食和生计问题重要性的意识不断增强。这种意识基于《拉姆萨湿地公约》，该公约强调人类要睿智地利用湿地，并认识到湿地已经为农业服务了几千年这样一个基本事实，所以对它的利用要以一种可持续的方式进行。这个有关平衡的生态农业的讨论可以不断深入下去，使其不仅满足社会和环境的需求，而且还能为各相关环节带来更为广泛的受益。

评审人

审稿编辑：John Gowing

评审人：Gordana Beltram, Jeremy Berkoff, Jacob Burke, Joseph K. Chisenga, Victor A. Dukhovny, Jean-MarcFaurès, Francis Gichuki, M. Gopalakrishnan, Fitsum Hagos, Jippe Hoogeveen, Nancy Karanja, Jacob W. Kijne, Wulf Klohn,Gordano Kranjac-Berisavljevic, Jean Margat, Douglas J. Merrey, James Newman, Bart Schultz, David Seckler, Henri Tardieu,Jinxia Wang, and Philippus Wester.

注解

1. 收获面积包括作物的种植强度。因此，如果每年种植两茬作物，在100 hm^2土地上的收获面积就是200 hm^2。

2. 装备灌溉面积是指具备灌溉基础设施的面积。而实际灌溉面积和装备灌溉面积也许会不一致，因为装备灌溉面积不包括作物的种植强度。

3. 雨养农业和灌溉农业的区别是模糊的，因为有些雨养农田也接受一些补充灌溉。

4. 改善灌溉管理以克服灌溉效能低下的问题是建立国际灌溉管理研究所的动机之一，后来又扩建成现在的国际水资源研究所。

5. 每人每天2800 kcal的膳食能量供应值通常被定为国家粮食安全的阈值，其中考虑了膳食能量需求（一般是人均每天1900~2500 kcal），食物的分配链体系的无效部分，以及食物获取的不平等等因素。

6. 联合国-水计划（UN-Water）是一个跨机构的机制，目的是遵守世界可持续发展峰会和千年发展目标中关于水资源的相关决定。

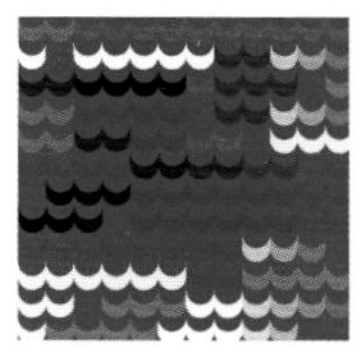

参考文献

Bambaradeniya, C.N.B., and F.P. Amerasinghe. 2004. "Biodiversity Associated with the Rice Field Agro-ecosystem in Asian Countries: A Brief Review." IWMI Working Paper 63. International Water Management Institute, Colombo.

Bangladesh, Ministry of Agriculture. 2000. "National Minor Irrigation Project." Dhaka.

Bhattarai, M., R. Barker, and A. Narayanamoorthy. Forthcoming. "Who Benefits from Irrigation Investments in India? Implications of Irrigation Multiplier Estimates for Cost Recovery and Irrigation Finance." *Irrigation and Drainage.*

Bruinsma, Jere. 2003. *World Agriculture: Towards 2015/2030. An FAO Perspective*. London: Earthscan.

Bunn, S.E., and A.H. Arthington. 2002. "Basic Principles and Ecological Consequences of Altered Flow Regimes for Aquatic Biodiversity." *Environmental Management* 30 (4): 492–507.

Donkor, S. 2003. "Development Challenges of Water Resource Management in Africa." *African Water Journal* 1: 1–19.

Drechsel, P., S. Graefe, M. Sonou, and O.O. Cofie. 2006. *Informal Irrigation in Urban West Africa: An Overview.* IWMI Research Report 102. Colombo: International Water Management Institute.

Falcon, W.P., and R.L. Naylor. 2005. "Rethinking Food Security for the Twenty-first Century." *American Journal of Agricultural Economics* 87 (5): 1113–27.

FAO (Food and Agriculture Organization). 1997. *Report of the World Food Summit, 13–17 November 1996.* Part I. Rome.

———. 2002. "Crops and Drops: Making the Best Use of Water for Irrigation." Rome.

———. 2004. *The State of Food Insecurity in the World 2004.* Rome.

———. 2006a. AQUASTAT database. Rome. [http://www.fao.org/ag/aquastat].

———. 2006b. FAOSTAT database. Rome. [http://faostat.external.fao.org].

———. 2006c. *World Agriculture: Towards 2030/2050. Prospects for Food, Nutrition, Agriculture and Major Commodity Groups.* Interim report. Global Perspective Studies Unit. Rome.

———2006d. *State of World Aquaculture 2006.* FAO Fisheries Technical Paper 500. Rome.

Galbraith, H., P. Amerasinghe, and A. Huber-Lee. 2005. "The Effects of Agricultural Irrigation on Wetland Ecosystems in Developing Countries: A Literature Review." CA Discussion Paper 1. Comprehensive Assessment Secretariat, Colombo.

Gowing, J.W., T.P. Tuong, and C.T. Hoanh. 2006. "Land and Water Management in Coastal Zones: Dealing with Agriculture-Aquaculture-Fishery Conflicts." In *Environmental Livelihoods in Tropical Coastal Zones: Managing Agriculture-Fishery-Aquaculture Conflicts.* London: CABI Publishing.

Hasnip, N., S. Mandal, J. Morrison, P. Pradhan, and L. Smith L. 2001. "Contribution of Irrigation to Sustaining Rural Livelihoods." KAR Project R 7879, Literature Review. Report OD/TN 109. HR Wallingford and UK Department for International Development, Wallingford, UK.

Hayami, Y. 2005 "An Emerging Agrarian Problem in High-Performing Asian Economies." Presidential lecture at the 5th Conference of the Asian Society of Agricultural Economists, 29–31 August, Zahedan, Iran.

Hope, R.A. 2006. "Water, Workfare, and Poverty: The Impact of the Working for Water Programme on Rural Poverty Reduction." *Environment, Development, and Sustainability* 8 (1): 139–56.

HRH The Prince of Orange and F.R. Rijsberman. 2000. "Summary Report of the 2nd World Water Forum: From Vision to Action." *Water Policy* 2 (6): 387–95.

Hussain, I. 2005. *Pro-poor Intervention Strategies in Irrigated Agriculture in Asia—Poverty in Irrigated Agriculture: Issues, Lessons, Options and Guidelines.* Final Synthesis Report. Colombo: International Water Management Institute and Asian Development Bank.

ICWE (International Conference on Water and the Environment). 1992. *The Dublin Statement and Report of the Conference.* International Conference on Water and the Environment: Development Issues for the 21st Century, 26–31 January, Dublin.

Inocencio, A., D. Merrey, M. Tonosaki, A. Maruyama, I. de Jong, and M. Kikuchi. Forthcoming. "Costs and Performance of Irrigation Projects: A Comparison of sub-Saharan Africa and Other Developing Regions." IWMI Research Report. International Water Management Institute, Colombo.

IUCN (World Conservation Union). 2000. *Vision for Water and Nature: A World Strategy for Conservation and Sustainable Management of Water Resources in the 21st Century.* Gland, Switzerland.

Kura, Y., C. Revenga, E. Hoshino, and G. Mock. 2004. *Fishing for Answers.* Washington, D.C.: World Resources Institute.

Lipton, M., J. Litchfield, and J.M. Faurès. 2003. "The Effects of Irrigation on Poverty: A Framework for Analysis." *Water Policy* 5 (5–6): 413–27.

Lohmar, B., J.X. Wang, S. Rozelle, J.K. Huang, and D. Dawe. 2003. *China's Agricultural Water Policy Reforms: Increasing Investment, Resolving Conflicts, and Revising Incentives.* Information Bulletin 782. Washington, D.C.: U.S. Department of Agriculture, Economic Research Service, Market and Trade Economics Division.

MEA (Millennium Ecosystem Assessment). 2005a. *Ecosystem Services and Human Well-being: Wetlands and Water Synthesis.* Washington, D.C.: World Resources Institute.

———. 2005b. *Ecosystems and Human Well-being: Biodiversity Synthesis.* Washington, D.C.: World Resources Institute.

Mellor, J.W. 2002. "Irrigation Agriculture and Poverty Reduction: General Relationships and Specific Needs." In I. Hussain and E. Biltonen, eds., *Managing Water for the Poor.* Colombo: International Water Management Institute.
Noble, A.; D. Bossio, F.W.T. Penning De Vries, J. Pretty, and T.M. Thiyagarajan. 2006. *Intensifying Agricultural Sustainability: An Analysis of Impacts and Drivers in the Development of "Bright Spots."* Comprehensive Assessment of Water Management in Agriculture Research Report 13. Colombo: International Water Resources Management Institute.
Peacock, T., C. Ward, and G. Gambarelli. Forthcoming. *Investment in Agricultural Water for Poverty Reduction and Economic Growth in Sub-Saharan Africa. Synthesis Report.* Collaborative Programme of African Development Bank, Food and Agriculture Organization, International Fund for Agricultural Development, International Water Management Institute, and World Bank. Columbo.
Penning de Vries, F.W.T., H. Acquay, D. Molden, S.J. Scherr, C. Valentin, and O. Cofie. 2002. *Integrated Land and Water Management for Food and Environmental Security.* Research Report 1. International Water Management Institute, Colombo.
Renault, D., and W.W. Wallender. 2000. "Nutritional Water Productivity and Diets." *Agricultural Water Management* 45 (3): 275–96.
Revenga, C., J. Brunner, N. Henniger, K. Kassem, and R. Payner. 2000. *Pilot Analysis of Global Ecosystems, Freshwater Systems.* Washington, D.C.: World Resources Institute.
Richter, B.D., D.P. Braun, M.A. Mendelson, and L.L. Master. 1997. "Threats to Imperiled Freshwater Fauna." *Conservation Biology* 11 (5): 1081–93.
Rigg, J. 2005. "Land, Farming, Livelihoods, and Poverty: Rethinking the Links in the Rural South." *World Development* 34 (1): 180–202.
Rijsberman, F.R. 2006. "Water Scarcity: Fact or Fiction?" *Agricultural Water Management* 80 (1–3): 5–22.
Rosegrant, M.W., and M. Svendsen. 1993. "Asian Food Production in the 1990s: Irrigation Investment and Management Policy." *Food Policy* 18 (1): 13–32.
Shah, T., and K.V. Raju. 2002. "Rethinking Rehabilitation: Socio-ecology of Tanks and Water Harvesting in Rajasthan, North-West India." *Water Policy* 3 (6): 521–36.
Shiklomanov, I.A. 2000. "Appraisal and Assessment of World Water Resources." *Water International* 25 (1): 11–32.
SIWI (Stockholm International Water Institute) and IWMI (International Water Management Institute). 2004. *Water—More Nutrition Per Drop: Towards Sustainable Food Production and Consumption Patterns in a Rapidly Changing World.* Stockholm: Stockholm International Water Institute.
Thenkabail, P.S., C.M. Biradar, H. Turral, P. Noojipady, Y.J. Li, J. Vithanage, V. Dheeravath, M. Velpuri, M. Schull, X.L. Cai, and R. Dutta, R. 2006. *An Irrigated Area Map of the World (1999) Derived from Remote Sensing.*" Research Report 105. Colombo: International Water Management Institute.
Timmer, P. 2005. "Agriculture and Pro-Poor Growth: An Asian Perspective." Working Paper 63. Center for Global Development, Washington D.C.
UN (United Nations). 2003a. *Water for Food, Water for Life: The United Nations World Water Development Report 1.* Paris and New York: United Nations Educational, Scientific and Cultural Organization and Berghahn Books.
———. 2003b. *World Population Prospects: The 2002 Revision.* New York.
———. 2006a. Millennium Development Goals Indicators. The Official United Nations Site for the MDG Indicators. Accessed October 2006. [http://mdgs.un.org/].
———. 2006b. *Water—A Shared Responsibility: The United Nations World Water Development Report 2.* Paris and New York: United Nations Educational, Scientific and Cultural Organization and Berghahn Books.
UNDP (United Nations Development Programme). 2005. *Human Development Report 2005: International Cooperation at a Crossroads—Aid, Trade, and Security in an Unequal World.* New York,
Van Hofwegen, P., and M. Svendsen. 2000. "A Vision for Water for Food and Rural Development." Paper presented to the 2nd World Water Forum, 17–22 March, The Hague, Netherlands.
Viet Nam, General Statistics Office. 2001. *Statistical Data of Viet Nam Agriculture, Forestry, and Fishery, 1975-2000.* Hanoi: Statistical Publishing House, Department of Agriculture, Forestry, and Fishery.
WCD (World Commission on Dams). 2000. *Dams and Development: A New Framework for Decision-Making.* London: Earthscan.
WHO (World Health Organization) and UNICEF (United Nations Children's Fund). 2006. Joint Monitoring Programme for Water Supply and Sanitation database [www.wssinfo.org/].
World Bank. 2004. *Water Resources Sector Strategy: Strategic Directions for World Bank Engagement.* Washington, D.C.
———. 2006. *Reengaging in Agricultural Water Management: Challenges and Options.* Washington, D.C.

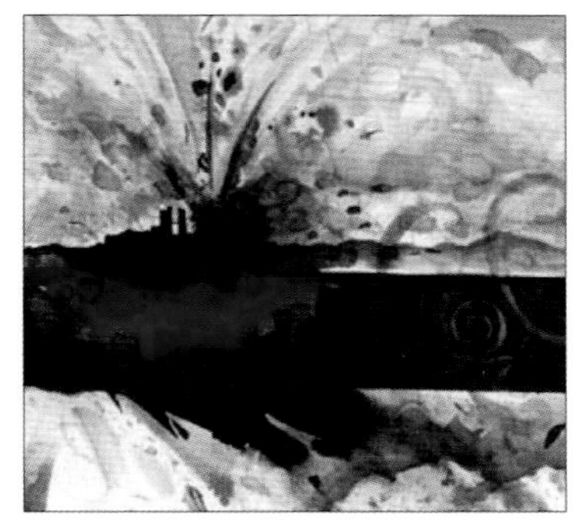

通向成功的道路不只一条——条条大路通罗马
马来西亚艺术家:Nathanael Kang

第3章 展望2050年——不同投资选择的情景分析

协调主编:Charlotte de Fraiture and Dennis Wichelns
主编:Johan Rockstrom and Eric Kemp-Benedict
主要作者:Nishadi Eriyagama, Line J. Gordon, Munir A. Hanjra, Jippe Hoogeveen, Annette Huber-Lee, and Louise Karlberg

概览

粮食生产需要大量的水和土地。每年有大约7130 km³的水量用于作物种植以满足全球粮食需求,这个数量相当于尼罗河年径流量的90倍,或相当于每人每天3000多升水,其中绝大部分(78%)直接来源于降雨,剩下的22%则来源于灌溉。有12亿人口生活在天然性缺水的流域,另有16亿人生活在经济性缺水的流域。今天,粮食生产需要每人每年拥有2500 m²的农田和5500 m²的放牧草地的面积。由于缺乏适当的投资,水量缺乏、水质恶化、土地退化问题将愈加严重,尤其是在本来就缺乏自然资源的国家。

世界粮食需求以及由此引发的农业用水消耗量在未来的几十年将继续增长,即便在人口增长速率放缓的情况下也是如此。随着人口的增长、收入的增加和膳食结构的改变,到2050年粮食需求将会增加70%~90%。在农业用水效率不提高的情况下,作物耗水量将以同样的幅度增长。

粮食生产用水和其他部门用水需求之间的竞争将加剧,但是粮食生产仍然是全世界最大的用水需求方。由于城市化的进程,生活和工业用水需求到2050年预计将增长2.2倍。随着水资源越来越短缺,城市污水的再利用将成为缺水地区重要的选择。产生热量所需要的粮食生产在一些地区也有所增加，这对农业土地利用和水资源利用会产生许多潜在影响。必须权衡所有用水部门间的水资源配置，这种权衡在农业和环境部门之间尤其明显，因为它们是两个最大的需水部门。气候变化也会进一步加大对水资源管理的压力。

*必须为提升雨养农业生产力而投资，以便增加粮食产量，刺激经济发展并保护环境。*很多农村贫困人口依赖雨养农业为生。帮助贫困人口常常意味着关注雨养农业地区的小农户。提升雨养农业区生产力所需的每公顷投资成本相对较低，尤其是在非洲撒哈拉以南地区。那里大部分的农村贫困人口生活在雨养农区，针对雨养农区的投资会使更多的人口脱贫。对产量增长的乐观估计表明，雨养农业可以满足到2050年的粮食需求。增产潜力最大的地区是低产区，往往也是贫困人口密集的地区。在现有雨养农田上实现增产潜力就会减少开发大型灌溉系统的需求。但是，通过雨水收集和补充灌溉提高雨养农业生产力同样需要基础设施的投资和建设，尽管所需的设施规模更小，分布也更为分散。另外，对下游水资源产生的影响也更分散，且难以评估。收集雨水增加了作物对水的消耗量，留给河流和湖泊的径流量就会相应的减少。大范围地强化雨养农业将会对地表和地下水资源产生显著影响。这些对下游水资源利用上产生的负面影响可以部分地通过提高水分生产力而得到补偿。过度依赖雨养农业也存在一定风险，需要正确的动机和措施来帮助个体农户降低风险，充分实现生产潜力。

“在现有灌溉农田上，通过提高单位用水的产出增加粮食产量比单纯扩大灌溉面积增产具有更大的空间。

*在现有灌溉农田上，通过提高单位用水的产出增加粮食产量比单纯扩大灌溉面积增产具有更大的空间。*在乐观的单产增长情景中，实际灌溉产量与预计灌溉产量的差距可减少80%，半数以上的额外的粮食需求可以通过提高现有灌溉耕地上的单位耗水的产出而得到满足。在南亚地区，50%以上的农田是灌溉农田且生产力低下，额外的粮食需求可以通过提高现有灌溉农田的单位耗水产出而满足，而不需要增加种植面积。缩减了这80%的产量差相当于新增5.4亿吨粮食，即2050年全球粮食额外需求量的75%。而灌溉面积增加35%所获得的粮食增产只有2.6亿吨。单产增加的同时，灌溉引水量也会增加30%，但是增加灌溉面积所需要增加的灌溉引水量为55%。因此，单纯的灌溉面积增加会造成严重的缺水问题和生态系统服务功能减弱的问题。此外，提高作物水分生产力所需要的资本成本比灌溉面积扩张所需要的建设成本要低。单位耗水产出的经济价值的增加可以通过产品的多样化，以及多种生产用途的用水（渔业、牲畜、家庭菜园、其他小型产业）来实现。

*最佳投资战略需要各种投资战略的适度搭配，这主要取决于不同地区的潜力和制约因素。*随着世界粮食需求不可避免地增长，农业将需要更多的土地和水资源。粮食的增产可以通过提高作物单产实现，也可以通过提高每单位耗水的产出来实现，还可以通过投资于灌溉和雨养农业来实现。但是，即便在乐观的投资情境下，到2050年作物播种面积也将增加9%，农业取水量将增加13%。对这些额外用水的管理方式是挑战性的，它要求既要最小化对环境服务功能的负面影响（如有可能，还要加强环境服务功能），同时实现粮食增产和脱贫的目标。

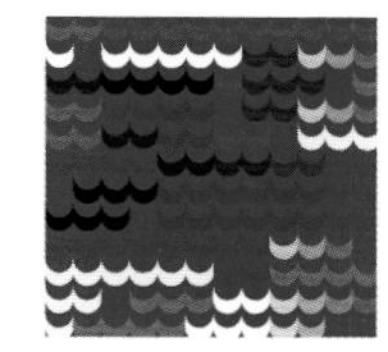

农业用水的驱动力

对水资源的竞争性要求随着农业、民用和工业用水需求的增长而增加。最近的预警表明：如果不采取适当措施改善水管理并提高水分利用效率的话，全球的水资源危机将迫在眉睫（Seckler and others 1998；Seckler and others 2000；Alcamo and others 1997；Rosegrant，Cai，and Cline 2002；Shiklomanov 2000；Vorosmarty and others 2004；Bruinsma 2003；SEI 2005；Falkenmark and Rockstrom 2004；Rosegrant and others 2006）。目前有12亿人生活在缺水流域（闭合流域），另外5亿人生活在水资源迅速接近极限的流域（正在闭合流域；见第2章有关趋势和第16章有关流域的论述）。另有16亿人生活在经济因素制约水管理投资步伐的流域，即经济性缺水的流域。

> 随着人口增加、收入提高和城市化进程，粮食需求量在未来50年将增长一倍。

粮食供给和需求

随着人口增加、收入提高和城市化进程，粮食需求量在未来50年将增长一倍。

膳食结构的改变。随着收入增加，人们的饮食习惯发生转变，变得更喜欢吃更有营养的和更多样化的食物。过去30年，亚洲大部分地区的收入水平都有所提高，收入的增长不仅会导致谷物类食物消费的增加，还会导致食物消费结构从谷物类食物转向动物性食物和高经济价值的作物。在中等收入国家（如泰国），人均稻米消费量趋于稳定并有所减少，而小麦的消费量却增加了。肉类消费增长了两倍以上，而乳制品需求从1967年到1997年增长了一倍。高附加值作物的消费，如水果、糖类和食用油的消费量也显著增加（FAOSTAT 2006）。

今后，城市化和收入的增加会进一步推动食物需求转向更高的人均热量摄取量和更丰富的膳食种类，尤其是在中低收入国家。本研究报告设置的基本情景估计大约有超过25%的额外的粮食需求来源于膳食结构的改变（主要是对动物产品的需求），而不是来源于增长的人口的需求。这种变化会影响到未来农业用水的需求，因为畜产品、糖和食用油相对于谷物、块根和块茎作物需要更多的水（见第7章有关水分生产力的论述）。

尽管全球水平上膳食结构的改变的格局相似（Rosegrant，Cai，and Cline 2002；Pingali 2004），还是存在着巨大的区域和文化差异，而且这种差异在未来的几十年仍将如此。印度肉类消费增长的速度虽小于中国，但是乳制品的消费增长较快，对水资源会造成巨大影响（Singh and others 2004）。中国的人均猪肉消费比美国略高且增长迅速，而人均牛肉消费只有美国的10%。非洲撒哈拉以南的大多数国家，肉类消费和收入没有直接关系，因为很多牧民食用自己生产的肉类产品和其他丛林动物的肉类。

图3.1至图3.3描述了收入和人均食物消费的趋势。表3.1提供了本研究采用的农业商品需求的估计，并与其他已发表的预测进行了比较。

图 3.1 世界变得更加富裕，但是依然存在巨大的收入差距

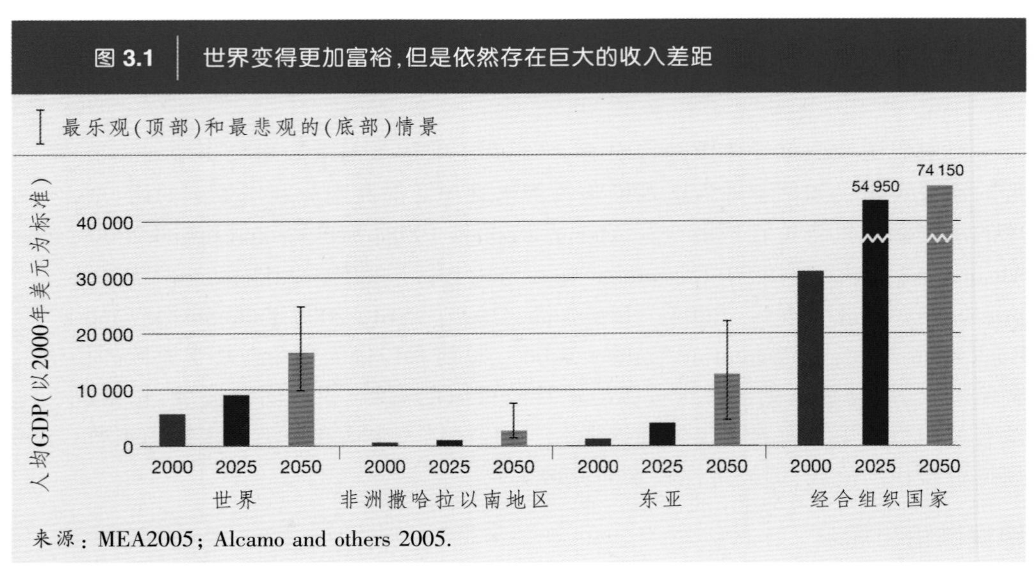

来源：MEA2005；Alcamo and others 2005.

收入是膳食结构改变的主要驱动力。穷国和富国之间的收入差距将会缩小，但是绝对差距依然很大。2000年全球人均GDP估计在5630美元，经合组织国家(OECD)和发达国家为31 650美元，东亚为1230美元，非洲撒哈拉以南地区为560美元。根据《千年生态评估报告》，到2050年没有一个发展中国家和地区能够达到经合组织国家目前的水平。当然，预测也存在着很大的不确定性。图3.1中的I柱指示的是最乐观和最悲观情景的差距。而彩色柱状图则描绘了在我们所做的情景分析中所采用的收入预测(借用《千年生态评估报告》中的TechnoGarden情景)。

2000年全球人均肉类消费量估计是37 kg，而2050年将达到48 kg(图3.2)。地区间差异仍很大，非洲撒哈拉以南地区的人均肉类消费大约为12 kg，比经合组织国家的人均消费量的六分之一还要少。伴随着经济增长，东亚地区的人均肉类消费预计会赶上经合组织国家。我们的估计量和其他研究结果大致相同。《千年生态评估报告》估算的2050年全球肉类人均年消费量是41~70 kg；经合组织国家能达到人均100~130 kg的水平；非洲撒哈拉以南地区的国家只有18~27 kg(Alcamo and others 2005)。联合国粮农组织题为《迈向2030到2050年的农业》(Agriculture: Towards 2030/2050)的中期报告估计，到2050年全球人均肉类消费量为52 kg(FAO 2006)。在未来25年，东亚和经合组织国家人均肉类消费量的增长预计将会低于过去的25年(Alexandratos 1997, 2005)。经合组织国家的肉类消费将趋于稳定或者下降，这也是部分地出于对健康状况的考虑。

高收入国家的人均谷物消费量随着时间的推移而下降，到2050年接近于零(图3.3)。在经济高速发展的东亚国家(包括中国)，由于对粮食需求的增加，谷物消费量将会增加，而人均食物消费会趋于稳定。在非洲撒哈拉以南地区，谷物消费继续适度增长。

畜牧产品消费的增长会提高对粮食的需求量，但提高的程度仍存在争议。

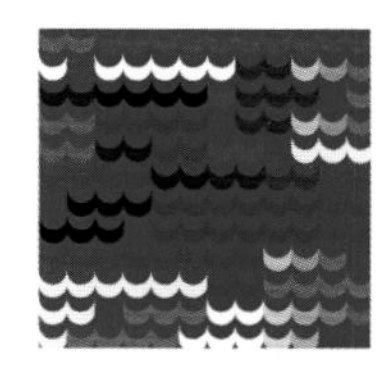

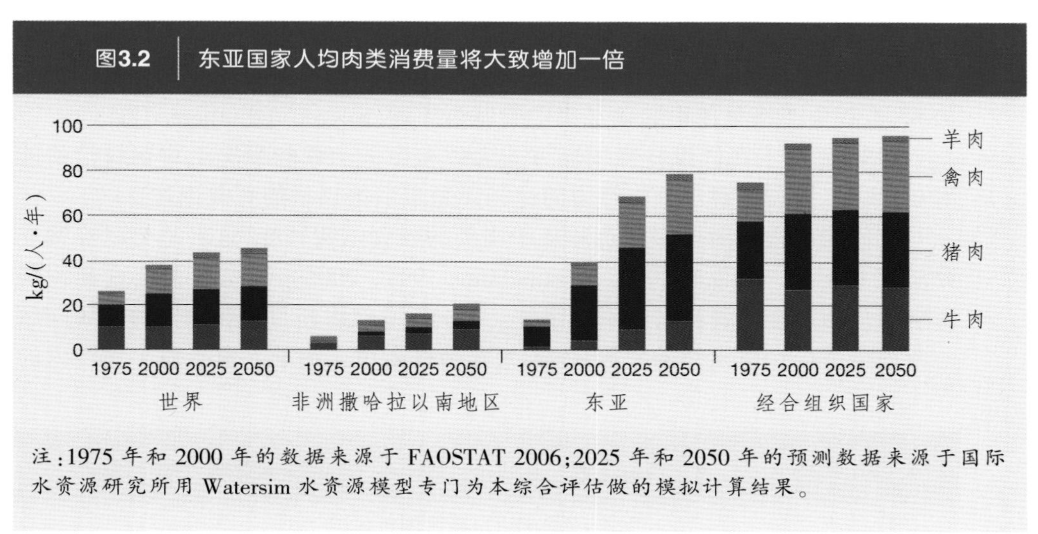

图3.2 东亚国家人均肉类消费量将大致增加一倍

注:1975年和2000年的数据来源于FAOSTAT 2006;2025年和2050年的预测数据来源于国际水资源研究所用Watersim水资源模型专门为本综合评估做的模拟计算结果。

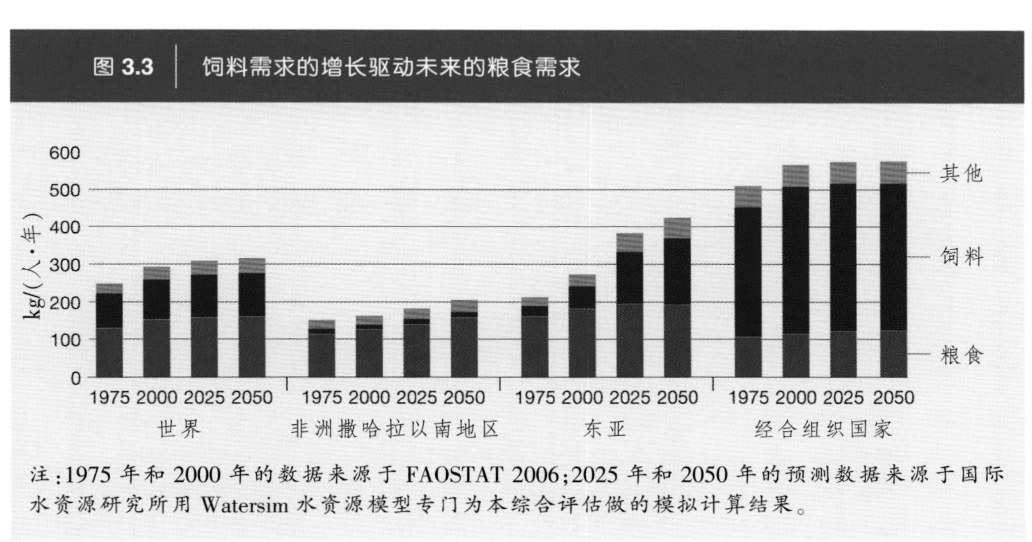

图3.3 饲料需求的增长驱动未来的粮食需求

注:1975年和2000年的数据来源于FAOSTAT 2006;2025年和2050年的预测数据来源于国际水资源研究所用Watersim水资源模型专门为本综合评估做的模拟计算结果。

牲畜主要由牧草(放牧)、作物残茬和饲料(主要由粮食作物组成)混合饲养。红肉对饲用粮食的需要量是白肉的两倍 (Seckler and others 2000; Verdegem, Bosma, and Verreth 2006)。经合组织国家的畜群主要由粮食饲料喂养,因此畜群的饲料占人均粮食消费量的三分之二。在非洲撒哈拉以南地区和印度,放牧比较普遍且畜群主要由作物残茬及副产品饲养,所以只有不到10%的粮食用于饲料。在美国,生产1 kg的肉需要2.3 kg的玉米,而在印度则只需0.1 kg玉米(derived from FAOSTAT 2006)。

重要的问题是,未来如何饲养牲畜?(Seckler and others 2000)。有些人认为畜群主要依靠牧草和作物残茬(如同今天的做法),而饲料需求的增长将主要由提高饲料的有效利用率(Rosegrant,Cai, and Cline 2002)或者通过转为其他类型的饲料(Verdegem, Bosma, and Verreth 2006)来满足。有些人宣称,随着放牧草地的扩展机会变小,粮食饲料将占更重要的地位。另外,随着城市化进程加快、加深,畜牧生产将更加集约化且集中于城市周围(Keyzer and others 2005)。

图3.3显示了在假设牲畜饲养方式大致和今天一样的情况下对饲料消费的潜在影响。提高牲畜水分生产力的途径详见本书第13章的有关论述。

人们的饮食朝向更多样化和基于肉类的膳食结构转变,这种趋势已经被充分研究和阐述 (Pingali 2004; Alexandratos 1997, 2005),但是有关粮食和饲料需求的预测还存在着相当的不确定性。对于环境问题和与肥胖相关的健康问题的考虑也许会产生出新的发展趋势,尤其是在高收入国家。包括疯牛病在内的

表 3.1 全球对需求的不同预测结果的比较

变量	FAOSTAT(联合国粮农组织统计数据库)2006(以 2000 年为基准年)	本研究报告预测 2025 年
人均热量[kcal(人·天)][a]	2790	3100
水稻(10^6 t)[b]	349	545
小麦(10^6 t)	570	805
玉米(10^6 t)	610	870
食用谷物(10^6 t)	940	1230
私用谷物(10^6 t)	645	890
谷物总量[c](10^6 t)	1840	2560
块根和块茎(10^6 t)	685	625
蔬菜(10^6 t)	750	1020
油料作物(10^6 t)	370	585
肉类需求(10^6 t)[d]	220	360
糖类(10^6 t)[e]	146	195
水产品(10^6 t)	41	80
牛奶和乳制品(10^6 t)	476	720
奶牛(10^6 头)[g]	625	805
肉牛(10^6 头)[g]	300	405
猪(10^6 头)[g]	1150	1500
放牧用地(10^6 hm^2)	3450	4660

a. 人均食物消费包括加工和消费过程中的浪费。大部分人实际消费的热量要小一些。

b. 产量单位以百万吨计量。

c. 谷物总量包括食用、饲用及其他用途的谷物。

d. 肉类是指牛肉、猪肉、禽肉和羊肉。

e. 原料糖当量。

f. 根据 Verdegem, Bosma, and Verreth 2006.

(待续)

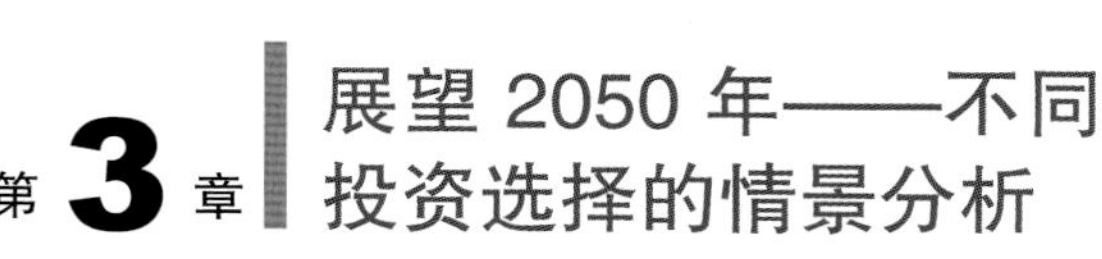
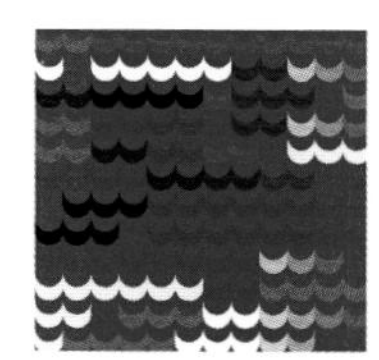

疾病的暴发，以及后来禽流感的流行，也许会使很多消费者远离肉类产品。另外，有关未来每千克肉、奶和蛋所需要的饲料量（见图3.3）和推动膳食结构改变的收入的预测都是不确定的（见图3.1）。

渔业生产的变化。随着海洋和淡水鱼类储量的下降（Kura and others 2004；Worm and others 2006），人工水产养殖在满足全球鱼类需求上的重要性开始显现（见第12章有关内陆渔业的论述）。1998~2003年，全球捕捞渔业产量为8770万~9550万t。而历史同期，水产养殖产量则从3060万t稳步增长到4100万t（Verdegem，Bosma，and Verreth 2006）。预计到2030年，全球水产养殖鱼类的产量为人均15.6~22.5 kg（Ye 1999），全球最高总产量为1.86亿t。

国际水资源研究所预测2025年	国际粮食政策研究所预测2025年	联合国粮农组织预测2030年	本研究预测2050年	联合国粮农组织预测2050年	千年生态报告预测2050年
2950		3050	2970[a]	3130	2970~3600
	510	533	580	524[b]	
	770	851	890	908[b]	
	905		1000		
1175	1240	1406	1480	1445	
940	1012	1148	1010		
2435	2606	2838	2980	3012	2864~3229
	630	615	810	670	
			1570		
			780		
	336	373	440	465	377~567
		216	250	240	
			122[f]		
		746	925	895	
		1858[h]	1070		
			510		
			1790		
			5220		

g. 假设单产和提取率没有变化的情况下。

h. 这里指的是牛奶和牛肉的总量。

注：国际水资源研究所的预测来源于Seckler等（2000）；国际粮食政策研究所的预测来源于Rosegrant, Cai和Cline（2002）；世界粮农组织2030年的预测来源于FAO 2002，2050年的预测来源于FAO 2006；《千年生态系统评估报告》的预测来源于MEA 2005；放牧用地的数据来源于瑞典斯德哥尔摩环境研究所为本综合评估做的预测。

许多地区需要调节其环境流量来确保河道适当的流量和季节性分布格局，以维持鱼类生存和生态系统的服务功能（Poff and others 1997；Arthington and others 2006）。在水资源匮乏的流域，在干旱季节，人工水产养殖和环境流量的需求会与灌溉引水量的需求发生矛盾。但是在某些流域，这两者是统一的，鱼类生产是整个灌溉生产体系中的有机组成部分(Nguyen-Khoa and Smith 2004和本书第12章有关内陆渔业的论述)。

> 假设到2050年，全球水产养殖的鱼类产量达1.2亿t，且每千克产量需水1.6 m^3，那么总共需要190 km^3的水，约等于目前灌溉取水量的8%。

在一些地方，水产养殖和捕捞渔业密切相关。比如，生产高价值的虾类和鲑鱼，每千克产量需要消耗3 kg鱼粉饲料(Naylor and others 1998，2000)。但虾类和鲑鱼只占全世界鱼类总产量的一小部分。总体来讲，水产养殖是净生产者，每千克饲用鱼可以产出3~4 kg食用鱼(Tidwell and Allan 2001)。

水产养殖对淡水需求的评估结果差异很大，有时相差一个数量级。Verdegem，Bosma和Verreth（2006)估计，水产养殖需要的水量在平均每千克鱼类产品0.4~1.6 m^3，这是考虑露天水面的水面蒸发和池塘水分侧渗的基础上得到的估计量。而使用粮食饲料喂养的鱼类会增加对水的需求。在粗放的水产养殖，每千克鱼类产量最多需要45 m^3的水。假设到2050年，全球水产养殖的鱼类产量达到1.2亿t，且每千克产量需水1.6 m^3（Verdegem，Bosma，and Verreth 2006)，那么总共需要190 km^3的水，约等于目前灌溉取水量的8%。这个估计数字还没有包括从鱼塘侧渗补给地下水的以及通过侧渗可以被重复利用的水量。但是，如果水产养殖在灌溉水渠、水库等蓄水设施中联合进行，那么它所需要的额外水量在全球尺度上来说就是可以被忽略掉的（见第7章有关水分生产力的论述)。但是，在用水需求高峰期把水储存在灌溉水输送系统中也会在局部造成一些问题。协调好渔业和灌溉之间的关系是提高单位水量的物质产出和经济价值的主要途径(见第12章有关内陆渔业的论述)。

粮食作物、饲料作物和能源作物。粮食生产需要大量的水。平均来说，1 kg的粮食产出需要消耗1600 L水，但每千克粮食产量的用水需求变化很大，最低仅需400 L水而最高需要5000 L以上的水。作物生产的需水量随作物种类和地理区域的不同而变化，主要取决于气候、种植模式(雨养或灌溉、高投入或低投入农业)、作物种类和生长季的长短，以及作物的单产(见第7章有关水分生产力的论述)。按照本书有关牲畜生产一章中建立的分析框架计算，牲畜生产需要考虑的用水项有：生产饲料作物的用水和放牧草地生长所需的水分。但是食物废料和作物残茬是副产品，它们的需水量已经被计算在内了。全球作物年耗水总量估计为7130 km^3，其中包括粮食作物和饲料作物(表3.2)。

棉花一类的非食用作物占全球作物播种面积的3%和灌溉面积的9%。到2050年，全球对棉花的需求预计增长一倍。在一些地区，能源作物的生产也在增加，这对农业土地和水资源会产生潜在的巨大影响(Koplow 2006)。

粮食生产用水

在农业土地和水分生产力不提高的情景下，或者在生产方式和格局不发生

表 3.2 2000年的作物耗水量和牧草需水量 (单位:km³)

地区	作物								牲畜		
	谷物总和[a]	块根和块茎	糖类	蔬菜和水果	大豆	其他	总量	占河流和地下水层抽取量百分比(%)	饲用作物	放牧[b]	占放牧用水百分比(%)
非洲撒哈拉以南地区	557	154	25	26	7	312	1071	6	68	218	76
东亚	960	99	67	172	68	325	1661	22	277	96	26
南亚	896	18	135	84	37	335	1505	41	16	27	63
中亚和东欧	525	44	14	7	4	193	772	20	277	61	18
拉丁美洲	336	29	163	35	176	169	895	12	190	240	56
中东和北非	166	4	6	32	1	30	225	61	59	13	18
经合组织国家	640	12	24	15	134	181	990	17	426	185	30
世界	4089	363	434	370	427	1 547	7130[c]	22	1312	840	39

a. 包括饲用谷物。

b. 估算牧草地的蒸腾耗水是相当新的课题，取决于几个不确定的因素，如每千克草能够提供的饲料能量、每头动物的能量需求、不同牲畜的不同饲料混合比例，以及牧草生产过程中的水分利用效率。源于牧草的牲畜饲料构成的估算和本书第13章中的假设一致，就是每天每千克热带牲畜消耗5kg鲜草，水分利用效率是每立方米的水产出1.3 kg干草物质，大致相当于每千克牲畜消耗750 L水。这个估算值比之前估计的草地的蒸发水量5800 km³低很多(Postel 1998)。我们的估计值描述的是牲畜消费的实际牧草蒸发量，而不是"永久草场"总面积的蒸发量。两个因素可以解释这种差异：一是在广大的牧草地上，只有一小部分的牧草生物量被实际消费；另外，统计报告对永久草场的数字估计偏高，而部分牧草地实际处于利用不足的状态(Kemp-Benedict 2006b)。

c. 这个估计值和其他研究得出的估计值相当，如Rockström等(1999)估计的6800 km³，Chapagain (2006)估计的6390 km³，Postel (1998)估计的7500 km³。

注：没有包括水产养殖和内陆渔业用水。

作物的数值来源于Watersim水资源模型的模拟运算；牧草估计数据来源于瑞典斯德哥尔摩环境研究所，两个数值都是专门为本综合评估所做。

重大改变的情况下，2050年作物耗水量将增加70%~90%，具体数量还要取决于人口和收入的增长速率，以及对牲畜和渔业需水量的考虑。如果发生那样的情况，作物耗水量将从目前的7130 km³激增到12 050~13 500 km³。这个估计数字包括了粮食作物耗水、饲料作物耗水、土壤和露天水面的蒸发。从水稻田、灌溉渠道和水库表面的蒸发也包括在内，而草地和水产养殖池塘的蒸发没有包括在内。这个估计还排除了水分生产力提高的情况（见第7章有关水分生产力的论述）。但是，即便提高了水分生产力，农业仍将继续消耗全球已开发供水量中的很大一部分。

即便提高了水分生产力，到2050年，农业仍将继续消耗全球大部分已开发的供水量。

只有部分的作物耗水是来自地表和地下水源的灌溉蓝水。大部分则直接来源于渗入到土壤中并补充和维持土壤水分的天然降雨，即土壤绿水（见第1章有关研究背景和第8章有关雨养农业的论述）。对未来农业取水量的预测数值取决于对水源的假设。根据我们的估计，农业耗水中有78%是直接由降落到雨养和灌溉农田上的降雨直接满足的[1]。而剩下的22%（1570 km³）是消耗河流、湖泊和地下含水层中的蓝水满足的。为提供这1570 km³的耗水，估计有2630 km³的水要从地表和地下水源中被抽取出来。这就意味着被抽取的农业用水量中只有60%以作物蒸腾、土壤蒸发、露天水面蒸发的形式被消耗掉了（或者说不能被再利用），而其余40%则返回地表和地下水体中[2]。

耗水量和取水量之间的比例通常称之为耗水率或消耗率（Seckler and others 2000）[3]。在水资源丰富的地区，耗水率通常较低。因为在水量丰富地区，集约化的水资源管理在成本上是不合算的。但在水资源严重匮乏的地区，耗水率很高，因为植物较多地利用浅层地下水，农民可以重复利用农田排出的水分。在中东和北非地区，我们估计的农业取水的消耗率是77%，而其峰值可以接近100%。在水资源丰富的地区，耗水率可以低至35%。一般来说，在流域范围内，耗水率大于70%是不可行的或者是不期望出现的，因为这样的用水消耗所需要的基础设施建设成本和环境成本太高（Molden，Sakthivaldivel，and Habib 2000；本书第16章有关流域水管理的论述）。

我们估算的2000年全球2630 km³的农业取水量和其他研究的估计数字相当（框3.1）。

满足农业用水需求的途径。如果人口、收入和膳食结构按照目前的发展趋势继续下去，用于粮食生产以满足未来食物需求的额外水量将会十分巨大。另外，非农产业部门增长的用水需求会加剧对有限的水资源的竞争。在水分生产力不提高的情况下，如果要满足未来粮食的需求就需要5000 km³的水量，而作物和牲畜生产所需要的土地面积将增长50%~70%（Kemp-Benedict 2006b）。

有这样几种途径用现有的土地和水资源来满足未来食物需求：

- 扩大雨养农业面积。
- 通过原地和非原地雨水收集措施提高对雨水和局部径流的利用（当可行时可以进行少量的补充灌溉），从而提高水分生产力，增加雨养农田的面积。

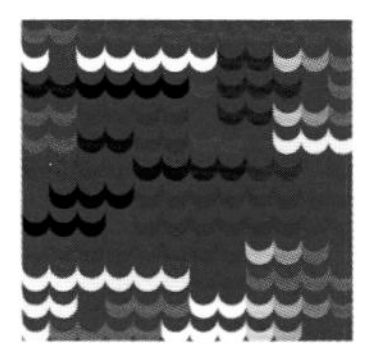

框 3.1 对水资源抽取量的估计值存在差异

对水资源是一种有限资源的担忧以及对水的不适当的利用会危害环境的担心并不新鲜。许多研究者已经估算出目前全球实际的以及未来的水资源的抽取量和人类利用的水的消耗量。在20世纪60年代和70年代进行的研究预测,2000年全球的水抽取量将攀升到6000~8000 km^3,而可获取的水资源量是12 500 km^3,这对世界的水资源将会产生可怕的后果(Gleick 1999)。更新的评估则表明,目前全球所有部门的水资源年抽取量为3100~3700 km^3。从而一些早期的预测结果是实际观测到的需水量的两倍(Gleick 1999),这大部分是因为先前的预测没有考虑到水分生产力的提高。而本章的分析则考虑了水分生产力提高的潜力。

对需水量的估计也差异很大,主要是因为对用水的定义不同。一些作者用这个词表示总的水资源抽取量,而另一些则用这个词指代作物的耗水量。除此之外,描述灌溉和流域效率的数据十分缺乏,而相关的估算要在对回用量或回流量加以考虑的条件下进行(Seckler and others 2000; Molden, Sakthivaldivel, and Habib 2000)。另外,过去的预测重点几乎完全放在河流和地下水的抽取量以及灌溉、生活和工业部门的耗水量上,而最近的估算更加明确地将雨养农业的耗水也计算在内(Rockstrom and others 1999; Falkenmark and Rockstrom 2004; Gordon and others 2005)。

下表体现了近期对2025年农业抽取水量的一些代表性预测。

农业灌溉抽取用水的预计增长量(多方预测)
(如果不另外指明,单位均为 km^3)

来源	1995	2025	增长(%) 1995~2025 年
Shiklomanov (2000)	2488	3097	24
Seckler 等(2000)	2469	2915	18
Faurès, Hoogeveen 和 Bruinsma (2002)	2128	2420[a]	14

a. 这个预测值将2030年作为预测年,并且仅对发展中国家进行预测,占全球抽取水量的75%~80%。

来源:Molden and de Fraiture 2004.

- 通过开发新的地表水蓄水设施来增加年灌溉供水量,增加地下水的抽取量和污水的利用。
- 通过在灌溉系统中整合牲畜和鱼类养殖,提高灌溉农业的水分生产力和单位耗水的经济产值。
- 推动水资源丰富地区及高效用水生产地区对水资源匮乏地区的农产品贸易。
- 改变食物需求模式(使饮食结构转向用水效用更高的食物搭配,如减少肉类的比例)并减少浪费(收获后的损失)。

人们对灌溉农业的水资源管理已做了大量的努力改善,却对雨养农业的水资源管理关注较少[4]。但是雨养农业仍然存在着值得注意的单产和水分生产力提升的潜力和机遇。本研究报告就提供了相关证据,证明在以雨养农业为主的热带发展中国家，通过实施土壤、水和作物的综合管理措施，使雨养农业的单产水平提高一倍以上（见第8章有关雨养农业和第15章有关土地利用的论述）。

提高雨养农区的水分生产力水平可以通过原地雨水管理（使雨水在农田入渗最大化）、土壤肥力管理、外部的局部径流管理（补充灌溉）这些措施来实现。比如，农民可以应用改进的耕作方法（原地雨水收集）、施肥方法以及采用高产品种来提升雨养农业的单产和水分生产力水平（见第8章有关灌溉农业和第15章有关土地利用的论述）。农民还可以采取土壤和水分保育措施来减少农田地面径流和土壤蒸发，增加作物有效利用的雨水的比例。

> 到2050年，非农业部门的抽取水量预计会增加一倍以上，从而加剧了部门间的用水竞争。

国际贸易也是帮助实现国家粮食安全目标的重要途径，同时也潜移默化地对全球水资源产生着一些有意思的影响。1995年，如果没有国际谷物贸易，那么全球的灌溉耗水量将比实际增加11%（de Fraiture and others 2004; Oki and others 2003）。

全球作物收获后损失量估计为总产量的10%~25%（WRI 1998）。在美国，食物加工、零售和消费过程中造成的浪费估计约占整个食物供应量的27%（WRI 1998）。预防发生在非洲的收获后损失（估计占农场收获总产量的10%[5]），可以在作物水分生产力的现有水平下每年再减少95 km^{3}的作物耗水量。减少作物病虫害的发生也有助于水分生产力的明显提高，虫害和病害造成了非洲和亚洲40%的潜在产量损失，以及发达国家20%的潜在产量的损失（Somerville and Briscoe 2001）。这种损失大部分发生在作物已长成的阶段，此时作物所需要的水分大部分已经被消耗掉。所以，减少作物的病害和虫害将会提高单位蒸散量的生产力，实现净节水。但是病虫害的防治又需要施用农业化学产品，会造成水质退化。

尽管改变膳食结构非常困难，但是这样做会对未来的食物和水资源需求产生巨大影响（SIWI and IWMI 2004）。根据《千年生态系统评估报告》的预测，到2050年，全球肉类需求为41~70 kg/（人·年），这个数字考虑了收入水平、食物和肉类价格，以及公众的健康意识以及环境问题等因素（Alcamo and others 2005）。预测值的下限41 kg/（人·年）预计会比上限70 kg/（人·年）需要的作物耗水量少950 km^3（15%）。

非农业用水

更多的生活和工业用水需求。随着城市化进程的加快，工业和城市生活用水的需求也在快速增长。到2050年，非农业部门的取水量预计会增加一倍以上，从而加剧了部门间的用水竞争（表3.3）。在大多数国家，城市用水比农业用水（无论是在习惯上还是在法律上）都受到优先的考虑（Molle and Berkoff 2006）。日益激烈的用水竞争为农业留下的水量会越来越少，这种情况在缺水地区的大城市周边尤为显著（如中东和北非地区、中亚、印度、巴基斯坦、墨西哥、中国华北地区）。尽管非农产业在取水量中的比例不断增加，但是农业仍然是全球最大的生

表 3.3 非农业部门的抽取量到 2050 年将增加 2.2 倍(如不特别注明,单位均为 km^3)

区域	农业	生活		制造业		工业用途降温用水		非农部门总量				年增长率(%)
	2000	2000	2050	2000	2050	2000	2050	2000	占总量的比例(%) 2000	2050	占总量的比例(%) 2050	2000~2050 年
非洲撒哈拉以南地区	68	7	35	2	8	1	18	10	13	60	47	3.7
东亚	518	48	185	21	159	32	75	101	16	419	50	2.9
南亚	1095	15	90	4	29	15	55	34	3	175	16	3.3
中亚和东欧	244	40	88	68	236	48	52	156	39	377	55	1.8
拉丁美洲	175	31	78	12	42	10	134	53	23	254	61	3.2
中东和北非	173	14	51	3	10	7	22	24	12	82	35	2.5
经合组织国家	233	121	152	135	131	262	307	518	69	590	77	0.3
世界	2630	278	681	245	617	376	664	902	25	1963	42	1.6

注:Seckler 等(2000)估计 1995 年的生活用水量为 265 km^3,2001~2025 年的年增长率为 2.1%;1995 年的工业用水量为 590 km^3,2001~2005 年的年增长率为 1.6%。Rosegrant, Cai 和 Cline (2002)估计非灌溉用水量在 1995~2025 年的年增长率是 1.6%(未报道抽取量)。Shiklomanov (2000)估计生活和工业用水量在 1995~2025 年的年增长率是 1.7%。

上表数据来源于瑞典斯德哥尔摩环境研究所专门为本综合评估做的预测。

产性用水部门。尽管要权衡用水部门之间的需水要求，农业和环境部门之间的相互权衡尤为重要，因为它们是两个最大的需水部门（Rijsberman and Molden 2001）。

生活和工业部门的取水量中只有很少的一部分被真正消耗掉了，有75%~85%的城市中心的引水最终回流到河流、湖泊和地下水体中。在许多城市地区，污水被用来生产高附加值的蔬菜，这种情况在缺水的发展中国家尤为显著（Gupta and Gangopadhyay 2006；Hussainand others 2001，2002；Raschid-Sally，Carr，and Buechler 2005；本书第10章有关劣质水利用的论述）。

随着水资源在城市化地区的日益匮乏，利用城市产生的污水进行灌溉将更加普遍。如果到2050年有一半的城市回流污水能被再利用，届时就会有200 km³的污水被用于灌溉。这将只占未来农业取水量的6%~8%，但是从中产生的经济价值是可观的。大部分的污水将被用于生产高附加值的蔬菜，这会帮助维持数以千万计的小农户的生计（Hussain and others 2001，2002）。而城市污水被农业再利用会附带环境和健康风险，这些风险可以通过适当的管理来最小化（见第11章有关劣质水利用的论述）。

在很多国家，随着收入的增加，人们对恢复和保持环境服务功能的需求也日益增长。对环境舒适度的需求会进一步加大对水资源的压力。在一些地方，环境已经成为新的用水竞争方，这种状况反映在水资源配置和水价的政策改变上（见第6章有关生态系统的论述）。Smakthin，Revenga和Doll（2004）最先指出，必须要预留20%~45%的河流年径流量才能维持最基本的生态系统服务功能[6]。

联合国教科文组织2006年指出，未来用水需求量的预测值中需要再加100 km³的水量去平衡目前对地下水的过度开发，还需要再追加30 km³水量平衡因矿物开采而抽取的地下水。

寻求替代战略

为增加粮食生产而选择使用的政策和投资战略将会影响到水资源利用、环境、城市和乡村的贫困问题。到2050年，养活30亿新增的人口需要采用兼顾粮食和环境安全的水资源开发和管理决策。三个大的投资战略是：

- 提高雨养农业的生产力。
- 提高灌溉农业的生产力。
- 发展国际粮食贸易。

本研究报告注意考察了这些战略选择并总结出一个集合了三种战略最精华部分的情景：综合研究报告情景（表3.4）。

我们应用情景分析方法来描述在这些投资战略之间所做的权衡利弊状况。为了探索每一种战略的潜在后果和影响，我们强调每一种替代选择并对它们进行对比。例如，我们比较了强调面积扩展的情景和强调生产力提高的情景。农业水管理的真正改善将意味着各种措施的更平衡的组合，而不是采用单一的战

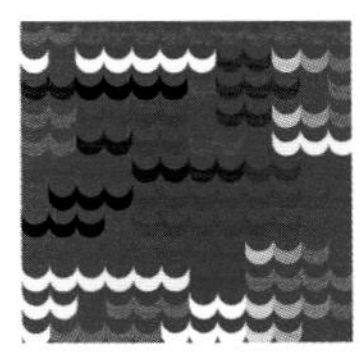

略。政策选择的影响包括一个复杂的反馈机制组成的网络。我们的目标不是在分析中描述未来情况的复杂性和表现，而是通过考察那些最能顺应政策变化的为数不多的几个变量来衡量政策变化对它们的影响，从而描述出这种权衡。我们展示了不同的替代政策和水管理战略，最后总结出一个针对区域的并可带来机遇的乐观情景。

在构建这些情景时，我们采用了Watersim水资源模型（de Fraiture forthcoming），这是一个包括两个充分整合的模块的定量模型。其中的粮食生产和需求模块以部分均衡为分析框架，而水供给和需求模块则基于水平衡和水分收支分析框架。有几个相关的问题，如水资源和粮食生产对环境和脱贫的影响，在这个模型中还很难模拟或定性。因此，我们将模型的定量分析结果和基于本书第4章至第16章的详细分析得出的定性分析结果结合起来。

提升雨养农业能够满足未来的食物需求吗?

雨养农田用占全球71%的谷物收获面积产出了全球62%的谷物产量。或者说，雨养农田用全球72%的收获面积生产了54%的全球作物总产值（Watersim模型计算结果）。伴随着大型灌溉系统扩张，人们对其高昂的投资和环境成本关注越来越多，对提升雨养农业生产水平的重视程度也越来越高（见第8章有关雨养农业的论述和框3.2）。

投资雨养农业的水管理有几个明显的原因。提高雨养农业生产力仍存在较大潜力，尤其是在单产较低的地区。大部分的农村贫困人口都是小型农户，他们更依赖雨养而不是灌溉农业来维持生计，所以扶贫通常意味着重点帮扶雨养农区的小农户。在现有的雨养农田上实现潜在生产量意味着对新建大型灌溉工程的需求的减少，这些大型工程往往会引发负面的环境效应。并且提升雨养农业生产力的成本要低于兴建灌溉工程的成本，在非洲撒哈拉以南地区尤其如此。

但是，雨养农业对世界粮食生产的潜在贡献也存在争论，有关对灌溉和雨养农业发挥的相对作用的预测结果性差异很大。集雨技术的采用率很低，而且以往经验表明，将在局部取得成功的技术大规模推广还存在一定困难。依赖雨养农业也会冒相当的风险。雨水收集措施对弥补短时期的干旱是有效的，因而对雨养农业水管理进行投资可以作为降低雨养农业风险的途径之一。但是如果干旱期持续时间更长，就会导致作物减产甚至绝收，所以雨养农业通常要比纯粹灌溉农业冒更大的风险。

乐观的和悲观的雨养农业情景。为了评估雨养农业的提升潜力，我们分析了高单产和低单产两种情景。我们应用了全球农业生态区划方法（GAEZ）及可开发产量差（实际取得和最大可能取得的产量之间的差值）的相关信息来进行相关分析（框3.3）。最大可能取得的产量假设是在高投入水平和最适应作物品种的情况下获得的，并取决于耕地质量。这种产量差的分析方法可以根据已知技术水平（假设没有重大技术突破）来进行接近实际情况的估计（Fischer and others 2002; Bruinsma 2003）。

表 3.4	到 2050 年的全球灌溉、作物用水、作物单产和水分生产力的情景概览（如不特别注明，单位均为 km^3）		
变量	基准年 2000 年	雨养情景 2050 年	
		高产	低产
预测原理		强调对雨养农区的投资：雨水收集和补充灌溉技术	模拟在提升雨养农业的努力失败的情形下的悲观案例
灌溉面积（10^6 hm^2）	340	340	340
增长率（%）		0	0
雨养面积（10^6 hm^2）	860	920	1320
增长率（%）		7	53
灌溉谷物单产（t/hm^2）	3.70	5.02	4.94
增长率（%）		34	30
雨养谷物单产（t/hm^2）	2.46	4.24	2.96
增长率（%）		72	20
水分生产力，灌溉（kg/m^3）	0.68	0.84	0.83
增长率（%）		24	22
水分生产力，雨养（kg/m^3）	0.49	0.66	0.54
增长率（%）		35	10
谷物贸易（10^6 t）	262	510	620
占谷物消费量的比例（%）	14	17	22
作物耗水量，雨养（km^3）	5560	7415	9040
增长率（%）		33	63
作物耗水量，灌溉（km^3）	1570	1870	1870
增长率（%）		19	19
灌溉抽取量（km^3）	2630	3155	3160
增长率（%）		19	19
灌溉面积产值所占比例（%）	46	40	40
投资成本（10 亿美元）		40~250	30~210

注：情景根据 Watersim 水资源模型构建(de Fraiture forthcoming)。

（待续）

单产增长情景是根据可开发的产量差而定义的（表3.5）。高单产情景相当乐观地假设随着时间的推移，80%的产量差可以被弥补。这也意味着在这种情景里进行了成功的制度改革、具有功能完善的市场和信贷体系、机械化程度较高、肥料和高产品种的改良、集水技术的快速采用。悲观的单产情景则假设只能弥补20%的产量差，这主要是由于土壤肥力和改良技术采用缓慢、原地的土壤和水管理水平较低、外部的雨水收集措施不力。在单产已经很高且可开发的产量

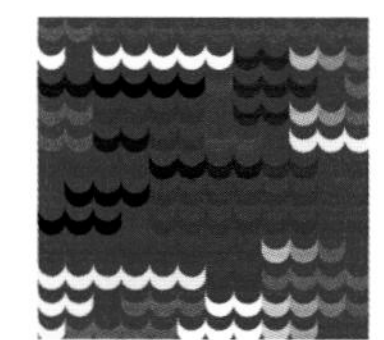

灌溉情景 2050 年		贸易情景	本研究设定情景
增加面积	提高单产	2050 年	2050 年
通过增加面积来保证粮食自给和稳定的粮食供给	通过提高单产和水分生产力来提升现有灌溉系统的效能	模拟提高从水资源丰富国家向水资源短缺国家的农产品贸易量的情形	重点强调实行各区域因地制宜的优化战略:乐观但看似可行的情景
450	370	340	394
33	9	0	16
1100	1140	1040	920
28	33	22	7
5.04	6.55	4.94	5.74
35	77	33	55
2.95	2.97	3.90	3.88
20	21	59	58
0.83	0.97	0.83	0.93
22	43	22	38
0.54	0.55	0.62	0.64
10	11	33	31
430	480	700	490
14	16	23	16
8080	7880	7260	6 570
45	42	31	19
2420	2255	4650	1 945
54	44	5	24
4120	3460	2760	2 975
57	32	5	13
51	45	39	40
415	300	25~110	250~370

差很小的地方,像经合组织国家,预计的增长率很低。而在非洲撒哈拉以南地区,提高潜力很大。在某些案例中,生产力提高的幅度高于历史上观测到的最大幅度。

由于目前单产水平低下,并且在过去的40年中单产增长一直处于某种停滞状态,非洲撒哈拉以南地区的单产水平提升潜力巨大。观测到的单产不到最大可获得单产水平的三分之一,这意味着可观的提升空间。在经合组织国家,单产已经快速增长过,所以进一步提升的空间更小(图3.4)。

在雨养农田上改善对水的管理是最基本的条件。只有将基础设施和制度

框 3.2 | 提升雨养农业意味着什么?

通过改善水管理措施来提升雨养农业包括:

- 原地的土壤和水管理以及雨水收集技术(保护性农业、田间堤坝、梯田、水平耕作、沟灌、土地平整)。
- 非原地的雨水收集用于补充灌溉(地表微坝、亚地表蓄水池、农田池塘)。

这些措施主要由农民来实施,没有外部的干预措施和具体的过程分析。这些措施的技术密集程度更小,需要的劳动力更多,和传统的大规模灌溉系统相比对环境的影响较少。

其中一些措施被一些观察家认为就是属于灌溉的范畴。但是,我们发现专门把部分灌溉地区作为从"完全雨养"到"完全灌溉"农业之间的连续体上的一部分会更有帮助(Rockstrom 2003)。

注:以上内容来自本书第 8 章有关雨养农业的论述。

框 3.3 | GAEZ 方法和可开发产量差

联合国粮农组织和国际应用系统分析研究所联合开发了应用全球农业生态区划 (GAEZ)概念(www.iiasa.ac.at/Research/LUC/GAEZ/index.htm)在不同的输入类型评估土地适宜度等级和最大可获得产量的方法。

有关产量差的文献区分了两个因素:农业环境及其他可转换因素;作物管理措施上的差异,如投入欠佳和其他耕作措施。由第一类的农业环境因素造成的产量差不能缩小。但由第二类因素造成的产量差是可以缩小的,一般称之为"可开发产量差"。Duwayri, Tran 和 Nguyen(1999)认为小麦和水稻的理论上最大可获得产量会高达 20 t/hm^2。在亚热带地区农业试验站的试验田上可以取得 17 t/hm^2 的产量,而在热带地区只可以取得 10 t/hm^2 的产量。在农业生态环境极为相似的国家之间也存在着巨大的单产上的差异。在这种情况下,社会经济和政策环境对单产起主要作用(Bruinsma 2003, p. 297–303)。

建设恰当地结合起来,在雨养农区弥补产量差才有可能成功。这需要在国际水资源研究所(Seckler and others 2000)和联合国研究报告《迈向2015到2030年的世界农业》(Bruinsma 2003)中定义的"维持现状"情景上进行额外的努力和投资。

巨大的潜力——巨大的不确定性。在假设灌溉面积零增长的雨养农业情景假设中显示,雨养农业的生产潜力足以满足全球额外的粮食需求。几乎所有的关于2050年额外的粮食需求量的预测都可以通过雨养农业生产力的提升而得到满足。在乐观的单产增长情景中,谷物单产增长72%,农产品需求主要通过仅仅增加7%的雨养农田面积而得到满足(图3.5)。雨养农业对食物供应链总值的贡献率从2000年的52%增长到2050年的60%。在乐观的单产情景中,非洲撒哈拉以南地区、亚洲和拉丁美洲生产的主要粮食作物基本可以自给自足。另外,中

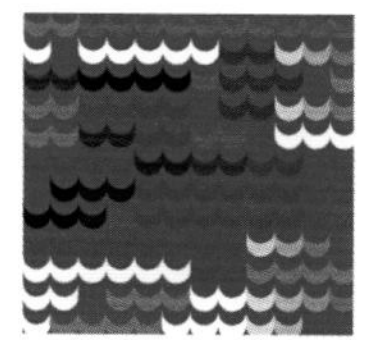

表 3.5 雨养农业的单产情景
(如不特别注明,单位均为 t/hm²)

作物和区域	实际单产 2000 年	最大潜在单产	低产情景		高产情景		历史年增长率[a],灌溉加雨养(%)
			模拟单产 2050 年	年增长率(%) 2000~2050 年	模拟单产 2050 年	年增长率(%) 2000~2050 年	
小麦							
非洲撒哈拉以南地区	1.3	3.4	1.9	0.7	3.2	1.8	2.6
中东和北非	0.8	3.5	1.2	0.7	1.6	1.3	2.4
中亚和东欧	2.0	5.1	2.4	0.4	3.8	1.3	1.1
南亚	1.6	2.7	1.7	0.2	2.5	1.0	2.8
东亚	3.0	4.6	3.3	0.2	4.5	0.8	4.4
拉丁美洲	2.2	3.9	2.6	0.3	3.7	1.0	1.4
经合组织国家	3.4	5.6	3.8	n.a.	5.5	1.0	1.6
世界	2.4	5.0	2.7	0.3	3.8	0.7	2.2
水稻							
非洲撒哈拉以南地区	1.0	4.0	1.5	0.8	3.2	2.4	0.4
中东和北非	n.a.	n.a.	n.a.	n.a.	n.a.	n.a.	1.4
中亚和东欧	n.a.	2.4	n.a.	n.a.	n.a.	n.a.	0.2
南亚	1.6	3.5	2.1	0.6	3.3	1.5	1.7
东亚	1.8	4.5	2.4	0.5	4.3	1.7	2.0
拉丁美洲	1.4	4.5	2.1	0.8	3.8	2.0	2.0
经合组织国家	n.a.	2.9	n.a.	n.a.	n.a.	n.a.	0.8
世界	1.6	4.2	2.0	0.5	3.6	1.6	1.7
玉米							
非洲撒哈拉以南地区	1.4	6.6	2.1	0.7	4.1	2.1	0.8
中东和北非	0.9	4.3	1.3	0.6	1.7	1.2	3.0
中亚和东欧	3.2	3.8	3.3	0.1	3.5	0.2	1.9
南亚	1.6	6.9	2.5	0.9	4.3	2.0	1.4
东亚	3.6	5.5	3.9	0.2	5.0	0.7	3.2
拉丁美洲	2.7	5.3	3.3	0.4	4.9	1.2	2.5
经合组织国家	8.3	10.1	8.7	0.1	9.1	0.2	2.0
世界	4.0	7.8	4.3	0.2	6.2	0.9	2.0

n.a.指的是没有数据,因为雨养条件下没有该种作物种植。

a. 历史增长率包括从雨养转到灌溉生产的效应,尤其是绿色革命期间的南亚和东亚。在纯雨养条件下实现这些增长率很难。将灌溉和雨养产量分开统计的时间序列数据并不存在。

注:2000 年的实际单产数值来源于 Bruinsma (2003);最大潜在单产(高投入)数值来源于 GAEZ 国家数据库。

图 3.4 玉米单产的历史增长和潜在增长的区域间差异很大

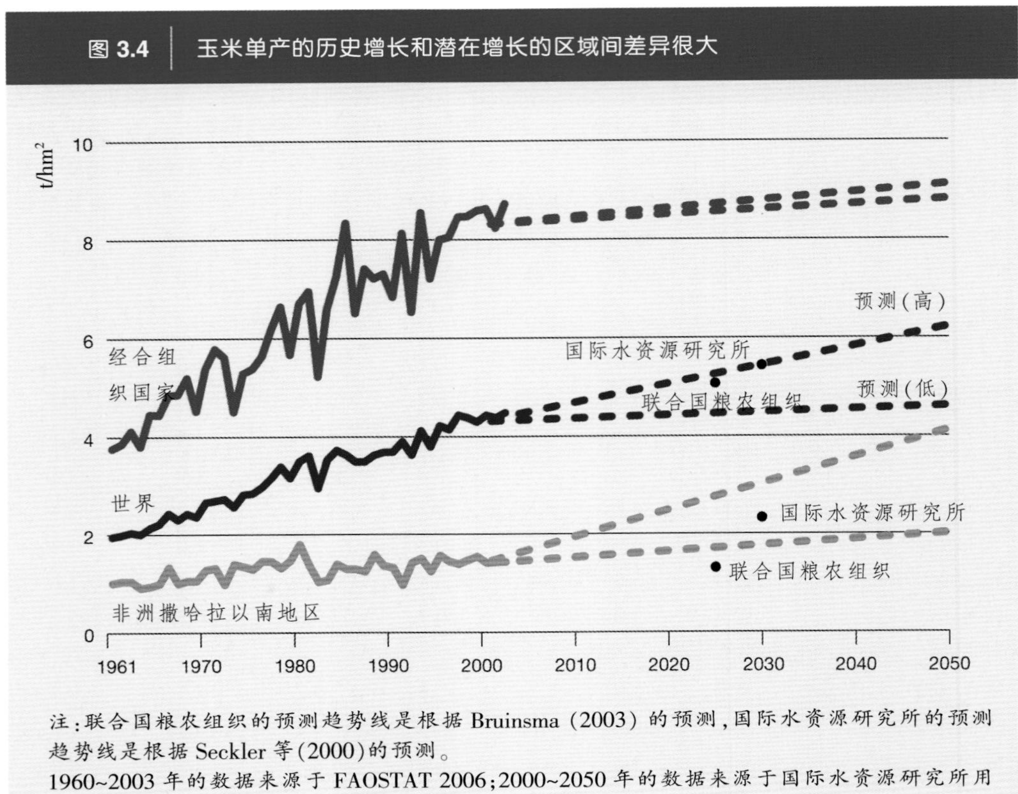

注:联合国粮农组织的预测趋势线是根据 Bruinsma (2003) 的预测,国际水资源研究所的预测趋势线是根据 Seckler 等(2000)的预测。
1960~2003 年的数据来源于 FAOSTAT 2006;2000~2050 年的数据来源于国际水资源研究所用 Watersim 模型专门为本综合评估所做预测。

东和北非由于缺少适宜的耕地用于雨养农业生产而必须进口粮食。全球粮食贸易量将从占总产量的14%上升到17%。

但是情景分析结果也表明基于雨养农业的策略存在着巨大的内在风险。在雨水收集技术采用率较低且雨养作物单产提升一般的悲观情景中,进行雨养生产的面积必须增加53%才能满足未来的粮食需求(和乐观情景相比要增加额外的4亿hm²土地;图3.5)。全球水平上看,土地是有的(表3.6)。但是如此大规模的耕地扩展会带来严重的负面环境后果,尤其是将粮食生产扩张到边际质量的土地上。土壤的侵蚀和退化会造成生产力在长时段内的下降。大规模地将森林和牧场转化为耕地也会造成后果不可预料的环境影响。

联合国粮农组织的估计值指出,除了南亚、中东和北非,世界其他地区还存在着增加作物种植面积的足够空间(表3.6)。非洲撒哈拉以南地区和拉丁美洲只利用了五分之一的潜在可利用耕地面积。但是有超过半数的现在被划为潜在耕地的土地,其目前的利用方式是森林和自然保护区(Alexandratos, 2005)。另外,一些土地是边际质量的,并不适宜种植谷物作物(Bruinsma 2003)。

在悲观单产情景中,那些由于缺乏适宜的土地或因不可靠的降雨而没有扩大潜在雨养面积的国家不得不增加粮食进口量。中东和北非将进口其农产品需

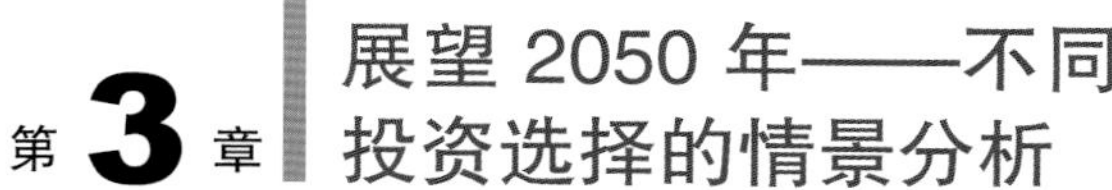

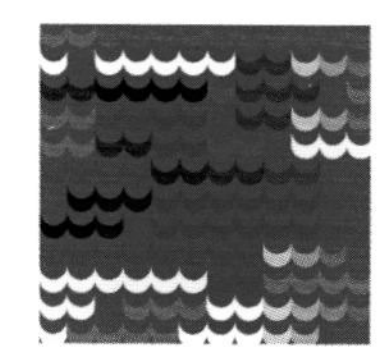

图 3.5 乐观的单产情景比悲观情景所需的土地更少(少 4 亿 hm^2),所需的作物耗水量也更少(少 1625 km^3)

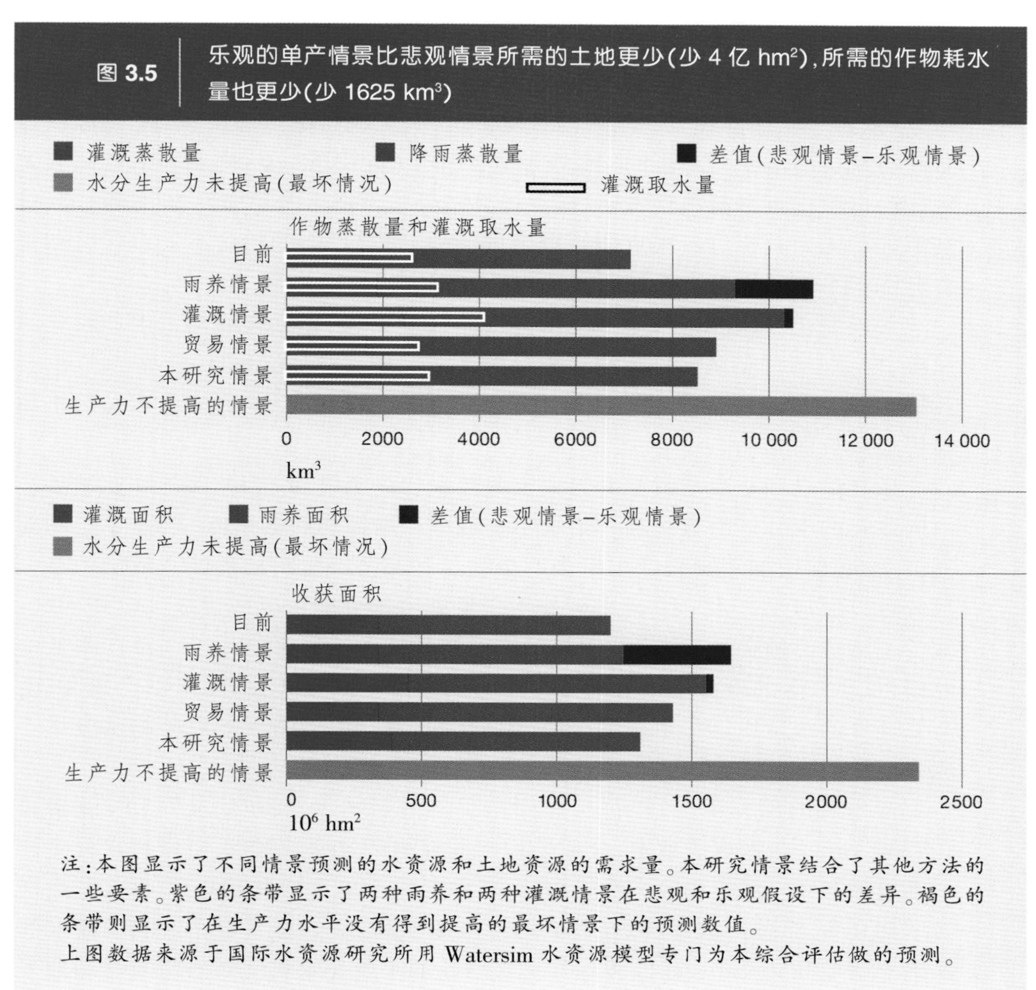

注:本图显示了不同情景预测的水资源和土地资源的需求量。本研究情景结合了其他方法的一些要素。紫色的条带显示了两种雨养和两种灌溉情景在悲观和乐观假设下的差异。褐色的条带则显示了在生产力水平没有得到提高的最坏情景下的预测数值。

上图数据来源于国际水资源研究所用 Watersim 水资源模型专门为本综合评估做的预测。

表 3.6 适宜农业扩张的潜在土地数量(如不另外指出,所有单位均为 10^6 hm^2)

区域	目前耕作的土地[a](灌溉加雨养)	适合雨养生产的总面积
非洲撒哈拉以南地区	228	1031
中东和北非	86	99
中亚和东欧	265	497
南亚	207	220
东亚	232	366
拉丁美洲	203	1066
发达国家	387	874

a. 由于对不同作物类别定义上的差异,耕作总面积在 12~16 亿 hm^2。

来源:Based on FAO(2002, p.40).

求量的三分之二。而南亚和东亚地区国家,由于土地的限制,将成为主要的玉米和其他种类粮食的进口国,进口其国内需求量的30%~50%。拉丁美洲、发达国家、中亚和东欧地区拥有农用土地扩展的潜力,它们将会增加出口量。全球粮食贸易将从目前占生产总量的14%增加到2050年的占22%。从南亚和东亚国家大规模进口粮食将推高粮食价格(模型计算结果是价格上升11%)。同时还存在着贫穷国家无力负担进口粮食所需资金的风险,家庭层面的粮食不安全状况和粮食分配不平等的情况将会恶化。

气候变化会造成天气事件的变异性和强度增加,也会继续加大雨养农业的风险, 特别是在受旱灾影响程度较高的半干旱地区 (Kurukulasuriya and others 2006)。洪灾的发生会对道路和桥梁等基础设施造成破坏,从而对农产品的市场销售造成负面影响。

乐观情景和悲观情景都会导致土壤耗水的显著增加。包括实施补充灌溉在内的改善的水管理措施是高产情景中实现单产增加的前提条件。随着单产的提高,作物必须增加蒸腾来产出更多的生物量和经济产量。增加的蒸散量中有一部分可以通过提高水分生产力来补偿, 另外一部分则可以通过提高收获指数、减少土壤蒸发损失、减少蒸发的同时增加蒸腾这些途径来补偿。当单产很低的时候(低于50%的潜在单产),水分生产力的提升空间很大;但如果单产很高,就需要额外的水量以达到更高的单产(图3.6)。因此,初始单产越高,作物水分生产能力提升的空间越小。

在乐观的雨养单产情境中,农田的总蒸散量将增长30%,从7130 km^{3}增长到9280 km^3。在乐观情景中,全球平均雨养谷物产量增长72%,而作物水分生产力则增加35%。在悲观单产情景中,全球雨养谷物单产增加20%,作物水分生产力增加10%,而总蒸散量将增长54%,达到10 980 km^3。相当于在2000年耗水的基础上增加3850 km^3。而以相同数量级增长的土壤耗水将会对河流流量和地下水补给产生重大影响,从而影响到河流下游和地下水的用户。这种改变也会对地球的大气性质产生影响(Foley and others 2005, Gordon and Folke 2000;本书第6章有关生态系统的论述)。

对提高雨养农业生产力所花费成本的估计相差很大, 具体情况要具体分析。假设一项投资,其成本为每公顷土地50~250美元,每1000 m^{3}用水2~5美元(见第8章有关雨养农业的论述), 低产量情景的估计资本投入在300~2100亿美元,而高单产情景估计在400~2500亿美元。尽管对投资影响的预测是2050年,但是情景假设投资是在今后20年实施的。资本的投入大部分来源于公共渠道。个体农户会用私人资本投资于增加农田投入来补充公共投资。这个情景下的雨养农业投资可能会显得比较困难,因为投资方会倾向于投资大型灌溉工程而不愿意投资小型和分散的雨养农业。

结论:提升雨养农业为满足未来粮食需求提供了巨大潜力。提升雨养农业的生产力能够生产出未来需要的粮食,但是必须满足成功实施“雨养战略”这样一个前提条件。如果没有在集雨技术上的巨大投资、没有农业研究的进步以

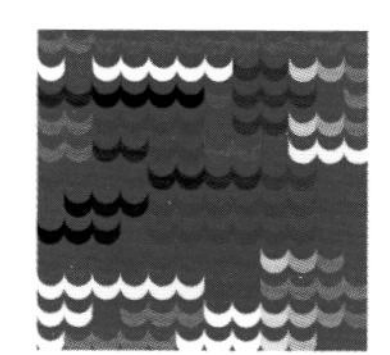

及支持制度和农村基础设施的配合，生产力就不会得到提高。另外，作物单产会随着经济动机和作物价格的变化而变化，因为农民在选择关键性投入的时候会对这些因素做出反应。只有在较高的产量对农民有利可图时，高单产情景才能维持下去。即便有足够的资源用来提升雨养农业生产力水平，也还需要合理的制度结构来鼓励农民广泛采用推荐使用的作物生产和水管理技术。如果动机缺失或不足，获得高产的环境成本将会十分巨大：需要54%额外的作物耗水和38%额外的土地（图3.5）。这样大量的作物耗水量的增长很可能对下游生态系统和用水户产生巨大影响。另外，大规模的农业用地扩张会减少生物多样性，并削弱生态系统的服务功能。

> 提升雨养农业会生产出未来需要的粮食，但是必须满足多种条件，包括大力投资于雨水收集技术、农业科研、支持制度及农村基础设施的配合。

更多的灌溉？

灌溉农业目前提供了全球40%的谷物供给量（其中60%的谷物生产是在发展中国家）。大约46%的农业生产总值（总产量乘以2000年的世界市场价格）是由灌溉农业提供的，而灌溉农田仅占总收获面积的28%（Watersim模型模拟计算结果）。很多人预计灌溉农业对粮食生产和农村发展的贡献将在未来几十年继续增长（Seckler and others 2000; Bruinsma 2003）。

图 3.6 水分生产力服从边际递减效应原理

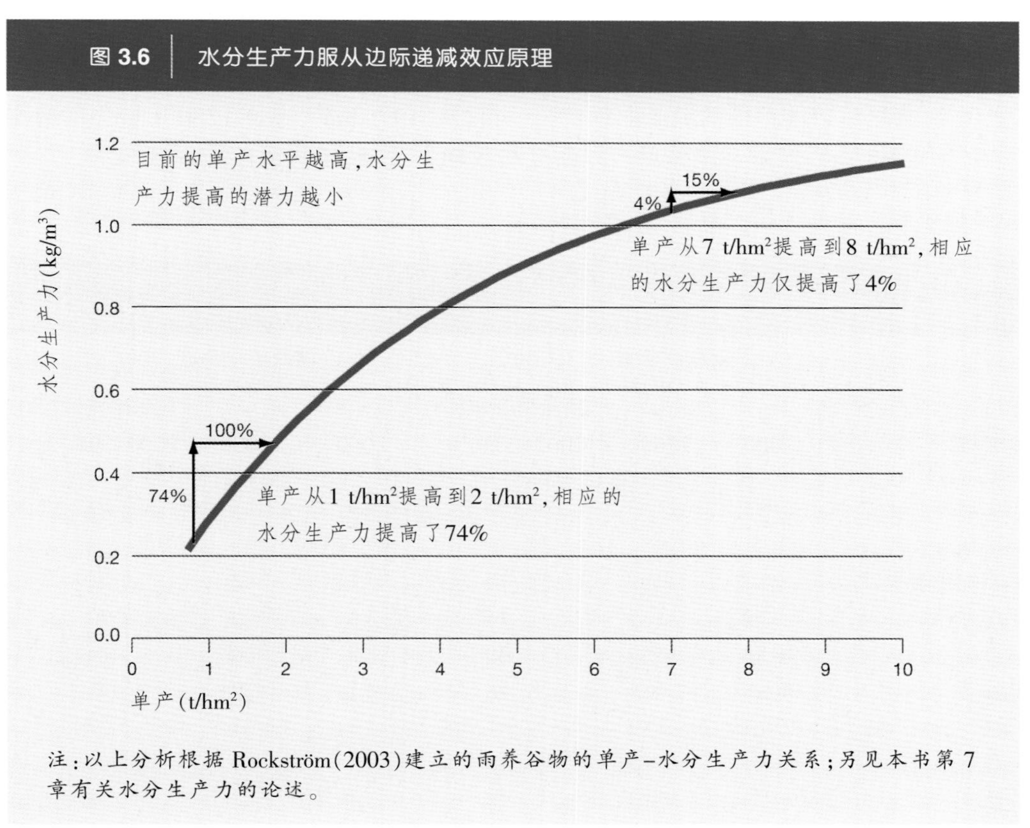

注：以上分析根据Rockström(2003)建立的雨养谷物的单产–水分生产力关系；另见本书第7章有关水分生产力的论述。

在对灌溉投资减少了十年之久后，国际援助者们对灌溉投资重新提起了兴趣，尤其是对非洲撒哈拉以南地区的灌溉投资。非洲撒哈拉以南地区的灌溉开发程度还远远低于其物理潜力（见第9章有关灌溉农业的论述）。非洲委员会(2005）和非洲开发新伙伴计划都认为非洲撒哈拉以南地区的灌溉面积需要增长一倍才能实现联合国制定的千年发展目标。

在印度，几千万小农户投资于私人地下水井，尽管地下水和承压水的过度开采引起的环境问题日趋严重，地下水利用仍将继续繁荣(见第10章有关地下水的论述)。发展中国家城市近郊的污水灌溉发展迅速(见第11章有关劣质水灌溉的论述)。在印度和巴基斯坦，大规模的投资用于恢复恒河和印度河流域的灌溉工程，并对它们进行现代化改造(Briscoe and others 2005)。

尽管对大型灌溉工程造成的环境问题的担忧日益增长（见第6章有关生态系统的论述)，还是有很多对开发、改善和现代化改造灌溉系统的投资持支持态度的理由。这些理由包括：灌溉工程对脱贫的作用、提高灌溉系统效率的潜力巨大、灌溉能力的维持、气候变化造成的降雨的变异性和不确定性增加(见第9章有关灌溉的论述)。

本研究考察了灌溉面积扩大和提高灌溉农田单位耗水量产出的意义。

扩大灌溉面积。该情景强调保证粮食的自给和更多的人口能够获取农业用水的情形，特别是在亚洲和非洲撒哈拉以南地区。灌溉面积从2000年的3.4亿hm²以每年0.6%的增长率增加到2050年的4.5亿 hm²[7]，模拟在假设南亚国家的地下水开采继续繁荣，中东和北非及东亚的灌溉农田更加集约化生产，非洲撒哈拉以南地区的灌溉面积增长一倍(从640万 hm²增长到1280万 hm²)的情况(见表3.7)。灌溉和雨养单产以适度步伐增长，在50年间增长20%~35%。

表 3.7 灌溉面积扩展情景中所做的假设

区域	灌溉和收获面积(10^6 hm²)			灌溉小麦单产(t/hm²)		
	2000	2050	累积增长率(%) 2000~2050 年	2000	2050	累积增长率(%) 2000~2050 年
非洲撒哈拉以南地区	6.4	12.8	101	3.0	3.8	27
中东和北非	20.7	22.8	10	3.4	4.2	23
中亚和东欧	32.8	37.3	14	3.0	4.0	32
南亚	104.3	135.2	30	2.8	4.0	44
东亚	116.5	169.6	46	4.1	6.0	47
拉丁美洲	16.5	23.4	42	4.8	6.3	31
经合组织国家	45.4	49.8	10	4.4	4.9	10
世界	341.3	454.4	33	3.4	4.7	38

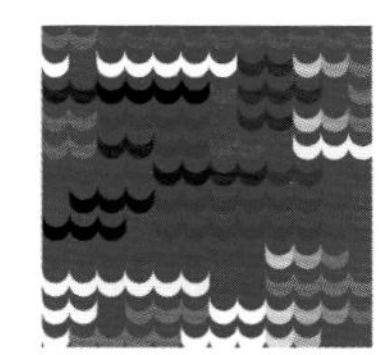

随着南亚和东亚地区灌溉面积的增加，它们的玉米和其他粮食作物大部分实现了自给，而只需要进口少量小麦。东亚将继续出口水稻，但是其蔬菜出口由于国内需求的快速增长而下滑。非洲撒哈拉以南地区实现大部分的粮食自给，但还不能满足玉米快速增长的需求。非洲撒哈拉以南地区的农村经济随着小农户为本国市场生产灌溉蔬菜中获益而取得增长和繁荣。非洲撒哈拉以南地区的蔬菜大部分可以实现自给，而该地区的农产品国际贸易则和目前大致持平。

灌溉面积扩展的情景虽然能够保证国家尺度粮食安全的实现和农村收入的提高和稳定，但是它对水资源的压力会增加。收获面积增加1.1亿 hm^2，部分是由于灌溉强度的增加(每一生长季种植更多作物)，部分是由于灌溉面积增加了7600万 hm^2。在农业灌溉取水的田间施用效率没有得到提高的情况下，灌溉取水量将从目前的每年2630 km^3增加到2050年的每年4100 km^3(图3.5)。这个增长数量是尼罗河阿斯旺水坝上游蓄水量的30倍。随着田间施用效率的提高，全球灌溉引水量仅会增加到3650 km^3。

建设、维护和管理基本的水利基础设施的成本会很高，尤其是在非洲撒哈拉以南地区，在那里灌溉成本高且公共资金严重短缺。至少需要4000亿美元的资金才能将灌溉收获面积增加1.1亿 hm^2，而这仅是根据不完全数据做出的估计量(表3.8)。建设配套基础设施和进行制度能力建设，从而对新建的灌溉系统、道路和市场设计进行管理就需要追加投资，从而进一步推高了成本。公共机构、开发银行和其他赞助组织都需要大量的资金注入。

表 3.8 灌溉面积扩展所需要的资本投资的成本

区域	灌溉面积扩展 (10^6 hm^2) (1)	新增灌溉单位成本 (美元/hm^2) (2)	总面积成本 (10 亿美元) (3)=(1)×(2)	额外蓄水量 (km^3) (4)	蓄水成本 (10 亿美元) (5)	总成本 (10 亿美元) (6)=(3)+(5)
非洲撒哈拉以南地区	6.2	5600	35	89	10	45
中东和北非	3.1	6000	19	71	8	28
中亚和东欧	4.5	3500	16	61	7	22
南亚	25.1	2600	65	630	69	135
东亚	30.4	2900	88	459	50	139
拉丁美洲	6.9	3700	26	142	16	41
经合组织国家	0.1	3500	0.4	52	6	6
世界	76.3	3255	248	1504	165	414

注：总数由于在相加过程中的四舍五入不一定是各单项数值之和。

新增灌溉成本估算自本书第 9 章有关灌溉的论述得出；蓄水成本根据 Keller, Sakthivadivel, and Seckler (2000) 的低估计值(0.11 美元/m^3)算出。

南亚大部分扩展的灌溉面积将主要依赖地下水的开发，这种开发通常是由私人投资的。而非洲撒哈拉以南地区的灌溉开发则主要依赖公共投资。该地区每公顷灌溉设施的建设成本要高于南亚，主要是当地较高的交易成本和灌溉工程的失败率较高造成的。对全球范围内进行的314个公共灌溉工程的样本分析(Inocencio and others 2006)表明，非洲撒哈拉以南地区的灌溉工程有一半左右是部分失败的，是所有采样地区中失败率最高的。研究者还指出，如果仅考虑成功的灌溉工程样本，那么非洲撒哈拉以南地区的建设成本无异于其他地区。需要300~400 亿的资金注入才能将具备灌溉设施的面积增加一倍，另外还需要在道路、蓄水和加工设备、通信和制度方面进行补充配套投资(Rosegrant and others 2005)。

> 在灌溉面积扩展的情景中，到2050年生活在天然性缺水流域的人口将从12亿人增加到26亿人。

在经济性缺水得到缓解的同时，天然性缺水也许会加剧。全球已经有12亿人(占全球人口20%)生活在天然性缺水的流域。在灌溉面积扩展的情景中，这个数字到2050年将增加到26亿人(占全球总人口28%)(地图3.1)。部门间的竞争(农业、渔业、城市和工业)和跨国界的用水冲突将加剧。在128个流域中有36个流域的最小环境需水量将得不到满足，意味着农业的取水对生态系统和渔业的负面环境影响会增加。扩大灌溉基础设施还会增加水产养殖开发的潜力，但是本研究报告目前掌握的数据还不能做出评价这种补偿的研究结论。

提升灌溉系统效能。很多灌溉系统的运行效能很低，尤其是在南亚(见第9章有关灌溉的论述)。因此在这些系统提高水分生产力的潜力巨大(Molden and

地图 3.1 | 灌溉面积的扩展会使全球 26 亿人口到 2050 年生活在缺水流域

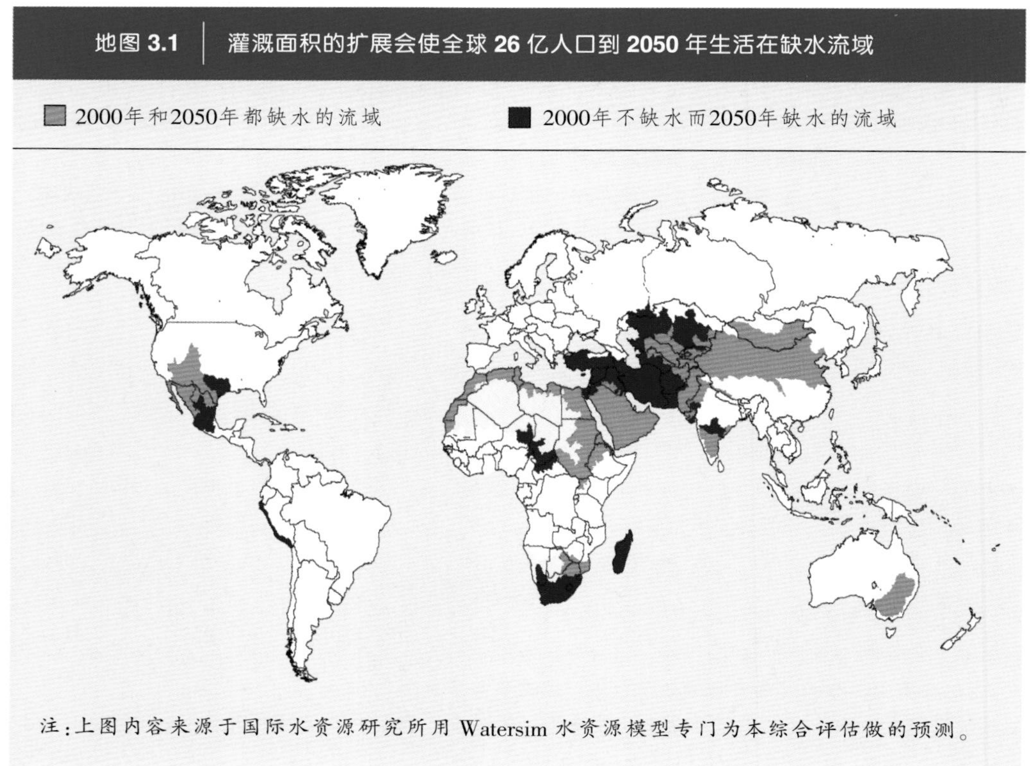

注：上图内容来源于国际水资源研究所用 Watersim 水资源模型专门为本综合评估做的预测。

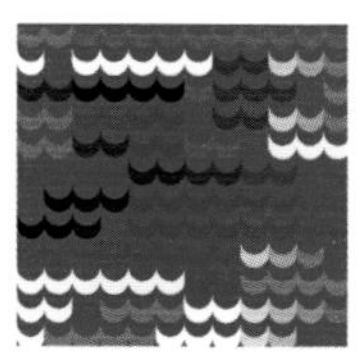

de Fraiture 2004；Kijne，Barker，and Molden 2003）。本研究定义了灌溉单产增长的情景，假设75%~80%的可获得产量差可以在未来的几十年内被弥补，在此情景下探索了提高灌溉系统效能对全球粮食生产的潜在贡献（表3.9）。这是一个相当乐观的，但也不是完全没有可能的情景。这个情景要求实施制度改革（见第5章有关政策和制度的论述），解决水源地用户和下游末端用户之间的用水竞争，改善水资源配置的机制（见第16章有关流域的论述），使农民和水管理者获得足够的动机去主动提高土地生产力和水分生产力（Wang and others 2006；Luquet and others 2005）。除了更好的水管理措施，这个情景也设定了更高的土壤肥力、更好的病虫害管理、品种和其他农艺措施的改良（见第7章有关水分生产力和第15章有关土地的论述）。

该情景显示了在灌溉农田上提高水分生产力的巨大潜力，尤其是在单产很低的情况下。

- 通过提高灌溉单产和小幅度增加收获面积（灌溉面积增加10%、雨养面积增加12%），南亚在粮食、蔬菜、块根、块茎作物上实现自给。提高灌溉单产后，印度可以满足其新增的谷物需求。该情景中单产增长将近一倍绝不是轻而易举能够达到的，必须配以适当的投资才可以实现。
- 在单产水平已经很高的东亚，进一步提高生产力的空间有限，而该地区农产品需求增长的速度却很快。提升灌溉农田的生产力可以满足75%的新增谷物需求，而剩下的25%需求量则需要通过进口解决。
- 在提升灌溉系统功能和扩大灌溉面积的潜力都很有限的中东和北非，三分之一的新增谷物需求可以通过生产力的提高而得到满足，其余部分则主要依靠从经合组织国家、拉丁美洲和东欧的进口。全球农产品贸易小幅度下降。
- 在90%以上的农业生产依赖雨养的非洲撒哈拉以南地区，提高现有农田的生产力对粮食供给的影响很小。

该情景还预计全球灌溉面积以9%的幅度适度增长，而灌溉取水量则增长32%（见图3.5）。为了实现本情景中设定的灌溉单产的增长，必须提高对现有灌溉农田的供水。例如，在印度，农民会在现有灌溉系统的地表供水不稳定的情况下，自己安装直接取用地下水的管井（见第10章有关地下水的论述）。在一些地方，单产的增长主要依靠提高灌溉系统末端的供水，以牺牲部分（不是全部）灌溉系统首段的农田为代价（参考Hussain等2004年描述的在巴基斯坦实现双赢的案例）。供水的即时性也有助于作物单产的提高。所有这些措施都会使作物蒸散量增加，而蒸散量增加是单产提高的前提条件之一。因此，在该情景中，作物耗水和灌溉引水量都大幅度提升。

耗水量的增加可以部分地由水分利用效率[8]和水分生产力的提高而得到弥补。提高效率意味着引水量中的大部分将被作物、牲畜及其他生产性过程有益利用，这可以通过对农田排水的循环利用或改善农田水管理而实现（Molden，Sakthivadivel，and Habib 2000；Seckler and others 2000）。而提高水分生产力则意味着每单位耗水获得更多的产出量，而这可以通过提高收获指数或减少土壤

表 3.9 灌溉农业的单产情景				
	单产(t/hm²)			
作物和区域	实际单产 2000 年	最大潜在单产 [a]	模拟值 2050 年	累计增长率(%) 2000~2050 年
小麦				
非洲撒哈拉以南地区	3.0	5.8	5.3	77
中东和北非	3.4	6.8	6.3	85
中亚和东欧	3.0	7.7	6.6	117
南亚	2.8	4.5	4.5	61
东亚	4.1	7.5	6.8	67
拉丁美洲	4.8	6.3	5.9	23
经合组织国家	4.4	7.9	7.7	72
世界	3.4	7.1	5.7	70
水稻				
非洲撒哈拉以南地区	1.8	7.2	4.1	130
中东和北非	4.2	9.9	7.6	80
中亚和东欧	2.3	7.4	6.0	163
南亚	2.6	8.2	6.3	138
东亚	3.7	7.3	6.0	61
拉丁美洲	3.4	6.7	6.1	80
经合组织国家	4.6	8.4	7.6	64
世界	3.4	7.4	6.1	83
玉米				
非洲撒哈拉以南地区	2.8	10.5	7.9	180
中东和北非	6.1	13.2	9.3	51
中亚和东欧	5.0	10.2	9.8	96
南亚	2.6	10.8	7.3	176
东亚	5.6	10.3	9.5	68
拉丁美洲	4.9	10.9	9.1	87
经合组织国家	9.9	11.3	10.8	10
世界	6.1	10.9	9.6	57

a.最大可获得雨养单产数值来自 GAEZ 的国家水平数据。

b.由 1961~1963 到 2001~2003 年的平均单产的增长率得到历史增长率，根据 FAOSTAT (2006)。区分灌溉和雨养单产的数据不可获得。

(待续)

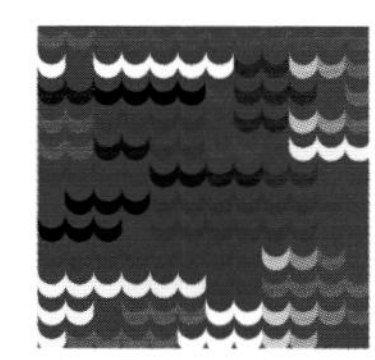

年增长率(%)		水分生产力(kg/m³蒸散量)		
模拟值 2000~2050年	历史值 灌溉加雨养[b]	2000	模拟值 2050年	累计增长率(%) 2000~2050年
1.1	2.6	0.37	0.53	45
1.2	4.4	0.43	0.60	37
1.6	2.8	0.44	0.71	61
1.0	1.1	0.46	0.63	36
1.0	1.4	0.63	0.88	40
0.4	2.4	0.69	0.74	8
1.1	1.6	0.70	0.96	37
1.1	2.2	0.54	0.74	38
2.2	0.4	0.18	0.31	72
1.2	2.0	0.37	0.48	30
2.0	1.7	0.26	0.46	78
1.8	0.2	0.27	0.50	86
1.0	2.0	0.54	0.78	46
1.2	1.4	0.40	0.61	52
1.0	0.8	0.53	0.72	36
1.2	1.7	0.46	0.75	65
2.1	0.8	0.36	0.70	96
0.8	3.2	0.77	0.95	23
1.4	1.4	0.81	1.16	43
2.1	1.9	0.30	0.55	83
1.0	2.5	0.84	1.14	36
1.3	3.0	0.44	0.63	42
0.2	2.0	1.33	1.40	5
0.9	2.0	0.87	1.13	31

注：以上数据来源于GAEZ国家数据库，根据不同土地适宜分级进行加权平均得出。根据世界粮农组织提供的Fischer等(2002)的文献。

蒸发而实现。在高单产情景中,全球农业用水消耗比例从59%上升到66%。也有一些研究者认为在这个水平上进一步提高消耗率不是不可行,而是没有必要。Seckler和其他研究者(2004)的解释是:如果耗水率超过70%,通常会发生盐渍化和污染问题,尤其是在土壤盐分的淋洗所必需的用水被忽略的情况下。

该情景中的投资成本估计在3000亿美元左右(表3.10)。

通过提升灌溉农业生产力所获得的潜在增产比扩大灌溉面积获得的潜在增产要高。提高灌溉谷物单产77%可以满足2050年全球新增的粮食需求量的50%。而扩大灌溉面积只能满足23%的新增粮食需求。

结论:我们需要更好的灌溉,也需要更多的灌溉。通过比较灌溉投资中的这两个策略(增加面积和提升效能)的投资成本,情景分析表明:通过提升灌溉农业生产力所获得的潜在增产比扩大灌溉面积所获得的潜在增产要高。提高灌溉谷物单产77%可以贡献5.5亿t的粮食,相当于2050年全球新增需求量的一半。而灌溉面积扩大33%只能新增2.6亿t粮食产量。

有争论的是:单位耗水取得的最大经济生产力可以通过水资源的多用途利用和农业的多种经营来实现。这主要包括渔业、畜牧业、家庭菜园和其他相关产业的发展(van Koppen, Moriarty, and Boelee 2006;本书第4章有关贫困的论述)[9]。这需要灌溉系统设计上的改进,在设计时融入对小型水坝、渔业和抗洪功能的考虑。

情景分析还显示了巨大的地区差异。在南亚,提高灌溉农田生产力的潜力巨大,而扩大灌溉面积或追加大型灌溉基础设施投资的机会却十分有限。在东亚,虽然存在着面积扩大的空间,但是大部分的粮食增产将来自于生产力的提升。在非洲撒哈拉以南地区,灌溉面积扩展的空间还相当大,但是开发成本却相

表 3.10 灌溉效能提升情景的资本投入成本

区域	土地整理面积 (10^6 hm^2) (1)	单位土地整理成本 (美元/hm^2) (2)	土地整理总成本 (10 亿美元) (3)=(1)×(2)	新增蓄水 (km^3) (4)	蓄水成本 (10 亿美元) (5)	总成本 (10 亿美元) (6)=(3)+(5)
非洲撒哈拉以南地区	16	2000	12	37	4	16
中东和北非	17	2000	34	87	10	44
中亚和东欧	20	1000	20	85	9	29
南亚	81	900	73	322	35	108
东亚	75	700	53	141	16	68
拉丁美洲	18	1300	23	78	9	32
经合组织国家	5	1000	5	16	2	7
世界	222	990	220	766	84	304

注:由于四舍五入,总数不一定是各项之和。

土地整理成本估算来自本书第 9 章有关灌溉的论述; 蓄水成本根据 Keller,Sakthivadivel 和 Seckler (2000) 的低值估算,0.11 美元/m^3。

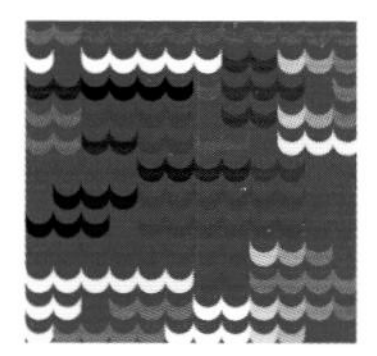

对较高,且历史上灌溉开发成功的概率极低。在缺水的中东和北非,面积扩展不太可行,生产力提高的空间也相对较小。随着人口的增长,这个地区将日益依赖进口。而拉丁美洲、经合组织国家、东欧和中亚还具有提升灌溉生产力的潜力,但是在这些地方提升雨养农业和扩大雨养面积将是相对低成本的战略选择,并能增加粮食产出。

贸易能够缓解缺水状况吗?

20世纪50年代和60年代，许多发展中国家的农业政策向进口替代策略倾斜,把粮食安全等同于实现国家尺度的粮食自给。由于农业产业的游说和影响决策的努力巨大，对农业的保护政策被认为是确保国家粮食安全的必要手段。对水和灌溉基础设施实施补贴、成立市场营销理事会、关税和投入补贴被认为是促进粮食自给、避免饥荒风险的必要手段(Molden, marasinghe, and Hussain 2001; Kikuchi, Maruyama, and Hayami 2001; Barker and Molle 2004)。贸易在国内粮食供给中的作用对大对数发展中国家来说是适度的。

扩大国际粮食贸易的规模对国家尺度粮食需求会产生显著影响。Allen (1998)定义了“虚拟水”的概念,指的就是进口粮食中所蕴含的水资源。通过进口农业商品,某一个国家可以“节省”在国内生产这么多农业商品所需要的水资源。比如在极度缺水的埃及,2000年从美国进口了800万吨粮食。在埃及本国生产那么多的粮食需要约8.5 km^{3}的灌溉水，大致相当于埃及纳赛尔湖(Lake Nasser)年放水量的六分之一。再如,在土地资源极为缺乏的世界第一大粮食进口国日本,如果没有进口,将需要额外增加30 km^{3}的灌溉水和降水来生产其所需要进口的那些粮食(de Fraiture and others 2004)。

全球的谷物贸易有缓解灌溉需水的作用,因为五个最大的粮食出口国中有四个国家(美国、加拿大、法国、阿根廷)的粮食生产是在高产的雨养农田上进行的。如果没有谷物贸易,1995年全球对灌溉水的需求将比当年实际灌溉水多11%(de Fraiture and others 2004; Oki and others 2003)。

一些研究者还建议通过增加贸易来缓解水资源的匮乏和减轻环境退化的程度 (Allan 2001; Hoekstra and Hung 2005; Chapagain 2006; Zimmer and Renault 2003)。他们建议,缺水国家与其努力实现粮食自给的目标,还不如从水资源丰富的国家进口粮食。但是大多数类似的分析都没有考虑到决定国际贸易格局的几个其他关键因素,其中包括国内的宏观经济政策、社会经济目标、汇率政策、政治关系等。同样没有考虑到的还有农产品贸易的扩张对环境的潜在影响,如出口国农用地面积扩大和新建粮食加工和包装设施。另外,在国家之间和进口国内运输大量粮食会产生巨大成本。随着能源价格的上涨,每单位的粮食加工、储藏和运输的成本也将会上升。

贸易情景。在该情景中,粮食生产主要集中于北美、欧洲和拉丁美洲,而非洲撒哈拉以南地区、南亚和东亚将在大宗粮食品种上提高产量以维持适当的粮食自给率。从而,水资源丰富且粮食生产能力较强的国家将增加它们的农业产出，并向缺水国家出口。北美、拉美（主要是巴西和阿根廷）、西北欧、东欧（俄罗斯和乌克兰）这些地区将主要向中东、北非、印度、巴基斯坦和中国出口农产品（地图3.2）。非洲撒哈拉以南的国家提升了雨养农业生产力，但仍然是次要的粮食进口地区。在进口国家中，作物单产会适度增长（25%），而灌溉和雨养面积基本保持不变。中国、印度、中东和北非会减少灌溉谷物的面积，转向更加劳动密集的、高附加值的农产品的生产，如蔬菜。恰当的水价机制和动机，如信贷和补贴，会诱使农民转向单位灌溉水的经济附加值更高的作物的生产。缺水问题可以通过更好的农田管理措施和温室微灌来得到缓解。在出口国家，雨养生产的大宗粮食作物的单产平均增加60%[谷物、大豆（油料作物）、块根和块茎类作物]。出口国家雨养农田的面积增加2.6亿 hm^2，主要是在拉丁美洲，在那里面积扩展的潜力仍然巨大。

结论：贸易对节水的潜力巨大，但是还有很多社会经济和政治因素需要考虑。该情景分析的结果表明：世界粮食需求在理论上是可以通过国际贸易来满足的，同时不会加剧水资源的短缺程度并增加额外的灌溉基础设施的需求（表3.11）。但是，这种分析并没有考虑到选择这种贸易战略的国家政治、社会和经济问题。因此，大多数缺水国家在近期不太可能大规模地增加其粮食进口数量。

粮食进口对于那些已经受到水资源和其他资源匮乏限制的中东和非洲撒

地图 3.2 国际农产品贸易中蕴含的虚拟水量

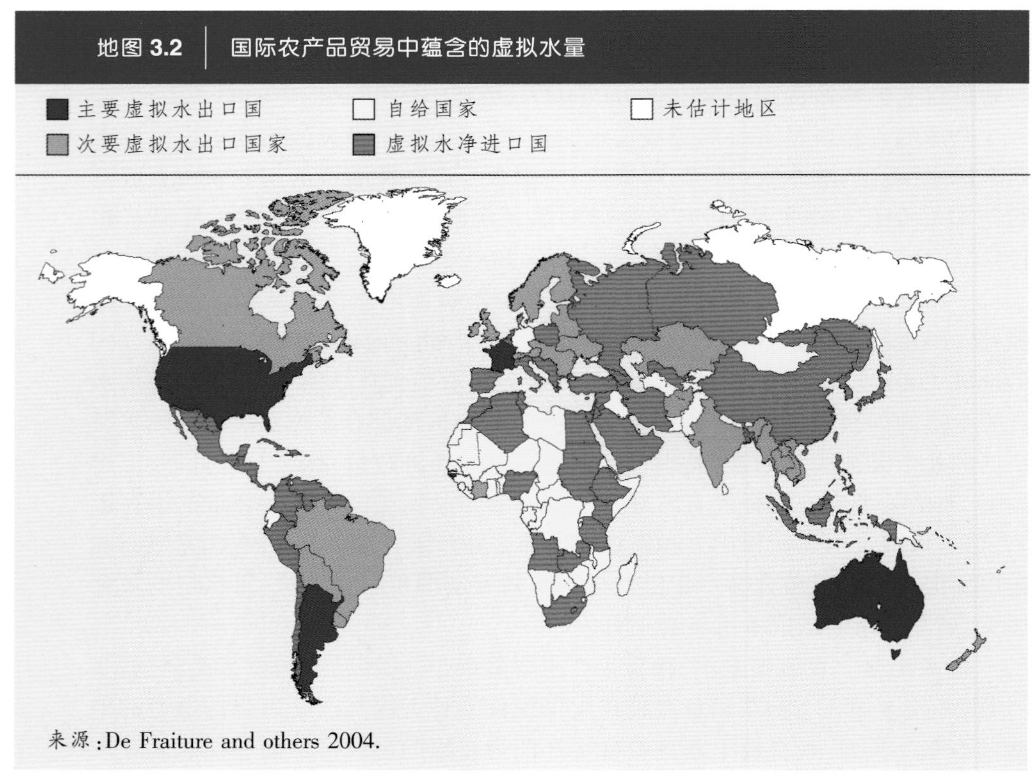

来源：De Fraiture and others 2004.

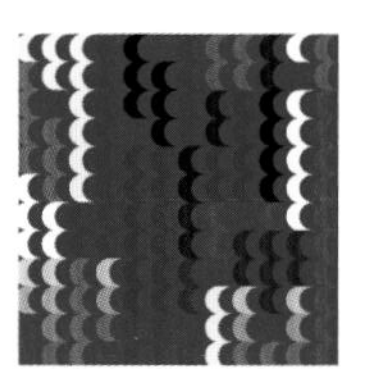

表 3.11 不同情景下谷物需求量和净贸易量

区域	需求量(10^6t)		雨养情景 2050 年 低单产		雨养情景 2050 年 高单产		灌溉情景 2050 年 扩展面积		灌溉情景 2050 年 提高单产		贸易情景 2050 年	
	2000 年	2050 年	净贸易流量(10^6 t)	占需求比(%)	净贸易流量(10^6 t)	占需求比(%)	净贸易流量(10^6 t)	占需求比(%)	净贸易流量(10^6 t)	占需求比(%)	净贸易流量(10^6 t)	占需求比(%)
非洲撒哈拉以南地区	98	213	-32	15	-14	7	-44	21	-22	10	-51	24
中东和北非	99	208	-149	72	-141	68	-131	63	-83	40	-156	75
中亚和东欧	234	295	151	51	56	19	49	17	3	1	181	61
南亚	241	476	-88	19	-5	1	-32	7	20	4	-119	25
东亚	505	807	-148	18	-57	7	-18	2	-34	4	-191	24
拉丁美洲	149	290	76	26	17	6	44	15	29	10	178	61
经合组织国家	508	586	167	29	157	27	112	19	99	17	136	23

注：负值代表进口，正值代表出口。

上表数据来源于国家水资源研究所用 Watersim 水资源模型专门为本综合评估做的预测。

哈拉以南的国家是必要的。对某些东南亚国家，如日本和马来西亚，也是如此。这些国家快速扩张的产业服务部门造成了农业劳动力的严重短缺。在非洲撒哈拉以南的一些国家，内陆运输的高昂成本会促使政府鼓励沿海地区用进口而不是国内生产来满足粮食需求。这种情况至少在近期将是如此，直到农村基础设施得到改善后才能有所变化(Seckler and others 2000)。粮食贸易或援助有助于缓冲由于气候变异造成的粮食生产的波动。在某些国家，土地(而不是水资源)是最大的生产限制因素(Kumar and Singh 2005)。

国际贸易为缺水国家在水资源日益短缺的情况下提供了一种选择。而这个选择的重要性则取决于很多因素。

总体上，大多数国际粮食贸易都是由其他因素决定的，和水没有任何关系。1995年，只有小于四分之一的国际谷物贸易与水资源的匮乏有关 (de Fraiture and others 2004; Yang and others 2002)。这种格局当然会随着水资源的日益匮乏和耗水量大的作物价格上扬而有所改变。国际贸易为缺水国家提供了一种战略选项，以应对愈加严重的水资源匮乏的挑战。未来，这种选项的重要性将取决于很多因素，其中包括国际贸易协定、贸易成本、国内经济目标的性质和政治考虑等。

对发展中国家来说，国际贸易的增长会带来相当高的成本。进口的粮食必须以外汇来结算，而外汇必须靠出口本国其他商品或国际援助和贷款取得。过去，这个事实在某种程度上由于欧洲和美国实行的很高的出口补贴和国际援助机构的硬通货支付而被掩盖起来(Seckler and others 2000)。许多贫穷国家，尤其是非洲撒哈拉以南的国家，没有足够的出口以支持它们的进口。石油出产国在未来也许会面临相同的问题，特别是在目前的高油价将它们迅速推向石油资源枯竭的时代的情况下(Margat 2006)。另外，那些依靠一种或几种出口商品的贫穷国家会对贸易引起的波动及对购买力的影响十分敏感和脆弱。最后，国际贸易需要大量能源来支撑商品的运输，从而增加贸易的环境成本。

那些为粮食安全问题而苦苦挣扎的贫穷国家将对依赖进口满足基本粮食需求的新策略保持清醒的头脑。它们会把这种策略看成是增加它们对世界粮食价格和地缘政治波动的敏感性和脆弱度的一种做法。一定程度的粮食自给仍然不失为明智的政策目标。尽管面临着越来越严重的水短缺问题，许多国家仍把水资源的开发利用作为实现粮食供给目标和促进收入增长的更安全的选项。那些水利基础设施投资受到财力限制的贫穷缺水国家是否能够负担得起大量进口农产品的费用，这个问题存在争论。另外，最近的世界贸易组织的讨论显示，和农产品贸易相关的经济和政治利益巨大。在一些国家，这些利益会主宰对水资源的匮乏和对环境问题的关切(Mehta and Madsen 2005)。总的来说，仅依靠粮食贸易在近期不可能解决水资源匮乏的问题。

权衡利弊

在未来农业生产力不提高的极端情形下，将需要13 050 km^{3}的作物耗水和24亿 hm^{2}的农田来满足2050年对粮食和饲料的需求。尽管没有一个情景描绘出

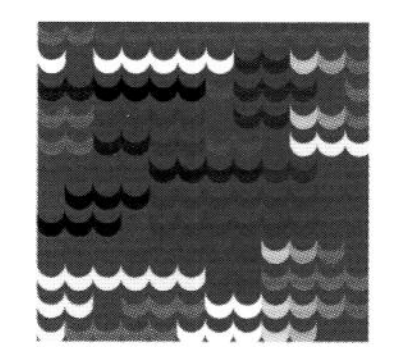

这种增长的大小，还是有一些情景对资源的压力大于其他情景。除此之外，一些情景还提供了脱贫、环境保护和粮食安全的更好的前景和展望。

我们考察了陆地和水生生态系统、脱贫和粮食安全之间的联系和利弊权衡(图3.7)。我们的讨论基于上文所展示的相关研究结果和在其他章节所做的讨论。

水生生态系统

在所有的情景中，如果要满足未来粮食需求，对淡水的需求必然增加。无论在雨养还是灌溉农业中，耗水量都会显著增加(图3.8)。

生态系统提供了一系列服务功能，从粮食和渔业生产，到防洪和土壤水分入渗，再到地下水的补给(见第6章有关生态系统的论述)。很多研究者都指出了灌溉系统对粮食生产以外的生态服务功能的负面影响 (Pimentel and others

图 3.7 要权衡考虑的各项可能量化指标

水生生态系统

在所有情景中，淡水需求增长以满足粮食生产的需求。尽管从系统角度进行投资的战略可以施加一些积极影响，但是对水生生态系统的消极影响是占主导地位的，尤其是在灌溉扩展情景中。集约的雨养农业生产对水生生态系统的影响所知更少。

陆地生态系统

粮食生产会通过改变土地覆被（如森林和热带稀树草原转化为农业用地）的方式影响陆地生态系统。在乐观的雨养农业情景中，对额外土地的需求是最低的，但是雨养战略也面临风险。在单产很低的情景中，对土地的需求量是最高的。

缓解贫困

不同战略对脱贫的影响很难评估。更多地取决于灌溉干预的类型以及实施的方式。小型农户灌溉技术的推广（包括地表水和地下水灌溉）对缓解贫困有极大潜力。提升雨养农业有极大潜力，但是也面临风险。

粮食安全

在半干旱地区，灌溉面积扩展并提高灌溉和雨养农业的单产为确保粮食安全提供了光明前景。确保那些由于单产没有显著增长和那些由于农业商品价格下降而在粮食安全中处于净损失的人们的粮食安全是今后几十年所面临的巨大挑战。

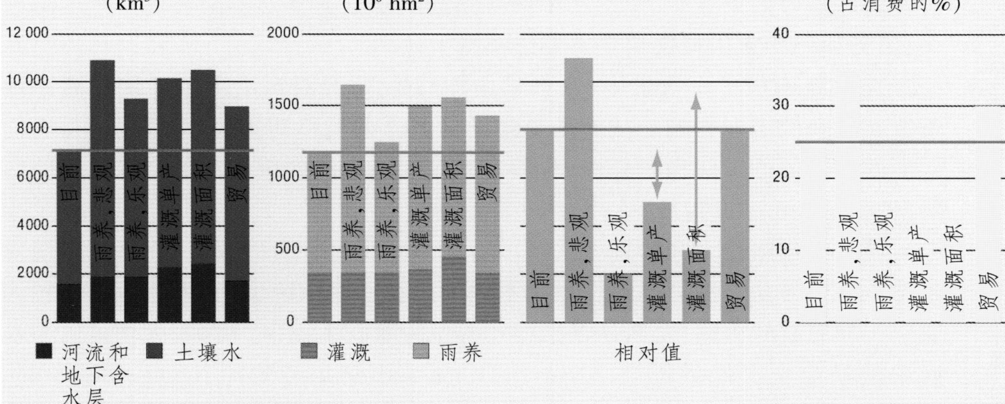

a. 贫穷国家是指那些人均年收入低于2500美元的国家。进口量中包括粮食援助。需要注意的是这里使用的指标是用来进行利害权衡的，而不是用来进行定量分析的。

注：以上阐述均出自本书其他章节内容及相关定性结论。

图 3.8 到 2050 年全球取水量显著增长

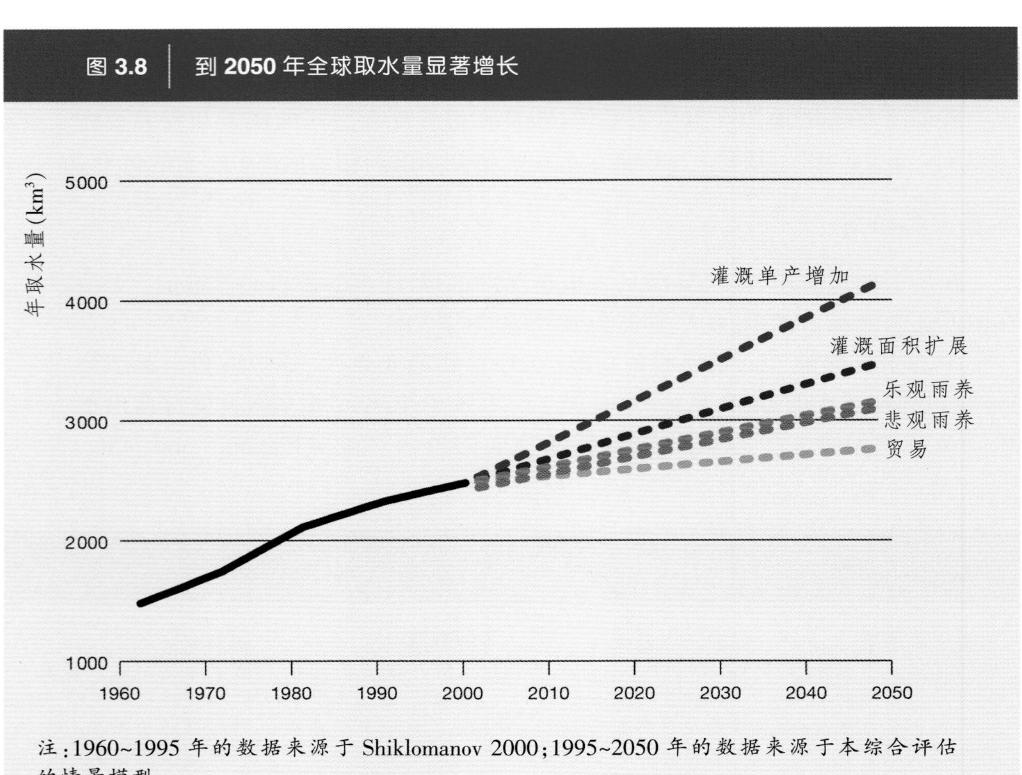

注:1960~1995 年的数据来源于 Shiklomanov 2000;1995~2050 年的数据来源于本综合评估的情景模型。

2004; Khan and others 2006; 本书第2章有关大趋势和第6章有关生态系统的论述)。从河流和地下含水层中取水会减少水生生态系统的可用水量,并影响到地下水位。灌溉取水和其他目的的取水所需要的基础设施会改变河流和水生生态系统的水文循环,导致河流的破碎化和对水生生物栖息地的不良影响(见第12章有关内陆渔业的论述)。生态系统服务功能的降低通常对贫困人口产生不利后果,因为他们严重依赖这些生态系统维持生计。

在灌溉面积扩张情景中,取水量增加57%,这会对水生生态系统和海岸地带造成巨大的潜在影响。从而需要建设更多的大坝和其他蓄水设施,但是它们也会改变水流的时间和变异性,从而对支撑生态系统的服务功能产生巨大的影响(Poff and others 1997)。

现有的创新技术和管理方法可以有效地减少这种负面效应,而灌溉系统对生态系统服务功能的影响程度也是不同的。在一些系统中,有可能找到一种渔业生产和灌溉的协同,尤其是在小型和中型的灌溉系统中。例如,大坝可以为水库中的渔业生产提供机会 (Nguyen-Khoa and Smith 2004; Nguyen-Khoa and others 2005)。控制环境流量也可控制负面的环境影响(见第6章有关生态系统的论述)。

灌溉系统对生态系统服务功能产生积极影响的事例包括:地下水的补给、

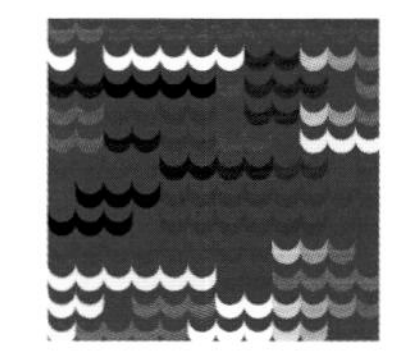

减少梯田造成的土壤侵蚀、稻田的生物多样性、灌溉水在生活和生产目的上的多种利用(Hussain and Hanjra 2003, 2004; Smith 2004)。研究表明,印度和巴基斯坦的地下水补给有大约80%是通过灌溉渠系统进行的 (Ambast and others 2006; Ahmad, Bastiaanssen, and Feddes 2005)。当然,地下水的补给的作用也不总是正面的,因为在深层渗漏受限且排水体系不完善的情况下,它会造成区域的渍水状态(Scott and Shah 2004; Ambast, Tyagi, and Raul 2006)。

集约化的灌溉对水量和水质的影响要远远大于粗放灌溉系统的影响。大多数的水分利用效率的提高是源于外部投入的增加、机械化程度加强以及集约化的生产。举例来说,人类活动已经把全球氮素的排放水平增加了一倍以上,把全球磷素的使用增加了两倍 (Vitousek and others 1997; Bennett, Carpenter, and Caraco 2001)。这导致了湖泊和海岸地带的富营养化,降低了这些生态系统的休闲价值,增加了有毒藻类暴发的几率。同时,水体中的农药含量水平会对人类健康构成威胁。

> 管理农业系统以产生更多的生态系统服务功能,被建议作为遏制因农业扩张和集约化所造成的生态系统服务功能下降的主要方式。

提高雨养农业的生产力可以减少对新增灌溉系统的需求。由于和灌溉系统开发相关的负面的环境影响,投资于雨养农业从环境保护的角度看起来更加诱人(见第6章有关生态系统的论述)。但是,也有大量证据表明,土地利用的决策会显著改变水文循环,从而造成一系列连锁反应,对地表和亚表层径流的影响差异巨大。适当的土地和水管理措施对于实现雨养农业的生产潜力是十分必要的。为满足作物耗水需求而拦截更多的雨水会造成径流量和地下水补给的减少。通过补充灌溉措施提高雨养农业生产需要一定的基础设施,如:比集约灌溉系统更小型化和更分散的设施。对下游水资源的影响更加分散且难以估计。雨养农业的进一步集约化通常伴随化肥和农药的使用增加,而化肥和农药会对水质产生负面影响。

陆地生态系统

当森林和热带稀树草原被开垦成农田的时候,粮食生产就会对陆地生态系统产生负面影响。联合国千年生态评估报告中设定的情景预测表明,土地利用的变化将继续对生态系统的服务功能施加显著影响(Alcamo and others,2005)。而在我们设定的情景中,在2000~2050年,对土地的需求会增加6%~38%(年增长0.1%~0.7%)(图3.9)。这会对依赖这些栖息地的生态系统服务功能产生相当大的影响。可能的风险包括生物多样性的丧失、授粉物种的减少、入侵物种的增加(Dudgeon 2000; Thrupp 2000;本书第6章有关生态系统的论述)。雨养农业的扩展和森林转化成耕地还会改变生物地球化学循环,其中包括固碳能力和水文循环(Foley and others 2005)。据估计,森林消失造成全球蒸发量的减少和灌溉引起的蒸发量上升相当(Gordon and others 2005)。全球水汽流的改变会影响到很多区域和地方(见第6章相关论述)。

投资于现有的灌溉和雨养农田将减少新增农业用地的需求,防止森林和自然土地进一步转为农业用地。提高作物单产也会减少农业对新增用地的需求。

图 3.9 在各个情景中,2000~2050 年的总土地需求量在不同区域的增长幅度在 6%~38%

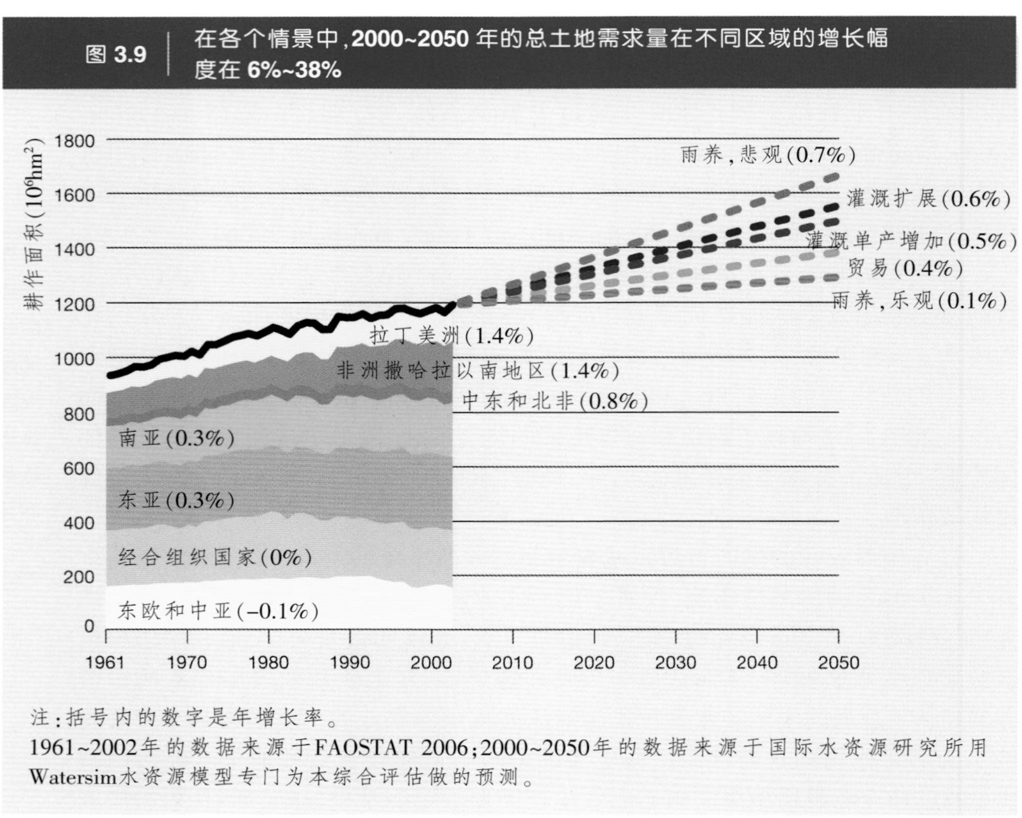

注:括号内的数字是年增长率。
1961~2002年的数据来源于FAOSTAT 2006;2000~2050年的数据来源于国际水资源研究所用Watersim水资源模型专门为本综合评估做的预测。

但是如果单产低速增长,还是需要大量的新增土地来满足未来的粮食需求,从而导致对边缘地区和陆地生态系统的侵害。而在降雨分布极为不均或发生旱灾情况下的雨养农业会导致游耕的发生、土地保育措施的投资不足以及不可持续的土地利用方式。雨养和灌溉农业的单产提高和集约化程度增加通常伴随着种植品种单一以及更大强度的农化产品投入,从而会造成土壤污染、盐渍化和渍水。

许多农业投资会在农业部门以内和以外产生效益 (Pretty and others 2006;本书第15章有关土地利用的论述)。例如,投资于土地和水管理常常有助于减少土壤侵蚀。而提高土壤有机质固持能力的投资会降低土壤碳释放到大气中的速率。这种影响,通常称为固碳,是全球生态系统非常重要的服务功能之一。总的来说,那些能够产生生态效益的投资可以被看作是有助于补偿农业扩展和集约化所带来的负面影响的(见第6章相关论述)。

粮食安全

在半干旱地区,扩大灌溉面积并提高灌溉单产比雨养农业更能保证粮食供给。灌溉单产要高于雨养单产,而且由于气象变异而造成的产量的年际波动也较小。一旦拥有了更可靠的供水,农民就会更愿意投资于改善生产投入条件来增加产量。提升雨养农业生产力会在一定程度上弥补这些风险,但是附加的风

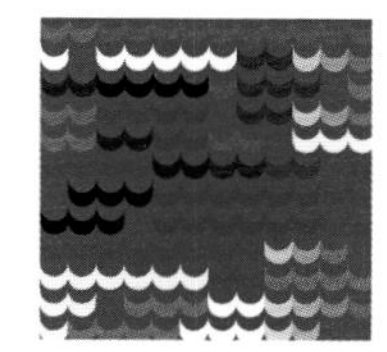

险管理措施(谷物银行和作物保险体系)也是必不可少的。

许多雨养农业区单产提高的潜力巨大,从而可以促进粮食安全,尤其是在那些无力建设和维护灌溉基础设施的贫穷国家。但是过去提升雨养农业的努力产生了复杂的影响。在悲观单产情景中,生产下降,粮价升高。那些扩展雨养面积潜力有限的国家会增加进口,而更高的粮价带来的贸易逆差也会增加,最终会造成对国家尺度粮食供给的负面影响。雨养农业容易受到气候变化的影响,更大的年度气象条件的变异性会加剧雨养农业的这种状况。Brown和Lall(2006)发现,在更高的年际降雨变异性和更低的人均GDP之间存在着统计学上的显著关系,这在穷国尤为明显。但是总有一些办法来缓解这些风险(见第8章有关雨养农业的论述)。

小型灌溉系统,如脚踏式水泵、家庭蔬菜园艺用的滴管箱,是直接以贫困人口为开发目标的,这种小型系统是减少贫困的一种成本划算的替代选择。

国际贸易为提高国家粮食安全提供了机遇,但是一些发展中国家缺乏足够的外汇和政治意愿以增加粮食的进口。粮食和其他物品的国际贸易更多地是由政治和经济因素驱动的,而不是由水资源管理决策决定的。

脱贫

随着全球化进程加快,很多贫穷农民受到国际市场开发的影响。因此,仅靠提高生产力还不足以确保家庭层面的粮食安全,特别是在生产总量增加引发的市场价格下降的时候。所以,面临的挑战是在增加生产的同时,粮食价格又不会被压低到农民无法获得足够的收入以确保家庭粮食安全的程度。以一种超过市场价格下降速率的幅度提高生产力,需要对水资源的更广泛的获取(Evenson and Gollin 2003;本书第4章有关贫困的论述)。同时,城市贫困人口和无地的农村贫困人群都会从较低廉的粮食价格中受益。另外,无地的农村贫困人口还可以从大型灌溉系统的开发所提供的劳动力机会中获益(见第4章有关贫困的论述)。

灌溉系统的开发为灌溉水的多用途利用创造了可能性,如渔业、畜牧、水产及其他直接使穷人受益的创收活动。灌溉还有助于稳定粮食价格,使贫困农民和贫穷的城市消费者规避风险从而获益。灌溉还可以通过吸引对社会服务(如教育)的投资来提升人力资本(Foster and Rosenzweig 2004)。

灌溉开发对贫困的影响和灌溉方式紧密相关。过去,尤其是在绿色革命期间,大型灌溉系统的开发会直接或通过乘数效应减少贫困(BhatBhattarai, Sakthivadivel, and Hussain 2002)。但是,随着对财政和环境上的关注逐渐增加,大型灌溉系统扩张的时代看起来已经结束了(见第9章有关灌溉的论述)。

小型灌溉系统,如脚踏式水泵、家庭蔬菜园艺用的滴灌箱,是直接以贫困人口为开发目标的,这种小型系统是减少贫困的一种成本划算的替代选择(Polak 2005)。但是在南亚观察到的小型灌溉系统的成功案例也许不会在非洲撒哈拉以南地区实现,因为那里的地下含水层不太适宜,人口密度更低,物质基础设施和制度更不发达(Goldman and Smith 1995; Mosley 2002)。非洲撒哈拉以南地区的生计也许可以通过提升雨养农业生产力来更有效地得到改善,特别是那些能够大面积提高生产力的小规模投资比投资于大型灌溉体系能更有效改善农民的生计。

对南亚和非洲撒哈拉以南地区这类全球大部分贫穷人口聚居地区的比较研究

在雨养农业乐观单产情景下，非洲撒哈拉以南地区新增的粮食需求可以在现有雨养收获面积上得到满足，而不需要扩大面积。但是雨水收集技术的采用率很低将会使成功实现上述目标充满挑战。

不同的地区，最优的投资战略是不同的。在中东和北非，水资源的匮乏限制了灌溉的扩张，同时雨养农业提升的空间也有限。而在南亚，缺乏适宜的土地成为限制因素，另外在很多流域，水资源压力日增。中国的南方有足够的水而北方则缺水。土地和水在拉丁美洲及非洲撒哈拉以南大部分地区都是足够的，但是投资基金有限、制度不完善、大多数支撑经济发展的基础设施建设还不到位。

在非洲撒哈拉以南地区和南亚，对水资源管理投资的讨论是有重要意义且争论激烈的。非洲委员会(2005)和非洲发展新伙伴计划都建议灌溉面积增加一倍以提高粮食生产，促进农村发展。印度正在规划一个需要数百亿美元投资的河流连接计划，而巴基斯坦则计划将印度河流域的老旧的灌溉基础设施进行现代化改造。支持者认为，投资于新建灌溉和水力发电设施对满足快速增长的粮食和能源需求是必要的。而大型灌溉工程建设的反对者则认为，提升贫困人口较多的雨养农区的生产水平会使更多的人受益。他们宣称，提升运行不足的基础设施的使用效率、增加雨养产量和进口粮食无论在财政、环境、社会意义上说都会更加便宜。非洲撒哈拉以南地区和南亚都需要提高农业水管理的水平以提高农业生产力并减少农村贫困率(Hussain and Hanjra，2003；2004)。

非洲撒哈拉以南地区：通过增加灌溉并投资于运输和治理来实现雨养农业的升级

非洲撒哈拉以南地区在主要的大宗作物上大部分实现了自给，如木薯、红薯、其他块根和块茎类作物、玉米和粗粮(小米、高粱)。但是粮食的生产和分配却是高度不平均的。除去水稻和小麦，灌溉和贸易对粮食供给的作用是可以忽略不计的，91%的粮食供给来源于雨养农业，只有低于4%的粮食是从地区外进口的。收获面积的4%以下是灌溉农田，而超过60%的灌溉农田集中在三个国家：南非、苏丹和马达加斯加(图3.10)。只有少数几个流域对用水潜力进行了分析：Limpopo，奥兰治(Orange)、南马达加斯加。大多数流域的缺水是水利基础设施不完善造成的，而不是缺乏水资源。在可开发的4000万hm^2潜在灌溉面积中，只有700万hm^2得到了开发(Frenken 2005)。

在未来50年，非洲撒哈拉以南地区的粮食需求将增加两倍。粮食增产可能主要源于雨养农业。尽管还有很大的物质潜力，灌溉在近期粮食供给中的作用仍然有限。即便在非洲委员会(2005)建议的非洲撒哈拉以南地区灌溉面积增加一倍的情况下，灌溉对大宗粮食供给的影响仍然很小（粮食总产量的7%~11%)。通过国际贸易为非洲撒哈拉以南地区提供粮食的重要性在短期内也十

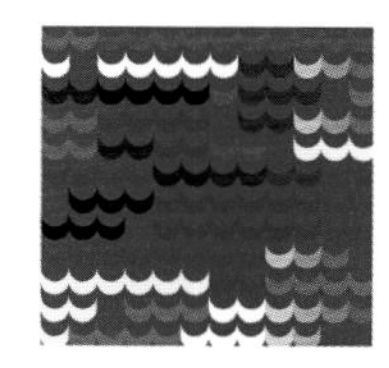

图 3.10 灌溉面积占总收获面积的比例：南亚最高，非洲撒哈拉以南地区最低（2000 年数据，单位：10^6 hm^2）

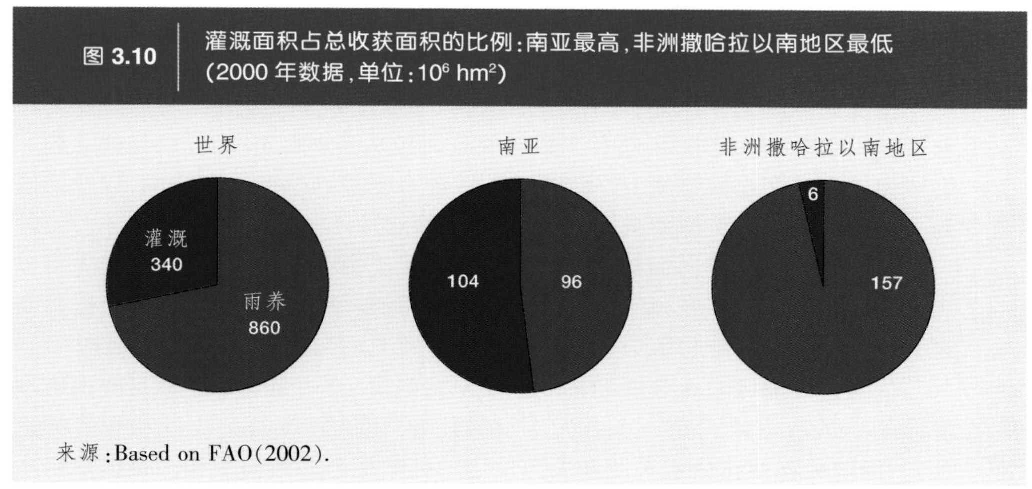

来源：Based on FAO(2002).

分有限，因为许多国家缺乏外汇。在紧急时刻对单个国家和团体至关重要的食品援助对整个粮食供给贡献甚微。

而将灌溉面积增加一倍所需要的投资成本很高（见表3.10），目前还不清楚非洲撒哈拉以南地区灌溉谷物的生产是否可与来自欧洲和美国的具有高度补贴的进口农产品竞争，而非洲撒哈拉以南地区的灌溉谷物生产还要受到较高的市场和运输成本的限制。除此之外，这些地区还缺乏运行、维护和管理灌溉工程的制度基础和经验。地表水灌溉工程的效果在非洲撒哈拉以南地区是不确定的，而地下水的革命（如同在南亚）在该地区还未发生（Giordano 2006）。

如果不提高雨养农业的生产力，粮食生产将不能满足需求。雨养地区的雨水收集和小型补充灌溉措施，结合其他投入的增加，会2~3倍地提高非洲撒哈拉以南地区的生产力（Rockstrom and others 2004; Mati 2006；本书第8章有关雨养农业的论述）。

在乐观的雨养农业单产情景中，新增的粮食需求可以从同样的收获面积中得到满足。但是雨水收集技术的采用率很低的现实也表明在整个地区大规模推广局部成功的经验是很困难的。在雨养农业的低单产情景中，种植面积增加70%。在拥有适宜作物生产的土地的地方，将会发生那样大规模的面积扩展，但至少在一定程度上是以牺牲天然土地利用和森林为代价的，从而又会造成土地退化（Alexandratos 2005；本书第15章有关土地的论述）。

低利润和高风险使得农民对土地和水资源的投资望而却步。主要的限制性因素包括缺乏国内市场基础设施、进入国际市场的障碍、由于道路条件较差而造成的较高营销成本（Rosegrant and others, 2005; 2006）。其他障碍因素包括不完善的治理、制度上对农业利益的压制（税收、腐败、缺乏正式的土地所有权）、较高的风险使农民不愿意进行劳力和其他投入的投资（Hanjra, Ferede, and Gutta forthcoming）。

南亚：提高灌溉和雨养农业的效能

南亚扩展农业生产面积的潜力有限，因为那里94%的适宜土地已经用于耕作(FAO 2002)。除此之外，超过半数的收获面积是灌溉农田。南亚已经建立起一套成熟的土地和水权体系、水资源制度，并拥有受过训练的人力资源，以及同国际投资人合作实施大型灌溉工程方面的广泛经验。

在南亚的高生产力情景下，所有的新增粮食需求都可以通过提高现有土地和水的生产力而满足，而不需要扩展灌溉面积。

在目前单产水平远远低于潜在水平的情况下，提高灌溉农业的生产力可以大幅度提高总产量。在高生产力情景下，所有的新增粮食需求都可以通过提高现有灌溉农田的土地和水分生产力的途径得到满足，而无需增加灌溉面积。

应对提高灌溉农业效能的挑战主要来自制度，而不是技术。但是改造管理灌溉系统的政府机构是一个令人生畏的任务（见第5章有关政策和制度的论述），而削减那些扭曲水资源和能源使用的补贴更是在政治上相当难以能解决的问题(Shah and others 2004)。必须解决这些制度上的问题才有可能实现更高的土地和水分生产力。

南亚提高雨养农业生产水平的空间也相当可观。在高单产情景下，所有需要满足新增粮食的土地和水资源都可以通过提高土地和水分生产力而得到满足。但由于雨水收集技术的采用率较低和气候的变异性造成的单产水平和提高幅度都低于预期的话，粮食进口将不可避免。支持性的制度和支持性的经济环境对实现增产潜力至关重要。

许多年以来，印度政府一直重视在主要大宗作物上实现国家水平的粮食自给。最近，随着发生饥荒的可能性降低以及非农产业部门的快速扩张，国家在生产和贸易方面的观点也发生了改变。粮食贸易在未来很有可能发挥重要作用，尤其是在非农产业部门对印度国民经济的相对贡献率增长迅速的情况下(Dasgupta and Singh 2005；Rigg 2005，2006)。

本研究设想的情景

上述的每一种情景都只强调一种战略，如：通过更好的雨水管理措施提升雨养农业水平、在现有耕地上提高单产和水分生产力水平、扩大灌溉面积和国际贸易的规模。在现实中，各种战略的组合往往有着更现实的意义，这种组合战略的实施往往基于对区域优势和劣势的清醒认识(表3.12)。在本章中，我们定义了一个新增的情景，即：综合评估的乐观的但合情合理的情景，这个情景强调区域之间的差异决定了不同的战略及战略组合。

在这个情景中，南亚要进行相当规模的投资以提升其灌溉效能，并且在稍低的程度上提高雨养农业的水分生产力水平。局部的渔业和畜牧业被整合到灌溉系统的现代化改造计划中。灌溉面积可增加1800万hm^2(增幅18%)。采用地下水灌溉的面积受到严格限制以防止进一步加剧地下水的过度开采情况。新的灌溉开发计划主要针对小型农户，重点在于脱贫。

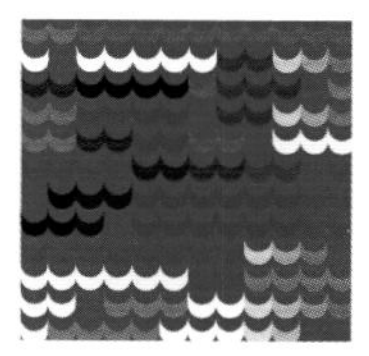

非洲撒哈拉以南地区的投资者主要针对提高雨养小农户的农业生产水平，同时还注重解决贫困问题。灌溉面积增加80%[10]，主要通过建设小规模、非正式的灌溉设施用来进行高附加值作物(糖料作物、棉花、水果)的生产。小农户为本地市场生产劳动密集型的作物，所以非洲撒哈拉以南地区在包括蔬菜和水果的几乎所有作物上都能基本实现自给。为了保证个体农户的经济可行性获利性，应该对支撑的物质和制度基础给予适当的关注，包括优惠政策、信贷、补贴、教育和培训、健康保险、称职的政府职能、用水者协会等。投资于小农户农业被认为是促进农村发展和脱贫的必要步骤。但是，长期来看，随着城市化进程和经济活动的多样化，从事农业的人口数量将会减少，且农场规模和收入则会增加。

> 在本研究设置的情景下，作物耗水量增加了20%，而农业取水量则增加了13%。面临的挑战是如何在管理增加的用水的同时把对环境的负面影响降低到最小程度。

中东和北非的灌溉取水量将会减少，地下水的过度开采将会受到遏制，并实行了制度改革。即便在灌溉面积减少的情况下，对环境流量的管制措施也被严格执行。灌溉谷物的面积进一步减少，转向种植出口欧洲的具有更高附加值的作物(水果和蔬菜)。谷物进口快速增长。

东亚则继续巩固其最大的水稻出口地区的地位，主要通过对现有灌溉农田的改造和集约化生产来实现。在稻田中融入渔业生产得到鼓励，从而使水产养殖的生产增加。中国引入了对环境流量的管制措施以避免水资源的过度开发。随着经济增长和农产品需求的增长，中国将会成为主要的粮食进口国。

东欧、中亚和拉丁美洲则扩展了耕作面积，主要是雨养农田的面积。通过实施更加严格的环境流量管制措施，中亚努力致力于恢复已经退化的河流的生态服务功能。拉丁美洲增加了糖料、大豆和生物质燃料的出口。经合组织更加则强调恢复水生生态系统的服务功能，并遏制地下水的过度开采。由于补贴政策的改革，农产品出口相应下降。

全球雨养谷物平均单产增加了58%，而雨养作物的水分生产力则增加了31%(表3.13)。全球灌溉单产增加了55%，而灌溉作物的水分生产力则提高了38%。以货币形式衡量的单位耗水的产出增长更加迅速，主要因为灌溉体系融入了渔业和畜牧生产而使每一滴水实现了多样化的利用。全球收获面积增加了

表3.12 生产力提高和面积扩展的潜力

区域	雨养生产力提高潜力	灌溉生产力提高潜力	灌溉面积扩展潜力
非洲撒哈拉以南地区	高	一些	高
中东和北非	一些	一些	很有限
中亚和东欧	一些	好	一些
南亚	好	高	一些
东亚	好	高	一些
拉丁美洲	好	一些	一些
经合组织国家	一些	一些	一些

表 3.13	本研究定义的情景预测 2050 年							
	灌溉面积		雨养面积		雨养谷物单产		灌溉谷物单产	
区域	10^6 hm^2	累计变化率(%)	10^6 hm^2	累计变化率(%)	t/hm^2	累计变化率(%)	t/hm^2	累计变化率(%)
非洲撒哈拉以南地区	11.3	80	174.2	10	2.34	98	4.37	99
中东和北非	21.5	5	16.1	−12	1.19	59	5.58	58
中亚和东欧	34.7	6	120.7	−5	3.00	47	6.06	78
南亚	122.7	18	83.9	−12	2.54	91	4.84	89
东亚	135.6	16	182.2	17	3.96	51	5.97	49
拉丁美洲	19.5	18	147.9	46	3.90	58	6.77	68
经合组织国家	47.3	4	179.0	4	6.35	33	8.03	22
世界	394	16	920.0	10	3.88	58	5.74	55

注：上表数据来源于国际水资源研究所用 Watersim 水资源模型专门为本综合评估所做的模拟计算结果。

（待续）

14%。雨养面积增加的地区由于实行了分区的管制措施，面积扩展对陆地生态系统的消极影响被降到了最低程度。灌溉面积增长了16%，且大部分收获面积来源于复种指数的提高，而不是灌溉面积的扩展。

作物耗水量增加了20%，而农业取水量则只增加13%（345 km^3），到2050年达到2975 km^3。更多的粮食需求使用水量也相应增加。一部分用水增长可以由作物水分生产力和水分利用效率的提高而得到补偿，尽管水分利用效率提升的空间有限。即便在这种乐观的情景下，农业取水量也还会继续增加。人类面临的挑战是如何管理好这些水，并保证对生态系统服务功能的消极影响降到最低程度，同时还能实现必要的粮食增产。

正在涌现出的问题

水资源的规划和管理在受到一系列不断涌现的问题的影响：

- 能源。能源价格的上升会以不同的方式影响农业用水。比如，生物质燃料就会与粮食生产竞争土地和水资源（框3.4）。
- 气候变化。气候变化增加了水资源规划和管理的复杂性。我们目前还不能确定气候变化在什么时候、会以什么样的方式、在多大程度上影响农业用水需求和供给。而采取什么样的适应性的管理策略也不确定（框3.5）。
- 全球化和贸易政策。水资源部门以外的决策将越来越多地影响水-粮食-环境的平衡方程，如国内农业补贴、国际贸易和国际政治。
- 国家和地方参与者的角色变化。很多目前在水资源管理部门内部所关切的

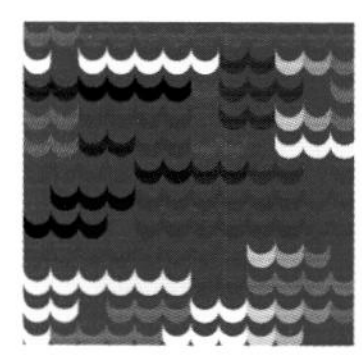

雨养水分生产力		灌溉水分生产力		作物耗水量		灌溉引水量		贸易	
kg/m³	累计变化率(%)	kg/m³	累计变化率(%)	km³	累计变化率(%)	km³	累计变化率(%)	10^6 t	占消费量比例(%)
0.28	75	0.50	58	1379	29	100	46	–25	12
0.25	47	0.82	41	272	7	228	8	–127	61
0.69	47	1.05	43	773	0	271	11	66	22
0.46	82	0.79	62	1700	15	1195	9	2	0
0.57	36	1.06	45	1990	19	601	16	–97	12
0.63	50	0.91	52	1361	52	196	12	18	6
1.30	25	1.42	18	1021	4	238	2	151	26
0.64	31	0.93	38	8515	20	2975	13	490	15

框 3.4 能源价格上升

过去几年原油价格猛涨，2006年上半年，油价一直在每桶60美元左右波动。高昂的能源价格从四个方面影响农业用水：

■ 对替代能源的需求增加，如水力发电和生物质能源，从而对水资源的配置会产生影响。

■ 抽取地下水的成本增加。

■ 作为灌溉水源之一的淡化海水的可行性和用量会减小(Younos 2005; Semiat 2000)。

■ 肥料价格和基于石油投入的单位成本增加。一些农民会选择扩大灌溉面积而不是提高单产，从而可能导致对水资源更高的整体需求。

水力发电和生物质能源都需要大量的水，尽管水力发电本身并不消耗水。多用途的水坝可以产生能源(发电)、维持灌溉和渔业、提高对河流的调控程度、增加蓄水量。但是，水坝通常也会对河流生态系统造成消极影响。

生物质能源的生产会消耗水资源，从而会与粮食作物争夺水和土地资源(Berndes 2002)。例如，《千年生态系统评估报告》中的一个情景就预测，到2050年前全球四分之一的能源供应将由生物质能源来满足(Alcamo and others 2005)。生产出那么多的生物质能源所需要的80亿t生物量需要5500 km³的作物耗水才能生产出来。这大致相当于全球粮食生产需水量的75%(Kemp-Benedict 2006a, 2006c)。

随着能源价格上涨，地下水的开采成本也将上升。如果印度和其他国家终止实行能源补贴，几千万户小农户也许就无力负担灌溉的成本了。

框 3.5　变化的气候和水资源

气候变化对农业生产和水资源的影响是不确定的，且潜在的空间变异性很大。亚洲、非洲撒哈拉以南地区、拉丁美洲、中东和北非的半干旱和亚热带气候区将很有可能受到温度上升、降雨的变异性增加、极端事件发生频率增高的影响(Bruinsma 2003; IPPC2001; Dinar and others 1998; Kurukulasuriya and others 2006)。

气候变化政府间委员会(IPCC)的第三次评估报告预测，到 2100 年全球温度上升幅度在 2 ℃~6 ℃。而《千年生态系统评估报告》中采用的是到 2050 年温度比工业革命前温度上升 1.5 ℃~2.0 ℃，到 2100 年温度上升 2 ℃~3.5 ℃(Alcamo and others 2005)。这样大的温度上升会导致作物单产水平的下降。但是温度上升造成的产量损失也许会被由于二氧化碳浓度升高的“二氧化碳肥料”作用而造成的产量增加所抵消。

温度上升和二氧化碳浓度增加的复合效应在不同的作物上表现程度不同 (Parry and others 1999; Alcamo and others 2005)。农民会通过改变种植时间、采用不同的品种或者转种其他作物等方式来适应温度的升高(Droogers and Aerts 2005; Droogers 2004)。适应措施会产生巨大的交易成本(Pannell and others 2006)。

尽管未来区域温度还不确定，但更不确定的是未来区域内的降水格局。大多数模型都预测 21 世纪全球降水量会增加，但是对于降水变化的空间格局却意见不一(Alcamo and others 2005)。同时一些研究者认为土壤水分会呈下降态势(Dai, Qian, and Trenberth 2005)。

大部分的气候变化模型都指出夏季季风会加强。这将造成亚洲的降雨量增加 10%~20%。更重要的是，这也会增加年际间降水的变异性(WWF 2005)。对种植水稻的农民来说，这也许意味着缺水的可能性更小，但也意味着洪水会更多且作物生产的波动会更大。一些干旱地区也许会变得更加干旱，这些地区包括中东、中国的部分地区、南欧、巴西东北部和拉丁美洲的安第斯山脉以西地区。根据大多数的气候模型预测，非洲降雨的绝对数量会下降而变异性增加。在降雨量已经很不确定的半干旱地区，这会对作物生产(Kurukulasuriya and others 2006)和经济(Brown and Lall 2006)产生严重影响。灌溉会有助于缓解降水的变异性，但是只有在总降雨量足够满足作物需求的情况下才会发挥作用。

气候变化如果造成主要用于灌溉的河流的冰山水源的融化，也会对农业产生影响。这样的融化可能会影响印度河–恒河流域的几千万公顷的灌溉农田。在冬季有几千万立方米的水以冰的方式储存起来，在春季融化而缓慢释放，而温暖的春季又是作物生长季的开始。冰盖的消失会改变这种水流，导致更大的夏季径流。如果没有新建的拦蓄夏季径流的设施，大部分的夏季径流就会未经利用地流入海洋，导致干旱月份的水资源匮乏(Barnett, Adam, and Lettenmaier 2005; Wescoat 1991; Rees and Collins 2004; Dinar and others 1998)。

问题(可持续性、管理效率、成本回收、水权)在由国家和外部开发银行或机构做出的自上而下的干预措施中将继续得不到足够的重视和解决。成功解决这些问题取决于国家、市场、社区和公民社会的角色的适当演化(见第5章有关政策和制度的论述)。

- **性别和农业的女性化**。妇女在食物生产、自然资源管理、赚取收入和确保家庭成员的食品、水和营养安全方面发挥着核心角色。尽管参与程度存在争议，世界上很多地区的妇女越来越多地从事农业生产，而男性家庭成员则更

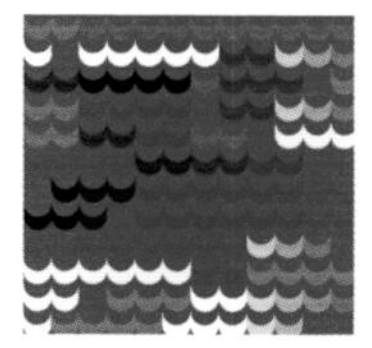

多地到城市和国外去寻求农业以外的就业机会(见第4章有关贫困的论述)。

- *转基因作物*。在转基因作物提高水分生产力和脱贫方面所能发挥的潜在作用方面存在着争议。本书第7章的框7.2对这个问题简要进行了综述。

小结

提升粮食生产、确保粮食安全的成功之路不是单一的遵循一条划定好的从现状到预定目标的直线道路。相反,全球的总路径包括很多小的路径,这些道路代表了发展中国家和工业化国家在实现国内粮食安全和提高公共福利方面所做的努力。这些小的路径将和国际贸易及国内外研发中心的技术转移联系在一起。我们提供的综合评估情景分析就是实现全球粮食安全、脱贫和环境可持续发展的战略途径中的一个例子。

评审人

审稿编辑:Mahendra Shah.

评审人:Chapter reviewers: Angela Arthington, Habtamu Ayana, Gerold Bodeke, Deborah Bossio, Margaret Catley-Carlson, David Coates, Malin Falkenmark, Jean-Marc Faurès, Francis Gichuki, Jacob W. Kijne, Bruce Lankford, Jean Margat, Andrew McDonald, Douglas J. Merrey, James Newman, Sandra Postel, Manzoor Qadir, Claudia Sadoff, Chris Schwartz, David Seckler, Domitille Vallée, and Philippus Wester.

注解

1. 雨养农业100%的作物耗水由降水提供。但是在灌溉农业中,部分需水也由降落在灌溉农田上的降水满足。灌溉专业人员称之为“有效降水”。这个估计数字是根据国际水资源研究所的分析得出的,使用了Watersim模型的计算结果;联合国粮农组织的估计数字是11%。

2. 我们做出的2630 km^{3}的估计数字包括河流流域内的循环。Seckler等(1998,2000)将之称为“初级水”。将所有用水户的取水量相加得到的数字会大于实际取水量,因为下游用户的取水量中有一部分是对上游用户排水量的再利用(Perry 1999; Molden, Sakthivaldivel, and Habib 2000)。在大范围内解释这些数字通常不是直截了当的(Lankford 2006b)。根据联合国的估计,灌溉水提供了1030 km^{3}的作物耗水量,接近于我们1030 km^{3}的估计数字。

3. 还可以参考水专家对这个问题的网上讨论。(Winrock Water, www.winrockwater.org/forum.cfm)

4. 和雨养农业相关的大多数文献都会讨论土壤保育、肥力、病虫害控制和类似问题。而雨水管理很少受到足够的重视。

5. www.nepadst.org/platforms/foodloss.shtml.

6. 最小水量的概念已经被自然水流动态(nature flow regime)所取代。而自然水流动态是指流量、时间格局和总流量的变异性 (Arthington and others 2006)。而Smakthin，Revenga和Doll (2004)则是很少数尝试对水流动态进行定量研究的人员。

7. 这和联合国研究报告《迈向2030到2050年的世界农业》中做出的假设相似。注意灌溉收获面积的增加来源于装备灌溉设施的面积的增加和作物复种指数的增加(每年种植的作物种类)。

8. 水的利用效率可以用很多指标表达。在Watersim模型中我们用的是有效效率的概念，定义为被作物和动物有益利用的水量除以总耗水量 (Keller and Keller 1998)。消耗率或耗水率，定义为耗水量和取水量的比值 (Seckler and others 2000)。

9. 虽然有评价水分多样化用途的水分生产力的框架(见本书第12章有关内陆渔业和第13章有关畜牧业的论述)，但是经验观察和数据十分有限。因此本研究的情景分析中不能给出将渔业和畜牧业整合在内的水分生产提高的定量分析结果。

10. 这和非洲委员会做出的面积增长一倍的预测相当，尽管时间段较短。Lankford (2006a)提出警告，如果不新建大型灌溉工程，将灌溉面积增加一倍将不可能。他建议调低非洲委员会的增长预测。

参考文献

Ahmad, M.-U.-D., W. G. M. Bastiaanssen, and R.A. Feddes. 2005. "A New Technique to Estimate Net Groundwater Use Across Large Irrigated Areas by Combining Remote Sensing and Water Balance Approaches, Rechna Doab, Pakistan." *Hydrogeology Journal* 13 (5–6): 653–64.

Alcamo, J., P. Döll, F. Kaspar, and S. Siebert. 1997. *Global Change and Global Scenarios of Water Use and Availability: An Application of Water GAP 1.0.* Kassel, Germany: University of Kassel, Center for Environmental Systems Research.

Alcamo, J., D. van Vuuren, C. Ringler, W. Cramer, T. Masui, J. Alder, and K. Schulze. 2005. "Changes in Nature's Balance Sheet: Model-based Estimates of Future Worldwide Ecosystem Services." *Ecology and Society* 10 (2): 19.

Alexandratos, N. 1997. "China's Consumption of Cereals and the Capacity of the Rest of the World to Increase Exports." *Food Policy* 22 (3): 253–67.

———. 2005. "Countries with Rapid Population Growth and Resource Constraints: Issues of Food, Agriculture, and Development." *Population and Development Review* 31 (2): 237.

Allan, J.A. 1998. "Virtual Water: A Strategic Resource. Global Solutions to Regional Deficits." *Groundwater* 36 (4): 545–46.

———. 2001. Virtual Water—Economically Invisible and Politically Silent—A Way to Solve Strategic Water Problems. *International Water and Irrigation* 21 (4): 39–41.

Ambast, S.K., N.K. Tyagi, and S.K. Raul. 2006. "Management of Declining Groundwater in the Trans Indo-Gangetic Plain (India): Some Options." *Agricultural Water Management* 82 (3): 279–96.

Arthington, Angela H., Stuart E. Bunn, N. LeRoy Poff, and Robert J. Naiman. 2006. "The Challenge of Providing Environmental Flow Rules to Sustain River Ecosystems." *Ecological Applications* 16 (4): 1311–18.

Barker, R.; and F Molle. 2004. *Evolution of Irrigation in South and Southeast Asia.* Comprehensive Assessment Research Report 5. Colombo: International Water Management Institute.

Barnett., T.P, J.C. Adam, and D.P Lettenmaier. 2005 Potential Impacts of a Warming Climate on Water Availability in Snow-Dominated Regions. *Nature* 438 (17) 303–09.

Bennett, E.M., S.R. Carpenter, and N.F. Caraco. 2001. "Human Impact on Erodable Phosphorus and Eutrophication: A Global Perspective." *Bioscience* 51: 227–34.

Berndes, G. 2002. "Bioenergy and Water—The Implications of Large-scale Bioenergy Production for Water Use and

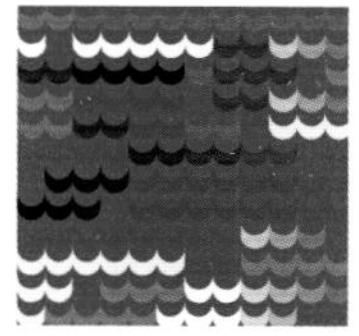

Supply." *Global Environmental Change* 12 (2002) 253–71.
Bhattarai, M., R. Sakthivadivel, and I. Hussain. 2002. "Irrigation Impacts on Income Inequality and Poverty Alleviation: Policy Issues and Options for Improved Management of Irrigation Systems." Working Paper 39. International Water Management Institute, Colombo.
Briscoe, J., U. Qamar, M. Contijoch, P. Amir, and D. Blackmore. 2005. "Pakistan's Water Economy: Running Dry." World Bank, Washington, D.C., and Islamabad.
Brown, C., and U. Lall. 2006. "Water and Economic Development: The Role of Interannual Variability and a Framework for Resilience." Working paper. Columbia University, International Research Institute for Climate and Society, New York.
Bruinsma, J., ed. 2003. *World Agriculture: Towards 2015/2030. An FAO Perspective.* London: Food and Agriculture Organization and Earthscan.
Chapagain, A. 2006. "Globalization of Water. Opportunities and Threats of Virtual Water Trade." PhD thesis. UNESCO-IHE Delft, Water and Environmental Resources Management, Netherlands.
Commission for Africa. 2005. *Our Common Interest. Report of the Commission for Africa.* London: Penguin Books.
Dai, A., T. Qian, and K. E. Trenberth. 2005. "Has the Recent Global Warming Caused Increased Drying over Land?" Paper presented at the American Meteorological Society 16th Symposium on Global Change and Climate Variations, Symposium on Living with a Limited Water Supply, 9–13 January, San Diego, Calif.
Dasgupta, S., and A. Singh. 2005. "Will Services be the New Engine of Indian Economic Growth?" *Development and Change* 36 (6): 1035–57.
de Fraiture, C. Forthcoming. "Integrated Water and Food Analysis at the Global and Basin Level. An Application of WATERSIM." In E. Craswell, M. Bonell, D. Bossio, S. Demuth, and N. van de Giesen, eds., *Integrated Assessment of Water Resources and Global Change: A North-South Analysis.* New York: Springer.
de Fraiture, C., X. Cai, U. Amarasinghe, M. Rosegrant, and D. Molden. 2004. "Does Cereal Trade Save Water? The Impact of Virtual Water Trade on Global Water Use." Comprehensive Assessment of Water Management in Agriculture 4. International Water Management Institute, Colombo.
Dinar, A., R. Mendelsohn, R. Evenson, J. Parikh, A. Sanghi, K. Kumar, J. Mckinsey, and S. Lonergan. 1998. *Measuring the Impact of Climate Change on Indian Agriculture.* Technical Paper 402. Washington, D.C.: World Bank.
Droogers, P. 2004. "Adaptation to Climate Change to Enhance Food Security and Preserve Environmental Quality: Example for Southern Sri Lanka." *Agricultural Water Management* 66 (1): 15–33.
Droogers, P., and J. Aerts. 2005. "Adaptation Strategies to Climate Change and Climate Variability: A Comparative Study between Seven Contrasting River Basins." *Physics and Chemistry of the Earth, Parts A/B/C* 30(6–7): 339–46.
Dudgeon, D. 2000. "Large-Scale Hydrological Changes in Tropical Asia: Prospects for Riverine Biodiversity." *BioScience* 50 (9): 793–806.
Duwayri, M., D.V. Tran, V.N. Nguyen. 1999. "Reflections on Yield Gaps in Rice Production." *International Rice Commission Newsletter* 48: 13–26.
Evenson, R.E., and D. Gollin. 2003. "Assessing the Impact of the Green Revolution 1960 to 2000." *Science* 300 (5620): 758–62.
Falkenmark, M., and J. Rockström. 2004. *Balancing Water for Humans and Nature: The New Approach in Ecohydrology.* London: Earthscan.
FAO (Food and Agriculture Organization). 2002. *World Agriculture: Towards 2015/2030. Summary Report.* Rome.
———. 2006. *World Agriculture: Towards 2030/2050. Interim Report.* Rome.
FAOSTAT. 2006. Statistical database. Accessed June 2006. [http://faostat.fao.org/].
Faurès, J-M., J. Hoogeveen, and J. Bruinsma. 2002. "The FAO Irrigated Area Forecast for 2030." Food and Agriculture Organization, Rome.
Fischer, G., H. van Velthuizen, M. Shah, and F.O. Nachtergaele. 2002. *Global Agro-ecological Assessment for Agriculture in the 21st Century: Methodology and Results.* CD-ROM. International Institute for Applied Systems Analysis and Food and Agriculture Organization: Laxenburg, Austria, and Rome.
Foley, J.A., R. DeFries, G. P. Asner, C. Barford, G. Bonan, S. R. Carpenter, F. S. Chapin, and others. 2005. "Global Consequences of Land Use." *Science* 309 (5734): 570–74.
Foster, A.D., and M.R. Rosenzweig. 2004. "Technological Change and the Distribution of Schooling: Evidence from Green-Revolution India." *Journal of Development Economics* 74 (1): 87–111.
Frenken, K., ed. 2005. *Irrigation in Africa in Figures. AQUASTAT Survey—2005.* Water Report 31. Rome: Food and Agriculture Organization.
Giordano, M. 2006. "Agricultural Groundwater Use and Rural Livelihoods in Sub-Saharan Africa: A First-Cut Assessment." *Hydrogeology Journal* 14 (3): 310–18.
Gleick, P.H. 1999. "Water Futures: A Review of Global Water Projections." In F.R. Rijsberman, ed., *World Water Scenarios: Analysis.* London: Earthscan.
Goldman, A., and J. Smith. 1995. "Agricultural Transformations in India and Northern Nigeria: Exploring the Nature of Green Revolutions." *World Development* 22 (12): 243–63.

Gordon, L., and C. Folke. 2000. "Ecohydrological Landscape Management for Human Well-being." *Water International* 25 (2): 178–84.

Gordon, L.J., W. Steffen, B.F. Jönsson, C. Folke, M. Falkenmark, and Å Johannessen. 2005. "Human Modification of Global Water Vapor Flows from the Land Surface." *Proceedings of the National Academy of Sciences of the United States* 102 (21): 7612–17.

Gupta, R., and S.G. Gangopadhyay. 2006. "Peri-urban Agriculture and Aquaculture." *Economic and Political Weekly* 41 (18): 1757–60.

Hanjra, M.A., T. Ferede, and D.G. Gutta. Forthcoming. "Pathways to Reduce Rural Poverty in Ethiopia: Investing in Irrigation Water, Education and Markets." *African Water Journal.*

Hoekstra, A.Y., and P.Q. Hung. 2005. "Globalisation of Water Resources: International Virtual Water Flows in Relation to Crop Trade." *Global Environmental Change* 15 (1): 45–56.

Hussain, I., and M.A. Hanjra. 2003. "Does Irrigation Water Matter for Rural Poverty Alleviation? Evidence from South and South-East Asia." *Water Policy* 5 (5): 429–42.

———. 2004. "Irrigation and Poverty Alleviation: Review of the Empirical Evidence." *Irrigation and Drainage* 53 (1): 1–15.

Hussain, I., M. Mudasser, M.A. Hanjra, U. Amrasinghe, and D. Molden. 2004. "Improving Wheat Productivity in Pakistan: Econometric Analysis using Panel Data from Chaj in the Upper Indus Basin." *Water International* 29 (2): 189–200.

Hussain, I., L. Raschid, M.A. Hanjra, F. Marikar, and W. van der Hoek. 2001. "A Framework for Analyzing Socioeconomic, Health and Environmental Impacts of Wastewater Use in Agriculture in Developing Countries." Working Paper 26. International Water Management Institute, Colombo.

———. 2002. "Wastewater Use in Agriculture: Review of Impacts and Methodological Issues in Valuing Impacts." Working Paper 37. International Water Management Institute, Colombo.

Inocencio, A., D. Merrey, M. Tonosaki, A. Maruyama, I. de Jong, and M. Kikuchi. 2006. "Costs and Performance of Irrigation Projects: A Comparison of Sub-Saharan Africa and Other Developing Regions." International Water Management Institute, Colombo.

IPCC (Intergovernmental Panel on Climate Change). 2001. *Third Assessment Report.* Cambridge, UK: Cambridge University Press.

Keller, A., and J. Keller. 1998. *Effective Efficiency: A Water Use Concept for Allocating Freshwater Resources.* Water Resources and Irrigation Division Discussion Paper 22. Arlington, Va.: Winrock International.

Keller, A., R. Sakthivadivel, and D. Seckler. 2000. *Water Scarcity and the Role of Storage in Development.* Research Report 39. Colombo: International Water Management Institute.

Kemp-Benedict, E. 2006a. "Energy Scenario Notes." Background technical report for the Comprehensive Assessment on Water Management in Agriculture for the International Water Management Institute. Stockholm Environmental Institute.

———. 2006b. "Land for Livestock Scenario Notes." Background technical report for the Comprehensive Assessment on Water Management in Agriculture for the International Water Management Institute. Stockholm Environmental Institute.

———. 2006c. "Water for Biomass in the Baseline CA Scenario." Background technical report for the Comprehensive Assessment on Water Management in Agriculture for the International Water Management Institute. Stockholm Environmental Institute.

Keyzer, M.A., M.D. Merbis, I.F.P.W. Pavel, and C.F.A. van Wesenbeeck. 2005. "Diet Shifts towards Meat and the Effects on Cereal Use: Can We Feed the Animals in 2030?" *Ecological Economics* 55 (2): 187–202.

Khan, S., R. Tariq, C. Yuanlai, and J. Blackwell. 2006. "Can Irrigation be Sustainable?" *Agricultural Water Management* 80 (1–3): 87–99.

Kijne, J., R. Barker, and D. Molden. 2003. *Water Productivity in Agriculture: Limits and Opportunities for Improvement.* Wallingford, UK: CABI Publishing.

Kikuchi, T., A. Maruyama, and Y. Hayami. 2001. "Investment Inducements to Public Infrastructure: Irrigation in the Philippines and Sri Lanka since Independence." International Rice Research Institute and International Water Management Institute, Manila and Colombo.

Koplow, D. 2006. *Biofuels—At What Cost? Government Support for Ethanol and Biodiesel in the United States.* Geneva: Institute for Sustainable Development, Global Subsidies Initiative.

Kumar, M.D., and O.P. Singh. 2005. "Virtual Water in Global Food and Water Policy Making: Is There a Need for Rethinking?" *Water Resources Management* 19 (6): 759–89.

Kura, Y., Carmen Revenga, Eriko Hoshino, and Greg Mock. 2004. *Fishing for Answers. Making Sense of the Global Fish Crisis.* World Resources Institute: Washington, D.C.

Kurukulasuriya, P., R. Mendelsohn, R. Hassan, J. Benhin, M. Diop, H.M. Eid, K.Y. Fosu, and others. 2006. "Will African Agriculture Survive Climate Change?" *World Bank Economic Review* 20 (3): 367–88.

Lankford, B.A. 2006a. "Exploring Policy Interventions for Agricultural Water Management in Africa." DEV/ODG

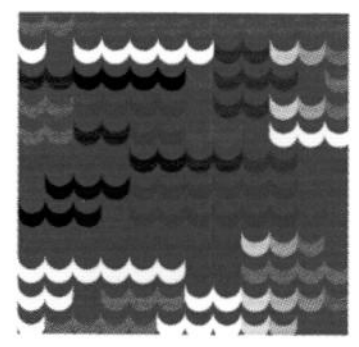

Research Note. School of Development Studies, University of East Anglia, Norwich, UK.
———. 2006b. "Localising Irrigation Efficiency." *Irrigation and Drainage* 55 (4): 345–62.
Luquet, D., A. Vidal, M. Smith, and J. Dauzatd. 2005. "'More Crop per Drop': How to make it Acceptable for Farmers?" *Agricultural Water Management* 76 (2): 108–19.
Margat, J. 2006. "Diversity of Water Resources in Arid Areas and Consequences on Development." Paper presented at 1st International Conference on Water Ecosystems and Sustainable Development in Arid and Semiarid Zones, 9–15 October, Urumqi, China.
Mati, B. 2006. "Overview of Water and Soil Nutrient Management under Smallholder Rain-fed Agriculture in East Africa." Working Paper 105. International Water Management Institute, Colombo.
MEA (Millennium Ecosystem Assessment). 2005. *Millennium Ecosystem Assessment: Scenarios.* Washington D.C.: Island Press.
Mehta, L., and B.L.C. Madsen. 2005. "Is the WTO After Your Water? The General Agreement on Trade in Services (GATS) and Poor People's Right to Water." *Natural Resources Forum* 29 (2): 154–64.
Molden, D.J., and C. de Fraiture. 2004. *Investing in Water for Food, Ecosystems, and Livelihoods.* Comprehensive Assessment Blue Paper. Discussion draft. International Water Management Institute, Colombo
Molden, D.J., U. Amarasinghe, and I. Hussain. 2001. *Water for Rural Development.* Background paper on water for rural development prepared for the World Bank. Working Paper 32. Colombo: International Water Management Institute.
Molden, D.J., R. Sakthivadivel, and Z. Habib. 2000. *Basin-level Use and Productivity of Water: Examples from South Asia.* Research Report 49. Colombo: International Water Management Institute.
Molle, F., and J. Berkoff. 2006. "Cities versus Agriculture: Revisiting Intersectoral Water Transfers. Potential Gains and Conflicts." Comprehensive Assessment of Water Management in Agriculture 10. International Water Management Institute, Colombo.
Mosley, P. 2002. "The African Green Revolution as a Pro-poor Policy Instrument." *Journal of International Development* 14 (6): 695–724.
Naylor, R.L., R.J. Goldberg, H. Mooney, M.C. Beveridge, J. Clay, C. Folk, N. Kautsky, J. Lubchenco, J. Primavera, and M. Williams. 1998. "Nature's Subsidies to Shrimp and Salmon Farming." *Nature* 282 (5390): 883–84.
Naylor, R.L., R.J. Goldberg, J.H. Primavera, N. Kautsky, M.C. Beveridge, J. Clay, C. Folk, J. Lubchenco, H. Mooney, and M. Troell. 2000. "Effect of Aquaculture on World Fish Supplies." *Nature* 405 (6790): 1017–24.
Nguyen-Khoa, S., and L.E.D. Smith. 2004. "Irrigation and Fisheries: Irreconcilable Conflicts or Potential Synergies?" *Irrigation and Drainage* 53 (4): 415–27.
Nguyen-Khoa, S., C. Garaway, B. Chamsinhg, D. Siebert, and M. Randone. 2005. "Impacts of Irrigation on Fisheries in Rain-fed Rice-farming Landscapes." *Journal of Applied Ecology* 42 (5): 892–900.
Oki, T., M. Sato, A. Kawamura, M. Miyake, S. Kanae, and K. Musiake. 2003. "Virtual Water Trade to Japan and in the World." In A.Y. Hoekstra and P.Q. Hung, eds., *Proceedings of the International Expert Meeting on Virtual Water Trade.* Delft, Netherlands: IHE.
Pannell, D.J., G.R. Marshall, N. Barr, A. Curtis, F. Vanclay, and R. Wilkinson. 2006. "Understanding and Promoting Adoption of Conservation Technologies by rural landholders." *Australian Journal of Experimental Agriculture* 46 (11): 1407–24.
Parikh, J., and S. Gokarn. 1993. "Climate Change and India's Energy Policy Options: New Perspectives on Sectoral CO_2 Emissions and Incremental Costs." *Global Environmental Change* 3 (3): 276–91.
Parry, M., C. Rosenzweig, A. Iglesias, G. Fischer, and M. Livermore. 1999. "Climate Change and World Food Security: A New Assessment." *Global Environmental Change* 9 (S1): S51–S67.
Perry, C.J. 1999. "The IWMI Water Resources Paradigm—Definitions and Implications." *Agricultural Water Management* 40 (1): 45–50.
Pimentel, D., B. Berger, D. Filiberto, M. Newton, B. Wolfe, E. Karabinakis, S. Clark, E. Poon, E. Abbett, and S. Nandagopal. 2004. "Water Resources: Agricultural and Environmental Issues." *BioScience* 54 (10): 909–18.
Pingali, P. 2004. "Westernization of Asian Diets and the Transformation of Food Systems: Implications for Research and Policy." FAO-ESA Working Paper 04-17. Food and Agriculture Organization, Agricultural and Development Economics Division, Rome.
Poff, N.L., J.D. Allan, M.B. Bain, J.R. Karr, K.L. Prestegaard, B.D. Richter, R.E. Sparks, and J.C. Stromberg. 1997. "The Natural Flow Regime—A Paradigm for River Conservation and Restoration." *BioScience* 47 (11): 769–84.
Polak, P. 2005. "The Big Potential of Small Farms." *Scientific American* 293 (3): 62–69.
Postel. S.L. 1998. "Water for Food Production: Will There Be Enough in 2025?" *Bioscience* 48 (8): 629–37.
Pretty, J.N., A.D. Noble, D. Bossio, J. Dixon, R.E. Hine, F.W.T. Penning de Vries, and J.I.L. Morison. 2006. "Resource-conserving Agriculture Increases Yields in Developing Countries." *Environmental Science & Technology* 40 (4): 1114–19.
Raschid-Sally, L., R. Carr, and S. Buechler. 2005. "Managing Wastewater Agriculture to Improve Livelihoods and Environmental Quality in Poor Countries." *Irrigation and Drainage* 54 (S1): S11–S22.
Rees, G., and D. Collins. 2004. "An Assessment of the Potential Impacts of Deglaciation on the Water Resources of the Himalayas." HR Wallingford, UK.

Rigg, J. 2005. "Poverty and Livelihoods after Full-time Farming: A South-East Asian View." *Asia Pacific Viewpoint* 46 (2): 173–84.

———. 2006. "Land, Farming, Livelihoods, and Poverty: Rethinking the Links in the Rural South." *World Development* 34 (1): 180–202.

Rijsberman, F.R., and D.J. Molden. 2001. "Balancing Water Uses: Water for Food and Water for Nature." Thematic background paper for the International Conference on Freshwater, 3–7 December, Bonn, Germany.

Rockström, J. 2003. "Water for Food and Nature in Drought-prone Tropics: Vapour Shift in Rain-fed Agriculture." *Philosophical Transactions Royal Society B* 358 (1440): 1997–2009.

Rockström, J., L. Gordon, L. Falkenmark, M. Folke, and M. Engvall. 1999. "Linkages among Water Vapor Flows, Food Production and Terrestrial Services." *Conservation Ecology* 3 (2): 5.

Rockström, J., C. Folke, L. Gordon, N. Hatibu, G. Jewitt, F. Penning De Vries, F. Rwehumbiza, and E. Al. 2004. "A Watershed Approach to Upgrade Rainfed Agriculture in Water Scarce Regions through Water System Innovations: An Integrated Research Initiative on Water for Food and Rural Livelihoods in Balance with Ecosystem Functions." *Physics and Chemistry of the Earth, Parts A/B/C* 29 (15–18): 1109–18.

Rosegrant, M., X. Cai, and S. Cline. 2002. *World Water and Food to 2025. Dealing with Scarcity.* Washington, D.C.: International Food Policy Research Institute.

Rosegrant, M.W., S.A. Cline, W. Li, T.B. Sulser, and R.A. Valmonte-Santos. 2005. "Looking Ahead. Long Term Prospects for Africa's Agricultural Development and Food Security." 2020 Discussion paper 41. International Food Policy Research Institute, 2020 Vision for Food, Agriculture and the Environment, Washington, D.C.

Rosegrant, M.W., C. Ringler, T. Benson, X. Diao, D. Resnick, J. Thurlow, M. Torero, and D. Orden. 2006. *Agriculture and Achieving The Millennium Development Goals.* Washington, D.C.: World Bank, Agriculture and Rural Development Department.

Scott, C.A., and T. Shah. 2004. "Groundwater Overdraft Reduction through Agricultural Energy Policy: Insights from India and Mexico." *Water Resources Development* 20 (2): 149–64.

Seckler, D., D. Molden, U. Amarasinghe, and C. de Fraiture. 2000. *Water Issues for 2025: A Research Perspective.* Colombo: International Water Management Institute.

Seckler, D., U. Amarasinghe, D. Molden, R. de Silva, and R. Barker. 1998. *World Water and Demand and Supply, 1990 to 2025: Scenarios and Issues.* Research Report 19. Colombo: International Water Management Institute.

SEI (Stockholm Environment Institute). 2005. "Sustainable Pathways to Attain the Millennium Development Goals—Assessing the Role of Water, Energy and Sanitation." Document prepared for the UN World Summit, September 14, New York. Stockholm.

Semiat, R. 2000. "Desalination: Present and Future." *Water International* 25 (1): 54–65.

Shah, T., C. Scott, A. Kishore, and A. Sharma. 2004. *Energy-Irrigation Nexus in South Asia: Improving Groundwater Conservation and Power Sector Viability.* IWMI Research Report 70. Colombo: International Water Research Institute.

Shiklomanov, I. 2000. "Appraisal and Assessment of World Water Resources." *Water International* 25 (1): 11–32.

Singh, O.P., Amrita Sharma, Rahul Singh, and Tushaar Shah. 2004. "Virtual Water Trade in Dairy Economy. Irrigation Water Productivity in Gujarat." *Economic and Political Weekly* July 31: 3492–97.

SIWI (Stockholm International Water Institute) and IWMI (International Water Management Institute). 2004. *Water—More Nutrition Per Drop.* Stockholm.

Smakhtin, V., C. Revenga, and P. Döll. 2004. "A Pilot Global Assessment of Environmental Water Requirements and Scarcity." *Water International* 29 (3): 307–17.

Smith, L.E.D. 2004. "Assessment of the Contribution of Irrigation to Poverty Reduction and Sustainable Livelihoods." *Water Resources Development* 20 (2): 243–57.

Somerville, C., and J. Briscoe. 2001. "Genetic Engineering and Water." *Science* 292 (5525): 2217.

Thrupp, L.A. 2000. "Linking Agricultural Biodiversity and Food Security: The Valuable Role of Agrobiodiversity for Sustainable Agriculture." *International Affairs* 76 (2): 283–97.

Tidwell, J.H., and Geoff L. Allan. 2001. "Fish as Food: Aquaculture's Contribution." *EMBO Reports* 2 (11): 958–63.

UNESCO (United Nations Educational, Scientific and Cultural Organization). 2006. *Exploitation and Utilization of Groundwater Around the World.* CD-ROM. United Nations Educational, Scientific and Cultural Organization International Hydrological Programme and BRGM, Paris and Orléans, France.

Van Koppen, B., P. Moriarty, and E. Boelee. 2006. *Multiple-use Water Services to Advance the Millennium Development Goals.* Research Report 98. International Water Management Institute, Colombo.

Verdegem, M.C.J., R.H. Bosma, and J.A.J. Verreth. 2006. "Reducing Water Use for Animal Production through Aquaculture." *Water Resources Development* 22 (1): 101–13.

Vitousek, P.M., J.D. Aber, R.W. Howarth, G.E. Likens, P.A. Matson, D.W. Schindler, W.H. Schlesinger, and D.G. Tilman. 1997. "Human Alteration of the Global Nitrogen Cycle: Sources and Consequences." *Ecological Applications* 7 (3): 737–50.

Vörösmarty, C.J., D. Lettenmaier, C. Leveque, M. Meybeck, C. Pahl-Wostl, J. Alcamo, W. Cosgrove, and others. 2004. "Humans Transforming the Global Water System." *EOS, Transactions, American Geophysical Union* 85 (48): 509–14.

Wang, J., Z. Xu, J. Huang, and S. Rozelle. 2006. "Incentives to Managers or Participation of Farmers in China's Irrigation Systems: Which Matters Most for Water Savings, Farmer Income, and Poverty?" *Agricultural Economics* 34 (3): 315–30.

Wescoat, J.L., Jr. 1991. "Managing the Indus River basin in Light of Climate Change: Four Conceptual Approaches." *Global Environmental Change* 1 (5): 381–95.

World Bank. 2003. *World Development Report 2003.* World Bank and Oxford University Press: New York and Washington, D.C.

Worm, B., E. B. Barbier, N. Beaumont, J. E. Duffy, C. Folke, B.S. Halpern, J. B.C. Jackson, and others. 2006. "Impacts of Biodiversity Loss on Ocean Ecosystem Services." *Science* 314 (5800) 787 –90.

WRI (World Resources Institute) 1998. *World Resources 1998–99: Environmental Change and Human Health.* New York: Oxford University Press.

WWF. 2005. *An Overview of Glaciers, Glacier Retreat, and Subsequent Impacts in Nepal, India and China.* Kathmandu: WWF Nepal Program.

Yang, H., P. Reichert, K.A. Abbaspour, and A.J.B. Zehnder. 2002. "A Water Resources Threshold and its Implications for Food Security." *Environmental Science and Technology* 37 (14), 3048–54.

Ye, Yimin. 1999 *Historical Consumption and Future Demand for Fish and Fishery Products: Exploratory Calculations for the Years 2015/2030.* Fisheries Circular 946. Rome: Food and Agriculture Organization.

Younos, T. 2005. "The Economics of Desalination." *Journal of Contemporary Water Research and Education* 132: 39–54.

Zimmer, D., and D. Renault. 2003. "Virtual Water in Food Production and Global Trade: Review of Methodological Issues and Preliminary Results." In A.Y. Hoekstra and P.Q. Hung, eds., *Proceedings of the International Expert Meeting on Virtual Water Trade.* Delft, Netherlands: IHE.

第 3 部分 综合问题研究

本部分中各章对四个跨领域问题的关键概念、未来趋势、当前形势和应对措施选择进行了评估，这四大问题是：贫困、政策和制度、生态系统、水分生产力。

第 4 章　逆转水的流向：农业水管理的脱贫途径

第 5 章　政策和制度改革：无限可能的艺术

第 6 章　农业、水资源和生态系统：避免付出过重的代价

第 7 章　提高农业水分生产力的途径

农业用水扶贫
柬埔寨艺术家:Thim Sophal

第 4 章 逆转水的流向: 农业水管理的脱贫途径

协调主编:Gina E. Castillo and Regassa E. Namara
主编:Helle Munk Ravnborg, Munir A. Hanjra, Laurence Smith, Maliha H. Hussein
主要作者:Christopher Béné, Simon Cook, Danielle Hirsch, Paul Polak, Domitille Vallée, and Barbara van Koppen

概览

生产性和消耗性用水的获取、脱贫和农村贫困人口的可持续生计之间是密切相关的[WE]。除了劳动力和土地,水是农村贫困人口所享有的最重要的资源之一。提高对水的获取能力并增强其生产力将有助于实现粮食安全、改善营养和健康状况、增加收入、提高贫困人口应对收入和消费波动的能力。反过来,这也有助于在财政、人力、物质和社会资本上的提高,实现多维度的同步脱贫目标。实际上,其他财富的生产力取决于对水资源的利用,而可持续的水资源利用方式有助于对所有自然资源的保护。

本章认识到贫困普遍存在于发展中国家的所有农作体系和所有地区,尽管严重程度和密集程度有所差异[WE]。例如,非洲撒哈拉以南地区雨养农业的贫困人口的绝对数字很高。尽管不同的农作体系中造成贫困的内在原因不同,对水资源获取的困难和水的日益匮乏是在类似体系中推进脱贫努力的主要障碍。其他对贫困敏感的依赖水的群体包括农村小型养鱼户和牧民。对于他们来说,资源获取上存在的问题会由于气候变化和与水相关的灾害而更加恶化。

在资源分配比较公平的地区，改善水资源管理对农业生产力提升的影响是越来越多地减少贫困[EBI]。不平等，尤其是基于性别的不平等，削弱了脱贫措施和努力收到的效果。在大多数发展中国家，生产了三分之二粮食的妇女是灌溉和雨养农业体系中脱贫的重要利益相关方。而她们通常却不能够获取适当的土地、水、劳动力、资本、技术和其他服务。这种状况是不公平的，也妨碍了妇女作为人和公民实现她们最大潜力的机会，也削弱了旨在脱贫的农业水管理的努力所取得的成效。

> 更好的水管理是消除贫困、促进平等、加强男人和妇女能力和权力的有效途径。

水是一种重要的生计财富，尤其是对依赖农业为生的农村贫困人口而言[WE]。更好的水资源管理是减少贫困、增进平等、加强贫困男女能力的主要途径。本章没有指出脱贫和促进平等的蓝图战略。因为任何战略都是根据特定的情境和具体情况制定的，同时任何战略的实施都要以这样的认识为出发点：水是实现贫困男女可持续生计权利的必不可少的组成部分。

广义的脱贫策略应该包括以下四个因素：

- 确保贫困人口水资源获取的权利（确保水资源获取并实行合理的技术和财政措施）。
- 使人们拥有足够的更好地利用水资源的能力（提高水分生产力）。
- 提高对水资源的治理水平。
- 鼓励生计来源的多样化。

根据对现有经验的回顾和总结，我们建议在农业水资源开发和管理的广泛领域进行重点投资。这些投资需要对贫困人口自身的限制因素和他们的期望有彻底的理解。我们建议的策略包括：

- 在不重复过去50年错误的基础上开发新的水资源系统。摆在那些还没有充分开发利用水资源的国家面前有两种选择：大型基础设施的开发建设，或者是包括农民管理技术、社区灌溉系统、雨水管理和非正式灌溉在内的一系列小型的低成本的灌溉和农业水管理技术。根据不同的情况，两种策略都有其合理性。小型技术可以正面针对解决贫困问题，但却不能保护贫困人口在更大的气候变异条件下有限的资源获取。而大型水利基础设施的投资目的在于实现总体经济的增长，同时通过直接方式或在生产、消费和人力资本上的乘数效应的间接方式达到减少贫困的目标。
- 提高现有系统的生产力、增进现有体系的平等。包括的主要措施有：实现雨养农业的升级，提高其作物和牲畜的生产力；多样化作物种植，更多地转向高附加值和高水分生产力作物；从事农产品增值的加工工业和其他小型产业。
- 通过明晰水权确保贫困男女有保障的获取农业用水。
- 通过承认习惯法和非正式制度在管理水资源和其他自然资源中的重要性来协助地方水平的水和其他资源的管理。
- 为非正式的灌溉系统提供政策和技术支持，这对许多贫困农民至关重要。
- 设计并开发水资源基础设施，从一水多用（包括生活用水、牲畜用水、渔业

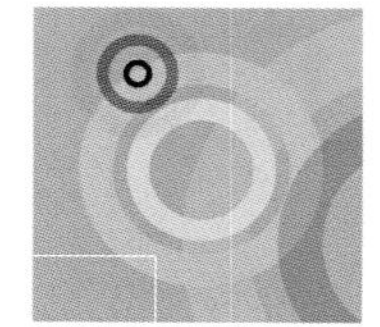

用水和水产用水)的视角出发使贫困男女从单位用水中获得的经济收益最大化。

- 支持直接针对解决贫困问题的农业用水的研究,研发低成本的和适合不同性别使用的技术,探索最有可能减少贫困和不平等的政策选择。

尽管农业水管理和开发对脱贫发挥重要作用,但不能仅仅依靠它们就彻底消除贫困[WE]。减少和消除贫困还需要在教育和培训、卫生健康、农村基建、能力建设和支持性制度上进行补充和配套投资，这些投资还要和支持贫困的、支持性别的低成本技术研发、作物研究进步和改进农艺和水管理措施以及相关的社会排斥、平等和能力建设问题相配合。这就需要不同角色的互补,包括非政府组织、研究机构、政府、私人部门和投资援助者。对需求全方位的、综合的评估,可能的干预措施,以及它们之间的相互作用都是实现旨在脱贫的对用水持续改善的关键措施。

> 作物和牲畜生产、农产品加工、渔业、生态系统和人类健康都受到有效水资源的数量和质量的影响，从而会影响人类的福利。

理解由水造成的贫困

水是生命和人类福祉最基本的需要。水被用于生产和消费活动中,以多种多样的方式促进了农村和城市人口生计的改善。合理的水资源获取是实现发展权的一个必要前提条件[1]。

缺乏饮用水获取机会是贫困的一个重要指标,但是水在促进人类福祉上所发挥的作用远为复杂。有效水资源的数量和质量会影响到作物和牲畜的生产、农产品的加工、渔业生产、生态系统和人类健康(见第6章有关生态系统,第12章有关内陆渔业和第13章有关畜牧业的论述),从而会影响人类福祉。

在很多情形中,因为天然性的水资源的匮乏,贫困人口不能获取足够的水资源以维持生产和消费的使用(见第2章有关趋势的论述)。问题就在于水的可获取性。在其他一些情形中,水资源开发成本十分昂贵,出现经济性缺水。在另外一些情形下,水资源在物质上是不匮乏的,但是由于其产生的潜在经济收益过低而限制了人类福祉的提高。存在着由于管理不善造成的水分生产力的低下(见第7章有关水分生产力的论述),还存在着对贫困人口不利的不平等的利益分配方式所造成的较低的水分生产力(制度性缺水)。对水资源的管理不善会造成贫困的发生,如同在地下水过度开采的例子中一样(见第10章有关地下水的论述)。由于社会偏好和政治决策造成的水资源配置的改变也会造成水的短缺,因为某些群体会得到水而另外一些群体则得不到水。这会增加贫困和脆弱性。

由于人口的增长、农业和其他部门用水需求的增长和更大的气候变异性,水资源短缺和管理不善问题以及和水有关的自然灾害问题极有可能更加严重。对解决问题的机制的压力会影响到水的所有权和可获取性的格局。水资源匮乏的日益严重很有可能加剧目前的不平等状况,有损于穷人的利益,尤其是妇女和弱势边缘群体的利益。如果这些系统不能更快地适应其后的冲击,那么人类的脆弱度将会增加(Pannell and others 2006)。

水资源开发可以解决贫困、提高福利、促进人的自由，并增加为过上尊严的生活而积累财富的机会。对于目前的贫困人口来说，水资源的安全对生计的安全至关重要。基本的配套因素包括：强有力的政策环境、支持贫困人群的支撑制度、恰当的种植技术、和当地需求相匹配的财政和技术支持、为增进人类参与他们自身界定的发展过程的能力和自由度而进行的制度和培训方面的投资（见第5章有关政策和制度的论述）。

贫困和水的可获取性是相关联的，但贫困的广泛性和程度看起来更主要地取决于对水资源的开发利用程度，而不是水资源禀赋的多少。

农业水权的界定和脱贫管理日程一定要清晰。因为它关系到确保贫困人群获取水资源的权利、是人们有能力更加有效地用水、改善对水资源治理和相关支撑服务的能力，以及支持升级的多样化。

提升贫困人口的水分生产力依然是脱贫的主要途径，但是如何将农业水管理的一揽子措施（技术、制度、政策）与多样化的农业生态区内的贫困人口的多种需要最佳地匹配目前还不清楚。如何改善水管理以减少贫困和如何推动必要的变革是未来几十年两个最重要的政策和研究挑战。

贫困和水问题概况

尽管全球贫困人口的比例也许在降低，仍然有10多亿人口每天的生活费低于1美元，而28亿人的生活费低于2美元（OECD 2001）。据联合国千年评估项目（2005）的数字显示，1990~2001年每天生活费低于1美元的人口数量从12.18亿下降到了10.89亿人。但是有些国家贫困人口的绝对数量还在上升。非洲撒哈拉以南地区每天生活费少于1美元的贫困人口从1990年的2.27亿增加到2001年的3.13亿人（UN Millennium Project 2005）。全球贫困是一个地区间差异很大的问题，也是一个主要发生在农村地区的问题，还是一个妇女在其中不成比例地占主要组成成分的问题。农村地区的贫困率的估计数字范围从62%（CGIAR 2000）到75%（IFAD 2001）。南亚和非洲撒哈拉以南地区是绝对贫困的核心区域，全球70%的贫困人口聚居在那里。南亚人口中有44%每日生活费不足1美元，但是贫困的程度在非洲撒哈拉以南地区更为严重（地图4.1）。

贫困和水的可获取性是相关联的。并不是所有的贫困地区都缺少适合的水资源，而是其他因素在起作用。最贫困地区和最富裕国家的水资源禀赋是旗鼓相当的。而贫困的发生及其严重程度更多地取决于对水资源的开发利用程度而不是自然禀赋。例如，东印度是南亚贫困人口较为集中的地区，那里的地表和地下水资源量都很丰富。尽管西印度在20世纪60~70年代的绿色革命中取得了农业发展的巨大进步，但东印度地区却远远落后，这主要是由于地下水开发步伐缓慢造成的（Shah 2001）。

全球三分之一的人口正在经历由灌溉面积的快速增长而造成的竞争性用水需求增长、工业化发展、发电、人口增长而引起的水资源短缺，或者是由于缺乏基础设施和能力而造成的水资源短缺状态（见第2章有关大趋势和第3章有关情景分析的论述）。有效水资源的供给及其生产能力还受到气候变化、土地退化、水质恶化、保持适当的环境流量以及保护水生生态系统的压力（Murgai，

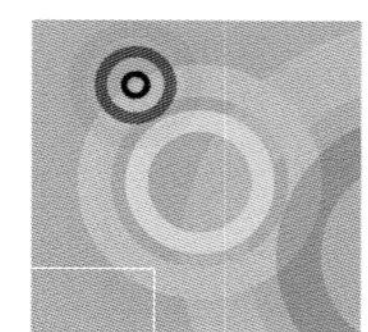

第4章 逆转水的流向：农业水管理的脱贫途径

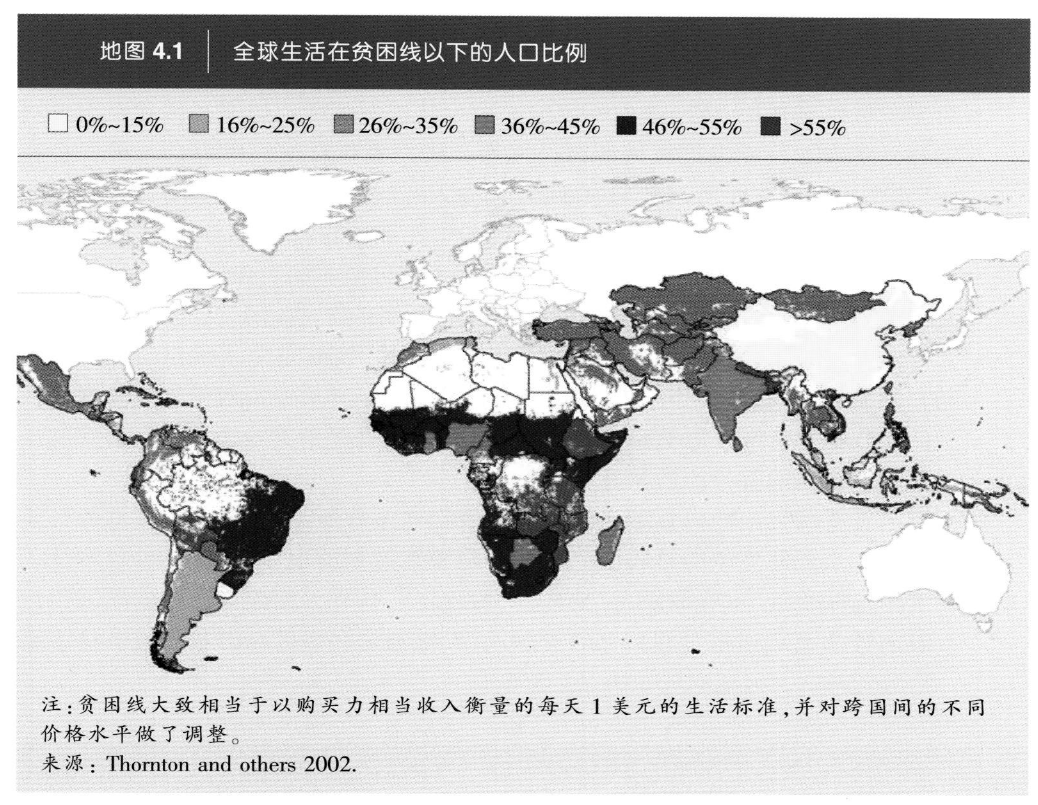

地图 4.1　全球生活在贫困线以下的人口比例

注：贫困线大致相当于以购买力相当收入衡量的每天1美元的生活标准，并对跨国间的不同价格水平做了调整。
来源：Thornton and others 2002.

Ali, and Byerlee 2001; Postel 1999; Janmaat 2004; Davidson 2000; World Bank 2003)。这种"水资源匮乏"的大部分人口都生活在亚洲和非洲撒哈拉以南地区的半干旱地带，这些地方的贫困率很高。日益加剧的水资源竞争会导致供水的日益不平等。

对水资源管理不善会造成健康问题并影响生计机会(如在孟加拉国广泛存在的地下水砷污染及西印度水井的氟化物污染)(见第10章有关地下水的论述)。水资源配置更多地从农村转向城市是全世界的普遍现象，这会对水资源造成更大的压力(Molle and Berkoff 2006)。未来农村–城市人口比例的快速转变将会加剧对水资源的竞争。在海拔较高的安第斯流域，加剧的水资源竞争和灌溉农业以及城市人口的增长密切相关。习惯上被农民和本地居民使用的水资源被更多地引入水力发电工程和地区外的高收益的用途（见第16章有关流域的论述）。最后，贫困人口通常对这些水资源相关的问题异常脆弱和敏感，因为他们对资源的受到限制的获取会降低他们适应变化和冲击的能力。

农作系统、水资源和生计

农业是世界贫困人口的主要生计来源，对许多发展中国家的经济至关重要。在大多数发展中国家，妇女生产了约三分之二的食物(UNDP 2006)。即便在农村生计日趋多样化以及城市化进程加快的情况下,到2035年仍旧会有50%或更多的贫困人口生活在农村地区,这些人口的大部分属于小农户(IFAD 2001)。对于贫穷农民来说,由于他们有限的获取生计资源的能力以及被排除在农业决策和确定农业优先发展领域的讨论之外,所以农业对他们来说是一种弱势产业。水资源的匮乏是限制他们农业产出、收入和收益的主要限制性因素。人们从水资源获取的福利主要取决于农作系统和生计系统的互动。

农作系统。贫困现象普遍存在于发展中世界所有的农作体系和地区,只是贫困的程度和严重性不同。非洲撒哈拉以南地区灌溉农业的贫困发生率要低于其他农业体系,而其贫困的绝对数量也相对要少(Dixon and Gulliver 2001, p. 33)。灌溉农业一般比雨养农业的贫困率低(图4.1)。肯尼亚姆威伊灌区发现灌区外的家庭相对于灌区内的家庭收入更低。灌区内处于中等收入五分位的家庭比灌区外最富裕的五分位的家庭要更富裕(图4.2)。

尽管造成贫困的内在原因随不同的农作体系有所不同,但是水资源的日益短缺和对水资源竞争的日趋激烈会威胁到脱贫计划的进展。实际上,很多持久性贫困地区也是"水资源匮乏"地区。但是,很多具有大型灌溉系统的灌区仍然有着大量的绝对和相对意义上的贫困人口,特别是在印度和巴基斯坦。这主要

图 4.1 灌溉农区的贫困率一般比雨养农业要低

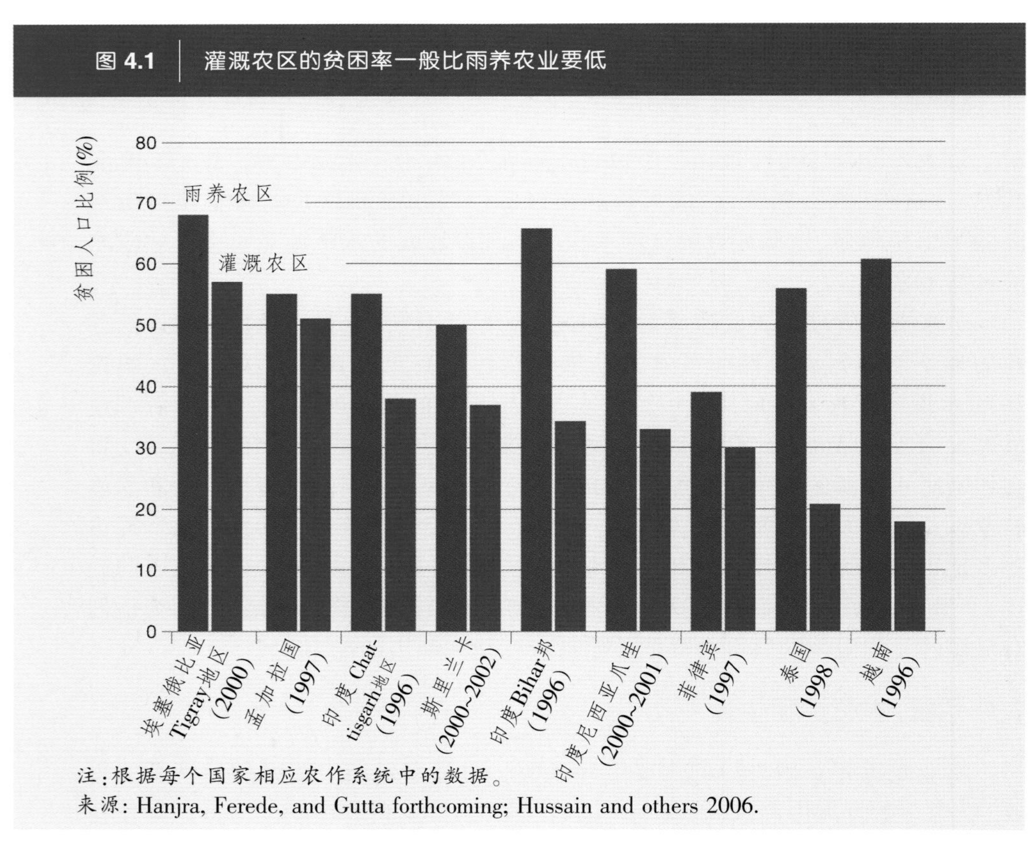

注:根据每个国家相应农作系统中的数据。
来源: Hanjra, Ferede, and Gutta forthcoming; Hussain and others 2006.

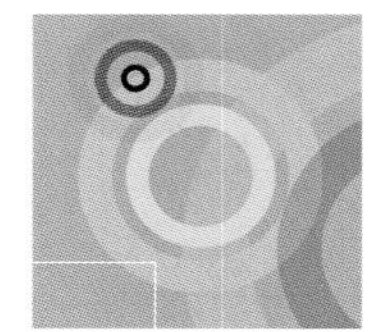

图 4.2 肯尼亚姆威伊灌区内外的家庭收入差别

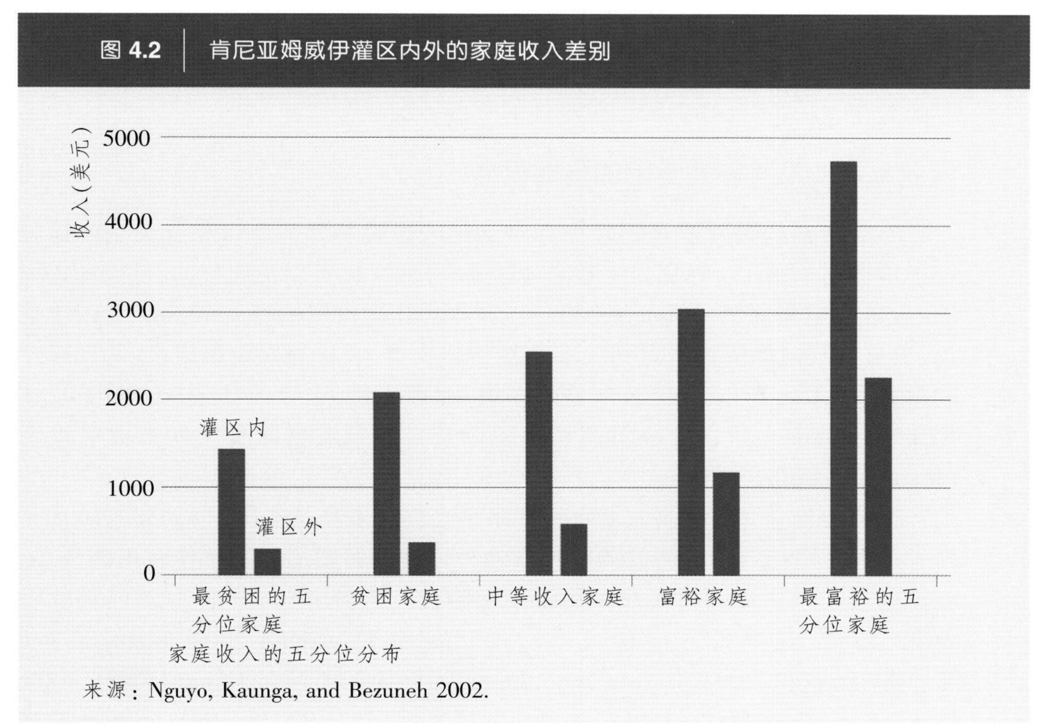

来源：Nguyo, Kaunga, and Bezuneh 2002.

是由于不公平的土地和水资源获取以及由此造成的较低的生产力而产生的，这在下游地区尤为明显。

生计体系。生计体系的生产力取决于农民拥有的资本财富的数量。可持续的生计分析框架是描述不同资本形式如何塑造农村生计的有用工具。目前我们已经意识到农村社区对贫困的抵抗能力常常取决于基于自然资源的生产体系所能够提高的机会，而这些机会同时又受到经济、制度和政治环境的制约和影响。有关生计的分析推动了对生存所需要的财富基础的评估(拥有所有权的和通过正式的或习惯性权利获取或交换的)，同时分析了这些财富在生计活动中如何被利用。家庭在财富获取上的不平等似乎是影响家庭内部成员应对机制的一个因素，同时也会影响他们处理危机和外部风险因素的能力(Bebbington 1999; IDS 1999)。由于男性和女性获取财富的不同，他们忍受或避免贫困的能力也不相同。

水资源和土地资源一样，对于贫困人口来说通常也是最重要的一种自然资源财富。提高对水和土地资源的获取和它们的生产力有助于同时对脱贫发挥作用的财政、人力、物质和社会资本的改善和提升。生产性的但是可持续的用水方式也会有助于对水资源和其他自然资本的保育。贫困和环境退化是密切相关的(见第6章有关生态系统的论述)。退化的环境所能提供的机会减少、水资源安全性降低、环境风险增大、滑坡、干旱和土壤侵蚀的风险增加(PEP 2002)。所以，任何有关农业水管理的改善对贫困的影响的评估必须考虑到对贫困的多维度以及这些维度之间交互关系的影响。必须考虑绝对的和相对的变化、长期的和瞬时的变化，以及不同性别和社会群体的分配状况。

农业水管理及其影响贫困的传播途径

> 雨养和灌溉农业在生产力上的巨大差异使得通过促进生产力提高的途径达到脱贫目标的潜力巨大。

本节考察的是农业水管理投资对贫困的影响是如何通过相互关联的途径进行传播的(表4.1)。对脱贫的影响可以是直接的，也可以是间接的，可以是正面的、也可以是负面的(Hussain 2005)。农业水管理投资的净福利效应可以单独地、也可以共同地取决于对相关农业科学和技术、农村基础设施建设、基础医疗和教育、优惠政策和制度、公共物品提供、治理质量(主导的社会权力关系)、性别角色、贫困人口参与决策的程度，以及自然资源禀赋和气候方面的投资(Dixon and Gulliver 2001)。

生产和生产力。提高农业水管理水平会提高农产品产出。总产增加也许是由于单产的增加、作物损耗的减少、作物种植密度的增加以及耕作面积的增加。有保证地获取水资源会提升对其他补充性投入的利用水平，如：高产品种和农业化学品，这些投入同样可以增加产量水平 (Smith 2004; Bhattarai and Narayanamoorthy 2003; Hasnip and others 2001; Hussain and Hanjra 2003，2004; Huang and others 2006)。粮农组织的数据显示(FAO 2003)：1961~1999年发展中国家作物增产的主要原因是单产增加(71%)，面积扩展(23%)和作物种植密度的增加(6%)。40个国家的经验证据表明：作物生产力每增长1%，每日生活费在1美元以下的贫困人口就会减少1%，人类发展指数就会增长1%(Irz and others 2001)。因此单产增加、贫困减少和人类发展的关联十分紧密。灌溉和雨养农业生产力之间的差异使得通过加速生产力增长而脱贫的潜力巨大(Hussain and others 2004)。

一些南亚和东南亚国家的灌溉农田的生产力是非灌溉农田的生产力的两倍多，但是生产力无论是在系统内还是系统之间都存在很大差异(Hussain 2005)。这种差异的发生是由一系列因素决定的：政策、当地的条件、系统管理、更广泛的经济和政治因素，以及农业水管理。在印度，利用地下水灌溉的农田比地面渠系灌溉农田的每公顷产出要高(Lipton，Litchfield，and Faurès 2003)。同样，在水产和畜牧养殖系统中，生产力也存在着巨大差异。

Wood，You和Zhang(2004)在分析拉丁美洲和加勒比国家作物单产空间分布时发现，近几十年农业科技的研发已经倾向于在供水有保证的和灌溉地区的技术开发。以水稻为例，在过去30年间拉丁美洲国家研发的275个水稻新品种中有90%是专门针对灌溉和雨养湿地的。灌溉农田的平均单产已经从20世纪60年代的2.8 t/hm^{2}增加到了20世纪90年代中期的4.4 t/hm^2，而历史同期雨养农田的平均单产在40年间变化很小(表4.2)。

本研究发现在干旱、半干旱及半湿润地区的发展中国家，雨养农田仍有生产力提升的巨大潜力(见第7章有关水分生产力和第8章有关雨养农业的论述)。

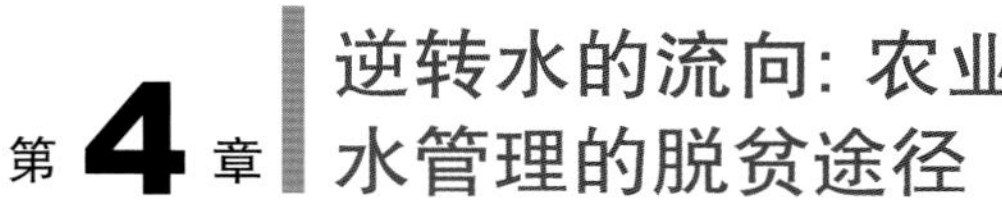

第4章 逆转水的流向：农业水管理的脱贫途径

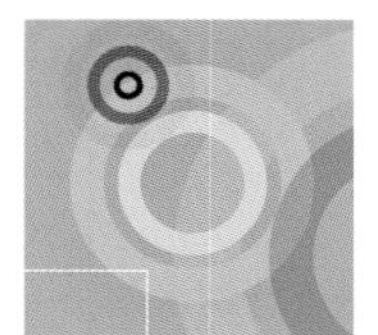

表4.1 农业水管理及其脱贫或增加贫困的传递途径

影响领域	可能的积极效应	可能的消极效应	关键目标群体
生产和生产力	通过提高单产、增加面积、提高作物种植密度和转变种植和生产模式来增加粮食生产	更高的产量通常需要更多的水资源，使得其他用途的可用水量减少（草地和牲畜的饮水地点），影响到畜牧业生产和鱼类蓄积量	土地所有者
就业	对劳动力的需求增加、更高的工资收入、对非农部门就业压力减小、获取和收集水的时间减少、更多时间从事其他生产性和提高生计水平的活动	游牧牧民、渔民和那些直接依赖生态系统服务功能的人群的就业机会的损失，以及劳动关系的恶化	土地所有者、无地劳动力、贫穷的城市居民
消费和食物价格	大宗粮食和食物价格更低	对生产者的收入压力下降	农村和城市的贫困人口、土地所有者
后向关联和次生效应	更多的使用集约化生产的投入，如肥料、农药、改良品种和其他农业服务；转到高附加值产品作物的生产；对非灌溉作物需求的增加；农业服务业就业机会的增加	也许会造成种植结构单一、本地品种和农业生物多样性的丧失。	农村和城市贫困人口、土地所有者
农村的非农部门产出和就业	非农产品花费的增加；对非农商品和服务的需求的增加	当地就业的有效工资也许会刺激雇佣童工	食品加工者、运输者、贸易者、建设公司、小型企业主
产出和收入稳定	产出、就业和收入的变异性减弱；对人生大事的花费增加	昂贵的信贷，倾向于在人生大事上花钱并负债	土地所有者、劳工和城市贫民
营养	更稳定的粮食供给、更平衡的膳食结构，微量营养元素摄取适当	单一化的谷物种植也许会导致消极的营养效应	小农户和城市贫民
对农业供水的多用途利用	灌溉水用于饮用、卫生、家庭花园、树木、牲畜、地下含水层补给、农村工业和其他用途，增加每一滴水的价值	可能利用被污染的水，饮用水的不安全	妇女、放牧者、贫困农民、渔民
平等性	公共资金的更加广泛的重新分配，贫困人口从过度拥挤的城市或边缘化地区移居到更适宜的地方居住	人口的移民和社会干扰的增加；地区间不平等加剧；贫困人口有可能丧失土地权和水权的土地整理项目	雨养农民、妇女和城市贫民
环境和健康	集约化会减轻自然资源的压力，主要通过限制土地和水资源的利用；更高的收入和更好的营养会带来更好的健康和福利	管理不善会导致土地和水质的退化（淹水和盐渍化），水生疾病的传播、地表和地下水的污染、水生杂草的传播	末端灌溉用户、下游的用水户、渔民

表 4.2　拉丁美洲国家的灌溉和雨养水稻的生产

农作体系	品种	1967	1981	1989	1995
灌溉					
面积	现代	–	1546.5	2801.4	3340.3
(10^3 hm^2)	传统	1573.1	924.4	446.8	462.4
生产	现代	–	6281.5	1 2490.7	1 5201.9
(10^3 t)	传统	4436.2	3285.3	1727.8	1693.0
单产	现代	–	4.1	4.5	4.6
(t/hm^2)	传统	2.8	3.6	3.9	3.7
雨养					
面积	现代	–	499.0	580.3	675.3
(10^3 hm^2)	传统	4258.1	5285.9	3847.1	2373.2
生产	现代	–	556.9	1287.0	1509.4
(10^3 t)	传统	5945.2	5607.3	4323.4	2680.8
单产	现代	–	1.1	2.2	2.2
(t/hm^2)	传统	1.4	1.1	1.1	1.1
总和					
面积					
(10^3 hm^2)		5831.2	8255.9	7 675.7	6851.2
生产					
(10^3 t)		10381.7	15 727.4	19 828.8	21 100.9
单产					
(t/hm^2)		1.8	1.9	2.6	3.1

注：现代品种指的是半矮化品种。

来源：Wood, You, and Zhang 2004, p. 372.

就业。农业水管理的投资也会通过增加对劳动力的新增需求来创造就业从而对贫困问题产生影响(Damiani 2003;FAO 2000;van Imschoot 1992;Narayanamoorthy and Deshpande 2003;von Braun 1995)。水资源的开发和管理项目会产生对基建建设以及对渠系系统、灌溉井、泵站日常维护的劳动力需求(Hussain 2005)，这对无地的且劳动力过剩的农村贫困人口来说是重要的就业机会。农田产出量的提高也会增加在主要作物生长季以及由于改善农业水管理而在干旱的作物生长季的劳动力需求，不仅会增加工人数量，雇佣时段也会延长(Chambers 1988)。举例来说，在孟加拉国的恒河–科巴达克灌区，每公顷灌溉农田的劳动力使用量比邻近的非灌溉农田的劳动力使用量多100以上(Hussain 2005)。其他地方上的灌溉系统的情况也大致如此(图4.3)。

如果水资源的开发和管理项目能够减少农村向城市的移民，且能缓解由移

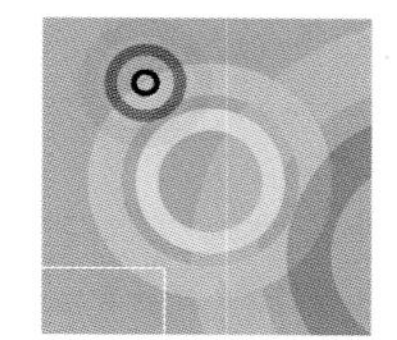

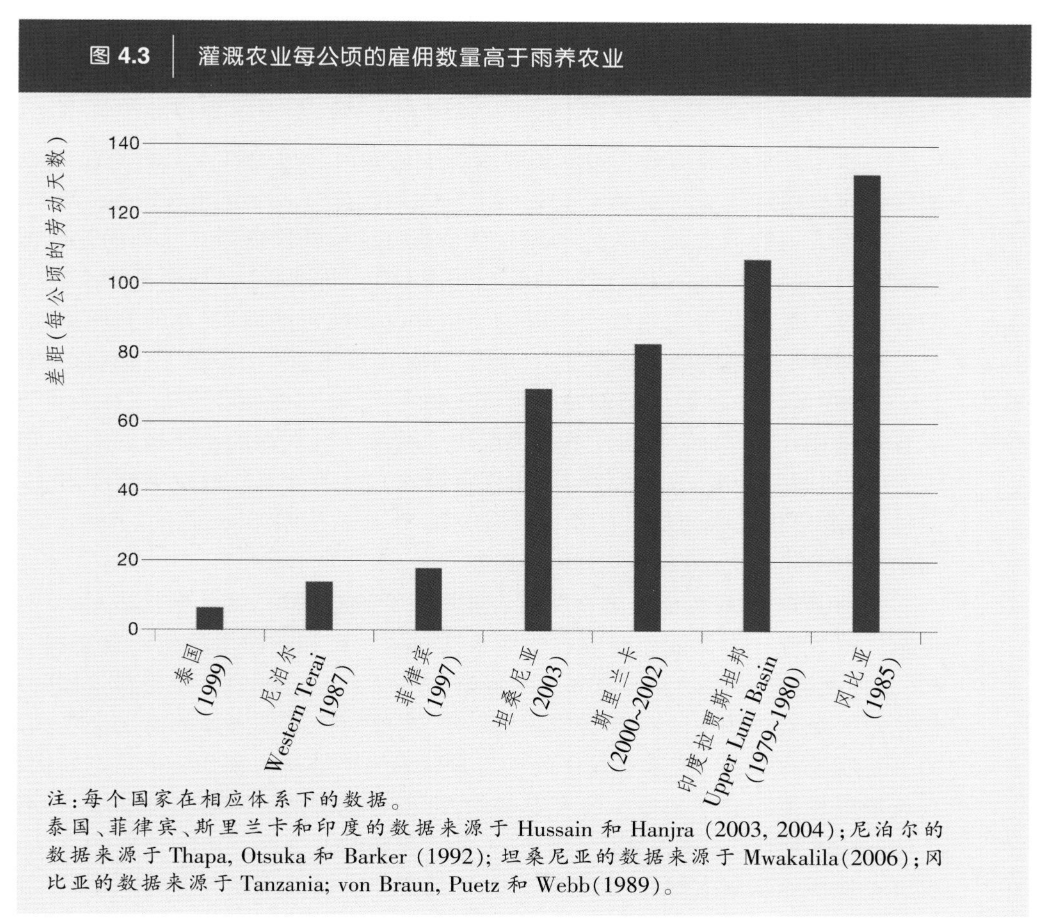

注：每个国家在相应体系下的数据。
泰国、菲律宾、斯里兰卡和印度的数据来源于 Hussain 和 Hanjra (2003, 2004)；尼泊尔的数据来源于 Thapa, Otsuka 和 Barker (1992)；坦桑尼亚的数据来源于 Mwakalila(2006)；冈比亚的数据来源于 Tanzania; von Braun, Puetz 和 Webb(1989)。

民造成的城市工资水平的下滑趋势和住房及其他城市基建设施的价格上行趋势的话，其效果就能影响到城市(Smith 2004)。对于无地的劳动力来说，作物种植密度的增加和耕作面积的扩大对就业的影响巨大。在菲律宾的南巴拉望地区，灌溉增加了低洼农田的劳动力需求，对本地劳力的需求从1995年的每公顷18天增加到了2002年的每公顷54天(Shively and Pagiola 2004)。

灌溉的就业效应还能扩展到灌区以外的地区。例如，尼泊尔的特莱地区和印度比哈尔邦的无地劳工会到遥远的灌溉密集的印度哈里亚纳邦和旁遮普邦寻找季节性工作的最佳机会。2002年在菲律宾南巴拉望的高地家庭中，68%的家庭中至少有一个家庭成员为低地农场耕作，并且有相当数量的高地家庭认为低地农区的耕作是对高地耕作的重要替代补充(Shively 2006)。但是灌溉效益在经济没有结构性变化的长期中是一个接近零和的博弈。这是由于灌溉集约开发的地区对周边的贫困问题会起到磁石般的吸引作用 (Shah and Singh 2004)。

消费和食物价格。提高农业水管理水平会增加粮食产出并降低大宗粮食的

价格，使贫困人口都能买得到、买得起粮食，几乎所有消费者都会受益(Datt and Ravallion 1998)。粮食价格的下跌会对生产者收入产生下行影响，但是这种损失会被生产力提高的影响所抵消，使灌区内所有人的福利水平都得到提升。那些生产力水平并未提高的处于边际雨养农田上的农民会遭受收入上的损失。能够使这些农户同样受益对脱贫来说是一个巨大的挑战(Evenson and Gollin 2003)。到达贫困人口的消费收益的绝大部分都是通过这种间接联系在长期内达成的。研究表明，非洲撒哈拉以南地区的农户每有1美元新增收入，都会至少有1美元额外的收入可以从第二轮效应中取得。估算也表明每增加1美元的农产品收入可以增加整个家庭的收入水平，这个刺激效应在赞比亚是2.57美元(包括最初的1美元)，在塞内加尔的中格朗德流域是2.48美元，在布基纳法索是2.28美元，在尼日尔是1.96美元。这些估计值关键取决于对某个区域内的小流域的选择（地方、区域和国家尺度），以及对商品在可贸易性方面的分类。消费关联度占主导地位，和消费相关联的增长在赞比亚是98%，布基纳法索93%，尼日尔79%，塞内加尔42%(Delgado and others 1994, 1998)。

提高农业水管理水平会增加粮食产出并降低大宗粮食的价格，使贫困人口都能买得到、买得起粮食。

后向关联和第二轮效应。获取农业用水会通过产出、就业和价格对贫困产生第二轮效应。有保证地获取农业用水会促使农民和渔民增加他们在肥料、农药、品种改良和其他投入和服务上的投资(World Bank 2005)。像肥料这样的现代化投入对水资源来说有重要的补充作用，因此对这些投入品的需求会受到水的可获取性的影响。获取有保证的水也是使农民能够从大宗作物的生产转向较高市场附加值的农产品生产的主要推动力，也是促使他们采取更加综合的经营方法的主要原因，如在作物生产中融入畜牧业和渔业生产。由于这样的方法在脱贫中发挥越来越大的作用，农民就需要具备和价格波动相关的管理市场风险的能力。这样的作物转型也会造成对雨养作物需求的增加，从而有助于这些地区贫困率的降低(Lipton and Longhurst 1989)。

非农业农村产出和就业。随着农业产品产出和收入的增加，粮食价格下降，从中受益的农民和劳工会增加他们在非农产品上的花费，从而增加了对非农产品的需求和非农产业的就业机会。这些非农产业主要包括：运输、建设、动物产品深加工、食品包装和贸易(World Bank 2005)。但这样的效应在某些条件下产生的效果有可能更小。一个是当收入和土地分配高度不平等的时候，较富裕人群的消费模式更倾向于进口的和资本密集的产品和服务，而不是农村非产品的消费。另外一种情形是贫困人口在进入非农产业和微型企业就业受到阶层、性别和教育水平、信息获取、流动性、交易成本和风险的制约而受到限制的时候。第三种情况就是当贫困人口的多样化生计要求在某些穷人缺乏必要资源的特定财富投资的时候，由于缺乏运行良好的信贷和保险市场使穷人不能获取这些资源(Reardon and others 2000)。

通过这些渠道而使穷人获益较低听起来合情合理，因为贫困人口所处的劣势地位而不能直接从非农就业中直接获利。有文献指出在非农部门多样化和脱贫之间存在着紧密的关系，但两种因素之间的随机关系却很难建立(Ellis

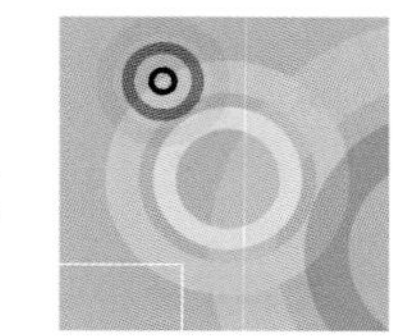

2000)。在越南进行的研究(van de Walle and Cratty 2004)表明对非农市场的参与程度的决定因素和避免贫困不是一回事,尽管拥有灌溉农田和受过教育是共同享有的决定因素。

产出和收入的稳定。获取农业用水可以通过降低产出、就业和收入的变异来减少贫困和降低脆弱性。两个因素造成了产量的波动:降雨的变异性和产出品相对价格的波动。粮食的产量对降雨的变异性十分敏感(Smith 2004; Lipton, Litchfield, and Faurès 2003)。可靠地获取农业用水不仅会提高农产品产量,也会减少季节间和年度间的变异。比如,巴西灌溉农田的水稻产量分散程度的熵指数从1975年的5.3降到1995年的2.7, 而雨养水稻单产的分散度的熵指数则从8.0上升到13.7。另外,雨养和灌溉农田单产的平均差距也增加了(Wood, You, and Zhang 2004)。但是农产品产量的稳定不能仅通过农业用水管理这一系统来达到。为减少农民风险、增加产量和收入的可预期性还要求总体农业环境的改善(Smith 2004)。

> 有保证地获取农业用水不仅可以提高作物产出，还可以减少产量的季节性和年际变异。

营养。获取农业用水还会对营养水平的改善产生积极影响,这主要是通过作物的多样化种植,以及更加稳定的食物和用水供给来实现的(Lipton 2001),从而保证了通过适当获取微量元素而使膳食营养更加均衡。对肯尼亚姆威伊灌区内外的家庭的食物安全状况进行比较的结果发现:食物不安全程度在灌区内(13%的家庭)比在灌区外(33%的家庭;Nguyo, Kaunga and Bezuneh 2002)低很多。对冈比亚的一个水稻灌区(包括水泵灌溉和排水干预措施)的研究表明该项目的实施使实际收入增加了13%(von Braun,Puetz, and Webb 1989)。研究还发现收入增加10%会使食物消费增加9.4%,热量消耗增加4.8%,而人均可利用热量增加10%会使体重-年龄比指数增加2.4%, 而这个指数是指示营养状态和贫困的主要指标。采用微灌技术对营养状况的影响尤其显著。随着印度和尼泊尔家庭对水桶灌溉套件技术的普遍使用,尤其是女性的广泛使用,该技术已经成功提高了他们在水果和蔬菜上的摄入量 (Namara, Upadhyay, and Nagar 2005; Upadhyay, Samad, and Giordano 2004)。农业水管理的变化也许会对贫困人口的营养摄入产生负面影响,尤其是他们放弃豆类、油料和粗粮作物的种植而单一种植谷物作物的时候。例如,由于孟加拉国灌溉基础设施的扩展而引起的黏性水稻和小麦面积的快速扩展部分地是以豆类和油料作物面积的减少为代价的。这两种作物是蛋白质和微量元素的重要来源, 尤其是对贫困人口而言(Hossain, Naher, and Shahabuddin 2005)。

农业供水的多种用途。贫困的农村家庭以多种方式使用农业和生活用水。农业用水可以用来饮用、卫生用水、家庭花园、树木浇灌(在正式灌溉系统以外)、牲畜、地下水补给、城市供水、农村工业、渔业和水产养殖业等多种用途。这种多用途用水的例子极其丰富 (Nguyen-Khoa, Smith,and Lorenzen 2005; Laamrani and others 2000; Moriarty, Butterworth, and van Koppen 2004; Jehangir, Mudasser, and Ali 2000),且这种做法也迅速普及(Alberts and van der Zee 2004)。从中产生的收益对妇女(用于家庭和增收目的)以及其他势弱群体

(依赖渔业和制砖为生的人)尤其重要。因此,灌溉可以看成是和其他用水相比的低价值的用水方式,而这一系列用水所产生的效益也被忽略了(Bhatia 1997; Meinzen-Dick 1997; Yoder 1983)。湄公河下游、乍得湖流域、亚马孙河流域、老挝和斯里兰卡的证据都表明内陆渔业是如何为农民提供了10%~30%的收入的。一项在南非进行的研究发现:来源于生活用水的生产性利用中获取的收入占被调查村庄的家庭平均收入的17%,而且这些村庄的生活用水供应还十分有限。而在那些生活供水条件较好的村庄,生活用水的生产性用途平均为家庭带来31%的收入(Perez de Mendiguren Castresana 2004)。

对农业水管理的定向投资是减轻社会不公平的有效途径，尤其是当投资可以为农村贫困人口创造更多机会的时候。

平等。对农业水管理的定向投资是减轻社会不公平的有效途径,尤其是当投资可以为农村贫困人口创造更多机会的时候。例如,大型灌溉工程的建设会刺激贫穷地区的经济建设。而扶持雨水收集和脚踏式水泵技术的计划可以帮助到那些弱势群体。但是如果富人和有权力的人攫取了收益或者穷人的地位被错位的时候,投资就会增加不平等现象(Cernea 2003)。农业水管理项目对平等的影响随着时间而变化,无论是受惠者的数量和属性,还是受惠的范围和属性都是如此(Smith 2004)。而水资源的末端用户,通常是最贫困的人口,要经受双重的打击——面临更少的水和更大的不确定性(图4.4)。

随着农业水管理范围的扩展,不平等趋于减弱。只有在经过足够长的时间之后且辅助贫困人口的政策实施效果明显的情况下才有可能对水管理项目对平等产生的影响做充分的评估(Kerr and Kolavalli 1999)。在中国进行的研究显示,灌溉农田作物种植的收入对降低不平等具有很高的边际效应 (Huang and others 2005)。对所有灌溉农区的家庭来说,每从作物种植中增加1%的收入就会降低衡量收入不平等的基尼系数0.1%。灌溉缓解了不平等的程度(图4.5)。

提高农业水管理项目的平等性的因素包括:平等的土地分配,有保证的所有权和租借权,高效的投入,信贷和产品市场,对信息的充分获取,对小农户和无地劳动力的非歧视性政策(Hussain 2005; Smith 2004)。农业水管理项目在某些情况下也会恶化绝对贫困人口的处境,特别是在农业水管理的投资强化了土地整理过程的情况下,使其中贫困家庭失去了土地和水权。还有一种情况是投资项目鼓励机械化和农药的使用而造成劳动力的转移。贫穷人口由于水库和灌溉渠系的建设而移民,或者他们的生计受到下游或上游开发的负面效应的影响(Hasnip and others 2001)。即便那些贫困人口从绝对意义上会受益,但那些为数更多的且相对拥有更为丰富的水利基础设施资源的用户受益最大。

灌溉农区不断增长的繁荣使脱贫的焦点转移到雨养农区的贫困人口。对农业水管理的投资将不可避免地更适合一些地区,因此会不可避免地出现效果上的地理上的不平等。另外,由于灌溉开发而造成的农产品价格的下跌会在贫困的雨养农户的生产力水平没有提高的情况下减少他们的收入。妇女通常会更少地获取生产性资源,如土地、水、信贷、培训、肥料和农产品销售渠道(Agarwal 1994)。妇女所承担的传统任务如家畜饲养、产品的次级加工、田间除草会随着可靠性供水的增加而增加,而男性的传统工作如耕地和土地准备则不会。因此,

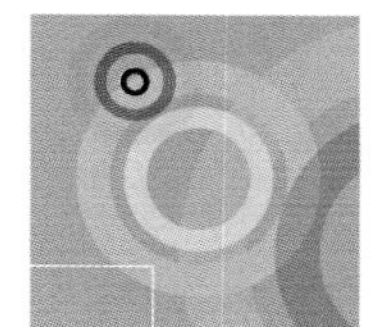

造成性别间在劳动力、生产方法和家庭内资源获取上差异的培训、信贷和投入输送计划会有助于帮助妇女创造更多的脱贫机会。

环境和健康。农业水管理投资可能会对环境和健康产生积极和消极的影响。由于更好的农业水管理而带来的收入增加会提升农民在土地改善项目上的投资能力从而增强可持续性（见本书第15章有关土地的论述；Morrison and Pearce 2000; Shively 1999）。投资于农业水管理会通过减轻对周边边际土地的压力而有助于避免森林和土地的退化、生物性多样性的丧失（Shively 2006; Shively and Pagiola 2004）。以灌溉为主导的发展战略相比别的战略能使人口吸纳能力增强，对自然资源压力的严重程度减轻(Carruthers 1996)。农业水管理会通过更好的营养、更可靠的饮用水和更多的疾病预防（疟疾）来提高人类的健康卫生水平。

> 农业水管理对脱贫影响的边际效应在初期最强，随着经济发展而减弱。

农业用水的负面环境影响被广泛报道（见第6章有关生态系统的论述；Urama and Hodge 2004; Dougherty and Hall 1995; Goldsmith and Hildyard 1992;

图 4.4 灌溉系统末端用户的贫困率更高

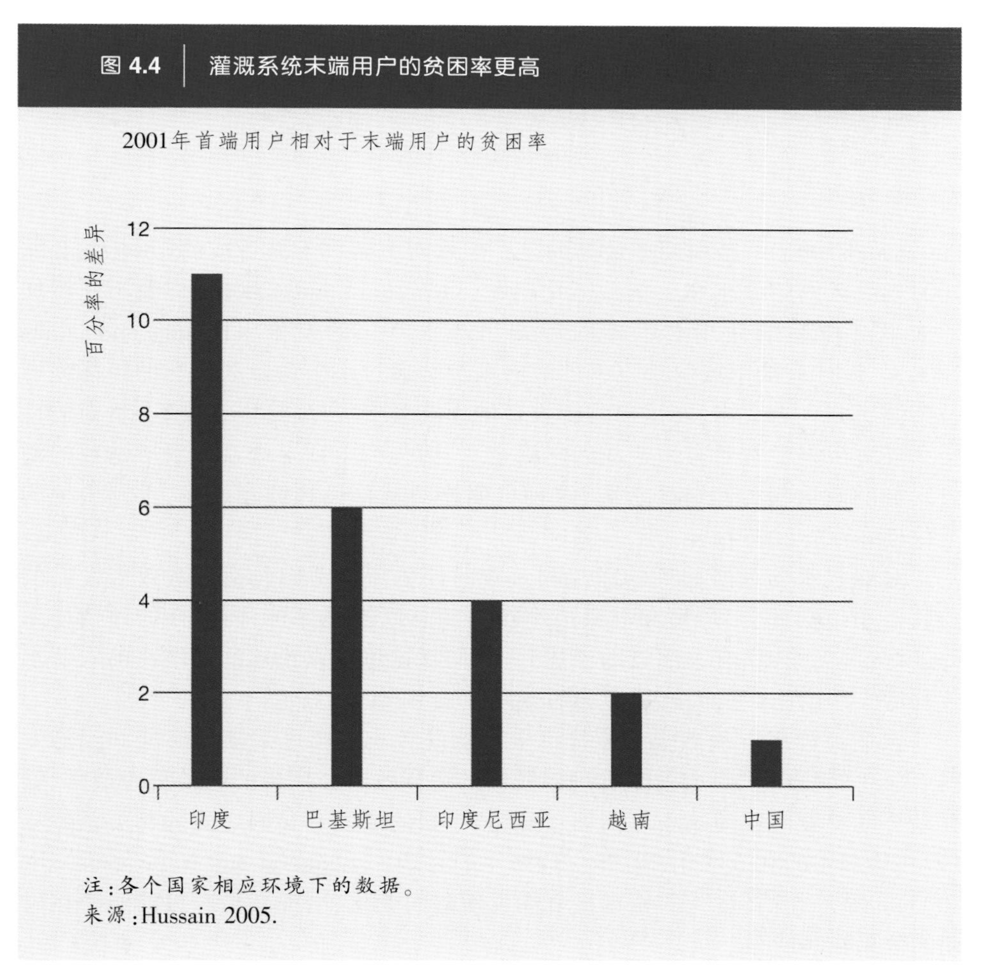

注：各个国家相应环境下的数据。
来源：Hussain 2005.

图 4.5 | 灌溉农业的不平等程度低于雨养农业

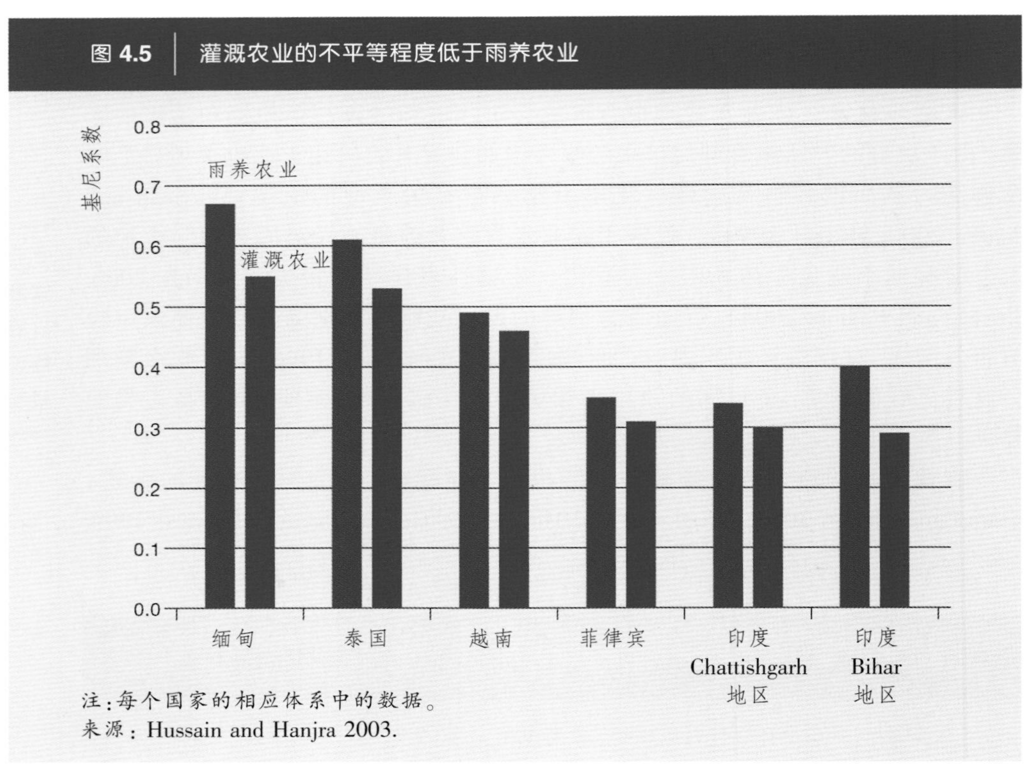

注：每个国家的相应体系中的数据。
来源：Hussain and Hanjra 2003.

Petermann 1996)。被引用率最高的是：引水对上游和下游造成的影响(Gichuki 2004)，灌区内的淹水和土壤盐渍化问题(Khan and others 2006)，以及不断增加的农业化学品的使用对水体的污染和富营养化的发生 (Hendry and others 2006)。设计有缺陷或管理不善的灌溉系统会通过水生病毒和疾病的传播损害公共健康和人力成本，而这对贫困人口的影响会更大(Ersado 2005)。负面的社会和环境后果常常对穷人造成的影响更大，因为穷人缺乏规避灌溉所造成的消极影响的政治权力和财政资源，这种负面影响从移民到健康风险，再到土地的退化(Hussain 2005)。

对农业水管理所起到的净福利效应的评估需要考虑包括乘数效应在内的总收益和包括社会、环境和健康成本在内的总成本的评价，而这样的评估还未曾进行过(见第9章有关灌溉的论述)。我们在这里可以论述的是潜在的农业水管理的干预措施对贫困施加影响的方向和大小(表4.3)。

农业水管理干预措施对脱贫产生影响的大小和幅度是随着时间和经济发展而变化的(表4.3)。农业水管理对脱贫的边际效应在项目的启动阶段最大，随着经济的发展而逐渐减小。例如，印度14个邦的灌溉和贫困之间的相关系数从1973~1974年的–0.63变化到1993~1994年的–0.30 (Bhattarai and Narayanmoorthy 2003)。另外，脱贫途径的相对显著性也随时间变化，而提高生产力的路径在后期的效果也越明显。

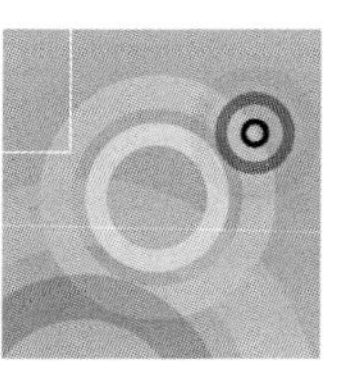

表 4.3　农业水管理和相关干预措施对贫困影响的力度

潜在农业水管理干预措施	生产/生产力	就业	消费和价格	后向关联和次生产出效应	农村非农部门产出和就业影响	收入稳定性	营养影响	多用途	社会经济效应	环境和健康影响
1. 新体系										
大型公共地面灌溉系统	高	中	高	高	高	中	中	高	混合[a]	混合[a]
分散式灌溉系统：社区或私人运行的系统，地下水灌溉	高	高	中	中	中	高	中	高	混合[a]	混合[a]
渔业和水产养殖	中	高	低	低	高	高	高	高	中	高
多用途系统：生产加生活	低	中	低	低	低	低	高	高	高	中
融入牲畜养殖	中	中	中	低	高	高	高	高	中	混合[a]
2. 维持生态系统的弹性	低	低	低	低	中	低	中	高	低	高
3. 提升现有系统效能										
提高农业水分生产力	中	中	中	高	中	高	中	低	混合[a]	混合[a]
逆转土地退化	中	低	中	中	中	高	中	低	低	高
劣质水资源的管理	低	低	低	低	低	中	混合[a]	低	混合[a]	混合[a]
4. 雨水管理	中	中	中	中	中	高	中		高	中
5. 水政策和制度	中	低	低	低	低	中	低		高	中

a. 积极和消极混合效应。

Saleth等(2003)利用1984~1985年和1994~1995年两个时间段的覆盖全印度80个农业气候区的综合数据分析表明，灌溉的影响力随时间而降低，而其对就业和生产力提高的相对显著性也会随着时间的推移而发生变化。该研究还表明了灌溉的初始影响主要体现在耕作面积的扩大、集约化的土地利用、种植格局的改变，以及主要通过就业路径而对脱贫产生的影响。但是，当这些影响接近极限的时候，通过就业路径而对脱贫产生的影响力下降的速度要远远大于通过生产力路径而对脱贫产生的影响力上升的速度。

对印度256个地区在更小的空间尺度上的分析表明：那些农村基础设施存量高于平均水平的地区，它们的农业产出比基础设施存量低于平均水平的地区要高。农村基础设施存量在这里主要是指灌溉、肥料、识字率、学校、农村道路和农村电气化(Narayanamoorthy and Hanjra 2006)。这些基础设施变量对农产品产值的影响在回归分析时被用作滞后变量时会变得更加显著。特别值得注意的是：灌溉基础设施对农产品产值的影响会随时间的推移而增强。

灌溉成就了成功者的同时也造就了失败者。但是灌溉的收益通常会远远大于灌溉造成的负面影响。但是谁会从中获益，而谁会遭受损失呢？现有报道很少触及跨人文和社会尺度的对灌溉的分配效应的研究。在为数不多的一项研究中，Gidwani(2002)指出了灌溉的效果是模棱两可、模糊不清的，无论是从灌溉对人们心理上对生活水平改善的感受度，还是在改变物质景观的程度上来说都是如此。Gidwani应用了Sen(1999)“作为自由的发展”的分析范式，将灌溉产生的影响分解成一系列广泛的“功能”，或者说是实现被当地村民所珍视的生活的自由。结果显示，由于渠道灌溉的开发，无论是主要处于下层的劳动力还是主要处于土地所有者和商人的上层，他们的生活状况都得到了改善。尤其是劳动力的生活水平无论从哪个方面衡量都普遍得到了提高，除了他们还不能控制可耕地这一点之外。劳动力的就业状况和社会地位也获得了提高，而雇主们对劳动力的控制程度也随着雇主社会地位的相对下降而减弱。

总的来说，劳动力对土地控制能力的下降源于较贵的信贷、向非农就业转移的低流动性、借助于抵押土地的手段来筹集资金用于婚嫁和其他人生大事。尽管灌溉看起来为土地从弱者向强者手中转移创造了条件，但对灌溉是否就是造成土地抵押流转的深层次原因还远未弄清。但是灌溉干预措施对村民自由度的影响也不十分明确：有共同点也存在分歧，劳工们说他们的就业和生活条件得到了改善，而雇主们则抱怨说劳资关系恶化了。劳工们丧失了对土地的控制能力，而雇主们则增强了对土地的控制。尽管灌区居民达成了关于灌溉工程的许多不可预期的后果，灌溉开发还是具有积极的干预效应的：尽管有时不成比例，但所有人都会从灌溉工程中获益，这主要取决于他们初始的状态。

通过农业水管理途径的脱贫效应会受到多种多样的社会经济和农业生态因素的制约，会产生跨时间、空间和人文尺度的福利和平等。该信息的主要意义在于：

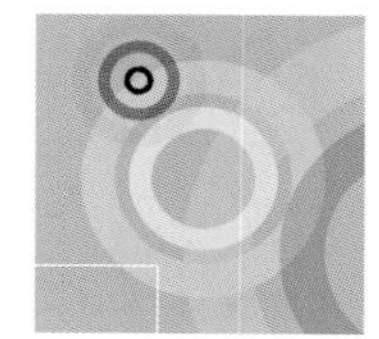

- 在封闭流域。在这种流域中，所有的水资源都已配置完毕，通过新增投资的方式实现脱贫这一途径越来越受到限制，所以改善对现有系统的管理是优先战略（见第7章有关水分生产力和第16章有关河流流域的论述）。这对许多亚洲、中东和北非国家尤其重要。
- 在经济性缺水的流域，自然界中有足够的可开发的供水，但是人们在获取水资源上存在困难。所以在这种情况下，推荐投资新建水管理基础设施，这些设施既包括提升雨养农业生产力的小型灌溉设施，也包括大型灌溉系统的建设，但是必须小心避免过去这类工程建设所造成的负面的社会和环境效应。在农业水管理工程的规划和设计阶段，要充分考虑对陆地和水生生态系统的影响，渔业、水产养殖业和畜牧业的整合，以及多用途系统概念的应用（Van Koppen, Moriarty, and Boelee 2006），这样将会提高每一滴水的价值并确保生态系统的恢复性。

> 在世界上大多数曾作为粮食生产力提高源泉的地区，其增长潜力在快速下降，急需投资来缓解由此带来的负面效应并保证粮食和生计安全。

挑战和压力

本节主要考察与提升农业和粮食生产力有关的挑战和压力。过去半个世纪，世界粮食的显著增长主要依靠作物单产的增加（见第2章有关趋势的论述）。但是对于世界上大多数粮食主产国（巴西、中国、印度、伊朗、巴基斯坦和西欧）而言，它们在历史上推动生产力增长的主要动力已经接近枯竭（Brown 2005；本书第7章有关水分生产力的论述）。相当比例的灌溉农田正在受到河流缺水、地下水枯竭、造成土壤养分无效化的盐分累积，以及这些因素的复合所造成的威胁（Postel 2003）。目前急需投资去缓冲这些负面效应，同时还要确保粮食安全和生计安全。一些地方的土地扩展潜力已经十分有限了，而封闭流域的水资源已经枯竭。在其他一些地区，尤其是非洲撒哈拉以南地区，还有提高生产力的潜力。而在那些已经达到生产潜力的地区，必须寻求其他机会，如：转向高经济附加值作物的种植、使收入来源多样化或者是完全退出农业生产。

提高小农户的生产力以减少饥饿和贫困

为了能够使小农户有效参与市场并赚取农业产品收入，解决水资源的限制因子是必要不充分的条件。提高生产力需要在运输、通信、推广服务、能力建设和教育方面上投资。需要采取支持农民和市场之间的信息流动的新方法来鼓励农业的创新。政府的预算不会优先考虑这些领域，因为这些问题主要依靠外部财源解决，并且在长期内是不可持续的。政府、私人部门或非政府组织服务的提供者、公民社团、基于社区的团体之间形成伙伴关系对帮助农民的转型是至关重要的。一个相关的挑战是为那些无力进行快速调整以适应农业市场化生产转型的农民建立安全网。提供可以抵御自然灾害造成的财产损失的可信保险以及帮助迅速恢复生产的安全网是关键的措施，尤其是在可以预期的气候变化的情况下。

加强水资源治理

目前已经意识到很多和贫困相关的水问题的根源在于水资源治理方面的不善,因此改革水治理的呼声很高(见第5章有关政策和制度的论述)。这类改革动议中的共同因素是分权的决策过程,通常会包括水资源用户参与的制度化建设、私人产权的分配、广泛的水权、更多地依赖市场机制以确保对稀缺水资源的成本核算的配置和管理。

确保农村贫困人口有权获取有保障的水源是水资源治理改革面临的关键挑战。

确保穷人获取有保证的水权是这场水治理改革的核心挑战。目前,对水资源的获取,尤其是农业用水的获取,倾向于依据非正式的和习惯性的水权,而这种水权是和含有地下水源和水流的土地所有权有关或者和土地所有者或地方水管理委员会成员相关的社会规范和关系有关的权利。如果此种形式的获取在水治理改革中没有被认识到或者被采纳,农村贫困人口仍然会失去他们获取农业用水的权利(Bauer 1997; Pradhan and others 1997)。妇女尤其会在水资源获取上面临严重问题。因为水获取常常取决于土地的所有权,在土地获取以及在生计机会上的性别不平等和歧视通常也会造成水资源获取上的性别不平等。

和水治理相关的第二个挑战是确保贫困的农村男性和女性在关于水资源的开发、配置和管理方面的决策中能够发出自己的声音和意见。在许多地方,对这种挑战的响应主要是建立旨在代表所有利益相关方的用水户董事会。但是,这种做法的结果是令人失望的。在水政策、立法和行政法规框架的形成和再谈判过程中利益攸关方的参与是有限的。社会和经济关系塑造对水的获取和管理的方式及其对利益相关方代表之间互动的影响很少被认识并处理。在这种情况下,在有限和经常是模糊不清的指令下,水用户董事会就会重复现存的利益攸关方之间的不平等, 从而使这些关系合理化而不是挑战或改变它们(Ravnborg forthcoming; Webster, Merrey, and de Lange 2003)。

加强穷人在影响他们福利决策中的话语权

加强水治理的一个前提条件就是加强对"水贫困"是贫困的的核心要素的认识,以确保贫困人口能够恰当地处理这个问题。小农户,尤其是妇女,在政治论坛上通常不能表达他们的经济利益诉求(图4.6)。对于广大的小规模渔民和牧民也是如此。

政府机构和私人部门中有大量的利益攸关方,他们在水资源配置(包括河流流量管理)上都有着敏感的利益。随着水资源的日益匮乏,在家庭、小流域和流域水平上的有关水资源配置、水权和使用授权上的冲突注定会更加激烈。其中一个解决办法就是建立从村庄到更高层次的、自下而上的利益表达体制和程序,使穷人的声音能够被听到,如框4.1所示的案例那样。

拥有表达意见的权利并不等同于拥有制定日程的权力。目前有两种在脱贫环境下处理水资源开发的机制:一种是"脱贫战略研究"(PRSP),另一种是"水资源综合管理"。但是目前这两种方法所取得的成就还未能达到它们所具

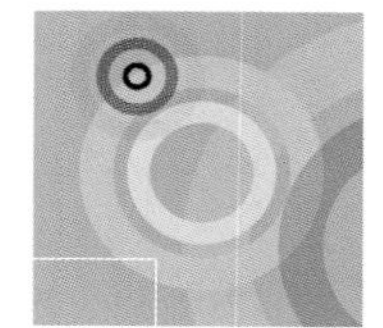

有的潜力。

在PRSP方法的程序中，稀缺财政资源优先投资的领域通常是那些容易感觉得到的领域，如教育和健康，而不是更具争议性的水资源部门，因为其中要考虑很多利益攸关方的诉求。因此，水资源管理行动不能充分体现在PRSP法中（PEP 2002）。

可以用一种分三步走的战略来应对挑战。首先，应认识并保护穷人的权利；第二，制定优先考虑贫困男性和女性的、透明的国家水资源部门战略；第三，将水资源战略和国家脱贫战略PRSP很好地融合在一起（UNDP 2006）。过去两年中，世界银行已经帮助非洲的埃塞俄比亚和坦桑尼亚，拉丁美洲的巴西、洪都拉斯和秘鲁，亚洲的中国、印度、巴基斯坦和菲律宾，以及阿塞拜疆和伊拉克制定了水资源援助战略。

> 小农户，尤其是妇女，没有能力在政治论坛上发出代表他们利益诉求的声音。

目前，关于水资源综合管理方法是促进了脱贫还是进一步加深了贫困的争论还在持续。有些人争论说水资源综合管理方法可以以脱贫的方式辅助对水资源的管理和服务。而另外一些人则强烈反对这种论点（见第5章有关政策和制度

图 4.6 在水管理上有些人会比其他人发出更强的声音

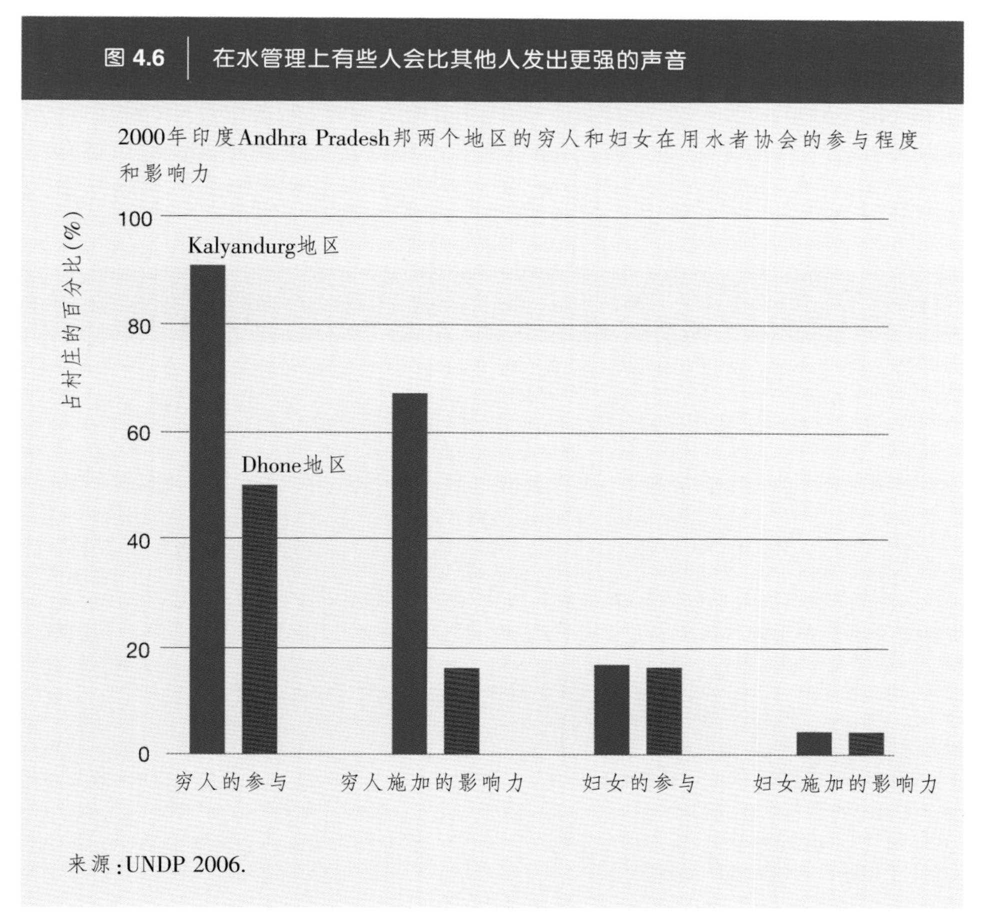

来源：UNDP 2006.

以及第16章有关河流流域的论述)。在非洲,在水资源综合管理的幌子下引入的管制性的行政水权和注册系统对穷人是不利的且进一步侵害了穷人有限的水权(Van Koppen and others 2004; Mumma 2005)。

这种水资源开发议程其实是可以适应穷人需求的,而不是像先前的将水资源综合管理方法解读为对所有人的一揽子的水资源议程。它认识到水的多种用途方式是适合基础设施落后的贫困地区需要的,并通过这种认识提供脱贫的机会(GWP 2004)。这种认识至少在三个方面扩大了对水资源综合管理方法的解读。它明确地包括了水资源开发。它还承认只要贫困的男性和女性可以更多更好地获取水资源用于生活和生产目的,水资源是可以发挥缓解贫困和促进性别平等的作用的。它还承认即便水资源开发会由于更容易获取的资源的开发而变得更加昂贵,也不应该压制开发新的水资源的努力,因为开发这些水资源可以为所有人提供基本的生产和生活用水。

在很多情况下,水资源政策都被证明是有损于妇女的水权的,并且不利于水资源的可持续利用和管理。

促进性别平等并意识到人口和生计的变化

在许多情形中,水资源开发的政策和项目被证明是损害妇女的土地权和水权的,从而削弱了她们对土地和水资源的可持续利用和管理(照片4.1)。像灌溉这样的干预方式会习惯性地恶化而不是重新达到男性和女性之间在所有权、劳动分工和收入方面的平衡 (Ahlers 2000; Boelens and Zwarteveen 2002; Chancellor 2000)。当妇女在农业决策中占主导的时候(如在南部非洲和东部非洲以及其他一些地方),加强妇女的土地和水权以及提供针对性别的信贷和投

框 4.1 | 通过更好的水管理和制度建设改善生计

科塔华西位于海拔 2600 m 的秘鲁安第斯山脉。它与世隔绝,居民主要是当地贫困、不识字、缺乏最基本的获取社会服务机会的人。这个地区正在经历从光明之路游击队运动造成的恐怖和暴力的恢复过程中。

1996 年非政府组织 AEDES 开始实施地方议程 21 的开发计划。可持续的水管理被确认为是开发该地区的关键因素,该地区位于奥科纳流域。AEDES 把重点放在利用人们的有机农业的生产和害虫管理的知识来提高他们的收入。他们恢复并加强了灌溉用户委员会、提高了灌溉技巧。农民的收入因种植籽粒苋而得到提高,这也是由 AEDES 在国内和国际为其寻求了市场。

AEDES 也开始辅助建立圆桌会议协商制度,把不同政府机构、社区团体和私营部门的代表召集在一起讨论水管理的规划。2005 年该流域被宣布成为保护区,需要制定发展生态旅游的规划。AEDES 还开发了基于地理信息系统的数据库以辅助区划规划的制定并提供当地土地和用水谈判所需的支持信息。这个数据库为圆桌会议的规划制定提供了有价值的输入信息,并可以做出区域甚至国家层次的决策者都可接受的规划建议。在卡塔华西地区的成功经验使 AEDES 计划将其活动扩展到奥科纳流域的其他地区。

来源:Both ENDS and Gomukh 2005.

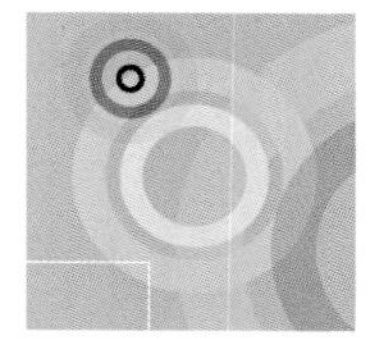

入、培训和市场联系对提高农业生产力会起到核心的作用（Quisumbing 1996; Van Koppen 2002）。提高水分生产力的努力，无论是通过微灌技术还是对功能灌溉设施的社区管理，都需要很好地针对女性农民。

水政策和农业水管理活动也需要考虑人类免疫病毒/艾滋病流行的影响，以及它们对妇女和女孩儿的不成比例的影响和损害。在非洲撒哈拉以南地区，有病人的家庭会需要更多的用水，而由于疾病造成的劳动能力丧失和转向生产经济价值低的作物及需要劳力减少的活动也会对当地的水管理产生影响。更好的农业水管理和性别间更加平等会为贫困家庭经受人类免疫病毒/艾滋病和其他疾病造成的贫困提供更大的抵抗力。艾滋病的财务负担意味着需要实施成本回收的措施。而这些措施也需要考虑水资源部门丧失的有技能的工作人员（Ashton and Ramasar 2002）。需要保护对土地和水资源的继承权，尤其是对那些还没有资格持有土地和水权的孤儿和女童以及习惯性和非正式水权存在的情况下（Aliber and Walker 2006）。

> 没有适当考虑生态系统弹性的脱贫项目将不能取得可持续脱贫的目标。

防止陆地和水生生态系统的退化

生态系统为人类提供了一系列好处，包括食物、木材、燃料、纤维、气候调节、侵蚀控制、水流和水质调节（见第6章有关生态系统的论述）。不可持续的土地和水管理方式会降低生态系统提供这些服务的能力并对贫困人口产生巨大冲击，因为有大部分的贫困人口主要依赖湿地及其他公共资源维持他们的生

摄影：Olufunke Cofie

照片 4.1 用葫芦运水的妇女。

计,而土地和水是退化最为严重的公共资源。这些宝贵的生态系统的进一步丧失会造成水资源更加匮乏和贫困率的增加。生态系统的服务能力会由于农业对水资源的干预和农业向边际性和脆弱土地扩展而逐渐降低。尽管水是农业发展的限制性因素，但是提供水资源调节功能的生态系统的退化会导致水量减少和水质退化。

> 平等的、支持穷人的措施是保证穷人获取最低程度的土地和水需求的,也为那些要求更多水量的少数人制定了规则。

水生生态系统以及依赖这些系统可持续发展的内陆渔业正在面临前所未有的威胁,这些威胁主要包括:对水生生态系统的物理性侵蚀和丧失、污染、资源的过度开采。迄今为止大部分威胁来自土地和水管理的变化,而这些变化会改变几千年来驱动这些系统的季节性和年际间生产的水文循环过程(见第12章内陆渔业)。在发展中国家已经出现河流流量由于大坝和灌溉系统的建设以及相关的河滨洪积平原和其他湿地的退化而显著改变的事例。因此,没有适当考虑生态系统弹性的脱贫项目将不可能取得可持续脱贫的目标。

降低贫困人口对气候冲击和其他灾害的脆弱度

过去十年,和水有关的灾害的数量和强度都显著增加。1991~2000年的十年间,全球有66.5万人死于2557次自然灾害,其中90%死于和水相关的洪水、台风和飓风(UN - Water 2005, p.12)。大部分遇难者都在发展中国家。这样的灾害以及它们造成的脆弱性会削弱任何摆脱贫困的努力,甚至还会使更多人由于灾害而丧失生计基础,进而陷入贫困状态。

气候变化有短期的和长期的效应。短期的气候变异及其引起的极端气候事件会对人类社会吸收或调整这种冲击的范围和频度产生影响,而长期的气候变异会导致人类社会生产基础的变化，尤其是那些主要依赖自然资源的经济体(Parry and others 1999)。

气候变化的影响深入到环境、社会和经济的方方面面以致其他影响发展的全球趋势会强化气候变化的消极效应,从而对穷人产生过大的伤害。O'Brien和Leichenko (2000)注意到气候变化和全球化的方式会产生一种他们称之为“双重暴露”的现象。那些由于国际贸易造成的市场波动十分脆弱的农民将会由于天气格局的变化而造成作物、牲畜和其他农业财产的损失而成为双重输家。贫困农民对这些效应的感受将会更为敏感,因为他们适应这种变化的情况和应对外部冲击的能力较弱 (Lambrou and Piana 2006)。Kurukulasuriya等人的分析(2006)表明气候变化对非洲农业的冲击最大,而非洲已经是一个极端贫困和饥荒间歇性肆虐的大陆。对斯里兰卡灾后影响的评价表明2004年的海啸大面积破坏和污染了海岸地下含水层,而且还破坏了用于饮用水供应的水井,造成地下水含盐量的上升,影响了对脆弱生态系统的可持续利用。这些主要对生活在海岸地区的贫困社区产生不利影响(Pannell and others 2006)。

降低水资源造成的贫困

使8亿主要以小农场为生的贫困人口脱贫的战略必须是多管齐下的，广义

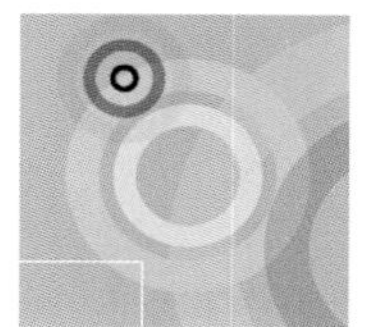

上应该考虑如下几个方面：

- 确保穷人拥有获取有保障的水的权利（保证雨水可用并开发适宜的技术和财政资助措施）。
- 提高人们获得更好地利用水资源的能力（提高水分生产力）。
- 提高对水资源的治理水平。
- 鼓励生计来源的多样化。

这样的多面战略需要确保穷人拥有获取水资源的权利并辅以一系列的补充性技术，同时还要有响应穷人需要的动态的政策和制度，以及能力建设和对帮助穷人的研究的支持。使各个国家的政府有这样的认识十分重要，那就是：水资源不仅作为一种自然资源是十分重要的，而且还是一种可持续发展战略和脱贫关键措施所需要的资源，需要加以保护。

在非洲，很多穷人由于政府将非正式灌溉的用水引向正式灌溉系统的做法而丧失了对他们极为重要的生计机会。

确保穷人拥有有保证的获取水的权利

有保证的水资源。Cremers，Ooijevaar 和 Boelens（2005，p.40）将有保证的获取定义为：在目前和未来落实水的使用权的可能性以及规避或能够控制不可持续的水管理所造成的风险的可能性。为了确保这些权利，从更大的"权利束"（获取和抽取水的权利、运行权、决策权）来考虑问题十分重要。用户可以采取各种策略来确保这些权利的实现。人们通常会通过源于不同且有时分歧的权利系统和那些最能代表他们利益的权利系统的规则、权利和条例的方式来落实他们的权利主张。但是更高一级的制度，如国家的法律和水资源行政管理措施所提供的增强用户的水获取保障和处理穷人不足的使用权问题的政策和机制也是必不可少的。

这种对有限水资源的日益增长的需求不可避免地涉及权利的分享和优先考虑某些部门和用户的用水，从而将穷人置于更高的风险中。地方的规范通常会保证所有人对饮用水的获取。许多非洲国家的地方规范还倾向于支持小型农户用于生产和生活的平等的水获取权利。而那些得到更大量的水并从而剥夺了其他人用水权利的个人通常都会遭到社区的反对（Derham，Hellum，and Sithole 2005）。但是，由于水资源匮乏而进行的正式的立法和优先配置的措施常常不能很好地保护穷人的利益。本地的水管理条例和解决方案又容易被官方的政策和干预措施所忽略。如同在印度和斯里兰卡的部分地区实行的那样，一个公平的、支持穷人的措施是可以保证所有人可接受的最低限度的水量和土地面积的，也为那些要求更多水量的少数人制定了规则（Van Koppen，Parthasarathy，and Safiliou 2002）。在这里平等意味着水获取权利分配上的平等和对水管理控制权的平等。

干扰现有的水获取规则的投资和政策对生计会产生一定影响。例如，非正式的灌溉系统，如南非的dambos和尼日利亚的fadamas，就有助于脱贫和提高粮食安全的程度。在非洲有很多事例证明，由于政府的规划将水从非正式的灌溉系统中调往正式的水力发电和大中型灌溉系统中会使穷人丧失重要的生计来源。

提高地方水权的安全性的一个主要途径就是将水权划分给集体而不是个人(Boelens and Hoogendam 2002; Bruns and Meinzen-Dick 2000)。智利、厄瓜多尔、秘鲁的数据显示,将水权划分给个人会造成不稳定的局面,对本土水权和生计会产生负面影响(Bauer 1998; Brehm and Quiroz 1995)。社区也会因竞争灌溉用水而造成基础设施提供服务的数量远远超出其设计能力的结果(照片4.2)。

摄影:David Molden

照片 4.2　给田间引水。

在许多地方,尽管不被正式的法律框架所承认,对水的权利主张通常是建立在土地所有权的基础之上的。拥有一块有泉眼、溪流或地下含水层的土地是宣称拥有相应水权的共同机制。因此,在那些土地分配不利于穷人的地方,水的分配也有可能是不平等的。更为复杂的是,拥有水源的土地通常会比没有水源的土地价值要高,这就使得基于土地所有权的水权对穷人更加不利。

在尼加拉瓜的丘陵地带,几乎60%的非贫困家庭都拥有含有水源的土地,而只有15%的贫困家庭拥有含有水源的土地(Ravnborg forthcoming)。在坦桑尼亚西南部,很多社区内的土地分配在一定程度上都至少要考虑所有生活在山谷底部的家庭对土地的所有权,每十个家庭中至少有九个家庭拥有传统灌溉(vinyungu)土地的所有权,贫困和非贫困家庭之间没有区别(Boesenand Ravnborg 1993)。

对水资源或水利基础设施的获取还可能受到财政资源获取的限制,如同在非洲撒哈拉以南地区和南亚的大部分国家的情形(框4.2)。在包括孟加拉国、东印度、尼泊尔的特莱地区在内的所谓的南亚贫困地带,20世纪60~70年代公共和

框 4.2　增强农村妇女的权力:造就地方领袖

艾丽维拉玛,28岁,属于印度的“表列种姓”阶层(贱民),是印度的Andra Pradesh邦的Cittor地区的Jettigundlapalli村的居民。她和丈夫及两个女儿和一个儿子住在一起。家里有1.4hm² 的土地,但是由于缺水无法耕种。她和她的丈夫都是农业工人。他们只有微薄的季节性收入来满足他们全家的开销。他们经常会去借贷。艾丽维拉玛的女儿辍学了,因为学费对他们家来说太高,并且还需要照顾更小的弟妹。

2001年艾丽维拉玛加入了农村微信贷团体。该团体帮助他们得到一笔8000卢比的贷款。在一系列小额借款后,艾丽维拉玛和团体内的其他一些成员共同得到了60000卢比的贷款用来钻地下水井。她用分配的水灌溉了0.6 hm² 的土地种植西红柿。她还把水卖给周围的农民。家庭收入的增加使艾丽维拉玛增强了信心去争取另外一笔贷款建筑新的住房。她的孩子们也能重入学校,家里吃得也更好了。艾丽维拉玛现在能够购买她所需的东西,而不再依靠她丈夫的收入。她甚至还到外地去和政府官员会面,而从前她从来不敢离开她的村子半步或者去行使自己的政治权利。

来源:DHAN Foundation 2003.

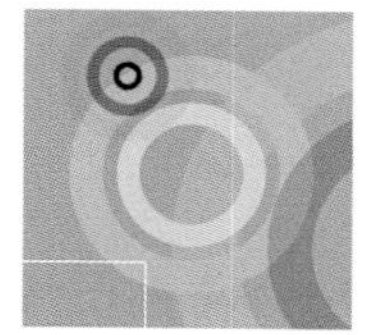

私人投资的管井的逐步扩张对精英阶层是有利的，因为可以使他们获取必要的资本(Shah 2001; Shah and others 2000)。缺乏获取资本的能力也会制约政府为其公民开发必要的水利基础设施的能力。很多原因导致了水利基础设施的双边和多边投资的逐渐减少，其中最主要的是环境压力、运行和管理不善、投资者缺乏投资于农业的兴趣(见第2章有关趋势的论述)。因此非洲国家发现得到能够有效发挥脱贫和提高粮食安全的生产性水资源获取的资金越来越困难。

这种非正式的灌溉系统很少体现在官方的统计数据中，也很少被决策者和包括研究和推广机构在内的农业支撑服务机构所认可。

开发适宜的技术和财政措施。 小规模的本地化的水管理系统通常更适合穷人的需要。成功开发并影响类似技术的案例就是20世纪80年代孟加拉国脚踏式水泵的开发和推广，以及随后开发的小型低成本滴灌和蓄水系统。

- 小型机械化水泵。在20世纪80年代，世界银行投资于孟加拉国的管井动议，这个投资可以为一次给2~20hm²土地进行灌溉的柴油水泵机组提供补贴。尽管这种投资成功地使灌溉面积得到了扩大，但是它们对贫困造成了负面的或者最好也是中性的效果，那就是它们倾向于向那些规模较大的富裕的农户提供灌溉用水。为了在小农户和妇女之中推广使用小型技术，需要开发一些信贷项目使妇女团体也能获得贷款并管理水泵机组 (Van Koppen and Mahmud 1996)。
- 脚踏式水泵。20世纪80年代末国际开发计划实施了一个旨在刺激在农村地区大规模营销脚踏式水泵的计划，这个项目促使新增了75家私营制造商、几千个农村销售员和钻井工，以及各种各样的营销和促销活动(Heierli and Polak 2000)。在15年间，小农户以未经补贴的公平市场价格购买并安装了150万套脚踏式水泵，使30万hm²的土地得到灌溉，总投资成本4950万美元。而用传统的大坝和渠道灌溉系统灌溉相同面积的土地的成本至少是15亿美元。脚踏式水泵的投资每年为贫困的小农户产生1.5亿美元的净收入(Polak 2005; Polak and Yoder 2006; Sauder 1992)。联合国粮农组织和其他组织现在也参与到亚洲的非洲撒哈拉以南地区的脚踏式水泵的推广工作中(Kay and Brabben 2000)。这些小型技术可以使穷人迈出摆脱贫困的关键一步(图4.7)。
- 低成本的滴灌系统。小农户已经通过由私营制造商、农村销售员和农民技术员组成的制造和销售网络而得到低成本的滴灌技术，安装1英亩这种系统需要一个技术员两天的时间，收费4美元。低成本滴灌系统除了能够提供可靠的水源之外，还可以改善作物品质、增加单产、减少用水量，还可以引导农民转向种植经济附加值高的作物(Keller and others 2001)。
- 低成本的蓄水设施。在很多半干旱地区，大多数的年降水都发生在几个季风盛行的月份。干旱月份的灌溉用水不是短缺就是根本没有，而当生长条件反而处于最好的时期同时水果蔬菜价格也达到市场最高点的时候，小规模经营的农民就无力参与市场竞争。而收集并储存季风季节的雨水的做法又受到昂贵的传统蓄水系统的制约。适合贫困男女农民需要的水袋式蓄水方式对贫困农民尤为有效。最近的技术进展已经有效降低了材料的成本，

图 4.7 通过获取微型灌溉方法和市场来脱贫

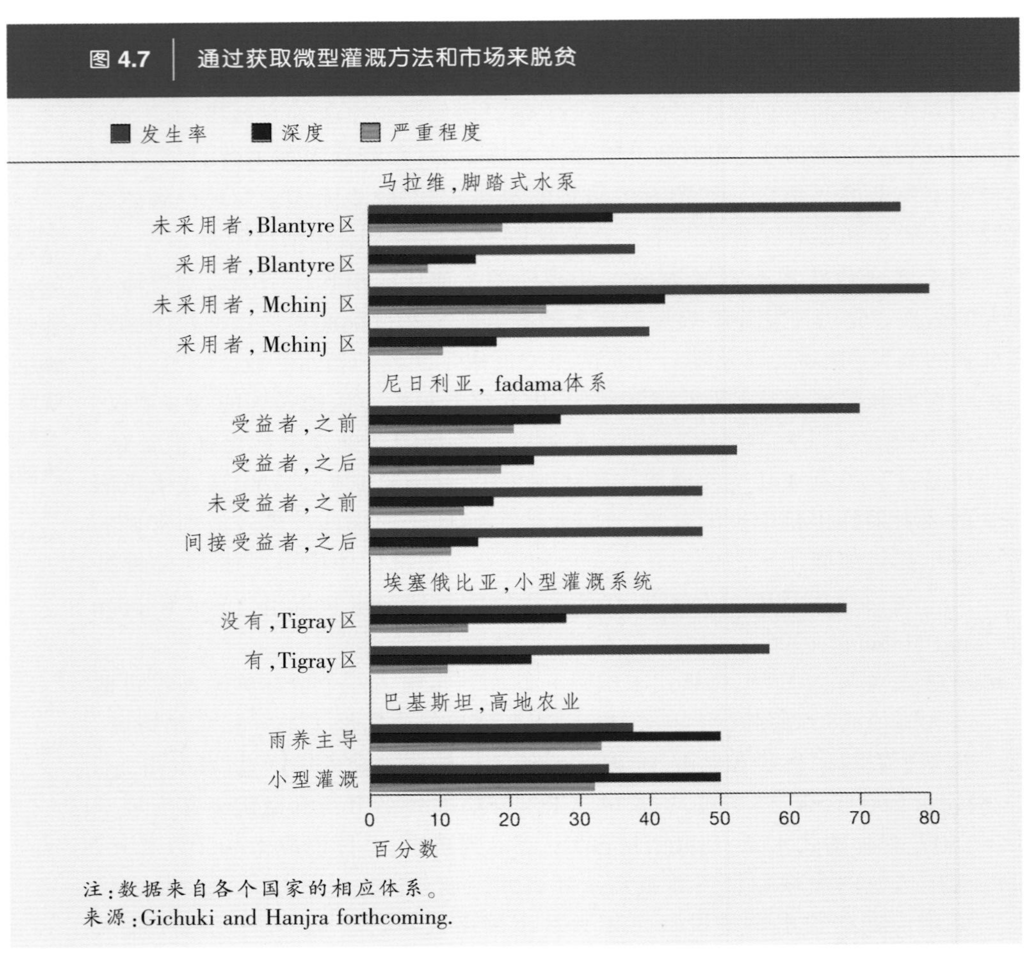

注：数据来自各个国家的相应体系。
来源：Gichuki and Hanjra forthcoming.

但是仍然需要低成本的田间蓄水系统，尤其是在气候变化引起的季风降雨变异性增大的情况下(Polak and others 2004)。

- 非正式灌溉系统。高地农业和丘陵农业是和雨养农业最接近的耕作方式。而许多国家的高地和丘陵农民已经开发出许多非正式的灌溉系统，这些系统从注满水的塑料瓶中给作物幼苗浇水，到山谷底部和沿河地带为更加有组织的蔬菜、青贮玉米和稻田的沟灌系统浇水。在大多数情况下，贫困农民都参与过利用劣质水进行的农业活动(见第11章劣质水利用)。劣质水利用对灌溉者和消费者来说都具有混合效应。尽管利用劣质水在经济上很有吸引力，但是它对生产者、消费者和环境所造成的风险也需要通过公共政策的干预小心地进行管理(Hussain and others 2001)。

这种非正式的灌溉系统很少体现在官方的统计数据中，也很少被决策者和包括研究和过推广机构在内的农业支撑服务机构所认可(照片4.3和照片4.4)。在加纳中部的环绕城市的非正式灌溉系统估计有40 000 hm^2，而周边22个正式的灌

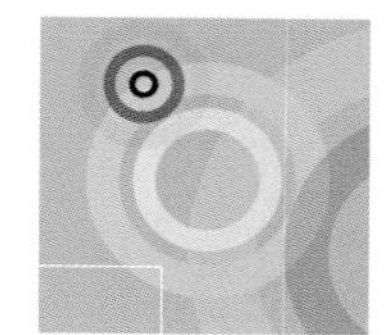

溉系统覆盖的面积只有5478 hm^2(Drechsel and others 2006)。在坦桑尼亚的大陆地区，估计有5%的土地是灌溉农田，而其中的三分之二是没有外部机构支持的农民以自发建立的传统灌溉方式进行灌溉(FAO 2005)。但即便这个统计数字也可能低估了非正式灌溉的重要性。一项针对坦桑尼亚西南部的伊琳加地区的四个丘陵村庄的研究发现：在十个农户中有九个农户拥有非正式灌溉的农田(Boesen and Ravnborg 1993)。在这些村庄中，非正式灌溉农田占耕地面积的16%。而在洪都拉斯和尼加拉瓜的丘陵农区，16%~39%的农户的耕地上拥有水源或者濒临溪流。但是这些农户家庭却缺乏对高效用水的资源和技术的获取。在尼加拉瓜丘陵农区的Miraflor和Condega两个地区，只有三分之一的可以获取水的家庭种植有用非正式灌溉方式浇灌的作物(Ravnborg 2002a，2003)。

> 通过有效用水来脱贫并促进平等的有效途径就是采用那些把贫困人口对水资源的多种用途作为出发点的策略。

具有利用小型技术和非正式灌溉方法为作物浇水的能力会对农户家庭的生计产生巨大的影响，因为这会降低在雨季发生短暂干旱期的潜在负面效应，并且能够种植需水量更大而通常也是经济附加值更高的蔬菜作物(GWP 2003)，从而降低了脆弱度并能增加雨养农业的经济收入。

使人们具有更好的利用水资源的能力

更好地用水意味着提高灌溉和雨养农业的水分生产力，这主要通过水资源的多种用途、综合水资源规划，以及定向研究来实现。这将包括理解本地条件和限制因素、开发适当的培训、进行能力建设使用户可以实现用水效益最大化并减轻对环境造成的负面影响。

提高现有大型灌溉系统的生产力和平等性。亚洲和非洲的许多老旧灌溉系统的生产力很低，贫困现象延续至今。印度、吉尔吉斯斯坦和尼泊尔的灌溉监测位点的发现表明了不平等的水资源分配体系和一系列社会经济条件并存(图4.8)。在这些案例中发现的共同因素有：关系中的权力失衡、知识和技能开发不足、贫困和女性灌溉者获取水的不利条件 (Mott MacDonald 2006; Howarth and

摄影：Olufunke Cofie

照片4.3和照片4.4 很多农民采用多种多样的非常规技术或方法进行灌溉，而这些并未反映在官方统计数字中。

图 4.8 一系列的社会经济因素和灌溉平等性在一些存在水分配问题的系统内的相互作用

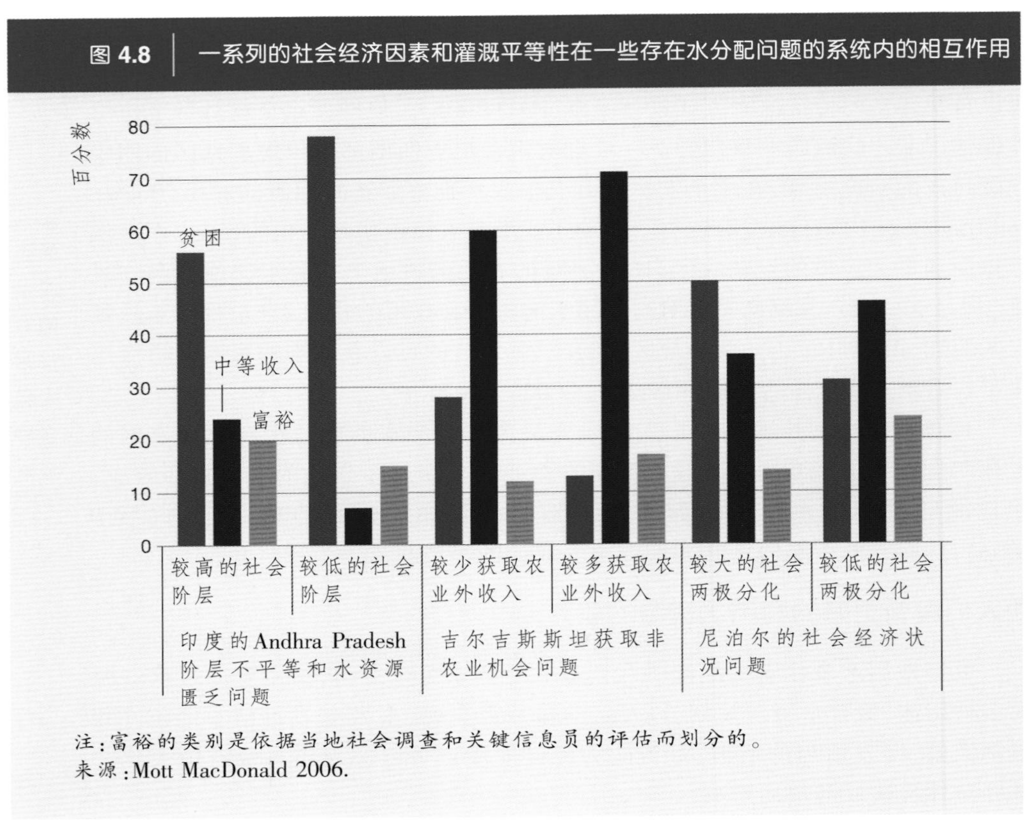

注：富裕的类别是依据当地社会调查和关键信息员的评估而划分的。
来源：Mott MacDonald 2006.

others forthcoming)。在亚洲广泛进行的案例研究表明：有可能促进脱贫的干预措施可以被划分为技术和制度干预措施(Hussain 2005)。技术干预措施包括促进节水和水资源保育措施、促进多样化的农业经营、引进种植高经济附加值作物、恢复基础设施功能、地表水和地下水的联合运用、开发水控制设施、改善排水管理。但是要使这些技术措施发挥成效，还需要配套应用制度干预措施，如：建立并维护用水户、用户协会和服务提供者之间的关系问责制、通过有针对性的培训提高系统官员和用户协会的能力、提高用水在首端和末端用户之间分配的公平性(Mott MacDonald 2006; Howarth and others forthcoming)。

提升雨养系统。在边际质量耕地上的雨养低产农田具有极大的生产力提升潜力(见第8章有关雨养农业的论述)。因为有大量的农村贫困人口依赖这些系统维持他们的生计，通过土壤水分保育、雨水收集和补充灌溉来提升这些系统的生产力会使贫困人口由于生产力的提高而摆脱贫困。

认识到水利基础设施的多种用途。为了促进脱贫和性别公平而更有效地用水的一个有前途的方法就是实现水服务的多种用途，这种方法以贫困男女对水的多种用途的需求作为出发点。这种方法意识到当农村社区建设自己的水井、村庄里的蓄水塔、家庭蓄水以及其他水利基础设施的时候，他们一般会将拦

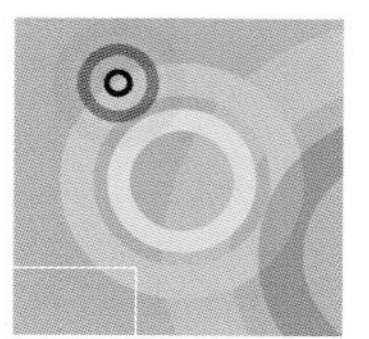

截或储存下来的水用于多种用途：生活用水、卫生用水、牲畜养殖、小规模园艺、作物种植、渔业和水产养殖、树木种植、啤酒酿造，以及其他一些小规模的商用和仪式用水。对于穷人来说，不管有什么特定的目的，水就是水（照片4.5）。社区也开发多种联合运用的水源：降雨、地表河流和湖泊、湿地、地下水。对多种水源联合运用的多功能性、灵活性和开采能够满足穷人广泛的水需求，使他们能够适应季节变异以及解决极端天气事件所带来的高风险。

由于下述原因使水的多种用途被认为是一种有效脱贫和促进性别平等的方法。

- 以贫穷男女多样的水需求作为出发点，多种用途方法可以满足一系列基本的水需求，并能缓解多面的贫困问题的更多方面：可以减少劳作、改善健康状况、提高粮食安全、增加畜牧养殖、渔业、作物种植和其他小生意的收入。
- 和水的单一用途方法相比，累积资本成本很低。而更广泛的生计以及从可持续发展中得到的收益会使该方法的经济效益更高。
- 建立包括所有用户的用水者制度，而不是设立平行的灌溉委员会、生活用水委员会以及传统的治理相同水资源的政府架构。这样的用水者制度可以更有效更可持续地治理水资源。
- 如果所有人的多种用水需求在一开始就被充分考虑的话，全方位的用水者协会就会更加公平。

摄影：Paul Polak

照片 4.5 农户家庭经常把饮用水用于家庭菜园的灌溉。

■ 多用途的方法在扩大生计收益机会和促进可持续性和平等性机会方面的作用是普遍的，但是必须根据当地的具体条件而实施。

在水资源规划过程中结合牲畜、小型渔业和水产养殖。牲畜养殖、渔业和小规模水产养殖活动在发展中国家的大部分农作体系中都占农产品收入的显著比例，同时也是小规模经营农户现金收入的主要来源(Turpie and others 1999; Maltsoglou and Rapsomanikis 2005; Thornton and others 2002)。促进牲畜养殖并将其整合到作物生产体系中是帮助农村贫困人口的有效途径，牲畜养殖产生的收入比来源于作物种植的收入更能使穷人受惠并促进平等(Adams 1994)。类似的，综合水产养殖-农业和内陆渔业及其相关活动如小规模鱼类加工和贸易通常是由缺乏资源和土地的家庭经营的(见第12章有关内陆渔业的论述)。在那些主要由妇女从事的牲畜养殖活动中，针对畜牧部门的政策也是实现妇女参与创收活动的有效途径。

> 开发支持穷人的低成本和适应性别的技术、改良作物、制定更好的农艺和水管理措施会显著减少贫困。

通过有针对性的研究来提高水分生产力。开发支持穷人的低成本和适应性别的技术、改良作物、制定更好的农艺和水管理措施会显著减少贫困。作物研究应该将重点放在对发展中国家的贫困农民所处环境有意义的课题上，如干旱、降雨减少、农田淹水、土壤盐渍化、土壤碱化、病虫害防治、土壤养分缺乏。研发能够耐受这些生物和非生物胁迫的作物品种将会有助于提高作物的水分生产力(见第7章有关水分生产力的论述)。同时也需要把水的使用定位成与制度、社会关系、产权、身份和文化等媒介相融合的活动(Mosse 2003; Cleaver 2000; Mehta 2005)。这样的研究有助于为农业水管理如何减少贫困和减轻不平等提供更具现实性的建议。

改善对水资源的治理

改善水资源的治理将通过确保穷人有保证的水权获取和相关服务而促进贫困的减少。穷人的水权通常是非正式的且没有保证的，他们的水权常常不被社会规范所承认。有责任保护这些权利的制度又常常不能为穷人所利用或者对穷人的诉求置之不理。穷人的水权经常遭受侵害，无论是物质上的还是数量上的。本节将重点讨论水治理的议程如何使小农户获取更多的水资源。

多重角色：将地方用户与管理和决策程序连接起来。实现可持续的水资源管理和治理议程需要多种角色的参与(见第5章有关政策和制度的论述)。非政府组织可以在培训和能力建设上发挥作用，这主要是通过利益攸关方的斡旋和使当地居民有能力认识到他们目前所处的环境中存在的问题，帮助他们分析原因和结果，评估不同选项，达成信息充分的决定，甚至确认他们对未利用土地和水资源的拥有权等方式进行。在水管理领域工作的非政府组织在通过可持续水管理来进行脱贫方面积累了相当丰富的制定地方战略的经验 (Both ENDS and Gomukh 2005)。

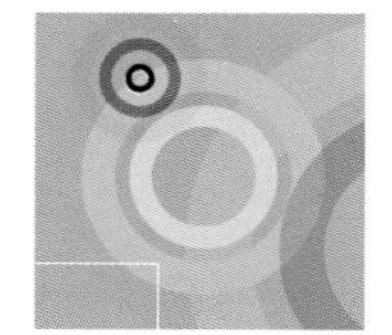

支持生计的多样化

大部分贫困农民都会从事农业之外的多种生计以增加收入、减少风险、应对不确定情况的发生。多样化收入来源甚至退出农业生产被许多人认为是一种避免贫困的有效策略(Dixon and Gulliver 2001),同时这种做法也会间接地减少对当地水资源的压力,尤其是在水资源有限的地方。许多国家,农业之外的收入已经构成农村家庭收入的很大一部分比例。印度有超过三分之一的农村家庭主要从制造业和服务业获取他们的收入。脱贫努力需要将这些微观现实和有力的宏观水平政策联系起来，主要通过扩大财富基础并提高财富生产力的手段进行。教育投资、培训项目和基础设施是关键。私人部门、政府、非政府组织、研究所和援助机构在其中都要发挥作用。农村非农业部门的发展应该被看作是农业主导的脱贫努力的有益补充,而不是这一战略的完全取代。

> 农业水管理为农民创造收入的潜力与小农户直接投入和产出市场的程度有关。

将农民与投入和产出市场连接起来。当它们能使小农户充分利用市场机会所提供的优势的时候,农业水管理和其他生产技术和服务会收到更好的效果(Maltsoglou and Rapsomanikis 2005)。农业水管理的干预措施是解决一系列市场制约因素的战略切入点。

农业水管理为农民创造收入的潜力直接和小农户投入和产出市场的程度有关。当小农户可以获取一系列的为作物生产销售服务的补充性商品时,这种影响就会最大。另外,当这些商品和服务被具体的商品价值链整合在一起的时候,就会产生协同效应。因此,当市场联系已经存在或者将要建立起来的时候,农业水管理的干预措施才能发挥最大的功效。

越来越集中的全球农业商业供应链意味着小农户必须找到与更大的参与者在商业上连接起来的途径。否则,他们就会面临被挤出迅速发展的国内和出口市场的风险,而农产品出口市场越来越多地被超级市场和农业商业企业所控制(Reardon and others 2003)。小农户是否能种植或养殖劳动密集的经济作物或牲畜、水产以创造新的收入来源取决于能否克服进入销售他们产品的市场的障碍(照片4.6)。

超市无论在发达国家还是发展中国家都在扮演着越来越重要的商品销售的主导角色,这些商品包括小农户具有种植优势的蔬菜、水果和其他高附加值作物(Reardon and others 2003)。为了使自己的产品进入超市销售,小农户需要在新的产品质量标准方面接受培训。为了满足超市销售数量上的要求,小农户需要更强大的农户组织和机制来使他们的生产规模化。将小农户的产品和服务以垂直整合的方式进行打包是可以促进越来越多的贫困小农户参与到高附加值农业商品市场的有效策略。

水资源市场能够促进贫困人口对水的获取。随着孟加拉国柴油水泵的价格从每台500美元下降到每台160美元,上千万的小农户通过安装脚踏式水泵的方式增加了他们的可支配收入,而孟加拉国和东印度的成千上万家小农户开始销售多余的水给他们的邻居。这样造就的水市场已经扩大了小农户获取支付得起

摄影：David Molden

照片 4.6　小农户生产的灌溉农产品通常不易保鲜，需要对其农产品营销体系进行改进。

的灌溉用水的机会(Shah 2001)。20年前孟加拉国的村民报道说村子里只有30%的小农户能够获取付得起的灌溉用水。而两年前这个比例已经增加到70%到100%之间(Nanes, Calavito, and Polak 2003)。因此，在确定的条件下，适应性的私人机构对市场的响应可以弥补失败的公共机构的努力。

促进多样化的作物种植。作物种植多样化是贫困人口生计战略的关键，但是小农户在多样化种植上还面临着显著的限制性因素。例如，尽管对水果和蔬菜的需求量很大，贫困农民并没有从生产有更高经济回报率的经济作物(出口)中获益，这主要是因为他们的生存导向是专业生产大宗作物。例如，在肯尼亚、坦桑尼亚和乌干达，那里的农产品价格和贸易已经自由化，生产出口商品的农户比生产粮食作物的农户的经济状况会更好(Peacock 2005)。在肯尼亚，47%的仅能维持生计的农民在贫困线以下，而生产经济作物农民的这个比例是31%。马拉维种植白肋烟叶的小农户的收入是最贫困地区的粮食种植户的收入的两倍(Peacock 2005)。

尽管对经济作物营养状况存在担忧，经济作物种植者的总体经济状况要优于粮食种植户。小农户因此应该得到支持来生产并销售那些需求量增长并能提高收入的作物。加强农民组织、产品贮存中心、获取财政和知识支持将对贫困农民从种植高附加值作物中获益至关重要。这同时也需要有效的基础设施网络。

在提高经济水分生产力和减少贫困方面也涌现出许多机会，主要包括：以农村为基地的生产和加工、新鲜水果和蔬菜的生产、生物质能源作物的种植。援助者、政府和私人部门应该更多地去鼓励创新，主要包括：支持利基产品的价值链安排。

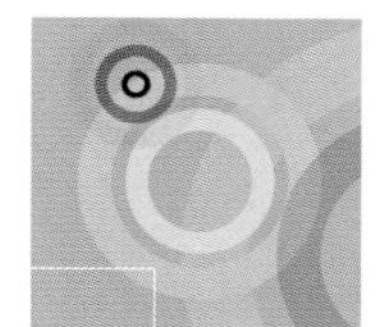

第4章 逆转水的流向：农业水管理的脱贫途径

前面的路

十分明显，农业水分生产力的提高在减少贫困和脆弱性方面发挥着重要作用。旨在实现水的多种用途的小型技术和水资源基础设施的混合应用可以使贫困男女从每一滴水中获取的收益最大化。这些努力需要让贫困男女，尤其是女性，能够更广泛的获取资本（土地、水、工作资本、人力资本）、市场、信息和服务并将它们结合。在水管理工程和将地方成功经验推广到更大地区的过程中，平等和脱贫需要给予更多的优先考虑。能够使广泛的利益攸关方分享信息、从成功和失败中吸取经验的适当的立法架构和功能体制对于环境可持续，保护、促进并提高穷人的权利、财产和以自由的方式管理水资源是极其重要的。

评审人

审稿编辑：Jan Lundqvist.

评审人：Rudolph Cleveringa，Mark Giordano，Nancy Johnson，Richard Palmer Jones，Stephane Jost，Eiman Karar，Douglas J. Merrey，Francois Molle，Anne Nicolaysen，Rosanno Quagliariello，Dina Safilou-Rothschild，Maria Saleth，Madar Samad，Kemi Seesink，and Marcel J. Silvius.

注解

本章标题命名的灵感来源于一个美国西部农民的话："水往高处有钱的地方流。"我们认为这句话生动地说明了在很多国家目前正在发生着的不幸的现实。我们希望水也能流向更多的穷人。所以，我们将本章命名为"逆转水的流向"。

参考文献

Adams, R.H.J. 1994. "Non-farm Income and Inequality in Rural Pakistan: A Decomposition Analysis." *Journal of Development Studies* 31 (1): 110–33.

Adhiguru, P., and P. Ramasamy. 2003. "Agricultural-based Interventions for Sustainable Nutrition Security." Policy Paper 17. National Centre for Agricultural Economics and Policy Research, New Delhi.

Agarwal, B. 1994. *A Field of One's Own: Gender and Land Rights in South Asia*. Cambridge, UK: Cambridge University Press.

Ahlers, R. 2000. "Gender Issues in Irrigation." In C. Tortajada, ed., *Women and Water Management: The Latin American Experience*. New Delhi: Oxford University Press.

Alberts, J.H., and J.J. van der Zee. 2004. "A Multi-Sectoral Approach to Sustainable Rural Water Supply: The Role of the Rope Handpump in Nicaragua." In Patrick Moriarty, John Butterworth, and Barbara van Koppen, eds., *Beyond Domestic: Case Studies on Poverty and Productive Uses of Water at the Household Level*. IRC Technical Papers Series 41. Delft, Netherlands: International Water and Sanitation Centre, Natural Resources Institute, and International Water Management Institute.

Aliber, M., and C. Walker. 2006. "The Impact of HIV/AIDS on Land Rights: Perspectives from Kenya." *World Development* 34 (3): 704–27.

Ashton, P., and V. Ramasar. 2002. "Water and HIV/AIDS: Some Strategic Considerations in Southern Africa." In Anthony Turton and Roland Henwood, eds., *Hydropolitics in the Developing World: A Southern African Perspective.* Pretoria: African Water Issues Research Unit.

Bauer, C.J. 1997. "Bringing Water Markets Down to Earth: The Political Economy of Water Rights in Chile, 1976–1995." *World Development* 25 (5): 639–56.

———. 1998. *Against the Current: Privatization, Water Markets, and the State in Chile.* Norwell, Mass.: Kluwer Academic Publishers.

Bebbington, A. 1999. "Capitals and Capabilities: A Framework for Analysing Peasant Viability, Rural Livelihoods and Poverty." *World Development* 27 (12): 2021–44.

Bhatia, R. 1997. "Food Security Implications of Raising Irrigation Charges in Developing Countries." In M. Kay, T. Franks, and L.E.D. Smith, eds., *Water: Economics, Management and Demand.* London: E & FN Spon and Chapman & Hall.

Bhattarai, M., and A. Narayanamoorthy. 2003. "Impact of Irrigation on Rural Poverty in India: An Aggregate Panel-Data Analysis." *Water Policy* 5 (5–6): 443–58.

Boelens, R., and P. Hoogendam, eds. 2002. *Water Rights and Empowerment.* Assen, Netherlands: Van Gorcum.

Boelens, R., and M. Zwarteveen. 2002. "Gender Dimensions of Water Control in Andean Irrigation." In R. Boelens and P. Hoogendam, eds., *Water Rights and Empowerment.* Assen, Netherlands: Van Gorcum.

Boesen, J., and H.M. Ravnborg. 1993. "Peasant Production in Iringa District, Tanzania." CDR Project Paper 93.1. Centre for Development Research, Copenhagen.

Both ENDS and Gomukh. 2005. *River Basin Management: A Negotiated Approach.* Amsterdam.

Brehm, M.R., and J. Quiroz. 1995. *The Market for Water Rights in Chile: Major Issues.* World Bank Technical Paper 285. Washington, D.C.: World Bank.

Brown, L.R. 2005. *Outgrowing the Earth: The Food Security Challenge in an Age of Falling Water Tables and Rising Temperatures.* New York: W.W. Norton & Co.

Bruns, B.R., and R.S. Meinzen-Dick, eds. 2000. *Negotiating Water Rights.* New Delhi: Vistaar; and London: Intermediate Technology Press.

Carruthers, I. 1996. "Economics of Irrigation." In L. Pereira, R. Feddes, J. Gilley, and B. Lesaffre, eds., *Sustainability of Irrigated Agriculture.* Dordrecht, Netherlands: Kluwer Academic Publishers.

Cernea, M.M. 2003. "For a New Economics of Resettlement: A Sociological Critique of the Compensation Principle." *International Social Science Journal* 55 (175): 37–45.

CGIAR (Consultative Group on International Agricultural Research). 2000. "Charting CGIAR's Future: A New Vision for 2010." Paper prepared for the Mid-Term Meeting, 21–26 May, Dresden, Germany. Accessed August 15, 2005. [www.rimisp.cl/cg2010b/doc4.html#_ftn1].

Chambers, R. 1988. *Managing Canal Irrigation.* Cambridge, UK: Cambridge University Press.

Chancellor, F. 2000. "Sustainable Irrigation and the Gender Question in Southern Africa." In A. Pink, ed., *Sustainable Development International.* 3rd ed. London: ICG Publishing Ltd.

Cleaver, F. 2000. "Moral Ecological Rationality, Institutions and the Management of Common Property Resources." *Development and Change* 31 (2): 361–83.

Cremers, L., M. Ooijevaar, and R. Boelens. 2005. "Institutional Reform in the Andean Irrigation Sector: Enabling Policies for Strengthening Local Rights and Water Management." *Natural Resources Forum* 29 (1): 37–50.

Damiani, O. 2003. "Effects on Employment, Wages, and Labor Standards of Non-Traditional Export Crops in Northeast Brazil." *Latin American Research Review* 38 (1): 84–112.

Datt, G., and M. Ravallion. 1998. "Farm Productivity and Rural Poverty in India." *Journal of Development Studies* 34 (4): 62–85.

Davidson, A.P. 2000. "Soil Salinity, a Major Constraint to Irrigated Agriculture in the Punjab Region of Pakistan: Contributing Factors and Strategies for Amelioration." *American Journal of Alternative Agriculture* 15 (4): 154–59.

Delgado, C., P. Hazell, J. Hopkins, and V. Kelly. 1994. "Promoting Intersectoral Growth Linkages in Rural Africa through Agricultural Technology and Policy Reform." *American Journal of Agricultural Economics* 76 (5): 1166–71.

Delgado, C., J. Hopkins, V. Kelly, P. Hazell, A. Mckenna, P. Gruhn, B. Hojjati, J. Sil, and C. Courbois. 1998. *Agricultural Growth Linkages in Sub-Saharan Africa.* Research Report 107. International Food Policy Research Institute, Washington, D.C.

Derham, B., A. Hellum, and P. Sithole. 2005. "Intersections of Human Rights and Customs: A Livelihood Perspective on Water Laws." In B. van Koppen, J.A. Butterworth, and I. Juma, eds., *African Water Laws: Plural Legislative Frameworks for Rural Water Management in Africa.* Proceedings of a workshop held 26–28 January in Johannesburg, South Africa. Pretoria: International Water Management Institute.

DHAN (Development of Humane Action) Foundation. 2003. *Leadership Matters: Annual Report 2003.* Madurai, India.

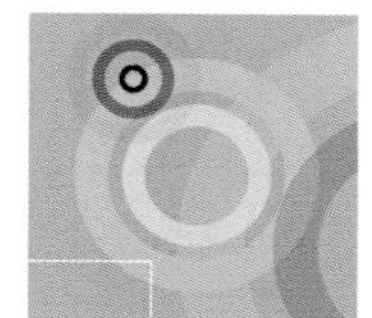

Dixon, J., and A. Gulliver. 2001. *Farming Systems and Poverty: Improving Farmers' Livelihoods in a Changing World.* Rome and Washington, D.C.: Food and Agriculture Organization and World Bank.
Dougherty, T.C., and A.W. Hall. 1995. *Environmental Impact Assessment of Irrigation and Drainage Projects.* Irrigation and Drainage Paper 53. Rome: Food and Agriculture Organization.
Drechsel, P., S. Graefe, M. Sonou, and O.O. Cofie. 2006. *Informal Irrigation in Urban West Africa: An Overview.* IWMI Research Report 102. Colombo: International Water Management Institute.
Ellis, F. 2000. "The Determinants of Rural Livelihood Diversification in Developing Countries." *Journal of Agricultural Economics* 51 (2): 289–302.
Ersado, L. 2005. "Small-Scale Irrigation Dams, Agricultural Production, and Health: Theory and Evidence from Ethiopia." Policy Research Working Paper 3494. World Bank, Washington, D.C.
Evenson, R.E., and D. Gollin. 2003. "Assessing the Impact of the Green Revolution 1960 to 2000." *Science* 300 (2 May): 758–62.
FAO (Food and Agriculture Organization). 2000. *Socio-economic Impact of Smallholder Irrigation Development in Zimbabwe: Case Studies of Ten Irrigation Schemes.* Sub-Regional Office for East and Southern Africa. Harare.
———. 2003. *World Agriculture: Towards 2015/2030. An FAO Perspective.* Rome: Food and Agriculture Organization and Earthscan.
———. 2005. AQUASTAT database. United Republic of Tanzania Country Profile. Accessed August 15. [www.fao.org/ag/agl/aglw/aquastat/countries/tanzania/index.stm].
Gichuki, F. 2004. "Managing the Externalities of Dry Season River Flow: A Case Study from the Ewaso Ngiro North River Basin, Kenya." *Water Resources Research* 40 (8).
Gichuki, F., and M.A. Hanjra. Forthcoming. "Agricultural Water Management Pathways to Breaking the Poverty Trap: Case Studies of Limpopo, Nile, Volta River Basins." *African Development Review.*
Gidwani, V. 2002. "The Unbearable Modernity of 'Development'? Canal Irrigation and Development Planning in Western India." *Progress in Planning* 58 (1): 1–80.
Goldsmith, E., and N. Hildyard. 1992. *The Social and Environmental Effects of Large Dams.* Volume III: A Review of the Literature. Bodmin, UK: Wadebridge Ecological Centre.
GWP (Global Water Partnership). 2003. "Poverty Reduction and IWRM." TEC Background Paper 8. Sweden.
———. 2004. *Catalyzing Change: A Handbook for Developing Integrated Water Resources Management (IWRM) and Water Efficiency Strategies.* Stockholm.
Hagos, F., and S. Holden. 2005. "Rural Household Poverty Dynamics in Northern Ethiopia 1997–2000: Analysis of Determinants of Poverty." Agricultural University of Norway, Department of Economics and Social Sciences, Aas, Norway.
Hanjra, M.A., T. Ferede, and D. Gutta. Forthcoming. "Pathways to Reduce Rural Poverty in Ethiopia: Investing in Irrigation Water, Education and Markets." *African Water Journal.*
Hasnip, N., S. Mandal, J. Morrison, P. Pradhan, and L.E.D. Smith. 2001. *Contribution of Irrigation to Sustaining Rural Livelihoods.* Wallingford, UK: HR Wallingford.
Heierli, Urs, with Paul Polak. 2000. *Poverty Alleviation as a Business.* Swiss Agency for Development and Cooperation, Berne.
Hendry, K., H. Sambrook, C. Underwood, R. Waterfall, and A. Williams. 2006. "Eutrophication of Tamar Lakes (1975–2003): A Case Study of Land-Use Impacts, Potential Solutions and Fundamental Issues for the Water Framework Directive." *Water and Environment Journal* 20 (3): 159–68.
Hossain, Mahabub, Firdousi Naher, and Quazi Shahabuddin. 2005. "Food Security and Nutrition in Bangladesh: Progress and Determinants." *Electronic Journal of Agricultural and Development Economics* 2 (2): 103–32.
Howarth, S.E., G. Nott, U.N. Parajuli, and N. Djailobayev. Forthcoming. "Irrigation, Governance and Water Access: Getting Better Results for the Poor." Paper prepared for the 4th Asian Regional Conference and 10th International Seminar on Participatory Irrigation Management, held by the Iranian National Committee on Irrigation and Drainage, the International Commission on Irrigation and Drainage, and the International Network on Participatory Irrigation Management, 2–5 May 2007, Tehran.
Huang, Q., David Dawe, Scott Rozelle, Jikun Huang, and Jinxia Wang. 2005. "Irrigation, Poverty and Inequality in Rural China." *Australian Journal of Agricultural and Resource Economics* 49 (2): 159–75.
Huang, Q., S. Rozelle, B. Lohmar, Jikun Huang, and Jinxia Wang. 2006. "Irrigation, Agricultural Performance and Poverty Reduction in China." *Food Policy* 31 (1): 30–52.
Hussain, I. 2005. *Pro-poor Intervention Strategies in Irrigation Agriculture in Asia: Poverty in Irrigated Agriculture—Issues, Lessons, Options and Guidelines.* Colombo: International Water Management Institute and Asian Development Bank.
Hussain, I., and M.A. Hanjra. 2003. "Does Irrigation Water Matter for Rural Poverty Alleviation? Evidence from South and South-East Asia." *Water Policy* 5 (5–6): 429–42.
———. 2004. "Irrigation and Poverty Alleviation: Review of the Empirical Evidence." *Irrigation and Drainage* 53 (1): 1–15.

Hussain, I., M. Mudasser, M.A. Hanjra, U. Amrasinghe, and D. Molden. 2004. "Improving Wheat Productivity in Pakistan: Econometric Analysis Using Panel Data from Chaj in the Upper Indus Basin." *Water International* 29 (2): 189–200.

Hussain, I., L. Raschid, M.A. Hanjra, F. Marikar, and W.V.D. Hoek. 2001. "A Framework for Analyzing Socioeconomic, Health and Environmental Impacts of Wastewater Use in Agriculture in Developing Countries." Working Paper 26. International Water Management Institute, Colombo.

Hussain, I., D. Wijerathna, S.S. Arif, Murtiningrum, A. Mawarni, and Suparmi. 2006. "Irrigation, Productivity and Poverty Linkages in Irrigation Systems in Java, Indonesia." *Water Resources Management* 20 (3): 313–36.

Hussain, M. 2004. "Impact of Small Scale Irrigation Schemes on Poverty Alleviation in Marginal Areas of Punjab, Pakistan." PhD Thesis. University of Agriculture, Agri-Economics, Faisalabad, Pakistan.

IDS (Institute for Development Studies). 1999. "Sustainable Livelihood Guidance Sheets." University of Sussex, Brighton, UK.

IFAD (International Fund for Agricultural Development). 2001. *Rural Poverty Report 2001: The Challenge of Ending Rural Poverty*. New York: Oxford University Press.

Illangasekare, T., S.W. Tyler, T.P. Clement, K.G. Villholth, A.P.G.R.L. Perera, J. Obeysekera, A. Gunatilaka, and others. 2006. "Impacts of the 2004 Tsunami on Groundwater Resources in Sri Lanka." *Water Resources Research* 42 (5): 1–9.

Irz, X., L. Lin, C. Thirtle, and S. Wiggins. 2001. "Agricultural Productivity Growth and Poverty Alleviation." *Development Policy Review* 19 (4): 449–66.

Janmaat, J. 2004. "Calculating the Cost of Irrigation Induced Soil Salinization in the Tungabhadra Project." *Agricultural Economics* 31 (1): 81–96.

Jehangir, W., M. Mudasser, and N. Ali. 2000. "Domestic Uses of Irrigation Water and its Impact on Human and Livestock Health in Pakistan." In *Proceedings of the US Committee on Irrigation and Drainage, Colorado, June 2000*. Boulder, Colo.: US Committee on Irrigation and Drainage.

Kay, M., and T. Brabben. 2000. *Treadle Pumps for Irrigation in Africa*. Knowledge Synthesis Report 1. International Programme for Technology and Research in Irrigation and Drainage, Rome.

Keller, J., D. Adhikari, M. Peterson, and S. Suryanwanshi. 2001. "Engineering Low-Cost Micro-Irrigation for Small Plots." International Development Enterprises, Lakewood, Colo.

Kerr, J., and S. Kolavalli. 1999. "Impact of Agricultural Research on Poverty Alleviation: Conceptual Framework with Illustrations from the Literature." EPTD Discussion Paper 56. International Food Policy Research Institute and Consultative Group on International Agriculture Research, Washington, D.C.

Khan, S., R. Tariq, C. Yuanlai, and J. Blackwell. 2006. "Can Irrigation be Sustainable?" *Agricultural Water Management* 80 (1–3): 87–99.

Kurukulasuriya, P., R. Mendelsohn, R. Hassan, J. Benhin, M. Diop, H.M. Eid, K.Y. Fosu, and others. 2006. "Will African Agriculture Survive Climate Change?" *World Bank Economic Review* 20 (3): 367–88.

Laamrani, H., K. Khallaayoune, M. Laghroubi, T. Abdelafid, E. Boelee, S.J. Watts, and B. Gryseels. 2000. "Domestic Use of Irrigation Water: The Metfia in Central Morocco." *Water International* 25 (3): 410–18.

Lambrou, Y., and G. Piana. 2006. *Gender: The Missing Component of the Response to Climate Change*. Rome: Food and Agriculture Organization, Sustainable Development Department, Gender and Population Division.

Lipton, M. 2001. "Challenges to Meet: Food and Nutrition Security in the New Millennium." *Proceedings of the Nutrition Society* 60 (2): 203–14.

Lipton, M., and R. Longhurst. 1989. *New Seeds and Poor People*. Baltimore, Md.: Johns Hopkins University Press.

Lipton, M., J. Litchfield, and Jean-Marc Faurès. 2003. "The Effects of Irrigation on Poverty: A Framework for Analysis." *Water Policy* 5 (5–6): 413–27.

Maltsoglou, I., and G. Rapsomanikis. 2005. "The Contribution of Livestock to Household Income in Viet Nam: A Household Typology Based Analyses." PPLPI Working Paper 21. Food and Agriculture Organization, Pro-Poor Livestock Policy Initiative, Rome.

Mangisoni, J.H. 2006. "Impact of Treadle Pump Irrigation Technology on Smallholder Poverty and Food Security in Malawi: A Case Study of Blantyre and Mchinji Districts." International Water Management Institute, Pretoria.

Mehta, L. 2005. *The Politics and Poetics of Water: Naturalising Scarcity in Western India*. New Delhi: Orient Longman.

Meinzen-Dick, R. 1997. "Valuing the Multiple Uses of Irrigation Water." In M. Kay, T. Franks, and L.E.D. Smith, eds., *Water: Economics, Management and Demand*. London: E & FN Spon and Chapman & Hall.

Molle, F., and J. Berkoff. 2006. "Cities Versus Agriculture: Revisiting Intersectoral Water Transfers, Potential Gains and Conflicts." Comprehensive Assessment Research Report 10. International Water Management Institute, Colombo.

Moriarty, Patrick, John Butterworth, and Barbara van Koppen, eds. 2004. *Beyond Domestic: Case Studies on Poverty and Productive Uses of Water at the Household Level*. IRC Technical Papers Series 41. Delft, Netherlands: International Water and Sanitation Centre, Natural Resources Institute, and International Water Management Institute.

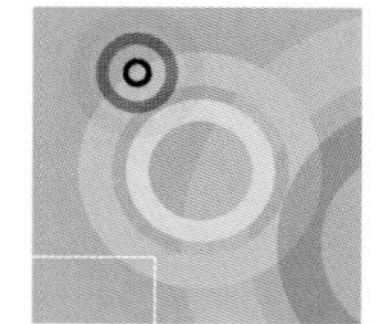

Morrison, J.A., and R. Pearce. 2000. "Interrelationships between Economic Policy and Agri-Environmental Indicators: An Investigative Framework with Examples from South Africa." *Ecological Economics* 34 (3): 363–77.
Mosse, David. 2003. *The Rule of Water: Statecraft, Ecology, and Collective Action in South India*. New Delhi: Oxford University Press.
Mott MacDonald. 2006. "Equity, Irrigation and Poverty: Guidelines for Sustainable Water Management: Final Report." Project R8338 for Department for International Development. Croydon, Surrey, UK.
Mumma, A. 2005. "Kenya's New Water Law: An Analysis of the Implications for the Rural Poor." In B. van Koppen, J.A. Butterworth, and I. Juma, eds., *African Water Laws: Plural Legislative Frameworks for Rural Water Management in Africa*. Proceedings of a workshop held 26–28 January in Johannesburg, South Africa,. Pretoria: International Water Management Institute.
Murgai, R., M. Ali, and D. Byerlee. 2001. "Productivity Growth and Sustainability in Post Green-Revolution Agriculture: The Case of Indian and Pakistani Punjabs." *World Bank Research Observer* 16 (2): 199–218.
Mwakalila, S. 2006. "Socio-economic Impacts of Irrigated Agriculture in Mbarali District of South-West Tanzania." *Physics and Chemistry of the Earth* 31 (15–16): 876–84.
Namara, R.E., B. Upadhyay, and R.K. Nagar. 2005. *Adoption and Impacts of Microirrigation Technologies: Empirical Results from Selected Localities of Maharashtra and Gujarat States of India*. Research Report 93. Colombo: International Water Management Institute.
Nanes, R., L. Calavito, and Paul Polak. 2003. "Report of Feasibility Mission for Smallholder Irrigation in Bangladesh." International Development Enterprises, Lakewood, Colo.
Narayanamoorthy, A., and R.S. Deshpande. 2003. "Irrigation Development and Agricultural Wages: An Analysis Across States." *Economic and Political Weekly* 38 (35): 3716–22.
Narayanamoorthy, A., and M.A. Hanjra. 2006. "Rural Infrastructure and Agricultural Output Linkages: A Study of 256 Indian Districts." *Indian Journal of Agricultural Economics* 61 (3): 444–59.
Nguyen-Khoa, S., L. Smith, and K. Lorenzen. 2005. *Impacts of Irrigation on Inland Fisheries: Appraisals in Laos and Sri Lanka*. Comprehensive Assessment Research Report 7. Imperial College London and International Water Management Institute, Colombo.
Nguyo, Wilson, Betty Kaunga, and Mesfin Bezuneh. 2002. *Alleviating Poverty and Food Insecurity: The Case of Mwea Irrigation Scheme in Kenya*. Madison, Wisc.: University of Wisconsin-Madison, BASIS Collaborative Research Support Program.
O'Brien, K.L., and R.M. Leichenko. 2000. "Double Exposure: Assessing the Impacts of Climate Change Within the Context of Economic Globalisation." *Global Environmental Change* 10 (3): 221–32.
OECD (Organization for Economic Co-operation and Development). 2001. "Rising to the Global Challenge: Partnership for Reducing World Poverty." Policy statement by the Development Assistance Committee High Level Meeting, 25–26 April, Paris.
Pandey, S. 1989. "Irrigation and Crop Yield Variability: A Review." In J.R. Anderson and P.B.R. Hazell, eds., *Variability in Grain Yield: Implications for Agricultural Research and Policy in Developing Countries*. Baltimore, Md.: John Hopkins University Press.
Pannell, D., G. Marshall, N. Barr, A. Curtis, F. Vanclay, and R. Wilkinson. 2006. "Understanding and Promoting Adoption of Conservation Practices by Rural Landholders." *Australian Journal of Experimental Agriculture* 46 (11): 1407–24.
Parry, M., C. Rosenzweig, A. Iglesias, G. Fischer, and M. Livermore. 1999. "Climate Change and World Food Security: A New Assessment." *Global Environmental Change* 9 (S1): S51–S67.
Peacock, T. 2005. "Agricultural Water Development for Poverty Reduction in Eastern and Southern Africa." Report submitted to the Collaborative Program on Investments in Agricultural Water Management in Sub-Saharan Africa. Draft. International Fund for Agricultural Development, Rome.
PEP (Poverty-Environment Partnership). 2002. *Linking Poverty Reduction and Water Management*. Stockholm and New York: Stockholm Environment Institute and United Nations Development Programme.
Perez de Mendiguren Castresana, J.C. 2004. "Productive Uses of Water at the Household Level: Evidence from Bushbuckridge, South Africa." In Patrick Moriarty, John Butterworth, and Barbara van Koppen, eds., *Beyond Domestic. Case Studies on Poverty and Productive Uses of Water at the Household Level*. IRC Technical Papers Series 41. Delft, Netherlands: International Water and Sanitation Centre, Natural Resources Institute, and International Water Management Institute.
Petermann, T. 1996. *Environmental Appraisals for Agricultural and Irrigated Land Development*. Zschortau, Germany: German Foundation for International Development (DSE) and Food and Agriculture Development Centre (ZEL).
Polak, P. 2005. "The Big Potential of Small Farms." *Scientific American* 293 (3): 84–91.
Polak, P., and R. Yoder. 2006. "Creating Wealth from Groundwater for Dollar-a-Day Farmers: Where the Silent Revolution and the Four Revolutions to End Rural Poverty Meet." *Hydrogeology Journal* 14 (3): 424–32.

Polak, P., J. Keller, R. Yoder, A. Sadangi, J.N. Ray, T. Pattanyak, S. Vaidya, N. Bembalkar, S. Chepe, D. Singh, and P. Bezbaruah. 2004. "A Low-Cost Storage System for Domestic and Irrigation Water for Small Farmers." International Development Enterprises, Lakewood, Colo.

Postel, S.L. 1999. *Pillar of Sand: Can the Irrigation Miracle Last?* New York: W.W. Norton.

———. 2003. "Securing Water for People, Crops, and Ecosystems: New Mindset and New Priorities." *Natural Resources Forum* 27 (2): 89–98.

Postel, S., P. Polak, F. Gonzales, and J. Keller. 2001. "Drip Irrigation for Small Farmers." *Water International* 26 (1): 3–13.

Pradhan, Rajendra, Franz von Bneda-Beckmann, Keebet von Benda-Beckmann, H.L.J. Spiertz, Shantam S. Khadka, and K. Azharul Haq, eds. 1997. *Water Rights, Conflict and Policy: Proceedings of Workshop held in Kathmandu, Nepal, January 22–24, 1996.* Colombo: International Irrigation Management Institute.

Quisumbing, Agnes. 1996. "Male-Female Differences in Agricultural Productivity: Methodological Issues and Empirical Evidence." *World Development* 24 (10): 1579–95.

Ravnborg, H.M. 2002a. "Perfiles de Pobreza para la Reserva Natural Miraflor-Moropotente, Municipio de Estelí, y el Municipio de Condega, Región I, Las Segovias, Nicaragua." CDR Working Paper 02.5. Centre for Development Research, Copenhagen.

———. 2002b. "Poverty and Soil Management—Evidence of Relationships from Three Honduran Watersheds." *Society and Natural Resources* 15 (6): 523–39.

———. 2003. "Poverty and Environmental Degradation in the Nicaraguan Hillsides." *World Development* 31 (11): 1933–46.

———. Forthcoming. "Water Management and the Poor. Issues and Scales of Action." Water International.

Reardon, T., C.P. Timmer, C.B. Barrett, and J. Berdegue. 2003. "The Rapid Rise of Supermarkets in Africa, Asia and Latin America." *American Journal of Agricultural Economics* 85 (5): 1140–46.

Reardon, T., J.E. Taylor, K. Stanoulis, P. Lanjouw, and A. Balisacan. 2000. "Effects of Nonfarm Employment on Rural Income Inequality in Developing Countries: An Investment Perspective." *Journal of Agricultural Economics* 51 (2): 266–88.

Saleth, R.M., R.E. Namara, and Madar Samad. 2003. "Dynamics of Irrigation Poverty Linkages in Rural India: Analytical Framework and Empirical Analysis." *Water Policy* 5 (5–6): 459–73.

Saleth, R.M., M. Samad, D. Molden, and I. Hussain. 2003. "Water, Poverty and Gender: An Overview of Issues and Policies." *Water Policy* 5 (5–6): 385–98.

Sauder, Allan. 1992. "International Development Enterprises Evaluation of Marketing Appropriate Technology Phase II." Canadian International Development Agency, Quebec.

Sen, A. 1999. *Development as Freedom.* New York: Oxford University Press.

Shah, T. 2001. *Wells and Welfare in the Ganga Basin: Public Policy and Private Initiative in Eastern Uttar Pradesh, India.* Research Report 54. Colombo: International Water Management Institute.

Shah, T., and O.P. Singh. 2004. "Irrigation Development and Rural Poverty in Gujarat, India: A Disaggregated Analysis." *Water International* 29 (2): 167–77.

Shah, Tushaar, M. Alam, Dinesh Kumar, R.K. Nagar, and Mahendra Singh. 2000. *Pedaling out of Poverty: Social Impact of a Manual Irrigation Technology in South Asia.* Research Report 45. Colombo: International Water Management Institute.

Shively, G.E. 1999. "Measuring the Environmental Impacts of Technical Progress in Low-income Agriculture: Empirical Evidence on Irrigation Development and Forest Pressure in Palawan, the Philippines." Paper presented at the Annual Meeting of the American Agricultural Economics Association, 8–11 August, Nashville, Tenn.

———. 2006. "Externalities and Labour Market Linkages in a Dynamic Two-Sector Model of Tropical Agriculture." *Environment and Development Economics* 11 (1): 59–75.

Shively, G.E., and S. Pagiola. 2004. "Agricultural Intensification, Local Labor Markets, and Deforestation in the Philippines." *Environment and Development Economics* 9 (2): 241–66.

Smith, L.E.D. 2004. "Assessment of the Contribution of Irrigation to Poverty Reduction and Sustainable Livelihoods." *Water Resources Development* 20 (2): 243–57.

Thapa, G., K. Otsuka, and R. Barker. 1992. "Effect of Modern Rice Varieties and Irrigation on Household Income Distribution in Nepalese Villages." *Agricultural Economics* 7 (3–4): 245–65.

Thirtle, C., I. Xavier, L. Lin, C. McKenzie-Hill, and S. Wiggins. 2001. *Relationship between Changes in Agricultural Productivity and the Incidence of Poverty in Developing Countries.* London: Department for International Development.

Thornton, P.K., R.L. Kruska, N. Henninger, P.M. Kristjanson, R.S. Reid, F. Atieno, A.N. Odero, and T. Ndegwa. 2002. *Mapping Poverty and Livestock in the Developing World.* Nairobi: International Livestock Research Institute.

Turpie, J., B. Smith, L. Emerton, and B. Barnes. 1999. *Economic Value of the Zambezi Basin Wetlands.* Cape Town: World Conservation Union Regional Office in Southern Africa.

UNDP (United Nations Development Programme). 2006. *Human Development Report 2006. Beyond Scarcity: Power, Poverty and the Global Water Crisis.* New York.

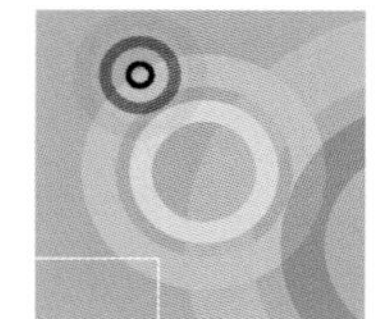

UN Millennium Project. 2005. *Investing in Development: A Practical Plan to Achieve the Millennium Development Goals.* New York: Earthscan.

UN–Water. 2005. *Water for Life Decade 2005–2015.* Booklet. New York: United Nations.

Upadhyay, B., M. Samad, and M. Giordano. 2004. "Livelihoods and Gender Roles in Drip-irrigation Technology: A Case of Nepal." Working Paper 87. International Water Management Institute, Colombo.

Urama, K.C., and I. Hodge. 2004. "Irrigation Externalities and Agricultural Sustainability in South-Eastern Nigeria." *Journal of Agricultural Economics* 55 (3): 479–501.

Van De Walle, D., and D. Cratty. 2004. "Is the Emerging Non-Farm Market Economy the Route Out of Poverty in Vietnam?" *Economics of Transition* 12 (2): 237–74.

Van Imschoot, M. 1992. "Water as a Source of Employment." *International Labor Review* 131 (1): 125–37.

Van Koppen, Barbara. 2002. *A Gender Performance Indicator for Irrigation: Concepts, Tools, and Applications.* Research Report 59. Colombo: International Water Management Institute.

Van Koppen, Barbara, and Simeen Mahmud. 1996. *Women and Water Pumps in Bangladesh. The Impact of Participation in Irrigation Groups on Women's Status.* London: Intermediate Technology Publications.

Van Koppen, Barbara, Patrick Moriarty, and Eline Boelee. 2006. *Multiple-Use Water Services to Advance the Millennium Development Goals.* Research Report 98. Colombo: International Water Management Institute.

Van Koppen, Barbara, Regassa Namara, and Constantina Safilios-Rothschild. 2005. "Reducing Poverty through Investments in Agricultural Water Management." Working Paper 101. International Water Management Institute, Colombo.

Van Koppen, Barbara, R. Parthasarathy, and Constantina Safiliou. 2002. *Poverty Dimensions of Irrigation Management Transfer in Large-scale Canal Irrigation in Andra Pradesh and Gujarat, India.* Research Report 61. Colombo: International Water Management Institute.

Van Koppen, Barbara, Charles Sokile, Nuhu Hatibu, Bruce Lankford, Henry Mahoo, and Pius Yanda. 2004. "Formal Water Rights in Rural Tanzania: Deepening the Dichotomy?" IWMI Working Paper 71. International Water Management Institute, Colombo.

Von Braun, J., ed. 1995. *Employment for Poverty Reduction and Food Security.* Washington, D.C.: International Food Policy Research Institute.

Von Braun, J., D. Puetz, and P. Webb. 1989. *Irrigation Technology and the Commercialization of Rice in the Gambia: Effects on Income and Nutrition.* Research Report 75. Washington, D.C.: International Food Policy Research Institute.

Webster, P., D.J. Merrey, and M. de Lange. 2003. "Boundaries of Consent: Stakeholder Representation in River Basin Management in Mexico and South Africa." *World Development* 3 (5): 797–812.

Wood, Stanley, Liangzhi You, and Xiaobo Zhang. 2004. "Spatial Patterns of Crop Yields in Latin American and the Caribbean." *Cuadernos de Economia* 41 (124): 361–81.

World Bank. 2003. *World Development Report 2003: Sustainable Development in a Dynamic World—Transforming Institutions, Growth, and Quality of Life.* Washington, D.C.

———. 2005. *Shaping the Future of Water for Agriculture: A Sourcebook for Investment in Agricultural Water Management.* Washington, D.C.

———. Forthcoming. *Pakistan's Water Economy: Running Dry.* New York: Oxford University Press.

Yoder, R. 1983. *Non-agricultural Uses of Irrigation Systems: Past Experience and Implications for Planning and Design.* ODI Network Paper 7e. London: Overseas Development Institute.

多重利用体系
尼日利亚艺术家:Titilope Shittu

第 5 章 政策和制度改革:无限可能的艺术

协调主编:Douglas J. Merrey
主编:Ruth Meinzen-Dick, Peter P. Mollinga, and Eiman Karar
主要作者:Walter Huppert, Judith Rees, Juana Vera, Kai Wegerich, and Pieter van der Zaag

概览

贫困、饥饿、性别不平等和环境退化将继续困扰发展中国家,不是因为技术上的失败而是因为政治和制度上的失败[WE]。当前的政策和制度安排常常是无效的,而挑战则不断增加。制度的改革是关键的,但是很多改革的成效最好也是混合的,有成功也有失败。

本章在对以往经验进行仔细评估的基础上为改革、谈判和塑造发展中国家水资源管理的有效制度、组织和政策提出了一个结构化的、针对特定情境的分析方法。该方法承认制度转型的内在复杂性、政治性和争论性。它促进了对目前形势、已有选项、既得利益、潜在成本和收益、潜在同盟者和反对派的深入分析,并在这种分析的基础上建立指导改革的战略计划。这种方法还意识到制度、组织和政策都是针对特定环境条件的。

尽管市场力量和社区在水管理中发挥了关键作用,国家将继续发挥核心的作用,因为国家有提供公共物品的责任和确保公平和可持续发展的责任。国家负有维持有利于有效和平等地开发并利用水资源的宏观经济环境的责任,同时国家还要以一种优化水资源对国家可持续发展的方式将水资源的开发和管理纳入到国家整体计划中去。这至少包括了水政策和计划对国家发展、社会福利和环境质量所产生影响的评估。不符合最基本阈值要求的政策、计划和项目都需要进行重新设计。国家应处于能够动员资源从而为大型水利开发和整体调控进行服务的最佳位置。然而,国家也不是一个整体的实体,它通常也是拥有不完整的甚至是相互矛盾的结构和程序,这也是造成问题的核心成分。

挑战之一是鼓励水资源管理中的技术性官僚机构把水管理不仅看成是技术问题,更是一个社会的和经济的问题。这将会使他们把优先处理脱贫、增进平等和提高生态系统服务功能作为首要目标。另外一个挑战就是在农业水管理上支持更综合的方法,例如:将畜牧和渔业纳入到农业水管理的范畴,鼓励较低成本技术的应用,提高雨养农业的生产水平。在许多发展中国家,如果没有水管理政策和制度的巨大转变,就不可能成功应对这些挑战。

挑战之一是鼓励水资源管理中的技术性官僚机构把水管理不仅看成是技术问题,更是一个社会的和经济的问题。

国家不应该被视为提供良好水管理服务的唯一机构。因此,需要建立在不同国家、公民社会和私人部门组织之间能有效协调和谈判的机制。

政治和制度的改革是由内部和外部的压力和机遇引发的,这样的压力包括水资源的匮乏、贫困、粮食不安全,以及全球贸易格局的变化和发展伙伴的要求。本章回顾了应对这些压力的几种主要响应方式。早期的假设表明:农民未能对新的灌溉机遇做出回应(责备农民)导致了对培训和农田基础设施开发的过分强调。接下来又试图将责任转嫁到农户组织(灌溉管理转移)。最近的假设是:不断增加的水用户和水用途之间的互动导致建立了流域管理组织,而效果则是好坏参半。包括私有化和新的水市场概念在内的以市场化为导向的改革对许多援助者仍然具有吸引力,尽管它不一定对发展中国家具有吸引力。在许多发展中国家,更有利于水用户彻底改变原有的权力平衡以及对根深蒂固的“水官僚体系”做最根本的重组还远没有提到议事日程上。国际开发伙伴还没能充分考虑到他们在多大程度上是发展中国家面临的问题的一部分,而不是解决方案的一部分。

对这些经验的回顾和综述将围绕着三个主题:

- 倾向于实施蓝图式的解决方案而不是对政治和历史现实做批判性的分析。
- 需要在更大的制度环境下进行变革,而不是简单地在单个组织或制度中进行变革。
- 需要建立行动者和利益攸关方之间的有效的关系框架。

政策都是在某一制度环境下制定并实施的。因此本章将同时讨论政策和制度问题。本章对强制性的解决方案持反对意见,但是本章支持建立在一些基本原则之上的改革和改革程序,这些基本原则包括:信息的分享、透明度、问责制、平等性原则、使贫困男女获得能力的原则。

在对以往经验进行批判性综述后,本章围绕以下五个建议提出了未来前进的方向:

1. 制度改革的程序具有内在的政治性,所以得出一般性的概括和支持单一维度的解决方案都是不可行的。我们需要的是对可能发生什么、联合行动的建立以及变革的竞争性选项的深入分析。

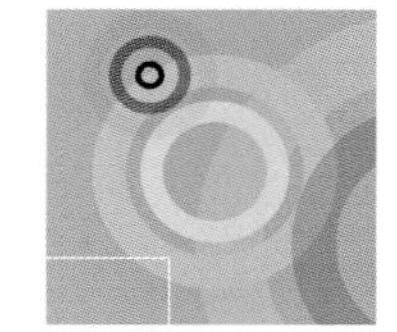

2. 虽然改革不是从一张白纸开始的，但是它却是深深植根于拥有一定历史、文化、环境和既得利益的社会技术背景中的，而这些背景会决定变革的程度。这些已经建立起来的条件处在流动的状态，这为谈判改革创造了机遇，但是结果本身就是不可预知的。

3. 国家在可以预见的未来仍将是改革的主要推动者，但是国家本身也是最需要改革的对象。国家必须承担起保证水资源获取上的更加平等以及利用水资源的开发和管理来减少贫困的责任。由于多种原因，保护最基本的生态服务功能也十分重要，包括对穷人生计的重要性。

> 国家在可以预见的未来仍将是改革的主要推动者，但是国家本身也是最需要改革的对象。

4. 知识和人类能力对成功实施水资源管理以及塑造有助于脱贫、促进经济增长和保育生态系统服务功能的制度和政策是至关重要的。需要更可靠的数据，并且所有利益攸关方都能充分享有这些信息，使他们提高意识、增进理解。另外，水资源管理体制内的新技能和能力也是至关重要的，尤其是在各种力量正削弱政府吸引并留住具有这些专业能力的人才的时候。

5. 国家不能单独地进行变革。制定新的法律、通过新的行政命令取得的效果微乎其微。在基于共享和可信任信息基础上的公共讨论上花费时间和投入其他资源终会得到回报，而这些回报为变革的原因创造了共识、合法性和理解，并增加了成功实施的可能性。知识的共享和辩论为贫困的利益有关者创造了机会，因为穷人也许是得到最多，也可能是失去最多的人群。利益攸关方和政治改革者的联盟乐意推动一场加强国家和公民社会的改革，从而使他们在水管理中发挥更有效的作用。

现在迫切需要相关研究来支持改革的程序以及减少改革作为一种社会政治过程的不确定性。对制度化社会平等、脱贫和生态系统可持续性的方式给予更多关注是重要的。协商式的改革是关于可能性的艺术，但是应用专业研究能使这种艺术更加成熟从而提高成功的可能性。

对改革本身进行改革

如何使农业和水管理的改革过程更加有效以实现粮食安全、环境可持续性、经济发展、社会公平和脱贫？本研究报告所要传达的核心信息就是我们需要根本改变农业水资源的开发和管理方式。我们需要内化农业–水资源–贫困–性别–环境纠结在一起的复杂问题，为实现联合国千年发展目标而实现真正的进步。

实现这一目标需要对负责农业水管理和决策的制度和组织进行重新建构，相应地还需要转变改革的战略（见框5.1关于制度、组织和政策的定义）。改革那些大型的正式机构，如政府、投资银行、援助者和国际非政府组织尽管存在很多问题，但还是需要列在特别优先的位置予以解决。但是地方层次的和非正式的机构和组织也需要进行变革。它们的变革是在大型正式组织和制度在应对新技术和新的市场条件下处理地方不平等和社会冲突上被证明无效的情

框 5.1　定义水部门的制度、组织、政策和治理

制度是指塑造并调节人类行为的社会安排，具有一定程度的恒定性以及超越个人生命和意志的目的性。例子有水资源配置的轮流计划、获得作物贷款的市场机制、用水户协会的会员规则、水资源和基础设施上的产权等。制度常常指社会中的游戏规则(North 1990)。规则被不同的人以不同的方式诠释和执行。制度，包括规则，是动态的，会随时间产生、演化和消失。

组织指的是有共同目标和程式化的互动方式的人类团体，常以个人担任的不同角色来定义，如总裁、水务执行官或秘书。例子包括用水户协会、政府灌溉组织、私有化的水务公司、水资源研究组织、农民协会、咨询公司、非政府组织和调节机构等。组织的形式、范围、大小、结构、恒定性和目的具有丰富的多样性。官僚机构只是一种具有角色分工、等级关系、正式的书面程序和责任规则的特殊组织。这使得它们和不太正式的地方协会很不相同，但是两者都是组织。

政策是“一套由政治参与者或团体执行的、相互联系的决定；这些参与者和团体关心的是目标的选择以及在具体情况下实现目标的方式；而具体情况是原则上，那些决定应该在这些参与者能够达到的权力范围之内”(Howlett and Ramesh 1995, p. 5, quoting Jenkins 1978)。任何组织都会有政策，但是这里的重点是公共政策。

政策如何运作是本章的重点。从理性和线性的角度假定政策的决定是从问题形成、对可替代选择的评价、再到执行的有序步骤(作为药方的政策；Mackintosh 1992)。 这个角度和专家管理的干预方法有一定的联系，也和广泛应用的思维模式有关联。决策可以被看作是一种内在的政治活动，在其所有阶段都有不同的感觉和利益在争斗(作为过程的政策；Mackintosh 1992)。政策是讨价还价的结果，环境是冲突性的，而其过程具有多样性和限制性。干预视角强调谈判、参与式设计和实施、形势的特定性(Gordon, Lewis, and Young 1997)。这些关于政策的不同视角直接转变为对改革、政策转型、制度、组织和治理结构的不同理解。

政策过程的第二个特点是政策是以国家还是以社会为中心(Grindle 1999)。权威体制下的政策过程倾向于高度以国家为中心，且局限于权力的小圈子，对公民社会的影响可以忽略。在民主社会，政策过程更加以社会为中心，对影响决策和实施的不同利益群体都有承认的机会。但是，有很多人依赖于通过公民社会参与的制度。无论政策如何制定，如果没有有效的制度和组织能力把它转变成可行的现实，那么它还是象征性的。

治理是社会中权力机构组织和执行的方式，通常包括善治的必要性的规范理念。全球水伙伴将水资源治理定义为“一系列到位的政治、社会、经济和行政体系在社会不同层面开发并管理水资源以及提供水资源服务”(Rogers and Hall 2003, p. 7)。治理因此就是一个包括制度、组织和政策的广义名词。世界银行拓展了这个定义，将权力机构被选择、监督和取代的程序也包括在内，同时把政府实施良好政策的有效性也包括在内(Jayal 1997)。

况下进行的。

设计和推动政策和制度改革的记录是令人感到失望且糟糕的。过去30年为农业水管理和利用开具的社会工程(框5.2)的药方没能实现它们既定的目标[WE]。灌溉开发导致了粮食产量的巨大增长，并使大量人口摆脱了贫困的威胁，尤其是在亚洲。但是其财政上需要巨额的成本(投资回报率很低)，而且会恶化

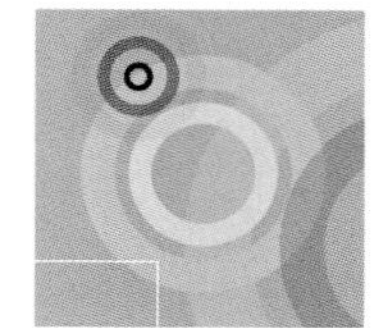

不平等、不公正、环境退化并会使雨养农户、妇女和其他弱势群体边缘化。非洲和亚洲的许多地方将继续持续贫困的状况。如果政策和制度改革更加富有成效，灌溉投资将以更低的财政、社会和环境成本获取更高的收益。

本研究报告的目的是试图确定并促进为今后25年旨在平衡粮食生产和生态系统的改善水管理的创新性选项和方法。许多发展中国家的政策和制度框架以及能力都不适宜应对这些挑战。政府机构的组织通常适宜应对过去的挑战（如建设灌溉系统），同时还缺乏有效应对目前挑战所需要的人才、文化、法律和财政资源。挑战会更加复杂。日益增长的水需求正在导致水资源的匮乏和对环境的威胁。气候变化正在威胁农业水管理系统的稳定性。农产品市场是全球范围相互联系的。期望也在改变：水资源管理组织期望将重点聚焦于新的社会目标的实现，如：脱贫、通过针对穷人的计划来促进平等、环境保育。

> 如果政策和制度改革更加富有成效，灌溉投资将以更低的财政、社会和环境成本获取更高的收益。

本研究报告避免成为另外一个即将失败的药方的唯一途径就是找到能够使现有管理制度形成并实施新政策的实用和创新性的方法。本章对迄今为止的经验做了批判性的总结和分析。我们没有为投资者提供神奇的解决方案或者简单的包治百病的药方。本研究报告所建议的是一个结构化的和针对特定情境的方法来谈判并塑造有效的制度和有现实意义的政策，这种制度和政策承认制度转型是一个本身存在争议的和政治性的问题。我们采用的不是在过去已经阻碍进步的那种基于线性的和机械的社会工程范式（框5.2）。这是本章的主旨。

因为大多数的文献都是处理灌溉问题的，因此本章的论述也会偏重灌溉系统[1]。这种偏重不一定成为问题，主要有两个原因。第一，教训和原理应用的范围更广：整合作物、牲畜和渔业的用水管理；促进雨水收集和微观农业水管理技术（如脚踏式水泵、水桶和滴灌工具箱）；针对贫困男女的援助；应用流域综合管理的原理；创造每单位用水产出更多价值的条件；在农业水管理决策中为贫困男女的利益攸关方创造更好地发出声音的环境。如果我们不能更有效地促进政策和制度的改革，这些目标便无法实现。我们可以从灌溉部门的经验中学到很多。

第二个原因。许多国家的政府仍然深入地参与灌溉系统的开发和管理，从而通过制度和政策的改革来提升灌溉系统的效能以显著推动脱贫、促进农业增长、遏制环境退化（见第9章有关灌溉的论述）。但是，根据水的来源和利用的不

框 5.2 | 什么是“社会工程”？

“社会工程”在这里是指狭义上的用来改变社会和组织的线性模式，是指在新的环境中复制在其他环境中成功运行的结构。用这种方式来实现社会变革的思维方式——如果x，那么就会发生y——是对社会组织的复杂的、非确定性的和随机性的本质的误解。本文中的社会工程并不意味着对辅助和指导社会变革的悲观情绪，而只不过是要提醒人们对过于简单化的解决方案保持警觉。

同,也存在着重要的差别。例如,地下水是一种常见的公共资源(可开采的,很高的排他成本),很容易用私人技术开采,并且政府、市场或社区制度很难控制或管制对地下水的获取(见第10章有关地下水的论述)。这就造成了相比更容易被观测到的地表水来说,地下水需要建立更有效的制度进行管理。另外,渔业、牲畜养殖、小农户园艺和其他农业用水通常没有考虑在灌溉管理体系之内,尽管它们对穷人的生计起到十分关键的作用。

> 我们所建议的是一个结构化的和针对特定情境的方法来谈判并塑造有效的制度和有现实意义的政策,这种制度和政策承认制度转型是一个本身存在争议的和政治性的问题。

评估制度和政策挑战

本节主要讨论国家在水资源开发和管理中的领导作用以及触发的改革力量。本节综述了一些对这些触发因素的主导响应措施:责备并培训农民、组织农民、推动流域管理组织、试验市场主导的改革。所有这些措施在任何尺度上都未能显著改善水管理。

国家将继续领导制度改革,但是国家本身也需要改革

历史上,国家一直在水资源开发上起领导作用,无论是在支持大型灌溉系统的建设、水力发电和防洪,还是帮助私人部门和农民管理小规模灌溉上。国家是推动20世纪后半期灌溉开发大发展的核心组织力量。对于国家发挥的作用是有充分理由的,主要和国家的权威性、国家福利和发展以及动员资源的能力有关(见第9章有关灌溉的论述)。关键的自然资源被认为是可以被国家为公共福利的目的进行调节、管理和利用的公共物品。大规模的水资源开发需要大量的财力和人力资源,以及对投资在长时期内才能得到回报的视野。自古以来国家就是有能力调动投资所需要的足够资源的唯一组织,而这种投资又需要拥有大型公共利益要素的长时间尺度。

许多国家坚持某种形式的公共信托的信条,这个原则最早可以追溯到古罗马法律,其坚持认为国家对水资源的控制是国家主权的一个方面(Ingram and Oggins 1992),并且认为国家应该控制航运通道和其他作为共同遗产的自然资源以为人民谋取福利。国家在配置需求量大的稀有资源上负有责任,这就造成了必须在资源可持续性和经济发展之间做出权衡的决策。高度的社会不平等常常需要国家实施干预措施以保护那些沉默的弱者的权利:穷人、被剥夺选举权的人、环境和子孙后代。这对任何政府都是很难完成的任务,也是艰巨的挑战,对那些效能低下的国家来说尤其如此。由于国家缺乏能力、代理机构成员和水用户缺乏动机,以及他们没有能力有效应对需求的变化等原因,由国家管理的水系统常常是运行不善的。

尽管国家仍然是启动改革的主要推动者,但是国家还面临着提高自身有效性并寻求国家行动和其他制度参与者之间合适的平衡的挑战。如同市场和社区制度那样,国家也是一个本身就不完美的制度。每一种制度都有其局限性。要找到合适的平衡点并实现互补,这对任何决策者来说都不是一件容易的事情。

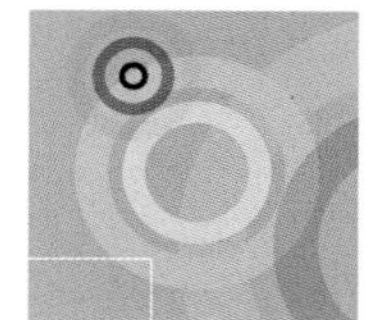

第5章 政策和制度改革：无限可能的艺术

启动制度和政策改革的触发因素

任何地方政府都会受到为其公民提供食物、提高农村人口收入，以及在脱贫的同时可持续地管理自然资源和水利基础设施的挑战。而应对这些挑战需要在全球竞争市场快速变幻、水资源竞争加剧、农业的效益不仅仅取决于水资源的有效性的环境下进行。能有效解决20年前的问题的政策和制度不一定能解决目前面临的新的压力和挑战。

> 国家面临的重要挑战还有：提高国家自身的有效性并寻求国家行动和其他制度参与者之间的适当平衡。

许多压力在促使灌溉部门的改革。政府、援助机构和投资者都担心投资回报率太低，这部分地是由于作物单产、价格和作物种植密度低于预期水平造成的。贫困和社会经济上的不平等甚至在很多相对"成功"的灌溉系统内继续存在。基础设施和环境的可持续发展问题又提出了新的严峻问题。对其他用途的用水需求的增长威胁到对农业的供水。

很多政府实施了由一系列内部和外部复合压力下触发的改革。这些压力包括：环境的、社会的、经济的和政治的动态；政权上的更替；援助机构和开发伙伴施加的压力；国际宏观经济趋势（如全球化）的影响。

南非种族隔离制度的结束为彻底改变许多领域内存在的不公正现象提供了巨大的政治动能，其中就包括水部门的改革。这种内部政治推动的改革导致了制定新的水资源法案和水政策的参与式过程（de Lange 2004），而这种改革随后紧跟着是更加复杂的和更长期的实施改革的过程。智利可交易水权的引入就是作为新自由主义、以市场为导向的发展范式中强大的国内政治承诺的一部分而实施的。1973年上台的智利军政府实行了极端的自由市场政策，赋予了一群接受美国训练的自由市场派经济学家以前所未有的影响力来制定智利法律，推行他们的经济政策（Carrasco 1995）。这些水改革的结果是喜忧参半的（Bauer 1997，2005）。但是巴西、智利和南非在20世纪90年代后的变革（Pena and Solanes 2003）则是影响巨大的，是由国家驱动的主要基于共识的改革。

而南美洲（Pena and Solanes 2003）和亚洲（Molle 2005; Samad 2005）的证据则说明，如果没有强大的内部竞争者的挑战的话，外部驱动的改革就不能取得长久的影响力。20世纪90年代的巴基斯坦和苏哈托政权统治下的印度尼西亚都是这样的例子，它们列在国家议程上的灌溉改革主要是由于国际开发资助机构的压力（van der Velde and Tirmizi 2004; Bruns 2004），国内缺少支持改革的动力。在这两个国家，管理灌溉的官僚机构抵消了任何改革的努力。而在那些对主要援助国有重要地缘政治意义的国家，像巴基斯坦和埃及，国际开发机构看起来很少有讨价还价的能力去鼓励或执行改革（有关埃及改革的论述见 Merrey 1998）。

墨西哥和印度是综合内部和外部改革触发点而进行改革的例子。20世纪90年代墨西哥进行的大规模灌溉改革实际上有着长期的和复杂的历史（Rap, Wester, and Pérez-Prado 2004）。负责农业和水资源管理机构之间关系的变化以及它们对水资源控制的演变，加上国际投资机构在政策辩论和基础设施开

发上的投资，一起成就了恰恰在总统选举时达到高峰的意义深远的灌溉改革。不仅灌溉管理的组织发生了变化，而且水官僚机构也重新获得了本已失去的自治权。

在印度，外部影响的灌溉改革包括国际投资机构和基于20世纪70和80年代菲律宾灌溉改革模式的由福特基金会资助的行动研究项目而引进的参与式水资源管理方式。这些实验，再加上国内有关灌溉系统“未充分利用”的争论，被统称为“参与式灌溉管理”。但是由于缺乏强有力的支持改革的政治联盟，再加上地方水平的管理完全将关注的焦点放在当地，所以想要把地方的成功经验推广到其他地方或者在更大范围内推广都是不可能的。Andhra Pradesh邦试图用大集团的方式在1996~1997年间进行改革（部分地根据发生在墨西哥的快速和根本变化的感觉），制定了影响深远的国家范围的立法。但是，水资源官僚机构和地方上的既得利益严重限制了改革的影响力。

> 如果没有强大的内部竞争者的挑战的话，外部驱动的改革就不能取得长久的影响力。

Andhra Pradesh邦的案例说明仅靠上层的政治意愿去推动改革还远远不够。如果没有水资源用户和政府相关机构在幕后对改革强有力的支持，改革的成果将是十分有限的，因为改革的动议将很容易地被既得利益集团所扼杀(Mollinga, Doraiswamy, and Engbersen 2004)。

未能成功地对改革做出回应

目前有哪些主要的对这些改革触发点的回应?

先是责备，然后又培训农民，而忽略现实存在的难题。由于20世纪60年代的亚洲粮食危机，各国政府都投巨资进行新的灌溉系统的建设，这主要是由双边援助机构和开发银行支持的(见第9章有关灌溉的论述)。但到了20世纪70年代中期，越来越多的证据却显示尽管绿色革命大大缓解了粮食短缺，但是新建的公共投资建设和管理的灌溉系统的效能还是大大低于预期水平。

最初的反应是假设问题主要出在农户，是农民对水的管理不善，且农民需要培训以提高灌溉系统的效能。在某些情况下，农民被认为是不识字的、保守的和太拘泥“传统的”[2]。全亚洲的反应是将重点放在农户水平上的农民教育计划，主要培训农民科学“合理”使用灌溉系统并在农户水平强制“改善”基础设施。例子包括在巴基斯坦实施的农场水管理计划，印度的灌溉控制区开发权力机构，以及在埃及、印度尼西亚和菲律宾及其他地方建立的类似的大型投资计划。

这种“责备农民”的分析只是权宜地将问题界定在水管理机构管辖范围之外，把责任直接推给了农民。而农民所能做出的反应的条件，如不可靠的水服务，并不被承认。“教育农民”的态度直到今天仍然存在，并且是水部门改革中社会工程方法的一个主要组成部分。

尽管有越来越多的证据表明农民在灌溉系统的主干渠水平上回应不可靠和不公平的输水服务(Wade and Chambers 1980)，这也导致了国际灌溉管理研究所在20世纪80年代将其研究重点转移到这些层次的结果。但是以农场为重点的方法还是将自己的优势保持到了20世纪90年代中期。花费了大量的金钱，而

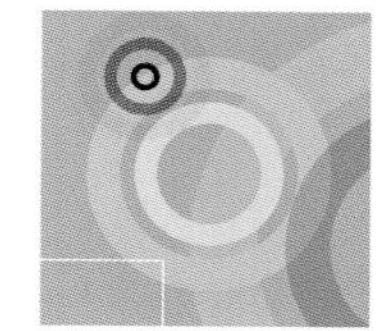

对灌溉系统效能的改善看得见的影响却很小。

通过灌溉管理转移的方式将农民组织起来，但却忽略了前提条件。早期对农场问题关注的一个主要方面就是试图把农民组织成用水户协会。而实际观察结果则显示农民管理的灌溉系统运行十分有效，所以就寄希望于在政府管理的灌溉系统中将农民组织起来将会起到相似效果。用水者协会、农民培训以及农场基础设施建设都被给予改善灌溉效能而且还能减少政府投资和运行维护成本的巨大期望。在早期阶段，用水者协会被狭义地理解为：它们被寄予在第三层面上（几家农户直接取水的最小的灌溉水渠）进行水的分配、渠道的恢复和维护的功能。在20世纪90年代前，在更高层次的灌溉系统中，几乎没有给农民发出自己的声音的机会的努力（斯里兰卡的Gal Oya就是一个例子；见 Uphoff 1986, 1992）。由于对压力的响应迟缓，一些政府在20世纪90年代开始对灌溉管理转移进行更认真的尝试，这个运动一直持续到今天，甚至形成了自己的网络（国际参与式灌溉管理网络，www.inpim.org）。

> 最初的反应是假设问题主要出在农户，是农民对水的管理不善——这是传统上典型的把问题归结于水管理机构之外的做法。

一些试图将政府兴建的灌溉工程的管理责任从国家转移到用户团体的试点计划中，很少有能将经验成功推广到更大范围地区的案例。许多政府不愿意那样做，即便工程项目的文件承诺了管理责任的转移。这种做法不成功的另外一个原因是没能认识到政府管理和农民自己管理的灌溉系统的区别。管理转移在很多种类型的国家中都实施过，如澳大利亚、哥伦比亚、印度尼西亚、马里、墨西哥、新西兰、塞内加尔、斯里兰卡、土耳其和美国。这些国家都获得了一些积极的成果，它们成功地将农民纳入到管理体系中从而减少了政府的花费。但是它们很少取得产出效能的提高或维护质量的提升的成果（Vermillion 1997; Vermillion and others 2000; Samad and Vermillion 1999; Vermillion and Garcés-Restrepo 1998）。少数几个值得注意的例外是那些中等收入的墨西哥和土耳其，以及高收入的新西兰和美国。20世纪90年代有关灌溉管理转移程序和后果的研究进行了很多案例研究，并且得出了一些实用的实施指导原则和做法（如 Vermillion and Sagardoy 1999）。对于成功实施的必要条件已经形成了广泛共识，但是在大尺度上很少有案例能够满足这些条件（见框5.3）。

灌溉管理转移和类似的权力下放计划也会产生不可预料的负面后果，如强化了地方强人的权力（Klaphake 2005; Mollinga, Doraiswamy, and Engbersen 2004），或者给予男性和女性的权力不平等（Meinzen-Dick and Zwarteveen 1998）。类似的，尽管有一些项目成功地提高了土地生产力并帮助了贫困的农民，但是大多数的综合水管理项目都没有收到预期的收益（Kerr 2002）。因此，那些将管理权限下放到地方集体行动制度的政策已经被证明不是改善水资源系统效能的解决办法。

Gulati, Meinzen-Dick和Raju（2005）则提出：印度大部分用水者组织失败的原因在于他们把重点放在政府关心的、但却不一定是农民关心的问题上。要想成功，他们建议水用户组织应该被赋予征收水费、进行维护和在政府机构中代表农民利益的权力。另外，当用户组织拥有更强有力的水权的时候，农民们参与灌溉系统的运行和维护的动机就会更强。在那些农民参与到维护活动的地方，能够动员的资源是相当可观的，相当于向国家缴纳的灌溉费用的几倍。这充分显示了它的潜力，但是也意味着成功的灌溉管理转移需要更大力度的政策和制度上的变革 [WE]。即便在那些正式条件看起来已经到位的地方，像印度的Andhra Pradesh邦，也有相当证据表明症结在于政府组织没有给用户组织下放或者和它们分享权力的意愿。

> 一些试图将政府兴建的灌溉工程的管理责任从国家转移到用户团体的试点计划中，很少有能将经验成功推广到更大范围地区的案例。

这又把我们拉回到最根本的问题：尽管政府也许愿意向用户转移那些涉及地方水管理的艰难工作和费用，他们却很少愿意重组他们的官僚机构或者进行实现有利于用户的新的政治权力平衡所必需的法律和结构上的改变（墨西哥是一个部分地例外；见Rap, Wester, and Pérez-Prado 2004）。类似的，在为数不多的几篇论文在20世纪80年代发表后（Wade 1982；Repetto 1986），就很少见到对顽固性的腐败问题——一个制度性的突出问题的研究了。框5.4提供了对这个问题的最近的一些深入见解。

推动河流流域组织的建立——但不是“一方包治百病”的解决方案。最近的趋势是推动建立河流流域管理组织在流域水平上对水资源的竞争性需求进行管理。在河流流域综合管理所能取得的长期收益方面已经形成了普遍共识，尤其在水资源竞争日益激烈、环境退化日益严重的情况下。但是想把某些流域

框 5.3 成功进行灌溉管理转移的必要条件

成功的灌溉管理转移必须具备下列条件：

- 坚定不移的政治义务。
- 对农民组织在法律和政治上的承认，包括对其募集资金、订立合同、应用制裁权的认可。
- 被明确承认的、可持续的水权和水服务。
- 与水服务、水权和地方管理能力相匹配的基础设施（Perry 1995）。
- 明确界定的管理和权力分配。
- 有效的问责制和管理动机。
- 对有效的、及时的解决纠纷的制度安排。
- 效益大于成本，且按农民投资比例分成。
- 有调动适当资源进行灌溉的能力。

而下面则是保证管理转移后的新体系可持续性的重要条件：

- 在农民组织从单一目标的运行和维护机构到多目标的商业机构演变过程中提供支持服务。
- 阶段性地审计农民组织的财务状况。
- 在地表水流域或地下水含水层范围层面上对有关资源利用的规划、配置和执行的地方机构进行更高层次的联合。

来源：Samad and Merrey (2005) and Merrey (1997).

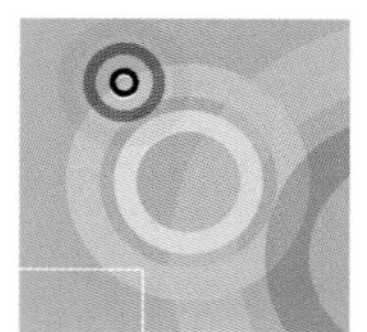

框 5.4　减少水部门的腐败：一些成功的案例

灌溉部门的腐败主要源于缺乏透明度从而导致信息不对称，以及官员和农民之间动机结构的不一致。

防止不对称信息。在玻利维亚的安第斯山脉地区，传统灌溉方式采用的是"任务轮流原则"(cargos rotativos)。不同年龄组的成员负责灌溉系统的运行和维护中的不同任务 (Huppert and Urban 1998)。随着时间推移，每个人都会熟悉那些保持灌溉系统正常运行所需的基本任务。这就避免了个人垄断那些不被别人知道的专业知识的现象，也避免了信息不对称，从而限制了腐败和暗箱操作的风险。限制信息不对称问题的出现还有其他办法，如：对信息系统、共有产权和团队组成(用于社会控制)的综合管理。

改善动机。在法国的加斯贡涅大区，当地政府采用一种特许权制度来避免灌溉中潜在的道德风险(Huppert and Hagen 1999)。Compagnie d'Aménagement des Coteaux de Gascogne(CACG)就被转让了一份为期十年、为当地灌溉用户提供运行和维护服务的许可权。如果 CACG 不能有效提供服务，下一期的许可就会被别的供应商得到。在服务商之间制造一种可信的、有"威胁"的竞争会促使供应商在进行稀缺资源配置的决策时不会偏离客户的利益太远。

还有其他改善动机的方法可以使供应商和客户的利益一致，主要包括：限制服务供应商采取其他行动的强制性的合同条款，以及如果供应商能遵照办理而为供应商提供奖金奖励。指导原则是将服务水平和质量与各个参与者的回报(金钱的和非金钱的)挂钩。这样做就可以把对投入资源的决定权与收取由此产生的服务收益的回报权统一起来。但这种做法需要赋予农民客户获取相关信息的权力，尤其是在外部影响(水资源有效性的差异)使得建立固定水平的服务很难实现的时候。发展中国家引入并建立这种制度的案例还极少。几年前，Svendsen and Huppert (2000)认为印度的 Andhra Pradesh 邦就是这样的成功案例，但是最近的研究 (Mollinga, Doraiswamy, and Engbersen 2004)则表明上述观察是站不住脚的。

来源：Huppert 2005.

管理组织的特定模式，尤其是发达国家早期取得经验的一些模式，强加给发展中国家的尝试不大可能取得成功，因为它们的目标和制度环境差异太大(Shah, Makin, and Sakthivadivel 2005)。实际上，建立正式的组织机构，即便在经济高度发达的流域，也没有被证明是一个成功进行流域水管理的必不可少的条件(Svendsen 2005a)。

尝试建立代表流域内所有用水户，包括小农户利益在内的管理流域水资源的组织是充满艰辛的 (Wester, Merrey, and de Lange 2003; Wester, Shah, and Merrey 2005)。这种要建立具体组织以对流域实施综合管理的想法也许是基于一种错误认识的，即：流域综合管理所面临的现实是必须建立一个管辖范围与流域边界一致的管理组织。这个认识不但对人类社会系统的边界(常常是高度灵活的)和自然系统的边界是完全不同的这样一个事实完全无知，并且还混淆了组织和制度的区别。

政府正在面对管理流域内竞争日益激烈的水资源的复杂任务，之后它们才能找到解决地方和灌溉系统水平上的问题的方法。很多发展中国家的小型灌溉农户正处在被认为用水有更高经济价值的部门的用水竞争的巨大压力下。这危及了那些替代性就业很少的经济体的千百万小农户的生计（Svendsen 2005b)。一种由外部施加的、一方包治百病的措施管理如此复杂问题的战略很有可能是无效的(见第16章有关流域管理的论述)。

> 这种要建立具体组织以对流域实施综合管理的想法也许是基于一种错误的认识，即：流域综合管理所面临的现实是必须建立一个管辖范围与流域边界一致的管理组织。

市场化改革的实验所展示的前途迄今十分有限。在电力服务、健康卫生和其他开发部门,对国家代理机构的幻想破灭促进了市场和私营部门参与到这些服务中去。这种趋势在农业用水部门却受到很多有可能导致市场失灵的因素的制约,主要包括垄断的存在和潜在的严重的外部性问题。当然还是和某种形式的私有化和市场工具相关的几种改革类型有关。

私营部门的参与。将私营部门更大规模地纳入到水资源系统的建设和管理中去常常受到支持,这主要是对公共部门效率低下的一种反应。这种做法基于一种假设：认为私营公司会降低劳动成本以及有更强烈的提供更好服务的动机。私人投资于生活供水和卫生部门比大型灌溉系统的私人投资更为常见。但是私人地下水灌溉和水泵迅速扩展,尤其是在南亚地区,主要投资人是个体农民（见第10章有关地下水的论述;Shah and others 2000; Heierli and Polak 2000; Polak 2005)。对运行和维护上的私有化已经成为很多灌溉管理权力下放的主要组成部分，尤其是在对水泵和其他设备的管理需要农民缺乏特殊技能的情况下。一家私营公司也许会用农民支付的或国家预算去雇人运行水泵或重型维护设备。对服务提供产生的影响会受到对权力、支付和问责的安排的影响(Huppert, Svendsen, and Vermillion 2001)。那些在发展中国家为城市供水和污水处理服务而试图实施的公共–私营伙伴计划的失败率很高，这主要是由经济形势变动性很高或者是缺乏有效的监测和管制系统造成的(Braadbaart 2005)。

正面的外部性也许会为公共部门投资于灌溉提供合理的理由:全社会都会受益(消费者的食品成本更低、促进经济增长),但是起效时间却很长。可以鼓励私人投资于建设灌溉基础设施的补充性设施,如道路和供电,也可以鼓励私人资本积极参与提供个性化的服务,如水泵和滴灌系统。大多数发展中国家的利率都很高,且都不能提供长期信贷。所以期望私人投资能够取代政府投资灌溉系统的传统角色是不现实的。

尽管如此,私营部门在提供低成本的农业水管理技术上,如脚踏式水泵、小型发电水泵、水桶和滴灌工具箱上的重要作用会越来越凸显。这些技术可以很容易地被个体小农户获取并利用,无论男女,在很多情况下还可以显著改善营养状况并提高收入水平(见第4章有关贫困的论述;Shah and others 2000; Mangisoni 2006; Namara, Upadhyay, and Nagar 2005; Merrey, Namara, and de Lange 2006)。而在某些非洲撒哈拉以南发展中国家实行的限制性政策阻碍了这些技术的更广泛的应用,这和南亚国家的情况形成鲜明对比。

水资源配置的经济动机。有两种旨在创造提高水管理动机的改革:水价和可交易水权。随着水价政策的实施,水费将直接上缴国家或国家的水管理代理

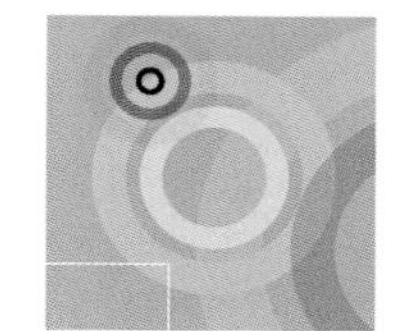

机构，而从可交易水权的交易中得到的收入将为水权所有者掌握。

水价会被用来创造节水的动机（需要某种形式的计量定价），或者为水利基础设施或运行和维护筹集资金。但是，这样的努力通常会由于政治反对派的强烈抵制而失败，也会因为输水量计量和水费征收上的困难而搁浅（Dinar 2000; Molle and Berkoff forthcoming）。不可靠的输水也是农民拒绝付费的另一个主因。

一般来说，为了回收基建开发和运行维护成本而制定的水价政策是一种一揽子解决的政策，其中的风险会严重加剧对水权的攫取和水贫困。支付水费的要求也许会使一些贫困农民完全放弃农业生产。通过对新建基础设施的开发进行补贴的方式脱贫的潜力将会被抵消。将贫困农民排除在农业用水事务之外的做法是一种荒谬的水资源保护和需求管理的形式。而滑动定价策略则是一种可能的解决方案（Schreiner and van Koppen 2001）。在很多发展中国家的情况下，如同在非洲撒哈拉以南地区和印度的部分地区那样，正式的灌溉系统也许并不是脱贫最有效的方法。得到补贴的灌溉系统会减少已经十分贫困和边缘化的雨养农户的经济回报，将稀缺的投资资源从它们也许最能发挥脱贫效果的用途上转移开，如提升雨养农业生产水平。对提高雨养农业回报十分关键的一点就是更好地管理农业水资源，但是这通常可以通过实施成本较低的干预措施，如雨水收集、保护性耕作和脚踏式水泵来实现（见第4章有关贫困和第8章有关雨养农业的论述）。

发展中国家极其缺乏有利于进行可持续的农业水资源管理的必要条件。

可交易的水权代表了水管理最大程度的私有化，因为它们使私营部门参与到水资源的配置和管理中。拥有水权的个人可以通过在水市场上转让他们的水而获益，从而为需求管理提供积极和消极的经济动机。除了界定清晰的水权（包括转让权）之外，水市场需要物质基础设施以方便水从一个用户转移到另一个用户。同时水市场还需要一定的制度安排以防止水权转让对第三方的负面影响（Easter, Rosegrant, and Dinar 1998 and Rosegrant and Binswanger 1994）。

*市场导向的改革并没有取得如期的效果。*早些时候对基于市场化的水资源管理体制的改革所寄予的热忱是不成熟的。基于市场的使农业水管理可持续发展的水资源改革的必要条件在发展中国家极少能够被满足，即便在发达国家也不是很普遍。智利和西班牙的瓦伦西亚是经常被引用的市场化水资源改革的例子，但是深入分析则会发现很多问题（Bauer 1997, 2005; Ingo 2004; Trawick 2005）。正如在所有的市场和私人产权情况下，管制的问题（即谁来制定什么样的规则？）和利益获取的问题（谁会在不完美的市场中成为赢家？谁又会成为输家？）是评估市场化改革的中心问题。相比匆忙草率地进行市场化改革，一种分阶段实施改革的策略也许是更加适宜的路径，并且在政治上更加可行。这种策略就是赋予现有的水用户和目前被排除在外的水用户以同样的权利，并明确管制机制，然后再规划并实施详细的水市场运行机制（Bruns, Ringler, and Meinzen-Dick 2005）。

没有走过的路：赋予用户权力并重组水资源官僚体系。在一些非政府组织主导的小流域管理项目中，赋予水用户（尤其是妇女和少数民族）权力并进行

彻底的官僚机构重组很少被讨论。灌溉管理转移的政策有时会累计地改变权力的平衡,而更有利于向水用户倾斜(例如在土耳其),但是这些政策的效果也会有可能被中和或者被逆转(例如在印度的Andhra Pradesh、印度尼西亚、菲律宾)。为什么在农业水管理改革的尝试进行了30多年后表现出来的效果很小将是下一个部分讨论的问题。

> 这种将制度看成是事物而不是关系和过程的倾向,以及应用工程方法很少能有效地进行制度的变革。

对以往经验的批判性回顾和综述:我们要吸取什么教训?

这个部分批判性地综述了农业水管理部门进行的制度改革的方法,主要强调三个主题:

- 社会工程范式主导的方式及其引起的相关问题。
- "问题域"视角而不是流域视角的好处。
- 组织、制度和水管理目标中多元化的意义和优势。

图5.1和框5.5总结了对本综述具有重要影响的两个概念性和理论性的框架。

需要寻求针对特定情境的,而不是社会工程的解决方案

强调公共管理、社区水平的集体行动和私营部门角色的政策需要遵循不同的制度路径和方法,但是它们都具有几个共同的倾向。一种尝试是通过社会工程的路径,即制度是可以被物理景观塑造和再塑造的,并且制度分析的作用在于为建立"正确"类型的制度绘制蓝图(框5.2)。另一种方式是比较某一种制度已

图 5.1 修正后的制度分析和发展框架

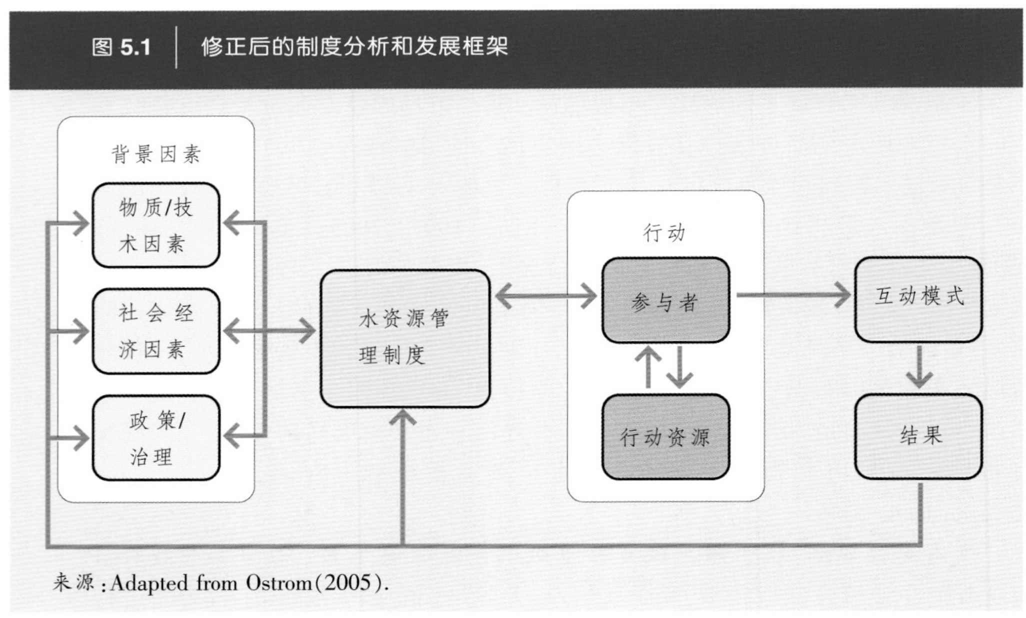

来源:Adapted from Ostrom(2005).

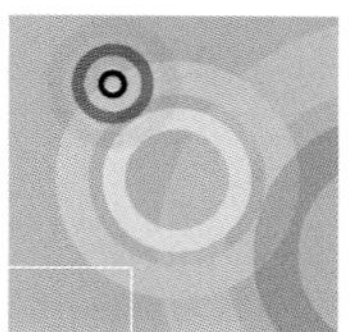

框 5.5 构成一种可持续的、有效的制度和政策的最基本元素

改革那些根深蒂固的政策和制度的策略应该是因地制宜的、针对具体情况的、非线性的，因此，后果也是不确定的。尽管如此，支撑一个成功的水资源管理系统的原则应该来源于理论和实践经验。这些原则有：

- 向公众开放有关资源的有效性会随时间和空间变化的知识。
- 制定有关资源配置、资源所有权、优先使用权、成本回收、治理权的相关政策(由谁来决策以及如何进行决策)。
- 建立政策如何执行的相关规则、法律和条例的相关法条。
- 对实施这些规则的角色和责任(正式或非正式机构)的界定。
- 提供实施这些规则和配置原则服务的基础设施。
- 人们参与和投资的动机(尤其是与农业用水收益有关的)。
- 根据以往经验教训来适应变化的环境的能力(学习型组织、适应能力)。

这些原则适用于任何地点、任何尺度。全世界有很多成功的可持续的、长期的水资源管理系统。这些系统的特点是：不仅具备成功的必备要素，还具有不同要素间稳定性以及相互之间的协同增效作用(Ostrom 1990, 1992)。而失败的水资源管理系统不是由于这些要素的缺失，就是由于要素之间的不匹配。

这些要素之间的关系是复杂的，也不是一成不变和绝对的。它们之间构成一个相互作用的、动态的反馈回路。改变是基于新的信息的加入。它的动态性虽然充满争议，但却是一种创造性的政治过程。

对某一要素进行干预而不考虑与其他要素的一致性将会导致失败——这样的例子不胜枚举。

水资源的本质不仅限定了什么样的政策和基础设施是可行的，还提供了选择的机会。基于对水资源过剩的感觉而建立的政策、规定、组织和基础设施在水资源日益匮乏或者对环境保护日益重视的情况下会被愈加证明是反生产力的(Wester, Shah, and Merrey 2005)。这也是亚洲某些大型灌溉管理官僚系统面临的最根本问题。它们的组织、所建设的基础设施，以及它们需要实行的政策和法律现在已经不能适应变化的条件了，但相关的政治过程却没能跟上变化的脚步并及时引入使过去的巨大投资能够继续取得最佳收益的改革。

来源：Adapted from Perry (1995, 2003a, 2003b).

经取得的实际成效和它的替代制度的期望成效。这会造成对替代制度的不切实际的预期。另外，对制度变革所需要的时间、努力和投资的反复低估意味着制度改革仍然是不完全的，尤其是它们和某个有规定时间的、援助者赞助的项目相联系的时候，结果就是达不到期望的成果。从而进入失望–试验–再失望–再试验以找出更好“解决办法”的另一个轮回[3]。

这种将制度看成是事物而不是关系和过程的倾向，以及应用工程的方法很少能有效地进行制度的变革。制度的一个主要特征就是，它们随时间推移的变化很小，而且变革是路径依赖的过程(一种制度向何处去取决于它曾经所处的地点)(North 1990)。这些已经被证明的基本原理在所谓“模式”、“工具箱”、“最佳实践”以及“蓝图”的讨论中经常被忽略，而这些讨论通常认为一般化的解决方案是可能的，并且低估了具体环境和过程。许多试图在多样化环境中强制实施用水户协会的做法的令人失望的结果就形象说明了这种错误，这些地区包括：南亚、非洲撒哈拉以南地区和中亚的经济转型国家（框5.6；Goldensohn 1994；Sivamohan 1986；Sivamohan and Scott 1994；Wade 1982；Shah and others 2002）。

与这种社会工程的解决方法相比，用有机类比的方法进行思考也许会更加有用。这种方法认为每一种制度都是其环境的产物，而不是复制其他地方的制度的结果。制度变革可以被影响、被催化、被指导，甚至被赋予能力，但是就是不能被强迫进行。需要将这些方法植根于当地的社会文化、政治和物理环境中。改变长期以来的社会安排需要领导力，同时这也是一个长期的过程。改革常常是缓慢的、渐进的，是一个充满高度不确定性的、具有开放结局的和非线性的过程。这些过程是人类互动的结果，具有学习和适应新条件的潜力[4]。

框 5.6 中亚转型经济体所进行的国家和水资源方面的改革

苏联的解体对前苏联的“继承国家”的农业部门造成了重大改变。苏联时期的农业生产是由政府组织和控制的，生产主要集中在大型的国有和集体农庄。这些继承国家独立后，各自选择了不同的私有化路径。哈萨克斯坦、吉尔吉斯斯坦和塔吉克斯坦的农用地实现了私有化，彻底抛弃了国家控制作物生产的体制。土库曼斯坦和乌兹别克斯坦则继续实行政府对农业投入和农产品供需的严格的政府管制。

国家和集体农庄的雇员都是高度专业化的劳动者，他们对全面的农场管理经验有限。由于私有化的实施，农场的会计、拖拉机手、教师和护士都成了农民。在国有和集体农庄体制下，大宗的农业投入和产出都是中央协调的，而在私有化后这种体制被废除了，从而也造成了很大的脆弱性。

灌溉系统是为大型农场并主要为某种单一作物设计的。当这些大农场被分割为小单位时，水管理的效率降低，并造成农民间的用水矛盾。私有化以后，农民纷纷从种植经济作物转向种植粮食作物。而灌溉基础设施的陈旧造成了灌溉服务不能有效提供，除非增加总体的用水量（Ul Hassan, Starkloff, and Nizamendikhodjaeva 2004）。

而一些灌溉系统是某种政治目的的产物，而当时的经济环境则完全不同。苏联政府为了稳定农村和确保边疆的安全而将能源价格压得很低。建设的泵站可以达到提水 130m 高度的能力。随着独联体国家的相继独立，大型灌溉系统在财政上常常无以为继。根据世界银行的一项调查，塔吉克斯坦和乌兹别克斯坦的 11%~64%的灌溉土地面临着净收入为负（如果能源按照反映其真实价值的价格收费的话）的情况，这会影响塔吉克斯坦 25 万人口和乌兹别克斯坦 110 多万人口的生计（Bucknall and others 2001）。

而在中亚某些地区进行能够回收全部成本的灌溉管理转移计划并不可行，症结在于高成本和低回报。这种管理转移必须伴随着对灌溉系统的彻底的重新设计和建设，而不是现在的修修补补。

来源：Kai Wegerich 提供。

第5章 政策和制度改革：无限可能的艺术

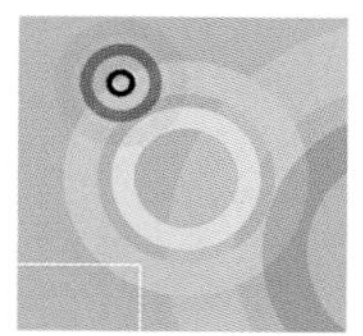

从流域到"问题域"

直到最近，水部门改革的重点仍然是灌溉。灌溉政策改革很少和农业政策改革综合进行考虑，常常以为它们是分属两个不同部委的责任。这种政策上的不衔接将继续下去，而且还未被充分研究。

过去十年中，水资源综合管理的概念已经主导了有关水资源改革的讨论(GWP 2000; Merrey and others 2005)，从而将注意力转向水的不同用途和用户之间的相互联系和相互依存关系的讨论和研究上。灌溉需要放在流域尺度和地方尺度的水的多种用途的角度去理解(见第16章有关河流流域的论述)。另外，灌溉被越来越多地看作是对环境可持续性的一种威胁（见第6章有关生态系统的论述)，而且还提出了灌溉对贫困造成的影响的问题(见第4章有关贫困的论述)。在灌溉制度还不能在过去范围内有效进行水管理的时候，它们现在必须保护灌溉用户的利益不受到日益激烈的水资源竞争的损害，而这些竞争通常来自政治上强势的群体（Vermillion and Merrey 1998; Wester, Shah, and Merrey 2005)。这些体制要在处理贫困、平等和环境问题上的能力更加有效。因此，水的治理、管理和利用必须放在分析问题的情境中进行综合考虑，而对问题的分析必须考察"问题域"，即某一具体的问题在一个问题网络中所处的位置和边界，而不是单纯从流域的角度来考察。

水资源的治理、管理和利用不能被孤立地处理。造成水问题的原因和它们的解决方案是部分地根植于其他领域的过程和力量中的。例如，农民的用水行为取决于农户家庭对劳力、时间、金钱和其他资源的配置，还取决于灌溉农业、渔业和畜牧业的获利性，以及总体的低风险环境和许多其他因素，并且只是部分地取决于水分利用效率的增加。部门间的用水配置在很大程度上是更广泛的政治和经济考量的结果，如代表城市和工业利益的政治势力(Molle and Berkoff 2005)。

没能将这种背景考虑在内是制约先前改革成功的关键因素。协商并建立灌溉管理新的组织安排如果不考虑更广泛的水资源、农业、农村部门，以及货币、贸易和总体宏观经济政策上的制度安排，就不可能取得成功。例如，马里的尼日尔河管理办公室的成功改革就是置于更广泛的提高投入和产出市场的效率以及重组管理机构的更广泛的改革的基础上的(框5.7)。

在实践中，水资源的治理、管理和利用仍然是高度部门化的、界限森严的。这从水管理组织的设计以及水资源教育学科重点的设置上就可见一斑。这也是一些国际上多边投资银行和援助者机构的内部特点，这限制了它们在更广泛的国家条件下促进改革的能力(Molle 2005)，同时也限制了通过多用途供水体系在地方水平上促进创新的综合水资源开发的能力（见第4章有关贫困的论述；Moriarty, Butterworth, and van Koppen 2004)。本章所做的大部分观察不仅对援助者和多边投资银行，还对发展中国家具有参考和借鉴意义，尽管相关研究还不是很多。最近的一些分析记录了一些影响多边银行运作以及影响它们和非洲

框 5.7 实施有效改革的案例:马里的尼日尔河管委会

马里的尼日尔河管委会是该国殖民地时代建立的大型灌溉系统的管理机构，管理着至今扩展到 70 000 hm^2 的灌溉面积。直到十年前,这个机构还被视为令人失望的案例:生产力低下、农民不满、濒临破产边缘。而现在,世界银行和其他一些机构则将尼日尔河管委会视为政策/组织/制度改革取得成功的范例。1982~2002 年,灌区水稻单产提高了四倍、总产增加了六倍;尽管人口增加迅速,但收入也以很快幅度提高;妇女在农业和商业中就业;创造了很多新的就业机会。马里政府是如何实现这些成就的?

Aw 和 Diemer (2005)为我们提供了一份该灌区在 20 年时间逐步累积取得改革成功的案例记录。直到 1982 年,农民在管理中还没有任何发言权;他们普遍不满,但贫穷和缺乏组织又使他们不能有所行动。但是,各种各样的内部和外部压力却促使政府开始考虑改革的必要性。资金援助人拒绝对灌区面积扩大投资,除非灌区实现财务上的可持续运行。为了得到对灌区设施修缮的资金支持,政府承诺进行一些小规模的改革,包括对农民提供贷款、初步组织农民参与到灌区管理中来。一小部分马里政府官员的支持对这次改革起到了至关重要的作用。水稻单产提高了一倍,随着越来越多政府官员的认可,权力逐渐从灌溉管理机构向农民转移。而执政党和援助人的联盟又引入更深层次的改革,从而使生产力进一步提高,农民权力进一步加强。1991 年后,马里的一党专政体制被民主选举整体取代,民选政府承诺进一步改革并缩减灌溉管理机构的规模。在广泛征求尼日尔河管委会雇员、农民、政府部门和援助人的基础上进行了新的立法工作,包括提供有保障的土地租用权、完全的成本回收和由被选出的农民与管委会雇员组成的联合管理机构。新的权力平衡由一份为期三年、由三方(管委会、政府和农民)签订的合同所建立的制度来实现。

Aw 和 Diemer 认为马里的一些经验可以被他国借鉴。首先,在一个范围更大的改革框架内实施的灌溉改革更有可能取得成功。其次,政府要采取"小步快走"的方式首先进行一些小规模的政治可行的对农民有利的改革,从而为进一步深化改革搭建平台。第三,强大的、非灌溉利益攸关方发挥的关键作用会不断推动改革进程,如马里执政党及后来的商业团体。第四,通过农民和其他人对改革效果的监督和对改革收益的广泛分享来实现"边干边学、在干中学"的策略,帮助改革进程。最后,改革进程是长期的,基层管理者不断致力于促进农民福利、人民的意见能顺畅地到达决策者,这些都会发挥关键作用。

来源:Aw and Diemer 2005.

撒哈拉以南地区的客户之间关系的严重的制度上的问题(Morardet and others 2005)。单一目的方法的积极一面是有利于采取重点突出的和协调一致的行动。这个重点需要在更广泛、更综合的问题分析的环境下才能保持。

三种多样性:多元参与者、制度和功能

水资源的治理、管理和利用有三类多元性的特征,即复杂的、重叠的、有时还相互竞争的参与者、规则、功能和组织。

- 多元参与者和组织在不同水平上参与水资源的决策。
- 多元规则和程序主要应用于特定的问题,如同法律多元化那样。
- 水资源系统的多元功能及价值范围与这些功能相关联。

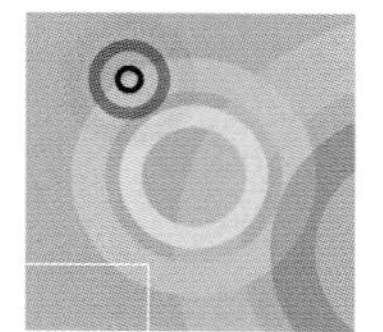

第5章 政策和制度改革：无限可能的艺术

水资源系统的多重功能需要多元化的改革策略。但是，农业水管理已经倾向于采取那些"简化"的政策选择(Scott 1998)去把农村社会改造得更适宜于国家实施社会工程的战略，并且能按照他们自己认为的现代化形象去改造景观和人民。标准化的分析方法和解决方案往往会造成很多问题。我们的综述是以经验为导向的，而不是以理论或意识形态为导向的：目前存在三种类型的多元化，这些多元化必须在水部门改革的环境下才能被恰当地处理，而不是说它们已经在人类可持续发展上取得了进展。由于篇幅的限制，我们认为宏观水平的公共经济政策以及其他政策对水资源开发会有必然的影响，并承认这些影响的重要性(Peña, Luraschi, and Valenzuela no date; Allan 1998; Allan, Thurton, and Nicol 2003)。

在多中心治理条件下的多元参与者。 在水资源管理方面有很多制度和组织模式可供选择：从直接的公共管理到直接的私营管理，从代理机构的代理管理到社区的自我管理。但是即便一个系统是在正式的政府管理下的，农民和私营合同商仍然能发挥主要作用，并且在农民管理的系统中，国家和市场发挥的作用也是关键的。

不幸的是，大部分水部门改革的重点都是单一组织或者单一体制的。大部分的灌溉改革只聚焦于一种类型的制度或组织：水资源官僚体系的改革、将灌溉管理权转移到用水户协会、建立水市场、引入流域管理的权力机构。几乎毫无例外地，这些改革都忽略了性别问题。这就像建一栋只有一根柱子的建筑。而建立一个能相互支撑的三角结构的模式是更合理的解决方案(图5.2)。通过相互支撑，整体结构会比单一支柱的方式更加稳固，也更加灵活。

关键不是找到唯一"正确"的制度或组织，而是确认在哪些条件下每一种制度或组织能够有效发挥它们的作用，并且要知道如何去做才能加强这些制度和组织，以及确保它们之间的有效协调和谈判的机制。Huppert (1997)和Urban

图 5.2 | 水资源管理三角关系图

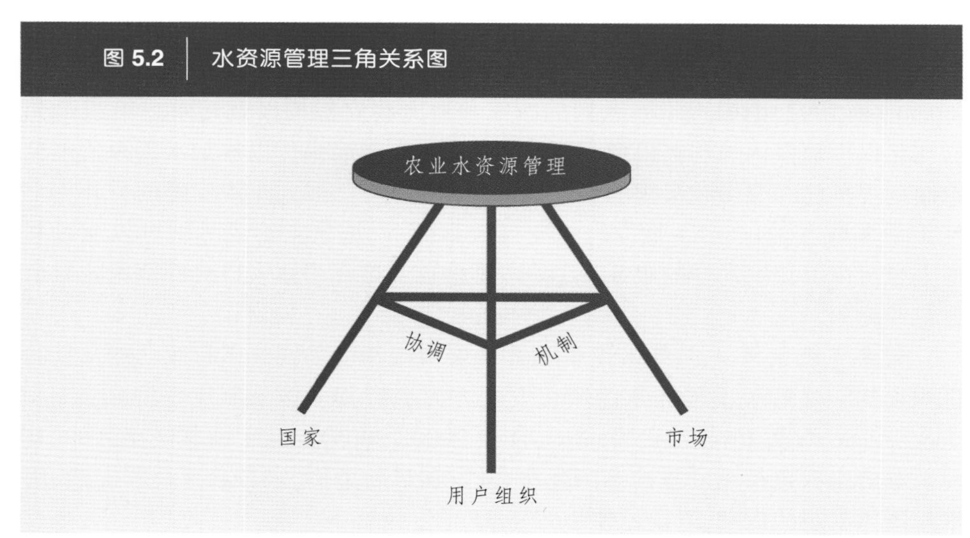

(1998)提供了检视灌溉系统和服务维护的组织之间“交换关系”的分析框架,其重点就在于谁掌握提供服务的控制权、谁提供服务、谁付费,以及控制服务关系的模式和机制。检视这些关系能够揭示制度安排什么时候能够创造有效的水资源管理的动机,以及什么时候会导致系统功能运行不良的关键差距。

组织之间的协调和谈判在所有受水管理影响的利益攸关方在水管理的托管组织中没有代表权的时候尤其重要:

- 如果水管理的责任被转移到灌溉使用者协会,地方社区水平上的其他用水户就会受到影响,而且他们的声音不能在决策过程中得到体现[5]。
- 将管理权下放到地方选举的政府机构也许会把当地的其他一些利益攸关方纳入到水资源决策中去,但是不包括那些受到资源管理影响的上游或下游利益攸关方。
- 地方上的代理机构一般是向中央政府负责的,而不是向地方政府负责。部门间的分割通常会限制这些政府代理机构对所有利益攸关方的责任。
- 在大多数情况下,国家代表人民拥有管制权,但是也包括那些至少代表关键利益有关群体(农民、渔民、环境机构或团体)的单独的管制机构。一个例子就是斯里兰卡灌溉系统中的项目管理委员会(框5.8)。对利益攸关方的定义和选择是构成包容性规划和决策体制的至关重要的方面。

大部分的改革都将重点放在直接参与灌溉或水管理的组织,而不是很多其他的影响农业水管理方式的制度、总体经济中其他部门的用水户,以及更广泛的社会和宗教制度和其他政府机构的改革上。尽管一些分析家和决策者会通过一定方式简化这种复杂性,比如,将复杂性分解成具有广泛行政权的单一流域组织,但是这种组织的复杂性依然存在。应用水资源综合管理的原理并达到联合国千年发展目标需要许多超出农业和水部门之外的许多参与者和部门的合作, 但是想要推动政府各部委之间和各部门之间的合作在哪里都是十分困难的。

Ostrom, Schroeder和Wynne (1993)则争论说,“多中心管制”的安排在允许制定适应广泛规则的试验上以及开发本地的知识和专业技术方面具有优势。Blomquist(1992)则展示了一系列的国家和地方政府机构以及用水户组织是如何演化以管理美国加利福尼亚州的地下水的。在一起协作以规划水资源治理上的制度安排已经变得和组织的实际建构同样重要了。多元组织安排的另外一个优势是多重性:如果一个地方组织变得效率低下,那么它的成员就可以通过其他重叠组织以获取同样的服务。这种多重性也会增强当地人口对外部威胁做出反应的能力。

制度多元主义——有优势但也有限制性因素。如同许多行政功能重复的机构那样, 在有关土地和水的产权安排方面也有很多多元制度 (Boelens and Hoogendam 2002; Bruns and Meinzen-Dick 2000, 2005)。除了国家法律之外,其他来源的水权包括国际条约和国际法、开发项目的条例、宗教法律及其实践、用水户团体制定的规则,以及习惯法(图5.3)。

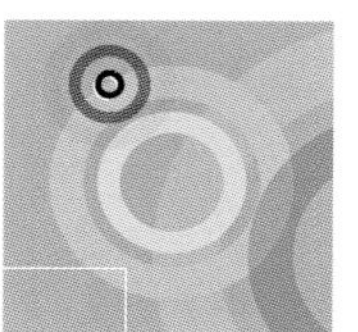

框 5.8 | 斯里兰卡对水资源的多用途利用

斯里兰卡南部的 Kirindi Oya 灌溉系统形象地说明了满足不同类型用水户的要求的复杂性。水被用于农田作物生产、家庭花园和菜园、牲畜、渔业和家庭生活。每一种用途所代表的利益群体都不同，但可以大致分为：建立已有百年历史的旧灌溉系统和新建灌溉系统(供水可靠性不如前者)。每个群体都有自己的协会，政府机构则被赋予用水的责任。灌区管委会决定用水分配模式，但却没有考虑养牛业和渔业的利益。甚至生活用水和环境用水利益在管委会中也没有充分代表。主要由妇女实施的家庭菜园的灌溉并未被正式认可，用水户协会和政府机构都不支持菜园的灌溉用水。价值巨大的渔业和家庭种菜却没有正式被认可。因此，将这些用水户的利益考虑在内是实现流域或区域平衡用水的必要条件。

斯里兰卡灌区的多种多样的用水户

用途	用户	用户对用水要求的依据	支撑制度和机构
农田灌溉	旧灌区农民	政府承认的习惯用水	灌区管委会；农民协会
	新灌区农民	政府配置用水	灌区管委会；农民协会
家庭花园和菜园灌溉	大多数是妇女	水井的所有权；距离近	水井所有权；当地的惯例
牲畜	牧民	对水的历史上的使用权；不被管委会承认	养牛者协会（在用水问题上不活跃）；部门秘书
	农民家庭	维持生计需要	当地惯例
渔业	大多数是男性农民，兼职	由来已久的使用；渔民合作社成员	渔民合作社（在管委会无代表权）
家庭生活	旧灌区家庭	习惯用水权，水库配置的必要用水	管委会在旱季保留特别用水配置权
	新灌区家庭	水库引水配置；付费	全国供水和排水委员会（在管委会中无代表权）；当地惯例
环境	野生生物		野生生物保护部（管委会中无代表权）

来源：Adapted from Bakker and others (1999)；see also Renwick (2001).

这些类别的法规之间经常会有冲突，例如，在环境立法和其他水资源法案之间，或者是对习惯法的不同解释之间，以及正式的规则和实际使用的规则之间的矛盾。宣称拥有水权可以基于以上任何一类法规。每一类法规的力度和其背后制度的力度是成正比的。国家法律也许很强大，但是到了地方，尤其是在远离大城市的地方，国家机构没有监督并执行国家界定的水权的能力，而当地社区制定的规则却拥有更大的影响力。这会导致混乱和冲突，但这也是水资源配置适应当地条件的重要机制。因此，作为谈判和协商结果的水权比法律明文规定的水权更容易被准确地理解[6]。

与之相关的、也是充满问题的领域是水利基础设施，如渠道的所有权问题。即使没有正式的法律规定,一般也认为政府享有对其所建设的灌溉系统的所有权。大多数国家的灌溉管理转移政策却在这个问题上令人吃惊地模糊；尽管农民被期望担负起灌溉系统运行和维护的责任,通常需要大量的投资,但是他们却不一定要在“他们”的财产权上投资。在农民建设并管理的系统中,产权关系总体上是清晰的：所有权是按照投资比例或者其他标准和别人分享的(Coward 1986a,1986b)。对于基础设施的长期可持续发展,政府要做到避免造成在地方水平上的政府所有的产权，而应该和社区分担成本以鼓励社区创造自己的产权。

作为谈判和协商结果的水权比法律明文规定的水权更容易被准确地理解。

因为政府要制定新的税法以实施水资源的综合管理,地方法规、原则和实践的多样性和灵活性就有可能会被统一的和僵化的法律原则和要求所取代。地方实践通常是公平和有效的,削弱它们会削弱当地的生产能力。但是这些地方规则也会造成严重的公平性问题,尤其是在政府最想干预的土地和水权问题上对妇女的歧视(Trawick 2005;Vera forthcoming)。

处理水管理的组织和制度的多元化意味着规划那种强制取代原先的制度和组织而建立新制度和组织的彻底性改革是不现实的。但是在历史、文化和发

图 5.3 与水资源管理相关的法律法规关系图

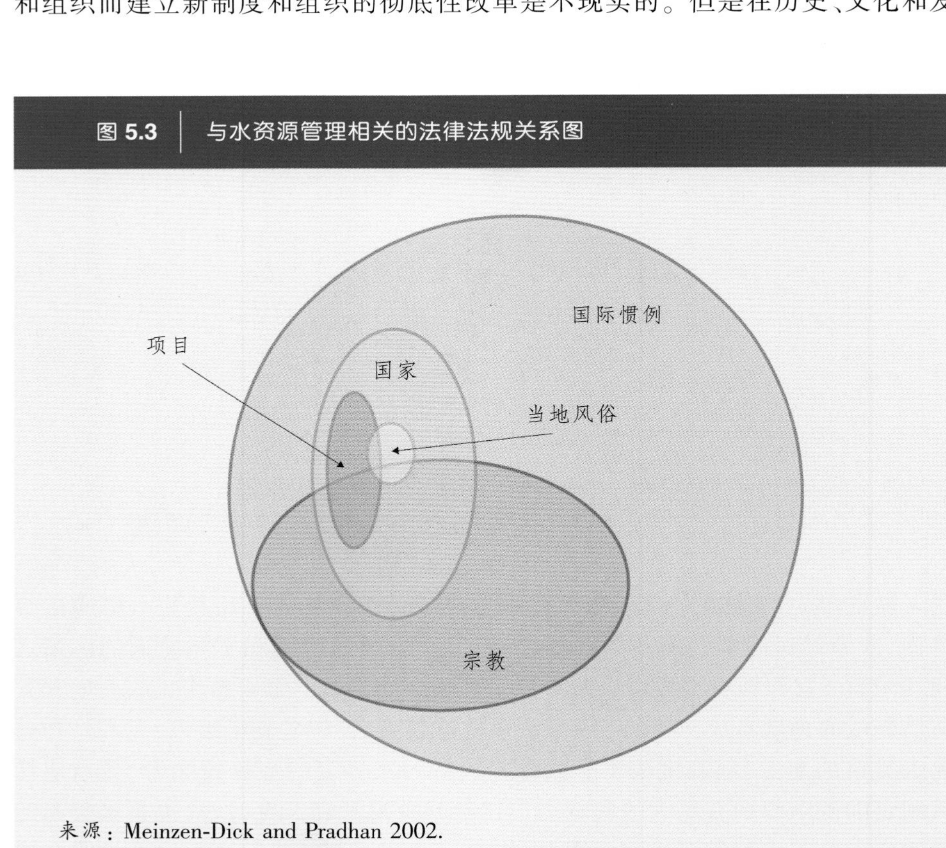

来源：Meinzen-Dick and Pradhan 2002.

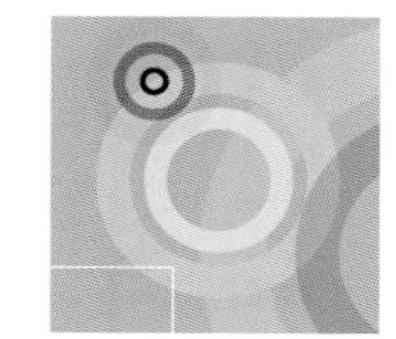

展路径等多重制约因素下，还是存在一定的操纵空间。主动进行的改革是有可能实行的，但是起作用的因素太多，会造成结果的不可预测。

多重功能——加剧了复杂性，也增强了力量。水部门改革的战略正在越来越多地被寄予处理超出水管理之外问题的期望，其中包括脱贫和性别平等、逆转环境退化、给弱势群体更大的发言权。亚洲的灌溉投资对脱贫的成效巨大(Hussain 2005)，但是大型灌溉系统最多也就是实现脱贫目标的并不十分锋利的工具。Polak(2005)争论说尽管大型灌溉系统是在宏观水平上实现粮食安全的“原动力”，但是目前改善小农户生计的最大机会却在于促进低成本的、市场驱动的微型农业水管理技术的采纳和实施(见第4章有关贫困的论述)。原理上讲，这种方法可以更好地被应用于妇女，并且对环境的伤害很可能小于大型灌溉系统，但是目前在更大的空间尺度上实施这种有针对性项目的能力不足(van Koppen, Safilios Rothschild, and Namara 2005)。

水部门改革的战略正在越来越多地被寄予处理超出水管理之外问题的希望。

生态系统为人类社会提供了许多服务，而对于这些服务，不同的群体有不同的评价标准。为实现可持续发展的目标，生态系统的服务功能和价值需要反映在水政策中，并且相关机制需要到位以起到平衡功能(Abdeldayem and others 2005；见第6章有关生态系统的论述)。发达国家对环境保护有很强大的声音，而发展中国家对环境保育的关注往往被认为是反对穷人的。找到一种直接把生态系统服务功能和改善穷人生计相联系的有效途径十分重要。这需要展示这种双赢策略的强有力的证据，并且形成政治联盟来实现这些目标。

另一个问题是如何给穷人和弱势群体(妇女、少数族裔、牧民和渔民)以更有效的声音。解决这个问题并不容易，但是首先考察清楚那些显性的和隐形的规则是如何优惠或排除不同的群体是一个很好的出发点(Vera forthcoming)。针对地方用水户组织以及更高层次的项目管理委员会或流域组织的会员规则也许会将某些用户群排除在外。例如，渔民和女性园丁在斯里兰卡就被排除在项目管理委员会之外(见框5.8)，而拉丁美洲安第斯山脉地区的妇女也被排除在用水户协会之外(Vera 2005)。而那些农村贫民，包括小型的灌溉户，在墨西哥的流域理事会中就没有代表权(Wester, Merrey, and de Lange 2003)。由绝大多数受过教育的精英操持的会议会排除那些教育程度更低的少数群体的参会，而会议时间和地点也会对想要参会的妇女造成困难。

Kerr(2002)发现在印度的很多小流域管理项目中，妇女和游牧者承担了新措施实施所造成的成本中的绝大部分，但是收益却被下游用户获得。但是，在那些非政府组织和边缘群体共同参与的活动中，如集体信贷项目，这些群体发展出了更强的讨价还价的权力。向水资源综合管理转变的行动将会使更多的牧民、渔民、生活供水的用户以及其他依赖水资源维持生计的人们，再加上农民、环境主义者和国家参与者，参与到决策过程中。找到一种承认对水资源利用的相互宣称权的具体方法，并创造一种水的不同功能、不同价值和不同群体使用它的不同后果都可以进行建设性谈判的局面是未来水部门改革所面临的主要挑战。

为了对脱贫和环境可持续性有所贡献，水部门的改革要在关键的水治理参与者（政府、非政府组织、公民社会、私营部门）（图5.2）之间建立一个关系的框架。这个框架可以认定为是加强穷人权力最有效的资源利用和管理的模式。因为缺乏将穷人纳入到水资源治理中的动机，国家就需要利用其权威来加强穷人的声音和收益。例如，南非的清除小流域内的外来入侵植物的"为水工作计划"就为当地人民创造了就业机会并对他们进行了管理合同的技能培训，造就了一批新型的企业家（Görgens and van Wilgen 2004）。

> 确认并承认所有用水户的权利，并建立制度机制来解决他们的用水需求是一项具有挑战性的工作。

确认并承认所有用水户的权利，并建立制度机制来解决他们的用水需求是一项具有挑战性的工作。但是加强农业–水–贫困–性别–环境之间的联系是至关重要的。通常是妇女和贫困家庭最依赖对水的其他用途。另外，渔业、牲畜、园艺、生活和环境用水通常会产生更高的单位用水价值，所以将它们包括在内会显著提高农业水系统的总体价值。

前面的路

成功地向前迈进需要那种认为改革是一个内在的政治过程的制度和政策改革程序的战略。这种战略还需要认识到水制度的历史文化和社会背景、国家是改革的主要推动者，以及能力建设、信息共享和公共辩论的重要性，并且还要有相配套的实施战略。

改革是一个政治过程

制度转型本身是一种政治过程，常常是缓慢的、困难的。不但有受益者和失败者，还有那些拥有自身利益的"局外人"。一些利益在政治上比其他利益更有权力，而且常常会优惠某些利益而扭曲整个结果。政策的决定者和顾问需要对有关农业和水管理的政策和制度对粮食安全、环境可持续性、经济发展和脱贫的贡献做出战略评估。而这个过程又是一个将感觉、利益和目标转化成战略的过程。这也意味着不但要考虑想要得到的结果，也要考虑其政治上的可行性。

需要提出的关键问题是：

- 制度和政策改革的益处是什么？这些益处如何分配？成本有多大？谁来负担这些成本？
- 什么样的利益团体的结盟将推动并实施变革？围绕着什么问题形成这样的组织会更有成果？
- 如何支持这些联盟？
- 知识的创造者和运用者（学术研究者、咨询师、有思想的实践者）如何发挥更积极的作用？

这些问题的答案取决于特定条件。倾向于强加实施通用性的解决方案只会导致失败。而影响答案的因素包括生物物理特点；社会、文化和政治环境；农业

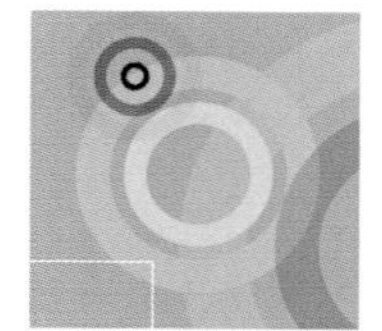

基础设施的类型(灌渠、水井、大小水坝、雨养农业)。逐个分析情况并从其他案例中汲取经验作为实用的资源且根据图5.1和框5.5所展示的框架是进行有效制度转型的首要步骤。

水资源治理和制度是根植于更广泛的治理和制度框架下的

制度和组织改革没有从一张白纸开始的:整个过程都是嵌入在历史和文化环境中的,而这些环境又塑造了未来变革的范围和程度。技术、水资源有效性、种植体系、市场发育、社会资本、政府政策和整体政治因素一起作用塑造了人们管理水资源的制度。因此在一种环境下有效的制度不能简单地移植到另外一种环境中,并期待产生同样的效果。

改变水制度和组织的干预措施必须考虑到改革和水文、社会、经济和政治条件的一致性。

改变水制度和组织的干预措施必须考虑到改革和水文、社会、经济和政治条件的一致性(见框5.5)。例如,引入建立水资源市场的做法就要求有明确的不与具体地块绑定的水权、有能力执行并辅助交易的法律和组织、具有灵活性和测量能力的基础设施。在农民的水权明确的地方、在基础设施的设计就是为了分权管理的地方,以及在基础设施产权清晰的地方,实施灌溉基础设施的管理向农民的转移的改革就很有可能取得成功。那些强调需求管理和成本回收的政策需要输水基础设施和测控手段,而这两种条件在很多发展中国家都不具备。

但是,条件既不是一成不变的,也不是随着有意识的改革就轻易改变的。条件也许会自己发生改变,并且需要对制度做出相应调整以适应条件的变化。一场季节性的旱灾或者气候变化引发的水资源的匮乏都需要加大管理强度。人类免疫病毒/艾滋病和疟疾会降低农民从事繁重的维护劳动或从事有时间要求的管理活动。贸易的改革削弱了大规模公共灌溉系统投资在确保粮食安全上的必要性,而有自己特定的可获利的产品领域的农民会对改善灌溉服务施加压力,或者他们自己购买所需的设备(见第9章有关灌溉的论述)。随着流域从"开放"逐渐走向"闭合",所需的政策和组织的类型也随之显著改变(见第16章有关流域的论述)。

在更大范围内的农业水管理问题的这种嵌入型对政策和制度有以下几个意义:

- 问题域:理解问题网络。主导农业水管理的单一部门的视角需要被一种以具体问题为出发点的、然后决定什么是需要解决的以及可能解决的问题的方法(界定下一个步骤)所取代。从"问题域"而不是"流域"的视角看待问题更适合,而"问题域"就是以问题网络而界定的某一特定问题的边界[7]。大多数社会和政治边界和流域这样的水文边界并不吻合。在一些情况下,最好建立基于行政边界的单元而不是强制建立新的以水文单元"流域"为边界的组织(Abdeldayem and others 2005; van der Zaag 2005; Moss 2003; Swallow, Johnson, and Meinzen-Dick 2001;见第16章有关流域的论述)。
- 对可行性选项要抱有现实的预期。对给定条件和制约因素条件下可以取得什么样的成果要抱有更加现实的预期。并在这种现实性预期的基础上对在哪里配置时间和资源做出更加具有现实意义和程序性的选择。

- *为了实现更好的协调而进行的部门外政策创新*。需要更有效的方式去解决组织间的协调、互动和协作的老问题。除了政府机构外，这样的联盟还应该包括多种私营和公民社会团体的利益以真正体现方法的综合性(Sabatier and others 2005)。水资源政策的决定者和实施者必须也参与到部门外的决策中去解决水问题。不幸的是，在农业水部门很少有应用这种综合方法的积极的例证。

在一些情况下，最好建立基于行政边界的单元而不是强制建立新的以水文单元“流域”为边界的组织机构。

- *有思想的实践者*。在一个受制约的环境下工作需要政策和行政的创新精神，要创造性地并有效地利用体系内的法律、行政和预算空间去找出创造性的应对方法。这需要有技能的人员来评估形势，并能从经验中汲取教训以创造前进的有效战略(Schön 1983; Forester 1999)。对于那些倾向于实施以往流行的援助模式的国际援助者、实施机构和研究机构来说，这需要对现有规划、财政资助和研究优先领域的自我反省和修正。

理解组织和制度是如何成为具有自己历史的复杂的社会经济体系中的不可分割的一部分，并且这些组织和制度随着人们对新机遇和新压力的应对而改变，对设计有效的改革战略是必不可少的。但是这种复杂性本身也意味着预测改革的结果是不可能的，而必须采用一种社会学习的方法。

国家是改革的主要推动者，但是政府不能单枪匹马地取得成功

水部门的成功改革仍然需要国家扮演领导角色[WE]。虽然在发展中国家有几个由公民社会运动启动的水部门改革的成功案例(印度Bhavani流域的减少流域污染的运动；Meinzen-Dick and others 2004)，但是这种例子毕竟是少数且属于地方化和部分的改革。还有更多的由援助者主导的改革的事例，但是这些改革都没能超过项目执行的时间段(如果确实被实施了的话)。私营部门也许会创造制度改革的需求(例如，在北美自由贸易协定时所造成的运行不善的机会成本增加的情况下，墨西哥的农场部门对灌溉系统更好的运行的需求)，但是这些改革如果没有国家的“所有权”的话也不会走很远。

承认国家是改革的主要推动者也会造成自相矛盾，因为国家本身常常就是最需要改革的对象。在大多数国家建立的制度中，很少能有克服性别不平衡、水管理机构由男性主导的工程文化的案例，以及精英控制并获取改革好处的局面的动机。这是政治问题，所以还需要在政治层面的领导力。

尽管公共机构在设计、建设、运行和维护水资源基础设施上的作用在减小，国家仍然在流域规划和管理、水权等级和监管、数据收集和管理、环境监测和评估、支持地方管理制度和对私营的服务提供商的认证方面发挥新的作用。其中一些角色是必不可少的，但一个新问题是现有机构能否有效发挥这些作用。国家的管制能力变得越来越重要。在那些转型经济体中，任务的复杂性是令人生畏的(框5.6)。

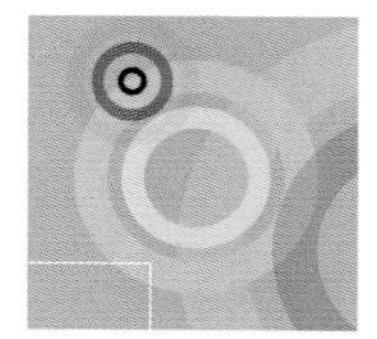

作为水资源开发投资的唯一来源，政府资源是不够的；在很多情况下政府并没有财政资源支付水利基础设施的运行和维护。还需要其他融资机制和渠道(Winpenny 2003)。在公私合作伙伴上几乎有着很浓厚的兴趣，但不应只局限于和跨国公司的伙伴关系。印度建立了“Nigams”来开发国内的债券产业以为大型水利系统融资。这些做法成功地动员了资金并加快了工程建设的进度，但却没有提高灌溉工程的效能以及可持续性的成本回收 (Gulati, Meinzen-Dick, and Raju 2005, chap.5)。日本目前采用的是用环境服务付费的办法来补充灌溉系统的运行和维护费用。但是私人融资最大的来源是农民自己，当符合他们的利益时，他们就会在灌溉基础设施以及运行和维护上投入大量资金，例如在他们可以控制的管井上投入资金。Penning de Vries, Sally和Inocencio (2005)综述了小农户和小商人在农业水资源开发上的巨大投资潜力。

一个对改革的成功至关重要而又几乎没有被研究的问题就是政府如何配置预算并监督预算花费的结果。

一个对改革的成功至关重要而又几乎没有被研究的问题就是政府如何配置预算并监督预算花费的结果。

缺乏透明性导致了对分权制参与式预算体制的呼唤。预算的配置反映了政府确定的优先领域，反过来常常会反映历史的惰性和根深蒂固的官僚主义。如果特定预算配置是以妇女、脱贫和环境服务为特定目标的，那么就需要这样的预算体制改革，特别是配以透明的监管体制。对性别敏感的预算提供了一个检验各级预算的优先领域的方式，很多国家正在尝试这样的做法(Budlender 2000; Mukhopadhyay and others 2002)。这个概念也可以应用于其他优先领域中 (Norton and Elston 2002; de Sousa Santos 1998; www.odi.org.uk/pppg/cape中的有关讨论和案例)。虽然这样的方法是在其他部门首先出现的，仍然有必要将它们引入到水资源部门中。

对于这样的能够提高灌溉系统运行效能的而不是不协调地开发和运行不善的系统的融资安排来说，透明和适当的协调机制是至关重要的。首先，这意味着政府部门内要有充分的问责制以确保公共资金被合理使用，并能创造提供有效服务的动机[9]。第二，这也意味着对私营运营者的适当监管以保证他们能够以协商好的价格提供协商好的服务。即便在用水户被委托授予水管理权的时候，问责制也是确保所有用水户(包括妇女和边缘群体)都能够得到服务的关键因素。在很多方面国家监管的能力不足。这仍将是一个严峻的政策挑战。第三，这还意味着在政府各个部门之间建立有效协调的机制。

国家将继续负责确保穷人和环境服务得到他们需要的水量，即便在穷人无力支付的情况下。这对满足基本需求和保育资源是绝对必要的。在很多情形下，基本需求被解读为生活用水的最小需求量(比如每人每天20L水)。但是许多习惯法，尤其是非洲的习惯法，都认为生计的需水量是基本需求量的一部分(von Koppen and others forthcoming)，越来越多的新的国家立法(如南非)和一些服务的提供者都是这样做的 (Moriarty, Butterworth, and van Koppen 2004)。国家确保其人民获得基本服务的职责并不意味着国家必须亲自实施每一件事。在国家能力和问题规模之间的差距十分巨大，国家需要和私营部门以及公民社会一起协作来充分发挥它们各自的职能，将它们稀缺的能力用在有比较优势的领域中。

由于国家本身也是需要改革的重点，而同时它还将发挥改革推动者的作用，所以私营部门和公民社会的联盟对改革在长期内取得成功十分重要。

一种平衡的政策过程所需要的知识和能力

> 信息、知识和应用它们的能力对于成功实施水资源的综合管理以及适当的改革是至关重要的。但是将可靠数据转化为可信信息的能力常常是有限的。

信息、知识和应用它们的能力对于成功实施水资源的综合管理以及适当的改革是至关重要的。但是将可靠数据转化为可信信息的能力常常是有限的。在很多情形下，根本没有数据(长时间序列的水文和气象数据、数据监测网络的密度、按性别统计的家庭数据、政策影响研究)。

常见的问题是数据获取的困难。当国家间存在水资源冲突的时候，水文数据就会成为国家机密，或者获取数据的程序极为繁琐和昂贵。如果信息被认为是支持具体的政治议程或者信息收集的过程不十分严谨，这样的信息就有可能是不可靠的。信息获取是有差别的，如男人和精英阶层可以获取但是妇女和穷人就无法获取，这会加剧不平等现象(Vera 2005)。为实现可持续的农业水管理，就需要公共域的、被广泛分享和争论大的可靠信息，这样做是通过增加利益攸关方的知识而使他们更有力量的有效途径。水需求对水供给的压力越来越大，所以所有的利益攸关方能获取可靠的数据就变得越来越重要 (Burton and Molden 2005)。

另外一个关键领域是水资源综合管理所需要的多学科的技术能力和大多数的政府水管理机构的狭窄的、且不断下降的能力之间越来越大的不匹配。预算的削减、和其他职业相比没有吸引力的薪资和职业前景、保守的大学课程设置都使政府吸引并留住所需的专业技术人员变得日益困难，但也有一些亮点。最有兴趣的也许是两个在南非实施的在能力建设和研究方面的合作(框5.9)。

与政府能力和知识同样重要的是公众对水问题及信息获取的意识。透明度和问责制对制度改革的民主政治过程来说是关键的，无论是对政府机构、用户群体，还是提供水服务的私营承包商都是如此。拟议中的改革有时会被有意的

框 5.9 | 南非的能力建设和研究计划

水网络(Waternet)是东部非洲和南部非洲12个国家的50多个机构参与的旨在加强水资源综合管理能力建设的网络。它正在通过一项多学科、多机构参与的计划来培训新一代的水资源管理人才。南部非洲水研究基金(WARFSA)就支持区域内水资源从业者的研究计划。这两个机构与南非发展社区(SADC)及全球水伙伴南非部合作，每年都会资助一次政策和研究成果交流的研讨会。

来源：Swatuk 2005; van der Zaag 2005.

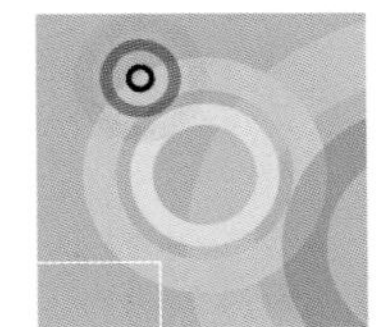

错误信息的传播所阻挠(Van der Velde and Tirmizi 2004)。但是,公民委员会和公开听证会通过创造问责和信任来推进成功的改革(Moench, Caspari, and Dixit 1999; Sabatier and others 2005; Bruns, Ringler, and Meinzen-Dick 2005)。在国家、公民社会和私营部门之间建立的伙伴关系也需要在伙伴组织内部的协作能力建设上进行投入。但是"参与式"过程不是预先决定好的,因为持反对意见的各方也许不会达成共识,或者一方会依优势权力给其他各方施压。

平衡的政策程序需要那些在知识上处于不利地位的组织和团体加强自己的能力建设,尤其是对小型用水户和妇女而言。Sabatier (1988)的关于联盟框架的研究发现在美国西部就流域管理规划和做法达成协议的过程中,就存在着政府部门、用户团体、环境利益团体以及其许多其他部门之间的联盟。为了确保谈判取得成功,每一个利益团体中至少有一个值得信赖的人熟悉并掌握多方对话和决策过程中需要用到的信息和模型。

大部分的水管理制度都把重点放在水量上。但是每一个用户不但取水,还会返回水文系统一些东西。对水质的管制是另一个令人忧虑的挑战。即便是很少量的污染物也会使其他人无法用水,并且污染持续的时间会很长。很多水资源的控制机构都不具备监测或调节水质的能力,而那些能够调节水质的机构却和负责农业水管理的机构分离。国家需要在能力建设上进行大量投资,但是国家不能做完所有的事情。告知公众水质问题是一个主要的辅助措施。像生物监测这样的技术工具可以使社区有能力对水质进行控制 (Mthimkhulu and others forthcoming; Wepener and others 2005)。

即便有最好的管理措施,也会存在有关水的冲突。其中一些冲突也许可以通过习惯制度来解决, 但是国家有责任建立机制以帮助水用户解决这些冲突。技术信息在某些情况下会有帮助,而在另外一些情形下则需要通过仲裁和强制执行来解决。大量的国际流域的存在意味着需要建立国家间关于谈判水资源分享安排的论坛,这就需要政府机构、用户团体和其他利益攸关方具有很强的谈判技巧。

实施改革

鼓励组织内形成一种好学的文化风气对改革的成功也是至关重要的。从长期上说, 能够期望变革的且能够从以往经验中学习的组织是最有适应性的,它们所实施的改革也是最可持续的。在那些需要制度变革的地方,在高层政治或机构的层面确认一个改革的捍卫者将会有助于创造改革的形象并克服障碍,尤其是在改革的早期过程中。围绕着某些特定的分享目标建立联盟也十分重要,这样变革就可以被制度化。这种结构化的针对特定环境的方法排除了通常的为达到预定目的而采取单一的万灵药的方法。

国家是改革的主要推动者,但是它不能单独地进行永久的变革。不管国家有多么强大,习惯法和习惯制度都不会总是服从被写成正式的条文法。这经常是通过那些很少经过讨论的法律的诱因, 目的就是为了尽量减少反对的阻力

(van der Velde and Tirmizi 2004)。但是以这种方式通过的法律或者是永远不能实施,或者是内容一旦公开就会激起公开的强烈抗议。公共辩论以及各种参与政策的制定会造就基础更为广泛的合法性和公众理解,从而也增加了实施和可持续性的机会。南非对水法改革的公开辩论就在公众中创造了很强的意识,而这些意识在以后的立法实践中也会被遵循 (de Lange 2004)。而那些改革水法(通常是在援助者的压力或外部模式影响下进行的)过程中喧闹声小的国家,其水法的影响力也同样很小。

相关的在农业用水部门支持改革过程的研究的缺乏就十分引人注目。由于在社会科学研究上存在如此大的差距,所以在如何进行政策和制度改革方面存在很大的不确定性也就不足为奇了。

降低不确定性:进行研究以支撑改革过程

如果考虑到促进可持续发展的政策和制度能力的核心重要性已经被广泛认可的事实,那么相关的在农业用水部门支持改革过程的研究的缺乏就十分引人注目了。只有少数几个案例研究,而且大部分研究不是太肤浅,就是太偏颇,所以贡献有限。虽然有几个跨国和跨区域的比较研究 (Dirksen and Huppert 2006),但是几乎没有针对改革过程及其内在驱动力的有深度的、长期的和历史的研究。另外,大部分研究都把重点放在"是什么"而不是"如何做"上面。许多研究以某项具体改革(管理转移、私有化、流域组织)的可欲性假设为开端,而不考虑实施改革的战略性程序。由于在社会科学研究上存在如此大的差距,所以在如何进行政策和制度改革方面存在很大的不确定性也就不足为奇了。

Mollinga和Bolding(2004)建议了一个针对灌溉改革的研究计划,其中就强调了灌溉官僚体制的弹性、国际开发资助机构的作用,以及精英阶层对灌溉改革实施过程的掌控。相关研究应该应用严谨的比较分析的方法和特定环境的案例分析的方法去考察一系列成功、失败以及介于它们之间的案例。一些需要给予紧急关注的课题包括:

- 作为社会政治过程的制度改革的研究:什么因素发挥作用?为什么会发挥作用?在什么条件下发挥作用?
- 对正面和负面动机的研究。尽管权力寻租问题依然十分严重,但是自1986年以来很少有对水部门的权力寻租问题的研究。几乎没有对农业部门水价政策的响应措施的证据。而改革过程中预算分配的作用和政治课题也常常被忽略。
- 对水资源综合管理的实施及其后果的研究是一个时髦的但是很少被研究的课题。
- 不同的结构性改革的后果的比较研究。如对权力下放、替代的流域管理模式、重组处理农业用水的国家部委的替代模式。

一个跨学科的并具关键意义的研究课题是如何促进对平等的更大关注,其中主要包括性别问题、脱贫、在地方水平实施综合供水系统的创造性途径、新的低成本和小规模的水利技术以及雨养农业生产力提高的经验在大范围的推广应用,以及生态系统服务功能和提供其他基本的水服务功能的整合。

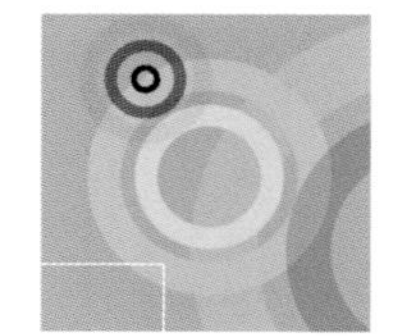

很清楚地，我们还有很多事情需要去做。由于大量的环境因素以及重叠的制度，制度改革永远都不会是一个确定性的过程。教科书中没有指导改革的现成公式，但是对上述问题的深入研究将有助于指导改革过程，如果支撑性的政策和制度变革过程被认为是一种可能性的艺术的话。

评审人

审稿编辑：Miguel Solanes

评审人：Apichart Anukularmphai, Bryan Bruns, J.J. Burke, Belgin Cakmak, Frances Cleaver, Declan Conway, Rosa Garay-Flühmann, Mark Giordano, Line J. Gordon, Leon Hermans, Chu Thai Hoanh, Walter Huppert, Patricia Kabatabazi, Lyla Mehta, David Molden, Franois Molle, Esther Mwangi, Gladys Nott, Chris Perry, Claudia Ringler, V. Santhakumar, David Seckler, Ganesh Shivakothi, Amy Sullivan, Larry Swatuk, Paul Trawick, Olcay Unver, Philippus Wester, Dennis Wichelns, and James Winpenny

注解

1. 本书第10章、第16章与本章相似，大部分也是讨论政策和制度的问题。我们在写作时尽量避免重复。本书第9章灌溉主要谈论其他问题，因此和本章内容有极大的互补性。

2. 例如，美国国家开发署在埃及和巴基斯坦的农场水管理项目报道说农民对作物扎根深度以及灌溉需求量无知并且缺乏合作的能力(Lowdermilk, Freeman, and Early 1978)。

3. 系统的比较标准可以应用于某些情况下，但是相近事物之间的比较很重要。

4. 参考Pahl-Wostl (2002)和Ebrahim (forthcoming) 的对决策和适应性管理的社会学习的案例和分析。

5. 南非在将商业化的白人农民组成的灌溉理事会转变成包括所有用水户协会的过程中，问题就在于如何平衡那些在灌溉系统中投入大量资金的人和那些没有投入但需要水的人之间的利益(Faysse 2004)。在印度的Andhra Pradesh，法律规定其他水用户可以是观察家或者是由灌溉者组成的用水户协会中的没有投票权的人。但实际上并未如此实施，渔民和灌溉者之间在关于灌溉用的小水库的问题上发生了冲突。在大多数的安第斯农村社区，用水户协会是不允许女人参加的(Vera 2005)。

6. 通过哪个组织的调解而对竞争性产权的宣称和解释做出解决是单独的问题。国家和习惯上可以有单独的组织性架构来进行裁定，但是同样的法院组织也会拥有解决这两个问题的权力。这也是另外一个例子以显示区分制度和组织的重要性。

7. 对于"问题域"的理念，以及它在水政策和对话中的应用，请参见实例，www.tropentag.de/2005/ proceedings/node172.html，http://cwrri.colostate.edu/pubs/newsletter/specinterest/parkcity.htm，www.ucowr.siu.edu/updates/pdf/V111_A1.pdf，http://frap.cdf.ca.gov/publications/cumim.pdf，www.ca9.uscourts.gov/ca9/newopinions.nsf/7DBD5DB043E626BF88256E5A00707D96/$file/0015967.pdf?openelement (all accessed October 31，2005).

8. 正面的例子包括纳米比亚的一个小流域(Botes and others 2003; Manning and Seely 2005)和美国的小流域管理(Sabatier and others 2005)。次一级正面的例子就是印度的灌区开发权力机构 (Sivamohan 1986; Sivamohan and Scott 1994)。

9. 关于问责机制的详情，见Small和Carruthers (1991)，以及Gulati，Meinzen-Dick和Raju (2005).

参考文献

Abdeldayem, S., J. Hoevenaars, P. P. Mollinga., W. Scheumann, R. Slootweg, and F. van Steenbergen. 2005. "Agricultural Drainage: Towards an Integrated Approach." *Irrigation and Drainage Systems* 19 (1): 71–87.

Allan, J. A., A. Turton, and A. Nicol. 2003. "Policy Options in Water-Stressed States: Emerging Lessons from the Middle East and Southern Africa." University of Pretoria, African Water Issues Research Unit, and Overseas Development Institute, Pretoria, and London.

Allan, T. 1998. "Moving Water to Satisfy Uneven Global Needs: 'Trading' Water as an Alternative to Engineering It." *ICID Journal* 47 (2): 1–8.

Aw, D., and G. Diemer. 2005. *Making a Large Irrigation Scheme Work: A Case Study from Mali.* Washington, D.C.: World Bank.

Bakker, M., R. Barker, R. S. Meinzen-Dick, and F. Konradsen, eds. 1999. "Multiple Uses of Water in Irrigated Areas: A Case Study from Sri Lanka." SWIM Report 8. International Water Management Institute, Colombo.

Bauer, C. J. 1997. "Bringing Water Markets Down to Earth: The Political Economy of Water Rights in Chile, 1976–1995." *World Development* 25 (5): 639–56.

———. 2005. *Siren Song: Chilean Water Law as a Model for International Reform.* Washington, D.C.: RFF Press.

Blomquist, W. 1992. *Dividing the Waters: Governing Groundwater in Southern California.* San Francisco, Calif.: ICS Press.

Boelens, R., and P. Hoogendam, eds. 2002. *Water Rights and Empowerment.* Assen, Netherlands: Van Gorcum.

Botes, A., J. Henderson, T. Nakale, K. Nantanga, K. Schachtschneider, and M. Seely. 2003. "Ephemeral Rivers and Their Development: Testing an Approach to Basin Management Committees on the Kuiseb River, Namibia." *Physics and Chemistry of the Earth* 28 (20–27): 853–58.

Braadbaart, O. 2005. "Privatizing Water and Wastewater in Developing Countries: Assessing the 1990s Experiments." *Water Policy* 7 (4): 329–44.

Bruns, B. 2004. "From Voice to Empowerment: Rerouting Irrigation Reform in Indonesia." In P. P. Mollinga and A. Bolding, eds., *The Politics of Irrigation Reform: Contested Policy Formulation and Implementation in Asia, Africa, and Latin America.* Hans, UK: Ashgate.

Bruns, B. R., and R. Meinzen-Dick. 2000. *Negotiating Water Rights.* London: Intermediate Technology Press.

———. 2005. "Framework for Water Rights: An Overview of Institutional Options." In B. R. Bruns, C. Ringler, and R. S. Meinzen-Dick, eds., *Water Rights Reform: Lessons for Institutional Design.* Washington, D.C.: International Food Policy Research Institute.

Bruns, B. R., C. Ringler, and R. S. Meinzen-Dick, eds. 2005. *Water Rights Reform: Lessons for Institutional Design.* Washington, D.C.: International Food Policy Research Institute.

Bucknall, J., I. Klytchnikova, J. Lampietti, M. Lundell, M. Scatasta, and M. Thurman. 2001. *Irrigation in Central Asia: Where to Rehabilitate and Why.* Washington, D.C.: World Bank.

Budlender, D. 2000. "The Political Economy of Women's Budgets in the South." *World Development* 28 (7): 1365–78.

Burton, M., and D. J. Molden. 2005. "Making Sound Decisions: Information Needs for Basin Water Management." In M. Svendsen, ed., *Irrigation and River Basin Management: Options for Governance and Institutions.* Wallingford, UK: CABI Publishing.

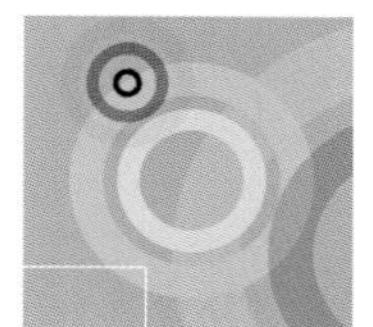

Carrasco, E. R. 1995. "Autocratic Transitions to Liberalism: A Comparison of Chilean and Russian Structural Adjustment." *Transnational Law and Contemporary Problems* 5 (99): 104–06. Quoted in Mentor, J. 2001. "Trading Water, Trading Places: Water Marketing in Chile and the Western United States." Presented at AWRA/ILWRI-University of Dundee Specialty Conference, "Globalization and Water Resources Management: The Changing Value of Water," August 6–8, Dundee, UK. [Accessed November 21, 2005, at www.mentorlaw.com/tradingwater.pdf].

Coward, E. W., Jr. 1986a. "Direct or Indirect Alternatives for Irrigation Investment and the Creation of Property." In K. W. Easter, ed., *Irrigation Investment, Technology, and Management Strategies for Development.* Boulder, Colo., and London: Westview Press.

———. 1986b. "State and Locality in Asian Irrigation Development: The Property Factor." In K. C. Nobe and R. K. Sampath, eds., *Irrigation Management in Developing Countries: Current Issues and Approaches.* Boulder, Colo., and London: Westview Press.

De Lange, M. 2004. "Water Policy and Law Review Process in South Africa with a Focus on the Agricultural Sector." In P. P. Mollinga and A. Bolding, eds., *The Politics of Irrigation Reform: Contested Policy Formulation and Implementation in Asia, Africa, and Latin America.* Hans, UK: Ashgate.

De Sousa Santos, B. 1998. "Participatory Budgeting in Porto Alegro: Toward a Redistributive Democracy." *Politics and Society* 26 (4): 461–75.

Dinar, A., ed. 2000. *The Political Economy of Water Pricing Reforms.* New York: Oxford University Press.

Dirksen, W., and W. Huppert, eds. 2006. *Irrigation Sector Reform in Central and East European Countries.* Eschborn, Germany: Deutsche Gesellschaft für Technische Zusammenarbeit.

Easter, K. W., M. W. Rosegrant, and A. Dinar, eds. 1998. *Markets for Water: Potential and Performance.* Boston, Mass.: Kluwer Academic Publishers.

Ebrahim, A. Forthcoming. "Learning in Environmental Policy Making and Implementation." Draft. In K. Ahmed and E. Sanchez-Triana, eds., *Understanding Policy Strategic Environmental Assessment.* Washington, D.C.: World Bank.

Faysse, N. 2004. *An Assessment of Small-Scale Users' Inclusion in Large-Scale Water Users Associations of South Africa.* IWMI Research Report 84. Colombo: International Water Management Institute.

Forester, J. F. 1999. *The Deliberative Practitioner: Encouraging Participatory Planning Processes.* Boston, Mass.: MIT Press.

Goldensohn, M. 1994. "Participation and Empowerment: An Assessment of Water User Associations in Asia and Egypt." United States Agency for International Development, Irrigation Support Project for Asia and Near East, Washington, D.C.

Gordon, I., J. Lewis, and K. Young. 1997. "Perspectives on Policy Analysis." In M. Hill, ed., *The Policy Process: A Reader.* 2nd ed. London: Pearson-Prentice Hall.

Görgens, A. H. M., and B. W. van Wilgen. 2004. "Invasive Alien Plants and Water Resources in South Africa: Current Understanding, Predictive Ability and Research Challenges." *South African Journal of Science* 100 (1/2): 27–33.

Grindle, M. S. 1999. "In Quest of the Political: The Political Economy of Development Policy Making." CID Working Paper 17. Harvard University, Center for International Development, Cambridge, Mass.

Gulati, A., R. S. Meinzen-Dick, and K. V. Raju. 2005. *Institutional Reforms in Indian Irrigation.* New Delhi: Sage Publications.

GWP (Global Water Partnership). 2000. "Integrated Water Resources Management." GWP Technical Committee Background Paper 4. Stockholm.

Heierli, U., and P. Polak. 2000. "Poverty Alleviation as Business: The Market Creation Approach to Development." Swiss Agency for Development and Cooperation, Bern. Accessed May 30. [www.intercooperation.ch/sed/product/heierli/main.html].

Howlett, M., and M. Ramesh. 1995. *Studying Public Policy: Policy Cycles and Policy Subsystems.* Oxford, UK: Oxford University Press.

Huppert, W. 1997. "Irrigation Management Transfer: Changing Complex Delivery Systems for O&M Services." MAINTAIN Thematic Paper 7. Deutsche Gesellschaft für Technische Zusammenarbeit, Eschborn, Germany.

———. 2005. "Water Management in the 'Moral Hazard Trap': The Example of Irrigation." Paper presented at Stockholm Water Symposium, August 21, Stockholm.

Huppert, W., and C. Hagen. 1999. "Maintenance as a Service Provision in Irrigation—The Example of the 'Neste System' in Southern France." *Journal of Applied Irrigation Science* 37 (1): 63–88.

Huppert, W., and K. Urban. 1998. *Analysing Service Provision—Instruments for Development Cooperation Illustrated by Examples from Irrigation.* Frankfurt, Germany: Deutsche Gezellschaft für Technische Zusammenarbeit.

Huppert, W., M. Svendsen, and D. L. Vermillion. 2001. *Governing Maintenance Provision in Irrigation: A Guide to Institutionally Viable Maintenance Strategies.* Wiesbaden, Germany: Universum Verlagsanstalt.

Hussain, I. 2005. *Pro-Poor Intervention Strategies in Irrigated Agriculture in Asia: Poverty in Irrigated Agriculture—Issues, Lessons, Options, and Guidelines: Bangladesh, China, India, Pakestan, and Viet Nam.* Final synthesis report 1. Colombo: International Writer Management Institute.

Ingo, G. 2004. "El Derecho Local a los Recursos Hídricos y la Gestión Ambiental regional de Chile: estudios de caso." In F. Peña, ed., *Los Pueblos Indígenas y el Agua: desfíos de siglo XXI.* El Colegio de San Luis, Water Law and Indigenous

Rights (WALIR), Mexican Secretariat of the Environment (SEMARNAT), and Mexican Institute of Water Technology (IMTA), San Luis de Potosí, Mexico.

Ingram, H., and C. R. Oggins. 1992. "The Public Trust Doctrine and Community Values in Water." *Natural Resources Journal* 32 (3): 515–37.

Jayal, N. G. 1997. "The Governance Agenda. Making Democratic Development Dispensible. *Economic and Political Weekly* 32 (8): 407–12.

Jenkins, W. I. 1978. *Policy Analysis: A Political and Organizational Perspective.* London: Martin Robertson.

Kerr, J. M. 2002. *Watershed Development Projects in India: An Evaluation.* Research Report 127. Washington, D.C: International Food Policy Research Institute.

Klaphake, A. 2005. "Integrietes Flussgebietsmanagement in Brasilien?" [Integrated Basin Management in Brazil?] In S. Neubert, W. Scheumann, A. van Edig, and W. Huppert, eds., *Integrietes Wasserressourcen Management (IWRM): Ein Konzept in die Praxis überführen [Integrated Water Resource Management (IWRM): Putting a Concept into Practice].* Baden-Baden, Germany: Nomos-Verlag.

Lowdermilk, M. K., D. M. Freeman, and A. C. Early. 1978. *Farm Irrigation Constraints and Farmers' Responses: Comprehensive Field Survey in Pakistan.* Vols. 1–6. Fort Collins, Colo.: Colorado State University.

Mackintosh, M. 1992. "Introduction." In M. Wuyts, M. Mackintosh, and T. Hewitt, eds., *Development Policy and Public Action.* Oxford, UK: Oxford University Press.

Mangisoni, J. 2006. "Impact of Treadle Pump Irrigation Technology on Smallholder Poverty and Food Security in Malawi: A Case Study of Blantyre and Mchinji Districts." International Water Management Institute, Pretoria.

Manning, N., and M. Seely. 2005. "Forum for Integrated Resource Management (FIRM) in Ephemeral Basins: Putting Communities at the Centre of the Basin Management Process." *Physics and Chemistry of the Earth* 30 (11–16): 886–93.

Meinzen-Dick, R., and R. Pradhan. 2002. "Legal Pluralism and Dynamic Property Rights." CAPRi Working Paper 22. Consultative Group on International Agriculutral Research, Washington, D.C.

Meinzen-Dick, R., and M. Zwarteveen. 1998. "Gendered Participation in Water Management: Issues and Illustrations from Water Users' Associations in South Asia." In D. Merrey and S. Baviskar, eds., *Gender Analysis and Reform of Irrigation Management: Concepts, Cases and Gaps in Knowledge.* Colombo: International Water Management Institute.

Meinzen-Dick, R. S., R. Pradhan, K. Palanisami, A. Dixit, and K. Athukorala. 2004. "Livelihood Consequences of Transferring Water out of Agriculture: Synthesis of Findings from South Asia." Ford Foundation, New Delhi.

Merrey, D. J. 1997. *Expanding the Frontiers of Irrigation Management Research: Results of Research and Development at the International Irrigation Management Institute 1984–1995.* Colombo: International Water Management Institute.

———. 1998. "Governance and Institutional Arrangements for Managing Water Resources in Egypt." In P. Mollinga, ed., *Water Control in Egypt's Canal Irrigation: A Discussion of Institutional Issues at Different Levels.* Wageningen, Netherlands: Wageningen Agricultural University and International Institute for Land Reclamation and Improvement.

Merrey, D. J., P. Drechsel, F. Penning de Vries, and H. Sally. 2005. "Integrating 'Livelihoods' into Integrated Water Resources Management: Taking the Integration Paradigm to Its Logical Next Step for Developing Countries." *Regional and Environmental Change* 5 (4): 197–204.

Merrey, D. J., R. Namara, and M. de Lange. 2006. "Agricultural Water Management Technologies for Small Scale Farmers in Southern Africa: An Inventory and Assessment of Experiences, Good Practices, and Costs." International Water Management Institute, Pretoria.

Moench, M., E. Caspari, and A. Dixit, eds. 1999. *Rethinking the Mosaic: Investigations into Local Eater Management.* Kathmandu: Nepal Water Conservation Foundation and the Institute for Social and Environmental Transition.

Molle, F. 2005. *Irrigation and Water Policies in the Mekong Region: Current Discourses and Practices.* IWMI Research Report 95. Colombo: International Water Management Institute.

Molle, F., and J. Berkoff. 2005. "Cities versus Agriculture: Revisiting Intersectoral Water Transfers, Potential Gains, and Conflicts." Comprehensive Assessment of Water Management in Agriculture Research Report 10. International Water Management Institute, Colombo.

———, eds. Forthcoming. *Irrigation Water Pricing Policy in Context: Exploring the Gap between Theory and Practice.* Wallingford, UK: CABI Publishing and International Water Management Institute.

Mollinga, P., and A. Bolding. 2004. "The Politics of Irrigation Reform: Research for Strategic Action." In P. Mollinga and A. Bolding, eds., *The Politics of Irrigation Reform: Contested Policy Formulation and Implementation in Asia, Africa, and Latin America.* Hans, UK: Ashgate.

Mollinga, P. P., R. Doraiswamy, and K. Engbersen. 2004. "Capture and Transformation: Participatory Irrigation Management in Andhra Pradesh, India." In P. Mollinga and A. Bolding, eds., *The Politics of Irrigation Reform: Contested Policy Formulation and Implementation in Asia, Africa, and Latin America.* Hans, UK: Ashgate.

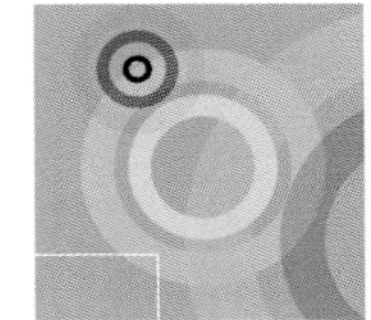

Morardet, S., D. J. Merrey, J. Seshoka, and H. Sally. 2005. "Improving Irrigation Project Planning and Implementation Processes in Sub-Saharan Africa: Diagnosis and Recommendations." IWMI Working Paper 99. International Water Management Institute, Colombo.

Moriarty, P., J. Butterworth, and B. van Koppen, eds. 2004. *Beyond Domestic: Case Studies on Poverty and Productive Uses of Water at the Household Level.* Delft, Netherlands: IRC International Water and Sanitation Centre.

Moss, T. 2003. "Solving Problems of 'Fit' at the Expense of Problems of 'Interplay'? The Spatial Reorganisation of Water Management following the EU Water Framework Directive." In H. Breit, A. Engels, T. Moss, and M. Troja, eds., *How Institutions Change: Perspectives on Social Learning in Global and Local Environmental Contexts.* Opladen, Germany: Leske + Budrich.

Mthimkhulu, S., H. Dallas, J. Dey, and Z. Hoko. Forthcoming. "Biological Assessment of the State of the Water Quality in the Mbuluzi River, Swaziland." *Physics and Chemistry of the Earth.*

Mukhopadhyay T., D. Elston, G. Hewitt, and D. Budlender. 2002. *Gender Budgets Make Cents: Understanding Gender Responsive Budgets.* London: Commonwealth Secretariat.

Namara, R., B. Upadhyay, and R. K. Nagar. 2005. *Adoption and Impacts of Microirrigation Technologies from Selected Localities of Maharashtra and Gujarat States of India.* IWMI Research Report 93. Colombo: International Water Management Institute.

North, D. 1990. *Institutions, Institutional Change, and Economic Performance.* Cambridge, UK: Cambridge University Press.

Norton, A., and D. Elston. 2002. "What Is behind the Budget? Politics, Rights, and Accountability in the Budget Process." Overseas Development Institute, London.

Ostrom, E. 1990. *Governing the Commons: The Evolution of Institutions for Collective Action.* New York: Cambridge University Press.

———. 1992. *Negotiating Institutions for Self-Governing Irrigation Systems.* San Francisco, Calif.: Institute for Contemporary Studies Press.

———. 2005. *Understanding Institutional Diversity.* Princeton, N.J.: Princeton University Press.

Ostrom, E., L. Schroeder, and S. G. Wynne. 1993. *Institutional Incentives and Sustainable Development: Infrastructure Policies in Perspective.* Boulder, Colo.: Westview Press.

Pahl-Wostl, C. 2002. "Towards Sustainability in the Water Sector—The Importance of Human Actors and Processes of Social Learning." *Aquatic Sciences* 64 (4): 394–411.

Peña, H., and M. Solanes. 2003. "Effective Water Governance in the Americas: A Key Issue." Paper presented at the Third World Water Forum, March 16–23, Kyoto, Japan.

Peña, H., M. Luraschi, and S. Valenzuela. n.d. "Water, Development, and Public Policies: Strategies for the Inclusion of Water in Sustainable Development." Draft Discussion Document for Global Water Partnership. Ministry of Public Works, Transport and Telecommunications, Santiago.

Penning de Vries, F. W. T., H. Sally, and A. Inocencio. 2005. "Opportunities for Private Sector Participation in Agricultural Water Development and Management." IWMI Working Paper 100. International Water Management Institute, Colombo.

Perry, C. J. 1995. "Determinants of Function and Dysfunction in Irrigation Performance and Implications for Performance Improvement." *International Journal of Water Resources Development* 11 (1): 25–38.

———. 2003a. "Non-State Actors and Water Resources Development—An Economic Perspective." *Non-State Actors and International Law* 3 (1): 99–110.

———. 2003b. "Successful Water Resources Management: A Solved Problem?" Keynote address at ICID.UK Research Day, April 3, Wallingford, UK.

Polak, P. 2005. "The Big Potential of Small Farms." *Scientific American*, 293 (3) 84–91.

Rap, E., P. Wester, and L. N. Pérez-Prado. 2004. "The Politics of Creating Commitment: Irrigation Reforms and the Reconstitution of the Hydraulic Bureaucracy in Mexico." In P. Mollinga and A. Bolding, eds., *The Politics of Irrigation Reform: Contested Policy Formulation and Implementation in Asia, Africa, and Latin America.* Hans, UK: Ashgate.

Renwick, M. 2001. *Valuing Water in Irrigated Agriculture and Reservoir Fisheries: A Multiple-Use Irrigation System in Sri Lanka.* IWMI Research Report 51. Colombo: International Water Management Institute.

Repetto, R. 1986. *Skimming the Water: Rent-Seeking and the Performance of Public Irrigation Systems.* Washington, D.C.: World Resources Institute.

Rogers, P., and A. Hall. 2003. "Effective Water Governance." GWP Technical Committee Background Paper 7. Global Water Partnership, Stockholm.

Rosegrant M. W., and H. Binswanger. 1994. "Markets in Tradable Water Rights: Potential for Efficiency Gains in Developing Country Water Resource Allocation." *World Development* 22 (11): 1–11.

Sabatier, P. 1988. "An Advocacy Coalition Model of Policy Change and the Role of Policy-Oriented Learning Therein." *Policy Sciences* 21: 129–68.

Sabatier, P., W. Focht, M. Lubell, Z. Trachtenberg, A. Vedlitz, and M. Matlock, eds. 2005. *Swimming Upstream: Collaborative Approaches to Watershed Management.* Boston, Mass.: MIT Press.

Samad, M. 2005. "Water Institutional Reforms in Sri Lanka." *Water Policy* 7 (1): 125–40.

Samad, M., and D. J. Merrey. 2005. "Water to Thirsty Fields: How Social Research Can Contribute." In M. Cernea and A. Kassam, eds., *Researching the Culture in Agriculture: Social Research for International Development.* Wallingford, UK: CABI Publishing.

Samad, M., and D. L. Vermillion. 1999. *Assessment of the Impact of Participatory Irrigation Management in Sri Lanka: Partial Reforms, Partial Benefits.* IWMI Research Report 34. Colombo: International Water Management Institute.

Schön, D. A. 1983. *The Reflective Practitioner: How Professionals Think in Action.* New York: Basic Books.

Schreiner, B., and B. van Koppen. 2001. "From Bucket to Basin: Poverty, Gender, and Integrated Water Management in South Africa." In C. L. Abernethy, ed., *Intersectoral Management of River Basins: Proceedings of an International Workshop on 'Integrated Water Management in Water Stressed River Basins in Developing Countries: Strategies for Poverty Alleviation and Agricultural Growth.'* Colombo: International Water Management Institute and German Foundation for International Development.

Scott, J. C. 1998. *Seeing Like a State: How Certain Schemes to Improve the Human Condition Have Failed.* Yale Agrarian Studies Series. New Haven, Conn., and London: Yale University Press.

Shah, T., M. Alam, D. Kumar, R. K. Nagar, and M. Singh. 2000. *Pedaling out of Poverty: Social Impacts of a Manual Irrigation Technology in South Asia.* IWMI Research Report 45. Colombo: International Water Management Institute.

Shah, T., I. Makin, and R. Sakthivadivel. 2005. "Limits to Leapfrogging: Issues in Transposing Successful River Basin Management Institutions in the Developing World." In M. Svendsen, ed., *Irrigation and River Basin Management: Options for Governance and Institutions.* Wallingford, UK: CABI Publishing.

Shah, T., B. van Koppen, D. Merrey, M. de Lange, and M. Samad. 2002. *Institutional Alternatives in African Smallholder Irrigation: Lessons from International Experience with Irrigation Management Transfer.* IWMI Research Report 60. Colombo: International Water Management Institute.

Sivamohan, M. V. K., ed. 1986. *Issues in Irrigated Agriculture and Command Area Development.* New Delhi: Ashish.

Sivamohan, M. V. K., and C. Scott. 1994. *India: Irrigation Management Partnerships.* Hyderabad, India: Booklinks Corporation.

Small, L. E., and I. Carruthers. 1991. *Farmer-Financed Irrigation: The Economics of Reform.* Cambridge, UK: Cambridge University Press.

Svendsen, M. 2005a. "Basin Management in a Mature Closed Basin: The Case of California's Central Valley." In M. Svendsen, ed., *Irrigation and River Basin Management: Options for Governance and Institutions.* Wallingford, UK: CABI Publishing.

———, ed. 2005b. *Irrigation and River Basin Management: Options for Governance and Institutions.* Wallingford, UK: CABI Publishing.

Svendsen, M., and W. Huppert. 2000. "Incentive Creation for Irrigation System Maintenance and Water Delivery: The Case of Recent Reforms in Andhra Pradesh." Deutsche Gesellschaft für Technische Zusammenarbeit, Eschborn, Germany.

Swallow, B. M., N. L. Johnson, and R. S. Meinzen-Dick. 2001. "Working with People for Watershed Management." *Water Policy* 3 (6): 449–56.

Swatuk, L. 2005. "Political Challenges to Implementing IWRM in Southern Africa." *Physics and Chemistry of the Earth* 30 (11–16): 872–80.

Trawick, P. 2005. "Going with the Flow: The State of Contemporary Studies of Water Management in Latin America." *Latin American Research Review* 40 (3): 443–56.

Ul Hassan, M., R. Starkloff, and N. Nizamedinkhodjaeva. 2004. *Inadequacies in the Water Reforms in the Kyrgyz Republic.* IWMI Research Report 81. Colombo: International Water Management Institute.

Uphoff, N. 1986. *Improving International Irrigation Management with Farmer Participation: Getting the Process Right.* Boulder, Colo.: Westview Press.

———. 1992. *Learning from Gal Oya: Possibilities for Participatory Development and Post-Newtonian Social Science.* Ithaca, N.Y.: Cornell University Press.

Van der Velde, E. J., and J. Tirmizi. 2004. "Irrigation Policy Reforms in Pakistan: Who's Getting the Process Right?" In P. Mollinga and A. Bolding, eds., *The Politics of Irrigation Reform: Contested Policy Formulation and Implementation in Asia, Africa, and Latin America.* Hans, UK: Ashgate.

Van der Zaag, P. 2005. "Integrated Water Resources Management: Relevant Concept or Irrelevant Buzzword? A Capacity Building and Research Agenda for Southern Africa." *Physics and Chemistry of the Earth* 30 (11–16): 867–71.

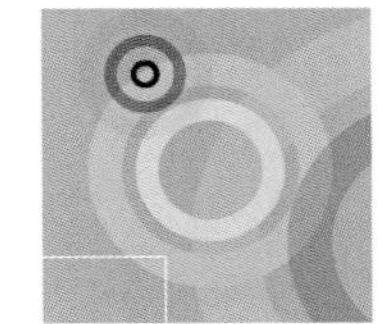

Van Koppen, B., C. Safilios Rothschild, and R. Namara. 2005. "Reducing Poverty through Investments in Agricultural Water Management: Poverty and Gender Issues and Synthesis of Sub-Saharan Africa Case Study Reports." IWMI Working Paper 101. International Water Management Institute, Colombo.

Van Koppen, B., J. Butterworth, I. Jum, and F. Maganga, eds. Forthcoming. *Community-based Water Law and Water Resource Management Reform in Developing Countries.* Wallingford, UK: CABI Publishing and International Water Management Instiute.

Vera, D. J. 2005. "Irrigation Management, the Participatory Approach, and Equity in an Andean Community." In V. Bennett, S. Dávila, and M. N. Rico, eds., *Opposing Currents: The Politics of Water and Gender in Latin America.* Pittsburgh, Pa.: University of Pittsburgh Press.

———. Forthcoming. "Derechos de Agua, Etnicidad y Sesgos de Género: Un Estudio comparativo de la Legislaciones Hídricas de tres país Andinos; Peru, Bolivia, y Ecuador." In R. Boelens, D. Gretches, and A. Guevera, eds., *Políticas Hídricas, Derechos Consuetudinarios e Identidades Locales.* Lima and Abya Ayala, Ecuador: Water Law and Indigenus Rights and Instituto de Estudios Peruanos.

Vermillion, D. L. 1997. *Impacts of Irrigation Management Transfer: A Review of the Evidence.* IWMI Research Report 11. Colombo: International Water Management Institute.

Vermillion, D. L., and C. Garcés-Restrepo. 1998. *Impacts of Colombia's Current Irrigation Management Transfer Program.* IWMI Research Report 25. Colombo: International Water Management Institute.

Vermillion, D .L., and D. J. Merrey. 1998. "What the Twenty-First Century Will Demand of Water Management Institutions." *Journal of Applied Irrigation Science* 33 (2): 145–64.

Vermillion, D. L., and J. A. Sagardoy. 1999. "Transfer of Irrigation Management Services, Guidelines." FAO Irrigation and Drainage Paper 58. Food and Agriculture Organization, Rome.

Vermillion, D. L., M. Samad, S. Pusposutardjo, S. S. Arif, and S. Rochdyanto. 2000. *An Assessment of Small-Scale Irrigation Management Turnover Program in Indonesia.* IWMI Research Report 38. Colombo: International Water Management Institute.

Wade, R. 1982. "The System of Administrative and Political Corruption: Canal Irrigation in South India." *Journal of Development Studies* 18 (3): 287–328.

Wade, R., and R. Chambers. 1980. "Managing the Main System: Canal Irrigation's 'Blind Spot.'" *Economic and Political Weekly* 15 (39): A107–A112.

Wepener, V., J. H. J. van Vuren, F. P. Chatiza, L. Slabert, and B. Masola. 2005. "Active Biomonitoring in Freshwater Environments: Early Warning Signals from Biomarkers in Assessing Biological Effects of Diffuse Sources of Pollutants." *Physics and Chemistry of the Earth* 30 (11–16): 751–61.

Wester, P., D. J. Merrey, and M. de Lange. 2003. "Boundaries of Consent: Stakeholder Representation in River Basin Management in Mexico and South Africa." *World Development* 31 (5): 797–812.

Wester, P., T. Shah, and D. J. Merrey. 2005. "Providing Irrigation Services in Water Scarce Basins: Representation and Support." In M. Svendsen, ed., *Irrigation and River Basin Management: Options for Governance and Management.* Wallingford, UK: CABI Publishing.

Winpenny, J. 2003. *Financing Water for All.* Report of the World Panel on Financing Water Infrastructure, chaired by Michel Camdessus. Kyoto: World Water Council, 3rd World Water Forum, and Global Water Partnership.

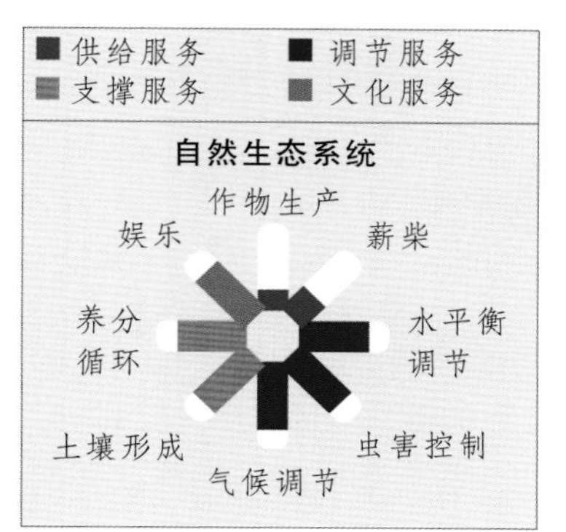

自然生态系统服务
英国艺术家:Peter Grundy

第6章 农业、水资源和生态系统:避免付出过重的代价

协调主编:Malin Falkenmark, C. Max Finlayson, and Line J. Gordon
主要作者:Elena M. Bennett, Tabeth Matiza Chiuta, David Coates, Nilanjan Ghosh, M. Gopalakrishnan, Rudolf S. de Groot, Gunnar Jacks, Eloise Kendy, Lekan Oyebande, Michael Moore, Garry D. Peterson, Jorge Mora Portuguez, Kemi Seesink, Rebecca Tharme, and Robert Wasson

概览

农业系统主要依赖生态过程和许多生态系统所提供的服务。这些生态过程和服务对支撑和提高人类福祉具有至关重要的作用。生态系统支撑着农业生产、纤维和燃料生产,调节淡水资源,净化污水并解毒污染物,调节气候、为人类避免风暴的袭击提供保护,缓解侵蚀,并提供文化服务,其中包括审美、教育和精神上的巨大益处。

上个世纪的农业管理已经对土地植被、地表河道和地下含水层造成了大范围的改变,造成了生态系统的退化,削弱了支撑生态系统的过程和生态系统提供一系列服务的能力。对许多农业生态系统的管理根本未考虑到它们所处的更广泛的环境范围,同时也很少考虑支撑其可持续性的生态系统的组成部分和过程。灌溉、排水和大范围的清除植被,以及农业化学品(农药和化肥)的使用常常会改变农业环境中的水量和水质。对水流和水质的改变已经造成了明显的生态、经济和社会后果,其中包括对人类健康的影响[WE]。这其中包括一些供给服务功能(渔业的损失)、调节功能(风暴防护和养分保持)、文化功能(生物多样性和娱乐价值)的退化甚至丧失。消极的生态变化,如因污染、侵蚀和盐渍化造成的土地退化,以及植物授粉动物和捕食害虫的动物的消失,会对食物和纤维的生产产生负面的反馈作用[WE]。在极端情况下,人类的健康还会受到昆虫携带的疾病或膳食结构与营养改变的负面影响。改变生态系统造成的后果往往并没有被深入研究和考虑,也没有被充分地监测。

> 需要在土地和水资源以及生态系统的管理上采用综合的方法,承认农业生态系统在支撑粮食生产和维持生态系统持久性上的多功能性。

*目前越来越认识到,有些农业管理措施已经造成一些生态系统越过了它们的阈值(平衡点),导致了生态系统的变化和生态服务功能的丧失。*生态系统的恢复即使可能也是代价高昂的。有一些问题几乎是不可逆转的(例如:海洋水体厌氧区的形成)。这些改变会以很突然的方式发生,尽管它们常常表现为生物多样性缓慢下滑以及生态弹性或持久性(经历变化而保持相同功能、结构、标志和反馈的能力)降低的累积性后果。

*直接利用多样的生态服务功能以维持生计的农村贫困人口在应对生态系统的变化方面是最脆弱的群体。*因此,如果不能解决和农业相关的水资源开发和管理引起的生态系统功能的丧失和退化的问题,就会最终削弱实现联合国千年发展目标的进程。这些主要的发展目标包括脱贫、消灭饥饿、提高环境的可持续性。

*需要在土地和水资源以及生态系统的管理上采用综合的方法,承认农业生态系统在支撑粮食生产和维持生态系统持久性上的多功能性。*这就要求对农业生态系统如何产生多种生态服务有更好的理解,同时对保持生物多样性、栖息地的异质性以及农业环境中各景观类型的关联性有更深入的了解。还需要重点研究诸如性别在管理决策中的重要角色这样的社会问题。注意力应该转移到尽可能少地减小生态弹性的损失,树立造成生态系统变化和极端事件的累积变化的严重性的意识。另外,保证维持生态系统健康和河流和其他水生生态系统生物多样性的需水量,同时展示这些服务对社会整体的效益也十分必要。

*估计到2050年全球粮食需求将增长一倍。*随着人口和收入的增加,农业对水资源配置的需求也会增加。简单地说,主要通过三种途径来满足增长的水需求:提高目前农业用地的引水量、扩大农业用地面积和提高水分生产力。尽管上述选择都有合理性且很有可能是采用它们之间的组合方式,但是每一种方式对非农业生态系统及其服务功能都会有非常不同的意义。

*随着目前全球很高水平的土地转化和河流调节,应该对现有农业系统中提高用水的管理以更多的重视,而不是寻求进一步扩张农业。*根据不同的地方条件,目前的技术和管理措施需要显著地提高,同时也需要更广泛地采用生态友好型技术措施以减轻对农业的影响,不管是粗放式还是集约式。农业的进一步集约化将要求更加细致的管理措施以防止生态系统服务功能的进一步丧失和退化,这种退化或丧失主要是由于增加的外部效应和对下游的水污染造成的。随着很多最基本的生态服务功能的基础的严重削弱,现在不仅亟须最小化对未来产生的冲击,还需要通过修复或在某些情形下的重建来逆转服务功能的丧失和退化。

第 6 章 农业、水资源和生态系统：避免付出过重的代价

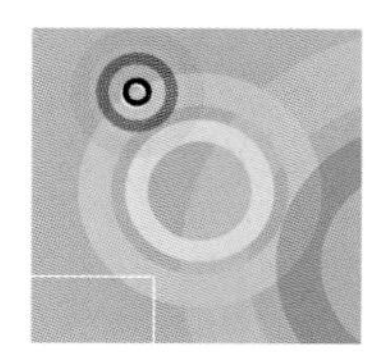

急需对流域或小流域尺度的土地、水和生态系统综合治理的方法来提高多种收益并缓解对生态系统服务的消极影响。这包括对成本和效益的评估，以及对社会整体的和单个利益攸关方的所有已知风险的评估。社会能够接受的平衡方案只有在广泛的利益攸关方就后果、成本和收益的分配以及可能的补偿等问题做出充分讨论的基础上达成。将评估结果回馈给有关生态系统行为和管理的社会认知过程也很重要。一些工具可以帮助达成这种权衡(包括经济评价方法和确定环境流量的桌面讨论程序)。但是仍需要更有效率以及不那么具有部门针对性的工具和方法的开发。大部分的分析和决策工具都是为了更好地在已知的问题和收益上进行决策而开发的。而目前更需要的是那些所知甚少的问题和收益的分析工具的开发。

> 现在不仅亟须最小化对未来产生的冲击，还需要通过修复或在某些情形下的恢复来逆转这种服务功能的丧失和退化。

在不确定条件下对权衡的决策应该建立在一套替代的科学理论充分的论点之上，并且在处理生态预测时对存在的不确定性有很好的理解。为了最小化有时很高的未来不可预期的社会和生态影响的成本，有必要在决策中将其不确定性概念化并融入其中。提高评估、监测和学习水平的适应性管理和情景规划是这个概念化过程中的两个组成部分。

需要对跨学科和跨部门界限的生态信息的沟通给予持续的关注，也需要对相关的政策和决策水平上的信息沟通予以重视。面临的挑战是产生关于生态系统的多重效益以及生态系统如何产生服务功能的直接信息，同时又不会将生态系统的复杂性过于简化。

面对着未来对农业养活人类和消除贫困的巨大需求，以及过去农业所依赖的生态系统服务功能的削弱和损害，我们很有必要改变我们做事的方式。为了做到这一点，我们需要：

- 处理治理、政策和实地管理中的社会和环境的不平等和失效的问题。
- 修复退化的生态系统，并且在可能情况下，恢复丧失的生态系统。
- 采取制度和经济措施以避免进一步的损害，并鼓励改变我们做事的方式。
- 在农业水管理的决策上增加透明度，增加有关决策可能造成后果的知识的交流。过去许多对生态系统服务功能的改变都是其他目的的决策造成的无意的后果，通常是因为决策所蕴含的利弊得失不透明且不为人知[WE]。

水和农业——对生态系统管理的挑战

过去一个世纪，农业的发展通过生产出更多和更稳定的食物已经显著提高了粮食安全。但是，农业水管理的方式已经造成了对土地植被和地表水体的大规模改变，造成了生态系统的退化，削弱了支撑生态系统的一系列过程，损害了生态系统提供的人类必不可少的服务的能力。

联合国《千年生态系统评估报告》是集合全球1300多位科学家对世界生态系统的现状以及各种生态系统支撑人类福利的能力所做的国际性评估。评估报告认定了农业的扩展和管理是造成生态系统丧失和退化的主要驱动力，也是由

此很多生态服务和人类福祉的下降的主因(www.maweb.org)。评估报告的分析显示,到2000年全球几乎四分之一的土地覆被用于耕作(地图6.1)。在很多欧洲和印度的流域,农田几乎覆盖了超过一半以上的陆地面积;在美洲、欧洲和亚洲则是超过30%的陆地面积。《千年生态系统评估报告》还显示,水利基础设施的开发以及不同目的的对河流流量的调节,包括农业生产,常常会导致河流的碎片化(地图6.2)和大量水在低洼地的聚集(图6.1;Revenga and others 2000;Vorosmarty, Lévêque, and Revenga 2005)。

很多科学家争论说,作为一个社会我们对环境变化越来越脆弱(Steffen and others 2004; Holling 1986),减少了人类的自然资本和削减了目前和未来一代人类的选择(Jansson and others 1994; Arrow and others 1995; MEA 2005c)。自然灾害以及人类诱发的灾害,如旱灾和饥荒,也可能增加对农村贫困人口等脆弱人群的压力,他们主要依赖他们周围的生态系统维持生计 (Silvius, Oneka, and Verhagen 2000; WRI and others 2005; Zwarts and others 2006)。

另外,随着人口增长和收入增加,到2050年粮食需求量将增长一倍,同时会转向更加多样化和更加耗水的膳食结构,增加粮食生产对水的需求量(见第3章有关情景分析的论述)。简言之,有三种方法可以满足这种对水需求的增长:增加目前农用地的用水量、生产的集约化(见第8章有关雨养农业的论述和第9章有关灌溉农业的论述)和扩展农用地、提高水分生产力(见第7章有关水分生产力的论述和第15章有关土地的论述)。

地图 6.1 | 2000 年全球耕作系统范围

注:本章定义的耕作系统是指环境中至少有30%的土地被农田、游耕、圈养牲畜和淡水水产养殖所覆盖。
来源:MEA 2005c.

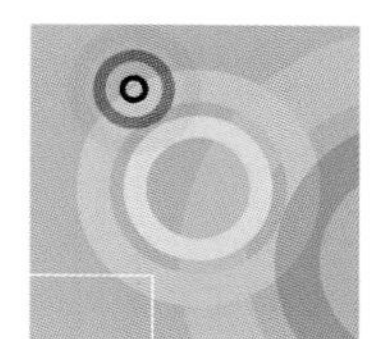

地图 6.2 全球河流的破碎程度以及对河流流量的调节程度

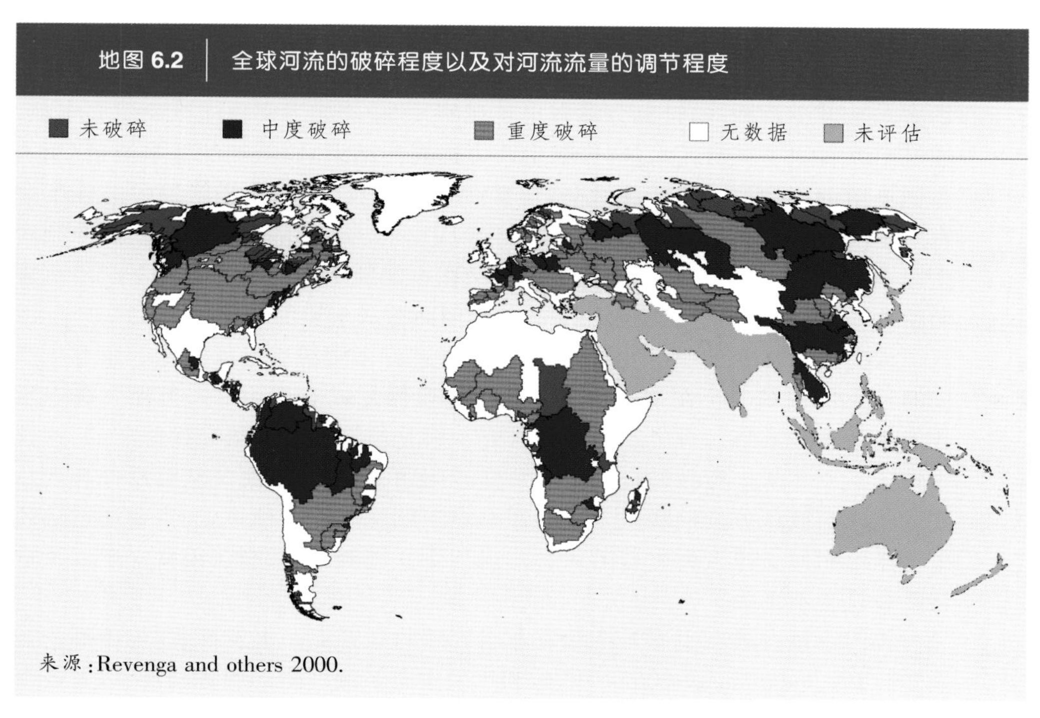

来源：Revenga and others 2000.

图 6.1 水利基础设施的开发及对河流流量的调节造成的大量水的蓄聚

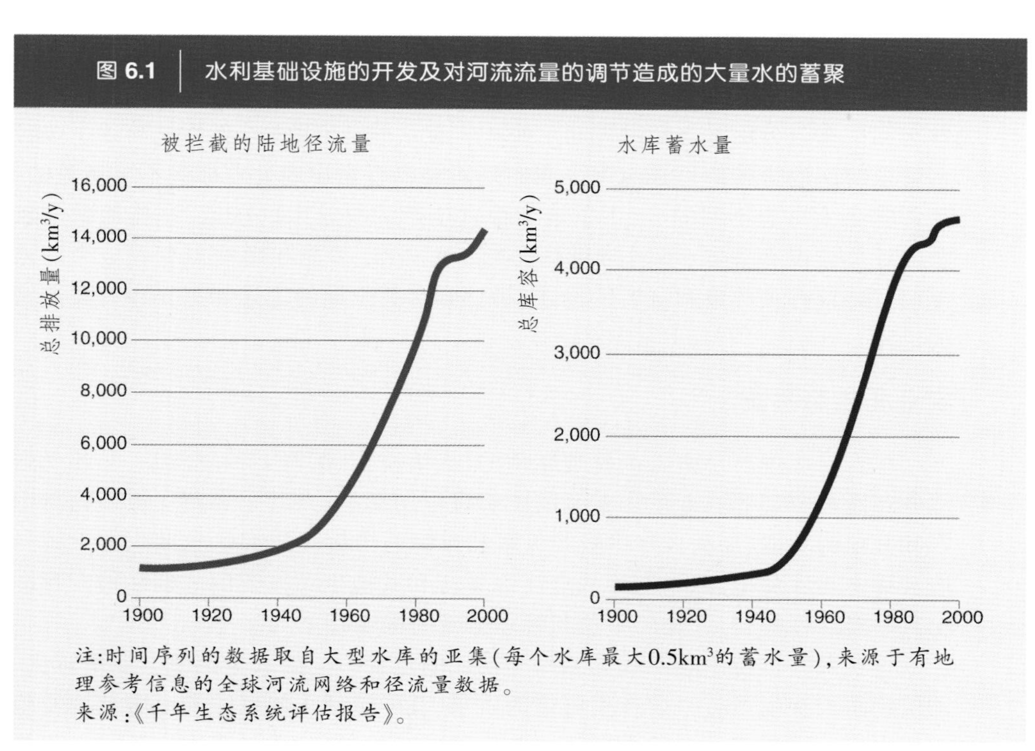

注：时间序列的数据取自大型水库的亚集（每个水库最大$0.5km^3$的蓄水量），来源于有地理参考信息的全球河流网络和径流量数据。
来源：《千年生态系统评估报告》。

这些选项对生态系统及其产生的服务功能的影响差异很大。通过灌溉增加现有农用地的用水量将会减少蓝水资源(地表水和地下水)的有效性,尤其是对下游水生生态系统,同时也会带来水景观的改变,例如为实现灌溉而建立水坝。通过雨养农业更高的耗水量(作物生产力提高的结果)而增加的绿水流量(从入渗到土壤的降雨产生的土壤水分)会减少下游的有效水量,尽管发生的程度会有所不同[EBI]。扩展农业用地会改变景观中的水流,对陆地和水生生态系统产生影响。最后,尽管提高的水分生产力会在不消耗更多的水的条件下产出更多的粮食,它也会由于增加农业化学品的使用而造成水质的退化。

> 人类正面临着一项严峻挑战,那就是管理好水资源以确保安全的粮食生产同时还不会削弱人类社会赖以生存的生命支撑系统。

人类正面临着一项巨大挑战,那就是管理好水资源以确保安全的粮食生产同时还不能削弱——在某些情况下甚至还要修复或重建——人类社会赖以生存的生命支撑系统。对生态系统的研究一般是与农业用水研究相分离的,这就导致了一方面从人类和粮食安全的角度看问题,而另一方面又从自然保育的角度看问题的彼此分裂的观点。我们在本章中就挑战了这种观点,主要通过综述生态系统如何支撑人类生计的最新知识和研究进展,包括确保粮食安全以及重新平衡社会不平等。

我们将重点放在生态系统和农业水管理的联系上。水发挥着“生物圈的血液”的功能(Falkenmark 2003)。陆地和水生生态系统产生的服务功能,以及各个生态系统之间(包括农业生态系统)的联系都是十分重要的。对农业生产来说,我们考虑的是蓝水和绿水对生态系统的重要意义(见第1章研究背景),不仅包括在沼泽、河流和湖泊中的蓝水,也包括那些依赖并改变绿水的陆地生态系统。

我们首先对过去农业水管理的效果进行了评估,重点强调一些在粮食安全饮水和生态服务用水之间进行的一些并非有意的利弊取舍。然后又简述了改善水管理的回应措施的可选选项。我们强调需要有意识地处理那些不可避免的、且常常令人意想不到的、产生于增加粮食生产的决策中的权衡,这些通常与复杂的社会情况相关联,不同的利益攸关方在利益、技能和影响力有着极大的差异(见第5章有关政策和制度的论述、第15章有关土地的论述和第16章有关流域的论述)。

农业和生态系统

尽管农业生产是由人类管理驱动的(土壤耕作、灌溉、营养添加),它还受到那些塑造和驱动非农业生态系统的生态过程的影响,尤其是那些支撑生物量生产和其他的功能,如从大气中吸收氮素和作物的传粉(框6.1)。这些生态系统一般被称之为农业生态系统;而农业生态系统和其他生态系统的区别在很大程度上只是概念性的,与人类的干预和管理措施的程度有关。

干扰那些维持生态系统的结构和功能的过程——如水量调节、能量转化、动植物生长和生产——会产生可怕的后果,其中包括土壤侵蚀和土壤结构及肥力的丧失。而严重的干扰会导致农业生态系统的退化,或系统本身及与之相关联的生态系统及服务功能的丧失(见第15章有关土地的论述)。咸海的退化就是

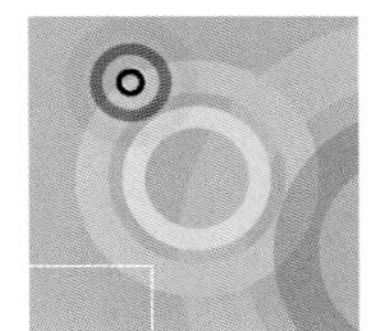

第6章 农业、水资源和生态系统：避免付出过重的代价

框 6.1 | 农业会不可避免地使景观发生变化

为了满足日益增长的食物需求，很多对土地和水的调控和改变有助于提高农业用地的生产力。但是这些措施都会对生态系统造成后果。关键问题是农业已经使得对景观的改变不可避免，尽管采用了更灵巧的技术措施并更加重视生态系统范围的可持续性以减少这些负面影响。这些对土地和水的调控措施包括：

■ **改变了动植物的分布**。最明显的例子就是本地植被的清除而代之以季节性或周年的作物种植，野生动物则由家养牲畜取代。

■ **解决气候的变异性问题以保证作物用水**。水是植物光合作用的关键原料，作物的生产力主要依赖于保证作物生长的用水。在考虑水安全的时候，有三个不同的时间段需要考虑：水可获取性的季节性短缺，这种短缺可以用灌溉来满足，从而将生长季延长且可以种植更多作物；在湿润季节的干旱期，可以通过特定的灌溉方法来解决，即便在小型农作系统中可以收集本地的降雨；反复出现的旱灾，传统上则是通过在丰年储藏粮食以应对干旱年景的冲击。

■ **保持土壤肥力**。保证作物根区有足够的空气的传统方式是通过耕作的方法排水和挖沟的方式以保证雨水能够下渗。但是这样做也会导致土壤的侵蚀以及养分充足的土壤表面被强风和降雨带走。这种副作用可以通过土壤保育措施如最小耕作方式来加以限制。

■ **解决作物的养分需求**。农业土壤对养分的供给经常会通过有机肥和化学肥料的施用而得到补充。最理想的情况是加入的养分量和作物消耗的养分量达到平衡，这样就能限制多余的残留在地表的水溶性养分被携带到河流和湖泊中，造成对水体的污染。

■ **维持景观尺度的互动**。当天然生态系统被转变为农业生态系统的时候，一些连接景观各个部分的生态过程（如种群的流动性和亚表层水流）会受到干扰。这对农业系统会产生影响，因为这会影响害虫的周期、传粉、养分循环及淹水和盐渍化。更大范围背景下的景观管理就变得十分重要，越来越多的研究显示出景观是如何提高农业生产力而同时能产生其他生态系统的服务功能的（Lansing 1991; Cumming and Spiesman 2006; Anderies 2005; McNeely and Scherr 2003）。

人类过度干预的典型例子（框6.2）。

因此，将农业管理（包括作物类型）适应生态条件就十分重要。例如，种植那些不适合气候条件的作物可能会造成有害后果。18世纪末期，当在欧洲研发的农业生产技术被引入到澳大利亚的时候，就造成了大范围的盐渍化土壤（Folke and others 2002）。而试图在印度河三角洲、巴基斯坦的盐土和东南亚的酸性硫化土壤上种植获利可观的油棕榈则是另一个农业活动和生态条件严重不符的例证。20世纪70年代有争论认为是气候偏见——“水盲”——导致将不恰当的农业技术从发达国家转移到发展中国家（Falkenmark 1979）。

人类福利和生态服务

联合国《千年生态系统评估报告》（MEA 2005c）显示，人类社会的福利与生态系统提供生态服务的能力紧密相关。同时报告还显示，确保生态系统的多重服务功能主要取决于生态系统的健康状态。无论对一个生态系统的管理的目的是服务于粮食生产，还是水量调节或其他类型的服务（图6.2），只要保持最基本

框 6.2 生态灾难的典型案例——咸海

咸海也许是不可持续的农业水管理所导致的大规模和很可能不可逆转的生态和人类灾难的最典型例证。为咸海供水的河流流量的减少已经造成了对人类健康和生计的损害、影响当地气候、生物多样性减少等多种严重后果。自20世纪60年代以来咸海流域的水量减少了75%，主要是由于灌溉将近700万hm^2的土地所造成的注入咸海的流量减少(UNESCO 2000; Postel 1999)。这导致了24种鱼类物种中的20种消失和当地渔业的崩溃；捕鱼量则从20世纪50年代的每年44 000吨下降为零，由此造成60 000个工作岗位的丧失(Postel 1996)。物种的多样性和野生动物的栖息地也在减少，尤其是与咸海相连的湿地(Postel 1999)。咸海的调水工程加上来自农用地的携带污染物的径流已经对人类健康产生了严重后果，包括肺部疾病发病率的上升，这主要是因为人类吸入从裸露的湖盆被风卷起的尘土和有毒物质造成的(WMO 1997)。

沙尘暴从裸露的干涸湖盆中吹起大约1亿吨的混杂着有毒化学物和盐分的尘土，然后再散播到周边的农田，对动植物和人类造成伤害(Postel 1996)。注入咸海的很少的水流中含有大量浓度极高的盐分和有毒化学物，威胁饮用水的安全性(Postel 1996)。在咸海的Amu Darya河流域，像DDT、林丹杀虫剂以及二噁英这类有毒化学物由农业径流携带并在水生生态系统中蔓延，最终进入人类的食物链。次生盐渍化问题也十分严重(Williams 2002)。

目前正在进行恢复北部咸海的尝试，是通过Syr Darya项目和北部咸海项目(www.worldbank.org.kz)具体实施的，已经显现初步的积极效果(Pala 2006)。在咸海的两个部分之间建设了大坝，以促进水量的累积并帮助恢复三角洲地区。尽管项目的目标是重建并维持咸海流域的渔业和农业活动并减少对饮用水的损害，但是过去对生态系统的改变的范围和程度都使彻底的恢复不太可能。咸海生态系统的生态和社会变化在很大程度上被认为是不可逆转的。

图 6.2 生态服务的类型

供给服务
生态系统生产或提供的产品
- 食物
- 燃料木材
- 纤维
- 木材

调节服务
从生态系统过程的调节中的收益
- 蓝水和绿水的分配
- 害虫调控
- 气候调节
- 传粉

文化服务
从生态系统产生的非物质的收益
- 精神的
- 娱乐的
- 审美的
- 教育的

支撑服务
产生生态系统服务功能的必要因素
- 水文循环
- 土壤形成
- 养分循环

来源：Adapted from MEA 2003.

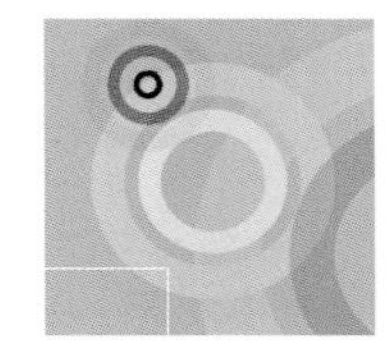

的功能，就能在长期内保证实现上述目标。许多农业生态系统都把大量精力放在确保作物生产上，并常常以牺牲其他主要服务为代价，如渔业（Kura and others 2004）、淡水供给（Vorosmarty, Lévêque, and Revenga 2005）和洪水调节（Daily and others 1997; Bravo de Guenni 2005）。

生物多样性是指种群、栖息地和生态系统服务功能之内和之间的变异性和多样性，对支撑生态系统的服务功能具有重要意义及其本身具有重要的内在价值。另外，生物多样性可以通过增强生态系统的持久性发挥一种保险机制的作用（框6.3）。一些在稳定条件下的生态系统中看起来作用不十分显著的物种会在生态系统受到干扰后的恢复过程中起到关键作用。类似地，如果一个物种消失了，另外一个具有相似属性的物种会取代它。虽然生物多样性的概念涵盖了生态系统、物种和基因构成，本章大部分的讨论主要关注于它们所能够提供的生态服务的意义上的生态系统和物种的功能性作用。

越来越多的证据表明，生态系统对减少贫困具有重要作用（Silvius, Onela, and Verhagen 2000; WRI and others 2005）。很多农村贫困人口依赖基于生态系统的多种收入和生计来源维持生存，从而对生态系统服务功能的丧失最为脆弱和敏感[E]。这些收入来源——常常依靠妇女和儿童——主要包括小规模的农作和牲畜饲养、渔业、狩猎、收集薪柴和其他可以换成现金的或直接被农村家庭利用的生态系统产品。例如，洪积平原的湿地就支撑了很多人类活动，包括渔业、作物和园艺种植（照片6.1至照片6.3）。

联合国千年生态系统评估项目结论说，没有处理好生态服务功能下降的问题会严重损害减少农村贫困和社会不公平以及消除饥饿的努力；这在很多地方都是一个关键的问题，尤其是在非洲撒哈拉以南地区（WRI and others 2005）。同样正确的是持续的和增加的贫困会加大对生态系统的压力，因为很多农村贫困人口和其他脆弱人群除了过度开发剩余的自然资源基础之外别无选择。结果常常就是陷入环境退化和贫困加剧互相增强的恶性循环之中（Silvius and others 2003）。千年生态系统评估报告（MEA 2005c）还结论说，那些导致湿地和水资源丧失和退化的干预措施将会最终削弱迈向实现联合国千年目标规定的减少饥饿和贫困以及确保环境可持续性所做出的努力。

后果和生态系统的影响

改变自然景观以增加全球粮食生产已经造成了生态系统供给服务的增加，但是也对许多生态系统造成了负面的生态效应，很多服务功能已丧失和退化（MEA 2005c）。水管理措施已经改变了内陆和海岸水生生态系统的物理和化学特性，并且改变了水量和水质，以及直接和间接的生物变化（Finlayson and D'Cruz 2005; Agardy and Alder 2005; Vorosmarty, Lévêque, and Revenga 2005）。由于农用地的扩张和水平衡的改变，陆地生态系统也发生了改变（Foley and others 2005）。

框 6.3 生物多样性和生态系统的持久性

全球生物多样性的减少，尤其是在淡水系统中的严重表现，使人类重新关注于对生态系统的保育和管理以及生物多样性和生态系统功能之间的联系 (Holling and others 1995; Tilman and others 1997)，这包括生态系统对人类福利的影响(MEA 2005c)及其与贫困的关系(Adams and others 2004; WRI and others 2005)。很多人都强调为了其内在价值而保育生物多样性的论点。很多旨在保育濒危物种的项目(建立保护区、改变土地利用方式)已经成为共同的投资战略，并产生不同的社会效果(Adams and others 2004)。

最近几十年的研究已经表明了物质多样性对生态功能发挥的重要性 (见湿地多样性的照片)。一个普遍的理论是：更加多样的系统会通过提供解决变异的途径的方式来促进更稳定的生产力。

摄影：C. Max Finlayson

鹈鹕

摄影：Karen Conniff

蜻蜓

摄影：C. Max Finlayson

鳄鱼

摄影：C. Max Finlayson

大象

但最近又有争论认为并不是物种的丰富程度促进了生态功能的发挥， 而是和生态过程有关的、具有不同或重叠功能的功能群体(捕食者、授粉者、草食动物和分解者)的存在才是主因(Holling and others 1995)。为了理解多样性对于生态系统功能的作用，就有必要深入分析生态系统中种群的特征、密度、生物量和群体之间的互动，以及它们的时空差异特征(Kremen 2005)。不同功能群体之内和之间的有机体的多样性在维持对抗变化方面具有关键意义。

那些在生态系统发育过程中看起来一些多余的物种对生态系统受到干扰后的重新组织会起到关键作用(Folke and others 2004)。响应的多样性(物种对干扰差异化的响应方式)有助于在面对冲击时稳定生态系统的服务功能(Elmqvist and others 2003)。

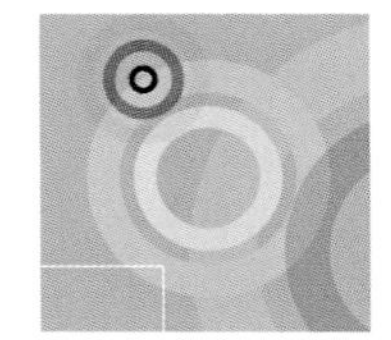

照片 6.1

照片 6.2

照片 6.3

摄影：C. Max Finlayson

渔业、作物种植和园艺都是由洪积湿地支撑的很多人类活动。

这些变化对农业生态系统的粮食和纤维的生产活动产生了负面的反馈，如授粉者数量的减少(Kremen, Williams and Thorp 2002)和土地的退化(见第15章有关土地的论述)[EBI]。消极的变化发生的强度有所不同，有一些看起来是不可逆转的，或者至少是逆转过程十分困难和昂贵的，如在墨西哥湾和波罗的海广泛分布的死亡地带(Dybas 2005)。环境变化造成的海洋渔业的灾难性崩溃是另外一个例证 (见第12章有关内陆渔业的论述)。本章重点放在农业对绿水和蓝水的管理对生态系统造成的后果，同时承认其他人类活动也会对生态系统产生影响。协同增效的和累积的效果将使得把变化归因于单一因素十分困难(框6.4)。

水生生态系统

和水相关的农业改变已经造成了显著的生态、经济和社会后果，其中包括对人类健康的影响，主要通过河流、湖泊、洪积平原和地下水补给的湿地的关键生态组分和过程的改变[WE]。这些改变具体包括对水流动态的数量、时间和天然变异性的改变；通过湿地排水和灌溉蓄水设施的建设而对水景观的改变；以及养分、微量元素、泥沙和农用化学物的浓度增加。

水生生态系统可以提供广泛的生态系统服务功能[WE]。它们的性质和价值是不一致的，但是我们对生态系统的过程是如何支撑这些服务的理解是不够的(Finlayson and D'Cruz 2005; Baron and others 2002; Postel and Carpenter 1997)。世界上有几个地区的变化已经加速了渔业等提供服务功能、风暴防护和养分保持等调节功能、娱乐和审美等文化服务功能的丧失。在某些案例中，生态系统已经超过了阈值或者已经经历了导致生态系统服务功能崩溃的形态转变，这就使得恢复(如果可能的话)的成本十分高昂[WE]。目前还在争论上游的粮食增产是否会超过对人类依赖的下游生态服务产生的负面后果。而大多数的成本-效益分析研究表明损失的成本要高于收益，其他科学家则争辩说这些研究存在弱点(Balmford and others 2002)。

尽管农业，尤其是农业水管理，是很多下游生态系统服务功能丧失背后的

主要驱动力 [WE]，但还是存在针对单个过程和事件的方式和重要性的不同解释，以及对农业作为引发退化起到的最终作用的争论。水坝的建设、过度捕鱼、城市取水、自然和人为的气候变异都会促进累积的和协同的效应、应对能力的下降以及对下游生态系统损害的加剧（照片6.4）。当涉及下游生态系统对上游的水改变相应的精确时间和地点的时候，不确定性往往很大。这并不意味着我们可以忽略农业的作用，但是我们需要处理同样复杂和交互性的问题，并从系统的角度分析引起变化的多重驱动力。

> 对 145 条世界主要河流的长期趋势(25 年以上)的分析表明有 1/5 的河流的入海水量已经减少。

下面的两个部分将提供有关农业中和水有关的管理如何改变了下游生态系统产生生态服务能力的事例，并对这些变化所造成的后果作简要的讨论。

水量和水景观的改变。最近几十年发展的农业耕作已经造成了淡水取水量的增加，目前有大约70%的取水量用于农业，而在非洲、亚洲和中东的部分地区则高达85%~90%(Shiklomanov and Rodda 2003)[WE]。对世界河流的调节已经改变了河流的水流动态，排放到海洋的流量显著减少 (Meybeck and Ragu 1997)。对145条世界主要河流的长期趋势(25年以上)的分析表明有1/5的河流的入海水量已经减少(Walling and Fang 2003)。世界水平上，大型人工蓄水工

框 6.4　累积变化——农业水管理的新挑战

多种驱动力累积的和协同增效作用对水管理者提出了新的挑战，这些驱动力包括气候变化和外来物种的入侵。

全球气候变化预期将会直接或间接地改变和损害很多生态系统(Gitay and others 2002)。例如，它会恶化在降水量减少情况下与已经增加的水需求相关的问题，或在有限的案例中，与降水量增加的有关问题，缓解对有效水资源的压力。气候变化还会对湿地生态系统和物种产生可以预期的后果，尽管变化的程度还没有完全研究清楚(Gitay and others 2002; van Dam and others 2002; Finlayson and others forthcoming)。

对于入侵物种在生态系统退化和生态系统服务中起到的主要作用有不断增加的认识(MEA 2005c)。通过对航运用水的调节和调水工程以及通过贸易途径，入侵物种已经改变了许多水生生态系统的特性(见照片)。一旦形成它们的领地，入侵植物会阻断河道和灌渠，降低河流和湿地内部以及它们之间的联系性，取代有价值的物种，并损坏基础设施(Finlayson and D'Cruz 2005)。

来源于森林植被的入侵物种也会威胁下游用户的供水，如在南非的开普敦和伊丽莎白港主要依靠来源于天然的低生物量的植被覆盖的流域 (Le Maitre and others 1996)。河滨地区的入侵物种对世界几个地区的水资源已造成了一些问题。半干旱的美国西部由于入侵的木本物种柽柳造成的年损失达每公顷280~450美元，而每公顷的恢复成本则高达740美元(Zavaleta 2000)。

摄影：C. Max Finlayson

水葫芦，一种快速生长的、自由浮动的入侵植物，已经侵害了很多生态系统。

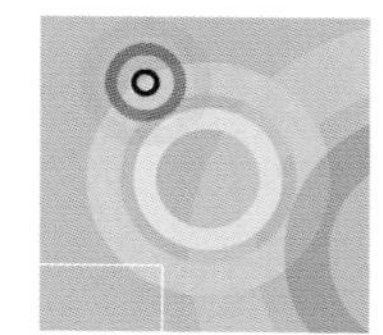

程拦截了大量的水，造成了河流水流动态的极大干扰（Vorosmarty and others 2003），常常还会对人类健康造成有害影响（框6.5）。

水流改道和水利基础设施建设（水库、物理障碍）已经通过改变水的流量和格局以及季节性的淡水输入而改变了下游的生态系统（Vorosmarty, Lévêque, and Revenga 2005；Finlayson and D'Cruz 2005）。负面效应包括地方生计方式的丧失、水生栖息地的碎片化和破坏、水生群落组成的改变、物种的丧失、由于水的不流动而造成的健康问题。更少的洪水意味着洪积平原更少的泥沙沉积和养分沉降，以及在部分海岸地带的流量减少和养分沉降（Finlayson and D'Cruz 2005）。

世界水平上，大型人工蓄水工程拦截了大量的水，造成了河流水流动态的极大干扰，常常还会对人类健康造成有害影响。

跨流域的调水，特别是像印度正在规划的在主要流域之间进行的大规模的调水工程，预计会对下游生态系统造成极大的损害（Gupta and Deshpande 2004; Alam and Kabir 2004），也会增加对水文调节的压力（Snaddon, Davies, and Wishart 1999）。正在考虑建设这些调水设施的区域，强烈建议对可能出现的问题和收益做出更加科学和透明的评估。Junk (2002)强调了经过大面积湿地的产业化水道的建设（如巴西的Pantanal of Maso Grosso湿地）对水流动态的类似的消极后果。预期发生的变化的性质主要取决于调水的水量和时间，所以需要逐个案例进行分析。

湖泊面积缩小。很多事例都已证明水的消耗性使用和调水引起了下游生态系统服务功能的严重退化。中亚地区咸海的退化就是一个具有代表性的极端事例（框6.2）。

而非洲西部的乍得湖干涸是另一个例子。乍得湖面积在35年的时间里从25 000 km²缩小到了原来的1/20。但是，对湖面的缩小还存在其他具有竞争性的

摄影：C. Max Finlayson

照片 6.4 水坝为人类提供了许多便利，但也通过水文改变和对河流分割影响了生态系统。

框 6.5　水管理和人类健康

很多与水相关的疾病已经通过水管理成功地得到了控制(例如一些地方的疟疾),但是其他一些疾病则由于水污染和河流水流动态的变化造成的内陆水体的退化而恶化(血吸虫病的蔓延)。在疾病传播的地方,由于复杂的环境和社会因素的联合作用造成了对人类健康的负面效应。联合国千年生态系统评估报告报道了很多水管理措施造成的人类福利和健康水平下降的事例(MEA 2005a; Finlayson and D'Cruz 2005)。这些疾病包括由于摄入被人类和动物粪便污染的水而造成的疾病,如疥疮、沙眼、伤寒;由水生蜗牛或昆虫等中间寄主传播的疾病,如龙线虫病、血吸虫病、登革热、丝虫病、疟疾、盘尾丝虫病、锥虫病、黄热病;以及由于基本卫生用水不足造成的疾病。

除了内陆水体的疾病,水源污染物对人类健康也存在着巨大的影响,主要通过在食物链中的累积。许多国家目前还存在着由于有机和无机肥料的过量施用而造成的地下水硝酸盐含量升高的问题。饮用水的硝酸盐超标和婴儿的溶血性贫血的发生有着密切的关系。

越来越多的对野生动物的研究证据表明,人类正受到几种模仿或阻碍人类天然功能的化学制品的威胁,会干扰身体自然的代谢过程,其中包括正常的性发育。像DDT、二噁英和许多农药中含有的内分泌干扰物质都会干扰正常激素的正常功能,削弱人类对疾病的抵抗力和生殖健康。

东南亚地区对森林泥炭沼泽的排干和焚烧已经对人类健康造成了灾难性的后果(见框6.6),而这种影响蔓延至许多国家,且持续时间可能会很长。正在进行的森林泥炭沼泽的退化造成的环境相关的健康后果的调查是这个地区健康服务的主要研究问题和服务内容。

解释。天然降雨的变异性就是一个重要的驱动力。乍得湖非常浅,在不同的历史时期,它的状态也是不同的,包括气候的变异性引起的变化(Lemoalle 2003)。目前还不清楚人类诱发的变化在其中起到什么样的作用,但是不同的驱动力主要包括灌溉水的抽取、土地利用的变化引起的反照率变化(被地球反射的能量,它的大小会随地表特性而变化)而引起的降水减少,以及水分循环的减少(Coe and Foley 2001)。

而位于墨西哥中部乐玛–查帕拉流域的世界最大的浅水湖查帕拉湖是另一个上游的消耗性用水对湖泊的面积产生影响的例子。在1970~2001年间,由于农业生产和城市生活用水的过量抽取,湖泊水量锐减到只有最大蓄水量的20%。而1993~2003年的年均降雨量只比历史平均值少5%,所以就把重点放在减少灌溉用水量上,但是流域内的地表和地下水的用水量仍是平均超过供水量9%(Wester, Scott, and Burton 2005)。2003年和2004年超出平均值的降雨使得该湖水量增加到60亿 m^3。但是水资源配置的竞争依然激烈,而且环境流量的需求仍然悬而未决,这使得该湖的前景以及农业和城市之间的水资源配置处于威胁之中。

乍得湖和查帕拉湖水量的高度变异性意味着,依赖这些流域的生态服务功能为生的人们需要具有高度的适应能力去应对快速变化的环境,不管这种环境变化是由人类还是由自然诱发的。

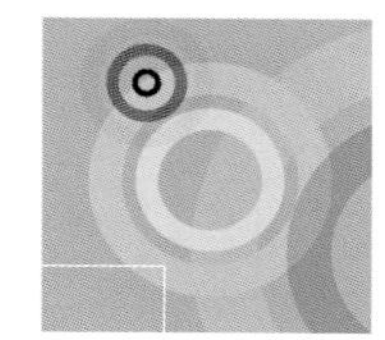

干涸的河流。消耗性用水和流域间的调水已经将世界几条最大河流转变成高度稳定的，且在某些情形下季节性没有水量排出的河流（Meybeck and Ragu 1997; Snaddon, Davies, and Wishart 1999; Cohen 2002）。河道内径流的枯竭在具有大型灌溉系统的热带和亚热带地区是一个普遍存在的现象，例如坦桑尼亚的帕加尼河（IUCN 2003）、中国的黄河（He, Cheng, and Luo 2005）、中亚的咸海的支流、泰国的Chao Phraya河、印度恒河、Incomati河、印度河、Murray-Darling河、尼罗河和Rio Grande河（Falkenmark and Lannerstad 2005）。Smakhtin, Revenga, and Doll (2004)则指出维持水生生态系统健康的径流（环境流量）在很多河流已经被过度利用了。

在美国的科罗拉多河，大坝的建设和灌溉及其他目的的调水，再加上大规模的跨流域调水，已经造成流向河流三角洲的流量显著减少。相当一部分的三角洲已经转变成泥质滩涂、盐质滩涂和裸露的沙地。随着三角洲栖息地的丧失，目前湿地主要分布在存在农业排水的地区（Postel 1996）。恒河是南亚不能全年向海洋排放水量的主要河流之一，造成高含盐量的水分前锋快速向上游推移，导致红树林群落、鱼类栖息地、作物种植和人类生计的变化（Postel 1996; Mirza 1998; Rahman and others 2000）。在南非的赞比西河，为发电和农业灌溉而建设的水坝减少了流向海洋的水量，导致了可能高达每年1000万美元的虾类养殖产值的损失（Gammelsrod 1992）。

> 对河流的调节在为人们带来便利的同时也造成了消极的影响，尤其是下游流量的减少，常常未能受到足够且透明的关注。

对河流的调节在为人们带来便利的同时也造成了消极的影响，尤其是那些与下游流量减少有关的，常常未能受到足够且透明的关注（WCD 2000; Revenga and others 2000; MEA 2005b）。

湿地的排干。为进行农业开发而对水资源进行调控和排水是造成湿地栖息地丧失和退化的主要原因（Revenga and others 2000; Finlayson and D'Cruz 2005），也是造成生态系统服务功能丧失的主因。到1985年，湿地的排干和转化为别的土地利用方式，主要是农业，已经影响了欧洲和北美56%~65%的、亚洲27%的内陆和海滨沼泽（OECD 1996）。湿地的排干已经降低了生态系统重要的调节服务功能，会进一步造成对大风暴和洪水的脆弱性上升，以及湖泊和海岸水体的进一步富营养化。

更难展示的是更小的位点服务功能丧失的累积效应，包括单个位点和位点网络，如那些迁徙水鸟的栖息地（Davidson and Stroud forthcoming）。消极影响常常是事先假设的，但是证据不完全。仍然有许多教训，如在东南亚的排干湿地及其随后对森林泥炭沼泽的焚烧（框6.6），从而对跨地区的许多人的健康造成负面影响（见框6.5）。加拿大和美国大平原上的排水以及填土过程造成了很多小型湿地丧失（被称为壶穴），最终导致了大量迁徙性水鸟栖息地的丧失（North American Waterfowl Management Plan 2004）。而美国毗邻密西西比河的被森林覆盖的河岸湿地的丧失被认为是造成1993年严重的密西西比流域洪水和损失的重要原因（Daily and others 1997）。

湿地常常被认为能起到“海绵”的作用，在湿润季节吸水而在旱季释放水

框 6.6 东南亚泥炭湿地的排干和焚烧造成的广泛影响

东南亚地区的热带泥炭湿地森林的绝大部分已经严重退化，主要是由于原木开采和木浆的生产(Wosten and others 2006; Page and others 2002)。这个过程由于在过去20年中森林转化为农业用地而加快，尤其是油棕榈的种植加快了森林的消失。排水和森林的砍伐威胁了印度尼西亚和马来西亚大片森林的稳定性，使它们极易受到火灾的威胁。

清除并排干森林以开发农业的努力往往遭遇很高的失败率。在印度尼西亚的加里曼丹岛的超级水稻计划项目中，大片的森林被清除，建设了大约4600千米长的灌溉渠道以大规模种植水稻。而种植水稻所需的工人主要来自相邻的、人口密集的爪哇岛。被清理出的土地并不适宜水稻种植，因此这项计划被放弃了。1997年，土地清理以及随后的失控的火灾严重烧毁了加里曼丹岛500万 hm^2 的森林和农业用地，向大气释放了8亿~26亿吨的二氧化碳(Glover and Jessup 1999; Page and others 2002; Wooster and Strub 2002)。大火造成了严重的大气雾霾，严重影响了六个国家7000万人口的健康。除此之外，对木材和农业活动也产生了经济后果，因为大火加上土地清理以及失败的种植水稻的尝试而将湿地的丧失更加复杂化了。

目前正在进行对退化地区的复垦计划，但是这种尝试重建水文循环和植被覆盖的过程是缓慢和艰难的(Wösten and others 2006)。在区域水平上，东南亚国家联盟(ASEAN)通过《东盟泥炭湿地管理动议》项目对这个问题的解决表现了积极的兴趣，这个动议可以帮助被影响的国家分享专业知识和资源以避免湿地火灾并更加明智地管理湿地。这种区域水平的动议要和国家水平的行动计划连接起来。监管机制已经到位，对采用焚烧的方式进行进一步土地清理的做法采取零容忍的政策，尤其是为了种植油棕榈而清理土地的行为。

尽管采取了这些步骤，泥炭湿地的退化问题仍在继续。油棕榈面积的扩展是主要的驱动力。泥炭湿地仍然被清理和焚烧，极大地削弱了保育和利用东南亚泥炭湿地的种种努力，并威胁到当地和区域的人类健康。

分。尽管有很多湿地确实起到这样作用的例子，尤其是洪积平原，但也有越来越多的证据显示，这种一般性推论不是在所有水文环境和湿地类型条件下都适用的(Bullock and Acreman 2003)。实际上，还有一些相反的事例发生：湿地减少了最低限度流量，增加了洪水，还会屏障地下水补给。由于湿地种类极其多样，从依靠地下水补给的泉水和山地沼泽，到大型的内陆河流洪积平原，这样的变异都不为奇。

水质的改变。很多因素造成了水质的改变。本节主要考察养分载荷、农业化学物，以及泥沙淤积。

养分荷载。肥料的使用为农业生产带来了巨大的收益，但同时也通过农业径流对地表和地下水体造成了广泛的污染。在过去的40年中，过量的养分荷载已经成为内陆和海岸湿地生态系统变化的最重要的直接驱动因素之一。排放到海洋中的活性氮数量已经从1860年到1990年间增加了将近80%(MEA 2005c)。磷肥的施用也在增长，1960年以来已经增加了三倍。增长趋势一直持续到1990年，之后变得平稳，施用量几乎和20世纪80年代的水平相当(Bennett, Carpenter,

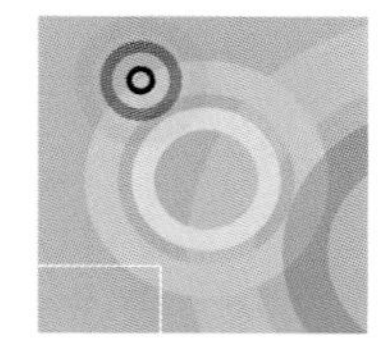

and Caraco 2001)。这些变化反映为在土壤中磷素的累积,因为径流中磷的水平很高。发达国家磷素在土壤中的年蓄积量在1975年达到最高峰,而目前的年蓄积量只相当于1960年的水平。而发展中国家1961年的年蓄积量是负值，而在1996年却达到了5百万吨。

过量的养分载荷会引起藻类暴发、饮用水的水质降低,造成淡水和海岸带生态系统的富营养化,以及海岸海水的缺氧。在津巴布韦的Chivero湖,农业径流被认为是造成藻类暴发、水葫芦疯长以及鱼类减少的主要原因,主要是由于水体中氨含量过高而含氧量过低(UNEP 2002)。在澳大利亚的河流入口处、三角洲地带、内陆湖泊和河流中广泛存在的藻类暴发主要归咎于农业用地上养分含量增加的径流(Lukatelich and McComb 1986; Falconer 2001)。农业用地上分散的养分径流要对美国海岸海水的日益增加的富营养化负主要责任,也是造成世界很多地区的海岸地带水体大的厌氧条件的间歇性发生（通常存在年际间变异）的主要原因,如波罗的海、亚得里亚海、墨西哥湾(Hall 2002)。

> 养分管理的积极的效果常常会被湿地功能的丧失所抵消，因为湿地能够吸纳大量养分和某些污染物。

养分管理的积极效果常常会被湿地功能的丧失所抵消，因为湿地能够吸纳大量养分(氮、磷、有机质)和其他污染物。大量证据表明,全球超过80%的附带的氮素荷载可以被湿地吸纳(Green and others 2004; Galloway and others 2004)。但是生态系统清理这种富营养的水的能力却差异很大且不是没有限度的(Alexander, Smith, and Schwarz 2000; Wollheim and others 2001)。Verhoeven 等(2006)指出由于很多农业为主的小流域的湿地接纳了过高的养分载荷,从而对生物多样性造成了负面影响。湿地和湖泊正在经历从吸纳养分状态转向释放养分状态或向大气排出含氮温室气体状态的风险。水流动态的转变通常很快,但是它们可能发生在缓慢的并且难于察觉的生态系统持久性的变化之后。一般来讲，在一个系统遭到达到其阈值的打击以及从一种状态转到另一种状态之前，很难监测到其持久性的变化(见框6.7;Carpenter, Westley, and Turner 2005)。

农业化学物污染。农业化学物产生的污染问题自从《寂静的春天》(Carson 1962)这本富于独创性的著作的出版而受到了广泛的关注。由于农业化学品的广泛使用而造成的在生物体内的累积对许多栖息在或者主要依赖于湿地或湖泊为生的物种来说,结果是很可怕的[WE]。而猛禽繁殖成功率的下降使人们意识到使用农药的危险性(Carson 1962)。

水生生态学界已经积累大量的越来越多的可用于分析的生态毒理学数据，而最近的研究则着重于风险评估和诊断测试技术的研发,因为这些评估和技术可以指导农用化学品使用的管理决策（van den Brink and others 2003)。Taylor, Baird 和 Soares (2002)强调了在发展中国家存在的较高水平的农药使用率以及较低水平的环境风险评估。它们推动一种评价农药的环境风险的综合方法,这种方法将对利益攸关方的咨询、化学品风险评估、生态效应的生态毒理学测试，以及对人类健康的潜在影响综合考虑进来。

Vorosmarty, Lévêque 和 Revenga (2005)则报告,尽管对异型生物物质使用的管制在不断加强,尤其是在发达国家,但农药对水体的污染从20世纪70年代以来仍在不断加剧。但是,对这些化学物品的使用禁令是在它们商业化使用后20~30年之后才执行的,像DDT和阿特拉津。而这些化学品大部分具有很长的环境滞留时间,但由于对它们的长期环境效应缺乏监测,因此很难充分估计它们所造成的全球范围的和长期的后果。对污染的政策反应常常是在污染事件之后发生,非洲的赞比西河流域的农药的生物累积的案例即是明显的例证(Berg, Kilbus, and Kautsky 1992)。

> 尽管不断加强管制,尤其是在发达国家,农药对水体的污染从20世纪70年代以来仍在不断加剧。

河流的淤积。世界很多地方由于对土地的管理措施而造成的片状冲刷和沟状侵蚀危害了大片区域,降低了土地的生产力,并导致了水库的快速淤积并降低了其使用寿命,也增加了许多河流的泥沙荷载量(见第15章有关土地的论述)。在区域尺度上,南部非洲的一些水库正面临着在20~25年间丧失它们超过1/4的库容的风险(Magadza 1995)。尽管很多澳大利亚和非洲南部的水体是天然含有大量泥沙,但还是有很多河流由于农业耕作而造成泥沙载荷量的增加(Davies and Day 1998)。例如,津巴布韦的8000多个小型和中型水坝正在受到土壤侵蚀造成的淤积的威胁。而津巴布韦和莫桑比克共有的塞乌河则从一条常年河流变成季节性河流,主要也是由于土壤侵蚀造成的泥沙淤积的结果。

每年全球河流向海洋排放38 000 km^{3}的淡水,携带走大约70%的泥沙,仅占全球陆地面积10%的河流却贡献了60%的泥沙排放量(Milliman 1991)。亚洲河流的高泥沙荷载量是土地利用措施的后果,尤其是为开发农业而进行的土地清理的行为。而这种情况很有可能会随着农业在非洲、亚洲和拉丁美洲的扩张而持续下去(Hall 2002)。泥沙的供给以及流向海洋的养分引起的一个显著后果就是近些年海水的厌氧状态发生的频率和强度都有所增加(Hall 2002)。

也有由于对河流流量的调节造成输入到下游栖息地的泥沙载荷量减少的

框 6.7 从过量养分荷载的动态转变

已经有关于湖泊中的养分载荷过高而造成的水流动态改变的报道,并由此造成诸如渔业和旅游业等生态服务功能的丧失(Folke and others 2004)。一些温带湖泊已经经历了从清水状态到浑水状态的转变,这种转变主要是由于湖水中磷素载荷的增加造成的(Carpenter and others 2001)。一些热带湖泊则已经从自由漂浮植物为主导的状态转变为潜水植物为主的状态,养分的丰富似乎会减少潜水植物的持久性,可能是通过水下光线的遮蔽和变化引起的(Scheffer and others 2001)。其他湿地和海岸栖息地也经历了类似的转变。在美国,养分丰富造成了佛罗里达的艾佛格雷兹国家湿地公园的植被类型的转变,以及佛罗里达湾的海水由清变浊(Gunderson 2001)。

而其他一些证据则来自正处于填埋和养分丰富状态的湖泊。在瑞典的洪恩博加湖由于对边缘地带的填埋以及含有大量养分的径流的增加,造成水草植被的大量繁殖。在大规模机械化干预和投资措施下,这种情况才被逆转(Hertzman and Larsson 1999)。而在澳大利亚,农业径流由于养分丰富、盐化和洪水的加剧,已经造成了主导植被的改变 (Davis and others 2003; Strehlow and others 2005)。

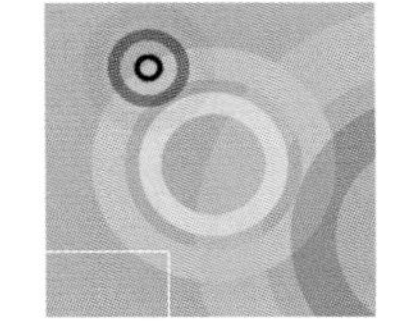

情况，同时沿洪积平原、三角洲和其他下游生态系统的泥沙量也在减少。这种情况曾经发生在美索不达米亚大沼泽，在那里新的大型排水系统是比下游生态系统与泥沙有关的变化更严重的问题(框6.8)。

陆地生态系统

由农业扩张带来的水文变化，特别是森林水文的变化，很少从农业水管理的角度去考虑，尽管这种变化的程度至少和灌溉造成的变化相当（Gordon and others 2005）。这是一个需要深入研究的领域，尤其是生物质燃料和为了固碳而进行的植树造林成为农业部门对水资源利用的新的驱动力，这可能会造成显著的、但大部分未经评估的后果(Jackson and others 2005; Berndes 2002)。为开发农业而砍伐森林会造成显著的水文后果[WE]，但是不同地点的反应不同。森林砍伐会通过盐渍化、土壤流失和土壤渍水而造成土地的退化(见第15章土地中有关灌溉诱发的盐渍化问题的论述)。

> 对作物和放牧土地管理不善造成的入渗到土壤中的水分减少会造成土壤的干旱。

目前对于被改变的绿水流如何影响本地、区域和全球的气候有了更多的关注和思考。大部分的证据来源于干旱和半干旱的热带气候区，很少有来自温带气候区的证据。本节综述了陆地生态系统为应对农业而发生的和水相关的改变。

地下水位的变化。如果灌溉输入的速率超过了灌溉水在土壤中通过的速率(如作物耗水)，那么水分就会在土壤剖面中累积，造成土壤的渍水状态和盐

框 6.8 美索不达米亚(两河流域)湿地的干涸

美索不达米亚湿地是人类文明的摇篮和具有全球性意义的生物多样性的中心地带。横跨幼发拉底河和底格里斯河下游流域的湿地面积超过15 000 km²。过去30年间进行的农业开发和其他排水活动已经严重缩减了湿地面积，减少到原来面积的14%，而大部分变成了裸露的土地和盐壳(Richardson and others 2005)。生态后果极其严重，造成严重的土地退化以及对野生动物的显著影响，包括鸟类迁徙、本地物种的灭绝、对阿拉伯河下游生态系统以及波斯湾沿岸渔业的影响。大约50万居住在当地的“沼泽阿拉伯人”在自己的土地上成为环境难民。

造成这种严重生态退化的原因是复杂的。有一些原因是人类有意为之的，例如：为开发沼泽地而进行的排水，处理土壤的盐渍化问题，提高农业生产力，以及20世纪80年代和90年代伊拉克南部的加强军事安全的行为。其他一些原因则是人类无意造成的，包括：灌溉系统的大规模耗水，大量含盐排水的回流，农业用和工业用化学物的污染，洪水流量的损失，最近土耳其上游的大规模的流量调节造成的泥沙和养分载荷。

基于目前水量调节以及土地退化的规模，建议的恢复两河汇合处上游中央湿地的30%面积的计划本身将会产生对更下游的水生生态系统的负面影响。从恢复的1000 km²开放水面的新增蒸发将造成67 m³/s的耗水流，或25%的原始(流量调节前)旱季流量，并进一步造成下游径流量的减少。如果有效水量不增加的话，单纯把水引回上游并不足以恢复湿地，并会进一步减少流向下游的水量。

来源：Partow 2001; Italy, Ministry for the Environment and Territory, and Free Iraq Foundation 2004.

渍化,这在灌溉农业中非常普遍(Postel 1999)。持续灌溉会造成土壤的盐渍化。坦桑尼亚估计就有170万~290万 hm^2的盐土和30万~70万 hm^2的碱土 (FAO and UNESCO 2003),其中一部分已经被废弃。灌溉系统中的盐化土壤的发生除了因为土壤不适宜于灌溉之外,还常常和对土壤和水资源管理不善有关(见第9章有关灌溉的论述和第15章有关土地的论述)。

清除木本植被而种植牧草和作物也会导致旱地的盐渍化。树木覆盖的植被景观可以提供重要的调节功能,通过很高的蒸散量来消耗降雨量、限制地下水的补给、保持足够低的地下水位而避免盐分通过土壤被运移到土壤表面。澳大利亚的盐渍化问题非常严重,因为澳大利亚土生土长的木本植被在20世纪30年代已经被清除,换成了牧草和农作物(Farrington and Salama 1996)。耗水量减少了,但是地下水位却上升了,盐分移动到地表,造成大片土地不太适宜甚至根本不适宜于作物种植(Anderies and others 2001; Briggs and Taws 2003)。澳洲大陆范围内的绿水流降低了10%(Gordon, Dunlop, and Foran 2003)。

对作物和放牧土地管理不善造成了入渗到土壤中的水分减少是造成地下水位改变的另外一个问题,会对陆地生态系统产生影响,包括物质生产能力的下降(Falkenmark and Rockstrom 1993)。这在很多雨养农业区很常见(见第8章有关雨养农业的论述和第15章有关土地的论述)。以这种方式干燥化的土壤是热带地区土地退化或"沙漠化"的主要幕后因素之一。

植被改变造成的径流量改变。植被改变(尤其是森林)对蓝水和绿水流产生的影响在地方和区域尺度上得到了很好的研究。小流域范围的实验表明森林覆盖的小流域与相同水文和气候条件下的草地或作物为主的小流域相比,一般都具有更高的绿水流量,更低的蓝水流量。但是,森林砍伐造成的影响还取决于森林被清除的强度和方式,以及新的和原有的土地覆被的特点和管理方式(McCulloch and Robinson 1993; Bosch and Hewlett 1982; Bruijnzeel 1990)。

针对植被、气候和土地覆被对某一系统水平衡的影响的一般性研究工作结果表明:不同的植被会产生不同的变化(L'vovich 1979; Calder 2005)。将蓝水重新导向绿水的植物生产管理措施会减少流向下游的水量(Falkenmark 1999)。例如,用植树造林取代作物或草地会减少地表及河道径流(Jewitt 2002)。南非的水资源法案将植树造林归类为"减少河道径流的活动",那些造林公司需要支付其用水的费用,因为流向河道中的水量会更少。

水分循环。为农业生产和作物灌溉而清理土地的做法改变了全球的绿水流,绿水流由于森林砍伐减少了3000 km^3,而由于灌溉农业的扩展增加了1000~2600 km^3(Doll and Siebert 2002; Gordon and others 2005)。改变土地覆被而改变绿水流从而影响气候的能力已经被越来越多地认知。研究结果已经指出大规模的森林砍伐会减少水分的循环,影响降水(Savenije 1995, 1996; Trenberth 1999),并改变区域气候,是产生全球影响的表征 (Kabat and others 2004; Nemani and others 1996; Marland and others 2003; Savenije 1995)。

Pielke and others (1998)等的研究结论认为,有关土地覆被变化会显著影响

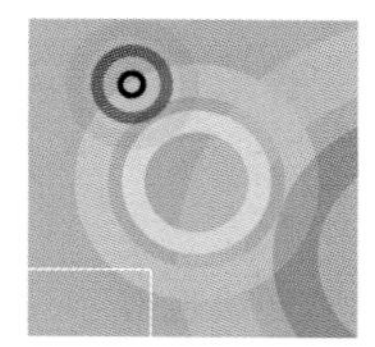

天气和气候的证据是令人信服的，与其他人类诱发的变化对地球气候产生的影响同样重要。但是，他们所采用的模型没有明确地针对绿水流，而是对反照率、地表风速、叶面积指数和其他指标的复合效应做出了明确的处理。但是，在西非(Savenije 1996; Zheng and Eltathir 1998)、美国 (Baron and others 1998; Pielke and others 1999)和东亚(Fu 2003)的研究都显示，地表覆被的改变影响了绿水流从而对局部和区域的气候产生影响。同样地，土地覆被从雨林转化为草地的特定生物气候带模型也显示，蒸汽流和降水量的减少对水汽环流格局(Salati and Nobre 1991)和热带稀树草原(Hoffman and Jackson 2000)的影响。也有相关研究指出灌溉造成的蒸汽流的增加会改变局部和区域气候 (Pielke and others 1997; Chase and others 1999)。美国科罗拉多州将大草原转化为灌溉农田的做法使蒸汽流增加了120%(Baron and others 1998)，促进了降水量的增加、温度的降低和雷暴天气的活跃(Pielke and others 1997)。

也有相关研究指出灌溉造成的蒸汽流的增加会改变局部和区域气候。

这些变化是否会触发快速的水流动态转变 (框6.9)——这在很多情况下是不可逆转的——以及是否会触发农民需要适应的变化还有待推测。在亚马孙流域，土地的清理减少了水分的循环，造成了旱季拖长和火灾频发，也许还会导致热带雨林植被向热带干草原不可逆转的动态转变(Oyama and Nobre 2003)。目前对亚洲和非洲季风的变化的关注也日益增加，包括东亚夏季季风低压系统的

框 6.9 生态系统的应变能力和生态系统快速的动态改变的风险日益提高

生态系统处于不断的变化和演化之中，目前已经把生态系统的变动看成是其过程本身的内在组成部分[WE]。但是，很多生态系统变化的速度也在加快，目前担心的是大规模的变化会加大一些生态系统对与水相关的农业活动的脆弱性。生态系统是复杂的适应性体系(Levin 1999)，具有在不同“稳定状态”之间的非线性动态和阈值。非线性变化有时是突然的和巨大的，逆转这种变化很困难，代价很高，或者根本不可能。不断提高的非线性变化的可能性源于生态系统变化的驱动力，而这种驱动力会消极地影响生态系统的应变能力、缓解干扰的能力、经受变化的能力，以及保持最基本的相同功能、结构、认同和反馈的能力 (Gunderson and Holling 2002; Carpenter and others 2001)，也会对提供更新和再组织成分的能力造成消极影响(Gunderson and Holling 2002)。

维持生态系统的应变能力需要变异性和灵活性。在某些感觉是最优状态下试图稳定系统的努力，不管是为了保育还是生产的目的，通常都会降低长期的应变能力，使系统对变化更加脆弱(Holling and Meffe 1996)。尽管今天新的农业体系能够更好地处理局部和小规模的变异性，对景观的简化以及生态系统服务功能的降低已经由于局部和跨尺度的生态持久性的降低而削弱了农业系统和其他生态系统处理大规模的和更复杂的动态变化的能力(Gunderson and Holling 2002)。

目前对如何在动态转变发生之前估计应变能力以及检测变化的阈值还知之甚少(Fernandez and others 2002)。监测动态转变的更好机制包括对缓慢变化变量(Carpenter and Turner 2000)和可测量的“持久性替代变量”的识别和监测(Bennett, Cumming, and Peterson 2005; Cumming and others 2005)。

减弱和不正常的向北气流的增加(Fu 2003)。同样地，对西非农业扩展造成的植被改变的模型研究表明了非洲季风环流对降雨的潜在影响 (Zheng and Eltathir 1998)。

社会的响应和机遇

通过采用系统的方法对农业进行分析以及综合的方法进行景观管理，集约化可能带来的潜在问题就有可能得到缓解或避免。

以往的农业管理对生态系统服务造成的负面影响，以及需要生产出更多的食物以满足日益增长的人口都构成了前所未有的挑战。应对这个挑战需要做好以下工作：大规模的投资以改善农业管理措施，提高技术的可利用性以最小化对生态系统的负面影响，增进我们对生态系统-农业之间互动关系的理解和认识，以及减少贫困和社会不公，包括影响生态系统管理决策的性别、健康和教育问题。

在列出应对挑战的可能措施时，我们强调以下几个我们认为十分关键的有可能造成的生态后果：景观区生态的联系性、差异性和持久性的维持和恢复，反过来也意味着对具有景观特征性的生物多样性的维护或恢复。我们的重点关注于在粮食生产和其他生态系统服务之间的权衡时对选择所产生的负面后果的综合和意识。我们不提供对具体的生态系统或位点做出具体响应，尽管我们的目标是在处理这些问题的框架内帮助国家和地方层面的决策。很多响应措施都取决于有效的治理措施和政策，这些措施和政策能够以一种平衡社会和生态后果的方式来支持可持续发展。类似问题在本书第5章有关政策和制度以及第16章有关河流流域的论述中都有详细讨论。

提升农业技术并改善管理措施

《千年生态系统评估报告》(MEA 2005c)支持这样一种观点：农业系统的集约化相比农业系统的扩展造成的在生态系统服务功能之间的权衡会更少。集约化需要提高农业的生产力，尤其是缺水环境下的水分生产力(见第7章有关水分生产力的论述)。但是，由于集约化本身会带来生态问题，例如污染或外来入侵物种的引入，因此应避免使用命令和控制式的管理方式 (Holling and Meffe 1996)。通过采用系统的方法对农业进行分析以及综合的方法进行景观管理，集约化可能带来的潜在问题就有可能得到缓解或避免(见下文)。

本书很多章节都是有关如何提升农业技术以及改善管理措施的问题。本书第14章有关水稻的论述和第15章有关土地的论述主要强调了需要考虑哪些不能增加一种或几种特定作物生产，但却可以支撑系统提供多种有益服务的技术和措施。如果不实行限制集约化生产的消极影响的应对措施，那么集约化生产和传统农业措施相比将不会带来更好的环境和社会效益。

应用综合的方法分析和处理水、农业和其他生态系统

综合性政策和管理的方法越来越被看作对生产食物和其他生态系统服务

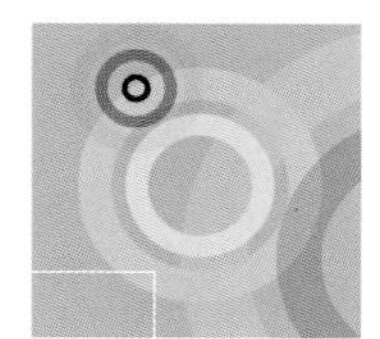

功能之间决策和做出权衡时至关重要的因素。综合方法有很多种形式，包括综合流域管理、综合土地和水资源管理、生态系统方法、综合海岸带管理，以及综合自然资源管理。这些方法的一般性目标常常是相同的。它们都积极地寻求解决与土地及水资源利用相关的所有成本和收益的整合，包括以一种透明的方式对生态系统服务的效应、食物生产、社会平等的解决；包括将关键利益攸关方和跨制度层级的整合；跨越相关的生物物理尺度以处理跨小流域、流域和景观的相互关联性问题（照片6.5）。

尽管环境管理中的综合方法被看作是重要的努力方向并长期以来得到鼓励，但是却很少有成功的案例。所需要的具备适当的制度和管理安排的政府管理系统看来难以实现，尤其是在地方水平上对资源配置和权责规划的管理（见第16章有关流域的论述）。有抱怨说这些方法都是建立在决策主导之上，而真实的生活却远远比这复杂，有着各种各样的问题如权力的争斗、利益攸关方团体内部之间缺乏信任、生态系统的复杂性和演化事件等等，使得评估总的效益和影响十分困难。Folke and others (2005)认为，有必要在河流治理方面更加关注协作性社会关系的建立、管理和维持，这个想法和目前有关生态系统管理的想法一致。

尽管环境管理中的综合方法被看作是重要的努力方向并长期以来得到鼓励，但是却很少有成功的案例。

在那些流域组织取得成功的地方，主要是由于他们有能力达成共同的管辖目标（如为灌溉供水而协调水资源的管理）。当处理国际跨界河流时，情况会变得更加复杂，如尼罗河和湄公河。对河流流域过程的一个可选选择也许是为共同的政策探索出更多的区域性指导，就像南部非洲的做法那样（框6.10）。

社会政策和制度联系能够控制生态系统管理并影响必要的权衡，其复杂性

摄影：C. Max Finlayson

照片 6.5　在非洲的马拉维，对湿地的利用尝试整合多方面的收益和成本。

可见于图6.3的湿地案例。地方背景的差异会影响个人和制度之间关系的建立和维护的方式。较高的知识水平和较强的人类能力是构建成功的水资源综合管理的制度和能力的关键因素(见第5章有关政策和制度的论述)。本章强调的是提高对生态系统服务功能对在多功能的农业体系和跨景观之间的社会福利中的作用的意识,并强调维护支撑这些生态和社会过程的重要性。

> 过去,有关生态系统管理的决定倾向于有利于生态系统的转变或管理单一的生态系统服务功能,如供水或粮食生产。

评估并培育多重效益

提高意识和认识。综合性方法有助于处理水资源中的利益竞争。这种方法可以实现跨流域产生的大成本的共同负担以及收益的共同分享,也可以对景观的农业干预而造成的系统的改善和退化的成本和收益得到分担和分享。

对多重生态系统服务功能以及支撑服务的过程的评估是这些综合方法的关键因素。过去,有关生态系统管理的决定倾向于有利于生态系统的转变或管理单一的生态系统服务功能,如供水或粮食生产,通常不会考虑对农村贫困人口、妇女和儿童人群所产生的后果(MEA 2005c)。很多生态系统服务没有市场价格,通常会在政策制定和决策过程中被忽略。随着我们对整个生态服务系列的更深入了解,我们也意识到最好的响应措施应该包括那些为更广泛的生态服务而对景观(包括农业)进行的管理。在有关农业和水管理的决策中将更多地考虑相关社会问题,如基于性别的角色和贫困(WRI and others 2005)。

《千年生态系统评估报告》已经在理解生态系统提供的服务与人类福利之间的关系方面取得了显著的进步(www.maweb.org)。目前仍然需要在不同层次上提高意识。需要进一步深入了解的科学知识和问题是:在人类社会不同的部门之内和之间,生态系统服务如何促进了人类的福利;以及水是如何支撑这些服务的。应该加强在这些问题上的信息传播以及和利益攸关方的对话。公民社会组织有助于在决策中确保个人和社会团体的声音以及非实用的价值观都能得到应有的考虑。少数团体和弱势群体——如本地居民和妇女——的意见尤其需

框 6.10 | 水资源和生态系统的国家和区域政策动机

1998年的南非国家水法保护了生态系统的需水量并通过持续不断的科学研究支持这一需求。这和2004年南部非洲发展委员会制定的区域水资源政策中的原则是一致的,该原则承认环境也是水资源的合法用户,并号召所有成员国家采取必要的战略和行动以支撑环境的可持续性。南非和津巴布韦在国家层面上的水改革已经成功地将环境需水纳入到了水资源政策和立法中。纳米比亚正在考虑类似的政策,重点强调用水部门的协调、综合规划和管理,旨在解决生态和相关环境风险的资源管理。

墨西哥1992年通过的国家水资源法是另外一个进行国家层面的考虑生态系统需求的水资源改革的案例。它使联邦政府有权宣布那些出现或即将出现不可逆转的生态系统风险的流域或水文区为受灾地区。

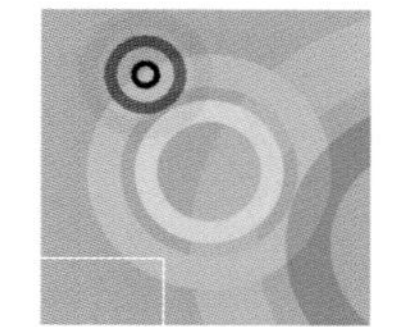

图 6.3 控制生态系统管理并影响湿地中必要权衡的社会政策和制度联系的复杂性

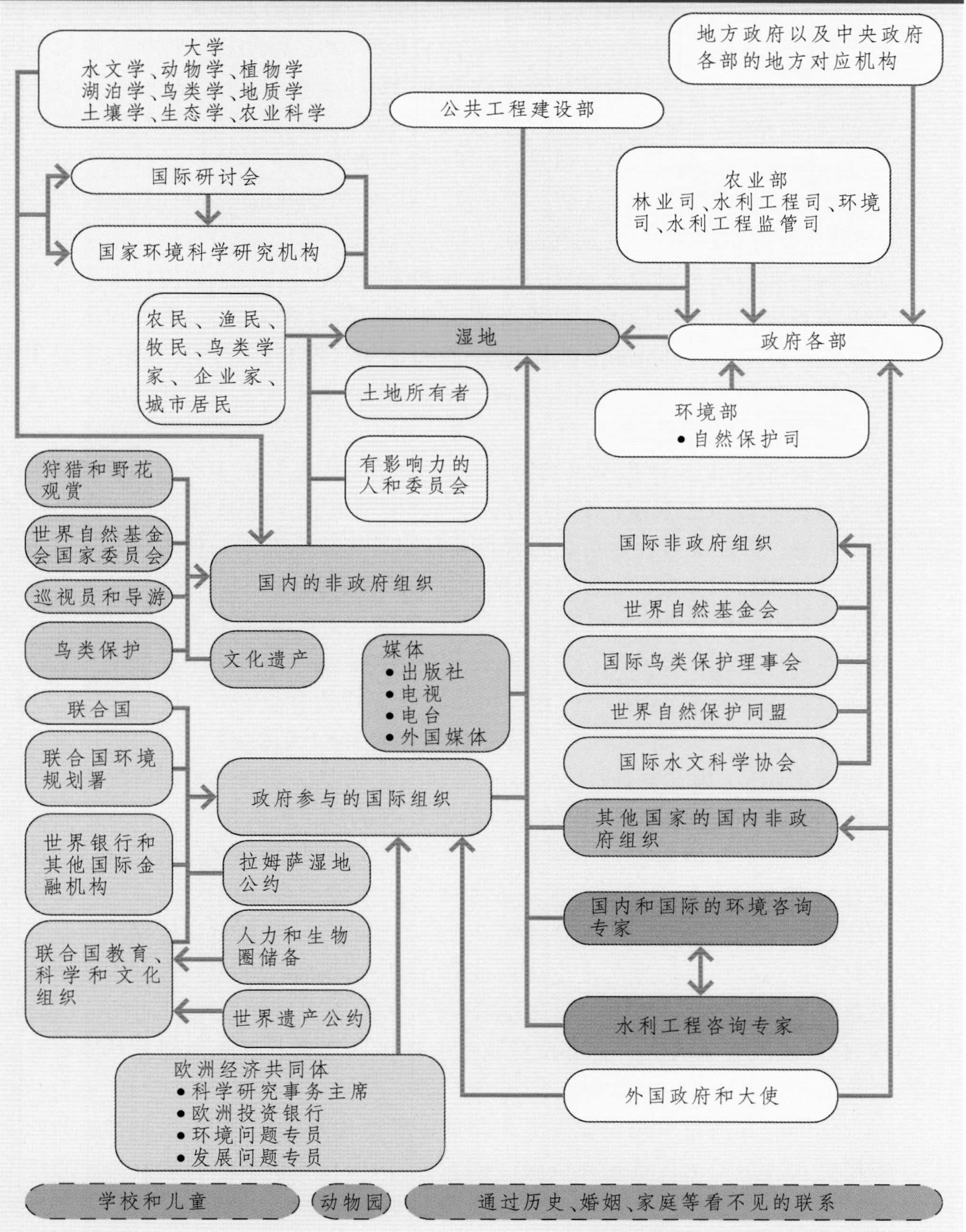

大学
水文学、动物学、植物学
湖泊学、鸟类学、地质学
土壤学、生态学、农业科学

地方政府以及中央政府各部的地方对应机构

公共工程建设部

国际研讨会

国家环境科学研究机构

农业部
林业司、水利工程司、环境司、水利工程监管司

农民、渔民、牧民、鸟类学家、企业家、城市居民

湿地

政府各部

土地所有者

环境部
• 自然保护司

有影响力的人和委员会

狩猎和野花观赏

世界自然基金会国家委员会

巡视员和导游

国内的非政府组织

国际非政府组织

世界自然基金会

鸟类保护

文化遗产

媒体
• 出版社
• 电视
• 电台
• 外国媒体

国际鸟类保护理事会

世界自然保护同盟

联合国

联合国环境规划署

国际水文科学协会

政府参与的国际组织

其他国家的国内非政府组织

世界银行和其他国际金融机构

拉姆萨湿地公约

国内和国际的环境咨询专家

联合国教育、科学和文化组织

人力和生物圈储备

世界遗产公约

水利工程咨询专家

欧洲经济共同体
• 科学研究事务主席
• 欧洲投资银行
• 环境问题专员
• 发展问题专员

外国政府和大使

学校和儿童

动物园

通过历史、婚姻、家庭等看不见的联系

来源：Hollis 1994.

要被关注。妇女在发展中世界许多地方的农业中发挥着关键的和日益增长的作用(Elder and Schmidt 2004)。

城市化提供了新的机遇。人类历史上居住在城市的人口第一次超过了住在农村的人口。欧洲需要相当于目前城市面积的500多倍的功能性生态系统的面积才足以产生他们所依赖的生态系统服务(Folke and others 1997)。支撑这些城市的生态系统服务所需的绿水量比家庭和工业的蓝水需求量大约多54倍(Jansson and others 1999)。但是,城市居民又常常在精神上与支撑他们福利的生态和水文过程缺乏联系。从这个角度上看,农民是城市所依赖的景观的管家。这对水资源和生态系统的管理提出了新的挑战。

目前在科学上对生态系统及其服务功能的认识盲区是:阈值在哪里?在生态系统丧失了太多的最基本功能并彻底改变了其行为之前,在多大程度上可以改变这个系统(Gunderson and Holling 2002)?如果没有这方面的知识,需要用来对可能的消极改变做出早期预警的指标体系,以及什么时候已经接近阈值这样的问题就不能被解决。

为实现产出多样化而进行的农业管理。对生态系统服务的日益增加的关注为强调农业生态系统内的多功能性以及它与其他生态系统之间的联系性提供了机遇。通常认为农业系统的管理只是为最优化地生产一种生态系统服务如粮食或纤维而服务的(图6.4)。但是农业可以提供其他生态系统服务,我们需要提高评估、量化并评价这些服务的能力。鼓励这些系统的多重收益可以产生使收益在更广泛的人群和部门之间利益分配的协同效应。基于生态系统方法的水管理不需要限制农业的发展,相反可以使农业成为社会公平、脱贫、资源保育、对全球粮食安全的国际关注、生物多样性保育和固碳的交汇点(见第15章有关土地的论述)。基于生态系统的方法其目的在于维护并在可能的情况下促进多样性,并建立农业景观以及被农业改变的景观的生态持久性(框6.11)。

多功能农业的概念并不新鲜,它已经以多种形式和组合实行了很长时间。综合的害虫管理是为了支撑促进农业生产的生态服务功能(害虫控制)而进行的针对整个景观的管理的一个途径。这种类型的区域管理需要建立在对景观碎片化和景观异质性的理解之上(Cumming and Spiesman 2006)。水文学的理解也很重要。研究表明可以通过把握灌溉时机来控制虫害爆发的可能性((Lansing 1991),以及在景观的特定部位植树的方法可以降低景观其他部位对渍水和盐渍化的脆弱性(Andreis 2005)。

本书的其他章节则建议发展多功能的农业体系,以应对越来越狭隘的农业耕作方式所造成的环境退化问题。例如,第14章有关水稻的论述就简单介绍了稻田可以产生不同的生态系统服务功能。本书第8章有关雨养农业的章节则概述了对水平衡和土壤侵蚀的改变如何促进了作物的生产。第9章关于灌溉的内容则强调了依赖地表水源的大型灌溉系统的多功能性。第15章有关土地的论述则全景式地展示了多功能农业和景观,其中包括资源保育型农业,以及当农业被认为是更广大景观中不可缺少的组成部分时强调多重生态服务功能产生的

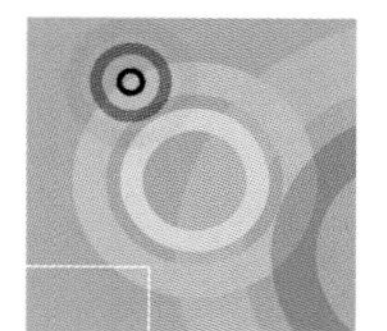

图 6.4 产出单一生态系统服务的集约化农业体系和多功能的农业生态系统的比较

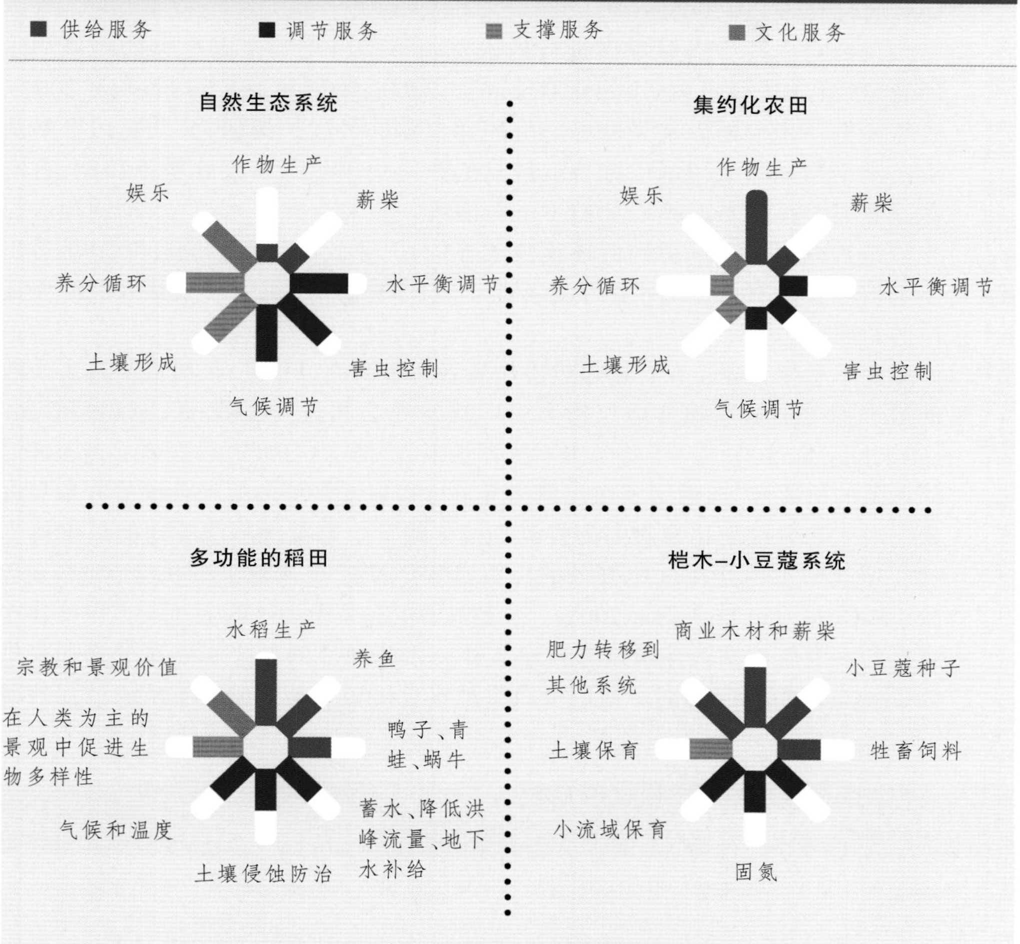

■ 供给服务 ■ 调节服务 ■ 支撑服务 ■ 文化服务

自然生态系统

作物生产
娱乐
薪柴
养分循环
水平衡调节
土壤形成
害虫控制
气候调节

集约化农田

作物生产
娱乐
薪柴
养分循环
水平衡调节
土壤形成
害虫控制
气候调节

多功能的稻田

水稻生产
宗教和景观价值
养鱼
在人类为主的景观中促进生物多样性
鸭子、青蛙、蜗牛
气候和温度
蓄水、降低洪峰流量、地下水补给
土壤侵蚀防治

桤木–小豆蔻系统

商业木材和薪柴
肥力转移到其他系统
小豆蔻种子
土壤保育
牲畜饲料
小流域保育
固氮

来源：Adapted from Foley and others 2005; Chapters 14 and 15 in this volume.

协同效应。这些章节还说明了环境变化和人类福利之间的密切关系，并突出强调了男人和女人在农业、经济、家庭以及对环境产生的影响方面发挥的不同作用，这些问题都需要进一步的研究。

评估权衡以及相应工具

科学家正在日益质疑追求经济发展的智慧，包括以更广大的环境和社会后果为代价的农业和渔业发展（International Council for Science 2002; SIWI and others 2005; Foley and others 2005; Kura and others 2004）。Arrow等（1995）已经令人信服地指出，没有对生态后果给予适当考虑的经济发展也就无法提供能够克服未来环境问题的经济基础,尤其是在范围更广的环境的生态弹性被削弱的情况下。丧失生态持久性的后果仍没有被充分考虑到,尤其是当这种变化不可逆转的时候(MEA 2005c)。

仅针对农业生态系统而进行的水资源管理将受到范围更大的环境用水的竞争 (Lemly, Kingsford, and Thompson 2000; Molden and de Fraiture 2004),并需要进一步权衡以及采取更广泛的和包容的机制。例如,公共部门开始从农民手中回购灌溉用水以维持或恢复生态系统或生态系统的服务功能,有时甚至要向农民付费以换取他们不进行灌溉。政府会购买水权(无论这种水权先前是否是通过市场得到的还是被放弃的),非政府组织也会在干旱年份出租水权以支撑有价值的水生生态系统。因此环境用水可以看成是农业需要适应的新驱动力。

鉴于过去在确保大范围的生态系统服务功能上的失败经验,我们强调了开发和采用那些能够用于水在不同生态系统服务功能中作用之间权衡利弊的分析工具。

生态系统管理正在日益通过协作规划和咨询的过程进行,吸取了过去失败的教训而更加透明地考虑权衡和更广泛的社会利益 (Carbonell, Nathai-Gyan, and Finlayson 2001)。《千年生态系统评估报告》(MEA 2005b,c)强调了克服部门间界限的重要性,还强调了在规划和开发过程中要将更多的利益攸关方参与进来。对生态系统变化最脆弱的人群直接依赖于生态系统的服务功能以维持生计,但他们也往往在这些服务的决策过程中缺乏表达意见的机会(Carbonell, Nathai-Gyan, and Finlayson 2001)。很多依靠生态系统为生的当地人不得不建立自己的一套管理实践体系以一种建立社会生态弹性的方式来处理干扰和变化(Berkes and Folke 1998)。他们可以贡献出自己对最基本的生态系统过程的理

框 6.11 | 保持生态系统持久性的一些基本原理

生态系统持久性的视角把原先致力于控制稳定系统变化的政策转变为致力于管理社会-生态系统的能力,以解决、适应并塑造这种变化(Berkes, Colding, and Folke 2003)。在未来不确定的情况下,针对生态系统持久性的管理提高了在变化环境中实现可持续发展的可能性。

变异、干扰和变化都是生态系统的重要组成部分。例如,河流流量的变异性发生改变时我们就可以预见到生态系统的功能会随之发生显著变化(Richter and others 2003)。土壤的干湿情况对生态系统功能的持久性十分重要,如害虫控制和湿地中养分的保持。需要保持多大程度的变异性以及变异性发生的空间特性等问题是目前研究的热点(Richter and others 2003)。保持多样性已被证明对构建生态系统的持久性具有重要意义,特别是在保持功能性和响应方式的多样性方面(Elmqvist and others 2003; MEA 2005c)。因此,我们应该寻求一种在保证粮食生产的同时还能保持并促进生态系统及更广泛的景观中的多样性的响应措施。

生态系统发挥正常功能背后的驱动变量所发生的动态变化要比支撑该系统产生生态服务的驱动变量的变化更慢(Carpenter and Turner 2000)。因此,对长期生态系统功能的监测应该涵盖对生产力的监测以及该系统具有生产功能的关键变量的监测。可收获产量是一个主要指标,但它还不能反映全部情况。生态系统的长期生产力更有可能取决于一些变化较为缓慢的变量,如土壤有机质的积累和分解。

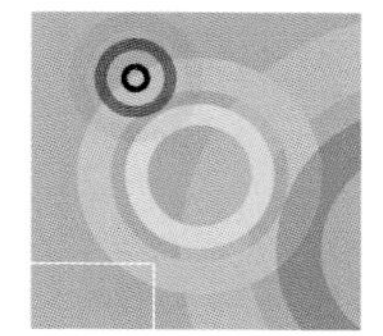

解(Olsson, Folke, and Hahn 2004)。在做出权衡时处理冲突的社会机制,见本书第5章有关政策和制度以及第16章有关流域的论述。

处理权衡的新工具正在涌现,包括那些能够提供经济动机和支持政策和条例制定的工具。鉴于过去在确保大范围的生态系统服务功能上的失败经验,我们强调很有必要开发和采用那些能够用于水在不同生态系统服务功能的作用之间权衡利弊的分析工具。这样的工具包括对生态系统服务的经济评价法和成本–效益分析、对环境流量的评估、风险和脆弱性评估、战略和环境影响评估,以及基于概率的建模。

除了应用直接的市场价格的方法，还有很多方法可以用来评价生态系统。

成功地应用这些工具需要有足够的信息库并提高对生态系统如何回应变化的预测能力, 以及对未知和不确定领域的清晰表述 (Carpenter and others 2001)。尽管已经通过各种各样的国际论坛、会议和条约来推广这些工具的使用,但是缺乏应用它们的意识和能力仍然阻碍着它们的应用。我们在这里将重点放在两种对做出权衡有很大潜在帮助的工具:对生态系统服务的经济评价法和环境流量的配置。

经济评价法。经济评价是在进行农业水管理决策时权衡粮食生产和其他生态系统服务的强大工具。它的主要目标是将人们从生态服务中能获得的收益定量化(市场和非市场收益),从而使决策者和公众可以评价对生态系统进行任何改变的经济成本和收益,并辅助以其他经济方面的比较。经济评价是评估权衡的方法之一。它在那些没有对可能造成的生态系统退化的完全的经济成本进行评估而又倾向于采取对生态系统行动的情况下尤其有用。生态系统评价可以辅助资源的有效配置,提升市场价值的空间,以及减轻市场失灵的程度。

总的经济价值(框6.12)是广泛使用的识别并定量化生态系统服务的分析框架(Balmford and others 2002; MEA 2005c)。它把整个生态系统的特征——资源

框 6.12 | 生态系统总的经济价值

总经济价值包括评估四类生态系统服务的价值:

- 直接使用价值是从生态系统服务中衍生出来的可以直接被人们利用的价值,主要包括消费利用的价值,如粮食产品、木材和药用产品的收获,动物的捕猎,以及非消费利用的价值,如休憩和文化舒适度的享受、水上运动、精神和社会服务。
- 非直接利用价值是从生态系统服务中衍生的价值,它提供生态系统以外的收益。例如,湿地对水的过滤作用,红树林和三角洲岛屿的风暴保护作用,以及森林的固碳作用。
- 选择价值。是从保留某种选择至未来使用的价值而不是现在的价值,这种价值或者被现在(选择价值)或者被后代和其他人(遗赠价值)所利用。
- 非利用(存在)价值,是指人们知道某种资源的存在但却不直接利用的价值。

来源: MEA 2005b.

存量或资产、环境服务流量、生态系统特征——作为一个整体全方位地考虑，包括了直接价值、间接价值、选择价值和非利用价值。

除了应用直接的市场价格的方法，还有很多方法可以用来评价生态系统。这些方法包括直接引出偏好的方法(如条件价值评估法)和那些从相关服务的购买行动中推断出来的偏好(如通过生产函数、数量响应关系、旅行成本、替代成本和缓解花费)。框6.13总结了这些方法。

尽管经济工具有助于进行权衡，但它们不可能适用于所有的条件和环境。方法越精密，它在没有可用数据或者政治问题掌控形势的情况下应用的可能性越小。经济工具只是有助于对经济权衡的理解，而不是针对所有情况，如政治权衡，或诸如性别和文化这样的复杂社会关系的作用的理解。

过去的20年间开始出现要为所享有的生态系统服务付费的理念(WWF 2006)。这样的项目常常要将当地的土地和水资源的管理者(包括农民)纳入进

框 6.13 | 常用评价工具

很多方法可以用于生态系统的经济评价。其中几种最常用的包括：

■ **替代成本**。即便生态系统服务的本身没有市场价值，它们也有可以进行买卖的替代品。这些替代成本可以被用作生态系统资源的代理，尽管它们常常被低估或者部分地被估计。

■ **对生产的效应**。其他经济过程通常要依赖于生态系统资源作为输入，或者依赖这些服务所提供的最基本的生命支撑功能。当它们有市场时，就有可能考察这些服务为了评估期经济价值的更广泛的产出和收入机会。

■ **避免损害的成本**。生态系统服务的减少或者丧失经常会造成对其他经济活动造成的损害或减少所发生的成本。避免发生这些损害的成本可以看作是为了生态系统的保育而放弃的经济价值。

■ **缓解或规避费用**。一直都很有必要采取行动以缓解或规避生态系统服务功能的丧失所产生的负面效应以避免经济损失。这些成本可以当作是以所避免发生的费用衡量的保育生态系统的价值。

■ **特征价格估算法**。特征价格法主要考察不同地点的财产和工资的差异，并将造成这种差异的可被归结为生态系统服务的存在而产生的各个因素分离出来。

■ **旅行成本法**。很多生态系统一般都有很高的娱乐资源或目的地价值。尽管在很多情况下观光或享受人为生态系统不需要付费，人们终归需要花费时间和金钱才能到达这些地方。而这种花费如交通、食宿、设备、时间等可以被计算出来，而需求函数可以通过将访问频率和花费之间的相关关系而建立起来。这些旅行成本就反映了人们特定生态系统的休闲、游憩或旅游所附加的经济价值。

■ **条件价值评估法**。即便在生态系统服务功能没有市场价格、也没有替代品的时候，它们常常对人类也存在很高的价值。条件价值评估法通过询问在假设的可供购买的情景下，人们愿意支付(或者愿意接受这些服务的丧失而得到的补偿)这些服务的价格来推断特定生态服务的价值。

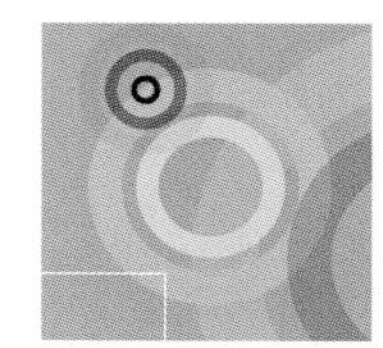

来，并利用财政手段鼓励提高生态系统服务的管理改革。这些手段背后的理念就是：那些生态系统服务功能的获益人应该补偿那些通过保育自然生态系统而“提供”了这些生态环境服务的人。一些更为人所知的项目是有关小流域的恢复（减少侵蚀、降低径流的养分含量）。

环境流量。环境流量是指需要用于保护生态系统的结构和功能的足够的水量、水的季节性以及水质，同时还要考虑依赖这些水的物种和服务，将需水的时空变异考虑在内。环境流量的配置受到水资源长时期的有效性的制约，包括自然的和人为的时空变异以及生态系统响应的范围 (Dyson, Bergkamp, and Scanlon 2003)。环境流量的建立常常通过对环境、社会和经济的评估而实现的(King, Tharme, and Sabet 2000; Dyson, Bergkamp, and Scanlon 2003)。确定有多少水可以被分配给人类的耗水使用而又不造成生态系统服务功能的损失，正在成为维持和恢复河流和湿地生态系统（包括三角洲和其他海岸生态系统在内）的努力中的常见因素。

> 目前已经开发出了辅助水资源在经济和环境目的之间进行配置的决策的工具。

到目前为止，大部分拥有大量灌溉系统的发展中国家相对很少注意到保证环境流量(Tharme 2003)，但是这种情况在未来几十年估计会有很大改观。南非的水资源立法和东南亚的湄公河协议是发展中国家认同环境流量的极好例证。对环境流量更明确的大规模配置对小型灌溉系统的灌溉用水者构成了很大挑战。尽管对水资源有效性的评估、用水以及全球范围的水资源压力仍然在进行不断的研究，水生生态系统本身的需水量还未得到全球水平的明确的估算(Smakhtin, Revenga, and Doll 2004)。也有可能建立环境流量的配置额度，超出这个限度就会造成生态系统的退化并损害人类福利 (King, Tharme, and Sabet 2000)。而界定这样的配置额度还需要对什么是退化的生态系统加以定义。

Poff 等(1997)重点强调了环境流量的分析应该考虑流量的数量和时机以保持“天然变化的水流动态”，这样做是为了保持季节性高、低流量的益处。有一些方法已经用来确定环境流量的配置或者修复以往的水资源调节措施所造成的问题。King, Brown, 和 Sabet (2003)强调了对这些调节加以监测和管理是这些方法的必要组成部分。还有许多方法估算了对保持水生生态系统和资源至关重要的水量(Annear and others 2002)。

除了要确定环境流量的合适的数量和时机外，还必须考虑环境流量如何输送。沿河的工程结构会制约环境流量的释放，因此也需要进行调整。环境流量释放的速率和数量，以及水的温度和含氧量都是流量释放所需要考虑的重要因素。目前已经开发出辅助水资源在经济和环境目的之间进行配置的决策的工具。下游对强制实行的流量转换的响应性框架(框6.14)与其他一些工具相比，如河道内流量累加法以及小流域水资源抽取管理战略，其不同之处在于它对不同释放情景可能造成的社会经济意义有明确的考虑。

概念化的不确定性

大部分处理包括生态系统服务在内的权衡问题的工具都在对生态系统行为及其对改变的回应性措施的理解以及对可能造成的问题和收益的了解十分充分的环境下运行良好。但是生态系统的复杂性和变异性是常态,所以不确定性很大,会造成不可预测的、很难控制的后果。需要建立能够解决这些不确定性的工具,使得对变化的响应是主动的而不是被动的。

大部分处理包括生态系统服务在内的权衡问题的工具都是在对生态系统行为及其对改变的回应性措施的理解以及对可能造成的问题和收益的了解十分充分的环境下运行良好。

两种相互联系的方法,即适应性管理和情景规划(见第3章有关情景分析的论述)被建议用来处理不可预测性的问题(图6.5)。适应性管理和情景规划都考察如何使世界正常运转的不同模型,以及寻求建立对不确定性有很强抵抗力的政策。二者的区分在于适应性管理方法采用的模型是建立在管理试验的基础上的。这两种方法是前面章节中描述的方法的补充,可以一起联合运用。

适应性管理。适应性管理强调的是管理制度中处理未知的和不确定的生态管理权衡问题的学习过程和灵活性(Walters 1986; Holling 1973;图6.6)。将管理政策看作假设而不是解决方案,适应性管理已经在一些主要河流的管理中成为政策工具,这些河流包括哥伦比亚河(Lee 1993),科罗拉多河(Walters and others 2000), San Pedro and the Apalachicola–Chattahoochee–Flint河(Richter and others 2003), 以及Kruger国家公园中的河流 (Rogers and Biggs 1999) 和Everglades河(Walters, Gunderson, and Holling 1992)。关键在于识别对管理有意义的、构成政策基础的不确定性因素,然后通过科学评估、建模和管理试验对不同的管理选择做出评价。

成功的适应性管理需要时间、学习资源以及社会的支持(Richter and others

框 6.14 环境流量指导:下游对强制实行的流量转型的响应性框架

下游对强制实行的流量转型的响应(DRIFT)框架是一个交互式的和整体的方法,可以为确定河流的环境流量提供参考。它吸收了来自生物物理和社会经济领域的有经验的科学家的知识以建立与流量相关的情景,描述被改变的水流动态及其由此产生的河流或物种的状态、对河道外用户的水资源有效性的影响,以及社会和经济成本和收益。DRIFT框架主要强调在维护地表水生态系统的同时维护地下水生态系统的重要性,以确保生态系统目的的河道径流量。这个过程是以交互的和多学科利益攸关方的研讨会的形式开发出大家一致同意的生物物理和社会经济情景。

情景发展的定义需要对生物物理及社会经济数据进行评估,并利用评估特定生物群落对流量条件响应的预测性模型(如物理栖息地模拟模型)的研究结果。为了有效实行,DRIFT框架应该和每一个情景中蕴含的更广大的宏观经济意义的评估相并行, 并且应该与非直接利用者的人们能够参与到寻找河流治理的最佳方案的公共参与过程结合起来。

来源:Acreman and King 2003; MEA 2005b.

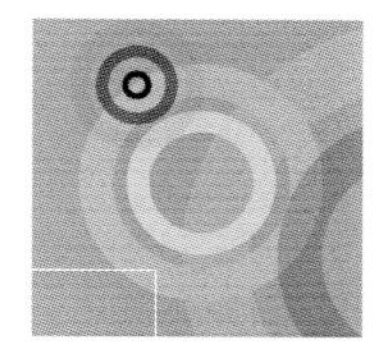

图 6.5　处理信息的不确定性和后果的可控制性的不同管理策略

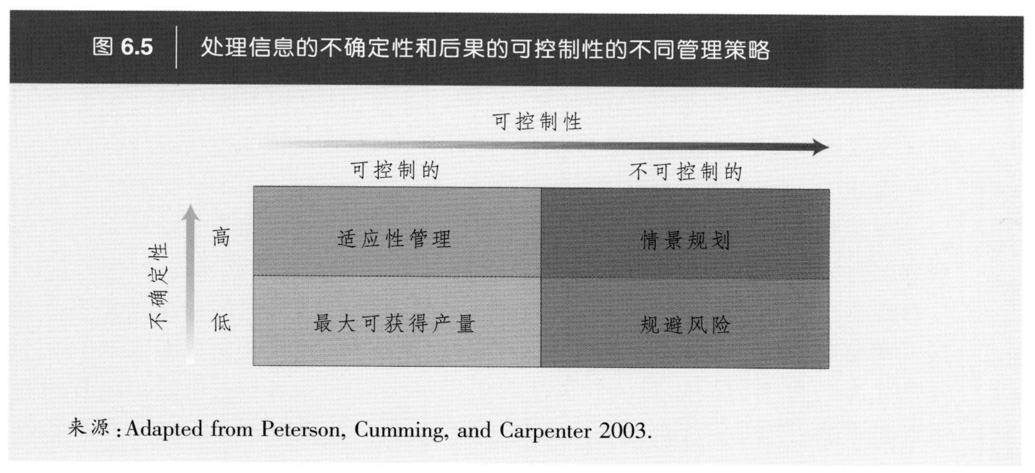

来源：Adapted from Peterson, Cumming, and Carpenter 2003.

图 6.6　适应性管理将政策视为一种假设，而将管理视为试验，重点强调学习和对干预措施的评价

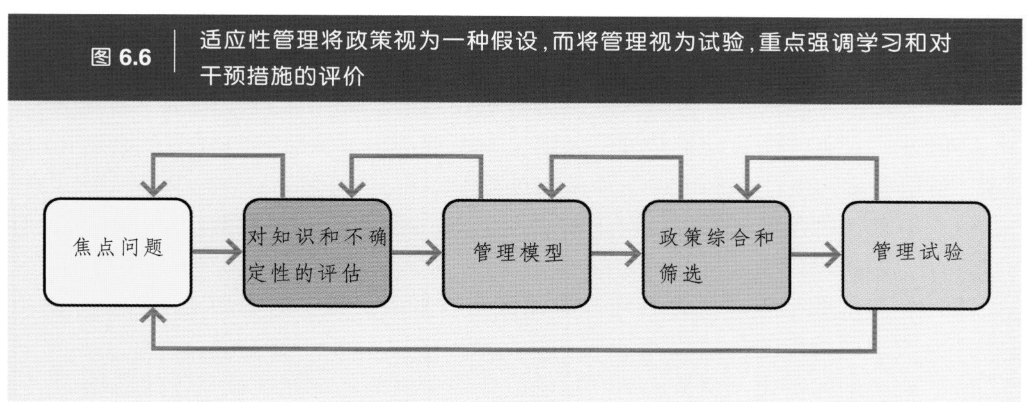

2003; Walters 1986)。因此，它常常将重点放在构建生态弹性、通过整合多学科和多来源的地方知识来建立生态管理的知识基础、建立被管理的系统及其所处的更大环境之间的联系(Berkes, Colding, and Folke 2003)。

一个适应性管理的案例(Carpenter 2002)描述了由大学的研究者和政府的生态管理者组成的团队如何合作设计并运行一项管理试验，以改善美国威斯康星州的门多塔湖的水质，主要方式为改变湖中鱼类群络的动态来增加鱼类对藻类的捕食。这个试验只有在湖泊管理者和学术界之间建立的良好合作历史的基础上才能取得成功，同时，对湖泊几十年的监测也对成功至关重要。

情景规划。很多相关农业用水以及其他生态系统用水管理的问题都极其复杂，涉及太多的利益集团，需要通过进行范围狭小的实验或计算机模型预测加以解决。而情景规划则提供了一个以学习和筹备的方式而完成的一种结构化的、处理复杂系统及其后果的途径(Peterson, Cumming, and Carpenter 2003; MEA 2005c)。决定行动的时间、地点和方式常常建立在对未来预期的基础之

上。当世界处于高度不可预测的情况下,而我们的工作经验又很有限,我们的预期就有可能是错误的。而情景规划则提供了通过一套相互对比不同的未来可行性方式来考察这些预期的效果。它已经在最近的《政府间气候变化委员会的评估报告》、《千年生态系统评估报告》以及《国际农业科技发展评估报告》中得到应用。

情景规划通过学习和为变化作准备，提供了一个处理复杂系统和结果的结构化方法。

理想状态下,情景应建立对未来不同选择的潜在成本和收益的认识。情景规划要将多种定性的和定量的信息整合到一套对未来政策选择的合理叙述中。情景规划过程和适应性管理的过程相似,不同之处在于采用的是情景而不是计算机模型或管理试验来建立并验证不同的政策选择。情景规划的最大缺点之一就是其参与者不能认知到他们自己的假设(Keepin and Wynne 1984)以及预测错误的可能后果。这个问题不可能完全避免,但是如果有利益攸关方和视角参与以及反复多次的实际操作,还是可以制定出更有力的情景的。

结论

人类社会依赖于包括农业生态系统在内的生态系统所提供的一系列服务。但是，农业已经造成了对许多其他生态系统的组成成分和过程的严重退化,包括那些食物生产必不可少的最基本过程的退化,主要包括:

- 河流水量的耗竭以及对下游水生生态系统的损害,包括对地下水和渔业的影响。
- 湿地的排干以及含有污水的径流和污水向依赖于地表和地下水生存的生态系统中的排放。
- 土地的退化及由于土地利用的改变而造成的局部和区域气候的变化。
- 由于养分和农业化学品的过度使用而造成的污染,由于水污染造成的对陆地和水生生态系统以及人类健康造成的后果。
- 由于河流水量的减少而造成的水污染的更加恶化，降低了河流的稀释能力,如在咸海支流的情况以及对下游人口造成的严重健康后果。

有四种途径应对这些消极影响:

- 恢复丧失的或退化的生态系统以及相关生态过程。
- 应用已有的和提高的技术来改善农业耕作措施。
- 确保制定前瞻性的规划,其中包括对粮食生产用水和其他生态系统用水的有意识的权衡以及对不确定性的处理。
- 处理影响许多社区决策方式的潜在社会问题和分工，尤其是在贫困社区内,它们通常承受了与其社区规模不成比例的环境退化的影响。

将未知的、不太了解的以及不确定的各种现象都权衡考虑十分关键。处理这些问题的社会环境十分重要,尤其是在文化、性别、健康和教育这样的问题都涌到前台的情况下。

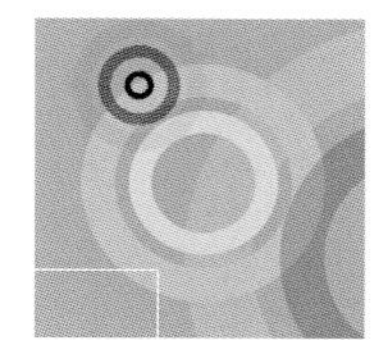

第6章 农业、水资源和生态系统：避免付出过重的代价

在那些生态系统的退化没有进一步蔓延的地方，还可能通过减少湖泊和海岸水体或重要湿地的富营养化来修复生态系统，还可以通过配置足够的剩余河道径流的方式来确保支撑下游生态系统及其服务功能的环境流量。将重点放在防止重要生态系统的进一步退化和丧失上是更有必要采取的行动。

由于不得不增加粮食生产以缓解营养缺乏和满足未来预期全球50%的人口增长的需求，土地和水资源的管理者仍然面对很多挑战。可供选择的应对措施类型将根据具体案例中生态退化的影响是否可以避免而有所不同。可避免的后果可以大部分通过协调的响应措施而最小化，而不可避免的后果必须在进行权衡后加以考虑。

> 对水资源管理和粮食生产采取更加谨慎的做法对于确保社会和生态的可持续发展都是十分必要的。

对土地利用、水资源和生态系统的基于小流域的和综合的管理方法对建立在知识基础上的在不同生态过程及其提供的生态系统服务功能条件下水的平衡来说是关键性的因素。有必要建立科学的和行政的能力来分析确保社会和生态的应对生态系统变化的持久性，包括应对那些大规模的或间歇性事件，如干旱、风暴、洪水和受多样和累积影响的事件。气候变化提出了未来的农业用水和用地如何限制生态系统的响应的问题。那就是，水资源和土地利用会消极影响生态系统的持久性及其对气候变化的响应能力吗？

我们依赖于那些能够提供或支持我们大部分食物生产的生态组成成分、过程及生态系统的服务功能。因此，对水资源管理和粮食生产采取更加谨慎的做法对确保社会和生态的可持续发展是十分必要的。尽管食物的生产还仍将处在我们保障人类福利的努力的最前线，可持续性发展只有在对不同利益之间更加有意识的权衡之后才有可能实现。在所有这些的背后是对生态系统及其服务功能在支撑人类福利中的关键作用的清醒认识，并认识到以往的大部分生态变化都削弱了很多重要生态服务功能的提供，常常还伴随着复杂的社会和经济不平等的问题。

本章评审人

审稿编辑：Rebecca D'Cruz.

评审人：Maria Angelica Algeria, Andrew I. Ayeni, Donald Baird, Thorsten Blenckner, Stuart Bunn, Zhu Defeng, Rafiqul M. Islam, Ramaswamy R. Iyer, Mostafa Jafari, Joan Jaganyi, Hillary Masundhire, Randy Milton, A.D. Mohile, Jorge Mora Portuguez, V.J. Paranjpye, Bernt Rydgren, Marcel Silvius, Elizabeth Soderstrom, Douglas Taylor, and Yunpeng Xue.

参考文献

Acreman, M.C., and J.M. King. 2003. "Defining Water Requirements." In M. Dyson, G. Bergkamp, and J. Scanlon, eds., *Flow: The Essentials of Environmental Flows.* Gland, Switzerland, and Cambridge, UK: World Conservation Union.

Adams, W.M., R. Aveling, D. Brockington, B. Dickson, J. Elliott, J. Hutton, D. Roe, B. Vira, and W. Wolmer. 2004. "Biodiversity Conservation and the Eradication of Poverty." *Science* 306 (5699): 1146–49.

Agardy, T., and J. Alder. 2005. "Coastal Systems." In *Millennium Ecosystem Assessment.* Vol. 1, *Ecosystems and Human Well-being: Current State and Trends. Findings of the Conditions and Trends Working Group.* Washington, D.C.: Island Press.

Alam, M., and W. Kabir. 2004. "Irrigated Agriculture in Bangladesh and Possible Impact Due to Inter-Basin Water Transfer as Planned by India." Paper presented at the Annual Meeting of the American Society of Agricultural and Biological Engineers, 1–4 August, Ottawa, Canada.

Alexander, R.B., R.A. Smith, and G.E. Schwarz. 2000. "Effect of Stream Channel Size on the Delivery of Nitrogen to the Gulf of Mexico." *Nature* 403 (6771): 758–61.

Anderies, J.M. 2005. "Minimal Models and Agroecological Policy at the Regional Scale: An Application to Salinity Problems in Southeastern Australia." *Regional Environmental Change* 5 (1): 1–17.

Anderies, J.M., G. Cumming, M. Janssen, L. Lebel, J. Norberg, G. Peterson, and B. Walker. 2001. "A Resilience Centered Approach for Engaging Stakeholders about Regional Sustainability: An Example from the Goulburn Broken Catchment in Southeastern Australia." Technical Report. Commonwealth Scientific and Industrial Research Organisation Sustainable Ecosystems, Canberra, Australia.

Annear, T., I. Chisholm, H. Beecher, A. Locke, P. Aarrestad, C. Coomer, C. Estes, and others. 2002. *Instream Flows for Riverine Resource Stewardship.* Bozeman, Mont.: Instream Flow Council.

Arrow, K., B. Bolin, R. Costanza, P. Dasgupt, C. Folke, C.S. Holling, B-O. Jansson, S. Levin, K-G. Maler, C. Perrings, and D. Pimentel. 1995. "Economic Growth, Carrying Capacity, and the Environment." *Science* 268 (28 April): 520–21.

Balmford, A., A. Bruner, P. Cooper, R. Costanza, S. Farber, R.E. Green, M. Jenkins, and others. 2002. "Economic Reasons for Conserving Wild Nature." *Science* 297 (9 August): 950–53.

Baron, J.S., M.D. Hartman, T.G.F. Kittel, L.E. Band, D.S. Ojima, and R.B. Lammers. 1998. "Effects of Land Cover, Water Redistribution, and Temperature on Ecosystem Processes in the South Platte Basin." *Ecological Applications* 8 (4): 1037–51.

Baron, J.S., N. LeRoy Poff, P.L. Angermeier, C.N. Dahm, P.H. Gleick, N.G. Hairston, Jr., R.B. Jackson, C.A. Johnston, B.D. Richter, and A.D. Steinman. 2002. "Meeting Ecological and Societal Needs for Freshwater." *Ecological Applications* 12 (5): 1247–60.

Bennett, E.M., S.R. Carpenter, and N.F. Caraco. 2001. "Human Impact on Erodable Phosphorus and Eutrophication: A Global Perspective." *BioScience* 51 (3): 227–34.

Bennett, E.M., G.S. Cumming, and G.D. Peterson. 2005. "A Systems Model Approach to Determining Resilience Surrogates for Case Studies." *Ecosystems* 8 (8): 945–57.

Berg, H., M. Kilbus, and N. Kautsky. 1992. "DDT and Other Insecticides in the Lake Kariba Ecosystem." *Ambio* 21 (7): 444–50.

Berkes, F., and C. Folke. 1998. *Linking Social and Ecological Systems: Management Practices and Social Mechanisms for Building Resilience.* Cambridge, UK: Cambridge University Press.

Berkes, F., J. Colding, and C. Folke, eds. 2003. *Navigating Social-ecological Systems: Building Resilience for Complexity and Change.* Cambridge, UK: Cambridge University Press.

Berndes, G. 2002. "Bioenergy and Water—The Implications of Large-scale Bioenergy Production for Water Use and Supply." *Global Environmental Change* 12 (4): 7–25.

Bosch, J.M., and J.D. Hewlett. 1982. "A Review of Catchment Experiments to Determine the Effect of Vegetation Changes on Water Yield and Evapotranspiration." *Journal of Hydrology* 55 (1–4): 3–23.

Bravo de Guenni, L. 2005. "Regulation of Natural Hazards: Floods and Fires." In *Millennium Ecosystem Assessment.* Vol. 1, *Ecosystems and Human Well-being: Current State and Trends. Findings of the Conditions and Trends Working Group.* Washington, D.C.: Island Press.

Briggs, S.V., and N. Taws. 2003. "Impacts of Salinity on Biodiversity—Clear Understanding or Muddy Confusion?" *Australian Journal of Botany* 51 (6): 609–17.

Bruijnzeel, L.A. 1990. *Hydrology of Moist Tropical Forests and Effects of Conversion: A State of Knowledge Review.* Paris and Amsterdam: United Nations Education, Scientific and Cultural Organization, International Hydrological Program, Humid Tropics Program, and Free University.

Bullock, A., and M. Acreman. 2003. "The Role of Wetlands in the Hydrological Cycle." *Hydrology and Earth System Sciences* 7 (3): 358–89.

Calder, I. 2005. *Blue Revolution: Integrated Land and Water Resource Management.* 2nd ed. London: Earthscan.

Carbonell, M., N. Nathai-Gyan, and C.M. Finlayson, eds. 2001. *Science and Local Communities: Strengthening Partnerships*

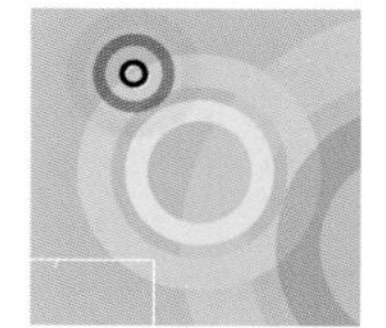

for Effective Wetland Management. Memphis, Tenn.: Ducks Unlimited.
Carpenter, S.R. 2002. "Ecological Futures: Building an Ecology of the Long Now." *Ecology* 83 (8): 2069–83.
Carpenter, S.R., and M.G. Turner. 2000. "Hares and Tortoises: Interactions of Fast and Slow Variables in Ecosystems." *Ecosystems* 3 (6): 495–97.
Carpenter S.R., F. Westley, M.G. Turner. 2005. "Surrogates for Resilience of Social-Ecological Systems." *Ecosystems* 8 (8): 941–44.
Carpenter, S.R., B.H. Walker, J.M. Anderies, and N. Abel. 2001. "From Metaphor to Measurement: Resilience of What to What?" *Ecosystems* 4 (8): 765–81.
Carson, R. 1962. *Silent Spring.* Boston, Mass.: Houghton Mifflin.
Chase, T.N., R.A. Pielke, T.G.F. Kittel, J.S. Baron, and T.J. Stohlgren. 1999. "Potential Impacts on Colorado Rocky Mountain Weather Due to Land Use Changes on the Adjacent Great Plains." *Journal of Geophysical Research—Atmospheres* 104 (D14): 16673–90.
Coe, M.T., and J.A. Foley. 2001. "Human and Natural Impacts on the Water Resources of the Lake Chad Basin." *Journal of Geophysical Research—Atmospheres* 106 (D4): 3349–56.
Cohen, M. 2002. "Managing Across Boundaries: The Case of the Colorado River Delta." In P. Gleick, W.C.G. Burns, E.L. Chalecki, M. Cohen, K.K. Cushing, A.S. Mann, R. Reyes, G.H. Wolff, and A.K. Wong, eds., *The World's Water: 2002–03: The Biennial Report on Freshwater Resources.* Washington, D.C.: Island Press.
Cumming, G.S., and B.J. Spiesman. 2006. "Regional Problems need Integrated Solutions: Pest Management and Conservation Biology in Agroecosystems." *Biological Conservation* 131: 533–43.
Cumming, G.S., G. Barnes, S. Perz, M. Schmink, K.E. Sieving, J. Southworth, M. Binford, M.D. Holt, C. Stickler, and T.V. Holt. 2005. "An Exploratory Framework for the Empirical Measurement of Resilience." *Ecosystems* 8 (8): 975–87.
Daily, G.C., S. Alexander, P.R. Ehrlich, L. Goulder, J. Lubchenco, P.A. Matson, H.A. Mooney, S. Postel, S.H. Schneider, D. Tilman, and G.M. Woodwell. 1997. *Ecosystem Services: Benefits Supplied to Human Societies by Natural Ecosystems.* Washington, D.C.: Island Press.
Davidson, N.C., and D.A. Stroud. Forthcoming. "African-Eurasian Flyways: Current Knowledge, Population Status, and Future Challenges." In G. Boere, C. Galbraith, and D. Stroud, eds., *Waterbirds around the World.* Proceedings of the Global Flyways Conference 2004, Waterbirds around the World, Edinburgh, 3–8 April. London: CBI.
Davies, B.R., and J.A. Day. 1998. *Vanishing Waters.* Cape Town: UCT Press.
Davis, J.A., M. McGuire, S.A. Halse, D. Hamilton, P. Horwitz, A.J. McComb, R. Froend, M. Lyons, and L. Sim. 2003. "What Happens When You Add Salt: Predicting Impacts of Secondary Salinisation on Shallow Aquatic Ecosystems By Using an Alternative-States Model." *Australian Journal of Botany* 51 (6): 715–24.
Döll, P., and S. Siebert. 2002. "Global Modeling of Irrigation Water Requirements." *Water Resources Research* 38 (4): 1037.
Dybas, C.L. 2005. "Dead Zones Spreading in World Oceans." *BioScience* 55 (7): 552–57.
Dyson, M., G. Bergkamp, and J. Scanlon, eds. 2003. *The Essentials of Environmental Flows.* Gland, Switzerland, and Cambridge, UK: World Conservation Union.
Elder, S., and D. Schmidt. 2004. "Global Employment Trends for Woman, 2004." Employment Strategy Papers. International Labour Organisation, Geneva.
Elmqvist, T., C. Folke, M. Nystrom, G. Peterson, J. Bengtsson, B. Walker, and J. Norberg. 2003. "Response Diversity, Ecosystem Change, and Resilience." *Frontiers in Ecology and the Environment* 1 (9): 488–94.
Falconer, I.R. 2001. "Toxic Cyanobacterial Bloom Problems in Australian Waters: Risks and Impacts on Human Health." *Phycologia* 40 (3): 228–33.
Falkenmark, M. 1979. "Main Problems of Water Use and Transfer of Technology." *GeoJournal* 3 (5): 435–43.
———. 1999. Forward to the Future: A Conceptual Framework for Water Dependence. *Ambio* 28 (4): 356–61.
———. 2003. "Freshwater as Shared between Society and Ecosystems: From Divided Approaches to Integrated Challenges." *Philosophical Transactions of the Royal Society B* 358 (1440): 2037–49.
Falkenmark, M., and M. Lannerstad. 2005. "Consumptive Water Use to Feed Humanity—Curing a Blind Spot." *Hydrology and Earth System Sciences* 9 (1/2): 15–28.
Falkenmark, M., and J. Rockström. 1993. "Curbing Rural Exodus from Tropical Drylands." *Ambio* 22 (7): 427–37.
Farrington, P., and R.B. Salama. 1996. "Controlling Dryland Salinity by Planting Trees in the Best Hydrogeological Setting." *Land Degradation & Development* 7 (3): 183–204.
FAO and UNESCO (Food and Agriculture Organization and United National Educational, Scientific, and Cultural Organization). 2003. Digital Soil Map of the World and Derived Soil Properties. Rev.1. FAO, Rome. [www.fao.org/AG/agl/agll/dsmw.htm].
Fernandez, R.J., E.R.M. Archer, A.J. Ash, H. Dowlatabadi, P.H.Y. Hiernaux, J.F. Reynolds, C.H. Vogel, B.H. Walker, and T. Wiegand. 2002. "Degradation and Recovery in Socio-ecological Systems." In F. Reynolds and D.M. Stafford Smith, eds., *Global Desertification: Do Humans Cause Deserts?* Berlin: Dahlem University Press.
Finlayson, C.M., and R. D'Cruz. 2005. "Inland Water Systems." In R. Hassan, R. Scholes, and N. Ash, eds., *Ecosystems and Human Well-being: Current State and Trends: Findings of the Condition and Trends Working Group.* Washington, D.C.: Island Press.
Finlayson, C.M., H. Gitay, M.G. Bellio, R.A. van Dam, and I. Taylor. Forthcoming. "Climate Variability and Change and

Other Pressures on Wetlands and Waterbirds—Impacts and Adaptation." In G. Boere, C. Galbraith, and D. Stround, eds., *Waterbirds around the World.* London: CBI Press.
Foley, J., R. DeFries, G.P. Asner, C. Barford, G. Bonan, S.R. Carpenter, F.S. Chapin, and others. 2005. "Global Consequences of Land Use." *Science* 309 (22 July): 570–74.
Folke, C., T. Hahn, P. Olsson, and J. Norberg. 2005. "Adaptive Governance of Social-Ecological Systems." *Annual Review of Environment and Resources* 30: 441–73.
Folke, C., Å. Jansson, J. Larsson, and R. Costanza. 1997. "Ecosystem Appropriation by Cities." *Ambio* 26 (3): 167–72.
Folke, C., S. Carpenter, B. Walker, M. Scheffer, T. Elmqvist, L. Gunderson, and C.S. Holling. 2004. "Regime Shifts, Resilience, and Biodiversity in Ecosystem Management." *Annual Review of Ecology, Evolution, and Systematics* 35: 557–81.
Folke C., S. Carpenter, T. Elmqvist, L. Gunderson, C.S. Holling., B. Walker, J. Bengtsson, F. Berkes, J. Colding, K. Danell, M. Falkenmark, L. Gordon, and others. 2002 *Resilience and Sustainable Development: Building Adaptive Capacity in a World of Transformations.* Report for the Swedish Environmental Advisory Council, Ministry of the Environment, Stockholm.
Fu, C. 2003. "Potential Impacts of Human-induced Land Cover Change on East Asia Monsoon." *Global and Planetary Change* 37 (3–4): 219–29.
Galloway, J.N., F.J. Dentener, D.G. Capone, E.W. Boyer, R.W. Howarth, S.P. Seitzinger, G. Asner, and others. 2004. "Global and Regional Nitrogen Cycles: Past, Present and Future." *Biogeochemistry* 70 (2): 153–226.
Gammelsrod, T. 1992. "Variation in Shrimp Abundance on the Sofala Bank, Mozambique, and its Relation to the Zambezi River Runoff." *Estuarine, Coastal and Shelf Science* 35 (1): 91–103.
Gitay, H., A. Suarez, R.T. Watson, and D.J. Dokken, eds. 2002. "Climate Change and Biodiversity." IPCC Technical Paper V. Intergovernmental Panel on Climate Change, Washington, D.C.
Glover, D., and T. Jessup, eds. 1999. *Indonesia's Fires and Haze: The Cost of Catastrophe.* Singapore and Ottawa: Institute of South East Asian Studies and International Development Research Centre.
Gordon, L., M. Dunlop, and B. Foran. 2003. "Land Cover Change and Water Vapour Flows: Learning from Australia." *Philosophical Transactions of the Royal Society B* 358 (1440): 1973–84.
Gordon, L.J., W. Steffen, B.F. Jönsson, C. Folke, M. Falkenmark, and Å. Johannesen. 2005. Human Modification of Global Water Vapor Flows from the Land Surface. *Proceedings of the National Academy of Sciences* 102 (21): 7612–17.
Green, P., C. J. Vörösmarty, M. Meybeck, J. Galloway, and B.J. Peterson. 2004. "Pre-industrial and Contemporary Fluxes of Nitrogen through Rivers: A Global Assessment Based on Typology." *Biogeochemistry* 68 (1): 71–105.
Gunderson, L.H. 2001. "Managing Surprising Ecosystems in Southern Florida." *Ecological Economics* 37 (3): 371–78.
Gunderson, L.H., and C.S. Holling. 2002. *Panarchy: Understanding Transformations in Human and Natural Systems.* Washington, D.C.: Island Press.
Gupta, S.K., and R.D. Deshpande. 2004. "Water for India in 2050: First-order Assessment of Available Options." *Current Science* 86 (9): 1216–24.
Hall, S.J. 2002. "The Continental Shelf Benthic Ecosystem: Current Status, Agents for Change and Future Prospects." *Environmental Conservation* 29 (3): 350–74.
He, C., S.-K. Cheng, and Y. Luo. 2005. "Desiccation of the Yellow River and the South Water Northward Transfer Project." *Water International* 30 (2): 261–68.
Hertzman, T., and T. Larsson. 1999. *Lake Hornborga: The Return of a Bird Lake.* Publication 50. Wageningen, Netherlands: Wetlands International.
Hoffman, W.A., and R.B. Jackson. 2000. "Vegetation—Climate Feedbacks in the Conversion of Tropical Savanna to Grassland." *American Meteorological Society* 13 (9): 1593–1602.
Holling, C.S. 1973. "Resilience and Stability of Ecological Systems." *Annual Review of Ecology and Systematics* 4: 1–23
———. 1986. "The Resilience of Terrestrial Ecosystems: Local Surprise and Global Change." In W.C. Clark and R.E. Munn, eds., *Sustainable Development of the Biosphere.* Cambridge, UK: Cambridge University Press.
Holling, C.S., and G.K. Meffe. 1996. "On Command-and-Control and the Pathology of Natural Resource Management." *Conservation Biology* 10 (2): 328–37.
Holling, C.S., D.W. Schindler, B.W. Walker, and J. Roughgarden. 1995. "Biodiversity in the Functioning of Ecosystems: An Ecological Synthesis." In C. Perrings, K.-G. Mähler, C. Folke, C.S. Holling, and B.-O. Jansson, eds., *Biodiversity Loss: Economic and Ecological Issues.* Cambridge, UK: Cambridge University Press.
Hollis, G.E. 1994. "Halting and Reversing Wetland Loss and Degradation: A Geographical Perspective on Hydrology and Land Use." Thomas Telford Services and Institution of Engineers, London.
International Council for Science. 2002. *Biodiversity, Science and Sustainable Development.* Series on Science for Sustainable Development 10. Paris.
Italy, Ministry for the Environment and Territory, and Free Iraq Foundation. 2004. The New Eden Project: Final Report. Paper presented at the United Nations Commission for Sustainable Development CSD-12 meeting April 14–30, New York. [www.edenagain.org/publications/pdfs/newedenfinalreportcsd12rev0.pdf].

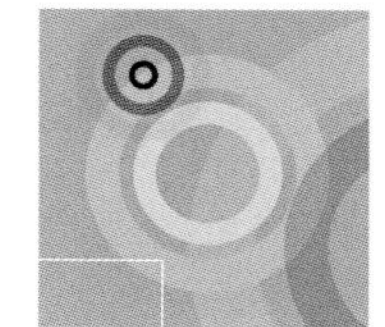

IUCN (World Conservation Union). 2003. The Pangani River Basin. A Situation Analysis. Gland, Switzerland.
Jackson, R.B., E.G. Jobbágy, R. Avissar, S. Baidya Roy, D. Barrett, C.W. Cook, K.A. Farley, D.C. le Maitre, B.A. McCarl, and B.C. Murray. 2005. "Trading Water for Carbon with Biological Carbon Sequestration." *Science* 310 (23 December): 1944–47.
Jansson, Å., C. Folke, J. Rockström, and L. Gordon. 1999. "Linking Freshwater Flows and Ecosystem Services Appropriated by People: The Case of the Baltic Sea Drainage Basin." *Ecosystems* 2 (4): 351–66.
Jansson, A.M., M. Hammer, C. Folke, and R. Costanza, eds. 1994. *Investing in Natural Capital: The Ecological Economics Approach to Sustainability.* Washington, D.C.: Island Press.
Jewitt, G. 2002. "The 8%–4% Debate: Commercial Afforestation and Water Use in South Africa." *Southern African Forestry Journal* 194 (2): 1–6.
Junk, W. 2002. "Long-term Environmental Trends and the Future of Tropical Wetlands." *Environmental Conservation* 29 (4): 414–435.
Kabat, P., M. Claussen, P.A. Dirmeyer, J.H.C. Gash, L. Bravo de Guenni, M. Meybeck, R.A. Pielke, Sr., C.J. Vörösmarty, R.W.A. Hutjes, and S. Lütkemeier. 2004. *Vegetation, Water, Humans and the Climate: A New Perspective on an Interactive System.* Berlin: Springer-Verlag.
Keepin, B., and B. Wynne. 1984. "Technical Analysis of IIASA Energy Scenarios." *Nature* 312 (5996): 691–95.
King, J.M., C. Brown, and H. Sabet. 2003. "A Scenario-based Holistic Approach to Environmental Flow Assessments for Rivers." *River Research and Applications* 19 (5/6): 619–39.
King, J.M., R.E. Tharme, and H. Sabet. 2000. "Environmental Flow Assessments for Rivers: Manual for the Building Block Methodology." Water Research Commission, Pretoria.
Kremen, C. 2005. "Managing for Ecosystem Services: What Do We Need to Know About Their Ecology?" *Ecology Letters* 8 (5): 468–479.
Kremen, C., N.M. Williams, and R.W. Thorp. 2002. "Crop Pollination From Native Bees at Risk from Agricultural Intensification." *Proceedings of the National Academy of Sciences* 99 (26): 16812–16.
Kura, Y., C. Revenga, E. Hoshino, and G. Mock. 2004. *Fishing for Answers.* Washington D.C.: World Resources Institute.
Lansing, J.S. 1991. *Priests and Programmers: Technologies of Power in the Engineered Landscape of Bali.* Princeton, N.J.: Princeton University Press.
Le Maitre, D.C., B.W. van Wilgen, R.A. Chapman, and D.H. McKelly. 1996. "Invasive Plants and Water Resources in the Western Cape Province, South Africa: Modelling the Consequences of a Lack of Management." *Journal of Applied Ecology* 33 (1): 161–172.
Lee, K. 1993. *Compass and Gyroscope: Integrating Science and Politics for the Environment.* Washington, D.C.: Island Press.
Lemly, A.D., R.T. Kingsford, and J.R. Thompson. 2000. "Irrigated Agriculture and Wildlife Conservation: Conflict on a Global Scale." *Environmental Management* 25 (5): 485–512.
Lemoalle, J. 2003. "Lake Chad: A Changing Environment." In J.C.J. Nihoul, P.O. Zavialov, and P.P. Micklin, eds, *Dying and Dead Seas.* NATO Advanced Research Workshop, Advanced Study Institute Series, Dordrecht, Netherlands: Kluwer Publishers.Levin, S. 1999. *Fragile Dominion: Complexity and the Commons.* Reading, Mass.: Perseus Books.
Levin, S.A. 1999. *Fragile Dominion: Complexity and the Commons.* Reading, Mass.: Perseus Books.
L'vovich, M.I. 1979. *World Water Resources and their Future.* Chelsea, UK: LithoCrafters Inc.
Lukatelich, R. J., and A.J. McComb. 1986. "Nutrient Levels and the Development of Diatom and Blue-Green Algal Blooms in a Shallow Australian Estuary." *Journal of Plankton Research* 8 (4): 597–618.
Magadza, C.H.D. 1995. "Special Problems in Lakes/Reservoir Management in Tropical Southern Africa." Presented at the 6th International Conference on the Conservation and Management of Lakes, 23–27 October, University of Tsukuba, Japan.
Marland, G., R.A. Pielke, Sr., M. Apps, R. Avissar, R.A. Betts, K.J. Davis, P.C. Frumhoff, S.T. Jackson, and others. 2003. "The Climatic Impacts of of Land Surface Change and Carbon Management, and the Implications for Climate-Change Mitigation Policy." *Climate Policy* 3 (2): 149–57.
McCulloch, J.S.G., and M. Robinson. 1993. "History of Forest Hydrology." *Journal of Hydrology* 150 (2–4): 189–216.
McNeely, J.A., and S.J. Scherr. 2003. *Ecoagriculture: Strategies to Feed the World and Save Wild Biodiversity.* Washington, D.C.: Island Press.
MEA (Millennium Ecosystem Assessment). 2003. *Ecosystems and Human Well-being: A Framework for Assessment.* Washington D.C.: Island Press.
———. 2005a. *Ecosystems and Human Well-being: Health Synthesis.* Washington, D.C.: World Resources Institute.
———. 2005b. *Ecosystems and Human Well-being: Wetlands and Water Synthesis.* Washington, D.C.: World Resources Institute.
———. 2005c. *Millennium Ecosystem Assessment Synthesis Report.* Washington D.C.: Island Press.
Meybeck, M., and A. Ragu. 1997. "Presenting the GEMS-GLORI, A Compendium of World River Discharge to the Oceans." In B. Webb, ed., *Freshwater Contamination. Proceedings of a Symposium Held During the Fifth IAHS Scientific Assembly at Rabat, Morocco, April–May 1997.* Publication 243. Wallingford, UK: International Association of Hydrological Sciences.

Milliman, J.D. 1991. "Flux and Fate of Fluvial Sediment and Water in Coastal Seas." In R.F.C. Mantoura, J.-M. Martin, and R. Wollast, eds., *Ocean Margin Processes in Global Change.* Chichester, UK: John Wiley & Sons.

Mirza, M.M.Q. 1998. "Diversion of the Ganges Water at Farakka and its Effects on Salinity in Bangladesh." *Environmental Management* 22 (5): 711–22.

Molden, D., and C. de Fraiture. 2004. "Investing in Water for Food, Ecosystems and Livelihoods." Comprehensive Assessment of Water Management in Agriculture Blue Paper. International Water Management Institute, Colombo.

Nemani, R.R., S.W. Running, R.A. Pielke, and T.N. Chase. 1996. "Global Vegetation Cover Changes from Coarse Resolution Satellite Data." *Journal of Geophysical Research* 101 (D3): 7157–62.

North American Waterfowl Management Plan. 2004. *Strengthening the Biological Foundation.* Ottawa, Washington, D.C., and Mexico City: Environment Canada; US Department of the Interior, Fish and Wildlife Services; and Secretaria de Medio Ambente Recursos Naturales.

OECD (Organisation for Economic Co-operation and Development) 1996. *Guidelines for Aid Agencies for Improved Conservation and Sustainable Use of Tropical and Subtropical Wetlands.* Paris.

Olsson, P., C. Folke, and T. Hahn. 2004. "Social-ecological Transformation for Ecosystem Management: The Development of Adaptive Co-management of a Wetland Landscape in Southern Sweden." *Ecology and Society* 9 (4): 2.

Oyama, M.D., and C.A. Nobre. 2003. "A New Climate-Vegetation Equilibrium State for Tropical South America." *Geophysical Research Letters* 30 (23) 2199–203.

Page, S.E., F. Siegert, J.O. Rieley, H.D. Boehm, A. Jaya, and S. Limin. 2002. "The Amount of Carbon Released from Peat and Forest Fires in Indonesia during 1997." *Nature* 420 (6911): 61–65.

Pala, C. 2006. "Once a Terminal Case, the Aral Sea Shows New Signs of Life." *Science* 312 (5771): 183.

Partow, H. 2001. *The Mesopotamian Marshlands: Demise of an Ecosystem.* Nairobi: United Nations Environment Programme.

Peterson, G.D., G.S. Cumming, and S.R. Carpenter. 2003. "Scenario Planning: A Tool for Conservation in an Uncertain World." *Conservation Biology* 17 (2): 358–66.

Pielke, R.A., T.J. Lee, J.H. Copeland, J.L. Eastman, C.L. Ziegler, and C.A. Finley. 1997. "Use of USGS–Provided Data to Improve Weather and Climate Simulations." *Ecological Applications* 7 (1): 3–21.

Pielke, R.A., R.L. Walko, L. Steyaert, P.L. Vidale, G.E. Liston, W.A. Lyons, and T.N. Chase. 1999. "The Influence of Anthropogenic Landscape Changes on Weather in South Florida." *Monthly Weather Review* 127 (7): 1663–73.

Pielke, R.A., Sr., R. Avissar, M. Raupach, A.J. Dolman, X. Zeng, and A.S. Denning. 1998. "Interactions between the Atmosphere and Terrestrial Ecosystems: Influence on Weather and Climate." *Global Change Biology* 4 (5): 461–75.

Poff, N.L., J.D. Allan, M.B. Bain, J.R. Karr, K.L. Prestegaard, B.D. Richter, R.E. Sparks, and J.C. Stromberg. 1997. "The Natural Flow Regime: A Paradigm for River Conservation and Restoration." *Bioscience* 47 (11): 769–84.

Postel, S. 1996. *Last Oasis: Facing Water Scarcity.* New York: W.W. Norton & Company.

———. 1999. *Pillar of Sand: Can the Irrigation Miracle Last?* New York: W.W. Norton & Company.

Postel, S., and S.R. Carpenter. 1997. "Freshwater Ecosystem Services." In G. Daily, ed., *Nature's Services.* Washington, D.C.: Island Press.

Rahman, M.M, M.Q. Hassan, M. Islam, and S.Z.K.M. Shamsad. 2000. "Environmental Impact Assessment on Water Quality Deterioration Caused by the Decreased Ganges Outflow and Saline Water Intrusion in South-western Bangladesh." *Environmental Geology* 40 (1–2): 31–40.

Revenga, C., J. Brunner, N. Henniger, K. Kassem, and R. Payner. 2000. *Pilot Analysis of Global Ecosystems, Freshwater Systems.* Washington, D.C.: World Resources Institute.

Richardson, C.J., P. Reiss, N.A. Hussain, A.J. Alwash, and D.J. Pool. 2005. "The Restoration Potential of the Mesopotamian Marshes of Iraq." *Science* 307 (5713): 1307–11.

Richter, B.D., R. Mathews, D.L. Harrison, and R. Wigington. 2003. "Ecological Sustainable Water Management: Managing River Flows for Ecological Integrity." *Ecological Applications* 13 (1): 206–24.

Rogers, K., and H. Biggs. 1999. "Integrating Indicators, Endpoints and Value Systems in Strategic Management of the Rivers of the Kruger National Park." *Freshwater Biology* 41 (2): 439–52.

Salati, E., and C.A. Nobre. 1991. "Possible Climatic Impacts of Tropical Deforestation." *Climate Change* 19 (1–2): 177–96.

Savenije, H.H.G. 1995. "New Definitions for Moisture Recycling and the Relation with Land-use Changes in the Sahel." *Journal of Hydrology* 167 (1): 57–78.

———. 1996. "Does Moisture Feedback Affect Rainfall Significantly?" *Physical Chemistry of the Earth* 20 (5–6): 507–51.

Scheffer, M., S. Carpenter, J. A. Foley, C. Folke, and B. Walker. 2001. "Catastrophic Shifts in Ecosystems." *Nature* 413 (11 October): 591–96.

Shiklomanov, I.A., and J. Rodda. 2003. *World Water Resources at the Beginning of the 21st Century.* Paris: United Nations Educational, Scientific and Cultural Organization.

Silvius, M.J., M. Oneka, and A. Verhagen. 2000. "Wetlands: Lifeline for People at the Edge." *Physical Chemistry of the Earth B* 25 (7–8): 645–52.

Silvius, M.J., B. Setiadi, W.H. Diemont, F. Sjarkowi, H.G.P. Jansen, H. Siepel, J.O. Rieley, A. Verhagen, A. Beintema,

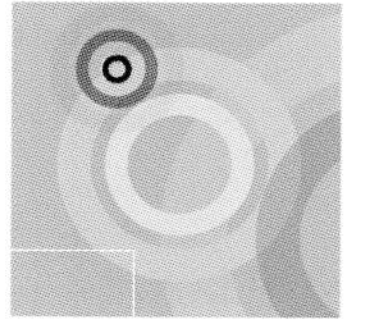

L. Burnhill, and S.H. Limin. 2003. "Financial Mechanisms for Poverty-Environment Issues. The Bio-rights System." Alterra and Wetlands International, Wageningen, Netherlands.

SIWI (Stockholm International Water Institute), IFPRI (International Food Policy Research Institute), IUCN (World Conservation Union), and IWMI (International Water Management Institute). 2005. *Let It Reign: The New Water Paradigm for Global Food Security.* Final report to CSD-13. Stockholm: Stockholm International Water Institute.

Smakhtin, V., C. Revenga, and P. Döll. 2004. "Taking into Account Environmental Water Requirements in Global-scale Water Resources Assessments." Comprehensive Assessment of Water Management in Agriculture. International Water Management Institute, Colombo.

Snaddon, C.D., B.R. Davies, and M.J. Wishart. 1999. "A Global Overview of Inter-basin Water Transfer Schemes, with an Appraisal of their Ecological, Socio-Economic and Socio-Political Implications, and Recommendations for their Management." Water Research Commission Technology Transfer Report TT 120/00. Water Research Commission, Pretoria.

Steffen, W., A. Sanderson, P.D. Tyson, J. Jäger, P.A. Matson, B. Moore, F. Oldfield, K. Richardson, H.J. Schellnhuber, B.L. Turner, and R.J. Wasson. 2004. *Global Change and the Earth System: A Planet Under Pressure.* Berlin: Springer-Verlag.

Strehlow, K., J. Davis, L. Sim, J. Chambers, S. Halse, D. Hamilton, P. Horwitz, A. McComb, and R. Froend. 2005. "Temporal Changes between Ecological Regimes in a Range of Primary and Secondary Salinised Wetlands." *Hydrobiologia* 552 (1): 17–31.

Taylor, G.J., D.J. Baird, and A.M.V.M. Soares. 2002. "Ecotoxicology of Contaminants in Tropical Wetlands: The Need for Greater Ecological Relevance in Risk Assessment." *SETAC Globe* 3 (1): 27–28.

Tharme, R.E. 2003. "A Global Perspective on Environmental Flow Assessment: Emerging Trends in the Development and Application of Environmental Flow Methodologies for Rivers." *River Research and Applications* 19 (5–6): 397–441.

Tilman, D., J. Knops, D. Wedin, P. Reich, M. Ritchie, and E. Siemann. 1997. "The Influence of Functional Diversity and Composition on Ecosystem Processes." *Science* 277 (5330): 1300–02.

Trenberth, K.E. 1999. "Conceptual Framework for Changes of Extremes of the Hydrological Cycle with Climate Change." *Climatic Change* 42 (1): 327–39.

UNEP (United Nations Environment Programme). 2002. *Africa Environment Outlook: Past, Present and Future Perspectives.* Hertfordshire, UK: Earthprint.

UNESCO (United Nations Educational, Scientific and Cultural Organization). 2000. *Water Related Vision for the Aral Sea Basin for the Year 2025.* Paris.

Van Dam, R., H. Gitay, M. Finlayson, N.J. Davidson, and B. Orlando. 2002. "Climate Change and Wetlands: Impacts, Adaptation and Mitigation." Background document DOC.SC26/COP8–4 for the 26th Meeting of the Standing Committee of the Convention on Wetlands (Ramsar Convention), 3–7 December, Gland, Switzerland.

Van den Brink, P.J., S.N. Sureshkumar, M.A. Daam, I. Domingues, G.K. Milwain, W.H.J. Beltman, M. Warnajith, P. Perera, and K. Satapornvanit. 2003. Environmental and Human Risks of Pesticide Use in Thailand and Sri Lanka: Results of a Preliminary Risk Assessment. Alterra-rapport 789. MAMAS Report Series No. 3/2003. Green World Research. Wageningen, Netherlands: Alterra.

Verhoeven, J.T.A., B. Arheimer, C. Yin, and M.M. Hefting. 2006. "Regional and Global Concerns over Wetlands and Water Quality." *Trends in Ecology and Evolution*.21 (2): 96–103.

Vörösmarty, C.J., and D. Sahagian 2000. "Anthrogenic Disturbance of the Terrestrial Water Cycle." *BioScience* 50: 753–65.

Vörösmarty, C.J., C. Lévêque, and C. Revenga. 2005. "Fresh Water." In R. Hassan, R. Scholes, and N. Ash, eds., *Ecosystems and Human Well-being: Current State and Trends: Findings of the Condition and Trends Working Group.* Washington, D.C.: Island Press.

Vörösmarty, C.J., M. Meybeck, B. Fekete, K. Sharma, P. Green, and J. Syvitski. 2003. "Anthropogenic Sediment Retention: Major Global Impact from Registered River Impoundments." *Global and Planetary Change* 39 (1–2): 169–90.

Walling, D.E., and D. Fang. 2003."Recent trends in the suspended sediment loads of the world's rivers." *Global and Planetary Change* 39 (1–2): 111–26.

Walters, C.J. 1986. *Adaptive Management of Renewable Resources.* New York: MacMillan Publishing Co.

Walters, C.J., L.H. Gunderson, and C.S. Holling. 1992. "Experimental Policies for Water Management in the Everglades." *Ecological Applications* 2 (2): 189–202.

Walters, C., J. Korman, L.E. Stevens, and B. Gold. 2000. "Ecosystem Modeling for Evaluation of Adaptive Management Policies in the Grand Canyon." *Conservation Ecology* 4 (2): 1.

WCD (World Commission on Dams). 2000. *Dams and Development: A New Framework for Decision-Making.* London: Earthscan.

Wester, P., C.A. Scott, and M. Burton. 2005. "River Basin Closure and Institutional Change in Mexico's Lerma-Chapala Basin." In M. Svendsen, ed., *Irrigation and River Basin Management: Options for Governance and Institutions.* Wallingford, UK: CABI Publishing.

Williams, W.D. 2002. "Environmental Threats to Salt Lakes and the Likely Status of Inland Saline Wetlands by 2025." *Environment Conservation* 29 (2): 154–67.

Wollheim, W.M., B.J. Peterson, L.A. Deegan, J.E. Hobbie, B. Hooker, W.B. Bowden, K.J. Edwardson, D.B. Arscott, A.E. Hershey, and J. Finlay. 2001. "Influence of Stream Size on Ammonium and Suspended Particulate Nitrogen Processing." *Limnology and Oceanography* 46 (1): 1–13.

Wooster, M.J., and N. Strub. 2002. "Study of the 1997 Borneo Fires: Quantitative Analysis Using Global Area Coverage (GAC) Satellite Data." *Global Biogeochemical Cycles* 16 (1): 1009.

WMO (World Meteorological Organization). 1997. *Comprehensive Assessment of the Freshwater Resources of the World.* Stockholm: World Meteorological Organization and Stockholm Environment Institute.

Wösten, J.H.M., J. van den Berg, P. van Eijk, G.J.M. Gevers, W.B.J.T. Giesen, A. Hooijer, A. Idris, P.H. Leenman, D.S. Rais, C. Siderius, M.J. Silvius, N. Suryadiputra, and I.T. Wibisono. 2006. "Interrelationships between Hydrology and Ecology in Fire Degraded Tropical Peat Swamp Forests." *International Journal of Water Resources Development* 22 (1): 157–74.

WRI (World Resources Institute), UNDP (United Nations Development Programme), UNEP (United Nations Environment Programme), and World Bank. 2005. *World Resources 2005: The Wealth of the Poor—Managing Ecosystems to Fight Poverty.* Washington, D.C.: World Resources Institute.

WWF. 2006. *Payments for Environmental Services: An Equitable Approach for Reducing Poverty and Conserving Nature.* Gland, Switzerland.

Zavaleta, E. 2000. "The Economic Value of Controlling an Invasive Shrub." *Ambio* 29 (8): 462–67.

Zheng, X., and E.A.B. Eltathir. 1998. "The Role of Vegetation in the Dynamics of West African Monsoons." *Journal of Climate* 11 (8): 2078–96.

Zwarts, L., P. Van Beukering, B. Kone, E. Wymenga, and D. Taylor. 2006. "The Economic and Ecological Effects of Water Management Choices in the Upper Niger River: Development of Decision Support Methods." *International Journal of Water Resources Development* 22 (1): 135–56.

河流流域内的用水和水分生产力

墨西哥Lerma-Chapala河流域
（以多年平均数为基础计算）

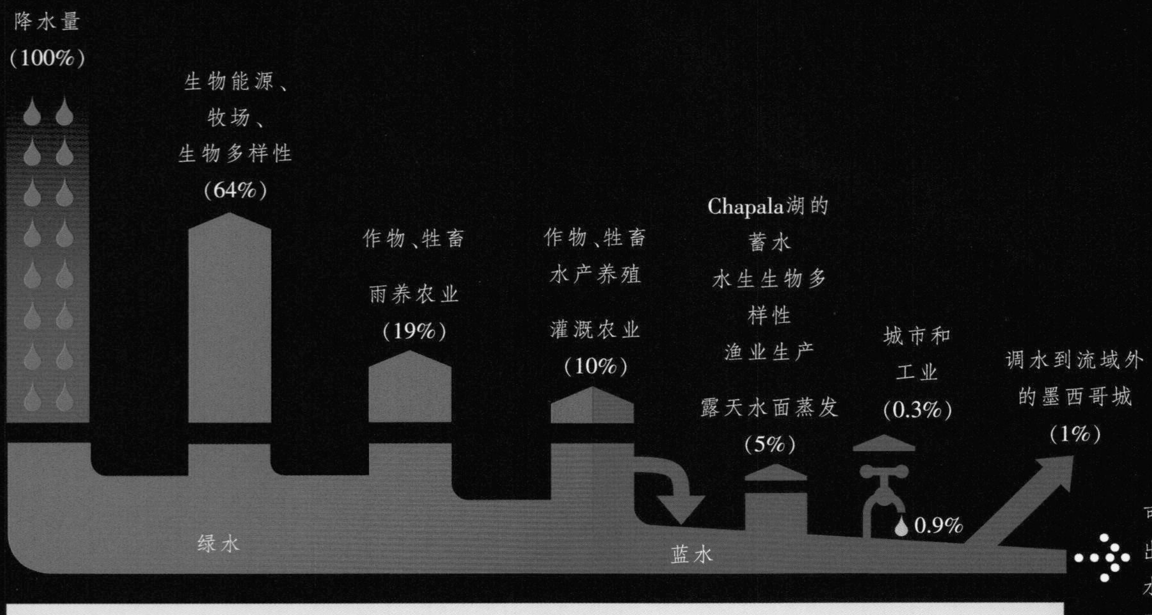

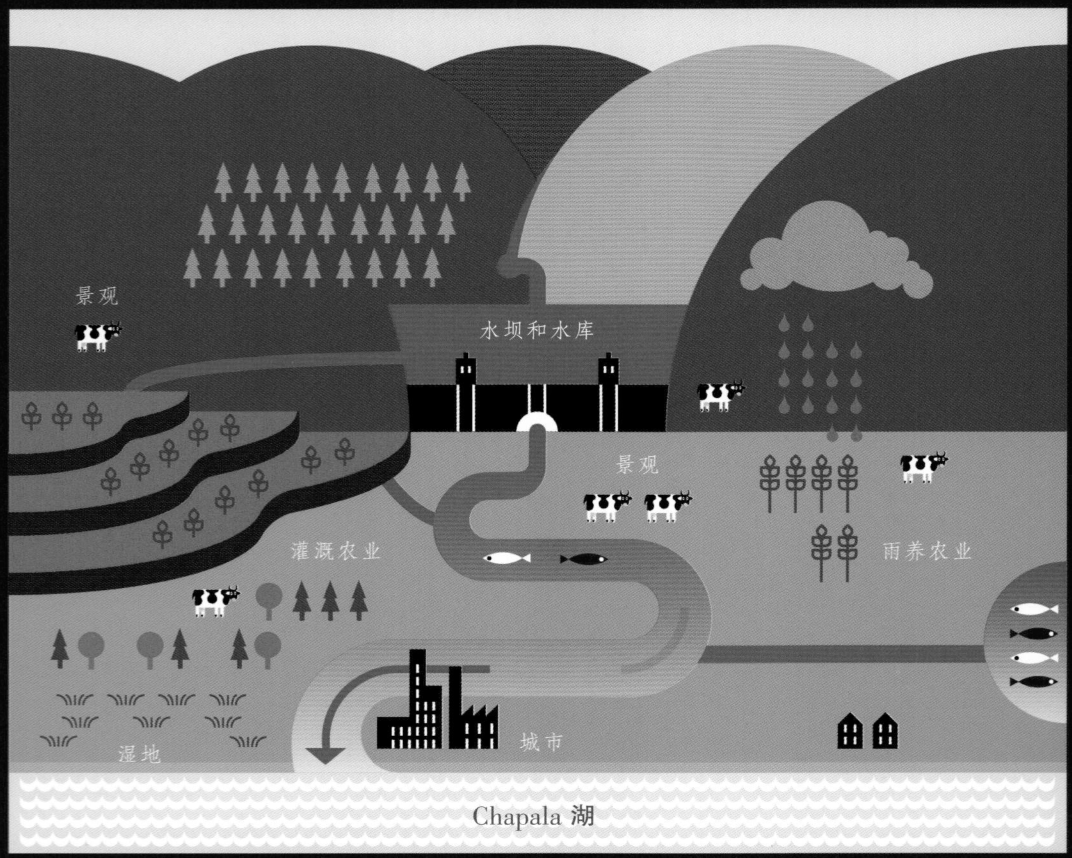

来源：Wester and others forthcoming.

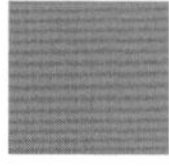

用更少的水生产更多的粮食
加拿大艺术家：Monique Chatigny

第 7 章 提高农业水分生产力的途径

协调主编：David Molden and Theib Y. Oweis
主编：Pasquale Steduto, Jacob. W. Kijne, Munir A. Hanjra, Prem S. Bindraban
主要作者：Bas Antonius Maria Bouman, Simon Cook, Olaf Erenstein, Hamid Farahani, Ahmed Hachum, Jippe Hoogeveen, Henry Mahoo, Vinay Nangia, Don Peden, Alok Sikka, Paula Silva, Hugh Turral, Ashutosh Upadhyaya, and Sander Zwart

概览

农业水分生产力定义为从作物、森林、渔业和畜牧业，以及混合农业体系中获得的净收益与取得这些收益所需要的水量之比。最广义的水分生产力反映了每单位用水以更少的社会和环境成本生产出更多的食物、获得更多的收入、更高的生计水平以及更多的生态效益的目标。这里的用水是指输水利用或是指耗水。简单地说，它意味着用更少的水生产更多的食物或取得更高的效益。物质水分生产力是指农业产出量和用水的比例；而经济水分生产力则是指每单位用水所产生的经济价值。水分生产力有时还被用来衡量具体作物的（作物水分生产力）和牲畜的（牲畜水分生产力）的生产力。

为了养活不断增加并不断富裕的同时膳食结构更加多样化的人口，农业用水的平均年需水量将会增加[WE]。农用地的蒸散量（蒸发量加蒸腾量）达到7130 km^3，在水分生产力没有提高的情况下，到2050年蒸散量预计会增加60%~90%（见本书第3章情景分析）。农业从自然系统的取水量估计在2664 km^3，占人类抽取水量的70%。新增的农业用水加重了对陆地和水生生态系统的压力，加剧了对水资源的竞争。提高农业的物质水分生产力减少了灌溉和雨养农业体系对新增用水和用地的需求，因此是对日益严重的缺水问题的有力应对措施，包括有足够数量的水以维持生态系统，并满足日益增长的城市和工业的需求。

提升物质水分生产力有相当大的空间，但不是所有地方的提升空间都很大[EBI]。在世界上那些物质水分生产力已经很高的地区，提升的空间有限。但是在世界许多的雨养农业、灌溉农业、畜牧业以及渔业体系中，水分生产力的提升空间还很大。发展中国家的很多农民可以通过采取成熟的农艺和水管理措施来提高水分生产力，因为一般说来土地生产力的提高会带动水分生产力的提高。从纯粹雨养农业到纯粹灌溉农业中的连续谱系中有很多提高水分生产力的可能途径。其中包括补充灌溉（补充降雨的定量灌溉）；土壤肥力的维持；亏缺灌溉；小型的蓄水、输水和灌水的可承担得起的管理措施；现代灌溉技术（如增压灌溉系统和滴灌系统）；通过免耕和最小耕作措施的土壤水分保持。育种和生物技术会减少生物量的损失而有助于水分生产力的提高，主要通过提高作物对病虫害的抵抗力、促进作物早期生长以快速覆盖土壤表面、降低作物对干旱的脆弱性这些途径。但是水分生产力的提高是取决于特定环境的，只有在综合的流域视角下才能进行合理的评估。

发展中国家的很多农民可以通过采取成熟的农艺和水管理措施来提高水分生产力，因为一般说来土地生产力的提高会带动水分生产力的提高。

提高水分生产力，尤其是每单位用水的经济产出，可以成为脱贫的重要途径[EBI]。增加单位用水产出的经济价值，尤其是增加就业、收入、营养以及妇女的机会对脱贫是至关重要的。但是需要精心设计这样的项目以保证穷人——而不只是富人和有权力的人——能够获益，尤其是农村妇女能够获益。

畜牧业和水产养殖业的物质水分生产力和经济水分生产力还有很大的提升的空间[EBI]。对畜牧产品和鱼类产品需求的增加导致了对水资源需求的增加。畜牧业和渔业的水分生产力的提高可以通过充分考虑饲料的来源和饲养策略来实现，提高产品的质量，并将畜牧业和渔业生产整合到农场生产体系中。由于捕捞渔业的生产正在受到河道径流量日益减少的威胁[EBI]，流域水分生产力的分析应该考虑到支撑它们的河道径流减少前它们所能产生的社会和生态价值。

增加用水的产值并减少相关的成本需要理解和干预措施，而干预措施需要越过短视地考察农业水管理产生的直接生产效益和投资成本，来考虑长远的生计和生态收益和成本。综合性、多用途的体系——水用于作物生产、鱼类和牲畜养殖及生活用途——会增加每单位用水量的经济价值。例如，作物生产的增加常常是以渔业为代价的。而渔业创造的产值，包括维持生态系统的价值，常常会被低估。理解这些价值有助于我们理解什么情况下会取得双赢的结果以及必须做出什么样的权衡。但是往往我们对于这些价值的理解并不深入，且很少在决策过程中将它们考虑在内。

采取提高水分生产力的技术需要有使它们能够发挥作用的政策和制度环境，而这些政策和制度环境需要和生产者、资源管理者和社会的动机一致，并且

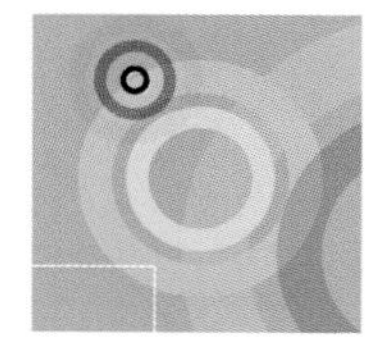

能够提供进行权衡的机制。尽管有充分的技术和管理措施，出于多种原因，真正实现水分生产力的净提高是很困难的事情。大多数农产品的价格都很低，农民承担的风险很高。生产力的增加又进一步由于供给增加而压抑市场价格。某一个团体取得的收益常常是以另一个团体的损失为代价的（种植作物的农民使用了渔民的水资源）。而动机体系常常不支持现有技术的采纳和利用（谁来为最终使城市用水者受益的农民节水行为付费？）。生产者的动机（更多的水得到更多的收入）通常与更广大的社会动机（为城市和环境争取更多的用水）存在很大差异。而那些收益主要被更有权力的用户获得，而穷人则落在后面（那些付得起滴灌的人收益会更多）。合理战略的制定需要认识到这些权衡并为实现优胜者和失败者之间的更广泛的平等提供动机和补偿。很多动机来源于部门之外，并需要处理和农业产业相关的脆弱性和风险、市场、经济效益。应该研究并找到限制这些权衡的大小的方法，而涉及多利益集团的包容性过程应该平衡这些权衡被处理的方式。

> 综合的、多用途的体系——水用于作物生产、鱼类和牲畜养殖、生活用途——会增加每单位用水量的经济价值。

提高水分生产力需要优先关注四个领域：

- 贫困率高且水分生产力低的地方，在这些地方水分生产力的提高对穷人尤其有利，在非洲撒哈拉以南地区和南亚以及拉丁美洲的大部分地区即是如此。
- 在那些用水竞争十分激烈的天然性缺水的地区，如咸海流域和黄河流域，尤其是那些经济水分生产力还有可能提高的地区。
- 在那些水资源开发利用程度较低且较少的水资源就可以产生较大回报的地区。
- 在那些水资源驱动的生态退化的地区，如地下水位的下降、河流的干涸以及用水竞争激烈的地区。

什么是水分生产力？为什么水分生产力如此重要？

最广义的意义上的水分生产力和包括渔业、畜牧业、作物、农林体系以及混合系统的大农业体系中用水所产生的社会经济和环境效益有关。这个概念反映出用更少的稀缺的水资源来做得更好的意愿。

提高农业水分生产力有很多重要的原因：

- 在水资源短缺的情况下，满足增长的、日益富裕的、不断城市化的人口的增长的需求。
- 有效应对农业水资源被更多地重新配置到城市以及确保环境流量所造成的压力。
- 有利于促进脱贫和经济发展。对于农村贫困人口来说，更多的生产性的用水意味着家庭成员营养成分的改善、更多的收入、更有生产力的就业以及更高程度的平等。实现更高的水分生产力可以减少取水量而降低投资成本。

从全球来看，需要支撑农业所需要的新增的水量将主要直接依赖于水分生产力的提高。在水分生产力没有得到提高的情况下，目前的每年7130 km^3的农业蒸散量将在未来50年增加一倍。但是，在畜牧业、水产养殖业、雨养和灌溉农业采取适当措施的共同作用下，这种增长可能会被控制在20%~30%之间。目前的2664 km^3灌溉取水量，其增长可能会在0到55%之间，具体数字取决于提高水分生产力方面的投资，以及灌溉和雨养农业扩展的程度。

> 如果要理解水分生产力，就有必要追踪水在流域中的流动过程，还有必要理解水是如何支撑生命并维持人类生计的。

在广义水分生产力的定义中还有很多用于不同目的、相互关联并有层次的概念。物质水分生产力和用水的农业产出有关——“用每一滴水生产出更多的作物”。而经济水分生产力是指每单位的用水获得的经济收益，它把农业中的用水和营养、就业、福利和环境联系起来。水分生产力不仅取决于和水有关的因素，还取决于很多非水因素，如肥料使用和劳动力。在生产中相对于其他资源来说水资源相对短缺的情况下，提高水分生产力尤其适当。

本章展示了水分生产力分析的框架，并重点探讨这个框架在不同情况下的应用。本章详细讨论了物质水分生产力，因为它支撑了许多更广泛的概念，并对生产粮食所需的用水量影响最大。本章然后探讨了实现更高的水分生产力的可能途径，以及提高水分生产力对脱贫的意义和影响，同时还讨论了影响实现更高的水分生产力的限制性因素。最后，本章以提高水分生产力的投资的优先领域而结束。

水分生产力框架

水分生产力的分析可以应用于作物、畜牧业、树木的种植、渔业以及在部分适合的领域内形成的混合体系——作物或动物、农田或农场、灌溉系统、流域或景观，并和生态系统互动（表7.1）。水分生产力分析的目的包括对农业生产的评估（农田中每单位耗水量产出的作用的千克数），到对农业部门的每单位用水产生的累积增长的福利。由于在不同情景下水分生产力的表达方式不一样，所以需要明确水分生产力表达式的农业产出和水分输入的关系。

要理解水分生产力，就有必要追踪水在流域中的流动过程，还有必要理解水是如何支撑生命并维持人类生计的（见章头插画）。流域中水的天然来源就是降雨。跨流域调水、将水从一个流域向另外一个流域传输，正在成为流域内更普遍的水的来源。随着水向下游的流动，一滴水有可能被植物蒸腾、从地面蒸发，或者继续向下游流动而被城市、农业和渔业利用和再利用。

水分生产力计算等式中的分母或者是供水，或者是耗水。当水分以蒸散形式消耗的时候就是耗水；当水分融入到产品中的时候也是耗水；当水分流向一个不能被再次利用的地点（如含盐地下水层）的时候也形成耗水，或者水被严重污染的情况下也算作耗水（Seckler 1996; Molden and others 2003）。

这种水分生产力的观念来源于两个学科。作物生理学家将水分利用效率定义为每单位蒸腾用水所同化的碳量和作物的产量（Viets 1962），后来又发展成

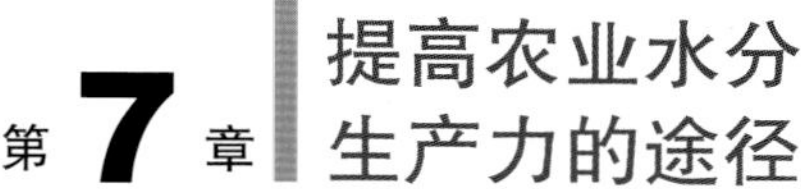

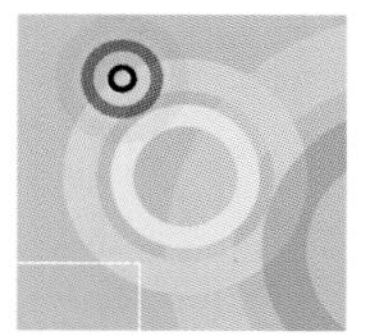

表 7.1 不同领域内的水分生产力收益

	作物,植物或动物	农田或池塘	农场或农业企业	灌溉系统	流域和景观
过程	能量转换、养分吸收和利用、光合作用及类似过程	土壤、水、养分和管理	平衡风险和收益、管理包括水在内的农场投入	将水分配到用户手中、系统的运行和维护、收费、排水	水的不同用途之间的配置、对污染的调控
利益	农业生产者、育种者、植物和动物生理学家	农业生产者;土壤、作物、鱼类和畜牧科学家	农业生产者;农业科学家;农业经济学家	灌溉工程师、社会科学家、水资源管理者	经济学家;水文学家;工程师;水资源管理者
生产项(分子)	农产品的千克数	农产品的千克数	千克数和美元	千克数,美元,价值,生态系统服务	美元,价值,生态系统服务
水项(分母)	蒸腾量	蒸腾量,蒸发量,水的施用量	蒸散量,灌溉输水	灌溉输水量,耗水量,可用水量	输水量,流量,耗水量

注:美元代表市场交易价值,而价值这个词则包括了其他的内在价值,如支撑生计的价值、生态效益,以及文化意义。

每单位蒸散量产出的农产品数量。而灌溉专家则用水分利用效率这个词来描述水是如何有效地输送给作物,并同时指示被浪费的水量。但是这个概念是片面的,常常会产生被误导的观点,因为它没有考虑到水分产生的效益以及被灌溉系统损失的水量常常会被其他用户所利用 (Seckler, Molden, and Sakthivadivel 2003)。

目前水分生产力的重点已经转移到包括综合考虑陆地和水生生态系统中农业用水的收益和成本(表7.2)。水分生产力的分析可以看作是用生态系统的方法进行水管理的一部分。降雨、天然水流、取水和蒸发支撑着陆地和水生生态系统,这些系统为人类提供很多服务。其中农业生态系统所提供的最基本服务就是食物和纤维的生产,同时也会提供其他的一些主要服务(见第6章有关生态系统的论述)。

作物水分生产力的基本知识

对减少用水需求的潜力且增加生产和价值的评估就需要理解基本的生物学意义上的和水文学意义上的作物-水之间的关系。如果想回答农业需要多少

表 7.2　水分生产力和生态系统联系的框架

生态系统	农业活动	水源和耗水	生态系统服务(供给、调节、文化和支撑服务)	提高水分生产力的途径
地表:森林,草地	牲畜放牧、森林产品	降雨、蒸发、蒸腾	生物多样性、气候和水流调节、文化价值	■ 提高服务 ■ 减少耗水 ■ 减少对其他生态系统的负面影响
农业生态系统	作物、农业林业、畜牧业、水产养殖	降雨加调水、蒸发、蒸腾	提供粮食和纤维加上其他服务	
水生生态系统:湿地、河流、湖泊	捕捞渔业,水生植物	径流、回归流、蒸发、蒸腾	生物多样性、水量调节、娱乐和文化价值	

更多水量的问题就需要对水、粮食和膳食结构之间的关系有深入的理解。我们摄取的食物所消耗的水量的多少取决于我们的膳食结构和农业生产系统的水分生产力(框7.1)。农田作物的需水量以及水量和产量之间的关系主导着粮食生

框 7.1　我们吃掉了多少水?

根据蒸发量、蒸腾量、作物单产之间的关系的知识,是有可能计算出支撑不同的膳食结构所需要的以蒸散量(蒸腾量加蒸发量)衡量的需水量。根据气候和管理方式的不同,通常需要400到2000升的蒸散量才能产出1千克的小麦。再考虑到放牧和饲料的蒸散量,以及牲畜消耗了多少这样的食物之后,才有可能计算出生产蛋类和肉类的蒸散需水量。蛋类和肉类的蒸散需水量变异很大,主要取决于动物的种类、饲料的种类以及不同的管理方式。但是通常生产1千克肉类的蒸散量在1000升到20 000升之间(见本书第13章畜牧业)。

根据这些估计值,相关研究报告了支撑膳食结构的人均每日需水量在2000到5000升之间(Renault and Wallender 2000),基本上是每人每天3000升,或者是每升蒸散量生产1卡路里的热量。高热量、蛋白质丰富的膳食结构比素食为主的膳食结构需要更多的水。在水分生产力很低的情况下,像次撒哈拉非洲的大部分地区,支撑一种平衡的每日膳食结构的用水量会很高,尽管这样的膳食的热量摄入很低且还有可能缺乏营养。

从主要食物成分估计埃塞俄比亚、泰国和意大利的每日用水量

产品	描述	埃塞俄比亚	泰国	意大利
谷物类食物[a]	每人每天的卡路里热量	1253	1180	1166
	用水量(L/kg)	1576	3523	949
	每人每日用水(L)	573	1141	428
	在膳食结构中的比例(%)	68	50	32

(待续)

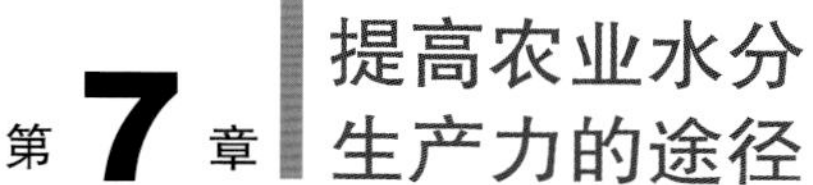

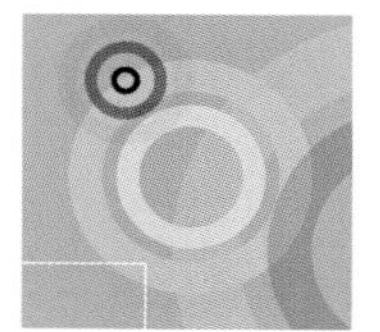

框 7.1 我们吃掉了多少水？（续）

产品	描述	埃塞俄比亚	泰国	意大利
淀粉块根类食物[b]	每人每天的卡路里热量	229	47	72
	用水量(L/kg)	375	279	152
	每人每日用水(L)	57	12	1
	在膳食结构中的比例(%)	12	2	2
蔬菜油	每人每天的卡路里热量	31	151	652
	用水量(L/kg)	17 842	3764	1719
	每人每日用水(L)	27	305	683
	在膳食结构中的比例(%)	2	6	17
蔬菜	每人每天的卡路里热量	10	36	93
	用水量(L/kg)	418	264	108
	每人每日用水(L)	13	30	44
	在膳食结构中的比例(%)	1	1	3
水果[c]	每人每天的卡路里热量	13	108	172
	用水量(L/kg)	507	851	440
	每人每日用水(L)	10	144	239
	在膳食结构中的比例(%)	2	5	5
动物产品[d]	每人每天的卡路里热量	102	295	950
	来自牧场的用水量(L/kg)	23 289	2486	1474
	每人每日用水(L)	2238	605	1611
	在膳食结构中的比例(%)	6	12	26
其他[e]	每人每天的卡路里热量	200	566	498
	用水量(L/kg)	225	718	230
	在膳食结构中的比例(%)	11	24	14
总计	提供给每人每天的总卡路里热量	1838	2383	3603
	每天的总耗水(L)	3143	2955	3236

注：表中的数值是根据国家的平均数，包括从零售到消费者手中的损失量，所以并不反映实际摄取的数量。而所占份额的加和数值由于计算过程中的四舍五入而不完全等于100%。

a.埃塞俄比亚的主要谷物是非洲画眉草，泰国是水稻，而意大利是小麦。

b.泰国的主要的淀粉类块根类作物是番薯，而埃塞俄比亚的种类繁多，意大利主要是土豆。

c.埃塞俄比亚和泰国的主要水果是香蕉，意大利是柑橘。

d.埃塞俄比亚的主要动物产品是牛肉和牛奶，泰国是猪肉和鱼类，意大利是牛奶和猪肉。

e.其他种类的食物包括糖、油料作物、酒类、香料和豆类。

来源：联合国粮农组织专门为农业用水综合管理项目所做的评估。

产所需额外的水量的计算公式。所以本节以蒸腾、蒸发、输水、排水、生物量之间的关系的基础的也是技术上的展示(如图7.1所示)作为开端。

如图7.1所示,水的供给主要来源于降雨和灌溉。水通过生产性的蒸腾和蒸发过程而消耗——两个过程相加就叫做蒸散。超出蒸散量之外的水则由径流的方式流出农田(径流)、进入土壤(绿水的来源),或渗漏到地下含水层中。这些回归流不一定意味着水资源的浪费,因为它们是下游用水户的用水来源。

蒸腾、生物量和单产

对于某一作物品种、施肥水平以及气候来说,植物生物量(叶、茎、根、籽粒)和蒸腾量之间存在着已经证实的线性关系(Tanner and Sinclair 1983; Steduto and Albrizio 2005),即是作物将液态水转化成气态水的过程。更多的生物量的产出需要更多的蒸腾,因为当气孔张开时,二氧化碳就会进入叶片进行光合作用,而水分也会离开叶片。水分的流出是给叶片降温的最基本的过程,也是为植物养分在植物体内的液态流动创造条件。气孔在干旱期间会关闭,从而达到限制蒸腾、光合作用以及生物量产出的目的。某些种类的植物如果以生物量与蒸腾量的比值来衡量的话,其用水效率会比其他植物高。而最常见的作物,如C_3作物像小麦和大

图 7.1 作物和水平衡

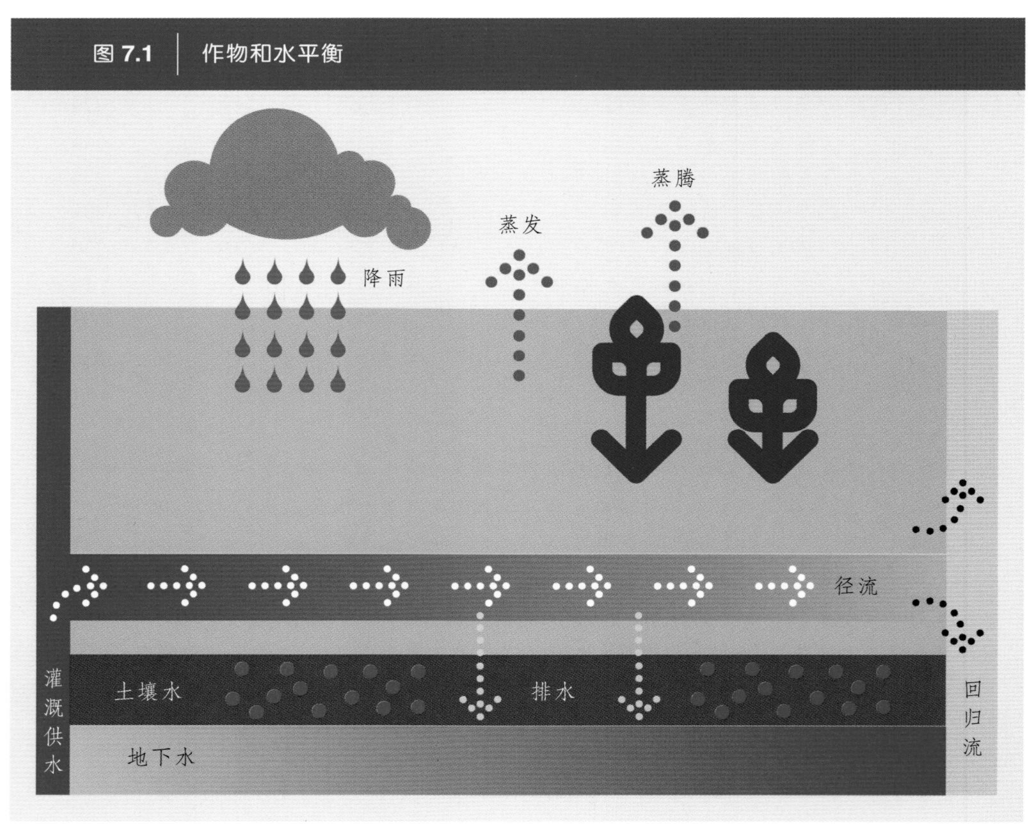

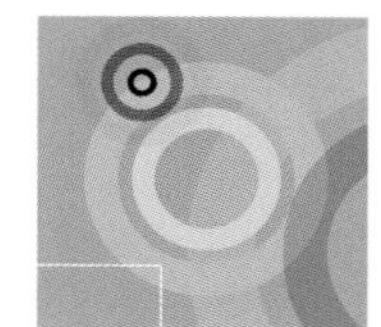

麦,其用水效率是最低的。而C_4作物中的玉米和甘蔗的用水更有效率,而大部分的CAM作物(景天科酸代谢)如仙人掌和菠萝,其用水效率是最高的。

为了提高作物的经济产量,植物育种学已经育成了很多收获指数更高的品种,或者经济产出(粮食的籽粒)比总生物量更高的品种。这样做就可以使每单位蒸腾量获得更多的经济产出。这种育种新策略也许是过去40年中比任何其他的农艺措施能够更高地提高水分生产力潜力的方法(Keller and Seckler 2004)。小麦和玉米的收获指数从1960年代前的0.35提高到1980年代的0.5(Sayre, Rajaram, and Fischer 1997),这主要是由于当时的绿色革命中的育种专家将主要注意力放在这个方向的缘故。但是在过去的20年,收获指数增长的速率明显放缓,因为已经达到生理上的极限。在低产量的情形下,收获指数的数值比最大可获得的数值要低,主要是因为管理措施没有达到最优化的状态。

粮食生产的增加是通过几乎成比例的蒸腾量的增加而实现的。

蒸腾和作物生产之间的关系会对水资源产生深远的影响。粮食生产的增加是通过几乎成比例的蒸腾量的增加而实现的。这就是为什么粮食生产的增加会导致从生态系统中的取水量的增加,从而减少了森林和草地的蒸腾量,也减少了入海水量。这也是为什么未来的粮食生产还会继续对生态系统造成影响的原因。养活更多的人口就必须需要更多的蒸腾水量。

蒸发和蒸腾

农业主要通过蒸散的途径来消耗水资源,蒸散量中包括生产性的蒸腾以及从陆地表面和水面的蒸发(照片7.1)。蒸散是一个常用的概念,部分的原因是很难将蒸发和蒸腾区分开来。蒸散是一个至关重要的过程,不仅因为它是作物生产的最基本过程,还因为农业蒸散量增多就意味着人类和生态利用的有效水量的减少。最终,农业扩展的范围要受到蒸散所消耗的有效水资源的限制。

摄影:Mats Lannerstad

照片 7.1　作物蒸散:蒸腾通过植物的叶片进行的,而蒸发是通过土壤表面进行的。

气候在每单位蒸散量的水分生产力中起到核心的作用。更高的水分生产力可以在更低的蒸汽压差(是指空气中实际和最大的水汽之间的差异)的条件下实现(Tanner and Sinclair 1983)[WE],而这种情况在较高纬度的条件下更加常见(Zwart and Bastiaanssen 2004)。现在认为大气中更高的二氧化碳的浓度将会提高每单位蒸散量的水分生产力,因为更多的碳会进入植物参与光合作用(Droogers and Aerts 2005; IPCC 2001)。但最近的研究结果表明由于二氧化碳浓度升高而造成的水分生产力的提高在很大程度上会被温度升高产生的效应所抵消(Long and others 2006),因此对气候变化造成的二氧化碳升高而导致的单产和水分生产力提高的结论提出了怀疑。

尽管生物量和蒸腾量之间存在确定的关系,与作物蒸腾量相关的产量(这里指作物的可销售产量)还存在着很大的变量,主要因为蒸发量、作物的收获系数、气候条件、栽培品种、水压力、虫害和病害、营养和土壤状况以及其他管理和农艺措施因素(图7.2)。因此,提高单位蒸散量的经济产量似乎还是具有相当大的空间,因为上限还远远未达到(图7.2中的直线恰好和蒸腾量和产量之间的现行关系重合)。较大的变量性是由于管理措施的差异造成的(French and Schultz

图 7.2 全世界不同地区的小麦单产和蒸散量之间存在巨大差异

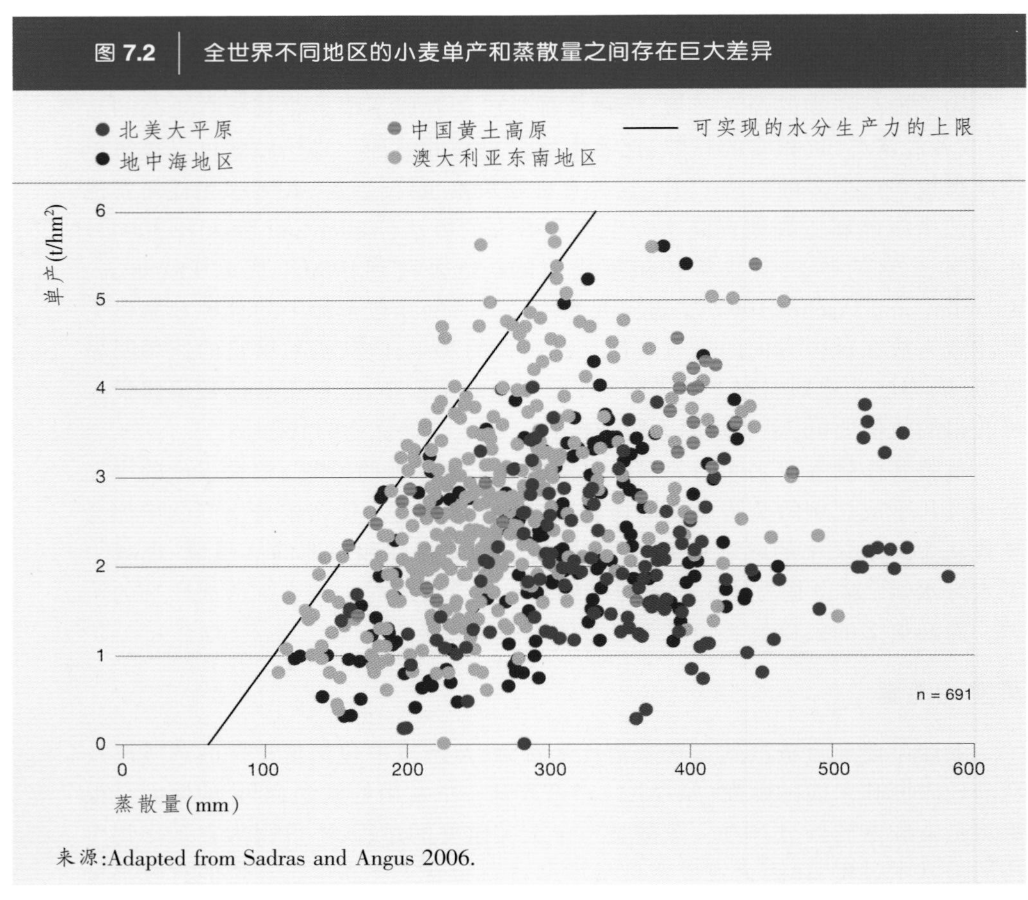

来源:Adapted from Sadras and Angus 2006.

1984),这个结论的重要性在于:它为提高经济产量和蒸散量之间的比值提供了希望。

在实际单产比潜在单产少40%~50%的情况下，非水分因素如土壤肥力,会制约每单位蒸散量的作物水分生产力(Tanner and Sinclair 1983)。土地退化和营养耗竭极大地制约了提高水分生产力的机会(见第15章有关土地的论述)。在这些情况下,提高在正确的时间获取水的水管理措施,或者减少土地退化的水管理措施和诸如保持土壤健康和肥力、控制杂草和疾病、适时播种的农艺措施相结合的时候,就会产生增效的协同效应。这种生产因素之间的增效的协同效应会提高作物水分生产力,尤其是在低产情况下,因为更多的生产资源都会更高效地用于单产的提高 (de Wit 1992)。当实际单产超过潜在单产40%~50%的时候,单产的增加和蒸散量的增加几乎是同比例增长(图7.3)。

输水和排水

减少对农业的输水(蓝水)受到很大关注,而对农业耗水的重视程度则不

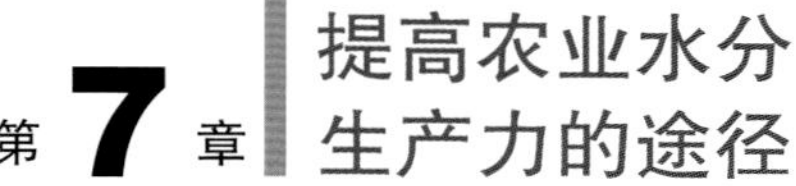
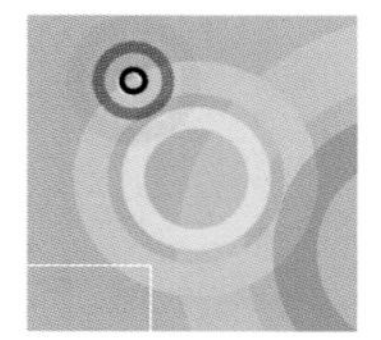

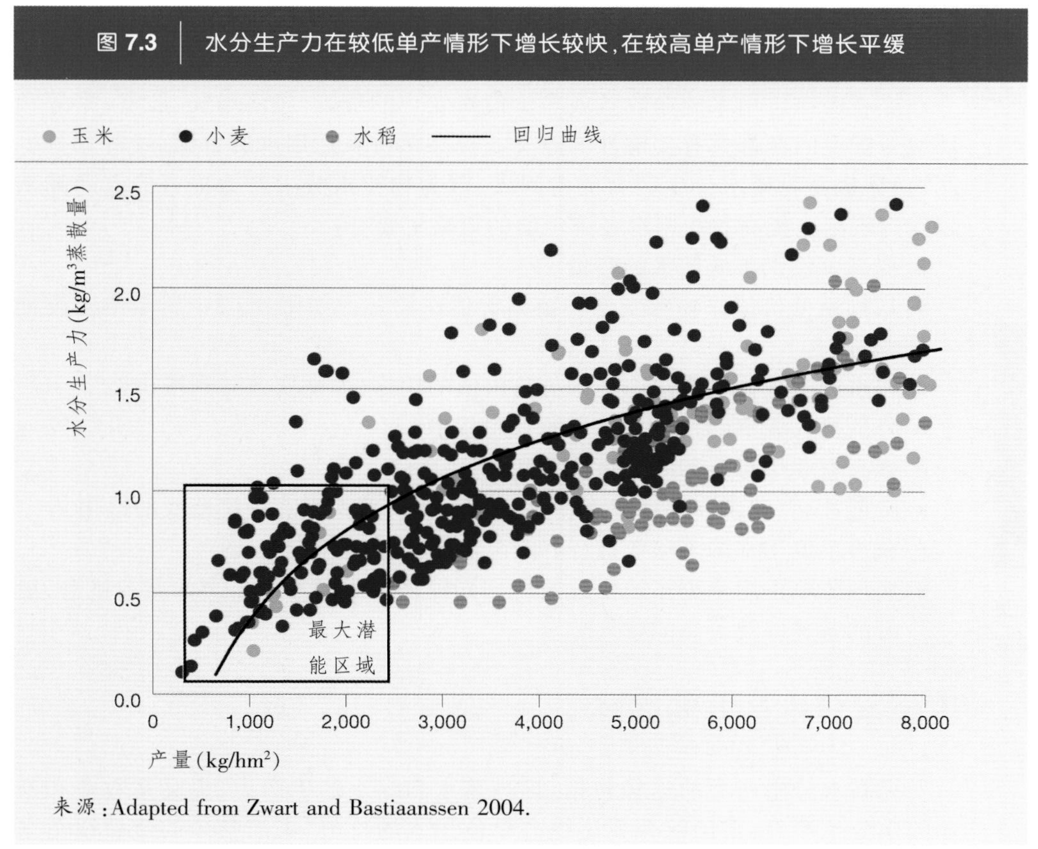

图 7.3 水分生产力在较低单产情形下增长较快,在较高单产情形下增长平缓

来源:Adapted from Zwart and Bastiaanssen 2004.

够,尤其是蒸散方式的耗水。输水和耗水同样重要,但是两者的意义却不同。关键的问题是:提高每单位输水的水分生产力必须要考虑对排水流的影响。

几种农田的水管理措施如更短的田畦、干湿交替灌溉、滴灌,都是为了将更多的输入水转化成蒸腾以提高单产,减少农田排水量。类似地,灌溉系统中的混凝土衬砌和管线被用来减少输水渠道的渗漏,从而减少排水流。

为了更准确地了解精确的农田和灌溉管理措施是否会"节省"可用于其他用途的水资源,有必要深入了解排水流的特征。排水流如果流向盐化的地下含水层、造成渍水状态、或者被导向离开重要的生态系统,这种情况是不期望出现的。但是排水流也可以是令人期望的,如果它们能成为下游农户的用水来源、到达浅层地下水成为家庭菜园的灌溉水来源(Bakker and others 1999),以及生活水井的补给水源(Meijer and others 2006),或是支撑其他重要的生态系统服务功能。在这些情况下错误的"节水"投资将损害人类的生计和福利。因此需要做的是从流域的整体角度进行分析。

每单位水产生的价值即为水分生产力

提高每单位用水的净收益或净价值对农户的决策、经济增长、脱贫、平等和环境保护等问题都具有关键性的意义。提高单位农业用水的价值(经济水分生产力)比提高物质水分生产力的空间大,因为物质水分生产力提升的空间越来越受到限制。提高农业用水经济价值的策略主要有:

- 提高单位供水或耗水的产量。
- 从种植低价值作物转变到种植高价值作物——如照片7.2中所示小麦改种草莓。
- 将水资源从低价值用途转到更高价值的用途(如从农业转到城市)。
- 降低投入成本(劳动力、水资源利用技术)。
- 提高农业生态服务的健康效益和价值。
- 降低社会、健康和环境成本(比如,最小化对其他生态系统造成的退化)。
- 获得单位用水的多项效益(例如,降水用于饮用和农业)。
- 实现每单位用水更多的生计效应(同样多的水量产生更多的就业机会、更好的营养以及更高的收入)。

摄影:Mats Lannerstad

照片 7.2 种植具有更高价值的作物,如灌溉香蕉和甘蓝,从而提高经济水分生产力。

提高水分生产力的途径

提高水分生产力的途径包括:提高蓝水和绿水的生产力;提高畜牧业和渔业的水分生产力;采用综合方法提高单位用水的价值;采用整体的流域视角来理解对水分生产力的权衡。

提高蒸散量的水分生产力

最常见作物如水稻、小麦、玉米的物质水分生产力可以通过三种最基本的方式提高(图7.4)。在对诸如小麦和水稻这样的常见作物的未来收获指数(收获作物重量比生物量)或生物量比蒸腾量的提高潜力方面存在争论,从很深的怀疑 (Tanner and Sinclair 1983) 到轻度的乐观态度 (Bindraban 1997; Bennett 2003)。因为在绿色革命期间,大部分常见作物(小麦、玉米、水稻)的收获指数的提高潜力已经发挥。但是还是存在着惊喜的,会对上述关系产生不可预期的变化(框7.2)[1]。而提高高粱和小米这类作物的收获指数还存在着更大的潜力,而这类作物对贫困人口来说正是十分重要的生计来源。通过育种、有针对性地提高作物早期的生长活力以减少蒸发、增加对干旱、病害或盐分的抵抗能力等方式都能够有效地提高单位蒸散量的水分生产力。

图7.4中两条较低的直线指示了通过改善管理措施而可能提高的产量比上蒸散量的物质水分生产力。但是,在世界上许多生产力已经很高的区域,如黄河下游,水分生产力已经得到了很大的提高,可提升的空间很小。这就意味着在这些地区实现更高的产量就必须实现更多的蒸散量。

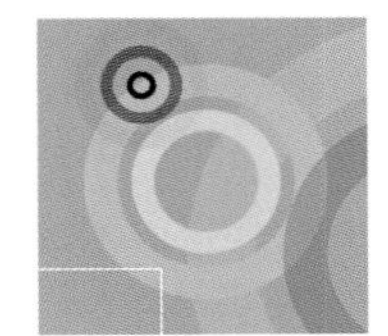

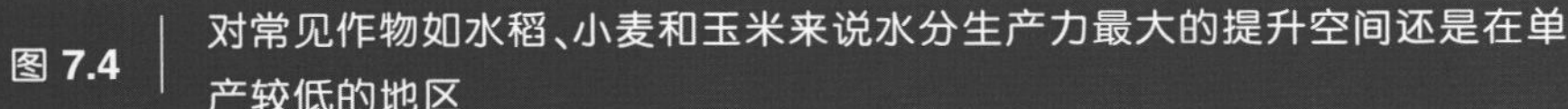

图 7.4 对常见作物如水稻、小麦和玉米来说水分生产力最大的提升空间还是在单产较低的地区

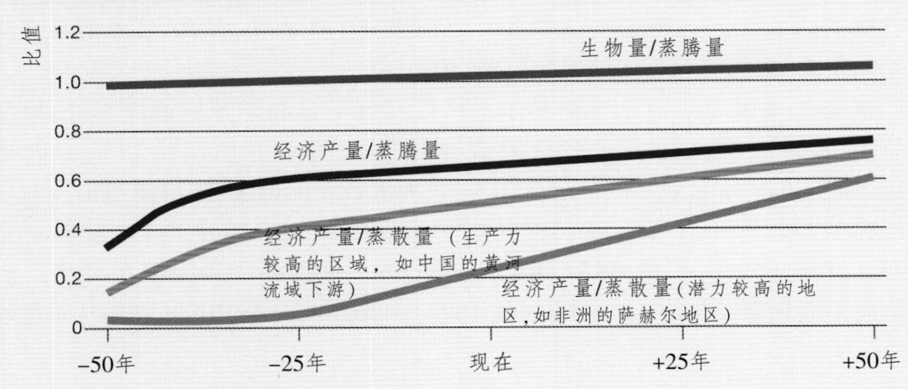

来源:Schematic developed for the Comprehensive Assessment of Water Management in Agriculture.

框 7.2 生物技术能提高水分生产力吗?

作物育种已经通过提高作物收获指数的干预措施使水分生产力得到了巨大的提高。像小麦、玉米和水稻这样的常见作物,由于在 20 世纪 60 到 80 年代已经取得了收获指数的显著提高,因此可继续提升的空间不大。但是生物技术可以通过几种间接的方式来提高作物的物质水分生产力:

- 有针对性的促进作物早期快速生长以遮蔽土壤、减少土壤表面的蒸发量。
- 选育抗旱品种。由于避免了由于遭受旱灾所受到的作物减产和绝收,作物的水分生产力会显著提高,但是作物产量的提高也意味着蒸散量的增加,所以对水分生产力的提升效应是复杂和不明确的。
- 选育抗病、抗虫和抗盐品种。
- 提高像谷子和高粱这样的在上一次绿色革命中没有受到足够重视的作物的收获指数。

每单位蒸散量的价值可以通过以下方式取得:

- 提高作物的营养价值。
- 通过种植抗病和抗虫品种减少农业化学物的投入。

因为本研究报告的研究和预测时段在 15~20 年之间,我们因此得出结论:通过植物遗传学的手段取得的作物水分生产力的提高将是中等程度的。但是这种提高可以降低作物减产的风险。可以通过或是较慢的传统育种方式获得,或是通过适宜的生物技术手段较快地取得。转基因技术虽然仍然是高度争议的做法,但却是一种获得潜在效益的可能方法。由于实际的田间管理方式和生物物理潜力之间的巨大差异,取得水分生产力的更大提高可能只有通过更好的管理方式才能实现[CE]。

低产区具有最高的提升空间，如非洲撒哈拉以南和南亚的某些地区。这些地区通常又是极度贫困的地区，贫困人口的聚集程度极高且高度依赖农业为生。这是一个令人振奋的结论，因为把重点放在这些地区不仅会减少全球农业生产所需的水量，还会帮助穷人脱贫。目前水分生产力在不同的农业商品之间的差异很大，意味着有更多的提升空间(表7.3)。

提高土壤肥力。对于像萨赫尔地区这样的干旱和半干旱地区来说，模型分析和田间试验已经表明养分限制是比可利用水更加制约产量的因素(Breman, Groot, and van Keulen 2001)。在大多数非洲国家，肥料使用很少——非洲撒哈拉以南地区每公顷农田只施9 kg的肥料，而在拉美是73 kg、南亚是100 kg、东亚和东南亚是135 kg(Kelly 2006)——这已经成为限制水分生产力的主要限制因素(Twomlow and others 1999)。Bindraban等(1999, 2000)还发现

表 7.3 某些产品单位水所产生的价值

产品	水分生产力			
	kg/m^3	\$/m^3	g 蛋白质/m^3	Cal/m^3
谷物				
小麦(0.2 $/kg)	0.2~1.2	0.04~0.30	50~150	660~4000
水稻(0.31 $/kg)	0.15~1.6	0.05~0.18	12~50	500~2000
玉米(0.11 $/kg)	0.30~2.00	0.03~0.22	30~200	1000~7000
豆科作物				
小扁豆(0.3 $/kg)	0.3~1.0	0.09~0.30	90~150	1060~3500
蚕豆(0.3 $/kg)	0.3~0.8	0.09~0.24	100~150	1260~3360
花生(0.8 $/kg)	0.1~0.4	0.08~0.32	30~120	800~3200
蔬菜				
土豆(0.1 $/kg)	3~7	0.3~0.7	50~120	3000~7000
番茄(0.15 $/kg)	5~20	0.75~3.0	50~200	1000~4000
洋葱(0.1 $/kg)	3~10	0.3~1.0	20~67	1200~4000
水果				
苹果(0.8 $/kg)	1.0~5.0	0.8~4.0	忽略不计	520~2600
橄榄(1.0 $/kg)	1.0~3.0	1.0~3.0	10~30	1150~3450
枣(2.0 $/kg)	0.4~0.8	0.8~1.6	8~16	1120~2240
其他				
牛肉(3.0 $/kg)	0.03~0.1	0.09~0.3	10~30	60~210
水产养殖[a]的鱼类	0.05~1.0	0.07~1.35	17~340	85~1750

a 包括没有附加营养输入的粗放系统。

来源：Muir 1993; Verdegem, Bosma, and Verreth 2006; Renault and Wallender 2000; Oweis and Hachum 2003, Zwart and Bastiaanssen 2004.

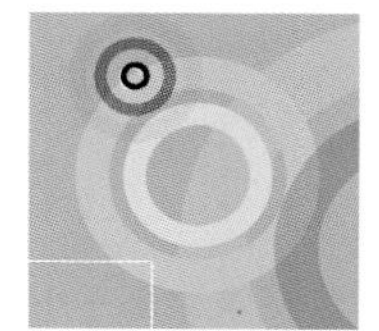

在半干旱的西非提高单产的生物物理机遇是很大的。由于养分限制而产量极低的西非雨养农业（地图7.1顶部）在土壤肥力水平提高加上更好的雨水管理的条件下可以取得更高的产量（地图7.1底部）。随着土壤肥力和雨水管理水平的提高，可以有效地减少蒸发并将更多的水导向蒸腾，单产水平就会翻一番甚至翻两番。

用国际贸易手段提高全球水分生产力。全球水分生产力的提高可以通过在那些气候和管理措施适宜、已达到较高的水分生产力的地区种植作物，并将在这些地方种植的作物通过贸易销售到水分生产力较低的地区来实现。1995年，从水分生产力较高地区向较低地区的全球贸易比不实行全球贸易的情况下降低了6% 的全球蒸散量，并减少了11%的灌溉耗水量，而生产的作物的总量却保持不变（de Fraiture and others 2004）。但是全球贸易的驱动力主要来源于其他经济和政治因素，而由此产生的水分生产力的提高只不过是贸易的副产品。还必须对贸易对进口付汇、农村就业以及环境的影响进行更深入细致的分析（见本书第三章情景分析）。

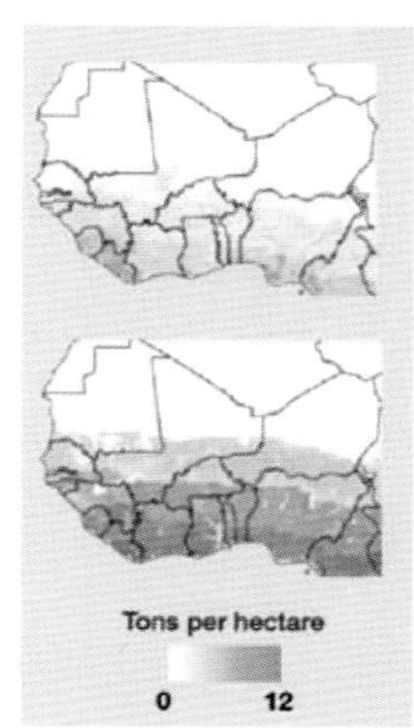

来源：Bindraban and others 2000.

地图 7.1 土壤肥力提高和雨水管理改善之前和之后，西非的粮食单产模拟图。

减少蒸发。在减少蒸发的同时增加生产性的蒸腾会提高水分生产力。蒸发因农业生产体系的不同而差异很大（Burt and others 2005），从滴灌系统中的4%到15%~25%（Burt，Howes，and Mutziger 2001）到雨养农业体系中的40%甚至更高（Rockstrom，Barron，and Fox 2003）。蒸发的数量取决于气候、土壤以及作物冠层的伸展范围，因为冠层可以遮蔽土壤（照片7.3）。在雨养农业体系中，蒸发可以在总蒸散量中占很高的比例，因为雨养农业的植株密度较低。但令人惊奇的是，在滴灌和喷灌农业体系中蒸发量不一定比管理完善的地面灌溉体系更少（Burt，Howes，and Mutziger 2001）。诸如秸秆覆盖、耕地或快速的叶面伸展以尽

摄影：David Molden

照片 7.3 在灌溉水迅速蒸发后，还有水留在地表。减少蒸发会节水。

快遮蔽地表的育种等措施可能会减少蒸发并增加生产性的蒸腾。

在某些农业景观中，减少水体、高地下水位以及淹水地区的蒸发还存在很大的空间，同时要谨慎行事以避免这样做对重要的支撑湿地的功能产生影响。排水或减少灌水次数是十分关键的措施。在许多地方，较高的地下水位是农业耕作的结果，而排水则可能产生诸如减少蚊虫繁殖地的积极效果。利用地下水而不是水库进行蓄水会减少蒸发。在墨西哥的Lerma-Chapla流域，在目前条件下年平均有1.8 km^3的水从地表水体蒸发，占流域灌溉农业用水量的54%，流域径流的38%(IMTA 2002)。

减少输水所产生的节水效益常常会被高估，因为在分析中没有恰当地估计回归流和重复利用的水量。

在干旱环境下，有超过90%的降雨通过蒸发返回大气，只留下10%用于生产性的蒸腾。微型和大型集水区的雨水收集技术会在这些降水蒸发之前将其捕获并大部分用于作物和牲畜的生产，将有效降雨用于蒸腾的比例提高到20%~50%(Oweis, Hachum, and Kijne 1999)。

提高输水的水分生产力

通过节水措施和用水需求的管理来减少或限制从河流和地下水的取水是控制水资源、限制对水生生态系统造成损害的主要策略。过度的输水会造成难以控制的过度排水问题，还会造成需要更多的能源进行抽水的问题，造成水质下降，同时也为疾病的滋生提供了温床。除此之外，减少输水还意味着有更多的地表水保留在河流中以支持生态系统服务功能和生物多样性。采用更精确的输水措施会使水管理者在有需要的地点输水的灵活性。但是减少输水所产生的节水效益常常会被高估，因为在分析中没有恰当地估计回归流和重复利用的水量(框7.3)。

由于蓝水施用的时机、数量和可靠性会影响农作物的产量和质量，蓝水的水分生产力可以通过完善的管理加以提高。在作物对用水紧张最敏感的时候灌溉会提高每单位输水量以及每单位蒸散量的产量，而错过这个时机灌溉会起到相反的效果。一些水果和蔬菜的品质在某些关键时期的用水紧张条件下会更好，而农民则在这时采摘以获取更高的市场价格。

提高输水的可靠程度以及保证供水时机和数量上更大的灵活性是农民投资决策时所要考虑的重要因素。当供水不可预测的时候，农民就不会在投入上投资，且倾向于种植那些对用水压力和多变的灌溉时机更具弹性的作物，造成产量和经济价值的收获都很低(Hussain and others 2004)。

补充灌溉(在正确的时间添加少量的水以补充降水的不足)是一种提高供水和蒸散的水分生产力的好方法。水分生产力也会由于亏缺灌溉(提供比最高水平的作物蒸散量少的水)的实施而得到提高(Zhang 2003)。叙利亚西部的小麦产量在适时施用100~200 mm灌溉水的情况下，产量从2 t/hm^2增加到5 t/hm^2，水分生产力则从0.6 kg/m^3提高到1.85 kg/m^3(Oweis and Hachum 2003)。在补充灌溉配合土壤肥力管理的条件下，布基纳法索的高粱和肯尼亚的玉米单产从0.5 t/hm^2提高到1.5~2.0 t/hm^2(Rockstrom, Barron, and Fox 2003)。这些

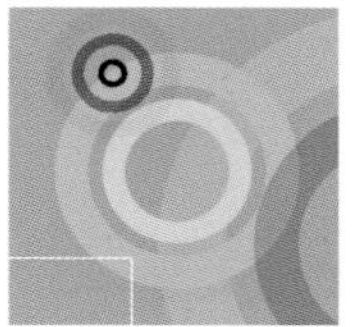

框 7.3 节水现实可行吗?

节水,尤其是从灌溉农业中节省的水量,会使这些水能够用于其他收益更高的用途,如城市、工业、生态系统或者更多的农业生产。投资于通过灌溉渠道衬砌、安装滴灌和喷灌系统、实施田间水管理措施而提高灌溉效率的项目对防止灌溉系统的盐渍化、渍水以及提升整体水管理水平是十分重要的策略。

但是很多人对这些措施是否能促进真正的节水仍然怀有疑问。在真正节水的体系中,从灌溉系统中节省的水量可以被转移用于其他用途而不影响产出的水平,而不是这种节水仅仅是"拆东墙补西墙"的行为(Seckler 1996; Perry 1999; Seckler, Molden, and Sakthivadivel 2003; Molle, Mamanpoush, and Miranzadeh 2005)。

减少输水的措施通常也会导致排水流的减少。下游的农民会利用上游的排水种植作物,或者这些排水会被用来支撑下游的主要的生态系统。经常发生的是节水量的增加往往会被水量损失所抵消(Gichuki 2004),而这种抵消效果又很难被认清。在其他一些情况下,输送到农田的水量并不减少,农民会有很高的积极性去利用在他们自己农田上"节省"下来的水,从而造成更多的蒸散量,以及虽然粮食增产但是下游的可用水量却减少的情形。

输水量的减少是否会造成真正节水取决于排水流的动向。减少输水和排水在排水流被损害、污染以及流向盐汇的时候是有效的(Molden, Sakthivadivel, and Keller 2001)。在其他情形下,需要从流域的视角来确定节水是否是真正有效果的。

措施在水资源供给有限和供水成本较高的情况下起到的效果尤其显著。

通过一系列的技术和管理措施,如滴灌和喷灌、推广平整土地和波涌灌的精确灌溉技术、渠道衬砌或管道输水、减少农民的水量配置、通过水价机制影响需求,减少灌溉输水还存在着巨大的潜力。很多这样的措施能够提高单产(表7.4)。有几种措施可用于水稻的灌溉,如干湿交替灌溉(Bouman and others 2003;第14章有关水稻的论述)。但是,再次需要注意的是,这些措施是否能确保实现真正的节水还需要从更大的流域尺度上进行考察。

一个常见的误解是:灌溉本身高度的无效性行为使之成为一种浪费(常见的灌溉系统的效率据报道为40%~50%之间)。但是,由于灌溉释放出的排水流中有相当部分流向下游而被下游用户所重新利用,特别是在已经闭合的流域(见第16章有关流域的论述),所以实际上灌溉的节水潜力并没有通常认为的那样大[EBI]。实际上,干旱地区的灌区记录到的蒸散量与灌溉量加降雨量的总和之比常常远远大于60%,所以常常导致消耗的水比可再生的水量更多而导致对地下水的开采利用。这样的地区包括:土耳其的Gediz流域(Droogers and Kite 1999),埃及的尼罗河流域(Keller and Keller 1995)和Fayoum流域(Bos 2004),巴基斯坦的Christian支流(Molden, Sakthivadivel, and Habib 2000),印度的Bhakra灌区(Molden, Sakthivadivel, and Habib 2000),中国的柳园口灌区(Hafeez and Khan 2006),阿根廷的Tunuyuan灌区(Bos 2004),巴西的Nilo Coelho(Bos 2004),以及美国和墨西哥的Rio Grande流域(Booker, Michelsen, and Ward 2005)。

表 7.4	印度从传统的地面灌溉方式转变为滴灌方式后不同作物取得的水分生产力提高率(%)		
作物	单产提高	用水量减少	水分生产力提高
香蕉	52	45	173
甘蓝	2	60	150
甘蓝(蒸散量)	54	40	157
棉花	27	53	169
棉花	25	60	212
棉花(蒸散)	35	15	55
棉花	10	15	27
葡萄	23	48	134
黄秋葵(蒸散)	72	40	142
土豆	46	~0	46
甘蔗	6	60	163
甘蔗	20	30	70
甘蔗	29	47	143
甘蔗	33	65	280
甘蔗	23	44	121
甘薯	39	60	243
番茄	5	27	44
番茄	50	39	145

注:水分生产力是指每单位灌溉供水或每单位蒸散量的作物产量,分母是蒸散量的作物在表中以括号标出。

来源:Adapted from Postel and others 2001; Tiwari, Singh, and Mal 2003 第 2 行甘蓝; Rajak and others 2006 第 3 行棉花; Shah and others 2003 第 4 行棉花; Tiwari and others 1998 黄秋葵; and Narayanmoorthy 2004 第 5 行甘蔗。

灌溉系统正处在用日趋减少的供水生产出更多作物的不断增加的压力之下。由于城市和环境需水量的不断增加,越来越多的情况下,灌溉水被配置到这些地方,因此提高蓝水的水分生产力是应对减少的灌溉配额的主要措施,并使得农作物的生产可以为继。减少对灌溉系统的输水量需要采取两种行动:水资源配置的转变配合农业生产和管理措施的变化。如果农民提高了蓝水水分生产力,他们就会更有可能利用在自己的土地上节省的水量,而不是转给城市使用。但是如果农民不得不调整他们的生产和管理方式以适应减少的灌溉水配额,他们至少应该尝试用减少的供水取得至少和原来一样的生产价值。

对灌溉效能的全面评估需要一种超越作物的视角,而将灌溉的其他功能及其价值包括在内。Renault, Hemakumara 和 Molden(2001)的研究结果显示,斯里兰卡的Kirindi Oya灌区多年植被的蒸散量和水稻的蒸散量大致相同,产生

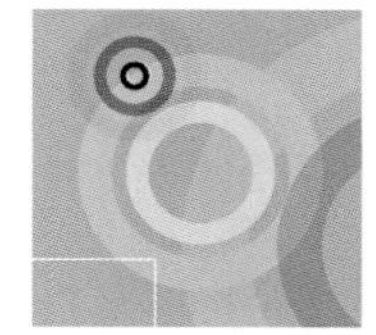

了极有价值的生态系统服务功能，展现出比单纯考虑稻田(22%的入流量被水稻消耗)情形下完全不同的图景(65%的入流量被消耗)。而Kirindi Oya灌区的家庭菜园——当地妇女重要的生计来源——则几乎完全依赖灌区中侧渗的排水作为灌溉水源。在这些情况下，问题已不是浪费的问题，而是很高的取水和蒸散比例导致的排水减少以及河流和渠道的干涸，造成很小部分的排水能够被下游利用。因此，在两个实例中，从流域的视角分析问题都十分重要。这就需要考虑水质和公平性等问题，以及下游利用上游排水流的方式等问题。

除了生产更多的粮食，新建的和已建成的灌溉系统在产出更高的价值并减少社会和环境成本方面还存在巨大的机会(见本书第六章生态系统)。实现这样的目标需要采取一种能够促进多用途用水和多种生态系统服务的综合水管理方法 (Scherr and McNeely forthcoming; Matsuno and others 2006; Groenfeldt 2006)。

> 动物产品的物质水分生产力主要来源于动物消费的食物，而牲畜的饮用水需求相比来说可以被忽略。

提高畜牧业的水分生产力

全球来看，畜牧业生产占农业总蒸散量的大约20%，这个比例随着动物产品消费的增长还会继续提高(见本书第三章情景分析)。减少畜牧业生产所需要的水量能够显著减少未来农业生产的用水需求。

动物产品的物质水分生产力主要来源于动物消费的食物，而牲畜的饮用水需求相比来说可以被忽略。对生产每公斤动物产品所需要的蒸散量的估计值存在着很大差异，主要取决于管理方式、饲料的种类、作物残体的利用方式、加工体系，以及动物将饲料和植物转化为动物产品的效率。牲畜水分生产力的提高可以通过调整这些因素来实现(见第13章有关畜牧业的论述)。

框7.1中膳食结构的信息是指导性的。尽管埃塞俄比亚的膳食结构中只有平均6%的动物产品，但是每人每天的需水量中却有3/4来源于动物的需水量。意大利膳食结构中只有1/4的肉类产品，而半数的耗水却来自这些肉类产品。尽管这些估计值存在着很大的不确定性，还是能从中总结出一些规律。在牲畜水分生产力很低的地方，如埃塞俄比亚，动物产品需要很多的水。在那些膳食结构中肉类占相当比例的地方，膳食结构的需水量很大，但是这可以被集约化的牲畜管理措施所抵消，如意大利。

但是将关注重点仅仅放在牲畜的水需求上会起到误导的作用。牲畜以很多种方式使生产体系增值，在生计策略方面发挥了重要的作用，促进了整个生产力和福利水平的提高。埃塞俄比亚牲畜用水量极高的其中一个原因是牲畜被用来运送货物、耕作土地、产生有机肥料。蓄养牲畜会降低对粮食短缺的脆弱性和农业气候的风险((Fafchamps, Udry, and Czukas 1998)。牲畜生产是印度和巴基斯坦小型灌溉农户生计多样化的重要策略，这两个国家的牲畜生产会为无地农民，尤其是妇女，创造生产性就业和收入，从而对提高平等水平至关重要(Adams and Alderman 1992)。

畜牧业的水分生产力还有很大的提升空间，无论是物质的还是经济的水分生产力。水分生产力的提升战略包括:改善动物饲料的来源;提高牲畜生产的动物生产(奶、肉、蛋)、服务和文化价值;保育水资源以缓解用于放牧的用水需求并减轻对环境的影响。

提高渔业和水产养殖业的水分生产力

> 鱼类常常会被整合到水管理系统中而只需要很少的或根本不需要额外的额水量。

和畜牧业一样,通过更好地将渔业和水产养殖业与水管理系统整合在一起来提高水分生产力并减少贫困还存在着很大的空间(见第12章有关渔业的论述)。

水产养殖业的两个主要用水要素是饲料用水和水产养殖中的蓝水需求。水分生产力的数量是水产养殖的出产量除以饲料需水量及鱼塘水面的蒸发量。水产养殖的实地用水量可以低到在超级集约再循环体系中的每公斤水产品耗水500~700升,也可以高达在粗放水塘管理条件下的每公斤水产品耗水45 000升(蒸发加侧渗加饲料)(Verdegem, Bosma, and Verreth 2006)。

鱼类常常会被整合到水管理系统中且只需要很少甚至不需要额外的用水量(Prein 2002)。Renwick (2001)发现,斯里兰卡Kirindi Oya灌区的水库中的鱼类对收入的贡献相当于灌溉农业体系中水稻生产的18%。Haylor (1994, 1997)则评估了巴基斯坦旁遮普地区的大型和小型灌溉农业系统中从事水产养殖的潜力,并注意到当地的水产养殖业几乎全部是用地下管井中的水在池塘中养殖鲤鱼,而扩大利用当地的地下管井水源养殖鲤鱼的做法有着经济上的合理性。同时,在灌渠中从事笼养水产养殖的收入潜力也是诱人的,但是需要解决由此产生的与农业用水冲突的问题。Murray and others (2002)指出传统的权力结构会削弱将水产养殖业整合入灌溉系统中的尝试和努力,因此需要从社区到国家层面的法律和法规的相应改变。海岸地区的水产养殖会造成严重的土地和水质退化以及生物多样性的减少,因此需要额外关注(Gowing, Tuong, and Hoanh 2006)。

湖泊、河流和湿地的渔业是水分生产力评估中的特殊案例,因为鱼类仅仅是水生生态系统提供的服务功能之一(见第12章有关渔业的论述)。渔业的经济价值和生计收益都很高,但经常被忽视或低估,仅仅考虑鱼类出产的价值将会从整体上忽略这些水生生态系统中水的价值。渔业体系的水分生产力需要从每单位水提供的生态服务和所能支撑的生计的角度加以考虑。因此,保持湿地和生物多样性应当考虑到如果将这些水保留在水生生态系统中所能产生的潜在效益。

应用综合方法提高单位水量的价值

设计并管理农业用水用于多种用途——饮用水、工业用水、牲畜用水、渔业用水——会提高水管理系统中水的社会和经济生产力(Meinzen-Dick 1997; Bhatnagar and others 2004; Nguyen-Khoa, Smith, and Lorenzen 2005; van Koppen, Moriarty, and Boelee 2006; 照片7.4)。灌溉可以为水果种植和遮阴树木提供水源,还可以支撑生物多样性,同时也是地下水补给的来源,还是支撑小农

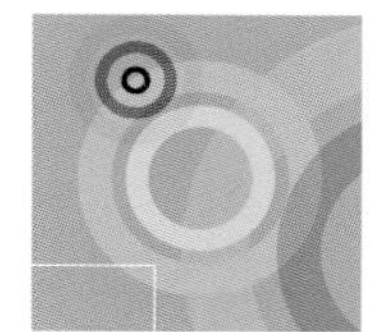

户生计的农村饮用水的来源。能够储存作物灌溉用水以及生活用水的多功能的农户池塘,也许还适合养鱼以提高家庭的营养水平并提供新的收入来源。综合农业-渔业体系为水分和养分的循环提供了一种方式,并使农户从这种经营中获取更多的价值和更高的收入(Gupta and others 1999)。农田的池塘可以起到拦截地表径流中养分的作用(养分来源于作物和牲畜),而这些养分可以被鱼类循环利用,而其残余物可作为塘边种植作物的肥料来源,有助于提升小农户经营的农业水平。

设计并管理农业用水用于多种用途——饮用水、工业用水、牲畜用水、渔业用水——会提高水管理系统中水的社会和经济生产力。

农业水管理措施会提供超出粮食生产范围的多种生态系统服务(见第6章有关生态系统的论述)。如果不考虑其具有的多重功能,那么稻田生产的价值就会被低估(见第14章有关水稻的论述)。减少环境成本并促进生态系统服务功能的措施会提高农业水管理的衍生价值(Matsuno and others 2006;Scherr and McNeely forthcoming)。

采取综合流域的视角来理解水分生产力的权衡

流域用水发生的某个变化在造就一批获利者的同时,也会造就一些失败者。扩展雨养农业系统或者添加灌溉的方式将水纳入农业的服务功能会将水不能用于其他用途——森林、草地、河流(照片7.5)。流域上游更好的收集雨水的措施和人工蓄水的方式来扩展农业的做法,会减少流域下游用于支撑其他农业生产者、渔民和家庭用户的用水流量。生产更多的粮食意味着将更多的水投入生产并从其他用途中提取更多的用水。以流域视角做水分生产力的分析会帮助决策者更好地进行权衡以制定收益大于成本的战略(框7.4)。

摄影:Mats Lannerstad

照片 7.4　灌溉水的多种用途意味着每一滴水会产生更多的价值。

然而，大多数流域水平目前采用的用水战略是由个体的政治、经济和因素决定的，水分生产力的问题很少被考虑到（见第16章有关流域的论述）。一般来说，随着城市化的进程，水会被更多地从农业重新配置到城市（Molle and Berkoff 2006），从河流和湿地等自然用途重新配置给农业。在这些重新配置的过程中，很少考虑到生态系统和农业所产生的内在价值，用水的转移常常是没有协商或适当补偿的。所以，农民耕作行为的改变常常就是对这种重新配置的反应，而不是驱动水资源重新配置的幕后推手。

> **大多数流域水平目前采用的用水战略是由各种政治、经济因素决定的，水分生产力的问题很少被考虑到。**

总的来说，流域水平的水分生产力可以通过提高流域内每单位用水的作物、灌溉、牲畜和鱼类的水分生产力而达到；也可以通过减少非生产性的蒸发量而达到；还可以通过开发更多的有效水资源的同时权衡其他用途来实现；还可以通过将水资源重新配置到具有更高货币价值或社会和生态价值的活动中来产生更高的经济收益；或者减少上述活动中和用水模式改变相关的社会和环境成本来实现（见表7.2）。

更大范围内的水分生产力问题会更加复杂，特别是在用水户、水循环、水资源退化以及水的机会成本和公平性问题上存在竞争的多部门体系中。评估流域水平用水变化的影响需要对变化的效益和成本及其在利益相关方之间的分配进行深入的分析。这种分析的第一步需要考察水文过程以了解水的不同用途对水质、水量和流型变化的影响。这种变化不总是明显的，因为水文过程之间有着复杂的相互联系。那些开发利用山区中溪流的人们是肯定不会想到自己的行为对下游农业和湿地产生的后果的。

分析的第二步则要求综合性地评估边际水分生产力以及和用水相关的非市场价值——生计支持以及生态系统服务的衍生价值（Ward and Michelsen 2002）。边际水分生产力的概念十分简单。举例来说，如果有少量的水从农业转移到其他更高价值的工业使用，这部分水就可以产生更高的净价值，因为支撑计算机芯片生产的水产出的价值远远高于提供给小麦生产的水所产出的价值。

摄影：Karen Conniff

照片 7.5 在一个景观范围内的用水户。

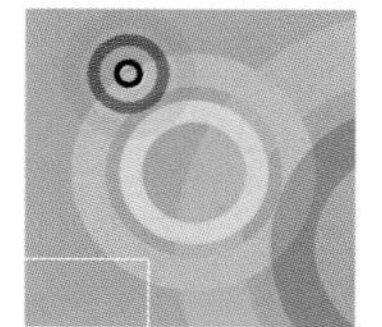

框 7.4 流域范围内提高水分生产力的方式

提高流域范围内的水分生产力有四种基本方式：

- 提高单位蒸散量的水分生产力：
  - 改善土壤和水分管理以及农艺措施以促进土壤肥力、减少盐分，或改善鱼类和牲畜的生存环境。
  - 改变种植的植物品种，种植那些能够提高每单位耗水的产量、或者耗水更少而产量更高的品种。
  - 采用亏缺、补充或精确灌溉方式以获取单位蒸散量更高的产量，尤其这些技术和其他管理措施结合起来的时候。
  - 通过最佳时机供水改善灌溉水管理以降低作物关键生育期的用水压力，或者通过提高供水的可靠性来使农民增加其他投入的投资，这样也会带来单位水量更高的产出。
  - 管理渔业和牲畜生产的用水并改善鱼类和牲畜饲料的来源。
  - 通过秸秆覆盖、促进土壤渗入和贮水性能、促进冠层覆盖、浅层地下滴灌、种植期和蒸发需求少的时期匹配、减少休闲地的蒸发、减少休闲地的露天水面面积和植被（杂草控制）的方式，减少休闲地的蒸发等来减少非生产性的蒸发。
- 将非生产性的蓝水消耗量减少到最低程度（注意这样做不会影响用于其他重要的目的如湿地或其他农户）：
  - 减少流向汇的水流，主要通过减少不可恢复的深层渗漏和地表径流的干预措施，如渠道的衬砌、滴灌、水稻的干湿交替灌溉。
  - 最小化回归流的盐分含量和污染。主要通过最小化流经盐化或污染土壤、排水和地下水多的水流，以及管理含盐水和污染水和淡水的混合的方式（见第 11 章有关劣质水利用的论述）。
  - 避免污染水流入贮水池以避免日后用淡水稀释的需求。含盐或污染水应避免直接流入贮水池。
- 开发未开发过的水流为人类用水提高额外的供水水源。需要注意的是要权衡好下游的人类和生态用途：
  - 添加蓄水设施（水库、地下含水层、小型水窖、农民田间的池塘、土壤蓄水）以使更多的有效水能够用于生产性目的。
  - 提高对现有灌溉设施的管理水平以减少非目的流出的排水。可能的干预措施有：提高灌溉水的利用效率、水的定价、配置和分配措施。同时相关的政策、设计、管理和制度性的干预措施要考虑到灌溉面积的扩展、作物种植密度的加大或灌溉服务区内单产提高等因素。
  - 通过控制、调水并储存排水流来重新利用回归流。
- 对用水进行重新配置和协同管理：
  - 将水从较低价值转移到较高价值的用途上，无论是在行业内还是在行业间，比如从农业重新配置到城市或工业，同时要考虑对其他用户和用途的补偿措施和后果。
  - 为环境和下游用水的配置识别并管理目的性流出量。
  - 协同管理不同用途的用水，识别多种用途，在取得多种用途的收益的同时减轻负面影响。
  - 将水产养殖、渔业和畜牧业纳入流域水资源管理的范围。

但是一般来说工业对水的消耗性需求很小，在工业过程有了足够水量后，额外的流入工业的水量的价值就降低到零，或者是负值，如果工业的回归流被污染。相似地，如果将少量水从河流中转移给农业使用，会造成河流所能提供的生态服务功能的少量变化，但是对农业产值来说却可以取得很高的效益。但是当河流流量被降低到最小限度的时候，任何的又一滴从河道中取走的水的环境成本将会很高。这种分析并不是很普遍，部分的原因是由于综合的水文和评价工具是复杂的和不精确的（框7.5），部分也是由于很少有相应的制度来保证它们进入决策过程。

尽管如此，今天和过去相比，在信息更加丰富的条件下做决策的可能性还是更大的。代表每一种水的用途的利益相关方应该参与到水资源配置的决策中来，而讨论问题所需要的信息应该他们都能掌握。对非市场功能和服务的评价需要利益相关方参与的过程来决定如何平衡不同团体的利益。而对实际配置结果的不一致意见将会一直存在，因为人们的价值、目标、优先领域和抱负各不相同（Warner，Bindraban，and van Keulen 2006）。因此就需要一种信息量丰富的、

框 7.5　水分生产力的分析工具

不断增长的进行流域范围分析的需求以及相互关联的水文、社会经济和生态系统的复杂性都要求研发一种新的分析工具，以更好地帮助利益相关方进行信息量丰富条件下的决策（van Dam and others 2006）。这些分析工具涵盖很广，从经济评价方法，到数学建模分析，到遥感和地理信息系统，再到参与性方法的使用。为了影响投资和管理信息，这些工具需要紧密地整合到决策过程中去。

这张遥感图像显示了墨西哥Sonora州Yaqui谷地小麦的水分生产力的空间变化

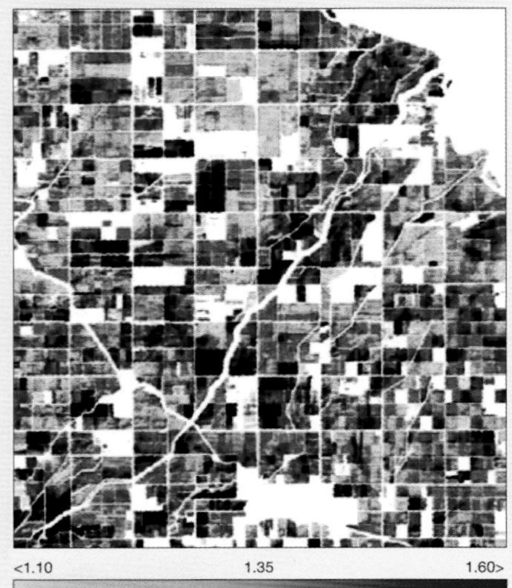

蒸散量（kg/m^3）

例如，结合地面分析的遥感分析方法就被证明在识别作物水分生产力的可能价值范围上具有重要意义，而且还能确定进一步提高水分生产力的限制性因素。在墨西哥的Yaqui灌区，遥感图像捕捉到了作物水分生产力上的巨大差异（见照片）。

这张照片显示的是单位蒸散量的水分生产力。小麦产量和实际蒸散量是采用地表能量平衡算法进行的，这是陆地气象学的一个算法，使用的是高分辨率的Landsat数据和美国大气和海洋局的低分辨数据。这张图显示了地块之间水分生产力的巨大差异，从1.1 kg/m^{3}蒸散量（黄色）到1.6 kg/m^{3}蒸散量（暗红色）。这种差异是由于不同农户的管理及决策差异造成的，如种子的选择、施肥以及灌溉的时间和数量。

来源：Zwart and others 2006.

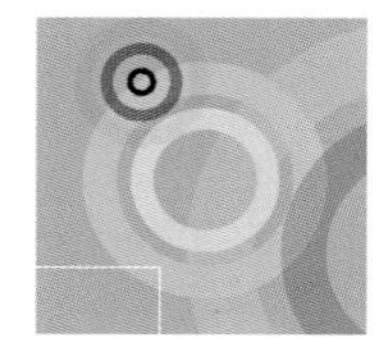

有多个利益相关方参与的过程来解决冲突并找到建设性的解决方法(Emerton and Bos 2004)。

通过水分生产力脱贫的途径

水分生产力可以提供两种减少贫困的途径。首先,有针对性的对水的干预措施可以使穷人和弱势人群能够获取到水并有效利用水资源。第二,水分生产力的全面提高会通过粮食安全、就业和收入提高等叠加效应而最终使穷人受益。

有针对性的技术措施非常广泛,如综合农艺和水分管理措施以在高潜力地区提高粮食产量,如提高每单位稀缺水量的经济价值的策略,如降低对干旱、配置水量的污染和损失的脆弱性的策略。大部分水分生产力的干预措施都能做出调整以使穷人受益(见第4章有关贫困的论述和照片7.6)。例如,降低滴灌成本的努力使得小农户也用得起这种技术(Postel and others 2001)。脱贫的努力会推动获取水困难地区水分生产力的提高,尤其是在经济性水资源匮乏的地区。针对穷人的干预措施有助于他们从有限的供水中获取最大的效益。这样的例子包括低成本就可以获取的脚踏式水泵、降低需水量的滴灌管线、蓄水的水袋等。能够获取少量的水以及应用精确的灌溉技术,小农户也能生产出高附加值的水果和蔬菜作物。小额贷款和私人金融投资也有助于人们促进水的产值。当然,进入市场也是一个必要的条件。

摄影:Sharni Jayawardena

照片 7.6 农民负担得起的灌溉技术实例——一种低成本的微灌设施。

仍需要更多努力以调整措施来适应妇女的需要,她们在农业中发挥着重要作用。调整水系统以适应家庭菜园和生活的需求会改善农户家庭的营养和健康水平,提高水分生产力并且极大地帮助农村妇女(Moriarty, Butterworth, and van Koppen 2004)。但是这些干预措施只有在真正是针对穷人的并且可持续的,才可能是针对地方需要的,才是长期发展进程的不可分割的组成部分,才不会是短期的扶贫行动(Polak and Yoder 2006; Moyo and others 2006)。

大量证据表明妇女是比男人更有效率的生产者, 只要她们和男人享有相似的投入和市场获取的条件, 以及她们自己有权支配自己的劳动成果(van Koppen 2000)。重视妇女的程度如果和重视男人一样的话,可以获得更高的生产力的提升。很明显,这是在妇女主导的农作体系下,但更微妙的是,在妇女和男人混合以及男人主导的体系中, 重视妇女的地位也会提升单位水量的经济价值。

通过间接提高粮食安全以及提高就业机会和收入的叠加效应,水分生产力的提高同样可以减少贫困。农业生产所能产出的全范围收益比单纯衡量产品价值要高得多(Hussain and Hanjra 2004)。对经济体范围内的农场和非农场的叠加效应的估计存在很大差异。对印度的某个地方灌溉系统的叠加效应的估计值可能低至1.2, 而对印度全国的估计值则达到3。叠加效应在亚洲要高于非洲国家,同时在发达国家也倾向于更高(澳大利亚和加拿大的估计值都是6;Hill and

Tollefson 1996)。

另外，面向穷人利益的水分生产力的提升也会来自水管理之外——通过更好的信贷和保险、更有效农业行为的支持、与市场和支撑性服务建立更好的联系、基础教育和医疗服务——从而呼唤一种超越单纯的水管理的分析方法。

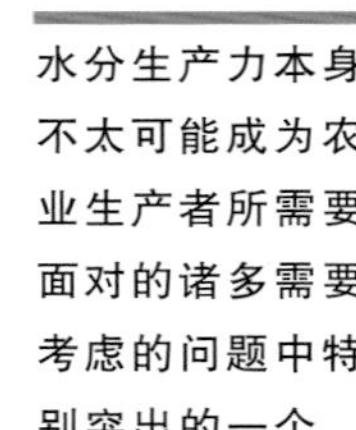

水分生产力本身不太可能成为农业生产者所需要面对的诸多需要考虑的问题中特别突出的一个。

创造实现水分生产力提高的条件

尽管很多策略都能提高水分生产力，但其接受程度还是很低。造成这种情况的原因有很多。可靠的、低成本的充足供水可以带来更高的生产力并降低风险，所以那些生产者为什么要减少水的投入呢？尽管那些试图对农业用水进行有限配置的社会和流域管理者的降低农业耗水的动机十分强烈，但对个体的农业生产者来说，这种动机还是很低的(Luquet and others 2005)。这些复杂的因素可以大致归纳为三种类型的不确定性。

第一种不确定性关注的是提高水分生产力相对于其他影响决策的因素的实际收益。水分生产力本身不太可能成为农业生产者所需要面对的诸多需要考虑的问题中特别突出的一个。农民很少去努力提高水分生产力，他们更多地主要考虑整个生产的利润。影响提高水分生产力措施的接受度的因素包括：

- 成本和可负担性——即支付某种管理措施或技术的能力是农民是否接受这种措施或技术的主要决定因素。
- 价格和获利性——投资会有回报吗？
- 风险——从特定的战略中获得的回报也许会出现较大的年际差异，主要取决于市场、气候和水的有效性等条件。
- 市场——农民能卖掉他们的农产品并从中获利吗(照片7.7)？
- 可靠供水的有效性——指导什么时候有水对管理决策来说也许比知道有多少水更为重要。
- 教育——了解某一种产品及其用途会促进对其的接纳。
- 动机和制度结构——对提高水分生产力措施的支持会影响农民的决策。

Photo by Sanjini de Silva

照片 7.7　市场的进入是提高水分生产力的可行条件之一。

第二种不确定性是在于未来收益的规模。如果决策者不能清楚地了解潜在提高的程度、时间和成本，实现协同努力的前景看起来就会很有限。谁会是水分生产力提高的受益者？谁又是重新分配中的获益者和失败者？比如“非生产性”的环境流量损失这样的变化其风险是什么？目前，对水分生产力的测量以确定提升空间的详细分析很少见。同时也不清楚潜在的水分生产力，即粮食产量上限的空间变化模式是什么。这种不确定性可以通过持续的测量和分析而消除。

决策的尺度也十分关键。提高农田范围内的水分生产力实际上会增加流域层面的耗水量，尤其在和土地相比水是稀缺资源的情况下。农民也许会把水分生产力提升的技术(如滴灌)看成是在相同水量下扩大种植面积的好机会，这会最终加大农业实际消耗的水量，减少了其他用途的有效水量。

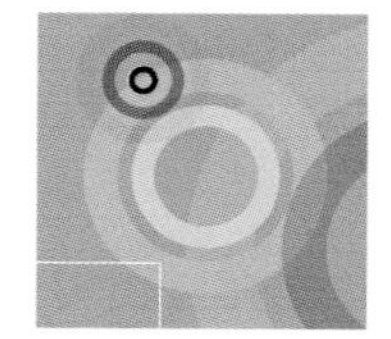

第三种不确定性主要关注的是人们以集体的方式评价水分生产力的提高。水资源的稀缺是驱动水分生产力提高的动力，因为农业面临着城市用水增加以及环境用水配置增加的压力。但是由于这种驱动力不会直接影响获取水的个体的决定，因此就设计出相应的反映物质性缺水的经济工具。有些人认为由于农业用水水价过低造成了农民没有感觉到水的稀缺性，所以提高水价会减少农民对水资源需求，将富余的水配置给城市。而其他人则认为很少有证据表明水价是一种在灌溉系统内控制需求的有效方式，因为价格的提升必须是大幅的调整，还因为缺乏相应的水权和监管制度，还因为在以农业为主要收入来源的社会水价很容易带来很强的政治抵制情绪（Hellegers and Perry 2006; Molle and Berkhoff 2006; Berbel and Gómez-Limón 2000）。用行政手段进行水资源配置被证明是一种有效的选择。因为农民会通过水分生产力的提升，来应对供水的减少。

采纳水分生产力提升措施需要对潜在的权衡有深入理解，需要识别获益者和失败者，还需要将不同参与者的动机一致化。

多种多样的参与者有着不同的动机，但是他们都对水分生产力的提升和重新配置感兴趣。社会也具有将水资源配置到不同用途的动机。正在寻求更多水的城市也会将与它们的目光转向便宜的农业用水。农民持有相对成本产出更多的情况下保持他们获得的供水的动机。提高水价对那些已经挣扎着生存的生产者来说无异于雪上加霜。理解这些动机，在不同的管理选项之间权衡，使不同参与者之间的动机适当一致，这些对于提高采纳率都是至关重要的。其中一种将农民的动机和城市以及更广阔的社会协调一致的策略就是补偿从农业中释放出来的水量，并投资于节水和提升农产品收益的技术。

因此，采纳水分生产力提升措施需要对潜在的权衡有深入理解，需要识别受益者和失败者，还需要将所有参与者的动机适当的一致化。很多动机源来自于水部门之外，将要处理农业经营的脆弱性、风险和获利等问题，也要处理利益相关方的平等和福利等问题。

投资的优先领域

水分生产力需要注意的热点问题包括：

- 贫困率高而水分生产力低的地区，应尤其注意保证穷人受益，如在大部分的非洲撒哈拉以南、南亚和拉丁美洲的部分地区。
- 天然性缺水且存在着激烈水资源竞争的地区，如中亚的咸海流域，中国的黄河流域，尤其是在那些经济水分生产力可能获得提高的地区。
- 那些水资源开发程度较低的地区，少量投入即可获得丰厚回报。
- 那些由水驱动的生态系统退化的地区，如地下水位下降、河流干涸，以及存在激烈用水竞争的地区。

可以马上采取一些行动，而另外一些行动则需要时间和持之以恒的努力：

- 分析水分生产力高低的原因，通过规范化来制定标准（见效快）。
- 工作重点放在主要的生产限制因素上（肥料、病虫害、水）以及导致贫困的因素上(见效快)。

- 建立基础设施和组织机构以实现更好的管理(见效慢)。
- 加强生产者管理系统的能力(见效慢)。
- 在不同尺度上提升水资源管理的技能和水平,以解决竞争性用水的差异化问题(见效慢)。

评审人

审稿编辑:David Seckler

评审人:George Ayad, Andrew I. Ayeni, Wim Bastiaanssen, Paul Belder, Thorsten Blenckner, Eline Boelee, Walter Bowen, Stuart Bunn, David Dent, Peter Droogers, Peter Edwards, Molly Hellmuth, Rafiqul M. Islam, Gunnar Jacks, Joan Jaganyi, Dinesh Kumar, Mats Lannerstad, A.D. Mohile, Francois Molle, Minh-Long Nguyen, V.J. Paranjpye, Sawaeng Ruaysoongnern, Lisa Schipper, Marcel Silvius, Sylvia Tognneti, Steven Twomlow, and Jos van Dam.

注解

1. 例如,将水分效率更高的C_4或CAM作物的特性转移到C_3作物上将会是重大突破。

参考文献

Adams, R.H., and H. Alderman. 1992. "Sources of Income Inequality in Rural Pakistan: A Decomposition Analysis." *Oxford Bulletin of Economics and Statistics* 54 (4): 591–608.

Bakker, M., R. Barker, R. Meinzen-Dick, and F. Konradsen, eds. 1999. *Multiple Uses of Water in Irrigated Areas: A Case Study from Sri Lanka.* SWIM Paper 8. Colombo: International Water Management Institute.

Bennett, J. 2003. "Opportunities for Increasing Water Productivity of CGIAR Crops through Plant Breeding and Molecular Biology." In J.W. Kijne, R. Barker, and D. Molden, eds., *Water Productivity in Agriculture: Limits and Opportunities for Improvement.* Wallingford, UK, and Colombo: CABI Publishing and International Water Management Institute.

Berbel, J., and J.A. Gómez-Limón. 2000. "The Impact of Water-Pricing Policy in Spain: An Analysis of Three Irrigated Areas." *Agricultural Water Management* 43 (2): 219–38.

Bhatnagar, P.R., A.K. Sikka, L.K. Prassad, B.R. Sharma, and S.R. Singh. 2004. "Water Quality Dynamics in Secondary Reservoir for Intensive Fish Production." Abstract 176. Paper presented at International Association of Theoretical and Applied Limnology (SIL) Congress 2004, 8–14 August, Lahti, Finland.

Bindraban, P.S. 1997. "Bridging the Gap between Plant Physiology and Breeding: Identifying Traits to Increase Wheat Yield Potential Using Systems Approaches." Ph.D. thesis. Wageningen Agricultural University, The Netherlands.

Bindraban, P.S., A. Verhagen, P.W.J. Uithol, and P. Henstra. 1999. "A Land Quality Indicator for Sustainable Land Management: The Yield Gap." Report 106. Research Institute for Agrobiology and Soil Fertility, Wageningen, Netherlands.

Bindraban, P.S., J.J. Stoorvogel, D.M. Jansen, J. Vlaming, and J.J.R. Groot. 2000. "Land Quality Indicators for Sustainable Land Management: Proposed Method for Yield Gap and Soil Nutrient Balance." *Agriculture, Ecosystems and Environment* 81 (2): 103–12.

Booker, J.F., A.M. Michelsen, and F.A. Ward. 2005. "Economic Impact of Alternative Policy Responses to Prolonged and Severe Drought in the Rio Grande Basin." *Water Resources Research* 41 (2), *W02026, doi:* 10.1029/2004WR003486

Bos, M.G. 2004. "Using the Depleted Fraction to Manage the Groundwater Table in Irrigated Areas." *Irrigation and Drainage Systems* 18 (3): 201–09.

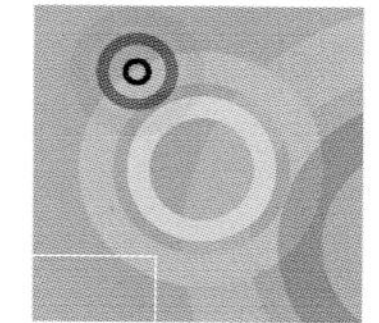

Bouman, B.A.M., H. Hengsdijk, B. Hardy, P.S. Bindraban, T.P. Tuong, and J.K. Ladha, eds. 2003. *Water-wise Rice Production.* Los Baños, Philippines: International Rice Research Institute.

Breman, H., J.J.R. Groot, and H. van Keulen. 2001. "Resource Limitations in Sahelian Agriculture." *Global Environmental Change* 11 (1): 59–68.

Burt, C.M., D.J. Howes, and A. Mutziger. 2001. "Evaporation Estimates for Irrigated Agriculture in California." Presented at the 2001 Irrigation Association Conference, 4–6 November, San Antonio, Tex.

Burt, C.M., A.J. Mutziger, R.G. Allen, and T.A. Howell. 2005. "Evaporation Research: Review and Interpretation." *Journal of Irrigation and Drainage Engineering* 131 (1): 37–58.

De Fraiture, C., X. Cai, U. Amarasinghe, M. Rosegrant, and D. Molden. 2004. "Does International Cereal Trade Save Water? The Impact of Virtual Water Trade on Global Water Use." Comprehensive Assessment of Water Management in Agriculture, Colombo.

De Wit, C.T. 1992. "Resource Use Efficiency in Agriculture." *Agricultural Systems* 40 (1–3): 125–51.

Droogers, P., and J. Aerts. 2005. "Adaptation Strategies to Climate Change and Climate Variability: A Comparative Study between Seven Contrasting River Basins." *Physics and Chemistry of the Earth, Parts A/B/C* 30 (6–7): 339–46.

Droogers, P., and G. Kite. 1999. "Water Productivity form Integrated Basin Modeling." *Irrigation and Drainage Systems* 13 (3): 275–90.

Emerton, L., and E. Bos. 2004. *Value: Counting Ecosystems as Water Infrastructure.* Gland, Switzerland and Cambridge, UK: World Conservation Union.

Fafchamps, M., C. Udry, and K. Czukas. 1998. "Drought and Saving in West Africa: Are Livestock a Buffer Stock?" *Journal of Development Economics* 55 (2): 273–305.

French, R.J., and J.E. Schultz. 1984. "Water Use Efficiency of Wheat in a Mediterranean-type Environment. I: The Relation between Yield, Water Use and Climate." *Australian Journal of Agricultural Research* 35 (6): 743–64.

Gichuki, F. 2004. "Managing the Externalities of Declining Dry Season River Flow: A Case Study from the Ewaso Ngiro North River Basin, Kenya." *Water Resources Research* 40 (8), W08S03, doi: 10.1029/2004WR003106.

Gowing, J.W., T.P. Tuong, and C.T. Hoanh. 2006. "Land and Water Management in Coastal Zones: Dealing with Agriculture-Aquaculture-Fishery Conflicts." In C. T. Hoanh, T.P. Tuong, J.W. Gowing, and B. Hardy, eds., *Environment and Livelihoods in Tropical Coastal Zones: Managing Agriculture-Fishery-Aquaculture Conflicts.* Wallingford, UK, and Colombo: CABI Publishing and International Water Management Institute.

Groenfeldt, D. 2006. "Multifunctionality of Agricultural Water: Looking beyond Food Production and Ecosystem Services." *Irrigation and Drainage* 55 (1):73–83.

Gupta M.V., J.D. Sollows, M.A. Maxid, M. Rahman, and M.G. Hussain. 1999. *Integration of Aquaculture with Rice Farming in Bangladesh: Feasibility and Economic Viability—Its Adoption and Impact.* Technical Report 55. Penan, Malaysia: WorldFish Center.

Hafeez, M., and S. Khan. 2006. "Tracking Fallow Irrigation Water Losses Using Remote-Sensing Techniques: A Case Study from the Liuyuankou Irrigation System, China." In I.R. Willett and Z. Gao, eds., *Agricultural Water Management in China: Proceedings of a Workshop Held in Beijin China, 14 September 2005.* Canberra: Australian Centre for International Agricultural Research.

Haylor, G.S. 1994. "Fish Production from Engineered Water Systems in Developing Countries." In J.F. Muir and R.J. Roberts, eds., *Recent Advances in Aquaculture V.* London: Blackwell Science.

Haylor, G. S. 1997. "Aquaculture Systems Research: Participatory Research Projects Involving Fish Production in Agro-ecosystems in Asia." *Aquaculture News* 23: 18–20.

Hellegers, P.J.G.J., and C.J. Perry. 2006. "Can Irrigation Water Use Be Guided by Market Forces? Theory and Practice." *Water Resources Development* 22 (1): 79–86.

Hill, H., and L. Tollefeson. 1996. "Institutional Questions and Social Challenges." In L.S. Pereira, R.A. Feddes, J.R. Gilley, and B. Lesaffre, eds., *Sustainability of Irrigated Agriculture.* NATO ASI Series. Dordrecht, Netherlands: Kluwer Academic Publishers.

Hussain, I., M. Mudasser, M.A. Hanjra, U. Amrasinghe, and D. Molden. 2004. "Improving Wheat Productivity in Pakistan: Econometric Analysis Using Panel Data from Chaj in the Upper Indus Basin." *Water International* 29(2): 189–200.

Hussain, I., and M.A. Hanjra. 2004. "Irrigation and Poverty Alleviation: Review of the Empirical Evidence." *Irrigation and Drainage* 53(1) 115.

IMTA (Mexican Institute of Water Technology). 2002. "Estudio Tecnico para la Reglamentacion de la Cuenca Lerma-Chapala." IMTA, National Water Commission (CAN) and Secretariat of the Environment and Natural Resources (SEMARNAT), Mexico City.

IPCC (Intergovernmental Panel on Climate Change). 2001. *Climate Change 2001: Impacts, Adaptation and Vulnerability.* Third Assessment Report. Geneva.

Keller, A., and J. Keller. 1995. "Effective Efficiency: A Water Use Efficiency Concept for Allocating Freshwater Resources." Brief for the Center for Economic Policy Studies. Winrock International, Arlington, Va.

Keller, A., and D. Seckler. 2004. *Limits to Increasing the Productivity of Water in Crop Production.* Arlington, Va.: Winrock Water.

Kelly, V.A. 2006. "Factors Affecting Demand for Fertilizer in Sub-Saharan Africa." Agriculture and Rural Development Discussion Paper 23. World Bank, Washington, D.C.

Long, S.P., E.A. Ainsworth, A.D.B. Leakey, J. Nosberger, and D.R. Ort. 2006. "Food for Thought: Lower-than-expected Crop Yield Stimulation with Rising CO_2 Concentrations." *Science* 312 (5782): 1918–21.

Luquet, D., A. Vidal, M. Smith, and J. Dauzatd. 2005. "'More Crop per Drop': How to Make it Acceptable for Farmers?" *Agricultural Water Management* 76 (2): 108–19.

Matsuno, Y., K. Nakamura, T. Masumoto, H. Matsui, T. Kato, and Y. Sato. 2006. "Prospects for Multifunctionality of Paddy Rice Cultivation in Japan and Other Countries in Monsoon Asia." *Paddy and Water Environment* 4 (4): 189–97.

Meijer, K., E. Boelee, D. Augustijn, and I. van der Molen. 2006. "Impacts of Concrete Lining of Irrigation Canals on Availability of Water for Domestic Use in Southern Sri Lanka." *Agricultural Water Management.* 83 (3): 243–51.

Meinzen-Dick, R. 1997. "Valuing the Multiple Uses of Water." In M. Kay, T. Franks, and L. Smith, eds., *Water: Economics, Management and Demand.* London: E&FN Spon.

Molden, D. J., R. Sakthivadivel, and Z. Habib. 2000. *Basin Level Use and Productivity of Water: Examples from South Asia.* Research Report 49. Colombo: International Water Management Institute.

Molden, D.J., R. Sakthivadivel, and J. Keller. 2001. *Hydronomic Zones for Developing Basin Water Conservation Strategies.* Research Report 56. Colombo: International Water Management Institute.

Molden, D., H. Murray-Rust, R. Sakthivadivel, and I. Makin. 2003. "A Water-Productivity Framework for Understanding and Action." In J.W. Kijne, R. Barker, and D. Molden, eds., *Water Productivity in Agriculture: Limits and Opportunities for Improvement.* Wallingford, UK, and Colombo: CABI Publishing and International Water Management Institute.

Molle, F., and J. Berkoff. 2006. "Cities versus Agriculture: Revisiting Intersectoral Water Transfers, Potential Gains and Conflicts." Comprehensive Assessment of Water Management in Agriculture, Colombo.

Molle, F., A. Mamanpoush, and M. Miranzadeh. 2005. *Robbing Yadullah's Water to Irrigate Saeid's Garden: Hydrology and Water Rights in a Village of Central Iran.* Research Report 80. Colombo: International Water Management Institute.

Moriarty, P., J.A. Butterworth, and B. van Koppen, eds. 2004. *Beyond Domestic: Case Studies on Poverty and Productive Uses of Water at the Household Level.* IRC Technical Paper Series 41. Delft, Netherlands: IRC International Water and Sanitation Centre.

Muir, J.F. 1993. "Water Management for Aquaculture and Fisheries; Irrigation, Irritation or Integration?" In *Priorities for Water Resources Allocation and Management.* Proceeding of the Natural Resources and Engineering Advisers Conference, Overseas Development Authority, July 1992, Southampton, UK. Chatham, UK: Natural Resources Institute.

Moyo, R., D. Love, M. Mul, W. Mupangwa, and S. Twomlow 2006. "Impact and Sustainability of Low-Head Drip Irrigation Kits in the Semi-Arid Gwanda and Beitbridge Districts, Mzingwane Catchment, Limpopo Basin, Zimbabwe." *Physics and Chemistry of the Earth, Parts A/B/C,* 31(15–16): 885–92.

Murray, F., D.C. Little, G. Haylor, M. Felsing, J. Gowing, and S.S. Kodithuwakku. 2002. "A Framework for Research into the Potential for Integration of Fish Production in Irrigation Systems." In P. Edwards, D.C. Little, and H. Demaine, eds., *Rural Aquaculture.* Wallingford, UK: CABI Publishing.

Narayanamoorthy, A. 2004. "Impact Assessment of Drip Irrigation in India: The Case of Sugarcane." *Development Policy Review* 22 (4): 443–62.

Nguyen-Khoa, S., L. Smith, and K. Lorenzen. 2005. "Impacts of Irrigation on Inland Fisheries: Appraisals in Laos and Sri Lanka." Comprehensive Assessment of Water Management in Agriculture, Colombo.

Oweis, T., and A. Hachum. 2003. "Improving Water Productivity in the Dry Areas of West Asia and North Africa." In J.W. Kijne, R. Barker, and D. Molden, eds., *Water Productivity in Agriculture: Limits and Opportunities for Improvement.* Wallingford, UK, and Colombo: CABI Publishing and International Water Management Institute.

Oweis, T., A. Hachum, and J. Kijne. 1999. *Water Harvesting and Supplemental Irrigation for Improved Water Use Efficiency in Dry Areas.* SWIM paper 7. Colombo: International Water Management Institute.

Perry, C.J. 1999. "The IWMI Water Resources Paradigm—Definitions and Implications." *Agricultural Water Management* 40 (1): 45-50.

Polak, P., and R. Yoder. 2006. "Creating Wealth from Groundwater for Dollar-a-Day Farmers: Where the Silent Revolution and the Four Revolutions to End Rural Poverty Meet." *Hydrogeology Journal* 14(3): 424–32.

Postel, S., P. Polak, F. Gonazales, and J. Keller. 2001. "Drip Irrigation for Small Farmers: A New Initiative to Alleviate Hunger and Poverty." *Water International* 26 (1): 3–13.

Prein, M. 2002. "Integration of Aquaculture into Crop-Animal Systems in Asia." *Agriculture Systems* 71 (1) 127–46.

Rajak, D., M.V. Manjunatha, G.R. Rajkumar, M. Hebbara, and P.S. Minhas. 2006. "Comparative Effects of Drip and Furrow Irrigation on the Yield and Water Productivity of Cotton (*Gossypium hirsutum* L.) in a Saline and Waterlogged Vertisol." *Agricultural Water Management* 83 (1–2): 30–36.

Renault, D., and W.W. Wallender. 2000. "Nutritional Water Productivity and Diets." *Agricultural Water Management* 45 (3): 275–96.

Renault, D., M. Hemakumara, and D. Molden. 2001. "Importance of Water Consumption by Perennial Vegetation in Irrigated Areas of the Humid Tropics: Evidence from Sri Lanka." *Agricultural Water Management* 46 (3): 215–30.

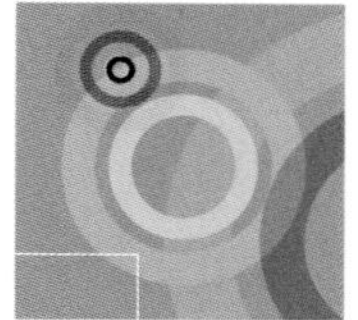

Renwick, M.E. 2001. "Valuing Water in a Multiple-Use System—Irrigated Agriculture and Reservoir Fisheries." *Irrigation and Drainage Systems* 15 (2): 149–71.

Rockström, J., J. Barron, and P. Fox. 2003. "Water Productivity in Rain-fed Agriculture: Challenges and Opportunities for Smallholder Farmers in Drought-prone Tropical Agroecosystems." In J.W. Kijne, R. Barker, and D. Molden, eds., *Water Productivity in Agriculture: Limits and Opportunities for Improvement.* Wallingford, UK, and Colombo: CABI Publishing and International Water Management Institute.

Sadras, V.O., and J.F. Angus. 2006. "Benchmarking Water Use Efficiency of Rainfed Wheat in Dry Environments." *Australian Journal of Agricultural Research* 57 (8): 847–56.

Sayre, K.D., S. Rajaram, and R.A. Fischer. 1997. "Yield Potential Progress in Short Bread Wheats in Northwest Mexico." *Crop Science* 37 (1): 36–42.

Scherr, S.J., and J.A. McNeely, eds. Forthcoming. *Farming with Nature: The Science and Practice of Ecoagriculture.* Washington, D.C.: Island Press.

Seckler, D. 1996. *The New Era of Water Resources Management: From 'Dry' to 'Wet' Water Savings.* Research Report 1. Colombo: International Irrigation Management Institute.

Seckler, D., D. Molden, and R. Sakthivadivel. 2003. "The Concept of Efficiency in Water Resources Management and Policy." In J.W. Kijne, R. Barker, and D. Molden, eds., *Water Productivity in Agriculture: Limits and Opportunities for Improvement.* Wallingford, UK, and Colombo: CABI Publishing and International Water Management Institute.

Shah, T., S. Verma, V. Bhamoriya, S. Ghosh, and R. Sakthivadivel. 2003. *Social Impact of Technical Innovations: Study of Organic Cotton and Low-cost Drip Irrigation in the Agrarian Economy of West Nimar Region.* International Water Management Institute, Colombo. [www.fibl.net/english/cooperation/projects/documents/social-impact-report.pdf].

Steduto, P., and R. Albrizio. 2005. "Resource-use Efficiency of Field-grown Sunflower, Sorghum, Wheat and Chickpea. II. Water Use Efficiency and Comparison with Radiation Use Efficiency." *Agricultural and Forest Meteorology* 130 (2005): 269–81.

Tanner, C.B., and T.R. Sinclair. 1983. "Efficient Water Use in Crop Production: Research or Re-search?" In H.M. Taylor, W.A. Jordan, and T.R. Sinclair, eds., *Limitations to Efficient Water Use in Crop Production.* Madison, Wisc.: American Society of Agronomy.

Tiwari, K.N., A. Singh, and P.K. Mal. 2003. "Effect of Drip Irrigation on Yield of Cabbage (*Brassica oleracea* L.var. *capitata*) under Mulch and Non-mulch Conditions." *Agricultural Water Management* 58 (1): 19–28.

Tiwari, K.N., P.K. Mal, R.M. Singh, and A. Chattopadhyay. 1998. "Response of Okra (*Abelmoschus esculentus* (L.) Moench.) to Drip Irrigation under Mulch and Non-mulch Condition." *Agricultural Water Management* 38 (2): 91–102.

Twomlow, S., C. Riches, D. O'Neill, P. Brookes, and J. Ellis-Jones. 1999. "Sustainable Dryland Smallholder Farming in Sub-Saharan Africa." *Annals of Arid Zone* 38 (2): 93–135.

Van Dam, J.C., R. Singh, J.J.E. Bessembinder, P.A. Leffelaar, W.G.M. Bastiaanssen, R.K. Jhorar, J.G. Kroes, and P. Droogers. 2006. "Assessing Options to Increase Water Productivity in Irrigated River Basins Using Remote Sensing and Modelling Tools." *Water Resources Development* 22 (1): 115–33.

Van Koppen, B. 2000. *From Bucket to Basin: Managing River Basins to Alleviate Water Deprivation.* The Contribution of the International Water Management Institute to the World Water Vision for Food and Rural Development. Colombo: International Water Management Institute.

Van Koppen, B., P. Moriarty, and E. Boelee. 2006. *Multiple-use Water Services to Advance the Millennium Development Goals.* Research Report 98. Colombo: International Water Management Institute.

Verdegem, M.C.J., R.H. Bosma, and J.A.J. Verreth. 2006. "Reducing Water Use for Animal Production through Aquaculture." *Water Resources Development* 22 (1): 101–13.

Viets, F.G., Jr. 1962. "Fertilizers and the Efficient Use of Water." *Advances in Agronomy* 14: 223–64.

Ward, F.A., and A. Michelsen. 2002. "The Economic Value of Water in Agriculture: Concepts and Policy Applications." *Water Policy* 4 (5): 423–46.

Warner, J.F., P.S. Bindraban, and H. van Keulen. 2006. "Water for Food and Ecosystems: How to Cut Which Pie?" *Water Resources Development* 22 (1): 3–13.

Wester, Philippus, Sergio Vargas-Velázquez, Eric Mollard, and Paula Silva-Ochoa. Forthcoming. "Negotiating Surface Water Allocations to Achieve a Soft Landing in the Closed Lerma-Chapala Basin, Mexico." *International Journal of Water Resources Development.*

Zhang, H. 2003. "Improving Water Productivity through Deficit Irrigation: Examples from Syria, the North China Plain and Oregon, USA." In J.W. Kijne, R. Barker, and D. Molden, eds., *Water Productivity in Agriculture: Limits and Opportunities for Improvement.* Wallingford, UK, and Colombo: CABI Publishing and International Water Management Institute.

Zwart, S.J., W.G.M. Bastiaanssen, J. Garatuza-Payan, C.J. Watts. 2006. "SEBAL for Detecting Spatial Variation of Water Productivity for Wheat in the Yaqui Valley, Mexico." Paper presented at the International Conference on Earth Observation for vegetation monitoring and water management, 10–11 November 2005, Naples, Italy.

Zwart, S.J., and W.G.M. Bastiaanssen. 2004. "Review of Measured Crop Water Productivity Values for Irrigated Wheat, Rice, Cotton and Maize." *Agricultural Water Management* 69 (2): 115–33.

第 4 部分 专题研究

本部分各章评述了在管理对农业发挥关键作用的资源方面的趋势、现状和响应措施选择。

第 8 章　管理雨养农业用水

第 9 章　重新认识灌溉

第 10 章　地下水:从全球角度评估其利用规模和意义

第 11 章　农业利用劣质水:机遇和挑战

第 12 章　内陆渔业和水产养殖

第 13 章　促进人类发展的水资源和畜牧业

第 14 章　水稻:养活数十亿人口的作物

第 15 章　保育土地资源——保护水资源

第 16 章　河流流域开发和管理

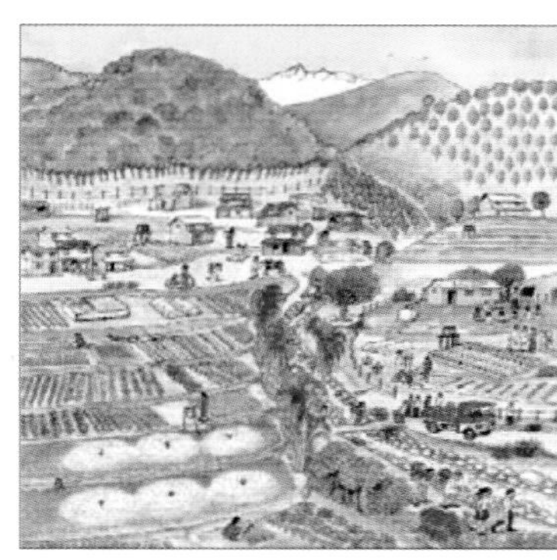

释放雨养农业的潜能

尼泊尔艺术家:Surendra Pradhan

第 8 章 管理雨养农业用水

协调主编: Johan Rockstrom
主编:Nuhu Hatibu, Theib Y. Oweis, and Suhas Wani
主要作者:Jennie Barron, Adriana Bruggeman, Jalali Farahani, Louise Karlberg, and Zhu Qiang

概览

发展中国家面临的粮食和贫困危机需要一种新的解决方案,方案的重点将会放在对雨养农业的小规模的水管理方面,这就需要水政策和新增大型投资导向上的改变。雨养农业体系在全世界粮食的生产占据主导地位,但是对雨养农业水资源的投资被忽略长达50年之久。提升雨养农业水平会带来很大的社会、经济以及环境方面的回报,尤其是在脱贫和促进经济发展方面。雨养农业体系占全球农田面积的绝大部分(80%),生产出全球大多数(超过60%)的粮食,为农村地区创造了生计来源并为城市生产食物。有关估计数字表明用来满足联合国千年发展目标实现的增长的用水需求中大约有25%会来自灌溉用水。而剩下的75%将由对雨养农业的投资来实现。

饥饿、贫困和水资源之间存在着密切关系:大多数饥饿和贫困人口生活在水资源制约粮食生产的地区。世界上饥饿和贫困的热点地区主要集中于干旱、半干旱以及干旱的半湿润地区。因此,水资源是挑战粮食生产的关键因素,来源于降雨的极端变异性、长期的干旱季节,以及重复发生干旱、洪水以及干旱期。这些区域占全球陆地面积的40%,生活着全球约40%的人口。这些雨养地区面临的水资源挑战是通过提高水资源的有效性和作物的吸水能力以提高作物的产量。

投资雨养农业会得到很高的回报，通过增加收入和维持环境可持续性以达到提高产量和减少贫困的目的。在雨养农业——特别是在世界上受到水资源巨大挑战区域的经营充满着风险，这是农业综合水管评估项目得到的重要结论。目前雨养农业的单产水平还不到水资源风险较小的灌溉体系和温带地区的单产的一半。

在补充灌溉上的小型投资和土壤、养分以及作物管理的改善措施结合起来，会使小规模的雨养农业体系的水分生产力和单产翻番。

当前面临的关键挑战是降低由于过大的降雨变异性造成的用水风险，而不是解决绝对的水资源缺乏。在雨养农业体系中，一般都有足够的降雨量来使单产翻番甚至翻两番，即便是在受到水资源严重制约的地区。但是，雨水常常是在错误时间才降临，造成干旱期，而且大部分雨水会白白损失掉。除了水以外，提升雨养农业的水平还需要土壤、作物、农田管理措施方面的投资。但是，为实现这些目标，需要降低和降雨相关的风险，这就意味着投资于水管理是释放雨养农业潜能的切入点。

提升雨养农业需要新一代水资源投资战略和水资源政策。过去50年的重点是通过土壤和水保育措施在农田水平管理降雨，单纯实施这种方法并不能降低频繁发生的干旱期的风险。目前需要的是针对小农户雨养农业体系的水管理投资，通过管理当地降雨和径流来增加新的淡水量。因此提升雨养农业需要在雨养和灌溉农业之间的连续统一体内进行投资。

综合评价分析显示小农户雨养农业体系提高水分生产力的潜力尤其高，可以在未来的十年实现15%~20%的节水量。这样大的节水量是有可能实现的，因为饱受贫穷困扰的雨养农业地区水分生产力极低。在补充灌溉上的小型投资(每季每公顷土地提供1000m^{3}的额外水量)和土壤、养分以及作物管理的改善措施结合起来，会使小规模的雨养农业体系的水分生产力和单产翻番。

投资于雨养农业可提高环境的可持续性。农业土地面积的扩展，尤其是雨养作物和牧场的扩展，是过去50年间生态系统严重退化的关键推动力。雨养农业体系对雨水管理不善会产生过量的径流，由于土壤缺乏水分而造成土壤侵蚀和作物单产低迷。旨在最大化降雨入渗和增加土壤储水能力的投资会将土地退化降低到最低程度，同时增加土壤中供给作物生长的有效水量。这会提高天然生态系统的质量以及水生态系统的水质。

目前迫切需要的是扩大政策的范畴，将雨养农业以及雨养放牧和森林体系的水管理战略明确纳入其中。目前的农业水资源管理政策还是将重点放在灌溉上，而小流域和流域范围内的水资源综合管理框架的重点则放在河流、地下水和湖泊中蓝水资源的配置和管理。当前需要的是把从雨养农业到灌溉农业的连续统一体中的水管理投资进行有效整合。现在正是抛弃传统的雨养和灌溉农业之间的部门划分，而将水资源的管理和规划置于总的农业政策的中心的时候。当前流域范围水资源规划的重点没有对雨养农业的水管理给予足够的重视，而在流域以下尺度内的雨养农业往往得到过多的关注，尤其是在面积小于

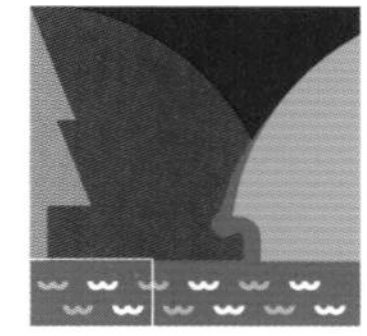

5hm²的小流域的农场中。因此,应该给予面积更大的小流域尺度水管理和流域尺度水管理同样的重视程度。这种重点上的转变会为雨养农业水管理的投资开拓更广阔的空间。

即便在那些从雨养农业投资中获益潜力最大的地方,单纯提高水管理的措施也不足以实现显著和可持续的产量的增长。在农业系统内对水投资的充分响应只有在其他生产要素如肥力、作物品种、耕作措施,同步提高的情况下才有可能实现。各个因素的协同效应有助于实现单产的显著提高,尤其是在水管理措施和农林业以及畜牧生产体系有机结合起来的情况下。对土地租借权、水资源所有权以及市场获取的关注也是保证水管理干预措施的效益得以充分发挥的必要条件。

雨养农业将继续产出全球大部分的粮食产量,同时雨养农业的水分生产力很低,因此用更少的淡水产出更多的粮食还存在着很大的潜力和机遇。

目前已有的知识至少可以使雨养农业的单产翻一番,即便在那些水资源严重短缺的地区,关键是采取适应性的和接纳的战略。成功所需要的是人类能力以及更强的制度建设。由于过去认为水在雨养农业体系中能够自给自足的错误观念,过去的重点主要放在土壤、植物、树木和动物等田间管理方面。因此,实际上许多地方的农民仍然实行一种没有明确水管理战略的雨养农业体系。目前需要在人类能力和制度建设上投资,以实现小流域范围内的雨养农业用水规划和管理,在小流域尺度本地产生的径流水资源可以被调度、储存并管理。尽管综合评价分析发现很多国家已经将雨养农业列为在干旱、半干旱以及干旱的亚湿润地区潜力有限且不宜发展的产业,还是有很多国家投资于开发雨养农业的潜力,这种潜力取决于适当的但是不稳定的降水所产生的有效水量。

雨养农业需要的主要水投资

当需要确保所有人的粮食安全时,人类需要面对两个显著的水资源的现实。雨养农业将继续产出世界上大多数的粮食,同时雨养农业的水分生产力很低,因此,在用更少的淡水产出更多的粮食方面还存在着巨大的潜力和机遇。世界上80%的自然农业面积上实行的是雨养农业,它生产了全球62%的主粮(FAOSTAT 2005)。

营养不良和贫困问题的解决将寄希望于新一代的绿色革命(Conway 1997),尤其是在干旱、半干旱以及干旱的亚湿润地区(Falkenmark and Rockstrom 2004)。成功的关键就是通过综合水资源投资投入于常常未经开发的雨养农业的潜力。综合评价分析报告已指出雨养农业的水投资是实现联合国千年发展目标的必要条件,因为大多数的饥饿人群都居住在频繁遭受水胁迫和极端水事件冲击的地区,如旱灾、洪水和干旱期(指作物生长关键期内短时期的用水不足)。

提升雨养农业的水管理水平涵盖范围很广,从提高农民田间雨水管理的水储存措施到为进行补充灌溉的粮食生产而进行的径流(表面和亚表层径流)管理措施。雨养农业和灌溉农业之间没有清晰的区别(见附录的概念性框架)。本章处理的是所有直接利用雨水作为主要水源生产粮食的农业生产系统的水管理问题。它从水分生产力、财富创造、脱贫以及环境可持续性的角度描述了雨养农业所面临的关键性挑战的主要趋势、驱动力和现状。采用了全球化视角的同时，本章还是将重点放在了发展中国家的温带的、亚热带的干旱、半干旱以及干旱的亚湿润地区，在这些地方雨养农业和基于农业的生计方式十分普遍，同时这些地区也是农业生产中用水压力问题最为集中的地方，农村贫困和营养不良最为严重。由于在这些地区最不可靠的且常常短缺的农业生产资源就是维持植物生长的土壤水分（"绿水"），因此，它们面临的挑战就是如何提高用于干物质生产的水的有效性和生产力。

发展中国家贫困社区的大部分人口的粮食都是由雨养农业生产的。

本章首先详述雨养农业体系下水管理的差距，然后在结合相关投资对生计改善及环境可持续性的潜在回报的证据基础上评价雨养农业水管理投资的机遇。本章最后一部分评估了支撑这种必要投资的政策转变。

雨养农业生产了大部分的粮食

雨养农业的重要程度因不同地区而有所差异，但是发展中国家贫困社区所需要的粮食大部分都是由雨养农业生产出来的。非洲撒哈拉以南地区约有93%的耕地是雨养的，拉丁美洲的这个比例是87%，近东和北非是67%，东亚是65%，南亚是58%（FAO 2002）。大部分国家都主要依赖于雨养农业生产的粮食。

提高单产是未来雨养农业粮食生产的关键。 农业用地在过去的40年已经扩展了20%~25%，对同期粮食生产总体增长的贡献率大约在30%左右（FAO 2002; Ramankutty, Foley, and Olejniczak 2002）。而剩余的单产增长则来源于提高单产的农业集约化措施。但是区域间的差异十分巨大，就如同雨养农业和灌溉农业单产之间的巨大差异一样。发展中国家雨养粮食作物单产平均为1.5 t/hm^2，而灌溉农业的平均单产是3.1 t/hm^2（Rosegrant and others 2002）。所以，雨养农业的产量增长主要是通过耕地面积扩大的方式实现的。

不同区域的发展趋势也不尽相同。非洲撒哈拉以南地区97%的大宗谷物生产（如玉米、小米和高粱）的总产自1960年以来已经增长一倍，但是单产水平却几乎没有什么变化（图8.1和图8.2；FAOSTAT 2005）。南亚地区经历了从耐干旱和低产的高粱和小米作物向玉米和小麦等作物的转变，从而使1961年以来的种植面积和每单位土地面积的产量增长了一倍（FAOSTAT 2005）。而拉丁美洲和加勒比国家在过去40年间耕地增加了25%，但对增产的贡献却小于单产增加对增产的贡献（FAOSTAT 2005）。世界上很多以雨养农业为主导的区域，历史同期的粮食单产都增长了一倍或者两倍（图8.1和图8.2）。

雨养玉米单产的区域间差异很大，从非洲撒哈拉以南的1 t/hm^{2}到拉丁美洲和加勒比地区的3 t/hm^2。相比之下，美国和欧洲的玉米单产在7~10 t/hm^{2}之间。类似的区域间单产差异也存在于小麦作物（图8.2）。根据作物单产发展的区域间差异，具有单产提高最大潜力的地区似乎是雨养农业体系，尤其是在南亚和非洲撒哈拉以南地区。

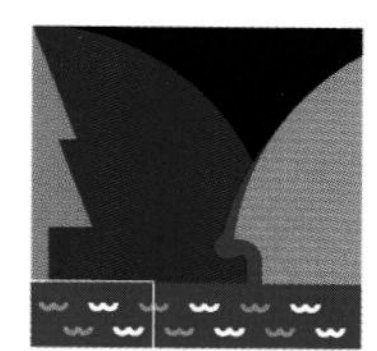

图 8.1 主要依靠雨养的玉米单产的区域间差异巨大

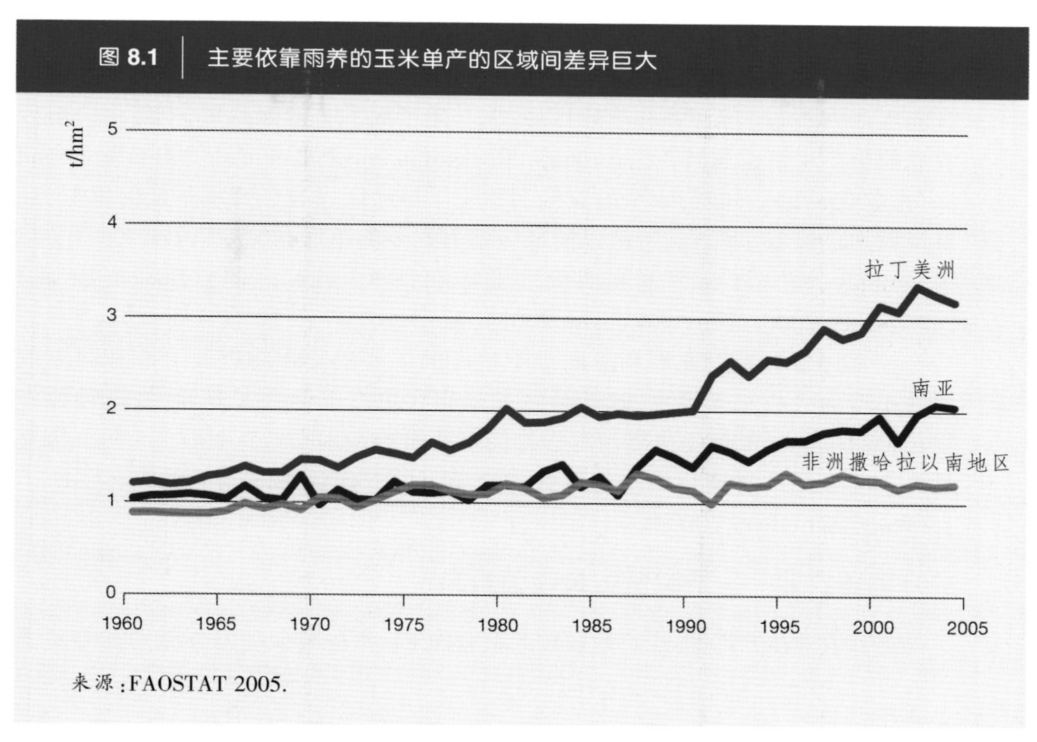

来源:FAOSTAT 2005.

图 8.2 主要依靠雨养的小麦单产的区域间差异巨大

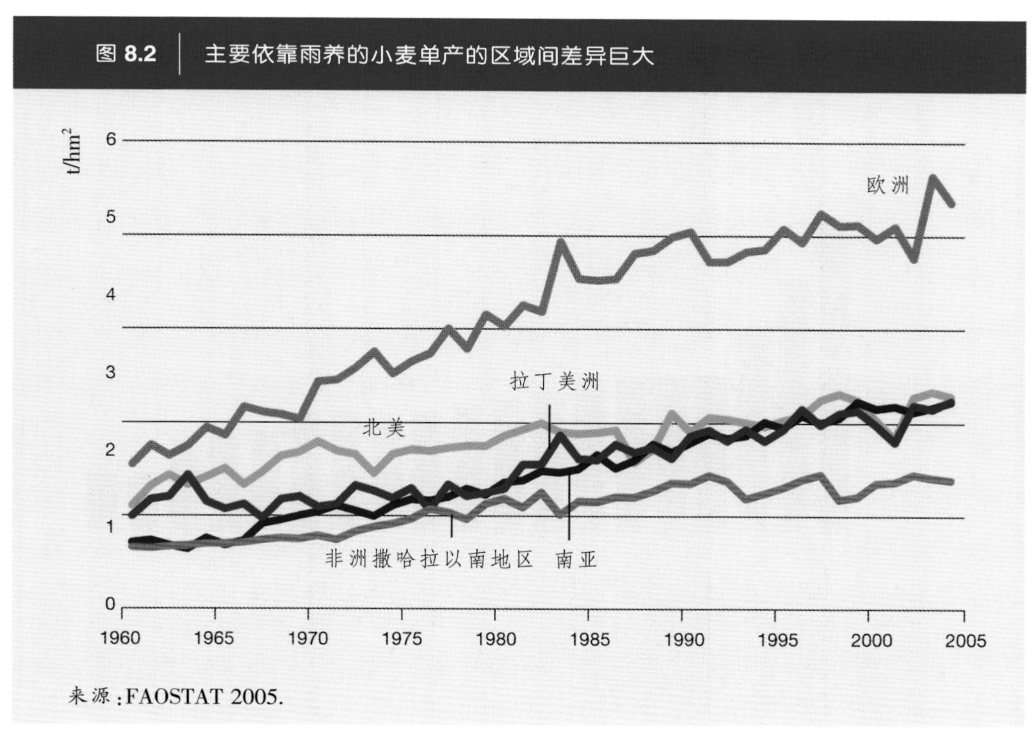

来源:FAOSTAT 2005.

雨养农业——具有很大的未开发的潜力。在世界上的几个雨养农业区也有着很高的单产水平。这些地方主要的分布在温带，降雨量相对可靠且土壤本身的生产力较高。但即便在热带区域，尤其是半湿润和湿润地带，商品化的雨养农业的单产水平也超过了5~6 t/hm^2（Rockström and Falkenmark 2000; Wani and others 2003a，b）。同时，干旱的亚湿润和半干旱地区已经经历了最低的单产，且单产增加也最差。非洲撒哈拉以南地区雨养农业的单产在0.5~2 t/hm^{2}之间，平均为1 t/hm^2；南亚以及中亚和西亚、北非在1~1.5 t/hm^{2}之间（Rockström and Falkenmark 2000; Wani and others 2003a，b）。

综合评价分析对亚洲和非洲半干旱区的主要雨养作物以及北非和西亚的雨养小麦的分析结果揭示，这些地区和作物在单产上的巨大差异，农民种植作物获得的单产一般都比主要雨养作物的可获得单产水平低2~4倍（图8.3）。历史趋势表明农民的种植行为与先进管理措施下的农作体系之间的差距在不断扩大（Wani and others 2003a）。

提升雨养农业——是脱贫的关键因素吗？

雨养农业生产了世界上大多数的粮食[WE]，并在减少贫困方面发挥着关键

图 8.3 在选中的非洲、亚洲和中东国家观察到的主要粮食作物上农民获得的单产和可获得单产之间的差异

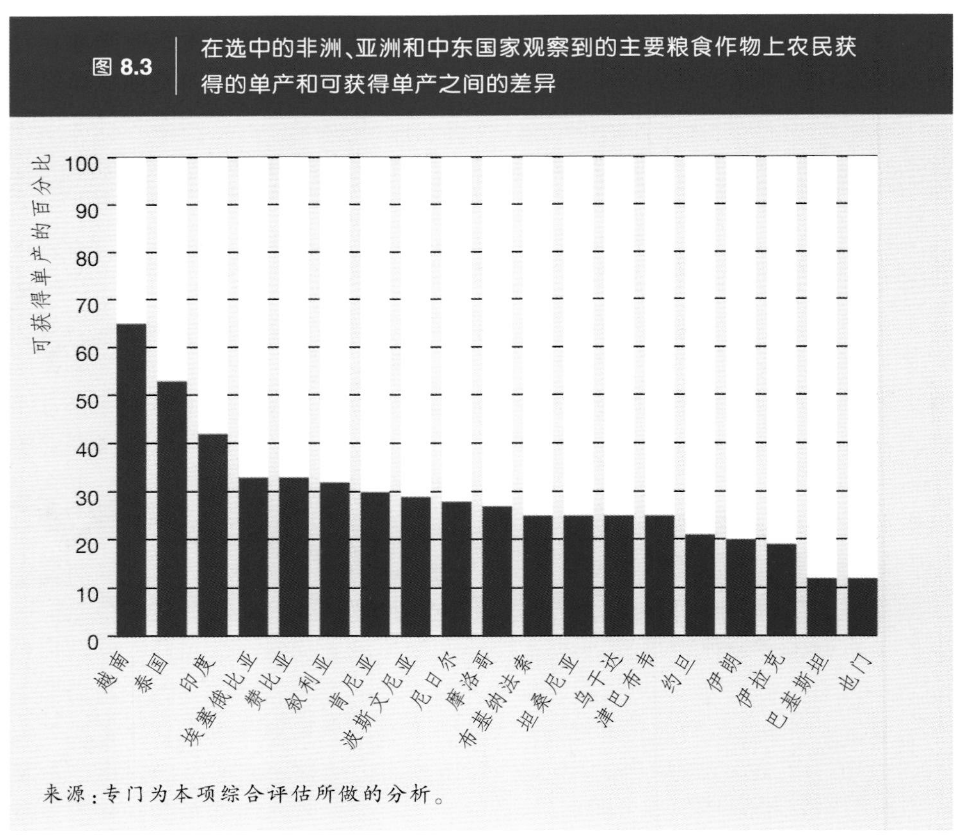

来源：专门为本项综合评估所做的分析。

性作用[EBI]。世界上大多数的贫困人口主要依赖雨养农业作为食物、收入以及生计安全的来源[EBI]。雨养粮食生产的重要性不成比例地落在了妇女的肩上，女性占世界贫困人口的70%（WHO 2000）。农业在经济发展（World Bank 2005）和脱贫中（(Irz and Roe 2000)发挥着关键作用，每1%的农业产量的增加就会转化为0.6%~1.2%的绝对贫困率的降低（Thirtle and others 2002）。非洲撒哈拉以南地区的农业占GDP的35%，解决了70%人口的就业（World Bank 2000），超过95%的面积是雨养农业（框8.1；FAOSTAT 2005）。

世界上大部分的贫困人口都依赖雨养农业作为他们食物、收入以及生计安全的来源。

贫困、饥饿和水资源短缺之间存在着相关关系（Falkenmark 1986）。联合国千年发展计划（2005）认定了遭受最普遍的营养缺乏的"热点"国家。这些国家恰恰和那些位于世界上主要的半干旱和干旱的亚湿润水文气候带（热带稀树草原和温带草原）的国家相吻合，这些地区的食物主要来源于雨养农业，水是作物生长的关键限制因素（地图8.1；SEI 2005）。世界上的8.5亿营养不良人口几乎全部都生活在贫穷的发展中国家，这些国家主要位于热带地区（FAO 2004b）。

由于缺乏对水管理的重视导致机会丧失

越来越多的证据表明水量并不是限制单产提高的关键限制性因素，即便是在所谓的旱地上（Klaij and Vachaud 1992; Agarwal 2000; Wani and others 2003b; Hatibu and others 2003）[EBI]。热带稀树草原地区的降雨量有时会超过温带地区的降雨量——每生长季500~1000 mm，而温带的生长季降雨量通常为500~700 mm。和人们的感觉恰恰相反，半干旱以及干旱的亚湿润地区的问题是降水量的极端变异性，主要特征是降水次数极少、高强度暴雨、旱灾和干旱期频发。因此深入了解水文气候条件和水管理措施对雨养农业产量的影响是至关重要的。

框 8.1 | 农业增长是经济增长的潜在因素

作为非洲大部分人口赖以生存的行业，农业是整个经济增长的引擎，因此也是广义的脱贫的引擎（Johnston and Mellor 1961; World Bank 1982; Timmer 1988; Abdulai and Hazell 1995; IFAD 2001; DFID 2002; Koning2002）。最近的国际报告再次确认了这个结论，这个结论主要建立在分析世界范围内各个国家的历史发展轨迹的基础上（IAC 2004; Commission for Africa 2005; UN Millennium Project 2005）。更高的农业产量会提高生产者的收入，无论是现金收入还是实物收入，还会创造农业部门劳动力的需求。因此，在那些高收入的工业化国家，农业的增长常常先于经济的增长，而最近的"亚洲虎"经济体如印度尼西亚、马来西亚、泰国、越南和中国部分地区的经验也证明了这一点。

来源：van Koppen, Namara, and Stafilios-Rothschild 2005.

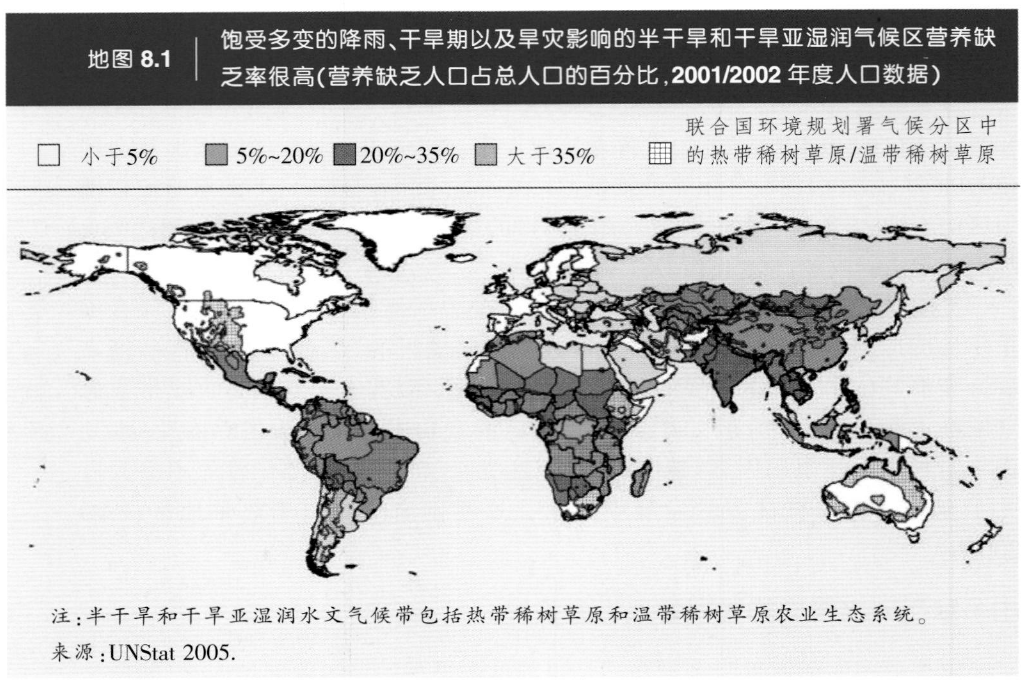

地图 8.1 饱受多变的降雨、干旱期以及旱灾影响的半干旱和干旱亚湿润气候区营养缺乏率很高(营养缺乏人口占总人口的百分比,2001/2002 年度人口数据)

注:半干旱和干旱亚湿润水文气候带包括热带稀树草原和温带稀树草原农业生态系统。

来源:UNStat 2005.

水资源的有效性塑造了雨养农业。农作体系已经适应了水文气候的梯度变化,从干旱环境下的牧草生产系统,到湿润环境的农业生态系统的多种作物种植(表8.1)。尽管全世界基本遵循同样的原理,农作体系之间由于历史和文化的差异还是造成了种植的作物种类、耕作体系、土壤和水管理体系的不同。

即便雨养农业可以大致地进行分类,但是还是有必要区分不同水文气候区的差异,这种差异可以从年降雨量几百毫米到1000 mm,干旱指数从最低的0.2到几乎1.0。雨水生产力(每单位粮食产量的雨量)的关键限制因素在不同降雨带的差异很大。在干旱地区,水的绝对数量是农业最主要的限制性因子。在半干旱和干旱的亚湿润热带地区,季节性降雨一般足以提高单产,而管理时间和空间上的极端降雨变异性是面临的最大水挑战。只有在干燥的半干旱和干旱地区,即便考虑到平均值的标准差的情况下,用水压力问题还是非常普遍(图8.4)。在半干旱地区较湿润的地区以及干旱的亚湿润地区,雨水一般也会超过作物用水需求。

因此,实测到的农民取得的单产和可获得单产之间的巨大差异不能由降雨的差异来解释。相反,它们是水、作物和土壤管理上的差异所造成的结果。对全球100多个农业开发项目的分析表明(Pretty and Hine 2001),那些重点放在提升雨养农业上的项目,单产水平平均都增长了一倍,经常的情况是增长了几倍。这个结论显示了提升雨养农业投资的巨大潜力。

气象干旱和农业干旱:农业上用水紧张常常是由人类造成。尽管雨养农业中水的绝对数量的稀缺很少构成问题,但是水资源的稀缺也是较低农业生产

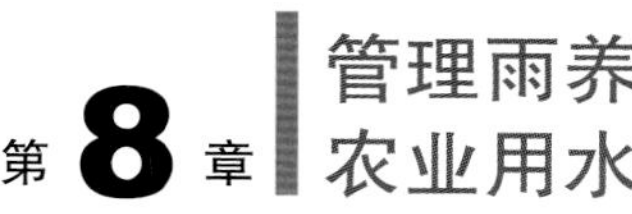

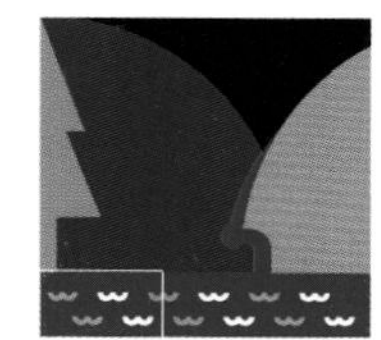

表 8.1 根据干旱指数、典型农业用地和生态系统梯度来划分水文气候区

	干旱		半干旱	
	温带	热带	温带	热带
面积(%)	0.5	4.0	2.6	13.0
人口(%)	2.5	9.5	5.6	11.7
主要的生产限制因素	降水量 降水分布 土壤化学	降水量 降水分布 潜在大于实际蒸发量 土壤化学	降水量 降水分布 温度	降水量 降水分布 降水强度 潜在蒸发大于实际蒸发 土壤生理学和化学
热点地区	西亚 北非	非洲撒哈拉以南地区 巴西东北部 墨西哥	中亚和西亚 北非 南欧 蒙古 中国华北	非洲撒哈拉以南地区 南亚 巴西东北部 中国华南
生态系统管理	沙漠 沙漠灌木	沙漠	温带稀树草原 草地	草地 热带稀疏草原 Parkland 稀树草原
典型雨养农业系统	牧草 雨养冬季作物	n.a.	牧场 雨养冬季作物 雨养混合作物	牧草 雨养谷物、混合、水稻–小麦

	亚湿润		湿润	
	温带	热带	温带	热带
面积(%)	7.3	9.0	19.3	41.9
人口(%)	5.7	7.1	9.2	26.8
主要的生产限制因素	降雨分布 温度	降雨分布 降雨强度 土壤生理学和化学	温度	降雨强度
热点地区	中亚	非洲撒哈拉以南地区 南亚 东南亚 拉丁美洲		东南亚
生态系统管理	热带稀树草原 灌木 森林	园地稀树草原 林地稀树草原	森林	森林 雨林
典型雨养农业系统	雨养冬季作物 雨养混合	雨养谷物 雨养混合 水稻–小麦	n.a.	雨养水稻–小麦

n.a. 无数据

注：气候是根据干旱指数定义的：降水量/潜在蒸散量小于 0.2 为干旱(包括级干旱)；0.2 到小于 0.5 之间是半干旱；0.5 到小于 1 是干旱 (Deichmann and Eklundh 1991)。温度分类根据 FAO/IIASA (2000)气候区划，温带定义为一年中至少有一个月的月平均气温在经过海平面校正后是 5℃，且有四个或多个月的海平面校正的月平均气温小于 18℃但是高于 5℃。

来源：利用 Laudscan(2004)人口数据为本评估所做的分析，并采用了 Dixon, Gulliver 和 Gibbon (2001)对农作系统的分类。

力背后的关键原因。为确定提升雨养农业的管理选项，还有必要评估粮食生产中用水压力的不同类型。尤其重要的是区分是由气候引发的还是由人类引发的用水压力，并区分旱灾和干旱期(表8.2)。在半干旱地区和干旱的亚湿润地区，农业生态系统的降雨变化几乎在每个雨季都会造成干旱期(作物关键生长期的短期缺水)((Barron and others 2003)。相比之下，气象学上的干旱(降雨期不足以维持作物生长)在湿润的半干旱地区平均每十年才发生一次，而在干旱的亚湿润地区每十年可发生两次。水管理方面的投资可以弥补一般持续2~4周水分胁迫的干旱期(Barron and others 2003)。气象学上的旱灾不可能通过农业水管理措施缓解，相反，它需要社会协作的策略，如谷物银行、粮食救济、本地粮食储存以及出售牲畜来实现。

“农业”干旱主要是由与农田水平衡的管理相关的问题引发的，从而也成为衡量通过更好的水管理来提高单产的机会的指标。

即便在降雨变化较小的地区，也不是所有的降雨都能到达农民的田地成为土壤水分。一般来说只有70%~80%的降雨能够成为被植物有效利用的土壤水分，而在那些管理不善的土地上这个比例会更低，只有40%~50%(Falkenmark and Rockstrom 2004)。这就导致了农业上的干旱期和干旱，主要是由农田水平衡的管理相关的问题引发的，因此通过更好的水管理来提高单产，机会还是大大存在的。

图 8.4　从干旱到湿润农业生态系统的不同水文气候带的降雨变化范围

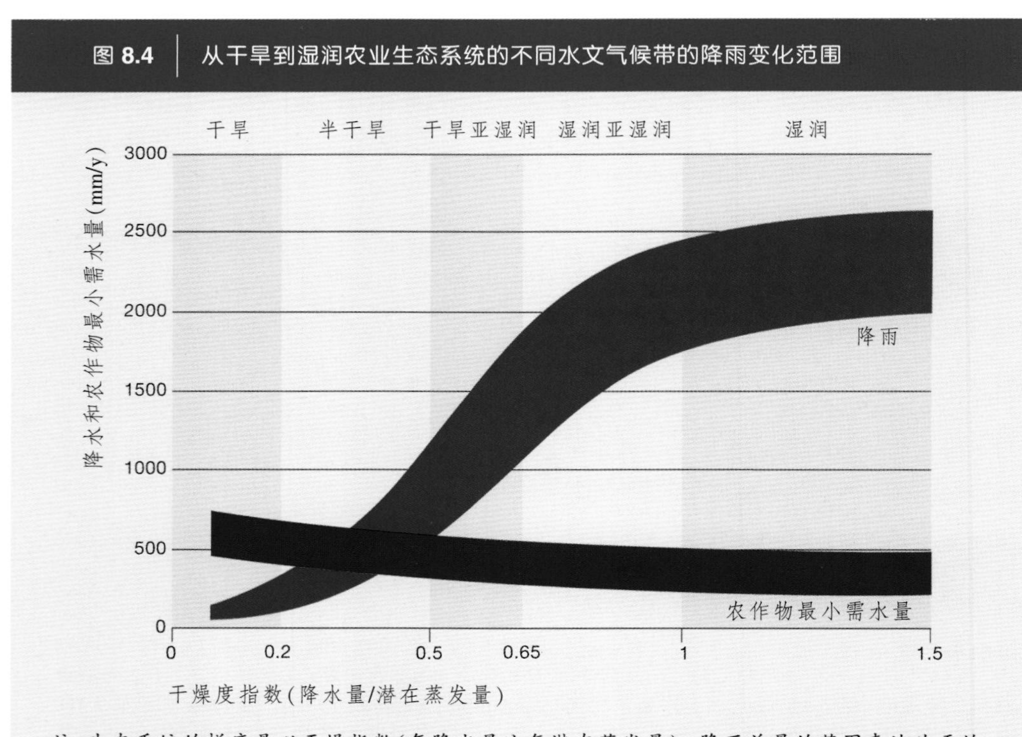

注：生态系统的梯度是以干燥指数(年降水量比年潜在蒸发量)。降雨总量的范围表达为平均值加减一个标准差。
来源：农作物最小需水量引自 Doorenbos 和 Pruitt (1992)的预测，并按干燥度指数做了调整。

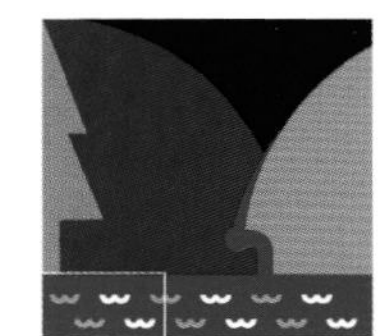

Agarwal (2000)认为印度如果能够更好地管理其地方的水平衡，就不会受到干旱的困扰。即便在干旱年份，更好的雨水管理措施也会使印度农民受益：那些从小流域管理项目中获益的村庄，其粮食生产及市场价值相比那些没有实施项目的村庄增长了63%(Wani and others 2006b)。马拉维在过去的30年间在政治上宣称的旱灾年份中只有少数几个年份是真正遭受了气象学意义上的旱灾(Mwale 2003)。Glantz (1994)则指出，由于水平衡管理不善而造成的农业旱灾比气象学上的旱灾更为普遍。

为什么在发生饥荒和食物短缺时，旱灾受到如此普遍的指责？答案就在于即便在不缺乏降雨的情况下，作物也会出现根区土壤水分的缺乏。土地退化、土壤肥力以及作物管理的不善经常是这些“旱灾”的主要原因。当降雨的有效水量不能被植物生长充分利用的时候，就称之为发生了“农业旱灾”。

来自世界各地农田上进行的水平衡分析的证据表明，只有很少一部分的降雨(通常小于30%)是真正消耗在支持植物生长的生产性绿水流(植物蒸腾)中(Rockstrom 2003)。在非洲撒哈拉以南地区，这个比例从15%~30%不等，即便是在那些被认为是缺水的地方(图8.5)。在严重退化的土地以及单产不足1 t/hm²的土地上，只有5%的降雨被有效地用于粮食生产。干旱区通常只有10%的降雨作为生产性的绿水流消耗，而大部分的剩余水量则作为非生产性的蒸发流损失掉了(Oweis and Hachum 2001)。在诸如北非和西亚这样的温带干旱气候区，农民田间的生产性绿水比例(45%~55%)由于当地单产水平(3~4 t/hm², 相对于非洲撒哈拉以南地区的1~2 t/hm²)较高而相对较高。即便这样还是有25%~35%的降雨被非生产性的蒸发消耗，只有15%~20%的比例转化为蓝水流(径流)。

来自世界各地农田上进行的水平衡分析的证据表明，通常只有不到30%的降雨是真正消耗在支持植物生长的植物蒸腾中。

表 8.2 半干旱和干旱亚湿润热带环境下水分胁迫的类型和原因

	干旱期	旱灾
气象学的		
频率	三年两遇	十年一遇
影响	作物减产	作物绝收
原因	作物生长季有2~5周左右的降雨不足	低于植物季节最小水需求的季节降雨
农业的		
频率	大于三年两遇	十年一遇
影响	作物减产或绝收	作物绝收
原因	植物水有效性较低、作物吸水能力差	雨水的分割不善导致作物生长必需的土壤水分亏缺 (分割不善是指径流以及非生产性的蒸发所占比例相对于地表入渗的土壤水比例偏高)

来源：Falkenmark and Rockström 2004.

图 8.5 半干旱热带区域的雨水分割情况表明，雨水在农田尺度上通过排水、地表径流以及非生产性的蒸发等途径损失

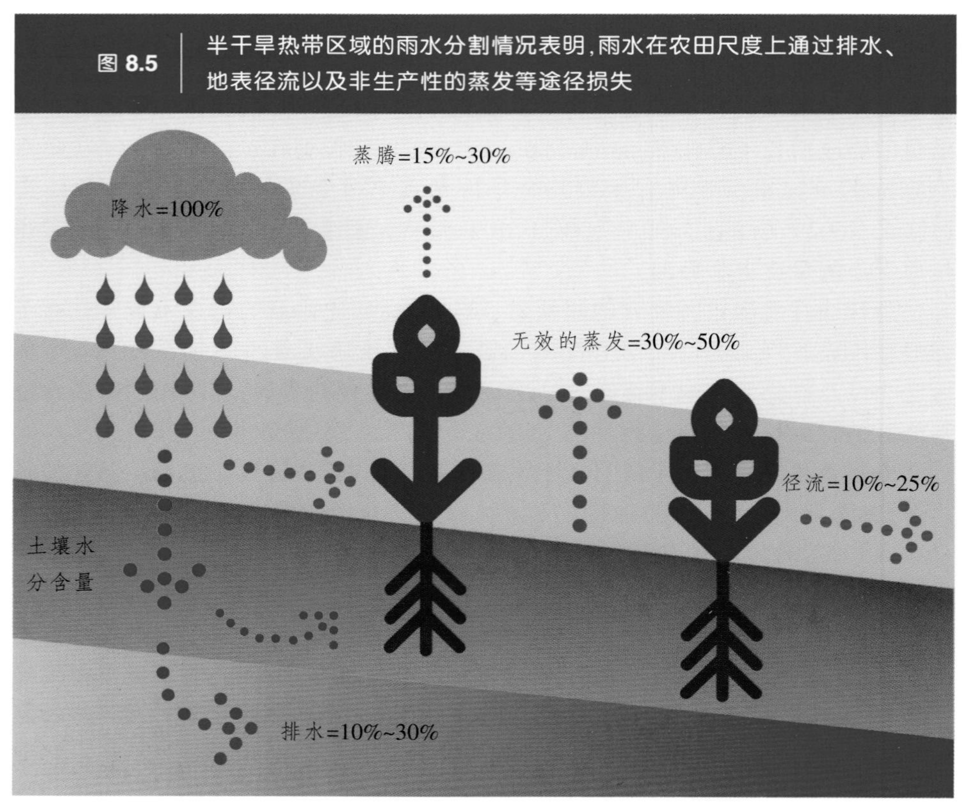

许多因素限制了雨养农业。 土壤肥力常常是限制性因素(Stoorvogel and Smaling 1990)。土壤由于养分耗竭和有机质的损失而造成的退化会造成与水相关的严重减产。由于很低的降雨入渗比例和根系不发达造成的植物吸水能力低下，将最终影响作物的水分有效性。养分耗竭对小规模经营的雨养农业来说是一个严重的问题，尤其是在非洲撒哈拉以南地区。估计有85%的非洲农田在2002~2004年间经历了每公顷超过30千克的养分损失量 (Henao and Baanante 2006)。

土壤肥力方面的投资会直接改善水管理。在印度300多个村庄进行的小流域管理试验发现，自给自足的农田耕作方式不仅耗竭土壤中的大量营养素，也耗竭了其中的锌、硼等微量元素和硫等中量元素，这些元素的耗竭都超过了临界值。当同时施用适量的氮磷和微量元素时，几种主要雨养作物(玉米、高粱、绿豆、木豆、鹰嘴豆、蓖麻和花生)的单产会显著提高(Rego and others 2005)。由于营养素的补充，玉米、花生、蓖麻和高粱等作物的雨水生产力都增加了70%~100%，而纯经济回报则增加了1.5~1.75倍(Rego and others 2005)。类似地，在印度半干旱地区由于综合应用了土地和水管理措施，同时配合改良品种，雨水生产力也得到了显著的提高(Wani and others 2003b)。

农田有能力生产出来的东西并不总是能真正生产出来，尤其是资源缺乏

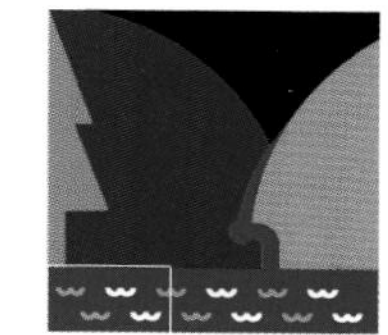

的小农户。农民面临的现实是诸如劳动力短缺、没有保证的土地所有权、资金不足以及人类能力的局限性。所有这些因素都影响到耕作的行为，包括农作实施的时机、农作实施的有效性、肥料和农药上的投资、改良作物品种的采用，以及水管理措施。农田的实际产出因此要受到社会、经济以及制度条件的强烈影响。

风险很大且随着气候变化而加大。雨水主要集中在很短的雨季（3~5个月），再加上几次在时间分布上很不可靠的强降雨，降雨量偏离平均值也很大（半干旱地区的变异系数可高达40%；Wani and others 2004）。即便水资源不总是关键的限制因素，降雨也是农业生产中唯一真正的随机因素。

> 气候上时间和空间的变异性，尤其是降雨，是阻碍大部分热带地区的雨养作物、林木作物以及畜牧系统的单产提高、竞争能力以及商品化的主要限制因素，同时相关证据表明气候变化会增加降雨的时空变异性。

气候上时间和空间的变异性，尤其是降雨，是阻碍大部分热带地区的雨养作物、林木作物以及畜牧系统的单产提高、竞争能力以及商品化的主要限制因素。和水相关的产量损失的风险会使农民对其进行规避，并影响到他们在其他投资上的决策，主要包括劳动力、改良品种和肥料[EBI]。小农户一般会意识到土壤水分的短缺和变化对作物生产的种类、数量和质量的影响，从而造成产品商业化的范围变窄。再加上作物产量的波动，就会造成资源贫乏的半干旱地区的男性和女性农民有效应对市场、贸易和全球化出现的机遇变得更加困难。因此管理措施应首先关注在降低与降雨相关的风险上。

越来越多的证据表明气候变化会增加降雨的变异性以及诸如旱灾、洪水和飓风这类极端事件发生的频率（IPCC 2001）。最近的一项关于不同气候和降雨背景下雨养谷物生产潜力的研究表明，最脆弱的发展中国家雨养生产潜力在大部分情况下都会出现损失的结果。预计到2080年损失估计占生产面积的10%~20%，有10亿~30亿人口会受到影响（Fischer, Shah, and van Velthuizen 2002）。尤其是非洲撒哈拉以南地区，那里的种植潜力会损失12%，大部分在已经遭受很强的气候变化和不利的作物生长条件困扰的苏丹–萨赫里地区。由于气候变化风险的存在，小农户通常（也是很理性地）会优先选择降低由于旱期和旱灾造成的作物绝收的风险，之后才会投资于土壤肥力、改良的作物品种以及其他有助于增产的投入（Hilhost and Muchena 2000）。

雨养农业的水管理需要新的大规模投资

实现联合国千年发展目标中减少贫困的具体目标需要新增大量作物生产耗水（每年超过900 km^3；见第3章有关情景分析的论述），将通过在现有农田上提升雨养农业的投资或将自然生态系统和放牧草地转化为农田而达成。土地转换相当于雨养农业扩张至少7000万 hm^2，甚至可能更多（见第3章有关情景分析的论述）。

正在闭合中的流域（所用水量比环境可持续或可更新的有效水量多的情况）为蓝水资源的开发所留的自由度越来越小，从而注意力也重新转向上游在降雨转化成蓝水径流之前的绿水流上。即便在农业用地扩展、灌溉农业发展和绿水生产力显著提高的情况下，雨养农业也将要肩负起为发展中国家提供粮食的重任，所以大规模的投资于雨养农业对成功实现这个任务是必要的。这就需要对提升雨养农业付出更多的努力。

与此同时，即便水分生产力得到了提高，包括对小型农田补充灌溉和保护性农业措施（下文将详述）在内的提升雨养农业的投资也会提高对本地蓝水的截获能力，并增加绿水的消耗。因此，必须对下游用户和生态系统的利益进行权衡。

> 即便在水分生产力提高的情况下，投资于提升雨养农业也需要权衡下游用户和生态系统之间的关系。

扩大投资和政策领域的挑战

以往在热带稀树草原农业生态系统的农业研究的投资效果是令人失望的(Seckler and Amarasinghe 2004)。其中一个原因就是缺乏对雨养农业水资源管理的重视。相反，过去50年在农田水平上的投资重点主要放在作物研发、土壤保育以及一定程度上的原位水资源保护方面（最大化降雨入渗），主要通过建筑梯田、打埂和起垄等方式。

创新成果不能被广泛应用。提升雨养农业要求相关的技术措施适应当地的自然地理和社会经济条件，并且需要相应的制度和行为的转变(Harris, Cooper, and Pala 1991; van Duivenbooden and others 2000)。正如一些研究者已经注意到的，利用基于商品的干预措施影响的计量经济方法，对自然资源干预措施的影响进行评估存在着一定程度的困难 (Shiferaw, Freeman, and Swinton 2004)。

社会和生态危机常常会激发新的思维方式，也会促成系统的转变[WE]。世界上几个实行保育农业的国家都是由于危机的驱动——例如美国在20世纪30年代对沙尘暴的应对措施，拉丁美洲部分地区对农业产量危机的反应，津巴布韦对旱灾的反应。最近布基纳法索和尼日尔对水土管理措施的广泛接受是为了应对和危机相关的土壤退化和可能的气候变化[EBI]。

投资于雨养农业面临着很多挑战。大量农户都是小规模经营的，有很多边缘化的农民。大多数雨养农业区都面临着基础设施的不完善，因为历史上的大规模投资都倾向于具有更高潜力的灌溉农业。从事农业开发和推广的当地机构的能力有限，不足以推动雨水管理的实现。这种知识密集型的推广工作同时又受到可选项信息缺乏、社会的接受程度和经济限制因素、缺乏可实现的环境以及支撑服务、市场联系微弱以及基础设施不足等因素的制约。

对蓝水的重视导致了雨养农业水投资政策上的弱化。农业政策历史上对蓝水的关注所造成的一个后果就是与雨养农业相关的水资源治理和政策的薄弱。水资源管理通常是由政府负责水务的部门管辖的，其工作重点放在了大型灌溉系统、饮用水和水力发电的开发和配置上。这就造成了对下游用户的过度重视，而雨养农业一般聚集的上游地区则被看成产生径流或蓝水的地区。政府农业部门将重点放在农业开发的“主干”的部分，倾向于将土壤侵蚀控制放在优先的位置，而不是水管理（框8.2）。因此，尽管降水管理已经拥有成熟的知识，将这种知识转化为治理、政策、制度、实践以及技术上的创新以支持小农户的发展

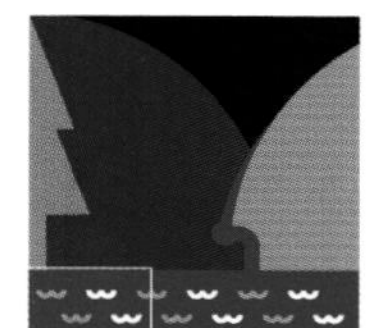

却非常有限。

最近,对绿水资源的管理以及其他提升雨养农业的投资已经受到从中央到地方各级政府的优先重视(框8.2)。例如,印度实施的小流域开发项目就已经做出了重要的努力。这些项目最初是政府各部(农业、农村发展、林业)分别负责实施的,这就使综合的水资源管理造成了困难。最近,已经采取了一些步骤来整合这些项目(Wani and others 2006b)。印度的全国农民协会于2005年采纳了小流域综合管理的方法,将重点放在雨水收集以及提高易受旱灾影响的地区的可持续发展而改善土壤健康方面(India 2005)。

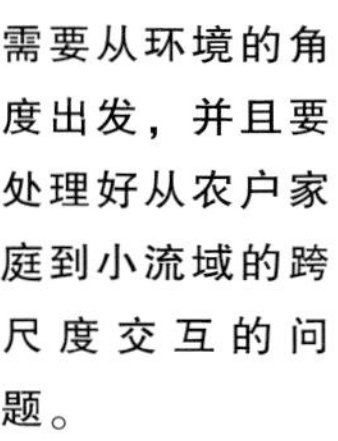

因此,越来越多的证据表明了投资于雨养农业水管理的重要性,以及将水治理和管理的重心转向提升雨养农业的重要性,可作为脱贫和促进农业生产的关键战略之一。同时也越来越明显的是,雨养农业的水管理需要从环境的角度出发,并且要处理好从农户家庭到小流域的跨尺度交互的问题。

框 8.2 | 水常常会被水土保持项目忽略

在肯尼亚、坦桑尼亚和乌干达,国家的粮食安全主要依赖雨养农业–畜牧生产系统中的小农户实现。这些国家的人口增长率很高,能够用于农业扩展的土地资源也不再丰富。传统上,国家的水管理主要是政府各部门分别负责——农业、水利、环境、旅游、能源,这种做法对地方上改善耕作和粮食生产的水管理的策略会产生不利的影响。对肯尼亚、坦桑尼亚和乌干达的水和粮食政策的综合评价分析结果发现,在农村贫困人口中没有关于为提高粮食安全的农业生产而进行雨水收集的明确的政策。

坦桑尼亚在1973–1995年间在该国半干旱的中部地区实施了一个重大的水土保持项目。一项1995年的评估结果注意到了该项目的若干弱点(Hatibu and others 1999):

- 项目是针对项目区内的土地,而不是区内的居民。
- 农田耕作措施的重点放在径流水的处理上,而对雨水生产力的问题仅作边缘化的方式处理。
- 关键的推广信息太传统(改良品种、行作),并且土壤–水的保护措施没有充分体现。
- 在重视侵蚀控制的同时,应该更加重视雨水的管理,因为土壤水分的缺乏是影响坦桑尼亚中部干旱地区作物单产的更主要问题。
- 项目所推广的田间原位土壤和水分的保护措施对土地生产力的提高收效甚微。
- 战略重点应该从狭隘的侵蚀控制扩展到更广泛的和全方位的土地保育措施。

坦桑尼亚通过的2002年国家水政策制定了通过雨水收集技术实现农村社区更多的有效水的目标(坦桑尼亚农业和粮食农全部 2002)。坦桑尼亚农业部门发展战略则确认了土壤–水综合管理是解决半干旱地区存在问题的出路(坦桑尼亚农业和粮食农全部 2001)。这个综合的项目包括土壤和水的综合管理、雨水收集和储存、灌溉和排水。于是雨水收集在2003年已经成为该国国家灌溉计划中重要的组成部分(坦桑尼亚农业和粮食农全部 2003)。

投资于雨养农业以改善生计并提高环境的可持续性

尽管在雨水管理方面有经过证明的有效方法，但是在将这种知识转化为治理、政策、制度、实践和技术上的创新以支持小农户的投资是有限的。雨养农业体系内存在的机会包括提高雨养体系内绿水的消耗以提高生产力，以及通过获取更多的土壤水分以增加植物水分吸收以提高雨养体系的产量。充分利用上述机会的优势需要对雨养农业的大规模投资。尽管这里的重点是农田尺度的管理措施以提升雨养农业，但是所必需的政策、治理和市场战略必须在更高的层次上运作起来——从小流域转到国家和区域范围。

投资于雨养农业的水管理

有几种提高作物单产和绿水生产力的雨水管理策略（表8.3；Critchley and Siegert 1991）。其中一组战略的目标是最大化植物根区的水的有效性(最大化绿水资源)，主要通过减少地表径流(蓝水流)以及将上游径流重新导向农田的方式(农田储存蓝水径流以作为补充灌溉的水源)达成。另外一套战略的目标是最大化植物吸水的能力，其中包括能够增加作物根系吸水能力(从而减少向地下的排水)的土壤和作物管理措施。有一套涵盖范围很广的综合土地和水管理措

表 8.3　雨水管理策略和相应的提高产量和水分生产力的可选管理措施

目标	雨水管理策略	目的	管理选项
提高作物水的可利用性	外部的水收集系统	缓解干旱期、保护地下泉水、补给地下水、能够进行反季节灌溉、实现水的多用途利用	地表的微型坝；地下水窖；农田水塘；渗漏坝水窖；调水和补给建筑
	原位的水收集系统、土壤和水保护	通过径流将降雨集中到作物种植区或其他用途	田埂、田垄、宽种植床和沟、微型流域、径流带
		最大化降雨入渗	梯田、横坡垄作、保育性农业、切沟、交错沟
	蒸发管理	减少非生产性蒸发	干旱种植、秸秆覆盖、保育性农业、间作、防风林、农林混合业、植物早期活力、植物篱
提高作物对水的吸收力	土壤–作物–水综合管理措施	提高生产性蒸腾在水平衡中的比例	保育性农业、干旱种植（早期）、品种改良、优化作物空间布局结构、土壤肥力管理、最优化作物轮作、间作、害虫控制、有机质管理

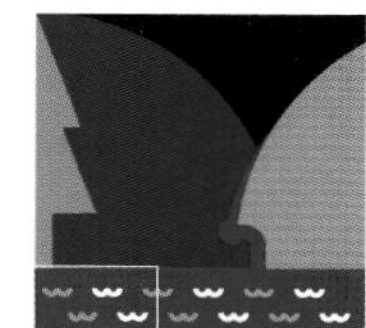

施能够实现上述目标。有一些措施着重于提高水分的生产力，如秸秆覆盖、滴灌技术、作物管理以增加冠层覆盖，而更多的措施则是通过捕获更多的水以提高作物生产(水分生产力同时会增加，因为田间的水平衡被更有效地利用)。

这里讨论的水管理战略的重点在于雨水收集，因为大多数新的、创新性的投资选择都集中在这个领域。因此，对外部的雨水收集系统有着特别的关注。另外，对原位雨水收集技术的描述只限于已经被评估为尤其有前途的途径，即保护性的农业体系。Liniger和Critchley (forthcoming)对原位土壤和水保护的方法做了全面的综述和评估。

上游雨水收集系统所捕获的当地产生的径流会解决小流域上游经常出现的干旱和贫困问题。

重新利用小规模的雨水收集技术。雨水收集(聚集小流域内的径流用于有效用途）早在公元10世纪就在中东的内盖夫沙漠地区开始实现了(Evanari, Shanan, and Tadmor 1971)。任何用于生产目的进行的径流收集行为都算作雨水收集((Siegert 1994)，主要包括三个要素：能够产生径流的小流域，蓄水设施(土壤剖面、地表水库或地下含水层)，以及雨水有效利用的用途(农业、生活或工业)。这个分类因径流收集规模的不同而有所不同，从农民田间管理雨水的原位措施（常常定义为水的保育）到种植区外部的从小流域收集径流的系统(Oweis, Prinz, and Hachum 2001)。雨水收集措施还可以进一步地根据蓄水设施来划分，从在土壤中直接汇集径流(照片8.1)到利用基础设施(地表、地下水窖、小型水坝；Fox and Rockström 2000)集水并蓄水。

在印度实施的是大规模水利基础设施和地表及地下水的机械化水泵抽取的水资源开发政策，这造成了大范围地抛弃原有的雨水收集技术(Agarwal and Narain 1997)[EBI]。目前，这种状况正在改变。小流域问题目前被认为是在脆弱

照片 8.1　小型的雨水收集设施会弥补季节间的短暂干旱期，并会在降雨较少时稳定粮食供给。

的和边缘化的雨养农业地区农业增长和经济发展的潜在动力。这种转变主要基于下述几个因素。蓝水投资主要位于小流域和流域的下游,因为它们主要依靠汇集大量的(湖泊和河流中)稳定的径流。大规模的灌溉因此会主要使下游的社区受益,而雨水收集的做法则为小流域和流域更广泛的空间范围提供了一种适宜的水管理的补充方法。而上游的雨水收集系统获得的当地径流可以解决上游频繁出现的干旱和贫困的问题。

补充灌溉是一种还没有被充分利用的关键战略选择，有助于释放雨养作物的单产和水分生产力潜能。

通过防治旱灾以及缓解干旱期来提高并稳定作物单产。补充灌溉系统是一种外部的雨水收集系统,因为它收集的是耕地以外的小流域中的径流并加入到雨养农田中去。这些在世界不同地区发展起来的补充灌溉体系在不同的小流域尺度上收集径流,并采用多种方法储存。补充灌溉是一种还没有被充分利用的关键战略选择,有助于释放雨养作物的单产和水分生产力潜能(框8.3)。

因为降雨是雨养作物的主要水源,补充灌溉只有在降雨不能为稳定和提高单产提供基本水分的时候才会应用(照片8.2)。补充灌溉的数量和时机,尤其是在缺水地区,并不是为作物在整个生长季提供免受用水压力的条件,而是为了保证在作物关键生长期能够提供最低限度的水以保证最佳单产(雨水意义或经济意义上的),而不是最大单产(主要受到不受管理措施影响的外部条件的制约)。补充灌溉系统可以在雨季内提供多种灌溉机会(微型坝可以反复充满和清空),也可以用来做如蔬菜这样的市场化作物的小菜园的充分的反季节灌溉(框8.4)。

摄影:Jennie Barron

照片 8.2 补充灌溉保证了那些因降雨不足情况下正常的作物产量。

补充灌溉的关键性还在于它能够弥补干旱期的缺水,从而降低了雨养农业的风险。在很多农作系统中,补充灌溉是缓解雨养农业干旱期的唯一战略。对雨水的原位管理,例如通过水保育的方法来提高雨水的入渗,并不能为植物长久地提供足够的水量度过干旱期,造成了植物用水的压力。有证据表明每个生长季50~200 mm(相当于每公顷500~2000 m^3)的补充灌溉足以弥补干旱期造成的关键减产,保证单产水平(Oweis 1997)。这样少的水量可以通过收集当地泉水、浅层地下水或者雨季的传统水资源规划方法来达成。通过降低风险,补充灌溉会为其他生产要素——作物品种、肥料、劳动力、耕作技术、多样化种植(主要粮食作物和经济作物)技术——的投资提供足够的动机。

几项研究已表明,补充灌溉系统对单个家庭或小型社区的投资来说是有能力承担的,并且也是适宜的。一项对布基纳法索和肯尼亚的玉米–西红柿农作系统补充灌溉的成本–效益的分析结果发现，每年每公顷纯利润分别为73美元和390美元，而传统农作系统中的纯利润损失则分别为165美元和221美元(Fox, Rockstrom, and Barron 2005)。另外,研究还发现补充灌溉投资和肥料投资之间存在相互依赖的关系。对肯尼亚的玉米和甘蓝(Ngigi and others 2005a, b)和印度的水稻–芥末种植体系(Panigrahi, Panda, and Agrawal 2005)利用农田水塘进行的补充灌溉研究也表明,补充灌溉是一种能够提高小农户生计水平的在经济上可行的选择。总的来说,投资于雨养农业会从投资于额外的技术和基础设施上,相比投资于灌溉农业获得更高的边际回报(Fan, Hazell, and Haque 2000)。

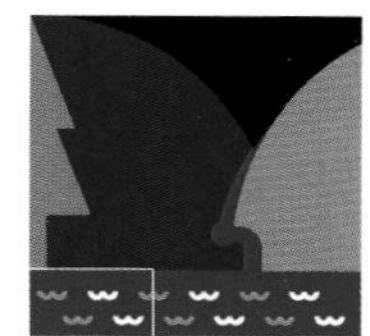

框 8.3 补充灌溉能提高雨养农业系统的单产和水分生产力

当降雨稀少时，与完全依赖降雨的雨养农业体系相比，补充灌溉会显著提高单产（图1），在干旱地区这种增产效应会更加明显。在缺水地区还可以实施亏缺灌溉（灌溉时只是部分满足植物需水）。在干旱地区的试验表明，亏缺补充灌溉比完全补充灌溉实现的水分生产力更高（图2）。但是，完全补充灌溉对单产水平的提高作用最大。因此需要在最大化单产和最大化水分生产力之间做出权衡。

图1 不同降雨量条件下补充灌溉的单产提高

图2 补充灌溉单产提高和水分生产力提高的关系

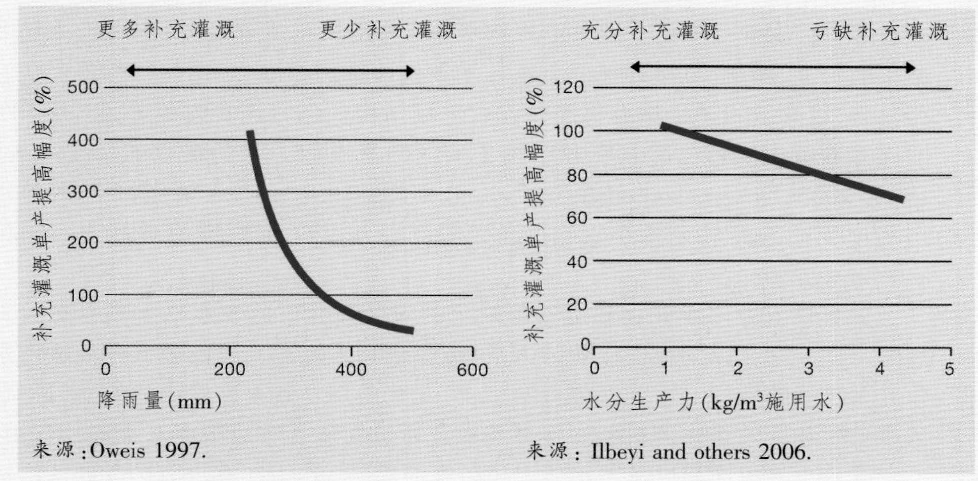

来源：Oweis 1997.

来源：Ilbeyi and others 2006.

小农户农作体系中干旱期发生的意义则在半干旱的肯尼亚和坦桑尼亚应用作物-土壤水模拟模型（APSIM）进行了研究。过半数的作物生长季中，传统的玉米体系的单产都很低（200 kg/hm²）。单单改善水管理措施，即补充灌溉以缓解干旱期的做法并不足以提高农民的单产水平。当补充灌溉措施和施肥措施（60 kg 氮/hm²）结合使用时，单产水平增长了一倍（从 0.4 t/hm² 增加到 0.9 t/hm²），水分生产力也显著提高。作物减产的生长季数量减少了25%，这对于小农户经营盛行的热带稀树草原农业生态系统中家庭水平的粮食安全具有重要影响和意义（Barron forthcoming）。

尽管补充灌溉具有巨大的潜力，要想实现它的最大效益还取决于补充灌溉作为包括其他农田投入和管理措施等综合措施在内的其中一个元素的合理应用。因此，农田和小流域水平以及当地社区水平的开发和技术试验需要将农民纳入其中。雨水收集已经被商业化经营的农户广泛采用。案例包括澳大利亚的Murray-Darling流域上游的农田水塘，南非相对水资源短缺的西开普地区的葡萄种植园（用于葡萄的补充灌溉）和畜牧农场（牲畜饮用水）（van Dijk and others 2006）。印度的几个半干旱地区的小农户也广泛采用了雨水收集体系。

更有效地利用当地的农田水平衡。过去50年大多数对雨养农业水管理的投资重点是提高农民田间的雨水管理。土壤和水的保育措施或原位雨水收集系统(见表8.3)形成了改善雨养农业水管理的合理切入点。

由于原位的雨水管理策略通常相对来说是很便宜的,并可以在任何地块上应用,所以对它们的优化利用要放在任何外来水源之前优先考虑。首先投资于本地农田水平衡的管理会提高基于雨水收集、河流调水、以及地下水源的补充灌溉系统的成功几率[EBI]。对成功的小流域集体行动的动机研究发现,通过原位雨水保育措施,农民可以获得实实在在的经济收益(Wani and others 2003b; Sreedevi, Shiferaw, and Wani 2004)。

> 土壤和水的保育或原位雨水收集系统形成了改善雨养农业水管理的合理切入点。

保育性农业是提高土壤生产力和水分保育的最重要策略之一[WE]。采用非翻覆的松土、深耕、直接种植的免耕技术取代传统的犁地方法,与秸秆覆盖措施相结合,会有效积累土壤有机质并改善土壤结构。保育性农业在美国几乎40%的雨养农业上实行,并且在几个拉丁美洲国家掀起了一场农业革命(Derpsch 1998, 2005; Landers and others 2001)。在亚洲的印度河–恒河流域,平原种植水稻和小麦的雨养和灌溉小农户中也已经广泛采用了保育性农业体系(Hobbs and Gupta 2002)。

保育性农业对于在世界上资源缺乏的农民提升雨养农业水平具有至关重要的意义。它会减少拖引作业的需求(拖拉机和大牲畜),节省金钱并且从性别角度看是战略性的。因为这样会给妇女,尤其是妇女做主家庭中的妇女以更多从事及时和有效耕作的机会。保育性农业可以在所有农业用地上实施,因为它不会受到小流域面积以及蓄水能力等因素的限制。作为在缺水的热点地区特别重要的土壤和水管理措施,保育性农业能够防止有机质的迅速矿化以及在炎热的热带环境下和土壤翻覆(犁地)有关的土壤侵蚀[EBI]。这个方法的一些缺点是专业种植设备所需的较高的最初投资成本,以及需要新的管理技巧。另外一个

框 8.4 | 补充灌溉在印度成功实施的案例

在印度干旱的拉贾斯坦邦,年降雨量只有200~300 mm,农民通常收集上游大面积农田上产生的径流。这些径流汇集到低海拔的更小的农田上用来种植作物。在南印度的大部分地区,传统上是利用水窖来集水并蓄水。储存下来的水用于社区层面上在干旱期的补充灌溉或者种植雨季后的作物。

目前在印度已经普遍应用的一种有前途的技术是渗漏水窖,这是一种能够捕获径流并储存水用于补充浅层地下水渗漏的小型水库。水分在需要的时候被泵取到农田。这种地下蓄水的方法避免了地表蓄水很高的蒸发损失,并为农户提供了一种低成本的配水系统。但是,由于地下水资源的有限及其共享的特性,如果对取水不加管制的话,就会出现农户家水量分配不均的局面。

来源:Sreedevi and others 2006; Wani and others 2006b.

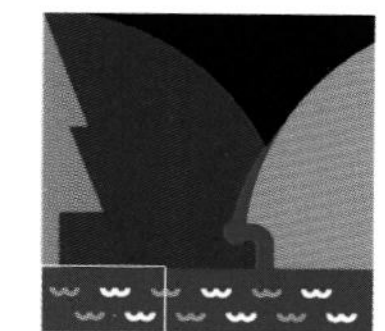

挑战是要找到有效控制杂草的方法,尤其是对那些负担不起除草剂的贫困农民来说。但是,尽管在最初的年份有必要使用农药,但是在几年后农药的使用量和最初相比会降低。

从传统的犁地转变为以深耕和松土为主的保育性农业会使单产和水分生产力都得到显著提高。这在东非干旱亚湿润和半干旱的部分地区已经得到证实。在较好的年景,由于获得雨水的增加,单产水平提高了一倍(框8.5)。粮食单产的进一步提高是通过施用有机肥实现的。这些干预措施可以在所有农业用地上实现。来自东非和南非的证据表明,保育性农业可以减少对劳动力的需求,并提高小型雨养农户的单产(框8.5)[EBI]。单产提高了20%~120%,而水分生产力提高了10%~40%。

框 8.5 在东非保育性农业提高了水和土壤的生产力

1999–2003年在埃塞俄比亚、肯尼亚、坦桑尼亚和赞比亚的半干旱和干旱亚湿润地区的农户中进行的创新性保育农业试验表明,保育农业在提高主要粮食作物单产和雨水生产力上具有巨大潜力(Rockström and others forthcoming)。在深耕的种植行旁边有限施肥(有机肥和化肥)。所有国家的单产水平都有了显著的提高(见数字)。保育性农业体系能够最大化雨水入渗到土壤的比例并至少减少一半左右牲畜拖拉作业的需要。

保育性农业的田间试验的玉米单产的提高

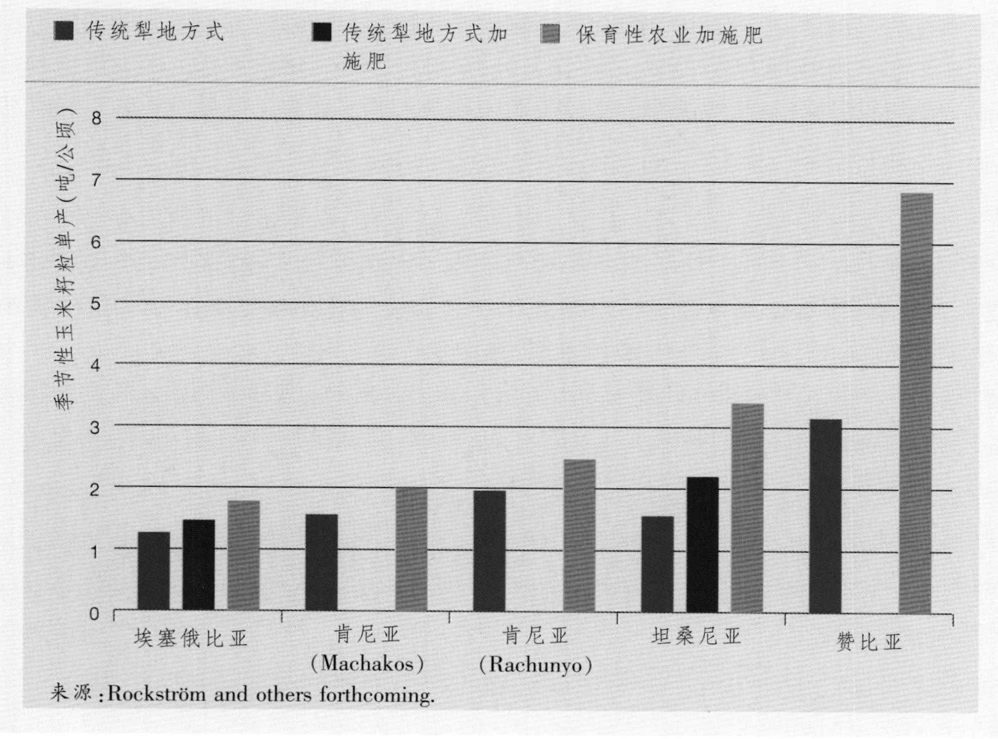

来源:Rockström and others forthcoming.

原位的雨水收集还包括将雨水汇集到植物的措施，如坡改梯、打埂、垄作、田间微流域等。干旱环境下随着将径流汇集到植物和树木的雨水收集技术的使用，雨水生产力可得到显著提高（照片8.3）。约旦Muwaqqar地区的小流域(negarim)已经支撑了杏树17年，那里的年降雨量只有125 mm，期间有几年还发生了旱灾(Oweis and Taimeh 1996)。在年降雨量只有120 mm的叙利亚温带草原的Mehasseh地区，当灌木种植在微集水区的时候，雨养灌木的存活率从低于10%增加到超过90%。在年降雨量只有130 mm的埃及西北部，只有200 m²的小雨水收集流域就能够支撑橄榄树，而从温室屋顶收集的雨水就已足够温室内种植的半数蔬菜的需水量(Somme and others 2004)。

> 半干旱地区有超过一半以上的落在农业用地上的降水都以非生产性的蒸发损失掉了。

把非生产性的蒸发转变为生产性蒸腾。半干旱地区有超过一半以上落在农业用地上的降水都以非生产性的蒸发损失掉了。这是一个通过转化非生产性蒸发到生产性蒸腾上的提高绿水生产力的关键窗口期，不需要权衡与下游蓝水的关系，主要措施包括对土壤物理性质、土壤肥力、作物品种和农艺措施的管理。这种将蒸发损失转变为有用的植物蒸腾的水汽转移(或转换)对干旱、半干旱以及干旱的亚湿润地区尤其具有重要意义。

摄影:Jennie Barron

照片8.3 补充灌溉：沟灌和重力供水。

对雨养作物粮食单产和绿水流(蒸散)的田间测量结果表明，在半干旱的热带农业生态系统中，当单产从1 t/hm²提高到2 t/hm²时，绿水生产力就会从每吨产量耗水(蒸散量)3500 m³提高到每吨耗水不到2000 m³(图8.6；Rockström 2003；Oweis，Pala，and Ryan 1998)，这是从较低单产转向更高单产时水分生产力提高的动态变化的结果。单产较低时，由土壤蒸发损失的水量较多，因为土壤被稀疏的冠层覆盖。当单产增加时，土壤由于作物冠层面积增加而得到的覆盖范围扩大。当单产达到4~5 t/hm²及以上时，冠层密度太高以致于减少蒸发以增加蒸腾的机会减少，从而降低了水分生产力提高的相对幅度。这显现了在低单产的农作系统中提高水分生产力的巨大机会，尤其是在雨养农业(灌溉农业由于单产更高水分生产力已经较高)。

在干旱地区的证据表明采纳原位(微集水区)雨水收集以促进降雨入渗的做法会提高生产性蒸腾的比例，从10%~30%到60%，幅度很大。另外，采用补充灌溉以缓解干旱期的方法会将非生产性蒸发的比例降低到不到总绿水流的50%。

作物育种对提高作物对水分的有效性十分重要。利用孟德尔遗传学的传统育种技术和现代的基因工程育种方法，新的、可以同时提高水分生产力并保持甚至提高单产的作物品种可以被研发出来。

总的来说，通过管理提高水分生产力看起来还具有很大的空间。减少水分的非生产性损失可以在不牺牲蓝水形成的条件下使作物根区获得更多的有效水。另外，增加单产会同时提高水分生产力，尽管在这种情况下更多的蓝水会以蒸散消耗。

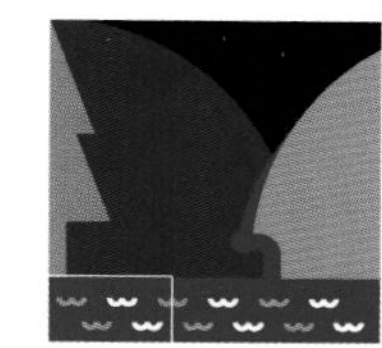

图 8.6 不同管理和气候条件下谷物作物水分生产力和单产之间的动态关系

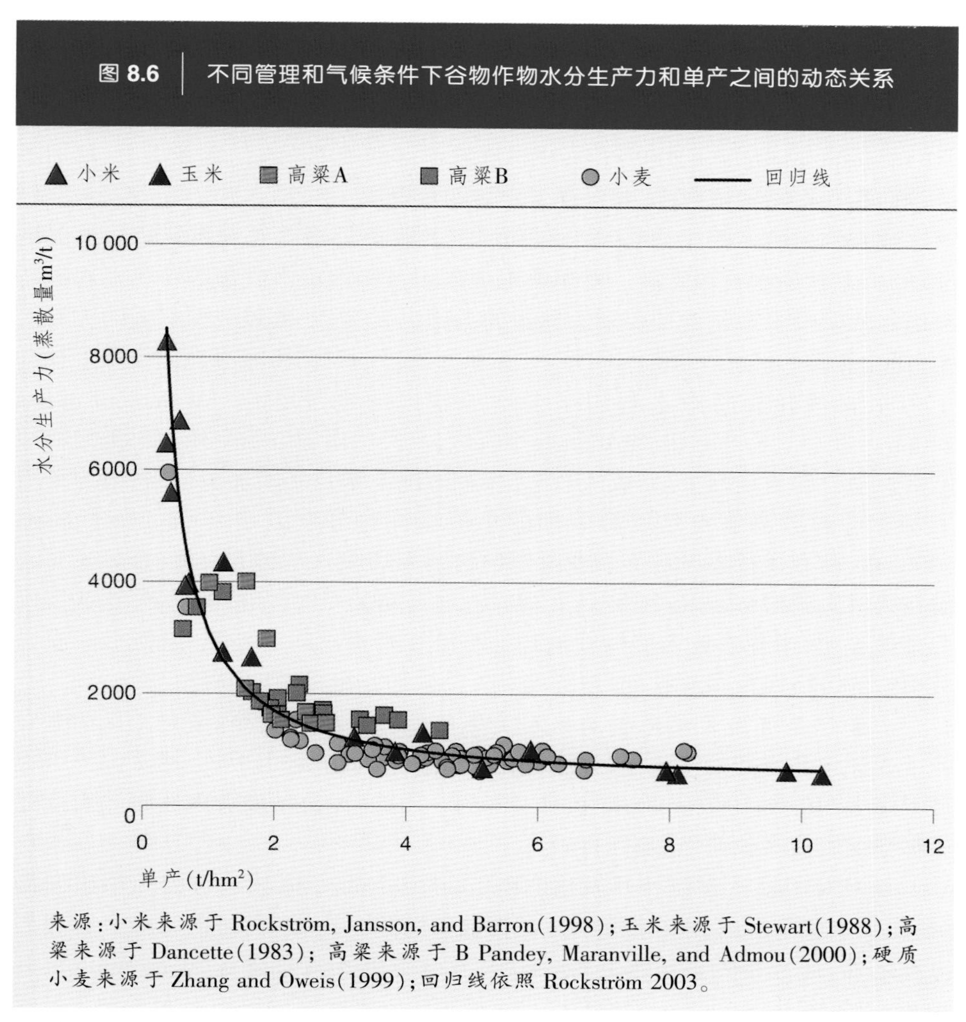

来源：小米来源于 Rockström, Jansson, and Barron(1998)；玉米来源于 Stewart(1988)；高粱来源于 Dancette(1983)；高粱来源于 B Pandey, Maranville, and Admou(2000)；硬质小麦来源于 Zhang and Oweis(1999)；回归线依照 Rockström 2003。

应用整体性方法分析农业生态系统

投资于雨养和灌溉农业不仅对实现联合国千年发展目标中减少饥饿的目标意义重大，而且还对减少贫困和实现环境可持续性的目标至关重要。农业单产的提高会显著增加水的消耗性使用(从1960年的每年1000 km³到现在的每年4500 km³)，且造成了发展中国家农业面积的大规模扩张(过去的45年从2600~3200万 km²到5600万 km²;FAOSTAT 2005)。联合国千年生态系统评估报告还注意到由于农业扩张造成的土地使用的变化是过去50年间65%的生态系统退化背后的主因(MEA 2005)。因此，提升雨养农业需要采取一种对农业生态系统进行整体分析的方法。

投资于雨养农业会有巨大的回报。相关证据表明提升雨养农业不仅存在巨大的机遇，而且还会对社会带来巨大的回报。印度对全国311个重点放在雨水管理上的小流域项目的详尽评估发现，这些小流域项目的平均成本-收益比是1:2.14(Joshi and others 2005)。这些小流域项目创造了巨大的就业机会、增加了灌溉面积和作物种植密度，并保育了土壤和水资源。

> 相关证据表明提升雨养农业不仅存在着巨大的机遇，而且还会对社会返回巨大的回报。

小农户家庭水平上对劳动力和利润上的收益是雨养农业投资背后的关键驱动力，尤其是水资源管理。对坦桑尼亚农田范围内雨水收集的评估发现提高对雨水的管理水平是增加劳动力回报的关键因素，因此也是减少贫困的关键因素(Hatibu and others 2006)。同样地，在亚洲进行的案例研究也充分显示了投资于雨水管理并提高雨水利用率会增加农民的经济收益（Wani and others 2006b)。在印度Kothapally的Adarsha小流域，农民从雨养谷物生产和豆类作物的家庭劳动力和土地回报(净收入)在大多数情况下都几乎增加了一倍，因为采用了基于品种改良和自然资源管理的小流域综合开发策略（Wani and others 2006b)。没有进行提升雨养农业投资的村落人均收入是1900卢比(合43美元)，而在项目实施的Adarsha小流域，人均收入达到3400卢比(合77美元)。这些案例清楚地表明，雨养农业未能持续地弥补与潜在产量之间的差距、未能提高农民劳动力的经济回报以及收益，是造成永久贫困的一个关键的因素。

水管理是有助于实现农业收入多样化的一项关键投资。农村地区的非农业就业经常和农业的增长同时发展[EBI]。农业产量每增长1%会使贫困人口数量下降大约0.5%~0.7%(World Bank 2005)。因此，无论是农业内还是非农业就业都受到农业增长的强烈制约。

最近对印度古吉拉特邦发达的Rajasamadhiyala小流域进行的一项研究揭示，在雨水收集上的公共投资项目使当地农民除了在肥料、防治病虫害管理上投资之外，还能够投资于水井、水泵、喷灌设施以及滴灌设备(Wani and others 2006a; Sreedevi and others 2006)。小流域综合管理措施的实施引发了农业向商业化谷物种植的转变，如玉米。而在周边没有实施小流域开发项目的村落，农民还是种植低价值谷物作物如高粱。另外，在发达的Andhra Pradesh小流域开发项目中农民更多将种植重点放在蔬菜和园艺作物，从而有助于收入的稳定性和弹性(图8.7；Wani and others 2006b)。这种多样化种植的一个前提条件就是市场的获取。在印度，雨养农业的出产——包括那些高产品种——在许多地方增长很快，甚至和灌溉农业地区增长的步伐相同(Kerr 1996)。

在坦桑尼亚的很多地方，雨水收集使半干旱地区的农民能够通过种植市场化程度较高的作物而提升雨养农业水平，从而减少贫困。那些从种植高粱和小米而转向种植水稻或玉米的雨养农户在水稻或玉米收获后继而种植豆类作物以利用农田土壤中残留的水分。目前，半干旱地区利用集雨进行的水稻生产占坦桑尼亚全国水稻总产的35%(Gowing and others 1999; Meertens, Ndgege, and Lupeja 1999)。

改善农田尺度内的水管理会产生多重效益。对雨养农业水管理的投资会

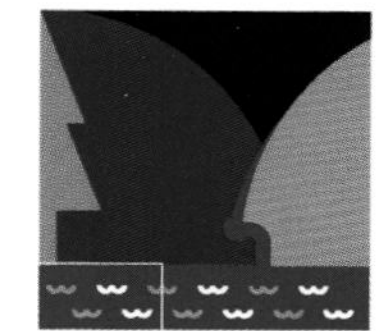

产生重要的额外收益，收益主要来自于水资源在维持生计和改善健康上所发挥的多重作用。由于雨水可以支撑种植作物的所有形式的生物量生长——饲养牲畜的牧草、非人工种植的粮食作物、燃料和建设用木材，因此雨水影响着实行雨养农业的农业社区的弹性。农村的生计还有赖于非农业的收入（汇款、季节性的非农业工作、农村的补充性收入来源），这些收入降低了由于降雨变化而造成的脆弱性。

一项在东非进行的研究表明，实现联合国千年发展目标中脱贫目标的战略需要在三个领域实行促进生产力增长的投资（ASARECA and IFPRI 2005）。主要粮食作物被发现是对总体经济增长和脱贫具有关键意义的因素。雨养农业体系又是生产主要粮食作物的主力，从而再次凸显了提升雨养农业投资的重要性。而大部分也是由雨养体系构成的畜牧业生产部门是南亚人民的关键生计来源，同时很多从事非农业的农村企业正在加强与作物及畜牧产品加工的联系。

对雨养农业水管理的投资会产生重要的额外收益，收益主要来自于水资源在维持生计和改善健康上所发挥的多重作用。

当然还有从森林和牧草系统获取更多收益的机会，这些系统会天然地消耗雨水。这包括提高雨水附加值的投资，如开发与自然资源有关的小微企业，自然资源包括农产品的蚯蚓堆肥、植物育苗、生物质柴油植物种植、油料提取以及农产品的加工。这些措施有助于保证妇女和年轻人多样化的生计选择，并会提高

图 8.7 | 印度半干旱的 Andhra Pradesh 邦 Kothapally 雨养农业区的小流域开发项目提高了农业产出

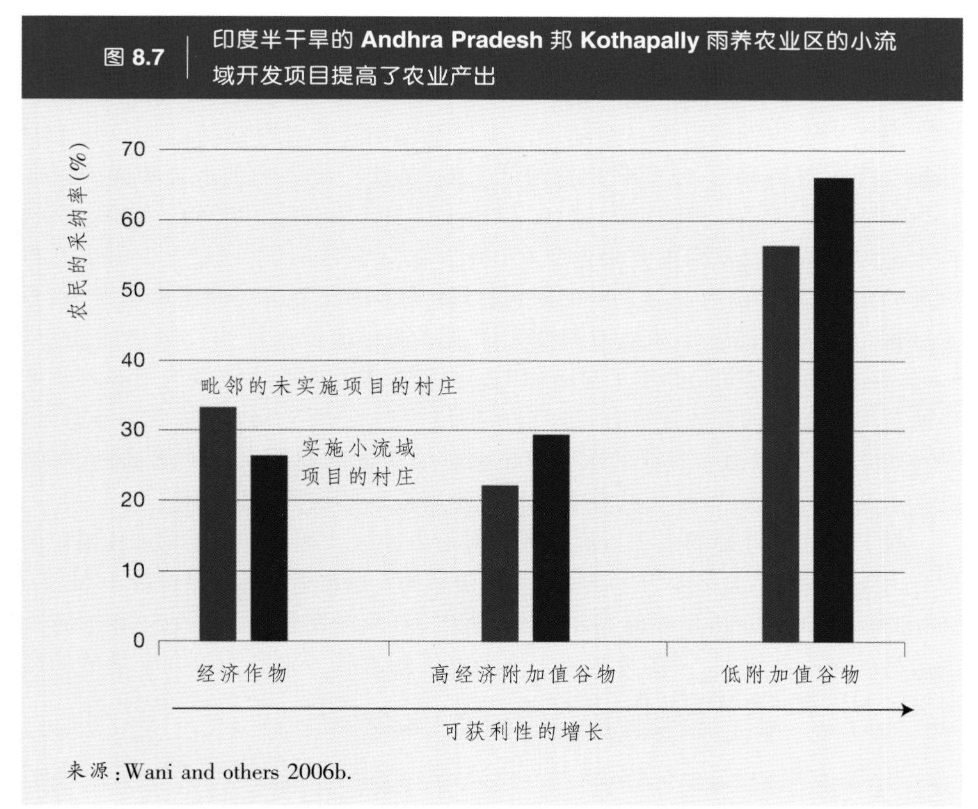

来源：Wani and others 2006b.

抵御旱灾年份的弹性 (Wani and others 2003a; Joshi and others 2005; Wani and others 2006b)。

集约化的雨养农业需要很好地平衡粮食用水和生态系统用水的关系。农业用水的每一次增加都会影响到其他用途水的可利用数量,无论是人类直接使用(供水)还是生态系统用水(陆地生态系统和水生生态系统)。在那些水资源过度分配的小流域,投资于雨水收集体系以提升雨养农业的做法面临着严重的与下游用户和生态系统之间的权衡问题(Calder 1999),尽管有其他证据表明,即便是更广泛的小型蓄水设施的建设对下游的影响很小甚至没有影响(Evanari, Shanan, and Tadmor 1971; Schreider and others 2002; Sreedevi and others 2006)[CE]。对雨养农业水管理的投资会对生态系统产生积极影响,因为这能减少土地的退化以及改善下游的水质。

> 雨养农业的相关证据传达了两个重要信息:雨养农业将在保证全球粮食安全和可持续经济发展上发挥显著作用;从雨养农业水管理投资获得收益方面存在巨大的机遇。

对上游雨养农业系统雨水收集的投资有可能实现流域范围的积极效果。水分生产力的提高,尤其是在那些雨养农业单产很低的地方其提高幅度尤其显著(见图8.6),会部分地抵消对下游水资源有效性减少的副作用。所以,尽管下游蓝水的有效性可能会减少,从流域角度看每单位粮食产量所消耗的绿水量是降低了。另外,收集离水源较近的水(当雨滴撞击地表时)——常见于雨水收集体系——会减少蓝水从田间到集水区再到流域过程中的蒸发损失。节省能源是投资于离水源越近越好的蓄水设施的另一个重要优势。建设越往上游越好的蓄水设施可以利用天然的重力能,而靠近下游的蓄水设施则需要新的能源将水引回到田间。尽管如此,还是需要更多研究来评估提升雨养农业的措施会对下游用水造成的影响。

过去半个多世纪以来日益加剧的土地退化主要是森林植被破坏以及土地利用管理不善造成的,主要集中在河流上游,从而严重影响到水文功能的发挥(第15章有关土地的论述;Vrösmarty, Lévêque, and Revenga 2005)。上游小流域持水能力的减弱以及降雨分割为蓝水和绿水的分割比例不协调(更少绿水流和更高的蓝水暴雨流)已经对上游的农村社区(更多的反复出现的用水压力)和下游社区 (由于基流变小和地表流变大而造成的径流流失加快; 水坝的淤积; Bewket and Sterk 2005)产生了显著影响。投资于提升上游小流域的雨养农业可以通过减缓水流的释放速度并控制蓝水的侵蚀性流动的方式以减少土地退化。进一步来说,加强雨养农业的水管理将会增加缓慢的地下水流的流量,从而延长淡水释放到下游的时间,减轻水诱发的土壤侵蚀造成的土地退化。

投资于改善上游的水和土地管理会对下游社区产生经济上的回报[EBI]。大部分记录在案的试验迄今为止都试图在小流域的上游重建森林植被(Perrot-Maitre and Davis 2001; Landell-Mills and Porras 2002), 但是在世界上其他一些下游社区出现的例子却表明,下游社区由于上游社区的水管理投资而得到了更好的环境服务所带来的经济收益(FAO 2004a)。

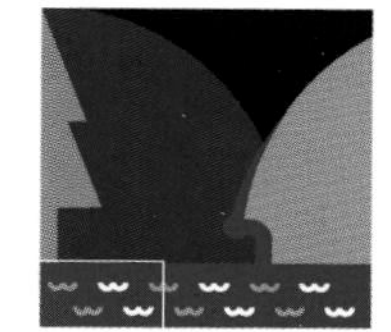

新的投资机遇和政策选择

本章中展示的雨养农业的相关证据传达了两个重要信息：雨养农业将在保证全球粮食安全和可持续经济发展上发挥显著作用；从雨养农业水管理投资获得收益方面存在巨大的机遇。而且，目前人类已经具备在反复遭受和水有关的生产力挑战地区显著提高雨养农业长期产量的相关知识。但是，在所有利益攸关方都能接受并应用这些知识上仍存在差距。的确存在部分限制性因素干扰着对知识的接受，包括技术的、社会经济的以及政策因素，但是缺乏在知识共享和最佳管理方式推广方面的投资却是最主要的障碍。

> 雨养农业的水投资包含了传统上不算作水资源的水的管理：需要将降水看成一种经济型水资源。

目前需要一种新的农业水政策的方法，将降雨也看作是淡水资源，并且在地方社区的适宜尺度上同等考虑蓝水和绿水的生计选择。释放雨养农业的潜能需要在人类能力建设、支持性研究、制度发展和专门技术上的新的大规模的投资。同时还需要新一代的推广服务体系，要求推广服务专业人员受到相关培训以完成支持农民在农田范围进行水管理投资的任务（水管理技巧已经嵌入到大型灌溉过程的水资源开发中）。这项任务知识密集型的特性意味着成功地传播知识和技能将需要大规模的投资。

政策导向应将重点放在雨水管理，而不仅仅是径流管理

雨养农业曾经遭受到为改善农业生产的水管理的政策与制度支撑不足的困扰。过去的投资将重点放在改善上游的水的负面效应（侵蚀控制和水保育），以减轻对下游的影响。而最近的几十年，投资的重点已经从为了保育的水管理到为了生产的水管理；不再把水作为敌人，通过侵蚀控制措施来管理水，而是把水作为朋友，在地方范围内进行有效供水以作生产之用。

战略投资的绿水和蓝水范式。目前，水政策的重点主要放在河流流域或较大的集水区，而农业政策常常针对单个的农场，而且不是从水投资的角度。新的水政策范式需要将重点更明确地放在更小的小流域尺度，常常和社区、小城镇或村庄（几百到几千公顷土地）重合。这个尺度也和雨养农户相关的水资源管理的尺度重合，在这个尺度上未来几十年需要一场新的绿色革命，以实现联合国千年发展目标即减少一半的贫困与饥饿，同时确保环境的可持续性发展。

引入以绿水资源为重点的政策拓宽了水政策的范畴，包括上游小流域的水资源规划，土地利用对下游蓝水有效性的影响。传统上，无论是政策、管理还是法律条款上，只有在河流、地下水、湖泊、湿地和三角洲中液态的蓝水才被包含在水资源管理的范畴内。而雨养农业的水投资包含了传统上不算作水资源的水的管理。绿水资源需要被置于水资源投资的核心地位。这就要求水政策的重点从河流、湖泊和地下水中的永久蓝水转到降雨和地表沟壑、浅层地下水以及临时水塘的间歇性和局部的地表径流。需要把降雨看作是一种经济型水资源，而不仅仅是蓝水的组成成分。

这种政策视角上的转变最近在印度得到了实现,认识到了发展雨养农业和它对国家整体经济发展贡献的重要意义。印度政府2005年成立了独立的国家雨养农业开发权力机构。这种转变也延伸到了邦的水平。例如,Tamil Nadu邦政府在2005年也制定了雨养农业使命计划。

新的中尺度上的水管理。水资源管理的重点主要放在较大面积的流域或河流流域,而雨养农业的农业干预措施的重点还停留在农户或农田的水平,为了开发出小型农户雨养农业的潜力,因此对水管理的投资需要在面积较小的小流域尺度上进行,即河流流域的支流,那里的径流在降雨时间后很短的时期发生。

旨在水资源综合管理的新的水政策框架需要在小流域尺度上对雨水进行规划和配置。

旨在水资源综合管理的新的水政策框架需要在小流域尺度上对雨水进行规划和配置。向小流域尺度上雨养农业和灌溉农业之间的灰色地带转变,需要新的技能以及在中观尺度上有关水的有效性和利用的数据。需要重要过程的基本数据,特别是径流,以便合理设计并实施景观或社区范围内的方法分析综合水管理中的雨水收集和输送系统。小流域范围内降水的法律归属问题也需要有新的处理办法来解决。原来的水政策和法规主要是从大河流、地下水和水坝给灌溉系统配置水资源而设计的,不能满足在微型水坝、农户池塘和渗漏水窖的中型集水区尺度上降雨收集的需要。成功实现目标需要一种农业水管理的新范式,这种范式能促进适当尺度上的水投资,尤其是热带和亚热带发展中国家的小农户。

促进创新和适应性接纳的新努力

提升雨养农业需要一种社会管理和生态管理综合的方法。低生产力的雨养农业面临的挑战之一就是水管理上的创新,需要像雨水收集和保育农业这样的创新技术和措施。成功地使技术得到采纳和推广不仅需要技术的创新,还需要技术的适应性。其中一种有前途的方法就是在地方社区和知识机构之间进行适应性的协同管理,知识的分享和进步以一种反复的过程进行。适应性的协同管理所采用的重要工具有:参与式方法、田间农民学校和行动研究方法。

对雨水进行综合管理必须处理投资和降低风险之间、雨水管理和多种生计策略之间,以及土地、水和作物之间的关系。提升雨养农业的策略、技术和管理措施一般来说都是为人所知的。但是其中缺乏的尺度提升(从小尺度推广到大尺度)以及尺度扩展(从雨养农业部门内推广到部门外)环节正是能够与政策相联系的社会和经济过程和制度。

印度已经从小流域综合管理中取得了重要的成功经验,成功地将地方的所有权和农村家庭实实在在的经济效益结合起来(Wani and others 2003c)。但是,印度的经验也凸显了这种分割式方法的局限性。生产力提高得到的收益并没有在预期的范围内,没有处理平等问题、没有取得社区的参与,从而造成了对小流域内不同雨水收集设施的忽视。

在农田水平上采用土地-水-作物综合管理的方法的同时,在小流域和流域水平也要实施开发战略来提高雨养农业的单产水平。成功经验不是直接就能照

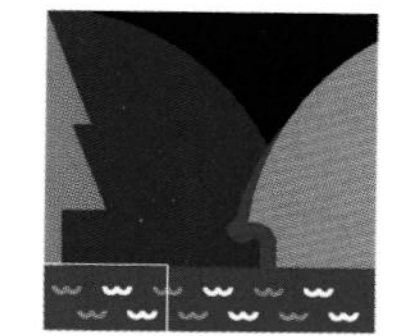

搬其他的社会生态环境中的，而且需要适应和协同管理。投资于提升雨养农业需要考虑到从管理雨水中获得的广泛收益，包括有助于提高整体农村社区的应激性——支持所有形式的生物量生产，包括耕作作物、牲畜牧草、非种植的粮食植物以及燃料和建筑用木材。

促进雨水管理投资的策略

农业开发的治理应该对资源管理和部门间的协调给予更多的关注，包括在地方水平上，旨在抵消在过去重点投入占主导地位的影响。这就形成了一种挑战，因为它要求在制度组织能力中将社会生态的理解整合进去，从而使雨养农业中降雨、土地和作物构成的复合体系，以及潜力和风险都纳入其中，并整合到经济规划中。需要在国家、区域和地区水平上有关投资的更广泛的知识。

> 目前急需对雨养地区的雨水管理进行战略性的公共投资，以鼓励私人部门进行投资。

需要在国家层面进行制度改革以弥补水资源、农业和环境治理之间的分割。相关的部门和政府各部需要在法律、政策和管理领域更紧密地联合起来。

还需要在地方水平的资源管理制度上进行投资。需要努力促进雨养农业投资能够获取银行支持的机会。土地使用权的改革以及当地市场和基础设施运输的开发也是至关重要的。农民组织、小规模信贷计划、私人银行的伙伴计划，以及其他一些制度上的安排都需要和政策的进展携手并进。

水管理投资的微信贷项目尤其重要。农户家庭通常无力负担数额较大的（相对于其财政能力）的投资，即便是小规模的用于作物生产的雨水收集系统也是无力承担，尽管这项投资具有可观的成本回报比例，并且对长期风险的降低具有积极作用。

营造适宜的环境很重要。具有很强针对性的经济支持是农业开发中最基本的条件。水管理的改善需要在基础设施、市场、通畅道路以及有保障的土地使用权的支撑下才能实现。

提供互补性的公共部门投资。为了支持农民的渐进式集约化的努力，参与方法应该和治理、管理和基础设施方面的公共投资结合起来。

目前急需对雨养地区的雨水管理进行战略性的公共投资，以鼓励私人部门（包括个人和团体）进行投资，承担风险。印度的经验证明了一旦雨水收集方面的公共投资保证了土壤水分并提高了地下水的可利用性，个人和业界就会增加他们对雨养农业的投资（Wani and others 2006a）。因为私人投资倾向于遵循最小风险的原则，一旦种植经济作物的较高风险即降雨变异降低了，私人资本就会涌入。

投资于支撑农业发展的基础设施也是十分重要的。相关证据表明针对雨养地区的道路和教育的投资对贫困的影响会大于那些针对灌溉区域的投资（Fan, Hazell, and Haque 2000; Fan, Zhang, and Zhang 2002）。Hatibu 和 Rockström (2005)的研究工作表明，投资于雨水管理会对贫困产生显著影响，在与可获利市场联系较好的情况下。在肯尼亚的Machakos地区，雨养农业社区过去50年取得的社会和经济成功都源于对土壤和水保育的投资，尤其是梯田耕作方式

(Tiffen, Mortimore, and Gichuki 1994)与那些能使农民多样化生产并进入当地市场的基础设施投资结合起来的时候(Zaal and Oostenrup 2002)。将半干旱地区的作物和畜牧业生产者与市场和营销体系联系起来,会使他们获得雨水管理投资的高额回报,提高目前体系的效益从而提高其接受程度。这与在印度的研究发现一致，雨养地区在道路基础设施上的补充性投资对脱贫产生的影响更大(Wani and others 2006b)。

将半干旱地区的作物和畜牧业生产者与市场和营销体系联系起来，会使他们获得雨水管理投资的高额回报。

提高私人部门投资的可获利性。可获利性是决定所有投资的关键性因素。雨养农业由于将重点放在大宗作物以及受到全球市场粮食价格下滑趋势的影响,其可获利性通常较低。相比之下,灌溉农业已经多样化发展为专门经济性作物的生产,如切花和其他园艺作物。类似地,雨养农业也需要更多地转向作物种植多样化以吸引更多的投资。这可以通过投资于水资源管理来实现[EBI]。例如,投资于小型的雨水收集设施以储存本地径流作为补充灌溉之用,就可以通过种植反季节的较高经济附加值的水果和蔬菜作物而实现作物种植的多样化。

投资于能力建设。农业推广服务及其他服务机构需要调整它们的技术和技能组合以满足雨养农业的需求。当前能力建设的重点一般放在当地的农田范围(当地农田尺度上的农业、畜牧和土壤及水保育)或者大面积的小流域尺度或河床尺度上的灌溉开发、管理和规划。而通过水投资提高雨养农业能力还是十分有限的,因为这需要具备在中观小流域尺度上的相关知识和技能。

适应气候变化以提高弹性

人类引发的气候变化的影响,对其科学预测的信心在不断增加。水资源会受到严重影响,已有相关证据表明,尽管存在相当大的标准差,热带地区的降雨将会越来越不可靠。更大以及更密集的暴雨将会更多见,包括南非在内的几个地区将会受到降雨减少的困扰。另外,过去五年中气候科学的进展也在越发肯定地指出,气候变化在未来几十年内将不可避免地产生巨大影响,而不是在遥远的未来。

这就带来了越来越多的对于适应气候变化的关注。投资于雨养农业的水管理应该构成任何一个国家适应气候变化战略的基石,尤其是在处于热带的发展中国家,因为雨养农业在它们的经济中发挥了如此重要的作用。穷国对气候变化更为脆弱,而贫穷社区会遭受到社会和环境冲击最大的打击。降低雨水相关的风险的投资会建立更富有弹性的社区,使它们更好地拥有面对气候变化下不断增加的洪水、旱灾和干旱期的能力。在联合国气候变化框架性公约下的国家适应行动计划需要处理大型和小型的水管理的投资,以应对未来雨水相关的极端气候事件更高的发生频率。对农业水管理来说,这包括实现在地区水平上降低对洪旱灾害的脆弱性的投资和大规模水利设施投资之间的战略平衡。建设应对气候变化的水弹性的需要为提升雨养农业水管理的投资添加了一个新的也是迫切需要的角度。

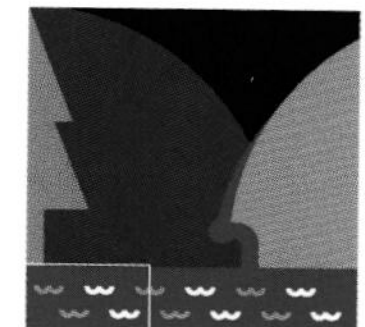

改善生计努力的综合证据

多种力量和综合证据都指出，在水是粮食生产限制性因素的发展中国家，进行协同的和战略性的投资以提升雨养农业非常迫切。它们也蕴含着巨大的机遇。要实现联合国千年发展计划中减少一半的贫困和饥饿并同时确保环境可持续性的目标，如果没有雨养农业的重要贡献是不可能实现的。目前的低产意味着未来的巨大机遇，目前有广泛的证据证明有大量的未利用的水量，即便在缺水地区也是如此，并且还有农民能够采用的适宜的、有效的和负担得起的水管理措施的广泛知识。非洲撒哈拉以南地区需要的不过是一场新的绿色革命，而在南亚、东南亚和东亚和拉丁美洲的大部分地区需要做的是显著提高它们的农业生产力。

单单依靠水本身不能完成这些使命。但是本章表明在水作为高度变异性生产要素的雨养农业中，通过水管理来降低风险是释放作物管理潜力、土壤肥力、病虫害以及生产多样化的关键性因素。一个关键的发现是：通过雨养农业的水管理实现改善生计并提高水分生产力的可能性。利用更少的水可以生产更多的粮食，特别是在世界上那些单产较低的农业地区。

现在各国政府和国家开发组织应该适时抛弃原有的认为半干旱和干旱亚湿润地区的雨养农业是一种在旱地上实行的边缘化行为的观念，也是他们投资于开发这些雨养农业系统的潜力以成倍(两倍、通常是三倍甚至四倍)增长的时候了。这会有助于减少贫困、减轻环境退化、建立对气候变化的弹性；也会促进更平衡的城乡发展，并最终促进可持续的发展。

评审人

审稿编辑：Jean Boroto.

评审人：Mintesinot Behailu, Meena Bilgi, Eline Boelee, James Chimphamba, Guy Evers, John Gowing, Dorothy Hamada, Ingrid Hartman, Peter Hobbs, Dyno Keatinge, Henry Mahoo, Douglas J. Merrey, Tony Peacock, Bharat R. Sharma, Jonathan Woolley, and Yali E. Woyessa.

参考文献

Abdulai, A., and P. Hazell. 1995. "The Role of Agriculture in Sustainable Development in Africa." *Journal of Sustainable Agriculture* 7 (2/3): 101–19.

Agarwal, A. 2000. *Drought? Try Capturing the Rain.* Briefing Paper. New Delhi: Centre for Science and Environment.

Agarwal, A., and S. Narain. 1997. *Dying Wisdom: Rise, Fall and Potential of India's Traditional Water Harvesting System.* Faridabad, India: Thomson Press Ltd.

ASARECA (Association for Strengthening Agricultural Research in Eastern and Central Africa) and IFPRI (International Food Policy Research Institute). 2005. "Strategic Priorities for Agricultural Research-for-Development in Eastern and Central Africa." Entebbe, Uganda, and Washington, D.C.

Barron, J. Forthcoming. "Water Productivity and Rainwater Management in Smallholder Farming Systems: Simulations for Cereals in Semiarid Sub-Sahara Africa with APSIM." Contribution to the Comprehensive Assessment project "Water Use in Agriculture on Water Scarcity and Food Security in Tropical Rainfed Water Scarcity Systems: A Multi-level Assessment of Existing Conditions, Response Options and Future Potentials." International Crops Research

Institute for the Semi-Arid Tropics, Andhra Pradesh, India.
Barron, J., J. Rockström, F. Gichuki, and N. Hatibu. 2003. "Dry Spell Analysis and Maize Yields for Two Semiarid Locations in East Africa." *Agricultural and Forest Meteorology* 117 (1–2): 23–37.
Bewket, W., and G. Sterk. 2005. "Dynamics in Land Cover and its Effect on Stream Flow in the Chemoga Watershed, Blue Nile Basin, Ethiopia." *Hydrological Processes* 19 (2): 445–58.
Calder, I.R. 1999. *The Blue Revolution: Land Use and Integrated Water Resources Management*. London: Earthscan.
Commission for Africa. 2005. *Our Common Interest: Report of the Commission for Africa*. Accessed May 2005. [www.commissionforafrica.org/english/report/introduction.html].
Conway, G. 1997. *The Doubly Green Revolution: Food for All in the Twenty-first Century*. London: Penguin Books.
Critchley, W., and K. Siegert. 1991. *Water Harvesting: A Manual for the Design and Construction of Water Harvesting Schemes for Plant Production*. Rome: Food and Agriculture Organization.
Dancette, C. 1983. "Estimation des besoins en eau des principales cultures pluviales en zone soudano-sahélienne." *L'Agronomie Tropicale* 38 (4): 281–94.
Deichmann, U., and L. Eklundh. 1991. "Global Digital Data Sets for Land Degradation Studies: A GIS Approach." GRID Case Study Series 4. United Nations Environment Programme, Global Environmental Monitoring System and Global Resource Information Database, Nairobi. Accessed February 2006. [http://geodata.grid.unep.ch/].
Derpsch, R. 1998. "Historical Review of No-tillage Cultivation of Crops." In J. Benites, E. Chuma, R. Fowler, J. Kienzle, K. Molapong, J. Manu, I. Nyagumbo, K. Steiner, and R. van Veenhuizen, eds., *Conservation Tillage for Sustainable Agriculture*. Proceedings from an International Workshop, Harare, 22–27 June. Part II (Annexes). Eschborn, Germany: Deutsche Gesellschaft fur Technische Zusammenarbeit.
———. 2005. "The Extent of Conservation Agriculture Adoption Worldwide: Implications and Impact." Keynote Paper at the 3rd World Congress on Conservation Agriculture, Regional Land Management Unit, World Agroforestry Centre, 3–7 October, Nairobi.
DFID (Department for International Development). 2002. "Better Livelihoods for Poor People: The Role of Agriculture." Issues Paper. Consultation Document Draft A4. Rural Livelihoods Department, London.
Dixon, J., A. Gulliver, and D. Gibbon. 2001. *Farming Systems and Poverty: Improving Farmers' Livelihoods in a Changing World*. Rome and Washington, D.C.: Food and Agriculture Organization and World Bank.
Doorenbos, J., and W.O. Pruitt. 1992. *Crop Water Requirements*. FAO Irrigation and Drainage Paper. Rome: Food and Agriculture Organization.
Evenari, M., L. Shanan, and N.H. Tadmor. 1971. *The Negev: The Challenge of a Desert*. Cambridge, Mass.: Harvard University Press.
Falkenmark, M. 1986. "Fresh Water—Time for a Modified Approach." *Ambio* 15 (4): 192–200.
Falkenmark, M., and J. Rockström. 2004. *Balancing Water for Humans and Nature: The New Approach in Ecohydrology*. London: Earthscan.
Fan, S., P. Hazell, and T. Haque. 2000. "Targeting Public Investments by Agro-ecological Zone to Achieve Growth and Poverty Alleviation Goals in Rural India." *Food Policy* 25 (4): 411–28.
Fan, S., L. Zhang, and X. Zhang. 2002. *Growth, Inequality, and Poverty in Rural China*. Research Report 125. Washington, D.C.: International Food Policy Research Institute.
FAO (Food and Agriculture Organization). 2002. *World Agriculture: Towards 2015/2030: Summary Report*. Rome.
———. 2004a. *Payment Schemes for Environmental Services in Watersheds*. Regional Forum, 9–12 June 2003 in Arequipa, Peru. Land and Water Discussion Paper 3. Rome.
———. 2004b. *The State of Food Insecurity in the World 2004*. Rome.
FAO (Food and Agriculture Organization)/IIASA (International Institute for Applied Systems Analysis). 2000. *Global Agro-Ecological Zones (Global-AEZ)*. CD-ROM. Rome and Laxenburg, Austria. Accessed February 2006. [www.iiasa.ac.at/Research/LUC/GAEZ].
FAOSTAT. 2005. Database. Food and Agriculture Organization, Rome. Accessed November 2005. [http://faostat.fao.org/].
Fischer, G., M. Shah, and H. van Velthuizen. 2002. *Climate Change and Agricultural Vulnerability*. Special report for the UN World Summit on Sustainable Development, 26 August–4 September, Johannesburg. Laxenburg, Austria: International Institute for Applied Systems Analysis. [www.iiasa.ac.at/Research/LUC/JB-Report.pdf].
Fox, P., and J. Rockström. 2000. "Water Harvesting for Supplemental Irrigation of Cereal Crops to Overcome Intra-seasonal Dry-spells in the Sahel." *Physics and Chemistry of the Earth, Part B Hydrology, Oceans and Atmosphere* 25 (3): 289–96.
Fox, P., J. Rockström, and J. Barron. 2005. "Risk Analysis and Economic Viability of Water Harvesting for Supplemental Irrigation in Semiarid Burkina Faso and Kenya." *Agricultural Systems* 83 (3): 231–50.
Glantz, M.H. 1994. *Drought Follows the Plough: Cultivating Marginal Areas*. Cambridge, UK: Cambridge University Press.
Gowing, J.W., H. Mahoo, O.B. Mzirai, and N. Hatibu. 1999. "Review of Rainwater Harvesting Techniques and Evidence for Their Use in Semiarid Tanzania." *Tanzania Journal of Agriculture Science* 2 (2): 171–80.
Harris, H.C., P.J.M. Cooper, and M. Pala. 1991. *Soil and Crop Management for Improved Water Use Efficiency in Rainfed*

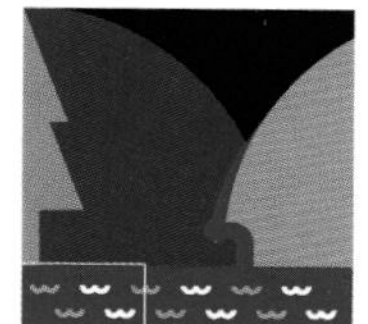

Areas. Proceedings of an International Workshop sponsored by the Ministry of Agriculture, Forestry, and Rural Affairs, International Center for Agricultural Research in the Dry Areas, and International Maize and Wheat Improvement Center, 15–19 May, 1989. Ankara: International Center for Agricultural Research in the Dry Areas.

Hatibu, N., and J. Rockström. 2005. "Green-Blue Water System Innovations for Upgrading of Smallholder Farming Systems—A Policy Framework for Development." *Water Science and Technology* 51 (8): 121–32.

Hatibu, N., E.A. Lazaro, H.F. Mahoo, F.B. Rwehumbiza, and A.M. Bakari. 1999. "Soil and Water Conservation in Semiarid Areas of Tanzania: National Policies and Local Practices." *Tanzania Journal of Agricultural Sciences* 2 (2): 151–70.

Hatibu, N., M.D.B. Young, J.W. Gowing, H.F. Mahoo, and O.B. Mzirai. 2003. "Developing Improved Dryland Cropping Systems for Maize in Semiarid Tanzania. Part 1: Experimental Evidence of the Benefits of Rainwater Harvesting." *Journal of Experimental Agriculture* 39 (3): 279–92.

Hatibu, N., K. Mutabazi, E.M. Senkondo, and A.S.K. Msangi. 2006. "Economics of Rainwater Harvesting for Crop Enterprises in Semiarid Areas of East Africa." *Agricultural Water Management* 80 (1–3): 74–86.

Henao, J., and C. Baanante. 2006. *Agricultural Production and Soil Nutrient Mining in Africa: Implications for Resource Conservation and Policy Development*. IFDC Technical Bulletin. Muscle Shoals, Ala: International Fertilizer Development Center.

Hilhost, T., and F. Muchena. 2000. *Nutrients on the Move: Soil Fertility Dynamics in African Farming Systems*. London: International Institute for Environment and Development.

Hobbs, P.R., and R.K. Gupta. 2002. "Rice-wheat Cropping Systems in the Indo-Gangetic Plains: Issues of Water Productivity in Relation to New Resource Conserving Technologies." In J.W. Kijne, ed., *Water Productivity in Agriculture: Limits and Opportunities for Improvement*. Wallingford, UK: CABI Publishing.

IAC (InterAcademy Council). 2004. *Realizing the Promise and Potential of African Agriculture: Science and Technology Strategies for Improving Agricultural Productivity and Food Security in Africa*. Amsterdam: InterAcademy Secretariat.

IFAD (International Fund for Agricultural Development). 2001. *Rural Poverty Report 2001: The Challenge of Ending Rural Poverty*. Oxford, UK: Oxford University Press.

Ilbeyi, A., H. Ustun, T. Oweis, M. Pala, and B. Benli. 2006. "Wheat Water Productivity and Yield in a Cool Highland Environment: Effect of Early Sowing with Supplemental Irrigation." *Agricultural Water Management* 82 (3): 399–410.

India, Government of. 2005. *Serving Farmers and Saving Farming—2006: Year of Agricultural Renewal*. Third Report. New Delhi: Ministry of Agriculture, National Commission on Farmers.

IPCC (Intergovernmental Panel on Climate Change). 2001. *Climate Change 2001*. Third Assessment Report. Cambridge, UK: Cambridge University Press.

Irz, X., and T. Roe. 2000. "Can the World Feed Itself? Some Insights from Growth Theory." *Agrekon* 39 (3): 513–28.

Johnston, D.G., and J.W. Mellor. 1961. "The Role of Agriculture in Economic Development." *American Economic Review* 51 (4): 566–93.

Joshi, P.K., A.K. Jha, S.P. Wani, L. Joshi, and R.L. Shiyani. 2005. *Meta-analysis to Assess Impact of Watershed Program and People's Participation*. Comprehensive Assessment of Water Management in Agriculture Research Report 8. Colombo: International Water Management Institute.

Kerr, J. 1996. "Sustainable Development of Rainfed Agriculture in India." EPTD Discussion Paper 20. International Food Policy Research Institute, Environment and Production Technology Division, Washington, D.C. [www.ifpri.org/divs/eptd/dp/papers/eptdp20.pdf].

Klaij, M.C., and G. Vachaud. 1992. "Seasonal Water Balance of a Sandy Soil in Niger Cropped with Pearl Millet, Based on Profile Moisture Measurements." *Agricultural Water Management* 21 (4): 313–30.

Koning, N. 2002. "Should Africa Protect Its Farmers to Revitalise its Economy?" Working Paper North-South Centre. Wageningen University and Research Centre, Wageningen, Netherlands.

Landell-Mills, N., and T.I. Porras. 2002. *Silver Bullet or Fools' Gold? A Global Review of Markets for Forest Environmental Services and Their Impact on the Poor*. Instruments for Sustainable Private Sector Forestry Series. London: International Institute for Environment and Development. [www.iied.org/pubs/pdf/full/9066IIED.pdf].

Landers, J.N., H. Mattana Saturnio, P.L. de Freitas, and R. Trecenti. 2001. "Experiences with Farmer Clubs in Dissemination of Zero Tillage in Tropical Brazil." In L. García-Torres, J. Benites, and A. Martínez-Vilela, eds., *Conservation Agriculture, A Worldwide Challenge*. Rome: Food and Agriculture Organization.

LandScan. 2004. Global Population Database. Oak Ridge National Laboratory, Oak Ridge, Tenn. Accessed November 2005.

Liniger, H.P., and W. Critchley. Forthcoming. *Where the Land Is Greener: Case Studies and Analysis of Soil and Water Conservation Initiatives Worldwide*. Berne, Switzerland: World Overview of Conservation Approaches and Technologies.

MEA (Millennium Ecosystem Assessment). 2005. *Ecosystems and Human Wellbeing: Synthesis*. Washington, D.C.: Island Press.

Meertens, H., L. Ndege, and P. Lupeja. 1999. "The Cultivation of Rainfed Lowland Rice in Sukumaland, Tanzania." *Agriculture, Ecosystems, and Environment* 76 (1): 31–45.

Mwale, F. 2003. "Drought Impact on Maize Production in Malawi." UNESCO–IHE Report. United Nations Educational, Scientific and Cultural Organization Institute for Water Education, Delft, Netherlands.

Ngigi, S.N., H.H.G. Savenije, J. Rockström, and C.K. Gachene. 2005a. "Hydro-economic Evaluation of Rainwater Harvesting and Management Technologies: Farmers' Investment Options and Risks in Semiarid Laikipia District of Kenya." *Physics and Chemistry of the Earth* 30 (11–16): 772–82.

Ngigi, S.N., H.H.G. Savenije, J.N. Thome, J. Rockström, and F.W.T. Penning de Vries. 2005b. "Agro-hydrological Evaluation of On-farm Rainwater Storage Systems for Supplemental Irrigation in Laikipia District, Kenya." *Agricultural Water Management* 73 (1): 21–41.

Oweis, T. 1997. *Supplemental Irrigation: A Highly Efficient Water-use Practice*. Aleppo, Syria: International Center for Agricultural Research in the Dry Areas.

Oweis, T., and A. Hachum. 2001. "Reducing Peak Supplemental Irrigation Demand by Extending Sowing Dates." *Agricultural Water Management* 50 (2):109–23.

Oweis, T., and A. Taimeh. 1996. "Evaluation of a Small Basin Water-Harvesting System in the Arid Region of Jordan." *Water Resources Management* 10 (1): 21–34.

Oweis, T., M. Pala, and J. Ryan. 1998. "Stabilizing Rainfed Wheat Yields with Supplemental Irrigation and Nitrogen in a Mediterranean Climate." *Agronomy Journal* 90 (5): 672–81.

Oweis, T., D. Prinz, and A. Hachum. 2001. *Water Harvesting: Indigenous Knowledge for the Future of the Drier Environments*. Aleppo, Syria: International Center for Agricultural Research in the Dry Areas.

Pandey, R.K., J.W. Maranville, and A. Admou. 2000. "Deficit Irrigation and Nitrogen Effects on Maize in a Sahelian Environment: I. Grain Yield and Yield Components." *Agricultural Water Management* 46 (1): 1–13.

Panigrahi, B., S.N. Panda, and A. Agrawal. 2005. "Water Balance Simulation and Economic Analysis for Optimal Size of On-farm Reservoir." *Water Resources Management* 19 (3): 233–50.

Perrot-Maître, D., and P. Davis. 2001. *Case Studies: Developing Markets for Water Services from Forests*. Washington D.C.: Forest Trends.

Pretty, J., and R. Hine. 2001. *Reducing Food Poverty with Sustainable Agriculture: A Summary of New Evidence*. Final Report of the "Safe World" Research Project. University of Essex, UK.

Ramankutty, N., J.A. Foley, and N.J. Olejniczak. 2002. "People and Land: Changes in Global Population and Croplands during the 20th Century." *Ambio* 31(3): 251–57.

Rego, T.J., S.P. Wani, K.L. Sahrawat, and G. Pardhasardhy. 2005. *Macro-benefits from Boron, Zinc, and Sulphur Application in Indian SAT: A Step for Grey to Green Revolution in Agriculture*. Global Theme on Agroecosystems Report 16. Andhra Pradesh, India: International Crops Research Institute for the Semi-Arid Tropics.

Rockström, J. 2003. "Water for Food and Nature in Drought-prone Tropics: Vapour Shift in Rain-fed Agriculture." *Royal Society Transactions B Biological Sciences* 358 (1440): 1997–2009.

Rockström, J., and M. Falkenmark. 2000. "Semiarid Crop Production from a Hydrological Perspective: Gap between Potential and Actual Yields." *Critical Reviews in Plant Science* 19 (4): 319–46.

Rockström, J., P-E. Jansson, and J. Barron. 1998. "Seasonal Rainfall Partitioning under Runon and Runoff Conditions on Sandy Soil in Niger. On-farm Measurements and Water Balance Modelling." *Journal of Hydrology* 210 (1–4): 68–92.

Rockström, J., P. Kaumbutho, J. Mwalley, A.W. Nzabi, M. Temesgen, L. Mawenya, J. Barron, and S. Damgaard-Larsen. Forthcoming. "Conservation Farming Strategies in East and Southern Africa: A Regional Synthesis of Crop and Water Productivity from On-farm Action Research." Submitted to *Soil and Tillage Research*.

Rosegrant, M., C. Ximing, S. Cline, and N. Nakagawa. 2002. "The Role of Rainfed Agriculture in the Future of Global Food Production." EPTD Discussion Paper 90. International Food Policy Research Institute, Environment and Production Technology Division, Washington, D.C. [www.ifpri.org/divs/eptd/dp/papers/eptdp90.pdf].

Schreider, S.Y., A.J. Jakeman, R.A. Letcher, R.J. Nathan, B.P. Neal, and S.G. Beavis. 2002. "Detecting Changes in Streamflow Response to Changes in Non-climatic Catchment Conditions: Farm Dam Development in the Murray-Darling Basin, Australia." *Journal of Hydrology* 262 (1–4): 84–98.

Seckler, D., and U. Amarasinghe. 2004. "Major Problems in the Global Water-Food Nexus." In C. Scanes and J. Miranowski, eds., *Perspectives in World Food and Agriculture 2004*. Ames, Iowa: Iowa State Press.

SEI (Stockholm Environment Institute). 2005. "Sustainable Pathways to Attain the Millennium Development Goals—Assessing the Role of Water, Energy and Sanitation." Document prepared for the UN World Summit, 14 September, New York. Stockholm.

Shiferaw, B., H.A. Freeman, and S. Swinton. 2004. *Natural Resource Management in Agriculture: Methods for Assessing Economic and Environmental Impacts*. Wallingford, UK: CABI Publishing.

Siegert, K. 1994. "Introduction to Water Harvesting: Some Basic Principles for Planning, Design and Monitoring." In *Water Harvesting for Improved Agricultural Production*. Proceedings of the FAO Expert Consultation, 21–25 November 1993, Cairo. Water Report 3. Rome: Food and Agriculture Organization.

Somme, G., T. Oweis, Q. Abdulal, A. Bruggeman, and A. Ali. 2004. *Micro-catchment Water Harvesting for Improved Vegetative Cover in the Syrian Badia*. On-farm Water Husbandry Research Reports Series 3. Aleppo, Syria: International Center for Agricultural Research in the Dry Areas.

Sreedevi, T.K., B. Shiferaw, and S.P. Wani. 2004. *Adarsha Watershed in Kothapally: Understanding the Drivers of Higher*

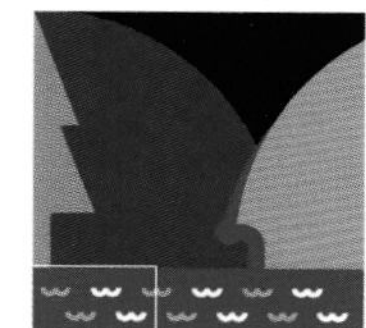

Impact. Global Theme on Agroecosystems Report 10. Andhra Pradesh, India: International Crops Research Institute for the Semi-Arid Tropics.

Sreedevi, T.K., S.P. Wani, R. Sudi, M.S. Patel, T. Jayesh, S.N. Singh, and T. Shah. 2006. *On-site and Off-site Impact of Watershed Development: A Case Study of Rajasamadhiyala, Gujarat, India*. Global Theme on Agroecosystems Report 20. Andhra Pradesh, India: International Crops Research Institute for the Semi-Arid Tropics.

Stewart, J.I. 1988. *Response Farming in Rainfed Agriculture*. Davis, Calif.: The WHARF Foundation Press.

Stoorvogel, J.J., and E.M.A. Smaling. 1990. *Assessment of Soil Nutrient Depletion in Sub-Saharan Africa: 1983–2000*. Vol. 1, Main Report. Report 28. Wageningen, Netherlands: Winand Staring Centre.

Tanzania, Ministry of Agriculture and Food Security. 2001. "Agricultural Sector Development Strategy." Dar es Salaam.

———. 2002. "Water Policy." Dar es Salaam.

———. 2003. "Study on Irrigation Master Plan." Dar es Salaam.

Thirtle, C., L. Beyers, L. Lin, V. Mckenzie-Hill, X. Irz, S. Wiggins, and J. Piesse. 2002. *The Impacts of Changes in Agricultural Productivity on the Incidence of Poverty in Developing Countries*. DFID Report 7946. London: Department for International Development.

Tiffen, M., M. Mortimore, and F. Gichuki. 1994. *More People, Less Erosion—Environmental Recovery in Kenya*. Nairobi: ACTSPRESS, African Centre for Technology Studies.

Timmer, C.P. 1988. "The Agricultural Transformation." In H. Chenery, and T.N. Srinivasan, eds., *Handbook of Development Economics*. Vol. 1. Amsterdam: Elsevier.

UN Millennium Project. 2005. *Investing in Development: A Practical Plan to Achieve the Millennium Development Goals*. New York. Accessed May 2005. [www.unmillenniumproject.org].

UNStat. 2005. United Nations Statistics Division, Statistical databases. Accessed December 2005. http://unstats.un.org/unsd/default.htm.

Van Dijk, A., R. Evans, P. Hairsine, S. Khan, R. Nathan, Z. Paydar, N. Viney, and L. Zhang. 2006. *Risks to the Shared Water Resources of the Murray-Darling Basin*. Part II. Prepared for the Murray-Darling Basin Commission. MDBC Publication 22/06. Clayton South, Victoria, Australia: Commonwealth Scientific and Industrial Research Organization.

Van Duivenbooden, N., M. Pala, C. Studer, C.L. Bielders, and D.J. Beukes. 2000. "Cropping Systems and Crop Complementarity in Dryland Agriculture to Increase Soil Water Use Efficiency: A Review." *Netherlands Journal of Agricultural Science* 48 (3/4): 213–36.

Van Koppen, B., R. Namara, and C. Stafilios-Rothschild. 2005. "Reducing Poverty through Investments in Agricultural Water Management: Poverty and Gender Issues and Synthesis of Sub-Saharan Africa Case Study Reports." Working Paper 101. International Water Management Institute, Colombo.

Vörösmarty, C.J., C. Lévêque, and C. Revenga. 2005. "Fresh Water." In R. Hassan, R. Scholes, and N. Ash, eds., *Millenium Ecosystem Assessment*. Ecosystems and Human Well-being Vol. 1. Current Status and Trends. Washington, D.C.: Island Press.

Wani, S.P., S.S. Balloli, A.V.R. Kesava Rao, and T.K. Sreedevi. 2004. "Combating Drought through Integrated Watershed Management for Sustainable Dryland Agriculture." Presented at Regional Workshop on Agricultural Drought Monitoring and Assessment Using Space Technology, 4 May, National Remote Sensing Agency, Hyderabad, India.

Wani, S.P., M. Reddy, T.K. Sreedevi, and D. Raju, eds. 2006a. "Corporate Science and Technology Institutions—Partnerships for Inclusive and Sustainable Development and Economic Growth." Proceedings of the CII-ICRISAT Workshop, 27 February, International Crops Research Institute for the Semi-Arid Tropics, Andhra Pradesh, India.

Wani, S.P., P. Pathak, L.S. Jangawad, H. Eswaran, and P. Singh. 2003a. "Improved Management of Vertisols in the Semiarid Tropics for Increased Productivity and Soil Carbon Sequestration." *Soil Use and Management* 19 (3): 217–22.

Wani, S.P., P. Pathak, T.K. Sreedevi, H.P. Singh, and P. Singh. 2003b. "Efficient Management of Rainwater for Increased Crop Productivity and Groundwater Recharge in Asia." In J.W. Kijne, R. Barker, and D. Molden, eds., *Water Productivity in Agriculture: Limits and Opportunities for Improvement*. Wallingford, UK, and Colombo: CABI Publishing and International Water Management Institute.

Wani, S.P., H.P. Singh, T.K. Sreedevi, P. Pathak, T.J. Rego, B. Shiferaw, and S.R. Iyer. 2003c. "Farmer-participatory Integrated Watershed Management: Adarsha Watershed, Kothapally India. An Innovative and Scalable Approach." In R.R. Harwood and A.H. Kassam, eds., *Research towards Integrated Natural Resources Management: Examples of Research Problems, Approaches and Partnerships in Action in the CGIAR*. Washington, D.C.: Consultative Group on International Agricultural Research, Interim Science Council.

Wani, S.P., Y.S. Ramakrishna, T.K. Sreedevi, T.D. Long, T. Wangkahart, B. Shiferaw, P. Pathak, and A.V.R. Kesava Rao. 2006b. "Issues, Concepts, Approaches and Practices in Integrated Watershed Management: Experience and Lessons from Asia." In B. Shiferaw and K.P.C. Rao, eds., *Integrated Management of Watersheds for Agricultural Diversification and Sustainable Livelihoods in Eastern and Central Africa: Lessons and Experiences from Semi-Arid South Asia*. Proceedings of the International Workshop held at International Crops Research Institute for the Semi-Arid Tropics, Nairobi, 6–7 December 2004. Andhra Pradesh, India: International Crops Research Institute for the Semi-Arid Tropics.

WHO (World Health Organization). 2000. "Gender, Health and Poverty." Factsheet 251. June. [www.who.int/mediacenter/factsheets/fs251/en/].

World Bank. 1982. *World Development Report 1982.* New York: Oxford University Press.

———. 2000. "Spurring Agricultural and Rural Development." In *Can Africa Claim the 21st Century?* Washington, D.C.

———. 2005. *Agricultural Growth for the Poor: An Agenda for Development.* Washington, D.C.: World Bank.

Zaal, F., and R.H. Oostenrup. 2002. "Explaining a Miracle: Intensification and the Transition towards Sustainable Small-scale Agriculture in Dryland Machakos and Kitui Districts, Kenya." *World Development* 30 (7): 1221–87.

Zhang, H., and T. Oweis. 1999. "Water-yield Relations and Optimal Irrigation Scheduling of Wheat in the Mediterranean Region." *Agricultural Water Management* 38 (3): 195–211.

水的多种用途

尼泊尔艺术家:Jhun Jhun Jha 和 Hira Karn

第 9 章 重新认识灌溉

协调主编:Jean-Marc Faurès

主编:Mark Svendsen and Hugh Turral

主要作者:J Jeremy Berkoff, Madhusudan Bhattarai, Ana Maria Caliz, Salah Darghouth, Mohammed Rachid Doukkali, Mona El-Kady, Thierry Facon, M. Gopalakrishnan, David Groenfeldt, Chu Thai Hoanh, Intizar Hussain, Jean-Yves Jamin, Flemming Konradsen, Alejandro León, Ruth Meinzen-Dick, Kathleen Miller, Monirul Mirza, Claudia Ringler, Lisa Schipper, Aidan Senzanje, Girma Tadesse, Rebecca Tharme, Paul van Hofwegen, Robina Wahaj, Consuelo Varela-Ortega, Robert Yoder, and Gao Zhanyi

概览

那些带来20世纪后半叶在灌溉系统上的大规模公共投资的条件已经发生了根本的变化,当前的环境要求灌溉战略的巨大转变。灌溉保证足量的全球粮食的供给,并使几千万人摆脱了贫困,这种情况在亚洲尤其突出,因为那里对灌溉进行了大规模的投资。但是,稳定的世界粮食供给、降低的人口增长速率、食物实际价格的不断下降,以及不断提高的对其他部门投资的重要性,都使维持相似的灌溉投资规模的需求和必要性降低。公共灌溉基础设施的快速扩张的时代结束了。

对于许多发展中国家来说,灌溉投资将继续占对农业投资的相当大的比例,但是这种投资的模式将和之前几十年大不一样。新的投资将更着重于提高现有系统的生产力,这主要通过对基础设施的升级换代以及改革管理过程来实现。灌溉系统将适应为生产力日益增加的农业服务的需要,投资需要改造过去的系统以适应未来的需求。通过现代化的改造以及更好适应市场的需求，所有形式的灌溉农业的生产力都有可能取得显著的提高。生产力的提高将受到能够使农民收入增加的市场和财政动机的驱动。

大型的地面灌溉系统需要改进它们的水控制和输送体系、自动化和测量体系以及人员的培训，以便更好地对农民的需求做出反应。渠水和地下水的结合使用将成为提高水服务提供的灵活性和可靠性的有吸引力的选择。在其他部门的压力下，灌溉部门将会发现保证灌溉和排水基础设施的公共财政将越来越困难。这种情况将增加地方政府和用户的财政负担，并有可能对灌溉部门造成严重的后果。保证系统可持续运行的成本回收机制将必不可少。同时，私人投资于灌溉将有可能增加以应对农业生产的新机遇。

灌溉和排水将会更加针对特定地点，更加与农业和其他部门的政策和规划相联系。

灌溉和排水将继续在新开垦土地上扩张，但是速度将会减缓。它们将会更加针对特定地点，更加与农业和其他部门的政策和规划相联系。灌溉仍将是保证生产出便宜又优质的粮食的关键因素，灌溉在世界粮食生产中的份额将会从现在的40%上升到2030年的45%。全世界的农民将继续不断地融入全球化市场，这种趋势会决定他们的选择和行为。新的市场机遇将出现在那些适宜的国家政策、基础设施和制度都十分到位的地方。各国将会需要将灌溉投资更紧密地适应于国家发展阶段、融入世界经济的程度、土地和水资源的数量、农业在国民经济中的比重，以及本地、区域和世界市场的比较优势。

在那些严重依赖农业的地区，灌溉很可能依旧是农村脱贫的重要策略。但是灌溉对脱贫的贡献率仍然存在争议，一些专家争论说有比灌溉更有效的途径解决农村贫困的问题。在这些地区，提高农业生产力产常常是摆脱贫困的唯一出路，并且新的灌溉开发的地区间差异很大。在非洲撒哈拉以南地区，促进粮食安全并减少人口对外部冲击和气候变异的脆弱性的最佳选择是不仅投资雨养农业，还要在灌溉农业上投资，并与提高土壤肥力的项目相结合；提高对投入、信息和市场的获取；加强地方的组织机构。在大型公共基础设施上的公共投资是支持私人投资动议的必要条件，尤其是那些对小型灌溉系统的投资。

农产品需求的变化以及气候变化对农业和水循环造成的影响，都将影响到未来在灌溉和水开发上的投资。许多发展中国家快速增加的收入和城市化进程正在将需求从大宗粮食作物转移到水果和蔬菜，而种植这些作物恰恰需要灌溉技术来提高可靠性、增加单产以及改善品质。但是，随着新世纪的展开，气象事件将会更加多变——极端事件将增加、降雨分布将改变、冰山和山顶积雪将融化。所以需要投资以应对这些变化；尤其是平均降水量减少以及缩小的冰山和积雪蓄水减少了夏季径流的地区。适应性策略将会要求更大的蓄水能力，以及水库新的运行规则，并需要在环境用水和农业用水配置之间做出艰难的权衡。

随着其他部门用水竞争的加剧，灌溉将受到更多的压力，以将水用到价值更高的用途上。水的不断匮乏将会成为灌溉提高自身效能的动机。粮食生产受到水的有效性制约的地区数量正在增多，部门间用水竞争会随着城市化和经济

发展变得越来越普遍。环境用水配置将稳步增长，相比城市用水和工业用水将对灌溉形成越来越大的挑战，因为在危急时刻的需水量会更大。把灌溉水转移到更高价值的用途上将会发生，并且需要监督以确保过程的透明性和公平性。水的测量、评估和审计的重要性将增加，水权需要正规化，尤其需要保护边缘化的和传统的水用户。水价作为管理需求的经济工具，其应用还很低，在大多数灌溉系统的现存经济条件下还不是一种有效的选项。

灌溉和排水的效能将越来越多地依据它们全程的成本和效益进行评估，而不仅仅根据它们产出的商品的价值。灌溉总体上的效能是可接受的，如果以目前世界粮食供应的稳定性以及食物实际价格的持续下降来评判的话。但是全球粮食产量的增加是以相当大的财政成本为代价的，在许多案例中灌溉体系都未能实现它们的效能目标。一些灌溉系统根本就是失败的。成功的灌溉常常以环境为代价，造成生态系统的退化，减少了对湿地的供水。灌溉还对人类健康有着复杂的影响。更好的营养以及生活用水可利用性的改善提高了卫生水平，减少了感染和疾病，但是灌溉还和疟疾、血吸虫并以及其他水生疾病有关联。

> 灌溉的总体效能是可接受的，但是以相当大的财政成本为代价的。

地方分权的和透明的治理将对灌溉和排水中的水管理十分重要，政府的角色也将发生变化。最近灌溉管理上放权的趋势日益明显，相关的有农民更多直接参与的地方制度的成本很有可能增加。其可能的后果包括：充分的农民所有权和运行权、合同制的职业化管理、政府和农民的联合管理。随着政府退出直接管理职能，它们需要建立补偿性的监管能力以监督提供的服务，并保护公共利益。尽管对灌溉系统基础设施的控制将会下放，大型的供水基础设施由于其多种功能和战略价值仍将掌握在国家手中。

灌溉：20世纪农业革命的关键因素

过去的50年见证了在大型公共地面灌溉基础设施上的大规模投资，这是全球快速提高主要粮食作物产量、保证粮食自给并避免饥荒的努力的一部分。发展中国家基于私人和社区的投资，尤其是地下水抽水泵的投资，从20世纪80年代以来增长迅速，主要由便宜的钻井技术、农村电气化和便宜的小型水泵等因素所推动。

灌溉开发的趋势

20世纪的60~70年代，灌溉投资快速增加，发展中国家以2.2%的年增长率增长，1982年达到了1.55亿公顷（图9.1）。而全球灌溉面积则从1970年的1.68亿公顷增长到1982年的2.15亿公顷（Carruthers，Rosegrant，and Seckler 1997）。灌溉面积的快速增长，再加上其他绿色革命的组成部分（尤其是在亚洲）如作物品种改良、肥料使用显著提高，共同导致了大宗粮食作物的稳步增长，以及世界粮食实际价格的下降。最近，发达国家的农业补贴进一步使粮食价格保持在较低水平（Rosegrant and others 2001）。

图 9.1 灌溉扩张和粮食价格下滑

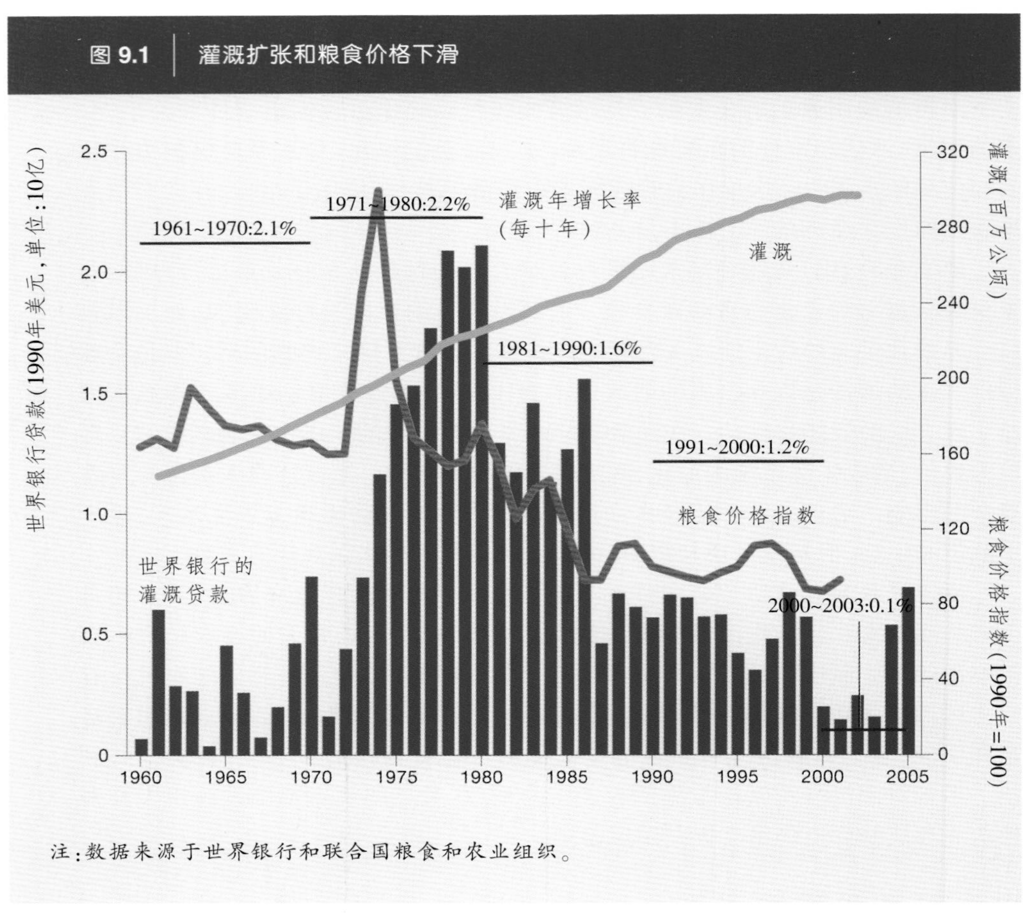

注:数据来源于世界银行和联合国粮食和农业组织。

灌溉开发的年增长率,特别是大型的公共灌溉工程,从20世纪70年代后期以来一直下降。有几个因素造成了这种状况。最适宜灌溉的区域已经被开发了,这就造成未来建设大坝和相关基础设施的成本将会增加,主要谷物的价格下滑。这两个因素造成灌溉农业的经济吸引力和过去相比日益下降。而大型灌溉工程的效能低于设计标准(Chambers 1988)也减少了投资者的兴趣(Merrey 1997)。对灌溉对社会和环境所造成的负面影响的担忧,尤其是与之相关的受影响社区的移民问题和增加河道内环境流量的呼声,受到了公众热切的关注,这也使那些有意于贷款给灌溉系统的组织和机构望而却步。其他部门对水资源的竞争性需求也使未来进行灌溉开发的空间萎缩。下降的谷物价格价格减缓了投入的增长,也减缓了作物研究和灌溉基础设施投资的增长速度,最终会对作物单产的增长产生后果(Rosegrant and Svendsen 1993; Carruthers, Rosegrant, and Seckler 1997; Sanmuganathan 2000)。

灌溉对维持跨越"干旱带"(从中东到中国华北到中美洲再到美国的部分地区)的农业生产尤其具有重要意义(地图9.1)。单单亚洲就占施加灌溉土地面积

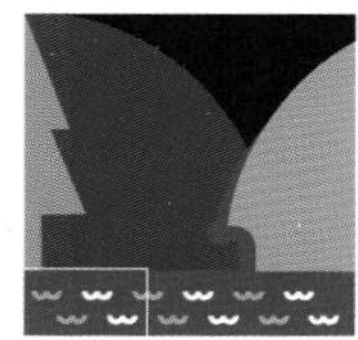

的60%多，亚洲灌溉土地跨越了从半干旱到湿润热带的广阔地带。相比之下，灌溉在非洲撒哈拉以南地区仍然有限，只有几个还是在殖民地时期建设的大型的商业化的灌溉系统，还有一个相对小规模的灌溉分支部门。20世纪90年代非洲撒哈拉以南地区在郊区农业私人灌溉系统显著增加，主要是为了应对不断加快的城市化进程对新鲜水果和蔬菜的更多需求(FAO 2005)。

20世纪80年代中期，随着农民负担得起的钻井和水泵技术在印度和巴基斯坦的不断普及，浅层管井和地表/地下水的联合运用得到了快速发展(Shah 1993; Palmer Jones and Mandal 1987)。农民对水源的直接控制，无论是通过泵取地下水、排水的再利用或直接从灌渠和河道中抽取地表水，都带来了大多数大型地表输水系统都无法提供的在输水上的灵活性和可靠性。这也带来了在地表/地下水联合运用、地下水位下降、公共配水系统便宜的或免费用电所带来的间接补贴等新的灌溉系统管理的挑战(见第10章有关地下水的论述)。

官方统计数字表明在2002年全世界有2.77亿公顷处于灌溉之下的土地（表9.1；FAO 2006a)，但如果把未统计在内的私人灌溉投资计算在内的话，灌溉土地的面积会更大。灌溉土地占所有耕地的20%，产出占农业总产的40%。1995年，发展中国家种植的谷物的38%是在灌溉条件下生产的，占全球谷物总产量的60% (Ringler and others 2003)。1995年，发展中国家雨养谷物的平均单产是1.5 t/hm^2，但是灌溉单产则达到了3.3 t/hm^2(Rosegrant, Cai, and Cline 2002)。雨养农业和灌溉农业生产力上的差异在不同区域间差别较大，主要取决于气候、作物组合以及

地图 9.1　2003年各国的灌溉面积占各自耕地面积的比例(%)

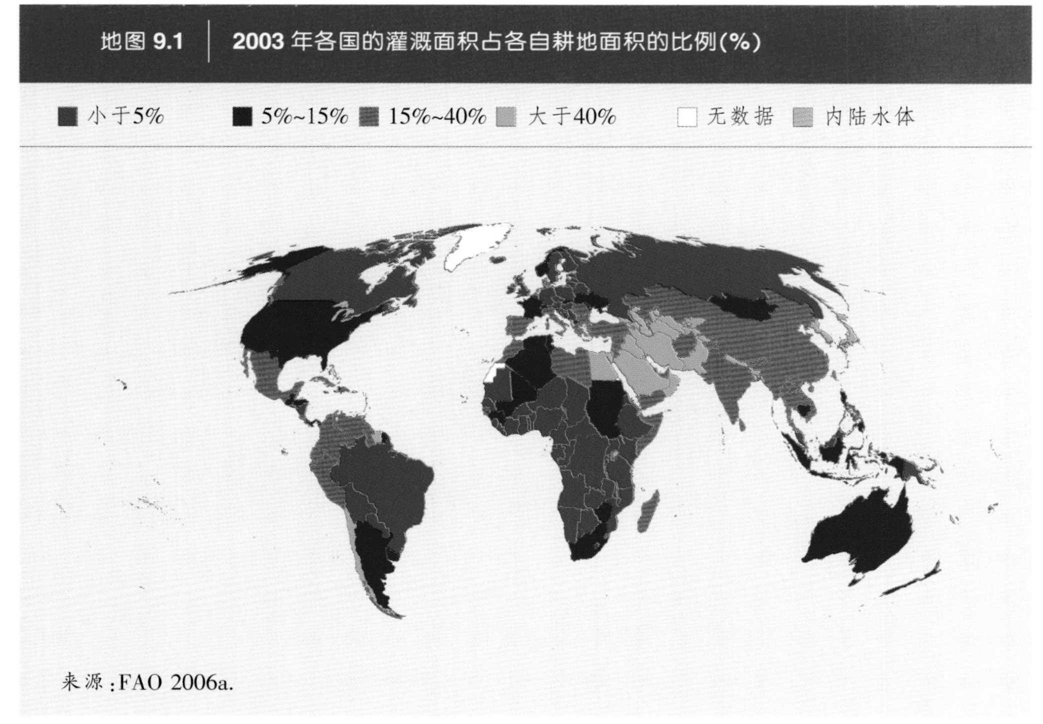

来源：FAO 2006a.

表 9.1 | 1980,1990 和 2002 年全球各地区灌溉面积及其占耕地面积百分比(%)

	灌溉总面积(千公顷)			占耕地百分比(%)		
区域	1980	1990	2002	1980	1990	2002
世界	210 222	244 988	276 719	15.7	17.6	19.7
发达国家	58 926	66 286	68 060	9.1	10.2	11.1
工业化国家	37 355	39 935	43 669	9.9	10.5	11.9
转型国家	21 571	26 351	24 391	7.9	9.8	10.0
发展中国家	151 296	178 702	208 659	21.9	24.1	26.3
拉丁美洲的加勒比海	13 811	16 794	18 622	10.8	12.5	12.6
近东和北非	17 982	24 864	28 642	21.8	28.8	32.3
非洲撒哈拉以南	3 980	4 885	5 225	3.2	3.7	3.6
东亚和东南亚	59 722	65 624	74 748	37.0	33.9	35.1
南亚	55 798	66 529	81 408	28.6	33.9	41.7
大洋洲的发展中国家	3	6	14	0.7	1.2	2.4

来源:FAO 2004a.

技术水平。一般来说,灌溉农业的土地生产力比雨养农业高2~4倍。

另外,灌溉农业的作物种植集约化程度也较高,东南亚某些地区一般每年种植超过三茬作物,而亚洲次大陆一年种植两茬。图9.2 显示了全球灌溉作物的分布情况。

灌溉系统的多样性

*灌溉系统*这个词涵盖了与多种作物有关的多样化的情况,从而带来了对灌溉系统开发和管理策略的多样化。公共和私人管理的系统、经济作物和粮食作物、湿润热带和干旱地区之间存在着根本性的差异。在不同的气候背景下,灌溉发挥的作用也不同,有充分灌溉、部分灌溉或补充灌溉。为方便进行讨论,本章将灌溉系统简化成为五个类别,分类的主要依据是治理的模式(表9.2和附录)。

对灌溉系统的分析及其政治含义必须考虑到经济环境。因此这种分类又可以根据具体区域或国家的经济发展分为三个阶段:

- 阶段1:农业占国民经济相当份额且农业就业人口占就业总人口大部分的国家或国家内的地区(包括非洲撒哈拉以南的大部分;Diao and others 2005)。
- 阶段2:正在向市场化和工业化国家转型的国家,农业在经济中的重要性正在下降,但是仍有很大比例的人口以农业及其相关产业为生(包括东南亚和中东国家)。
- 阶段3:农业只占经济很少份额,不太可能进一步对农业进行大规模投资的

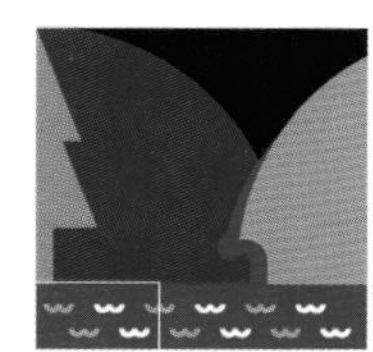

图 9.2 2000 年全球灌溉作物的分布

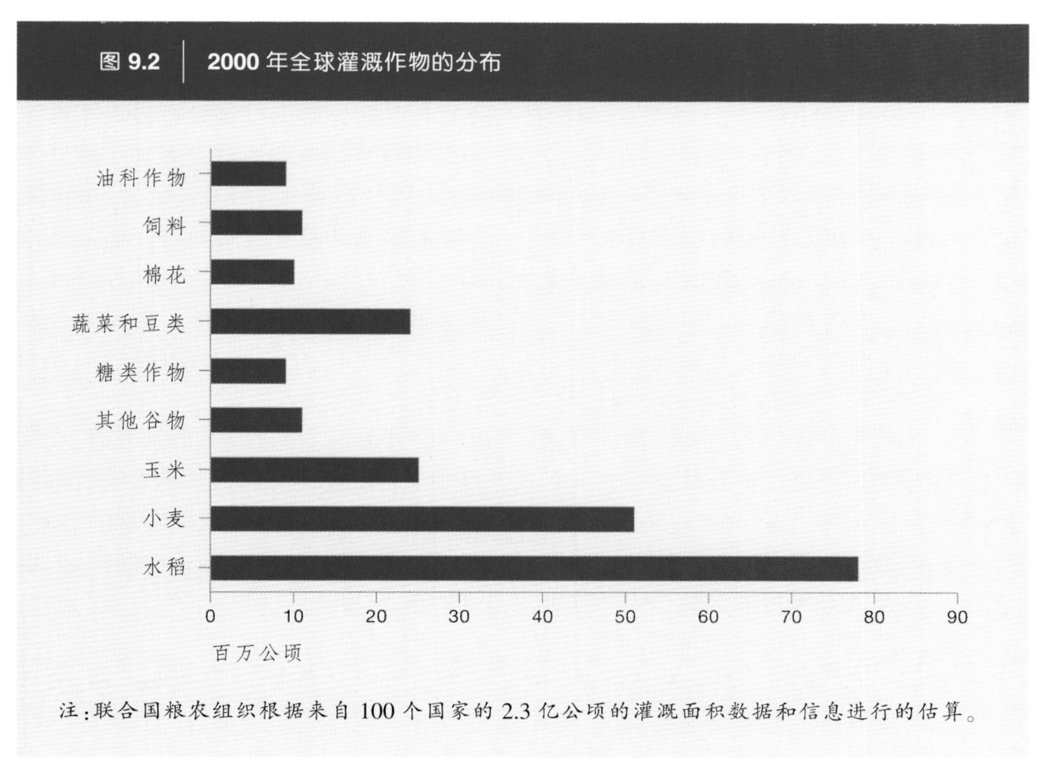

注:联合国粮农组织根据来自 100 个国家的 2.3 亿公顷的灌溉面积数据和信息进行的估算。

表 9.2 灌溉系统的类型

灌溉类型	描述
1	在干旱地区建设的大型公共灌溉系统,主要种植主要粮食作物
2	在湿润地区建设的大型公共稻田灌溉系统
3	由社区建立并管理的中小型灌溉系统
4	主要为当地和出口市场生产的、由私人商业管理的灌溉系统
5	位于城市周边、主要为当地市场生产的、由个人农场管理的灌溉系统

国家和地区(韩国、马来西亚和中国台湾)。这些国家和地区的农业部门会遵循多样化的发展路径:有的以竞争性的国家市场为导向(如澳大利亚、巴西),有的重新定义农民的作用为“景观保护者”,如欧洲国家、日本、韩国和中国台湾(Hung and Shih 1994)。在较大的国家这些结果都会发生,国家层面的政策需要考虑不同区域的具体情况。

灌溉农户的类型变化曲线不仅受到农业政策的影响,还会受到上述三个阶段水资源分配能力的影响,以及更广泛的财政限制、国家从阶段2向阶段3进展时地方处理污染与环境损害的能力的影响。

过去在灌溉上的投资

在发展中世界，大多数公共农业投资和大多数公共运行补贴都投向了灌溉系统(Jones 1995)。20世纪80年代初期，菲律宾60%的农业投资都花在了灌溉投资上，达到了峰值。斯里兰卡的灌溉投资比例也超过了50%(Kikuchi and others 2002)。20世纪90年代的越南，仍有一半以上的公共农业投资花费在灌溉方面(Barker and others 2004)。在大多数情况下，直接回收的成本中不包括投资成本或运行及维护成本，使得这些成本成为对农业部门补贴的一部分。但是这些有助于平衡贸易对农业造成的负面影响(农业价格控制、税收及类似问题)的投资也会在部门内运行，最终会间接地支持所有的食物消费者。

无论从粮食生产还是粮食安全的角度，私人的非正式灌溉系统都具有重要意义。

私人投资(私人企业、商业灌溉、农民在公共灌溉上的投资)是显著的(在某些地方甚至超过了公共投资)，并且在不断增长。在拉丁美洲那些私人灌溉部门异常活跃的地方，56%的灌溉系统为私人所有(FAO 2000)。对农民管理的、私人所有的灌溉系统的重要性的认可及其成功经验的知识在日益增长，这些私人形式的投资未来可能会比公共投资增长更快(Shah 2003)。但是主要为大型公共灌溉系统服务的政府部门却很少有机会了解这些成功的私人投资经验并为之提供所需的服务。但无论从粮食生产还是粮食安全的角度上，这种私人的、非正式的灌溉系统都十分重要。

灌溉的经济效益和成本

灌溉生产力的提高会对所有层次上的经济产生次级收益，包括农村劳动力生产力的提高、促进本地农业企业的发展，并促进农业部门的整体进步。对经济总的乘数效应在2.5~4倍之间 (Bhattharai, Barker, and Narayanamoorthy forthcoming; Lipton, Litchfield, and Faurès 2003; Huang and others 2006)。

在这些条件下，乘数效应十分广泛，需要从整个农村发展的角度而不是单纯农业发展的角度来审视灌溉所产生的影响。农村地区的道路体系、教育、健康及其整个的生活方式在灌溉的影响下发生了巨大的转变。公共灌溉投资对许多亚洲国家的农业增长起到关键作用：在20世纪90年代它对越南农业的总体增长贡献率达到28%。对农业研究的投资紧随其后，占总体增长的27%(Barker and others 2004)。

历史上，灌溉对脱贫也产生了巨大的积极影响(见第4章有关贫困的论述)(Hussain 2005; Lipton and others 2003)。同时，不断增长的繁荣却使得那些没有从灌溉中获益的人群所处的困境更加突出。无论是在城市还是农村，灌溉对贫困和生计所产生的最大的积极影响是，每个人都能获得比较便宜的食物，以及无地农民获得就业的机会。最近许多研究发现：由于农业生产力提高而实现的收入的提高，会增加对当地的非交易产品和服务的需求，这会为最贫困的农村人口提供就业机会(见第4章)。由于农业生产力的提高而引起的农户收入的增长并不会加剧收入分配差距，从而会减少绝对贫困(Mellor 2002)。印度的最新

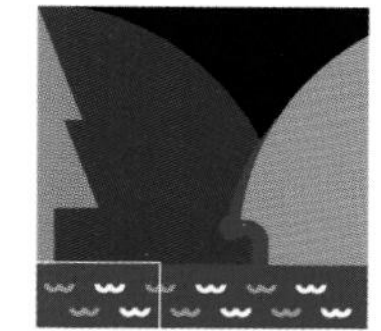

研究发现,灌溉和农民的教育水平是提高农业生产力并减少农村贫困的两个重要因素(Bhattarai and Narayanamoorthy 2003)。

灌溉工程除了具有这些收获较大且影响深远的效益外,还有很多直接和间接的成本。预算成本是容易计算的:在20世纪80年代,与灌溉相关的开发在一些亚洲国家是最大的预算成本项目。灌溉的环境和社会成本部分地是灌溉开发的内在成本(例如,对天然栖息地的转变),另外一部分则是灌溉所支持的不同类型农业生产方式。灌溉产生的负面效应有时也会超过其积极效应,例如灌溉造成的污染、移民迁徙、不平等的加剧、生物多样性的减少和水传疾病的增加,抵消了生产力和福利的显著增长(Dougherty and Hall 1995; MEA 2005b)。灌溉所面临的重要挑战是承认、考虑并缓解其对生态系统的不可避免的改变,同时尽量将负面影响降低到最小程度。

> 灌溉对脱贫和生计所产生的最大的和积极影响是,每个人都能获得比较便宜的食物,以及无地农民获得就业的机会。

在生产之上:灌溉的多种功能

对灌溉工程的经济评估一般都是基于内部收益率计算, 即比较灌溉开发的成本和效益。但是这种方法却不能将和灌溉相关的不可见的效益考虑在内(Tiffen 1987)。除此之外,很少考虑灌溉用水的多种用途(见第4章有关贫困的论述)。灌溉开发常常和集约化农业、现代化的驱动力相关,但是灌溉有着长期的历史并且在某些地方与当地的文化和传统密切相关,已经成为一种稳定的农业生态系统。随着经济的发展,食物的生产、消费和粮食安全之间的关系会愈加复杂。

灌溉主要以四种途径影响社会的物质和文化生活以及环境:经济的、社会的、环境的、文化的(表9.3)。对每个领域产生的影响会随着灌溉类型的不同而变化,且影响的大小(正面的和负面的)则是主观的,但是强调灌溉发挥的多样化的作用,以及特别是在亚洲、近东和南美等许多地方,灌溉是植根于文化和历史中的事实,具有很重要的意义。

灌溉投资的新时代

20世纪灌溉迅速扩张的历史不太可能会重演,因为灌溉在经济上的合理性已经随着粮食价格的下降和当前整体粮食生产水平的提高而发生了变化。本节将着重分析那些影响灌溉和排水未来投资的主要因素。

背景环境发生了改变

尽管大部分影响公共灌溉的主要变化是向前进展的,但是冷战的结束和全球化的加速毫无疑问强化了这些趋势(表9.4)。人口压力正在缓解。世界粮食体系现在可以满足增长步伐放缓的人口的需求, 尽管在某些局部地区短缺会加剧,但对粮食短缺和饥荒的担忧在非洲撒哈拉以南地区以外的世界各地正在消退(FAO 2003)。包括生物技术在内的技术手段将进一步提高农业的生产能力,大多数作物的单产水平会继续增加。但是和过去20年相比,由于在灌溉和农业

表 9.3 不同类型的灌溉体系的影响					
影响	大型公共、干旱区灌溉	大型公共、稻田灌溉	中小型社区管理的灌溉	私人和商业化的灌溉体系	小农户和家庭灌溉
经济					
生产	较低的正面	较低的正面	较低的正面	较高的正面	较高的正面
粮食安全	较高的正面	较高的正面	较高的正面	较低的正面	较高的正面
农村就业	较高的正面	较高的正面	较高的正面	较低的正面	较高的正面
社会					
定居战略	混合	混合	较高的正面	无	无
社会成本	无	较低的正面	较高的正面	无	无
健康	混合	混合	混合	较低的负面	混合
环境					
生物多样性	混合	混合	混合	混合	无
水土保育	混合	混合	混合	混合	无
水质	较高的负面	混合	混合	较高的负面	较低的负面
文化					
宗教仪式	较低的负面	无	较低的负面	无	无
景观的审美	混合	较高的正面	较高的正面	较低的负面	无
文化遗产	混合	混合	较高的正面	无	无

注:"混合"是指当地情况存在高度差异性。

表 9.4 自 20 世纪 60 年代以来公共灌溉系统的演化		
环境	20 世纪 60~80 年代	20 世纪 90 年代至今
目标:驱动力	粮食安全	生计、收入
资源:土地、水和劳动力	充足	日益短缺
水利开发阶段	建设和利用	利用和配置
主导专业领域	水利工程和农学	多学科、社会学和经济学
灌溉治理	公共	混合
灌溉技术	地面灌溉	地下和地表水联合运用、加压灌溉
系统管理	供给方驱动	面向农户
作物	固定的、谷物和棉花	多样化的
种植强度[a]	1~1.5	1.5~2.5
水资源价值	低	提高
对环境问题的关切程度	低	提高

a:灌溉面积上每年平均种植作物的次数。

来源:Adapted from Barker and Molle 2004.

科研方面公共投资的减少，粮食供给也许会愈加紧张，从而进一步导致粮食价格的停滞和上升，加剧损害农业资源的基础。

其他的一些变化也构成了这个时代的特征。尽管粮食价格应该继续下降，也许会最终稳定在一个历史最低的水平上，但是收入的增加将导致食物偏好从粮食到水果、蔬菜以及肉类和奶制品的转变。这些食物都具有较高的商品价值，需要更多的水和能源的投入。人口的城市化进一步加深，大多数国家农业对GDP的贡献率会下降。最后，全球气变化会以多种方式干扰目前的循环和模式，包括降水变异性的增加（IPCC 2001）以及高山积雪储量的减少（Barnett, Adams, and Lettenmaier, 2005）。

联合国粮农组织（FAO）、国际粮食政策研究所和国际水资源管理研究所对发展中国家扩张灌溉的预测都表明，在未来的20~30年，灌溉土地扩展的速度将大大降低（FAO 2003; Rosegrant, Cai, and Cline 2002; IWMI 2000）。联合国粮农组织（2003）预测从1997/99和2030年间，发展中国家的平均年增长率是0.6%，而1960到1990年间，这个增长率是1.6%。上述机构的预测数值均显著低于各个国家负责灌溉的政府部门的预测，而各国的预测更多地根据过去的趋势而不是基于对农产品产出的严谨分析基础之上。尽管如此，灌溉对农业总产量的贡献预计到2030年将增加到45%，因为单产水平将继续增加，而种植体系将转向更高附加值的作物（FAO 2003）。这意味着灌溉取水量将增加12%~17%。这种状况的区域间差异很大，在那些用水已经到达极限的地方，对农业用水的配置将减少，这种趋势会随着水资源竞争的加大而加剧（Molle and Berkoff 2006）。

灌溉对农业总产量的贡献预计到2030年将增加到45%，因为单产水平将继续增加，而种植体系将转向附加值更高的作物。

未来投资灌溉的理由

本节将从更广泛的角度考虑投资，包括资本、制度和运行方面的投资（框9.1）。未来30年~50年投资于灌溉主要有五个主要原因。

首先就是维持并提升现有灌溉基础设施的现代化程度。保持现有系统的安全性并提升其功能必须需要有追加投资。灌溉系统不同部分的使用周期不同。在

框 9.1 投资的含义

灌溉投资通常意味着对新增灌溉系统的公共费用（资本投资）。本章应用的是广义的灌溉投资的概念，包括灌溉和排水开发、现代化改造、制度改革、改善治理、能力建设、改善管理、建立农民组织和控制监管在内，除此之外，还包括农户对合作设施、水井和农田原位蓄水设施、灌溉设施的应用。

关键工程建设的资本投资传统上来自于各类国际开发银行及不同程度的政府预算，而那些低收入国家常常缺乏足够的财力进行大规模的资本投资，如建设大型水坝（Winpenny 2003）。在吸引私人资本对发展中国家进行灌溉投资方面已经进行了很多有益的尝试，主要是通过设计、建立并履行合同和豁免权的投资组合的方式。但是这些金融工具针对的特定客户群有限，实际的投资没有达到预期的水平。

维护得当并对安全性给予足够重视的情况下，大型水坝将运行上百年的时间（除非发生快速泥沙淤积降低其使用寿命），而水泵和其他设备仅能维持十年时间。

其次，灌溉是农村贫困人口脱贫的出路之一。在那些存在贫困人口的灌溉农业体系中，农业向集约化方向的转型以及种植更多的高附加值的作物会创造更多的就业机会，而农作物的采后增值加工、依赖水资源的种植业之外的非农就业如手工业、畜牧养殖及类似产业亦是如此（Bakker and others 1999）。在农村贫困问题十分普遍的地方，几乎不存在其他的非农就业机会，而极大的气候变异性也会影响农业生产（图9.3），如次撒哈拉非洲的部分地方，对土壤水分的调控加上对道路和地方制度方面的农村基础设施的补充性投资，也为农业提供了新的机遇。但是，灌溉能在多大程度上促进贫困的减少仍然是有争议的问题，争论的焦点在于解决贫困问题的途径（Lipton，Litchfield，and Faurès 2003; Bhattarai and Narayanamoorthy 2003; Berkoff 2003）。

第三是要适应食物偏好选择和社会优先领域的变化。未来几十年中大多数

图 9.3 布基纳法索：1960–2000 年降雨量和粮食产量间的关系

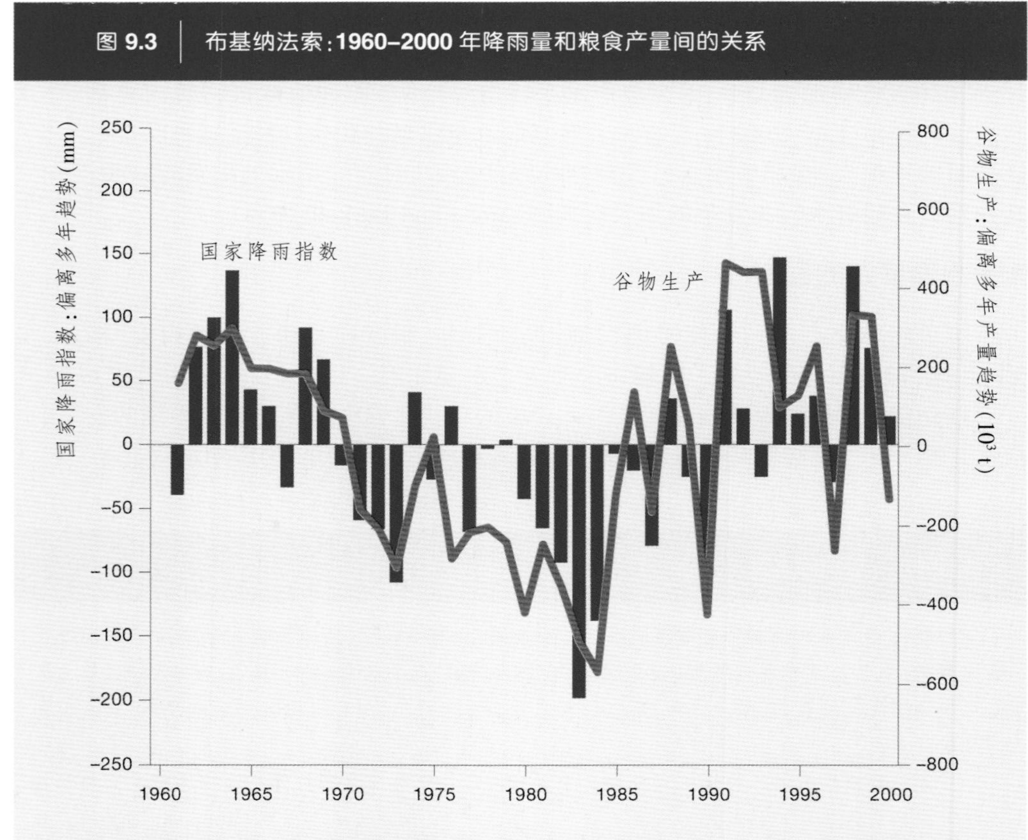

注：国家降雨指数是度量某个国家的农产区年降水量的指标（Gommes 1993）。本图中的国家降雨指数和谷物生产都以偏离各自的长期趋势来表示，这样可以更好地反映年际降水变异对粮食生产的影响。

来源：联合国粮农组织统计数据。

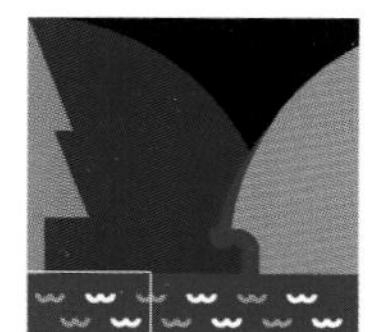

的主要粮食作物的产量增长将来自对现有灌溉面积的更加集约化的利用,使得每单位用水和用地的产量更高,作物种植密度更大。这就需要对设备的现代化改造以及提高对水资源的控制能力方面进行投资。对基础粮食的灌溉将继续是一些国家优先考虑的领域。许多发展中国家的收入增长和城市化进程使得人们的食物偏好从传统的粮食作物转向蔬菜、水果和"奢侈"商品,如中国对葡萄酒的需求显著增加(图9.4)。这些转变常常是与供水的可靠性和精确灌溉密切相关的,但是对农户更重要的是单产的提高和品质的改善。而其他转变,如肉类和乳制品需求的增加,也会增加对粮食的需求。全球贸易的增长也会打开发达国家接纳这些商品的市场。值得注意的是,生产的转变也会需要对收获后的整个市场链进行投资。

第四,快速扩张的城市人口和工业化进程加剧了对地表水和地下水的需求(Molle and Berkoff 2006)。社会价值观转向强调对天然生态系统的保护,也会增加对环境用水的配置。在很多情况下,这些竞争性的用水会直接减少农业用水,因此需要对农业供水或提高水分生产力的补偿性投资(见第7章有关水生产力的论述)。在农业中再利用城市和工业污水也要求对水处理和输运进行新的投资。

第五,为应对气候变化也需要进行投资。各种全球气候模型的预测结果逐

图 9.4 中国主要粮食作物类型收获面积在 1980–2004 年间的变化

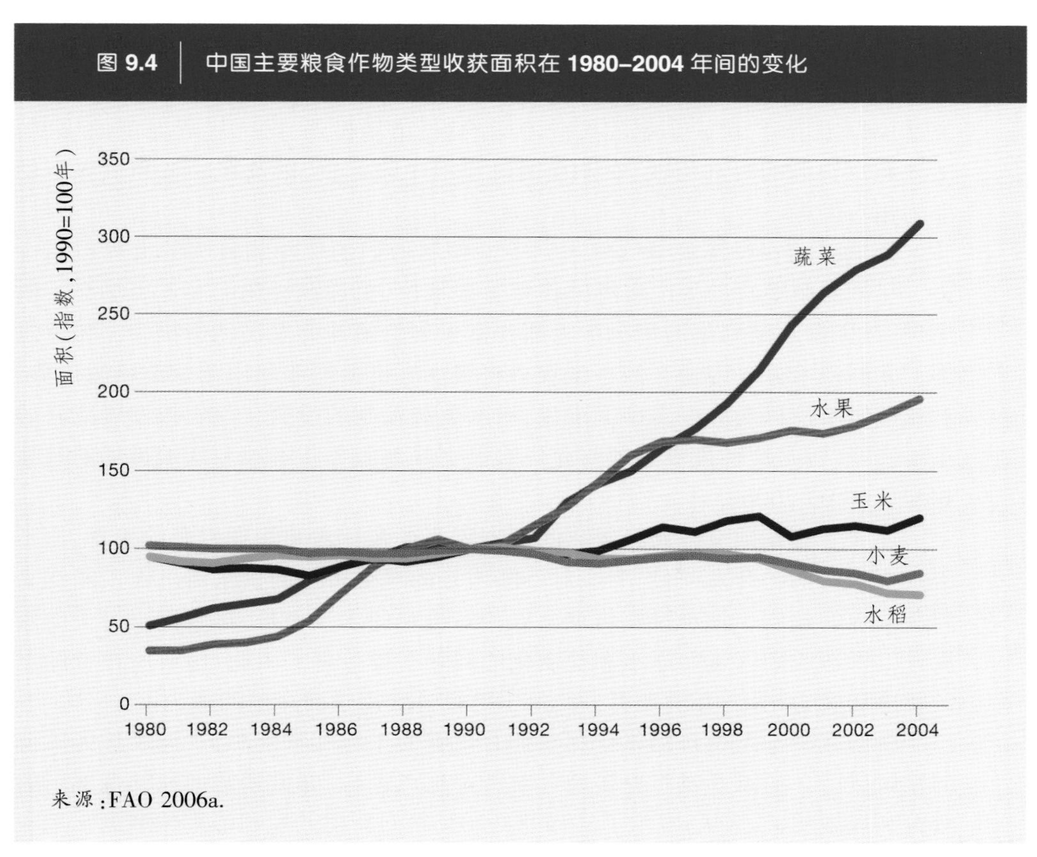

来源:FAO 2006a.

渐趋于一致，目前有几点比较明确(IPCC 2001)。天气模式会更加多变，且极端天气事件会更多。供水的确定性将下降，因此对地表和地下额外的蓄水要求会增加。降雨数量与地区分配都会变化，因此需要相应的地表与地下蓄水投资。最后，在几个重要地区，高山积雪也会成为固体水库，在夏季缓慢释放蓄水。最值得注意的例子是喜马拉雅山脉，它是东亚和南亚七条主要河流的发源地。而气候变化正在日益缩减这些天然雪场，减少了它们的蓄积量，使得更多的降水以降雨的形式存在，增加了春季的径流和洪水而减少了夏季的流量(Barnett, Adams, and Lettenmaier 2005)。随着全球有超过1/6的人口依赖冰山和季节性积雪作为他们的供水来源，这些水文变化所造成的后果会很严重。

尽管灌溉粮食的生产将继续保持重要地位，更加多样化的专业市场会不断涌现，在国家政策到位的情况下为那些富于创新精神的农民创造机会。

那些居住在湿润、半干旱和干旱地区的、依赖孤立的雨养农业体系为生的边缘化的农民、无地者和贫困人口是最脆弱的人群。降雨量微小的改变都会造成河道径流和土壤水分的巨大改变。非洲大陆上已遭受气候变异性和极端气候事件影响的国家数量最多，因为干旱和半干旱地区十分缺乏地表和地下水资源。这些地区需要进一步补偿性的灌溉开发，以补充现有的灌溉和雨养生产体系。与灌溉相关的固定资本的必要调整是适应气候变化所需成本中最大的组成部分，将会对最贫穷的农民构成不小的挑战(Quiggin and Horowitz 1999)。

投资的类型

现在做出灌溉投资决定的环境远比以前复杂：更多的利益相关方、对水资源更多的竞争性需求、没有单个的压倒性的投资驱动力。因此灌溉投资需要更加适应特定情境，反映国家发展的不同阶段、市场机遇、融入世界经济的程度、土地和水资源的可利用性、农业在国民经济中的比重，以及在区域和世界市场上的相对优势。

全世界的农民都将继续融入到不断控制他们的选择和行为的世界市场中去。尽管灌溉粮食的生产将继续保持重要地位，更加多样化的专业市场会不断涌现，在国家政策到位的情况下为那些富于创新精神的农民创造机会。相比之下，非洲撒哈拉以南地区的小型农户将很少有机会能够利用全球市场的优势。对非洲撒哈拉以南的许多国家来说，对水资源控制的投资会是农村发展战略的重要选择，但是这种投资必须与允许农民更好地服务于本地和区域市场的政策相配合(FAO 2006b)。

那些灌溉基础设施已经老化的国家需要更多技术和管理提升的投资，而不必投资于新增的开发项目，为应对不断增长的对更可靠的供水需求而不断提高灌溉系统的效能。排水投资将继续以相对缓和的水平增长，尽管由于过去的灌溉开发所造成的区域性渍水和盐渍化的问题需要治理。因此，与政府在资助上的意愿和能力相比，会出现更多的由于财政投资需求而产生的压力。

新的灌溉开发项目仍将在那些拥有足够的土地和水资源，且国家优先支持的地区进行。灌溉开发将更多地针对特定位点进行，并更紧密地和其他部门的政策和规划相关。表9.5显示了从1998到2030年间新增开发和治理的灌溉土地和

表 9.5 对 93 个发展中国家在 1998–2030 年间灌溉开发和治理的资本投资的预测

区域	灌溉面积（千公顷）			单位成本（美元/公顷）		总成本（百万美元）		
	1998 年	2030 年	变化率（%）	新建	治理	新建	治理	合计
东亚和东南亚	71 500	85 300	19	2900	700	40 000	46 400	86 500
拉丁美洲和加勒比	18 400	22 000	20	3700	1300	13 400	23 900	37 300
近东和北非	26 400	33 100	25	6000	2000	40 100	52 800	92 900
南亚	80 500	95 000	18	2600	900	37 600	68 500	106 100
非洲撒哈拉以南	5300	6800	30	5600	2000	8900	10 500	19 400
总量	202 000	242 200	20	3500	1000	140 100	202 000	342 100

注：由 FAO2003 和 Inocencio 等提供。

投资的预测，主要依据不同机构提供的单位成本。发展中国家的灌溉投资成本差异很大，从每公顷的低于1000美元到高达20000美元，2000年的平均水平是每公顷3500美元（Inocencio and others forthcoming; FAO数据）。次撒哈拉非洲的灌溉投资成本一般远远高于亚洲国家，反映出该地区环境的挑战性很大、不利的地貌条件、更高的基础设施开发成本以及灌溉开发项目规模上的差异。这些因素严重制约了在该地区进行灌溉开发的努力。

根据灌溉体系的类型决定投资优先领域

对于干旱地区的大型公共地面灌溉体系来说，现有系统的大部分投资应旨在提高水资源控制能力以及供水的可预测性，同时应该提高系统对用户的透明度和责任制。排水不健全的以及地下水位较高的地区可能会更需要完善排水网络和相关的盐分处置的工程，以缓解次生的土壤盐渍化问题。投资通常包括一系列的技术和管理的提升。

投资于湿润地区大型公共地面灌溉系统需要提高现有系统供水服务的灵活性，并进一步挖掘运行潜能以提高系统的多功能性。灌溉需要的系统的灵活程度目前仍旧是争论的话题（Ankum 1996; FAO 1999a; Horst 1998; Perry and Narayanamurthy 1998）。可能的解决方法是根据农户的需求、种植时机、当地的农业政策以及投资财源的有效性，逐个案例地进行分析。随着反季节种植的扩大，灵活地提供服务的重要性日益凸显，如同在越南的红河三角洲那样（Malano, George, and Davidson 2004）。这可以通过对小型提水泵或农田原位蓄水设施的私人投资，或者对系统内的中等规模的水库的公共投资来实现。对灵活性的投资将会支持新的栽培技术，例如水稻现今采用的是干湿交替灌溉，而不是传统的畦灌方式（见第14章有关水稻的论述）。一些没有参与到20世纪60~

70年代建设大潮中的位于湿润地区的国家,也许会在21世纪继续建设蓄水工程以提高流域水平对水资源的控制能力,包括灌溉。

对地下水灌溉和农田原位蓄水设施的私人投资出现显著增长,这种趋势也会见于大型地面灌溉系统的私人投资(照片9.1),无论是在干旱还是湿润地区,还是在很小规模的农场系统内。国家投资战略所面临的主要挑战是如何达到政策上的平衡,既考虑到平等的发展(例如倾向于便宜的进口的水泵和发动机的优惠政策),又要限制水资源的过度利用(如限制对地下水抽取的能源补贴)(见本书第10章地下水)。同时,还需要在更有效地监管私人投资的发展方面进行投资。

> 对那些能够对本地和出口市场响应及时的私有的商业化灌溉系统而言,水更多的是一种商业化商品而非公共物品。

在那些由中、小型社区管理的灌溉系统中,大多数传统的生存保障计划、对道路和通信的补充性投资,以及那些促进信息流动和市场准入的支持性基础设施的投资常常会带来很高的回报。在某些情形下,对新建小型开发项目的附加投资是应该得到保证的,将小型灌溉开发项目加入农村综合开发项目中会提高成功的几率和项目的可持续性(Ward, Peacock, and Gamberelli 2006)。这些系统也是低压灌溉技术应用的肥沃土壤。包括小型水泵在内的低成本技术,经过私有部门的营销,在过去十年间已经在许多国家快速推广 (Shah and others 2000; Heierli and Polak 2000; Barker and Molle 2004)。

对那些能够对本地和出口市场响应及时的私有的商业化灌溉系统而言,水更多的是一种商业化商品而非公共物品。和明确的水权相配合,提高相互之间的关联性会使得用户之间的水权交易常态化,并会更广泛地普及对排水和处理后的污水的再利用。种植者会更有可能对农田原位的灌水技术进行投资以提高生产力和产品质量。而政府和个人都需要投资于水的计量和控制技术。

摄影:G. Bizzarri/FAO

照片 9.1 农民正在泵取地下水进行灌溉。

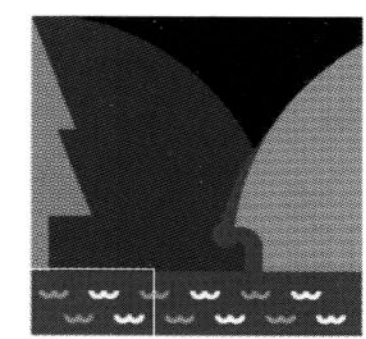

表 9.6 不同类型灌溉系统的投资重点

系统类型	农业经济、农业人口	转型	工业,市场经济
干旱和湿润地区的大型公共灌溉系统			
政策重点	农村综合发展	将水资源和农业政策联系起来	改进完善综合水资源管理办法
资本投资(水资源)	小型和大型水坝、重力灌溉开发、排水开发、农田原位地下水开发		灌溉和排水基础设施的更新换代
资本投资(其他)	农村基础设施、道路、市场、社会和健康基础设施		农村基础设施的更新换代
管制	土地使用权和水权；利益攸关方对工程管理的参与	水权、地方制度和条例，参与式的灌溉管理	灌溉管理的转移
管理	系统运行可靠度的提高	重新构建并提高责任制和透明度,提高系统控制和运行;提高水服务的灵活性;促进系统的多功能性	
能力建设	培训灌溉专业人员和农民；用水户协会的建立和加强		加强职业化组织;建立市场信息系统
财务	期限财务;农村贷款和微信贷;赠款	期限财务；农业储蓄和贷款	商业化财务
技术	平地;浅井;小型水泵技术;地表和地下水的联合运用		自动化；加压灌溉技术;水质监测
中小型社区管理的灌溉系统			
政策重点	农村综合发展	将水资源和农业政策相联系	
资本投资(水资源)	有径流的河流；塘堰;引水设施;局部的蓄水和小型水坝设施	局部的蓄水和小型水坝；改进的水资源分配基础设施	
资本投资(其他)	农村基础设施;道路;市场和信息的可达性;社会和健康基础设施;电气化		
管制	包括传统的习惯性水权在内的水权	对水权和水资源配置的认可和制度化	
管理	冲突管理;农田的原位水管理		
能力建设	对推广人员的培训；建立并加强用水者协会的权力	用水者协会的监督和支持;工作人员的培训	
财务	赠款;针对具体目标的补贴	农村财务	
技术	小型的微灌系统;水窖	机械化农业；深层管井的钻探;加压灌溉系统	

表 9.6 不同类型灌溉系统的投资重点(续)			
系统类型	农业经济、农业人口	转型	工业,市场经济
商业化的私人管理的灌溉系统			
政策重点	市场链;谈判获取优惠的贸易政策		
资本投资(水资源)	引水水坝;深层管井	对径流的循环使用;供水的自动化	自动化
资本投资(其他)	市场,通信和蓄水的基础设施,包括出口		
管制	大量水资源的配置,水权,关税		
管理	灌溉计划、土壤水分监测		
能力建设	水质的监测		
财务	商业化的财务		
技术	喷灌、洒水器及微灌技术	精细农作,轴心、平移式运动,微灌,滴灌施肥	
农场范围内个人管理的为本地市场服务的灌溉系统			
政策重点	食品安全、粮食安全、营养政策		
资本投资(水资源)	地下浅井、渠道		
资本投资(其他)	市场和基础设施开发	农村电气化、能源定价	市场和基础设施开发、污水处理
管制	地权稳定性、水权、食品安全控制		地权稳定性、食品安全控制、环境控制
管理	污水回收利用		
能力建设	对农田原位水管理以及食物和水质控制的培训		
财务	微型信贷		
技术	低成本、耐用的灌溉技术	机械化的地下水利用	水的测量、控制和自动化技术,低压灌溉技术

注:期限财务是指证券或中长期的贷款财务。

对于那些需对本地市场做出反应的单个小农户的灌溉系统,对灌水应用技术的私人投资应该对产量的增加和品质的改善有所贡献。对治理和改善市场及基础设施的补充性公共投资应该加强对这个部门的重视和投入。监管领域也需要公共干预,主要包括土地使用权的保证、水权的界定和登记,以及对与健康相关的监测和教育的干预措施。需要更好地完善小农户、私人部门、以及提供服务(技术咨询、财政、市场营销)的政府部门之间的联系。还需要诸如农民田间学校这样的创新性做法以弥补由于公共推广服务经费下降造成的空白。

对培训的大力投资几乎在所有情况下都是必需的,特别是在灌溉系统从以

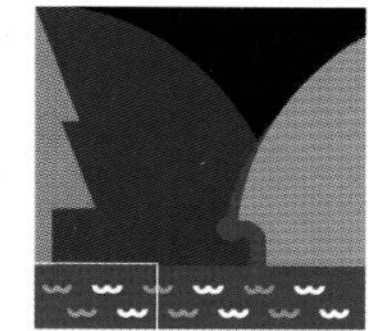

建设为导向转型为以管理为导向的趋势下。所有层次的水管理都亟需受过良好训练的职业人员，这些职业人员必须越来越具有多学科的知识视野和学习能力(见本书第五章政策和制度)。表9.6总结了不同类型的灌溉系统投资的重点领域。

改造过去的系统以适应未来的需要

近期灌溉系统的快速发展引发了很多争议,专家们尤其在灌溉系统的整体性能上分歧较大。过去的20多年实施了一些列的修复、现代化改造和制度改革措施,包括灌溉管理权的转让和参与式的灌溉管理,以提高大型灌溉系统的输水服务的效能、减少重复成本并提高其生产力。这些措施取得的效果喜忧参半,所以弄清楚这些成功和失败经验背后的原因对正确区分哪些措施可以继续采用、哪些措施需要进一步改进或被更新的措施所取代是非常重要的(见第5章有关政策和制度的论述)。

> 灌溉投资并不完全是由粮食供给或者稳定生产的因素驱动的。其他一些隐藏的政治因素对灌溉投资的决策也会造成显著的影响，对灌溉的整体经济效能产生明显的影响。

公共灌溉系统的整体效能

公共灌溉系统整体效能的平均水平相对较好。1961年到1987年间,世界银行资助的灌溉项目中有67%被世界银行的运行评价部评为“满意”,平均内部收益率达到15%(Jones 1995)。由于经济规模的原因,大型项目的回报率一般比小型项目高,但是在大型灌溉工程中所包含的小规模灌溉项目却具有更低的成本和更高的回报率 (Lipton, Litchfield, and Faurès 2003; Inocencio and others forthcoming)。

灌溉效能的这个正面评价常常引起争论，因为有很多效能低下的案例,多数都是和没有达到设计目标有关(多年的ODI)。另外,还有其他一些大型灌溉工程由于过量抽取水资源,设计和建设的不善,缺乏市场、劳动力、管理技巧或财政资源维持运行和维护而导致失败的案例。例如在次撒哈拉非洲,大约18%的灌溉土地没有被利用(FAO 2005),许多亚洲国家也存在着大量的没有利用的灌溉土地。

实际上,灌溉投资并不完全是由粮食供给或者稳定生产的因素驱动的。其他一些隐藏的政治因素对灌溉投资的决策也会造成显著的影响,对灌溉的整体经济效能产生明显的影响。为了在某个地区赢得选举而进行的公共投资会影响投资的优先领域,政客们会向那些并不具备相应的技术和经济条件的村庄许诺新建灌溉项目(Mollinga 1998; Reisner 1986)。而在其他一些地方,兴建大型灌溉工程的目的是宣示对跨流域河流的水权,尽管实际上该河流已经处于过度利用的状态。还有,借款机构的不良动机会增加项目不必要的预算。腐败和寻租行为也会导致建设成本的增加，从而在很多情况下降低了灌溉投资的经济回报(Wade 1982; Repetto 1986; Rinaudo 2002)。当土地使用权对那些缺席地主有利时,也会造成对高产灌溉农业开发的严重阻碍(Hussain 2005)。

规划和设计上的缺陷也是造成灌溉系统运行效能低下的众多原因之一，并常常导致系统功能不能运行、供水不可靠以及管理的过度复杂化(Plusquellec 2002; Albinson and Perry 2002; Bos, Burton, and Molden 2005; IFAD and IWMI forthcoming)。框9.2总结了灌溉技术的未来发展趋势。

管理机构人员、水用户协会或农民的管理能力有时不能满足工程设计的目标要求(Murray-Rust and Snellen 1993)。即便在那些结构简化的大型灌溉系统中，要想完成渠道系统的按比例的配水操作也需要高度专业化的管理者和操作员，以达到输水服务的最低限度的要求(Horst 1998)。

制度变革和未来水管理的前景

过去的15~20年间世界上有50多个国家对公共灌溉管理都进行了制度上的变革(FAO 1997; FAO 1999b; Johnson, Svendsen, and Gonzalez 2004)，改革的重点是政府从灌溉管理中淡出，将管理权从中央机构下放到地方和用水户协会。

框 9.2 灌溉和技术的未来

技术进步会发生在所有层面，并影响所有灌溉类型。更好的技术并不一定就是那些更新的、更贵或者更复杂的技术，而是指那些适合农业需要和需求，与系统和农民的管理能力更相适应，也是和确保系统的运行和维护的财政和经济能力相适应的技术。我们期待着那些设计更加完善，具有更高的适应性的技术、管理措施以及制度安排。

技术革新主要在两个广义的领域出现：

- 灌溉系统水平：所有尺度上的灌溉系统的水位控制、流量控制和蓄水管理。
- 农田水平：蓄水、水的回收利用、提水(手工和机械化的)、精准灌水技术(喷灌和局部灌溉)的采用。随着农场之间的联合，尤其是在更大规模上的正式的联合系统中，机械化程度的提高对地形和农田的布置有更高的要求。在非洲涌现的对低成本的微灌技术的采纳和应用将会继续加强(见第4章有关贫困的论述)。

很多新技术是现成的，尤其是技术的硬件。所以今后需要对与技术相配套的软件技术进行更多的更新，如电子和通信系统、计算机和仪器设备，这些技术需要更便宜、更可靠、更容易获取、发展中国家更容易得到。监测和控制的自动化技术 (包括正规的灌溉系统中的监测控制和数据获取)和测量技术(对地下水位、渠道流量、农田原位和渠道输水)的应用会更加普及。不久以后，这些技术也会被小规模的非正式的灌溉系统和地下水灌溉所采用，而那些从事商业化种植的农户会更快地采用这些技术。

更快地满足实时的需求并提高正式灌溉系统的灵活性将主要通过扩大对地表水和地下水的联合运用来实现，还需要对输水渠道做更好的管理。更有可能的是通过中间层次的服务，如“可安排的需求”的方式。而管理低层系统需求的软件将会更加普遍。

那些拥有简易基础设施和管理方式的灌溉系统也会继续存在，只要它们能够更好地适应作物种植体系和用户的需求。在水量充沛的地方，即便灌溉技术发展最小也可能继续存在。对所有类型的经济上可承受的技术的需求将不断增长(Keller and Keller 2003)，尤其是那些适应私人投资的灌溉系统的技术将会很受欢迎。

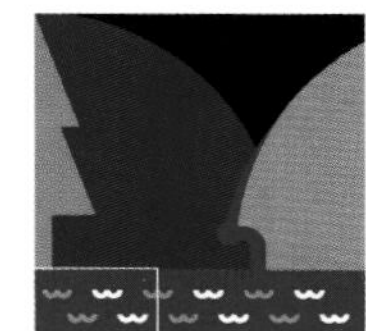

一些国家如亚美尼亚、澳大利亚、中国、哥伦比亚、马来西亚、墨西哥、秘鲁和土耳其的改革都报道取得了积极的成果，改革提高了灌溉基础设施的维护水平。在大多数情形下，把成本从政府转移到农民提高了维护水平、公平性、产量和收入，从而至少部分地实现了改革的目的。但是成果的本质和程度却颇受争议(Rap, Wester, and Pérez-Prado 2004; Vermillion 1997; Shah 2003)，许多案例也证明了灌溉管理权的转移根本没起任何作用。

在灌溉管理权转移的背景下，公共–私人之间的伙伴关系以及农民和政府之间的职业“第三方”的管辖范围问题受到越来越多的关注(Tardieu and others 2005)。在智利、中国、伊朗和越南，实验的对象是那些已经和私人或半私人的公司签订合同提供灌溉服务的农民。在中国，合法建立的用水户协会和公共水务局建立了运营代理的关系。

> 许多试图私有化水服务的努力都失败了，这种模式在多大程度上可以被推广仍然存在很大争议。

尽管如此，许多试图私有化水服务的努力还是失败了(Qian 1994)，这种模式在多大程度上可以被推广仍然存在很大争议。为了生存下去，私人提供的水服务必须建立在可靠的和可测量的服务基础之上，同时要有可靠的资金来源。同样还需要有适当的监管和争议协调机制，以及对用水户协会和当地服务提供者的培训。特别需要注意的是在评估运行和维护成本上存在的困难，以及确保私人管理者不会拖延维修和维护已表现下降的管理成本上存在的困难。征收水资源税的责任从政府移交到地方组织也对财政的问责制提出了挑战。

灌溉管理的部门性改革不可能只在真空的环境取得成功，成功与否很大程度上取决于国家层面以及农业政策方面相应的治理和透明性方面采取更广泛的改革(见本书第五章政策和制度)。必需的法律改革迟迟不能进行，或者仅仅停留在纸面和口头，从而不能为灌溉管理改革提供坚实的和实际的支撑。表9.7列出了决定制度改革成功与否的原因和条件。

表 9.7 决定制度改革成败的主要条件和原因

成功的条件	失败的原因
■ 强有力的政治支持	■ 缺乏政治支持
■ 利益相关方明晰的角色定位	■ 公共机构和用水户的抵制
■ 对所有层次的制度加强权力的支持（包括用水户协会和地方政府）	■ 资源缺乏
■ 用水户协会的自治	■ 水质较差
■ 能够接纳政府机构变化的法律框架	■ 缺乏用水户的适当参与
■ 治理权力下放和转移体系的人员的能力建设	■ 将破旧的或设计有缺陷的基础设施移交，这些设施不能有效运行并需要很高的维修成本
■ 基础设施功能运行良好	
■ 成功回收运行和维护成本	

来源：FAO forthcoming.

失败的另一个原因常常是由于灌溉管理部门把改革重点放在了水上。灌溉农业的低效能往往是由于和水无关的制约因素,在这种情况下,农民就会对灌溉管理的改革无动于衷。图9.5总结了与灌溉相关的广泛的社会技术环境,说明了在特定环境下技术和制度发展匹配的重要性。实际情况当然要远为复杂,图9.5的初衷是列出那些需要解决的关键问题以实现灌溉系统的良好运行,而不是提供一种简单因果关系的药方。图中这些关系的后面是不同的动机、既得利益和沟通途径,这些无形的联系很难用简单的关系图概括。

历史上的对基础设施投资的重视而对培训、能力建设(针对农民和灌溉服务提供者的)以及加强制度的干预措施的忽视是造成灌溉系统效能低下的原因之一。但是培训、人事政策和薪金在许多国家还很成问题(见本书第五章政策和制度)。一种更平衡的办法是能够把未来的干预措施建成一种充分认识协同效应,并能够有效平衡硬件和软件投资的有成本效益的方法。

大部分的改革都是基于这样一种假设:大部分用户的参与会提高改革的回应程度和效果,且用水户会对管理灌溉服务更加感兴趣,因为国家从灌溉服务的提供和投资的职能中退出。但是,如果想要在实践实现,而不仅仅采取过去15~20年间十分流行的简化的和开药方式的"灵丹妙药",还需要更多的研究和学习。

成本回收、水资源收费和可持续性

成本回收和相关的水资源收费已经成为争论和分歧的中心话题(Molle and Berkoff forthcoming)。由于财政资源的稀缺,这个问题变得十分关键,并将对灌溉部门在近期的发展产生十分重要的影响。相关证据表明,大多数发展中国家的政府已经面临严重的资金危机,对包括灌溉在内的农村服务会产生广泛的影响。对城市的住房、基础设施、教育和社会服务的投资会造成对农村地区相应投资的竞争。在这种情况下,可以预见很多国家会大幅度减少政府对灌溉项目的资金投入。灌溉农业的面貌毫无疑问会受到这种压力的影响而出现变化,但是变化的方式很难预料,可能会从逐渐地放弃使用、到解体、再到动态的自我投资。

全球水伙伴计划很好地总结了目前水部门的主流指导思想(GWP 2000):成本全部回收应该成为所有用水的目标。但是目前达不到完全评估所有用水成本的目标(图9.6),而且全球水伙伴计划也在争论,即便在保证合理配置和管理决定的所有成本都能被准确估算的情况下,也没有必要让用水户承担全部的成本(GWP 2000)。因此,对灌溉有意义的问题是:用户(通过缴纳水费)和纳税人(通过补贴)应如何分担与灌溉相关的成本(ICID 2004)。

除了需要彻底了解和灌溉相关的成本外,灌溉对整个经济所做贡献的信息也对在部门间有效分担灌溉成本至关重要。实际上在很多情况下,整个社会通过各种诱发的和间接收益而从灌溉中得到的收益比例要远远大于单个农民为提高生产力而从灌溉中得到的收益比例(Mellor 2002)。这可以通过灌溉投资的

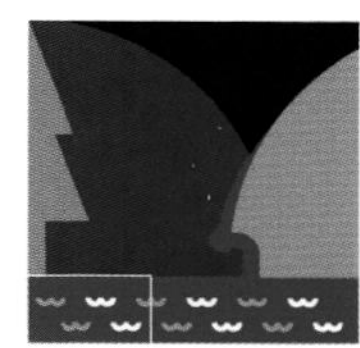

图 9.5 影响灌溉系统效能的主要因素

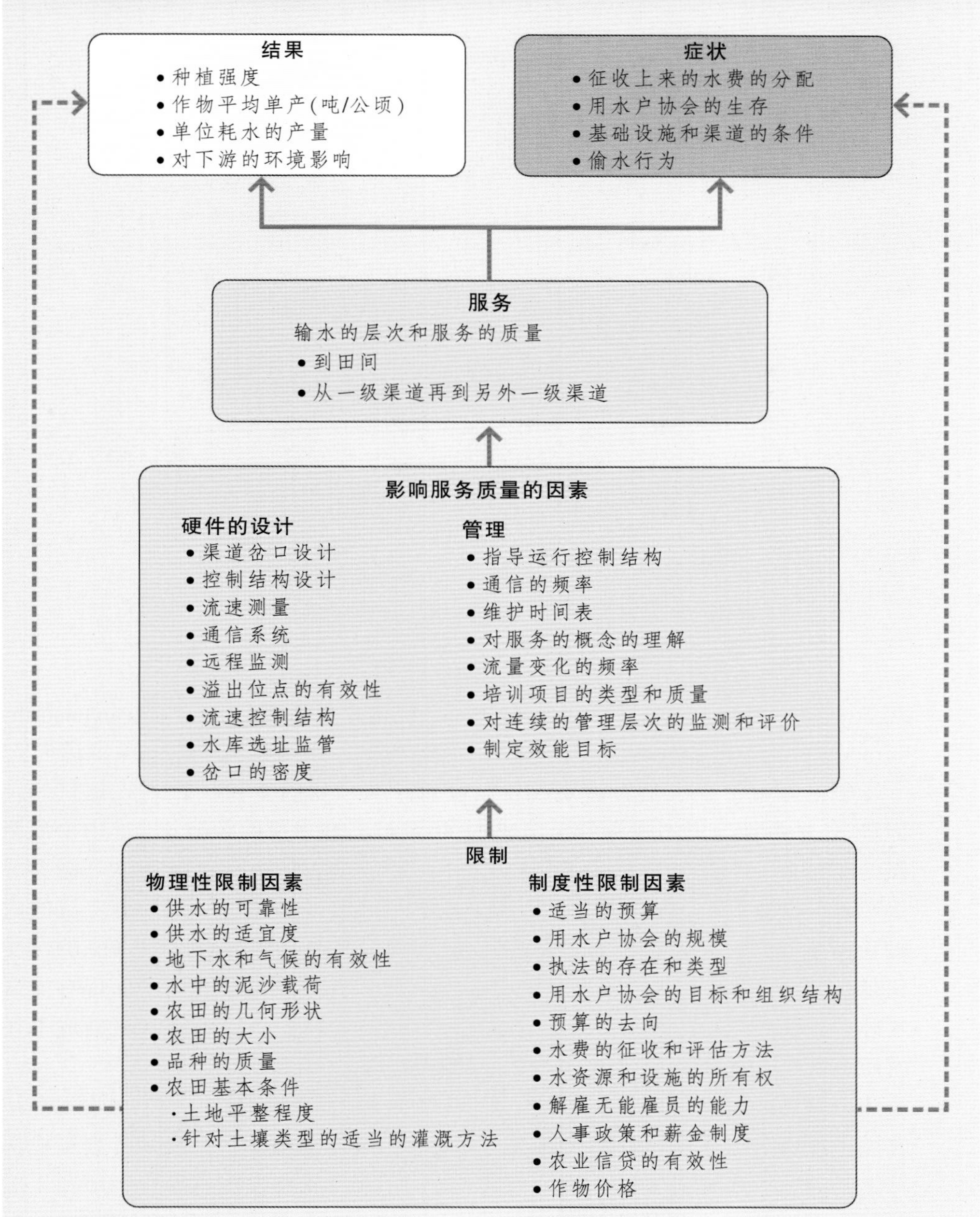

结果
- 种植强度
- 作物平均单产(吨/公顷)
- 单位耗水的产量
- 对下游的环境影响

症状
- 征收上来的水费的分配
- 用水户协会的生存
- 基础设施和渠道的条件
- 偷水行为

服务

输水的层次和服务的质量
- 到田间
- 从一级渠道再到另外一级渠道

影响服务质量的因素

硬件的设计
- 渠道岔口设计
- 控制结构设计
- 流速测量
- 通信系统
- 远程监测
- 溢出位点的有效性
- 流速控制结构
- 水库选址监管
- 岔口的密度

管理
- 指导运行控制结构
- 通信的频率
- 维护时间表
- 对服务的概念的理解
- 流量变化的频率
- 培训项目的类型和质量
- 对连续的管理层次的监测和评价
- 制定效能目标

限制

物理性限制因素
- 供水的可靠性
- 供水的适宜度
- 地下水和气候的有效性
- 水中的泥沙载荷
- 农田的几何形状
- 农田的大小
- 品种的质量
- 农田基本条件
  - 土地平整程度
  - 针对土壤类型的适当的灌溉方法

制度性限制因素
- 适当的预算
- 用水户协会的规模
- 执法的存在和类型
- 用水户协会的目标和组织结构
- 预算的去向
- 水费的征收和评估方法
- 水资源和设施的所有权
- 解雇无能雇员的能力
- 人事政策和薪金制度
- 农业信贷的有效性
- 作物价格

来源:FAO1999a.

图 9.6 与灌溉相关的成本组成

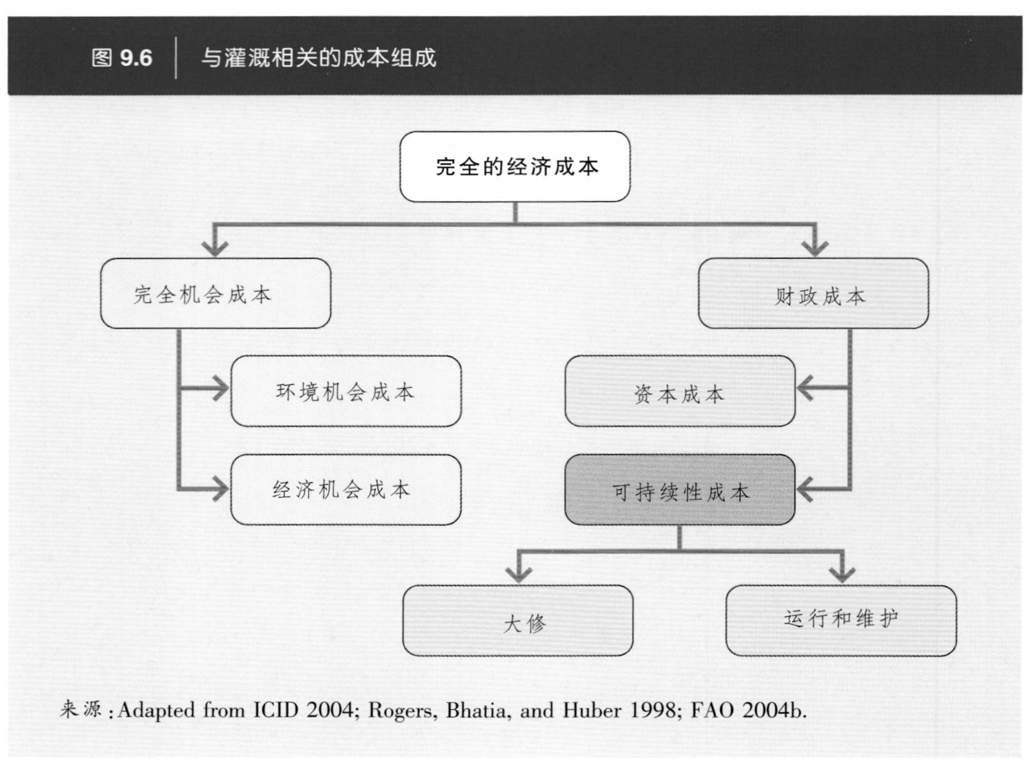

来源：Adapted from ICID 2004; Rogers, Bhatia, and Huber 1998; FAO 2004b.

乘数效应（印度是2.5和4之间）((Bhattarai, Barker, and Narayanamoorthy forthcoming)来印证,这个效应指数应在制定灌溉成本回收的政策时考虑进去。

争论常常集中于是否需要收费以及对什么项目收费:仅收服务、运行和维护费,还是再加上资本投资的全部成本,还是过去和未来的替换年金?由于灌溉在国民经济中发挥的作用不一,所以答案相差很大:一些发达经济体可能会寻求回收灌溉的全部成本,而其他国家则认为对灌溉的补贴可以作为更广泛的农村开发战略的一部分。在上述两种情况下,可持续性的成本回收(见图9.6)已受到越来越多的关注,且这种方式是合理的,值得决策者的关注:为确保现有灌溉基础设施的可持续性,就有必要适当地回收运行、维护、行政管理和更新成本在内的成本。

以提高成本回收为目标的项目如果导致了整体收益降低,那么它就不会被农民接受。任何显著增加成本回收的动议应通过作为整体管理改革计划组成部分之一的农民代表讨论并达成一致的情况下才可实施,收费的提高必须和水服务的有保证的提高相挂钩(Murray-Rust, and Snellen 1993)。在这种情况下,水费的渐进式增长如果与水服务提供者不断完善的问责制和更高的透明度以及权力向用户的转移相适应,同时有灌溉农业不断增加的利润相配合,对减少公共灌溉资金的投入就是一种明智的选择。私人灌溉系统中的农民承担了所有财政成本的事实说明,灌溉系统在某些情况下在经济上是可行的。大型公共系统

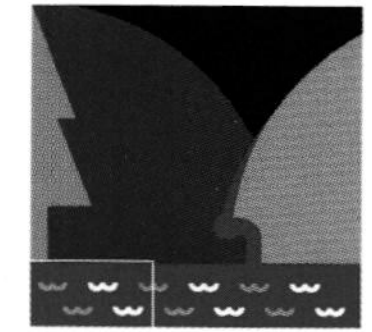

提供的灌溉服务将会在明确的或隐含的合同和财政安排下不断融入问责机制(Huppert and others 2001)。

水服务收费的方式差异很大，原则是必须与灌溉系统的开发水平相适应。尽管按体积收费的方式是服务收费方式的代表性做法并考虑到需求管理(Malano and Hofwegen 1999),但是按体积收费的相关交易成本却很少考虑。半测量体积收费,或是基于面积的、并常常被加到土地税中的收费方法,只要有足够的透明度和公平性,也是适宜的。

除了对成本回收水平的争论外,对水费(旨在全部或部分回收灌溉成本)和水价的区分在公共辩论中也存在着相当的混乱(FAO 2004b)。定价作为一种对灌溉进行需求管理的工具,将会在下文继续进行探讨,但是相关证据表明,在大多数情况下如果想达到水费的水平所需要的增量性飞跃是必要的,水费水平在大多数灌区的经济条件下会影响需求，从而成为在政治上不可管理的措施(Molle and Berkoff forthcoming)。

> 用户常常会从用水中获益，而把环境和社会成本转嫁给其他人，从而导致了公平性、地下水开采、排水污染、农场工人的健康、消费者产品的污染等问题。

政府的角色变化

随着新建灌溉系统总体下降，以及管理责任更多地转移给用户的趋势,公共灌溉机构的角色正在迅速转变。这些机构过去的主要活动,如规划和设计灌溉系统、为土木工程订立并监督合同、为农田输水等的重要性要比以往大大降低。而它们所承担的新责任包括资源配置、大水量的输水、流域水平的管理、部门监管、以及实现诸如联合国千年发展计划(见第5章有关政策和制度的论述)这样的全球社会和环境目标。

管制和监管

水资源常常被认为是公共物品,所以国家就被认为有义务和责任来维持水资源的有效性和水质。用户常常会享受到用水带来的益处,而把环境和社会成本让别人承担,从而造成了在公平性、地下水开采、排水污染、农场工人的健康、消费产品污染等诸多方面的问题。所以国家应该在管制这些外部性问题方面发挥重要作用。除此之外,水越来越多地成为一种商品,因此,用水量的界定和管理越来越多地以用户之间以及公共管理机构和用户之间协议的形式完成。而政府在批准和管制这些协议方面将发挥重要作用。

大多数政府都需要调整它们和水管理相关的机构以承担这些新的责任。应该将管制机构和水管理和供水机构分离,以避免利益的冲突。私人的或客户控制的组织在更多情况下负责对用户的供水。还将需要判决机制以解决有关水资源配置、水质和用水方面的纠纷。这些机制可以是国家法律体系中的一部分,也可以成为一套更多依赖思想和共识的独立体制。在所有情形下,制度的发展都应该由具体情境以及现有的与水权、优先权相关的法律、规定和方法来塑造。

过去许多公共机构的主要职能之一就是评估和征收税费。随着灌溉系统管理的权力下放,融资和财务结构也需要做相应的调整,从而使得那些实际上运行该系统的部门可以得到足够的资金以支撑系统运营;因此,大型灌溉系统的成本回收机制将更加复杂,因为其中会包括对地方服务的费用以及大规模供水的成本。

> 水资源需求模式的变化将使得水资源在各种竞争性使用之间进行重新配置,同时也要求对基础设施进行适当投资,这可以通过政府建立并监管的行政或市场机制来实现。

政府将继续发挥其水资源批发者的角色,主要通过运行或者通过与私人供应商订立合同的方式运营诸如大型水坝(尤其是多功能水坝)这样的大型战略性设施,或者运行主要灌溉渠道和泵站这样的主要灌溉基础设施。

私人灌溉部门的主要问题则更直接地与平等性和环境可持续性相关,主要包括地下水的开采、地面沉降、污染、农业工人以及消费者的健康,以及对下游用水户造成的问题。这些问题的解决都需要公共部门的干预,需要建立管制架构以确保公平原则,以及对土地和水资源的有保障的利用。公共部门的干预措施也可能被用来刺激私人部门的发展, 主要通过对大型基础设施的市场化政策和有目标的投资来实现, 同时促使私人部门提供农田水平的用水和节水技术。

资源配置和管理

水资源需求模式的变化将使得水资源在各种竞争性使用之间进行重新配置,同时也要求对基础设施进行适当投资,这可以通过政府建立并监管的行政或市场机制来实现。无论是在行政机制还是市场机制下,都需要在供水、输水和用水的定量化方面取得显著的进步。如果没有定量化的水管理,也就无法实现更加细致的资源配置以及重新配置。

流域尺度的水资源综合管理将成为一项有政府、水用户及其他利益攸关方参与的重要任务。尽管经常有建议成立专门的流域管理委员会是关键性的解决措施,但是在现有机构之间建立良好协调机制会更加有效(Turral 1998)。流域管理的实体常常是跨部门的,并且有多学科的参与,通常拥有一个治理机构,里面包括来自农业、市政管理、工业和环境各部门的代表,同时还需要有很大比例的公民社会的代表(消费者和生产者)。

政府需要改进它们的冲突管理机制和技能, 以处理日益增加的用水竞争。跨界的水管理将随着日益凸显的缺水而变得更加重要,因此政府也需要建立处理跨界水资源配置的对话和协商。

支撑农村的增长并减少贫困

摄影:G. Bizzarri/FAO

照片 9.2 安第斯山脉地区农田内的用于灌溉的小型水窖。

尽管宏观经济形势正在变化,许多情况下灌溉仍然在脱贫战略中发挥着重要的作用:尤其是在那些农村向外移民人口速率很低的地区;失业率或就业不足比例很高的地区;高度依赖农业维持生计的地区(照片9.2)。脱贫并实施农业就业战略是增加依赖农业地区投资的重要原因,不能仅仅从直接经济效益方面

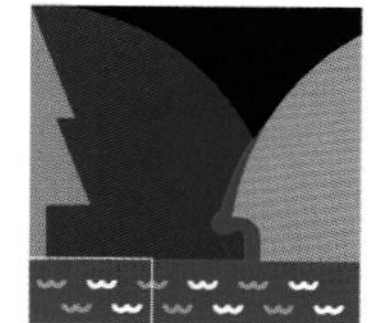

进行衡量。

在那些农业对GDP贡献很多且农业创造很多就业机会的地区，灌溉会保证一种支持穷人的增长并为非农产业的增长注入动力。有了更多收入的农民在本地的消费会更高,从而刺激了本地的就业。但是在那些灌溉系统被外出的、生产规模较大的农民控制的地区,由于这些农民的消费模式是资本密集且喜欢使用非本地产品,因此对本地脱贫的作用就小得多。在那些农村经济不发达的低收入地区,如大部分次撒哈拉非洲地区,农业增长对非农业部门的乘数效应就十分微弱(Mellor 2002)。

在那些农业对GDP贡献很多且农业创造很多就业机会的地区，灌溉会保证一种支持穷人的增长并为非农产业的增长注入动力。

对灌溉和有关农业开发的干预措施的投资在某些条件下,更倾向于通过创造就业和减少贫困的方式进行 (Dhawan 1988; Mellor 1999, 2002; Hussain 2005)。其实,公平和有保障的土地和灌溉资源的权利对脱贫的影响会更大。在那些土地权和水权分配公平的地方,灌溉会起到更大的脱贫效果(Brabben and others 2004; Hussain 2005)。

设计并投资于灌溉系统的改造工程以实现水的多用途利用，也有益于脱贫。将水资源用于民用供水、灌溉和其他农业和非农业的用途,会比投资于单一用途得到更大的收益。最近的很多研究都已经证实,这种多用途用水对改善生计的明显作用和显著效果,尤其对于贫困家庭来说(Van Koppen, Moriarty, and Boelee 2006)。

用水技术的推广以及生产方式的改善也会提供更多的机会。有一些技术可以应用于任何范围,甚至更适用于贫困人口的利用(如脚踏式水泵、劳动密集型的生产方式)。另外一些技术可以被更新设计以更好地服务于贫困人口。而其他一些资源保育技术也可以通过一些有效的制度安排或机械租赁市场使贫困人口也能够使用。这些技术对穷人所发挥的积极作用可通过最初的特定目标的补贴计划、特定目标的培训机会、在投入产出链上私人的参与、回报迅速的技术以及加强公共研究体系等方式而得到进一步的加强。

脱贫和公平性的一个被激烈争论、但又进展甚微的方面就是妇女获取水权和用水以及由此产生的收益(Boelens and Zwarteveen 2002)。有很多确定的案例已经证明了妇女在针对性不强的灌溉开发中被剥夺了相应的权利。这类事件主要发生在非洲 (Van Koppen 2000), 但是在亚洲一些地方也有发生 (Udas and Zwarteveen 2005)。更好地针对女性农民的开发计划能够有效促进农业生产力的提高和农业的增长(见本书第五章制度和政策)。同时,由于农村劳动力向城市季节性的迁移,农业已经成为越来越女性化的产业(Buechler 2004):非洲撒哈拉以南地区的妇女已经占农业及相关产业劳动力的54%, 而在南亚这个比例已经达到65%,因此,妇女在农业中的作用在不断增长(照片9.3)。但是农业系统的设计、运行和管理却很少考虑到这种性别组成上的变化(Vera 2005)。灌溉管理上一些和性别有关的问题则显示了如何调整努力的方向以为女性农民更好地服务(框9.3)(Bruins and Heijmans 1993; Meinzen-Dick and Zwarteveen 1998; Van Koppen 2002)。

摄影:J. Boethling/FAO

照片 9.3 一群女农民正在人工插秧。

许多国家的妇女都承担着生活和牲畜用水，以及为家庭菜园灌溉的责任，这些活动大大提高了农村家庭膳食结构的多样性和营养价值(FAO 1999a)。如果不能明确处理这些需求，就会以牺牲家庭需求为代价而将更多的灌溉水分配给大田作物，特别是当家庭需求量虽小但价值很高的情况下(Meinzen-Dick and van der Hoek 2001)。

脱贫和公平性的一个被激烈争论、但又进展甚微的方面就是妇女获取水权和用水以及由此产生的收益。

管理灌溉对人类健康和自然环境的影响

灌溉的健康和环境影响密切相关。对于健康来讲，灌溉开发产生的负面影响可以通过设计更好的新系统并改善现有系统的运行来得到缓解，其中对灌溉水的多用途利用是特别有效的办法。对环境来讲，灌溉的影响可以是积极的，但是更多的情况下常常是消极的影响 (Goldsmith and Hildyard 1992; Dougherty and Hall 1995; Petermann 1996)。在灌溉系统的设计或重新设计期间，更好地识别和认识灌溉产生的外部问题会有助于增进系统的正面影响并同时降低负面效应(Bolton 1992)。

灌溉对健康的影响

灌溉潜在的负面健康效应就是会提高通过媒介传播的疾病的发病率，如疟疾、血吸虫病等，因为灌溉系统扩大了那些疾病传播生物体栖息地的范围。虽然灌溉系统可能会造成某一地区传播疟疾的蚊子数量显著增加，但这并不意味着疟疾发病数量一定会上升，尤其是在灌溉系统的建立会提高当地居民收入、居民会得到更好的医疗卫生条件、住房改善、更广泛的使用蚊帐的情况下。但那些没能从灌溉开发中受益的易感人群会面临更大的疟疾风险，在某些情况下，灌

框 9.3　性别和灌溉——需要关注的问题

一些具体问题可以帮助灌溉服务更好地为妇女群体服务：

- 妇女拥有被承认的获取土地和水资源的权利吗？
- 在正式的用水户协会中有妇女代表吗？
- 妇女的需要是如何表达并沟通的？
- 妇女在夜间进行灌溉是安全的吗？
- 灌溉日程是否能适应妇女对灵活性的需要？
- 如何改善灌溉系统的结构以利于妇女更方便地操作？
- 灌溉田块离住处近吗？
- 妇女能和男性一样获得贷款和投入吗？
- 需要单独的财政机制吗？
- 被选定的作物体系能满足家庭的营养需求吗？
- 认识到并适当促进农户家庭菜园的重要性了吗？

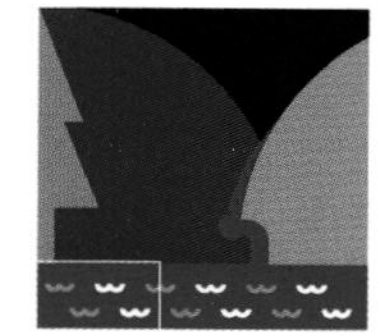

溉系统的引入确实延长了疟疾传播的时间段。

提升灌溉系统会改善健康状况。诸如干湿交替灌溉和节水灌溉这样的水管理策略会减少血吸虫病的中间寄主蜗牛的栖息地和疾病媒介的昆虫的繁殖。对灌溉基础设施进行现代化改造以最大程度减少静止水面的面积就可以达到这种效果。而一些制度上的改革,如建立用水户协会或改进推广服务体系,都有助于促进水的多种用途,并加强农业部门和健康部门之间的联系(Bakker and others 1999)。

非洲的灌溉开发常常和血吸虫病的传播和人类感染的加剧相联系(McCartney and others 2005)。目前有医学上的和工程上的手段来解决这个问题。灌溉水管理和杂草控制(包括对排水、渠道以及夜间蓄水水坝的维护)可以减少血吸虫病的危害,无论在大型还是小型灌溉系统中都是这样。

灌溉水是生活供水的一种重要的潜在来源,但是要想满足两方面的需求就会带来管理上的问题。获取那些临近居民区的灌溉水会带来显著的健康上的好处,尤其是减少了和水的卫生条件相关的腹泻、皮肤病和眼病的发生(van der Hoek, Feenstra, and Konradsen 2002)。在人们完全依赖灌渠中的水满足大部分的生活用水需求的情况下,节水策略和更多地使用劣质水会对健康造成极大的负面影响。地下水位过高也会严重限制实施安全的卫生标准,因此滞水地区的排水将会发挥积极作用。

> **农药的使用是全球范围的集约化农业对健康造成的最大潜在威胁。而作物害虫和养分综合管理措施会显著减少灌溉系统中农药所带来的负面影响。**

农药的使用是全球范围的集约化农业对健康造成的最大潜在威胁。禁止毒性最强的农药的使用是防止中毒事件发生的最优先选择 (Eddleston and others 2002)。发展中国家实施的不适当的农药管理政策进一步阻碍了它们向经合组织国家出口产品,由于其产品中农药残留量过高。而作物害虫和养分综合管理措施会显著减少灌溉系统中农药所带来的负面影响。

灌溉对自然环境的影响

和灌溉农业有关的政策和措施仍将是陆地生态系统和水生生态系统变化的主要驱动力,会在全球范围内造成广泛的负面影响。而这些影响,从局部的和温和的,到长距离的和严重的,都会造成生态系统服务功能和应激能力的下降而对人类的福祉产生负面效应(MEA 2005a,b)。

灌溉造成的负面环境效应有很多是由于从天然水生生态系统中取水、蓄水和调水引起的,这些做法造成了这些生态系统水文循环的时间和空间模式发生变化(Rosenberg, McCully, and Pringle 2000; 并见第6章有关生态系统的论述)。河流在很多情况下和它们所相连的洪积平原、下游的三角洲和湿地失去空间上的联系,造成湿地完全的和不可逆转的消失(MEA 2005b)。调水和蓄水等基础设施的路线和系统也会造成入侵物种的进入并在水管理系统和湿地中大量繁殖,如水生杂草。

所有地区的湿地水质都有所退化,尤其是在那些灌溉密集程度很高的地方(MEA 2005b)。主要来自于灌溉和雨养农业区的肥料(氮肥和磷肥)的养分负荷是造成生态系统变化的主要驱动力之一，引发了富营养化、缺氧和藻类爆发等问题。尽管在灌溉农业已经淘汰了很多滞留时间长的农药，并由那些环境影响较小的农药所替代，农药施用的总量还在不断增加。而这种情况在发展中国家却不一定如此。

灌溉在多大程度上会引发渍水和盐渍化还不是特别清楚，但是估计占全球范围灌溉面积的10%。在干旱地区的大型河流流域，情况则更加严重，因为排水中盐分的累积会造成耕地和河流的盐渍化(Smedema and Shiati 2002)。盐渍化会造成自然植被的丧失、作物产量的降低，并使饮用水不适合人畜饮用。如果盐渍化的问题不那么明显，从系统上考虑排水的问题一般会被忽略，因为排水工程意味着额外的资本投入。如果先前就有建设好的排水系统，那么盐分累积的风险就会大大降低，并且在溪流、河道中处理的盐分的负荷也会小很多。通过种植耐盐品种而使农作系统适应盐分积累的做法只会给农民以暂时的喘息，从长远看，仍然会增加对环境的负面影响。

灌溉也会创造或促进湿地生态系统，产生支撑生物多样性和生态系统服务功能的栖息地。

灌溉也会创造或促进湿地生态系统，产生支撑生物多样性和生态系统服务功能的栖息地，那些基于灌溉的农业生态系统已经出现了几个世纪并且发挥着湿地功能的地区尤其是如此 (Wiseman, Taylor, and Zingstra 2003; Fernando, Goltenboth, and Margraf 2005; 照片9.4)。还有一派思想认为水管理和灌溉系统对生物多样性的积极影响有它们自身存在的意义，就如同亚洲的稻田中栖息的水鸟一样(Galbraith, Amerasinghe, and Huber-Lee 2005)。但是在有些情况下，灌溉系统的生物多样性所具有的生态和社会经济价值要低于它所取代的自然生态系统在这方面所具有的价值(见第6章有关生态系统的论述)。

摄影:R. Raidutti/FAO

照片 9.4 印度尼西亚的水稻梯田。

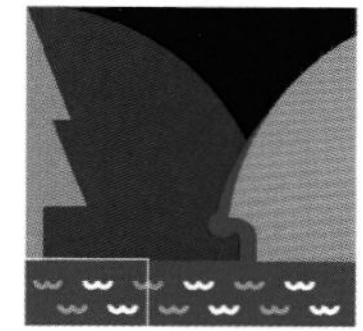

灌溉的另一个积极影响就是具有较高的农业生产力，并由此使灌溉遏制了雨养农业区占用森林和边缘土地的扩展(Carruthers 1996)。

那些具有大量灌溉系统的发展中国家一般较少注意到对环境流量的保护，但是这种情况也在迅速发生着变化，因为有越来越多的国家将保证环境流量的原则写入到政策和立法(如南非的国家水资源法案和东南亚的湄公河协议)，这些国家对流域内的环境流量需要进行评估(Tharme 2003)。目前还有空间和专业技能对主要河流进行水资源的重新配置，以恢复下游生态系统，包括恢复那些生产力较高的河流冲积平原。水管理技术会在如何运行基础设施方面创造相当程度的灵活性，从而为恢复失去的生态功能和过程创造了可能性。特别指出的是，改变大坝的运行规则可以在改善环境功能的同时实现供水、发电和防洪等多项功能。

那些试图想从农业转让出更多的水以满足其他部门需求的水资源保育策略实施的空间十分有限。

灌溉系统可以越来越多地运用生态农业的策略来预防或改善栖息地破碎化的问题。例如，可以通过建立天然或半天然植被的生态走廊的做法为生物多样性的保育创造更好的生物种群之间的联系性(Molden and others 2004)。灌溉系统要在理解其作用和重要性的基础上包容对水资源的多种利用，其中包括环境流量。

改造灌溉系统以适应部门间的竞争

随着对水资源获取的政治和经济纠纷不断增加，农业常常被认为是价值较低的剩余用户。经验表明，农业节水并不能促使水资源从农业转移到其他部门。这种转移会以多种方式发生，包括水和土地的购买、当城市向郊区的灌溉土地扩展时想当然地占有、竞争性的开发、为“省水”而进行的节水投资。这套特别的机制将导致一系列的、逐渐被制度化的规则和做法。在竞争日益激烈的情况下，无论对现有的还是未来潜在的用水户来说风险都很高，因此政府需要承担相应的责任以使这些过程角逐的赛场更加公平。

那些试图想从农业转让出更多的水以满足其他部门需求的水资源保育策略实施的空间十分有限。单纯重视水资源保育战略肯定不足以在维持农业生产的同时还为环境、城市和其他用途释放更多的水量。相反，那些能够在更广泛的农业现代化图景下，为农民提供更多的提高生产力机会和方式的策略却更有可能取得成功(Kijne, Molden, and Barker 2003)。

灌溉中的节水和水分利用率

水分利用率(作物的有效耗水和从灌溉水源取水量之比)是一个存在很大争议和许多误读的概念。这个概念最初是为了设计灌溉系统中蓄水和输水的物理结构而产生的(Israelsen 1932)。后来，这个概念又被用作度量灌溉无效率和浪费的指标：因为在典型的灌溉系统中只有30%~50%从水源抽取的水量实际上被作物以蒸腾的形式消耗掉。很多人由此得出结论：通过提高灌溉的用水率可

以显著增加水量。

但是，大部分旨在提高用水率的投资（尤其是渠道的衬砌）所取得的节水效果都很小，尤其在水质退化的情况下。大型的地面灌溉系统通过灌渠和排水沟渠流通大量的水资源。这些水流的大部分都被下游河道重新截获，因此上游农田的节水技术在更大的范围内（如灌溉系统和流域）只会起到很小的节水效果（Seckler, Molden, and Sakthivadivel 2003）。在那些水量被完全配置的流域灌溉效率却尤其低的流域（如中国黄河），这种情况尤为明显，只有很少的水量最终入海（见第16章有关河流流域的论述）。

埃及尼罗河流域的水分传输和田间利用率也很低，从尼罗河中抽取的水量中大约75%~87%的水最终会被灌溉作物以蒸散方式消耗（图9.7；Abu Zeid and Seckler 1992; Molden, el Kady, and Zhu 1998）。在某些情况下，减少灌溉农田的渗漏水量还会降低地下水位，从而减少了作物从地下水获取的有效水量，而增加了下游用户抽取地下水的成本。所以在制定灌溉农业的节水计划时，对区域水文循环过程的充分了解是十分重要的，以避免那种简单地把水从灌溉系统的

图 9.7　1993–1994 年埃及尼罗河流域水平衡（km^3/y）

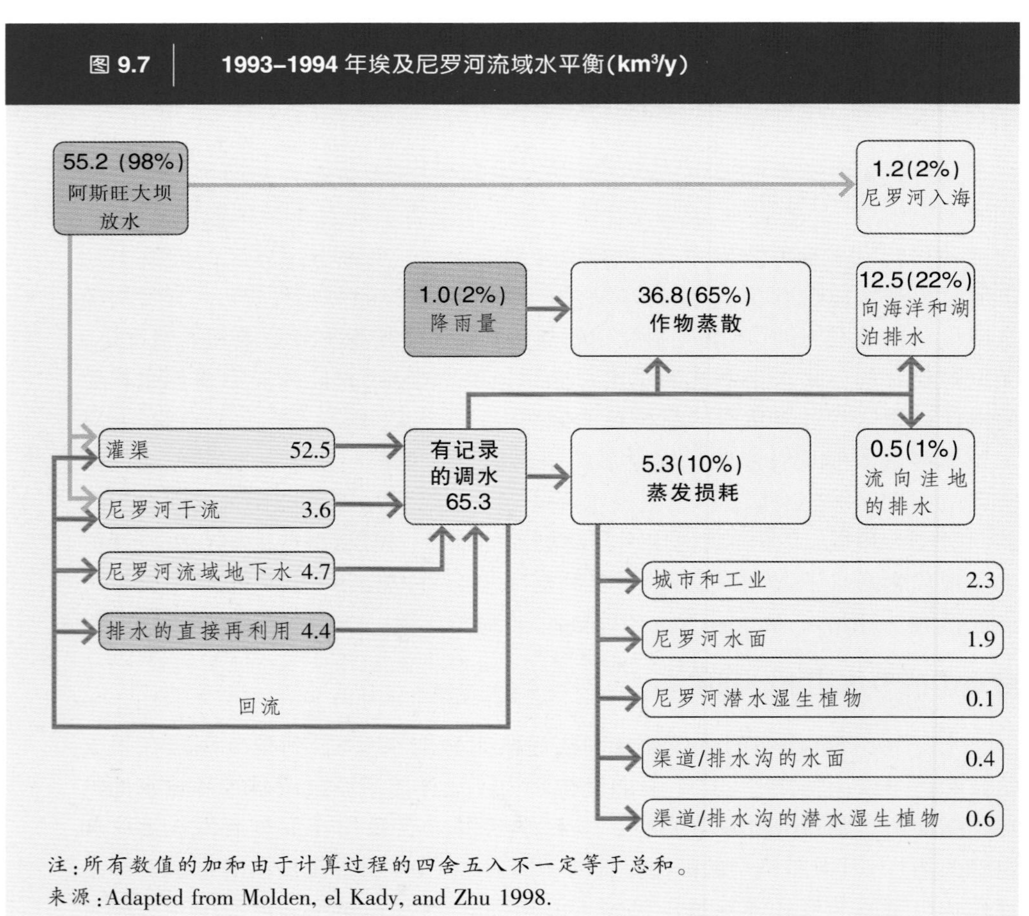

注：所有数值的加和由于计算过程的四舍五入不一定等于总和。

来源：Adapted from Molden, el Kady, and Zhu 1998.

某一处调到另外一处虽简单但代价很高的做法。

不过,水分利用率的概念本身就是一个针对特定位点、特定尺度和特定目标的概念(Lankford 2006)。从灌溉设计的角度看,这个概念在对当地现有系统的运行和评估(Bos, Burton, and Molden 2005)、灌溉系统内对水资源的公平获取、节能、对渍水和盐渍化的控制(见第7章有关水分生产力的论述)这些方面能够发挥有效作用。

> 在那些存在水权且水权和土地权分离的国家,从理论上讲,市场化会导致水资源在不同部门间的有效配置。但在实践中,迄今为止水权的交易仅仅重新配置了很少量的水资源。

灌溉需求管理的工具

很多经济学家认为灌溉水价过低对灌溉水的高效利用是一个不利因素,改善水资源的定价政策会达到节水并提高生产力的目标。但是目前几乎没有任何例证能够证实,水价机制能够带来灌溉效率的提高(见第5章有关政策和制度的论述)。

这主要有两个原因。首先,水的定价必须建立在可计量的输水量基础之上。而绝大多数的灌溉系统都不能实现对输水量的计量,无法实现基于输水多少的定价。目前已达成广泛共识的是:基于输水体积的定价政策只适用于技术上和管理上都十分先进的灌溉系统中的很少一部分农户。第二个原因是目前大多数灌溉系统征收的水费极少能达到限制需求的水平 (Perry Rock, and Seckler 1997)。在这些灌溉系统中,水价若涨到能够明显影响需求的程度,其带来的政治后果将会是十分严重的。

在那些存在水权且水权和土地权分离的国家,从理论上讲,市场化会自行调节水资源在不同部门间的有效配置。但在实践中,迄今为止水权的交易仅仅重新配置了很少量的水资源(在澳大利亚和美国西部都少于永久拥有权的1%)(Turral and others 2005)。未来的20~30年间,大多数的亚洲和非洲撒哈拉以南国家的水资源市场都不大可能影响灌溉水的利用和配置,因为它们在水权开发、配置框架的建立方面严重滞后,并且也不能摆脱市场建立初期的边缘化性质。规范化水权所面临的一个主要挑战就是,如何将传统的(通常是小规模的)水权体系包括进来,并且要避免对那些已经建立起水权的小规模用户权利的剥夺(Bruns and Meinzen-Dick 2000; Bruns, Ringler, and Meinzen-Dick 2005)。水市场也需要采用更完善的水资源评价方法,这个方法要涵盖农业水管理的成本和效益,同时也包括环境服务功能的成本。

在过渡阶段,需要建立有关水资源配置的协商和参与机制。协商在水资源配置中是一个关键的过程(和数据的收集和分析、宣传和谈判一样重要),这样才能找到最优化分享收益的方案。未来20年所面临的挑战之一即是为实现上述目标而必须找到一种成本有效的制度安排,并建立由辅助性的法律、条约和条例所构成的能有效运作的框架。由于水资源配置的过程本质上是政治性的,因此有效的代表制度至关重要。未来几十年的主要挑战是为那些目前没充分代表的利益相关方建立一种更强大有效的代表机制,这些群体包括小规模农户、妇女和自然环境(Ostrom, Schroeder, and Wynne 1993; Blomquist 1992)。

面对日益激烈的用水竞争，政府将必须采取前瞻性的管理措施，比如说，建立有效的水权制度、制订有针对性的节水政策、适当限制土地利用以帮助水权能够公平地从灌溉转移到其他部门。在环境需水的情况下，使公众对环境用水重要性达到一定程度的理解对任何水资源的重新配置都是十分重要的。这种理解的程度和未能满足的环境流量的需要的大小会随着国家的不同而差异很大。今后对环境用水的重新配置及其对农业的影响将会比城市和工业对农业的累计影响要大，目前澳大利亚和美国等高收入国家已经出现了这种情况，因为环境用水基本上是消耗性的。

今后对环境用水的重新配置及其对农业的影响将会比城市和工业对农业的累计影响要大。

附录：灌溉系统的类型

下面列举的灌溉系统类型是基于管理方式来分类的：

- *干旱地区种植主要作物的典型公共灌溉系统*。它们主要包括中国华北地区大部分的大型公共灌溉系统、印度河–恒河平原、中亚、苏丹、中东、尼泊尔的特莱地区及墨西哥的干旱区域。这些系统大部分是由公共管理机构负责运行的，在过去的10~15年是灌溉管理转移计划实施的重点对象。在这些灌区内，输水服务体系在渠首和渠尾之间一般是不够灵活且不公平分配的。农民为了应对不善的服务，他们只能通过偷水、从排水渠中抽水、对浅层地下水和地表灌渠水的联合运用等手段来提高供水的稳定性。这些灌溉系统的建设目的都是基于充分或部分灌溉以实现为大量人口稳定供给粮食的目的，因此最初的设计和建造都没有考虑用户支付运行费用的问题。但是如今，这些系统却面临着经济和财务上生存性的挑战，同时面临着技术和管理上升级以适应农民的新需求。
- *湿润地区的大型公共稻田灌溉系统*。这些灌溉系统都是渐进式开发并用于水稻生产的，所以绝大多数项目都经历了累进式开发的过程，累进式提高水控制能力以及作物密度。这类系统的代表有东南亚的梯田，印度东部和南部以及斯里兰卡的三角洲和水窖系统。尽管它们都面临着与干旱地区的系统相似的生存和升级的挑战，但是它们也有由于处于高降雨环境和水稻耕作体系中的特征与特色。
- *中小型的由社区建设或管理的系统*。世界上很多国家和地区都广泛分布着这类系统，如阿富汗、印度尼西亚、尼泊尔、菲律宾、安第斯山脉、阿特拉斯山脉、次撒哈拉非洲和一般的高地区域。尽管这一类系统涵盖了很多种情况，它们共同的特点就是：系统较小、私人或社区投资和管理。公共部门在其中的参与主要是对系统的恢复、加固和改造。这些系统构成了它们所在社区的经济的基础，并且涵盖了多种类型的作物生产体系。
- *商业化的私人管理的系统，主要为当地和出口市场生产农产品*。从全世界来看，这类系统在灌溉面积中所占份额不大，但是它们对当地具有重要的意义。这类系统分布于很多国家，像拉丁美洲（阿根廷、巴西、智利、墨西

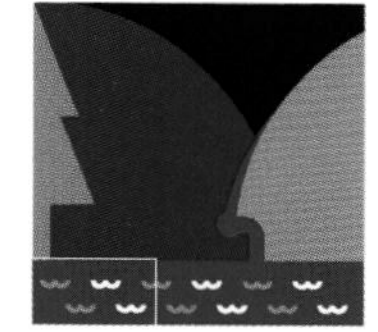

哥北部)、摩洛哥、土耳其及部分工业化国家。它们都是由种植者管理,雇用拿薪水的雇员,通常采用高技术,对地方和国际市场的反应敏感。糖类生产是商业化灌溉的一个特殊案例，因为灌溉和种植管理常常是结合成一体的。

- 农田范围的由个人管理的系统,主要为当地市场生产农产品,常常位于城市周边。这些系统主要建设于城市的周边以充分利用当地的市场生产水果和蔬菜这样的高附加值农产品。它们处于高度变动和不稳定的状态,随着城市扩展面临着土地使用权的问题，同时有着投资的短期回报高的特点。它们依赖地下水和污水进行灌溉,所以无论消费者还是生产者都会面临巨大的健康和环境风险。

评审人

审稿编辑:Linden Vincent.

评审人:Charles Abernethy, Ger Bergkamp, Belgin Cakmak, Evan Chri- sten, Bert Clemmens, Biksham Gujja, Hammond Murray-Rust, Ursula Oswald Spring, Shaheen Khan Qabooliya, Jorge Ramirez Vallerjo, Ranjith Ratnayake, Juan Sagardoy, R. Sakthivadivel, Jose Trava, Pranita Udas, and Xiaoliu Yang.

参考文献

Abu Zeid, M., and D. Seckler, eds. 1992. "Roundtable on Egyptian Water Policy." Conference Proceedings. Ministry of Public Works and Water Resources, Water Research Centre, Cairo, and Winrock International, Arlington, Va.

Aerts, J., and P. Droogers, eds. 2004. *Climate Change in Contrasting River Basins: Adaptation Strategies for Water, Food and Environment.* Oxfordshire, UK and Cambridge, Mass.: CABI Publishing.

Albinson, B., and C.J. Perry. 2002. "Fundamentals of Smallholder Irrigation: The Structured System Concept." Research Report 58. International Water Management Institute, Columbo.

Ankum, P. 1996. "Selection of Operation Methods in Canal Irrigation Delivery Systems." In *Irrigation Scheduling: From Theory to Practice.* Water Reports 8. Proceedings of the International Commission on Irrigation and Drainage and Food and Agriculture Organization Workshop on Irrigation Scheduling, 12–13 September, Rome.

Bakker, M., R. Barker, R.S. Meinzen-Dick, and F. Konransen, eds. 1999. *Multiple Uses of Water in Irrigated Areas: A Case Study from Sri Lanka.* SWIM Report 8. Colombo: International Water Management Institute.

Barker, R., and F. Molle. 2004. *Evolution of Irrigation in South and Southeast Asia.* Comprehensive Assessment Research Report 5. Colombo: International Water Management Institute.

Barker, R., C. Ringler, N.M. Tien, and M.W. Rosegrant. 2004. *Macro Policies and Investment Priorities for Irrigated Agriculture in Viet Nam.* Comprehensive Assessment Research Report 6. Colombo: International Water Management Institute.

Barnett, T.P., J.C. Adams, and D.P. Lettenmaier. 2005. "Potential Impacts of a Warming Climate on Water Availability in Snow-Dominated Regions." *Nature* 438 (7066): 303–09.

Berkoff, J. 2003. "Prospects for Irrigated Agriculture: Has the International Consensus Got It Right?" Alternative Water Forum, May 1–2, Bradford, UK.

Bhattarai, M., and A. Narayanamoorthy. 2003. "Impact of Irrigation on Rural Poverty in India: An Aggregate Panel-Data Analysis." *Water Policy* 5 (5–6): 443–58.

Bhattarai M., R. Barker, and A. Narayanamoorthy. Forthcoming. "Who Benefits from Irrigation Development in India? Implication of Irrigation Multipliers for Irrigation Financing." *Irrigation and Drainage.*

Blomquist, W. 1992. *Dividing the Waters: Governing Groundwater in Southern California.* San Francisco, Calif.: ICS Press.

Boelee, E., and H. Laamrani. 2004. "Environmental Control of Schistosomiasis through Community Participation in a Moroccan Oasis." *Tropical Medicine and International Health* 9 (9): 997–1004.

Boelens, R., and M. Zwarteveen. 2002. "Gender Dimensions of Water Control in Andean Irrigation." In R. Boelens and P.

Hoogendam, eds., *Water Rights and Empowerment.* Assen, Netherlands: Van Gorcum.
Bolton, P. 1992. "Environmental and Health Aspects of Irrigation." OD/P 116. Hydraulics Research, Wallingford, UK.
Bos, M.G, M.A. Burton, and D.J. Molden. 2005. *Irrigation and Drainage Performance Assessment: Practical Guidelines.* Wallingford, UK: CABI Publishing.
Brabben, T., C. Angood, J. Skutch, and L. Smith. 2004. *Irrigation can Sustain Rural Livelihoods: Evidence from Bangladesh and Nepal.* Wallingford, UK: HR Wallingford.
Brohan, P., J. Kennedy, I. Harris, S.F.B. Tett, and P.D. Jones. Forthcoming. "Uncertainty Estimates in Regional and Global Observed Temperature Changes: A New Dataset from 1850." *Journal of Geophysical Research.*
Bruins, B., and A. Heijmans. 1993. "Gender Biases in Irrigation Projects: Gender Considerations in the Rehabilitation of Bauraha Irrigation System in the District of Dang." SNV Nepal, Kathmandu.
Bruns, B.R., and R. Meinzen-Dick, eds. 2000. *Negotiating Water Rights.* London: Intermediate Technology Press.
Bruns, B.R., C. Ringler, and R.S. Meinzen-Dick, eds. 2005. *Water Rights Reform: Lessons for Institutional Design.* Washington, D.C.: International Food Policy Research Institute.
Buechler, S. 2004. "Women at the Helm of Irrigated Agriculture in Mexico: The Other Side of Male Migration." In V. Bennett, S. Dávila-Poblete, and M. Nieves Rico, eds., *Swimming Against the Current: Gender and Water in Latin America.* Pittsburgh, Pa.: Pittsburgh University Press.
Carruthers, I. 1996. "Economics of Irrigation." In L. Pereira, R. Feddes, J. Gilley, and B. Lesaffre, eds., *Sustainability of Irrigated Agriculture.* Dordrecht, Netherlands: Kluwer Academic.
Carruthers, I., M.W. Rosegrant, and D. Seckler. 1997. "Irrigation and Food Security in the 21st Century." *Irrigation and Drainage Systems* 11: 83–101.
Chambers, R. 1988. *Managing Canal Irrigation: Practical Analysis from South Asia.* New York: Cambridge University Press.
de Fraiture, C. 2005. *Assessment of Potential of Food Supply and Demand Using the Watersim Model.* Columbo: International Water Management Institute.
Dhawan, B.D. 1988. *Irrigation in India's Agricultural Development: Productivity, Stability, Equity.* New Delhi: Sage Publications.
Diao, X., and A. Nin Pratt with M. Gautam, J. Keough, J. Chamberlin, L. You, D. Puetz, D. Resnick, and B. Yu. 2005 "Growth Options and Poverty Reduction in Ethiopia: A Spatial, Economywide Model Analysis for 2004–15." DSGD Discussion Paper 20. International Food Policy Research Institute, Washington, D.C.
Dougherty, T.C., and A.W. Hall. 1995. "Environmental Impact Assessment of Irrigation and Drainage Projects." Irrigation and Drainage Paper 53. Food and Agriculture Organization, Rome.
Eddleston, M., L. Karalliedde, N. Buckley, R. Fernando, G. Hutchinson, G. Isbister, F. Konradsen, D. Murray, J.C. Piola, N. Senanayake, R. Sheriff, S. Singh, S.B. Siwach, and L. Smit. 2002. "Pesticide Poisoning in the Developing World: A Minimum Pesticides List." *Lancet* 12 (360): 1163–67.
FAO (Food and Agriculture Organization). 1997. "Modernization of Irrigation Schemes: Past Experiences and Future Options." FAO Technical Paper 12. Rome.
———. 1999a. "Modern Water Control and Management Practices in Irrigation: Impact on Performance." FAO Water Report 19. International Program for Technology and Research in Irrigation and Drainage, Rome.
———. 1999b. "Transfer of Irrigation Management Services. Guidelines." FAO Irrigation and Drainage Paper 58. Rome.
———. 2000. *Irrigation in Latin America and the Caribbean in Figures.* Rome.
———. 2003. *World Agriculture towards 2015/2030: An FAO Perspective.* Rome and London: Food and Agriculture Organization and Earthscan Publishers.
———. 2004a. *Compendium of Food and Agriculture Indicators.* Rome.
———. 2004b. *Water Charging in Irrigated Agriculture: An Analysis of International Experience.* FAO Water Report 28. Rome.
———. 2005. *Irrigation in Africa in Figures. Aquastat Survey—2005.* FAO Water Report 29. Rome.
———. 2006a. FAOSTAT database. [http://faostat.fao.org/].
———. 2006b. "Demand for Products of Irrigated Agriculture in Sub-Saharan Africa." FAO Water Report 31. Rome.
———. Forthcoming. "Irrigation Management Transfer: Worldwide Efforts and Results." Rome.
Fernando, C.H., F. Göltenboth, and J. Margraf, eds. 2005. *Aquatic Ecology of Rice Fields: A Global Perspective.* Ontario, Canada: Volumes Publishing.
Galbraith, H., P. Amerasinghe, and A. Huber-Lee. 2005. *The Effects of Agricultural Irrigation on Wetland Ecosystems in Developing Countries: A Literature Review.* CA Discussion Paper 1. Comprehensive Assessment Secretariat, Colombo.
Gerrards, J. 1994. "Irrigation Service Fees (ISF) in Indonesia: Towards Irrigation Co-Management with Water Users Associations through Contributions, Voice, Accountability, Discipline, and Plain Hard Work." Proceedings of the International Conference on Irrigation Management Transfer, 20–24 September, Wuhan, China. International Irrigation Management Institute, Colombo.
Goldsmith, E., and N. Hildyard. 1992. *The Social and Environmental Effects of Large Dams. Volume III: A Review of the Literature.* Bodmin, UK: Wadebridge Ecological Centre.
Gommes, René. 1993. "Current Climate and Population Constraint on Agriculture." In H. Kaiser and T.E. Drennen, eds., *Agricultural Dimension of Global Climatic Change.* Delray Beach, Fla.: St. Lucie Press.

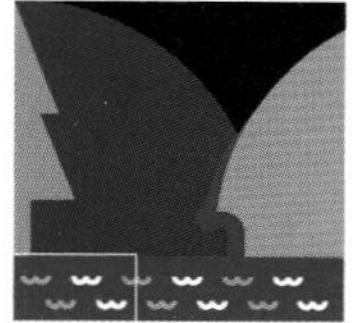

Grey, D., and C. Sadoff. 2005. "Water Resources, Growth and Development." A Working Paper for discussion at the UN Commission on Sustainable Development, Panel of Finance Ministers. World Bank, Washington, D.C.

GWP (Global Water Partnership). 2000. "Integrated Water Resources Management." TAC Background Paper 4. Technical Advisory Committee, Stockholm.

Heierli, U., and P. Polak. 2000. "Poverty Alleviation as Business: The Market Creation Approach to Development." Swiss Agency for Development and Cooperation, Bern.

Horst, L. 1998. *The Dilemmas of Water Division, Considerations and Criteria for Irrigation System Design.* Colombo: International Water Management Institute.

Huang, Qiuqiong, S. Rozelle, B. Lohmar, Jikun Huang, and Jinxia Wang. 2006. "Irrigation, Agricultural Performance and Poverty Reduction in China." *Food Policy* 31 (1): 30–52.

Hung, Tun Yueh, and C. Shih. 1994. "Development and Outlook for Irrigation Water Management in Taiwan." Proceedings of the International Conference on Irrigation Management Transfer, 20–24 September, Wuhan, China. International Irrigation Management Institute, Colombo.

Huppert, Walter, Mark Svendsen, and Douglas L. Vermillion with Birgitta Wolff, Martin Burton, Paul van Hofwegen, Ruth Meinzen-Dick, Waltina Scheumann, and Klaus Urban. 2001. *Governing Maintenance Provision in Irrigation: A Guide to Institutionally Viable Maintenance Strategies.* Eschborn, Germany: GTZ.

Hussain, I. 2005. *Pro-poor Intervention Strategies in Irrigated Agriculture in Asia. Poverty in Irrigated Agriculture: Issues, Lessons, Options and Guidelines.* Asian Development Bank and International Water Management Institute, Colombo.

ICID (International Commission on Irrigation and Drainage). 2004. "Irrigation and Drainage Services: Some Principles and Issues towards Sustainability." ICID Position Paper. New Delhi.

IFAD (International Fund for Agricultural Development). 2001. *Rural Poverty Report 2001: The Challenge of Ending Rural Poverty.* New York: Oxford University Press.

IFAD (International Fund for Agricultural Development) and IWMI (International Water Management Institute). Forthcoming. "Study on Agricultural Water Development and Poverty Reduction in Eastern and Southern Africa." Rome and Colombo.

Inocencio, A., D. Merrey, M. Tonasaki, A. Maruyama, I. de Jong, and M. Kikuchi. Forthcoming. "Costs and Performance of Irrigation Projects: A Comparison of Sub-Saharan Africa and Other Developing Countries." IWMI Research Report. International Water Management Institute, Colombo.

IPCC (Intergovernmental Panel on Climate Change). 2001. *Climate Change 2001: The Scientific Basis.* Contribution of Working Group I to the Third Assessment Report of the Intergovernmental Panel on Climate Change. New York: Cambridge University Press.
[HYPERLINK "http://www.grida.no/climate/ipcc_tar/wg1/index.htm"
www.grida.no/climate/ipcc_tar/wg1/index.htm].

IPTRID (International Program for Technology and Research in Irrigation and Drainage). 1999. *Poverty Reduction and Irrigated Agriculture.* Issues Paper 1. Rome.

Israelsen, O.W. 1932. *Irrigation Principles and Practices,* 1st ed. New York: John Wiley and Sons.

IWMI (International Water Management Institute). 2000. *World Water Supply and Demand.* Colombo.

Johnson, S., III, M. Svendsen, and F. Gonzalez. 2004. *Institutional Reform Options in the Irrigation Sector.* Agriculture and Rural Development Discussion Paper 5. World Bank, Washington, D.C.

Jones, W.I. 1995. *The World Bank and Irrigation.* Operations Evaluation Study. World Bank, Washington, D.C.

Keller, J., and A.A. Keller. 2003. "Affordable Drip Irrigation Systems for Small Farms in Developing Countries." Proceedings of the Irrigation Association Annual Meeting, 18–20 November, San Diego, Calif.

Kendy, Eloise, D.J. Molden, T.S. Steenhuis, and C.M. Liu. 2003. *Policies Drain the North China Plain: Agricultural Policy and Groundwater Depletion in Luancheng County, 1949–2000.* Research Report 71. International Water Management Institute, Colombo.

Kijne, J.W., D. Molden, and R. Barker, eds. 2003. *Water Productivity in Agriculture: Limits and Opportunities for Improvement.* Comprehensive Assessment of Water Management in Agriculture Series, No. 1. Wallingford, UK: CABI Publishing.

Kikuchi, M., R. Barker, P. Weligamage, and M. Samad. 2002. *Irrigation Sector in Sri Lanka: Recent Investment Trends and the Development Path Ahead.* Research Report 62. International Water Management Institute, Colombo.

Lankford, B. 2006. "Localising Irrigation Efficiency." *Irrigation and Drainage* 55: 1–18.

Lipton, M., J. Litchfield, and Jean-Marc Faurès. 2003. "The Effects of Irrigation on Poverty: A Framework for Analysis." *Water Policy* 5 (5): 413–27.

Lipton, M., Julie Litchfield, Rachel Blackman, Darshini De Zoysa, Lubina Qureshy, and Hugh Waddington. 2003. *Preliminary Review of the Impact of Irrigation on Poverty.* AGL/MISC/34/2003. Rome: Food and Agriculture Organization.

Loeve, R., L. Hong, B. Dong, G. Mao, C.D. Chen, D. Dawe, and R. Barker. 2004. "Long Term Trends in Intersectoral Water Allocation and Crop Water Productivity in Zhanghe and Kaifeng, China." *Paddy and Water Environment* 2 (4): 237–45.

Malano, H., and P.V. Hofwegen. 1999. *Management of Irrigation and Drainage Systems: A Service Approach.* IHE Monograph 3. Rotterdam: A.A. Balkema.

Malano, H.M., B.A. George and B. Davidson, eds. 2004. "A Framework for Improving the Management of Irrigations Schemes in Vietnam." Australian Centre for International Agricultural Research, Canberra.

McCartney, M., Boelee, E., Cofie, O., F. Amerasinghe, and C. Mutero. 2005. "Agricultural Water Development in Sub-Saharan Africa: Planning and Management to Improve the Benefits and Reduce the Environmental and Health Costs." Final Report (Health). Investments in Agricultural Water Management in Sub-Saharan Africa: Diagnosis of Trends and Opportunities Project. International Water Management Institute, Colombo.

MEA (Millennium Ecosystem Assessment). 2005a. *Ecosystems and Human Well-being: Biodiversity Synthesis.* Washington D.C. : World Resources Institute,

———. 2005b. *Ecosystem and Human Well-being: Wetlands and Water Synthesis.* Washington D.C.: World Resources Institute.

Meinzen-Dick, Ruth, and Wim van der Hoek. 2001. "Multiple Uses of Water in Irrigated Areas." *Irrigation and Drainage Systems* 15 (2): 93–98.

Meinzen-Dick, R., and Margreet Zwarteveen. 1998. "Gendered Participation in Water Management: Issues and Illustrations from Water Users' Associations in South Asia." *Agriculture and Human Values* 15 (4): 337–45.

Mellor, John W. 1999. "Faster More Equitable Growth—The Relation Between Growth in Agriculture and Poverty Reduction." Paper prepared for United States Agency for International Development, Bureau for Global Programs, Center for Economic Growth and Agricultural Development, Division of Agriculture and Food Security. Abt Associates Inc., Cambridge, Mass.

———. 2002. "Irrigation, Agriculture and Poverty Reduction: General Relationships and Specific Needs." In I. Hussain and E. Biltonen, eds., *Managing Water for the Poor: Proceedings of the Regional Workshop on Pro-Poor Intervention Strategies in Irrigated Agriculture in Asia, Bangladesh, China, India, Indonesia, Pakistan and Vietnam.* Colombo: International Water Management Institute.

Merrey, D.J. 1997. *Expanding the Frontiers of Irrigation Management Research: Results of Research and Development at the International Irrigation Management Institute 1984–1995.* Colombo: International Water Management Institute.

Molden, D.J., M. el Kady, and Z. Zhu. 1998. "Use and Productivity of Egypt's Nile Water." In J.I. Burns and S.S. Anderson, eds., *Contemporary Challenges for Irrigation and Drainage: Proceedings from the USCID 14th Technical Conference on Irrigation, Drainage and Flood Control, Phoenix, Arizona, June 3-6, 1998.* Denver, Colo.: U.S. Committee on Irrigation and Drainage.

Molden, D., R. Tharme, I. Abdullaev, and R. Puskur. 2004. "Water, Food, Livelihoods and Environment: Maintaining Biodiversity in Irrigated Landscapes." Proceedings of the International Ecoagriculture Conference, 27 September–1 October, Nairobi.

Molle, F., and J. Berkoff. 2006. "Cities versus Agriculture: Revisiting Intersectoral Water Transfers, Potential Gains, and Conflicts." Comprehensive Assessment of Water Management in Agriculture Research Report 10. International Water Management Institute, Colombo.

Molle, F., and J. Berkoff., eds. Forthcoming. *Irrigation Water Pricing Policy in Context: Exploring the Gap between Theory and Practice.* Colombo: CABI Publishing and International Water Management Institute.

Mollinga, P. 1998. "On the Waterfront; Water Distribution, Technology and Agrarian Change in a South Indian Canal Irrigation System." PhD diss., Wageningen Agricultural University, Netherlands.

Murray-Rust, D.H., and W.B. Snellen. 1993. *Irrigation System Performance Assessment and Diagnosis.* Colombo: International Irrigation Management Institute.

ODI (Oversees Development Institute). Various years. Irrigation Management Network Papers. Overseas Development Institute, London.

Ostrom, E., L. Schroeder, and S.G. Wynne. 1993. *Institutional Incentives and Sustainable Development: Infrastructure Policies in Perspective.* Boulder, Colo.: Westview Press.

Palmer Jones, R.W., and M.A.S. Mandal. 1987. *Irrigation Groups in Bangladesh.* Irrigation Management Network Paper 87/2c. Overseas Development Institute, London.

Peel, M. C, Thomas A. McMahon, and Brian L. Finlayson. 2004. "Continental Differences in the Variability of Annual Runoff – Update and Reassessment." *Journal of Hydrology* 295 (1–4): 185–97.

Peel, M.C., Thomas A. McMahon, and Geoffrey G.S. Pegram. 2004. "Global Analysis of Runs of Annual Precipitation and Runoff Equal to or Below the Median: Run Magnitude and Severity." *International Journal of Climatology* 25 (5): 549–68.

Peel, M.C., T.A. McMahon, B.L. Finlayson, and F.G.R. Watson. 2001. "Identification and Explanation of Continental Differences in the Variability of Annual Runoff." *Journal of Hydrology* 250 (1–4): 224–40.

Perry, C.J., and S.G. Narayanamurthy. 1998. *Farmer Response to Rationed and Uncertain Irrigation Supplies.* IWMI Research Report 24. International Water Management Institute, Colombo.

Perry, C.J., Michael Rock, and D. Seckler. 1997. *Water as an Economic Good: A Solution or a Problem?* IWMI Research Report 14. International Water Management Institute, Colombo.

Petermann, T. 1996. *Environmental Appraisals for Agricultural and Irrigated Land Development.* Zschortau, Germany: German Foundation for International Development and Food and Agriculture Development Centre.

Plusquellec, Hervé. 2002. *How Design, Management and Policy Affect the Performances of Irrigation Projects.* Food and

Agriculture Organization, Regional Office for Asia and the Pacific, Bangkok.
Qian, Zhengying. 1994. *Water Resources Development in China.* Beijing: China Water and Power Press.
Quiggin, John, and John K. Horowitz. 1999. "The Impact of Global Warming on Agriculture: A Ricardian Analysis: Comment." *American Economic Review* 89 (4): 1044–45.
Rap, E., P. Wester, and L.N. Pérez-Prado. 2004. "The Politics of Creating Commitment: Irrigation Reforms and the Reconstitution of the Hydraulic Bureaucracy in Mexico." In P. Mollinga and A. Bolding, eds., *The Politics of Irrigation Reform: Contested Policy Formulation and Implementation in Asia, Africa, and Latin America.* Hans, UK: Ashgate.
Reisner, M. 1986. *Cadillac Desert: The American West and its Disappearing Water.* London: Secker and Warburg.
Repetto, R. 1986. *Skimming the Water: Rent-seeking and the Performance of Public Irrigation Systems.* Research Report 4. World Resources Institute, Washington, D.C.
Revenga, C., and Y. Kura. 2003. *Status and Trends of Biodiversity of Inland Water Ecosystems.* Technical Series 11. Secretariat of the Convention on Biological Diversity, Montreal, Canada.
Rinaudo, J.D. 2002. "Corruption and Allocation of Water: The Case of Public Irrigation in Pakistan." *Water Policy* 4 (2002): 405–22.
Ringler, C., M. Rosegrant, X. Cai, and S. Cline. 2003. "Auswirkungen der zunehmenden Wasserverknappung auf die globale und regionale Nahrungsmittelproduktion." *Zeitschrift für angewandte Umweltforschung (ZAU)* 15/16 (3–5): 604–19.
Rogers, P., R. Bhatia, and A. Huber. 1998. *Water as a Social and Economic Good: How to Put the Principle into Practice.* Technical Advisory Committee Working Papers 2. Stockholm: Global Water Partnership.
Rosegrant, Mark W., and Mark Svendsen. 1993. "Asian Food Production in the 1990s: Irrigation Investment and Management Policy." *Food Policy* 18 (2): 13–32.
Rosegrant, M.W., X. Cai, and S. Cline. 2002. *World Water and Food to 2025: Dealing with Scarcity.* Washington, D.C.: International Food Policy Research Institute and International Water Management Institute.
Rosegrant, M.W., M.S. Paisner, S. Meijer, and J. Witcover. 2001. *Global Food Projections to 2020: Emerging Trends and Alternative Futures.* Washington, D.C.: International Food Policy Research Institute.
Rosenberg, D.M., P. McCully, and C.M. Pringle. 2000. "Global-scale Environmental Effects of Hydrological Alterations: Introduction." *BioScience* 50 (9): 746–51.
Sanmuganathan, K. 2000. *Assessment of Irrigation Options.* WCD Thematic Review Options Assessment IV.2. World Commission on Dams, Cape Town. [www.dams.org/docs/kbase/thematic/drafts/tr42_finaldraft.pdf].
Seckler, D., D. Molden, and R. Sakthivadivel. 2003. "The Concept of Efficiency in Water-resources Management and Policy." In J.W. Kijne, R. Barker, and D. Molden, eds., *Water Productivity in Agriculture: Limits and Opportunities for Improvement.* Wallingford, UK: CABI Publishing.
Shah, T. 1993. *Groundwater Markets and Irrigation Development: Political Economy and Practical Policy.* Mumbai: Oxford University Press.
———. 2003. "Governing the Groundwater Economy: Comparative Analysis of National Institutions and Policies in South Asia, China and Mexico." *Water Perspectives* 1 (1): 2–27.
Shah, T., M. Alam, D. Kumar, R.K. Nagar, and M. Singh. 2000. *Pedaling out of Poverty: Social Impacts of a Manual Irrigation Technology in South Asia.* IWMI Research Report 45. International Water Management Institute, Colombo.
Shah, T., B. Van Koppen, D. Merrey, M. de Lange, and M. Samad. 2002. *Institutional Alternatives in African Smallholder Irrigation: Lessons from International Experience with Irrigation Management Transfer.* IWMI Research Report 60. Colombo: International Water Management Institute.
Smedema, L.K., and K. Shiati. 2002. "Irrigation and Salinity: A Perspective Review of the Salinity Hazards of Irrigation Development in the Arid Zone." *Irrigation and Drainage Systems* 16 (2): 161–74.
Tardieu, H., B. Prefol, A. Vidal, and S. Darghouth. 2005. "Public Private Partnerships in Irrigation and Drainage: Need for a Professional Third Party between Farmers and Governments." Draft paper prepared for the World Bank, 8th International Seminar on Participatory Irrigation Management, 9–13 May, Tarbes, France.
Tharme, R.E. 2003. "A Global Perspective on Environmental Flow Assessment: Emerging Trends in the Development and Application of Environmental Flow Methodologies for Rivers." *River Research and Applications* 19 (5–6): 397–441.
Thenkabail, P.S., C.M. Biradar, H. Turral, and M. Schull. Forthcoming. *A Global Irrigated Area Map (GIAM) at the End of the Last Millennium using Multi-sensor, Time-series Satellite Sensor Data.* Research Report. International Water Management Institute, Colombo.
Tiffen, M. 1987. "Dethroning the Internal Rate of Return: The Evidence from Irrigation Projects." Development Policy Review 5 (4): 361–77.
Turral, H.N. 1998. *Hydro Logic? Reform in Water Resources Management in Developed Countries with Major Agricultural Water Use: Lessons for Developing Nations.* ODI Research Study. Overseas Development Institute, London.
Turral, H.N., T. Etchells, H.M.M. Malano, H.A. Wijedasa, P. Taylor, T.A.M. McMahon, and N. Austin. 2005. "Water Trading at the Margin: The Evolution of Water Markets in the Murray-Darling Basin." *Water Resources Research* 41 (7): W07011.1–W07011.8, doi:10.1029/2004WR003463.
Udas, P.B., and M. Zwarteveen. 2005. "Prescribing Gender Equity? The Case of Tukucha Nala Irrigation System,

Central Nepal." In D. Roth, R. Boelens, and M. Zwarteveen, eds., *Liquid Relations: Contested Water Rights and Legal Complexity.* Piscataway, N.J.: Rutgers University Press.

UK Met Office. 2006. Global Temperatures. [www.met-office.gov.uk/research/hadleycentre/obsdata/globaltemperature.html].

Van der Hoek, W., S.G. Feenstra, and F. Konradsen. 2002. "Availability of Irrigation Water for Domestic Use in Pakistan: Its Impact on Prevalence of Diarrhoea and Nutritional Status of Children." *Journal of Health, Population and Nutrition* 20 (1): 77–84.

Van der Hoek, W., R. Sakthivadivel, M. Renshaw, J.B. Silver, M.H. Birley, and F. Konradsen. 2001. *Alternate Wet/Dry Irrigation in Rice Cultivation: A Practical Way to Save Water and Control Malaria and Japanese Encephalitis?* IWMI Research Report 47. International Water Management Institute, Colombo.

Van Koppen, B. 2000. "Discussion Note: Policy Issues and Options for Gender-balanced Irrigation Development." Proceedings of the 6th International Microirrigation Congress, October 22–27, Cape Town.

Van Koppen, B. 2002. *A Gender Performance Indicator for Irrigation: Concepts, Tools and Applications.* IWMI Research Report 59. International Water Management Institute, Colombo.

Van Koppen, B., P. Moriarty, and E. Boelee. 2006. *Multiple-use Water Services to Advance the Millennium Development Goals.* Research Report 98. International Water Management Institute, Colombo.

Vera, J. 2005. "Irrigation Management, the Participatory Approach and Equity in an Andea Community." In V. Bennett, S. Davila-Poblete, and M. Nieves Rico, eds., *Opposing Currents: The Politics of Water and Gender in Latin America.* Pittsburgh, Pa.: University of Pittsburgh Press.

Vermillion, D.L. 1997. *Impacts of Irrigation Management Transfer: A Review of the Evidence.* IWMI Research Report 11. International Water Management Institute, Colombo.

Wade, R. 1982. "The System of Administrative and Political Corruption: Canal Irrigation in South India." *Journal of Development Studies* 18 (3): 287–328.

Ward, C., A. Peacock, and G. Gamberelli. 2006. "Investment in Agricultural Water for Poverty Reduction and Economic Growth in Sub-Saharan Africa." Synthesis Report. African Development Bank, World Bank, International Fund for Agricultural Development, and Food and Agriculture Organization Consultative Group.

WCD (World Commission on Dams). 2000. *Dams and Development: A New Framework for Decision Making.* London: Earthscan Publications Ltd.

Winpenny, J. 2003. *Financing Water for All.* Report of the World Panel on Financing Water Infrastructure, chaired by Michel Camdessus. Kyoto: World Water Council, 3rd World Water Forum, and Global Water Partnership.

Wiseman, R., D. Taylor, and H. Zingstra, eds. 2003. *Wetlands and Agriculture. Proceedings of the Workshop on Agriculture, Wetlands, and Water Resources. 17th Global Biodiversity Forum, Valencia, Spain, November 2002.* New Delhi: National Institute of Ecology and International Scientific Publications.

地下水繁荣还是萧条?
印度艺术家:Supriyo Das

第10章 地下水:从全球角度评估其利用规模和意义

协调主编:Tushaar Shah
主编:Jacob Burke and Karen Villholth
主要作者:Maria Angelica, Emilio Custodio, Fadia Daibes, Jaime Hoogesteger, Mark Giordano, Jan Girman, Jack van der Gun, Eloise Kendy, Jacob Kijne, Ramon Llamas, Mutsa Masiyandama, Jean Margat, Luis Marin, John Peck, Scott Rozelle, Bharat Sharma, Linden Vincent, and Jinxia Wang.

概览

农业对地下水的高强度利用已经成为当前水资源利用中的一个主要的、但又常被忽略的问题。尽管对地下水的利用可以从很多古老文明中找到渊源,但是在最近的几十年间,无论是地下水利用的规模还是强度都呈指数型的增长态势。全球地下水的抽取从1950年的100~150 km^3的基准水平增加到2000年的950~1000 km^3。大部分的增长主要来源于农业,尤其是亚洲[EBI]。

从20世纪70年代起,地下水对全球灌溉面积增长的贡献十分显著。部分或完全由地下水灌溉的面积据统计有6900万公顷,但是很多独立的研究结果都表明这个数字其实更大,接近1亿公顷,而1950年代,这个数字大约是3000万公顷[EBI]。

尽管非洲和亚洲数百万的农民和牧民的生计水平都得到了显著的提高,粮食安全得到了保障,地下含水层的耗竭和地下水的污染就是高强度利用地下水所造成的直接后果,这也意味着如果不实行远远比现在实行的资源管理政策更加严格的策略的话，目前的这种地下水利用是不可持续的。地下水利用的快速增长主要是由供给因素推动的，如政府补贴、便宜水泵和钻井技术的易于获取。地下水具有灵活的并根据需求供给灌溉的特性，为了在所有气候区支撑富有活力的、创造财富的农业，同时为满足城市人口提供日益增加的食物的需求，这种因需求而来的驱动力也拉动了地下水利用的快速增长。迄今为止，最有力的推动力是在南亚和中国的华北，在那里对地下水利用能增加土地的效能被证明是不可抗拒的。

地下水利用的快速增长主要是由供给因素所推动的，如政府的补贴、便宜水泵和钻井技术的易于获取。而需求拉动的因素也会促进地下水利用的增长。

从全球来看，每年农业对地下水的利用大约在900 km^{3}左右，这些水产出了2100亿~2300亿美元的产值，相当于平均每m^{3}抽取的地下水产出0.23~0.26美元的产值[S]。但是，地下水利用区域主要集中在孟加拉、中国、印度、伊朗、巴基斯坦和美国，这些国家占全球地下水利用量的80%。高强度的地下水利用所产生的动态影响可以通过四类农业地下水系统而得到最佳的说明：

- 干旱农业体系，如中东和北非，价值更高的非农业利用地下水的需要和需求在不断增长。
- 产业化农业体系，如澳大利亚、欧洲和美国西部，地下水利用支撑着创造财富的农业，能吸引更多的科技和物质资源来管理出现的消极的外部性问题。
- 小农户体系，如南亚和中国的华北平原，地下水灌溉创造的财富相对较少，但却是10亿~12亿贫困农民的主要维生方式。
- 地下水支撑的粗放式放牧体系，如非洲撒哈拉以南和拉丁美洲，地下水开采比其他体系少，但是对供水却至关重要，对于支撑着大部分牧民生计的粗放式放牧经济十分重要。

在小农户的农业体系以及地下水支撑的粗放式放牧体系中，地下水灌溉所产生的社会经济影响是毋庸置疑的。

来自亚洲的大量证据表明，利用地下水灌溉比大型灌溉工程更能促进人际间、性别间、阶级间以及空间上的更大的平等。而非洲、亚洲和拉丁美洲的证据同样显示，地下水在贫困农民通过基于浅层地下水循环的小农户来改善生计方面发挥着重要的作用。一旦这些本身就很脆弱的浅层地下水循环受到威胁，那么就会危及赖以为生的数百万农村人口的生计。

这种密集的、基本上未经规划的地下水利用正在面临几个严峻挑战。水泵开采的成本在上升，支持灌溉的补贴正在削弱农村能源提供者的生存，印度就是一个典型例证。另外，地下水耗竭对水质、河道径流、湿地和下游用户的影响正在迅速使得地下水对社会水平的生计和粮食安全的广泛积极影响变得徒劳无功。在干旱地区，岩溶地下水对所有用户来说都是主要的水源，高强度的地下水灌溉会危及未来的水安全。另外，气候变化引发的降雨模式的可预见性改变会使在全世界范围内地下水作为一种战略储备资源的重要性愈加凸显。这些挑战都使地下水的可持续利用成为焦点问题。

地下水系统在长期内的可持续性很难确定。水文学家对目前被广泛使用的

第 10 章 地下水：从全球角度评估其利用规模和意义

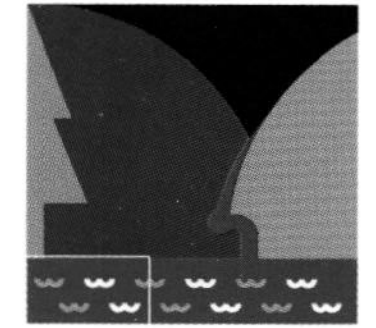

地下含水层的可持续性问题存在争论。对地下水资源进行合理的管理并在最贫困的社会确定有效的管理策略是最亟需的，因此，对地下含水层管理措施的更深入理解必须和地下水的高强度利用背后的社会经济驱动力结合起来。

面对不断增长的关注度，农业的地下水利用并没有出现萎缩的迹象。在发展中国家和地区很多地方，农业地下水的使用将会继续增长。可持续地下水管理的参与式方法需要将供给方措施（如人工的地下水补给、地下含水层的恢复、跨流域的调水以及类似措施）与需求方措施（如地下水的定价、对地下水的法律和行政控制、水权和开采许可证、节水作物和技术的推广）结合起来进行。但是从正规的水管理角度来看，这些措施不是都能适合在发展中国家马上实行。经验表明，供给方措施实行起来比需求方措施要容易，即便在技术先进的国家也是如此。在供给没有增加的情况下，充分缓解地下含水层紧张状况的唯一途径也许就是减少灌溉面积，提升耕作水平，种植节水作物。但是这种策略在发展中国家的社会经济以及政治情况下可能会很难实现。

> 农业对地下水的不断增长的高强度利用所带来的机会和挑战在全球水资源短缺的讨论中常常没有得到充分的重视。

缓解地下水资源紧张的长期策略也许在于增加非农业就业机会，缓解人口对农业的压力。在中期水平上，拉丁美洲和非洲撒哈拉以南地区最优先的选择就是为提高贫困农民的生计水平而开发利用地下水，不过要以一种有规划和有管制的方式进行。而在亚洲的地下水利用的热点地区，最优先的选择则是开发有效的直接或间接的方法，管理集中的地下水开采；在地下水管理上投资，主要包括大范围的有计划的含水层补给、对地表和地下水的科学的联合运用；实施明智的和计划完善的跨流域调水。而所有发展中国家普遍需要优先解决的是改进数据库，提升对地下水供给和需求条件的认识，为实现地下水的可持续利用而创立有效的公众教育项目。

地下水灌溉的全球趋势

最近几十年间，地下水灌溉的快速增长已经主导了全球农业用水的增长。全球地下水的开采量从1950年的100~150 km^{3}已经增加到了2000年的950~1000 km^3，其中大部分来源于农业，尤其是在亚洲。农业对地下水不断增长的高强度利用所带来的机会和挑战在全球水资源短缺的讨论中常常没有得到足够的重视。本章的目的就是从地下水利用带来的社会经济、水文地质和环境后果的角度来评价这一革命性的现象。本章还探讨了全球未来的地下水灌溉经济将走向何方，以及实现社会生态可持续性的可选择方案。

历史背景

20世纪初期发明的管井技术和机械水泵技术到20世纪50年代已经被被广泛使用，自此之后世界许多地方的地下水利用都已经达到之前无法想象的水平。例如在1960~2000年间，西班牙地下水利用从2 km^{3}增加到6 km^3（Martinez-Cortina and Hernandez-Mora 2003）。而印度次大陆的地下水利用也从1950年前的10~20 km^3快速增长到了2000年的240~260 km^3(Shah and others, 2003)。美国的地下水在灌溉水中的比例从1950年的23%增加到2000年的42%(Winter and others 1998)。中国的历史记载偶尔会提到农民从浅井中提水浇灌菜园的事例。但是中国华北平原直到1950年前还很少进行灌溉,该地区的管井灌溉革命是从1970年代腾飞的。总的来说,地下水灌溉发生的静悄悄的革命基本上是在过去的半个世纪(Llamas and Custodio 2003)。

> 在世界上许多灌溉地区，地下水日益成为农业生产的主导角色。

尽管农业地下水利用获得了指数型的巨大增长,全球依然只是利用了已知地下水储量的一小部分。每年小于1000 km^3的全球地下水利用量只相当于1/4的全球取水总量,仅相当于每年全球可再生淡水供给量的1.5%,可再生地下水的8.2%, 以及全球地下水储量的0.0001%(估计值为700~2300 km^3)((Howard 2004)。然而,这些地下水对促进人类的福祉贡献是巨大的。历史上,地下水就是包括城市和乡村在内的很多人类定居点的主要生活用水的主要来源。相关研究估计, 全球一半以上的人口以地下水作为饮用水的来源(Coughanowr 1994)。

然而,灌溉农业仍然是地下水的主要用户,因为地下水的水质较好,适合人类直接利用。由此可以理解的是,现在对这种水质较高的用水的竞争十分激烈,尤其是对浅层地下水循环的利用,因为它可以被个体农户和农村社区很容易地获取以维持他们的生计和粮食安全。世界上一些关键地区的地下水利用的爆炸式增长对资源管理提出了巨大的挑战。尽管本章的视角是全球的,但我们还是将重点放在发展中国家,在那里农业利用地下水强度高且增长较快,并且所面临的可持续资源管理挑战对农村生计至关重要。

时间格局

地下水利用的数据十分短缺,农业地下水利用对粮食安全、农村生计和生态系统所造成影响的相关数据尤其缺乏。但毫无疑问的是:在世界上许多灌溉地区,地下水日益成为农业生产的主导角色。另外,地下水灌溉在过去的半个世纪已经成为全球的潮流,并以波浪式发展。第一波出现在意大利、墨西哥、西班牙和美国,这些国家的大规模利用地下水灌溉开始于20世纪初,其发展规模已经达到高峰或者增长已经停止。第二波出现在20世纪70年代的南亚、中国华北平原、中东和北非的部分区域,而且这一波还在持续(图10.1)。

在世界上其他一些地区,尽管农业地下水利用还很少但已表现出在不远的将来快速增长的迹象。在斯里兰卡的东北部地区,地下水灌溉直到20世纪90年代才出现腾飞(Kikuchi and others 2003)并持续到现在。非洲撒哈拉以南地区农业利用地下水很少,且主要集中于商业化的农场。但地下水在支撑粗放式的牧业方面发挥着日益重要的作用。因此,地下水利用的第三个波次很有可能出现在非洲的许多地区,以及南亚和东南亚国家,如斯里兰卡和越南(Molle, Shah, and Barker 2003),尽管目前这些地区主要依赖泵取地表水作为农业水源。

第10章 地下水：从全球角度评估其利用规模和意义

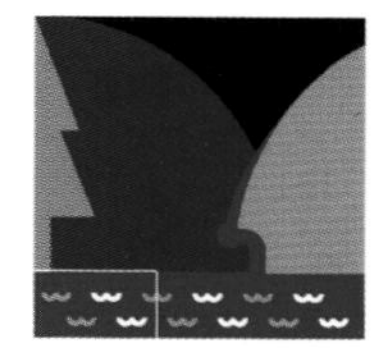

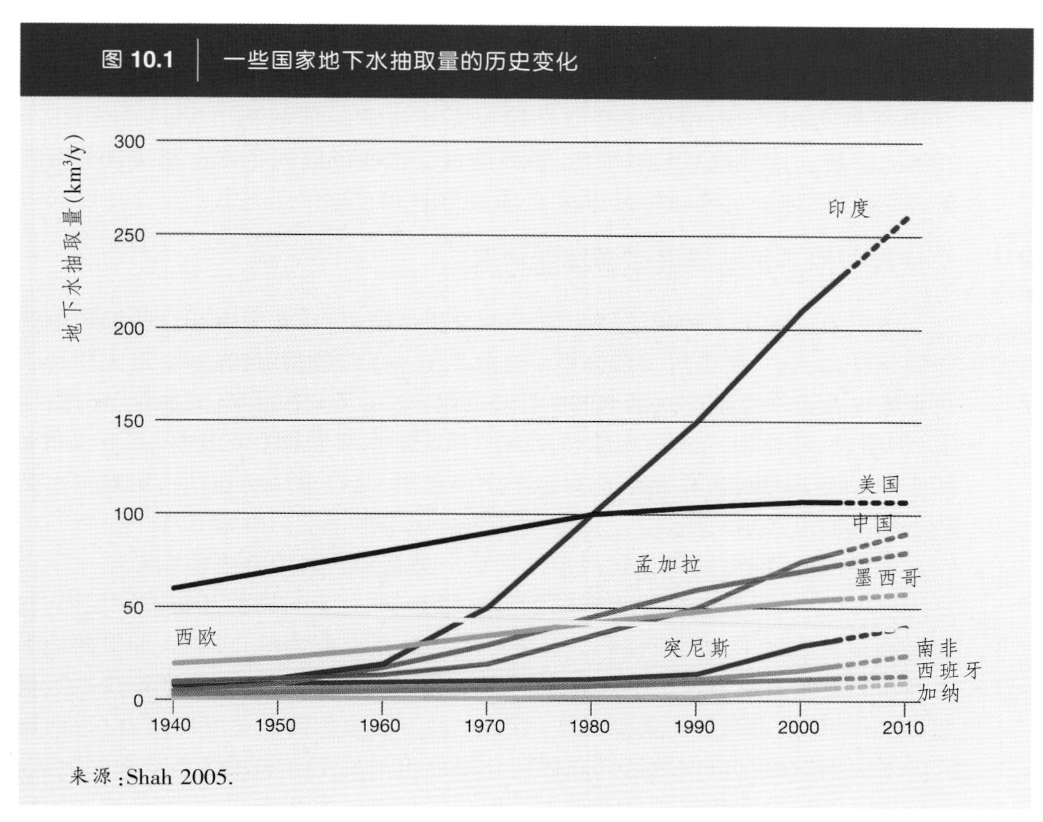

图 10.1 一些国家地下水抽取量的历史变化

来源：Shah 2005.

农业地下水利用的规模

目前我们还不能得到完整的全球农业利用地下水的情况。联合国粮农组织的AQUASTAT全球水资源数据库提供了各个国家的地表水和地下水灌溉的面积数据，这些数据是由发展中国家和转型国家的相关政府部门提供的（表10.1）。但是，由于这些国家没有常态化地报告有关地下水灌溉的统计数据，数据的覆盖面是不完整的且不能反应最新的情况。

仅仅以发展中国家和那些正在从中央计划经济转型到市场经济的国家为例，大约有5800万公顷的面积由地下水灌溉（仅占总耕地面积的4%）。但是全球有25%的灌溉面积依赖地下水，并且全球地下水灌溉面积中的75%都分布在亚洲。

但是从其他一些渠道得到的信息表明，2005年地下水灌溉的总面积比联合国粮农组织统计的数据要高25%~40%[1]。许多国家并没有准确的官方统计数字[2]。而另外一些国家的统计数据或估计数字至少已经过时10年甚至更长的时间。例如全球最大的地下水灌溉国家印度，其官方发布的地下水灌溉统计数字来源于1993~1994年进行的地下水用水结构的普查数据。而最近在印度进行的全国范围的普查显示，在过去的10年间该国的地下水灌溉已经有了爆炸式增长（见

India NSSO 1999, 2003; Shah, Singh, and Mukherji 2006)[3]。2001年印度政府实施的小型灌溉普查数据表明,印度地下水灌溉面积达到了5300万公顷(印度水力资源部 2005)。而中国的华北平原也表现出类似的趋势 (Wang and others 2006a)。加入这些数字是准确的,亚洲的地下水灌溉面积也许会超过7000万公顷,而全球的地下水灌溉将会很接近1亿公顷[EBI]。

对地下水资源进行认真的规划会使地下水在非洲撒哈拉以南的脱贫中发挥巨大的作用。

全球农业地下水利用强度最高的地区

由于农业地下水利用主要集中于少数几个国家,且又集中于这些国家的热点地带,因此有必要进行个别分析。根据AQUASTAT数据库,在20个最大的地下水灌溉以及占全球地下水灌溉99%份额的国家中,仅 6个国家(孟加拉、中国、印度、伊朗、巴基斯坦、美国)的总和就占全球地下水灌溉面积的83%(图10.2和表10.2)。由于本章的评估是农业对地下水的利用,这些全球高强度利用地下水的热点地区值得特别关注。

此外,还有两类值得注意的地区。第一类是那些岩溶地下水在总用水中占主导地位的区域,如中东和北非。这类地区的一些国家名列前20位国家之列,它们都有很大的地下水灌溉面积。另外一类地区是非洲撒哈拉以南,那里的地下水利用相对于其潜力还很小。而这个区域的国家政府如果能够认真地规划其资源,地下水会成为脱贫的重要工具。目前已经有国家朝着这个方向努力。目前研究者对非洲撒哈拉以南地区的总体印象是那里的地下水利用还不显著,并且在维持生计方面发挥的作用也不够大。但是最近的研究却表明,尽管该地区的年地下水抽取量要小于南亚或美国, 但是地下水已经在支撑粗放牧业(Giordano 2006)、灌溉农业以及供水方面发挥了显著的作用。

驱动力

很方便地获取地下水的钻井技术以及机械化钻孔技术的普及使20世纪下

表 10.1　全球视野下的地下水灌溉

区域	地下水灌溉面积(千公顷)	地下水灌溉面积	
		占灌溉面积的份额(%)	占耕作面积份额(%)
非洲	2472	19.8	1.0
拉丁美洲和加勒比国家	3383	18.6	2.1
亚洲	51863	28.9	9.0

来源:FAO 2005a.

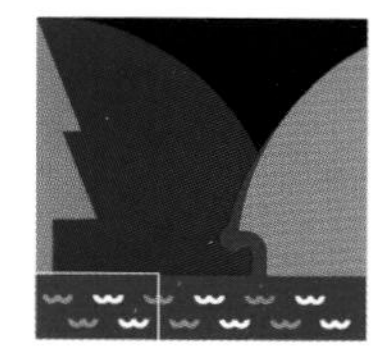

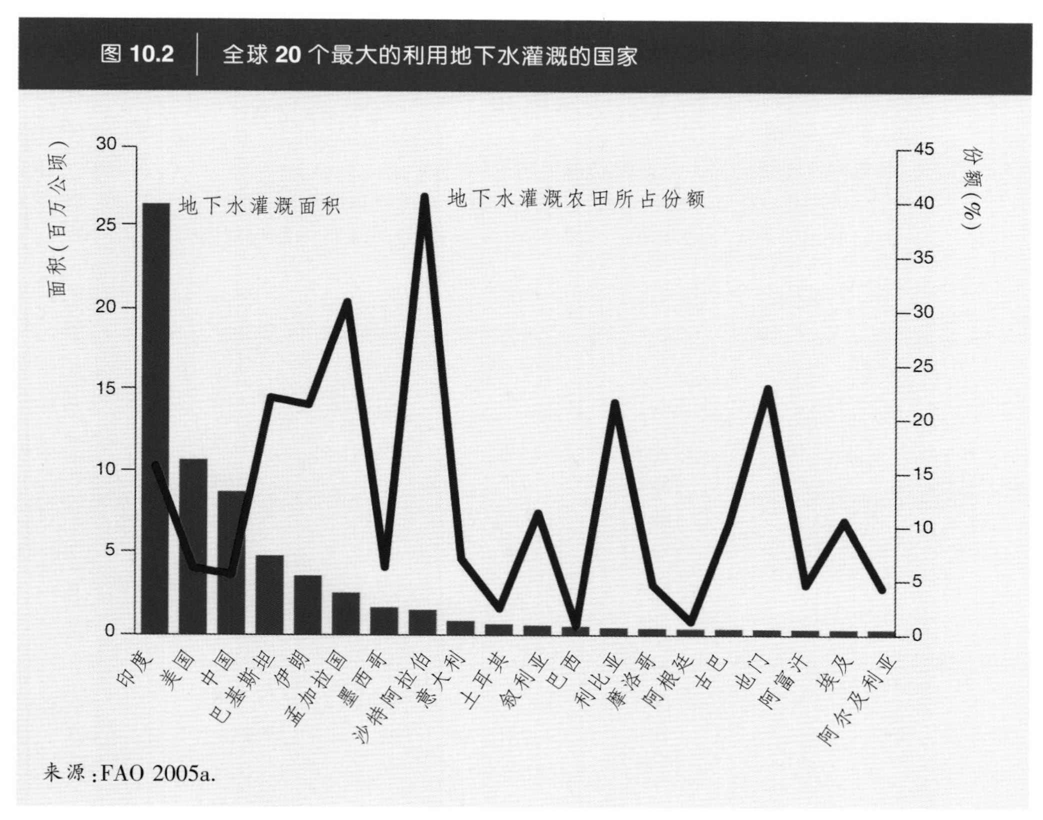

半叶的地下水利用快速发展起来。早在20世纪50年代的中期就预测到了这种发展趋势(UN 1960)。而难以解释的是为什么在地下水利用上会存在极大的区域间差异,即:亚洲增长迅速而大部分非洲的拉丁美洲国家却滞后。本节试图揭示这种区域间差异背后的主要驱动因素。

缺水

最近几十年全球地下水利用的繁荣主要发生在那些降雨量有限且地下水补给量有限的地区。而那些面临迫切的集约化农业生产压力的国家,其农业地下水利用强度也最高。

由德国德累斯顿理工大学(Technical University of Dresden)的研究人员最新绘制的全球地下水利用地图显示了全世界不同地区地下水平均年补给量(地图10.1)。有意思的是,在表10.2所列的最大的20个地下水利用国家中没有一个国家的年平均补给量位于300~1000 mm的高补给量区间,而那些拥有较高地下水补给量的国家或者根本没有利用地下水改善农业生产,或者用量很少。高强度利用地下水的国家往往是那些补给量很小的国家。明显的例外是孟加拉、东印度和尼泊尔的特莱地区,那里位于湿润地带,有着丰富的地表水资源,已有大规模的地下水利用,并在提高农村贫困人口的粮食和生计安全方面

表 10.2 全球 20 个最大利用地下水灌溉的国家

国家	每单位农业劳动力的耕地面积 (hm^2)	地下水灌溉面积 (10^3 hm^2)	占全球地下水灌溉的份额(%)	地下水灌溉面积		地下水灌溉面积占国土面积份额(%)
				占灌溉面积份额(%)	在总耕地面积份额(%)	
印度	0.6	26 538	38.6	53.0	15.6	8.1
美国	63.8	10 835	15.8	45.5	6.1	1.1
中国	0.3	8863	12.3	16.0	5.5	0.9
巴基斯坦	0.8	4871	7.1	30.8	22.0	6.1
伊朗	2.6	3639	5.3	50.1	21.3	2.2
孟加拉国	0.2	2592	3.8	69.1	30.8	18.0
墨西哥	3.2	1689	2.5	27.0	6.2	0.9
沙特阿拉伯	6.0	1538	2.2	95.6	40.5	0.7
意大利	11.2	865	1.3	27.2	7.0	2.9
土耳其	1.9	672	1.0	16.0	2.4	0.9
叙利亚	3.3	610	0.9	60.2	11.3	3.3
巴西	5.9	545	0.8	19.0	0.8	0.1
利比亚	22.9	464	0.7	98.7	21.6	0.3
摩洛哥	2.4	430	0.6	29.0	4.6	1.0
阿根廷	24.1	403	0.6	27.7	1.2	0.1
古巴	5.2	393	0.6	45.1	10.4	3.5
也门	0.6	383	0.6	79.6	23.0	0.7
阿富汗	1.2	367	0.5	11.5	4.6	0.6
埃及	0.4	361	0.5	10.6	10.6	0.4
阿尔及利亚	3.0	352	0.5	61.8	4.3	0.1

发挥了巨大的作用。

按需提供的地下水服务

另一个对地下水利用革命的解释则强调了地下水很多方面的优越性。首先,它无处不在,或多或少地存在于几乎任何地方;第二,它不像大型地面灌溉系统那样必须要大规模的政府推动或协作,地下水灌溉可以由个体农户或小团体迅速发展起来;第三,尽管地下水的运营成本可能会比较高,但是每公顷灌溉面积的地下水基础设施的资金成本要远远低于地表水灌溉设施;第四,地下水灌溉还展现出更大的抗旱能力,地下含水层即便在干旱年份地表水完全干涸的情况下仍然产出地下水;第五,也是最重要的原因,地下水能够根据需求提供灌溉水源,提供了一种先进的能够获取的灌溉水源,使农民在作物最需要的时候

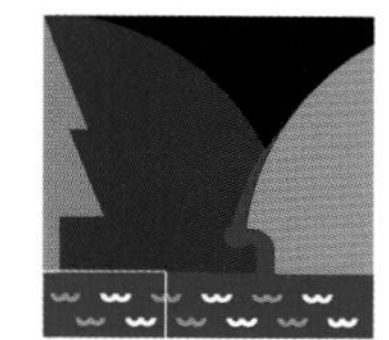

自由地用水；第六，由于地下水在时间和空间上的可靠性，输水和蓄水的损失(例如渠道渗漏和蒸发)也比地表水低。因此，农民会对地下水的利用精打细算，优化他们的投入(如种子、肥料和农药)，多样化种植作物以获取更高的经济价值，从而会比地面水源获得更高的水分生产力(以每m^3水的产出公斤数或经济价值衡量)(Shah 1993; Burke and Moench 2000; Deb Roy and Shah 2003; Hernandez-Mora, Martinez-Cortina, and Fornes 2003)。

地下水这些得天独厚的优势解释了为什么全世界成百上千万的农民愿意使用地下水进行灌溉。但是，这些原因还不足以刺激那些位于高补给率的地下水资源丰富地区进行地下水的密集利用(见地图10.1)。这也提示了地下水革命的发生还有其他驱动力在起作用。

> 地下水所具有的得天独厚的优势解释了为什么全世界成百上千万的农民愿意使用地下水进行灌溉。

获取便宜的钻井技术、水泵和电力

曾经制约农业广泛地利用地下水的主要限制因素是人力和畜力抽取地下水的高强度劳动及成本。但是，随着水泵和钻井技术的进步和易于获取以及农村电气化的普及，地下水开发为提高农业生产水平并改善农民的生计提供了巨大的机会。在许多亚洲国家，尤其是印度和中国，地下水开采基础设施的增长造就了规模巨大的竞争性的水泵、发动机、钻头制造业，从而使这些设备的实际价格不断下降。而许多国家的政府，如印度、约旦、墨西哥、叙利亚，以及巴基斯坦在某些年份，都通过对水泵能源进行补贴的方式促进地下水灌溉的发展(照片10.1)。其他国家，如孟加拉国以及斯里兰卡，都是最初通过补贴设备成本、最近通过对中国的便宜水泵开放市场的做法来支持地下水的灌

地图 10.1　全球长期平均地下水补给(mm/y)

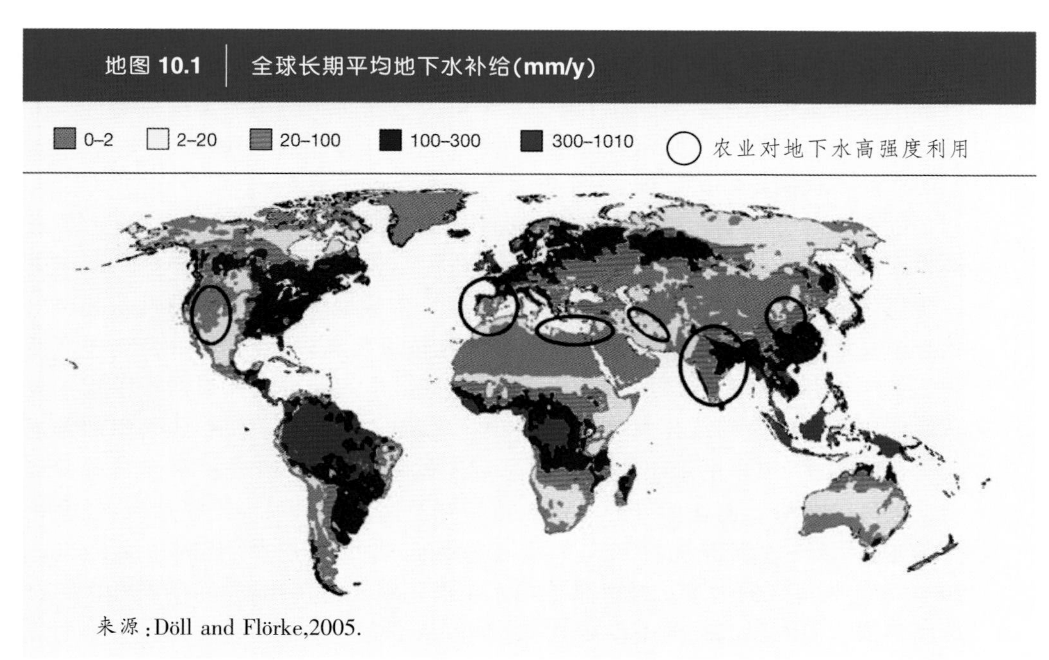

来源：Döll and Flörke,2005.

摄影:David Molden

照片 10.1 叙利亚的补充灌溉。

溉。造成南亚的小农户地下水灌溉快速增长而在非洲撒哈拉以南地区却停滞不前的原因之一是,农村电气化的缺位以及非洲大陆进口水泵和灌溉设备的成本比较高。

养活快速增长的城市人口的压力

随着城市和城镇的扩张,它们对食物的需求也相应增加。城市消费者不仅要求数量上的满足,还有质量上的要求。在马来西亚和摩洛哥,灌溉曾经是保证国家粮食安全的主要策略。而日益增长的全球每年水果和蔬菜的消费量促进了城市近郊地区采用地下水进行灌溉, 如赞比亚的卢萨卡和中国的一些城市,它们的产品不仅满足城市市场,还能供应国际市场。

随着全球动物蛋白需求的增长,地下水日益成为经常依赖的手段,为缺乏地表水的牧场上的牲畜提供水源,或者在那些非放牧的畜牧体系中提供饲料生产所需的灌溉。许多干旱和半干旱的牧场完全依赖地下水才能维持牲畜的产出比。但是地下水基础设施的建立不仅会提高传统牧场(牧草)的产出比,还会使牧场集中于井口周边的区域。因此,机械化开凿出的地下水井口严重干扰了天然牧场所具有的内部自我调节的平衡功能。Gomes (2005)曾援引索马里和肯尼亚北部的案例,那里的地下水井刺激了过度放牧的行为,造成了水井所有者和当地社区的纠纷。而在印度的北古杰拉特邦及许多干旱和半干旱地区,过度扩张的地下水经济都围绕着如何实现零放牧的乳制品生产 (Singh and others 2004)。这些地区的地下水被大量地用于生产饲料和经济作物,而动物产生的有机粪肥都返回农田以改善土壤质量。这种白色革命主要是由建立那些大型的成

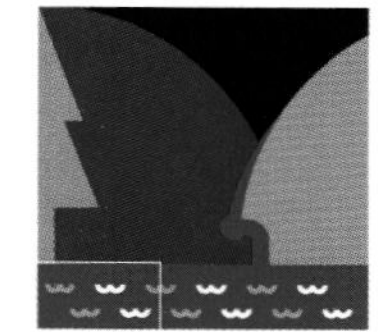

功的乳制品合作社所拉动的,这些合作社能为区域内小农户生产的奶制品提供稳定可靠的市场渠道。但是,表面的成功会受到地下含水层储量的限制,而在印度的一些地方已经出现过度开发的迹象。

干旱和半干旱地区的农业需求

世界上很多干旱和半干旱地区拥有着适合集约化耕种的优越条件:良好的冲积土壤、平坦的土地、可以支持一年两季或更多季作物生产的日照气候条件。像中国华北平原、印度河流域、加利福尼亚以及墨西哥中部都是很好的例子。这些地区用来支撑生机勃勃的农业所缺乏的恰恰是水资源。这些地区的雨养农业的主要问题是远远不能达到潜在产量。中国华北平原的农民上千年来利用天然降雨和土壤实行两年三熟的农作制度(Dong 1991),而印度河平原的肥沃土壤支撑着广阔的放养畜牧业,但却人口稀少,很少耕作。这些地区中很多地方都有水量丰沛的地下含水层,但是由于过去采用的是人拉畜提的原始取水方式,极大地制约了地下水的使用。但随着利用管井和机械化水泵的地下水灌溉的兴起,这些地区大部分已经转变成农业生产力发达的地区。在这里,地下水革命的关键驱动力是通过灌溉对水资源控制的需求拉动作用,这也是这些地区唯一没有充分发挥潜力的资源。

世界上很多干旱和半干旱地区都是具有优越的适合进行集约化农业生产的地方,但是唯一的限制性因素就是水。

农村人口生存的压力

一个广泛存在的观点是地下水灌溉只会出现在那些干旱和半干旱地区,否则这些地区即适宜于发展集约农业。但是,在孟加拉、尼泊尔和东印度这些拥有丰沛地表水资源的湿润地带的地下水灌溉却对这种观点提出了挑战。这些地区不能简单地被划归成个别案例,因为它们在全球地下水灌溉经济中占据相当大的份额,且无论应用什么标准都是这样:地下水灌溉面积,地下水开采量,还是影响到的人口数量。

在这些热点地区的地下水革命也受到需求的拉动,但却是另外一种类型。这些地区的地下水灌溉巨大的需求拉动主要源于自20世纪60年代以来人口增长对农业的巨大压力。基于地下水灌溉的集约农业存在于所有人口密集的热点地区,例如印度的旁遮普邦、巴基斯坦、东印度、孟加拉、印度的泰米纳度邦和安得拉邦。相比之下,那些人口稀少的地区,如印度中高地,以及巴基斯坦的信德省和俾路支斯坦省,地下水灌溉强度就小得多。孟加拉、东印度、以及尼泊尔的特莱地区是唯一的地下水高强度利用能够和当地300~1000 mm的高地下水补给量相匹配的地区。但是有大面积区域的地下水灌溉是入不敷出的,如印度的次大陆地区,那里的年补给量远远小于高强度的地下水灌溉量。南亚因此成为地下水灌溉和补给无关的地区。地下水革命主要由井灌多种作物的能力以最大程度利用土地所驱动,从而地下水的利用成为一种提升土地利用的技术(Mukherji and Shah 2005)。

社会经济影响

全球农业生产每年利用的地下水量是900 km³，农业产出是每年2100亿~2300亿美元，因此每立方米抽取的地下水的经济生产力是0.23~0.26美元。在全球经济中地下水支撑的产出只占很少的一部分，如果全球的地下水灌溉突然间被叫停，全球经济也很难注意到所造成的影响。但是农业高强度利用地下水所产生的社会经济影响却十分重要，因为它直接影响到在最贫困的非洲和亚洲地区12亿~15亿贫困人口的粮食安全和生计(照片10.2)。为了理解这些影响，有必要了解世界不同地区地下水农业利用的动态情况。

> 南亚的地下水开发和其补给能力关联甚少；因此它的地下水革命主要由井灌多种作物的能力以最大程度利用土地所驱动，从而地下水的利用成为一种提升土地利用的技术。

全球地下水灌溉的分类及其影响

全世界农业密集利用地下水的驱动因素及其所造成的更广泛的社会经济影响都不一样。认识全球地下水灌溉经济学的一种有意义的方法就是需要区分四种农业地下水利用的方式：干旱农业体系、产业化农业体系、小农户耕作体系、地下水支撑的粗放放牧体系(表10.3)，这些体系之间由于整体的气候、水文、人口、土地利用格局、农业的组织形式，以及灌溉和雨养农业相对重要性的不同而有所差异。在地下水灌溉扩张的驱动因素，以及地下水灌溉农业的性质和社会参与程度上也有所不同。

干旱农业体系的人口对土地造成的压力很低，在其地理区域中只有很少一部分被用来耕作。耕作要依赖灌溉，而唯一的灌溉水源则来自于再生能力极为有限的化石地下水。但随着对这种化石地下水使用的竞争日趋激烈，更多的地下水将被用于价值较高的用途，尤其是城市供水，从而将农业用水排挤出去。

摄影：David Molden

照片 10.2　在亚洲，地下水利用对农村贫困人口的生计起到了至关重要的作用。

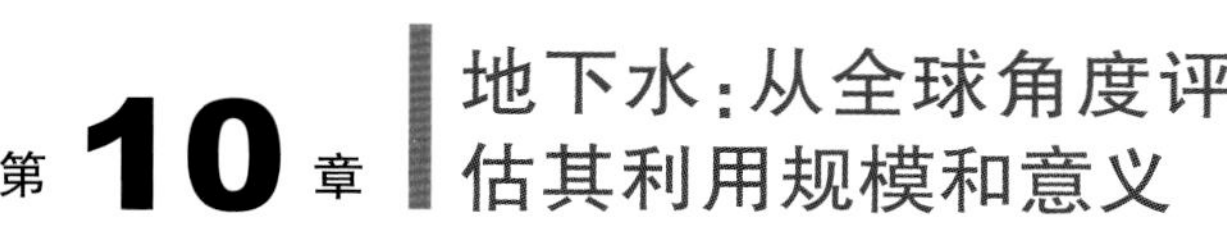

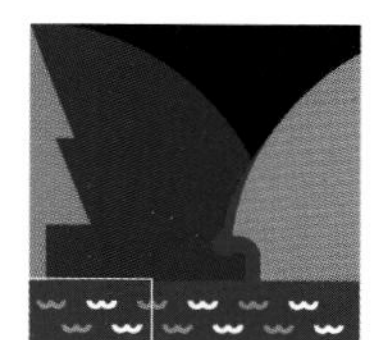

表 10.3 四种类型的地下水经济

	干旱农业体系	产业化农业体系	小农户体系	地下水支撑的粗放放牧体系
代表性国家	阿尔及利亚、埃及、伊朗、伊拉克、利比亚、摩洛哥、突尼斯、土耳其	澳大利亚、巴西、古巴、意大利、墨西哥、南非、西班牙、美国	阿富汗、孟加拉国、中国华北、印度、尼泊尔、巴基斯坦	博茨瓦纳、布基纳法索、乍得、埃塞俄比亚、加纳、肯尼亚、马拉维、马里、纳米比亚、尼日尔、尼日利亚、塞内加尔、南非、苏丹、坦桑尼亚、赞比亚
地下水灌溉面积	小于 600 万公顷	600 万~7000 万公顷	7100 万~5 亿公顷	超过 5 亿公顷的放牧面积是由地下水蓄水设施支撑的
气候	干旱	半干旱	半干旱到湿润、季风气候	干旱到半干旱
国家总体水资源状况	很缺乏	好到很好	好到中等	混合的雨养畜牧业和农作系统
人口对农业的压力	低到中等	低到很低	高到很高	虽然人口密度低但是对放牧面积的压力很大
耕地占土地面积比例	1%~5%	10%~50%	40%~60%	5%~8%
灌溉占耕地面积比例	30%~90%	2%~15%	40%~70%	小于 5%
地下水灌溉占灌溉耕地面积	40%~90%	5%~20%	10%~60%	小于 1%
地下水灌溉占总土地面积	0.12%~4.0%	0.001%~1.5%	1.6%~25.0%	小于 0.001%，但是地下水支撑的放牧面积占总土地面积的 17%
农业的组织方式	基于市场化农业的中小型农户	产业化、以出口为导向的大中型农场	很小的农场面积、自给自足和自耕农混合的农业体系	小规模的牧民，常常会季节性地在小型农民和牧民之间变换身份
地下水灌溉的驱动力	缺乏替代灌溉和生计方式	经济效益极高的市场化的农业	农业需要通过土地扩增技术来吸纳富余劳动力	牲畜饮水
地下水灌溉对国民经济的作用	很低（小于 GDP 的 2%~3%）	很低（小于 GDP 的 0.5%）	中等（占 GDP 的 5%~20%）	中等（占 GDP 的 5%~20%）

表 10.3 四种类型的地下水经济(续)				
	干旱农业体系	产业化工业体系	小农户体系	地下水支撑的粗放放牧体系
地下水灌溉对国民福利的影响	低到中等	低到很低	很高(40%~50%的农村人口都参与,40%~80%的粮食生产都有地下水灌溉的贡献)	从牧民数量衡量,作用很低,但是从国家粮食供给角度看,有时会起到适当作用
地下水灌溉对脱贫的作用	中等	很低	很高	地下水灌溉对牧业生计十分关键,但在脱贫方面作用有限
地下水灌溉支撑的总产值	60 亿~80 亿美元	1000 亿~1200 亿美元	1000 亿~1100 亿美元	20 亿~30 亿美元

注:灌溉面积的数据源自 FAO 2005b;地下水灌溉面积的数据源自 FAO 2005a;其他数据为作者的估算值。

Allan和其他一些科学家提出来的虚拟水的思想(Allan 2003; Delgado and others 2003; Warner 2003)能很好地应用于干旱区的农业体系。

在产业化的农业体系中,如澳大利亚、意大利、西班牙和美国,地下水支撑了一些具有很高生产力的产业化农业的发展。灌溉农业在整个农业中只占很小的比例,而地下水在灌溉农业中的比例相对更少。很少有人依赖地下水灌溉的农业,但是更多的人依赖农业的产业化和商业化经营。产业化的农业体系已经造成了很多地下水的漏斗区域和严重的地下水耗竭,以及由灌溉引发的环境污染。但是农业的商业化经营使地下水的利用具有较高的经济附加值,创造了巨大的财富。加利福尼亚的900亿美元规模的农业经济严重依赖地下水的利用,西班牙的葡萄、柑橘、橄榄、水果和蔬菜等农产品的出口经济也是如此。产业化的农业体系同时也会为治理地下水滥用问题带来巨大的科技和财政资源,为地下水的可持续利用提供必要的科学和制度方面的知识基础。

在南亚和中国的华北平原,高强度地下水灌溉正是人口对农业造成巨大压力的直接体现(Bruinsma 2003)。小农户的种植体系比干旱农业体系占有更多的耕作面积,灌溉了更大面积的耕地,用了更多的地下水灌溉作物。尽管在干旱和产业化农业体系下中,地下水灌溉的面积只占土地面积的0.1%~4%,但是在小农户聚集的农作体系中(如印度河–恒河平原),超过1/4的土地面积采用地下水进行灌溉。

从地下水量和参与的人口数量衡量,孟加拉、中国、印度、尼泊尔和巴基斯

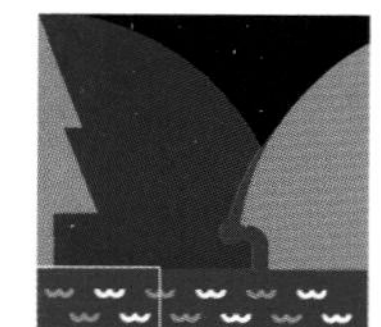

坦的小农户农业体系在过去的35~40年间已经经历了至今地下水利用的最大程度的增长。在全球每年950~1000 km³的地下水引水量中，上述国家就占一半甚至一半以上的份额。地下水利用稳定了雨养农田的产量并提高了复种指数，从而地下水在小农户体系中的运用比在干旱农业和产业化农业体系中的应用会影响更多的人口比例、更多的耕地面积和更多的GDP。而该体系所面临的可持续性地管理地下水资源的挑战也是最严峻和最复杂的。

> 从地下水量和参与的人口数量衡量，孟加拉、中国、印度、尼泊尔和巴基斯坦的小农户农业体系在过去的35~40年间已经经历了至今地下水利用的最大程度的增长。

地下水支撑的粗放式放牧体系绝大多数集中在非洲。非洲撒哈拉以南地区的地下水资源处于中等的水平，但是目前有效地下水中只有很少一部分得到开发，但已在支撑粗放型畜牧产业方面发挥着关键作用（Sonou 1994; Giordano 2006)。每公顷土地面积的地下水开采量很少，主要用于牲畜饮水。依赖地下水支撑的粗放型放牧的贫困人口的绝对数量也许比亚洲依赖地下水灌溉的贫困人口数量要少。但是牧民占非洲人口的比例很大。长期面临改善农村贫困人口生计挑战的非洲撒哈拉以南地区，地下水支撑的粗放型牧业在全球地下水改善人类福利方面发挥着关键性的作用(框10.1)。

市场驱动的高强度地下水灌溉农业

地下水对农业的特定价值只有在那些完全依赖地下水源的灌溉系统中才最明显。Burke和Moench (2000)总结了地下水对农业生产增长的贡献和地下水带来的对环境的稳定效应。在联合国粮农组织2004年的环境价值评估中所列的具体项目包括(FAO 2004)：

- 就地取水。就地取水几乎需要很少的输水基础设施，从而有利于非集中式的管理。

框 10.1 地下水和非洲的脱贫

在非洲撒哈拉以南地区，农业利用地下水的程度小于亚洲，但却对维持萨赫勒地区和东非的畜牧生产起到至关重要的作用(Burke 1996)。同时它还支撑了规模虽小但附加值较高的灌溉以及稳定的饮用水供应 (BGS 2004; Calow and others 1997; Carter and Howsam 1994)。尽管用量很小，但是非洲撒哈拉以南地区大部分农业生产者的农村贫困家庭，大多或多少地依赖地下水——直接用于作物生产、牲畜饮水或家庭用水。

在非洲撒哈拉以南地区的很多地方还没有利用地下水，但是在其他一些地方却有很长的利用史，在某些地方地下水的耗竭已经成为需要解决的问题。为使地下水更有助于脱贫，很重要的一点是要考虑技术的可行性与政治、经济现实之间的关联。在经济可行的地区，农民会很快利用地下水。例如，尽管在非洲发展灌溉被认为成本很高，加纳东南部的农民已经在相对很短的时期内从手工挖掘的水井转变为利用电气化的柴油水泵抽取利用地下水。尼日利亚在石油开发的繁荣期引进的柴油水泵技术也很快在该地区得到了推广。因此，未来在非洲撒哈拉以南地区进行和地下水开发有关的政策的重点要放在深入了解那些需要额外开发的地区，以及那些不需要额外开发的地区和原因(Giordano 2006)。

- 蓄水和可靠性。地下水的储存可以作为年际间水资源的缓冲,而成本只有传统的地表水储存的几分之一。
- 灵活性。用水泵抽取地下水对农民来说是最理想的输水系统。该系统按需提供、及时迅速的特点克服了地表输水系统存在的不确定性和风险性。即便是拥有良好的下游控制的地面灌溉系统,也很少能够同时实现理想的输水和低风险。
- 地表和地下水的联合运用。地表灌溉系统中对地表水和地下水的联合运用使得准确对其归类十分困难,尽管使用地表灌溉系统但同时还能获取地下水的农民可以获得更高的生产力(见下节地表和地下水联合运用的管理)。

地下水灌溉和农村贫困

在小农户农作系统中,地下水灌溉的优势可以转化为脱贫、粮食安全更好得到保证以及生计的改善。印度超过70%的灌溉农业生产来自于地下水灌溉(Deb Roy and Shah 2003; India NSSO 2005)。很多人将印度的绿色革命称为"管井的革命"(Palmer-Jones 1999)。孟加拉的"大米革命"使该国从大米进口国一跃成为出口国,也要归功于"管井革命"。中国华北平原的农民历史上一直实行玉米和小麦两年三熟的农作制度,但随着地下水灌溉的普及,玉米和小麦一年两熟成为该地区的主导农作制度(照片10.3;Wang and others 2006a)。

摄影:Tushaar Shah

照片 10.3　地下水为中国华北平原提供了灵活和可靠的水源。

这些地区主要通过以下几种方式实现地下水灌溉对生产力的促进作用:

- 提高作物的种植强度。地下水灌溉可以将可能种植作物的土地面积提高到原来的两倍甚至三倍,从而在这些土地匮乏的地区实现土地扩增的干预效果。
- 稳定季风季节时雨养作物的产量。由于西南季风带来的降雨数量和时机具有高度的变异性,季风季节期间种植的作物生产就会面临极大的风险。而地下水灌溉就降低了这些风险。
- 可靠性。地下水补充灌溉的可靠性促进了农业多样化的发展。像水果、蔬菜这样的高附加值作物需要更频繁的、针对特定需要的灌溉。
- 补充灌溉带来的效益在地理分布上的广泛性。非洲撒哈拉以南地区的地下水已经并将继续在农业中发挥一种不那么直接的作用,只影响不到1%的耕种面积(Giordano 2006)。但是非洲几乎20%的灌溉面积是由地下水提供水源的(北非的比例是30%,非洲撒哈拉以南地区是10%)。这占整个非洲大陆耕种面积的0.35%(FAO 2005a)[4]。地下水支撑了非洲的放牧经济和城市周边的高附加值农业。

农业和牧业利用地下水中的性别和平等问题

地下水利用的繁荣带来了更大的在获取灌溉水方面存在的人与人之间、阶层之间和地区之间的不平等现象,大量证据表明这种不平等在亚洲国家尤其突

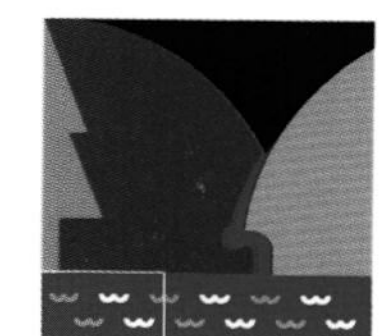

出。这种地下水带来的不平等程度要大于那些为这些地区带来繁荣的大型地表渠灌系统（Shah 1993; Deb Roy and Shah 2003; Bhattarai and Narayanamoorthy 2004; Moench 2003）。

一些研究者发现妇女在渠灌系统管理上的话语权和行动权很小（van Koppen 1998; van Koppen, Parthasarathy, and Safiliou 2002; Shah and others 2000）。尽管如此，还是有很多研究证明了非洲、亚洲、拉丁美洲的很多小农户的妇女在那些地下水利用和小水泵利用盛行的地区寻求改善她们生计的有效途径。相反，地下水的耗竭或水质的退化对这些贫困男女的打击最大。

可持续的地下水管理的前景

在地下水利用现状和驱动其扩张的一系列因素的作用下，农业利用地下水的整体趋势在可以预见的未来不会减少。但是有迹象表明农业利用地下水的模式和方式会发生改变。这些改变提出了挑战，也蕴含着机遇。

> 在地下水利用现状和驱动其扩张的一系列因素的作用下，农业利用地下水的整体趋势在可以预见的未来不会减少。但是利用的模式和方式会发生改变。

重点将从对地下水开发转型为对地下水的管理

世界上很多出现严重的地下水不可持续灌溉问题的地区，政府和管理机构很长时间以来都采用的是资源开发的模式。在管井技术普及之前，政府的政策都旨在通过补贴资本和运行成本的方式来鼓励农业对地下水的利用，有时也会通过政府负责安装并运行管井的方式促进地下水的利用，如南亚（Shah 2000）、中国（Wang, Zhang, and Cai 2004）和中亚。还有许多国家的政府仍采用这种方式，如斯里兰卡和非洲的一些国家。

但是，在那些已经建立起地下水灌溉体系的地方，政府部门、非政府组织、媒体和公众越来越担忧地下水的耗竭和水质退化所造成的后果。这些国家的应对策略是相似的：建立某种地下水管理机构以监测和研究地下水的变化。一旦出现可见的威胁，舆论就会叫嚷着通过法律以规范地下水的开发，通常是对安装和抽取地下水的管井建立许可证制度。不幸的是，这样的孤立措施并不能遏制地下水的开发。

管理地下水的供给

对地下水资源匮乏的一个很自然的反应就是寻找新的水源。但是，由于地下水的开发经常是次于地表水的开发，新的扩充供给水源选择的空间受到限制且成本高昂。

管理地下水补给及雨水收集。雨水收集和人工补给是试图捕获并储存地下雨水和排水的常用做法，被称为“蓄满产流”或“超渗产流”（照片10.4）。雨水收集在增加地下水补给的同时也以牺牲了瞬时径流为代价。当人工补给的地下水排放到河道中时，这种补给水可以在季节后期增加河川径流。人工补给从而可以用来缓解洪水的威胁，并提高季节后期的河川径流。

印度的雨水收集在Chennai，Delhi和Rajkot这些城市的建设规划中列入细则，地下水的人工补给主要由政府推动和资助。在地方水平上，雨水收集已经成为了一种群众运动，尤其是在西印度地区，那里的地下水耗竭已经成为农业生产的主要障碍（Shah 2000; Shah and Desai 2002; Sakthivadivel and Nagar 2003; Agarwal and Narain 1999）。当然对这种说法也不是毫无争议。雨水收集为上游产生的新的水资源服务功能总会和下游河川径流的减少相平衡(Rao and others 2003)。

> 对那些已经建立地下水灌溉系统的地方来说，它们所担忧的是地下水耗竭和水质退化所造成的后果。

用污水补充地下水。许多发展中国家的城市越来越依赖地下水进行供水，并且常常是以损害城市近郊和农村地区农民的利益为代价的。反过来，城市的污水产生量又在稳步增长，这些污水又常常被排放到河流中，从而产生了农民可以选择的替代性水源（Scott，Faruqui，and Raschid-Sally 2004; Bhamoriya 2002; Buechler，Devi，and Raschid-Sally 2002）。这种水源的数量可靠但水质很差，因为发展中国家城市产生的未经处理的污水含有有害的病原微生物、过量的养分和有毒化学物质。大多数地方没有对污水的利用实行严格的监管和控制(见第11章有关劣质水利用的论述)，从而对利用污水的农民以及消费那些用污水灌溉而生产的农产品的消费者的健康造成很大风险，同时还会污染下游地下水并干扰其生态系统，造成环境损害。而替代性的做法是小心谨慎地对污水实施入渗，从而达到增加地下水资源的同时经过土壤和地下含水层介质而对污水进行部分处理的目的(Foster and others 2003)。

地表水和地下水的联合管理。联合水利用是指为满足需求而协调利用地表和地下水。联合管理则是指对地表和地下水进行审慎和有计划的协同管理，以使新开发的水资源项目实现生产力、平等性和环境可持续性上的最优化的状态。随着开发新的灌溉水源的机会急剧减少，可持续性的地下含水层的管理将

摄影：Tushaar Shah

照片 10.4　印度 Dudhara 地区通过收集雨水来补给地下水。

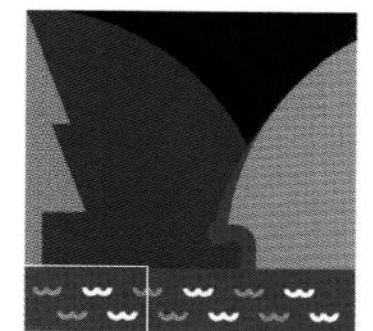

主要依赖于对地表和地下水联合运用的更好的规划和管理。

管理地表和地下水联合运用的一个关键策略是在季风季节到来之前的旱季有计划地降低地下水位，为季风季节即将到来的降雨以及灌溉水回归流预留足够的空间。中国的人民胜利渠曾经使用的联合运用管理办法就是利用地下水井和地表灌渠中的水进行灌溉，用渠道水补给地下水，并将地下水用于非农业的其他目的。这种做法成功地减少了农田渍水和盐渍化的发生，缓解了由于灌溉引起的河川径流降低的矛盾，改善了灌渠和排水沟的泥沙淤积的问题，保证了灌溉水的及时供给，并促进了农业生产(Cai 1988)。但是这种双赢的局面在最近几年却遭到破坏(Pearce 2005)。

随着开发新的灌溉水源的机会急剧减少，可持续的地下含水层的管理将主要取决于对地表和地下水联合运用的更好的规划和管理。

在发展中国家地表和地下水的联合运用在一般情况下是普遍存在的。Dhawan(1988)指出，在印度犹如雨后春笋般出现的地下水井改变了Maharashtra邦Mula灌区的用水状况，认为灌渠灌溉所带来的对地下水补给的间接收益甚至大于地表灌溉的直接收益。Scott和Restrepo (2001) 在墨西哥中部的Lerma-Chapala流域的研究也得到了类似的结论："地下水管理的可持续性不可避免地与地表水的管理紧密联系，并且对地理区域和所灌溉作物的种类高度敏感，同时也对地表水管理措施十分敏感"。从排水沟中取水用来灌溉水稻是南亚很多灌区的常规做法，而从渗水的输水渠道两边的滞水土壤中抽取浅层地下水进行灌溉也是普遍做法。最近对印度河流域最新进展的评价注意到了联合运用水管理对农民收入的影响，但是也指出对联合管理的重视还不够 (Van Halsema 2002; Wahaj 2001; Strosser 1997)。

这种收集灌溉系统两侧的多余地下水的方法表现为联合运用，但还不属于地表-地下水的联合管理(FAO 2001)。摩洛哥的Loukos加压系统可以为其边缘的私人灌溉农户提供超出灌溉系统周边的地下水服务，主要通过免费排水的土壤来获取。意识到灌溉水可以多用途利用，这种利用水井渗水的方法也可以为农户家庭提供比当地水源更好的饮用水，正如在斯里兰卡和巴基斯坦的做法(Boelee and van der Hoek 2002; Ensink and others 2002; Meijer and others 2006; Shortt and others 2003)。

对地表-地下水联合运用的管理在发展中国家还不多见。但在高收入国家对联合运用的管理已经相当发达，足以扭转有效水资源在时间和空间上高度不平均的状况(Blomquist, Heikkila, and Schlager 2001)。在美国亚利桑那州的凤凰城，灌溉系统控制的地表水已经储备起来以备将来农业之需((Lluria and Fisk 1995)。地表灌溉的措施对补给地下水发挥了直接的影响。对于有效的地表水和地下水资源的联合运用管理来说，最关键的就是要提高主要系统的管理水平，有时需要的是对基础设施的改进，但是更多需要的是有关能力建设、组织的有效性，以及更好的信息和沟通能力的问题。

在那些原生盐渍化的地区，如横贯巴基斯坦和印度北部的印度河流域、尼罗河流域、中国的黄河流域，联合运用管理的目标就是要保持水盐平衡。系统的管理者要对灌渠输送到灌区不同地方的水量有更精确的控制，从而维持灌溉中淡水和盐水的最优比例(Murray–Rust and Vander Velde 1992)。根据地下含水层的特点和水质情况,可以将灌区划分为地表水灌区和地下水灌区。地表系统内的补给结构会对灌区的改造和现代化有所帮助。实现地表和地下水联合运用的灌区的另外一个好处就是减少了在那些抽取地下水控制水位上升问题的地区出现的渍水问题,并能提升灌溉潜力,如同在巴基斯坦那样(Van Steenbergen and Oliemans 2002)。

对于有效的地表水和地下水资源的联合运用管理来说,最关键的就是要提高主要系统的管理水平,有时需要的是对基础设施的改进,但是更多需要的是有关能力建设、组织的有效性,以及更好的信息和沟通能力的问题。

对地表水–地下水联合运用的管理已经在城市供水中发挥了作用,并有效保护了地下含水层(Todd and Priestadt 1997)。但是作为供水管理工具的含水层蓄水和恢复措施迄今为止还仅限于城市用水,因为城市用水的水质标准必须有保证,任何污水注入和循环必须以不损害水质为前提(Pyne 1995)。在污水注入和循环的成本高昂的条件下,这种做法不可能对低附加值的、对水质要求不那么严格的农业有好处。

地表–地下水联合运用管理单单在农业上的应用前景看起来很黯淡。在那些联合运用取得良好效果的地方,原有的地表水系统的设计和整体的管理水平很少能达到精确利用地表水的标准,更不用说有计划地对含水层开放的地下水进行补给了。只有接近高附加值的利用才有可能促进对地下水补给和排出的更积极的管理。

跨流域调水。在那些气候条件相差很大的国家,另一个解决缺水问题的管理策略就是大规模的跨流域调水。这种调水方法力图从丰水流域向缺水流域调水以平衡国家整体的水资源获取能力。美国加利福尼亚州的San Joaquin流域就是这样的例子(框10.2)。

中国正在规划并实施类似的调水项目,从南方水资源丰沛的长江流域调水到北方缺水的黄河流域(Liu and Zheng 2002; Keller Sakthivadivel, and Seckler

框 10.2 加利福尼亚州 San Joaquin 流域的跨流域调水

美国加州的 San Joaquin 流域的地下水灌溉已经成为支撑水资源输入的财税来源。由于农业的快速发展,20 世纪 50 年代初期地下水灌溉者已经抽取了超过 12 亿 m^3 的地下水。而灌溉水的渗漏却成为补给地下水的主要方式,超出自然补给速率的 40 倍。而深达 30~60 米的地下漏斗则完全改变了承压含水层的水流方向,很多地区的地下水出水深度达到 250 米。地面沉降很快成为大面积发生的问题。由于地下水开采成本的上升,通过加州引水渠从外部输水就成为顺理成章的选择。1967 年以后,地表水灌溉大幅增长,地下水位升高了 30~100 米。综观整个地区,1967–1984 年间承压水位几乎已经恢复到 1967 年前漏斗深度的一半。由于地表灌溉的补给增多和地下水抽取的减少,一些地区的地下水位已经升高至不到 1.5m,造成了排水的问题。1988 年安装的区域暗管排水系统覆盖面积达 150km^2,这个系统降低了地下水位,但同时也分流了可能补给地下水的部分水量。

来源:Llamas, Back, and Margat 1992.

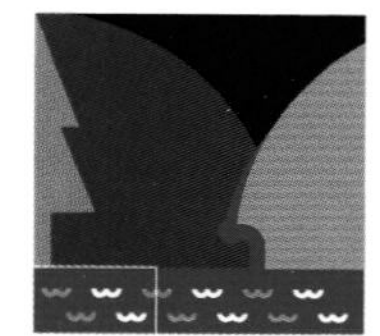

2000; Liu and You 1994)。印度也正在探讨建设连接喜马拉雅山脉河流和Cauveri河以及南印度河流的引水渠道，目前还尚未实施。一般来说，增加供给的干预措施(如雨水收集和加强补给)更易于接受，因为这些措施不会减少现有的用水量。但是，当增加供给的措施考虑到大规模的调水工程的角度时，这种做法就会引起极大的政治上的争议，印度的连接喜马拉雅山脉河流和印度次大陆南部河流的计划即是如此。

> 当增加供给的措施发展到大规模的调水工程的时候，这种做法就会引起极大的政治上的争议。

地下水需求管理

很多中东和北非国家曾经密集开发不可再生地下水进行农业开发，目前已经开始节约利用它们的地下含水层，以便满足当前和未来人口越来越紧迫的饮用水需求。沙特阿拉伯在20世纪70年代扩大了小麦灌溉的面积，并最终成为小麦出口国。在1992年，沙特却花费20亿美元补贴本国的400万吨小麦的生产，而这些小麦在国际市场上的价格不过是4亿美元(Postel 1992)。更近一些时候，沙特已经成功地通过行政控制手段减少了对小麦的灌溉(Abderrahman 2001)。而沙特的邻国阿曼也采取了类似的严格的行政法规措施来控制地下水灌溉的规模。伊朗已在近十年的时间里在其平原地区1/3的面积上禁止建设新的灌溉用管井(Hekmat 2002)。在框10.3中，墨西哥和西班牙对于地下水管理的公有化模式的尝试得到详细描述。亚洲一些国家管理地下水需求的方式在框10.4中进行了讨论。

而在其他一些地方，如约旦、叙利亚和也门，虽然也采取了管制地下水灌溉的措施，但是收效甚微。但是，这样做的迫切性却得到广泛认可。阿尔及利

框 10.3　墨西哥和西班牙的地下水管理

墨西哥和西班牙最近尝试了一种地下水管理的公有化模式。这个模式的内在前提条件是：那些有组织、有能力的地下水使用者会动员他们集体的力量来监测地下水的行为，并采取必要步骤以保护资源，保证对其利用的长期可持续性。墨西哥1993年通过的水资源法规定水资源为联邦拥有，而墨西哥最高法院最近的裁决则应用了这一条款。墨西哥国家水资源委员会对所有的灌溉水井进行了登记注册，并向农民发放了地下水抽取配额的许可证。该委员会还将在含水层覆盖范围内的地下水用户组成地下水管理的技术委员会(Marin 2005，个人交流信息)。

西班牙也尝试了类似的策略。西班牙政府部门组织了地下水用户协会以管理地方的地下水资源。而欧盟框架协议中的一项新的有关保护地下水的条款使得这些用户协会的建立更有意义。

但是，在墨西哥、西班牙及其他地方，这种策略对地下水保育会产生什么样的影响还不明确。而在某些地方，这种效应还产生了负面影响。例如在墨西哥，国家水资源委员会最近进行的一项“不使用就失去”的抽取地下水配额的未利用部分的动议，就在事实上起到了鼓励农民抽取他们本不需要那么多的水量，因为他们害怕会失去配额(Marin 2005，个人交流信息)。而在西班牙的研究则显示，用户协会不能发挥应有作用，水资源法则普遍被忽略(Lopez and Llamas 1999)。

框 10.4　亚洲的地下水管理

如果那些具有产业化农业体系的国家(见表 10.3)发现很难进行可持续性的地下水管理,那些以小农户农业体系为主的国家(包括南亚国家)则甚至还没开始认真对待这个问题。中国所做的努力比同类国家要多,但是它仍需要时间才能看到其努力的成果(Shah, Giordano, and Wang 2004)。墨西哥的模式尽管被认为是解决小农户农业体系的万灵药,但是还没有证据表明墨西哥已经朝着实现可持续性地下水管理的方向前进(见框 10.3)。墨西哥的努力需要产生更好的效果,只有这样才能成为后续国家可资借鉴的模式。

跨国分析则表明,以可持续的方式管理地下水经济不仅事关含水层的水文地质学,还牵扯到一个国家更广泛的政治和社会制度。这些国家如何应对可持续的地下水管理的挑战取决于和每个国家国情相关的因素。这些因素对这种模式是否能在某个国家发挥作用以及在不同国情下发挥作用起到决定性的影响。

就拿禁止管井的措施来说,墨西哥试图在其中央平原地区禁止建设新的管井,这种努力已经持续了 50 年但仍未成功。中国在广阔土地上分布着数量庞大的管井。在未来的几十年里,中国政府不但要将它们纳入到许可证体系中,还要对它们的运行进行管制。而在印度或巴基斯坦达到同样的目标在很长一段时期内是不现实的,原因在于这两个国家的政治制度和结构。印度的马哈拉施特拉邦和安德拉邦已经建立了相当周密的法规以控制地下水的过度开采,但是实施效果却相当有限(Phansalkar and Kher 2003; Narayana and Scott 2004)。

亚、摩洛哥和突尼斯主要依赖可再生的地下水,但是他们的管井数量的增长率却和南亚国家相当,造成了地下含水层的严重污染以及咸水入侵的问题(Bahri 2002)。

转向精准灌溉和节水技术

节水技术主要采用滴灌、喷灌、管灌而不是露天渠道的沟灌方式,常常被推荐用来缓解对地下水资源的压力。但很多研究者却质疑这些技术的效果。首先,水的滴漏并不总是水量的损失,还可能成为下游其他用户用水的来源。第二,只有通过削减过度蒸发(比如从裸露土表、露天沟渠和渍水表面的蒸发)才有希望缓解地下水的减少。如果农民利用从节水技术中释放出来的水量扩大灌溉的话,造成的净效应也许是更多的蒸散量(地下水位的下降),而不是对问题的缓解。Kendy(2003)认为,仅靠削减缺水地区的灌溉农田的面积,如美国某些地区的做法,就可以实现预期的效果。精准灌溉的策略只有在蒸发减少,同时防止盐渍化和污染,或者渗漏的水不能很快地补给地下水的情况下才能发挥节水效果。

不管怎么说,微灌技术的普及率都将增长。然而,很多像印度这样的国家对节能的关注程度要高于节水。能源补贴占政府预算的很大一部分。而微灌技术的采用如果不考虑水利用率的情况下肯定会提高地下水灌溉的能源效率。另外,在世界范围内,农民采用微灌技术并不完全是为了节水,更多的是为了提高

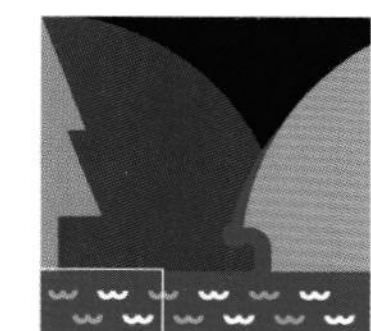

作物产量和品质。这种现象在亚洲农民中也开始变得越发明显。微灌系统曾经属于资本密集型投资,因为它们包含精密的控制系统,适用于大型农田。很多非政府组织和灌溉设备公司却发现,亚洲的农民可以在没有这些昂贵设备的条件下实现微灌,因此目前微灌的成本已经降到十年前水平的一小部分。很多非政府组织都在推动低成本的微灌技术在亚洲和非洲贫困妇女农民中的应用。同样,他们所关注的与其说是节约地下水,不如说是改善生计。

节水作物和技术。尽管存在争议,人们还是对通过水稻集约化体系实现节水的突破寄予厚望,这项由多项农艺措施和技术组合而成的集成技术包认为水稻能够抵挡洪灾,同时又不过多需要水分生存。水稻集约化种植体系是否会取得显著的节水效果还存在争议(见第14章有关水稻的论述)。但是很多国家的政府,包括中国、印度南部的安德拉邦、卡纳塔卡邦和泰米尔那德邦,都在积极推动这项技术,作为应对水稻体系中日益严重的缺水问题的方法(Jothimani and Thiyagarajan 2005; Satyanarayana 2005)。其实这个系统需要解决的真正问题是地下水灌溉的能源成本。在孟加拉国、印度的西孟加拉邦和阿萨姆邦这些水稻种植区,那里的绿色革命是由柴油泵抽取的地下水灌溉水稻开始的。而随着柴油价格的上涨和水稻价格的下降,水稻种植面积急剧下滑。集约化水稻种植体系通过削减灌溉成本为在该区域实现水稻种植的复兴提供了机会。免耕、干湿交替灌溉和其他一些农艺措施的配合使用将有望实现大田作物的节水。

> 精准灌溉的策略只有在蒸发减少,并能够防止盐渍化和污染,或者渗漏的水不能很快地补给地下水的情况下才能发挥节水效果。

其他能够节省地下水的作物种植模式的转变还包括在中国华北平原大规模推广用雨养玉米代替灌溉水稻,用Bt转基因棉代替灌溉玉米的做法。在中国东北的辽宁省,电价和化学肥料价格的上涨加上国际市场水稻价格的下降,造成了雨养玉米已经大规模地取代了灌溉水稻,从而使当地的地下水位得到显著恢复(Shah, Giordano, and Wang 2004)。

多样化作物种植和每一滴水产生更多经济价值。在主要采用地下水灌溉的中国华北平原,目前已经出现大范围的从玉米种植转向转Bt基因棉的种植,因为这种棉花在滴灌和覆膜状态下长势极佳。同样突出的是转向种植供给国内外市场的高附加值的水果和蔬菜。而水果和蔬菜在地下水灌溉条件下长势同样良好。在印度许多依赖地下水灌溉的地区,同样的转变表现为利用地下水的乳制品产业的快速扩张。在地下水用水压力较大的印度安德拉邦,乳制品的产出值近年来已经超出了所有其他作物的总产值(Tukker 2005,个人交流信息)。在同样受到地下水用水压力的北古杰拉特邦,乳品在地下水灌溉的饲料作物的支撑下也迅速扩张,已经成为该地区维持农村生计的主要方式(Kumar and Singh 2004)。在印度泰米尔纳度邦地下水出现短缺的地区,地下水灌溉的水稻已经让位于一些外来作物如香草。这些做法是否能够真正缓解对地下水的压力还不确定,但是这些措施将有助于改善农民的生计并提高每单位地下水产出的经济效益。

就业多样化。小农户农业体系中出现的地下水紧张现象基本上反映了人口对农业所造成的压力。在印度的某些干旱和半干旱地区,密集的地下水资源支撑着很高的人口压力，而地下水有效性和可靠性程度的下降已经使很多农民被迫离开农业。这种转型可以是有计划的，如果农民有意识地过度开采地下水，以从土地上产生更多的财富来支持他们子女的教育和未来永久地迁入城市生活(Moench and Dixit 2004)。从中长期来看，将人口转移到非农产业将缓解对地下水和土地的压力。

*　　　*　　　*

总结来看，在世界上那些地下水农业利用正在增长的地区，解决方案必须要考虑人的因素。如果没有成百上千万的衷心用户，任何资源管理战略都不可能取得成功。正如Noam Chomsky，一位生活在现在的伟大哲学家所说：

> 在这个历史阶段，两种选择中的任何一个都有可能发生。或者是人类将掌控自己的命运，在团结和同情的基础上关心社区和他人的利益；或者是没有任何人能控制自己的命运(Noam Chomsky本人和媒体同意下引用2:40:53)

审稿人

审稿编辑: Fatma Attia.

评审人: Zafar Altaf, John Chilton, Ramaswamy R. Iyer, Gunnar Jacks, Todd Jarvis, Simi Kamal, Flemming Konradsen, Aditi Mukherji, James Nachbur, Lisa Schipper, and Dennis Wichelns.

注解

1. 还有其他一些在国际机构资助下的个人研究者整理的数据集。Maegat (2005，个人交流信息)汇编整理了地下水灌溉面积的估计值。这些数据主要采用联合国粮农组织的AQUASTAT水资源数据库，其中一些国家采用了更新过的数据。而Zekster和Everett(2004)向联合国教科文组织国家水文计划报告的数据是另一个来源，但是这个数据集也是来源于各国政府的数据，和粮农组织AQUASTAT数据库来源相同。

2. 粮农组织的AQUASTAT水资源数据库中缺少地下水灌溉面积的数据。如果将中国的数据排除在外的话，对全球形势的分析是不完整的，因此我们采用了中国国家统计局(2002)提供的地下水灌溉面积的估计值：846万公顷。但是Wang和其他研究者(2006b)引用了中国政府的一个官方来源的数据表明，2000年中国地下水灌溉面积约为1500万公顷。

3. 国际水资源研究所 (IWMI) 的全球灌溉分布图 (Thenkabail and others 2006)是根据遥感数据绘制的，估计全球1999年地下水灌溉面积大约是4.8亿公顷，远远大于最近的2.57亿~2.8亿公顷的估计值。根据IWMI的地图，地下水或者是以联合运用的方式或者以唯一的灌溉水源参与了全球1.32亿公顷耕地的灌溉，比粮农组织估计的地下水灌溉面积高出50%。

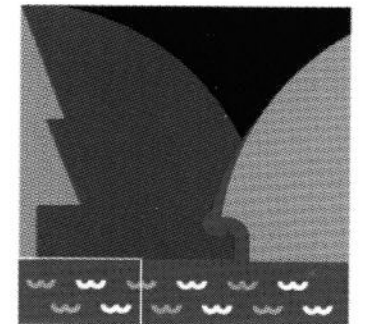

4. 这些数据没有包括fadama和 bas fonds地区的数字，因为这些灌溉方式没有被归类为有设备的灌溉面积而是作为水管理面积计算的。

参考文献

Abderrahman, W.A. 2001. "Water Demand Management in Saudi Arabia." In N.I. Faruqui, A.K. Biswas, and M.J. Bino, eds., *Water Management in Islam.* Tokyo: United Nations University.

Agarwal, A., and S. Narain. 1999. *Making Water Management Everybody's Business: Water Harvesting and Rural Development in India.* Gatekeeper Series 87. International Institute for Environment and Development, London.

Allan, J.A. 2003. "Virtual Water—The Water, Food, and Trade Nexus: Useful Concept or Misleading Metaphor?" *Water International* 28 (1): 106–12.

Bahri, A. 2002. "Integrated Management of Limited Water Resources in Tunisia—Research Topic Priorities." In R. Rodríguez, ed., *Identifying Priorities and Tools for Cooperation. INCO-MED Workshops.* Brussels: European Commission and Spanish National Research Council.

BGS (British Geological Survey). 2004. *Community Management of Groundwater Resources: An Appropriate Response to Groundwater Overdraft in India?* London: British Geological Survey.

Bhamoriya, V. 2002. "Wastewater and Welfare: Pump Irrigation Economy of Peri-urban Vadodara." Discussion Paper. Annual Partners' Meet 2002. IWMI-Tata Water Policy Research Program, Mumbai and Colombo.

Bhattarai, M., and A. Narayanamoorthy. 2004. "Dynamics of Irrigation Impacts on Rural Poverty in India." Paper presented at the Third IWMI-Tata Annual Water Policy Workshop, 17–19 February, 2004, Anand, India.

Blomquist, W., T. Heikkila, and E. Schlager. 2001. "Institutions and Conjunctive Water Management Among Three Western States." *Natural Resources Journal* 41 (3): 653–83.

Boelee, E., and W. van der Hoek. 2002. "Impact of Irrigation on Drinking Water Availability in Sri Lanka / Impact de l'irrigation sur la disponibilité de l'eau potable au Sri Lanka." ICID-CIID 18th Congress on Irrigation and Drainage, 21–28 July, Montreal, Canada. Q. 51, R. 5.04. International Commission on Irrigation and Drainage.

Bruinsma, J., ed. 2003. *World Agriculture: Towards 2015/2030, An FAO Perspective.* London and Rome: Earthscan and Food and Agriculture Organization.

Buechler, S., G. Devi and L. Raschid-Sally. 2002. "Livelihoods and Wastewater Irrigated Agriculture along the Musi River in Hyderabad City, Andhra Pradesh, India." *Urban Agriculture Magazine* 8 (Wastewater Reuse in Urban Agriculture): 14–17.

Burke, J.J. 1996. "Hydrogeological Provinces in Central Sudan: Morphostructural and Hydrogeomorphological Controls." In A.G. Brown, ed., *Geomorphology and Groundwater.* Chichester, UK: Wiley.

Burke, J.J., and M. Moench. 2000. *Groundwater and Society: Resources, Tensions and Opportunities.* New York: United Nations.

Cai, L. 1988. "Efficient Conjunctive Use of Surface and Groundwater in the People's Victory Canal." In G.T. O'Mara, ed., *Efficiency in Irrigation.* Washington, D.C.: World Bank.

Calow, R.C., N.S. Robins, A.M. Macdonald, D.M.J. Macdonald, B.R. Gibbs, W.R.G. Orpen, P. Mtembezeka, A.J. Andrews and S.O. Appiah. 1997. "Groundwater Management in Drought-prone Areas of Africa." *Water Resources Development* 13 (2): 241–61.

Carter, R.C., and P. Howsam. 1994. "Sustainable Use of Groundwater for Small Scale Irrigation: With Special Reference to Sub-Saharan Africa." *Land Use Policy* 11 (4): 275–85.

China, National Bureau of Statistics. 2002. *China Statistical Year Book 2002.* Beijing: China Statistical Publishing House

Coughanowr, C. 1994. *Ground Water.* Water-related Issues of the Humid Tropics and Other Warm Humid Regions. IHP Humid Tropics Programme Series 8. United Nations Educational, Scientific and Cultural Organization, Paris.

Deb Roy, A., and T. Shah. 2003. "Socio-Ecology of Groundwater Irrigation in India." In R. Llamas and E. Custodio, eds., *Intensive Use of Groundwater: Challenges and Opportunities.* Lisse, Netherlands: Swets and Zeitlinger.

Delgado, C., M. Rosegrant, H. Steinfed, S. Ehui, and C. Courbois. 2003. *Livestock to 2020: The Next Food Revolution.* Food, Agriculture and Environment Discussion Paper 28. International Food Policy Research Institute, Washington, D.C.

Dhawan, B.D. 1988. *Irrigation in India's Agricultural Development: Productivity-Stability-Equity.* New Delhi: India: Commonwealth Publishers.

Döll, P., and M. Flörke. 2005. "Global-Scale Estimation of Diffuse Groundwater Recharge." Hydrology Paper 3. Frankfurt University, Insitute of Physical Geography, Germany.

Dong, K.C. 1991. "The Historical and Social Background." In G. Xu and L.J. Peel, eds., *The Agriculture of China.* New York: Oxford University Press.

Ensink, J.H.J., M.R. Aslam, F. Konradsen, P.K. Jensen, and W. van der Hoek. 2002. "Linkages between Irrigation and Drinking Water in Pakistan." Working Paper 46. International Water Management Institute, Colombo.

FAO (Food and Agriculture Organization). 2001. "La valorisation de l'eau d'irrigation dans un grand périmètre irrigué. Le cas du Loukkos au Maroc." Food and Agriculture Organization Ministry of Agriculture, Forestry, and Water Management, Rome.

———. 2004. *Economic Valuation of Water Resources in Agriculture: From the Sectoral to a Functional Perspective of Natural Resource Management.* FAO Water Report 27. Rome.

———. 2005a. AQUASTAT database. [www.fao.org/ag/agl/aglw/aquastat/main/index.stm].

———. 2005b. Global Map of Irrigated Areas Version 3.0 [www.fao.org/ag/agl/aglw/aquastat/irrigationmap/index.stm].

Foster, S., M. Nanni, K. Kemper, H. Garduño, and A. Tuinhof. 2003. "Utilization of Non-Renewable Groundwater—A Socially-sustainable Approach to Resource Management." GW-Mate Briefing Note 11. World Bank, Washington, D.C.

Giordano, M. 2006. "Agricultural Groundwater Use and Rural Livelihoods in Sub-Saharan Africa: A First-cut Assessment." *Hydrogeology Journal* 14 (3): 310–18.

Gomes, N. 2005. "Access to Water, Pastoral Resource Management and Pastoralists Livelihoods: Lessons from Water Development in Selected Areas of Eastern Africa (Kenya, Ethiopia, Somalia)." Food and Agriculture Organization Livelihoods Support Programme, Rome.

Hekmat, A. 2002. "Overexploitation of Groundwater in Iran: Need for an Integrated Water Policy." Paper for the IWMI–ICAR–Colombo Plan Policy Dialogue "Forward-Thinking Policies for Groundwater Management: Energy, Water Resources, and Economic Approaches." India International Center, 2–6 September, New Delhi.

Hernandez-Mora, N., L. Martinez-Cortina, and J. Fornes. 2003. "Intensive Groundwater Use in Spain." In M.R. Llamas and E. Custodio, eds, *Intensive Use of Groundwater: Challenges and Opportunities.* Leiden, Netherlands: Balkema.

Howard, K. 2004. "Strategic Options and Priorities in Groundwater Resources: Workshop Context." Presented at the STAP-GEF Technical Review Workshop on Strategic Options and Priorities in Groundwater Resources, United Nations Educational, Scientific and Cultural Organization, 5–7 April, Paris.

India, Ministry of Water Resources, Minor Irrigation Division. 2005. *Report on 3rd Census of Minor Irrigation Schemes (2000-01).* New Delhi.

India, NSSO (National Sample Survey Organisation). 1999. *Cultivation Practices in India.* Report 451 (54/31/3), 54th round, January-June 1998. New Delhi.

———. 2003. *Report on Village Facilities.* Report 487 (58/3.1/1) 58th round, July-December, 2002. New Delhi.

———. 2005. *Situation Assessment Survey of Farmers: Some Aspects of Farming,* Report 496(59/33/3) 59th National Sample Survey Round, January–December 2003. New Delhi.

Jothimani, S., and T.M. Thiyagarajan. 2005. "Optimization of Water for Crop Quality and Grain Yield of Rice under System of Rice Intensification." Paper presented at the Fourth IWMI-Tata Annual Water Policy Workshop, 24–26 February, Anand, India.

Keller, A., R. Sakthivadivel, and D. Seckler. 2000. *Water Scarcity and the Role of Storage in Development.* IWMI Research Report 39. Colombo: International Water Management Institute.

Kendy, E. 2003. "The False Promise of Sustainable Pumping Rates." *Ground Water* 41 (1): 2–4.

Kikuchi, M., P. Weligamage, R. Barker, M. Samad, H. Kono, and H.M. Somaratne. 2003. *Agro-Well and Pump Diffusion in the Dry Zone of Sri Lanka—Past Trends, Present Status and Future Prospects.* IWMI Research Report 66. Colombo: International Water Management Institute.

Kumar, M.D., and O.P. Singh. 2004. "Virtual Water in Global Food and Water Policy Making: Is There a Need for Rethinking?" *Water Resources Management* 19 (6): 759–89.

Liu, C., and H. Zheng. 2002. "South-to-North Water Transfer Schemes for China." *Water Resources Development* 18 (3): 453–71.

Liu, C.M., and M.Z. You. 1994. "The South-to-North Water Transfer Project and Sustainable Agricultural Development on the North China Plain." In C.M. Liu and K.C. Tan, eds., *Chinese Environment and Development 5, No. 2.* New York: M.E. Sharp, Inc.

Llamas, R., and E. Custodio, eds. 2003. *Intensive Use of Groundwater—Challenges and Opportunities.* Leiden, Netherlands: Balkema.

Llamas, R., W. Back, and J. Margat. 1992. "Groundwater Use: Equilibrium Between Social Benefits and Potential Environmental Costs." *Hydrogeology Journal* 1 (2): 1431–2174.

Lluria, M.R., and M. Fisk. 1995. "A Large Aquifer Storage Facility for the Phoenix Area." In I. Johnson and D. Pyne, eds., *Artificial Recharge of Ground Water II.* New York: American Society of Civil Engineers.

Lopez, G., and M.R. Llamas. 1999. "New and Old Paradigms in Spain's Water Policy." In U. Farinelli, V. Kouzminov, M. Martellini, and R. Santesso, eds., *Water Security in the Third Millennium: Mediterranean Countries Towards a Regional Vision.* United Nations Educational, Scientific and Cultural Organization, Science for Peace Series, Como, Italy.

"Manufacturing Consent: Noam Chomsky and the Media." 2006. Directed by Mark Archbar and Peter Wintonick, 1992. Necessary Illusions. *Wikipedia.*

Margat, J. 2005. Personal communication on groundwater resources. Hydrogeologist, Geological and Mining Research, Orleans, France.

Marin, L. 2005. Personal communication on groundwater use and management. Universidad Nacional Autónoma de México, Mexico City, 23 June.

Martinez-Cortina, L., and N. Hernandez-Mora. 2003. "The Role of Groundwater in Spain's Water Policy." *International Water Resources Association* 28 (3): 313–20.

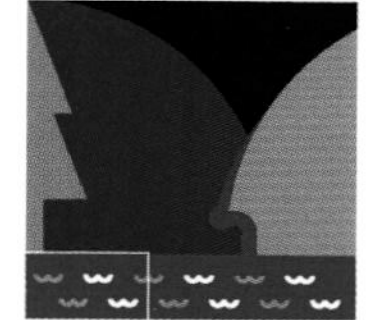

Meijer, K., E. Boelee, D. Augustijn, and I. van der Molen. 2006. "Impacts of Concrete Lining of Irrigation Canals on Availability of Water for Domestic Use in Southern Sri Lanka." *Agricultural Water Management* 83 (3): 243–51.

Moench, M. 2003. "Groundwater and Poverty: Exploring the Connections." In M.R. Llamas and E. Custodio, eds., *Intensive Use of Groundwater: Challenges and Opportunities.* Leiden, Netherlands: Balkema Publishers.

Moench, M., and A. Dixit. 2004. *Adaptive Capacity and Livelihood Resilience: Adaptive Strategies for Responding to Floods and Droughts in South Asia.* Nepal and Boulder, Colo.: Institute for Social and Environmental Transition.

Molle, F., T. Shah, and R. Barker. 2003. "The Groundswell of Pumps: Multi-level Impacts of a Silent Revolution." In *ICID Asian Regional Workshop, Sustainable Development of Water Resources and Management and Operation of Participatory Irrigation Organizations, November 10–12, 2003, the Grand Hotel, Taipei.* Vol.1. Taipei: International Commission on Irrigation and Drainage.

Mukherji, A., and T. Shah. 2005. "Socio-Ecology of Groundwater Irrigation in South Asia: An Overview of Issues and Evidence." In A. Sahuquillo, J. Capilla, L.M. Cortina, X.S. Vila, eds., Groundwater: Intensive Use. International Association of Hydrogeologists. *Selected Papers on Hydrogeology* 7. Leiden, Netherlands: Taylor & Francis.

Murray-Rust, H., and E. Vander Velde. 1992. "Conjunctive Use of Canal and Groundwater in Punjab, Pakistan: Management and Policy Options." In *Advancements in IIMI's Research 1992.* A selection of papers presented at the Internal Program Review. Colombo: International Irrigation Management Institute.

Narayana, P., and C. Scott. 2004. "Effectiveness of Legislative Controls on Groundwater Extraction." Paper presented at the Third IWMI-Tata Annual Water Policy Workshop, 17–19 February, Anand, India.

Palmer-Jones, R. 1999. " Slowdown in Agricultural Growth in Bangladesh: Neither a Good Description nor a Description Good to Give." In Ben Rogaly, Barbara Harris-White, and Sugata Bose, eds., 1999. *Sonar Bangla? Agricultrural Growth and Agrarian Change in West Bengal and Bangladesh.* New Delhi: SAGE Publications

Pearce, G. 2005. *Investing in Building Capacity in Agricultural Water Management in Shaping the Future of Water for Agriculture: A Sourcebook for Investment in Agricultural Water Management.* Washington, D.C.: World Bank, Agriculture and Rural Development Department.

Phansalkar, S., and V. Kher. 2003. "A Decade of Maharashtra Groundwater Legislation: Analysis of Implementation Process in Vidarbha." In S. Phansalkar, ed., *Issues in Water Use in Agriculture in Vidarbha.* Nagpur, India: Amol Management Consultants.

Postel, S. 1992. *Last Oasis: Facing Water Scarcity.* New York: W.W. Norton.

Pyne, R.G.D. 1995. *Groundwater Recharge and Wells. A Guide to Aquifer Storage and Recovery.* Boca Raton, Fla.: Lewis Publishers.

Rao, M.S.R.M, C.H. Batchelor, A.J. James, R. Nagaraja, J. Seeley, and J.A. Butterworth. 2003. Andhra Pradesh Rural Livelihoods Programme Water Audit Report. Andhra Pradesh Rural Livelhoods Programme, Rajendranagar, Hyderabad, India.

Repetto, R., ed. 1985. *The Global Possible: Resources, Development, and the New Century.* New Haven, Conn.: Yale University Press.

Sakthivadivel, R., and R.K. Nagar. 2003. *Private Initiative for Groundwater Recharge—Case of Dudhada Village in Saurashtra.* Water Policy Research Highlight 15. Discussion Paper. Annual Partners' Meet 2002. IWMI-Tata Water Policy Research Program, Mumbai and Colombo.

Satyanarayana, A. 2005. System of Rice Intensification—An Innovative Method to Produce More with Less Water and Inputs. Paper presented at the Fourth IWMI-Tata Annual Water Policy Workshop, 24–26 February, Anand, India.

Scott, C.A., and C.G. Restrepo. 2001. "Conjunctive Management of Surfacewater and Groundwater in the Middle Rio Lerma Basin, Mexico." In A.K. Biswas and C. Tortajada, eds., *Integrated River Basin Management.* Oxford, UK: Oxford University Press.

Scott, C.A., N.I. Faruqui, and L. Raschid-Sally. 2004. *Wastewater Use in Irrigated Agriculture: Confronting the Livelihood and Environmental Realities.* Wallingford, UK: CABI Publishing, International Water Management Institute, and International Development Research Centre.

Shah, T. 1993. *Water Markets and Irrigation Development: Political Economy and Practical Policy.* Bombay, India: Oxford University Press.

———. 2000. "Mobilizing Social Energy against Environmental Challenge: Understanding the Groundwater Recharge Movement in Western India." *Natural Resources Forum* 24 (3): 197–209.

———. 2005. "Groundwater and Human Development: Challenges and Opportunities in Livelihoods and Environment." *Water, Science & Technology* 51 (8): 27–37.

Shah, T., and R. Desai. 2002. "Creative Destruction: Is That How Gujarat is Adapting to Groundwater Depletion? A Synthesis of ITP Studies." Discussion Paper. Annual Partners' Meet 2002. IWMI-Tata Water Policy Research Program, Mumbai and Colombo.

Shah, T., M. Giordano, and J. Wang. 2004. "Irrigation Institutions in a Dynamic Economy: What Is China Doing Differently from India?" *Economic and Political Weekly* 39 (31): 3452–61.

Shah, T., O.P. Singh, and A. Mukherji. 2006. "Groundwater Irrigation and South Asian Agriculture: Empirical Analyses from a Large-scale Survey of India, Pakistan, Nepal Terai and Bangladesh." *Hydrogeology Journal* 14 (3): 286–309.

Shah, T., A. DebRoy, A.S. Qureshi, and J. Wang. 2003. "Sustaining Asia's Groundwater Boom: An Overview of Issues and Evidence." *Natural Resources Forum* 27 (2): 130–40.

Shah, T., M. Alam, M.D. Kumar, R.K. Nagar, and M. Singh. 2000. *Pedaling Out of Poverty: Social Impact of a Manual Irrigation Technology in South Asia.* IWMI Research Report 45. Colombo: International Water Management Institute.

Shortt, R., E. Boelee, Y. Matsuno, G. Faubert, C. Madramootoo, and W. van der Hoek. 2003. "Evaluation of Thermotolerant Coliforms and Salinity in the Four Available Water Sources of an Irrigated Region of Southern Sri Lanka." *Irrigation and Drainage* 52 (2): 133–46.

Singh, O.P., A. Sharma, R. Singh, and T. Shah. 2004. "Virtual Water Trade in Dairy Economy: Irrigation Water Productivity in Gujarat." *Economic and Political Weekly* 39 (31): 3492–97.

Sonou, M. 1994. "An Overview of Lowlift Irrigation in West Africa: Trends and Prospects." Food and Agriculture Organization, Rome.

Strosser, P. 1997. "Analysing Alternative Policy Instruments for the Irrigation Sector. An Assessment of the Potential for Water Market Development in the Chistian Sub-division." Wageningen Agricultural University, Department of Water Resources, Netherlands

Thenkabail, P.S., C.M. Biradar, H. Turral, P. Noojipady, Y.J. Li, J. Vithanage, V. Dheeravath, M. Velpuri, M. Schull, X.L. Cai, and R. Dutta, R. 2006. *An Irrigated Area Map of the World (1999) Derived from Remote Sensing.*" Research Report 105. Colombo: International Water Management Institute.

Todd, D.K., and I. Priestadt. 1997. "Role of Conjunctive Use in Groundwater Management." In D.R. Kendall, ed., *Conjunctive Use of Water Resources: Aquifer Storage and Recovery.* AWRA Symposium Proceedings. American Water Resources Association Technical Publication Series 97 (2): 139–45.

Tukker, S.P. 2005. Personal communication. Secretary (Water Resources), Government of Andhra Pradesh, Hyderabad, Presentation made in a meeting in Hotel Ashoka, Delhi on 13th January, 2005.

UN (United Nations). 1960. *Large-Scale Groundwater Development.* Water Resources Development Centre. New York.

van Halsema, G.E. 2002. "Trial and Re-trial: The Evolution of Irrigation Modernisation in NWFP, Pakistan." PhD diss. Wageningen University, Department of Water Resources, Netherlands. [http://library.wur.nl/wda/dissertations/dis3246.pdf].

van Koppen, B. 1998. *More Jobs per Drop: Targeting Irrigation to Poor Women and Men.* Wageningen, Netherlands, and Amsterdam, Netherlands: Wageningen Agricultural University and Royal Tropical Institute.

van Koppen, B., R. Parthasarathy, and C. Safiliou. 2002. *Poverty Dimensions of Irrigation Management Transfer in Large-scale Canal Irrigation in Andhra Pradesh and Gujarat, India.* IWMI Research Report 61. Colombo: International Water Management Institute.

van Steenbergen, F., and W. Oliemans. 2002. "A Review of Policies in Groundwater Management in Pakistan 1950–2000." *Water Policy* 4 (4): 323–44.

Wahaj, R. 2001. "Farmers Actions and Improvements in Irrigation Performance Below the Mogha: How Farmers Manage Water Scarcity and Abundance in a Large Scale Irrigation System in South-eastern Punjab, Pakistan." PhD diss. Wageningen University, Department of Water Resources, Netherlands.

Wang, J., L. Zhang, and S. Cai. 2004 "Assessing the Use of Pre-paid Electricity Cards for the Irrigation Tube Wells in Liaoning Province, China." Anand, India, and Beijing: IWMI-Tata Water Policy Program and Chinese Centre for Agricultural Policy.

Wang, J., L. Zhang, C. Rozelle, A. Blanke, and Q. Huang. 2006a. "Groundwater in China: Development and Response." In Mark Giordano and Villholth, K.G., eds., *The Agricultural Groundwater Revolution: Opportunities and Threats to Development.* Wallingford, UK: CABI Publishing.

Wang, J., J. Huang, Q. Huang, and S. Rosalle. 2006b. "Privatization of Tubewells in North China: Determinants and Impacts on Irrigated Area, Productivity and the Water Table." *Hydrogeology Journal* 14 (3): 275–85.

Warner, J. 2003. "Virtual Water—Virtual Benefits? Scarcity, Distribution, Security and Conflict Reconsidered." In A.Y. Hoekstra, ed., *Virtual Water Trade: Proceedings of the International Expert Meeting on Virtual Water Trade.* Value of Water Research Reports Series 12. Delft, Netherlands: Institute for Water Education.

Winter, T.C., J.W. Harvey, O.L. Franke, and W.M. Alley. 1998. *Ground Water and Surface Water: A Single Resource.* U.S. Geological Survey Circular 1139. U.S. Department of the Interior, U.S. Geological Survey, Denver, Colo.

Zekster, I.S., and L. Everett. 2004. *Groundwater Resources of the World and Their Uses.* IHP-VI Series on Groundwater 6. Paris: United Nations Educational, Scientific, and Cultural Organization.

供给城市

艺术家:Titilope Shittu, NigeriaTitilope

第 11 章 农业利用劣质水:机遇和挑战

协调主编:Manzoor Qadir
主 编:Dennis Wichelns, Liqa Raschid-Sally, Paramjit Singh Minhas, Pay Drechsel, Akica Bahri, and Peter McCornick
主要作者:Robert Abaidoo, Fatma Attia, Samia El-Guindy, Jeroen H.J. Ensink, Blanca Jimenez, Jacob W. Kijne, Sasha Koo-Oshima, J.D. Oster, Lekan Oyebande, Juan Antonio Sagardoy, and Wim van der Hoek.

概览

全世界几百万小农户都在利用劣质水灌溉,因为别无选择。主要有两种劣质水:城市及城市近郊产出的污水;盐碱化的农业排水和地下水。发展中国家的城市周边,农民利用从居住、商业和工业区产生的污水,有时会经过稀释,但通常是未经处理。有时位于三角洲地区和大型灌溉系统末端的农民会采用灌渠水、盐化排水和污水混合的方法进行灌溉。还有其他人利用盐化或碱化的地下水进行灌溉,有的是完全使用,有的是和水质较好的地表水混合的方式使用。

污水中常常含有很多种污染物:盐分、金属、类金属、病原体、药物残留物、有机化合物、内分泌干扰体化合物、个人洗护用品的活性残留物。这些物质中的任何一种都会损害人类健康并污染环境。接触污水的农民健康会受到损害,而食用了污水灌溉生产的蔬菜和粮食的消费者也会发生健康风险。因此,必须对污水利用进行仔细规划才能实现对其的有效利用。

和污水形成鲜明对比的是,盐化和碱化水含有会损害植物生长的盐分,但却很少含有金属和病原体。但是这种盐、碱水却会造成土壤的盐渍化和渍水问题，会降低成百上千万公顷农田的生产力。而成功地应用盐水或碱水进行灌溉需要精心管理，以预防近期的作物单产的减少和长期的生产力的降低。

在发展中国家许多利用未处理的和稀释的污水进行灌溉的小农户还会对有水可用感到幸运，因为他们没有能力负担优质地表水或抽取地下水。农民当然更喜欢用非盐水灌溉，但很多地方只有盐水或碱水可用。灌区末端供给农民的灌溉水通常是来自于灌区首端农民灌溉水的含有盐分的排水。在工业化国家的某些地方，农民会对盐化的排水进行再利用，因为这些国家严格的环境政策禁止将盐化水排放到河流和湖泊。

> 公共部门官员所面临的挑战是如何制定能够使农民利用有限水资源实现经济产值最大化，同时保护公共健康和环境的政策。

很多地区对灌溉用污水的需求和供给都在增长[EBI]。需求的增加主要是由于农民可以利用城市及周边环境生产水果蔬菜可以获得的丰厚回报所驱动的。而三角洲地区和大型灌溉系统对有限水资源日益加剧的竞争也使得对污水的需求增加。在发展中国家大城市、城镇和村庄人口的增长使污水供给的规模不断扩张。在很多社区，污水数量增长速度已经超过了污水处理设施的建设和投入运行的速度，从而造成了更多的污水被排放到露天沟渠或农业管道中。

很多地区公共部门的官员对污水供给和需求增长且日益用于灌溉的现象观点不一，而长期的健康效应将最终影响公共预算[S]。在那些公共预算不足以处理污水的地方，农民会利用未处理的污水进行灌溉。这种做法的收益不仅可以使农民养家糊口，也许还会促进当地和区域的经济活动。除此之外，如果农民不能用污水灌溉的话，城市居民也得不到由本地供应的水果和蔬菜。而污水灌溉增加的负面影响则是农民、消费者和环境总体上遭受的风险加大。使用污水灌溉造成的长期健康风险最终会超过公共预算的承受力，或者直接导致用于卫生健康的直接的公共费用增加，或者间接地由于污水灌溉造成土地生产力的下降。

农业中利用污水和盐水或碱水在很多地方增加了灌溉水量，但是这造成的非农和长期的负面效应也很大[EBI]。污水利用会影响农民和消费者的健康，而长期利用盐水和碱水灌溉会损害土壤质量并降低生产力和作物产量。公共部门官员所面临的挑战是如何制定能够使农民利用有限水资源实现经济产值最大化，同时保护公共健康和环境的政策。

污水灌溉是有风险的，尽管具体的病原体和风险之间的关联并不明确。污水利用带来的健康风险必须和其带来的潜在收益联合起来考虑 [CE]。私人以及公共的收益和风险与污水利用相关联。在不同国家和情形下最优处理策略相差很大。经济学、科学和政治都会影响污水处理项目和利用。而试图完全禁止污水灌溉的政策，如果被强制执行的话会消除和作物生产有关的预期的经济效益。

公共机构在评价水管理战略时应该考虑污水和盐碱水的因素，这样才能最优化利用有限的水资源[EBI]。在执行改善劣质水在农业利用并最小化其利用风险的政策方面有三个窗口期：在劣质水产生之前；在劣质水正在使用时；在作物

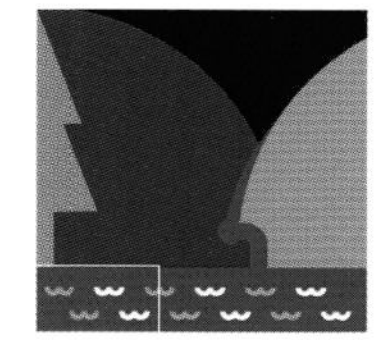

灌溉后且产品准备销售和消费时。在很多地方，劣质水的处理和清理成本可以通过最小化劣质水数量的方式得到降低。而改善污水利用的努力和对农产品收获后的处理会降低对公共健康造成的影响。妇女在农业生产和食品准备方面具有特殊的作用，特别是在利用污水灌溉的地方，所以应该特别注意将妇女纳入到促进卫生并最小化风险的方法的教育培训项目中。

有两个因素的存在使得与农业污水利用的相关政策复杂化：一个是大多数污水是由农业之外的部门产生的，另一个是很多个人和组织有着和污水利用相关的政策利益[EBI]。有力的制度协调十分关键，同时还需要灵活的控制和管理机制相配合。公众对污水再利用的担心随着污水类型、处理级别和信息公开程度的不同而有所不同。排放标准、税收和可交易的许可证都会提高那些从点源排放污水的家庭和工业改善他们的水管理的积极性。相关政策包括有效的水配置和定价、水权、对地下水抽取的限制、全成本的能源定价，以及促进农田节水灌溉投资的动机。

> 全世界范围内，劣质水在农业供水中的比例将越来越高，特别是在缺水国家。

一些国家的公共机构已经实行了劣质水的相关政策[WE]。埃及计划将其再利用劣质水的比例从2000年的10%提高到2017年的17%（Egypt MWRI 2004）。2003年，突尼斯有大约43%的污水在处理后被再利用。印度的污水利用也会增加，因为输送给农业的淡水的比例将从目前的85%降低到2025年的77%，反映出城市对淡水需求的持续增长（India CWC 2002）。全世界范围内，劣质水在农业供水中的比例将越来越高，特别是在缺水国家（Abdel-Dayem 1999）。对供水和水质退化的担心是全球性的，这种担忧也会随着用水需求的增长、极端气候事件的不可预期的影响、资源匮乏国家的气候变化等因素而与日俱增（Watson, Moss, and Zinyowera 1998）。

现状和展望

本节主要考察劣质水的主要类型：城市和近郊排放的污水、盐化或碱化的农业排水和地下水（框11.1）。

污水——在实现生计目标的同时要最小化其带来的风险

家庭、城市和工业用水都会产生含有不受欢迎成分的污水。工业污水常常包含金属、类金属、挥发性或半挥发性化合物，而民用污水则常常含有病原体。家庭、城市和工业产生的污水必须经过处理之后才能被清理或者再利用，以预防对健康和环境产生的负面影响，尤其是在农民利用污水进行灌溉的情况下。

污水产生的数量会随着城市化、生活条件的改善和经济的发展而增加。大量的污水会返回城市的水文系统中，而城市只消耗了其引水或取水量的15%~25%。发展中国家的大部分城市几乎或根本没有污水处理设施（WHO and UNICEF 2000）。亚洲只有35%的污水得到了处理，在拉丁美洲是14%。

框 11.1　劣质水资源

劣质水包括城市污水、农业排水、盐化或碱化的地表水和地下水：

- **城市污水**一般是生活污水、商业机构和设施排放的污水、工业污水、雨水。很多农民使用处理过的或未经处理的污水进行灌溉。在某些地方污水被直接排放到农业排水系统中，农民用污水和淡水的混合水源进行灌溉。
- **农业排水**包括流经表面沟渠的地表径流和深层渗漏，或者人工排水系统中收集的农业排水。这种排水中通常含有盐分、农业化学物和养分以及诸如石膏这样的土壤改良剂。
- **盐碱化的地表水和地下水**含有水流经土壤剖面时发生化学反应产生的盐分和地下水含水层发生化学反应产生的盐分。盐水和碱水也含有金属、类金属和病原体，这些物质都是由于地表活动而进入地下水体的。

发展中国家的城市排水系统将生活污水、工业污水和雨水混合起来，常常把污水直接排放到天然水体中去，直接污染了农民和下游用户的水源(Scott, Faruqui, and Raschid-Sally 2004)。这种水体污染并使用这种污水的灌溉在很多国家的城市和近郊变得日益普遍(照片11.1和框11.2)。

政府政策的优先领域会影响污水的处理和管理。在亚洲和非洲的许多国家，人口增长的步伐超过卫生和污水处理基础设施建设的步伐，使得城市污水的管理成效甚微。在印度，只有24%的家庭污水和工业排放的污水能够得到处理，而在巴基斯坦，这个比例只有2%(IWMI 2003; Minhas and Samra 2003)。在加

摄影：Liqa Raschid-Sally

照片 11.1　越南妇女从污水中采集可食用的水生植物。

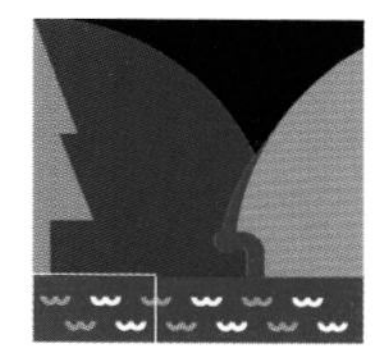

框 11.2 城市和近郊农业和污水利用

全世界范围内有超过8亿的农民从事城市和近郊农业(UNDP 1996)。而在专门从事市场化的园艺农产品生产的2亿农民中，有很多需要依赖灌溉。发展中国家的这些农民在不可能获得优质水的前提下就用这些未经处理或稀释过的污水进行灌溉(见图)。

灌溉农业对于发展中国家气候炎热地区尤为重要，因为那里的冷冻运输和储藏条件都十分有限。农民可以通过生产那些在本地市场上销售的易腐烂变质但却富含维生素的蔬菜例如叶菜来增加收入。许多城市中，有60%~90%的蔬菜都是在城市市内或边缘地区生产的。尽管蔬菜沙拉丰富了城市居民的食谱，市民在消费由污水灌溉的蔬菜产品时却要面临更大的风险。这成为很多城市管理者担心的事情。因此，在不具备污水处理能力的情况下，制定降低健康风险的过渡政策十分必要。

城市和近郊灌溉水的来源

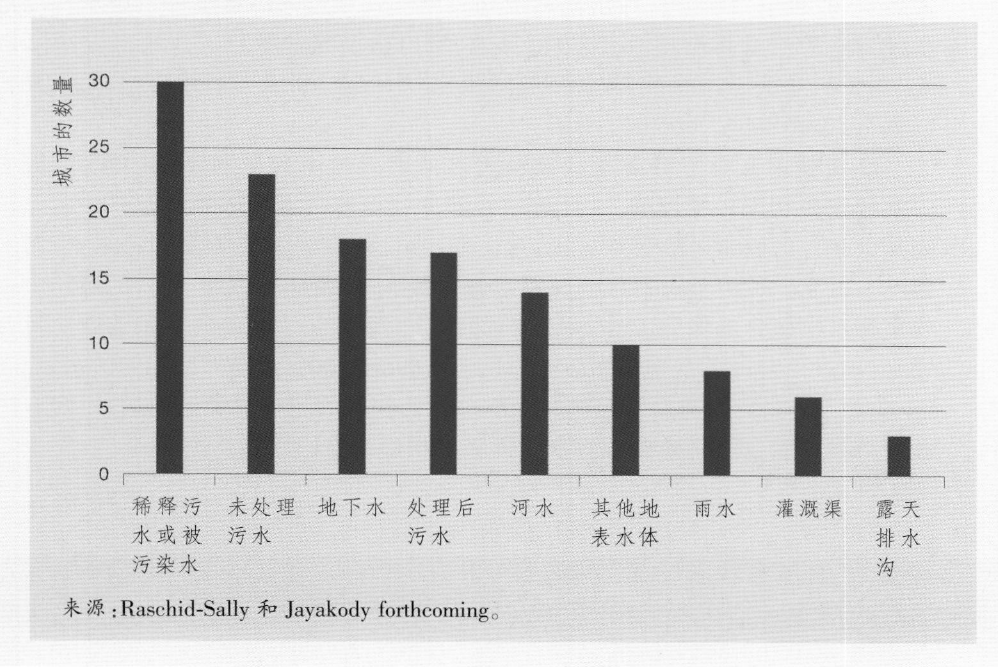

来源：Raschid-Sally 和 Jayakody forthcoming。

纳的Accra市，只有10%的污水是经由污水管道系统收集并得到初级和二级处理(Drechsel, Blumenthal, and Keraita 2002; Scott, Faruqui, and Raschid-Sally 2004)。即便是这么少量的污水，由于缺乏处理能力或污水厂运行不畅的原因也不是总能得到妥善的处理。大多数发展中国家根本负担不起建设并运行污水处理厂或排污系统的成本，造成大多数污水未经处理就直接排放到天然水体中。

对未来污水利用规模的可靠预测对污水的规划和管理十分重要。 除了少数在印度、巴基斯坦和越南所做的评估研究外，有关农业利用污水灌溉的相关信息的极度缺乏使得对未来的预测十分困难。数据收集和比较工作具有挑战性,这部分地是由于缺乏统一的分类标准(Van der Hoek 2004)。虽然某些地方拥有农业利用污水的相关信息,但是由于政府政策的限制使得获取这些数据十分困难,或者这些数据只存在于当地或国家的文献资料中。Jimenez和Asano(2004)指出,全球至少有200万hm²的土地被未经处理的、部分处理的、稀释过的或处理过的污水灌溉。这个估计值如果把从被污染的河流和渠道中取水灌溉的土地面积计算在内的话会变得更大。框11.3列出了一些国家污水灌溉发挥的重要性的例子。

那些无力购买补充性肥料的农民十分看重污水中包含的养分。

污水被用于农业、水产养殖和其他非农用途。除了小农户农民利用污水在城市和近郊生产新鲜蔬菜和其他作物之外,污水也被用来生产谷物、饲料和工业作物。发达国家的污水主要用于公园的景观用水、运动场和行道树的灌溉用水。而在非洲、中亚、南亚和东南亚地区,污水被用于水产养殖,这些国家包括孟加拉国、柬埔寨、印度、印度尼西亚和越南。处理过的污水也可以用于环境用水(湿地、野生动物避难所、河边栖息地、城市湖泊和水塘)、工业用水(冷却、锅炉、加工)、非饮用目的(消防、空调、降尘、抽水马桶)和地下水补给(Asano 1998; Lazarova and Bahri 2005)。

过度强调生计有时会造成放松对农业利用污水的管制措施。很多发展中国家的农民利用稀释过的、未处理的或部分处理的污水进行灌溉。有些农民知晓其中包含的健康风险,但不是所有人都知道这一点。对于许多农民来说,污水是唯一可靠的或可负担得起的灌溉水源。那些无力购买补充性肥料的农民十分看重污水中包含的养分。而公共部门的官员也承认污水灌溉所带来的就业机会增加和改善生计的好处 (Jimenez and Garduno 2001; IWMI 2003; Keraita and Drechsel 2004)。在那些农民已经面临巨大的福利和生计风险的地区,一些农民和官员更可能会忽略掉接触污水所带来的累加风险的后果。

框 11.3 污水利用对一些国家的重要意义

很多世纪以来,污水在一些古老的欧洲城市如柏林、伦敦、米兰和巴黎被农业循环利用(AATSE 2004)。而中国、印度和越南则利用污水为农田提供养分并改善土壤质量。近年来污水在缺水地区的重要性日益凸显。巴基斯坦全国26%的蔬菜生产是用污水灌溉的。这种做法的任何改变就会造成对城市的蔬菜供应的减少(Ensink and others 2004)。越南河内80%的蔬菜生产来自城市和近郊的污水灌溉地区,以及附近的红河三角洲,那里的河道也吸纳了大量的城市排污污水(Lai 2000)。在加纳的Kumasi市周边地区,非正式的、利用河道中稀释后的污水进行灌溉的面积估计有11 500 hm²,高于加纳全国统计的正式灌溉系统的面积(Keraita and Drechsel 2004)。而在墨西哥,大约有260 000 hm²的耕地利用大部分未经处理的污水灌溉(Mexico CNA 2004)。

在美国,城市用水的再利用量占2000年取水量的1.5%。加州居民每年回收利用6.56亿m³的城市污水。在突尼斯,1996年回收利用的水资源占有效水资源的4.3%,预计2030年将达到11%。以色列污水回用2000年占水资源的15%,到2010年将增加到20%。

第 11 章 农业利用劣质水：机遇和挑战

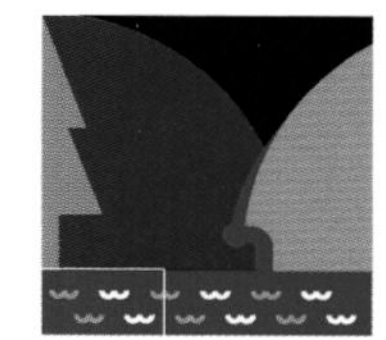

很多地方对污水利用是一种放任自流的态度，因为政府部门面临着城市化和脱贫方面更大的挑战。很多国家分配给污水收集和处理的财源很少，所以也就无法强制执行农业利用污水的禁令。一些政府官员还把农业利用污水作为污水处理的一种有效途径。而一些机构则把污水卖给农民。然而，政府官员有时会将农民赶出他们的土地并连根拔出污水灌溉的蔬菜。政府官员们面临着找到在允许社区实现生计目标的同时又最小化潜在的健康和环境风险的有效途径的巨大挑战。污水灌溉对国际贸易也有潜在影响，一些国家会拒绝污水生产出的农业商品的进口。

咸水和碱水——对它们的利用随着淡水竞争激烈而增加

在采取足够谨慎的措施来最小化其对作物的危害并保持盐分平衡的条件下，地表径流和地表排水可以被再利用于灌溉。许多干旱地区已经建设了人工排水系统，以防止盐化的地下水位过高对作物造成伤害。一些地方作物种植强度的增加、过度施用化学肥料、不适当的灌溉方法、在盐土上进行灌溉等做法都造成了农田排水含有的盐分升高(Skaggs and Van Schilfgaarde 1999)。为维持根区的盐分平衡，排水中的盐分含量必须大于灌溉水中的盐分。而当排水流经盐化的地质沉积或与含盐地下水发生代换时，排水中盐分的载荷会超出单纯灌溉情况下的预期值。在某些情况下，排水还会溶解或代换某些有潜在毒性的元素。

在很多缺水国家随着淡水竞争日益激烈，很多社区开始利用盐化和碱化的地下水来满足家庭和灌溉用水的需要。很多地方过度开采地下水资源，部分原因是地表水供应的竞争日益激烈，部分是由于鼓励过量使用的政策的实施，如用于抽取地下水的电力便宜或根本免费。某些地方的地下水质随着过量的抽取已经下降。印度每年1350亿m^3的地下水抽取量中的320亿m^3是咸水(Minhas and Samra 2003)。水流经土壤剖面和在地下水层发生的化学反应都会造成地下咸水。用地下咸水灌溉会使土壤质量退化，对作物产量和增产造成长期影响。在某些地区恢复原有生产力需要土地改良的大量投资。

在孟加拉国和印度的西孟加拉邦，地下水中有毒的类金属元素(砷)的含量出现上升趋势(Adeel 2001)。长期饮用被砷污染的地下水会造成只有在发育晚期才会完全表现出来的健康问题。印度约有6600万人口饮用含有过量氟化物的地下水，造成黄斑牙(斑釉症)，严重的甚至会导致跛行、骨骼变形和其他健康问题。

目前在区域和全球水平上，还没有农田盐化排水和地下咸水的数量以及应用其进行灌溉的土地面积的估计数字。对农田排水的再利用随着灌溉规模的扩大而日益普遍，特别是自1950年代以来。全球灌溉面积已经从1960年的1.4亿hm^2增加到目前的2.7亿hm^2。而全球约有20%的灌溉面积不同程度上受到盐化和碱化的影响(Ghassemi, Jakeman, and Nix 1995)。全球水平的灌溉效率大约在50%左右，意味着灌溉农业会产生大量的农田排水。在干旱区，盐化地下水也被越来越多地用于灌溉。分析家也普遍认为在整个水平衡中,农业对这些水源的利用正在占据日益重要的地位。随着生产更多粮食的压力的增加,很多发展中国家对优质水源的过度开采以及地下水以令人忧心的速度下降,都加大了优质地下水的含水层受到临近的劣质地下水含水层污染的风险。另外,近期气候变化的趋势和海水入侵都意味着在未来岁月中沿海地区农业生产中这些水源的利用量会加大,从而它们对农业的影响也会更大。

随着灌溉农业的扩展,对农田排水的再利用也日益普及。

不同国家利用盐碱化的农田排水和地下水的程度相差甚远。埃及在尼罗河三角洲地区有约50亿m^3的农田排水在和淡水混合后被作为灌溉水源。另外,位于灌溉系统末端的农民私下再利用了约28亿m^3的农田排水。而排水系统也收集了经过处理的和未经处理的污水(APP 2002)。正如已经提到的,印度每年抽取利用约320亿m^3的盐化和碱化地下水。

在农业中,咸水和碱水被用来生产传统的谷物、饲草、饲料作物和耐盐的植物和树木,尤其是在孟加拉国、中国、埃及、印度、巴基斯坦、叙利亚和美国。最近,一些发展中国家由于渍水和盐渍化的问题,很多农地被废弃,转而从事小规模的内陆水产养殖, 如埃及的尼罗河三角洲地区 (Stenhouse and Kijne 2006;框11.4)。

劣质水应用的影响

为避免污水和盐碱水灌溉的消极影响,有必要对其进行风险管理。未经处理的污水随意排放会污染淡水并造成健康和环境问题,而对盐水和碱水的不当利用还会造成土壤的盐渍化和水质退化,最终会制约适宜种植的作物种类并降低产量。

污水对人类健康、环境和经济的影响

未经处理的污水处理不当会污染淡水, 影响对其的其他潜在用途并造成人类健康影响和环境问题。不能适当地处理并管理污水会导致负面的健康

框 11.4 | 水产养殖和园艺中对农田排水的利用

埃及南部的 Edko 湖将农田排水用于渔业生产已经有 20 多年的历史。鱼塘覆盖的土地面积超过 3200 公顷,这些土地由于含盐量过高而不适宜种植作物。鱼塘一般占地 4 公顷,每公顷的年均罗非鱼、银鲤、鳝鱼的总产量约 0.8 吨,每公顷每年的经济产出约 400 美元。

Edko 湖区周边沿海地区的农民利用农田排水灌溉蔬菜和水果,如洋葱、番茄、青椒、西瓜、苹果、番石榴、石榴和葡萄。而耕地通过在表土层添加从附近沙丘运来的沙子的方法进行改良。200毫米的年降雨量中大部分发生在冬季。而应用滴灌进行的污水灌溉则支撑了其他季节的作物生产。每公顷的平均投资成本约 2700 美元(IPTRID 2005)。

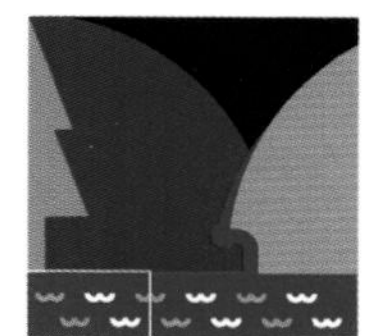

表 11.1 农业利用污水造成的相关疾病在全球造成的死亡率和以及由残疾所引起的寿命损失

疾病	死亡数量	DALYs[a]	备注
腹泻	1 798 000	61 966 000	几乎所有的(98%)的致死病例都发生在发展中国家，且大多数(90%)是儿童
伤寒	600 000	—	每年估计 1600 万例
蛔虫病	3 000	1 817 000	估计有 14.5 亿人感染；对 3.5 亿人的健康有负面影响
钩虫病	3 000	59 000	估计有 13 亿人感染；对 1.5 亿人的健康有负面影响
淋巴丝虫病	0	5 777 000	丝虫的寄主蚊子在污水中产卵；不会致死，但会导致严重残疾
甲型肝炎	—	—	估计每年 140 万例；而血清学证据的感染率从 15%到几乎 100%

–：无数据

注：这张表考虑了农业污水利用所造成的污染潜在引发的疾病种类。

a. DALYs 是由于疾病造成的残疾调整后的寿命损失，反映了某种疾病造成的死亡或残疾，与没有患病条件下的无残疾的长寿状态的比较。DALYs 描述了由于某种疾病或风险因素所造成的人类种群的健康状况。

来源：Adapted from WHO 2006.

后果(表11.1)。而低收入国家的妇女和儿童是这些水生疾病的最易感人群。印度的恒河每天要接纳120 000m³的污水，严重影响了下游的民用和农业用水，并威胁人类健康。另外，处理污水所利用的土地也会污染地下水(Foster, Gale, and Hespanhol 1994)。

消除污水对环境、健康和性别相关的负面影响就需要风险管理。 在风险管理缺位的情况下进行污水灌溉会造成灌溉农田下方的地下水的污染，还会在地下水补给时造成污染，尤其是当污水中含有未经处理的工业污水(Ensink and others 2002)；病原体的累积也会威胁饮用地下水的安全(Attia and Fadlelmawla 2005)；盐分、金属和类金属元素在土壤溶液中的缓慢累积以及在阳离子交换位点的累积会对植物造成毒害。

污水对人类健康造成的风险主要包括病原体、寄生虫感染和重金属。叶菜类的蔬菜、生吃食物等行为都可能将污染物从农田传播到最终的消费者。钩虫病的感染就是通过直接暴露于被污染的土壤和水传播的。印度的Musi河沿岸的调查显示，金属离子经由污水灌溉的饲料(巴拉草)从污水传播到牛奶的过程。约有4%的巴拉草样品被检出过量的镉，而所有样品的铅均超标。牛奶样品被金属离子污染的程度从超过可允许标准的1.2倍到40倍不等 (Minhas and Samra

2004)。叶菜类的蔬菜比非叶菜类的蔬菜品种更易于累积像镉这样的金属离子。植物组织中的金属离子的浓度一般会随着灌溉水中金属离子的浓度增加而上升,而在植物根中的浓度比叶片高。

利用污水的农民及其家庭更易遭受寄生虫、病毒和细菌感染的风险。很多农民根本无力负担由于感染造成的健康问题的治疗费用。一般来说,利用污水灌溉的农民感染寄生虫的比例要大于用淡水灌溉的农民,但也有例外(Trang and others 2006)。另外,用污水灌溉的农民出现皮肤和指甲方面的问题更普遍(Van der Hoek and others 2002)。框11.5中讨论了可能的健康问题、病原体浓度和水质标准之间的关系。

与污水灌溉相关的性别问题主要来自妇女在农业中所发挥的作用。妇女是蔬菜种植的主要劳动力,特别是在发展中国家。她们还承担了大部分的除草和移栽劳动,这些农田劳作会使她们长时间与污水接触。而当生活用水被污水污染的时候,妇女比其他家庭成员更易遭受危害。另外,妇女一般为家人准备三餐,如果卫生条件不能保证的话,还创造了将病原体传播给其他家庭成员的机会。卫生条件不佳的家庭传染病原体的机会要大于有良好卫生习惯的家庭。在

框 11.5　健康风险和水质标准的指导

决策者和公众对农业利用未经处理的污水的一般印象是这种做法是不卫生的和不健康的,因此不应该鼓励污水用于农业。Shuval 等(1986)和 Blumenthal 等(2001)的研究都表明,污水利用会增加肠道线虫感染的风险,印度和墨西哥的农民感染钩虫和蛔虫的案例即是如此。其他一些研究则证实,在埃及、德国和以色列,食用污水灌溉的蔬菜会增加一般人群感染蛔虫和猪毛线虫的风险(Khalil 1931; Krey 1949; Shuval,Yekutiel, and Fattal 1984)。而伤寒的爆发和肠道疾病患病风险的增加都和食用污水灌溉的蔬菜有关。

但是还有很多研究指出了这些负面影响的研究结果缺乏统计学上的严谨性 (Blumenthal and Peasey 2002),并且没有测量所用污水中病原体的浓度。另外还有很多有关食用污水灌溉的蔬菜的风险性研究,都将某一人群中的高患病率和农业污水利用的普遍性相关联。这些研究从流行病学的角度来说是有缺陷的,因为它们都没有研究个体水平上暴露的风险。目前还很少有将流行病学的因素和水质评估和定量的微生物风险评估结合起来的研究。即便有一些研究满足这个标准,它们研究的环境、文化和气候条件也不相同,所以对它们所得出的结果进行比较和推广都很困难。

世界卫生组织的一个专家委员会在 1971 年首次研究了农业和水产养殖利用污水所带来的健康问题,也制定了污水灌溉的微生物水质标准(WHO 1973),但是根据对污水灌溉的流行病学研究的结果,1989 年又将这个标准放宽到每 100mL 水含有 1000 个大肠杆菌。另外,肠道线虫的指导标准被定为每升水中少于 1 个肠道线虫卵(WHO 1989)。修订后的水质指导标准受到很多的批评,认为新的标准过于温和和过于严格的意见都有。而近年来在印度、巴基斯坦和越南的研究结果对该全球性的水质指导标准的适用性提出了挑战。

最新的农业安全利用污水的指导标准(2006)已经做出了大幅度的修改。对大肠杆菌的指导标准已经由对可追溯风险和残疾修正寿命的关注所取代。除此之外,发展中国家的政府在应用该指导标准上已经采取了更为灵活的做法(WHO 2006)。

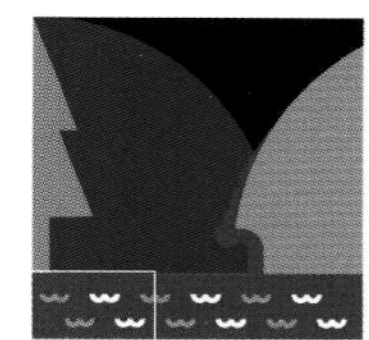

很多低收入国家污水只是病原体的来源之一。无论如何，改善一日三餐准备过程中的卫生条件可以有效降低由于食用污水灌溉食物所带来的风险。妇女同样在促进降低蔬菜生产和销售中风险的干预措施上有机会发挥积极作用，因为她们在生产和销售中占据关键地位。

由于缺乏污水灌溉面积和灌溉量的统计数据，因此很难判断农业利用污水的潜在影响和意义。农产品贸易对经济动荡的恐惧会使各国政府不愿意承认在灌溉中使用污水，从而制约了他们采取有效措施缓解这种状况。约旦的农产品出口在1991年就由于中东地区国家限制进口利用没有经过适当处理的污水灌溉的蔬菜和水果而受到严重影响（McCornick, Hijazi, and Sheikh 2004）。约旦实施了严格的措施以恢复和改善污水处理厂，并引入了严格的执法标准以保护农民和消费者的健康。在国际贸易日益重要的情况下，约旦政府会继续关注这类敏感问题。这个例子还说明了污水利用的影响可以是间接的和广泛的。

> 大部分发展中国家的农民还没有完全意识到污水灌溉造成的风险和对环境的潜在后果。

大部分农民、消费者和发展中国家的政府机构还没有完全意识到污水灌溉造成的影响。很多利用污水灌溉的低收入国家的农民并不了解其风险和潜在的环境后果。很多农民不识字，缺乏信息来源，在他们人生的大多数时间里都处于较差的卫生环境。贫穷也是促使农民利用任何可以利用的水源灌溉的因素，而不顾其水质。很多消费者还没有意识到消费的是用污水灌溉的农产品。而权力部门通常也不具备足够的技术和管理知识以降低健康和环境风险。

咸水和碱水——对土壤、种植作物的种类选择以及产量的影响

很多国家的水资源配置政策都没能严格地防止会引起盐渍化和渍水的过度灌溉问题。很多大型灌溉系统都是在没有适当的排水体系的条件下运行。

不合理地利用咸水和碱水会造成土壤盐渍化和水质退化的风险。利用咸水或碱水进行不适当的灌溉会造成土壤中的盐分积累，引起次生盐渍化或碱化。盐分会增加渗透压，降低土壤水分对植物的有效性，还会通过某些元素的特殊效应而影响作物，从而影响作物的生长。而由钠离子吸附比和可交换性钠百分比表征的土壤碱性则主要是土壤的问题。碱性土壤会由于某些物理过程（崩解、膨胀和粘粒分散）和表面结皮出现结构上的问题，而这些问题会影响土壤的侵蚀、种子发芽、根系的穿透性能、耕作、水和空气的运动、植物有效持水力。另外，盐化土壤中植物营养元素的失衡会损害植物生长。

灌溉水和土壤中盐分的增加会影响种植那些对环境盐分有耐受力的作物。利用咸水的农民必须小心谨慎地对灌溉进行管理，将作物对盐分的敏感、氯化物毒害、植物有效养分缺乏和土壤结构退化所造成的损失降低到最小程度（Ayers and Westcot 1985）。

将咸水和碱水排放到淡水中的处置方法损害了环境质量。将盐化的排水排放到渠道和河流中会把盐分和其他潜在有毒物质扩散到更广的范围。在叙利亚，每年约有10亿m^3的盐化排水被排放到幼发拉底河，造成了下游的伊拉克河段中盐分含量增加了一倍（从0.5 dS m^{-1}增加到1.0 dS m^{-1}）。而灌溉农业对约旦

的Amman-Zarqa流域和约旦河谷水质的影响已经持续了几十年(McCornick, Grattan, and Abu-Eisheh 2003)。而这个地区人口预期和经济活动的增加都会使情况更加恶化。约旦政府机构多年来已经在关键位置收集了包括水质在内的大量数据。对这些数据的分析将加深对盐分动态的了解,从而有助于相关政策的制定,以使盐分和其他污水中的成分对灌溉农业的影响降到最低程度。

尽管污水处理是大多数发展中国家的长期战略,但是为了保护农民和公众的健康,也需要一些过渡性的解决方案。

劣质水利用的应对方案和管理策略

有很多方案选择可以管理劣质水利用的风险。

污水——降低风险

在资源缺乏的情况下,与其彻底消除风险,不如将风险管理并最小化。在污水使用或排放到环境之前,需要对其进行处理(Pescod 1992, Ongley 1996)。公共机构一般会决定所要达到的水质目标, 主要考虑健康风险并要求污水处理达到这些目标,污水处理的目的是清除或减少有毒物质、病原体和养分。大多数公共机构在制定水质标准的时候都会评估其对个人和社区造成的潜在风险。风险评估会随着时间推移、科技进步以及公众偏好的变化而不断进行修正(框11.5)。

在很多发展中国家,运营和维护的成本以及缺乏必要的技能是制约污水处理能力的主要因素。在这种情况下,可以实行分阶段实施的战略。首先引入初级处理设施,尤其针对污水直接用于灌溉的地区。而在一些地方可以采用低成本设备进行次级处理, 如污水沉降池、人工湿地和升流式厌氧污泥反应器(Mara 2003)。

由于大型的中央污水收集和处理系统受到的限制更大,更灵活的、更能适应当地需求的分布式系统在很多地方开始出现。一些社区喜欢运行和维护当地的系统以保证长期的运行和财务上的可持续性 (Raschid-Sally and Parkinson 2004)。不过,当超出小型处理厂的处理能力时,系统的效率就会降低。

通过在水库中储存再生水,达到和水库峰值相当的水量,从而提高供水的可靠性并提高污水回用比例,这种方式可以提高水质。在约旦的阿曼-扎卡河流域,塔拉尔国王水库很长的滞留时间减少了水坝下游的大肠杆菌的含量,尽管这是无意中达到的效果(Grabow and McCornick forthcoming)。

对大多数发展中国家来说,污水处理都是长期战略。因此需要过渡性的解决方案来保护农民和公众的健康(IWMI 2006)。虽然不大受欢迎,穿着防护靴和戴手套这样的措施会减少农民暴露于污水的程度。农民还可以通过在浸泡过污水后及时清洗四肢的方法降低被感染的机会。通过公共宣传的方式还可以促进灌溉方法的改进以及个人和家庭卫生习惯的养成。滴灌可以最大化地降低污水对农民和消费者的暴露,从而起到有效防护的作用。但是滴灌要求对污水做预处理,以避免污水中的杂质堵塞滴头。另外,实行一系列的从田间到采后的措施

也可以保护消费者，生产那些在食用前需要进行烹调的工业化生产的作物和食品。农民在收获前相当一段时期内停止使用污水也可以减少对消费者的潜在风险。在销售和食用蔬菜前要对其清洗，同时要改进储藏的方法。公共机构可以实施儿童免疫计划以对抗污水传播的疾病的发生，同时还要对易感人群进行定期的寄生虫感染的检查和治疗(USEPA and USAID 2004; WHO 2006)。

城市污水中含有的养分有利于作物的生长，但是需要对其定期监测以防养分失衡。养分过剩会造成过分的营养生长或者延滞作物的成熟期(Jensen and others forthcoming)、降低作物品质、污染地表水和地下水。因此有必要定期对污水中的养分荷载定期监测并调整肥料用量。每公顷1000 m^3的灌溉污水中含有的养分量差异很大，一般含16~62 kg全氮，4~24 kg磷，2~69 kg钾、18~208 kg钙，9~110 kg镁，27~182 kg钠。氮和钠的水平常常会超出植物的需要量。污水在农田水平的养分值随着污水的组成成分、土壤条件、作物选择，以及无机肥料的成本和有效性而不同。针对未经处理的污水养分吸收在农田和整体水平上的意义的研究还很少。在越南进行的一个研究结果显示，用污水灌溉的水稻籽粒的蛋白质含量增加了40%(Jensen and others forthcoming)。

污水在农田水平的养分含量随着污水的组成成分、土壤条件、作物选择以及无机肥料的成本和有效性而不同。

在墨西哥Mezquital(Tula)谷地的农民则非常喜欢使用污水，因为污水利用使得这个年降水量只有550 mm且土壤有机质含量很低的地方发展农业成为可能。灌溉和养分的补充可以保证作物的生产力。该山谷每公顷土地从污水灌溉中可以获得2400 kg的有机质、195 kg氮、81 kg的磷，显著提高了作物产量(Jimenez 2005)。山谷中的农民反对污水处理，因为他们不愿意丧失灌溉污水中的养分。农民们的想法也许是错的，因为即便经过次级处理移除有机质后，污水中还是残留有足够的养分(氮和钾)能够满足作物需要。框11.6对农业的污水利用进行了成本和效益上的深入分析。

在保护地下水质的情况下，处理过的污水可以用于地下水的补给。用污水补给地下含水层可以通过灌溉农田的深层渗漏进行(如墨西哥的Mezquital谷地)，或者通过有目的性的补给工程进行。污水补给地下水应该在可控制的条件下进行，如果污水被注入地下含水层，还需要具备连续监测和处理的条件。而灌溉农田经由深层渗漏无意识地补给地下水，在约旦、墨西哥、秘鲁和泰国等国家都超过了1 m，甚至超过了某些地方的年降雨量(Foster and others 2004)。在墨西哥Tula山谷进行的研究表明，几乎一半的未经处理的污水入渗到土壤中，而土壤则起到过滤并清除污染物质的作用。不过，地下水中盐分和氮素的水平也会增加。对地下含水层需要进行连续的监测才能识别出现的健康问题(Jimenez and Chávez 2004)。

美国具有多年的有意识地利用处理过的污水补给地下含水层的经验，但还没有发现有不可接受的影响的案例。而以色列20多年来一直利用处理后的再生水补给特拉维夫以南的一个地下含水层。每年大约有1.2亿m^3的再生水渗漏到地下含水层(Idelovitch 2001)。而从含水层中抽取的水可以用于作物的灌溉。

如果丰水和枯水期的周期循环适当且土壤中微生物群落维持在合适的水

框 11.6 农业污水利用的成本和效益分析

市场价格和标准的分析方法可以用来评估污水灌溉对农民的意义，负面的环境和健康影响，以及可能产生的其他社会效益(Hussain and others 2001; Ul–Hassan 2002; Ul–Hassan and Ali 2002; Scott, Zarazua, and Levine 2000)。Ul–Hassan 和 Ali (2002)估计了巴基斯坦 Haroonabad 地区污水的养分再利用和节省的肥料给农民带来的直接收益。他们比较了淡水和污水灌溉的蔬菜的生产情况，发现污水灌溉的毛利收益更高(每公顷 150 美元)，因为污水灌溉的农民化肥上的成本更低而产量更高。如果不计算其他投入和产出，每立方米污水灌溉产生的价值是每单位淡水的 3~4 倍，会对社会产生净效益。

Scott, Zarazua 和 Levine (2000) 估计了墨西哥 Guanajuato 地区污水灌溉产生的养分富集效益。建设污水处理厂后，如果替代从污水中获取的氮和磷的成本是每公顷 900 美元。这个估计值超过了实际水平，因为污水中养分含量超过了植物的实际需求。更接近实际情况的值是每公顷 135 美元。如果污水处理厂投入运行，农民每年因养分丧失而需要负担的成本可达 18 900 美元(Drechsel, Giordano, and Gyiele 2004)。

而非市场成本和效益的估计值，如健康和环境效应，对管制目标和干预项目政策的制定具有参考价值(WHO 2005)。发达国家大多数的非市场价值的评估更关注环境问题，而不是健康问题。最常用的方法是条件价值评估法，主要采用支付意愿或接受意愿来定量评价不能被定价的物品和服务，包括非盈利的部分，这样就可以通过健康和环境的相互作用来更全面地评估不同的政策选项。在该领域还需要进一步探索的课题还包括：

- 对环境和健康风险降低所产生的效益的评价，重点放在同一人群中或多风险源情况下健康状况的差异，包括污水灌溉所带来的风险。
- 对以下项目的完全成本和效益(包括生产力影响)的评估：
  - 个人和家庭水平上对影响人类健康的环境技术的选择。
  - 总体或城市水平上对考虑环境和健康影响的污水管理的政策选择。
- 对文化和社会因素以及个人社会经济地位如何影响未来的健康和环境成本和效益的评估。

Hussain 和 others(2001，2002)展示了一个框架，并回顾了有关污水利用的经济影响的文献。

平的话，通过土壤渗漏进行的地下水补给可以有效消除再生水中的微生物。美国加州已经颁布了有关再生水补给地下含水层的标准，其中包括水源控制、污水处理过程、水质、补给方法、地下水埋深、补给水在地下停留时间、再生水占含水层水量的比例、距离地下水井的距离等指标(Asano and Cotruvo 2004)。

未经处理的污水不能被用于可能传播污染物和病原体给消费者的作物。很多发展中国家对那些有可能传播污染物和病原体的作物(尤其是生吃)采取限制措施将有助于减少对人类健康的风险。叙利亚的Aleppo地区，只有不到7%的利用污水灌溉的面积种植了蔬菜，因为政府禁令由官员们严格地执行，他们见到污水灌溉蔬菜就会连根拔除。但更多的时候，这样的禁令很难执行，因为城市对蔬菜的需求量，还因为只有蔬菜才能获得足以维持农民生计的经济收益。最近的全球调查发现，蔬菜(32%的回应率)和谷物(27%)是污水灌溉农户最常种植的作物(Raschid and Jayakody forthcoming)。

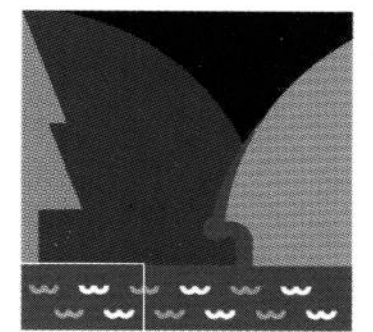

框 11.7 摩洛哥和突尼斯的综合污水处理和利用

对污水的再利用进行综合管理以最小化处理成本并提高农业生产力的做法已经引起很多国家的兴趣。在摩洛哥的 Drarga，未经处理的污水被排放到环境中，污染了饮用水源。为了解决这个问题而建立的一个公共参与项目创造了一种制度合伙的方式，将当地的水管理的利益攸关方、城市的水用户和农民的用水团体纳入其中(USEPA and USAID 2004)。目前，污水处理的过程包括初级过滤、厌氧池沉降、泥沙过滤和反硝化。为了保证污水处理以及再利用项目的可持续性，对城市用水的供给是强制收费的，并且还实施了其他一些成本回收的机制。

而突尼斯在 20 世纪 80 年代初期即启动了一项国家级的水资源再利用计划以增加该国的可用水量。大部分的城市污水来源于家庭用水，并且要经过次级的生物处理过程。有一些处理厂就位于沿海以保护海滨度假胜地，预防海洋污染。到 2003 年，突尼斯全国收集的 2.4 亿 m^3 的污水中有 1.87 亿 m^3 得到了处理。被处理过的污水的大约 43% 用于农业和景观灌溉。污水再利用于灌溉被认为是一种增加水资源、提供补充养分、保护海岸带、水资源和敏感受水水体的途径。在 8000 hm^2 土地上已经利用再生水灌溉谷物、葡萄园、柑橘和其他果树及饲料作物。相关条例允许经过次级处理的污水灌溉除蔬菜以外的作物。对蔬菜来说，不管是需要经过烹调食用的还是生吃的，都不允许利用再生水灌溉。地方的农业部门负责监督污水回用的实施并负责收取相关费用(每 m^3 0.01 美元)。高尔夫球场也可以用经过处理的再生水灌溉，而工业用途和地下水补给的应用则需要经过审核。

需要采取务实的做法来保护水质，实现对污水的可持续利用的目标。很多发展中国家都立法采取了保护水质和管制污水利用的政策。但是这些政策中包含一些不现实的标准和条款却使这些法律和政策很难得到落实。而更现实的做法是将临时性的指导原则与提高水质并以环境友好方式利用污水的持续努力结合起来。有实施意义的标准的制定需要和地方、技术、经济、社会和文化条件相适应(IWMI 2006)。有一些国家正在整合污水再利用的管理以降低成本并提高农业生产力(框11.7)。

而管理混合劣质水的策略(污水和盐碱水相混合)应该采取一种多重壁垒方式，即在水循环和作物生产及处理的过程中的多个点位实施多项干预措施(框11.8)。多重壁垒方式在以色列最新实施的标准和指导政策中得到了采用，

框 11.8 管理混合污水的综合方法

以色列某些地区的污水、土壤和地下水中盐分的浓度在几十年间呈增加趋势。目前还没有一种较便宜的方法消除污水中的盐分。政府和农民主要通过减少供水和处理后的污水中的盐分含量来解决这个问题。其他方法还包括在工业和家庭用水过程中减少盐分的添加、在污水储存过程中减少蒸发损失、采用滴灌方式灌溉、对灌溉农田进行合理的排水、在雨季排放含盐的水、使用含钙的土壤改良剂、种植耐盐作物等(Weber and Juanicó 2004)。

并且也被世界卫生组织采纳。污水处理水平被分成1~5的五个级别，其中5是最低质量标准，只能应用于那些不需要应用壁垒限制的作物。这些壁垒可以是物理的（缓冲区、塑料覆被、地面滴灌），也可以是与加工相关的（选择正确的作物；或者是在最终消费之前的加工、烹调和去皮）。没有壁垒限制的作物包括棉花、饲料和那些污水灌溉后至少60天才收获的作物（USEPA and USAID 2004）。

改善对咸水和碱水的管理

淋洗和排水是干旱地区维持土壤剖面盐分平衡并维持作物产量的必要措施。对干旱区的农业生产来说，灌溉是最基本的条件。不过，旱区灌溉会产生必须要加以处理或再利用的盐渍化的排水。旱区灌溉农田排水的盐分含量取决于灌溉水的盐分浓度、土壤盐分含量和浅层地下水的盐分含量（Ayers and Westcot 1985; Pescod 1992）。水资源丰富地区的农民喜欢将含盐排水排放出去。而在缺水地区，农田排水也是一种农田和区域供水之外的水资源。所以有必要对其进行精心管理以最大化盐化排水的价值，同时最小化其对下游的负面影响（Minhas and Samra 2003）。

排水系统有很多类型：天然排水、地下排水（暗管或凿孔暗管）、基于管井的排水和生物排水。选择不同的排水方式会影响排水的水质（Tanji and Kielen 2002）。经由土壤可以促进水流流速的地下排水方式可以快速消除作物根区的可溶性盐分和有毒微量元素。对农田排水再利用的潜力会受到排水中盐分含量的影响。如果和淡水混合，农田排水可以用来灌溉耐盐作物。

大部分的暗管排水系统都安装在距地表1~3米处的地下。大部分基于管井的排水系统都是在距地表6~10米处的深度，但也有部分系统深达100米，如印度和巴基斯坦的深管井排水体系。地下排水的水质受到灌溉水中盐分的种类和浓度、使用的农用化学品以及浅层地下水水质的影响。而管井排水的水质主要受到咸水入侵、地下水含盐的类型和年度的影响，在一定程度上还受到灌溉水质的影响（Tanji and Kielen 2002）。

生物排水主要通过那些能够通过蒸散发过程改变水流通量的深根作物和树木进行排水。和传统排水方式相比，生物排水成本更低，并且可以同时提供燃料薪柴、木材、水果、防风、遮荫避雨、有机质等多项服务功能（Heuperman, Kapoor, and Dencke 2002）。生物排水还可以消除沿渠道两岸形成的低洼小水塘。不过生物排水的可持续性并不是在所有的情况下都能得到保证。盐分的逐渐累积最终会对那些深根作物和树木造成伤害，降低生物排水的有效性。另外，生物排水作物的减少或收获会使在植物根区累积的盐分随着毛管作用上升到地表。生物排水和传统排水的组合使用会延缓或最小化盐分累积造成的负面影响。

节水措施结合排水的再利用、处理和处置能提高对农业排水的管理水平。节水措施会降低排水的数量及其盐分的载荷，使水资源可以用于其他有益用途。主要的策略包括从源头上减少用水量、将深层渗漏降低到最低水平，以及

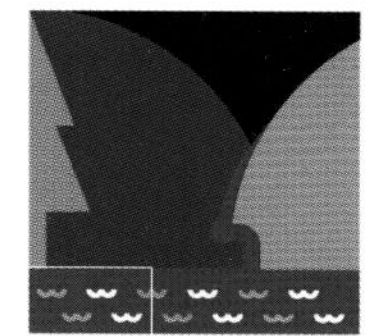

对地下水的管理。在用水竞争激烈、排水处理受到限制(在闭合流域)或对生态脆弱区造成威胁的情况下还可以考虑实施土地休耕的措施。

排水可以在传统农业或盐渍化农业以及野生生物栖息地和湿地中得到再利用(Rhoades and Kandiah 1992)。再利用可以和节水措施相结合,特别在不能单纯从源头减少水量的措施实现排水管理的情况下。同时还必须对将升高的盐分对土壤生产力和水质的长期和短期影响降到最低程度的相关措施给予充分注意。区域或流域尺度的综合规划和管理措施会在保持生态系统价值的同时实现最大化的社会和经济效益(Abdel-Dayem and others 2004)。

对农田排水的处理成本常常会超过农业用水的累积价值。不过,当环境管制措施的实施影响了对农田排水的处理或因极度缺水使得处理的高成本合理化的时候,对农田排水进行处理就是合理的。对农田排水的淡化只适用于高附加值的用途,如饮用水(框11.9)。人工建造的湿地是保护灌溉农田下游或闭合流域的水生生态系统和渔业的成本相对较低的选项。

需要清理的排水水量可以通过处理和循环利用而减少。清理排水的方式包括直接排入河流、溪流、湖泊、沙漠,以及直接排放到蒸发池中。

咸水和碱水可以被直接或在于淡水混合后利用,但要求对其细致地管理以保证生产力。埃及、印度、巴基斯坦、美国以及中亚很多地区的农民都是将咸水或碱水和水质较高的水混合后使用(Ayers and Westcot 1985; Tanji and Kielin 2002)。只要混合后的水含有的盐分不超过标准值且排水良好,咸水的使用就不会造成作物的严重减产。在某些地方如印度,一年中某一时期的集中降雨会防止盐分在土壤中的长期累积。

当农田排水中的盐分超过作物可承受的阈值时,排水必须和淡水进行混合后才能被再利用。在灌溉前或灌溉中进行的这种混合可以拓展农民的可用水量(Rhoades 1999; Oster and Grattan 2002)。

埃及几乎所有的农用地都装备有表层或地下的排水体系,以控制土壤盐分并减少直接利用咸水而造成的作物减产。一个在20世纪70年代实施的监控项目

框 11.9 | 海水的淡化和高度半咸化的地下水

海水淡化措施已经有50多年的历史,主要为石油资源丰富的中东国家所采用。而在世界其他地区,那些人口密度较高、工业和旅游业较发达、饮用水资源缺乏的国家也会淡化海水和半咸化的地下水以获取足够的淡水。全世界的海水淡化厂每天产出约3000万 m^3 的淡水,其中约2/3来自对海水的淡化,其他则源于半咸化地下水。

蒸馏是淡化海水的最古老的方式,主要通过蒸发和凝结的过程将淡水从盐分和其他杂质中分离出来。而逆向渗透方式则是利用联结紧密的半渗透膜将淡水从海水中分离出来,这项技术从20世纪70年代就开始应用,比蒸馏法更节省能源。近年来对海水淡化的兴趣和关注在不断增长,因为生产1 m^3 淡水的成本已经从1970年代末期的5.5美元降到了目前的0.50~0.60美元。但是海水淡化的成本对大多数国家来说,应用于农业的话还是成本过高而不能承受。

可以识别农田排水量和水质在时间和空间上的变化。而1995年又在尼罗河三角洲地区启动了一项评估利用农田排水对水质和作物产量的影响的项目。根据政府的政策，混合水中的盐分含量不应超过1.56 dS m^{-1}。利用混合水灌溉的作物取得了和淡水灌溉作物相似的单产水平（表11.2）。不过，在农田排水是唯一灌溉水源的情况下，作物单产一般会降低20%~60%（El-Guindy 2003）。

而咸水和非咸水交替灌溉则适用于对盐分中度敏感的作物和耐盐作物。一般的做法是将非咸水用于耐盐作物种植之前以及生长初期，而将咸水用于出苗之后（Rhoades 1999）。作物轮作的计划需要优化咸水和非咸水的利用，要考虑到不同生长阶段作物对盐分的敏感程度不同。 用交替和混合灌溉方式种植作物所获得的作物产量见表11.3（Minhas, Sharma, and Chauhan 2003）。两次渠道淡水灌溉然后再进行两次咸水灌溉，小麦的单产并未显著减少。在盐分输入固定的条件下，交替灌溉方式的单产比用渠道淡水和咸水混合后的灌溉方式单产更高。另外，交替灌溉比混合灌溉更有可能降低成本，因为混合灌溉需要一定的基

表 11.2　尼罗河三角洲 1997 年灌溉水的平均盐分、平均土壤盐分以及某些作物的单产水平

	三角洲东部	三角洲中部	三角洲西部
灌溉水盐分(dS m^{-1})			
淡水	0.75	0.71	0.65
混合水	1.70	1.75	0.97
农田排水	2.87	2.07	2.89
土壤盐分(dS m^{-1})			
淡水	2.03	2.63	2.15
混合水	2.70	4.06	2.27
农田排水	4.16	3.96	3.68
棉花单产(t/hm^2)			
淡水	1.73	1.82	2.40
混合水	1.51	1.68	2.30
农田排水	1.06	1.56	2.09
小麦单产(t/hm^2)			
淡水	9.36	5.76	5.52
混合水	8.40	4.32	5.28
农田排水	5.52	4.56	4.80
玉米单产(t/hm^2)			
淡水	5.52	5.04	3.60
混合水	3.84	6.24	3.36
农田排水	3.60	6.96	2.40

来源：Adapted from DRI, Louis Berger International, Inc., and Pacer Consultants 1997.

表 11.3 1990 年代咸水和渠道淡水不同灌溉模式下的作物单产(吨/公顷)							
	深层地下水埋深(大于 6 米)						浅层地下水埋深(1.5~2.0 米)
	棉花–小麦轮作		珍珠粟–芥末轮作		芥末–向日葵轮作		
处理	棉花	小麦	珍珠粟	芥末	芥末	向日葵	小麦[a]
只用渠道淡水	1.63	4.88	3.15	2.07	2.42	1.34	6.0
交替灌溉模式							
种前用淡水–其余用咸水	0.98	4.05	2.99	1.88	2.25	0.71	5.3
种前用咸水–其余用淡水	ni	ni	ni	ni	2.39	0.99	ni
咸水和淡水各灌一次，其余用咸水	0.72	4.08	2.80	1.67	ni	ni	ni
淡水和咸水交替灌溉，以淡水开头	1.23	4.72	2.96	1.96	2.54	0.99	5.8
淡水和咸水交替灌两次，以淡水开头	1.28	4.62	ni	ni	ni	ni	5.1
淡水两次–咸水一次交替灌，以淡水开头	ni	ni	ni	ni	2.47	0.98	ni
咸水和淡水交替灌，以淡水开头	0.76	4.02	ni	ni	2.31	0.81	ni
咸水灌两次–淡水一次交替灌，以淡水开头	ni	ni	2.91	1.41	ni	ni	ni
咸水和淡水混合方式							
淡水:咸水=1:1	1.04	4.37	2.80	1.81	ni	ni	ni
淡水:咸水=1:2	ni	ni	ni	ni	2.60	0.72	ni
淡水:咸水=2:1	ni	ni	ni	ni	2.50	0.89	ni
所有灌溉均为咸水	0.46	3.59	2.91	1.18	2.52	0.29	4.5
最小二乘差(p=0.05)	0.32	0.35	ns	0.36	ns	0.15	ni

ni 没有包括在各自处理内。ns 不显著。

注：渠道的淡水的盐分含量是 0.4~0.7 dS m^{-1}。灌溉棉花和小麦的咸水是 9 dS m^{-1}。珍珠粟和芥末是 dS m^{-1}，芥末和向日葵是 8 dS m^{-1}，小麦是 12~17 dS m^{-1}。

a. 在浅层地下水位情况下，交替灌溉主要用于种植后灌溉，因为小麦在种植前已有淡水灌溉。

来源：Minhas, Sharma, and Chauhan 2003.

础设施来混合两种水源。

咸水和淡水交替灌溉的方式把水质相对较好的水源用于灌溉耐盐度低的作物,然后再利用这块农田产生的排水来灌溉耐盐度高的作物。这种策略通过下游农田利用上游农田的排水而将需要清理的农田排水的数量降到最低程度(Rhoades 1999)。而排水被重复利用的次数取决于其中盐分及其他元素的含量、有效水量、经济价值以及可接受的单产水平(图11.1)。在区域而不是单个农田尺度上实施排水的循环利用可以提高其应用的长期可行性。农田排水的再利用可以集中在区域灌溉系统的一小部分地区,以尽量减少由于盐分积累造成的土地退化。在每一轮再利用后,排水量都会减少,而盐分浓度则会上升。最后一轮再利用产生的卤水可以直接排放到阳光蒸发池或替代储存地点。

对作物的选择是利用咸水和碱水灌溉的关键因素。作物对盐分的耐受能力相差很大(表11.4)。很多因素,如盐分的种类和浓度、预期降雨的数量和分布、地下水位和水质、灌溉管理的措施在利用咸水和碱水灌溉时都必须考虑在内。咸水灌溉可以提高部分作物的品质,如甜菜、西红柿和瓜类的糖分都会增加(Moreno and others 2001)。

在完全利用碱水灌溉的情况下,需要施用化学或生物改良剂以防止土壤的结构性退化。用碱水灌溉的农民必须使用补充性的钙元素以平衡土壤和作物中的钠。很多农民都使用石膏($CaSO_4 \cdot 2H_2O$),因为其容易获得并且价格便宜,在对土壤和作物进行简单分析后就可以计算其大致的需要量。

图 11.1 美国加州 San Joaquin 谷地实行的农田排水再利用项目中对排水的顺序再利用

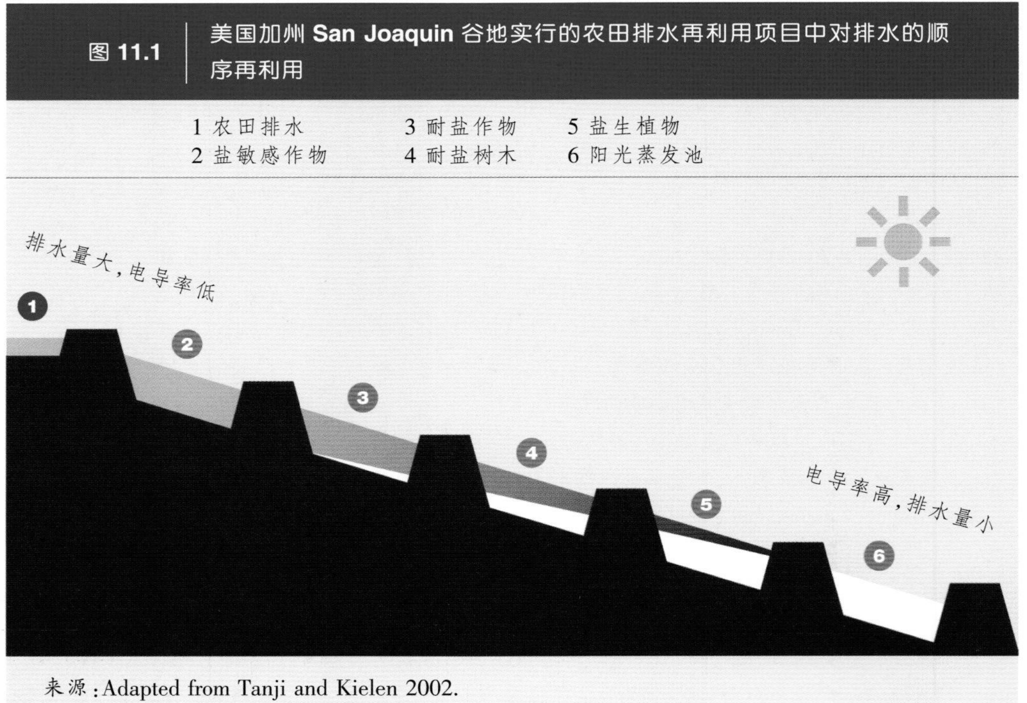

来源:Adapted from Tanji and Kielen 2002.

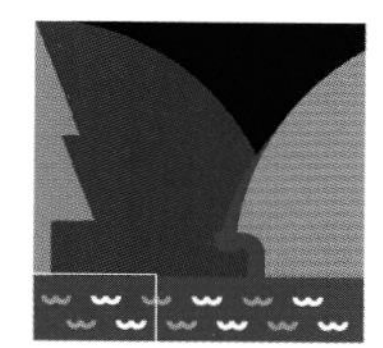

表 11.4　某些作物的单产潜力和根区平均盐分浓度的关系

常用名称	植物分类学名称	不同单产潜力水平下的根区平均盐分浓度 (dS m^{-1})		
		50%	80%	100%
小黑麦(籽粒)	*X Triticosecale*	26	14	6
小麦(饲料)	*Triticum aestivum* L.	24	12	4
盐草	*Leptochloa fusca* (L.) Kunth	22	14	9
硬质小麦	*Triticum durum* Desf.	19	11	6
高麦草	*Agropyron elongatum* (Host) Beauv.	19	12	8
大麦(籽粒)	*Hordeum vulgare* L.	18	12	8
棉花	*Gossypium hirsutum* L.	17	12	8
黑麦(籽粒)	*Secale cereale* L.	16	13	11
甜菜	*Beta vulgaris* L.	16	10	7
狗牙根	*Cynodon dactylon* L.	15	10	7
苏丹草	*Sorghum sudanese* (Piper) Stapf	14	8	3
田菁	*Sesbania bispinosa* (Jacq.) W. Wight	13	9	6
小麦(籽粒)	*Triticum aestivum* L.	13	9	6
大麦(饲料)	*Hordeum vulgare* L.	13	9	6
高粱	*Sorghum bicolor* (L.) Moench	10	8	7
苜蓿	*Medicago sativa* L.	9	5	2
玉米(饲料)	*Zea mays* L.	9	5	2
水稻(水田)	*Oryza sativa* L.	7	5	3
玉米(籽粒)	*Zea mays* L.	6	3	2

注：作物单产潜力只是作为作物间对盐分耐受力的指导值。作物对盐分的绝对耐受力是不同的，且取决于气候、土壤条件和栽培措施。

来源：Adapted from Maas and Grattan 1999.

对于含有相当数量沉淀性或本底方解石($CaCO_3$)的钙质土壤，加入成酸物质可以促进根区碳酸钙的溶解。另外，通过增加二氧化碳的植物根系的活性也可以促进其溶解。这两个过程都可以为平衡钠元素提供可溶性钙 (Qadir and others 2005)。将植物残体留在土壤上，并加入其他来源的有机质都可以有效改善碱土(专栏11.10)。

盐化的农田排水还可以支撑野生生物栖息地和湿地。农田排水可以再利用于支撑水鸟、鱼类、哺乳动物和水生植被的生长。在盐化排水环境中生长的典型沼泽植物包括荨麻 (*Polygonum lapothefolium*)、沼泽猫尾草(*Heleochloa schenoides*)、荆三棱(*Scirpus fluviatilis*)、香蒲(*Typha spp*)、碱生藨草(*Scirpus robustus*)、金色小芫荽 (*Cotula corinopifola*)、盐草 (*Distichilis spicata*)、藨草

框 11.10 | 印度利用田菁改良土壤

作为豆科作物的田菁既能有生物量产出，又可以改良由于碱水灌溉而退化的土壤，部分原因是盐土地区的很多土壤普遍缺乏氮素。在种植 45 天并用作绿肥的情况下，田菁可以改善土壤肥力并培肥地力，可以在每公顷土地上产生 120 公斤氮素。田菁可以很快分解，产生有机酸和二氧化碳，从而促进碱性土壤中碳酸钙的分解。而田菁纤维化的茎秆也有助于土壤形成孔隙和通道，并为树木提供养分。在印度，越来越多使用管井碱化地下水灌溉的农民喜欢用它来改善土壤条件。

(*Scirpus acutus*)。在秋天灌水并能保持到春天。当土壤开始回暖的时候，水塘中的水就会被排放干净呈泥滩状态，为种子萌发创造条件。

用盐分过高的水灌溉作物在经济上并不总是可行的，尤其是在土地质量退化的地区。在这种情况下，种植永久性的植被也许才是最佳的土地利用方式，永久性树木的品种包括节状柽柳(*Tamarix articulata*)、牧豆树(*Prosopis juliflora*)、阿拉伯金合欢 (*Acacia nilotica*)、旋扭相思树 (*Acacia tortilis*)、象橘(*Feronia limonia*)、金合欢(*Acacia farnesiana*)、战苦楝(*Melia azadirach*)。而盐生植物的种属也被日益认识并应用于生物盐土农业中(Minhas and Samra 2003)。

与劣质水相关的政策和制度

改善农业利用劣质水管理的政策的实施主要在三个时间节点上：在劣质水产生之前；在劣质水利用中；在作物已经被灌溉、产品即将准备出售和消费时。减少劣质水的水量可以降低处理和清理的成本，但是在劣质水没有得到处理的情况下减少水量会增加浓度，从而产生消极影响。

有两个突出问题使农业利用劣质水的相关决策复杂化：大部分的污水都是在农业之外的部门产生的；很多个人和组织都对污水利用的相关政策十分感兴趣。另外，公众对污水利用的关注重点是随着污水种类、处理水平和可获得的信息而变化(Toze 2006)。在可能的情况下，区别工业污水和生活污水是十分必要的。清除生活污水中的病原体的成本低于清除工业污水中化学污染物的成本。

尤其是在工业化国家，家庭、社区和工业部门都会产生过量污水，因为鼓励最小化污水排放量或对污水再利用的动因很低。而改革那些影响淡水利用的政策和制度也会降低处理和管理污水的成本。尽管相关制度框架已经确立，但是公共机构之间相互重叠的管辖权却影响了这些政策发挥最大的效能。排放物的标准、税收和可交易的许可证制度都可以用来促进那些从点源排放污水的家庭和企业改进他们的水管理。

盐化的农田排水排放到地表和地下水是一种非点源污染，所面临的政策性

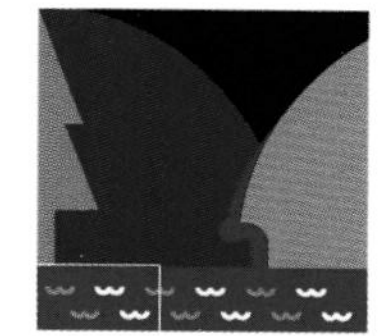

挑战是要激励分散的农户通过改善水管理来减少地表径流和深层渗漏。对农业生产的投入如灌溉水、肥料和其他农业化学品的税收和标准政策的实施有助于情况的好转。而财政上激励的政策则包括低息贷款和成本分担政策，也能促进生产方式的改进。

盐化和碱化农田排水的数量还可以通过影响取水和输水的政策而降低。相关措施包括有效的水资源配置和水定价、水权的分配、对地下水开采的限制、完全成本的能源价格、激励农户投资节水灌溉设施的机制。

公共机构面临的挑战是如何确定最佳的政策组合以减少污水的产生并确保对污水安全和有效地利用。

建立污水的产权制度

在农民和其他用户竞争有限的污水供应的地区，给污水分配产权可以推动对污水的高效利用。产权可以和恰当地利用污水的责任、管理灌溉农田的排水相结合。特别需要注意的是那些由市政或水务公司处理污水的地方。如果污水处理机构在处理之后就拥有了对污水的产权，该机构就会将污水视为一种新的资源，就会把污水配置给新的用户，而不考虑之前用污水进行灌溉的农民的利益。

将污水视为一种需要良好管理的资源

在水资源综合管理的框架中，污水不仅是一种排放物，也是一种资源。在利用污水灌溉的地方，社会可以从污水灌溉生产的作物以及在城市和周边利用污水灌溉的农户生计的改善中受益。灌溉也是一种利用污水的途径，否则，这些污水需要被处理或清理。

公共机构面临的挑战是如何确定最佳的政策组合以减少污水的产生并确保对污水安全和有效地利用（Huibers and Van Lier 2005; Martijn and Redwood 2005; Raschid-Sally, Carr, and Buechler 2005）。减少污水排放量是需要成本的。最优化的污水处理策略应该随着不同的污水来源、污水组成成分和被灌溉作物的种类而改变(Emongor and Ramolemana 2004; Fine, Halperin, and Hadas 2006; Tidaer and others 2006)。

实行经济激励机制

实行对处理过的污水再利用的激励机制有助于促进那些有多种不同水质的水源选择的地区利用污水。较低的水价以及购买新设备的补贴可以促进农户和企业加快利用劣质水的步伐。这些激励机制要和监管措施相结合，以保证激励计划和安全利用污水目标的实现。

在低水价和足够的灌溉水供给面前，农民一般不会努力减少他们农田排放的盐化或碱化排水的数量。充分反映水资源的稀缺性和外部性的水价和水资源配置会鼓励农民考虑他们的灌溉和排水行为对他们农田之外产生的影响。

在一些地方，对农田灌溉设备投资的补贴相比为了减少排放量而提高水价的政策会产生更好的效果。例如，农民会在灌溉水中含有盐分和其他杂质的情况下更多地使用滴灌而不是喷灌系统（Oron and others 1999a, 1999b, 2002; Capra and Scicolone 2004）。

改善财务管理

很多发展中国家的公共机构投资污水处理厂和制定污水再利用计划的能力有限。而制定建立相关政策和制度则有利于融资活动。对污水实行按照体积收费的方法将促进对污水的再利用，并减少污水向天然水道或污水处理机构的运行设施的排放。向污水排放者按其单位排放量收费（污染者支付原则）而产生收益的计划在概念上合理的，特别是在收益用于建设污水收集、处理和再利用设施的情况下。

> 成功减少污水排放量以及改善污水管理的措施必须和保护穷人的政策结合起来。

保护并补偿穷人

成功减少污水排放量以及改善污水管理的措施必须和保护穷人的政策结合起来。公共官员在制定政策和规划时必须考虑到对穷人的潜在影响。最大的挑战也许在于保证城市及周边依赖污水灌溉进行作物生产的低收入居民不会被剥夺他们的生计。很多贫困农民多年来一直在没有正式水权的情况下利用污水。在流域或城区的上游地带改善水管理的措施减少了污水的排放量，同时也就减少了这些农民利用的污水的供给。水处理改善的措施如果把处理后的污水转移到别的用途也会减少给农民灌溉的供水量。可以实行一些措施补偿农民，比如给他们提供别的水源或者给予经济补偿，或者提供培训以使他们能在其他部门就业。实行能够让穷人逐渐减少污水利用，同时能够帮助他们转向其他行业谋生的政策比突然实施对污水供给的干预要更加明智。

与个人和组织广泛协商

公共机构必须与可能受到污水产生和利用政策影响的个人、公司和组织广泛协商。利益攸关方的参与会改善信息的传播，推动污水再利用项目的成功（Janosova and others 2006）。发展中国家城市周边大部分的利用污水生产的作物主要是由小农户未经处理直接灌溉的。他们的知识和经验也许有助于制定有效的政策。同时，改善政府机构和具有污水问题处理技能的环境组织之间的沟通也会有助于污水管理公共政策的制定。

实施提高公众意识的计划

很多发展中国家的农民和消费者还没有意识到污水对健康的潜在威胁。许多人缺乏有关食品卫生的相关信息。因此，旨在提高农民和消费者对污水导致的潜在健康影响以及预防措施的公众教育项目会降低健康风险以及社会成本。对作物采后加工的信息的发布将会保障消费者的食用安全。需要研究制定不同条件下的指南以指导灌溉用污水应用的类型和数量（IWMI 2006）。而在很多地方还需要建立健全监管和认证制度，以保证城市市场销售的蔬菜和其他农产品

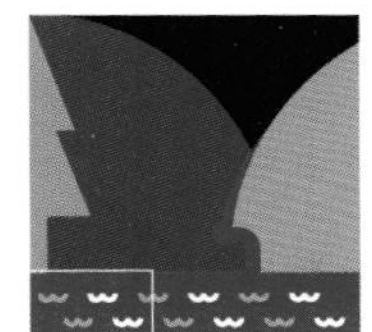

的食品安全性。

在设计这些针对农民和消费者食品安全的公众教育计划时，特别要注意性别的问题。如果能够设计出针对农村社区中男性和女性农民所发挥的不同角色的污水教育项目，那么项目实施成功的可能性极大。在很多农户家庭，妇女除了负责为全家准备一日三餐外，还直接参与农业生产，因此参加培训课程的时间十分有限。

> 发展中国家城市周边大部分由污水生产的作物主要是由小农户未经处理直接灌溉的。他们的知识和经验也许有助于设计有效的政策。

支撑性研究、开发和推广

一些农民如果能够获取更多的有关他们使用的污水中的成分载荷以及土壤中的养分水平的信息，他们也许就会更有效地利用污水中的养分。对农户水平污水再利用的研究、开发和推广项目的公共资金投入是必要的，因为可以从污水在农业中更有效的利用中获得公共效益。

对灌溉中利用污水的性质和范围进行更完善的数据收集将有助于公共机构和研究者进行这方面的政策制定和研究项目。有关污水利用的数量和质量以及污水在城市及周边地区被利用的空间分布数据将有助于改善水管理和保护公众健康的政策制定。要实施一些激励机制，使小农户愿意报告有关污水利用量、作物产量，以及对人、作物和土壤的可观察到的影响的信息。公共机构还要和农民合作建立污水监管的计划。

加强政治意愿

改善污水管理、处理和再利用方面的努力不足不能归咎于技术知识的缺乏或是有关政策影响知识的缺乏。很多地方公众参与程度的低下反映了公共机构缺乏政治意愿、缺乏合理的投资以及制度能力或协调的不足。

加强政治意愿没有简单的公式可资借鉴。公共官员必须真正地重视水资源价值的稀缺性，以及水质低劣和低效的水资源利用对公共健康、经济增长、环境以及城乡家庭的负面影响。领导者必须充分意识到通过改善土地和水资源管理对于提高生计水平、促进公众福利的巨大潜力。国际机构、援助者和非政府组织可以为政治领导们提供信息，鼓励政策创新，推动提高水和土地管理中公众的参与程度。

将风险和不确定性降到最低程度

污水灌溉的影响有一些是不确定的。尽管农民、消费者和研究者对污水造成的潜在环境和健康影响的知识会随着经验的增加而丰富，但是，由于这种风险的内在不确定性和潜在的社会成本，公共机构在制定污水利用相关政策时要采用“预先警告原则”。制定出来的政策应该能够将潜在的长期负面影响降低到最低程度，即使这样做也许会以减少农民和消费者的经济收益为代价。而提高公众意识的宣传活动则有助于争取公众对政策的支持，而这也反映了“预先警告原则”。在那些识字率不高以及农民依赖污水维持生计的地方，需要特别注意

政策的制定和实施。

改进对咸水和碱水的管理

要求农民在他们的耕作过程中再利用或处置污水的政策会推动农民改善他们对咸水和碱水的管理。水质监管机构也许会限制污水排放到地表水体，或者强制执行和农田排水相关的水质标准。但在很多地方，对水质标准的强制执行会促进农民和用水者协会改进他们的水管理措施。

灌溉系统渠首的农民排放的盐化排水降低了位于系统渠尾的农民可获得灌溉水的水质。而渠尾农民土壤中盐分的累积不仅会造成单产下降，也会使可种植作物的种类减少。这种情况就需要进行在灌溉系统尺度上的规划。提高渠首农民的水管理可以提高很多灌区的总体生产力，而改进渠首和渠尾农民可分配到的高质量水的政策则会减少农田排水的数量并提高灌区渠尾部分作物的生产力。

对咸水和碱水利用新方法的研发也大有助益。目前，急需对耐盐作物进行优化管理的研究，特别是在含盐量高和低的灌溉水混合使用的情况下。在某些情形下适宜使用混合后的灌溉水，而在某些情况下对不同水质水的交替再利用是适宜的。同时还要改进推广服务水平，使农民获得利用咸水和碱水的更多新方法。

加强区域政策和制度

某些区域性制度，如用水者协会联盟，将有助于促使农民对下游用户的影响降到最低水平(Beltrán 1999)。可以组织区域性联盟以鼓励农民降低农田地表径流和地下排水的数量。某些地区现存的水用户协会可以将其活动范围扩大到对农田排水的管理。区域性协会可以对农田排水的产生、收集和再利用进行管理。

河流流域的权力机构可以实施数据收集计划，并协调对这些数据的分析以提高政策制定的水平。在缺乏制度支撑流域权力机构的地方，改善负责土地和水资源管理的各个政府部门和机构之间的协调性是极为必要的。

加强对基础设施和制度能力的建设

实现对污水和咸水碱水的优化管理必需一些支撑性的基础设施。很多地方都需要公共投资以提高水资源用户对用水的管理水平。某些地方则需要提高其硬件基础设施水平以提高输水效率和对污水的管理和处理水平。而在其他一些地方，制度能力的提高才能实现对现有基础设施和自然资源的有效利用。

评审人

审稿编辑：David Seckler and Sawfat Abdel-Dayem.

第 11 章 农业利用劣质水：机遇和挑战

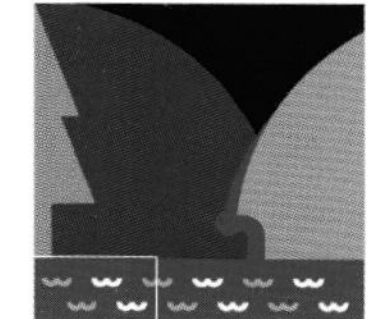

评审人: Paul Appasamy, Netij Ben Mechlia, Shashikant Chopde, Peter Cookey, Caroline Gerwe, Frans Huibers, Elisabeth Kvarnstrom, Ghulam Murtaza, Julian Martinez Beltran, Lisa Schipper, Michel Soulie, John Stenhouse, Farhana Sultana, and Girma Tadesse.

参考文献

AATSE (Australian Academy of Technological Sciences and Engineering). 2004. *Water Recycling in Australia.* Victoria, Australia.

Abdel-Dayem, S. 1999. "A Framework for Sustainable Use of Low Quality Water in Irrigation." Proceedings of the 17th International Congress on Irrigation and Drainage, 11–19 September, Granada, Spain.

Abdel-Dayem, S., J. Hoevenaars, P.P. Mollinga, W. Scheumann, R. Slootweg, and F. van Steenbergen. 2004. *Reclaiming Drainage: Toward an Integrated Approach.* Agricultural and Rural Development Report 1. Washington D.C.: World Bank.

Adeel, Z. 2001. *Arsenic Crisis Today—A Strategy for Tomorrow.* UNU Policy Paper. United Nations University, Tokyo.

APP (Advisory Panel Project on Water Management). 2002. "Egyptian-Dutch Advisory Panel Project: Revision of the Reuse Mixing Policy." Consultancy Report Submitted to the 36th Panel Meeting. Kaliubia, Egypt.

Asano, T., ed. 1998. *Wastewater Reclamation and Reuse.* Water Quality Management Library Series. Vol. 10. Lancaster, Pa.: Technomic Publishing Co., Inc.

Asano, T., and J.A. Cotruvo. 2004. "Groundwater Recharge with Reclaimed Municipal Wastewater: Health and Regulatory Considerations." *Water Research* 38 (8): 1941–51.

Attia, F., and A. Fadlelmawla. 2005. *Development of Groundwater Protection Criteria.* International Hydrological Programme-Regional Network on Groundwater Protection in the Arab Region. United Nations Educational, Scientific, and Cultural Organization, Cairo.

Ayers, R.S., and D.W. Westcot, eds. 1985. *Water Quality for Agriculture.* FAO Irrigation and Drainage Paper 29 (Rev. 1). Rome: Food and Agriculture Organization of the United Nations.

Beltrán, J.M. 1999. "Irrigation with Saline Water: Benefits and Environmental Impact." *Agricultural Water Management* 40 (2–3):183–94.

Blumenthal, U., and A. Peasey. 2002. "Critical Review of Epidemiological Evidence of the Health Effects of Wastewater and Excreta Use in Agriculture." World Health Organization, Geneva.

Blumenthal, U.J., E. Cifuentes, S. Bennett, M. Quigley, and G. Ruiz-Palacios. 2001. "The Risk of Enteric Infections Associated with Wastewater Reuse: The Effect of Season and Degree of Storage of Wastewater." *Transactions of the Royal Society of Tropical Medicine and Hygiene* 95 (2): 131–37.

Capra, A., and B. Scicolone. 2004. "Emitter and Filter Tests for Wastewater Reuse by Drip Irrigation." *Agricultural Water Management* 68 (2): 135–49.

Drechsel, P., U.J. Blumenthal, and B. Keraita. 2002. "Balancing Health and Livelihoods: Adjusting Wastewater Irrigation Guidelines for Resource-poor Countries." *Urban Agricultural Magazine* 8: 7–9.

Drechsel, P., M. Giordano, and L.A. Gyiele. 2004. *Valuing Nutrients in Soil and Water: Concepts and Techniques with Examples from IWMI Studies in the Developing World.* Research Report 82. International Water Management Institute, Colombo.

DRI (Drainage Research Institute), Louis Berger International, Inc., and Pacer Consultants. 1997. *Drainage Water Irrigation Project (Final Report).* Cairo.

Egypt, MWRI (Ministry of Water Resources and Irrigation). 2004. *The National Water Resources Plan.* Cairo.

El-Guindy, S. 2003. "Requested Protections and Safe Guards against Misuse of the Agricultural Drainage Water for Irrigation Purposes in Egypt." In R. Ragab, ed., *Sustainable Strategies for Irrigation in Salt-prone Mediterranean Region: A System Approach: Proceedings of an International Workshop. Cairo, Egypt, 8–10 December 2003.* Wallingford, UK: Centre for Ecology and Hydrology.

Emongor, V.E., and G.M. Ramolemana. 2004. "Treated Sewage Effluent (Water) Potential to Be Used for Horticultural Production in Botswana." *Physics and Chemistry of the Earth A/B/C* 29 (15–18): 1101–08.

Ensink, J.H.J., T. Mehmood, W. Van der Hoek, L. Raschid-Sally, and F.P. Amerasinghe. 2004. "A Nation-wide Assessment of Wastewater Use in Pakistan: An Obscure Activity or a Vitally Important One?" *Water Policy* 6: 197–206.

Ensink, J.H.J., W. Van der Hoek, Y. Matsuno, S. Munir, and M.R. Aslam. 2002. *Use of Untreated Wastewater in Peri-urban Agriculture in Pakistan: Risks and Opportunities.* Research Report 64. International Water Management Institute, Colombo.

Fine, P., R. Halperin, and E. Hadas. 2006. "Economic Considerations for Wastewater Upgrading Alternatives: An Israeli Test Case." *Journal of Environmental Management* 78 (2): 163–69.

Foster, S.S.D., H. Gale, and I. Hespanhol. 1994. *Impacts of Wastewater Use and Disposal on Groundwater.* Technical Report WD/94/55. Nottingham, UK: British Geological Survey.

Foster, S.S.D., H. Garduño, A. Tuinhof, K. Kemper, and M. Nanni. 2004. "Urban Wastewater as Groundwater Recharge: Evaluating and Managing the Risks and Benefits." Briefing Note 12. World Bank, Washington, D.C.

Ghassemi, F., A.J. Jakeman, and H.A. Nix. 1995. *Salinisation of Land and Water Resources: Human Causes, Extent, Management and Case Studies.* Wallingford, UK: CABI Publishing.

Grabow, G., and P.G. McCornick. Forthcoming. "Planning for Water Allocation and Water Quality Using a Spreadsheet-Based Model." *Journal of Water Resources Planning and Management.*

Heuperman, A.F., A.S. Kapoor, and H.W. Denecke. 2002. *Biodrainage—Principles, Experiences and Applications.* Knowledge Synthesis Report 6. Rome: International Programme for Technology and Research in Irrigation and Drainage.

Huibers, F.P., and J.B. Van Lier. 2005. "Use of Wastewater in Agriculture: The Water Chain Approach." *Irrigation and Drainage* 54 (Suppl. 1): S-3–S-9.

Hussain, I., L. Raschid, M.A. Hanjra, F. Marikar, and W. van der Hoek. 2001. "A Framework for Analyzing Socioeconomic, Health and Environmental Impacts of Wastewater Re-use in Agriculture in Developing Countries." Working Paper 26. International Water Management Institute, Colombo.

———. 2002. "Wastewater Use in Agriculture: Review of Impacts and Methodological Issues in Valuing Impacts." Working Paper 37. International Water Management Institute, Colombo.

Idelovitch, E. 2001. "Wastewater Reclamation for Irrigation: The Dan Region Project in Israel." World Bank, Washington, D.C.

India CWC (Central Water Commission). 2002. *Water and Related Statistics.* New Delhi: Ministry of Water Resources, Central Water Commission, Water Planning and Projects Wing.

IPTRID (International Programme for Technology and Research in Irrigation and Drainage). 2005. *Towards Integrated Planning of Irrigation and Drainage in Egypt.* Rapid assessment study in support of the Integrated Irrigation Improvement Project. Rome.

IWMI (International Water Management Institute). 2003. *Confronting the Realities of Wastewater Use in Agriculture.* Water Policy Briefing 9. Colombo.

———. 2006. *Recycling Realities: Managing Health Risks to Make Wastewater an Asset.* Water Policy Briefing 17. Colombo.

Janosova, B., J. Miklankova, P. Hlavinek, and T. Wintgens. 2006. "Drivers for Wastewater Reuse: Regional Analysis in the Czech Republic." *Desalination* 187 (1–3): 103–14.

Jensen, J.R., N.C. Vinh, N.D. Minh, and R.W. Simmons. Forthcoming. "Wastewater Use in Irrigated Rice Production—A Case Study from the Red River Delta, Vietnam." Proceedings of the workshop on "Wastewater Reuse in Agriculture in Vietnam: Water Management, Environment and Human Health Aspects." Working Paper. International Water Management Institute, Columbo.

Jimenez, B. 2005. "Treatment Technology and Standards for Agricultural Wastewater Reuse: A Case Study in Mexico." *Irrigation and Drainage* 54 (Suppl. 1): S22–S33.

Jimenez, B., and T. Asano. 2004. "Acknowledge All Approaches: The Global Outlook on Reuse." *Water21* December 2004: 32–37.

Jimenez, B., and A. Chávez. 2004. "Quality Assessment of an Aquifer Recharged with Wastewater for its Potential Use as Drinking Source: El-Mezquital Valley Case." *Water Science and Technology* 50 (2): 269–76.

Jimenez, B., and H. Garduño. 2001. "Social, Political and Scientific Dilemmas for Massive Wastewater Reuse in the World." In C.K. Davis and R.E. McGinn, eds., *Navigating Rough Waters: Ethical Issues in the Water Industry.* Denver, Colo.: American Water Works Association.

Keraita, B.N., and P. Drechsel. 2004. "Agricultural Use of Untreated Urban Wastewater in Ghana." In C.A. Scott, N.I. Faruqui, and L. Raschid-Sally, eds., *Wastewater Use in Irrigated Agriculture.* Wallingford, UK: CABI Publishing.

Khalil, M. 1931. "The Pail Closet as an Efficient Means of Controlling Human Helminth Infection as Observed in Tura Prison, Egypt, with a Discussion on the Source of Ascaris Infection." *Annals of Tropical Medicine and Parasitology* 25: 35–62.

Krey, W. 1949. "The Darmstadt Ascariasis Epidemic and Its Control." *Zeitschrift fur Hygiene und Infektions Krankheiten* 129: 507-18

Lai, T.V. 2000. "Perspectives of Peri-urban Vegetable Production in Hanoi." Background paper prepared for the Action Planning Workshop of the CGIAR Strategic Initiative for Urban and Peri-Urban Agriculture (SIUPA), Hanoi, 6–9 June. Convened by International Potato Center (CIP), Lima.

Lazarova, V., and A. Bahri, eds. 2005. *Water Reuse for Irrigation: Agriculture, Landscapes, and Turf Grass.* Boca Raton, Fla.: CRC Press.

Maas, E.V., and S.R. Grattan. 1999. "Crop Yields as Affected by Salinity." In R.W. Skaggs and J. van Schilfgaarde, eds., *Agricultural Drainage.* Madison, Wisc.: American Society of Agronomy–Crop Science Society of America–Soil Science Society of America.

Mara, D. 2003. *Domestic Wastewater Treatment in Developing Countries.* London, UK: Earthscan.

Martijn, E., and M. Redwood. 2005. "Wastewater Irrigation in Developing Countries—Limitations for Farmers to Adopt Appropriate Practices." *Irrigation and Drainage* 54 (Suppl. 1): S-63–S-70.

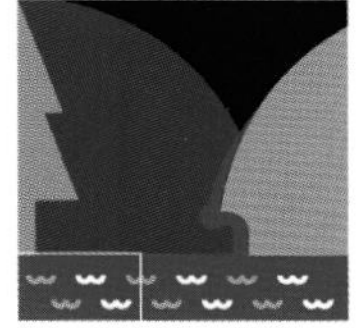

McCornick, P. G., S. R. Grattan, and I. Abu-Eisheh. 2003. "Water Quality Challenges to Irrigated Agriculture Productivity in the Jordan Valley." In A.J. Clemmens and S.S. Anderson, eds., *Water for a Sustainable World—Limited Supplies and Expanding Demand: Proceeding of the Second International Conference on Irrigation and Drainage.* Phoenix, Ariz.: U.S. Commission on Irrigation and Drainage.

McCornick, P. G., A. Hijazi, and B. Sheikh. 2004. "From Wastewater Reuse to Water Reclamation: Progression of Water Reuse Standards in Jordan." In C. Scott, N.I. Faruqui, and L. Raschid, eds., *Wastewater Use in Irrigated Agriculture: Confronting the Livelihood and Environmental Realities.* Wallingford, UK: CABI Publishing.

Mexico CNA (Comisiòn Nacional del Agua). 2004. *Water Statistics.* Mexico City: National Water Commission. (In Spanish).

Minhas, P.S., and J.S. Samra. 2003. *Quality Assessment of Water Resources in the Indo-Gangetic Basin Part in India.* Karnal, India: Central Soil Salinity Research Institute.

———. 2004. *Wastewater Use in Peri-urban Agriculture: Impacts and Opportunities.* Karnal, India: Central Soil Salinity Research Institute.

Minhas, P.S., D.R. Sharma, and C.P.S. Chauhan. 2003. "Management of Saline and Alkali Waters for Irrigation." In *Advances in Sodic Land Reclamation.* International Conference on Management of Sodic Lands for Sustainable Agriculture, 9–14 February, Lucknow, India.

Moreno, F., F. Cabrera, E. Fernandez-Boy, I.F. Giron, J.E. Fernandez, and B. Bellido. 2001. "Irrigation with Saline Water in the Reclaimed Marsh Soils of South-west Spain: Impact on Soil Properties and Cotton and Sugar Beet Crops." *Agricultural Water Management* 48 (2): 133–50.

Ongley, E.D., ed. 1996. *Control of Water Pollution from Agriculture.* FAO Irrigation and Drainage Paper 55. Rome: Food and Agriculture Organization of the United Nations.

Oron, G., C. Campos, L. Gillerman, and M. Salgot. 1999a. "Wastewater Treatment, Renovation and Reuse for Agricultural Irrigation in Small Communities." *Agricultural Water Management* 38 (3): 223–34.

Oron, G., Y. DeMalach, L. Gillerman, I. David, and V.P. Rao. 1999b. "Improved Saline-water Use Under Subsurface Drip Irrigation." *Agricultural Water Management* 39 (1): 19–33.

Oron, G., Y. DeMalach, L. Gillerman, I. David, and S. Lurie. 2002. "Effect of Water Salinity and Irrigation Technology on Yield and Quality of Pears." *Biosystems Engineering* 81 (2): 237–47.

Oster, J.D., and S.R. Grattan. 2002. "Drainage Water Reuse." *Irrigation and Drainage Systems* 16 (4): 297–310.

Pescod, M.B., ed. 1992. *Wastewater Treatment and Use in Agriculture.* FAO Irrigation and Drainage Paper 47. Rome: Food and Agriculture Organization of the United Nations.

Qadir, M., A.D. Noble, J.D. Oster, S. Schubert, and A. Ghafoor. 2005. "Driving Forces for Sodium Removal during Phytoremediation of Calcareous Sodic and Saline-sodic Soils: A Review." *Soil Use and Management* 21 (2): 173–80.

Raschid-Sally, L., and P. Jayakody. Forthcoming. "Understanding the Drivers of Wastewater Agriculture in Developing Countries—Results from a Global Assessment." Comprehensive Assessment Research Report Series. International Water Management Institute, Colombo.

Raschid-Sally, L., and J. Parkinson. 2004. "Wastewater Reuse for Agriculture and Aquaculture—Current and Future Perspectives for Low-income Countries." *Waterlines Journal* 23 (1): 2–4.

Raschid-Sally, L., R. Carr, and S. Buechler. 2005. "Managing Wastewater Agriculture to Improve Livelihoods and Environmental Quality in Poor Countries." *Irrigation and Drainage* 54 (Suppl. 1): 11–22.

Rhoades, J.D. 1999. "Use of Saline Drainage Water for Irrigation." In R.W. Skaggs and J. van Schilfgaarde, eds., *Agricultural Drainage.* Madison, Wisc.: American Society of Agronomy, Crop Science Society of America, and Soil Science Society of America.

Rhoades, J.D., and A. Kandiah, eds. 1992. *The Use of Saline Waters for Crop Production.* FAO Irrigation and Drainage Paper 48. Rome: Food and Agriculture Organization of the United Nations.

Scott, C.A., N. I. Faruqui, and L. Raschid-Sally. 2004. "Wastewater Use in Irrigated Agriculture: Management Challenges in Developing Countries." In C.A. Scott, N.I. Faruqui, and L. Raschid-Sally, eds., *Wastewater Use in Irrigated Agriculture: Confronting the Livelihood and Environmental Realities.* Wallingford, UK; Colombo; and Ottawa, Canada: CABI Publishing, International Water Management Institute, and International Development Research Centre.

Scott, C.A., J.A. Zarazua, and G. Levine. 2000. *Urban Wastewater Reuse for Crop Production in the Water-short Guanajuato River Basin, Mexico.* IWMI Research Report 41. Colombo: International Water Management Institute.

Shuval, H.I., P. Yekutiel, and B. Fattal. 1984. "Epidemiological Evidence for Helminth and Cholera Transmission by Vegetables Irrigated with Wastewater: Jerusalem—A Case Study." *Water Science and Technology*, 17: 433–42.

Shuval, H.I., A. Adin, B. Fattal, E. Rawitz, and P. Yekutiel. 1986. *Wastewater Irrigation in Developing Countries: Health Effects and Technical Solutions.* Technical Paper 51. World Bank, Washington, D.C.

Skaggs, R.W., and J. Van Schilfgaarde, eds. 1999. *Agricultural Drainage.* Madison, Wisc.: American Society of Agronomy, Crop Science Society of America, and Soil Science Society of America.

Stenhouse, J., and J. Kijne. 2006. *Prospects for Productive Use of Saline Water in West Asia and North Africa.* Research Report 11 of the Comprehensive Assessment of Water Management in Agriculture. Colombo: International Water

Management Institute.

Tanji, K., and N.C. Kielen, eds. 2002. *Agricultural Drainage Water Management in Arid and Semiarid Areas.* FAO Irrigation and Drainage Paper 61. Rome: Food and Agriculture Organization of the United Nations.

Tidåker, P., F. Kärrman, A. Baky, and H. Jönsson. 2006. "Wastewater Management Integrated with Farming—An Environmental Systems Analysis of a Swedish Country Town." *Resources, Conservation and Recycling* 47 (4): 295–315.

Toze, S. 2006. "Reuse of Effluent Water—Benefits and Risks." *Agricultural Water Management* 80 (1–3): 147–59.

Trang, D.T., W. van der Hoek, P.D. Cam, K.T. Vinh, N.V. Hoa, and A. Dalsgaard. 2006. "Low Risk for Helminth Infection in Wastewater-fed Rice Cultivation in Vietnam." *Journal of Water and Health* 4 (3): 321–331.

Ul-Hassan, M. 2002. "Maximising Private and Social Gains of Wastewater Agriculture in Haroonabad." *Urban Agriculture Magazine* 7 (August): 29–31.

Ul-Hassan, M., and N. Ali. 2002. "Potential for Blue-gray Water Trade-offs for Irrigation in Small Towns of Pakistan: A Case Study of Farmers' Costs and Benefits in Haroonabad." *The Pakistan Development Review* 41 (2): 161–77.

UNDP (United Nations Development Program). 1996. *Urban Agriculture: Food, Jobs and Sustainable Cities.* Publication Series for Habitat II, Volume One. New York.

USEPA (U.S. Environmental Protection Agency) and USAID (U.S. Agency for International Development). 2004. *Guidelines for Water Reuse.* Washington D.C.

Van der Hoek, W. 2004. "A Framework for a Global Assessment of the Extent of Wastewater Irrigation: The Need for a Common Wastewater Typology." In C.A. Scott, N.I. Faruqui, L. Raschid-Sally, eds., *Wastewater Use in Irrigated Agriculture: Confronting the Livelihood and Environmental Realities.* Wallingford, UK; Colombo; and Ottawa, Canada: CABI Publishing, International Water Management Institute, and International Development Research Centre.

Van der Hoek, W., M. Ul Hassan, J.H.J. Ensink, S. Feenstra, L. Rashid-Sally, S. Munir, M.R. Aslam, N. Ali, R. Hussain, and Y. Matsuno. 2002. *Urban Wastewater: A Valuable Resource for Agriculture.* Research Report 63. Colombo: International Water Management Institute.

Watson, R.T., R.H. Moss, and M.C. Zinyowera, eds. 1998. *The Regional Impacts of Climate Change: An Assessment of Vulnerability.* Intergovernmental Panel on Climate Change. Cambridge, UK: Cambridge University Press.

Weber, B., and M. Juanicó. 2004. "Salt Reduction in Municipal Sewage Allocated for Reuse: The Outcome of a New Policy in Israel." *Water Science and Technology* 50 (2): 17–22.

WHO (World Health Organization). 1973. *Reuse of Effluents: Methods of Wastewater Treatment and Health Safeguards.* Technical Report Series 517. Geneva.

———. 1989. *Health Guidelines for the Use of Wastewater in Agriculture and Aquaculture.* Technical Report Series 778. Geneva.

———. 2005. *Using Economic Valuation Methods for Environment and Health Assessment.* The Health and Environment Linkages Initiative. World Health Organization and United Nations Environment Programme, Geneva and Nairobi. [www.who.int/heli/economics/valmethods/en/].

———. 2006. *Guidelines for the Safe Use of Wastewater, Excreta and Grey Water.* Volume 2. *Wastewater Use in Agriculture.* Geneva.

WHO (World Health Organization) and UNICEF (United Nations Children's Fund). 2000. *Global Water Supply and Sanitation Assessment 2000 Report.* Geneva and New York.

淡水渔业
印度艺术家:Supriyo Das

第12章 内陆渔业和水产养殖

协调主编: Patrick Dugan
主编: Veliyil Vasu Sugunan, Robin L. Welcomme, Christophe Béné, Randall E. Brummett, and Malcolm C.M. Beveridge
主要作者: Kofi Abban, Upali Amarasinghe, Angela Arthington, Marco Blixt, Sloans Chimatiro, Pradeep Katiha, Jackie King, Jeppe Kolding, Sophie Nguyen Khoa, and Jane Turpie

概览

鱼类以及其他内陆水生生态系统的水产资源提供了常常被严重低估的重要的生态服务[WE]。内陆渔业和水产养殖贡献了全球25%的鱼类产量。另外,很多重要的三角洲和滨海渔业与淡水系统的重要生态过程紧密相关[WE]。淡水渔业生产对人类营养和收入的价值远远大于国民生产总值的数字所反映的情况。因为大部分渔业生产都是小规模的,在捕捞和养殖过程以及加工和销售环节的劳动力参与度极高。内陆渔业对保证地区的粮食安全至关重要[WE]。

大部分发展中国家的内陆渔业已处于过度开发状态。尽管从总产的角度看,内陆渔业不一定处于过度开发状态,很多单个的渔业物种却被严重地过度捕捞。然而,内陆渔业还要遭受环境压力,特别是水质和栖息地的退化[WE]。很多沿海的水生生态系统也受到水质退化和有效淡水减少的影响。

对水资源和水生栖息地的竞争是很多国家内陆渔业所面临的严峻挑战[WE]。维持鱼类和渔业所需要的水资源会与其他部门的用水需求相冲突,特别是与农业用水矛盾,主要体现在水质和维持水生栖息地的最小流量需求方面。

而水资源管理的决策通常都没有考虑对鱼类和渔业的影响，以及依赖它们为生的农村人口的生计的影响。造成这种情况的部分原因是内陆渔业的作用在地区、国家和流域水平的水管理中被严重低估。同样重要的原因是缺乏优化生态服务的相关知识，如通过环境流量和水分生产力的分析方法来指导维持鱼类和渔业生产的足量用水配置。

> 在农业用水需求和为鱼类生产以及内陆水生生态系统产生的其他商品和服务提供优质足量的用水之间需要做出权衡。

在水管理决策中加强对渔业的重视需要更好的评价方法和更好的治理措施[EBI]。这种更好的评价方法需要对非正式的价值给予更多的重视，尤其是有关生计、粮食安全和生物多样性的问题。而治理体系也需要将这些价值纳入到承认生态系统服务重要性的跨部门水管理的体系中去。而对权力的下放或许是实现更好治理的可能途径。如果要实现资源获取公平性的目标，就需要对权力下放进行细致的规划和认真的执行。

渔业生产面临两大挑战。首先，就是通过提供实现特定目标的、能够维持或恢复水生生态环境及其生物多样性的环境流量并改善对捕捞渔业的管理来维持目前的渔业生产及其所提供的其他生态服务的水平[EBI]。其次，通过广泛采用增产和集约化生产的方法（如存量和养殖）来提高现有渔业生产的水平，而这些措施都需要适量的清洁水、适宜的栖息地和适当管理措施[EBI]。在渔业和其他事关水管理的利益集团之间建立良好的协作关系，尤其是从事农业水管理的部门，将会成功地应对这些挑战。因为农业水管理部门也在寻求更有效的方法来提高水分生产力以保证粮食安全并减少贫困。

内陆渔业和水产养殖对经济和社会发展的贡献

淡水的供给不仅对河流渔业的生产至关重要，它们还支撑着与河流相关的湿地，并影响河口三角洲地带和近岸海洋渔业的发展。[1]尽管渔业通常是非消耗型的水资源用户，却需要渔业所依赖的河流及其附属的湿地、湖泊和三角洲地带拥有特定的和季节性的流量。因此，就必须在农业用水需求和为鱼类生产以及内陆水生生态系统产生的其他商品和服务提供优质足量的用水之间做出权衡（见本书第6章有关生态系统的论述）。

在湖泊、水库、河流、池塘和湿地上进行的渔业和水产养殖的生产总量占2003年报道的全球渔业生产总量的25%（3400万t）（FAO 2004）。但是，在河流及其相关湿地上的鱼类的捕捞很容易被低估，因为有多发生在更小的支流和水体上的鱼类捕捞并未统计在内（Coates 2002）[EBI]。而河流渔业本身统计的收获量也仅占实际捕捞量的30%~50%（Kolding and van Zwieten forthcoming），因此，内陆渔业的贡献比实际数字显示的要高得多。另外，内陆渔业所带来的好处有助于当地的社区，特别是对农村贫困人口来说。此外，内陆渔业所带来的社会经济价值不成比例地大于诸如远洋渔业的其他渔业部门[EBI]。

尽管内陆渔业具有较高的生产力，水资源开发的规划者却很少认可依赖淡水的渔业生产或其生态基础。造成这种状况有几个因素。第一，与产业化的海洋

渔业相比，内陆渔业缺乏可靠的数据和科学研究的文献。绝大部分的内陆渔业生产都是小规模的、空间上高度分散的，大部分产品没有商品化，或者只是通过非正式的渠道销售，所以没有被正确地反映到国民经济的统计数字中。结果，这些渔业生产常常被误认为是创造价值较低的产业(Allan and others 2005)。尽管对那些处于人为加强的天然渔业和粗放的水产养殖业的统计界限日益模糊，并且造成对两种不同形态的相对贡献的评估日益困难，对水产养殖业的界定从总体上来说还是更加清晰的。另外，水资源管理中的水文学方法倾向于将重点放在河道内的数量化的流量，而常常忽视对河道毗邻的湿地的水质和范围所产生的更加重要的影响。

尽管内陆渔业具有较高的生产力，水资源开发的规划者却很少认可依赖淡水的渔业生产或其生态基础。

对渔业部门重要性的忽视会产生一些不良后果。它会造成数据缺乏状况的进一步恶化，而数据缺乏反过来会对研究和管理造成阻碍(Misund, Kolding, and Fréon 2002)，还会造成政策制定的片面性，而使渔业不能得到相应的国家开发资源的配置。尽管渔业对国民收入和生计改善发挥了重要的作用，很多国家还是低估了渔业对GDP的贡献。而针对内陆渔业管理和水产养殖开发的立法和政策框架不是缺位，就是倾向于在环境管理的需求成为优先领域的时候将解决过度开发的问题作为首要目标。这会限制这些部门在解决国家和地方尺度的粮食安全中所能发挥的作用。

对全球经济的贡献

鱼类是高度贸易化的商品：2001年，大约33%的全球渔业总产值被跨国贸易(Dey and others 2005)，现在已经成为国际市场上增长最快的农业贸易商品[WE]。由于和大宗农产品比起来，鱼类生产仍十分有限，并且随着消费者对更健康食谱(通常包括鱼类)的需求日益增长，鱼类的相对重要性也随之增长。世界鱼类产品贸易值的增长率大于其他大宗农产品(咖啡、香蕉、大米和茶叶)净出口的增长率(FAO 2002)。世界鱼类和鱼类产品的出口值在2002年已经增加到580亿美元，比2000年增加了5%(FAO 2004)。估计产量在800万t左右的内陆捕捞渔业的产量和海洋捕捞渔业以及海洋和内陆水产养殖业相比，规模较小(图12.1)。但是，全世界的内陆渔业的年增长率却维持在2%左右(FAO 2002)，并且，某些生产体系的未来增长潜力巨大(Kolding and van Zwieten forthcoming)[EBI]。

但是，这种总体上的增长却掩盖了区域水平上更为复杂的现实(图12.2)。增长的主力是非洲和亚洲。非洲的增长主要来源于湖泊捕捞鱼类的增长，尤其是尼罗河源头的维多利亚湖出产的尼罗河鲈鱼(*Lates niloticus*)的增加。而亚洲产量的增加原因很多，主要是因为孟加拉国和中国基于养殖的渔业生产的繁荣，还有一个重要原因是湄公河流域对捕捞渔业的统计体系得到了很大的改善。相比之下，加拿大和美国的捕捞数量下降，欧洲也是如此，尽管在这些国家娱乐型渔业的经济产值很高。

淡水水产养殖在2003年的农场出场价值达到了280亿美元，大约是内陆捕

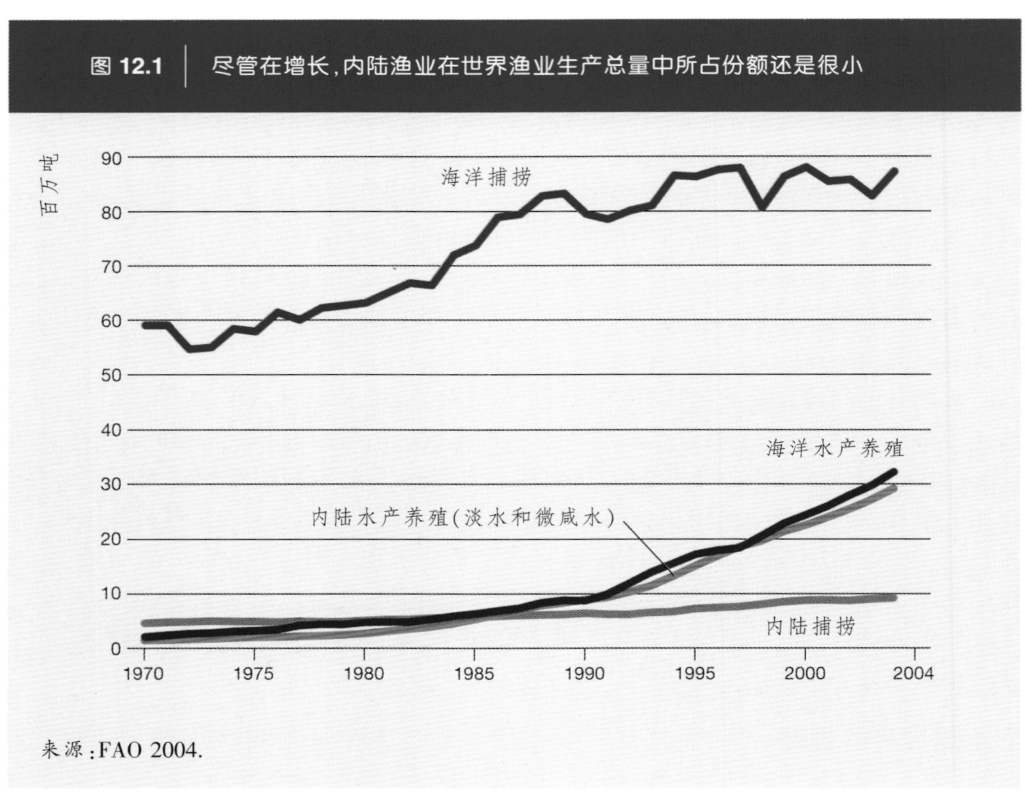

捞渔业产值的3倍，淡水水产养殖业在最近几十年的贡献增长迅速(FAO 2004)。淡水养殖已经成为内陆渔业生产的主力，在1986年就已经取代了内陆捕捞渔业生产。水产养殖的重要性存在着很大的区域性差异：增长主要集中于亚洲，而非洲和拉丁美洲部分地区的产量相对较低。

对国民经济的贡献

照片 12.1 内陆渔业对柬埔寨几百万人口的生计发挥了重要作用。

内陆渔业或与之相关的出口和区域间贸易可以在区域和国家经济中发挥重要作用。柬埔寨的内陆渔业为该国的GDP贡献了7%的份额(照片12.1)，孟加拉则是4%。非洲的内陆渔业为几百万人口提供了就业和经济收入。最近在全世界7个主要流域的就业和收入的调查研究中发现：单单西非和中非的渔业就为超过22.7万的全职渔民提供了就业，年捕捞量达到57万 t，初次销售的产值达到2.95亿美元(表12.1；Neiland and Béné forthcoming)。这项调查还估计了该地区的渔业生产潜力(134万 t；年产值7.5亿美元)是目前实际产量的两倍多[2]。淡水和微咸水水产养殖在一些亚洲国家的宏观经济中也发挥了重要作用，是这些国家外汇和就业的主要来源。

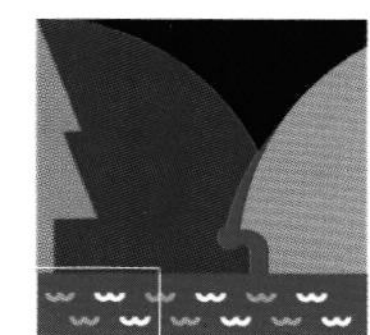

图 12.2 内陆捕捞量的增长主要来源于亚洲和非洲

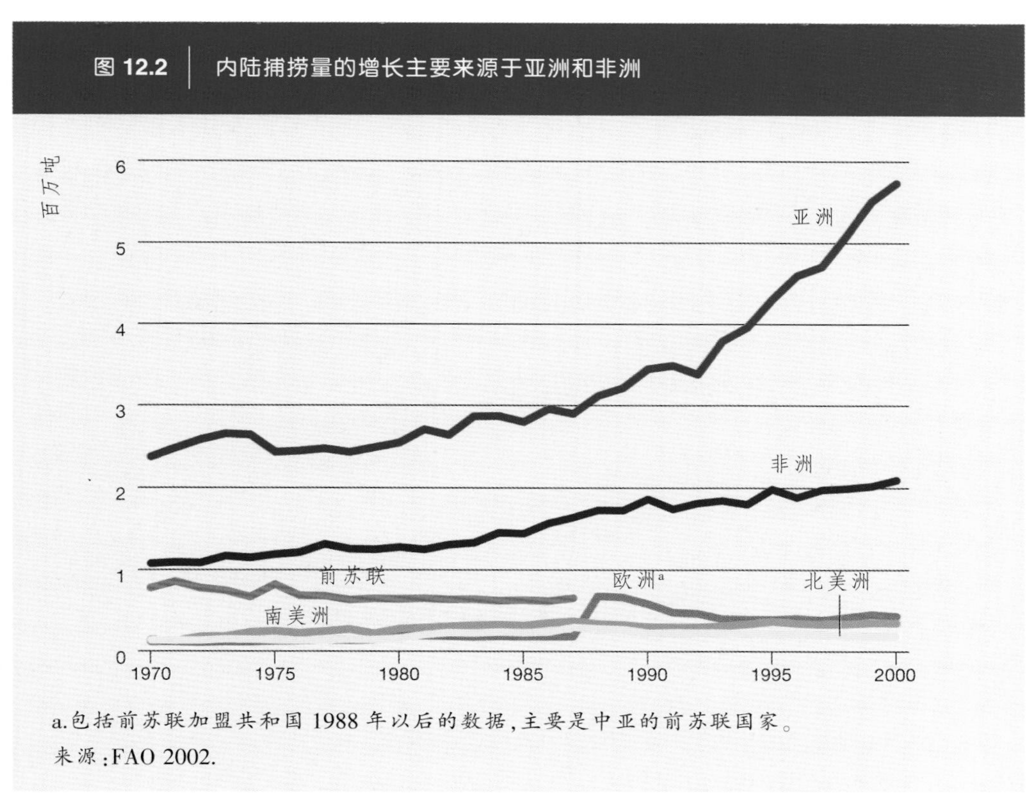

a.包括前苏联加盟共和国1988年以后的数据，主要是中亚的前苏联国家。

来源：FAO 2002.

对地方经济的贡献

在小规模的内陆渔业或水产养殖业得到良好支持和管理的地区，和渔业相关的产业和经济活动在创造财富、维持经济增长方面发挥了关键作用(Béné 2006)[WE]。例如，在非洲的赞比西河冲积平原进行的一项研究发现，相比牲畜养殖，内陆渔业为家庭带来了更多的现金收入，在某些情况下甚至超过了作物生产所带来的现金收入(表12.2)。在斯里兰卡最近进行的经济评估将灌溉水稻生产用水的总经济收益中的18%归因于渔业生产(Renwick 2001)。但是，学术界和决策者仍然没有充分认识到小规模渔业生产的这种产生现金收入的能力。另外，由于渔民，或者说渔业农民，可以通过鱼类销售而全年获取现金，渔业生产实际上为那些很少能获取正规金融服务的偏远地区农村人口提供了一座"水中的银行"。这和种植农业形成了鲜明的对比，因为农民只能先投资再等待收获后才能回收现金。

有些流域的娱乐型渔业对地方经济的贡献也很大。欧洲的内陆娱乐型渔业的产值高达250亿美元(Cowx 2002)。而越来越多的发展中国家，如阿根廷、巴西、智利、印度以及赞比西河流域内的几个国家，也在部分地利用其内陆渔业资源从事娱乐型渔业，从而促进了地方旅游业的发展。

表 12.1	西非和中非重要河流流域的渔业对就业和收入的贡献				
		实际产量和产值		潜在产量和产值	
流域和湖泊	就业(渔业)	产量(吨/年)	产值(百万美元/年)	产量(吨/年)	产值(百万美元/年)
河流流域					
塞内加尔-冈比亚河	25 500	30 500	16.78	112 000	61.60
沃尔特河	7000	13 700	7.12	16 000	8.32
尼日-贝努埃河	64 700	236 500	94.60	205 610	82.24
Logone-Chari 河	6800	32 200	17.71	130 250	71.64
刚果-扎伊尔河	62 000	119 500	47.80	520 000	208.00
大西洋沿岸河流	6000	30 700	46.66	118 000	179.30
湖泊					
沃尔特	20 000	40 000	28.40	62 000	44.02
乍得	15 000	60 000	33.00	165 000	90.75
凯恩吉	20 000	6000	3.30	6000	3.30
合计	227 000	569 100	295.17	1 334 860	749.17

注:表中的统计数字没有包括兼职捕鱼(季节性或偶尔)的数量。
来源:Neiland and Béné forthcoming.

表 12.2	赞比西河流域不同地区渔业和其他经济活动对家庭现金收入的贡献(美元/家庭/年)							
	Barotse 平原		Caprivi-Chobe 湿地		Lower Shire 湿地		赞比西河三角洲	
经济活动	产值	份额(%)	产值	份额(%)	产值	份额(%)	产值	份额(%)
牲畜	120	28	422	37	31	7	0	..
作物	91	22	219	19	298	66	121	48
渔业	180	43	324	28	56	12	100	39
野生动物	6	1	49	4	1	..	0.4	..
野生植物	24	6	121	11	48	11	29	11
野生食物	0	..	11	1	7	2	4	2
泥制品[a]	2	..	0	..	8	2	0.1	..

..:小于 1。
a.制作泥罐和其他用具。
来源:Turpie and others 1999。

对增加性别权力的贡献

水资源部门通常被认为是脱贫和增强性别权力的关键切入点（见本书第4章有关贫困的论述）。职业捕鱼(收获)主要由男性主导,而渔业生产的产后任务(鱼类加工、零售和贸易)则常常由妇女来承担,特别是在非洲和很多其他地区(照片12.2)[WE]。没有受过教育的贫困妇女常常参与产后活动，因为不需要太多的资本投入和较高的技能。大部分小型家庭式的渔民则来源于妇女和儿童。有一些人也许渔业生意做得很成功而拥有自己的渔船或外挂式的发动机,或者有能力为其他渔民提供购买渔业装备的贷款。

而对于数百万其他妇女来说,从事鱼类加工和贸易在经济上更有可能生存下去。这种活动常常在非正式的环境下运行,使得她们的贡献相比部门中的其他行业来说更难以被人发现和认可。对于这些妇女来说,产后活动创造的收入往往就是她们唯一的现金收入,特别是在那些由男性主导一个家庭大部分的现金收入活动的社会[EBI]。有关研究已经证明相当大数量的处于脆弱地位的妇女已经参与到渔业产后活动中,她们发挥了关键的安全网的作用。

这些渔业相关的经济活动在日复一日的争取经济和社会权力的奋斗中起到重要作用。由于渔业部门中合法的利益攸关方和管理程序极少承认妇女在渔业生产中的作用,并且妇女们特定的需求和想法没能被系统化地纳入到渔业和水产养殖政策和管理中,这种争取权力的奋斗常常被削弱。

摄影:C. Béné

照片 12.2 鱼类的贸易有助于增强妇女的经济权力。

水产养殖

水产养殖有助于直接提高水分生产力。

水产养殖是鱼类和其他水生生物养殖，有助于直接提高水分生产力。水产养殖包括一系列灵活的、适应性强的技术、物种和生产体系，从简单的、极少蓄积的、不需要投入的鱼塘，到大规模的、拥有高科技饲养网箱或自动投饲系统的、日产最高可以达到每立方米鱼群100kg的水产养殖体系。很多这种体系对发展中国家和水资源短缺国家的需求和条件是很有意义的(表12.3)。

大部分水产养殖都是在土质的池塘中进行的，但养殖的强度有所不同。低端的养殖池塘面积小于500m^2，这种池塘对非洲、亚洲和拉丁美洲许多国家小规模养殖的稳定性和长期性起到了重要的作用。在合理蓄积和添加养料的基础上，这些生产单元每年每公顷能产出1000~2000kg的鱼用于家庭消费和销售。即便在这个规模上的水产养殖已经显著改善了水产养殖农场的经济和生物物理功能(Dey and others 2006)。

位于池塘养殖高端的是那些应用机械化曝气和颗粒化饲料的、克服了对生产力的天然制约的集约化体系。在有必要的投入(饲料、鱼苗、燃料、电力、零件)和基础设施(道路和市场)的情况下，这些系统通常每年每公顷的产量大于10 000kg，投资的回报率也会成比例地提高(图12.3)。但这种生产方式对生态系统造成的过载会降低其他生态服务。灾难性疾病的爆发会造成对整个产业的毁灭性打击，例如20世纪90年代亚洲爆发的虾类疫情。尽管在很多地方为建设鱼塘而对红树植物的破坏得到了制止，但是这种做法已经对农村社区造成了严重的社会和经济后果(Primavera 1997)。在这两种极端的养殖方式之间还存在着

表 12.3　发展中国家水产养殖系统的生产力

生产体系	生产量(kg/hm^2)
罗非鱼，不施肥的鱼塘(Diana 1997)	320
克氏原螯虾(淡水小龙虾)，粗放稻田养殖(Arringnon and others 1994)	750
罗氏沼虾(马来西亚对虾)，投放饲料的鱼塘(Lake Harvest Aquaculture, Ltd. 2003)	2500
罗非鱼，施肥鱼塘(Diana 1997)	3200
罗非鱼，投放饲料的鱼塘(Diana 1997)	5900
罗非鱼，集约化池塘(Diana 1997)	10 000
印度鲤鱼(鲩鱼)的多种养殖(Murthy 2002)	13 600
埃及胡子鲇，水流式鱼塘(Hatch and Hanson 1992)	40 000
罗非鱼，网箱养殖(Arringnon and others 1994)	500 000
普通鲤鱼，密集网箱养殖(Akiyama 1991)	1 100 000
埃及胡子鲇，水流式网箱养殖(Hatch and Hanson 1992)	8 500 000

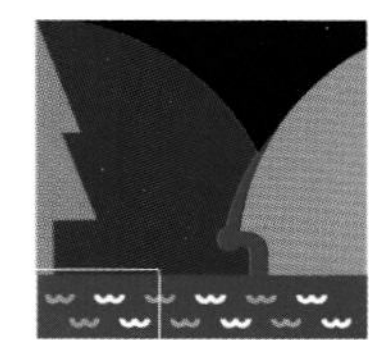

图 12.3　不同的捕捞和养殖系统的产量差异极大

1. 水循环养殖系统
2. 自动投饲系统
3. 网箱养殖系统
4. 完全投饲和曝气的鱼塘
5. 施肥和投放饲料的鱼塘
6. 海岸潟湖和微咸水养殖
7. 施肥鱼塘
8. 蓄积量大的施肥鱼塘
9. 粗放蓄积的不施肥鱼塘
10. 利用排水的鱼塘
11. 粗放式蓄积的天然系统
12. 热带湖泊和河流
13. 温带湖泊和河流
14. 寒温带湖泊和河流

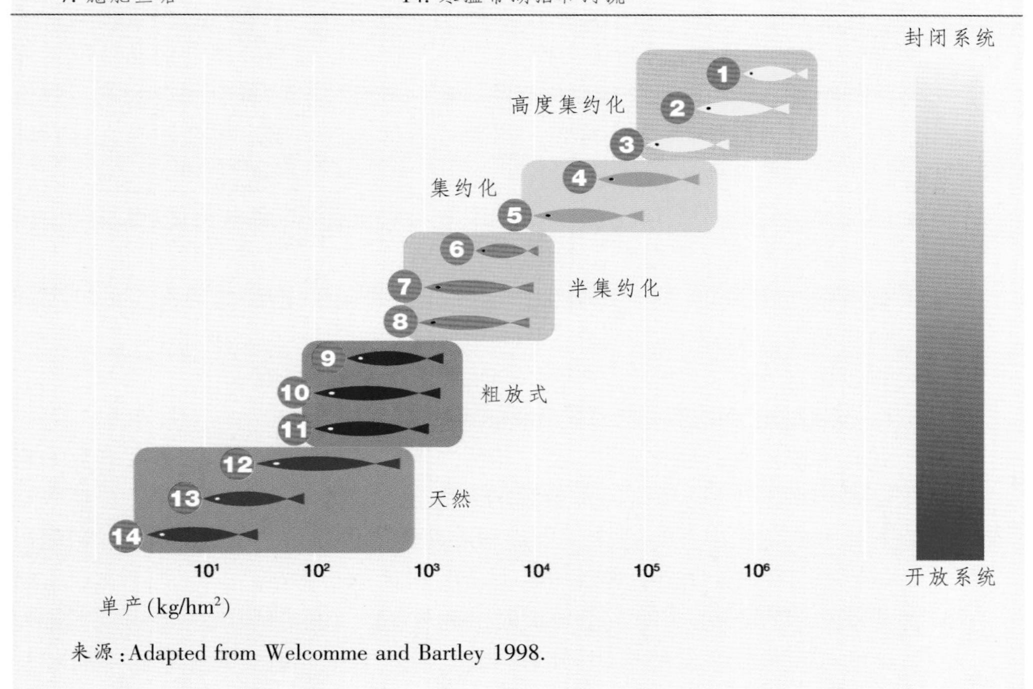

来源：Adapted from Welcomme and Bartley 1998.

很多种生产力高且可持续性良好的水产养殖体系。利用农业水产的废弃物，如酿酒废料、油菜子豆饼和有机肥料的鱼塘的每公顷的年产量可达3000~5000 kg，这种做法不仅可以提高加工过程的附加值，还可以将低附加值的产品转化为高附加值的动物性蛋白产品。鱼类是冷血动物，且漂浮于水中，所以它们不会在保持体温和克服重力方面浪费能量，这个特性使它们的生长对能量的利用效率比其他动物更高。

综合农业—水产养殖：发挥经济协同效应的优势

水产养殖可能起源于亚洲，最初的做法是将鱼类的养殖纳入已有的农作体系中，是一种对已有农作体系的调整(Beveridge and Little 2002)。很多并不承认自己是水产养殖者的农民会将鱼类投放到水库中，或者投放到供牲畜饮水的池塘中以控制池塘中蚊蝇孳生和水草蔓延，但是这种做法会带来额外的好处，主要在于发展娱乐型渔业以及对家庭食物安全状况的改善。亚洲的稻农有着管理稻田中生活的动物的传统，并将其作为水稻生产的一种有价值的补充。综合农业-水产养殖系统的案例目前已经遍布全球。基本原理就是将农业副产品中的养分用于鱼类水产，从而优化农业的水利用。淡水鱼类的生产已经成功地整合到行播作物（尤其是水稻）、水培园艺作物、家蚕及畜牧业（猪、家禽、兔、小型反刍动物、牛）的生产中。

随着农业多样化战略的实施，综合农业-水产养殖系统还会降低那些脆弱的、雨养的和小规模的农作体系的风险。

对多种水产单位的分期偿还的资本和劳动力的投资所具有的经济协同优势效应是综合农业-水产养殖体系发展的主要推动力。尽管这些系统是知识密集的，但随着利润的增加，花费在投入、杂草控制和废弃物处置上的总体成本还是会降低[WE]。与其他农业多样化战略（间作、轮作）一起，综合农业和水产养殖体系还会降低那些脆弱的、小规模的雨养农作体系的风险。主要通过在这种体系中加入下列生产模块：

- 不需要进行每日喂养（没有每日的喂养，也许鱼类不会生长，但也不会由于不规律的喂养而出现生长退化）。
- 需要的劳力最少（小于作物生产需要劳力的10%；小于其他类型的动物养殖需要劳力的30%）。
- 可以保留家庭或其他生产活动紧急需要的水量。
- 生产可以用于家庭消费或出售的高附加值的作物。

目前比较普遍的综合农业-水产养殖系统就是稻田养鱼。因为大多数水稻都在淹水状态下生长，所以一定数量的鱼类也总会在水稻田中生长，在某些地区的高产水稻系统中还会减少杀虫剂和除草剂的使用。一般来说，“天然”稻田每年每公顷可以产出120~300kg的各类鱼类和其他动物产品，有助于农户家庭膳食营养水平的提高，有时还会增加农民的收益。而更集约化的、得到良好管理的鱼类的蓄积和收获已经证明可以提高水稻单产（主要通过对杂草的控制和土壤的通气）10%，而每公顷的鱼类产量可以达到1500kg，同时还减少了施用农药的必要性和成本（dela Cruz 1994; Halwart and Gupta 2004）。

摄影：R. Welcomme

照片 12.3 孟加拉国的稻田养鱼。

中国（330万hm^2）和印度（250万hm^2）两个国家拥有全世界最大规模的稻田养鱼体系，紧随其后的是印度尼西亚、马来西亚、泰国和越南。而孟加拉国（照片12.3）和斯里兰卡对渔业、水产养殖业以及水稻生产的基于社区的管理是通过合理的技术和管理干预措施最大化发挥协同效应优势的范例（Dey and Prein 2003）。上述国家的泛滥平原上的鱼类水产已经从过去的50~70 kg/hm^{2}增加到了650~1700 kg/hm^2，而水稻单产也保持在6~7 t/hm^{2}的水平。

包括蚊子卵在内的水生无脊椎动物构成了稻田生态系统食物链的主要部分，鱼类在这些系统中的捕食行为会减少疟疾和其他疾病的发生（Nalim 1994）。

网箱式水产养殖——一种灵活的但正在衰退的养殖方式

罗非鱼、鲤鱼和一些其他鱼类都是在网箱中养殖的（Beveridge 2004）。假如水流速度可以很快将网箱中的代谢废物冲走，网箱养殖就可以总体上适应河

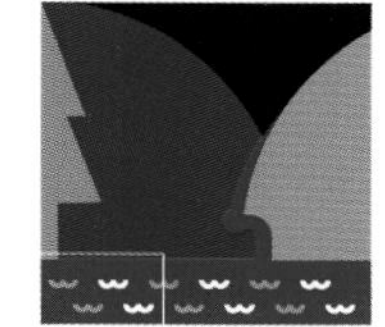

流、湖泊或水的承载能力，而网箱养殖恰恰处于这些地方，目的是防止对环境的过度改变。在这样的系统中，每一循环的可持续产量一般在10~50kg/m³之间，主要取决于水体的天然生产力、生态系统吸纳代谢废物的能力以及水资源的其他用途，如饮用水。在网箱中养殖的鱼类的饲料的营养结构必须是完全的，这就意味着对天然水体的大量的养分投入是不可避免的，从而会造成地表水体污染和富营养化的风险增加。另一方面，由于在灌溉系统中引入网箱养殖的鱼类和饲料会增加水体中的养分的浓度，所以会减少灌溉作物的施肥成本并有助于提高作物产量(Beveridge and Muir 1999)。

网箱养殖技术可以增加餐桌鱼类的生产水平、缓解对环境的改变、为没有土地的人提供谋生方式和就业。

网箱养殖技术可以提高有价值的餐桌鱼类的总体生产水平，还可以缓解对环境造成的改变。它还具有社会效益，因为没有土地的人可以在网箱养殖业中找到就业机会(Costa Pierce 2002)。小规模的网箱养殖已经被证明是一种灵活的、适合贫困人口需要的技术，孟加拉国就是很好的例证。通过把网箱及其内容物的所有权归于那些没有土地的人，网箱水产养殖就不必依赖于土地或水体的所有权或租借权，从而促进了对所谓“休闲”水体的利用(Hambrey, Beveridge, and McAndrew 2001)。那些能在短时期进行的作业，如鱼类的越冬、育苗和育肥，十分适合贫困人口的创收策略，即通过为他们在艰难和食物短缺时期提供一种潜在的收入来源(McAndrew, Little, and Beveridge 2000)。

和网箱养殖有关的几个相关产业，如网箱的制造、饲料的供应以及产品的运输，还可以起到区域发展的核心作用，智利的鲑鱼产业就是如此。当放置在水塘中时，网箱养殖还可以利用不同的营养层次(网箱养殖的鱼类需要高蛋白饲料，而露天水塘中过滤饲养的鱼类则依赖于网箱中鱼类产生的废物)同时养殖不同的鱼类品种，从而在提高单位水量的累积生物量产出的同时实现对养分的循环利用(Yang and Lin 2000)。

由于和其他用户的冲突以及环境外部性(污染)的产生，网箱养殖也曾经历过衰退，这反而促使养殖业的规划者采用更为综合的策略(Beveridge and Muir 1999)。已经证明很难通过偶尔杀死鱼类以及对那些从业人员的谋生所造成的困难的方式来估计造成对湖泊环境的过度开发的环境容量或实施相应的环境管理计划(Beveridge 2004; Abery and others 2005)。另外一个问题是要保证一旦被证明是经济上可行后，那些可以从网箱养殖中获益的无地的贫困人口对网箱养殖的进入权要得到保证。也有一些担心，认为将网箱置于灌溉渠道中会降低水流速度，从而增加了固体沉降并增加了渠道的维护成本。所以，一些国家禁止在灌溉渠道中进行网箱养殖。

水产养殖的用水–需水量差异极大

令人惊奇的是：鱼类生产在很多情况下并不比其他类型的动物产品的生产用水更多(Phillips, Beveridge, and Clarke 1991; Brummett 1997, 2006; Verdegem, Bosma, and Verreth 2006)，并且，对于雨养系统来说，保持对某些作物如玉米的阶段性供水比对鱼类保持这样的供水更为重要(表12.4)。表12.4中的数据来源

表 12.4 不同水产养殖类型的需水量

粮食作物/生产系统	需水量(m³/t)	水产养殖中非耗水损失的相对重要性
土豆	500	
小麦	900	
高粱	1110	
玉米	1400	
水稻	1912	
大豆	2000	
肉鸡	3500	
牛肉	100 000	
胡子鲇;集约化;静止鱼塘	50~200	低到中等
罗非鱼;粗放;静止鱼塘	3000~5000	中到高
罗非鱼;污水;最小交换鱼塘	1500~2000	中到高
罗非鱼;集约化;曝气鱼塘	21 000	低到中等
鲤鱼/罗非多种养殖;传统鱼塘	12 000	中到高
鲤鱼/罗非多种养殖;半集约化鱼塘	5000	低到中等
鲤鱼/罗非多种养殖;集约化鱼塘	2250	低到中等
鲤鱼;集约化自动投饲	740 000	低
渠道鲶鱼;集约化鱼塘	3000~6000	低到中等
鳟鱼;自动投饲	63 000~252 000	低
鲑科鱼类;鱼塘/水柜	252 000	低到中等
鲑科鱼类;网箱	2 260 000	无
对虾;半集约化鱼塘	11 000~21 430	低到中等
对虾;集约化鱼塘	29 000~43 000	低
对虾;集约化自动投饲	55 125	低

来源:Philipps, Beveridge, and Clarke 1991; Piemental and others 1997; Brummett 2006.

广泛,跨越相当长的时间段,研究的假设常常没有明确指出。

尽管水产养殖在用水方面的效率在不断提高，但提高幅度存在很大差异。集约化养殖方式的用水会高很多,因为缺乏减少用水量的动机。水产养殖中的用水主要包括消耗性用水(养殖池塘的渗漏和蒸发造成的耗水)和非消耗性用水（流经水产养殖系统的用水，并回归到从中抽取的河流和湖泊中去)。水产养殖和农业不同的是:非消耗性用水损失会很大。表12.4中的数据还为将水产养殖饲料的间接性用水包括在内（见Brummett 2006 and Verdegem, Bosma, and Verreth 2006对此问题的讨论)(对于农业用水问题,读者可以参考本书相关章节)。还需要注意的是耗水的表达方式有很多:每单位生物量的用

水；每单位蛋白质产量的用水或每单位能量产出的用水（见Brummett 2006对此问题的讨论）。

保持水的流动

在它们的栖息地、河道水流的数量、时间和变异能够得到保证的情况下，淡水鱼类资源可能是最富于弹性的可收获的自然资源之一（Welcomme and Petr 2004）[WE]。对淡水鱼类的保护和管理只能从生态系统的尺度上进行分析（图12.4），因为河流及其附属水体的水量和水质的变化都会对发生变化的河段和下游的渔业生产产生影响。有些由于气候变化造成的天然的改变，如非洲萨赫勒地区的河流（Dansoko, Breman, and Daget 1976; Lae and others 2004）。但更多的变化是由于人类对河流流型的以及生态系统功能的改变造成的。特别是对洪水泛滥范围和持续时间的干预造成的生物生产的降低和渔业生产潜力的下降[WE]。

> 很多鱼类物种和其他水生生物对水流的时间、数量、质量和温度的变化十分敏感。

河流及与之相连的湿地——保持环境流量

主要河流的河道内流量的减少会引起重大的变化，特别是与河道相连的湿地（洪积平原和洪积平原的沼泽和湖泊）的面积的缩减。由于直接造成栖息地的丧失而引起净生产量的损失。直接将湿地转化为农业用地也会造成相似的后果。

很多鱼类物种及其他水生生物对水流的时间、数量、质量和温度的变化十分敏感，因为这些因素是触发迁徙和繁殖的最基本因素[WE]。不同的鱼类物种利用水生生态系统中不同的部位，主要包括河流的主干道、与河道季节性相连的湿地、湖泊和水库、三角洲和近海岸地区。有些物种会利用上述所有和大部分的地区，并且在它们之间来回迁徙。所以上述地区必须被看作一个连续体。不同的物种有不同的流量需求，大部分物种对水文过程线变化的反应都是负面的（Bunn and Arthington 2002）。

由于流量特征的改变而造成的河流形态上的变化会引起河流连通性和河道多样性的改变，而这两个因素对很多物种的生存来说是最基本的条件（Dollar 2004）。而其他变化还包括河道的淤积或关键底物的清除，而这些底物是很多水生物物种的产卵地和其他物种所需要的无脊椎动物食物的来源（Arthington and others 2004）。在水质差的地方，流量减少增加了水体脱氧化和其他污染的风险。超出河流天然变化范围的水文条件会造成河流中生活的动物区系的简单化，大型的物种会被价值更小的小型的或引入的物种所取代，从而造成迁徙和其他物种的彻底丧失和生物多样性的损失（Welcomme 1999）。所以维持环境流量必须将维持生态系统的供给功能包括在内，也需要将维持更广泛的生态系统的连通性和保持生物多样性的功能考虑在内。

图 12.4 | 一条河流的生态区及其在渔业和其他活动的用水中所发挥作用的图示

1. 很多鱼类物种专门生活在河流流域的上游。其他物种则需要从下游洄游到上游产卵。
2. 大坝严重影响了鱼类的动物区系，但也创造了新的渔业生产的机遇。在本地物种不适应人工湖泊（水库）的地方，需要引进新的物种。
3. 河流中游辫状的河道常常会发现专门适应快速的且不可预知的水文条件变化的动物区系。
4. 农业用的水坝为作为和作物生产平行的渔业生产提供了机会，常常是以鱼类蓄积的方式。
5. 湖泊发展出那些适应静水条件的物种，湖泊也支撑了经济价值较高的鱼类的生存。
6. 洪积平原是很多鱼类物种最基本的栖息地，在洪水泛滥时期这些鱼类会迁徙到那里繁殖并养育后代。洪积平原的水体和稻田支撑了不同鱼类物种。
7. 三角洲地带和沿海的潟湖都在产鱼量最高的地区之列。它们依靠的是淡水和海水的某种特定的平衡。
8. 水产养殖的水塘可以位于在河流流域中有养殖业的任何地方。
9. 内陆的滨海和近海岸地区会受到上游流入的淡水、泥沙和养分的影响，也会受通往上游的迁徙物种的影响。

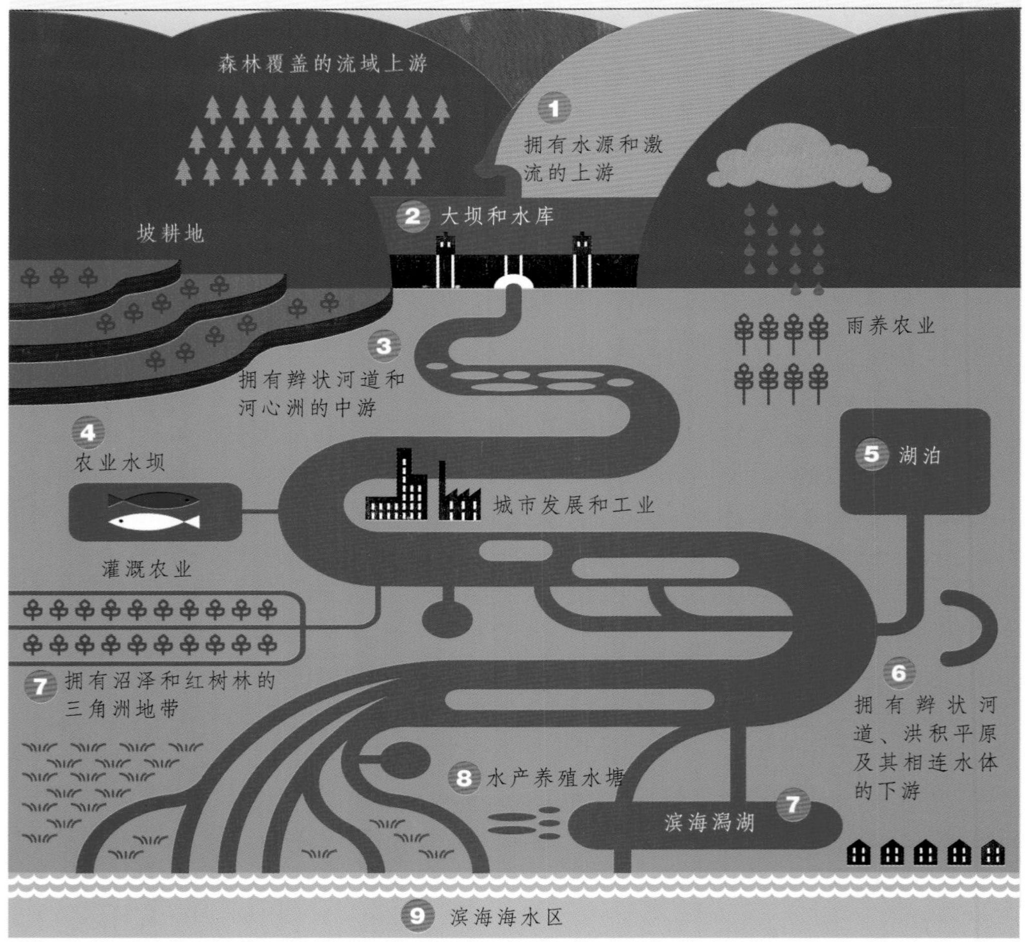

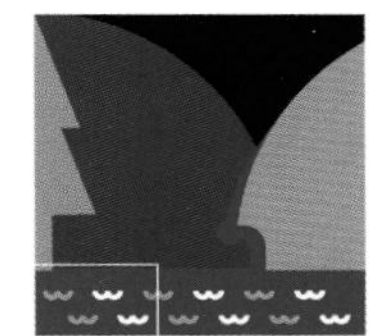

湖泊和水库——河流流量的依赖体

所有的水库和湖泊都需要河流流量以保持其生产力并维持其存在。位于赞比亚和津巴布韦的Kariba湖和肯尼亚的Turkana湖都是更大规模的水体依赖河流流量的例证，河流流量的变化会造成这些湖泊面积和流入的养分量的变化(Karenge and Kolding 1995; Kolding 1992)。而其他湖泊，如马拉维的Chilwa湖和横跨喀麦隆、乍得、尼日尔和尼日利亚的乍得湖，都依赖河流水量的注入才能维持其存在。如果与其相连的河流注入湖泊的洪水流量减少或根本没有就会造成这些湖泊面积缩减和渔业的减产和绝收，但是当比正常条件更多的水流恢复时，其面积和渔业产量就会恢复(van Zwieten and Njaya 2003)。咸海地区为了种植灌溉的非粮食作物而从注入咸海的河流中取水，造成了咸海每年大约5万t鱼类产量的损失(Petr 2004)。

所有的水库和大部分的湖泊都依赖河流的流量以保持其生产力并维持其存在。而滨海渔业也对淡水输入的变化十分敏感。

水库和大坝的生产力会受到地下水的补给、沉降和抽取区的影响。水面高度的突然变化对某些物种危害极大。例如水库和湖泊中常见的罗非鱼一般在较浅的水中哺育幼苗，如果水面快速下降会暴露它们的育苗地，从而造成育苗失败 (Amarasinghe and Upasena 1985; De Silva 1985; De Silva and Sirisena 1988)[EBI]。

滨海和微咸水地带——对淡水的输入也十分脆弱

滨海鱼类也对输入的淡水的变化十分脆弱。例如，地中海东部的海洋中上层鱼类的捕捞在埃及的阿斯旺大坝建成实现对尼罗河水的调控后经历了明显的下降(Nixon 2004)。还有证据表明珊瑚礁及其附属鱼群的数量也会受到淡水输入格局改变的影响[EBI]，特别是在那些土地利用变化造成淡水中泥沙含量过高的地方。在三角洲的淡水-咸水过渡带，淡水流量的变化会影响海水对淡水系统以及陆地的入侵(照片12.4)，这不仅会影响很多淡水、微咸水和海水鱼类、贝壳类和软体动物的分布、繁殖和幼苗发育，还会影响农用地的适宜性。在那些由于淡水输入减少或泥沙沉积减少而造成滨海过渡地带发生变化的地区，红树林的生长就会受到很大影响。

水产养殖——对持续的清洁水源的依赖体

很多形式的水产养殖都只能在水流条件适宜的情况下才能生存。对鱼类成功地养殖有赖于可靠的清洁水源的输入，尽管很多雨养的静水池塘和更先进的循环式系统在用水上更为经济。集约化的流动水养殖系统需要优质水的不断输入以保证鱼类获取足够的氧气并及时清除代谢废弃物。在那些接纳养殖场排出的污水的河流也需要保持足够的流量以稀释废弃物和养分，从而保证不破坏生态系统(Brown and King 1996)。世界上很多地方都实行需要先满足一定的流量标准然后才核发水产养殖场的许可证的制度，因为流量的改变会将养殖场置于危险境地。

摄影:C. Béné

照片 12.4　虾类的养殖会通过盐分的增加而严重影响周围土壤质量。

水管理——采用生态系统的观点至关重要

在流域管理中采用生态系统的观点——将河流、湿地、湖泊、三角洲和陆地看作一个连续体中的各个部分——对管理内陆渔业的用水至关重要。生态系统的观点不仅要考虑水量和水质,还要考虑系统的连通性,因为很多鱼类物种需要在流域内不同地点产卵、养育幼苗、捕食。这种管理观点还需要考虑土地利用方式——农业和森林,以及工业、城市和水运的需要,因为这些都会影响流域的水文过程、水量、水质。但是生态系统的观点也会变得复杂化,因为河流流域常常是跨行政边界的,或许还会跨越不同的国家,从而需要国家间的协调和谈判机制来调节和管理河流流量。

评价系统需要的水量

水流变化造成的负面影响意味着要想维持渔业生产就必须做出努力以保持河流流量和其他对流量敏感的系统。在这里的流量指的是环境流量,对渔业来说, 又可以定义为一条河流需要为保持生态系统的一定特征或为了保护渔业资源和环境的保育目的而在任何时候都需要保持的原始的河流流量的一部分(Arthington and others forthcoming)。环境流量的维持不是为了还原最原始的河流, 而是为了支撑河流的生态系统功能以保证其发挥对人类和自然的服务功能。

目前已经发展出一系列的方法来确定河流、湿地和三角洲的环境流量(Tharme 2003; Arthington and others forthcoming), 但是大多数只是应用于温带地区的小型河流。虽然也开发了一些方法计算大型河流的环境流量,但这种方法是不完全的(Tharme 2003)。

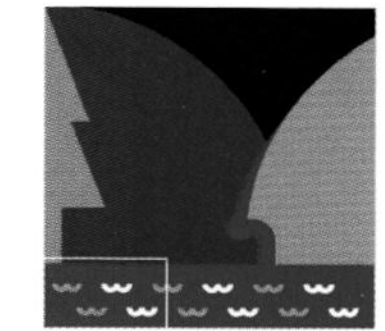

环境流量是评价生态需水的主要工具。某条河流理想的环境流量取决于管理的目标。支撑生物区系的环境流量和维持最佳的生态系统服务的环境流量是不同的。如果开发和应用得当,环境流量措施会对改善水资源配置中做出权衡决策的技术基础产生巨大的潜在影响。

采用什么样的环境流量的调节措施以保证渔业生产取决于流量调整的最根本的原因和渔业生产所要达到的状态。在那些从贡献水体(donor waterbody)直接取水的地方就必须实行限制性的管理措施。取水许可证只有在保证系统中保持足够的水量(包括在低流量时期)用于想要达到的鱼类生长和渔业生产正常功能的目标的情况下才能批准核发。而在大坝放水的情况下就需要实行积极的管理措施。为了提供能够使河岸带湿地得到足够的洪水水量和足够长的持续时间以使鱼苗生长,或者为触发鱼类的繁殖,就需要人工调节流型制造峰值流量。流量还应该使鱼类可以迁徙、可以进入河岸带的洪积平原以完成其正常的生命周期。还可以对圩田系统发进行积极的管理,封闭洪积平原以控制水稻和其他作物生长需要的水量。而对水闸的流量控制的正确管理不仅有助于鱼类生长,也有利于水稻生产(Halls 2005)[EBI]。

> 河流上建设大坝已经对下游的渔业造成了极大危害,因为这会造成洪峰流量的减小,并阻碍了下游洪积平原的阶段性的被淹没,改变了河道内动物物种的迁徙规律。

水管理规划的影响

为发电、防洪、城市供水和为城市农业发展而圩田排水的目的而修筑的大坝都会影响河流的流型和栖息地的范围,反过来也会影响鱼类的渔业生产对水分生产力的贡献 [WE]。建筑大坝已被证明对下游的渔业生产极为有害(World Commission on Dams 2000),因为这会造成洪峰流量的减小,并阻碍了下游洪积平原的阶段性的被淹没,改变了河道内动物物种的迁徙规律 (Bunn and Arthington 2002),从而对渔业生产造成负面影响。比如,孟加拉国将低地洪积平原围圩造田的做法已使很多迁徙性鱼类不能进入洪积平原的广阔地带。而跨流域的调水也会造成危害,因为这会剥夺调出河流的流量——造成该河流动物区系的退化——而将其引入到另外一个系统中,从而造成被调入水的系统的新的水文过程线超过了本地动物区系应对的能力[S],同时还会将外来物种或基因型引入新的系统。

灌溉农业的引水也会对下游的渔业生产造成负面影响。灌溉占从河流引水量的约70%(总取水量)。[3]尽管一部分水还会返回被取水的河流,但是这种回归水的水质下降,且回流的时机也并不恰当。这种大量的占用渔业生产的水量所产生的净效应还很少被研究,但是我们可以从河流中鱼群的动态变化中推断出这种引水的后果大部分是负面的[EBI]。但是在某些灌溉情形下,如水稻农作系统中,灌溉对渔业生产的总的影响及其对渔民生计的影响并不总是负面的,尤其是从小流域的水平上来看待这个问题,像老挝和斯里兰卡都有正面的事例(Nguyen-Khoa, Smith, and Lorenzen 2005b)。当然,目前还是亟需进行深入的调查和研究,弄清所产生的后果。

把机遇变为现实

本章强调了内陆渔业和水产养殖所具有的价值以及其中蕴含的提高水分生产力的机遇。本章还指出了几个需要克服的制约因素。为获得最佳效益，需要把渔业和水产养殖的适宜的评价、决策和治理机制充分纳入到水资源配置的过程中去。

环境经济学的理论在把生态系统提供的非市场化商品和服务纳入到经济学框架和经济决策方面已经取得了巨大进展。目前还需要研究能够评价更加无形的社会功能和服务的资源评价方法。

改善对渔业的评价

目前亟须采用一种更加整体性的评价方法，能够将渔业对水分生产力的多方面的不同贡献考虑在内。环境经济学的理论在把生态系统提供的非市场化商品和服务纳入到经济学框架和经济决策方面已经取得了巨大进展。例如，环境经济学研究并应用了一系列的评价工具和概念，如总经济价值、存在价值或选择价值、条件价值评估(参考Barbier 1989 and Willis and Corkindale 1995)。当然，目前还需要研究能够评价更加无形的社会功能和服务，如粮食安全、财政安全网的提供以及风险分散(这一点对渔业尤其敏感)的资源评价方法。一旦开发出更好的评价方法，渔业的整体面貌就会得到提升，同时支持渔业的国家层面的水资源的配置政策也会做出相应的调整。

这些新的评价方法需要从那些试图通过综合的参与式评价的方式将对不同的社会服务和功能的群体的感觉纳入在内的创造性做法汲取经验(Nguyen-Khoa, Smith, and Lorenzen 2005a)。面临的挑战是如何将这些包括渔业在内的水资源从总体上提供的服务所产生的容易被忽略的效益内化到对水分生产力的新的诠释中去。

容纳新的投资方式

私人部门正越来越多地介入渔业和水产养殖业的经济发展中，特别是在微观层次。这也说明了亚洲和拉丁美洲的由私人部门主导的水产养殖业发展的现状。渔业和水产养殖的私人投资主要是以下几个因素推动的。城市消费市场对鱼类需求的增长使内陆渔业的关注点不再是满足农村人口的基本需求，这推动了渔业生产的转变，同时也改变了渔业生产的社会和经济导向。这会使整个产业更加倾向于集约化的生产，最终导致单一化的生产或养殖。为了保证投资的回报率，个人或有限责任的团体对资源(包括鱼类栖息地)的控制会日益增强。

对公共资源的私有化也是一种对公共资源的圈地行为。这会对处于弱势的社会经济人群(常常是那些最贫困、为数众多的妇女)造成极大的负面冲击，因为这些人群很大程度上依赖这些资源通过最低限度的捕捞来维持其生计，而这种行为又常常是在非正式的社区对资源的进入权的条件下进行的。在亚洲，私人资本的这种圈地行为已经发生，紧随水产养殖业的繁荣和在牛轭湖和鱼塘进行的加强型渔业的发展之后(Ahmed and others 1998)。目前在非洲则主要是通

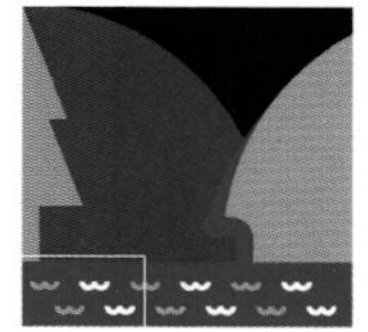

过对东非和南部非洲的一些大型湖泊——如Kariba湖和马拉维湖——经由商业网箱养殖的风险投资和西非的海岸潟湖渔业的私有化的方式进行的。

实行以出口为导向的政策也是促进私人投资者开发商业化的、高附加值的、大规模渔业生产系统的主要催化剂。这些新的以出口为导向的商业化战略引发了对当地食物安全和生计平等问题的关切,包括对为数众多的妇女处境的影响的关注(Abila 2003)。

由于加工部门进行了更多的垂直化的整合,以及为了应对日益严格的国际食品质量标准(如HACCP)而采用的更加精细化和集约化的食品加工技术,加工部门本身也经历了巨大的转变。这种趋势和消费者日益增长的对生产的环境和社会标准的关切相伴而生。产品的认证和标志要求会使小规模生产者的产品难以进入国际甚至国内市场。然而,这些小生产者还会继续为本地消费者提供商品,从而放慢了目前在某些发展中已经出现的家庭消费鱼类减少趋势的脚步。

越来越多的政府和开发机构正在推动建立能够吸纳私人资本的活力的制度性结构,同时也允许一定程度的扶贫开发以及限制由于排斥穷人而产生的风险。公共和私人部门的协作已经被认为是一种寻求扶贫发展的潜在选项。

越来越多的政府和开发机构正在推动建立能够吸纳私人资本的活力的制度性结构,而同时也允许一定程度的扶贫开发以及限制由于排斥穷人而产生的风险。

改善治理

目前需要的是一种更广泛的政策以及改善治理的环境,这样才能促进实现扶贫的发展,具体的方式包括对投资的适当支持和公共–私人部门的协作优化渔业生产的收益。这些做法应该保证所有利益攸关方群体高度参与到政策的制定过程中,包括所有水平上渔业的利益(照片12.5)。这样一种改善治理的环境应该创造并执行一种能够确保对不同的公共和私人部门问责的机制,因为这些部门的行为会影响到包括通过渔业反映出的水资源的配置情况和水分生产力的

摄影:R. Welcomme

照片 12.5 改善对水资源的治理对所有利益攸关方都能参与决策过程是至关重要的。

水平。

很难实现对水生资源的有效治理，尤其是在发展中国家。大多数政府和机构都没能成功设计治理的机制和政策过程，这些机制和过程本应该能够考虑到依赖内陆水生资源维持生计的农村人口的期望和需求。为了校正这个弱点，自20世纪90年代初期以来启动了越来越多的治理改革。放权和参与式的民主尤其被认为是改善治理机制的必要手段。改革常常与改善公共问责制、环境可持续性以及增强穷人和弱势群体的权力密切相关。放权被认为是改善农村生计和脱贫的可能途径(World Bank 2000; IFAD 2001)。

大多数政府和机构都没能成功设计治理的机制和政策过程，这些机制和过程本应该能够考虑到依赖内陆水生资源维持生计的农村人口的期望和需求。

最常见的观点是：从定义上看，分权就是一种包含和赋予权力的机制，因为它拉近了政府与被治理对象之间的距离，使政府对包括很少被认为是合法的利益攸关方、处于最边缘状态和最贫困的人群(如妇女)的需求更加了解，从而也会更好地对他们的诉求做出相应。这种包含机制有望导致更大程度的权力赋予，以及更强的扶贫政策和结果。渔业中的基于社区的管理和共同管理的制度安排目前越来越多地被认为是成功的治理改革组成部分(Pomeroy 2001; Berkes and others 2001)。

最近的研究结果显示，分权改革也对自然资源管理，特别是水资源利用，提出了一些挑战(Dupar and Badenoch 2002; Ribot 2002)。分权的程度很少能为包括共享的水资源和迁徙鱼类资源在内的跨界资源问题的解决提供帮助。更难解决的是创造一种能够将渔业的流量需求整合到小流域或流域综合水资源管理框架中的管理条件以及掌握相应的知识。在跨流域的不同用户之间实现可持续的和公平的水资源配置所需要的协作水平和获取必要的信息很难实现。

很多建议中的改革都与许多国家的立法相抵触，尤其是对渔业、土地和水资源的进入权方面。分权改革需要涵盖对立法的改革，这样才能够支持本地社区对资源的看护权和看护责任，另外，才能为资源使用者和被分权的官员提供足够的能力建设。对信息流的改进、降低交易成本以及清晰地界定所有层次的政府的目标和责任是综合处理在流域、国家和国际层面出现的、复杂的、存在潜在冲突的资源管理问题的关键所在(Brugere 2006)。

分权不应该被视为改进平等和权力赋予状况的万灵药。因为实证研究表明，在社区层次上的人类能力和社会资本较低的情况下，分权也许会恶化不平等的权力分配，并由于精英群体控制了决策机制而强化了弱势群体的边缘地位(Abraham and Platteau 2000; Béné and Neiland 2006)。结果，地方层次的决策还是会常常有利于强势群体，如大的土地拥有者(通过灌溉系统和用水者协会)，甚至大牧场主，从而对社会大多数人的利益造成伤害，尤其是渔民(Ratner 2003)。

建立适应内陆渔业的部门间的政策架构

目前在渔业从业者和研究者之中达成的共识是：新的评价工具、投资策略和治理改革都会支持和提高渔业和水产养殖业对提高水分生产力所做出的贡

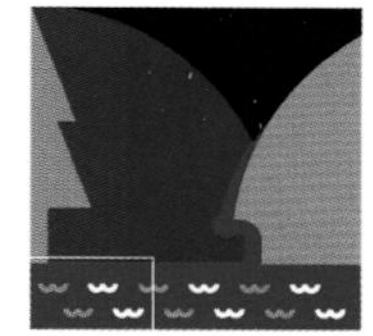

献。然而，实行这些措施对大多数发展中国家的机构来说仍然是一个巨大的挑战。需要建立某种适应性的决策支持机制来保证改革能够实现地方潜在的经济发展和提高食物安全收益的目标。很多国家缺乏内陆渔业能适合的更广泛的自然资源管理框架。尽管越来越多地承认其重要性，但是对淡水生物多样性的保育和可持续利用的有效政策仍然普遍缺位。

很多国家还没有制定为内陆渔业量身定制的国家级政策和法律框架。更普遍的是，内陆渔业仍然被置于从解决滨海和海洋渔业问题而演化而来的政策框架下。所有国家都亟须建立并实施适合内陆渔业的政策框架。这些努力应该和对维持水生环境的综合性的策略建立明确的联系。

有效的内陆渔业的政策框架的一个最基本的属性就是对渔业要持有一种生态系统的观点，主要包括对渔业的考虑，以及综合规划中对相关环境，特别是用水问题的关切。

有效的内陆渔业的政策框架的一个最基本的属性就是对渔业要持有一种生态系统的观点，主要包括对渔业的考虑，以及综合规划中对相关环境，特别是用水问题的关切。这对发展中国家的低能力和数据缺乏环境构成主要挑战。但是与至今仍在大部分发展中国家流行的基于部门的观点相比，基于生态系统的观点为渔业管理提供了一个更好的适应性的框架。其中的一个能促进这种整合性、多部门的观点的机制就是参与式的基于情景的谈判，这样能够更好地将渔业部门内的利益攸关方群体的利益和其他攸关方的利益进行整合，并能同时考虑性别的问题。这些过程应该有助于通过对土地和水问题的集体谈判以及考虑土地和水与水产养殖和渔业之间的关系的方式来形成一种部门间达成共识的机制。

评审人

审稿编辑：David Coates.

评审人：Edward Barbier, Devin Bartley, Cecile Brugere, Jane Dowling, Mark Giordano, Nancy Gitonga, Brij Gopal, John Gowing, Brian Harvey, Chu Thai Hoanh, Daniel Jamu, Kai Lorenzen, Niklas S. Mattson, Ruth Meinzen-Dick, Patricia Ocampo-Thomason, Tomi Petr, Sawaeng Ruaysoongnern, Sena de Silva, Simon Funge Smith, John Valbo-Jorgensen, and Paul van Zwieten.

注解

1. "渔业"一词包括鳍鱼类、甲壳类动物、软体动物和其他多种动物，但不包括水生植物。

2. 生产潜力是应用将水体(河流或洪积平原)表面和生产潜力(吨/公顷/年)相关联的标准系数来计算的，通常是从这些水体上观察获取的参数和文献中常用的参数(见Welcomme 2001)。

3. 见www.fao.org/ag/agl/aglw/aquastat/water_use/index6.stm.

参考文献

Abery, N.W., F. Sukadi, A.A. Budhiman, E.S. Karamihardja, S. Koeshendrajana, and S.S. De Silva. 2005. "Fisheries and Cage Culture of Three Reservoirs in West Java: A Case Study of Ambitious Development and Resulting Interactions." *Fisheries Management and Ecology* 12 (5): 315–30.

Abila, R.O. 2003. "Fish Trade and Food Security: Are They Reconcilable in Lake Victoria?" In *Report of the Expert Consultation on International Fish Trade and Food Security. Casablanca, Morocco, 27–30 January.* FAO Fisheries Report 708. Rome: Food and Agriculture Organization.

Abraham, A., and J.-P. Platteau. 2000. "The Central Dilemma of Decentralized Rural Development." Conference on New Institutional Theory, Institutional Reform, and Poverty Reduction, London School of Economics, 7–8 September, London.

Ahmed, I., S.R. Bland, C.R. Price, and R. Kershaw. 1998. "Open Water Stocking in Bangladesh: Experiences from the Third Fisheries Project." In Tomi Petr, ed., *Inland Fishery Enhancements.* FAO Fisheries Technical Paper 374. Rome: Food and Agriculture Organization and UK Department for International Development.

Akiyama, D.M. 1991. "The Use of Soybean Meal Based Feeds for High Density Cage Culture of Common Carp in Indonesia and the People's Republic of China." ASA Technical Bulletin AQ 28-1991. American Soybean Association, Singapore.

Allan, JD., R. Abell, Z. Hogan, C. Revenga, B.W. Taylor, R.L. Welcomme, and K. Winemiller. 2005. "Overfishing of Inland Waters." *Bioscience* 55 (12): 1041–51

Amarasinghe, U.S., and T. Upasena. 1985. "Morphometry of a Man-made Lake in Sri Lanka: A Factor Influencing Recruitment to Cichlid Fishery." *Journal of the National Aquatic Resources Agency* 32: 121–29.

Arrignon, J.C.V., J.V. Huner, P.J. Laurent, J.M. Griessinger, D. Lacroix, P. Gondouin, and M. Autrand. 1994. *Warm-water Crustaceans.* Wageningen, Netherlands: Technical Centre for Agriculture and Rural Cooperation.

Arthington, A.H., R. Tharme, S.O. Brizga, B.J. Pusey, and M.J. Kennard. 2004. "Environmental Flow Assessment with Emphasis on Holistic Methodologies." In R. Welcomme and T. Petr, eds., *Proceedings of the Second International Symposium on the Management of Large Rivers for Fisheries Volume II.* Food and Agriculture Organization, Regional Office for Asia and the Pacific, Bangkok.

Arthington, A.H., E. Baran, C.A. Brown, P. Dugan, A.S. Halls, J.M. King, C.V. Minte-Vera, R.E. Tharme, and R.L. Welcomme. Forthcoming. "Water Requirements of Floodplain Rivers and Fisheries: Existing Decision-Support Tools and Pathways for Development." Comprehensive Assessment of Water Management in Agriculture Research Report 17. International Water Management Institute, Colombo.

Barbier, E. 1989. "The Economic Value of Ecosystems: Tropical Wetlands." Briefing papers on key issues in environmental economics. LEEC Gatekeeper 89–92. International Institute for Environment and Development, London.

Béné, C. 2006. "Small-scale Fisheries: Assessing Their Contribution to Rural Livelihoods in Developing Countries." FAO Fisheries Circular 1008. Food and Agriculture Organization, Rome.

Béné, C., and A.E. Neiland. 2006. *From Participation to Governance: A Critical Review of the Concepts of Governance, Co-management, and Participation and Their Implementation in Small-scale Inland Fisheries in Developing Countries.* Penang, Malaysia, and Colombo: WorldFish Center and Consultative Group on International Agricultural Research Challenge Program on Water and Food.

Berkes, F., R. Mahon, P. McConney, R. Pollnac, and R. Pomeroy. 2001. *Managing Small-scale Fisheries: Alternative Directions and Methods.* Ottawa: International Development Research Center.

Beveridge, M.C.M. 2004. *Cage Aquacul ture*, 3rd ed. Oxford: Blackwell Publishing.

Beveridge, M.C.M., and D.C. Little. 2002. "Aquaculture in Traditional Societies." In B.A. Costa-Pierce, ed., *Ecological Aquaculture.* Oxford: Blackwell Publishing.

Beveridge, M.C.M., and J. F. Muir. 1999. "Environmental Impacts and Sustainability of Cage Culture in Southeast Asian Lakes and Reservoirs." In W.L.T. van Densen and M.J. Morris, eds., *Fish and Fisheries of Lakes and Reservoirs in Southeast Asia and Africa.* Otley, UK: Westbury Publishing.

Brown, C.A., and J.M. King. 1996. "The Effects of Trout-farm Effluent on Benthic Invertebrate Community Structure in South-western Cape Rivers." *South African Journal of Aquatic Science* 21 (91/2): 3–21.

Brugere, C. 2006. "Can Integrated Coastal Management Solve Agriculture-Fisheries-Aquaculture Conflicts at the Land-Water Interface? A Perspective from New Institutional Economics." In C.T. Huong, T.P. Tuong, J.W. Gowing, and B. Hardy, eds., *Environment and Livelihoods in Coastal Tropical Zones: Managing Agriculture-Fishery-Aquaculture Conflicts.* Wallingford, UK: CABI Publishing.

Brummett, R. E. 1997. "Farming Fish to Save Water." *Bioscience* 47 (7): 402.

———. 2006. "Comparative Analysis of the Environmental Costs of Fish Farming and Crop Production in Arid Areas: A Materials Flow Analysis." Paper presented to the International Workshop on the Environmental Costs of Aquaculture, April 25–28, Vancouver, Canada.

Bunn, S.E., and A.H. Arthington. 2002. "Basic Principles and Ecological Consequences of Altered Flow Regimes for Aquatic Biodiversity." *Environmental Management* 30 (4): 492–507.

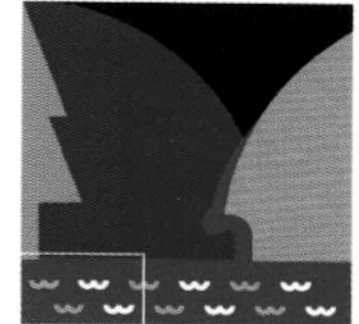

Coates, D. 2002. *Inland Capture Fishery Statistics of Southeast Asia: Current Status and Information Needs*. RAP Publication 2002/11. Food and Agriculture Organization, Regional Office for Asia and the Pacific, Asia-Pacific Fishery Commission, Bangkok.

Costa Pierce, B.A. 2002. "Sustainability of Cage Aquaculture Ecosystems for Large-scale Resettlement from Hydropower Dams: An Indonesian Case Study." In B.A. Costa-Pierce, ed., *Ecological Aquaculture: The Evolution of the Blue Revolution*. Oxford: Blackwell Publishing.

Cowx, I.G. 2002. "Recreational Fishing." In P.J.B. Hart and J.D. Reynolds, eds., *Handbook of Fish Biology and Fisheries*. Oxford: Blackwell Publishing.

Dansoko, D.D., H. Breman, and J. Daget. 1976. "Influence de la secheresse sur les populations d*'hydrocynus* dans le delta centrale du Niger." *Cahier ORSTOM (Hydrobiol)* 10 (2): 71–76.

dela Cruz, C.R., ed. 1994. *Role of Fish in Enhancing Ricefield Ecology and in Integrated Pest Management*. International Center for Living Aquatic Resources Management Conference Proceedings 43. WorldFish Center, Penang, Malaysia.

De Silva, S.S. 1985. "Observations on the Abundance of the Exotic Cichlid *Sarotherodon mossambicus* (Peters) in Relation to Fluctuations in the Water-level in a Man-made Lake in Sri Lanka." *Aquaculture and Fisheries Management* 16: 265–72.

De Silva, S.S., and H.K.G. Sirisena. 1988. "Observations on the Nesting Habits of *Oreochromis mossambicus* (Peters) (Pisces: Cichlidae) in Sri Lankan Reservoirs." *Journal of Fish Biology* 33 (5): 689–96.

Dey, M.M., and M. Prein. 2003. "Participatory Research at Landscape Level: Flood-prone Ecosystems in Bangladesh and Vietnam." In B. Pound, S.S. Snapp, C. McDougall, and A. Braun, eds., *Managing Natural Resources for Sustainable Livelihoods: Uniting Science and Participation*. London and Ottawa: Earthscan and International Development Research Centre.

Dey, M.M., P. Kambewa, M. Prein, D. Jamu, and F.J. Paraguas. 2006. "Impact of the Development and Dissemination of Integrated Aquaculture-Agriculture (IAA) Technologies in Malawi." In D. Zilberman and H. Waibel, eds., *The Impact of NRM Research in the CGIAR*. Wallingford, UK: CABI Publishing.

Dey M.M., M.A. Rab, A. Kumar, A. Nisapa, and M. Ahmed. 2005. "Food Safety Standard and Regulatory Measures: Implications for Selected Fish Exporting Asian Countries." *Aquaculture Economics and Management* 9 (1–2): 217–36.

Diana, J. 1997. "Feeding Strategies." In H.S. Egna and C.E. Boyd, eds., *Dynamics of Pond Aquaculture*. Boca Raton, La.: CRC Press.

Dollar, E.S.J. 2004. "Fluvial Geomorphology." *Progress in Physical Geography* 28 (3): 405–50.

Dupar, Mari, and Nathan Badenoch. 2002. *Environment, Livelihoods, and Local Institutions—Decentralization in Mainland Southeast Asia*. Washington, D.C.: World Resources Institute.

FAO (Food and Agriculture Organization). 2002. *The State of World Fisheries and Aquaculture*. Fisheries Department. Rome.

———. 2004. *The State of World Fisheries and Aquaculture*. Fisheries Department. Rome.

Halls, A.S. 2005. "The Use of Sluice Gates for Stock Enhancement and Diversification of Livelihoods." Project R8210. Fisheries Management Science Programme. Marine Resources Assessment Group, London.

Halwart, M., and M.V. Gupta, eds. 2004. *Culture of Fish in Rice Fields*. Penang, Malaysia: Food and Agriculture Organization and the WorldFish Center.

Hambrey, J., M. Beveridge, and K. McAndrew. 2001. "Aquaculture and Poverty Alleviation 1. Cage Culture in Freshwater in Bangladesh." *World Aquaculture* 32 (1): 50–55, 67.

Hatch, L.U., and T.R. Hanson. 1992. "Economic Viability of Farm Diversification through Tropical Freshwater Aquaculture in Less Developed Countries." International Center for Aquaculture, Auburn University, Ala.

IFAD (International Fund for Agricultural Development). 2001. *Rural Poverty Report 2001: The Challenge of Ending Rural Poverty*. Oxford, UK: Oxford University Press.

Karenge, L.P., and J. Kolding. 1995. "On the Relationship between Hydrology and Fisheries in Man-made Lake Kariba, Central Africa." *Fisheries Research* 22 (3): 205–26.

Kolding, J. 1992. "A Summary of Lake Turkana: An Ever-changing Mixed Environment." *Mitteilungen-Internationale Vereinigung für Theoretische und Angewandte Limnologie* 23: 25–35.

Kolding, J., and P.A.M van Zwieten. Forthcoming. "Improving Productivity in Tropical Lakes and Reservoirs." Consultative Group on International Agricultural Research Challenge Program on Water and Food, Bergen, Norway.

Lae, R., S. Williams, A. Malam Massou, P. Morand, and O. Mikolasek. 2004. "Review of the Present State of the Environment, Fish Stocks and Fisheries of the River Niger (West Africa)." In R. Welcomme and T. Petr, eds., *Proceedings of the Second International Symposium on the Management of Large Rivers for Fisheries* Vol. I. RAP Publication 2004/16. Bangkok: Food and Agriculture Organization, Regional Office for Asia and the Pacific.

Lake Harvest Aquaculture, Ltd. 2003. "Key Production Parameters." Zimbabwe.

McAndrew, K.I., D. Little, and M.C.M. Beveridge. 2000. "Entry Points and Low Risk Strategies Appropriate for the Resources Poor to Participate in Cage Aquaculture: Experiences from CARE-CAGES Project, Bangladesh." In I.C. Liao and C. Kwei Lin, eds., *Cage Aquaculture in Asia: Proceedings of the First International Symposium on Cage Aquaculture in*

Asia. Manila and Bangkok: Asian Fisheries Society and World Aquaculture Society, Asia Branch.

Misund, O.A., J. Kolding, and P. Fréon. 2002. "Fish Capture Devices in Industrial and Artisanal Fisheries and their Influence on Management." In P.J.B. Hart and J.D. Reynolds, eds., *Handbook of Fish Biology and Fisheries.* Vol. II. London: Blackwell Publishing.

Murthy, H.S. 2002. "Culture and Feeding of Indian Major Carps." American Soybean Association, New Delhi.

Nalim, S. 1994. "The Impact of Fish in Enhancing Ricefield Ecosystems." In C.R. dela Cruz, ed., *Role of Fish in Enhancing Ricefield Ecology and in Integrated Pest Management.* International Center for Living Aquatic Resources Management Conference Proceedings 43. WorldFish Center, Penang, Malaysia.

Neiland, A., and C. Béné, eds. Forthcoming. "Tropical River Fisheries Valuation: A Global Synthesis and Critical Review." WorldFish Center and International Water Management Institute, Penang, Malaysia and Colombo.

Nguyen Khoa, S., L. Smith, and K. Lorenzen. 2005a. "Adaptive, Participatory and Integrated Assessment (APIA) of the Impacts of Irrigation on Fisheries: Evaluation of the Approach in Sri Lanka." Working Paper 89. International Water Management Institute, Colombo.

———. 2005b. "Impacts of Irrigation on Inland Fisheries: Appraisals in Laos and Sri Lanka." Comprehensive Assessment of Water Management in Agriculture Research Report 7. Comprehensive Assessment Secretariat, Colombo.

Nixon, S.W. 2004. "The Artificial Nile." *American Scientist* 92 (2): 158–65.

Petr, T. 2004. "Irrigation Systems and their Fisheries in the Aral Sea Basin, Central Asia." In R.L. Welcomme and T. Petr, eds., *Proceedings of the Second International Symposium on the Management of Large Rivers for Fisheries.* Vol. I. RAP Publication 2004/16. Bangkok: Food and Agriculture Organization, Regional Office for Asia and the Pacific.

Phillips, M.J., M.C.M. Beveridge, and R.M. Clarke. 1991. "Impact of Aquaculture on Water Resources." In D.R. Brune and J.R. Tomasso, eds., *Aquaculture and Water Quality.* Advances in World Aquaculture Series. Vol. 3. Baton Rouge, La.: World Aquaculture Society.

Piemental, D., J. Houser, E. Preiss, O. White, H. Fang, L. Mesnick, T. Barsky, S. Tariche, J. Schreck, and S. Alpert. 1997. "Water Resources: Agriculture, the Environment and Society." *Bioscience* 47 (2): 97–106.

Pomeroy, R. 2001. "Devolution and Fisheries Co-management." In R. Meinzen-Dick, A. Knox, and M. Di Gregorio, eds., *Collective Action, Property Rights and Devolution of Natural Resource Management: Exchange of Knowledge and Implications for Policy.* Feldafing, Germany: Deutsche Stiftung für Internationale Entwicklung/Zentralstelle für Ernährung und Landwirtschaft (DSE/ZEL).

Primavera, J.H. 1997. "Socio-economic Impacts of Shrimp Culture." *Aquaculture Research* 28 (10): 815–27.

Ratner, B. 2003. "The Politics of Regional Governance in the Mekong River Basin." *Global Change* 15 (1): 59–76.

Renwick, M.E. 2001. *Valuing Water in Irrigated Agriculture and Reservoir Fisheries: A Multiple-use Irrigation System in Sri Lanka.* Research Report 51. Colombo: International Water Management Institute.

Ribot, Jesse. 2002. *Democratic Decentralization of Natural Resources: Institutionalizing Popular Participation.* Washington, D.C.: World Resources Institute.

Tharme, R.E. 2003. "A Global Perspective on Environmental Flow Assessment: Emerging Trends in the Development and Application of Environmental Flow Methodologies for Rivers." *River Research and Applications* 19 (5-6): 397–441.

Turpie, J., B. Smith, L. Emerton, and B. Barnes. 1999. *Economic Value of the Zambezi Basin Wetlands.* Cape Town: World Conservation Union.

van Zwieten, P.A.M, and F. Njaya. 2003. "Environmental Variability, Effort Development and the Regenerative Capacity of the Fish Stock in Lake Chilwa, Malawi." In E. Jul-Larsen, J. Kolding, J.R. Nielsen, R. Overa, and P.A.M. van Zwieten, eds., *Management, Co-management or No Management? Major Dilemmas in Southern African Freshwater Fisheries.* Part 2: Case Studies. FAO Fisheries Technical Paper 426/2. Rome: Food and Agriculture Organization.

Verdegem, M.C.J., R.H. Bosma, and J.A.V. Verreth. 2006. "Reducing Water Use for Animal Production through Aquaculture." *Water Resources Development* 22 (1): 101–13.

Welcomme, R.L. 1999. "A Review of a Model for Qualitative Evaluation of Exploitation Levels in Multi-species Fisheries." *Journal of Fisheries Ecology and Management* 6 (1): 1–20.

Welcomme, R.L., and D.M. Bartley. 1998. "An Evaluation of Present Techniques for the Enhancement of Fisheries." *Journal of Fisheries Ecology and Management* 5: 351–82.

Welcomme, R.L., and T. Petr, eds. 2004. *Proceedings of the Second International Symposium on the Management of Large Rivers for Fisheries Volume I.* RAP Publication 2004/16/17. Bangkok: Food and Agriculture Organization, Regional Office for Asia and the Pacific.

Willis, K.G., and J.T. Corkindale, eds. 1995. *Environmental Valuation, New Perspectives.* Wallingford, UK: CABI Publishing.

World Bank. 2000. *World Development Report 2000/2001: Attacking Poverty.* New York: Oxford University Press.

World Commission on Dams. 2000. *Dams and Development: A New Framework for Decision-making.* Report of the Word Commission on Dams. London: Earthscan.

Yang, Y., and C.K. Lin. 2000. "Integrated Cage Culture in Ponds: Concepts, Practices and Perspectives." In I. C. Liao and C. Kwei Lin, eds., *Cage Aquaculture in Asia. Proceedings of the First International Symposium on Cage Aquaculture in Asia.* Manila and Bangkok: Asian Fisheries Society and World Aquaculture Society, Asia Branch.

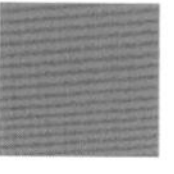

畜牧业有助于贫困人口的脱贫
尼日利亚艺术家:Shittu Titilope

第 13 章 促进人类发展的水资源和畜牧业

协调主编: Don Peden
主编: Girma Tadesse and A.K. Misra
主要作者: Faisal Awad Ahmed, Abiye Astatke, Wagnew Ayalneh, Mario Herrero, Gabriel Kiwuwa, Tesfaye Kumsa, Bancy Mati, Denis Mpairwe, Tom Wassenaar, and Asfaw Yimegnuhal

概览

作为全世界农业部门最重要功能之一的牲畜生产是在牧场和作物-牲畜混合系统中进行的,两者合计面积占发展中国家陆地面积的60%[WE]。在发展中国家的牛、绵羊和山羊总数达12亿热带牲畜单位(每热带牲畜单位相当于250kg的动物活体重)。牲畜的密度和人类密度高度相关,在集约化农业地区,牲畜密度也最高,特别是在灌溉农业及其周边地区。动物饲料的生产高度依赖水资源,每年为维持饲料生产会消耗大约5000亿m^3或更多的水。而需水总量会是这个数字的两倍,其中牲畜饮用水需要量不到饲料生产需水量的2%。不适当的放牧和牲畜饮水造成了水和土地资源的普遍退化,特别是在牲畜饮水区域的周边。对水和牲畜的投资由于缺乏两者之间的整合而未能取得最大化和可持续的回报。

尽管很多发展中国家在过去的50年间都努力开发水资源和畜牧业,但可持续的、性别平等的回报是令人失望的[EBI]。全球经验指出:整合水资源和畜牧业开发会为以一种可持续地增加收益的方式创造机会,而这种效果是各自独立的开发方式所无法实现的。不进行整合,两个部门都会失去实现最大化的和可持续的投资回报的机会。

畜牧业是全球农业的主要组成部分，它为人类提供了肉类、奶制品、蛋类、动物血、皮革、现金收入、田间劳动的畜力、可用做燃料并能补充土壤养分的粪便[WE]。畜牧业还具有重要的文化价值，为穷人积累财富提供了途径。大量贫困的农民和牧民依靠牲畜维持他们的生计。牲畜要依赖水才能生存，但如果管理不善，畜牧业就会造成水体退化和水污染。

> 发展中国家的城市化进程造成的对肉类和奶类需求的快速增长将对农业水资源提出巨大的新需求，尤其是饲料生产的需求。

畜养牲畜是一种横跨多种地理区域的多样化的生计，它可以为牧场和雨养及灌溉条件下的作物-牲畜农作体系给无论是贫困还是富裕的人群带来收益[WE]。农业集约化常常和更高的作物密度相关联。理解与农业用水相关的畜牧生产体系分布和结构的空间变化将有助于识别考虑到畜牧-水交互关系，可以促进对畜牧业投资的回报和地区的可持续性。南亚和非洲撒哈拉以南地区是为达到脱贫目的而实施整合的畜牧业和水资源开发的优先地区，但是这种策略在其他地区实行也会产生很好的效果。

发展中国家的城市化进程造成的对肉类和奶类需求的快速增长将对农业水资源提出巨大的新需求，尤其是饲料生产的需水[WE]。满足这种需求就会需要更多的水资源，但也为农民提供了创收的机会。这种趋势还会加剧对农业用水的竞争，将农民和牧民边缘化，从而引发冲突并进一步将他们推向贫困。农民家庭需要适量的农业用水以保持一定的动物数量，因为它们是优质营养、农田畜力的重要来源，也是一种被大家喜爱的储蓄财富的方式。

将性别视角考虑在内的畜牧业水分生产力框架可以使我们更好地理解牲畜-水之间的相互作用[EBI]。该框架确认了可以实现更高的水分生产力和对水资源的可持续利用的4种最基本的畜牧业开发战略：改善动物饲料的来源；通过更好的兽医服务、遗传学、动物产品的营销和增值企业的经营来提升动物生产力(动物产品、服务和文化价值)；改善牲畜的饮水和放牧措施以避免土地和水资源的退化；为牲畜提供优质的饮用水。这些战略常常需要同时实施。

我们不仅对生产饲料过程中的耗水知之甚少，而且对饲料转化成动物产品和服务的效率以及动物对水资源产生的影响也所知不多[EBI]。目前科学文献中所报道的饲料水分生产力(畜牧产品和服务所产生的收益和生产过程中的耗水量值之比)的数值相差达70倍。同时，有关动物生产力和动物对水资源影响的研究结果之间也相距甚远。因此，对畜牧水分生产力做概括化的评估就需要格外谨慎，即便如此，还是需要对全球畜牧业的水分生产力做出整体上的评价。尽管对可以达到畜牧水分生产力的可持续增长的特定位点和特定生产体系所采用的政策、技术和措施还有许多需要深入研究之处，但是将现有的不同体系的动物生产和水资源管理策略的知识进行整合会为畜牧业生产的可持续性和水分生产力的提高提供机会。

动物的生存离不开饮用水，但是和其他农业用水量相比，动物的饮用水量是很小的[WE]。在动物及动物产品能够产生较高经济价值而饮用水量很少的情况下，投资于动物饮用水在战略上就是一种明智的选择。为饲料富余的地方提供1 L饮用水可以使以前会被牧场植被蒸散掉而不能用的100 L农业用水得到有

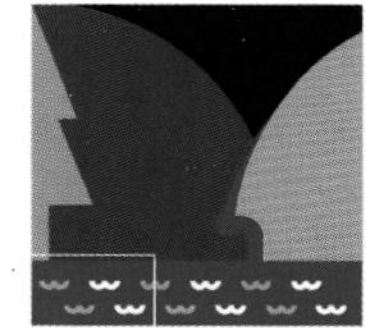

效利用，这会极大提高畜牧业的水分生产力。战略性地决定动物饮水的地点并提供适宜水质的饮用水可以使牲畜，特别是牛群，去那些否则的话就不会到达的放牧地区寻找饲料，这会提高肉类和奶类的产量。选育那些适合旱地条件的牲畜品种也会降低饮用水的需要量。对饮水区域毗邻的地带进行认真的管理也是防止水资源和土地退化的必要措施。

那些认为畜牧生产是浪费水资源的被广泛接受的观念并不适用于大多数发展中国家的情况[EBI]。当牲畜主要依靠作物残体和副产品为饲料、在管理良好的不适宜作物生长的土地上饲养时，它们对水资源的利用就是有效的和高效的。应用畜牧水分生产力的概念可能将会使发展中国家实现农业水分生产力的最大程度的提高。实现这个目标就需要对牲畜和水资源的综合治理。

*本章要传达的首要信息是：牲畜－水的相互作用十分重要且研究不充分，从而存在着巨大的机遇去提高和畜牧生产相关联的水分生产力。*与作物－水关系的丰富知识形成对比，关于牲畜－水关系的研究还处于初级阶段。因此，本章有必要对那些可能最适用于发展中国家的某些一般原则采用一种粗略的和全局性概览的方式进行描述，尤其是非洲撒哈拉以南地区国家。因此，本章作者建议在阅读参考时要详细考察他们本身所面临问题的具体情况，要对动物和水相互影响的不可预期的和新的方式十分敏感，在实施国家和地方水平的干预措施之前要咨询多学科的有资质的专业人士。

> 造成贫困状况恶化的最快的途径之一就是剥夺发展中国家的小规模牲畜养殖者和牧民所饲养的动物。

水、畜牧业和人类发展

畜养牲畜是世界农业中最重要、最复杂和最多样化的组成部门之一，也是农村贫困人口脱贫的主要方式。非常贫困的人口通常无力养殖牲畜，但是如果有机会的话，很多穷人也会从事畜牧生产(van Hoeve and van Koppen 2005)。造成贫困状况恶化的最快的途径之一就是剥夺发展中国家的小规模牲畜养殖者和牧民所饲养的动物。由于水资源和畜牧业之间缺乏系统的整合，从而削弱了对两个部门投资的意愿和力度(Peden and others 2006)。而未来农业用水的发展将受益于动物用水及其对水资源影响的有效的整合[EBI]。

很多科普和环境科学的文献都认为畜牧生产是未来几十年最有可能威胁水资源可持续利用的因素之一。人们担心的是生产人类需求的畜牧产品而需要消耗大量的水。例如，印度时报(2004)报道说生产1 L牛奶需要3000L水，并将印度快速下降的地下水位归咎于乳制品生产中对水资源的浪费。Goodland和Pimental(2000)以及Nierenberg(2005)都认为生产1 kg由粮食饲料喂养的牛肉需要100 000 L水，而生产1 kg的土豆则只需要500L水。但是，斯德哥尔摩国际水研究所(SIWI)和其他研究(2005)则认为粮食饲料喂养的牛肉只需要15 000 L水。因此，虽然这些文献对粮食饲养的牛肉的需水量分歧很大，但他们都一致认为生产1 kg粮食饲养的牛所需水量远远超过生产1 kg作物的需水量(Chapagain and Hoekstra 2003; Hoekstra and Hung 2003)。但大部分文献都存在缺陷，即：没有校正生产人类需要的食物(鲜重)中本身的含水量,并且使用了发展中国家的质量有问题的数据。

作物和动物产品的干重蛋白质的水分生产力之间的差异小于鲜重水分生产力的差异。例如,Renault 和 Wallender(2000)估计蛋类的蛋白质水分生产力每立方米水产出41 g,牛奶是40 g/m^3,禽肉是33 g/m^3,猪肉21 g/m^3,牛肉10 g/m^3。而作物类的蛋白质水分生产力是:土豆150 g/m^3,玉米77 g/m^3,硬豆76 g/m^3,小麦74 g/m^3,水稻49 g/m^3,花生14 g/m^3。上面牛肉的10 g/m^{3}指的是加州粮食饲养的牛肉。在世界上那些易于受到贫困威胁的地区,农民大部分都是利用作物残茬饲养牲畜,而牧民则主要靠放牧,因此需水量要大大少于用粮食饲养的牲畜。

> 以前对生产力的高度强调使畜牧业对农村生计的贡献被大大低估,因为这些评估中没有将非货币化的产品和服务涵盖在内,同时还忽视了小型动物——山羊和家禽——的贡献。

另外,如果人们不能正确地组合粮食和豆类食品或从其他来源获取优质蛋白的话,作物蛋白质中的氨基酸组合对人类的适宜性也会降低。尽管一些作物(如土豆)的蛋白质水分生产力很高,但是其本身的蛋白质含量却很低。一个成年人每天需要消费2700 kcal的土豆热量才能获取每天最低水平的75 g蛋白质的摄入量(Beaton 1991)。而每天超过75 g基本蛋白质需要的肉类的摄入会成为人体能量来源。因此,如果人体把超出75 g的多余蛋白质转化为能量的话,那么生产满足人体需要的第一份75 g蛋白质的水分利用效率要远远高于生产多余蛋白质的效率。在非洲儿童的膳食中加入适量的肉类会提高儿童精神、身体和行为发育(Sigman and others 2005; Neumann and others 2003)。这证明了不应该仅仅从生产出的质量上衡量肉制品。但是,有关畜牧业-水相互关系的文献并没有就这一问题进行研究[EBI]。

以前对生产力的高度强调使畜牧业对农村生计的贡献被大大低估,因为这些评估中没有将非货币化的产品和服务涵盖在内,同时还忽视了小型动物——山羊和家禽——的贡献。但是贫困和温饱家庭从对畜牧产品的利用中获益良多(Shackleton and others 1999; Landefeld and Bettinger 2005)。

除了肉类生产和消费,用来支持动物的水资源也具有重要价值。畜牧业对70%的世界农村贫困人口的生计贡献巨大,增强了他们应对度过收入短缺时期的能力(Ashley, Holden, and Bazeley 1999)。畜牧业提供了奶制品、血液产品、有机肥、皮革以及农田动力,这些都是作物栽培和销售的最基本需求。作为财产的牲畜还是保障财富安全的重要来源。销售牲畜及其产品是提高收入并解决家庭中重大和不可预期的花销的关键策略。生产这些至关重要物品和服务则需要依靠水资源。

本章描述了畜牧生产体系在全球的分布状况及其对农业用水的意义,同时概括了影响动物生产的主要趋势,并将这种分布和生产和农业用水相联系。本章还引入了一个畜牧水分生产力的分析框架,用来帮助理解多种体系下的牲畜养殖是如何影响了水资源的数量(耗水)和质量(水质退化),并在这种理解的基础上提出更高效、更高产和更可持续的水资源利用的战略和选择。本章最后以这些战略的实际利用的案例做结尾。

本章将重点阐述发展中国家的动物养殖,尤其是南亚和非洲撒哈拉以南

地区，因为这些地方的贫困问题和动物养殖问题相互叠加。这两个地区都特别重视反刍动物（特别是牛）的饲养，而饲养这类牲畜又与较高的用水量和水质退化有关。本章在必要时也介绍了一些发达国家研究成果。很多种群的动物构成了我们所说的"牲畜"的概念，但由于篇幅所限，本章不会一一讨论。例如，家禽类和猪就是特别重要的养殖动物，但是本章并未详细讨论。我们是首个进行在多样化发展中国家的贫困环境中探讨牲畜–水资源关系的研究。今后还需要进行更多的研究，以将更多的政策和研究选项在国家和地方水平上成功应用。

> 销售牲畜及其产品是提高收入并解决家庭中重大和不可预期的花销的关键策略。

穷人饲养的牲畜在哪里？

不同的生计方式、不同的环境、不同的文化都造成了牲畜饲养方式的高度多样化。畜牧业–水资源之间的相互关系也不同，其中包括牲畜对水资源和利用及其对水资源的影响，和对两种资源及其相互关系的更好的管理。如果进行全球性的评估就需要了解这些差异。

畜牧生产体系

本章采用了Thornton等（2002）分类的9种畜牧生产体系，以及全球热带牲畜单位（框13.1）和贫困的牲畜养殖者（表13.1）的全球分布情况。生产体系主要是根据水资源的有效性、农业集约化程度以及牲畜的数量。另外，"无地"的牲畜生产在发展中国家得到快速发展。无地畜牧体系包括工业化规模的牲畜养殖和小规模的生产，两者都是在畜栏内饲养。而居住在支撑畜牧业生产景观中的牲畜养殖者，既不会放牧饲养，也不会生产饲料，而主要依靠购买饲料来喂养动物，并通过售卖畜牧产品获利。贫困的牲畜养殖者被定义为那些住在农村地区的、饲养牲畜的、生活在世界银行界定的各个国家的贫困线以下的人口。本章对生产体系、牲畜和贫困的牲畜饲养者的描述只是从广泛的全局的视角进行的，因为在局部水平上存在着巨大差异。而很多国家的动物普查数据也很不完整，而调查方法也不统一。在分析小面积区域时，应用这些调查数据要谨慎。

发展中国家的土地总面积大约有8000万km^2，其中有4800万km^2用于牲畜饲养（2300万km^2的牧场；2000万km^2的混合雨养作物–畜牧生产体系；500万km^2的混合灌溉作物–畜牧生产体系）。大约有一半的牧场面积和1/3的混合雨养生产系统都位于非洲撒哈拉以南地区。疾病的盛行制约了酷热和极湿润地区的动物养殖，如拉丁美洲的亚马逊地区和非洲的刚果河流域。而像撒哈拉沙漠那样的极度干旱也会制约动物生产。否则，牲畜养殖会更广泛地分布在发展中国家。

无地的动物生产在南亚的印度河–恒河流域、中国和印度尼西亚十分盛行。未来也有可能扩展到非洲撒哈拉以南地区及其周边地区（Peden and others 2006）。

框 13.1 | 热带牲畜单位

牲畜的范围涵盖很多物种和品种，这些动物被饲养在全球各种各样的生产体系中。为了便于进行比较和分析结果的汇总，各种不同牲畜都被归一划为"热带牲畜单位"。一个热带牲畜单位等于250 kg活体动物的重量。热带牲畜单位是估算动物生物量的十分有用的指标，但是它也有不精确之处。主要是因为在同一物种之内、跨种群之间以及跨生产体系之间在动物的重量上差异极大。由于这个原因，本章引用的文献中使用的是不同的热带牲畜单位当量。下面的表格列出了本章中所考虑的饲养动物的指示性的热带牲畜单位。同时还标明了根据支撑牲畜饲料生产需水量的Kleiber的"四分之三定律"(见本章后面的讨论)计算出来的基础新陈代谢率。

代表性的热带牲畜单位当量和基础新陈代谢率

物种	热带牲畜(单位/头)	基础新陈代谢率(千卡/热带牲畜单位)	物种	热带牲畜(单位/头)	基础新陈代谢率(千卡/热带牲畜单位)
骆驼	1.4	4046	猪	0.20	6581
牛	1.0	4401	绵羊或山羊	0.10	7826
驴	0.5	5234	家禽(鸡)	0.01	13 917

来源：FAO 2004; Kleiber 1975; Jahnke 1982.

牲畜养殖者及其牲畜

不同生产体系之间以及世界不同地区之间的人口和动物数量分布差异很大。畜牧生产体系支撑了大约40亿人口(见表13.1)，其中约13亿是贫困人口，其中又有5.09亿(13%)是贫困的牲畜养殖者(地图13.1)。非洲撒哈拉以南地区和南亚的贫困人群占世界贫困人口的63%(8亿)，占世界贫困牲畜饲养者的68%(3.44亿)。在这5亿贫困的牲畜饲养者中又有约一半生活在非洲撒哈拉以南地区的畜牧生产地带。南亚人口中有大约40%(5.33亿)是贫困人口，15%(1.92亿)是贫困的牲畜饲养者。总的来说，南亚是绝对贫困最严重的地区，而非洲撒哈拉以南是贫困最普遍的地区。对这两个地区的贫困人口而言，畜牧生产不仅是重要的生计机会，也是制约因素，因此，它们是本章讨论的重点，尽管畜牧业–水资源–贫困之间的相互关系在全世界范围内也广泛存在。

深入了解畜牧业、水资源和贫困之间的相互关系对确保平衡的畜牧业和水资源开发、实现可持续地改善人类福利具有重要意义。

很多国家的牲畜保有的分配比土地分配更加公平。牲畜对贫困家庭的社会经济意义上的重要性要远远大于那些不太贫困的家庭(Heffernan and Misturelli 2001)。例如，土地面积小于2 hm²的小农户占印度农村家庭的62.5%，他们所拥

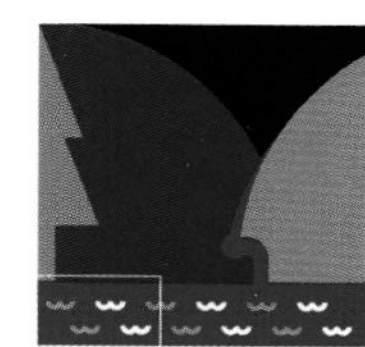

表 13.1 发展中国家地区的动物生产体系的面积、人口、贫困和牲畜

	非洲撒哈拉以南地区	中美和南美洲	西亚和北非	东亚	东南亚	南亚	中亚独联体国家	总数
动物生产体系面积($10^6 km^2$)								
牧场	8.97	5.47	1.81	4.33	0.21	0.35	2.05	23.19
混合灌溉	0.12	0.40	0.83	1.37	0.48	1.52	0.41	5.13
混合雨养	6.53	5.23	1.56	2.47	1.41	1.72	1.01	19.93
其他饲养牲畜的土地	8.45	9.24	8.09	2.80	2.65	0.80	0.57	32.60
总数	24.2	20.3	12.3	11.0	4.8	4.4	4.0	80.8
生产体系中的人口和穷人								
人口(百万)	506	329	310	1187	401	1 256	64	4053
国家级贫困线下的人口(百万)	268	132	85	111	127	533	17	1273
贫困的牲畜养殖者数量(百万)[a]	152	45	34	24	52	192	10	509
占贫困人口总量的比例(%)	53	40	27	9	32	42	27	44
贫困人口占总人口比例(%)	30	14	11	2	13	15	16	13
牛、羊和山羊(热带牲畜单位[b])								
数量(百万)	246	391	57	111	85	276	24	1190
密度(头/平方千米)	10.2	19.3	4.6	10.1	17.7	62.7	6.0	14.7
维持牲畜所需水量[c]($10^9 m^3$/年)								
饮用水	2.2	3.7	0.5	1.0	0.8	2.5	0.2	0.9
饲料生产	111	176	26	50	38	124	11	536

a. 参考地图 13.1 的地理分布。

b. 1 热带牲畜单位=250 kg 活体动物重量。

c. "维持"是指保持动物活体且不减重所需的最低限量的水，排除了用于生长、泌乳和劳作所需的额外的饲料的用水；见正文中的进一步解释。

来源：Adapted from Thornton and others 2002.

地图 13.1 贫困的牲畜养殖者在发展中国家的分布(人/km²)

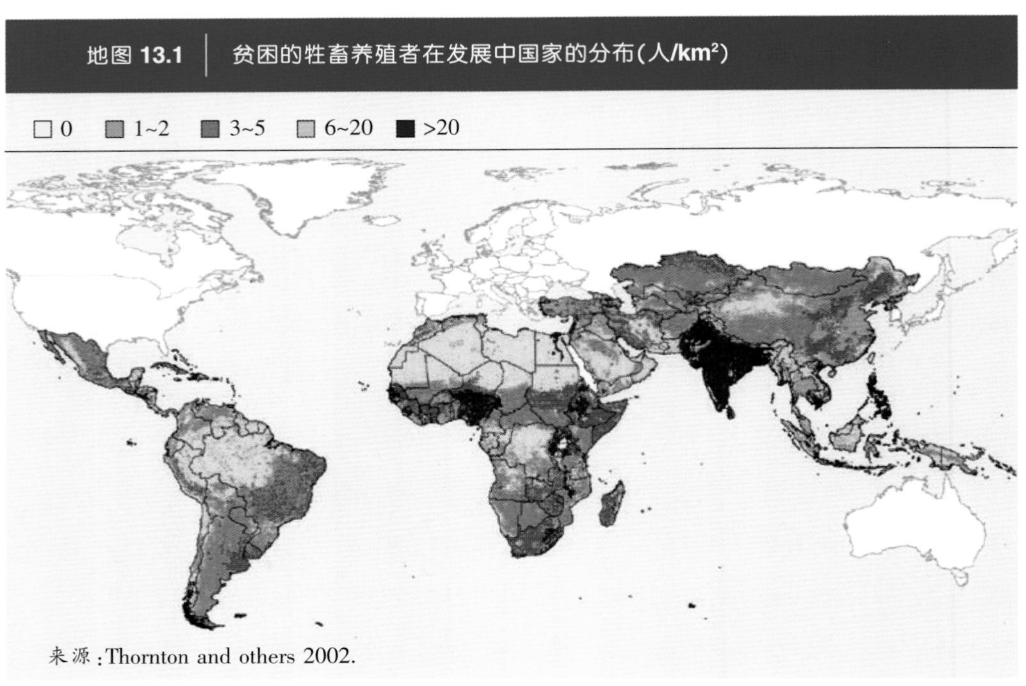

来源:Thornton and others 2002.

有的耕地面积只占全国的32.8%,但是,他们饲养的家禽却占全国的74%,猪占70%,牛占67%,小型反刍动物占65%(Taneja and Brithal 2004)。而埃塞俄比亚的小农户出产了全国95%的奶类产量(Redda 2002)。在北美、中美和南美,大部分牛肉都是大中型牧场出产的,但是也有相当一部分的牛肉是由小农户生产的(Jarvis 1986)。

尽管有大约1.65亿的贫穷的畜牧养殖者生活在东亚和东南亚、中亚的前独联体国家、西亚和北非,以及中南美洲,但是他们占畜牧业产区总人口中的比例还是小于南亚和非洲撒哈拉以南地区,且贫困程度也不及这两个地区(见表13.1)。

发展中国家畜牧水产体系中的牛、绵羊和山羊的总数为12亿热带牲畜单位(见表13.1)。而较高的牲畜养殖密度(大于40热带牲畜单位/平方公里)和贫困现象的重叠则主要分布于南亚和非洲撒哈拉以南地区。具体来说就是分布于从塞内加尔,跨越萨赫尔地区到埃塞俄比亚,再向南经东非直达南部非洲的条状分布带(地图13.2)。南美洲部分地区、土耳其、地中海东部沿岸地区以及东亚的养殖密度也较高,但是这些地区的贫困程度都没那么严重。

维持全球牲畜的庞大种群数量需要大量的水资源,但是对其需求量的估算却很粗略。在想到牲畜和水资源的时候,大多数人都会想到饮用水。发展中国家生产体系中的牲畜饮用水需求量大约是9亿m^3/年(见表13.1),其基本假设条件是每热带牲畜单位的饮用水是25L(尽管不同体系不同牲畜之间差异很大)。但是,生产牲畜饲料所需的水量却远远大于这个数量。生产每年每热带牲畜单位维持基本生存的饲料所需的蒸散量大约为450m^3, 而这个数字很有可能比实际

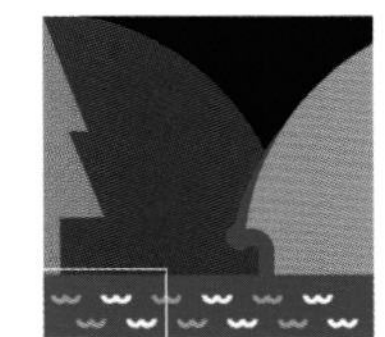

地图 13.2 | 发展中国家牲畜密度的分布(热带牲畜单位/平方公里)

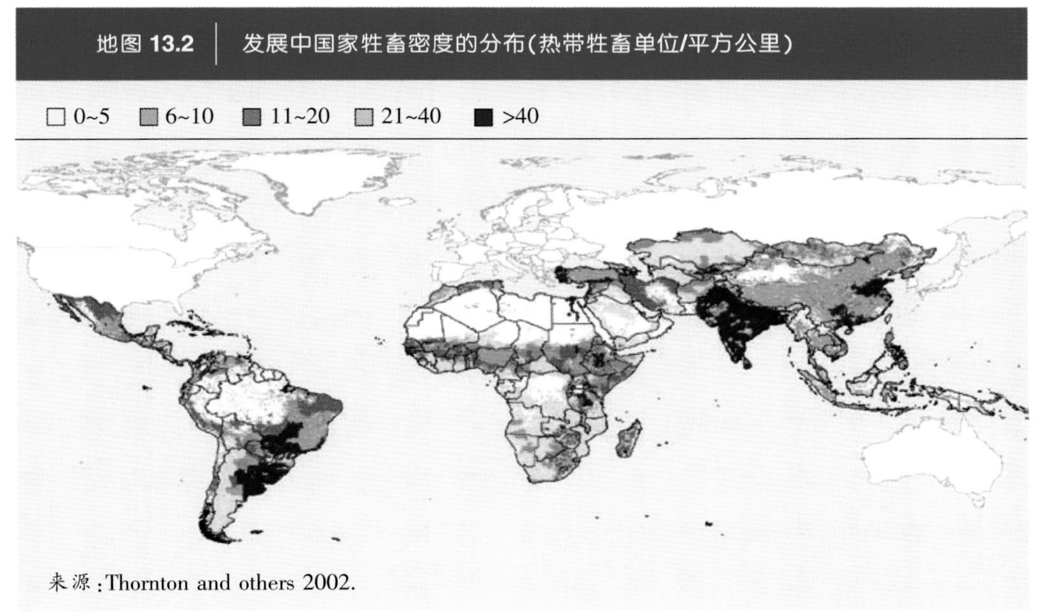

来源:Thornton and others 2002.

值小50%,因为动物的生长、繁殖、劳作、生活环境和泌乳的状况差异很大。因此,发展中国家的牛、绵羊和山羊饲料的需水总量将超过5300亿m^3/年,这还不包括其他牲畜种类的需水量。

畜牧业和集约化农业

牲畜养殖密度常常和人口密度、农业的集约化程度、与市场的毗邻程度、作物生产用水等因素高度相关(表13.2;Peden and others 2006)。例如非洲的最高的动物养殖密度就和集约化作物生产相关,尤其是大型灌溉系统支撑的集约化农业。这或许也表明了牲畜养殖者已经对城市化的驱动因素做出响应,或者是单纯地因为人和动物都是生活在作物生产水平较高且居民的经济水平足以使他们拥有牲畜的地方。但也有证据显示成功的集约化农业的发展会创造新的农业收入并有助于脱贫,从而使农民不仅能投资于牲畜养殖作为一种优先的财富储蓄方式,还能通过销售动物产品而进一步增加收入(见本书第4章有关贫困的论述;Peden and others 2006)。

在南亚地区,水资源和土地资源的有效性决定了牲畜养殖的种类和数量(Chawla, Kurup, and Sharma 2004)。印度灌溉农区的牲畜密度要大于雨养农区(Sastry 2000; Misra and Mahipal 2000),但是每个家庭的平均的动物数量小于雨养农区(Chawla, Kurup, and Sharma 2004)且动物饲料更为有限。而通过农业水资源的开发实现作物生产的集约化将会吸引畜牧业的发展,加剧对水资源的竞争。

表 13.2 非洲的灌溉、雨养和牧场生产体系的牲畜密度(热带牲畜单位/平方公里)及其与市场准入和人口密度的关系

指标	生产体系			
	混合灌溉	混合雨养	畜牧业主导	加权平均值[a]
市场准入				
差	14.0[b]	14.1	9.7	10.9
好	38.7	23.0	16.7	21.8
人口密度				
高	45.1	31.2	38.8	33.0
低	26.1[b]	13.6	10.9	12.1
加权平均	32.4	19.7	11.3	

a. 根据与其相关的指标的总面积加权。

b. 由于灌溉面积较小,因此与表中其他数据进行比较不很可靠。

来源:Peden and others 2006.

对畜牧产品的需求

世界动物产品的消费正在增长。对动物产品的需求量和需求变化率的预测存在地区间的差异(表13.3)。发展中国家消费和生产的增长率在每年2.5%~4%之间,但是发达国家的年增长率则小于0.5%。需求和消费的增长和迅速城市化的人口购买力的增加密切相关。而发达国家的人均动物产品的需求已经趋于平缓,未来还有可能下降,这与消费者对价格的考虑、动物养殖的伦理观念、过度使用动物产品对人类健康和环境的负面影响等都有关系。尽管在仍然面临贫困和粮食安全问题的南亚和非洲撒哈拉以南地区的肉类和奶的消费增长较快,但是到2020年其人均消费水平仍然远远低于发达国家水平。

对动物产品的需求的动力和驱动高附加值的园艺产品和其他集约化农产品的动力是同源的,因此它们之间会对同样的农业用水产生竞争。未来面临的三大挑战是:第一,为承担满足城市需求的肉类和作物生产的集约化农业体系配置足够的水资源;第二,努力使畜牧生产的用水更有效率、更可持续地维持穷人的生计;第三,要保证以城市市场需求为重点的政策导向不会转移对农村的牲畜养殖者的关注,因为牲畜除了产出肉和奶之外还有很多其他用途。

畜牧业水分生产力——对动物和水资源之间的交互关系进行综合管理

畜牧业水分生产力定义为和牲畜相关的产品和服务的净收益和产出与它

表 13.3 | 1997~2020 年肉类和奶类消费和生产趋势预测

地区	1997~2020 预计年增长率(%)		2020 年预测量(百万吨)		2020 年预计人均量(千克/年)	
	肉	奶	肉	奶	肉	奶
消费						
中国	3.1	3.8	107	24	73	16
印度	3.5	3.5	10	133	8	105
东亚其他国家	3.2	2.5	5	2	54	29
南亚其他国家	3.5	3.1	7	42	13	82
东南亚	3.4	3.0	19	12	30	19
拉丁美洲	2.5	1.9	46	85	70	130
西亚和北非	2.7	2.3	13	42	26	82
非洲撒哈拉以南地区	3.2	3.3	11	35	12	37
发展中国家	3.0	2.9	217	375	36	62
发达国家	0.8	0.6	117	286	86	210
世界	2.1	1.7	334	660	45	89
生产						
中国	2.9	3.2	86	19	60	13
印度	2.4	3.9	7	3	55	29
东亚其他国家	2.8	1.6	8	172	6	135
南亚其他国家	2.6	3.1	4	46	9	92
东南亚	3.1	2.9	16	3	25	5
拉丁美洲	2.2	2.0	39	80	59	121
西亚和北非	2.5	2.6	11	46	18	72
非洲撒哈拉以南地区	3.4	4.0	11	31	10	30
发展中国家	2.7	3.2	183	401	29	63
发达国家	0.7	0.4	121	371	87	267
世界	1.8	1.6	303	772	39	100

来源: Delgado 2003.

们所消耗的水量之比。这个概念承认用水竞争的重要性,但是重点在于牲畜-水资源的交互关系。畜牧业水分生产力是一个系统概念,因此每一个生产系统都具有独特的动态结构和多种过程。生产体系是复杂的,因此采用一种综合的分析框架有助于识别可以使畜牧业用水更有效率的成套措施。图13.1勾画了畜牧业生产力的一些关键原理。

无论覆盖多大的土地面积,水都是以降雨和地表径流的方式进入农业生产系统的。水通过蒸腾、蒸发或向下游排水的方式消耗或损耗,这部分水不能被再

图 13.1　评价畜牧业水分生产力的框架有助于识别减少和动物饲养有关的耗水并提高产品和服务产出的选择

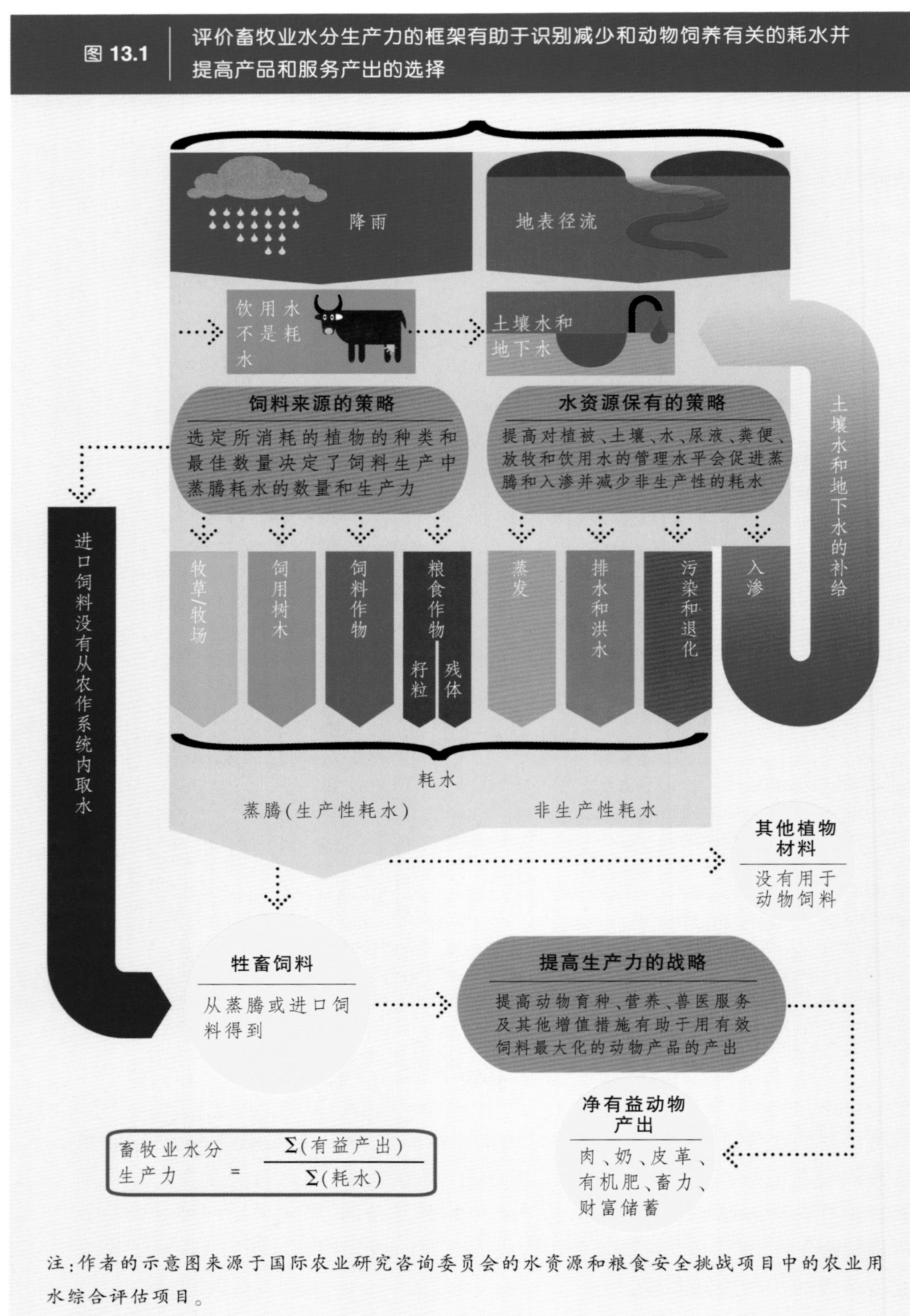

注：作者的示意图来源于国际农业研究咨询委员会的水资源和粮食安全挑战项目中的农业用水综合评估项目。

利用。水质退化和污染也会造成耗水，从回收再利用的角度看，由于回收再利用的成本过高，水质的退化和污染也会在造成水的损耗。农业产品的产出主要依靠蒸腾过程，而动物产品的生产则主要依靠蒸腾过程（如果有进口饲料，其中就会含有反映其他国家蒸腾量的“虚拟水”的输入）产出的饲料。实行能够促进作物蒸腾或土壤有效水入渗的动物管理措施会提高畜牧业的水分生产力。畜牧业水分生产力的概念和雨水利用效率和水分利用效率的概念的区别在于其关注的焦点是耗水量而不是到达田间地头的输水量。

三大基本策略有助于直接提高牲畜水分生产力：改善饲料来源、提高动物的生产力以及保育水资源（见图13.1）。为牲畜提供足够的适宜水质的饮用水也可以提高畜牧水分生产力。但是，饮用水不能被直接计入畜牧水分生产力的计算公式中，因为饮用水还留在动物体内，并存在于生产体系内，尽管随后会发生蒸发耗水。

> 三大基本策略有助于直接提高牲畜水分生产力：改善饲料来源、提高动物的生产力、保育水资源。

实施单一的策略不会产生很好的效果。而采用一种更为平衡的、考虑具体地点情况的综合采用上述4种策略的方法，将有助于提升农业用水用于产出动物产品和服务的效益。儿童、妇女和男性从动物养殖中获得的收益是不同的，同时他们在管理牲畜-水资源交互关系中发挥的作用也不同，这两点需要在提高畜牧业水分生产力的过程中加以考虑。畜牧业水分生产力并不是追求动物养殖数量或动物产品和服务产出的最大化。相反，它追求的是如何用更少的动物产出同样的效益，同时对农业用水的需求也更少。

改善饲料来源

动物生产依赖于对优质饲料——粮食、作物残体、牧草、饲用树木、饲料作物——的充足供给。饲料生产是全世界农业用水的最大用户。提高全球畜牧业水分生产力的切入点必须从饲料的战略性来源入手，这一点在过去50多年的畜牧业和水管理的研究中很大程度上被忽略了。对饲料来源的明智的选择是有效提高全球农业水分生产力的最具潜力的途径之一。

有关饲料用水的科学知识还存在相互矛盾之处，且存在较大的差异。本章将着重讨论三大问题：饲料和饲用作物的水分生产力；饲料转化为动物产品和服务的能力；饲料来源的分布。

*饲料和饲用作物的水分生产力。*现有文献中关于生产1kg动物干饲料所消耗的蒸散量数值差异很大，从0.5 kg/m^{3}到8 kg/m^3（表13.4）。多种因素都会影响蒸散量，包括植被的叶面积指数、动物对某种饲料作物的偏好、根系的深度、降雨、植物的遗传特性以及土壤的结构、水分和化学性质。

Sala等（1988）分析了横跨美国中部9500个地点的数据后发现在年降雨量200~1200 mm之间的多种温带草地上的水分生产力是相似的，都是每立方米蒸腾量产出0.5 kg的地上部生物量，且较湿润地区的生产力略高于较干旱地区。而表13.4 中的苏丹饲用高粱、埃塞俄比亚多种作物和牧草、试验研究地点的狼尾草（*Pennisetum*）的较高的水分生产力主要因为只测定了作物生长季的累积蒸散

表 13.4 某些饲用和牧场植被干物质量的水分生产力

饲用作物	地上部干物重水分生产力(kg/m³)	文献来源
苏丹,灌溉饲用高粱	6~8[a]	Saeed and El-Nadi 1997
埃塞俄比亚,多种作物和牧草	4a	Astatke and Saleem 1998
狼尾草(1200 mm 蒸散量)	4.33	Ferraris and Sinclair 1980
狼尾草(900 mm 蒸散量)	4.27	Ferraris and Sinclair 1980
狼尾草(600 mm 蒸散量)	4.15	Ferraris and Sinclair 1980
苏丹,灌溉苜蓿	1.3~1.7	Saeed and El-Nadi 1997
美国怀俄明州,灌溉苜蓿	1.22~1.47[b]	Claypool and others 1997
美国加州,苜蓿	1.11	Renault and Wallender 2000
美国加州,灌溉牧草	0.72	Renault and Wallender 2000
美国加州,牧场	0.72	Renault and Wallender 2000
美国,草地(1200 mm 降雨)	0.57	Sala and others 1988
美国,草地(900 mm 降雨)	0.56	Sala and others 1988
美国,草地(600 mm 降雨)	0.54	Sala and others 1988
美国,草地(300 mm 降雨)	0.49	Sala and others 1988

a. 相对较高的数值反映了实验设计、环境温度、周年和生长季水平衡、叶面积指数、太阳辐射及其他参数。

b. 是蒸腾估计值而不是蒸散。

量。表中其他案例都是在较凉爽气候下、生长季低于一年的情况下计算的周年蒸散量。当然,如果没有标准化的测量方法就不可能对蒸散量做出准确计算,但为了示意目的,本章采用的数值是4kg/m³。这个根据实验证据得来的数字也许会大于实际值,因此需要对全球饲用作物水分生产力做系统的评估。

Keller 和 Seckler (2005)认为蒸腾效率(每单位蒸腾量产出的干物质量)对特定植物种属是相对恒定的, 而作物水分生产力的变异则主要取决于具体位点和具体季节蒸散量中的蒸发分量。在选育高效用水的饲用植物品种方面还存在一些机会(Claypool and others 1997)。C_4植物比C_3植物的水分生产力高出很多[1]。但是,降低蒸散量中蒸发分量的比重将会是提高饲料水分生产力从而提高畜牧业水分生产力的最重要也是切实可行的途径。

作物残体和副产品是一种独特的饲料来源。由于提高作物水分生产力的努力主要放在人们日常消费的粮食和水果上, 因此任何利用作物残茬和副产品饲养动物的做法都不会带来额外的蒸散量。如果动物生产能够有效利用这个优势,畜牧业水分生产力就有可能得到大幅提高。图13.2展示了一组埃塞俄比亚农民取得的畜牧业水分生产力与其饲养动物的饲料中作物残体所占比例的正相关关系。对作物残体的利用可以在不增加额外用水的情况下提高农民

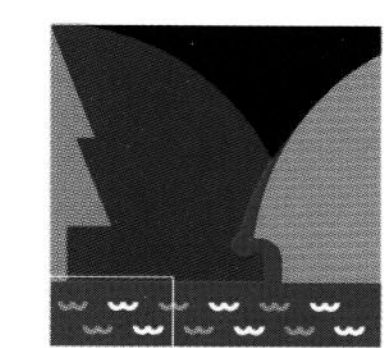

图 13.2 埃塞俄比亚 Awash 河谷地带畜牧业水分生产力与动物饲料中所含作物残体和副产品的比例呈正相关

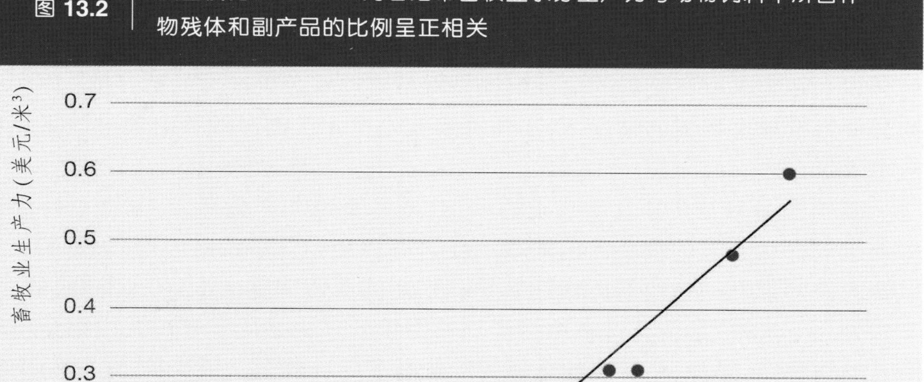

注：该案例中包括了动物提供的多种价值，包括奶、肉、畜力。蒸散量产出的粮食产品带来了能够被动物利用且增加用水的有价值的作物残茬。

来源：Authors' analysis based on data from Ayalneh 2004.

的收入[EBI]。

理论上说，如果畜牧业生产仅仅以作物残体和副产品作为饲料，饲料用水就几乎为零。但是这种极端现象并不一定是在经济上和环境上可行的，因为需要大量的作物残茬保留在农田或返还土壤以保持土壤的生产力。另外，作物残茬的营养价值较低，且更不易被动物消化。当然，这些限制性因素将会被不断克服。目前就已经发展出利用作物残茬加尿素处理制成青贮饲料的技术，还可以在作物残茬中掺入适量的粮食籽粒或豆科饲用作物，从而为动物提供优质的补充性的饲料。当然也需要在利用不同的作物残茬和副产品之间做出权衡。

饲料转化为动物产品和服务。提高畜牧业水分生产力需要评估动物的饲料需求量，还要选择那些相对于其他农业用水来说水分生产力较高的饲料。这要对维持动物基本生命活动、生长、繁殖、泌乳、劳作、体温调节、消化道内共生微生物和寄生虫的生存所需的饲料能量和养分需求进行评估。饲料的可消化性在20%~70%之间，不可消化的成分会以粪便的形式回归生态系统。那么，产出最终成为动物粪便不可消化的饲料所消耗的蒸腾水是否应该被归类为畜牧生产用水？特别是在这些粪便补充了土壤肥力、成为农牧民家庭的燃料和建筑材料的时候？本章采用的是将粪便产生的价值归于动物生产所产生的效益的做法。同时，我们还调低了对动物生产耗水量的估计值。无论采用哪种方法，对粪便价值的认识会在需求有机肥料的情况下提高对畜牧业水分生产力的估计值。而在动物粪便过量损害环境的情况下，在估算畜牧生产相关的净效益时就应该将环境成本考虑在内。

> 提高畜牧业水分生产力需要评估动物的饲料需求量，还要选择那些相对于其他农业用水来说水分生产力较高的饲料。

基础代谢率是在禁食状态下的动物（不在繁殖和泌乳期）在温度中性环境中处于放松状态下的细胞内的能量消耗。在1932年，Kleiber（1932）证实了从老鼠到大象的哺乳动物的基础代谢率是和它们的活体体重成正比。Kleiber的“三个四分之三定律”是估算牲畜维持能饲料需求的理论基础。基础代谢率是比较所有动物种群、品种、年龄段的个体的能量需求的公因子。一头重250 kg（1个热带牲畜单位）的基础代谢率是4401 kcal/d。体型较小动物的每热带牲畜单位的基础代谢率可以远远高于大型动物。例如，鸡的基础代谢率就是牛或骆驼的大约3倍。很多科学家的研究都证实了“三个四分之三”定律，但是也会出现一些小幅偏离这个预测因子的现象[WE]。

考虑牲畜的其他能量和营养需求是很复杂的。牲畜维持能的消耗要大于基础代谢率，因为其包括体温调节、肠道功能、经由尿液的能量流失、进食和饮水的基本活动等内容。不同动物种类、品种以及其饲养的环境都会造成维持能的巨大差异（表13.2和表13.5）。

国际畜牧研究所（ILRI）的一项综合分析（Fernandez-Rivera 2006）结果表明：非洲放牧牛群的每天每热带牲畜单位的维持能是11 000 kcal，但多样化的环境、动物种类和品种都会造成维持能的巨大差异。除此之外，动物的生长、繁殖、劳作、产奶都需要额外的能量。

Astatke，Reed和Butterworth（1986）认为非洲干草中可消化能量大约为1900~2100 kcal/kg干重，每立方米蒸散量产出4 kg干草（见表13.4）。如果取国际畜牧研究所估计的每热带牲畜单位每天的维持能为11 000kcal，这就意味着非洲放牧牛群将需要每热带牲畜单位每天5 kg的饲料来满足维持能的需要。而生产这些饲料所需的蒸散量为1.25 m^3/热带牲畜单位/天，或450 m^3/热带牲畜单位/年。相比之下，每热带牲畜单位每天的饮用水量为25~50 L，或9~18 m^3/热带牲畜单位/年。

当然，我们还应该认识到，动物实际的能量利用和饲料用水要比上述数字多大约一倍，因为还要考虑到动物的生长、劳作、泌乳、繁殖、牧群的构成和体温调节所需要的能量和饲料。综合表13.4中引用的饲用作物水分生产力的数值范围，再加上饲料摄入的估计值的不确定性和动物饲料的可消化性比例较大的差异，任何对全球畜牧业生产的用水的估计值都是高度不确定的。尽管如此，我们还是可以得出这样的结论：消耗于饲料生产所需的蒸腾的水量是动物饮用水量的50多倍。提高畜牧水分生产力将很大程度上取决于提高动物产量的饲料数量相对于保持其维持能的数量的比例。

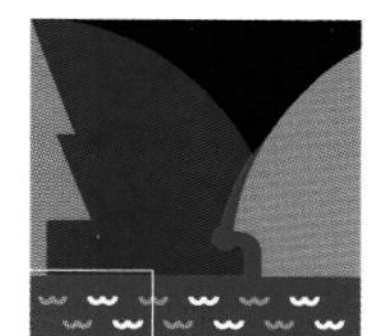

表 13.5 某些动物的维持能消耗的估计值		
动物及其产地	维持能[a]	数据来源
美国;13℃;肉鸡	157	Sakomura and others 2005
美国;32℃;肉鸡	127	Sakomura and others 2005
日本;荷斯坦奶牛	116	Odai 2003
美国;23℃;肉鸡	112	Sakomura and others 2005
猪、平均	106	NRC 1998
泰国;荷斯坦奶牛;杂交种	98	Odai 2003
埃塞俄比亚;奶牛;杂交种	93	Zerbini and others 1992
肉牛	77	NRC 1996
尼日利亚;Zebu 公牛	76	Dijkman 1993
老鼠到大象;基础代谢率	70	Kleiber 1975
西非;牵引重物的公牛	56	Fall and others 1997
尼日尔;Zebu 公牛	48	Becker and others 1993

a.千卡除以活体重量$^{0.75}$。

饲料资源的分布。发展中国家有大约5000万hm²的农地用来生产牲畜(见表13.1),但是这些动物生产并没有充分利用生产体系内饲料资源分布的优势而取得最佳的分布格局。这就造成了一些地方的过度放牧,而另外一些地方饲料却有盈余。牧场和较为干旱的雨养农作区常常缺乏动物的饮用水。没有饮用水,牲畜,尤其是牛群就不能获取足够的饲草和作物残茬。那些被生产出来而又没有被动物消耗掉的饲料是构成农业用水的潜在效益以及水分生产力损失的主要部分。需要绘制全球、区域和国家尺度的空间分布图以定量化地识别饲料生产和动物饲料需求之间的差异。这种信息可以用来确定如何利用可持续饲料的供给平衡动物存栏数来提高畜牧业水分生产力提供机会。可以实施的干预措施包括将饲草打包,并将多余的饲料运输到牲畜养殖地或者为牲畜提供饮用水(本章后面将讨论),所以动物可以距饲料源更近。

饲料生产的全球用水。全球发展中国家用于生产维持牛、绵羊和山羊的饲料的蒸散量大约是每年5360亿m³。如果考虑其他种类牲畜的用水以及超出维持能的需求,那么我们估算的全球饲料生产用水从1万亿m³到2万亿m³。这些估计值仍然是不精确的,而且比其他研究的估计值要低[CE]。

提高动物生产力

用来生产维持能的饲料的蒸腾水是牲畜养殖的固定投入,无论动物是否增重、产奶和劳作。牲畜生产还需要额外的水量。提高畜牧业水分生产力的一个关键的策略是提高每一头牲畜的生产力。这就涉及传统动物科学的分支学科:营养学、遗传学、兽医、营销和动物养殖。典型的干预措施包括：

- 提供可以连续获取优质饮用水的条件(Muli 2000; Staal and others 2001)。
- 选育可以提高饲料转化率的畜牧品种，从而提高畜牧业水分生产力(Basarab 2003)。
- 作为干旱区灌溉开发投资的组成部分的兽医服务可以减少水生动物传播和动物源疾病的风险(Peden and others 2006),还可以满足销售的动物和动物产品的健康安全标准(Perry and others 2002)。
- 提高动物产品的附加值,如农民生产的奶酪(框13.2)。

> **需要绘制全球、区域和国家尺度的空间分布图以定量化地识别饲料生产和动物饲料需求之间的差异，最终用来确定提高畜牧水分生产力的方式。**

保育水资源

早在1958年,Love（在Sheehy and others 1996的2.1.1.2节中引用）就注意到“大量的信息都表明过度放牧会造成对水文循环的严重后果。已不再需要更多的研究来确认这个结论了”。这段话在半个世纪后仍然有效。Sheehy 和 others (1996) 在一项放牧牲畜对水资源及相关的土地资源造成的影响的综合研究中发现：畜牧生产的管理必须以保持地上部植被覆盖为目标,因为植被的损失会加剧土壤侵蚀、下坡向的泥沙沉积、入渗速率下降以及牧草产量下降。尽管他们发现低度或适度的放牧压力不会对水文造成负面影响,他们还发现存在一个最优化的特定位点的放牧密度的阈值,超过这个限度就会造成水土资源的退化和动物生产的下降。在这个限度内,可以通过增加叶面覆盖地表面积比例的做法

框 13.2 | 水–畜牧业资源综合管理增加了贫困农村家庭的收入和财产

很多埃塞俄比亚农民一年只靠不到300美元谋生。在Sasakawa–全球2000计划的支持下,一些农民已采用了家庭雨水收集系统,该系统可以收集面积为2500m²的小流域内的水并将其导入每个体积为65m³的小型地下蓄水窖。对于女性农民(见照片)来说,这项投资可以省掉每天7km的长途跋涉取水的劳动。安装两个这样的蓄水窖就可以满足她的家庭全年的生活需水,还可以为她家养殖的杂交奶牛提供饮用水，同时还可以为种植的洋葱、大蒜和柑橘提供补充灌溉用水。而她家的杂交奶牛的产奶量也从2L/d提高到40L/d。她把每天从长途取水中所节省下来的时间用于制作黄油和奶酪，从而可以进一步提高每升牛奶的产值。她的孩子看起来十分健康活泼,也愿意在学校学习。将乳制品融入基于雨水收集的生计策略提高了农村贫困家庭的经济、人类、社会和物质财富,超过了单纯作物生产所能达到的水平。

随着村庄中流通的现金数量的增加，很多农民的收入国家多样化,也有能力开办一些小商店以服务当地村民。由于全年都会有经济收入，这就使得男人更多地在家从事生产性的活动,减少了在外喝酒的时间。

摄影:Don Peden

家庭雨水收集和畜牧生产相结合的方式有助于贫困家庭财产的增加、脱贫以及提高抗风险的能力。

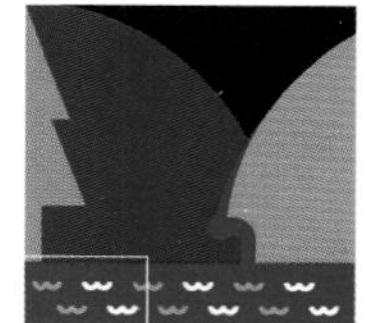

而将更多的耗水从蒸发转移到蒸腾的方式实现畜牧业水分生产力的最大化(Keller and Seckler 2005),同时还能保证动物生产的经济效益。

放牧牲畜的种类构成及其存栏数量是影响植被种类构成的重要因素(Sheehy and others 1996)。较高的放牧压力会造成适合动物生产的可食用植被种类的损失,但放牧压力过低又会促使木本植被对牧场的蚕食。无论在高放牧还是低放牧压力下,它们造成的植被的转变都会造成有用植被的减少,提高对动物或其他用户来说是无用的植被的蒸腾量。

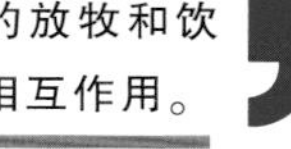

牲畜的放牧和饮水会相互作用。

放牧和动物的饮水是相互影响的。尤其是牛群,喜欢集中于离水源近的地方觅食,造成这些地方过度放牧,而其他一些地方则放牧不足。放牧除了会造成植被的丧失而变成动物的饲料,牲畜的踩踏还会加剧径流造成的泥沙淤积问题。包括河道、天然和人工池塘和湖泊、湿地以及灌溉基础设施在内的河岸带区域都会出现由于对牲畜管理不善所造成的系统的退化(照片13.1和13.2)。动物造成的水体的物理、化学和细菌变化,对其栖息地和相关植被的改变,以及对水流模式的改变都会对水资源造成潜在影响(Sheehy and others 1996)。

尽管过度放牧会对水资源产生重大威胁,但如果将混合作物–牲畜体系中的牧场转变为耕地会带来更大的威胁(Hurni 1996)。对土地的耕种会使土壤暴露于侵蚀性的降雨中,并且会造成植被的单调和缺乏。在集约化的埃塞俄比亚农作体系中,贫穷的农民主要依靠畜力耕种(照片13.3和13.4)。没有耕牛的劳

照片 13.1 摄影:Don Peden

照片 13.2 摄影:Don Peden

不加控制的牲畜饮水会对供水系统造成污染,还会使河岸带退化,给人类健康带来风险。为牲畜提供与供水系统相分离的饮水地有助于栖息地的恢复,并改善生活用水的供给(见照片 13.7)。

照片 13.3 摄影:Don Peden

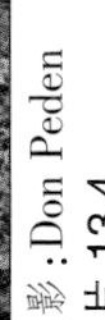

照片 13.4 摄影:Don Peden

马、耕牛、水牛是贫困农民在田间耕作的主要动力来源。大部分用来养活这些田间劳作动物的水都算是作物生产的一种投入。

作,作物会减产,而耕牛的饲料则主要来源于作物的残茬。作物减产会造成耕牛饲料来源的短缺。在土地使用权的习惯制度下,农民在作物收获后会极力清除农田中的所有残茬,否则这些残茬也会被相邻农户所饲养的耕牛消耗掉。这种作物和牲畜生产体系使农田极易受到径流侵蚀的危害,同时还降低了牲畜水分生产力,并增加了下游水资源的风险。

每热带牲畜单位每天的饮用水量大约是20~50 L。

肉类加工和产品制成的用水(牲畜和家禽的屠宰、处理并罐装肉类产品、将不可食用和废弃部分转化为有用的产品如猪油和油脂)差异很大,但是估计不到饲料需水量的2%(World Bank 1998)。但肉类加工业排出的污水是点源污染的重要来源,会使水质退化,影响水资源的数量并对人类健康带来风险。

提供足量的饮用水

水分占一头牲畜活体重量的60%~70%(Faries, Sweeten, and Reagor 1997; Pallas 1986)。保持这么多的水分不仅需要通过饮用水的摄取,还要通过对已被消化的食物中水分的摄取来实现。动物还会利用细胞间呼吸作用(消耗氧气,释放二氧化碳和水)产生的代谢水。而动物则通过蒸发、尿液、粪便和泌乳而损失水分。饮用水不属于耗水,因为水还位于生产体系之内。但是,饮水也可以通过肺部组织的蒸发以及汗液而损耗。而通过尿液损失的水转移到土壤中(至少在草场上是如此),通过乳汁转移到年幼动物体内(如果不被加工成为人类消费的产品)的水分则还都是保存在生产系统之内的。当然之后的蒸散和奶制品的输出也会造成实际上的水分损耗。

每热带牲畜单位每天的饮用水量大约是20~50 L(表13.6)。饮用水量的多少随物种和品种、环境温度、水质、饲料量和含水量、动物的活动性、怀孕与否、是否处于哺乳期而产生很大的差异 (Pallas 1986; Seleshi, Tegegne, and Tsadik 2003; King 1983)。每摄取1kg食物所需要的饮用水量从环境温度15 ℃以下的3.6 L到27 ℃时的8.5 L不等(Pallas 1986; Sreeramulu 2004)。热带地区的温度普遍大于32 ℃, 因此饮用水的需求量也会随之显著增加 (NRC 1978; Shirley 1985)。因此,在5 ℃~32 ℃之间,每千克干物质的每摄氏度的饮用水需求量约为0.118 L,而大于32 ℃则为1.3 L。对黄牛牛群来说,小母牛摄入水量是其雨季体重的5%,而不产奶的奶牛的摄水量是其旱季体重的约10%。而对瘤牛来说,相应的摄水量是上述的一半左右。饮水量过少会减少饲料的摄入量,并最终降低动物的产量。而对泌乳的奶牛来说,饮水量减少还会降低产奶量(Staal and others 2001; Muli 2000)。

泌乳期的奶牛还需要更多的饮水量。例如,印度的泌乳奶牛的日平均饮水70 L; 而不在泌乳期的奶牛平均每天饮水45 L, 小牛犊平均为22 L(Sreeramulu 2004)。加拿大泌乳的荷斯坦奶牛日均饮水85 L,而不在泌乳期的奶牛只饮用40 L(Irwin 1992)。饮水是提高动物产量的主要途径,但是饮用水量只相当于动物饲料生产用水量中很小的一部分。

那些适应干旱条件的动物的饮水量会更少一些,其脱水后的尿液的渗透浓

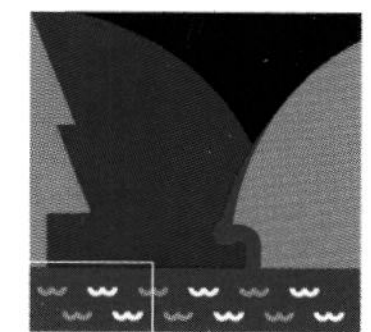

表 13.6 萨赫里沙漠国家地区的牲畜和印度养殖的鸡自主摄入的需水量的估计值(升/热带牲畜单位/天)							
		雨季、气温 27℃		旱季、气温 15℃~21℃		干季气温 27℃	
动物	热带牲畜单位/只	需水量	自主摄取量[a]	需水量	自主摄取量[a]	需水量	自主摄取量[a]
萨赫里地区的牲畜							
骆驼	1.6	31	9	23	22	31	31
牛	0.7	36	14	29	27	39	39
绵羊	0.1	50	20	40	40	50	50
山羊	0.1	50	20	40	40	50	50
驴	0.4	40	13	30	28	40	40
印度的鸡							
孵化期的母鸡[b]	0.01						32
非孵化期的母鸡[b]	0.01						18

a. 牲畜的自主摄水量是指动物在可连续获得水源的情况下、雨季饲料含水量在 70%~75%、旱季饲料含水量 10%~20%的情况下牲畜可以摄取的水量。

b. 饲料含水量未知。

来源:牲畜 Pallas 1986;鸡 Sreeramulu 2004.

度[2]比那些更适应湿润气候的动物要高(表13.7)。大部分家畜都可以忍耐60天没有饲料而存活下来,而只能忍耐不到一个星期的没有饮用水的条件。适应性最强的物种在干旱环境中可以依赖多汁植物来摄取水分,除此之外很少甚至不需

表 13.7 在严重脱水后部分生活在东部非洲的哺乳动物的最大的尿液渗透浓度	
动物	最大尿液渗透浓度(克分子数/升溶液)
柯氏犬羚	4100
骆驼	3200
大羚羊	3000
大尾羊	2950
山羊	2800
黑斑羚	2600
驴	1500
中国奶牛	1400

来源:Maloiy 1972, as cited in King 1983.

要额外的饮用水来源。而人类对动物的驯化和品种的选育使牲畜更依赖饮用水来维持生命，而不再能耐受干旱的条件。

动物粪便是比动物尿液更大的潜在水分损失源。每天，动物体内水分总量的一半会通过唾液腺体和瘤胃。因此牲畜肠道摄取并再吸收粪便水分的能力就十分重要 (Seleshi, Tegegne, and Tsadik 2003)。黄牛可以将粪便含水量降低到60%，绵羊可以降低到50%，骆驼则可以降低到45%(Macfarlane 1964, 引自King 1983)。而中国黄牛的粪便含水量小于欧洲种的牛(Quartermain, Phillips, and Lampkin 1957，引自King 1983)，部分地找出了为什么中国黄牛需水量较低的原因(Phillips 1960，引自King 1983)。牛每天1/3~1/2的水分损失于粪便中(Schmidt-Nielsen 1965，引自King 1983)。具有较强的水分再吸收能力的动物会更好地适应缺水环境，能够从离饮用水源地更远的草场获取饲料。

饮水是提高动物产量的主要途径，但是饮用水量只相当于动物饲料生产用水量中很小的一部分。

牛喜欢在离饮用水比较近的地方进食。对饮水地点的战略性的布局会促进对整片牧场草地的更全面和更均匀的放牧。美国密苏里州的一块面积为65 hm^2的草场的牛的产量经实验证明：如果其饮水地点在牛进食地点244 m之内，就可以可持续地实现牛的产量的最大化(Gerrish, Peterson, and Morrow 1995)。一项在美国怀俄明州进行的研究则发现77%的牛的进食地点都位于饮用水源地366 m范围内，而草场中65%的饲草都分布于距饮用水源地730 m之内(Gerrish and Davis 1999)。在苏丹，为了更有效地利用大片利用率较低的草场，政府优先在牧场地区建设相关的雨水收集设施以确保牲畜的饮用水源。

牲畜水分生产力及动物肉和奶中虚拟水含量的估算

虚拟水的概念尝试将饲草和饲料的水分生产力与动物的肉、奶产品的饲料转化率结合起来。畜牧生产体系的复杂性和多样性造成了我们对牲畜实际饮水量估计的高度的不确定性。

Chapagain and Hoekstra (2003) 估算了某些动物产品的虚拟水含量 (表13.8)，大致证明了动物生产比作物生产需要更多的水，但是其估算的动物用水量比其他估计结果(如Goodland and Pimental 2000)要低[EBI]。本章的作者们认为：对于大多数牲畜饲养条件下来说，目前还没有对牲畜水分生产力的可靠估计值。现有的对牲畜用水的估算存在很多局限性。特别突出的有以下几点：

- 无论从生物物理上还是社会经济上，牲畜生产体系都是高度多样化的，它们会受到很多不可知因素的影响，从而使目前对牲畜生产力的估计值都是缺乏可靠度的概化的结果。发展中国家在这方面存在的知识上的差距尤为明显，这种差距造成了那些有可能提高农业水分生产力的有目的的干预措施的引入和实行。
- 目前文献报道的饲草的水分生产力的数值差距高达至少70倍，这也意味着牲畜水分生产力的差异会更大。

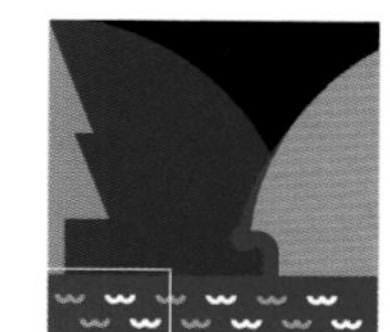

- 在牧场,尤其是干旱牧场,饲草水分生产力很低,但那里的农业用水的其他用途也很少,所以饲养牲畜也许是农业用水的最佳用途之一。另外,饲草生产中消耗的蒸散量中一般来说只有一小部分真正被进食的牲畜所利用。植物地下部生物量占植物整体生物量的一半左右。在管理良好的草场,约有一半的地上部生物量被牲畜利用。而在动物进食的生物量中,只有一半被消化,剩下的部分则回归土壤。因此,草场消耗的蒸散量中只有约1/8实际被用于动物生产,其余的部分则用于维持草场生态系统,提供生态服务[EBI]。
- 在灌溉农业系统和作物–畜牧业混合生产系统中,作物残体及副产品具有极高的水分生产力,因为它们的产出所需要的水量很少,并且它们形成的有机肥料会产出额外的价值。
- 发展中国家一般拥有庞大但生产力很低的畜群,所以动物消耗的水分中的大部分是用于维持生态体系而不是提供商品和服务。
- 目前有关牲畜用水的研究文献主要集中于肉制品和奶制品,而忽略了动物的多种用途,从而就低估了牲畜水分生产力,这种情况在发展中国家尤其如此。例如,如果没有牲畜的畜力作为动力来源,一些国家的作物就会减产。
- 另外,目前有关牲畜用水的研究文献还常常忽略放牧时动物的进食和饮水行为对水资源的污染、退化和耗竭的影响,这也意味着牲畜水分生产力有可能会被高估。但是,为了提高水分生产力而将畜牧生产转变为周年的作物种植也会造成水分生产力的降低,因为耕地上通过径流损失的耗水会增加。

> 畜牧生产体系的复杂性和多样性造成了我们对牲畜实际饮水量估计的高度不确定性。

表 13.8 以牲畜水分生产力表示的某些动物肉类和奶类产品的虚拟水含量

动物产品	以牲畜水分生产力表示的虚拟水含量(kg/m³ 淡水)
马肉	0.082
牛肉	0.082
绵羊和山羊肉	0.118
猪肉	0.291
禽肉	0.22~0.51
牛奶	0.788

注:上述估计值只代表鲜重状态下,没有考察肉类和奶类产品中重要的营养成分。牲畜水分生产力是饲草水分生产力、饲料转化率、动物产品的多种用途的价值、竞争性用水的价值以及牲畜的进食和饮水行为对水资源的影响等多种因素的函数。饲料转化比是动物遗传学、动物健康水平、饮用水的有效性、温度、劳作强度和饲料品质的函数。

来源:Chapagain and Hoekstra 2003.

■ 我们目前对牲畜水分生产力的了解还处于初级阶段，需要全球性的跨学科的协作才有可能对全球的牲畜水分生产力做出全面和科学的评价。

我们认为还需要更多的研究努力才能更可靠地评价牲畜水分生产力[EBI]。

牲畜水分生产力和性别

> 还需要更多的研究努力才能更可靠地评价牲畜水分生产力。

牲畜有助于满足贫困农民的财务和自然资本的需求，并依靠人力和物质资本对其进行管理。通过饲料来源、促进产出、节水和供水都会对儿童、妇女和男性以及不同种族产生独特的影响，同时，动物所提供的产品和服务也会以不同的方式造福人类[EBI](照片13.5~13.6)。

Van Hoeve和Van Koppen(2005)研究了牲畜水分生产力的性别视角并得出结论，认为提高动物生产的努力必须考虑畜牧生产体系内的性别差异。其中得到的一个关键的教训就是小农户的乳制品生产可以通过乳制品的生产和销售使农村和城郊的妇女农民增加她们的可支配收入（参考Upadhyay 2004对印度；Muriuki 2002 and Staal and others 2001对肯尼亚；Kurwijila 2002对坦桑尼亚；框13.2对埃塞俄比亚的研究）。这些改善妇女生计并帮助她们摆脱贫困的机遇都取决于对水资源的有效投资，这一问题在本章后面将专门讨论。

印度的牲畜养殖的劳动力分布状况也反映了世界各国共有的在性别上的差异问题。印度的妇女和儿童主导了动物生产中的很多领域。妇女占畜牧生产部门劳动力的71%(Anthra 1999; Chawla, Kurup, and Sharma 2004; Devendra and others 2000; Ragnekar 1998，引用Parthasarathy, Birthal, and Ndjeunga 2005; Upadhyay 2004)，她们的时间有20%~25%都花费在照看牲畜上。妇女影响家庭的决策，尽管决策后的事情主要由男人来完成。妇女承担的关键性的任务包括给动物喂料和喂水、平衡使用包括动物用水在内的家庭用水、照顾生病的牲畜、清理牲畜圈舍、收集粪便和蛋、在当地市场上出售相关的动物产品。妇女之所以主导牲畜养殖主要是因为她们受教育程度比男性低，所以被分配干那些收入较低且劳动强度较大的工作。而男性则主要放牧、带生病动物看兽医、将动物产品出售给中间商，或者到更远、更大的市场上去销售他们的产

照片 13.5

摄影：Don Peden

照片 13.6

摄影：Don Peden

发展中国家的儿童在照看放牧的牲畜上发挥了重要作用，但这也占用了他们上学的时间。

品。另外，男人也能较为容易地获取关键性的投入，如：推广和收益服务、信贷、培训等。

应用牲畜水分生产力的原则

水资源和畜牧业的研究中大部分都忽略了对牲畜–水资源交互关系的考察(Peden and others 2006)。与灌溉和作物科学不同，很少有研究和评估试图了解动物生产全过程中的需水量，以及动物生产对水资源的影响。这种研究上的缺失所造成的后果就是在过去的畜牧业和水资源开发的投资中丧失了最大化投资回报的宝贵机会。本章简单回顾了发展中国家的根据需水相关的畜牧业的分布状况、未来的对动物产品的需求、可以从整体上提高牲畜水分生产力的四大策略(改善饲料来源、提高动物生产力、节水、为动物提供饮用水)。下面的3个案例形象地说明了在牧场、雨养混合作物–牲畜体系、灌溉混合体系下对四大策略的实际应用。

牧业市场链

Kordofan和Darfur是苏丹依赖放牧牲畜为生的牧民的主要聚居地，但是能够出售他们的动物产品的市场却在位于他们东面几百公里远的喀土穆。而可以给动物提供饲料和饮水的迁徙走廊则可以使动物迁徙到市场，并在到达出售它们的市场时保持较好的身体状况。在这期间，需要对动物的饮水地点进行有效的管理。例如，需要提供与水井和其他水源有一段距离分开的饮水槽(照片13.7)，这样做可以降低可能对水源造成的污染。饮水点还需要建立有植被覆盖的缓冲带以保护地表水源的沿岸区域。这些动物一旦抵达喀土穆，它们的买家就会用尼罗河灌溉农业系统中产生的作物秸秆和补充饲料来催肥它们。

摄影：Don Peden

照片 13.7 为迁徙中的动物提供饮水槽可以预防对地下和地表水源可能的污染。

这个案例说明了牧场和灌溉生产体系之间的关联性，以及需要从区域的尺度来协调对它们的管理。改善饲料来源、提高动物生产、节水、提供饮用水源都是主要的干预措施[EBI]。

雨养混合作物–牲畜体系

埃塞俄比亚高地地区是几千万贫困的种粮农民的聚居区，这些农民同时还养殖牛、绵羊、山羊、马和家禽。饲料来源是需要优先考虑的问题，重点放在大部分被牛和马食用的作物秸秆的收集和处理方面(照片13.8)。农民们还采取其他措施提高牲畜的水分生产力，如兽医服务、进行杂交奶牛的育种、为动物在圈舍中提供饮水等(框13.2)。

摄影：Don Peden

照片 13.8 作物残茬有助于最大程度发挥粮食作物消耗的蒸散量的作用。

灌溉混合作物–牲畜体系

建立于1920年的苏丹的Gezira灌区是非洲最大的连片灌溉区。在其建立后的60多年的时间里，该灌溉系统并没有任何动物养殖的政策或计划。而现在，农民收入的36%来源于牲畜养殖(Elzaki 2005)。在一项对整合Gezira灌区的牲畜生产和灌溉农业的可行性研究中,Elzaki(2005)认为在作物轮作体系中加入饲料作物的种植可以增加农民收入、为动物提供饲料,并增加动物奶的产量。Elzaki强调了在灌溉体系中改善饲料来源以及兽医服务的必要性,同时认为影响灌溉系统投资回报率的主要制约因素是Gezira灌区的管理政策的模糊不清和相互矛盾,以及作物种植者和动物饲养者之间的矛盾。而将作物残茬用做饲料的战略性选择, 以及提高动物生产力都是提高牲畜水分生产力的关键切入点。但是目前该灌区还面临着水源被病原体污染,并从而威胁人畜饮水的问题[WE]。

综合提高牲畜与水资源管理与治理水平

本章简要描述了发展中国家牛、绵羊、山羊的分布及其对水资源的需求,并预测了未来对动物产品需求的可能趋势。本章中概括的基本原理将有助于构建系统评价畜牧业和水资源之间的交互关系的牲畜水分生产力的基本框架。该框架包括提高畜牧水分生产力的4个基本切入点或策略。从东非选取的案例研究概括了不同生产体系之间的主要区别,以及需要根据具体情况采取综合干预措施以保证畜牧水产有助于水资源的有效和可持续的利用,并改善穷人的生计。而目前关于牲畜水分生产力的数据状况还不足以在全球尺度上对牲畜的用水进行评估。

过去50年在农业用水和畜牧业开发上的投资常常未能取得预期的和可持续的回报。相关证据显示:确定牲畜水分生产力的方法对识别整合畜牧业和水资源管理中存在的机遇并最终为两者都带来收益有帮助。而把握并实现这些机遇则需要部门间和学科间对畜牧业和水资源的综合规划、开发和管理。这种整合需要对制度安排、综合的成本-效益分析、企业预算和土地利用分析进行因地制宜的调整。社区水平上,也需要对牧场管理和用水者协会进行整合。这种综合的治理和跨尺度的整合在全球范围内提高牲畜用水的生产力和可持续性方面将发挥巨大潜力[EBI]。

评审人

审稿编辑:Richard Harwood.

评审人:Michael Blummel, Eline Boelee, Lisa Deutsch, Ade Freeman, Anita Idel, Ralph von Kaufmann, Violet,Matiru, Ian Maudlin, Odo Primavesi, and Shirley Tarawali.

注解

1. 大部分阔叶的和温带生活的植物都属于C_3植物。C_4植物如甘蔗和玉米会

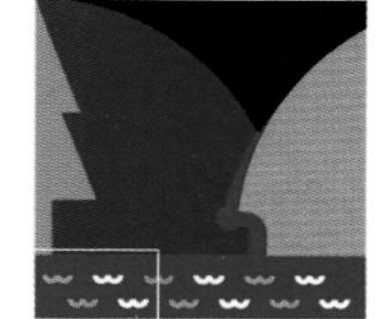

比C_3植物表现出更高效的光合作用途径，这也使它们能更好地适应光照条件并具有较高的水分生产力。

2. 在生物化学中是指溶液中的渗透活性颗粒的浓度，数量表达方式是每升溶液中的克分子数。用在这里是表达动物的浓缩尿液并减少通过尿液而造成的水分损失的能力。

参考文献

Anthra. 1999. "Role of Women in Animal Husbandry in Orissa." ISPO Gender Study Series. Hyderabad, India.

Ashley, S., S. Holden, and P. Bazeley. 1999. *Livestock in Poverty-focused Development.* Livestock in Development. Crewkerne: United Kingdom.

Astatke, A., and M. Saleem. 1998. "Effect of Different Cropping Options on Plant-available Water of Surface-drained Vertisols in the Ethiopian Highlands." *Agricultural Water Management* 36 (2): 111–20.

Astatke, A., J. Reed, and M. Butterworth. 1986. "Effect of Diet Restriction on Work Performance and Weight Loss of Local Zebu and Friesian x Boran Crossbred Oxen." *ILCA Bulletin* 23 (January): 11–14.

Ayalneh, W. 2004. "Socio Economic and Environmental Impact Assessment of Community Based Small-scale Irrigation in the Upper Awash Basin: A Case Study of Four Community Based Irrigation Schemes." MSc Thesis. Addis Ababa University, School of Graduate Studies, Environmental Science. [www.iwmi.cgiar.org/Assessment/files/pdf/PhDThesis/Wagnew-thesis.pdf].

Basarab, J. 2003. "Feed Efficiency in Cattle." Press release. Alberta Beef Industry Development Fund, Calgary, Canada. [https://mail.une.edu.au/lists/archives/beef-crc-technet/2003-November/000016.html].

Beaton, G. 1991. "Human Nutrient Requirement Estimates: Derivation, Interpretation and Application in Evolutionary Perspective." *Food, Nutrition and Agriculture* 1(2/3): 3–15.

Becker, K., M. Rometsch, A. Susenbeth, U. Roser, and P. Lawrence. 1993. "Characterisation of the Physiological Performance and Determination of the Efficiency of Draught Oxen." In *Adapted Farming in West Africa.* Special Research Program 308. Report of Results, Interim Report 1991–1993. University of Hohenheim, Germany.

Chapagain, A., and A. Hoekstra. 2003. "Virtual Water Trade: A Quantification of Virtual Water Flows between Nations in Relation to International Trade of Livestock and Livestock Products." In A.Y. Hoekstra, ed., *Virtual Water Trade. Proceedings of the International Expert Meeting on Virtual Water Trade.* Value of Water Research Report Series 12. Delft, Netherlands: United Nations Educational, Scientific and Cultural Organization, Institute for Water Education.

Chawla, N., M. Kurup, and V. Sharma. 2004. *State of the Indian Farmer—A Millennium Study: Animal Husbandry.* Vol. 12. New Delhi: Ministry of Agriculture.

Claypool, D., R. Delaney, R. Ditterline, and R. Lockerman. 1997. *Genetic Improvement of Alfalfa to Conserve Water.* Proceedings of the 36th North American Alfalfa Improvement Conference, 2–6 August, Bozeman, Mont.

Delgado, C. 2003. "Rising Consumption of Meat and Milk in Developing Countries Has Created a New Food Revolution." *Journal of Nutrition* 133 (11): 3907S–3910S.

Devendra, C., D. Thomas, M. Jabbar, and E. Zerbini. 2000. *Improvement of Livestock Production in Crop-animal Systems in Agro-ecological Zones of South Asia.* Nairobi: International Livestock Research Institute.

Dijkman, J. 1993. "The Measurement of Draught Ruminant Energy Expenditure in the Field." PhD thesis. University of Edinburgh, Centre for Tropical Veterinary Medicine.

Elzaki, R. 2005. "The Feasibility of Integration of Livestock Production in Irrigated Agriculture in Sudan: Case Study: The Gezira Scheme." PhD Thesis. University of Giessen, Department of Project and Regional Planning.

Fall, A., R. Pearson, P. Laurence, and S. Fernández-Rivera. 1997. *Feeding and Working Strategies for Oxen Used for Draught Purposes in Semiarid West Africa. Nairobi: International Livestock Research Institute.*

FAO (Food and Agriculture Organization). 2004. "Tropical Livestock Units (TLU)." Virtual Livestock Centre, Livestock and Environment Toolbox. Rome. [http://lead.virtualcentre.org/en/dec/toolbox/Mixed1/TLU.htm].

Faries, F., J. Sweeten, and J. Reagor. 1997. *Water Quality: Its Relationship to Livestock.* College Station, Tex.: Texas A&M University System, Texas Agricultural Extension Service.

Fernandez-Rivera, S. 2006. Personal communication summarizing the experience of the International Livestock Research Institute, Addis Ababa, Ethiopia, covering diverse animal feeding trials and production studies conducted in Sub-Saharan Africa.

Ferraris, R., and B. Sinclair. 1980. "Factors Affecting the Growth of Pennisetum purpureum in the Wet Tropics. II. Uninterrupted Growth." *Australian Journal of Agricultural Research* 31 (5): 915–25.

Gerrish, J., and M. Davis. 1999. "Water Availability and Distribution." In J. Gerrish and C. Roberts, eds., *Missouri Grazing Manual.* Columbia, Miss.: University of Missouri Extension.

Gerrish, J., P. Peterson, and R. Morrow. 1995. "Distance Cattle Travel to Water Affects Pasture Utilization Rate."

Proceedings of the American Forage and Grassland Council Conference, 12–14 March, Lexington, Ky, 4: 61–65.
Goodland, R., and D. Pimental. 2000. "Environmental Sustainability and Integrity in Natural Resources Systems." In D. Pimental, L. Westra and R. Noss, eds., *Ecological Integrity*. Washington, D.C.: Island Press.
Heffernan, C., and F. Misturelli. 2001. "Perceptions of Poverty among Poor Livestock Keepers in Kenya: A Discourse Analysis Approach." *Journal of International Development* 13 (7): 863–75.
Hoekstra, A., and P. Hung. 2003. *Virtual Water Trade: A Quantification of Virtual Water Flows between Nations in Relation to International Crop Trade*. Value of Water Research Report Series 11. Delft, Netherlands: United Nations Educational, Scientific and Cultural Organization, Institute for Water Education.
Hurni, H. 1990. "Degradation and Conservation of Soil Resources in the Ethiopian Highlands." In B. Messerli and H. Hurni, eds., *African Mountains and Highlands: Problems and Perspectives*. Marceline, Miss.: African Mountains Association.
Irwin, R. 1992. "Water Requirements of Livestock." Rev. ed. Factsheet. Ontario Ministry of Agriculture, Food and Rural Affairs, Ontario.
Jahnke, H. 1982. *Livestock Production Systems and Livestock Development in Tropical Africa*. Kiel, Germany: Kieler Wissenschaftsverlag Vauk.
Jarvis, L. 1986. *Livestock Development in Latin America*. Washington, D.C.: World Bank.
Keller, A., and D. Seckler. 2005. "Limits to the Productivity of Water in Crop Production." In *California Water Plan Update 2005*. Vol. 4. Sacramento, Calif.: California Department of Water Resources.
King, J. 1983. *Livestock Water Needs in Pastoral Africa in Relation to Climate and Forage*. ILCA Research Report 7. Addis Ababa: International Livestock Centre for Africa.
Kleiber, M. 1932. "Body Size and Metabolism." *Hilgardia* 6: 315–53.
———. 1975. *The Fire of Life: An Introduction to Animal Energetics*. New York: Robert E. Krieger Publishing Co.
Kurwijila L. 2002. "An Overview of Dairy Development in Tanzania." In D. Rangnekar D and W. Thorpe, eds., *Smallholder Dairy Production and Marketing Opportunities and Constraints*. Nairobi: International Livestock Research Institute.
Landefeld, M., and J. Bettinger. 2005. "Water Effects on Livestock Performance." Fact Sheet ANR-13-02. Ohio State University, Agriculture and Natural Resources. Columbus, Ohio.
Love, L.D. 1958. "Rangeland Watershed Management." *Proceedings of the Society of American Foresters*: 198–200.
Macfarlane, W. 1964. "Terrestrial Animals in Dry Heat: Ungulates." In D.B. Dill, ed., *Handbook of Physiology-environment*. Washington, D.C.: American Physiological Society.
Maloiy, G.M.O. 1972. "Renal Salt and Water Excretion in the Camel (Camelus dromedarius)." *Symposium of the Zoological Society*, London 21: 243–59.
Misra, A.K. and Mahipal. 2000. "Strategies of Livestock Management for Improving Productivity Under Rainfed Farming Situations." In K.H. Vedini, ed., *Management Issues in Rainfed Agriculture in India*. Hyderabad, India: MANAGE.
Muli, A. 2000. "Factors Affecting Amount of Water Offered to Dairy Cattle in Kiambu District and Their Effects on Productivity." B.Sc. thesis, Range Management, University of Nairobi.
Muriuki, H. 2002. "Smallholder Dairy Production and Marketing in Kenya." In D. Rangnekar and W. Thorpe, eds., *Smallholder Dairy Production and Marketing Opportunities and Constraints*. Nairobi: International Livestock Research Institute.
Neumann, C., N. Bwibo, S. Murphy, M. Sigman, S. Whaley, L. Allen, D. Guthrie, R. Weiss, and M. Demment. 2003. "Animal Source Foods Improve Dietary Quality, Micronutrient Status, Growth and Cognitive Function in Kenyan School Children: Background, Study Design and Baseline Findings." *Journal of Nutrition* 133 (11): 3941S–3949S.
Nierenberg, D. 2005. *Happier Meals: Rethinking the Global Meat Industry*. Worldwatch Paper 171. Washington, D.C.: Worldwatch Institute.
NRC (National Research Council). 1978. *Nutrient Requirements of Dairy Cattle*. 5th ed. Washington, D.C.: National Academy of Science.
———. 1996. *Nutrient Requirements of Beef Cattle*. 7th ed. Washington, D.C.: National Academy of Science.
———. 1998. *Nutrient Requirements of Swine*. 10th ed. Washington, D.C.: National Academy of Science.
Odai, M. 2003. "Energy Requirement for the Maintenance of Dairy Cows in Northeast Thailand." *Jircas Newsletter* 34: 5.
Pallas, P. 1986. *Water for Animals*. Rome: Food and Agriculture Organization.
Parthasarathy, R.P., P. Birthal, and J. Ndjeunga. 2005. *Crop-Livestock Economies in the Semi-Arid Tropics: Facts, Trends, and Outlook*. Hyderabad, India: International Crops Research Institute for the Semi-Arid Tropics.
Peden, D., A. Freeman, A. Astatke, and A. Notenbaert. 2006. "Investment Options for Integrated Water-Livestock-Crop Production in Sub-Saharan Africa." Working Paper 1. Nairobi: International Livestock Research Institute.
Perry, B., T. Randolph, J. McDermott, K. Sones, and P. Thornton. 2002. *Investing in Animal Health to Alleviate Poverty*. International Livestock Research Institute, Nairobi.
Phillips, G. 1960. "The Relationship between Water and Food Intakes of European and Zebu Type Steers." *Journal of Agricultural Science* 54: 231–34.
Quartermain, A., G. Phillips, and G. Lampkin. 1957. "A Difference in the Physiology of the Large Intestine between

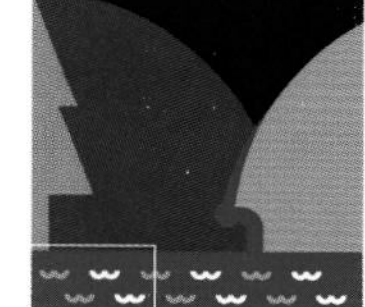

European and Indigenous Cattle in the Tropics." *Nature* 180 (4585): 552–53.

Ragnekar, S. 1998. "The Role of Women in Smallholder Rainfed Mixed Farming in India." In *Women in Agriculture and Animal Production: Proceedings of a Workshop, Tune, Landboskole, Denmark, 30 March–3 April.*

Redda, T. 2002. "Small-scale Milk Marketing and Processing in Ethiopia." In D. Rangnekar and W. Thorpe, eds., *Smallholder Dairy Production and Marketing Opportunities and Constraints.* Proceedings of a South-South Workshop, 13–16 March 2001. Anand, India and Nairobi: National Dairy Development Board and International Livestock Research Institute.

Renault, D., and W. Wallender. 2000. "Nutritional Water Productivity and Diets." *Agricultural Water Management* 45 (3): 275–96.

Saeed, I., and A. El-Nadi. 1997. "Irrigation Effects on the Growth, Yield and Water Use Efficiency of Alfalfa." *Irrigation Science* 17 (2): 63–68.

———. 1998. "Forage Sorghum Yield and Water Use Efficiency under Variable Irrigation." *Irrigation Science* 18 (2): 67–71.

Sakomura, N., F. Longo, E. Oviedo-Rondon, C. Boa-Viagem, and A. Ferraudo. 2005. "Modeling Energy Utilization and Growth Parameter Description for Broiler Chickens." *Poultry Science* 84 (9): 1363–69.

Sala, O., W. Parton, A. Joyce, and W. Lauenroth. 1988. "Primary Production of the Central Grasslands of the United States." *Ecology* 69 (1): 40–45.

Sastry, N. 2000. "Regional Considerations for Appropriate Livestock Development Strategies in India." *Journal of Indian Veterinary Association* 5 (3): 16–29.

Schmidt-Nielsen, K. 1965. Desert Animals: Physiological Problems of Heat and Water. Oxford, UK: Clarendon Press.

Seleshi, Z., A. Tegegne, and T. Tsadik. 2003. "Water Resources for Livestock in Ethiopia: Implications for Research and Development." In P. McCornick, A. Kamara, and G. Tadesse, eds., *Integrated Water and Land Management Research and Capacity Building Priorities for Ethiopia.* Proceedings of a Ministry of Water Resources, Ethiopian Agricultural Research Organization, International Water Management Institute, and International Livestock Research Institute International Workshop, 2–4 December 2002. Addis Ababa: International Livestock Research Institute.

Shackleton, C., S. Shackleton, T. Netshiluvhi, F. Mathabela, and C. Phiri. 1999. "The Direct Use Value of Goods and Services Attributed to Cattle and Goats in the Sand River Catchment, Bushbuckridge." Report ENV-P-C 99003. Council for Scientific and Industrial Research, Pretoria.

Sheehy, D., W. Hamilton, U. Kreuter, J. Simpson, J. Stuth, and J. Conner. 1996. *Environmental Impact Assessment of Livestock Production in Grassland and Mixed Rainfed Systems in Temperate Zones and Grassland and Mixed-Rainfed Systems in Humid and Subhumid Tropic and Subtropic Zones.* Vol. II. Rome: Food and Agriculture Organization.

Shirley, R. 1985. "Water Requirements for Grazing Ruminants and Water as a Source of Minerals." In L.R. McDowell, ed., *Nutrition of Grazing Ruminants in Warm Climates.* Orlando, Fla.: Academic Press.

Sigman, M., S. Whaley, M. Kamore, N. Bwibo, and C. Neumann. 2005. *Supplementation Increases Physical Activity and Selected Behaviors in Rural Kenyan Schoolchildren.* CRSP Research Brief 05-04-CNP. University of California, Global Livestock Collaborative Research Support Program, Davis, Calif.

SIWI (Stockholm International Water Institute), IFPRI (International Food Policy Research Institute), IUCN (World Conservation Union), and IWMI (International Water Management Institute). 2005. *Let it Reign: The New Water Paradigm for Global Food Security.* Final report to CSD-13. Stockholm: Stockholm International Water Institute.

Sreeramulu, P. 2004. "Fodder, Water and Livestock Issues in Andhra Pradesh, India." Paper presented at a workshop on Fodder, Water and Livestock for Better Livelihoods, 27 August, cosponsored by the Department of Animal Husbandry, Andhra Pradesh, and Water Conservation Mission, Andhra Pradesh. State Management Institute for Livestock Development, Directorate of Animal Husbandry, Hyderabad, India.

Staal, S., M. Owango, G. Muriuki, B. Lukuyu, F. Musembi, O. Bwana, K. Muriuki, G. Gichungu, A. Omore, B. Kenyanjui, D. Njubi, I. Baltenweck, and W. Thorpe. 2001. "Dairy Systems Characterization of the Greater Nairobi Milk-shed." SDP Research Report. Ministry of Agriculture and Rural Development, Kenya Agricultural Research Institute, and International Livestock Research Institute, Nairobi.

Taneja, V.K., and P. S. Birthal. 2004. "Role of Buffalo in Food Security in Asia." *Asian Buffalo* 1 (1): 1–13.

Thornton, P., R. Kruska, N. Henninger, P. Kristjanson, R. Reid, F. Atieno, A. Odero, and T. Ndegwa. 2002. *Mapping Poverty and Livestock in the Developing World.* Nairobi: International Livestock Research Institute.

Times of India. 2004. "Holy Cow! Milk's a Groundwater Guzzler." Times of India Online. 3 June.

Upadhyay, B. 2004. "Gender Roles and Multiple Uses of Water in North Gujarat." Working Paper 70. International Water Management Institute, Colombo.

Van Hoeve, E., and B. van Koppen. 2005. "Beyond Fetching Water for Livestock: A Gendered Sustainable Livelihood Framework to Assess Livestock-Water Productivity." ILRI Working Paper 1. International Livestock Research Institute, Nairobi.

World Bank. 1998. *Meat Processing and Rendering. Pollution Prevention and Abatement Handbook.* Washington, D.C.

Zerbini, E., T. Gemeda, D. O'Neill, P. Howell, and R. Schroter. 1992. "Relationship Between Cardio-respiratory Parameters and Draught Work Output in F1 Crossbred Dairy Cows Under Field Conditions." *Animal Production* 55: 1–10.

水稻栽培
印度艺术家:Supriyo Das

第14章 水稻:养活数十亿人口的作物

协调主编: Bas Bouman
主编: Randolph Barker, Elizabeth Humphreys, and To Phuc Tuong
主要作者: Gary Atlin, John Bennett, David Dawe, Klaus Dittert, Achim Dobermann, Thierry Facon, Nao Fujimoto, Raj Gupta, Stephan Haefele, Yasukazu Hosen, Abdel Ismail, David Johnson, Sarah Johnson, Shabaz Khan, Lin Shan, Ilyas Masih, Yutaka Matsuno, Sushil Pandey, Shaobing Peng, Thruppayathangudi Mutukumarisami Thiyagarajan, and Reiner Wassman.

概览

由于水稻事关很多最贫穷国家的粮食安全,所以在设计对水稻部门的投资的时候应该将脱贫考虑在内, 并同时满足目前仍在增长的——尤其是城市化——人口对粮食的需求。首先,需要对水稻生长环境中包括粮食生产在内的所有关键的生态系统服务功能——生物多样性、地下水补给、流量调节——进行明确的识别和保护。和其他作物相比,水稻对环境的影响相对温和:虽然稻田释放的甲烷较多但氮氧化物较少,很少或没有硝酸盐的淋洗,农药的施用量也较少。许多贫穷国家的消费者主要依赖灌溉稻田的生产能力以维持他们的粮食安全。日益严峻的缺水状况会促使水稻向水资源更加丰沛的河流三角洲地带转移,从而使缺水地区选择种植其他多种作物或在有氧稻田中种植水稻。对这些地区投资应该对节水技术进行支持, 并对灌溉水的供给系统进行升级改造,为稻田的可持续生产提供基础。没有适应所有情况的解决方案,投资需要有选择地、有特定目标地针对不同的水稻生长环境。

世界上大约有1/4~1/3的淡水资源已被用来进行灌溉水稻的生产，这些水稻是30亿人的主食。亚洲生产并消费了世界上超过90%的水稻，因为在亚洲水稻是一种政治商品，几千年的水稻种植形成了独特的水稻栽培方式。其栽培方式需要一种集体的和社区的方式来进行有关稻田投入、运营和维护的决策。有2.5亿个农场——大部分是家庭农场——种植水稻，平均每户的面积从0.5 hm^2到4 hm^2不等。水稻种植环境十分多样化，可以在其他作物不能种植的条件下获得高产。全世界看，有7900万hm^2的平均产量可以达到5 t/hm^2的低地灌溉水稻；还有5400万hm^2的平均产量可以达到2.3 t/hm^2的低地雨养水稻；1400万hm^2平均产量为1 t/hm^2的高地雨养水稻；还有1100万hm^2的易被洪水淹没地区的平均产量达1.5 t/hm^2的水稻。高产的低地稻田产出了全世界75%的稻谷。稻田的环境还提供了一种独特的、但还未被完全理解的生态服务功能，如水量的调节和水生、陆地生物多样性的保护。

实现粮食安全并减少贫困的关键是在降低生产成本的同时提高水稻的生产力。

由于过去的50年中水稻生产前所未有的增长，水稻供给增加的步伐和人口增长同步，所以水稻价格持续下降，目前已到历史最低点。但近年来亚洲很多国家水稻生产力提高的步伐减缓。目前世界水稻的年产量大约在5.5亿~6亿t之间(未脱壳的、未碾磨的粗稻谷)，而世界粮食市场上顶级品质(非香型)稻谷的价格在过去的5~6年间一直在250美元/吨之间波动。这种高产低价的局面有助于缓解贫穷的稻米消费者的贫困状况。

但为满足增长的人口的需求，需要在未来几十年继续提高水稻的生产。尽管随着消费者收入的增加，人们的食物偏好会发生改变，但是在种植灌溉和雨养水稻的农村地区的贫困依然存在，并且城市的贫困人口也在增加。为了应对粮食安全和减少贫困的双重挑战，就需要以更低的成本生产出更多的水稻：生产者需要确保自己的合理收益，贫穷的消费者需要从低价中获益，环境和生态系统的服务功能又同时能得到保证。所有这些目标都需要在城市化进程加快、工资提高以及农村劳动力性别构成上的女性化和劳动力供给减少的大背景下实现。与此同时，水稻所在环境的生产能力正在受到灌溉系统的缺水、干旱、盐渍化、不受控制的洪水和气候变化等因素的威胁。大约有2500万hm^2的雨养水稻正在遭受频繁旱灾的影响，900万~1200万hm^2的雨养水稻受到盐渍化的威胁，1500万~2000万hm^2的灌溉水稻在未来的25年间将受到不同程度的缺水的威胁。

实现粮食安全并减少贫困的关键在于降低生产成本的同时提高水稻的生产力。由于水稻生产中所遭受的胁迫都与水资源有关，所以提高水稻的水分生产力就至关重要。必须识别并保护水稻生长环境中的不同生态系统服务功能以维持稻田的生产功能。在供水充足的灌溉低地稻田种植杂交水稻有望提高水稻单产5%~15%。实施综合管理的方式会缩小作物潜在产量和农民实际产量之间的差距。而一整套的节水技术措施会帮助农民在不减产的情况下减少5%~15%的经由渗漏、排水和蒸发的水量损失。可以通过对地表水和地下水的联合运用，以及对渗漏和排水的再利用等措施提高灌溉系统的用水效率。除此之外，我们

第14章 水稻：养活数十亿人口的作物

还需要加深对由于缺水而造成的越来越多的有氧稻田(非水淹状态)对环境、生态系统服务功能以及水稻种植的可持续性等方面的影响。

在易受干旱、盐渍化和洪水影响的环境中，品种的改良结合特定的成套管理措施的实行，将会在未来十年提高稻田单产50%~100%。实现上述目标需要同时加强在研究和推广上的密集投入。研发并推广更好的技术需要科学研究的有力支撑，也需参与式的、性别包容的、重视农民的本土化知识的策略。

水稻是全球几乎一半人口的主要食物。

现状和趋势

水稻是全球几乎一半人口的主要食物(Maclean and others 2002)，可在多种条件下种植(照片14.1)。全球超过90%的水稻种植于灌溉和雨养低地稻田。目前人类已经越来越多地意识到了低地稻田所提供的丰富多样的生态系统服务功能。水稻生产会产生环境效应，主要是释放或固定大气层和对流层的气体，以及对流经稻田水分化学成分的改变。水稻生产也要关注其对人类的健康效应，在大多数情形下，这是由生产过程中施用化学品产生的。

摄影：International Rice Research Institute

照片 14.1

水稻经济学

水稻的生产和消费。亚洲生产和消费了全世界90%的水稻(表14.1)，占亚洲居民热量摄入的20%~70%。巴西和美国也是主要的水稻生产国，年产各为1000万 t。水稻种植遍及全球2500万个农场，大部分是家庭农场，各国的水稻种植农场的平均面积从小于0.5 hm^2到4 hm^2不等(Hossain and Fischer 1995)。亚洲很多国家作物收获总面积的一半以上是水稻。

历史上，大多数水稻种植国家的重要的政治目标是确保水稻生产的自给，并通过调整国内的供给和库存量来稳定水稻价格。而近年来这样做必要性降低了，主要是因为世界市场上的水稻价格越来越低且更加稳定(Dawe 2002)。水稻的国际贸易量占其总生产量的7%，而玉米是11%，小麦是18%(FAOSTAT)。随着对水稻需求的增加(见本书第2章有关趋势的论述)和生产格局的亚区域转移，我们预计水稻的国际贸易量在未来会增加。从20世纪60年代以来，西非和中非国家的水稻进口量增加了8倍，目前已经达到每年400万 t的规模，每年花费的成本达10亿多美元，占全世界粮食总进口量的25%。从亚洲进口的更加便宜的水稻会对非洲偏远地区贫穷的稻农构成巨大的挑战。

在20世纪60年代，由于广泛采用的水稻高产品种，以及灌溉、肥料和化学抗病、杀虫、除草剂的使用，引发了著名的以生产力大幅度提高为特点的“绿色革命”的发生。生产力的提高和种植面积的增加使亚洲水稻生产提高的步伐大于人口的巨大增长(图14.1)。但近年来，亚洲很多国家的水稻增长步伐放缓。随着亚洲人口膳食的多样化，人均大米需求下降，这也成为人均生产量一直保持稳定的原因之一。

表 14.1	2002 年世界水稻的生产和消费				
国家	水稻生产的毛总量[a](百万吨)	水稻面积(千公顷)	水稻毛单产[c](吨/公顷)	年脱粒大米的消费(千克/人/年)	大米在膳食热量中的比例(%)
中国	176.34	28 509	6.19	83	28
印度	116.50	40 280	2.89	83	34
印度尼西亚	51.49	11 521	4.47	149	50
孟加拉国	37.59	10 771	3.49	164	74
越南	34.45	7504	4.59	169	65
泰国	26.06	9988	2.61	103	41
缅甸	21.81	6381	3.42	205	68
菲律宾	13.27	4046	3.28	105	43
日本	11.11	1688	6.58	58	22
巴西	10.46	3146	3.32	35	12
美国	9.57	1298	7.37	9	3
巴基斯坦	6.72	2225	3.02	18	8
韩国	6.69	1053	6.35	83	29
埃及	6.11	613	9.97	38	12
尼泊尔	4.13	1545	2.67	102	38
柬埔寨	3.82	1995	1.92	149	69
尼日利亚	3.19	3160	1.01	24	9
伊朗	2.89	611	4.73	37	12
斯里兰卡	2.86	820	3.49	91	37
马达加斯加	2.60	1216	2.14	95	49
老挝	2.42	783	3.09	168	64
哥伦比亚	2.35	469	5.01	30	12
马来西亚	2.20	677	3.25	73	25
朝鲜	2.19	583	3.75	70	32
秘鲁	2.12	317	6.69	49	19
意大利	1.38	219	6.31	6	2
厄瓜多尔	1.29	327	3.93	47	16
澳大利亚	1.19	150	7.95	10	3
科特迪瓦	1.08	470	2.30	63	22
世界	577.97	147 633	3.91	57	20

注:上述国家都是水稻年产量超过 100 万 t 的国家。

a. 未脱壳、碾磨的稻谷。

b. 收获面积,包括复种。

c. 总产量除以所有生长季和面积平均的单产。

来源:FAOSTAT online updated 14 July 2005 (http://faostat.fao.org/faostat/collections).

第 14 章 水稻：养活数十亿人口的作物

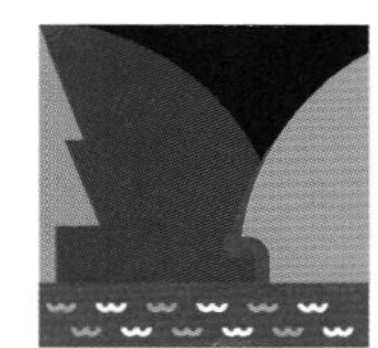

图 14.1 | 过去 40 年，亚洲水稻生产与其人口增长同步，而在过去的 25 年，世界水稻价格一直在下滑

注：水稻出口价格已经剔除通货膨胀因素并以 2004 年美元价值表达。
来源：FAOSTAT 在线统计服务(http://faostat.fao.org/faostat/collections)；世界水稻统计(www.irri.org/science/ricestat/index.asp); IMF 国际金融统计在线服务(www.imf.org).

水稻价格下降。产量的增长造成了水稻价格的下降。世界水稻价格（剔除通胀因素）在1961~1981年间一直在1000美元/吨上下浮动，但在1981~1984年间快速下滑，之后以更平缓的速率下降，一直到2002年250美元/吨的历史最低点（见图14.1）。2004年水稻价格小幅上升，达到其20世纪80年代早期水平的25%左右，2005年由于进口需求的增加又有所提高。

比较优势的转移。亚洲内部在水稻生产上的区域间的比较优势正在发生变化(Barker and Dawe 2002; Dawe 2005)。第二次世界大战之前，那些位于大河的三角洲地带的国家和地区（孟加拉、柬埔寨、东印度、缅甸、泰国和越南）拥有水稻生产的比较优势，也是主要的水稻出口区。而20世纪60年代和70年代的绿色革命的早期受益者是那些由于建设了水库蓄水工程而能成功种植两季灌溉水稻的地区。而印度河–恒河平原的西北部，由于私人对地下水泵的投资以及对灌溉系统的公共投资，加上其他一些政府对水稻生产的优惠政策（投入补贴和对粮食的最低价格支持政策）的实施，也很快成为受益者。

由于某些政治原因以及无力对洪水加以管理，三角洲地区在一开始没能充分利用新的水稻种植和管理技术所提供的机遇。但在过去的15~20年间，由于低成本的地下水泵技术的推广，以及采用了可以有效避开洪水泛滥期的生长期较短的水稻品种，三角洲地区又重新获得了比较优势的地位，在水稻生产和出口上都有较快增长。由于水泵技术加强了人们对水的控制能力，从而使三角洲地区可以摆脱以前的种植深水漂浮水稻的模式，改为在洪水前和洪水后各种植一季水稻。简单来说，水稻生产在那些供水丰沛、劳动力成本相对较低的地区获得了更大的发展，这种趋势将继续下去。在印度河–恒河平原的西北部地区，由于地下水位的快速下降以及政府削减先前的促进水稻生产政策相关的大量财政成本的需要，灌溉水稻的可持续性成为人们日益焦虑的问题。

水稻可以在很广泛的环境条件下种植，在很多其他作物都不能适应的条件下获得高产。

人口和水稻经济的变化。经济发展使农村地区发生了深刻变化。农村社区的年轻人口，特别是男性，离开农村到城市或海外去寻找工作，而将他们的收入寄回农村的老家。这造成了农村地区的经济日益的老龄化和女性化(框14.1)，这种趋势看来还要继续下去。在某些国家，尤其是非洲，人类免疫缺陷病毒/艾滋病也对农村劳动力造成巨大损害。造成的后果就是在水稻种植区的劳动力有效供给的下降，以及工资的上升(Barker and Dawe 2002)。在农业部门就业变得越来越没有吸引力，在用工需求的高峰季节，很难找到劳动力从事那些关键性的生产操作：移秧、除草和收获。由于工资的上升和劳动力的短缺，机械化就成为稻田种植前整地和收获的普遍选择，尤其是在灌溉水稻区。农民也从手工除草转为化学除草剂除草，从移秧转变为直接播撒稻种。到20世纪90年代末，亚洲已经有大约1/5的水稻种植面积是直接播种的(Pandey and Velasco 2002)，这个比例还会继续增高。

水稻环境

水稻可以在多种多样的环境中生长，并且可以在其他作物难以生长的环境

框 14.1 | 性别问题

和一般农业生产一样，性别问题在水稻生产中是一个复杂的、需要因地制宜考虑和解决的问题。妇女不同程度地参与水稻种植，并承担移秧、除草、收获等具体任务。而中非和西非的妇女则是旱稻种植的主力。

水资源短缺及其技术上的响应会以不同方式对妇女产生影响，这取决于她们的劳动是有报酬还是无报酬的。例如，从移秧转变为直接播种就会影响很多妇女的生计，因为移秧是很多亚洲和非洲国家传统的技艺。如果她们的劳动没有报酬，那么这种转型就会淘汰这种极为辛苦的重体力劳动。但如果她们的劳动是有报酬的，转型就剥夺了她们收入的一种来源。除草也是如此。缺水及其导致的技术响应措施如干湿交替和有氧水稻的种植方式会促进杂草的生长，从而增加了对人工除草的需求。而非洲妇女喜欢用水来控制杂草的方式源于她们的除草劳动是没有报酬的。

因此，在水稻生产技术以及不同响应措施的研发和实施中考虑性别因素就十分重要。水稻新品种的研发和推广也是如此。妇女应该参与到具体的行动中，如：参与式的品种选育，因为她们对相关作物性状有直观的、不同的感受，如籽粒的品质、秸秆饲用所需要的品质(在很多情况下是妇女照看牲畜)。

中获得高产。对水稻生长环境的分类原先大都基于水文特征（Huke and Huke 1997; Maclean and others 2002）。灌溉低地水稻主要种植在可以保证每年一季或更多季作物灌溉的起垄稻田中。农民一般都使水田中保持5~10cm的水深（“淹水”）。而雨养低地水稻则种植于至少在部分生长季中满足雨水深度不超过100cm的时间不超过10天的起垄水田中。灌溉和雨养低地稻田都是处于淹水状态的(耕耙作业都是在浅淹水状态下进行)，水稻的秧苗都是移栽到水田中的。深水水稻和浮稻在易于淹水的环境中常见，因为稻田会间歇性地处于过量水分和无法控制的较深的水中。而高地稻(陆稻、旱稻)是在旱地环境中生活(无淹水状态)，没有灌溉，也无须起垄来圈定稻田。

雨养水稻的生产环境会受到多种非生物胁迫，并且受到降雨时间、持续长度和强度的高度不确定的威胁。

灌溉环境下的水稻。全世界有大约7900万hm²的低地灌溉稻田，生产了全世界75%的水稻(Maclean and others 2002)。亚洲拥有大约占全世界56%的灌溉作物面积，而亚洲的水稻又占所有灌溉作物的40%~46%(Dawe 2005)。水稻占东南亚灌溉面积的64%~83%，占东亚灌溉面积的46%~52%，占南亚灌溉面积的30%~35%。在农田尺度上，每公顷水稻接受的水量比其他灌溉作物多2~3倍(Tuong, Bouman, and Mortimer 2005)，但目前还不清楚稻田下游的其他农田回收利用上游稻田损失的水量的比例(Loeve and others 2004a)。在回收利用率假设为25%的情况下，稻田就接受了全世界灌溉水量的34%~43%，占世界已开发淡水资源的大约24%~30%。

灌溉水稻在湿润季节大部分以补充灌溉维持生长，而在旱季则需完全依赖灌溉。亚洲灌溉水稻面积的比例(不包括中国在内，因为中国所有水稻基本上都需灌溉)从20世纪70年代的35%显著增加到20世纪90年代中期的44%，原因在于灌溉水稻面积增长的同时伴随着旱稻和深水栽培水稻面积的大幅度下降(Dawe 2005)。在很多灌区，水稻都是采取一年两熟的单作方式种植。但也有相当一部分面积的水稻采取的是和其他作物轮作的种植制度，其中就包括大约1500万~2000万hm²的水稻-小麦轮作系统。世纪之交，亚洲国家平均的灌溉水稻单产从3t/hm²到9t/hm²不等，总平均单产达到了5t/hm²。

雨养环境下的水稻。全世界有大约5400万hm²的低地雨养稻田，生产了全世界约19%的水稻；还有大约1400万hm²的旱稻田生产了全球大约4%的水稻(Maclean and others 2002)。雨养水稻的生产环境会受到多种非生物胁迫，并且受到降雨时间、持续长度和强度的高度不确定的威胁。约2700万hm²的雨养稻田频繁受到旱灾的威胁，其中受害最大、最频繁和最严重的地区是东印度(大约2000万hm²)、泰国东北部和老挝人民民主共和国(700万hm²)(Huke and Huke 1997)。中非和西非的旱灾也很普遍。而进一步的危害则来源于土壤物理和化学性状的退化所造成的土壤问题的多发。低地雨养水稻的国家平均值只有2.3 t/hm²，雨养旱稻则只有1 t/hm²。

在低地雨养稻田，在地形上中小程度上的差异都会对水分的有效性、土壤肥力和洪水的风险造成严重后果。而降雨的不可预测性也常常会造成稻田处于过湿或过干的状态。这些状态除了会对水稻生长造成与水相关的胁迫外，还会阻碍及时有效的条件管理操作的实施：土地平整、移秧、除草、施肥。如果上述管理措施不能及时进行或不进行，会引起大幅度减产，尽管此时作物并未遭受生理性的水胁迫。

高地雨养稻田是高度异质性的，从湿润到半湿润气候带、从相对肥沃到高度贫瘠的土壤、从平地到陡坡地形都有分布。由于人口密度较低且距离市场较远，高地雨养稻田在历史上主要采用长时期（大于15年）休闲轮作的土地利用方式。人口的增加和市场获取条件的便利加大了对这些生产系统的压力，但是亚洲旱稻区中仍有14%的面积采用3~5年的休闲轮作方式，主要分布于印度东北部、老挝、越南。但是，已经有70%的亚洲旱稻区已经转型采用永久耕作的制度：每年种植水稻且与其他的作物种植和畜牧水产密切结合。在中非和西非的非洲水稻生产带，70%的稻农耕种着占该区水稻种植面积40%的旱稻。由于大部分旱稻区获取市场条件不甚便利，大部分的旱稻农民需要种植一系列其他作物才能实现自给自足。

全世界90%以上的水稻是由灌溉或雨养低地稻田生产的。

尽管过去对雨养水稻的增产和稳产的研究不甚重视，但在过去的10~15年间，该领域的研究日趋活跃，尤其是对低地雨养水稻的研究。随着可以更好地获取投入和产出的信息和市场、非农业就业机会、品种的改良，再加上社会经济的发展，雨养水稻种植系统也会随之取得巨大进步。

洪水易感环境下的水稻。洪水易感环境是指淹没在100 cm及其以上水中，持续时间从10天到几个月不等的地区；指被超过10天的瞬时洪水影响的地区；指沿低洼的、植物每天都处于被潮汐淹没的地区；指土壤存在问题（酸性硫酸盐土、苏打碱土）、水分虽然常常过量但淹没状态不一定延长的地区（Maclean and others 2002）。加在一起，上述的洪水易感水稻面积大约有1100万hm^2，平均单产1.5 t/hm^2。

盐分易感环境下的水稻。盐分在沿海地区十分普遍，而盐分、碱土或苏打碱土则在干旱内陆地区多发（Garrity and others 1986）。这些问题在灌溉和雨养环境中都有发生。沿海地区的水稻受到盐分侵害是由于海水高潮时海水的入侵造成的。而内陆地区盐分的积累则主要是土壤或基岩中含有的盐分造成的，还有可能是用盐分含量高的水灌溉造成的。在20世纪80年代中期，有1300万hm^2稻田受盐咸化影响，而今天有大约900万~1200万hm^2的稻田受到盐分或碱的危害，其中有500万~800万hm^2分布在印度；孟加拉、泰国和越南各有100万hm^2；还有100万hm^2分布于印度尼西亚和缅甸。

水稻用水和水分生产力

全世界90%以上的水稻是由灌溉或雨养低地稻田生产的（照片14.2）。传统上，低地水稻先在育苗床上培育，然后再移栽到连续淹水（灌溉）或间歇性淹水（雨养）稻田中，这样做可以控制杂草和害虫的侵袭。稻田在种植前的准备工作包括稻田的浸田、耕地和淹水。淹水的目的也是控制杂草、降低土壤的渗透性、减少水分渗漏损失、使平地和插秧作业更顺利进行。低地水稻由于淹水特性，其田间水平衡与小麦等其他禾本科作物不同（框14.2）。

摄影：B.A.M. Bouman

照片 14.2

框 14.2 稻田中的水流

低地稻田在整地时需要一定的水量，同时还需要大量的水满足向田块外的侧渗、向下的渗漏以及作物生长的蒸散需求（见图）。浸泡稻田和移栽稻秧的时间差在几天之内，或者在稻种直播的情况下，湿润稻田的整地工作所需水量仅有 100~150mm（单位面积的水深）。但在控水管理较差的大型灌溉系统中，相同工作的需水量可高达 940mm，其中从浸泡稻田到插秧的时间间隔可以长达两个月（Tabbal and others 2002）。

在植株建成后，除了收获前很短的一段时期，稻田都处于淹水状态。侧渗是指水在土壤下层的侧向流动。而渗漏则是指水向根区以下区域的流动。侧渗和渗漏的一般速率是：黏重土壤上是 1~5mm/d；沙质和沙壤土上是 25~30mm/d（Bouman and Tuong 2001）。蒸发是指从稻田水面或土壤表面以水汽形式损失到空气中的水分，而蒸腾是指经由植物释放到空气中的水汽。蒸发加蒸腾是蒸散量。稻田在湿润季节一般的蒸散速率是 4~5mm/d，在旱季是 6~7mm/d，但在亚热带地区季风开始之前却可以高达 10~11mm/d。跨垄水流或地表径流是指稻田内的水深超出田垄高度时流出稻田的溢出水量。侧渗、渗漏、蒸发、跨垄水流都属于非生产性的水量，是田块水平上的水量损失。

低地稻田中的输入和输出水流

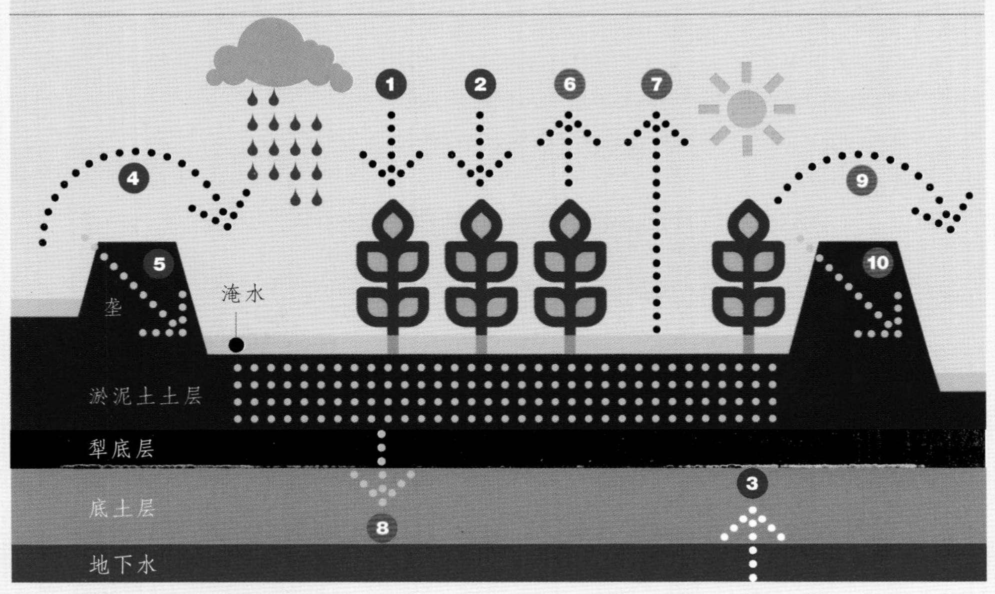

用水。水稻全生育期间内输入到稻田的总水量(降雨加灌溉,但不包括毛管水上升)比其他禾本科作物生育期的水量输入多2~3倍 (Tuong, Bouman, and Mortimer 2005)。稻田输入水量从每单位田块400mm到2000mm不等。前一种情况是在质地较为黏重的土壤条件下,且地下水位较浅,经由毛管作用上升供给作物蒸散需求的水分较多的情况下。而后一种是在土壤质地较粗(沙质或壤质)且地下水位较深的情况下(Bouman and Tuong 2001)。亚洲灌溉稻田的平均值一般是1300mm。由于径流、侧渗和渗流而造成的稻田水平水分的损失通常能够被下游农田捕获并得到再次利用,因此从灌溉系统和流域尺度衡量,这样的水量损失并不一定是水量真正的损耗。但是,农田损失水量再利用的比例和大小目前还不是很清楚。

水分生产力。在淹水状态下种植的现代水稻品种,其蒸腾效率和其他C_3禾本科作物(如小麦)相似(框14.3),都是2kg/m^{3}蒸腾水(Bouman and Tuong 2001)。现有的一些不多的数据表明:以蒸散量作为耗水项计算的水分生产力来看,水稻的数值也与小麦相似,范围从0.6~1.6kg/m^3,平均为1.1kg/m^3 (Zwart and Bastiaanssen 2004)。稻田表面的水分蒸发损失比小麦的土面蒸发损失高得多,但由于水稻产量较高,所以弥补了两者水分生产力上的差距。而作为C_4作物

框 14.3 | 水稻的植物学特性

所有植物都可以根据其同化二氧化碳的途径和能力而被划分成两大类别。水稻、小麦、大麦等禾本科作物属于C_3作物,而玉米和高粱则属于C_4作物。C_4比C_3作物的光合作用途径更加高效,即其截获的每单位辐射和每单位蒸腾水量所产出的生物量更高。水稻是一种起源于湿地的作物,水稻和其他作物相比很多独特的形态学和生理学的特性就反映了其湿地远祖的特点,也使水稻和其他禾本科作物有明显差别(Lafitte and Bennet 2002)。

首先,水稻对缺水极度敏感。当稻田土壤含水量低于饱和含水量时,水稻的生长发育和产量建成都会受到影响,主要的反应有:叶面积减小,光合速率降低,库容量下降。水稻在开花期左右对干旱最为敏感(见照片),干旱会诱发颖花不育。

尽管水稻已经适应了淹水状态,但是完全淹没在水中对水稻也是致命的。虽然某些低地水稻品种能耐受10天以上的完全淹水状态,但绝大多数的水稻品种仅能耐受最多3~4天。水稻在其营养生长的晚期可以适应完全淹水状态,尽管这会过快地消耗植株的能量,并增加病害的发生。较高的植株在水位下降后容易发生倒伏,造成减产以及籽粒品质的下降。

水稻对盐分也十分敏感,在电导率达到3 ds/m时,产量就会开始降低;达到6 ds/m时,就会减产50%;10 ds/m时会减产90%(Shannon 1997)。相对于其他作物,玉米在2 ds/m、小麦在6 ds/m、大麦在8 ds/m时开始减产。水稻在萌发期、分蘖盛期、接近成熟期等时期相对比较耐盐,但在苗期和生殖阶段则对盐分十分敏感。

摄影:B.A.M. Bouman

照片:水稻在开花期对干旱十分敏感。

的玉米的蒸散效率更高（从1.1 kg籽粒/m^3到2.7 kg籽粒/m^3，平均1.8 kg/m^3）。而以从输入水量（降雨加灌溉）计算的水稻水分生产力则从0.2 kg籽粒/m^3到1.2 kg籽粒/m^3，平均值0.4 kg籽粒/m^3，仅相当于小麦的一半（Tuong, Bouman, and Mortimer 2005）。

水稻独特的生态服务功能

> 很多传统的节庆和宗教仪式都与水稻栽培有关。

尽管迄今为止的相关研究不多，但是科学家日益认识到低地水稻的种植环境所提供的异常多样、丰富的生态服务功能。在世界贸易组织多边贸易谈判框架下，很多国家实行的对稻谷的价格补贴政策和对大米进口的限制受到了制约，所以，对水稻生产系统在作物生产之外的价值的研究正在得到越来越多的重视（PAWEES 2005）。

水稻生态系统的提供服务功能。水稻生长环境型最重要的提供功能就是稻谷的生产。灌溉水稻栽培在亚洲某些地方已有几千年的历史。最近对亚洲24个地方的30个长期连续田间定位试验的研究结果再次证明了：在保证供水的情况下，低地稻田的生产具有高度可持续性，可以连续实现高产（Dawe and others 2000）。洪水对调节土壤酸度具有积极意义，还对调节土壤磷、铁、锌的有效性以及生物固氮具有促进作用(Kirk 2004)。水稻环境的其他提供服务还包括稻田、水塘或灌渠内养鱼、养鸭。有些国家还在这些地方捕捉青蛙和蜗牛以供人类食用。

水稻生态系统的调节服务。起垄稻田会提高小流域和流域内的蓄水能力，降低河流的峰值流量，增加对地下水的补给。1999年和2000年，湄公河下游流域估计有20%的洪水流量被暂时蓄积在上游的稻田中 (Masumoto, Shimizu, and Hai 2004)。而很多与低地稻田相通的渠道和水库则具有相似的缓冲功能。

起垄稻田和梯田的其他调节服务包括：对泥沙和养分的拦截、预防或缓解地面沉降、土壤侵蚀、泥石流。从稻田、灌渠和水库中渗漏出来的水量可以补给地下水。这种补给方式还为农民公平地分享水资源提供了一种方式，因为他们可以以较为低廉的成本抽取浅层地下水，而不是从分配不公或管理不善的灌溉系统中获取地表水。稻田对气温的调节作用被认为是城乡结合部的稻田和城市用地混杂地带的对环境的重要调节服务功能。该作用的主要机理是：相对来说稻田较高的蒸散发作用在夏季会降低其周边环境的温度，在冬天又会增加水体向环境中释放的潜热。水稻还可以用来改良盐化土壤，因为其淹水状态可以使表土的盐分淋洗并渗漏出土体。

水稻生态系统的支撑服务功能。被水淹没的水田，与灌溉渠系构成了一个综合水系，该体系与其毗连的旱田一起形成了复杂的镶嵌式的景观。拉姆萨湿地公约将灌溉稻田归类为人造湿地（Ramsar Convention Secretariat 2004）。调查显示这样的景观可以支撑丰富的生物多样性，包括独特的濒危物种(Fernando, Goltenboth, and Margraf 2005)，还会提高城市和城郊的生物多样性。在美国的某些地方，如加利福尼亚州，稻田在冬天都被蓄上水，作为水鸭和其他水禽的栖息地。

照片 14.3

水稻生态系统的文化服务功能。水稻环境提供的文化服务在亚洲国家尤其受到珍视，亚洲人民以水稻为主食，也是千百年来农村就业和收入的重要来源。很多古老的王国和社区都是基于灌溉系统的建设以稳定水稻生产。水稻生产的田间作业和设施维护（梯田和灌溉设施的建设和维护以及根据作物历进行的田间管理）都需要集体力量的参与，所以水稻生产的社区性很强。水稻会以多种方式影响人们的日常生活，而水稻栽培的社会概念赋予了水稻超越其生产和消费功能的角色（Hamilton 2003）。很多传统的节庆活动和宗教仪式都与水稻栽培有关（照片14.3），稻田也成为自然美景中的有机组成部分。水稻还是非洲国家历史和文化不可分割的组成部分，因为其在非洲的栽培史有3000多年。

水稻对环境的影响

水稻生产主要通过释放或固定大气层或对流层中活跃的气体或化合物的方式，或者以改变流经稻田的水流的化学组成方式来影响环境。反过来，水稻也会受到环境变化（如气候变化）的影响（框14.4）。

氨挥发。氨挥发是稻田施用的氮肥中氮素损失的主要途径。亚洲所有的灌溉环境中，氮肥的平均施用量是118±40 kg/hm^2，其中中国南方地区高达300 kg/hm^2（Witt and others 1999）。热带的移栽水稻经由氨挥发的氮素损失会高达50%甚至更高，而在温带直播稻田中的氮损失几乎可以忽略不计，因为大部分肥料在淹水前已经施入土壤。全世界低地稻田的氨态氮损失估计为每年3.6 Tg（1 Tg = 10^{12} g）（而全球农田每年的总排放量为9Tg），占全球氨态氮年排放45~75 Tg总量的5%~8%（Kirk 2004）。氨挥发的大小主要取决于气候条件、田间管理水平、氮

框 14.4 | 气候变化对水稻的可预期影响

气候变化会造成二氧化碳浓度的提高、温度上升、极端气候事件（如风暴、干旱、引发洪水的季风性的强降雨）。海平面上升会增加河流三角洲地区水稻种植环境的洪水发生和海水入侵的风险（Wassman and others 2004）。

对亚洲主要稻作区的模拟结果发现，温度在目前大气二氧化碳浓度和平均温度的条件下每上升 1℃，水稻就会减产 7%。二氧化碳浓度提高会增加干物质产量、稻穗数量和灌浆比例，从而提高水稻产量和水分生产力（Ziska and others 1997）。但二氧化碳的提高也会增加颖花对高温诱导不育的易感性。总体上，二氧化碳浓度增加对水稻产量和水分生产力的促进作用会被温度上升产生的负面效应所抵消。近期研究发现，水稻减产和夜间温度的升高有相关关系：热带的灌溉水稻在旱季，其生长季最低温度每升高 1℃，水稻籽粒产量就会降低 10%（Peng and others 2004）。

而水稻的不同品种间对二氧化碳水平变化的不同反应可以用来将二氧化碳浓度增加的正面效应发挥到最大水平。类似地，对温暖的夜间温度和日间高温的不同的基因型反应为培育对高温不那么敏感的水稻品种提供了机遇。选育早晨开花的水稻是规避日间高温、降低颖花不育的有效途径。

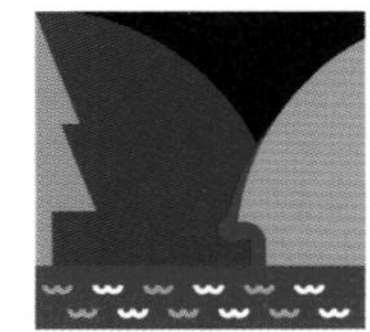

肥的施用方法。挥发氨会通过降雨回归并储存于土壤中，从而农田氮素的来源，但它也会造成土壤的酸化和自然生态系统中不自觉的氮素输入。

温室气体。在三种主要温室气体中，水稻生产可以通过对碳的固定而减少二氧化碳的排放，并且水稻生产中一氧化二氮排放量较低，但甲烷的排放相对较高。

二氧化碳的固定。周年内长时期淹水状态的水稻土壤较易于固碳，即便在地上部生物量完全移除的情况下也是如此(Bronson and others 1997)。稻田土壤大量积累的碳素是土壤–淹水系统中生物活动的产物。在亚洲一年两作和一年三作的灌溉水稻生产系统中，土壤有机质含量平均在14~15 g碳/kg 20~25 cm深度内的土壤(Dobermann and others 2003)。假设土壤容重在1.25t/m^{3}土壤，且面积为2400万hm^{2}的土地上，那么每公顷土地在水稻单一作物连作情况下就可以储存45 t碳，而表土层储存的总碳量则达1.1 Pg(1 Pg=10^{15} g=10^{12} t)。其他灌溉水稻生产体系(如单季水稻和水稻–玉米轮作)也会储存碳素，但都比单一水稻连作碳储量小。然而，大多数国家都不具有水稻体系的土壤碳储量的可靠数字，并且也不清楚水稻土壤碳储量在气候变化或管理方式变化情况下的变化趋势。

> 水稻生产过程中排放的甲烷占全球甲烷排放量的3%~10%。

一氧化二氮。对稻田一氧化二氮排放的评估目前还很少有比较准确的数字，所以其对全球温室气体排放贡献的评估还不清楚。在控水管理良好的灌溉水稻体系中，除非在施氮量极高的情况下，稻田的一氧化二氮排放量都很低(Bronson and others 1997; Wassmann and others 2000)。在灌溉稻田，绝大多数一氧化二氮排放是发生在休闲期以及休闲末期的稻田淹水后。在雨养水稻体系中，稻田在有氧阶段累积的大量硝酸盐会造成一氧化二氮的大量排放。

甲烷。在20世纪80年代早期，低地稻田的甲烷排放估计为50~100 Tg (1 Tg = 10^{12} g)，大约相当于当时估计的全球甲烷排放总量的10%~20%(Kirk 2004)。而最近的评估结果则显示，很多稻田实际上的排放量要小很多，尤其是印度北部和中国，主要有两个原因：一是水稻生产系统的变化造成的排放量降低；另外一个是由于利用了模拟模型和地理信息系统，从而使得对温室气体的升尺度计算得到了很大改进(Matthews and others 2000)。

在全球甲烷排放估算中，稻田甲烷排放量的不确定性最大。目前估计的稻田甲烷排放量在20~60 Tg(1 Tg = 10^{12} g)之间，占全球600 Tg总排放量的3%~10%(Kirk 2004)。而对水稻的两个最大的主产国中国和印度的估计值(两国合计)在10~30 Tg之间。稻田甲烷排放量主要取决于稻草的水流型态和有机质的投入，但是一些次要因素也会对其产生影响，如土壤类型、天气、耕作措施、残茬管理、施肥和水稻品种(Bronson and others 1997; Wassmann and others 2000)。施用有机肥会增加甲烷排放。而土壤的淹水状态是甲烷排放的前提条件。在生长季中期进行排水是中国和日本主要稻作区的常见做法，这会极大地减少甲烷排放。类似地，供水不均匀的水稻环境——如雨养稻田——的甲烷排放潜力远远低于连续淹水状态下的稻田。

水稻对地表水污染的影响。与水稻生产有关的水质变化可能是正面的，也

可能是负面的,主要取决于稻田来水的水质以及与肥料和农药施用相关的管理措施,当然,还有其他一些因素。离开稻田的水质有可能由于这种人工湿地生态系统对氮素和磷素的移除而得到改善。但在另一端,水溶性氮素随着径流和排水等稻田水流会转移到稻田外,就需要引起特别注意。稻田水质对地下水的污染在本章稍后论述水稻和人类健康的关系时会提及。

最近发现的地下水的砷污染是亚洲新出现的对人类健康的主要威胁。

水稻对盐渍化的影响。从低地稻田渗漏的水分会抬高地下水位。当地下水盐分过高时,就会对同一区域内的非水稻作物的根区造成盐分毒害,还会造成地势较低处的滞水和盐渍化。这种情况在澳大利亚部分地区和印度河–恒河流域的西北部地区都有发生。在灌溉水质较淡的地方可以采用灌溉水结合稻田排水来淋洗水稻种植之前的非水稻作物在根区积累的盐分。中国华北部分地区就采取了这种做法,还可以采取利用石膏来治理苏打碱土的措施,如印度河–恒河流域的西北部地区。

水稻和健康——污染和营养

亚洲很多的农村贫困人口都是抽取农用地地下的浅层地下水作为生活和饮用水的来源。硝酸盐和农药残留是对地下水的生活用途产生最大威胁的农业化学品。除此之外,地下水的砷污染是亚洲新近出现的主要健康问题。与水稻生产相关的其他健康问题还包括营养不良和水生疾病。

硝酸盐。从淹水稻田的硝酸盐淋洗通常可以忽略不计,因为在厌氧条件下硝酸盐会迅速发生反硝化反映。例如,在菲律宾基于水稻的农作系统中地下水的硝酸盐污染只有在种植施肥强度很高的蔬菜时才会超过10 mg/L的饮用水限制标准(Bouman, Castaneda, and Bhuiyan 2002)。在印度的旁遮普邦,1982年到1988年间地下水硝酸含量就上升了2 mg/L,而同期氮肥施用量从56 kg/hm^{2}提高到了188 kg/hm^2, 大部分是在水稻–小麦轮作体系下发生的(Bijay-Singh, Sadana, and Arora 1991)。但是,其中有多少是来自于水稻的贡献,目前还不清楚。

农药。灌溉水稻体系的平均农药施用量从印度泰米那都邦的0.4 kg/hm^{2}活性组分到中国浙江省的3.8 kg/hm^{2}活性组分不等 (Bouman, Castaneda, and Bhuiyan 2002)。在热带温暖潮湿条件下,挥发过程是农药损失的主要途径,尤其是在农药施用在水面和湿润土壤表面的时候。相对较高的温度会促使残余农药以光化学和微生物降解的方式快速转化, 但目前对农药残留成分的毒性还知之甚少。菲律宾的案例研究中,基于灌溉水稻的农作体系中地下水中农药的平均浓度比单一(0.1 mg/L)和多重饮用水限定标准值(0.5 mg/L)都要低1~2个数量级, 尽管也曾检测到1.14~4.17 mg/L暂时峰值浓度 (Bouman, Castaneda, and Bhuiyan 2002)。

农药及其残留物可以通过流经稻田表面的排水直接转移到其他露天水体中。农药对水体的潜在污染很大程度上取决于农田水管理。不同的水域会造成不同的害虫和杂草的数量和密度,而农民也会用不同种类、不同数量的农药去

对付这些病虫害。传统方式的水稻农作体系中的农药使用很少,因为泡田、淹水和移栽等种植和管理措施都是很好的控制杂草生长的方法。

砷。亚洲很多国家都报道过地下水含砷的问题。而印度的西孟加拉邦和孟加拉国的农村地区更是发生了严重的砷中毒症问题。在过去的20年里,这些地区的浅井灌溉发展迅速,旱季的水稻(Boro水稻)生产严重依赖地下水。还不清楚抽取地下水进行灌溉是否会影响到浅层地下含水层的砷元素的行为,但从被砷污染的含水层取水灌溉会引起若干风险。由于灌溉水的输入,砷会积累在表土层。又由于稻田接受的灌溉水量远远大于其他作物,所以会比其他农田积累更多的砷。另外,淹水条件下,砷元素的生物有效性比在非淹水状态下更高。

在以水稻为主食的地区,人们微量元素的缺乏相对严重。

目前还不能预测植物从土壤中吸收的砷素的数量,在土壤砷素总含量和植物砷素含量之间显著的相关关系还并不常见 (Abedin, Cotter-Howells, and Meharg 2002)。被水稻吸收的砷主要富集在根和茎组织内,极少在籽粒中发现。在孟加拉国的精米样品中砷含量没有一个被发现超出安全食用的1 ppm的孟加拉国家标准。但是在水稻秸秆中却发现超标情况,这引起了对该国动物饲料中砷毒害的担忧。

土壤中的砷也会影响作物生产,但是这个方面迄今还未引起足够重视。另外,砷素对农业的长期影响方面的知识不足,难以评估其造成的风险。水稻的节水灌溉措施(如干湿交替灌溉、旱稻种植)会降低灌溉量,从而降低对稻田表土层被砷污染的风险。随着稻田土壤更多地处于有氧状态,砷的可溶性和吸收性也会下降。

营养元素。在以稻米为主食的地方,人们的微量元素缺乏问题就会相对严重一些。提高稻谷中类胡萝卜素、铁、锌的含量有助于缓解微量元素缺乏,特别是在膳食结构相对单调、缺乏强化营养食品和多样化膳食结构的城市和农村贫困人口中间发生的微量元素营养不良问题。尽管对稻米胚乳中微量元素的增加是否会对人类的影响起到显著作用的争论还在继续,但今后仍有望通过研发黄金大米来应对类胡萝卜素的缺乏(Potrykus 2003),开发富含铁的稻米来应对铁素缺乏(Haas and others 2005)。为推动富含微量元素的水稻的品种能够被广泛接受,稻米性状的改进还必须和其他对农民有吸引力的性状紧密结合,如耐旱、耐盐和耐淹。

媒介生物性疾病。灌溉稻田是蚊子以及能够传播人类寄生虫的钉螺的繁育场所(还可参考本书第9章有关灌溉的论述)。特别是在移栽前和收获后,稻田中的水洼对非洲的一种最有效率的疟疾媒介——冈比亚按蚊(*Anopheles gambiae*)——的具有吸引力的繁殖场所。目前人类已经了解那些能决定灌溉水稻的种植是否会增加或减少疟疾的发生的因素,同时也掌握了能够缓解这种影响的技术手段,如干湿交替灌溉。另外,像斯里兰卡这样的国家通过广泛的公共卫生宣传运动,在控制疫情方面已经取得大踏步的成就。而亚洲的灌溉水稻和流行性乙型脑炎的发生高度相关,尤其是在养猪地区,如中国和越南。而干湿交替灌溉有助于降低这些媒介生物的繁育(Keiser and others 2005)。

挑战

大多数水稻生产国和水稻消费国所面临的挑战是为不断增长的和日益城市化的人口提供足够的买得起的粮食,并缓解农村和城市贫困问题。而应对这些挑战又要在威胁水稻可持续生产的对土地、水和劳动力的压力日益加大的背景下进行。与此同时,水稻生长环境所提供的非粮食功能的生态系统服务的重要性又日益受到重视。水稻生产对外部环境造成的负面影响又需要降低到最低程度,因为缺水会迫使水稻生产更多地依靠旱稻种植而不是永久的淹水种植。

未来对水稻的需求将取决于人口的增长及年龄结构、收入、人口的城市化程度。

养活几十亿人口

未来对水稻的需求将取决于人口的增长及年龄结构、收入、人口的城市化程度。亚洲水稻主产国的人口增长率预计将从2000~2005年间的1.2%降低到2050年的0.1%(FAOSTAT)。随着收入(特别是城市人口收入)的增加,人均大米消费量下降。国家水平上的人均大米消费量的下降不仅出现在东亚国家(中国、日本和韩国),也出现在马来西亚和泰国。尽管如此,未来20年由于人口增长造成的对大米需求的增长将超过人均消费量下降造成的大米需求减少。假设在世界大米价格缓慢下滑情况下,亚洲的大米需求到2025年前有望达到年增长1%的幅度(Sombilla, Rosegrant, and Meijer 2002)。而西非和中非的大米需求的年增长率是6%,高于世界其他地方。这种增长率很大程度上是由于城市化进程以及消费者对大米的偏好造成的。

缓解贫困

尽管亚洲大部分地区的贫困率在过去的几十年都有降低,但贫困人口的绝对数量的下降却并不明显,尤其是在南亚和非洲撒哈拉以南地区。无论是在灌溉还是雨养水稻生产体系中,农村地区的贫困都始终存在。亚洲正在快速城市化,有更多的人从水稻的净生产者转变成水稻的净消费者。另外,城市贫困人口的数量预计也会增加。所以面临的挑战不仅仅是生产更多水稻的问题,还有如何保持低价而提高更多穷人的福利(框14.5)。由于低价会使稻农——特别是小农户——的经济收益下降,水稻生产还面临着如何降低单位稻谷的生产成本以保证稻农的经济效益的挑战。对小农户的支持措施将有助于解决低价造成的经济损失。

支撑资源基础,保护环境

灌溉环境。世界范围内,农业用水都日益紧缺。尽管对水稻种植区的缺水状况还没有进行系统的定义、清查或定量化的评估,但已经有证据表明水资源匮

乏正在蚕食灌溉低地稻区。据估计，到2025年，约有1500万~2000万hm²的灌溉水稻将遭受不同程度的缺水(Tuong and Bouman 2003)。即便在那些一般被认为是水资源丰富的地方，若干案例研究也显示出存在缺水的局部热点区。缺水会促使水稻生产向水资源更加丰富的河流三角洲地带转移，会促使作物种植的多样化，并使缺水地区稻田土壤更多地处于有氧状态。

有证据表明以土壤为媒介传播的病虫害(线虫、根蚜虫、真菌)和营养障碍会更多地发生在非淹水状态下，而不是淹水状态(George and others 2002)。处于永久淹水状态的水稻容易滋生杂草，且杂草的种类也比非淹水稻田多(Mortimer and Hill 1999)，日益导致频繁使用除草剂。随着水量的减少，害虫及其捕食者数量的种类会发生变化，捕食者-害虫关系也会改变。农民为应对这样的变化而采取的施用农药种类和数量的改变以及这样做对环境的影响目前还不是很清楚。

> 需要对水稻环境的生态系统服务功能有更好的了解。

非淹水稻田的氨挥发和甲烷排放会更少，但氮氧化物排放会更高，且硝酸盐淋洗会更多，所以还不清楚其温室气体排放的净效应。虽然目前还缺乏从淹水状态转为非淹水状态的稻田上的直接数据，但是在越来越多的有氧状态下种植的水稻很有可能会降低土壤有机质含量并向大气释放更多的二氧化碳。这种土壤有机质的改变会伴随着土壤微生物区系的变化，从以厌氧为主到以有氧为主的微生物转变。稻田向旱地农田的转变因而会对作物生产的可持续性和自然环境造成后果。

雨养环境。集约化的雨养环境面临的主要挑战是将其集约化对环境的负面

框 14.5 | 水稻对缓解贫困的贡献

绿色革命带来的大范围的灌溉、化学肥料和高产品种的推广应用显著提高了的作物生产力和经济效益，对提高灌溉农区农民粮食安全和贫困的减少贡献巨大。水稻生产的增长超过了人口的增长，价格因而随之降低(见图 14.1)。大米价格的下降也降低了贫困消费者——农村的无地农民、城市劳工、渔民和种植其他作物的农民——的日常用于食物的支出。低价粮食的作用不可忽视，因为上述人群中有很多人将他们收入的20%~40%仅仅用于购买大米。另外，低价大米也使得工业和服务业的劳动成本更具竞争优势，从而促进了就业增加，带动经济发展(Dawe 2000)。

但"谷贱伤农"，尤其是那些还未采用现代品种的、没能从生产力增加中获益的稻农。尽管绿色革命取得了巨大成功，但在某些灌溉农区的相当数量的农民中，贫困或饥饿现象依旧(Magor 1996)。这是因为即便在生产力较高的生产系统中，单单依靠小块土地上的产出还是不能逃脱贫困的结局。而贫困在雨养农区仍十分普遍，特别是在老挝、尼泊尔、越南、印度东北部和非洲撒哈拉以南的偏远的旱稻种植区。对很多贫困农户而言，提高水稻的生产力是脱贫的第一步，因为这首先解决了粮食安全的问题，并从而解放了土地和劳动力资源(Hossain and Fischer 1995)。随着水稻单产的增加，部分农田可以退出水稻生产，转而生产其他效益较高的经济作物。而解放出来的劳动力则可以在非农产业就业。增加的收入可以投资于农民子女的教育——走出农业、贫困的长远之计。

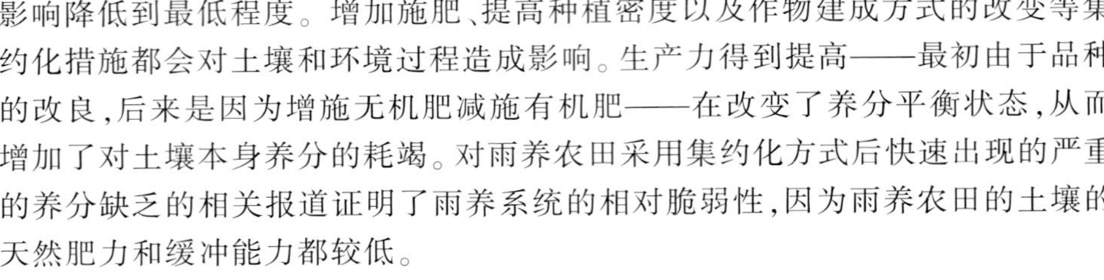
影响降低到最低程度。增加施肥、提高种植密度以及作物建成方式的改变等集约化措施都会对土壤和环境过程造成影响。生产力得到提高——最初由于品种的改良，后来是因为增施无机肥减施有机肥——在改变了养分平衡状态，从而增加了对土壤本身养分的耗竭。对雨养农田采用集约化方式后快速出现的严重的养分缺乏的相关报道证明了雨养系统的相对脆弱性，因为雨养农田的土壤的天然肥力和缓冲能力都较低。

> 通过提高蒸腾效率的途径来提高水稻水分生产力的潜力看起来比通过降低农田水分损失的途径提高水分生产力的潜力要小。

对水稻环境的生态服务功能进行评价

我们必须更好地了解水稻环境的生态服务功能，这方面已经形成了越来越多的共识(照片14.4)。尽管已经有一些方法可以测定和估计农业生态系统的不同的服务功能，但准确定量并评价其正面的和负面的外部性仍然是主要挑战。很多国家缺乏适当地理尺度上的有意义的数据。

响应措施

摄影：B.A.M. Bouman

照片 14.4

用来满足粮食安全和脱贫需求的大部分增产水稻必须依靠目前已有的农田(灌溉和雨养)的单产提高，从而避免增产可能带来的环境退化、对自然生态系统的破坏及生物多样性的丧失(Tilman and others 2002)。大部分增加的水稻将继续来自灌溉稻田。在一些水稻主产国——如孟加拉、菲律宾和泰国，实际取得的单产和潜在单产仍存在较大差距，需要努力提高作物管理水平以缩小产量差。在其他主产国(如中国、日本、韩国)产量差正在缩小，进一步提高产量需要开发品种的遗传产量差异。

单产提高和总产增加还意味着在目前的管理水平下需要更多的水来满足更多的作物蒸腾需求。而随着水资源的日益缺乏，就需要提高水稻的水分生产力。

品种改良

潜在单产。绿色革命时期高产品种的关键性状是半矮化植株(提高了作物的收获指数和植株的抗倒伏能力)和光周期不敏感。目前还没有迹象表明这些增产因素可以进一步被开发用来大幅提高完全灌溉条件下自交系主栽品种的单产潜力(Peng and others 1999)。例如，自20世纪60年代引入IR8以来，半矮化热带常规自交系籼稻品种的产量潜力一直停滞在10t/hm^{2}左右。而最近报道的水稻单产的显著提高则来自杂交稻，在与常规稻相同的环境下种植的杂交稻单产潜力提高了5%~15%。中国的“超级稻”水稻育种计划已经研发出若干在示范稻田单产高达12t/hm^{2}的杂交稻品种，比普通杂交品种的单产高出8%~15%。而通过基因工程手段将C_3植物水稻转变成C_4植物则是提高水稻单产潜力的长期战略，但是该路径的可行性和潜在效益仍存在争论（Sheehy, Mitchell, and Hardy 2000）。

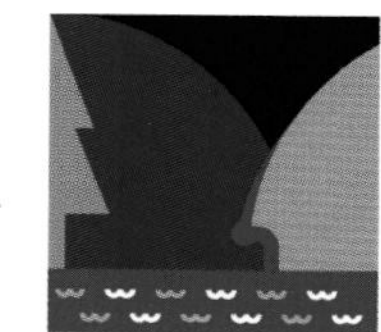

传统的灌溉环境下的育种策略是选育那些能在持续淹水条件下栽培的品种。但随着灌溉系统缺水的日益加剧，新的育种项目应该选育那些适应节水技术——如干湿交替灌溉或有氧种植——的品种。中国华北地区的高产旱稻栽培已经取得了一定进展，本章稍后将进行讨论（见本章"非生物胁迫"一节）。

水分生产力。现代的粳稻品种的蒸腾效率已经比传统的籼稻提高了25%~30%，说明水稻种质的蒸腾特性的巨大差异（Peng and others 1998）。水稻品种蒸腾特性的开发潜力目前还未研究。提高水稻叶片蜡质以减少非气孔蒸腾的研究目前并未取得值得注意的进展。将水稻从C_3作物转变为C_4作物的策略有可能提高蒸腾效率，但这方面也未取得显著成果。

> 提高单产和总产的其他路径是提高作物对非生物胁迫的耐受力，包括耐寒、耐淹、耐盐。

总的来说，通过提高蒸腾效率来提高水稻水分生产力的途径看起来比通过降低水分投入（灌溉、降雨）来提高水分生产力的途径的潜力要小。高产水稻品种较短的生长期会减少单个稻田的蒸发、侧渗和渗漏。单产提高和生长期手段起到的综合效应就是这些品种以总输入水量衡量的水分生产力比种植在相似水管理条件下的传统品种的水分生产力要高出3倍（Tuong and Bouman 2003）。一系列的育种策略都可以通过提高蒸散效率来进一步提高水分生产力，如提高作物的早期活力以减少土面蒸发和抑制杂草生长来降低杂草的蒸腾（Bennett 2003）。

耐受非生物胁迫。提高单产和总产的其他路径是提高作物对非生物胁迫的耐受力，包括耐寒、耐淹、耐盐。

干旱。截至目前已取得的进展大部分是来自对短生长期品种的开发，因为缩短的生长季会避开雨季末期的干旱（Bennett 2003）。但过去十年却发现在亚洲栽培稻*Oryza sativa*和其相对耐受力较强的近亲非洲栽培稻*Oryza glaberrima*之间在干旱胁迫下籽粒单产的巨大遗传差异。在新的育种策略指导下开发的低地和高地稻都在致力于提高在开花和灌浆时在水的敏感期对严重水胁迫的耐受能力，同时还要保证在供水不足条件下保持高产。在高地环境下的两个具体例证就是旱稻和新非洲稻（New Rice for Africa）。旱稻比传统的高地稻品种的产量高并将对投入相应的特性和抗倒伏及收获指数的特性结合起来（Atlin and others 2006）。这些新品种都是为雨养或缺水灌溉环境下的非淹水条件的有氧稻田土壤设计的。（例子包括本章后面"更好地管理稻田"一节中对巴西和中国采用这些品种的讨论。）新非洲稻是非洲水稻研究中心（WARDA）自20世纪90年代中期开始的育种计划，该品种将亚洲栽培稻和非洲栽培稻杂交以结合亚洲稻生产力高和非洲稻耐受力强的特点（Jones and others 1997）。育种目标是将高产、更短生长期和比传统稻更高的蛋白质含量与对局部胁迫的抗性结合起来。新的新非洲稻品系（1~18）都是高地品种，其中已有8个品种正式发布。目前新非洲稻共有60个低地稻品种，其中的两个已在布基纳法索和马里正式发布。

淹水。尽管针对山洪频发地区的耐淹和增产品种的选育已经进行30多年，但迄今为止只选育成功了很少几个具有改良的农艺特征的品系。新近发现了几个可以耐受10~14天完全淹水状态的地方稻种。目前，科学家正在开发应用分子标记辅助选择技术把这种耐淹性转移到半矮化品系中从而得到具有改良农艺特性的耐淹水稻新品系(框14.6)。还有一些育种项目的进展已经进入深水区,已经发布了若干具有合理单产和籽粒品质特性的新品系。近期又新确认了决定节间伸长能力的3个主要的数量基因位点(简称QTL,是与某种具体性状相关的DNA区域)(Sripongpangkul and others 2000)。对这些QTL的精确定位和标记将有助于通过分子标记辅助选择技术把它们有效纳入到普遍应用的现代品种中去。

盐分。尽管水稻对盐分普遍敏感,其对盐分的耐受力还是存在很大差异的。通过将新的筛选技术和传统的、突变的、花药培养技术相结合,耐盐性已经被成功引入到高产植物类型中(Gregorio and others 2002)。一些新发布的品种已经表现出比目前采用的耐盐品种单产高出50%的优势。如果组成性状能在一个合适的基因背景下进行组合,那么就有可能培育出耐盐程度更高的新的栽培种。通过纳入有用基因或将聚合超级等位基因的方式来提高耐盐性看起来是一条大有希望的途径。近年来还定位了一个被命名为Satol的主要的QTL。它负责这个耐盐种群中70%的吸收盐分的差异。目前主要应用分子标记回交方法将QTL导入常用的高产品种中。

为促进改良品种的推广,就需要考虑农民的偏好。在亚洲推广旱稻和非洲推广新非洲稻时采用的参与式品种选择和基于社区的种业生产体系都发挥了良好效果。

更好地管理稻田

灌溉稻田。那些旨在缩小潜在和实际产量的技术正在越来越多地采取一种综合作物、土壤和水管理措施的整体化策略。其中一个例子就是水稻的集约化

框 14.6 利用分子工具加速对理想性状的育种计划

对水稻基因组的完全测序有望加快发现并开发对育种项目有用的基因。在开发新非洲稻时利用了分子工具来克服杂交不育,并将传统上需要耗时5~7年的育种项目缩短到两年。对于抗旱性状来说,分子工具正在被用来识别植物控制对缺水响应的基因,但目前位置没有识别出能耐受无论在营养生长期还是生殖生长期出现的干旱胁迫并能够对育种项目有用的、起到足够效应的数量基因位点(QTL)(Bennett 2003)。

分子工具正成功应用于耐盐和耐淹的育种项目。一个例证就是近年来对耐受瞬时洪水(山洪等)的育种进展。通过利用由耐淹的常规品系(IR40931)和一个易感的粳稻系杂交获得的种群,科学家成功定位了9号染色体上的一个主要的QTL,命名为Sub1 (Mackill and Xu 1996)。这个QTL控制了耐淹品种的绝大部分的表观基因型差异。QTL Sub1被精确定位并被成功转移到一种对淹水十分敏感的常见的雨养低地稻种中。这种低地稻在没有改变其农艺或品质性状和田间种植的条件下对洪水的耐受力得到了显著增强。目前正在进行将QTL Sub1转移到其他雨养低地的“大”品种中去,如BR11, IR64, Mahsuri, Samba Mahsuri和CR1009等。

体系(Stoop, Uphoff, and Kassam 2000)。在应用这些整体化措施的时候，在推动某项单一措施在跨环境应用时需要特别小心，必须因地制宜地考虑措施的适应性。例如，最初在马达加斯加发展起来的一种水稻集约化体系就对幼秧、植株间距、单株稻秧移栽、平地移栽、干湿交替、人工或机械除草、大量有机肥的施用等措施制定了很严格的规范。尽管对支撑集约化体系的基本原则是否适用还存在争论(Sheehy and others 2004; McDonald, Hobbs, and Riha 2006)，很多农民在新的地方大胆尝试利用集约化体系，他们通过调整一些做法而适应他们本地的需求和环境，而最原始的做法往往因这些调试而变得不可辨识。

> 那些旨在缩小潜在和实际产量的技术正在越来越多地采取一种综合作物、土壤和水管理措施的整体化策略。

尽管在这些综合技术体系中很少研究水的流动，但单产的提高往往伴随着蒸腾量的相对增加以及蒸发量、侧渗量和渗漏量的相对减少。从节水的角度衡量，任何能够提高收获指数(作物经济产量比作物地上部总生物量)的农艺措施都会提高单位蒸腾量产出的籽粒数量，并从而提高作物的水分生产力。

节水技术。现有的或正在研发的各种节水技术有助于农民解决灌溉条件下的缺水问题 (Tuong, Bouman, and Mortimer 2005; Humphreys and others 2005)。这些技术提高了水分投入(降雨、灌溉)的生产力，主要通过降低非生产性的侧渗和渗漏损失以及次要地通过降低蒸发的方式。在某些土壤上进行机械性土壤紧实作业会降低渗漏损失，但大规模实施的成本极高，并且还会影响水稻后茬作物的生长。一般的措施，如平地、农田灌渠以及泡田和田垄的维护，都会提高水的控制能力并减少侧渗和渗漏损失。把浸田和移栽之间的转换期时间缩短到最小就会减少稻田中无作物的时间长度，从而也会减少从稻田中流出的非生产性的无效水量损失。

大型灌溉系统的逐块农田浇水的方式尤其会造成在浸田和移栽之间的转换期很大的水量损失，因为农民都将苗床放置在主要田块上并在整个苗床期保持整块地处于淹水状态(Tabbal and others 2002)。这种方式造成的水量损失可以通过设置田块内渠道、共用苗床或直播的方式来降低到最小程度。利用田块内渠道可以将水分别引到单个苗床，这样就不需要将整块地都浸在水中。无论是由社区还是由私人管理的公共苗床都要选择在离灌渠较近的地方且可以整块灌溉。利用直播法栽种的水稻从立苗后就会开始生长并用水。直接干播种也会提高降雨的有效利用率并降低灌溉需求 (Cabangon, Tuong, and Abdullah 2002)。

一些水管理技术，如饱和土壤栽培、适度(不强制进行干旱胁迫)干湿交替，都会降低田间施用的水量15%~20%，同时不会对产量造成明显影响，从而会提高总投入水量的水分生产力 (Belder and others 2004; Tabbal and others 2002)。例如，在中国的一处浅层地下水位埋深0~0.3m的黏壤土上进行的试验表明，干湿交替能够节省10%~15%的水量，并未对产量造成影响(表14.2)。如果延长干土状态的持续时间并对植物施加轻微的干旱胁迫，就可以节省更多的水量并提高水分生产力，但这样做常常会以少量的产量损失为代价 (Bouman and Tuong 2001)。在菲律宾的一处浅层地下水埋深0.7~2.0m的粉沙黏壤土上稻田水量投入

表 14.2 中国、印度和菲律宾的干湿交替种植技术和旱稻系统的单产和用水

国家和数据来源	年份	处理[a]	单产 (t/hm²)	总的水量投入[b] (mm)	水分生产力(籽粒克数/千克水)
菲律宾 (Tabbal and others 2002)	1988	淹水	5.0	2197	0.23
		干湿交替	4.0	880	0.46
	1989	淹水	5.8	1679	0.35
		干湿交替	4.3	700	0.61
	1990	淹水	5.3	2028	0.26
		干湿交替	4.2	912	0.46
	1991	淹水	4.9	3504	0.14
		干湿交替	3.3	1126	0.29
中国 (Belder and others 2004)	1999	淹水	8.4	965	0.90
		干湿交替	8.0	878	0.95
	2000	淹水	8.1	878	0.92
		干湿交替	8.4	802	1.07
印度 (Mishra and others 1990)	1983	淹水	6.3	1991	0.32
		干湿交替(间隔 1d)	5.8	1891	0.31
		干湿交替(间隔 3d)	5.5	1748	0.31
		干湿交替(间隔 5d)	5.1	1747	0.29
		干湿交替(间隔 7d)	4.8	1747	0.27
	1984	淹水	6.3	1890	0.33
		干湿交替(间隔 1d)	5.9	1569	0.38
		干湿交替(间隔 3d)	5.6	1426	0.39
		干湿交替(间隔 5d)	5.1	1352	0.38
		干湿交替(间隔 7d)	5.0	1352	0.38
菲律宾 (Bouman and others 2005)	2001	淹水	5.1	1718	0.29
		旱稻	4.4	787	0.55
	2002	淹水	7.3	1268	0.58
		旱稻	5.7	843	0.67
	2003	淹水	6.8	1484	0.46
		旱稻	4.0	980	0.41
中国 (Yang and others 2005)	2001	淹水	5.4	1351	0.40
		旱稻湿	4.7	644	0.73
		旱稻干	3.4	524	0.66
	2002	淹水	5.3	1255	0.42
		旱稻湿	5.3	917	0.58
		旱稻干	4.6	695	0.66

a. 干湿交替的种植方式，印度的处理后的数字是间隔天数。

b. 降雨加上灌溉，从作物建成直到收获，排除任何地下水输入。

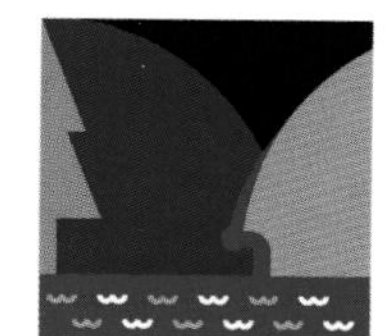

相对较高的地块上进行的干湿交替试验表明，干湿交替处理在产量损失20%的情况下，实现了节水50%的成绩。在印度的一处浅层地下水埋深0.1~0.2m之间的黏壤土上逐渐增加稻田不淹水状态的天数的试验结果表明，水量投入和产量双下降。

干湿交替灌溉会减少蒸发0%~30%，还会减少侧渗和渗漏损失（Belder and others 2005）。这是一项已在中国广泛应用的成熟的技术，已经成为全中国低地水稻生产的常规措施（Li and Barker 2004）。这项技术还被推荐到印度东北部和菲律宾的部分地区应用。

> 在旱地条件下种适宜的水稻品种，其投入响应与种植其他谷物相同。

在旱稻体系下，在旱地条件下种植那些特别适合的水稻其投入响应就如同种植无论进行还是不进行补充灌溉的其他谷物（如小麦等）一样（照片14.5）。在菲律宾地下水埋深0.6~1.4m的黏壤土和中国华北地区地下水埋深20m的沙质土上进行的试验表明，旱稻种植系统比淹水水稻种植的水量投入减少30%~50%，而单产比淹水水稻体系降低20%~30%，但其取得的最高单产也能达到约5.5t/hm^{2}的水平（见表14.2）。蒸发损失降低了50%~75%。目前在中国华北地区，有大约80 000hm^{2}的旱稻种植面积（Wang and others 2002）。

摄影：Shaobing Peng

照片 14.5

但是，旱稻在灌溉环境下的种植还处于初级阶段，还需要做更多的高产品种及可持续管理措施的研发工作。旱稻体系中的资源保育技术措施同旱地非水稻作物一样，也被稻农广泛应用，如秸秆覆盖和免耕或少耕。中国试验研究了不同秸秆覆盖方法对非淹水种植的水稻的影响，结果显示这样做可以减少无效蒸发（Dittert and others 2002）。在起高种植床上种植旱稻显示出光明前景，但目前还处于初级阶段（Humphreys and others 2005）。

可持续性和环境保护。尽管还需要研发更多的在缺水条件下提高作物生产力的技术，但人们却很少注意到对这些技术的可持续性方面以及对环境的影响问题。一方面，需要对有机和无机肥料施用和作物残茬管理之间的关系进行研究，另一方面也需要对产量的可持续性、温室气体排放以及养分损失途径进行研究。需要评估一些肥料管理措施，如特定位点养分管理（精准施肥）、缓释肥料、肥料深施等技术在不同水分有效性条件下的有效性及其对环境造成的影响。

节水技术对温室气体排放会产生不同的效果，主要取决于具体地点的环境条件和管理措施（框14.7）。在水量减少的情况下，就需要研发那些能够降低对除草剂依赖性的杂草管理技术，如：通过“转变”杂草物种以及开发综合性的预防干预措施，如人工除草、提高播种密度（在水稻直播体系下）、机械化除草等。

目前还不清楚在稻田从丰水状态转变为缺水状态时病虫害的动态变化过程和规律，尽管有初步研究认为会出现土传害虫，如线虫。但可以预计的是，每年的同一块地上不能连续种植完全有氧条件的旱稻（但在淹水状态下可以这样做），因为这样做会造成减产（Peng and others 2006; Pinhero and others 2006）。需要选择合适的作物轮作方式，并种植对土传病虫害具有耐受性的品种。在研发

框 14.7 在传统和节水栽培方式下稻田温室气体排放的差异

下图显示了中国 3 个地方的传统淹水状态稻田(对照)和两种节水方式(一种是塑料薄膜覆盖的非饱和土壤,一种是秸秆覆盖非饱和土壤)的温室气体排放的差异。3 个试验点的淹水对照处理中,甲烷排放都最高。南京和广州的淹水稻田氧化亚氮排放量最低,而北京的 3 个处理氧化亚氮排放相似。把甲烷和氧化亚氮加起来后转换二氧化碳当量排放时,南京的淹水水稻对全球变暖的潜在影响最小,而广州的最高,而北京的 3 个处理系统的影响相似。综上所述,水稻采用节水种植技术对全球变暖的影响还不清楚,还需进一步研究。

2002 年传统和节水水稻种植方式的温室气体排放情况

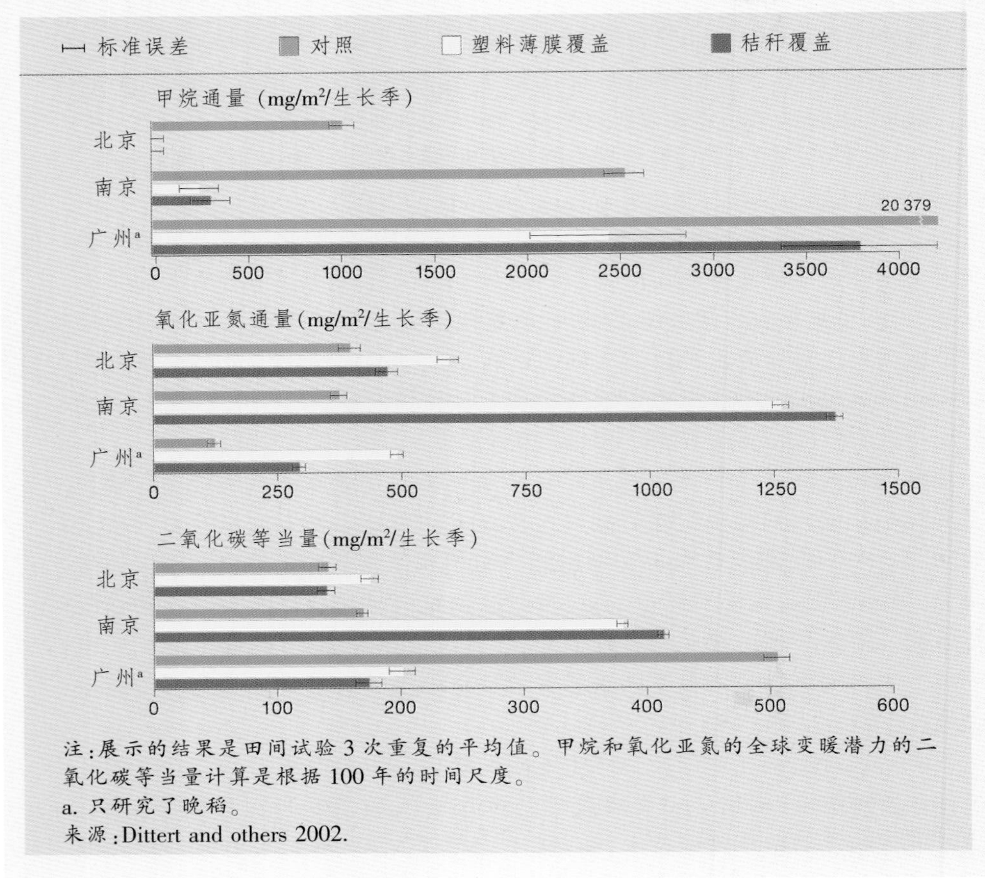

注:展示的结果是田间试验 3 次重复的平均值。甲烷和氧化亚氮的全球变暖潜力的二氧化碳等当量计算是根据 100 年的时间尺度。

a. 只研究了晚稻。

来源:Dittert and others 2002.

缺水灌溉环境下的可持续管理措施的时候,需要借鉴旱稻和其他旱地作物的病虫害的管理经验。在完全有氧条件下种植的水稻,盐分会和其他旱地作物一样在根区累积,因此可以适当轮作淹水种植的水稻以冲刷旱稻积累的盐分。

易受胁迫影响的环境。雨养环境的高度变异性会加大农民遭受减产的风险。选育能够耐受逆境和对投入敏感的品种会降低这种风险,并提高使用外部

投入的动机,使农作体系集约化。新品种只有在农作体系和配套管理技术措施进行相应调整的条件下,才能最有效发挥品种自身优势。未来十年,水稻品种改良和特定的管理技术措施的组合有望在易受干旱、洪水和盐分灾害的环境下提高水稻单产0.5~1.0 t/hm^2。

雨养低地。水稻的直接播种和最佳养分管理是两项具有极大潜力的技术方向。直接播种可以更好地利用生长季早期的降雨,对干旱的耐受性更强,对土壤本身氮素供给的利用程度更高,对下茬作物利用土壤本身氮素供给的可能性也会加大。针对特定位点和特定季节的养分管理会降低养分损失,减少对环境的污染。两项技术已经使一些具有优越条件的雨养地区的生产力得到了显著提高。在印度尼西亚的Lombok,引入生长期短的、对投入敏感的水稻品种在直播和增施无机肥料的条件下成功实现了增产和稳产 (Fagi and Kartaatmadja 2002)。在老挝民主共和国,雨养低地的生产对该国在引入良种和最佳管理措施后的十年内实现水稻的自给起到了巨大的作用(Pandey 2001)。

> 雨养环境的高度变异性会加大农民遭受减产的风险。

高地。应该制定可持续集约化的策略以打破轮作体系中休闲期变短而造成的资源退化的恶性循环的怪圈。对于水稻来说,在山区的山谷地带的底部建立低地稻田是一个有前途的选项, 这也被称为“山地稻田”(Castella and Erout 2002)。这些低地稻田会从在山谷中汇合的山间溪流的灌溉中受益。非洲撒哈拉以南地区的内陆浅谷地带也有一些雨养低地稻田,并被认为极有可能扩大其面积并进行集约化的生产。

旱稻生产系统在降雨量在600 mm左右的环境, 或农民有补充灌溉的条件下才具有实施的空间。在中国西南的云南省的山区,农民在集约化管理方式种植雨养旱稻,并实现了3~4 t/hm^{2}的单产水平(Atlin and others 2006)。旱稻和梯田的组合为实现集约化生产提供了更大的空间。旱稻在那些轮作其他作物的永久性的耕作生产体系也大有前途。巴西的一个旨在改良旱稻的育种项目就成功培育出潜在单产达6 t/hm^{2}的品种(Pinheiro and others 2006)。在巴西,农民在有补充喷灌条件的大型商业化农场约250 000 hm^{2}的平坦土地上, 在和其他作物(大豆和饲料作物)进行轮作的情况下种植了这些改良品种的旱稻,单产达到了3~4 t/hm^2。

易于淹水的环境。新选育的耐受淹水的品种需要和作物及养分管理措施配合使用才能提高幼苗和植株的生存率,也会提高受淹后恢复的能力。得到养分加强(特别是锌和磷,还有硅)的耐受淹水品种的幼苗存活概率更大。在洪水消退后施加养分也会有助于加快恢复、提高抽穗率和单产。

易受盐碱影响的地区。新培育的耐盐品种需要与特定的育苗、作物和养分管理措施相整合以缓解盐分胁迫的危害,并可以改善土壤质量。土壤改良剂,尤其是石膏,有助于改良苏打碱土,但需要大量投资。将农家有机肥或工业废弃物的压缩干泥与改良品种配合使用的费用则是使用石膏的一半左右。前茬的非水稻作物的淡水灌溉也会有效淋洗根区积累的盐分。

降低生产成本。有很多方式可以降低生产成本, 但很少直接和水管理相关。在由水泵抽水灌溉的地方，节水技术可以减少水资源的投入、抽水成本和能源消耗。这样做是否会在经济上划算取决于产量以及水稻和水的相对价格。降低灌溉频率会减少灌溉用工。但当稻田不处于淹水状态时，杂草就会蔓延，这时就会增加除草的用工或增施除草剂。集约化水稻生产体系对用工的要求相对较高，也正是部分的由于这一点，有报道说在水稻起源的国家（马达加斯加）废止了集约化的水稻种植方式（Moser and Barrett 2003）。旱直播和旱稻技术为稻田作业（播种、除草、收获）实现机械化提供了可能性。尽管应用这两项技术的主要驱动力是劳力的短缺，而不是水的短缺。因此，提高劳动生产率也会降低生产成本。

旱稻在那些轮作其他作物的永久性的耕作生产体系中也大有前途。

景观水平上的选项

灌溉系统的效率和水的回用。通过稻田具有的典型的地表排水、侧渗和渗漏过程，大量水会流出田块。尽管这些流出水量对单块稻田来说是一种损失，但在景观尺度内相互联系的稻田网络重复利用（回用）这些水的空间很大（图14.2）。地表排水和侧渗一般会流到下游稻田，只有当其流到排水沟渠后到达地势最低的末端时才能真正被算作损失量。即便如此，农民也可以利用小型水泵

图 14.2 水稻景观及相连区域水流再利用的主要范围

水流
1. 通过灌溉流入稻田的水
2. 通过地表排水跨越稻田的水流
3. 通过侧渗跨越稻田的水流
4. 通过渗漏补给地下水的水流
5. 通过用水泵从排水沟中抽水，以及从汇集了排水、侧渗和渗漏水流的地下水中抽水的方式可以实现水的回用

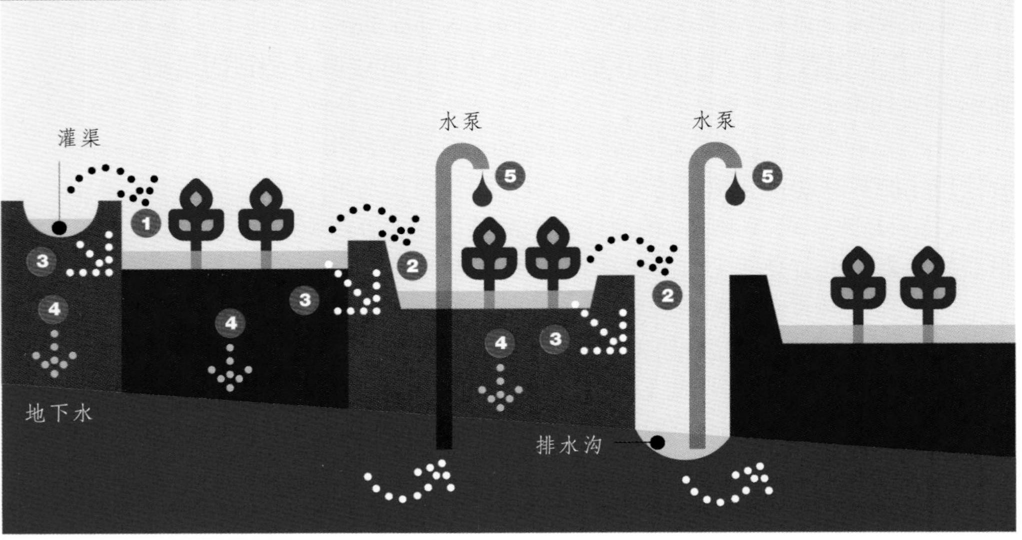

抽取排水沟中的水灌溉那些灌溉渠系照顾不到的农田。在很多排水不畅的低地三角洲或冲积平原的灌溉系统中，不断的渗漏造成浅层地下水位过高，接近地表(Belder and others 2004;Cabangon and others 2004)。同样，农民或者直接抽取浅层地下水，或者在浅层地下水露出地表变成地表水后从排水沟或小河沟中抽水灌溉。最近在中国水稻灌区的研究表明：灌溉效率会随着空间尺度的上升而提高，主要是因为水的重复利用(Loeve and others 2004a;框14.8)。大部分的回用是非正式的，因为农民会主动抽取回水、阻截排水或建设田间的小型蓄水设施来二次蓄水。

尽管水分可以这样的方式被有效利用，但这样做需要成本，并且不能改善灌溉系统内农民用水的不平等状况。目前对改善灌溉系统的争论主要集中于对系统进行现代化改造相对于非正式的水回用的成本和效益。现代化系统改造的目标应该是提升灌溉系统输水的基础设施和运行机制，以达到能够为每一个农民在正确的时间提供正确的水量的目标。

> 需要对水资源进行明智的管理以避免对环境造成不良的长期后果，并避免与其他用水户之间的局部冲突。

易受胁迫影响的环境。在景观水平上有很多干预措施可以有效缓解非生物性的胁迫。农田的小型集水设施通过为作物在需水关键期补充少量水分帮助其度过干旱的方式，可以有效降低易受干旱胁迫的雨养环境中的旱灾风险，并提高生产力。在盐渍化严重的沿海地区建设水库和渠系以储存雨水或河流的淡水可以延长作物的生长季并显著提高生产力。通过建设大型海堤和水闸的方式管理水资源可以在很多沿海三角洲地区有效防治海水入侵，在湿润季节可以大幅降低土壤盐分。这项技术的应用还为在越南的湄公河三角洲海岸带地区种植高产的现代水稻品种提供了可能性(Tuong and others 2003)。

但是，需要对水资源进行明智的管理以避免对环境造成不良的长期后果，并避免与其他用水户之间的局部冲突，尤其是与依靠微咸水渔业为生的无地贫困人群。用水泵抽取浅层地下水(如孟加拉国)或地表水(如湄公河三角洲)会使这些三角洲地区在非洪水期种植一些生长季较短的水稻品种。而易受洪灾威胁的湄公河三角洲的农民也会建设局部区域的公共水坝以保护几百公顷的农田，并使他们能赶在洪水来临之前收获作物。这些堤坝只是延迟了洪水的来临，而不是阻挡洪峰进入保护区，从而可以避免绝对的防洪工程产生的负面的环境效应。

农田尺度和灌溉系统尺度用水之间的关系。农田尺度和灌区尺度用水之间的关系很复杂，涉及水文学、基础设施和经济等方方面面。在农田尺度上，农民可以通过节水技术减少用水量并提高水分生产力。对那些掏钱买水的农民来说，任何水量的节省都会直接降低成本，从而提高种水稻的收益。

在灌溉系统尺度上，农民采用的农田尺度节水技术会减少稻田的蒸发损失，但数量相对较小(参考本章“节水技术”一节)。农田尺度上的节水主要来自侧渗、渗流和地表排水量的减少。但尽管农田节水技术会保持更多的水在地表(灌渠)，并可能被下游的农户利用，但它也减少了再次进入水文循环的水量，从而减少了非正式的下游回用量。减少稻田的渗漏量会降低地下水位。尽管地下

框 14.8　用更少的水生产更多的水稻

中国长江流域中游的湖北漳河灌区(ZIS)的控制面积约 160 000hm²,主要在夏季服务于水稻灌溉。自 20 世纪 70 年代以来,由于城市、工业和水电用水量的增加,农业用水量稳步下降。到 20 世纪 80 年代中期,分配给农业的水量不到 20 世纪 70 年代早期的配水量的 30%。但同期的水稻生产却一直增长,到 20 世纪 80 年代后期达到了 650 000 t 的历史最高水平,几乎是 20 世纪 60 年代末期产量的两倍(见图)。尽管水稻生产在 20 世纪 90 年代下滑并保持平稳的 500 000 t 的水平,但是在过去的 30 年间,总的看,还是用更少的水生产了更多的水稻。主要原因在于采取了以下综合措施:

- 将双季稻种植改为水利用效率更高的单季稻。
- 推广了干湿交替节水种植技术。
- 引入了按量计价的水费制度,以及水用户协会等促进农民有效用水的制度改革。
- 对灌溉系统进行了升级改造(如渠道衬砌)。
- 建设了大量的小型和中型水塘、水库等二级蓄水工程。

漳河灌区的案例研究表明了:当水稻用水被其他目的用水挤占的时候,可以实现水稻稳产甚至增产的双赢局面。对漳河灌区成功做法的边界条件的彻底理解将有助于找到在其他灌溉系统成功复制其经验的切入点。

中国长江流域湖北漳河灌区的供水和水稻生产

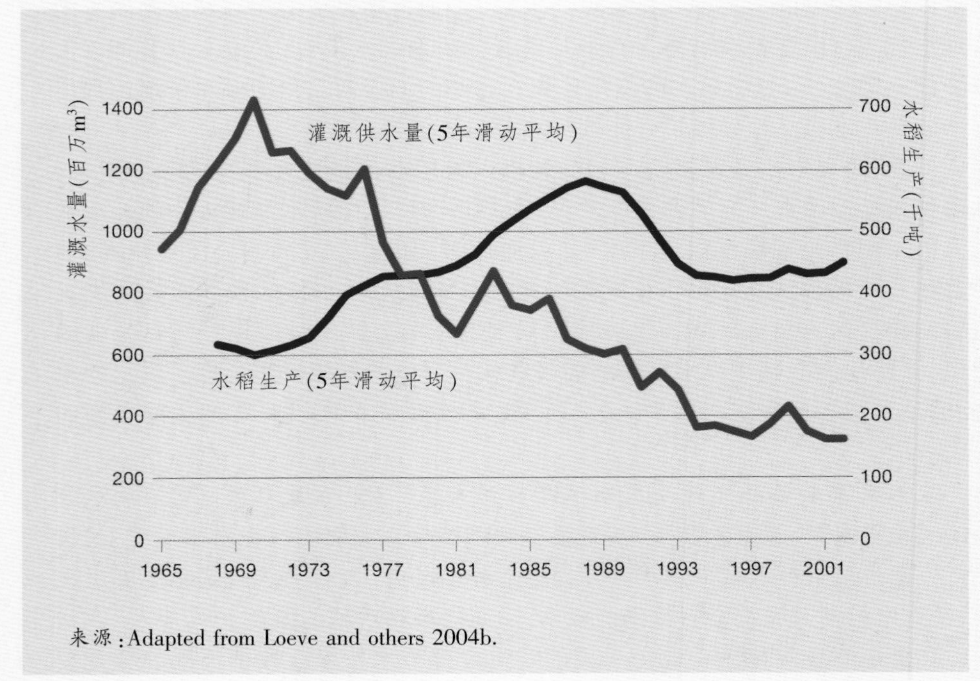

来源:Adapted from Loeve and others 2004b.

水位下降会对产量产生负面影响——因为水稻就不太可能从深层地下水中汲取所需的部分水量(Belder and others 2004)——并会增加下游再利用的抽取成本,但地下水位的下降会还会减少从休闲耕地上的非生产性的蒸发损失。

任何节水技术的应用都需要农民对用水有相当程度的控制能力。对那些使用自家水泵的农民来说这不成问题,但对那些使用可靠的、缺乏输水灵活性的大型地面灌溉系统的农民,以及那些在供电不可靠地区使用电泵抽取地下水的农民来说,这就是个问题。对那些从节水技术中获益的农民来说,灌溉系统需要现代化改造,这就涉及经济成本。而采用综合考虑水的回用、地表水和地下水的联合运用的模式看来是提高灌溉系统尺度的总体水分利用效率的最佳途径(见框14.8)。

评审人

审稿编辑:David Seckler.

评审人:Gelia Castillo, M.A. Ghani, Nobumasa Hatcho, Chu Thai Hoanh, Paul Kiepe, Barbara van Koppen,Yuanhua Li, Noel Magor, Paul van Mele, K. Palanisamy, S.A. Prathapar, Daniel Renault, Lisa Schipper, Anil Singh, Douglas Taylor, Paul Vlek, and Ian Willett.

注解

本章初稿完成时进行的两次研讨会的参与者为本章的修改补充提供了有价值的建议和材料。这两次会议是分别于2005年9月7日~8日在日本京都大学由稻田和水环境工程学会主办的“国际可持续水稻生产的稻田和水环境管理大会”和于2005年10月26日至28日在越南胡志明市由联合国粮农组织举办的“东南亚基于水稻生产的大型灌溉系统的未来区域研讨会”。

参考文献

Abedin, M.J., J. Cotter-Howells, and A.A. Meharg. 2002. “Arsenic Uptake and Accumulation in Rice (*Oryza sativa* L.) Irrigated with Contaminated Water.” *Plant and Soil* 240 (2): 311–19.

Atlin, G.N., H.R. Lafitte, D. Tao, M. Laza, M. Amante, and B. Courtois. 2006. “Developing Rice Cultivars for High-Fertility Upland Systems in the Asian Tropics.” *Field Crops Research* 97 (1): 43–52.

Barker, R., and D. Dawe. 2002. “The Transformation of the Asian Rice Economy and Directions for Future Research: The Need to Increase Productivity.” In M. Sombilla, M. Hossain, and B. Hardy, eds., *Developments in the Asian Rice Economy*. Los Baños, Philippines: International Rice Research Institute.

Belder, P., J.H.J. Spiertz, B.A.M. Bouman, G. Lu, and T.P. Tuong. 2005. “Nitrogen Economy and Water Productivity of Lowland Rice under Water-Saving Irrigation.” *Field Crops Research* 93 (2–3): 169–85.

Belder, P., B.A.M. Bouman, R. Cabangon, G. Lu, E.J.P. Quilang, Y. Li, J.H.J. Spiertz, and T.P. Tuong. 2004. “Effect of Water-Saving Irrigation on Rice Yield and Water Use in Typical Lowland Conditions in Asia.” *Agricultural Water Management* 65 (3): 193–210.

Bennett, J. 2003. “Status of Breeding for Tolerance of Water Deficit and Prospects for Using Molecular Techniques.” In

J.W. Kijne, R. Baker, and D. Molden, eds., *Water Productivity in Agriculture: Limits and Opportunities for Improvement.* Wallingford, UK: CABI Publishing.

Bijay-Singh, U.S. Sadana, and B.R. Arora. 1991. "Nitrate Pollution of Ground Water with Increasing Use of Nitrogen Fertilizers and Animal Wastes in the Punjab, India." *Indian Journal of Environmental Health* 33: 57–67.

Bouman, B.A.M., and T.P. Tuong. 2001. "Field Water Management to Save Water and Increase Its Productivity in Irrigated Rice." *Agricultural Water Management* 49 (1): 11–30.

Bouman, B.A.M., A. Castañeda, and S.I. Bhuiyan. 2002. "Nitrate and Pesticide Contamination of Groundwater under Rice-Based Cropping Systems: Evidence from the Philippines." *Agriculture, Ecosystems and Environment* 92 (2–3): 185–99.

Bouman, B.A.M., S. Peng, A.R. Castaneda, and R.M. Visperas. 2005. "Yield and Water Use of Irrigated Tropical Aerobic Rice Systems." *Agricultural Water Management* 74 (2): 87–105.

Bronson, K.F., H.U. Neue, U. Singh, and E.B.J. Abao. 1997. "Automated Chamber Measurement of Methane and Nitrous Oxide Flux in Flooded Rice Soil: I. Residue, Nitrogen, and Water Management." *Soil Science Society of America Journal* 61 (3): 981–87.

Cabangon, R.J., T.P. Tuong, and N.B. Abdullah. 2002. "Comparing Water Input and Water Productivity of Transplanted and Direct-Seeded Rice Production Systems." *Agricultural Water Management* 57 (1): 11–31.

Cabangon, R.J., T.P. Tuong, E.G. Castillo, L.X. Bao, G. Lu, G.H. Wang, Y. Cui, B.A.M. Bouman, Y. Li, C. Chen, and J. Wang. 2004. "Effect of Irrigation Method and N-Fertilizer Management on Rice Yield, Water Productivity, and Nutrient-Use Efficiencies in Typical Lowland Rice Conditions in China." *Paddy and Water Environment* 2 (4): 195–206.

Castella, J.C., and A. Erout. 2002. "Montane Paddy Rice: The Cornerstone of Agricultural Production Systems in Bac Kan Province, Vietnam." In J.C. Castella and D.D. Quang, eds., *Doi Moi in the Mountains: Land Use Changes and Farmers' Livelihood Strategies in Bac Kan Province Vietnam.* Ha Noi, Vietnam: The Agricultural Publishing House.

Dawe, D. 2000. "The Contribution of Rice Research to Poverty Alleviation." In J.E. Sheehy, P.L. Mitchell, and B. Hardy, eds., *Redesigning Rice Photosynthesis to Increase Yield.* Los Baños, Philippines, and Amsterdam: International Rice Research Institute and Elsevier Science B.V.

———. 2002. "The Changing Structure of the World Rice Market, 1950–2000." *Food Policy* 27 (4): 355–70.

———. 2005. "Increasing Water Productivity in Rice-Based Systems in Asia—Past Trends, Current Problems, and Future Prospects." *Plant Production Science* 8 (3): 221–30.

Dawe, D., A. Dobermann, P. Moya, S. Abdulrachman, B. Singh, P. Lal, S.Y. Li, B. Lin, G. Panaullah, O. Sariam, Y. Singh, A. Swarup, P.S. Tan, and Q.X. Zhen. 2000. "How Widespread Are Yield Declines in Long-Term Rice Experiments in Asia?" *Field Crops Research* 66 (2): 175–93.

Dittert, K., S. Lin, C. Kreye, X.H. Zheng, Y.C. Xu, X.J. Lu, Q.R. Shen, X.L. Fan, and B. Sattelmacher. 2002. "Saving Water with Ground Cover Rice Production Systems (GCRPS) at the Price of Increased Greenhouse Gas Emissions?" In B.A.M. Bouman, H. Hengsdijk, B. Hardy, P.S. Bindraban, T.P. Tuong, J.K. Ladha, eds., *Water-Wise Rice Production.* Los Baños, Philippines: International Rice Research Institute.

Dobermann, A., C. Witt, S. Abdulrachman, H.C. Gines, R. Nagarajan, T.T. Son, P.S. Tan, G.H. Wang, N.V. Chien, V.T.K. Thoa, C.V. Phung, P. Stalin, P. Muthukrishnan, V. Ravi, M. Babu, G.C. Simbahan, and M.A.A. Adviento. 2003. "Soil Fertility and Indigenous Nutrient Supply in Irrigated Rice Domains of Asia." *Agronomy Journal* 95 (4): 913–23.

Fagi, A.M., and S. Kartaatmadja. 2002. "Gogorancah Rice in Indonesia: A Traditional Method in the Modern Era." In S. Pandey, M. Mortimer, L. Wade, T.P. Tuong, K. Lopez, and B. Hardy, eds., *Direct Seeding: Research Strategies and Opportunities.* Los Baños, Philippines: International Rice Research Institute.

FAOSTAT. Food and Agriculture Organization statistical databases. [http://faostat.fao.org/].

Fernando, C.H., F. Goltenboth, and J. Margraf, eds., 2005. *Aquatic Ecology of Rice Fields.* Kitchener, Canada: Volumes Publishing.

Garrity, D.P., L.R. Oldeman, R.A. Morris, and D. Lenka. 1986. "Rainfed Lowland Rice Ecosystems: Characterization and Distribution." In *Progress in Rainfed Lowland Rice.* Los Baños, Philippines: International Rice Research Institute.

George, T., R. Magbanua, D.P. Garrity, B.S. Tubaña, and J. Quiton. 2002. "Rapid Yield Loss of Rice Cropped Successively in Aerobic Soil." *Agronomy Journal* 94 (5): 981–89.

Gregorio, G.B., D. Senadhira, R.D. Mendoza, N.L. Manigbas, J.P. Roxas, and C.Q. Guerta. 2002. "Progress in Breeding for Salinity Tolerance and Associated Abiotic Stresses in Rice." *Field Crops Research* 76 (2–3): 91–101.

Haas, J.D., J.L. Beard, L.E. Murray-Kolb, A.M. del Mundo, A. Felix, and G.B. Gregorio. 2005. "Iron-Biofortified Rice Improves the Iron Stores of Nonanemic Filipino Women." *Journal of Nutrition* 135 (12): 2823–30.

Hamilton, R.W., ed. 2003. *The Art of Rice: Spirit and Sustenance in Asia.* Los Angeles: UCLA Fowler Museum of Cultural History.

Hossain, M., and K.S. Fischer. 1995. "Rice Research for Food Security and Sustainable Agricultural Development in Asia: Achievements and Future Challenges." *GeoJournal* 35 (3): 286–98.

Huke, R.E., and E.H. Huke. 1997. *Rice Area by Type of Culture: South, Southeast, and East Asia; A Revised and Updated Database.* Los Baños, Philippines: International Rice Research Institute.

Humphreys, E., C. Meisner, R. Gupta, J. Timsina, H.G. Beecher, T.Y. Lu, Y. Singh, M.A. Gill, I. Masih, Z.J. Guo, and

J.A. Thomposon. 2005. "Water Saving in Rice-Wheat Systems." *Plant Production Science* 8 (3): 242–58.

International Financial Statistics. International Monetary Fund online service. [www.imf.org/].

Jones, M.P., M. Dingkuhn, G.K. Aluko, and M. Semon. 1997. "Interspecific Oryza Sativa L. X. O. Glaberrima Steud. progenies in Upland Rice Improvement." *Euphytica* 94 (2): 237–46.

Keiser, J., M.F. Maltese, T.E. Erlanger, R. Bos, M. Tanner, B.H. Singer, and J. Utzinger. 2005. "Effect of Irrigated Rice Agriculture on Japanese Encephalitis, Including Challenges and Opportunities for Integrated Vector Management." *Acta Tropica* 95 (1): 40–57.

Kirk, G. 2004. *The Biochemistry of Submerged Soils.* Chichester, UK: John Wiley and Sons.

Lafitte, H.R., and J. Bennet. 2002. "Requirements for Aerobic Rice: Physiological and Molecular Considerations." In B.A.M. Bouman, H. Hengsdijk, B. Hardy, P.S. Bindraban, T.P. Tuong, and J.K. Ladha, eds., *Water-Wise Rice Production.* Los Baños, Philippines: International Rice Research Institute.

Li, Y.H., and R. Barker. 2004. "Increasing Water Productivity for Paddy Irrigation in China." *Paddy and Water Environment* 2 (4): 187–93.

Loeve, R., B. Dong, D. Molden, Y.H. Li, C.D. Chen, and J.Z. Wang. 2004a. "Issues of Scale in Water Productivity in the Zhanghe Irrigation System: Implications for Irrigation in the Basin Context." *Paddy and Water Environment* 2 (4): 227–36.

Loeve, R., L. Hong, B. Dong, G. Mao, C. Chen, D. Dawe, and R. Barker. 2004b. "Long-Term Trends in Intersectoral Water Allocation and Crop Water Productivity in Zanghe and Kaifeng, China." *Paddy and Water Environment* 2 (4): 237–45.

Mackill, D., and K. Xu. 1996. "Genetics of Seedling-Stage Submergence Tolerance in Rice." In G. Khush, ed., *Rice Genetics III.* Manila: International Rice Research Institute.

Maclean, J.L., D. Dawe, B. Hardy, and G.P. Hettel, eds. 2002. *Rice Almanac.* 3rd ed. Wallingford, UK: CABI Publishing.

Magor, N.P. 1996. "Empowering Marginal Farm Families in Bangladesh." Ph.D. dissertation. University of Adelaide, Adelaide, Australia.

Masumoto, T., K. Shimizu, and P.T. Hai. 2004. "Roles of Floods for Agricultural Production in and around Tonle Sap Lake." In V. Seng, E. Craswell, S. Fukai, and K. Fischer, eds., *ACIAR Proceedings 116: Water in Agriculture.* Canberra, Australia: Australian Centre for International Agricultural Research.

Matsuno, Y., and W. van der Hoek. 2000. "Impact of Irrigation on an Aquatic Ecosystem." *International Journal of Ecology and Environmental Science* 26 (4): 223–33.

Matthews, R.B., R. Wassmann, J. Knox, and L.V. Buendia. 2000. "Using a Crop/Soil Simulation Model and GIS Techniques to Assess Methane Emissions from Rice Fields in Asia. IV. Upscaling to National Levels." *Nutrient Cycling Agroecosystems* 58 (1–3): 201–17.

McDonald, A.J., P.R. Hobbs, and S.J. Riha. 2006. "Does the System of Rice Intensification Outperform Conventional Best Management? A Synopsis of the Empirical Record." *Field Crops Research* 96 (1): 31–36.

Mishra, H.S., T.R. Rathore, and R.C. Pant. 1990. "Effect of Intermittent Irrigation on Groundwater Table Contribution, Irrigation Requirements, and Yield of Rice in Mollisols of the Tarai region." *Agricultural Water Management* 18 (3): 231–41.

Mortimer, A.M., and J.E. Hill. 1999. "Weed Species Shifts in Response to Broad Spectrum Herbicides in Sub-Tropical and Tropical Crops." In British Crop Protection Council, *The 1999 Brighton Conference—Weeds: Proceedings of an International Conference Held at the Brighton Metropole Hotel, Brighton, U.K., 15–18 November 1999.* Vol. 2. Alton, UK.

Moser, C.M., and C.B. Barrett. 2003. "The Disappointing Adoption Dynamics of a Yield-Increasing, Low External-Input Technology: The Case of SRI in Madagascar." *Agricultural Systems* 76 (3): 1085–100.

Pandey, S. 2001. "Economics of Lowland Rice Production in Laos: Opportunities and Challenges." In S. Fukai and J. Basnayake, eds., *ACIAR Proceedings 101: Increased Lowland Rice Production in the Mekong Region.* Canberra, Australia: Australian Centre for International Agricultural Research.

Pandey, S., and L. Velasco. 2002. "Economics of Direct Seeding in Asia: Patterns of Adoption and Research Priorities." In S. Pandey, M. Mortimer, L. Wade, T.P. Tuong, K. Lopez, and B. Hardy, eds., *Direct Seeding: Research Strategies and Opportunities.* Los Baños, Philippines: International Rice Research Institute.

PAWEES (International Society of Paddy and Water Environment Engineering). 2005. "Management of Paddy and Water Environment for Sustainable Rice Production." Proceedings of the International Conference, September 7–8, Kyoto, Japan.

Peng, S., K.G. Cassman, S.S. Virmani, J. Sheehy, and G.S. Khush. 1999. "Yield Potential Trends of Tropical Rice since the Release of IR8 and the Challenge of Increasing Rice Yield Potential." *Crop Science* 39 (6): 1552–59.

Peng, S., B.A.M. Bouman, R.M. Visperas, A. Castañeda, L. Nie, and H.-K. Park. 2006. "Comparison between Aerobic and Flooded Rice in the Tropics: Agronomic Performance in an Eight-Season Experiment." *Field Crops Research* 96 (2–3): 252–59.

Peng, S., R.C. Laza, G.S. Khush, A.L. Sanico, R.M. Visperas, and F.V. Garcia. 1998. "Transpiration Efficiencies of Indica and Improved Tropical Japonica Rice Grown under Irrigated Conditions." *Euphytica* 103 (1): 103–08.

Peng, S., J. Huang, J.E. Sheehy, R.C. Laza, R.M. Visperas, X. Zhong, G.S. Centeno, G.S. Khush, and K.G. Cassman. 2004. "Rice Yields Decline with Higher Night Temperature from Global Warming." *Proceedings of the National*

Academy of Sciences of the United States of America 101 (27): 9971–75.
Piñheiro, B. da S., E. da M. de Castro, and C.M. Guimarães. 2006. "Sustainability and Profitability of Aerobic Rice Production in Brazil." *Field Crops Research* 97 (1): 34–42.
Potrykus, I. 2003. "Golden Rice: Concept, Development, and Its Availability to Developing Countries." In T.W. Mew, D.S. Brar, S. Peng, D. Dawe, and B. Hardy, eds., *Rice Science: Innovations and Impacts for Livelihood.* Los Baños, Philippines: International Rice Research Institute.
Ramsar Convention Secretariat. 2004. *Ramsar Handbooks for the Wise Use of Wetlands: Handbook 7; Designating Ramsar Sites.* 2nd ed. Gland, Switzerland. [http://indaba.iucn.org/ramsarfilms/lib_handbooks_e07.pdf]
Shannon, M.C. 1997. "Adaptation of Plants to Salinity." *Advances in Agronomy* 60: 75–120.
Sheehy, J.E., P.L. Mitchell, and B. Hardy, eds. 2000. *Redesigning Rice Photosynthesis to Increase Yield. Amsterdam: Elsevier Science.*
Sheehy, J.E., S. Peng, A. Dobermann, P.L. Mitchell, A. Ferrer, J. Yang, Y. Zou, X. Zhong, and J. Huang. 2004. "Fantastic Yields in the System of Rice Intensification: Fact or Fallacy?" *Field Crops Research* 88 (1): 1–8.
Sombilla, M., M.W. Rosegrant, and S. Meijer. 2002. "A Long-Term Outlook for Rice Supply and Demand Balances." In M. Sombilla, M. Hossain, and B. Hardy, eds., *Developments in the Asian Rice Economy.* Los Baños: International Rice Research Institute.
Sripongpangkul, K., G.B.T. Posa, D.W. Senadhira, D. Brar, N. Huang, G.S. Khush, and Z.K. Li. 2000. "Genes/QTLs Affecting Flood Tolerance in Rice." *TAG Theoretical and Applied Genetics* 101 (7): 1074–81.
Stoop, W., N. Uphoff, and A. Kassam. 2002. "A Review of Agricultural Research Issues Raised by the System of Rice Intensification (SRI) from Madagascar: Opportunities for Improving Farming Systems for Resource-Poor Farmers." *Agricultural Systems* 71 (3): 249–74.
Tabbal, D.F., B.A.M. Bouman, S.I. Bhuiyan, E.B. Sibayan, and M.A. Sattar. 2002. "On-Farm Strategies for Reducing Water Input in Irrigated Rice: Case Studies in the Philippines." *Agricultural Water Management* 56 (2): 93–112.
Tilman, D., K.G. Cassman, P.A. Matson, R. Naylor, and S. Polasky. 2002. "Agricultural Sustainability and Intensive Production Practices." *Nature* 418 (6898): 671–77.
Tuong, T.P., and B.A.M. Bouman. 2003. "Rice Production in Water Scarce Environments." In J.W. Kijne, R. Barker, and D. Molden, eds., *Water Productivity in Agriculture: Limits and Opportunities for Improvement.* Wallingford, UK: CABI Publishing.
Tuong, T.P., B.A.M. Bouman, and M. Mortimer. 2005. "More Rice, Less Water—Integrated Approaches for Increasing Water Productivity in Irrigated Rice-Based Systems in Asia." *Plant Production Science* 8 (3): 231–41.
Tuong, T.P., S.P. Kam, C.T. Hoanh, L.C. Dung, N.T. Khiem, J. Barr, and D.C. Ben. 2003. "Impact of Seawater Intrusion Control on the Environment, Land Use, and Household Incomes in a Coastal Area." *Paddy Water Environment* 1 (2): 65–73.
Wang, H., B.A.M. Bouman, D. Zhao, C. Wang, and P.F. Moya. 2002. "Aerobic Rice in Northern China: Opportunities and Challenges." In B.A.M. Bouman, H. Hengsdijk, B. Hardy, P.S. Bindraban, T.P. Tuong, and J.K. Ladha, eds., *Water-Wise Rice Production.* Los Baños, Philippines: International Rice Research Institute.
Wassmann, R., N.X. Hien, C.T. Hoanh, and T.P. Tuong. 2004. "Sea Level Rise Affecting Vietnamese Mekong Delta: Water Elevation in Flood Season and Implications for Rice Production." *Climatic Change* 66 (1): 89–107.
Wassmann, R., H.U. Neue, R.S. Lantin, K. Makarim, N. Chareonsilp, L.V. Buendia, and H. Renneberg. 2000. "Characterization of Methane Emissions from Rice Fields in Asia. II. Differences among Irrigated, Rainfed, and Deepwater Rice." *Nutrient Cycling in Agroecosystems* 58 (1–3): 13–22.
Witt, C., A. Dobermann, S. Abdulrachman, H.C. Gines, G.H. Wang, R. Nagarajan, S. Satawatananont, T.T. Son, P.S. Tan, L.V. Tiem, G.C. Simbahan, and D.C. Olk. 1999. "Internal Nutrient Efficiencies of Irrigated Lowland Rice in Tropical and Subtropical Asia." *Field Crops Research* 63 (2): 113–38.
Yang, X., B.A.M. Bouman, H. Wang, Z. Wang, J. Zhao, and B. Chen. 2005. "Performance of Temperate Aerobic Rice under Different Water Regimes in North China." *Agricultural Water Management* 74 (2): 107–22.
Ziska, L.H., O. Namuco, T. Moya, and J. Quilang. 1997. "Growth and Yield Response of Field-Grown Tropical Rice to Increasing Carbon Dioxide and Air Temperature." *Agronomy Journal* 89: 45–53.
Zwart, S.J., and W.G.M. Bastiaanssen. 2004. "Review of Measured Crop Water Productivity Values for Irrigated Wheat, Rice, Cotton, and Maize." *Agricultural Water Management* 69 (2): 115–33.

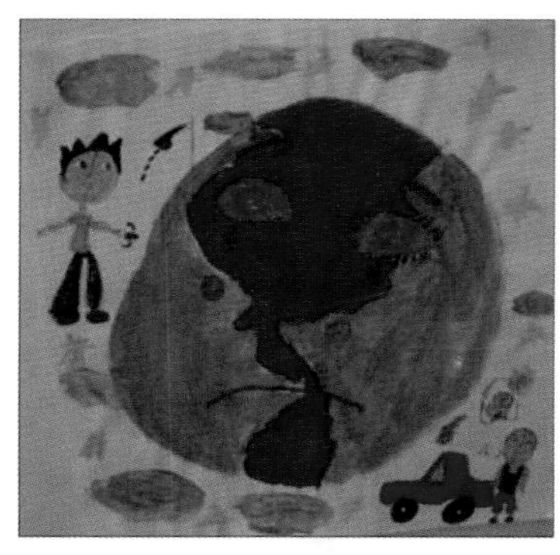

保育土地

墨西哥艺术家:Luis Armando Pina Anaya

第 15 章 保育土地资源——保护水资源

协调主编: Deborah Bossio

主编: William Critchley, Kim Geheb, Godert van Lynden, and Bancy Mati

主要作者: Pranita Bhushan, Jon Hellin, Gunnar Jacks, Annette Kolff, Freddy Nachtergaele, Constance Neely, Don Peden, Jorge Rubiano, Gemma Shepherd, Christian Valentin, and Markus Walsh

概览

有效管理水资源的关键一点就是要深入理解相互之间关系密切的水循环和土地管理。每一个土地利用的决策都是水资源利用的决策。提高农业水管理的水平以及改善贫困人口的生计都需要缓解或防治土地退化问题。由于农业土地利用决策失误造成的侵蚀、污染、养分耗竭、植被覆盖度降低、土壤有机质下降等问题都会威胁生态系统,改变全球水文循环,并对水量、水质和水分生产力造成严重的负面影响[WE]。全世界有一半以上的农业用地和半数的河流都不同程度地出现了退化现象[EBI]。土地退化的主要原因在于农用地的使用不当。由于全世界80%的穷人直接依靠农业为生,土地退化对发展中国家的小农户伤害尤甚。土地退化使农户不得不面临的关键问题有:劳动力的回报下降;土地退化对健康的影响,包括营养不良的比例增加;饮用水的污染。

土地退化是由土地利用所处的复杂的社会政治和经济环境所驱动的。政策和生计决策都没有将驱动土地退化的过程和后果之间的相互关系考虑进去。社会政治和经济制度常会造成土地产权没有保障;政治环境还会压制创新和变革调适;不平等的性别间关系常常造成资源使用者不能参与到管理决策中去。在某些案例中,开发项目要坚持进行土地涵养措施,但这些措施却不能和其环境相适应,并且超出了当地的承受能力。而在另外一些案例中,对创新的压制也许更为敏感——因为创新实质上是一种表达自由的方式,而这种自由可能会使主流政治意识形态感到坐立不安。

> 在很多生态脆弱的地区,小农户有着直接影响土地利用和用水管理的巨大的未经开发的潜力。

小农户农业是防治或缓解发展中国家土地退化措施的重要切入点。小农户农业是大多数发展中国家农村经济的支柱,并且这种支柱地位在可预见的未来不会改变。在很多生态脆弱的地区,小农户有着直接影响土地利用和用水管理的未经开发的巨大潜力。小农户占世界农村贫困人口的大多数,他们所拥有的通常是边缘的和脆弱的土地资源。因此,把对土地和水资源开发和保育的投资以及人力资源能力建设的重点放在这个层面是合情合理的。支持小农户农业为发展中国家实现联合国千年发展目标提供了最佳机遇。

为实现平衡粮食生产、脱贫和资源保育等多重目标,需要寻求能够支持参与式可持续土地管理的综合解决方案。还需要采取政策和行政管理行动,为缓解并遏制土地退化而需要的治理措施和行动创造良好的社会政治环境。另外,还需要从采用适当的技术、综合管理土壤和水资源、完善市场基础设施和制度环境等方面支持这种动议。传统的土地利用系统不是静止的。如果有实现的机会和实现的能力的话,土地的使用者就会改变他们培育土地的方式以减缓甚至逆转土地退化的进程。无论是从传统耕作方式还是从适应当地条件有所创新的工作方式中取得的成功案例中,我们都可以总结出有益的经验为土地的使用者提供一整套可选择的措施。通过实施能够提高系统弹性而可以抵御极端气候事件和气候变异的资源保育型的农业生产措施,就有可能实现可持续地提高土地和水分生产力的目标。这一点非常重要,因为这会降低贫困农民常常会遭遇到的脆弱性和不确定性。

提高农业土地的多功能性是脱贫、资源保育、国际性对粮食安全问题的关切、生物多样性保护以及固碳等诸多问题的交汇点。有太多的土地利用政策和研究都没有意识到不同景观之间具有相互关联的特性。处理从单个农场一直到景观水平的土地退化问题需要实施一系列的综合措施,这些措施应该着重于资源保育型的农作策略,并以达成可持续的土壤和水分生产力为目标。生态农业措施可以在农业生产、水资源和野生生物多样性之间架起桥梁,发挥协同增效作用,从而使生态系统整体受益。吸取生态农业做法的土地和水资源综合管理措施会起到固碳和净化水质的效果[WE],尽管还需要收集更多定量的和具体位点上收集的证据。

我们还需要开展能够支持并促进可以吸纳和支撑高密度人口的土地利用体系的研究。全球人口增长不会很快稳定下来,因为发展中国家是人口增长的主力军。但人口的增长不一定就是土地和水资源退化的同义语,尽管大家对这个观点还存在不同意见。很多地方的人口增长反而导致了改善土地投资的增长和土地保育措施的加强。正在致力于解决人口和土地矛盾的国家应该将人口增

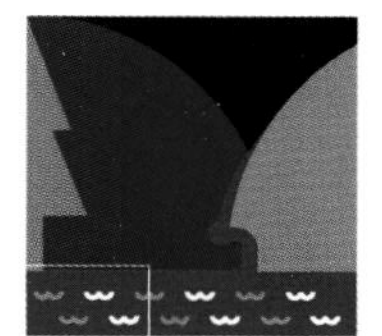

长问题和对土地利用系统的研究问题耦合起来,将研究和政策的重点放到那些能够通过提高单位土地的劳动生产率和增加单位土地创造财富的方式来吸纳较高人口密度的解决方案上。如果要深入理解土地退化的驱动力、确定合理的管理路径、评估过去实施干预措施的效果,那么就必须对土地和水资源之间相互作用——尤其在小流域尺度上——进行科学严谨的论述。

土地退化的关键因素

全球人类诱导的土壤退化评估(GLASOD)是20世纪80年代实施的对全球土壤退化范围和程度的首次尝试(Oldeman, Hakkeling, and Sombroek 1991),直到今天还是唯一统一的全球性土壤退化数据。GLASOD描绘的图景是暗淡的(框15.1)。根据其评估结果,非洲的耕地退化最为显著,退化面积占其耕地总量的65%,而拉丁美洲是51%,亚洲为38%。非洲的草地退化同样最为严重,其草地总量的31%受到影响,相比之下,亚洲为20%,拉丁美洲为14%。森林退化在亚洲最为严重,影响了其森林总面积的27%,非洲是19%,拉丁美洲是14%。基于GLASOD的数据,Wood, Sebastian 和 Scherr(2000)估算出全球40%的农用地处于温和程度的退化状态,9%处于严重退化状态,造成全球作物减产13%。在1992年,在GLASOD取得的数据成果的有力支持下,着重于解决荒漠化问题的《联合国防治荒漠化公约》在联合国环境和发展大会上正式签署。尽管土地退化

框 15.1 全球人类诱导的土壤退化评估(GLASOD)——首次进行的全球土壤退化评估项目

全球人类诱导的土壤退化评估(GLASOD)在20世纪80年代开始调查全球土壤退化情况(Oldeman, Hakkeling, and Sombroek 1991)。它采用的是专家意见法——根据熟悉所在国家和地区土壤退化状况的专家的评估意见。最终的统计数字在以全球各大洲为单元分类后,得出了水对土壤的侵蚀在世界范围内都是最突出的土地退化问题(见本框附表)。造成土壤退化的其他原因主要是各种各样的化学退化,如土壤肥力下降和土壤污染,以及物理退化,如土壤的压实和渍水。GLASOD是首次对全球土壤退化的综合性评估。它提高了对这个问题严重性的认识程度以及进一步努力的方向,直到今天仍然具有重要意义:

- 对遏制退化的措施进行评估。
- 采用更加客观的、定量化的方法继续评估(尤其是在更小的空间尺度上)。
- 数据的检验和更新。

当然,GLASOD也存在一些局限性。它覆盖面积大,空间分辨尺度过大,很难进一步分解到国家尺度。它主要根据专家的定性和主观判断,这样做也许会过多地关注那些可以见得到的和明显的土地退化问题,如侵蚀。并且它过多地以问题为中心。

在GLASOD之后,还进行了一些区域性的研究,如南亚和东南亚地区人类诱导土壤退化状态的评估(van Lynden and Oldeman 1997)和世界荒漠化制图(Middleton and Thomas 1997)。目前还在进行中的世界旱地土地退化评估项目有望在不远的将来为我们提供更多土地退化的数据。

框 15.1　全球土壤退化评价——第一项全球评估(续表)

全球人类诱导土地退化面积(10^6 hm^2)

类型	轻度	中度	重度	极重度	总量
水蚀	343.2	526.7	217.2	6.6	1 093.7(55.6)
表土损失	301.2	454.5	161.2	3.8	920.3
地表形变(如沟蚀)	42.0	72.2	56.0	2.8	173.3
风蚀	268.6	253.6	24.3	1.9	548.3(27.9)
表土损失	230.5	213.5	9.4	0.9	454.2
地表形变(如沙丘形成)	38.1	30.0	14.4	–	82.5
地表掩埋	–	10.1	0.5	1.0	11.6
化学侵蚀	93.0	103.3	41.9	0.8	239.1(12.2)
养分损失	52.4	63.1	19.8	–	135.3
盐渍化	34.8	20.4	20.3	0.8	76.3
污染	4.1	17.1	0.5	–	21.8
酸化	1.7	2.7	1.3	–	5.7
物理侵蚀	44.2	26.8	12.3	–	83.3(4.2)
压实	34.8	22.1	11.3	–	68.2
滞水	6.0	3.7	0.8	–	10.5
有机土壤的地表沉降	3.4	1.0	0.2	–	4.6
总量	749.0(38)	910.4(46)	295.7(15)	9.3(1)	1 964.4(100)

–符号表示零或可忽略数值

注:括号内的数字是占总量的百分数。轻度土壤退化是指在局部农田中发生的在可控范围内的生产力下降,占全球退化土壤面积的38%。约有46%的土壤处于中度退化状态,生产力下降幅度更大。修复中度退化土壤一般来说超出了发展中国家农民的能力范围,需要更多的投入才能恢复生产力。有3.4亿hm^{2}的中度退化面积分布于亚洲,而非洲则有1.9亿hm^2。大约15%的退化土壤属于重度退化。农田水平的治理措施已经不再起作用,需要进行大型工程措施或在国际援助下才能恢复生产力。重度退化土壤在非洲有大约1.24亿hm^2,亚洲有1.08亿hm^2。极重度退化的土壤一般被认为不可治理,约占世界所有退化土壤面积的0.5%,其中超过500万hm^{2}分布于非洲。

来源:Oldeman, Hakkeling, and Sombroek 1991.

问题不仅仅指的是荒漠化(框15.2),但这个公约的签订却将土地退化紧密地置于解决全球环境退化问题的日程中。对土地退化速率估计值的不确定性要大于对退化面积的估计值,差异在每年500万~1000万hm^{2}之间(Scherr and Yadav 1996)。

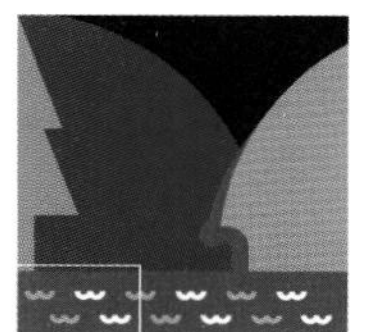

框 15.2 什么是荒漠化?

荒漠化并不是简单的"沙漠扩展"的含义,而是涵盖更为复杂的概念。联合国防治荒漠化公约中定义的荒漠化概念是:干旱、半干旱和半湿润干旱地区由于气候变化和人类活动造成的土地退化现象。荒漠化的伴随产物是土地的自然潜力的降低,以及地表水和地下水资源的耗竭。荒漠化是全球尺度上的现象,威胁着世界上大约2/3的国家和1/3的地球表面积,其中有1/5的人口生活在受荒漠化影响的地区。土地对荒漠化的脆弱程度主要受气候、地面起伏、土壤和天然植被状态以及农民和牧民利用土壤和植被资源方式的控制。由于很多最贫困的土地利用者都生活在较为干旱的地区,防治荒漠化的计划需要和脱贫项目紧密结合。

土地退化的最根本原因是土地利用不善。土地退化指的是土地支撑人类生计所必需的生态系统或景观的支撑功能或服务能力的衰减。当农业开发取代天然植被的时候,作物生产的集约化就会以产量最大化为目标,农民通过限制植被的种类而简化了农业生态系统的组分。这种植被上的改变会马上对景观内的用水和水循环造成影响,导致生物多样性的丧失,以及农业生态系统网络的复杂性比天然条件下的系统复杂性降低(见本书第6章有关生态系统的论述)。随着时间的推移和农业生产的持续,尤其是在边缘性或脆弱的土地上的生产,就会造成自然资源的退化,对水资源的冲击也会随之加大。

本节重点关注主要的土地退化类型和水之间的关系:

- *有机质损失和土壤的物理退化*。土壤有机质对管理生态系统水循环来说必不可少。有机质的耗竭对土壤的入渗能力和孔隙度、局部和区域水循环、水分生产力、植物生产力,以及生态系统弹性和全球碳素循环都会产生显著的消极影响。
- *养分耗竭和土壤的化学退化*。普遍存在于农业土壤中的养分耗竭是产量下降、农田尺度(原位)水分生产力低下以及农田外(离位/异地)水污染的首要原因。盐碱和内涝威胁着全世界大多数的高产农田并对地下水造成污染。
- *土壤侵蚀和淤积*。加速的农田(原位)土壤侵蚀会造成大幅度减产,并会导致下游河道淤积以及水体的污染。这也是造成很多水利和灌溉基础设施投资失败的主因。
- *水污染*。农业是全球非点源(面源)污染的主要来源,而城市化的快速发展则是大量污水排放的主要来源。水质问题和水量问题同样严重,但很多发展中国家还未对此引起足够重视。

有机质损失和土壤的物理退化

土壤有机质是管理生态系统水循环的必不可少的组分。目前记录在案的最有名的例证就是当土地退林变耕后,尤其是伴随着焚烧作业,发生的土壤有机质丧失和生产力的急剧下降。还有难以发现的通过细沟间侵蚀发生的有机质的损失，这个过程会有选择性地将土壤中富含有机质和无机养分的颗粒冲走，而留下贫瘠的表土。土壤有机质丧失所造成的恶劣影响不只局限于产量下降，它还会严重干扰水循环。

土壤有机质降低，加上随之而来的土壤动物区系活动下降(农药使用和不合理的耕作方式会使问题更加恶化)，会促使土壤团聚体的崩解，造成表土结皮(Valentin and Bresson 1997)。这会导致孔隙度降低、入渗性能下降、径流增加。而重型农机和过度放牧造成的土壤压实会引起地面径流，即便是在通常渗透性很好的土壤上(Hiernaux and others 1999)。这种改变会增加洪水和水蚀风险。在坡面地貌上，强降雨及其引起的径流加剧细沟间侵蚀(照片15.1)。径流会沿着土面的通道聚集，冲成细沟和冲沟。

摄影：William Critchley

照片 15.1　墨西哥的一处出现细沟侵蚀的坡耕地。

土壤的退化就会改变小流域内沿水流通道进行的水流量的比例，从而更易加快地表的快速坡面流(径流)并降低亚表层的壤中流的流量。在原始的或管理良好的环境下，较高的入渗率是常规状态。但这些环境的退化却形成了一个负面的、自我加速的反馈环(图15.1)。

通过控制入渗率和土壤持水性能，土壤有机质在缓冲由于气候异常和不确定性造成的产量不稳定性方面发挥了关键作用。很明显，有机质是可以改善系统弹性的最重要的生物物理性质之一。土壤有机质储存了全球陆地碳汇的40%，是大气中碳汇的两倍(Robbins 2004)。而农业管理措施不善是碳排放和气候变化的一个重要的源头。

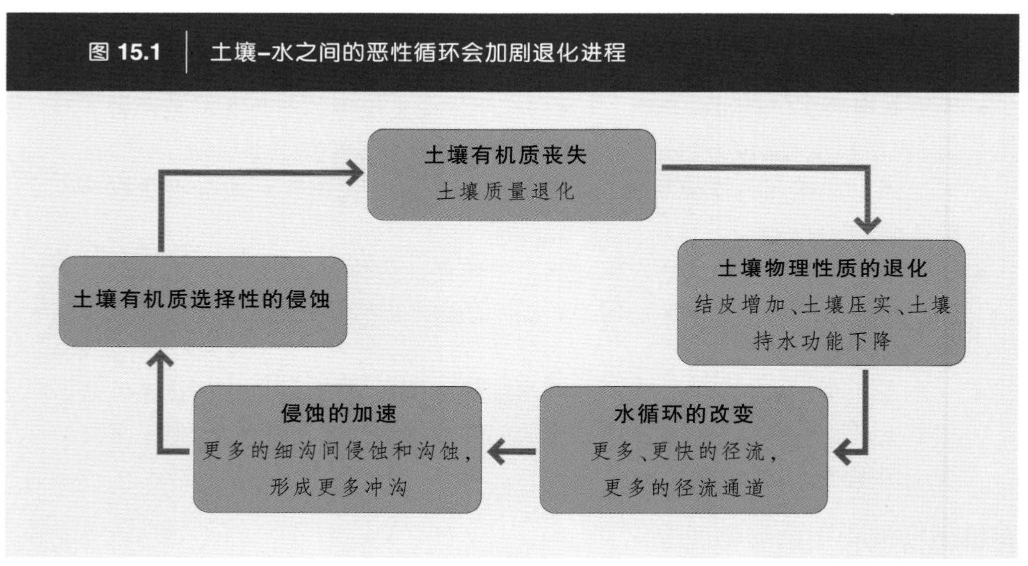

图 15.1　土壤-水之间的恶性循环会加剧退化进程

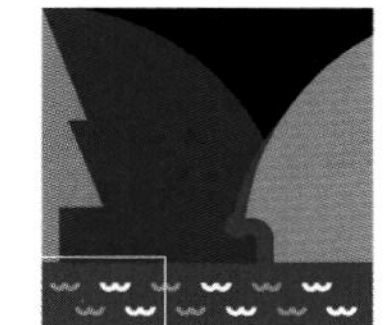

养分耗竭和土壤的化学退化

从森林到农场，从农村到城市，从陆地生态系统到海洋，甚至跨越大陆之间，都会发生养分的单向流动（Craswell and others 2004）。这就会导致源的养分耗竭，以及汇的污染。使养分流动循环起来十分关键，尤其是在城市化进程加速、养分运动的不平衡加速的情况下（Vlek 2005）。

从全球看，作物从土壤中吸取的养分只有一半左右能够被归还土壤。这种对土壤养分的耗竭常常会导致土壤肥力水平下降制约着产量，并会严重降低水分生产力。而很短的休闲期并不足以补偿土壤中有机质的损失，从而导致土壤养分的大量流失。例如，马里南部农民的收入中有大约40%来源于对土壤本身养分的利用，而仅有不到11%的毛收入被重新投资于农业生产（Steiner 1996）。很多非洲、亚洲和拉丁美洲国家农业土壤的养分耗竭十分严重已经使现有的农业土地利用方式不可持续（Craswell and others 2004）。而养分平衡分析结果则表明，亚洲很多国家的养分耗竭强度都在每年每公顷50kg大量元素的水平上（Sheldrick, Syers, and Lingard 2002）。

> 从全球看，作物从土壤中吸取的养分只有一半左右能够被归还回土壤。这种对土壤养分的耗竭常常会导致土壤肥力水平下降制约着产量，并会严重降低水分生产力。

非洲的形势尤其严峻，在东非和南非的某些国家，养分耗竭量估计值达到了平均每年47kg氮/hm^2，每年6kg磷/hm^2，每年37kg钾/hm^2（图15.2；Smaling 1993; Stoorvogel, Smaling, and Jansen 1993）。但国家水平上的平均值掩盖了很重要的地区差异。在那些农民比较贫困的地方，他们负担不起补充土壤肥力的投入，所以土壤养分的耗竭（选择性侵蚀）水平远远高于其他地区。目前认为养分耗竭是限制非洲小规模农户农业生产的最主要生物物理因素（Drechsel, Giordano, and Gyiele 2004）。

其他重要的化学退化形式还包括土壤微量元素的耗竭，如锌的耗竭会造成生产力的下降并影响人类的营养（Cakmak and others 1999; Ezzati and others 2002）。还有土壤的酸化和碱化问题。其中次生盐碱化直接威胁着可持续的灌溉农业生产。尽管缺乏相关数据，但是估计全球有20%的灌溉农田受到由灌溉水的盐分积累所引发（见本书第9章有关灌溉的论述）的次生盐碱化和涝害的影响（Wood, Sebastian, and Scherr 2000）。

土壤侵蚀和淤积

土壤的侵蚀率几乎总是随着农业活动的增加而提高的。在周年农作体系尤为如此，因为农田表土会季节性地暴露于降雨和风的侵蚀。过去200年间，全球作物生产和牲畜养殖的面积增加了5倍，这对当地和下游的土壤都造成了很严重的问题。

农田原位的土壤侵蚀会通过养分和有机质的丧失而降低产量。这种对作物单产的影响有时会非常严重，严重程度随着土壤类型的不同而变化。侵蚀的初期阶段对产量的影响最大。埃塞俄比亚土壤侵蚀的减产作用，每年平均为1%~2%，尽管经过20多年观察基础产量并未降到300~500kg/hm^{2}以下（Hurni 1993）。

图 15.2　非洲、亚洲和拉丁美洲一些国家养分平衡的估计值表明很多国家都出现养分耗竭的情况

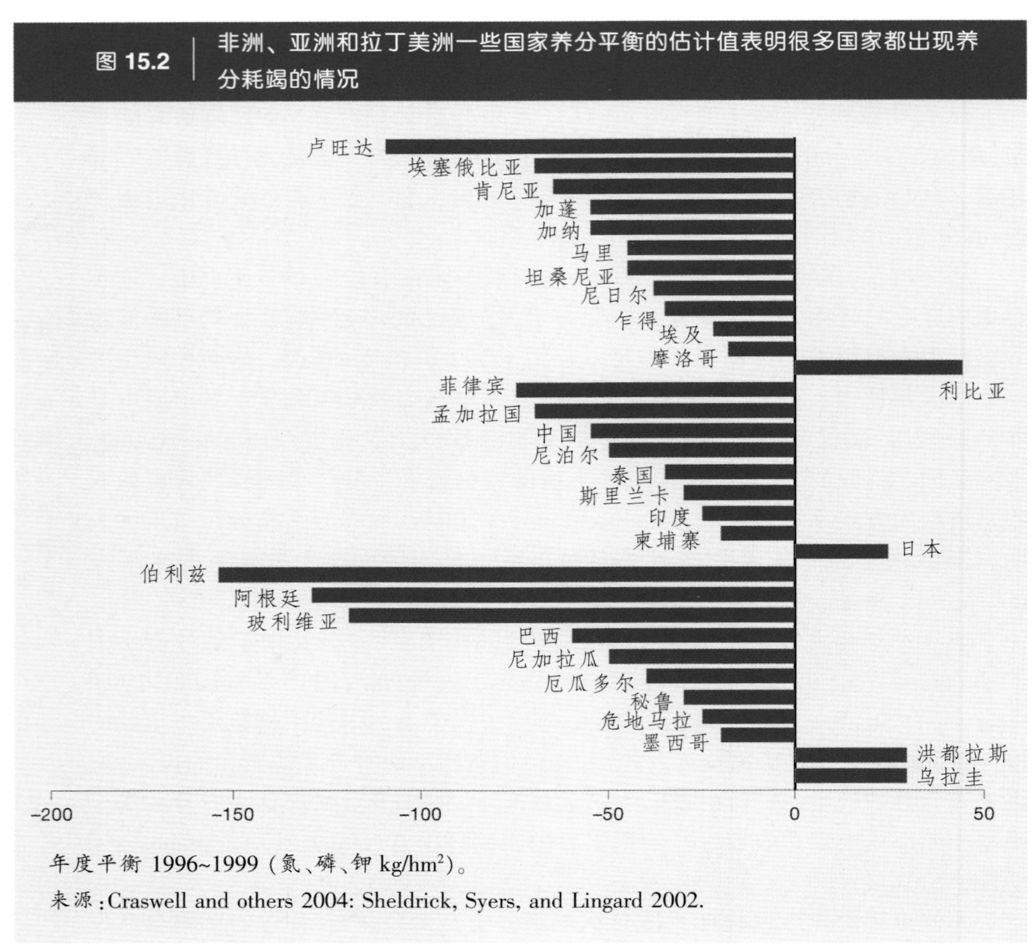

年度平衡 1996~1999 (氮、磷、钾 kg/hm²)。

来源：Craswell and others 2004: Sheldrick, Syers, and Lingard 2002.

但Stocking(2003)的研究却表明在范围更广的土壤上出现的更大幅度的减产(图15.3)。侵蚀还会干扰土壤-水之间的关系：土层深度的降低会造成土壤储水量下降，并破坏土壤结构，造成土壤孔隙度下降。表土的结皮会降低土壤入渗功能，增加地表径流，这不仅是土壤自身的问题，更会造成作物所需水分的净损失。

土壤侵蚀对下游的主要影响是淤积，是主要由人类引发的水污染。河流中泥沙载荷的增加会造成一些实际上和经济上的严重后果。如航道和水库的泥沙淤积、对发电涡轮机组的损害、对灌溉系统的破坏、对水处理设施的损坏。泥沙淤积问题已经造成世界上重要的大型水库的库容能力以每年1%的速率减少。淤积对小型水库和水坝的影响也许更为敏感。在埃塞俄比亚，大部分为了改善贫困人口的生计水平而建造的水库都在运行后的5年之内损失了其一半以上的库容，主因就是上游侵蚀造成的泥沙含量过高，而这些水坝的设计寿命至少是20年(Lulseged 2005)。面对这种状况，政府部门只得停止在Tigray的水坝建设(Vlek 2005)。如果不及时采取措施控制水库中的泥沙含量，世界淡水

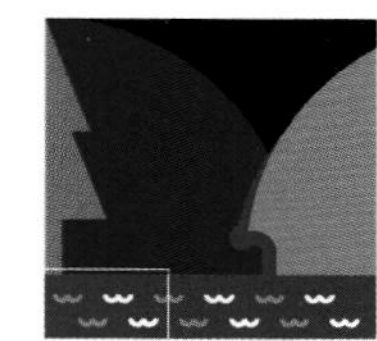

图 15.3 侵蚀造成了某些热带土壤上产量大幅度下降

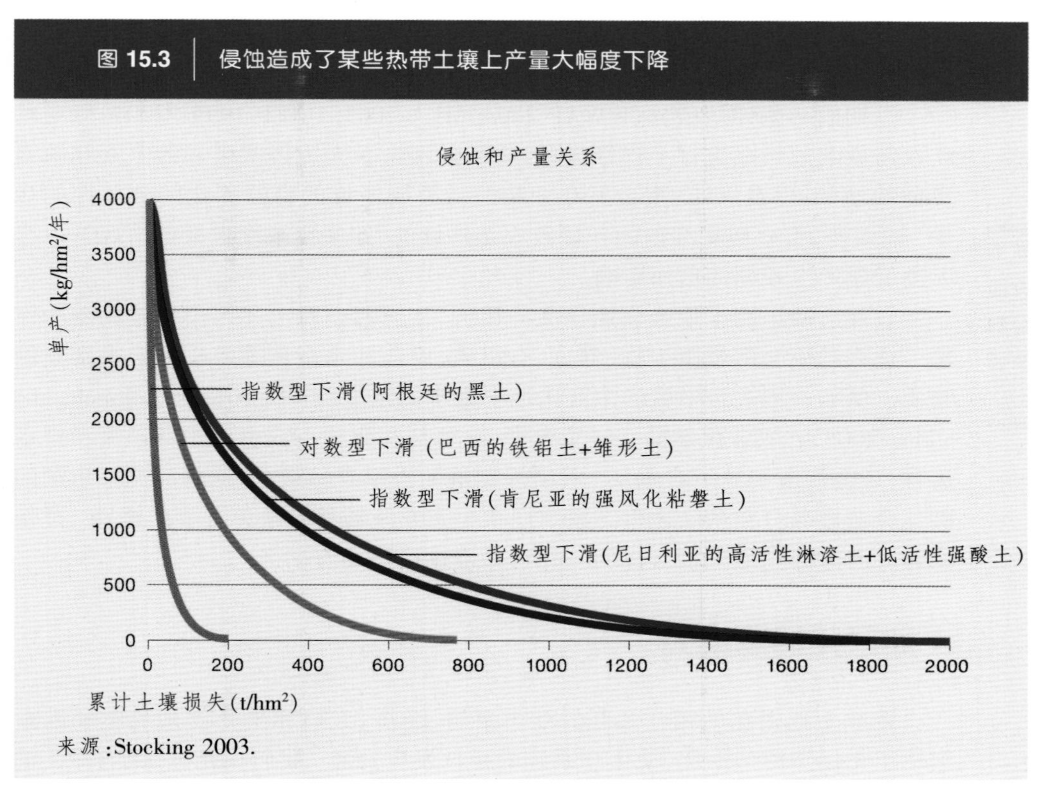

来源:Stocking 2003.

蓄水能力的25%甚至更多将在未来的25~50年间丧失(Palmieri, Shah, and Dinar 2001)。

控制大型水库的泥沙淤积需要实行流域尺度的水土保持措施。由于泥沙来源的多样性,就要求采取不同的水保措施。在喜马拉雅山区,与其他地壳活跃区一样,重力地质事件——滑坡(大部分是自然原因引发,部分由人类的道路施工不善造成)、河岸侵蚀、冲沟——的发生对泥沙的贡献远远超出一直饱受诟病的山地农民的耕作措施所造成的水土流失(Ives and Messerli 1989)。在某些情形下,沟蚀是流域尺度泥沙的最主要来源,通常是土地利用管理措施不当或极端降雨,或是多种因素联合引起的(Lulseged 2005)。草场管理不善或草地退化也会对某些地方的泥沙含量贡献巨大。尽管一般来说草地的侵蚀率小于耕地,但是草地往往对泥沙的贡献大于耕地(见本书第13章有关畜牧生产和用水的论述)。

水污染

在全世界,每天都有大约200万 t的废弃物被倾倒在河流和湖泊中(WWAP 2003)。目前全球有大约12 000km³的污水,大于世界上10个最大河流流域的水量总和,相当于全球6年的灌溉需水总量。在印度,只有不到35%的污水得到了初级处理,小城市和农村地区的污水则很少得到处理。其他发展中国家的情况也类似。

近期的一些评估项目(WWAP 2003; MEA 2005; UNEP 1999, 2004)对全球淡水污染的危状况进行了详细描述,特别强调由于人为因素引起的氮素和磷素负荷的增加,以及农药、重金属和细菌的污染所造成的富营养化的破坏性的后果。而农药、重金属和细菌的环境效应是持续的,即便在浓度很低的情况下也会人类健康产生长期的负面影响。

> 农业活动提高了地表快速径流的比例，从而起到对上述污染推波助澜的作用。

农业活动提高了地表快速径流的比例,从而起到对上述污染推波助澜的作用。地表径流会携带微生物、养分、有机质、农药和重金属等易于在土表富集的物质。例如,地表水中磷的浓度比地下水中的浓度几乎高10倍 (Gelbrecht and others 2005)。农业化学品——杀虫剂、除草剂和化肥——也易于随径流和排水运移,还会渗漏到地下含水层。对河流湖泊的沿岸森林带、湿地和河流三角洲的破坏会造成养分在从陆地生态系统向水生态系统转移时缺乏必要的缓冲。过量的养分会渗漏到地下水、河流和湖泊,并最终运移到海岸带。

土地退化的驱动力

造成土地退化的相互关联的社会政治、经济、人口和生物物理的驱动因素加速了土地资源的退化,使生态系统的弹性发生衰减。我们在此确认了3种关键的驱动力:

- *社会政治和经济驱动力*。人们都是基于特定的社会政治和经济条件做出土地和水资源利用的决策,当然还要考虑土地的自然属性。土地产权、市场和商品价格以及性别之间的关系都会影响到决策。另外,过于压抑的政治环境也会削弱土地利用者设计并实施具创新性的土地和水资源管理措施的能动性和可行性。
- *人口趋势*。在某些条件下,过高的、快速增长的人口密度会对土地和水资源造成严重影响。这在人口迁移到从未开发过的边缘的干旱土地上时(如同在非洲东部快速发生的那样),或贫困农民被排挤到坡度更陡的坡耕山地上时(如同在某些亚洲和中美洲国家容易发生的那样),就会表现得更加明显。上述两种情况下土地退化的脆弱度更高。
- *生物物理因素(自然因素)*。大的自然事件——飓风、热带气旋、地壳活动——对土地退化的影响远大于原来的估计。特别是这些大的自然和地质灾害对穷人的冲击更大,因为贫困人口大部居住在生态更加脆弱且不易从灾害中恢复的地区。

社会政治和经济驱动力

影响人类土地利用决策的社会政治因素和经济因素深深纠结在一起。它们共同决定了哪些人以及多少人可以栖息并利用什么样的土地,以及对资源获取

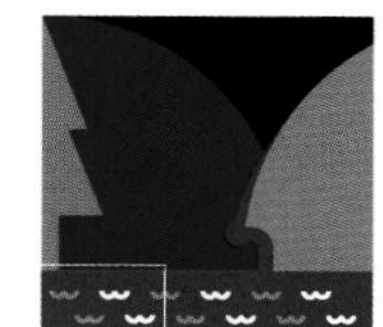

方式的定义、协商和管理。在制定地方政策时套用国家和区域水平的决策方式通常不能达到人们期望的结果，并且还会对土地利用及其密切相关的土地退化产生深远的影响（请参考Blakie 1985就这一问题做出的前卫的讨论）。很多案例都表明，土地利用政策会迫使那些最脆弱的人群向最贫瘠的土地上迁移，这种土地特别易于退化。

导向错误的政策会产生意想不到的后果。老挝民主共和国的平均人口密度为< 15人/km²。然而在其北部的一个代表性的村落，人口的自然增长加上移民和土地保育措施的实施，人口密度猛增到350人/km²可耕地（图15.4）。政策对土地利用和退化的影响倾向于相互抵消，但这种极端案例的发生也不是完全罕见的（Homewood and Brockington 1999；Wily 1999）。

和其他发展中国家的很多地区一样，墨西哥的较贫困的农村社区一般都坐落在坡地上（图15.5；照片15.1）。政策有利于非贫困人群，他们之中有80%的人居住在理想的、平坦的土地上，而66%的农村贫困人口却居住在坡度大于5%的土地上（Bellon and others 2005）。如果要避免土地退化和人口贫困的恶性循环，决策者需要预先估计到这种政策所造成的后果。

土地的产权制度常常会影响到土地管理和利用的方式（McCay and Acheson 1987; Berkes 1989）。功能良好的公共产权体系是建立在取得广泛共识的土地管

图 15.4 | 限制获取土地的移民项目和政策对老挝北部的人口密度产生了巨大影响

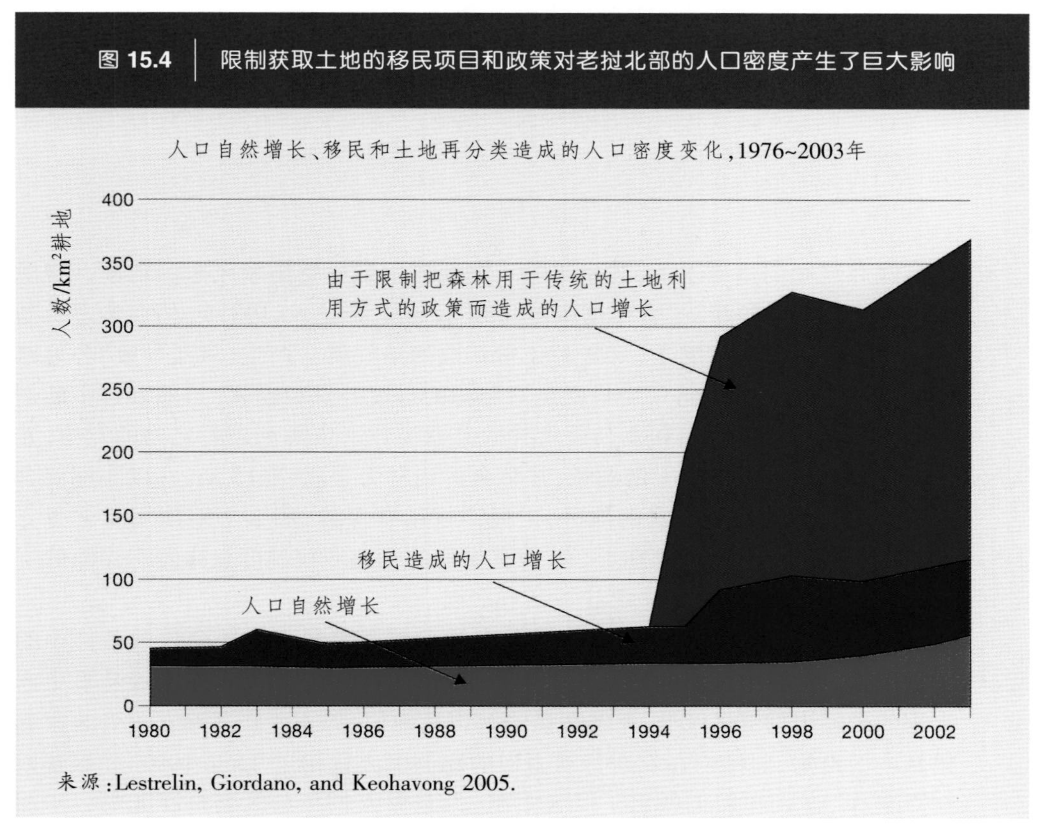

来源：Lestrelin, Giordano, and Keohavong 2005.

图 15.5 墨西哥农村地区，大部分的穷人都居住在坡地上，而大部分的非贫困人群都住在平地上

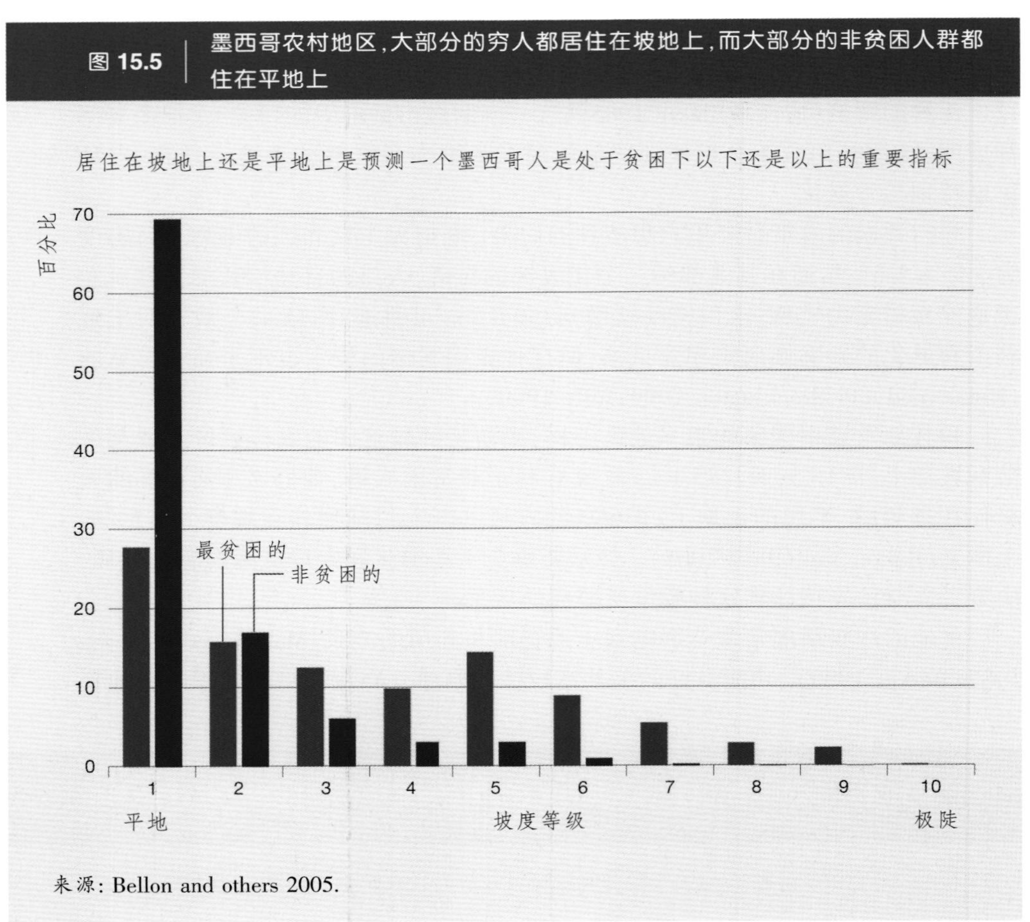

来源：Bellon and others 2005.

理实践和规则的基础上的，其中排除了资源使用者免费搭顺风车的现象。资源使用者之间的竞争很少，合作却很多(McCay and Acheson 1987)。但在治理机制不到位或被打破的情况下，对资源免费获取的条件就会产生，从而导致“公地悲剧”的发生(Hardin 1968)。后果就是对资源的过度开发和退化。自然资源中的例子包括全球渔业的开发和亚马逊森林的乱砍滥伐。资源利用者之间的竞争，尤其是在争夺资源获取权上的竞争，常常会诉诸暴力手段(框15.3)。在以小型混合农场为主要土地利用方式的地区，土地产权越有保障，那么土地使用者就越有可能投资在可持续土地管理上。因为有保障的土地产权制度意味着有保障的资源获取权，但这种权利不一定就是私有产权。

男人和女人之间的关系也是支撑土地和水资源利用的社会政治条件中的关键因素。发展中国家的妇女几乎生产了所有的食物。妇女占东南亚从事生产水稻的劳动力的90%以上；在非洲撒哈拉以南地区，妇女生产了超过80%的家庭最基本的食物，而她们在农业劳动力中的比例也大致相当(Lado 1992)。尽管妇女对耕作、收获和加工做出了巨大贡献，但是男人们——尤其是在非洲——却

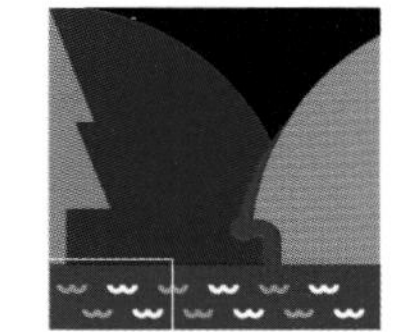

掌握着大部分的对农业资源甚至对妇女劳动力的所有权、控制权和决定权(Ellis 2000)。

发展中国家的很多地区正在从自给自足的经济形态转型为现金和富余生产的经济形态。随着现金在家庭中的突出作用,越来越多的男人出外打工挣钱,而妇女则留在家中承担了农业生产的绝大部分责任 (von Bulow and Sorensen 1993; Francis 1995)。然而,传统的土地所有制和资源获取的模式仍维持不变,使妇女虽然肩负较多的农业劳动责任,决策权却很小。随着现金经济的增长,更多的妇女转向生产男人们控制的经济作物,使得更多妇女不再生产粮食,从而也使男人对妇女的劳动成果有了更大的控制权 (von Bulow and Sorensen 1993; Mearns 1995)。

由于妇女对土地的控制权以及在上面种什么的决定权较小,就会对家庭的营养状况产生深远的影响。

这种不平等的性别关系所造成的后果就是与土地关系最密切且在日常劳动的基础上最熟悉土地管理的妇女却被排除在影响土地利用的决策之外。相反,妇女照管土地的技巧比男人高(见本章框15.7)。尽管从表面上看,男人能取得更高的单产,但这种产量差异主要是由于男女之间获取农业投入的不平等造成的。在非洲撒哈拉以南地区,妇女受的教育(包括农技培训)更少,获取的用于购买肥料的现金也比男人少。因此,不平等的财产对这个地区粮食和营养安全的影响大于其他地区。布基纳法索的男人可以获取更多的肥料,也可以获取更多的家庭成员和非家庭成员的劳动力来为其农田劳作。将这些资源重新配置给妇女会使家庭农业产出提高10%~20%(Alderman and others 2003)。在肯尼亚,如果女性农民与其男性对手拥有同样水平的教育、经验和农田投入水平的话,她们的玉米、豆类和豇豆的单产水平会提高22%(Alderman and others 2003)。

由于妇女对土地的控制权以及在上面种什么的决定权较小,就会对家庭的营养状况产生深远的影响。妇女在家庭养殖牲畜和销售畜牧产品上的作用对于

框 15.3 | 对肯尼亚北部的牧民而言,暴力是一种维持生计的策略

肯尼亚北部(包括 Borana, Rendille, Samburu 和 Turkana 地区)的牧民在管理不善的土地上放养牛群,这些土地与索马里、苏丹和乌干达等邻国防范不严的边境毗邻。由于兽医服务的改善和对疾病的控制加强,很多牧民社区的畜群在恶劣环境下的发病率下降、生长期延长、存活率提高。由于畜群规模的扩大,所以很多牧民都寻求突破传统的族群之间的边界,为畜群寻找新的牧场。

索马里、南苏丹和乌干达东北部的骚乱已经持续了几十年,这意味着寻求新牧场的努力可以得到现代化武器的帮助。在肯尼亚旱灾或旱季,不同地区族群之间以及与邻国的不同部落之间的武装冲突("AK47 放牧")十分普遍(Gray and others 2003)。这种攻击的目的不单单为了确保放牧安全,也是为了能通过对牛群的惊吓而获取更多的牲畜。对于胜利的攻击者来说,武装袭击会获取额外的牲畜,还可以开辟新的牧场,从而使他们的生计更有保障。而对于被攻击者而言,袭击会对其生计造成严重后果。由于袭击在该地区十分普遍,所以它对当地人生计策略的成败都至关重要(Hendrickson, Armond, and Mearns 1998)。

家庭营养状况而言同等重要(见本书第13章有关畜牧业和用水的论述)。作为发展中国家儿童的主要看护者,妇女通过其对食物的获取也在决定着发展中国家儿童的营养状况。

人口驱动力

> 几乎没有任何土地利用系统有能力调整气候变化带来的影响,新的土地利用系统必须逐渐演化出应对这种降雨分布的解决方案。

在人口密度较低和人均资源较丰富的情况下,土地退化很少会成为问题。但随着人口增加,土地退化问题会加速,这个过程主要是由于人口和牲畜的数量超过了土地的"承载力"造成的。人口压力和土地(和其他资源)退化的关系存在争议,从坚持认为两者的正相关关系的马尔萨斯一派的思想家们(Ehrlich 1968),到强调人口的增长恰恰能激发土地管理上的革命的一派(该论点首先由Boserup 1965提出; 还可以参考Tiffen, Mortimore和Gichuki 1994; Scherr 1999)。如果条件适宜,较高的人口密度会刺激土地保育和良好的土地培育措施的实行。

但在缺乏适宜条件的情况下,人口密度过高会造成严重问题(框15.4)。尽管城市化进程在加速,发展中国家大部分农村地区的人口依然在增加,后果就是耕地地块面积减少并且向质量较差的边缘土地扩展,如坡耕地或降雨量稀少或降雨模式不正常的地区。农村人口的增长对资源的需求量会增加,这种形势还会被城市人口的同步增长而恶化。这些因素互相叠加就会造成严重的土地退化。

如果农民太少也会造成问题。在年轻一代的农民移民到城市工作和生活后,农业劳动力的来源缩减了,这就使一些农田基础设施——如梯田和灌溉工程——的维护变得在经济上不太合算。古老的梯田农作体系也许会就此崩溃(Critchley, Reij, and Willcocks 1994)。对肯尼亚Machakos地区的土地退化和人口增长之间关系研究证明了经济发展的起飞需要最低程度的人口密度为保障;如果人口太少,投资不能产生回报,资源退化则会继续下去 (Templeton and

框 15.4 | 来自非洲的有关人口增长和土地退化的反差很大的案例

Planchon 和 Valentin 利用现有的土壤侵蚀和人口增长的关系计算出西部非洲土地退化的面积将会在未来的 30 年增加 202 000 km^2,退化土壤面积增加 13%。受到水蚀影响的土地面积将增加 26%,主要分布于湿润的热带稀树草原区(年降雨量可达 1000~1500 mm)。尽管比最湿润地区的稠密的人口密度要低,湿润热带稀树草原地带的很多地方的人口密度还是超过了 70 人/km^2,是易受水蚀影响地区的临界密度值。在最湿润的地区(年降雨量超过 1500 mm),未经开发的原始地带会由于重型机械的土地清理作业而突然发生侵蚀(Valentin 1996)。

相比之下,Reij, Scoones 和 Toulmin(1996)则证明为应对人口增长的压力,布基纳法索部分地区的农民投入了大量资金来改善其自然资源基础。在降雨增加的协同作用下,他们的投入使植被恢复和水土保持状况比十年前得到了很大的改观。

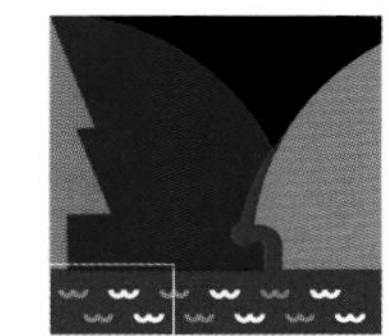

Scherr 1999)。

由于目前对人口密度增加、其发生的条件、土地退化三者之间的复杂关系还没了解清楚,所以当下实行的一些旨在缓解土地退化的干预措施都是基于下述假设的基础上的:较高的和不断增长的人口密度是土地退化的关键驱动力。

生物物理驱动力

天气模式的自然波动(如厄尔尼诺/拉尼娜现象)不管在什么土地利用条件下都会造成极端天气事件的发生,并会对土地产生深远影响。洪都拉斯的Mitch飓风造成的山体滑坡所产生的侵蚀泥沙数量比受灾地区正常情况下年均泥沙产生量高出600多倍,并造成了巨大人员伤亡(Perotto-Bladiviezo and others 2004)。

> 土地退化降低了土地的生产力,从而对粮食安全造成了影响。

人类诱发的气候变化会通过改变降雨和气温模式以及扰乱现有平衡来增加极端天气事件的发生频率。例如,尽管一些地方的平均雨量不会增加(或许还会减少),但是时间分布模式会受到影响,会在一段时期的集中强降雨后紧随长时间的干旱季节。几乎没有任何土地利用系统有能力调整气候变化带来的影响,新的土地利用系统将必须逐渐演化出应对这种降雨分布的解决方案。发达国家是大部分温室气体和其他一些导致全球变暖的排放物的主要贡献者。尽管发展中国家对全球温室气体排放贡献很少,但它们最容易感受到气候变化所带来的炙热的烘烤(框15.5)。在已经发生土地退化的地方,这种脆弱性会显著增加。

贫困和生计

土地退化降低了土地的生产力,从而对粮食安全造成影响。尽管还很难证明土地退化和粮食不安全之间的关系,但毫无疑问的是:贫困人口都聚集在退化最严重和最脆弱的土地上。这样的土地对气候因素——如干旱和洪水——的

框 15.5 | 气候变化已经增加了坦桑尼亚乞力马扎罗山区农业的脆弱度

非洲最早建立的灌溉系统位于乞力马扎罗山区。农业生产的大规模集约化意味着该灌溉系统已经不能满足灌溉需求了,超过85%的灌溉输水损失掉。灌渠维护的不力造成输水渠道千疮百孔,而农田的基本建设不足也妨碍了灌溉水顺利到达田间。过去,这种低效的输水被水资源的丰富和相对较低的农业集约化程度所掩盖。尽管目前山坡上的降雨量还相对丰富(每年1200~2000 mm),但农民之间的相互竞争减少了单位农户得到的水量。所以,来自乞力马扎罗山顶的融化雪水就变得日益重要。但是,雪盖的面积随着平均温度的上升而几近消失,严重威胁着维持了数个世纪之久的土地利用系统,并使该地区人类的脆弱性显著提高。

来源:IUCN 2003.

影响十分脆弱。农民在这样的土地上耕作所遇到的风险不可能简单地用增加投资来缓解，因为贫困使他们无力负担必要的投资。规避风险的成本较高，为了缩短回收成本的时间，小农户就会牺牲土地的可持续性为代价采取集约化的土地利用方式，这无异于对退化的土地雪上加霜。

虽然小农户努力挣扎着与这些困难做斗争，土地生产力还是下降了，同时还带来更多的问题：由于营养不良和为降低风险大量使用农用化学品而影响了人类健康；每单位农业产出所需的劳动力数量提高了。

具有最大的潜在土地和水退化的地区似乎和较高的农村贫困及营养不良现象高度吻合。

土地退化的主要因子和驱动力及其影响会弥漫于依赖土地的社会，使它们更脆弱，更易遭到破坏。本节主要讨论土地退化对人类产生影响的两个关键性的领域：健康和劳动力。

土地退化对人类健康的影响

大约有17亿农村人口居住在出现明显的土地和水退化的边际性土地上(Scherr 1999)。具有最大的潜在的土地和水退化的地区——土壤高度风化、坡度较陡、降雨量不足或过量、高温——似乎和较高的农村贫困和营养不良现象高度吻合(表15.1)。有充分证据表明土地退化对家庭水平的粮食安全造成的不良后果已经影响了很多人(Bridges and others 2001)。土地退化意味着土地生产力的降低，以及增加维持土地生产力所需投入必要性的增加。

土壤退化对小农户的土地生产力的负面影响远远大于对大规模的土地经营者的影响。例如洪都拉斯的较陡的坡地主要由小农户耕作。那些造成不平等的土地分配以及农民绝对数量增长的政策已经致使10%的生产者拥有90%的农用土地面积。土地的短缺以及土地面临的外部压力使自给自足的农业生产方式面临前所未有的困难局面。到1989年为止，洪都拉斯的玉米种植面积下降到只有1952年的49%，而人均生产量则只有1952年的28%。种植豆类的面积只有1952年的15%，人均生产量则只有5%(Stonich 1993，第73页)。Conroy，Murray和Rosset（1996年，第30页）报道说整个中美洲在20世纪80年代玉米生产下降了

表 15.1 发展中国家的区域农村贫困和边际性土地之间的关系

区域	居住在优越条件土地上的农村贫困人口(百万人)	居住在边际性土地上的农村贫困人口	
		数量(百万人)	占贫困人口百分比(%)
非洲撒哈拉以南地区	65	175	73
亚洲	219	374	63
中非和南非	24	47	66
西亚和北非	11	35	76
总数	319	613	66

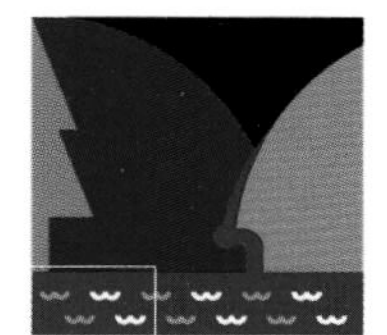

14%，豆类生产下降25%。

在非洲撒哈拉以南地区，疾病肆虐造成的负担尤为严重。疟疾和人类免疫缺陷病毒/艾滋病在非洲的流行程度远大于其他大陆。营养不良和卫生健康服务的缺乏使得这些疾病造成的危害更加严重。疾病流行和土地退化之间存在恶性循环的关系：无论哪个年龄段，被疾病侵害的人照管土地的能力都会下降甚至丧失。

上述这些问题正是大多数发展中国家面临的现状。另外一个令人担忧的问题就是农用化学品对小农户健康的影响，尤其是农药的影响会特别严重。从20世纪40年代开始，在墨西哥Yaqui谷地的低地上生活的农民就开始在他们的灌溉农业中大量使用化肥和农药（Guillette and others 1998）。在20世纪90年代进行的研究中发现，该地区新生儿脐带血和母乳中含有很高水平的多种农药的残留物，这对该地区儿童的身心的发育都会造成严重后果。

土地退化对劳动力的影响

随着土地退化的恶化，生产与原来同样或更多产出的时间就需要延长很多，投入也需要相应增加。所以，土地退化对时间成本、劳动力成本和农业生产投入成本都会产生影响。在老挝的一个搬迁后的村庄中，单产水平急剧下降的同时周年的劳动时间却急剧攀升（Pelletreau 2004）。在休闲期缩短（从9年缩短到3年）、耕种期延长（图15.6；Lestrelin，Giordano，and Keohavong 2005）、不使用肥料的农药的刀耕火种的农业体系中，产量下降与土壤肥力的耗竭和土壤侵蚀密切相关。土地退化却为那些耐受性更强的植被——如杂草——提供了新的机遇。在老挝的案例中，所需劳动力的增加主要是由于杂草的旺长，使手工除草的劳动力从单位面积上的一个增加到4个（de Rouw，Baranger，and Soulilad 2002）。单产在过去的30年间下降了75%。

如上所述，土地退化对水文循环和水质（主要通过土壤以及在流域尺度上）有着深远的影响。随着那些常年有水的河道变成季节性来水，水井干枯、水质下降，获取家庭和牲畜所需要的适当水资源的途径也减少了。相应地，花在供水上的时间和力量增加了。因此，土地退化也会以这种方式来增加劳动力的成本。

就像土地退化对健康引起的负面影响一样，劳动力的增加对生计的成功与否也会产生严重影响。农村生计的成功一直取决于农业生产的多样性和生产力。主要从事种植业的社区也可以从事渔业、采集林业产品、放牧、小生意等。但随着土地的退化，对收入多样性的需求变得更加迫切，迫使很多农村人口从城市、工业或其他来源寻求更多的替代性的收入。同时，随着大多数生产资源的日益紧缺，对资源的竞争会使资源利用者之间的竞争白热化，并最终以暴力手段解决。无论什么原因，土地退化对那些严重依赖生态服务功能和自然资本的人群的冲击都是十分严重、广泛的，并且会向上或向外蔓延，最终成为国家和区域尺度的问题（MEA 2005）。

图 15.6 随着老挝北部的一个村庄的土地退化，周年劳动的日数增加了，而单产和土地生产力却下降了

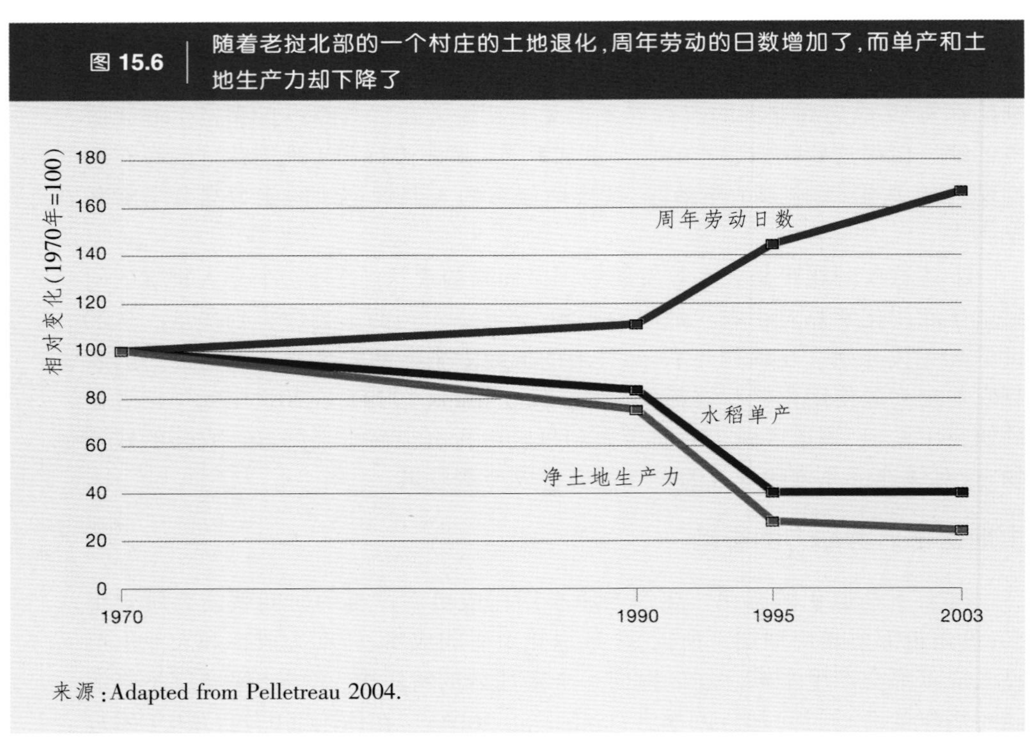

来源：Adapted from Pelletreau 2004.

响应策略

很多土地退化问题的产生是由于对农业生态系统结构简单化处理造成的。为提高单产，农民必须控制杂草、野生食草动物以及病原体，并为其作物施加养分。所有的农业系统都会随着时间或多或少地对环境产生负面影响，只是程度上有所不同：有的在很长一段时期都没有出现可见的土地退化现象，而有的则很快出现土地退化的症状。作为一般性的规则，越是努力控制生态过程，就越有可能很快地出现退化现象。一般来说，如果对生态过程的操纵十分广泛，那么就可以通过对生态系统中添加远远超出小农户承受力的大量农业生产投入的方式来补偿已经出现的土地退化。因此，理性的解决方案是推动实施那些具有复杂结构和最小生态足迹的农业体系。本节考虑了下述4种方式以达成这个目标：

- *重点放在小农户农业*。由于发展中国家的小农户农业将长期存在，农业开发和资源保育的投资应将小农户视为土地和水管理的最有前途的生产单元。
- *实施综合性的可持续土地管理解决方案*。需要尝试采取多样的和协同的措施在景观水平上处理土地退化的问题。这就需要把重点放在有必要的政策

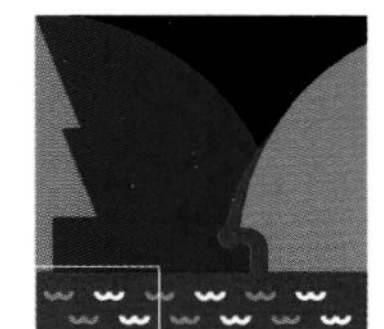

和制度环境支持的资源保育策略和技术的研发上，实现土地和水分生产力的可持续增长，并降低对气候变化的脆弱程度。

- 提高农业景观的多功能性。当农业土地利用被看做更广阔的景观的不可或缺组成部分的时候，农业和其他生态系统的功能就可以得到协同提高。生态农业的策略具有显著优势。景观尺度上的成功案例(所谓的“亮点”)通过提高固碳能力和减少水污染而提供了农业景观多功能性的范例。
- 从高人口密度中创造机会。全球人口增长不太可能在短时期内放慢脚步。因此就需要将重点放在识别那些能够容忍这种高人口密度的土地利用系统上，并制定相应政策以促进这些系统的发展。

> 小农户单元是单个的最有可能影响土地和水资源管理，以达到对农村生计产生明显可见的和积极影响的部门。

重点放在小农户农业

小农户农业占全球农业生产的60%，而发展中国家80%的食物则来源于小农户的生产(Cosgove and Rijsberman 2000)。大部分发展中经济体的增长速度并没有那么快，所以替代性的或者支撑性的产生收入的机会也就不太可能和人口增长同步。发展中世界中的营养不良人群的绝大部分集中于小农户群体（图15.7)。所以，将土地和水资源开发的投资集中于这个层次是合情合理的。重视小农户的理念也体现在最近通过的几个战略性文件中（如，2004年的哥本哈根共识和北京共识)。尽管森林、牧场和其他公共领地也十分重要，但是小农户单元是单个的最有可能影响土地和水资源管理，以达到对农村生计产生明显可见的和积极影响的部门。它也是大多数国家农村经济中最具生产力的部门，也是对土地退化最敏感的部门。土地及对其的利用是发展中国家贫困人口的重要缓冲措施，可以帮助穷人抵御他们身处的脆弱经济环境中的变数。因此，巩固土地利

图 15.7 | 2004 年，小农户占发展中世界营养不良人口的大多数

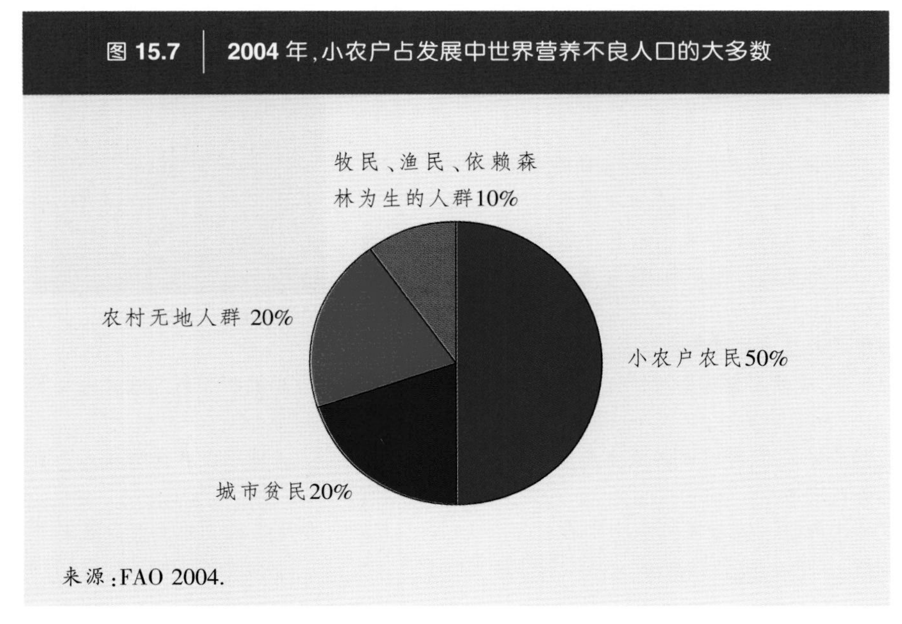

来源：FAO 2004.

用的安全性,提高其利用的可持续性至关重要。

实施综合性的可持续土地管理解决方案

过去20年在资源保育农业领域出现了新的学说(框15.6;Shaxson 1988;Hudson 1992; Hurni and others 1996; Pretty 1995)。该学说主张在强调培训和能力建设以及保证那些应该决定做什么上,把具有攸关利益的人群的高度资源参与方面的决策和执行上引入参与式方法。该学说还承认小农户拥有的本土技能和能力建设对土地的管理和保育来说是重要的地方化资源 (Richards 1985; Warren, Slikkerveer, and Brokensha 1995)。而参与式方法则为开发这些技能和技术提供了空间。

参与式方法的目的是为小农户提供一揽子多种选项的解决方案,而不是应对土地退化的单个的灵丹妙药。该方法还承认生产——而非保育本身——才是

框 15.6 资源保育型农业涵盖了广泛的领域

"资源保育型农业"这个词汇涵盖了所有旨在保育自然资源并最小化对环境的影响的农作系统。它们在方法上具有极其相似之处,如植物的多样化,植物和动物系统的整合,重视土壤质量尤其是土壤有机质,以及在可能情况下利用生物方法调控肥力和防治害虫。下面列出了一些从全局性的整体系统到更针对具体情况的不同农作体系,这些系统常常是结合起来使用:

- 有机农业避免在农作体系中加入人工产品 (如无机肥料和化学农药), 特别强调自然的作用。
- 保育型农业将非翻耕(用免耕或少耕取代犁地)与秸秆覆盖和覆盖栽培及作物轮作结合起来以改善土壤质量,并降低侵蚀和成本。
- 生态农业强调在管理农业景观以促进生产的同时来保育或恢复生态系统服务功能和生物多样性。
- 农林复合系统将林业纳入到农业系统中,并强调林业在系统中的多功能性(见照片)。
- 害虫综合防治利用生态系统的弹性来控制病、虫、草害,只有在这些手段无效时才考虑使用农药。
- 养分综合管理寻求在农作体系内固氮和输入有机和无机养分的需要之间的平衡点,并通过侵蚀防治来降低养分流失的流失。

摄影:William Critchley

肯尼亚的复合农林系统。

- 综合畜牧系统尤其是那些结合了舍饲奶牛、小牲畜、家禽的系统,会提高整体的生产力,实现多样化的生产,利用作物的副产品并产出动物源有机肥。
- 水产养殖将鱼类、虾类和其他水产资源纳入到农作系统中——灌溉水田和池塘——提高体系的蛋白质产出。
- 干旱地区的雨水收集可以通过对径流(泥沙)的捕获而最大化地将稀缺的降雨资源用于生产目的。

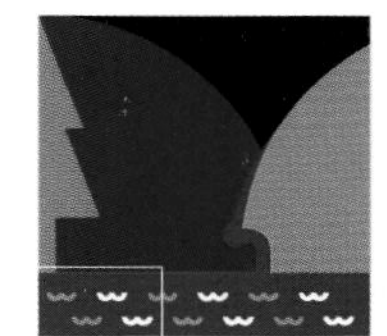

处于资源匮乏状态的贫困农民的优先选项。因此，一些田间技术措施，如秸秆覆盖(照片15.2)、堆肥、覆盖栽培、混作种植、农林复合系统等都应该得到重视。这些措施能起到改善土壤状况、降低被侵蚀的脆弱度并提高产量，从而实现生产和保育的双重目标。另外，坡地种植植物篱，同时还可被当做动物饲料，正在取代那些石头或泥土组成的惰性结构。

摄影：William Critchley

照片 15.2 秸秆覆盖有助于提高生产力，是一种重要的土地保育措施。

这样的措施仍然有其作用，因为它是构成土层变厚、减少异地淤积、提高土壤生物、化学和物理健康状态的一整套措施中的组成部分。而超出规划蓝图狭隘的时间和空间的局限以制定更长远的和更有针对性的计划或过程的必要性正在得到广泛认可。采取一揽子多种选项的方法还要求推广工作者和决策者必须转变态度，因为这种非标准化的解决方案需要容忍更大的灵活性以及对本土化知识的认可。另外，对农民权力和能力的加强还意味着对其他人群的权力和能力的削弱。

最后，建立在广泛知识基础上的对土地退化更好的监测和评价系统是支撑上述努力的关键（其中的一个先行者是世界保育措施和技术概况项目，WOCAT；见网站www.wocat.net）。

新政策强调制度和性别。与土地利用和退化相关的大部分政策都缺乏综合性。例如，解决土地利用某一方面如土地保育的政策也许不会预计到其可能产生的衍生效应，如移民造成的局部人口密度激增和随之而来的土地退化。政策的制定需要预见到其可能造成的间接后果。在这里尤其需要关注的是政策对制度和性别的影响。

制度是在一个服务于集体目的的社会中个人和群体之间行为的常态化的模式(Leach, Mearns, and Scoones 1997;见本书第5章有关政策和制度的论述)。识别并培育那些有针对性的、地方水平的制度以作为决策和土地治理的基础对态度管理者、行政者和决策者而言是一个可资利用的强大工具（Ayre and Callway 2005）。理解地方水平的制度并了解其如何被用来解决土地退化问题对形成社区水平的有效应对策略至关重要。而对成功的资源管理来说，认识到妇女在地方制度中所起到的作用尤为关键(框15.7)。如上所述，发展中国家几乎所有的食物都是由妇女生产出来的，以往和当前的证据都表明妇女能对资源进行公平的管理(Alderman and others 2003)。

亮点——地方的条件、制度和政策环境。农业必须增加产量才能满足不断增长的人口需求。随着土地和水资源的短缺，增产目标必须经由集约化的路径—提高土地和水分的生产力——才能达成。这就需要把重点放在那些最具弹性的土地上面，并且还要承认某些地区过于脆弱而不适宜进行可持续的种植或养殖业的开发。为了能长期可持续地实现上述目标，就需要缓解或防止土地退化，并同时提高土地的生态系统服务功能(McNeely and Scherr 2003)。

有大量证据表明：以可持续的方式从事集约化的农业生产是可行的，平衡人类期望从农业景观中获取的多种物品和服务功能也是可能的。最近一些成功案例已经受到相当的重视[1]。其中一项研究就汇集了438个亮点案例(Noble and

框 15.7 | 妇女在林业社区的领导地位改善了小流域的管理

尼泊尔实行的林业政策鼓励妇女在林业管理中发挥领导作用，多个案例证明了妇女可以有效管理森林。该国第一个妇女用林者协会成立于1990年。到2002年，全国有53个地区的10 901个用林者协会中的442个是妇女组成的团体。而这样的妇女用林者协会的规模从11个人到843个人不等。

妇女对林业资源管理的视野比男人要更宽广。这些妇女委员会将生态可持续的概念引入林业管理，将社区对林业的多重需求考虑在内。例如，妇女支持对Ahal地区的保护，家养的水牛从这个地区的水塘中可以游向森林的下游。她们还在森林和村庄中建立苗圃以促进符合农林系统，增加可用的木材量。与之相比，男性主导的用林者委员会则倾向于通过简单地限制进入作为保护森林的主要措施，而不考虑到社区对燃料木材和饲用林木的需求，从而导致了对森林边缘地带的持续开发和退化。

来源：Pranita Bhushan，尼泊尔水保基金会，个人交流。

others 2006）中涉及的57个国家的1100万个农场的3200万hm^{2}土地上证据（表15.2）。很多农作体系都表现出了生产力的增长。这些被报道的成功案例中的一个重要特征就是它们都是适应其地方特点及其相关的市场、制度和政策环境的。

表 15.2 | 全球57个国家的438个项目中对可持续农业技术和措施的采用和影响

联合国粮农组织对农作系统的分类[a]	农民数量	实施可持续农业的面积(hm^2)	作物单产的平均增长率[b](%)
小农户灌溉	172 389	357 296	169.8 (±197.2)
湿地水稻	7 226 414	4 986 284	21.9 (±32.3)
小农户雨养湿润农业	1 708 278	1 122 840	129.3 (±167.3)
小农户雨养旱地农业	387 265	702 313	112.3 (±122.3)
小农户雨养旱区/寒区农业	579 413	719 820	98.6 (±95.3)
双重混合[c]	466 292	23 515 847	55.3 (±32.4)
滨海人工	220 000	160 000	62.0 (±28.3)
都市农业和厨房菜园	206 492	35 952	158.8 (±98.6)
总量	10 966 543	31 600 351	
加权平均[d]			156.4

a. 根据Dixon, Gulliver和Gibbon (2001)的农作系统分类。

b. 以项目启动前的数字为基数。

c. 大型商业化和小农户农作体系的混合，主要是在拉丁美洲南部地区。

d. 根据每种农作体系的面积进行权重。

来源：Noble and others 2006.

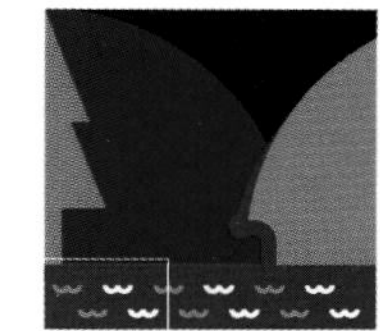

这些案例来源于广泛的农作系统和创新。它们都在不同程度上辅以保育型技术措施（见框15.6），如：针对个人的推广服务，或针对基于社区的小流域管理社区的推广联络关系。相关的非政府组织和政府机构则提供支持。这些案例以及其他来源的证据充分表明了改善土地退化的现状是可能的，尽管全球性退化的大趋势仍然令人担忧。

这些案例还表明了在提高生产力的同时保护和恢复资源是有可能的，因此也意味着没有必要以牺牲资源保育为代价来提高产量。很明显，小农户农业受到的影响是最大的（见表15.2），而基础单产小于1.5 t/hm²的土地上的相对增产率最高（见图15.8）。因此，在非洲撒哈拉以南地区的雨养主导的“公顷单产1 t”土地上实现双赢的潜力最大。在这些低产和退化系统上采用资源保育型农业技术（框15.6）通常意味着有机无机肥料和水分投入的增加，有时还需要增加劳动力投入。因此，一般从高投入农业转型为有机或低投入农业时通常要经历的生

图 15.8 可持续农业措施对初始产量较低的作物生产系统的单产改变作用最大（198 个项目中 360 个作物单产的变化）

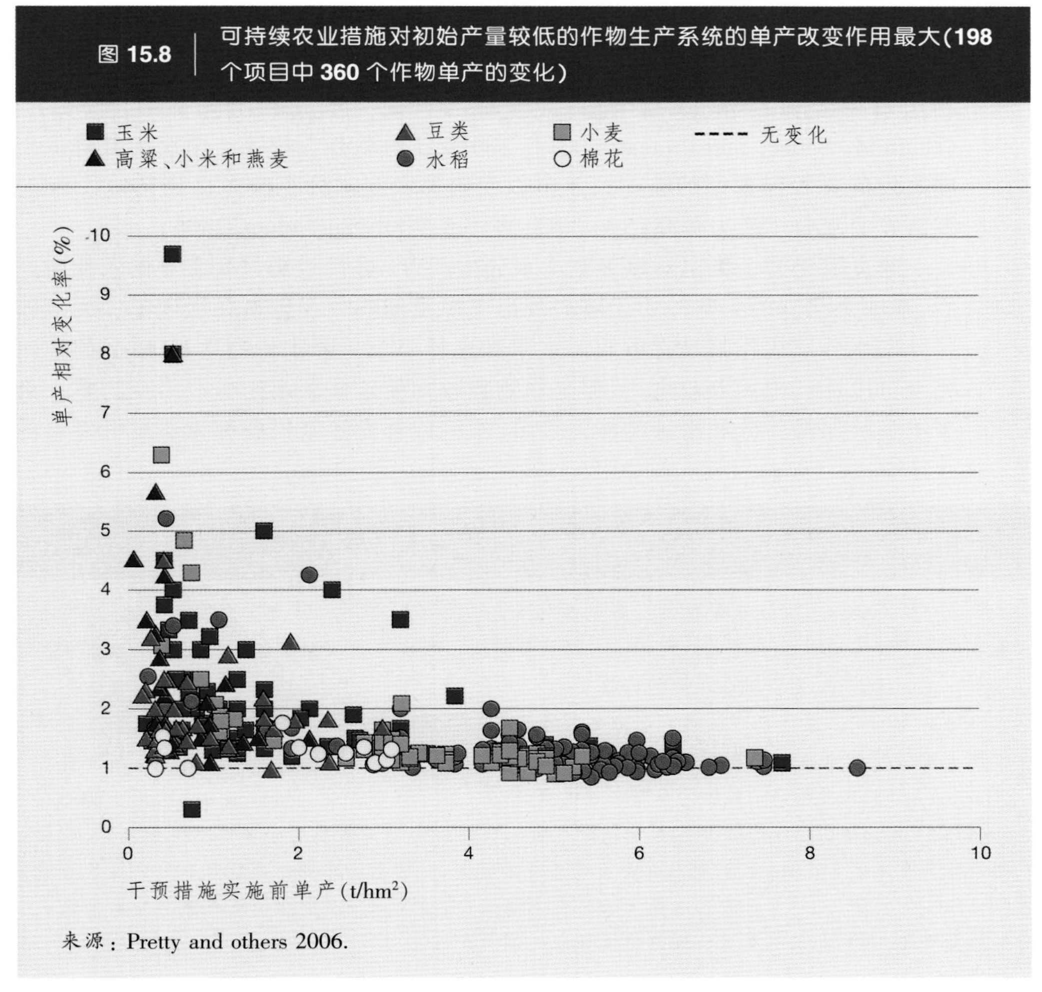

来源：Pretty and others 2006.

产力稳定或提高所需要的滞后期就不成为影响因素了。但实施资源保育型农业面积最大的主要是拉丁美洲的采用保护性耕作方式的大型商业化和小农户混合的农作体系。这些案例中的最主要的成功因素包括：投资、有保障的土地产权、适合的土地和水资源综合管理技术、当地人民期待变革的愿望、有效的领导。

很多亮点区域成功经验的一个重要特征是它们都深深地植根于传统农业体系。这些体系——通常通过适合本地条件的创新——都是在非常特定的地方环境下演化的，因此它们就能够揭示适合这些环境的土地利用特征。因此，亮点成功经验的产生常常是通过对本地传统和知识的创新和调试而产生的(Critchley, Reij, and Willcocks 1994)。

提高土壤和水分生产力。很多土壤保育措施都狭隘地局限于防止土壤的侵蚀，而没有将生产力整合进去(框15.8)或解决造成退化的原因。加速的径流和侵蚀基本上是土壤质量下降的产物。通过提高有机质来改善土壤质量还有提高系统弹性的额外好处，因为土壤质量提高会降低对极端气候事件和气候变异的脆弱性。

投资于改善土壤的管理和质量会显著提高灌溉和雨养农业系统的水分生产力。旨在提高土壤入渗和土壤储水能力的(如免耕)土壤管理措施会提高水分利用效率大约25%~40%，而养分管理可以提高水分利用效率约15%~25%(Hatfield, Sauer, and Prueger 2001)。采用保护性耕作等提高土壤肥力并降低土壤蒸发的资源保育型的农业技术可以使雨养农业水分生产力提高70%~100%，灌溉农业水分生产力提高15%~30%(表15.3；Pretty and others 2006)。

改良退化的土壤也会显著提高水分生产力。在经过超过40多年的农业生产后，泰国东北部的一些沙质土壤表现出了严重的养分和碳素耗竭现象。无效的养分和水分造成作物经常歉收。本来在这样一个年降水量高达1100mm的地区完全可以进行雨养农业生产，但是作物歉收却使这些淡水的生产力变为零。由于土壤的保持养分和水分的能力极差，施肥或补充灌溉措施都无法发挥应有的

框 15.8 | 土壤流失和原位生产力的关系

一个常见的假设是土壤侵蚀与土壤肥力下降呈线性关系，因此生产力也会随之降低。从而土壤生产力下降常被等同于侵蚀过程中土壤颗粒的流失，造成了很多水土保持项目简单地追求控制水土流失的目标，期望得到预期的回报。

但实际上在土壤流失和土壤生产力之间并不存在明确的线性关系。例如在埃塞俄比亚，采用横坡土壤保持技术与3~5年的对照相比，土壤流失显著减少。但在短期内的生产力并未增加(Herweg and Ludi 1999)。秘鲁的等高植物篱技术也发现了类似结果(Shaxson and Barber 2003)。Stocking(2003)用图示的方法演示了侵蚀对产量的负面影响会随着不同土壤而有很大差异，尽管初始的下降速率都很大(见图15.3)。关键是要防治侵蚀(特别是会选择性地移除养分丰富的土壤颗粒的细沟间侵蚀)对生产力影响最大的早期土壤退化。侵蚀对下游的影响更多地与被侵蚀的土壤数量有关，而与在本框里讨论的原位侵蚀有关。

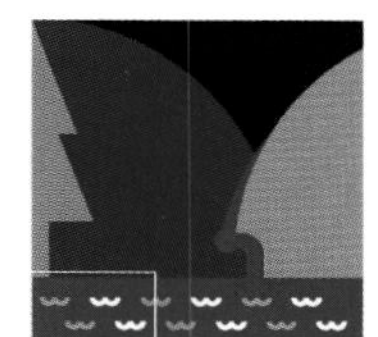

表 15.3 在 144 个项目中不同作物采用可持续农业措施后水分生产力的变化（kg 产品/m^3 蒸散量）

作物	干预措施实施前	干预措施实施后	提高量	提高率(%)
灌溉农业				
水稻(8 个项目)	1.03 (±0.52)	1.19 (±0.49)	0.16 (±0.16)	15.5
棉花(8 个项目)	0.17 (±0.10)	0.22 (±0.13)	0.05 (±0.05)	29.4
雨养农业				
谷物(80 个项目)	0.47 (±0.51)	0.80 (±0.81)	0.33 (±0.45)	70.2
豆科作物(19 个项目)	0.43 (±0.29)	0.87 (±0.68)	0.44 (±0.47)	102.3
根茎作物(14 个项目)	2.79 (±2.72)	5.79 (±4.04)	3.00 (±2.43)	107.5

注：括号内数字是标准差。
来源：Pretty and others 2006.

稳定产量的作用。在土壤中掺加黏土材料会显著改善土壤的保水保肥的能力(Noble and Suzuki 2005)，明显提高水分生产力并恢复产量。

水分生产力可以通过实施更好的适应性的农作体系来得到提高，特别是在半干旱的环境中 (Hatfield, Sauer, and Prueger 2001)。报道的亮点成功案例(Noble and others 2006) 也表明提升对土地的管理水平是在低产的雨养区提高水分生产力的有效途径(Falkenmark and Rockstrom 2004)。

提高农业景观的多功能性

提高农业景观的多功能性意味着提高景观所衍生或支持的生态系统服务的种类，并同时保持景观的农业生产这个最基本的功能。食物生产体系中的主导趋势已经极大地简化了景观的复杂性，显著提高了食物生产的单一服务功能(通常是单一的农产品)，而其他的供给和支撑服务功能却降低了(见第6章有关生态系统的论述)。当这种简化的景观伴随着有害的土地利用方式的时候，退化就产生了。在初始生产潜力较高的地区，退化过程也许较为缓慢，但在土壤质量较差或脆弱土地上，即便很适度的景观简化都会造成退化。对改良的土地利用系统所带来的全方位服务的意识正在增强(MEA 2005)，努力对这些服务进行定量化的评价对扭转退化趋势具有十分重要的意义。

可以在农场和景观尺度上提高多功能性。正如在许多保育型农作系统中那样(框15.6)，原位农田的多样化是生计的多样化、降低脆弱性、实现其他生态系统收益(如固碳)的一种重要方式(Pretty and others 2006)。害虫综合管理系统就利用了专业化的原位农田的小生境来提升景观整体上的功能。这些系统利用农田边界处的植物来吸引授粉和其他有益昆虫，从而实现对害虫的可持续防控，同时还带来一些额外的好处，如多年生植被带就为很多小动物提供了理想的栖息地(Earles and Williams 2005)。

超出农田水平的景观视角对理解土地退化的原因是必要的,因为退化的原因及其造成的影响往往超出了其被观察到的地点。土地退化经常发生在那些没能将农业生态系统融合到其所处的更广阔的景观中去的地方。那些重要的生态系统功能——特别是与水循环有关的——如果不能从生态系统中更大的尺度上加以考察和处理,就不能很好地得到维护。景观视角考虑了景观组成成分的生态学和功能,并能战略性地利用其潜力,将农业整合到生态系统的整体中去(Ryszkowski and Jankowiak 2002)。

> **当政治环境有利于有保障的土地获取,以及农产品有适当的市场机会的时候,土地利用者就更愿意参与开发并实施土地管理干预措施。**

有几种景观水平上的方法可以提高多功能性及整体上的收益。一种方式就是对农田周围的非农田进行积极的管理,包括废弃土地和河岸带区域。喜马拉雅山脉东部地区广泛实施的一个系统就成功使河岸带变成了景观中具有较高生产力的地带,并且保护了陡峭的山坡与河岸免受侵蚀的影响(框15.9)。另一种方式是更充分地利用农田景观中的多年作物,造成一种镶嵌式的土地利用格局,将多年生作物和小块的一年生作物或高扰动系统交叉配置。多年生作物的镶嵌式配置通常会提供更稳定的植被覆盖,保护土壤并增加入渗,从而起到缓解或逆转上述一些负面效应的作用。也有很多用一年生作物替代多年生作物(尤其是油料和饲用作物)的机会,这会提供新的潜在收入来源。上述方法也许是易于遭受侵蚀地区维持可持续生产的唯一选择。

但是,还应该注意的是由于作物蒸散量的增加,种植更多的多年生作物会显著提高当地的耗水量,从而减少了其他用途的有效水量。例如在半干旱地区,如果“过度”实施流域尺度的干预措施——如灌溉、林业和水土保持措施——会改变流域水流以及“公共”和“私人”的有效用水,从而造成水资源治理和水权方面的问题(图15.9;Calder 2005)。这种重新配置用水效应的大小程度会随着不同的生态系统和气候区而变化(见第16章有关河流流域的论述)。同时还取决于有多少本地用水以前通过非生产性的蒸发而损失和地下水补给的变化,以及对本地降水模式的影响。这是需要深入研究的领域。

从高人口密度中创造机会

尽管不断地从农村向城市移民,但发展中国家的农村人口还没有达到最高峰值。国家的政策不可能仅关注控制人口增长,还必须重视对能够容纳高人口密度的土地利用系统的研究。

面临着较高人口压力并被认为是创新者的发展中国家的小农户应该被认为是开发这种人口条件下适合的土地管理系统的同盟者(Tiffen, Mortimore, and Gichuki 1994)。需要营造良好的社会政治环境,才能激发适宜的干预措施。当政治环境有利于有保障的土地获取,以及农产品有适当的市场机会的时候,土地利用者就更愿意参与开发并实施土地管理干预措施。一项对热带坡地农业的70个实证研究文献的综述结果发现:在很多地方,人口增长——尤其是高人口密度下的增长,会导致广泛的改善土地系统的投资和土地保育管理措施(Templeton and Scherr 1999)。

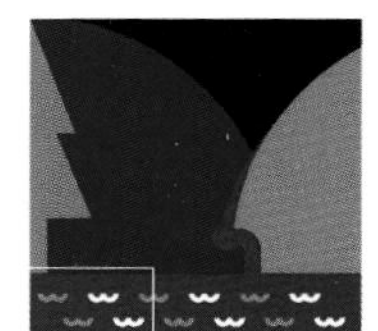

框 15.9 通过河岸带的桤木–小豆蔻复合农林系统满足的多样化需求

喜马拉雅山脉东部地区(跨越印度的 Sikkim 和 Assam 邦以及整个尼泊尔)的陡坡、低土壤肥力、地壳活动和强降雨极易造成侵蚀和滑坡。加上日益增长的人口压力,该地区的土地管理难度加大。一种响应措施就是在河岸带地区实行桤木–小豆蔻复合农林系统(见图),可以在满足农户多样化需求的同时保护土地免受严重的生物物理压力的影响 (Zomer and Menke 1993)。

河岸带的缓冲带可以拦截泥沙,减少对河岸的侵蚀,有助于保持良好的水质。这种类型的保育–生产系统提高了生态系统在景观尺度上提供物品和服务的能力。而如果管理目标只专注于一年的作物生产体系是不会总取得这样的功效的。

桤木–小豆蔻复合农林系统

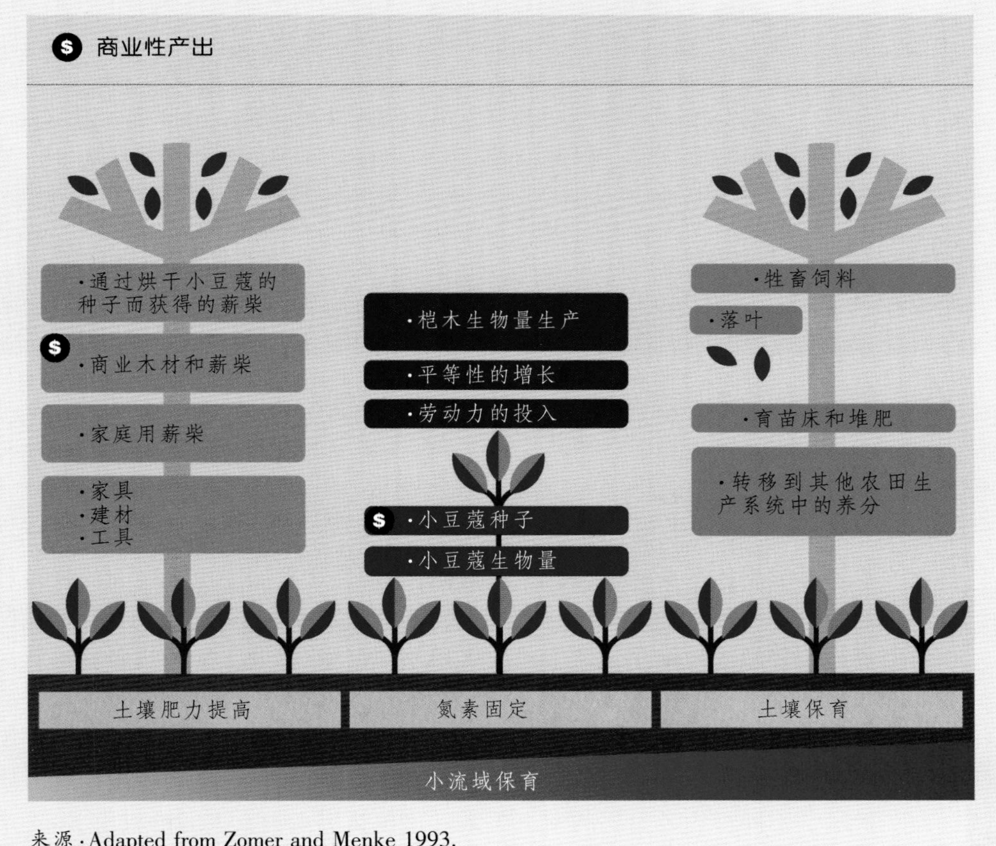

来源:Adapted from Zomer and Menke 1993.

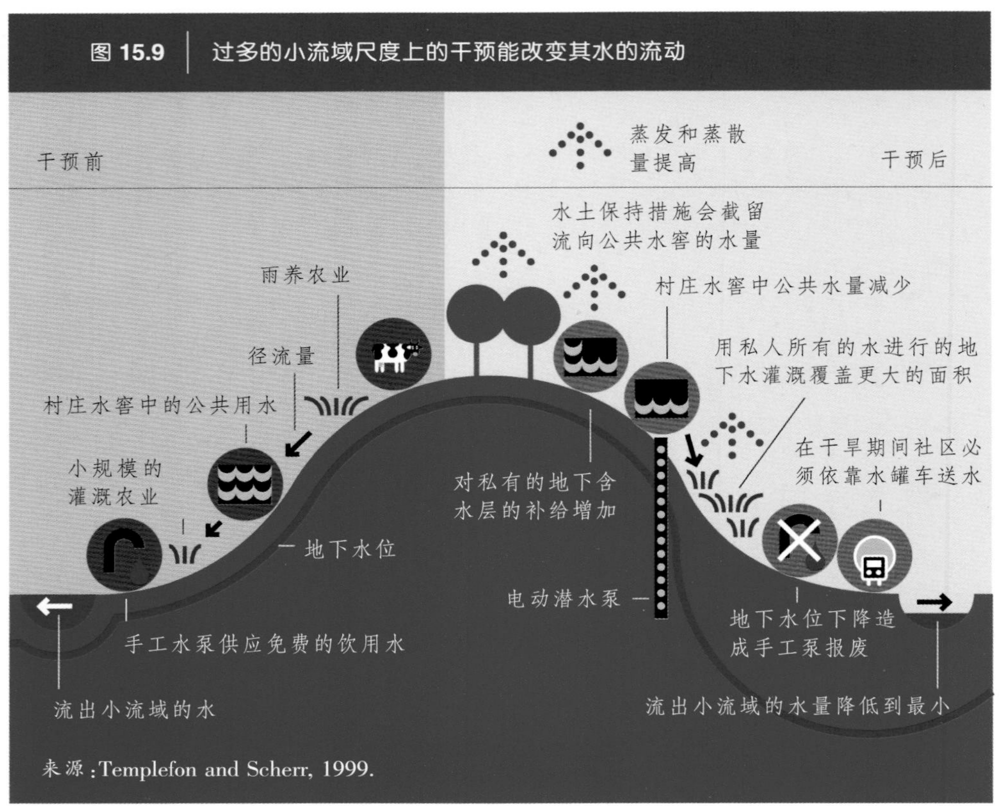

图 15.9　过多的小流域尺度上的干预能改变其水的流动

来源：Templefon and Scherr, 1999.

结论

本章详细阐述了全球范围的土地退化，特别是从发展中国家生计的视角看待该问题。很明显，我们需要更多的深入研究（特别是在小流域尺度上）才能使我们更好地理解土地退化表象下面的多种驱动因素，以及土地利用者对退化的响应措施。本章将重点放在土地退化发生的社会政治和经济环境来揭示造成退化的驱动力和解决方案，即：促进能缓解和防治土地退化的创新性的响应策略以及适合资源保育的社会政治和经济环境。另外，在土地利用发生的地方层面上揭示了不同行为者重要的动态关系。这包括男人和女人间的权力关系，产权（获取资源的保证）的重要性，以及产权在土地利用和管理中的中心作用（照片15.3）。

摄影：William Critchley

照片 15.3　性别关系会影响土地利用。

本章建议的解决方案主张把政策重点放在能够为防治和缓解土地退化的地方策略和制度的开发和演化提供动力和能力的小空间尺度上。除此之外，本章还支持那些在地方水平上能够刺激可提高土地和水分生产力、更少依靠认为投入、更多依靠生态系统服务、促进生态系统长期可持续性的资源保育型农业

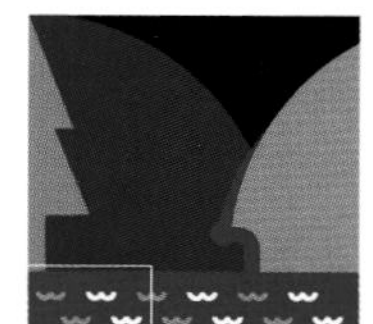

的政策和干预措施。最后，本章还呼吁在景观尺度上理解土地利用，并以与生态系统共同享有的一套管理方式对土地进行管理。

评审人

审稿编辑：Robert Wasson.

评审人：Miguel Ayarza, Olivier Briet, Ian Calder, Mark Giordano, Michael Hauser, Hans Hurni, Patricia Kabatabazi, Joke Muylwijk, Sawaeng Ruyasoongerng, Lech Ryszkowski, Sara Scherr, Vladmir Starodubtsev, Girma Tadesse, Samyuktha Varma, and Paul Vlek.

当政治环境有利于有保障的土地获取时，以及农产品有适当的市场机会时，土地利用者就更愿意参与开发并实施土地干预措施。

注解

1. 负责编目并详细描述本章列举的成功经验的工作团队有：瑞士伯尔尼的发展和环境中心；英国Essex大学的环境和社会研究中心；生态农业伙伴组织；联合国粮农组织土地和水资源发展部；联合国粮农组织/土地和水资源发展部门户项目；荷兰阿姆斯特丹自由大学国家合作中心；区域社区发展研究所；瑞典斯德哥尔摩环境研究所可持续研究所；瑞士伯尔尼世界保育策略和技术观察。还请参考Bridges和others（2001）；McNeely和Scherr（2003）；以及WOCAT（2006）。

参考文献

Alderman, H., J. Hoddinott, L. Haddad, and C. Udry. 2003. "Gender Differentials in Farm Productivity: Implications for Household Efficiency and Agricultural Policy." In A. Quisumbing, ed., *Household Decisions, Gender, and Development: A Synthesis of Recent Research.* Baltimore, Md.: Johns Hopkins University Press.

Alegre, J.C., and M.R. Rao. 1996. "Soil and Water Conservation by Contour Hedging in the Humid Tropics of Peru." *Agriculture, Ecosystem, and Environment* 57 (1): 17–25.

Ayre, G., and R. Callway, eds. 2005. *Governance for Sustainable Development: A Foundation for the Future.* London: Earthscan.

Bellon, M.R., D. Hodson, D. Bergvinson, D. Beck, E. Matinez-Romero, and Y. Montoya. 2005. "Targeting Agricultural Research to Benefit Poor Farmers: Relating Poverty Mapping to Maize Environments in Mexico." *Food Policy* 30 (5–6): 476–92.

Berkes, F., ed. 1989. *Common Property Resources: Ecology and Community-Based Sustainable Development.* London: Belhaven Press.

Blakie, P.M. 1985. *The Political Economy of Soil Erosion in Developing Countries.* London: Longman.

Boserup, E. 1965. *The Condition of Agricultural Growth: The Economics of Agrarian Change under Population Pressure.* London: Earthscan.

Bridges, E.M., I.D. Hannam, L.R. Oldeman, F.W.T. Penning de Vries, S.J. Scherr, and S. Sombatpanit, eds. 2001. *Response to Land Degradation.* Enfield, N.H.: Science Publishers.

Cakmak, I., M. Kalayci, H. Ekiz, H.J. Braun, Y. Kilinc, and A. Yilmaz. 1999. "Zinc Deficiency as a Practical Problem in Plant and Human Nutrition in Turkey." *Field Crops Research* 60 (1–2): 175–88.

Calder, I.R. 2005. *Blue Revolution.* London: Earthscan.

Conroy, M.E., D.L. Murray, and P.M. Rosset. 1996. *A Cautionary Tale: Failed U.S. Development Policy in Central America.* Food First Development Studies. Boulder and London: Lynne Rienner.

Cosgrove, W.J., and F.R. Rijsberman. 2000. *World Water Vision—Making Water Everybody's Business.* London: Earthscan.

Craswell, E.T., U. Grote, J. Henao, and P.L.G. Vlek. 2004. "Nutrient Flows in Agricultural Production and International

Trade: Ecological and Policy Issues." ZEF Discussion Paper on Development Policy 78. Center for Development Research, Bonn, Germany.
Critchley, W.R.S., C. Reij, and T.J. Willcocks. 1994. "Indigenous Soil and Water Conservation: A Review of the State of Knowledge and Prospects for Building on Traditions." *Land Degradation and Rehabilitation* 5 (4): 293–314.
De Rouw, A., P. Baranger, and B. Soulilad. 2002. "Upland Rice and Job's Tear Cultivation in Slash and Burn Systems under Very Short Fallow Periods in Luangprabang Province." *The Lao Journal of Agriculture and Forestry* 5: 2–10.
Derpsch, R., and J.R. Benites. 2003. "Situation of Conservation Agriculture in the World." Presented at the Second Global Congress of Conservation Agriculture, August 11–15, Foz do Iguassu, Brazil.
Dixon, J., A. Gulliver, and D. Gibbon. 2001. "Farming Systems and Poverty: Improving Farmers' Livelihoods in a Changing World." Food and Agriculture Organization and World Bank, Rome and Washington, D.C.
Drechsel, P., M. Giordano, and L. Gyiele. 2004. *Valuing Nutrients in Soil and Water: Concepts and Techniques with Examples from IWMI Studies in the Developing World.* IWMI Research Report 82. Colombo: International Water Management Institute.
Earles, R., and P. Williams. 2005. "Sustainable Agriculture: An Introduction." Attra Publication IPO43/121. National Center for Appropriate Technology, Butte, Mont.
Ehrlich, P. 1968. *The Population Bomb.* New York: Ballantine.
Ellis, F. 2000. *Rural Livelihoods and Diversity in Developing Countries.* Oxford, UK: Oxford University Press.
Ezzati, M., A.D. Lopez, A. Rodgers, S. Vander Hoorn, and C.J.L. Murray. 2002. "Selected Major Risk Factors and Global and Regional Burden of Disease." *Lancet* 360 (9343): 1347–60.
FAO (Food and Agriculture Organization). 2004. "The State of Food Insecurity in the World 2004." Rome.
Falkenmark, M., and J. Rockström. 2004. *Balancing Water for Humans and Nature.* London: Earthscan.
Francis, E. 1995. "Migration and Changing Divisions of Labour: Gender Relations and Economic Change in Kogutu, Western Kenya." *Africa* 65 (2): 197–216.
Gelbrecht J., H. Lengsfeld, R. Pöthig, and D. Opitz D. 2005. Temporal and Spatial Variation of Phosphorus Input, Retention, and Loss in a Small Catchment of NE Germany. *Journal of Hydrology* 304 (1/2): 151–65.
Gray, S., M. Sundal, B. Wiebusch, M.A. Little, P.W. Leslie, and I.L. Pike. 2003. "Cattle Raiding, Cultural Survival, and Adaptability of East African Pastoralists." *Current Anthropology* 44 (suppl.): S3–S30.
Guillette, E., M. Meza, M. Aquilar, A. Soto, and I. Enedina. 1998. "An Anthropological Approach to the Evaluation of Preschool Children Exposed to Pesticides in Mexico." *Environmental Health Perspectives* 106 (6): 347–53.
Hardin, G. 1968. "The Tragedy of the Commons." *Science* 162: 1243–48.
Hatfield, J.L., T.J. Sauer, and J.H. Prueger. 2001. "Managing Soils to Achieve Greater Water Use Efficiency: A Review." *Agronomy Journal* 93 (2): 271–80.
Hendrickson, D., J. Armond, and R. Mearns. 1998. "The Changing Nature of Conflict and Famine Vulnerability: The Case of Livestock Raiding in Turkana District, Kenya." *Disasters* 22 (3): 185–99.
Herweg, K., and E. Ludi. 1999. "The Performance of Selected Soil and Water Conservation Measures—Case Studies from Ethiopia and Eritrea." *Catena* 36 (1–2): 99–114.
Hiernaux, P., C.L. Bielders, C. Valentin, A. Bationo, and S.P. Fernández-Rivera. 1999. "Effects of Livestock Grazing on Physical and Chemical Properties of Sandy Soils in Sahelian Rangelands." *Journal of Arid Environment* 41 (3): 231–45.
Homewood, K., and D. Brockington. 1999. "Biodiversity, Conservation, and Development in Mkomazi Game Reserve, Tanzania. " *Global Ecology and Biogeography* 8 (3–4): 301–13.
Hudson, N.W. 1992. *Land Husbandry.* London: Batsford.
Hurni, H. 1993. "Land Degradation, Famine, and Land Resource Scenarios in Ethiopia." Paper presented to the National Conference on a Disaster Prevention and Preparedness Strategy for Ethiopia, December 5–8, Addis Ababa.
Hurni, H. (with the assistance of an international group of contributors). 1996. *Precious Earth: From Soil and Water Conservation to Sustainable Land Management.* Berne: International Soil Conservation Organization and Centre for Development and Environment.
IUCN (World Conservation Union). 2003. *Pangani Basin: A Situation Analysis.* Nairobi.
Ives, J.D., and B. Messerli. 1989. *The Himalaya Dilemma: Reconciling Development and Conservation.* London: John Wiley and Sons.
Kennedy, E., and L. Haddad. 1994. "Are Preschoolers from Female-Headed Households Less Malnourished? A Comparative Analysis of Results from Ghana and Kenya." *Journal of Development Studies* 30 (3): 680–95.
Kennedy, E., and P. Peters. 1992. "Household Food Security and Child Nutrition: The Interaction of Income and Gender of Household Head." *World Development 20* (8): 1077–85.
Lado, C. 1992. "Female Labour Participation in Agricultural Production and the Implications for Nutrition and Health in Rural Africa." *Social Science and Medicine* 34 (7): 789–807.
Leach, M., R. Mearns, and I. Scoones. 1997. "Challenges to Community-Based Sustainable Development: Dynamics, Entitlements, Institutions." *IDS Bulletin* 28 (4): 4–14.
Lestrelin, G., M. Giordano, and B. Keohavong. 2005. *When "Conservation" Leads to Land Degradation: Lessons from Ban Lak Sip, Laos.* IWMI Research Report 91. Colombo: International Water Management Institute.
Lotter, D.W., R. Seidel, and W. Liebhardt. 2002. "The Performance of Organic and Conventional Cropping Systems in an

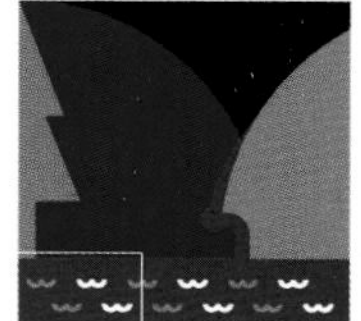

Extreme Climate Year." *American Journal of Alternative Agriculture* 18 (3): 146–54.
Lulseged, T. 2005. "Catchment Erosion—Reservoir Siltation: Processes in the Highlands of Ethiopia." Ph.D. Dissertation. University of Bonn, Bonn, Germany.
McCay, B.J., and J.M. Acheson, eds. 1987. *The Question of the Commons: The Culture and Ecology of Communal Resources.* Tucson, Ariz.: University of Arizona Press.
McNeely, J.A., and S.J. Scherr. 2003. *Eco-agriculture: Strategies to Feed the World and Save Wild Biodiversity.* Washington, D.C.: Island Press.
MEA (Millennium Ecosystem Assessment). 2005. *Living Beyond Our Means: Natural Assets and Human Well-Being.* Washington, D.C.: Island Press.
Mearns, R. 1995. "Institutions and Natural Resource Management: Access to and Control over Woodfuel in East Africa." In T. Binns, ed., *People and Environment in Africa.* Chichester, UK: John Wiley and Sons.
Middleton, N., and D. Thomas, eds. 1997. *World Atlas of Desertification.* Nairobi: United Nations Environment Programme.
Noble, A.D., and S. Suzuki. 2005. "Improving the Productivity of Degraded Cropping Systems in Northeast Thailand: Improving Farmer Practices with Innovative Approaches." Proceedings of the Joint Meeting on Environmental Engineering in Agriculture, September 12–15, Kanazawa, Japan.
Noble, A.D., D.A. Bossio, F.W.T. Penning de Vries, J. Pretty, T.M. Thiyagarajan. 2006. "Intensifying Agricultural Sustainability: An Analysis of Impacts and Drivers in the Development of 'Bright Spots'." Comprehensive Assessment of Water Management in Agriculture Research Report 13. International Water Management Institute, Colombo.
Oldeman, L.R., R.T.A. Hakkeling, and W.G. Sombroek. 1991. *World Map of the Status of Human-Induced Soil Degradation.* An Explanatory Note. Global Assessment of Soil Degradation, October 1991. Second revised ed. Wageningen, Netherlands: International Soil Reference and Information Centre and United Nations Environment Programme.
Onyango, A., K. Tucker, and T. Eisemon. 1994. "Household Headship and Child Nutrition: A Case Study in Western Kenya." *Social Science and Medicine* 39 (12): 1633–39.
Palmieri, A., F. Shah, and A. Dinar. 2001. "Economics of Reservoir Sedimentation and Sustainable Management of Dams." *Journal of Environmental Management* 61 (2): 149–63.
Pelletreau, A. 2004. "Pricing Soil Degradation in Uplands: The Case of the Houay Pano Catchment, Lao PDR." Internship Report. Institut de Recherche pour le Développement, International Water Management Institute, National Agriculture and Forestry Research Institute, Vientiane.
Perotto-Baldiviezo, H.L., T.L. Thurow, C.T. Smith, R.F. Fisher, and X.B. Wu. 2004. "GIS-Based Spatial Analysis Modelling for Landslide Hazard Assessment in Steeplands, Southern Honduras." *Agriculture, Ecosystems, and the Environment* 103 (1): 165–76.
Planchon, O., and C. Valentin. Forthcoming. "Soil Erosion in West Africa: Present and Future." In D. Favis-Mortlock and J. Boardman, eds., *Soil Erosion and Climatic Change.* Oxford, UK: Imperial College Press.
Pretty, J. 1995. *Regenerating Agriculture: Policies and Practices for Sustainability and Self-Reliance.* London: Earthscan.
Pretty, J., A. Noble, D. Bossio, J. Dixon, R. Hine, F.T.W. Penning de Vries, and J. Morison. 2006. "Resource-Conserving Agriculture Increases Yields in Developing Countries." *Environmental Science and Technology* 40 (4): 1114–19.
Reij, C., and A. Waters-Bayer, eds. 2001. *Farmer Innovation in Africa: A Source of Inspiration for Agricultural Development.* London: Earthscan.
Reij, C., I. Scoones, and C. Toulmin, eds. 1996. *Sustaining the Soil: Indigenous Soil and Water Conservation in Africa.* London: Earthscan.
Richards, P. 1985. *Indigenous Agricultural Revolution.* London: Unwin Hyman.
Robbins, M. 2004. *Carbon Trading, Agriculture, and Poverty.* Special Publication 2. World Association of Soil and Water Conservation, Bangkok.
Ryszkowski, L., and J. Jankowiak. 2002. "Development of Agriculture and Its Impacts on Landscape Functions." In L. Ryszkowski, ed., *Landscape Ecology in Agroecosystems Management.* Boca Raton, Fla.: CRC Press.
Scherr, S.J. 1999. "Poverty-Environment Interactions in Agriculture: Key Factors and Policy Implications." Paper 3. United Nations Development Program and the European Community, Policy and Environment Initiative, New York.
Scherr, S.J., and S. Yadav. 1996. "Land Degradation in the Developing World: Implications for Food, Agriculture, and the Environment to 2020." Food, Agriculture and the Environment Discussion Paper 14. International Food Policy Research Institute, Washington, D.C.
Shaxson, T.F. 1988. "Conserving Soil by Stealth." In W.C. Moldenhauer and N.W. Hudson, eds., *Conservation Farming on Steep Lands.* Ankeny, Iowa: World Association of Soil and Water Conservation.
Shaxson, T.F., and R. Barber. 2003. "Optimizing Soil Moisture for Plant Production." Soils Bulletin 79. Food and Agriculture Organization, Rome.
Sheldrick, W.F., J.K. Syers, and J. Lingard. 2002. "A Conceptual Model for Conducting Nutrient Audits and the National, Regional, and Global Scales." *Nutrient Cycling in Agroecosystems* 62 (1): 61–72.
Smaling, E.M.A. 1993. "An Agro-ecological Framework for Integrated Nutrient Management." Ph.D. thesis. Wageningen Agricultural University, Wageningen, Netherlands.

Steiner, K.G. 1996. *Causes of Soil Degradation and Development Approaches to Sustainable Soil Management.* Eschborn, Germany: Deutsche Gesellschaft fur Technische Zusammenarbeit.

Stocking, M.A. 2003. "Tropical Soils and Food Security: The Next 50 Years." *Science* 302 (5649): 1356–59.

Stonich, S. 1993. *I Am Destroying the Land: The Political Ecology of Poverty and Environmental Destruction in Honduras.* Boulder, Colo.: Westview Press.

Stoorvogel, J.J., E.M.A. Smaling, and B.H. Jansen. 1993. "Calculating Soil Nutrient Balances in Africa at Different Scales: I; Supranational Scales." *Fertiliser Research* 35: 227–35.

Templeton, S.R., and S.J. Scherr. 1999. "Effects of Demographic and Related Microeconomic Change on Land Quality in Hills and Mountains of Developing Countries." *World Development* 27 (6): 903–18.

Tiffen, M., M. Mortimore, and F. Gichuki. 1994. *More People, Less Erosion: Environmental Recovery in Kenya.* London: Wiley.

UNEP (United Nations Environment Programme). 1999. *Global Environmental Outlook 2000.* Nairobi.

———. 2004. *Freshwater in Europe.* Nairobi.

Utting, P. 1991. "The Social Origins and Impact of Deforestation in Central America." United Nations Research Institute for Social Development, Geneva, Switzerland.

Valentin, C. 1996. "Soil Erosion under Global Change." In B.H. Walker and W.L. Steffen, eds., *Global Change and Terrestrial Ecosystems.* Cambridge, UK: Cambridge University Press.

Valentin, C. and L.-M. Bresson. 1997. "Soil Crusting." In R. Lal, W.E.H. Blum, C. Valentin, and B.A. Stewart, eds., "Methodology for Assessment of Soil Degradation." Boca Raton, CRC

van Lynden, G.W.J., and L.R. Oldeman. 1997. "Assessment of the Status of Human-Induced Soil Degradation in South and South East Asia." International Soil Reference and Information Centre, Wageningen, Netherlands. [http://lime.isric.nl/Docs/ASSODEndReport.pdf].

Vlek, P. 2005. "Nothing Begets Nothing: The Creeping Disaster of Land Degradation." Policy Brief 1. United Nations University, Institute for Environment and Human Security, Bonn, Germany.

von Bulow, D., and A. Sørenson. 1993. "Gender and Contract Farming: Tea Outgrower Schemes in Kenya." *Review of African Political Economy* 56 (4): 38–52.

Warren, D.M., L.J. Slikkerveer, and D. Brokensha, eds. 1995. *The Cultural Dimension of Development: Indigenous Knowledge Systems.* London: Intermediate Technology Publications Ltd.

Wily, L. 1999. "Moving Forward in African Community Forestry: Trading Power, Not Use Rights." *Society & Natural Resources* 12 (1): 49–61.

WOCAT (World Overview of Conservation Approaches and Technologies). 2006. *Where the Land is Greener: Case Studies and Analysis of Soil and Water Conservation Initiatives Worldwide.* Berne: Technical Centre for Agricultural and Rural Cooperation, United Nations Environment Programme, Food and Agriculture Organization, Centre for the Comparative Study of Culture, Development and the Environment.

Wood, S., K. Sebastian, and S.J. Scherr. 2000. "Soil Resource Condition." In S. Wood, K. Sebastian, and S.J. Scherr, eds., *Pilot Analysis of Global Ecosystems: Agroecosystems.* Washington, D.C.: IFPRI and World Resources Institute.

WWAP (World Water Assessment Program). 2003. *Water for People, Water for Life.* Barcelona, Spain: UNESCO Publishing and Berghahn Books.

Zomer, R., and J. Menke. 1993. "Site Index and Biomass Productivity Estimates for Himalayan Alder-Large Cardamom Plantations: A Model Agroforestry System of the Middle Hills of Eastern Nepal." *Mountain Research and Development* 13 (3): 235–55.

食物之水，生命之水
阿尔巴尼亚艺术家：Andrea Nittu

第 16 章 河流流域开发和管理

协调主编：Francois Molle
主编：Philippus Wester and Phil Hirsch
主要作者：Jens R. Jensen, Hammond Murray-Rust, Vijay Paranjpye, Sharon Pollard, and Pieter van der Zaag

概览

世界上很多流域通过对城市、工业和农业增长的水利基础设施的开发而满足人类用水需求，已造成开发利用的水量已经接近或超过流域可再生水量。对环境的水量需求的漠视，对水文知识的掌握不完全，水权界定的模糊不清，出于政治动机的水资源开发而对经济上的成本和收益考虑不周，这些因素都是水资源被过度开发的原因[WE]。造成的后果就是流域水资源开发建设过度和流域的闭合，流域闭合指的是用水量超过了理想的环境可接受量或可再生水量。而农业水管理的目标就是在那些已经出现水短缺的流域"用更少的水做更多的事"，也是为了那些目前还相对开放的流域在决策建设新的水资源开发基础设施的时候决策者和公众能对项目进行更严格的审查，避免重蹈过度开发的覆辙。

河流流域目前正在经历多重制约。扩大供水规模要受到成本提高及新的供水项目的潜在影响，还有由于污染、地下水开采和气候变化（降水变异系数增加且大坝的运行管理更加保守）造成的有效的可再生淡水资源量的减少。在需水侧，非农业部门需水增加，灌溉面积扩大，更多的水量需要保留或重新配置给环境流量的需求[WE]。

摆脱上述困境的第一个反应常常是求助于“供给方”策略，以达到获取更多可用水量的目的。开放的和正在闭合的流域需要对“到底需要多少额外的、什么类型的水资源开发基础设施”这样的问题做出更加知情的决策。正在闭合的流域为人类用水而采取的增加取水的做法会对生物多样性和生态系统服务功能造成不可挽回的损失[EBI]。正在闭合的流域的跨流域调水工程和新建大坝一般来说是不适宜的解决方案，这会加剧问题的严重性，或者将成本转嫁到调水工程的水源地。因此，对河流流域的管理需要配套的政治改革和更加公开的、可问责和包容的治理方式。还需要公众对传统的评价工具——成本效益分析和环境影响评价——进行更严格的审查，同时还要营造谈判达成协议的政策和政治环境。

流域都应该有一个“三元”地表水配置结构：其中的“一元”用来满足人类环境的基本需求，另外的“一元”满足贫困人口的生产性用水需求，最后“一元”则用于其他生产性用水需求。

随着流域的闭合，水循环、水生生态系统和用水户之间的相互关联度显著增强。某些局部的干预措施——如开采更多的地下水、渠道衬砌或应用微灌节水技术——常常会造成对“第三方”的影响以及对流域内其他地方的不可预计的后果。正在闭合流域的用水户会对水资源的日益匮乏做出适应性的反应，会节约用水并寻求多种水源，而对于局部来说的“水量损失”却可能在流域的其他地方被再利用。因此在流域尺度上进一步提高用水效率的空间常常比想象的小很多[EBI]。在水文学分析结果的坚实基础上，水资源开发的规划者需要判断是否真正具有节水空间，抑或仅仅是水的重新分配。规划者还需要确定可能对第三方造成的影响，以及如何避免或补偿这些影响。

水资源政策和干预措施还需要考虑流域内具有相互关联性的社会和政治方面及其所造成的不平衡的问题。管理水资源、做出或影响决策的、受益的或承担成本和风险的人群有着不同程度的获取资源、知识、政治代表和司法机构的水平。

可持续的河流流域管理需要基于对流域的水文相互作用过程和对习惯性水权有完全理解的水资源配置机制。为避免出现代表性不足的局面，在重新设计水资源配置机制的时候，最好将环境需水量和贫困人口取水权的界定作为出发点。无论是开放还是闭合的流域，都应该有一个“三元”地表水配置结构：其中的“一元”用来满足人类环境的基本需求，另外“一元”用来满足贫困人口的生产性用水需求，最后“一元”则用于其他生产性用水需求。所有的利益攸关方必须参与界定取水权，而取水权的确定要保持灵活和适应性的原则，并逐渐向更加正式的水权体系过渡。

建立综合水资源管理战略的进展受到一些因素的干扰，如：水文单元和政治行政单元不一致；管理机构的“条”和政策领域的“块”之间的冲突；资金状况的不确定；水文数据或技术能力的缺乏[WE]。单个机构不太可能很好地管理那些面临社会价值和资源压力之间矛盾的复杂问题的流域。在这种情况下，河流流域管理的制度安排就应该将重点放在协商和协调，而不是追求一种理想的由一个中央型的流域组织来进行管理的组织上的模式。尽管制度安排应该以现有

第16章 河流流域开发和管理

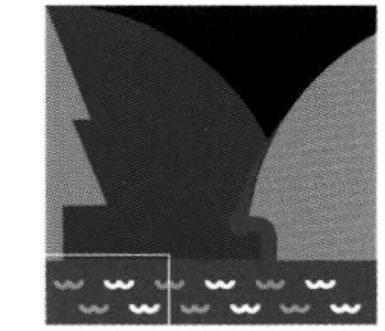

机构、习惯性做法和行政结构为基础，但也需要对传统的水利官僚机构加以重塑，并寻求更加多元的和协作式治理方式的政治上的支撑。

很多国际河流都需要协议决定水量共享，但由于一些历史原因、水文数据缺乏以及谈判中没有包括非国家的利益攸关方，所以实际上的效果远不如预期[EBI]。常设平台、数据共享或谈判中引入其他具有共同利益的问题会有助于互信的建立和公平协议的达成。

并不是所有问题都能够或应该在河流流域水平上解决。水质或洪水更多的是地方尺度上的问题。小流域治理策略也表明地方上的治理更加有效，但是如何将分散的小流域治理工作在更大的流域尺度上整合起来仍是需要解决的重要问题。尽管河流流域是规划水资源开发的合适的单元，但很多影响它们的问题及其解决方案也许会远远超出流域本身。农业政策、自由贸易协定、人口变化、意识形态或社会价值观的变迁都有可能为水资源利用打上烙印，并因此要求一种动态的和适应性的河流流域管理。

除了若干岛屿或沙漠地区，地球表面几乎所有面积都是某一或另一河流流域的一部分。

河流流域简介

在20世纪的绝大多数时间里，日益增长人口的水资源需求主要通过建设基础设施扩大从河流和地下含水层的取水来得到满足。人们总以为水资源是丰富的，而水对环境的影响是累积性的，最初很难被发现。今天，很多流域的水资源已经完全或几乎完全被开发利用，水质退化，依赖河流的生态系统遭到威胁，而需水增加又加剧了用水竞争，有时甚至导致纠纷。农业用水管理面临的挑战就是在那些水资源已经短缺的流域"用更少的水做更多的事"，而在相对还比较开放的流域，对新建水资源开发基础设施需要做更加明智的评估。使这种挑战更加复杂化的是发展中国家河流流域中普遍存在的贫困，以及贫困给将水资源重新配置给贫困人群用于生产目的的压力。本章综述了流域开发的驱动力和影响，勾勒出正在闭合的流域所面临的农业水管理挑战。

除了若干岛屿或沙漠地区，地球表面几乎所有面积都是某一或另一河流流域的一部分。 河流流域是包含在汇流向共同终点的一系列溪流和河道的分水岭范围之内的地理区域，共同的汇流终点一般是海洋或者内陆水体。面积稍小一些的支流亚流域或流域（从十几到1000 km²）通常被称做"小流域"（美国英语watershed），而集水区（catchment）是英国用于中河流流域的同义词，而英国英语中watershed则是特指分水岭。本章主要关注的是河流流域。

尽管人类试图控制河流的努力可以追溯到几千年前，但河流流域作为水资源规划、开发和管理的基本单元的概念直到19世纪末20世纪初才出现（Teclaff 1996; Molle 2006）。河流流域开发活动从20世纪初随着水坝建设技术的进步而日益活跃。在20世纪的后半叶，对河流流域的多重目的开发主要集中于大型水坝建设（其数量从1950年的5000座猛增到2000年的45 000座，以每天平均新建两座大坝的速度增长；WCD 2000）。大坝主要用于水力发电、防洪，以及灌溉蓄水。而在历史同期，灌溉面积增加了一倍，从1.4亿hm^2增加到了2.8亿hm^2（见本书第9章有关灌溉的论述）。

热情地——也是乐观地——大规模开发河流流域的做法也造成了不可预计的后果。河流系统已被证明不仅是相互连接的传送和输送水的体系（Newson 1997），还是泥沙、养分、污染物和生物区系跨越时间和空间的传送系统。对水的控制，对极端事件的估计以及对水量周年变异的管理对工程师来说都是没有预料到的问题。地表水和地下水之间错综复杂的交互关系又会导致不可预计的影响和冲突，而天然水流型的巨大改变还会引发严重的生态退化。

地表水和地下水之间错综复杂的交互关系又会导致不可预计的影响和冲突，而天然水流型巨大改变会引发严重的生态退化。

人类对水循环的干预已经导致很多河流处于水资源紧张状态。当水资源被日益开发时，水循环、水生生态系统和水用户之间的关联性就会显著增加。诸如地下水开采、渠道衬砌、滴灌和植树造林这样的干预措施一般都会对流域内其他地方造成不可预期的第三方效应。因为用水户会对缺水做出适应性的调整，会重复利用流域中的水资源，因此，那些正在闭合流域的“懈怠”程度比想象的小很多，流域的净节水潜力也常常被高估。另外，通过获取更多水量的供给方策略所造成的社会和环境成本——如跨流域调水和建设更多大坝——在很多时候并没有被充分评估，特别是在正在闭合的流域，这会使问题更加严重。这种双重挤压就要求在设计解决方案的时候更加精心并加强判断，还要求决策者要处理好社会-水文的复杂性，避免水资源过度开发的结果。

在迈向可持续河流流域管理的过程中，对把分散的用水和用水户整合到一个综合的规划、配置和管理框架中的做法的关注日益增加。这导致了旨在协调水文和生态系统复杂性的、调和不协调的开发干预措施以及解决社会政治和行政分割的河流流域综合管理的兴起。尽管流域综合管理的理念具有秩序性和理性，但显而易见的是：多样化的价值观和利益（水、权力的不对称、财富的分层结构）加上天然风险和变异就限定了一个社会政治过程参与争取资源以及水资源领域不断重组的框架。因此，治理的政治学就嵌入到社会政治的现实中去，并居于河流流域开发和管理的核心位置。

随着水资源压力加大，水资源配置就处于核心地位。对建立明晰的、有保障和可转让的水权的呼吁已经进行了多年，但建立一种公平、平等和可行的（技术上和政治上），同时还考虑到法律多元化的水资源的产权制度从来就不是十分清晰的。它要求必须掌握地表水、地下水和污水相互作用的精细化的知识，以及相应的数据管理，并且还要对习惯上的水权给予尊重。由于环境和穷人容易在现行的水资源配置过程中被忽略，优先确定环境流量和贫困人群的取水权是重新设计水资源配置机制的最佳出发点。

下一节将描述那些影响河流流域的共性问题，正在涌现出的新问题，社会如何对这些问题做出反应，以及用水户如何通过水文循环而提高相互的关联度。下一节还将详细讨论管理和治理方面的大趋势。下节将主要考察有效的河流流域治理如何解决水资源进一步开发、配置、冲突协调、脱贫和环境可持续发展的问题，同时还指出流域视角的局限性，强调对河流流域及其与之相关的更

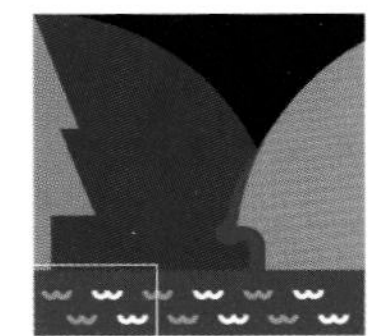

广阔的经济和社会政治环境的关注。

水资源面临的巨大压力

个人用户和国家启动的工程,对水资源日益增加的取用,在一些流域已经接近甚至超过了天然可再生水资源量的临界值。缺水和水资源冲突相应增加。这种趋势与城市、工业和农业排水造成的地表和地下水质的退化并驾齐驱。

个人用户和国家启动的工程对水资源日益增加的取用在一些流域已经接近甚至超过了天然可再生水资源量的临界值。

流域闭合和面临的其他水挑战

造成上述危机的根源远远不是单纯的人均水资源禀赋降低所能解释的,因为危机的后果必须用多种手段才能解决。

开发的和退化的水资源。随着社会发展,某一流域内的水资源被越来越多地调出、控制和利用。流出亚流域的水量常常被下游利用,而河流的入海流量的功能常常被忽略:冲洗泥沙(如中国的黄河);稀释污染物(如泰国的Chao Phraya河);控制盐分入侵(如很多三角洲地区);支撑三角洲和海岸生态系统。当河流的排出水量在一年中的部分或全部时间不足以满足这些任务时，该流域(或亚流域)就被认为是处在"正在闭合"或"闭合"状态(图16.1)[1]。在很多情况下(如欧洲和美国东部),流域闭合常常伴随严重的污染,因为污染物排放量的增加和水流量的减少已经超出了很多河流的稀释能力，造成大范围的生态系统退化。

一般来说,很多正在闭合的流域在一年中有1~6个月处于水资源紧张状态。中国的黄河在1972年首次出现断流,但到1997年,断流时间达到全年226天,断流河段长度从入海口算起向上游延伸长达700 km(Ren and Walker 1998)。美国的科罗拉多河、印度和巴基斯坦的印度河、澳大利亚的Murray–Darling河以及大部分的中东和中亚地区的河流都被过度开发。即便位于季风气候带的流域,如泰国的Chao Phraya河和印度的Cauvery河都经历过数月的闭合状态,因为上游过度调水造成了下游盐分入侵和入海流量为零。那些注入内陆湖泊的河流如果还能补给并维持湖泊湿地的话,就不能算作处于闭合状态,但很多位于拥有大型调水工程的干旱地区流域也处于闭合状态(如约旦河和死海;Amu Darya河、Syr Darya河和咸海;塔里木河和罗布泊)。

闭合和缺水还可能发生在亚流域或小流域,尽管更高层级的大流域还处于开放状态。坦桑尼亚的Greater Ruaha流域就是亚流域处于水资源紧张状态的经典案例，因为这个亚流域的水要注入一条有众多支流且水量丰沛的河流(the Rufiji)。德里的Yamuna河一年中部分时间是干涸的,但是整个流域在下游又重新开放。类似地,确保整个流域水质标准的需要使英国和法国的水资源管理者在河流系统的几个节点上界定最小环境流量以避免局部或支流流域的闭合。

对闭合流域的定义取决于用于泥沙冲刷、污染物稀释、生态系统维持的水量。该定义虽有争论但挑战了认为任何超出人类需求的水量都是"损失"的传统

图 16.1 正在闭合的流域——处于压力下的河流

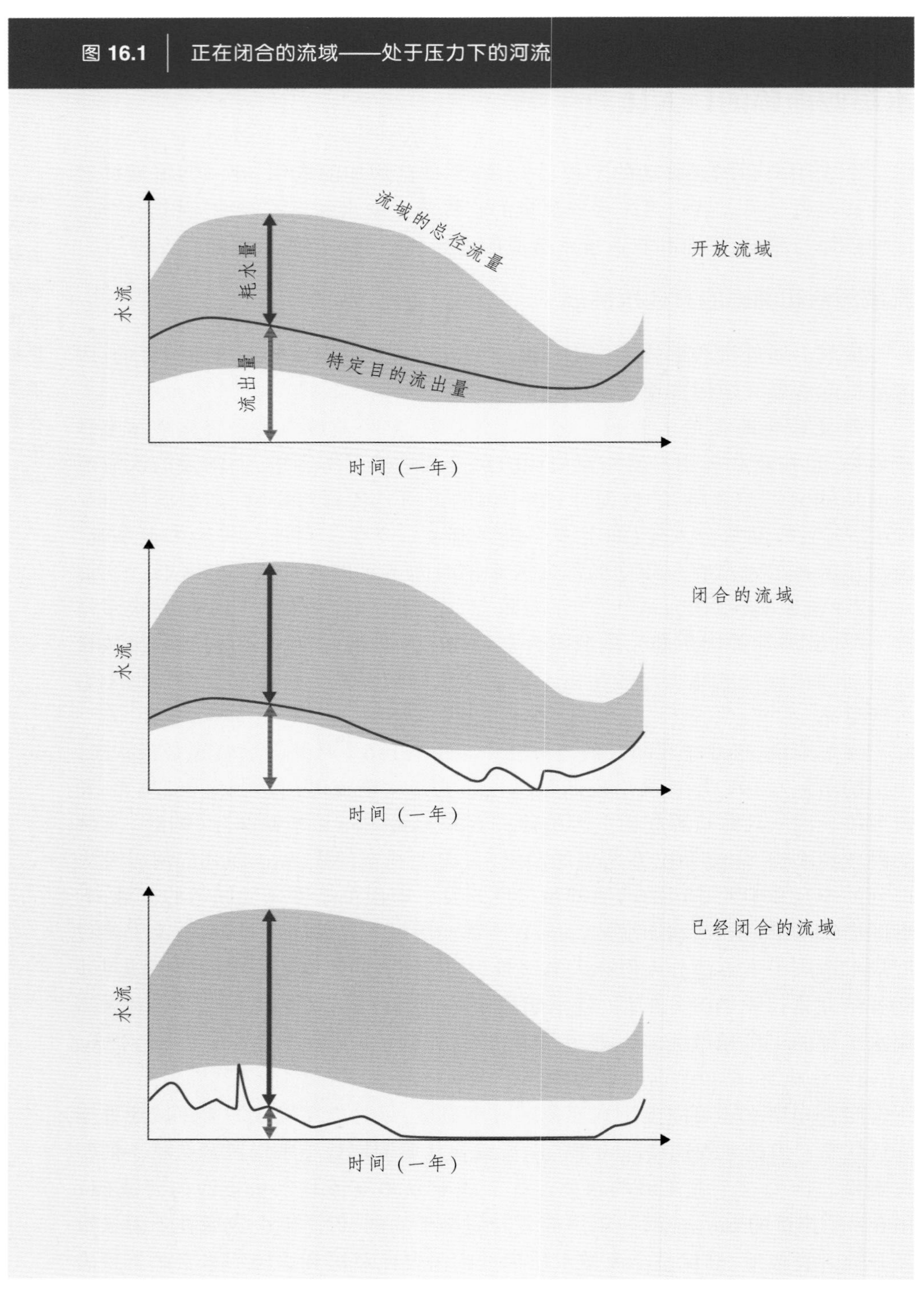

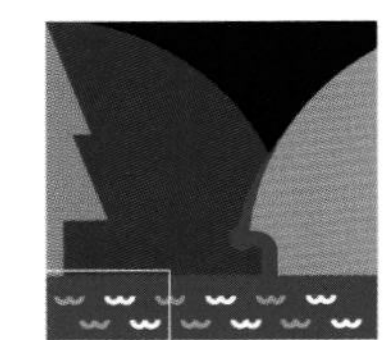

观念，该观念常常被工程师们(或政客)所引用并宣称“不让一滴水损失入海”。相反的观点则认为所有的河道流量对维持生态系统都是必要的，因为这些生态系统错综复杂地适应于天然水流的流型。在很多情况下，洪水也是生态系统功能的一部分，对内陆渔业具有重要意义，可以认为有一部分的洪水被“利用”了(如Rufiji洪积平原、内陆的尼日尔河三角洲、湄公河下游、塞内加尔河谷)。如果这样的定义是可接受的，即便不是最理想的状态，那么环境流量就成为问题的关键所在。其中一个比较有意义的定义是“有目的地保留在或释放到水生生态系统中以保证发挥直接或间接利用价值的水”(Brown and King 2002, p. 1；见本章后续内容和本书第6章有关生态系统的论述)。

> 对闭合流域的定义取决于用于泥沙冲刷、污染物稀释、生态系统维持的水量——该定义挑战了认为任何超出人类需求的水量都是“损失”的传统观念。

尽管问题和冲突会随着流域的闭合而增多，但开放流域也面临着一些挑战。洪水造成的灾害、地下含水层的耗竭、污染(如南非矿山排泄的污水或欧洲的农业面源污染)等问题十分普遍，并在所有类型的流域中都有发生。这些问题可以是局部的，或者被局限于流域内的一部分而不对整个流域产生影响(Moench and others 2003)。由于不缺乏基础设施(经济性缺水)或排斥(社会或政治性缺水)导致的贫困也十分普遍：巴西的San Francisco河沿岸，乌干达的维多利亚湖周边以及非洲许多地方的村民都在遭受水资源被剥夺的境况，尽管他们都处在水量丰沛的流域。

流域的闭合可以图示表达，如图16.2[2]，这张简图展示了随着时间的推移，人类用于从地表和地下水源取水的基础设施的开发已使人类的用水接近了流域的年可再生水资源量[3]。在目前的经济和技术约束下可以储存或抽取的水量比例普遍低于总的年可再生水资源量，因为，例如，大部分洪水是不可控并流向

图 16.2 对水资源的开发会导致流域的闭合

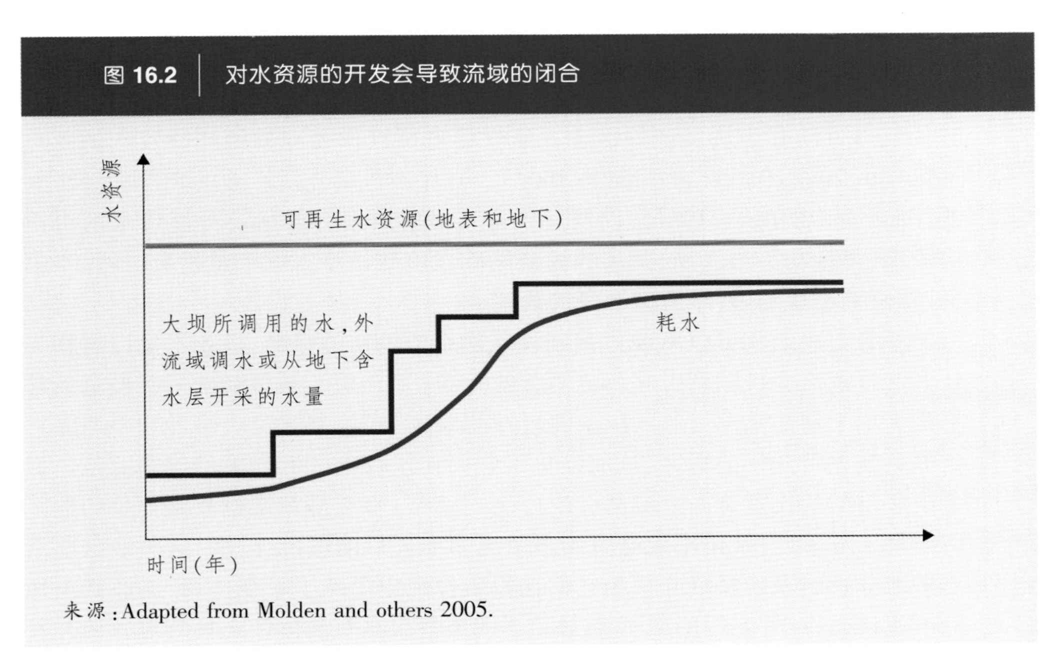

来源：Adapted from Molden and others 2005.

大海的。但在某些情况下这个比例会高一些,因为大坝会拦蓄所有的或大部分的径流,并且地下水也被过度开采。墨西哥的Lerma-Chapala流域就是闭合流域的一个生动例子。即便在没有包括环境流量的情况下,该流域的年耗水量超过年可再生水量的平均幅度也达到了9%,这主要是对地下水的超采和对地表水的过度取用造成的(Wester, Scott, and Burton 2005)。

流域闭合过程中存在的明显的直线性和不可挽回性赋予了这个过程某种“天然的”平滑性。正如马尔萨斯学派将高人口密度和饥荒的魅影相联系一样,很多分析家也把人均水资源禀赋的下降与环境退化、粮食不安全和战争关联起来(Starr 1991; Klare 2001)。这种想法不仅忽略了贫困和剥夺的政治维度,而且也忽略了变革的空间。正如地方水平上的适应性措施和全球水平的创新成功地通过集约化手段使全球粮食生产赶上了需求步伐一样,人类社会也会实施多种多样的响应措施以应对水资源的挑战。

流域闭合的驱动力。流域闭合从定义上讲是一个人类诱发的过程。在一系列驱动力的作用下产生了流域被开发,而通常是被过度开发的后果。河流流域的过度开发是一常见现象,远远不是漠视需求管理和环境流量的以供给方为中心的思想和做法的单纯延续。它还包括以超过流域资源量和生态系统弹性限度的标准来预测潜在需水量,并以这个需水量为标准进行水资源基础设施的建设。揭开流域过度开发背后的逻辑十分必要,因为这些逻辑对水资源的管理和配置影响巨大。

20世纪后半叶的河流流域开发热潮是在综合或统一的河流流域管理的旗帜下展开的,源自于对美国大萧条后建立的田纳西河流域委员会(TVA)为代表的大规模开发项目的巨大热忱。所谓的综合开发的视野不过是局限于那些能够服务多重目标——如水力发电、防洪、航运、灌溉和城市供水——的基础设施建设。而那些以保证粮食安全、减少农村贫困人口为优先目标的新兴独立国家也是这一潮流的热情支持者和参与者。而现代主义思潮对在发展中国家进行技术转让就可带动其经济发展的信念,开发项目可以作为冷战的战略资产的观点(Ekbladh 2002; Barker and Molle 2004),再加上从事开发产业的强烈的经济利益(Saha and Barrows 1981),以及对人类人口前所未有的增长可能带来的饥饿的恐慌,都推动了对大坝、防洪和灌溉基础设施建设注入的大量投资(详见本书第2章有关趋势和第9章有关灌溉的论述)。

尽管上述因素可以解释对基础设施建设的最初的热潮,但还不足以解释为什么这种潮流会持续到引起河流闭合的时候。对河流流域最初的一些投资通常都是集中于那些水土资源匹配条件较好的地区。但一般来说大型冲积平原和三角洲是最先被开发的地区,从而强化了它们在作物生产上的天然优势地位。但是国家层面的投资是一个被高度政治化的过程。那些灌溉基础设施很少的地区一般都十分落后,贫困率较高且刺激了更多的人口向城市移民。这些地区要求更多地分享国家的投资并认为它们在投资分配中受到了歧视待遇,流经其土地的河流也是属于“它们的”。这就导致了向那些仅具有边际性土地的地区的开发

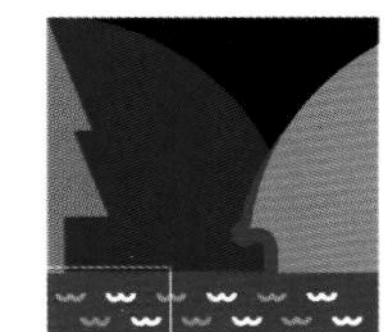

投资，开发那些部分地被下游用户所利用的资源。在"收益分享"意义上的公平有时是以牺牲经济原则为代价的。

若干因素促成了这种状况的发生：水权的模糊不清、开发银行由供给驱动的投资原则、成本-效益分析的可塑性以及在可行性研究开始之前进行的决策的高度政治化的倾向(McCully 1996; WCD 2000；框16.1)。河流在作为生态系统时的复杂性使辨别其外部性十分困难，所以开发项目一般都被许可继续进行，因为外部性没有完全被纳入到决策过程中去(WCD 2000)。某些情况下，统一流域内区域、省州邦或国家之间的竞争也会导致对水资源开发的竞争，从而导致不协调的投资和过度开发的用水基础设施，如印度的Cauvery河和Krishna河流域(Weber 2005)。

河流在作为生态系统时的复杂性使辨别其外部性十分困难，所以开发项目一般都被许可继续进行，因为外部性没有完全被纳入到决策过程中去。

流域的闭合还会在超出河流稀释能力的、不加节制地向河流进行的废弃物和脏物处置的情况下加快进行，这种污物排放会使流域闭合复杂化并使水质退化到不能被利用的程度。忽视社会的、健康的和环境的外部性只会促进私人利益的获取以及增强公司的竞争能力，却减少了水资源的有效性。谁能污染？污染到什么程度？这些都是政治经济学需要回答的问题，因而也是由人类来界定的

框 16.1　对河流流域的过度开发：你已经得到了灌溉系统，那我的在哪儿呢？

泰国 Chao Phraya 河流域的灌溉系统是从上游面积较小的河谷地带开始的，但从 20 世纪上半叶才开始大规模地开发，同时还对三角洲地带进行了开发。20 世纪 50 年代在 Chai Nat 省建设的 Chao Phraya 大坝通过该河流东部和西部的主要配水渠道调水。20 世纪 60 年代以及 20 世纪 70 年代早期在 4 条主要支流其中的两条(Ping 河和 Nan 河)上建设的大坝使三角洲地带平均一半的土地上发展了旱季灌溉。位于这些大坝和三角洲之间的省份很自然地要求分享流经它们脚下的水资源的收益，并在 20 世纪 70 年代末启动了预计对 Nan 河下游 217 000hm² 土地的 Phitsanulok 项目的可行性研究。

该项目在世界银行的资助下于 1982 年启动建设。由于水资源在旱季已经被下游用户利用，所以该工程的大部分都只能用来种植一季作物（保证现有的雨养作物），要达到的复种指数是 121%。根据目前的效率，该项目只有 1/4 在经济上是合算的，所以就对预计的"提高措施和设施"的效果做出了后验假设。20 世纪 80 年代后期 Ping 河下游——第二座大坝的下游——进行了类似的开发项目。

目前，不仅是流域中游的灌溉工程要求平等享有旱季的蓄水量，它们常常还会得到比三角洲地区更多的水量(按面积比例衡量)。这些工程的综合取水量以及由泰国国家能源开发和促进部独立建立的地下水开采工程的取水量相加就达到了 1998 年旱季大坝放水量的 38%。在一份给世界银行的内部报告中，咨询专家们承认该流域已经被"过度开发"。流域上游地区也在进行一些开发项目，尽管规模上要小一些。最后，不断发生的缺水以及农民们的不满还会被作为继续增加供水开发项目的理由，包括从湄公河和萨尔温江的调水工程。

来源：Molle and others 2001.

问题,而不是对资源不可阻挡的巨大压力的结果。

解决水资源被耗干的问题。流域水资源的开发使流域面临着水质退化和缺水问题的双重挑战。社会以很多方式应对这些挑战,无论是在个人和社区层面,还是在国家层面。由于重点往往放在国家的或技术官僚精英制定的解决策略(Turton and Ohlsson 1999),所以全社会多层面的响应策略就常常被忽视。特别是地方水平上的个人用户或个人团体用户,以及地方管理者和官员做出的对当地有针对性的调整策略没有被充分承认。这些相互之间未经协调的调整会与宏观层面的措施相冲突,甚至使宏观层面的调控毫无意义。

> 流域闭合所带来的水资源配置问题会使权力的政治、治理和分配成为中心议题。

第一类响应措施包括在现有水源的基础上增加供给 (首先是增加可控水量),同时还要开发额外的水源。这类措施通常都要建设新的大坝或打更多的地下水井,从外流域调水,淡化海水,人工补给地下水或人工降雨。在地方水平上,农民可以开采浅层或深层地下水或投资于地方性的蓄水设施(如农田水塘就可以储存多余的灌溉水或降雨)。他们还可以开发对地表和地下水资源的联合运用,在水位过低使水流不足以自流到他们田块的情况下利用排水沟、河流和池塘中的水或从灌渠中直接取水。在宏观层面,进口粮食是提高某个国家供水能力的一种间接手段,通常被称做利用粮食中蕴含的虚拟水量(Allan 2003)。

第二类响应措施与保育措施有关,或者是在不增加供水的前提下提高已经被控制的水资源的利用效率。管理机构和资源管理者会实施结构性的措施,如渠道衬砌、控制管道系统跑冒滴漏、处理污水然后再利用。他们也会借助于非结构性的措施,如改善对大坝或渠道的管理(从而减少非有益的放水),或建立供水水源的轮换制度或其他制度安排来提高供水的可靠性。国家还可以通过政策性措施(按照使用量计价、用水配额)来诱导节水行为,或实施那些来源于科学研究结果的创新性措施(田块水平的水管理、品种改良和耕作措施的改进)。

农民以及农民群体也会在地方水平上实施节水行为。他们会调整作物历,或是在稻田周边起垄 (以更好地直接利用节水或在有水可用时利用灌渠中的水),或是采用改进的耕作技术(如秸秆覆盖、亏缺灌溉、水稻栽培中使用干湿交替灌溉方式、缩短畦长、提高土地的平整度),或是选育生长周期更短的作物品种,或是投资于如微灌这样的节水技术。管理措施的改进也需要管理和制度上的改变,然而更常见的是对基础设施的改善。实现对稀缺资源更好的管理往往来源于对水流更密集的监测,用水户对管理的参与,参与式的规划制定,更加严格的取水轮换和计划,以及对取水权的界定。

第三类响应措施就是在用户间重新配置水资源,可以是部门内(如,在灌溉系统内或之间)也可以是跨部门的配置。这种重新配置的合理性或许源于对提高水分生产力的关切,但最终目的却还是提高粮食安全水平、解决不平等的配置或恢复河道的天然流量。重新配置也可发生于农田水平(当农民决定将有限水资源配置给单位用水收益较高的作物时),或者发生于农民之间(典型的短期交易),或发生在灌区水平。贿赂、偷水或擅自篡改水利基础设施也属于水资源重新配置行为并增加个人的供水。在流域尺度上,管理者会根据一给定的优先

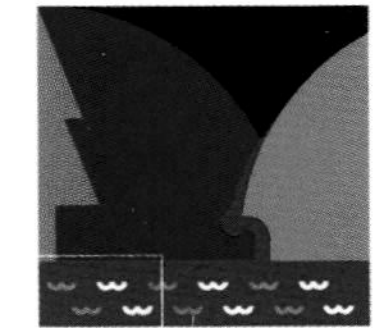

顺序进行水资源的配置。在农业内部,根据区域水分生产力的比较优势,水资源会从一个区域重新配置到另一区域(例如,果园和水产养殖)。

部门间调水主要出于经济上的理由：城市会被优先配置生活和工业用水，因为这两个部门单方产生的经济回报远远大于其他部门，且政治权力集中于此。农业用水可以应对供水中存在的较高的变异性问题,同时农业也吸纳流域中的剩余水量(这个余量有时会很高)。不幸的是,农业也会通过进一步替代的方式来做出响应。重新配置的决定有时是以官僚主义的方式做出的,但对新的资源获取方式的界定常常会激起反对和冲突。这就是为什么流域闭合所带来的水资源配置问题会使权力的政治、治理和分配成为中心议题(见本章对配置问题的讨论)。

> 流域闭合会提高依赖水文循环的用水户和生态系统之间的相互依存程度。

保育和配置响应策略常被打包在一起,称为“需求管理”,或者更形象地说“用已有的东西做得更好”，这是同提高供给的策略相反的做法(Winpenny 1994)。

上述3类对水资源匮乏的响应策略还可以根据参与者层次进一步划分——地区和全球或国家(图16.3)——这样区分是为了强调参与者并不被动,他们会以个人和集体的方式对日益匮乏的水资源做出响应,就如同农业生产根据不同生产因素的相对稀缺性做出改变一样。Zilberman和others (1992)在美国加利福尼亚州、Loeve和others在中国、Molle (2004)在泰国所做的案例研究都证实了这一点。国家推动的响应措施只代表了部分的转型,尽管官员们总是把农村视为在公共干预措施的作用下比较稳定和可塑性较强的地方(基础设施或其他；Long and van der Ploeg 1989; Scott 1998)。他们忽视了农村家庭和社区,还有管理机构,针对条件改变而不断进行的内生性调整。由于这些多重调整和逐渐开发剩余的水资源,缺水流域没有想象中的那样“懈怠”,因此需求管理所能发挥的潜力也常常被高估(Seckler 1996)。

一般来说,第一类对水资源匮乏的响应措施属于资本密集型的、增加供水的解决方案。当增加供水的空间变小或成本提高时,重点可能就会转向管理和保育。一旦提高了效率,就有必要把水资源重新配置到更高价值的或其他用途上。这3类响应策略不总是按顺序发生,当被有效耗水接近可供水量,单一策略已经无法独力解决时,就会联合运用这3类策略(Molle 2003)。

到底选用哪种策略取决于不同利益攸关方的利益、流域内权力和机构的分布以及其他一些原因,如国家和公民关系的性质(治理)、农村转型是否顺利(界定农村利益的相对权重)。一些极端事件(极端的洪水、干旱和污染)通常会促使或被迫实行响应措施,但这种措施的实施又会被不同意见所促成,同时被主流意识形态所塑造。大众媒介和重视基础设施建设的政府部门通常倾向于支持基于供给的解决方案，而环保主义者和财政保守主义者则支持对需求侧的管理。不论何种具体解决方案都会利用科学来说明其合理性,但科学研究的质量以及假说的科学基础却参差不齐。水资源开发的工程性质倾向求助于咨询而不是同行评审的科学专业委员会,这样做会对评估结果产生明显偏差和利益冲突。

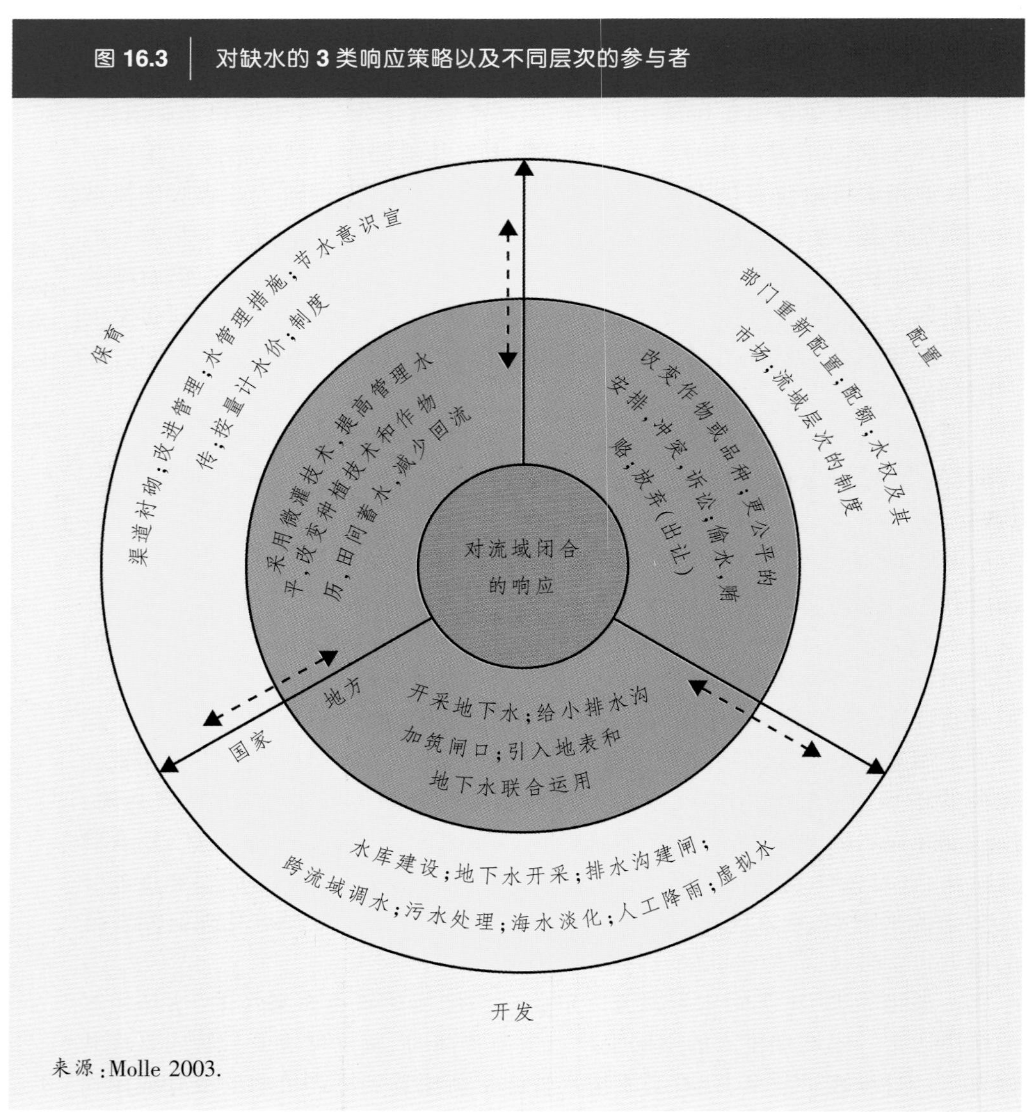

图 16.3 对缺水的3类响应策略以及不同层次的参与者

来源：Molle 2003.

河流流域的相互关联性和复杂性

流域闭合会提高依赖水文循环的用水户和生态系统之间的相互依存程度。文献检索和研究结果帮助我们识别出4类这种相互关联性的表现形式：空间和水文学的相互作用；社会政治维度；生态交互；在与外界交互时产生出的更广阔的复杂性。

河流流域内的水文相互作用。上述响应策略的类型忽略了河流流域功能中的一个关键点：在水文学和治理意义上的跨尺度的时间和空间交互性。尽管上述每一个被看做地方性的策略都可以和一个明确的目标相联系，但从更广

阔的视角看，事情就变得模糊不清了。例如，地方水平上通过农田水塘、地下水利用、雨水收集或小型水窖等手段增加供水或许就等同于捕获本来可以被下游所利用的水量。总体上并没有或很少增加可控水量，只不过是资源在空间上的重新分配而已。类似地，尽管跨流域调水甚至人工降雨在一个很狭窄的地方视角上可以被看成供水的增加，但从更大的尺度考察，这些不过是空间上的再分配（或再配置）。国家层面的干预和地方参与者的调整也是相互关联的。例如，采用微灌技术进行补贴会鼓励农民局部的节水行为，而农民对地下水的开发会引起国家层面的干预和政策。（图16.3的双向箭头就代表了这种相互关系。）

> 愿望良好的节水措施经常等同于对水资源的再配置或再开发。不管是有意还是无意，这种水量的转移实际上就是“拆东墙补西墙”。

上述事例说明：图16.3 中描绘的两层——地方和国家——所采取的措施不是单纯的加和关系。但它们也不应该被视为干扰因素，而是应该这样看待：微观过程和宏观过程的关系处在河流流域管理的核心位置。因为河流流域闭合会造成流域内用户之间相互依存度提高，所以必须对很多相互作用的关系进行清楚的识别和分析以避免决策失误。因此就有必要分析降雨是在绿水（蒸发或储存在土壤中）和蓝水（水流）之间的分配情况，还要分析不同地表和地下水流路径相互关系，以及地方水平上实施的改变水量、水质和流型的干预措施如何对整个系统产生影响。有很多这种交互作用的案例需要深入理解：

- *双赢或有输有赢？*人们最容易理解用户或灌渠水平上的用水效率。回归流一般被认为是“水量损失”，尽管它们可以被下游用户再利用。因此渠道衬砌项目常常会减少对地下水的补给，对地下水的用户产生一些影响。印度对恒河上游以及美国对泛美运河的衬砌都指望实现节水并将节省下的水量重新分配给城市用水，这两个是典型的“纸上节水”的案例（框16.2），即跨越空间和用户类别的资源再配置。用水率得到提升的单个用户（或系统）或许会是过度耗水变得复杂化，并剥夺了下游用户的水量。
- *微灌技术会使事情变得更糟。*微灌技术总是被推崇为最好的水资源保育技术之一。但微灌在更好地控制灌溉量的同时，也会造成作物蒸腾耗水量的增加（Burt, Howes, and Mutziger 2001）。在土地不是限制性因子的国家，农民会利用微灌技术节省下来的水来扩张其灌溉面积（见Feuillette 2001对突尼斯；García-Mollá 2000对西班牙；Moench and others 2003对印度的研究结果）。在这两种情况下，局部耗水增加，而流向下游用户的回归水流则减少，因此并未取得预期中的流域水平上的节水。然而，在回归到系统中的水质退化，造成抽取成本过高或者回归流流向汇等情况下，或许会实现真实节水。
- *地下水并不是额外的可再生水源。*水文系统的相互关联性十分复杂，常常很难被深入了解，因为污染是看不见的，固体溶质的运移是累积性的，地下水流是隐蔽的。“地下含水层是有待开发的额外水源”就是一种被广泛接受的错误概念。尽管水文地质条件复杂多变，入渗到地下的水分一般都会回归到地表（以喷泉或河川基流的方式）或者流入大海（Sophocleous 2002）。

框 16.2　双赢还是零和？帝国谷地(Imperial Valley)案例

美国加利福尼亚州的洛杉矶-圣迭戈城市带是有名的缺水地区，该区严重依赖跨流域调水，尤其是从科罗拉多河调水。被赞誉为实现双赢的美国南加州都市水务局(MWA)和墨西哥帝国谷地灌区(IID)于1998年签署的一项协定就是节水干预措施转变为再配置的典型案例。

在该协定下，南加州都市水务局将注入资金对"全美运河"——负责从科罗拉多河调水的重要工程——进行衬砌，用来换取此项干预措施所达到的每年1亿m^3节水量的用益权(CGER 1992)。而所谓的节水实际上却使边境另一侧的墨西哥谷地的农民开采的地下水源的补给和水质造成了损害(Cortez-Lara and García-Acevedo 2000)。在每年节省的1亿m^3水中，有3000万m^3目前每年被La Mesa排水系统(为控制地下含水层的水位而开掘)所截获，而其余的7000万m^3则补给了地下含水层。个人和联邦拥有的机井从地下含水层和La Mesa排水系统开采的水量可以灌溉19 800hm^2的土地。但由于渗漏到地下含水层的地表水量的减少，地下水的盐度提高，而最终有可能造成对33 400hm^2的土地产生影响(Cortez-Lara 2004)。地下水资源的减少将会对日益增长的城市供水需求产生重大影响(Castro-Ruíz 2004)。

从官方意义上说，这个安排是符合《科罗拉多河协议》的，因为该协议只处理美国和墨西哥之间地表水的配置，因此是合法的。强调美国一方的处理方式会使决策者将该协定定性为"双赢"，而同时却忽视了地表水-地下水的相互作用以及忽略了协定中的"输家"。

地下含水层作为地下水库是一笔巨大的财富，是度过干旱期的很好的缓冲措施。但对地下水的抽取一般与和河川蓄水量或回归到河川中的地下水的减少量基本相当。典型的例子(如印度、伊朗或美国)就是通常可以从毗邻的地下含水层接受净水量的河流反而成为补给这些含水层——由于地下水位的大幅下降——的水源。而所谓的地下水安全开采量的概念模糊不清，并常常被用来为地下水的管理不善提供合理的理由(见本书第10章有关地下水的论述)。

- *森林和"海绵效应"*。河流接受的地表径流总体上看就是降雨后被作物、天然植被和水体经过蒸发和蒸腾作用消耗后所剩余的水量。地表水资源与土地利用和管理相关，因此正在闭合的流域对地表覆被的变化更加敏感和脆弱。人们通常认为河流径流量的下降以及洪水都和流域上游的森林减少有关。因为人们相信森林可以控制洪水并起到海绵的作用，在雨季吸收多余的水分并在旱季释放出来。尽管在很多地区——特别是在湿润地区——发现了恰恰相反的例证，很多松树、桉树和一些稀有树种都被发现对水资源具有十分重要的负面影响，但是，在"海绵效应"的驱动下的很多大规模投资都没有充分考虑上述因素对局部水资源的影响 (CLUFR 2005; Forsyth 1996)。树木不会造水，反而会消耗水，所以通常会降低径流量。土地利用对河流枯水期流量、侵蚀和洪水的影响是复杂的，也是根据特定地点而变化的(FAO and CIFOR 2005)，所以，在指责具体的水文事件或土地利用实践需要特别谨慎。

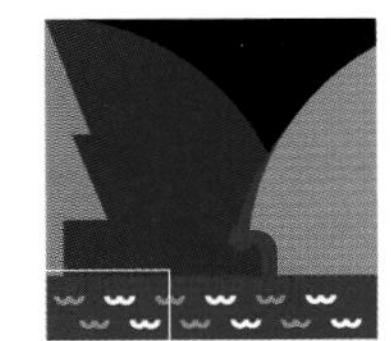

上述这些案例都说明了愿望良好的节水措施经常等同于对水资源的再配置或再开发。不管是有意还是无意，期望还是不期望，补偿还是未补偿，这种水量的转移实际上就是“拆东墙补西墙”(Molle and others 2004)。地方尺度上的效率问题最终转变为宏观尺度上的配置和公平性的问题。随着流域的闭合，水流路径的复杂性增加，管理任务更加艰巨。图16.4简要勾画出了约旦河下游流域1950年到2000年间观测到的水流变化情况 (Courcier, Venot, and Molle 2005)。

如何管理流域内用水户之间的关系往往取决于流域的社会政治环境和发展条件。

河流流域内社会经济和政治的相互依存性。由于上下游用户之间、农业和城市之间、自给自足的农民渔民和商业化农业企业之间、河道外和河道内用水之间的竞争日益激烈，水文上的相互作用日益凸显，所以，河流流域变得在社会、经济和政治上相互依存。

面临压力的流域的社会和经济的外部性由于那些发现自己处于竞争地位的人群具有多样化的优先领域、目标和政治权力而得到强化。当政治上较为强势的参与者以牺牲经济和政治上边缘性群体利益为代价而确保其水资源的时候，就会出现外部性。例如，南非Sand流域上游的松树种植就会影响到下游人口密度较大的农村地区的有效水量，还有，泰国富裕阶层使用并拥有的高尔夫球场和果园就会消耗掉流向其周边稻田的水量 (Both ENDS and Gomukh 2005; Flatters and Horbulyk 1995)。工业生产一般比其他部门的用户有着更大的政治影响力，所以也会严重影响其他部门的用水，主要通过对水体的污染。渔民常常由于水利工程的建设而丧失其生计来源，并很少得到补偿(WCD 2000，第3章)。城市和工业用水一般会被优先配置，严重影响农业用水(尽管有时也会发生相反的情况)，而这三大部门的用水都会对环境产生负面影响。外部性在水资源稀缺时会特别突出。

如果目前消费的成本要被后代承担的话，就会发生代际外部性。如，累进式的流域闭合对河流渔业的累积影响(如哥伦比亚河流域)，又如地下含水层的污染或枯竭，以及野生生物多样性的丧失。类似地，过去实施的从某条河流向邻近河流的调水工程造成了毫无例外被忽视的、放弃了的收益，而这些被放弃的收益造成的后果已经在巴西的Piracicaba流域(向圣保罗调水；Braga 2000)或澳大利亚的Snowy流域(向Murray-Darling河调水)显现出来，或在中期的未来将在泰国的Mae Klong流域(向曼谷调水)或伊朗的Karum流域(向伊斯法罕省和其他地方调水)，或者在长期的未来在尼泊尔的Melamchi流域 (加德满都调水；Bhattarai, Pant, and Molden 2002)逐渐浮出水面。

水的匮乏和对资源的捕获(强迫其他用户求助于更昂贵的水源)、污染物的排放或通过建筑堤防将洪水引向他方都会产生跨越时间和空间以及利益攸关方的社会政治归属的外部性。它们会累积成为随着权力分配大小而分布的稳定的成本和收益的再分配格局，而在该格局很容易地在不同的利益攸关方之间分出赢家和输家。必须对第三方造成的影响进行管制，而国家在其中将发挥关键性作用。

图 16.4 约旦河下游水平衡

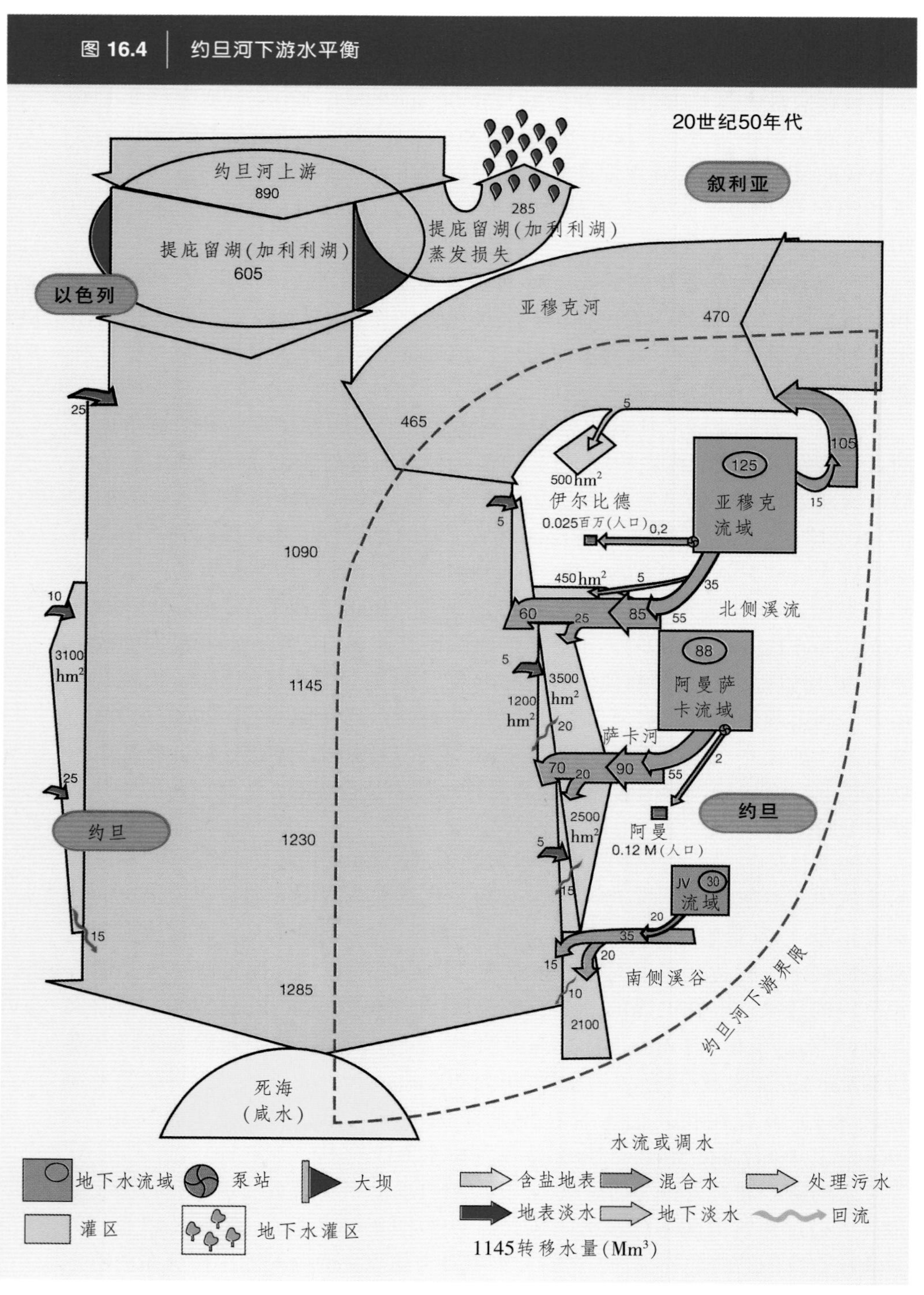

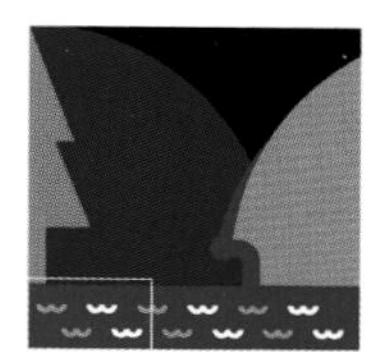

图 16.4 约旦河下游水平衡(续)

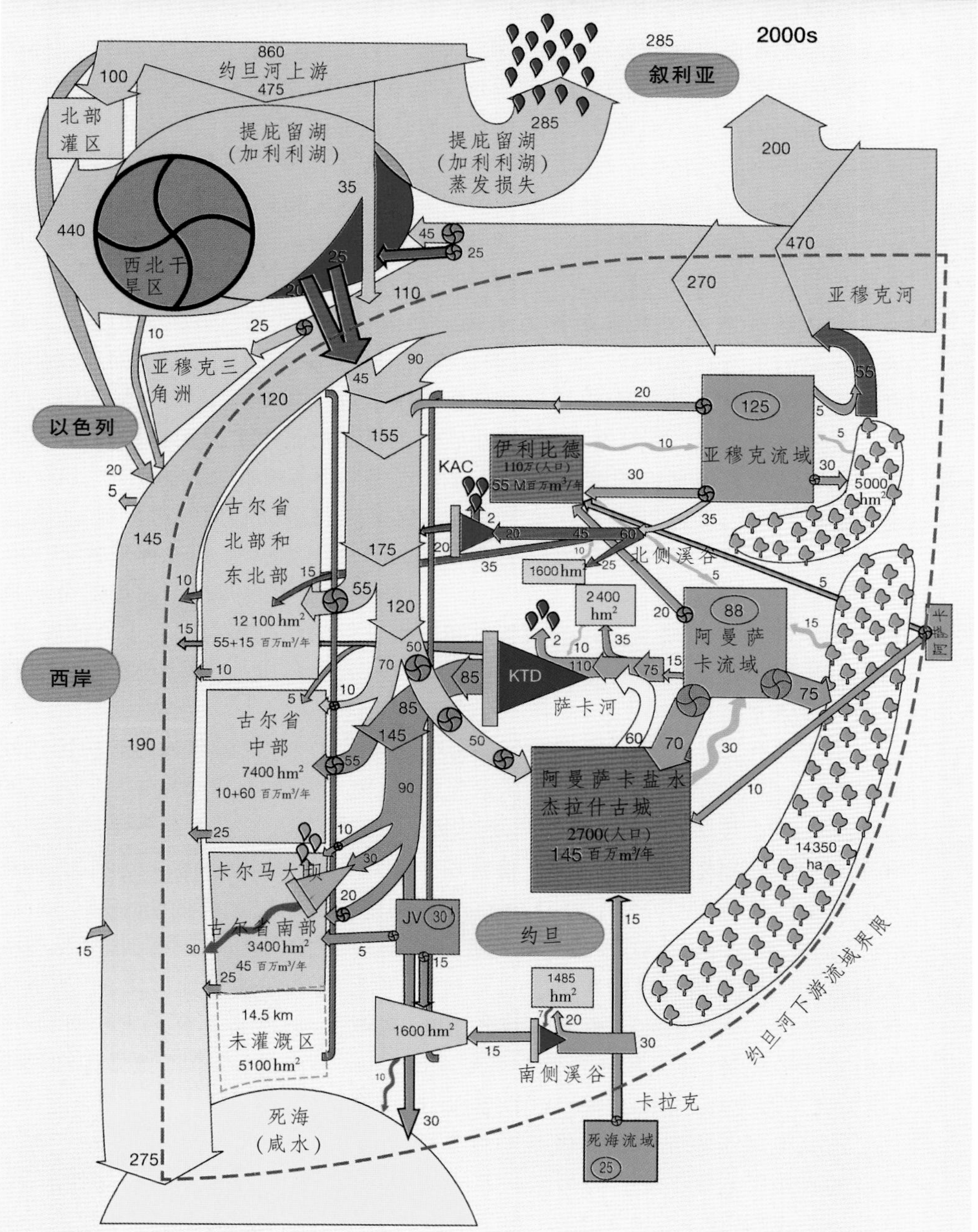

来源:Courcier, Venot, and Molle 2006.

河流流域的问题还包括行政机构之间(往往相互重叠的省或大区、地区或亚区)和部门之间(负责水问题的不同的政府各部和机构,通常是农水资源、农业和环境部门)之间的相互作用,甚至竞争(Barrows 1998; Moss 2004)。如何管理流域内用水户之间的关系往往取决于流域的社会政治环境和发展条件。像泰国这样的国家,活跃的民间社会的政治空间和由于开发造成的大坝移民的长期经验相结合的情况就意味着没有一个政府任命的流域管理机构能取得代表全流域用户资格的合法性。同时,官僚主义和以曼谷为中心的管理使国家很难接受开放性的水治理成为一种可接受的框架 (ENDS and Gomukh 2005; Sneddon 2002)。而越南则形成对照,处于胚胎期的流域组织——甚至没有省级水资源管理机构的参与——很大程度上是国际机构驱动下通过中央集权建立的机构。

> 将流域看作一个相互嵌套的生态系统的连续体会有助于理解为什么流域中的某一部分发生的变化会影响到流域其他地方的水资源有效性和环境质量。

河流流域是相互联系的生态系统。前面提到过的第三方效应的重点通常放在人类的水资源利用上。而将流域看作一个相互嵌套的生态系统的连续体会有助于理解为什么流域中的某一部分发生的变化会影响到流域其他地方的水资源有效性和环境质量。例如,季节性或永久性湿地是由水流型控制的,而流型的变化是系统其他地方的蓄水和淡水造成的。《生物多样性公约》(CBD 2000)中定义的作为可以促进以公平方式促进资源保育和可持续利用的对土地、水和生活资源综合管理的生态系统方法为我们提供了在对水文循环进行干预和生态整体性之间,以及在对不同用途的用水产生的营养价值之间进行权衡的分析框架。例如,通过以忽略渔业代价而蓄水和取水进行的优先提高粮食生产的考虑。湄公河流域的鱼类为当地人口提供了40%~80%的蛋白质,这种依赖程度在农村贫困人口中尤高(见本书第6章有关生态系统的论述)。

水资源开发给生态系统带来了显著变化 (见本书第2章有关趋势的论述和第6章有关生态系统的论述)。尤其是大坝,从根本上改变了大部分大型河流的水流型态。在某些地方,这样的开发还削弱或破坏了人类对生态系统的精密的利用,付出了总体上的经济损失、粮食安全程度下降、环境退化,以及生态服务功能损失的代价(见Barbier 和 Thompson 1998中描述的尼日利亚Hadejia' Jama' a河的案例;或WWF 2003中描述的赞比亚Kafue平原的案例)。同样,很多易遭洪水危害的地区距离人口密集的中心带很近,所以防洪促进了城市化,更加集约化和季节间的调控催生了更高的种植强度。这些大坝(常常具有多重功能)所产生的实际的经济、环境和社会效益是复杂的、喜忧参半的,本章不再做详细讨论(相关讨论参见McCully 1996; WCD 2000;本书第2章和第6章)。

河流流域生态系统的系统性和复杂性常常使大坝、灌溉系统、泵站工程所造成的直接影响复杂化, 并导致一系列始料未及或经常被忽视的破坏性后果。这些后果包括:地下泉水的丧失(由于约旦的Arzraq绿洲地下水的过度开采);湿地生产力的丧失;由于洪水型态改变而造成的河流与洪积平原之间的联系度降低(尼罗河上游阿斯旺大坝对尼罗河三角洲的影响;澳大利亚新南威尔士州开发灌溉棉花对Macquarie沼泽地的影响)。洪水带来的很多好处——增加肥力、补给地下水、对湿地的支撑、促进生态系统的可持续性、洪水消退后农业、渔业资

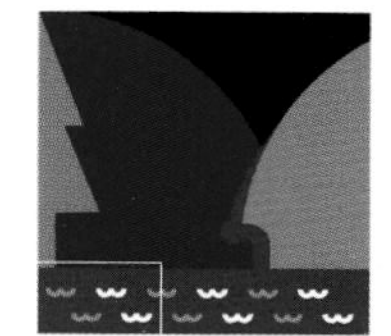

源的丰富——被严重削弱了(WCD 2000)。

由于大多数大型项目的环境评估忽略了这些生态环境影响,并且在决策时没能将外部性充分考虑进去,所以造成那些总体成本超过了效益的项目被批准先行建设(WCD 2000)。每一个单个建设的项目都不会考虑到自己对其他项目的影响——更甭提对其他流域价值的影响了,从而忽略了对供水的有限性,并常常导致流域水平上对效益的重复计算。

城市居民和非政府组织的环保主义人士附加给原生态环境的价值,在转化为寻求政治上的支持时,对开发主义者所持的过度的开发主张是一种缓和。环保主义人士在对景观和水体的定义上已经发挥了日益重要的影响力。在最近的《欧洲水资源框架指针》(Kaika 2003)背后,对环境的考虑已经成为主要的动力。环保主义者在寻求与源于土地和水资源开发中忽略生态影响的观点做抗争的时候,将他们的重点放在了以下几个方面:

- *经济评价*。很多环保主义者都开发了评价生态系统服务的方法,一方面为了使隐性的干预成本明确化,另一方面也是为了对成本-效益分析和可行性研究施加影响使之朝向有利于环境保持的方向进行(见本书第6章有关生态系统的论述)。他们还争论说更高的水价会鼓励节水(从而使河道径流增加),并且还提出了环境服务支付的概念。
- *反对建设大坝*。很多大坝工程项目由于公民社会的强烈反对而束之高阁,但是其他一些国家却不为所动,照样开工建设,如:中国的三峡大坝、土耳其、越南;或者在国际河流上游建设的大坝,如中国的澜沧江-湄公河流域上游。
- *拆除大坝*。社会价值观的变迁以及它们内化为政治和公众选择造成了一些较小的水坝被拆除(如美国的一些水坝以及法国卢瓦河上的水坝),以恢复渔业和河流生态系统。
- *谈判取得水流流型*。遵循相似的动态,一些大坝通过谈判获得的流型已经部分地使湿地和其他生态价值得到了恢复,如塞内加尔河谷地(Fraval and others 2002)和加拿大(Ryder 2005)。在其他地方,受到影响的人群已经施加压力,迫切要求大坝转变运行方式,从调节洪峰转为根据季节变化的基本负荷的水量产出(如柬埔寨的Se San河沿岸;Hirsch and Wyatt 2004)。
- *谈判商定水流流型*。环境流量的理念——定义为能确保维持河流生态系统的特定环境功能的水流型态——试图在生产性用水和某些保护性的需水阈值之间达成妥协。从科学上确定环境流量仍存在一些问题(见本书第6章有关生态系统的论述),在实践中考虑的那个的价值常常是协商权衡的结果,而不是科学研究的结果。
- *国家公园和保护区*。把非洲还未开发的河三角洲命名为国家保护区会使一些区域得到保护,尽管会以当地居民的生计为代价(Swatuk 2005a)。

环境流量的理念——定义为能确保维持河流生态系统的特定环境功能的水流型态——试图在生产性用水和某些保护性的需水阈值之间达成妥协。

河流流域及超越其范围的区域。尽管河流流域物理边界的确定看起来是十分清晰的,但自然和人类社会的复杂性却对其作为治理单元造成了限制。地

表水也许会与跨越数个流域的地下含水层互相关联。而河流的三角洲地带常常是融合若干河流并使流域界限毫无意义。地表水常被调往属于其他流域的城市和灌溉系统。但即便是这些案例也被认为是流域概念的最初含义的扩展，而没有减损其可用性和意义。

也许更加重要的是源于更大范围的其他因素和过程对流域内的用水和管理会产生关键性的影响。例如，气候变化会增加水文变异性，也会提高极端事件的频率。这些看起来十分明显的外部因素有时会十分重要，以至于某些流域内的问题的原因——及其解决方案——会远远超出流域甚至水资源部门的范围(Allan 2004)。

> **某些流域内的问题的原因——及其解决方案——会远远超出流域甚至水资源部门的范围。**

首先，河流流域是国家和跨国经济的一部分。部门和市场的联系对流域农业生产和用水具有空间上的意义，而生产要素的相对或变化的价格、税收或补贴、移民、世贸组织或其他自由贸易协定，以及世界市场的演化都会造成影响广泛的后果。国家制定的政策后面的经济动机也许会鼓励或减少某些用水。例如，欧盟通过《共同农业政策》进行的补贴促进了西班牙的谷物生产，对当地地下含水层的耗竭起到了推波助澜的作用(Garrido 2002)。《北美自由贸易协定》导致了墨西哥北部以严重的地下水耗竭为代价进行耗水的出口经济作物的集约化生产(Barker and others 2000)。

其次，政治也会直接作用于河流流域的水资源开发。以色列通过战争取得的邻国领土使其可以完全调用约旦河上游的水量为己所用。而在其他一些国家水利基础设施常常被用做地缘政治格局来控制某些地区或用做对抗游击队的缓冲区。政治事件所造成的影响有时是不可预期的、间接的。第一次海湾战争后，几十万在海湾地区打工的也门人、巴勒斯坦和约旦劳工涌入自己的祖国造成了地下机井数量和地下水开采量的猛增，从而对地下含水层造成了严重影响(Mohielden 1999)。反过来，湄公河流域的“不充分开发”则大部分源于该地区连绵不断的战争阻碍了制定向田纳西河谷管理委员会那样的水资源开发计划(Bakker 1999)。

第三，意识形态、世界观或价值观的改变也会产生不可预料的影响。粮食安全或国家驱动的粮食自给政策会以可持续性为代价，正如中国推动冬小麦的生产造成地下水过度开采的后果一样。西方国家环保主义势力的增长却也造成了对某些可以作为旅游地的原生态自然区域的神圣化，从而使当地居民蒙受损失，如Okavango三角洲保护区(Swatuk 2005a)。发展中国家正在出现的环保主义运动也在为成功反对建设大坝注入能量，如最近在中国发生的反对在怒江上游建坝的运动。

一些干旱国家已经建立了横跨广大区域的管道输水系统，从而可能会倾向于完全抛弃“河流流域”这一概念(例如塞浦路斯、以色列、约旦、突尼斯)。在技术进步使需要更广泛的规划视角的跨流域调水成为现实的时代，流域的概念受到了挑战，被认为已经过时(Teclaff 1996)。若干个已经启动或正在讨论阶段的大规模资本密集的调水项目(中国的南水北调，Berkoff 2003；印度的河流相互连

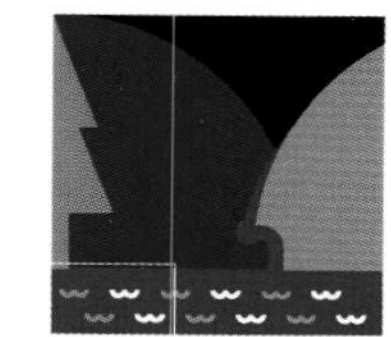

接计划;巴西的圣佛兰西斯科的调水工程;中东的红海–死海调水)或许代表了越来越多求助于跨流域调水的趋势。

河流流域治理和管理的发展趋势

日益增加的水资源的压力以及正在闭合流域中水文、社会和生态的相互依存性已经使人类意识到在水资源管理中采用整体观的必要性。“流域是进行水管理的最适宜的空间单元”的观点重新引起了人们的重视。基于流域的水管理决策是一种政治选择,流域因此成为一种治理上的尺度,在此,会出现有效性、参与和合法性之间的矛盾 (Barham 2001; Schlager and Blomquist 2000; Wester and Warner 2002)。在建立一种适应性的、多层次的、协作式的流域管理的治理模式方面进展不大,主要是因为对形式(建立流域管理机构)的不恰当的重视超过了对程序的重视。

流域管理目前更多的是一种协调冲突和配置水资源的过程,而不是承担水资源开发的任务。

从流域开发到流域管理。认为流域是水资源开发和管理的基本单元的想法源于150多年前。最初的概念形成出现于19世纪末期,并在殖民活动(特别是尼罗河和印度河的开发)和美国西部的开发中得到加强,这个概念是与自然科学的进展相伴的,从而沾染了空想主义和科学至上主义的色彩 (Teclaff 1996; Molle 2006)。在河流上建设多个大坝满足多重需要(航运、发电、灌溉、防洪)的想法站稳了脚跟并导致了对整条河流的流域进行水资源开发的规划。

上述理念在1933年建立的田纳西河谷管理委员会(TVA,田纳西管委会)中得到了最充分的体现,人们当时认为建立流域管理的权力机构是对流域尺度的水资源进行统一规划和充分开发从而实现区域发展的必要手段(Lilienthal 1944; White 1957)。“田纳西管委会模式”对工程师、规划师和外交官的巨大吸引力(Ekbladh 2002),以及第二次世界大战后一系列杰出政治人物的掌权导致了全球性的建立流域管理机构的热潮,主要是在发展中国家。尽管田纳西管委会及其复制品在统一的、自下而上的开发中取得的成效十分有限(Newson 1997; Scudder 1989),它们却被当做大规模建设大坝是可行的概念的样板,有时还被当做大型水利官僚机构牢固确立权力的榜样。直到今天,大部分的流域机构还是管理者/运行者的角色(Millington 2000)。

工业化国家进行流域开发的势头从20世纪70年代初期开始减弱,因为意识到了其带来的环境和社会成本,还因为适宜于建坝的可选择的地点的减少。这些国家的优先领域转向水质和环境可持续性。到1992年,对环境和水质的关注就反映在《都柏林原则》(ACC/ISGWR 1992)和水资源综合管理概念的采纳上,后来又经《欧盟水资源框架指令》(EU2000)加以正式确认(框16.3)。河流流域再次被认定为水管理的适宜单元。

随着流域管理更加整体化,管理者就需要掌控一系列更加复杂的问题,如人口增长、城市化、相互竞争的价值观/生计/经济利益的多样化,但所有这些问题都要依赖相同的水文循环。这就意味着流域管理目前更多的是一种在权力和财富分配失衡、环境发生重大变化以及气候变化造成的供水变异性加大的背景

框 16.3 综合管理方式对水管理的挑战

随处可见的水资源纠纷、环境退化、行政管理上的扯皮以及相互矛盾的水政策都促使建立一种更加综合的水资源管理方式。水资源综合管理的基本原则在 1992 年的联合国里约热内卢世界环境和发展大会(地球峰会)上得到了国际社会的确认和支持,在峰会通过的《21 世纪议程》的第 18 款第 8 条中规定:

水资源综合管理的理念是基于水资源是生态系统不可或缺的组成部分、是一种自然资源、是一种社会和经济产品、其数量和质量决定了其被利用方式的本质的这样一种认识。为实现这个目的,在满足和协调人类对水资源需求的基础上,在充分考虑水生生态系统发挥正常功能以及水资源的多年性质的条件下,水资源必须得到保护。在开发和利用水资源的过程中,必须优先考虑满足生态系统基本需求并保护生态系统的需要(UN 1992, 第 197 页)。

正如 Millington (2000)所总结的那样,水资源综合管理是有关在竞争性用途之间配置水资源、保护水生生态系统、为所有人提供清洁饮用的过程,其目的在于协调经济效率、公平性和环境保护目标(包括生态系统服务)之间的矛盾。这就需要假定上述价值是可以和谐共处的。尽管很多时候它们之间是互相排斥的:某一目标的部分实现会对其他目标实现产生负面影响。水资源综合管理则为应该如何管理水资源提供了一种有原则的、规范的视角(van der Zaag 2005),但在提供如何实现这个目标的具体指导上做得就更少一些 (Biswas 2004), 在实际中成功的案例就更少了(Biswas, Varis, and Tortajada 2005)。它的单个目标实现的效果在实践中很少能实现加合,这一点经常使人糊涂,而其平衡经济、社会和环境价值的机制也很薄弱,或者根本没有。

有关水资源综合管理的文献又喜欢推动一个技术官僚治理下的改革观:专家们会提供一种正确的制度;建立适合的政策和立法;创造适宜的行政和协调机制;确保执法和参与式的决策等诸如此类的建议。但改革从本质上讲是一系列的政治过程 (Mollinga and Bolding 2004;Swatuk 2005b),不管是从由政治渗透而进行的官僚主义改变的意义上看,还是从对资源和权力结构持续不断的获取的更广的意义上看,都是如此。

下协调冲突和配置水资源的过程。但这种从“开发”到“管理”的转向很大程度上是由那些已经对水资源进行深度开发的发达国家所推动的,所以有时候会招致那些认为开发程度还不够的国家的反对(Thatte 2005)。

尽管一直在争论在土地和水资源的管理中需要采用流域视角,但实际中进行综合流域管理的案例却十分少见(Barrows 1998; WCD 2000)。造成这种情况可能有以下几个原因。一是因为政治和行政管理管辖边界和流域边界不一致,因此要想在管理中纳入不同的省份十分困难。流域管理是将生物物理系统适应到政治——行政领域中去的典型案例(Moss 2004)。二是由于旨在克服这种困境而建立的新的流域机构又常常在现有的对用水产生影响的——如城市发展、土地利用规划、运输、能源和林业——按照部门上下级管理的机构体制和政策领域中制造了新问题(Mitchell 1990; Millington 2000)。三是很多地方性问题没能在流域尺度上得到处理(Moench and others 2003),不同尺度之间的界定无论是水文上还是治理上都存在问题。四是流域管理需要资金注入,无论是用户出,还是从污染收费中出,或是通过政府补贴出,这笔资金都存在很大的不确定性

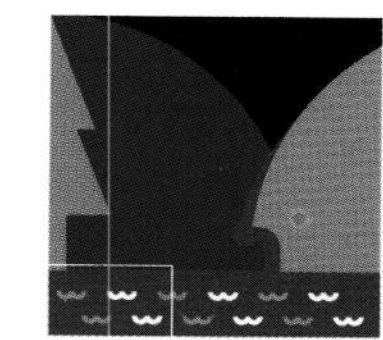

(Abernethy 2005)。最后,其他一些因素也会削弱流域管理,如政治内斗、缺乏对问题的意识和兴趣以及水文数据不足。

尽管有时并不存在那种中央集权式的流域管理机构,但这并不意味着没有人或组织来管理流域(Schlager and Blomquist 2000)。这可以通过识别流域水管理中不同参与者的角色而实现,要问"谁在干什么?在哪里干?什么目的?干得多好"这样的问题。任何一个流域的最基本功能都能被部分或完全实施,它们的总和就构成了流域治理(表16.1)。

这些功能被执行的好坏,从谁的角度出发,以及代表了谁的利益等问题都是经验性的问题。由于很多组织和利益攸关方都会参与到流域内的水管理中,并且其数量随着流域的关闭而不断增加,所以在某项单个功能的执行中会有不止一个组织的参与。这也说明了要找出使那些形形色色的利益攸关方能共同为流域水管理工作的解决方案的重要性。

> 流域管理中的最基本功能——包括环境在内的竞争性用水和用水户之间的水资源配置——没有得到充分重视。

流域治理的制度安排的发展趋势。人们往往更多地关心如何建立流域水管理的理想组织模式,而对如何建立、管理并维持流域治理中各种各样的协作关系关注不够。或者说得更彻底一些,流域管理中的最基本功能——包括环境在内的竞争性用水和用水户之间的水资源配置——没有得到充分重视,尽管该问题实际上是水资源综合管理的核心。

在流域治理中存在两个主要趋势。一个是关注面积有限(一般从几十平方千米到1000km^2)的小流域或亚流域,地方上的利益攸关方和机构会在这个尺度上解决与土地和水相关的问题(框16.4)。另一个趋势是关注范围更大的流域。该

表 16.1 河流流域管理的最基本功能

功能	定义
规划	流域水资源进行开发和管理的中长期计划的制定
设施建设	执行水利基础设施设计和建设活动
水资源配置	水资源在包括环境部门在内的不同用水部门间按比例配置的机制和标准
水资源的配送	执行保证被配置的水资源能达到终端用户的活动
监测水质并强制执行水质标准	执行监测水污染和盐分水平并保证它们保持在可接受标准范围内的活动
预防水相关灾害	洪水和旱灾的预警;防洪;应急机制的建立;旱灾预防和解决机制
解决冲突	提供谈判和诉讼的空间或机制
保护生态系统	优先保护生态系统,包括生态保护的意识普及和宣传活动
协调	流域内国家和非国家的土地和水资源管理的参与者所承担的政策和行动的协调一致

注:表中所列各功能下统一包括数据收集、资源动员等下属功能,尽管它们本身不是目的,但会协助实现其附属的更高层功能的实现。

来源:Adapted from Svendsen, Wester, and Molle 2005.

趋势有其鲜明的特点(Svendsen and Wester 2005)。首先是必须达成流域层面的在水资源综合管理上的共识。这一点和实现综合管理承诺的愿望一起,成功地将流域管理纳入政府和国际资助机构的工作日程上,导致很多新的流域管理动议的出现(见框16.4)。

第二个特点是参与或关注流域规划和管理的公共和私人部门的参与者在日益增长,从环境机构和公民团体或利益集团,到农业、城市和工业用水户的管制机构和服务提供者。而随着生活水平的提高、城市化加快、环境退化加剧,更加多样化的利益攸关方和世界观需要被整合进来。

第三点就是与流域规划和管理相关的组织日益专业化并分化出监管者、资源管理者和服务提供者(Millington 2000)。监管和标准制定是以符合公众利益的方式进行的,是政府的必要职能之一,但其他任务可以由商业或公私混合机

框 16.4 | 流域治理的趋势:小流域治理和地方水平上的解决方案

在发展中国家的小流域治理自20世纪70年代以来作为遏制土地退化、确保下游与水相关的服务以及提高农业和自然资源管理水平的响应策略已经获得日益重要的地位 (Tiffen and others 1996; Joy and Paranjape 2004)。而澳大利亚和美国的小流域管理动议的增长还与采用更加整体的和区域化的生态系统观点进行资源评价和管理并在新的价值观和用途——娱乐和审美——的指导下恢复环境质量有关(Omernik and Bailey 1997; Lane, McDonald, and Morrison 2004; Kenney 1997)。

小流域治理是基于这样一种认识,即:小流域是根据水文学上下游联系的基本原理对土地和水资源进行管理的适宜的空间单元和整合单位。小流域治理项目因此就会以建立能够实现资源保育和生物量生产的综合管理为最终目标(Jensen 1996)。这些项目暗含着一种多部门和多个利益攸关方参与的、协调的和多目标的动态体系,强调在治理和改善生产和保育技术方面社区水平的活动。

小流域治理的概念作为应对土地培育、善治和脱贫方面的执行经验和变化的政策和发展范式的手段在过去40多年中不断进行演化。20世纪70和20世纪80年代的小流域治理项目可以概括为:以遏制土地退化并确保对下游供水的自上而下的小流域保护为目的,主要采用那些由物理目标驱动的水土保持工程手段。缺乏人的参与以及对保育措施的技术层面过度重视被公认为是这些项目失败的原因 (Doolette and Magrath 1990; Chenoweth, Ewing, and Bird 2002; Kerr, Pangare, and Pangare 2002)。

通常被称之为"参与式小流域治理"的新一代治理项目出现于20世纪90年代,综合了更为复杂的战略关注点:脱贫;地方的参与和产权;集体行动和制度建设;生产体系和土地培育;成本分担;政策关联度的程序化的方法;可持续性(Farington,Turton, and James 1999)。这些项目一般更有可能取得更大成功,并在政治和行政分权、私有化、更广泛的可持续农村生计的背景下得到了进一步的发展以提高其平等性、可持续性和可复制性。

小流域治理的演变与流域的演变——流域治理的第二点——平行发展,反映了小流域治理概念从狭隘重视水文联系到广泛认识到人类因素和生态系统相互关联性的适应性演化过程。一个所有尺度(田块、农场、村庄、小流域、流域)都值得吸取的教训是:保育或环境目标只有在与以上游为导向的发展目标——通过利用实现保育——相结合的情况下才能够实现 (Turton, and James 1999)。小流域管理的动议还标志着流域管理的破碎化,而如何将这些分散的治理动议和范围更大的流域联系起来仍是有待解决的关键问题。

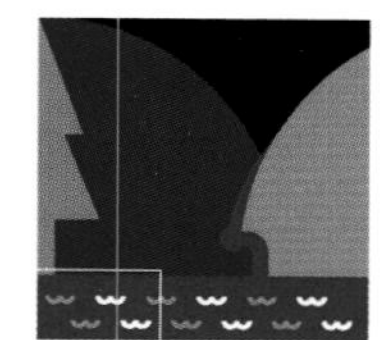

构来承担。

在很多人的心目中流域管理必须要由一个统一的流域管理组织来进行。流域管理组织已经成为流域水资源综合管理工具箱中大家一致公认的支柱。但这种组织的类型相当多样化,其作用和结构也不尽相同。乍看起来这令人迷惑,但这也说明无论是所面对问题的本质(如,开发或管理)还是每个流域的具体的历史和环境都会在流域组织中得到反映。而下述归类是从对流域组织的粗线条的总结得出来的。在审视这些类别的时候要注意的是:没有特别明确清晰的定义,即便在同一类别的组织中其作用和权力也大不相同(因为概括性的名词有时不能完全适用于具体的机构):

> 流域管理的制度安排可以沿着两条轴线分布,一条是对国家驱动的和利益攸关方驱动的功能的区分,另一条是集权式分权式模式的对立。

- 流域权力机构是自治的执行组织,拥有对其流域的广泛授权,承担大部分与水相关的开发和管理职能。它们集管制者、资源管理者和服务提供者于一身。田纳西管委会就是这类组织的缩影,其模式被输出到很多国家,并出现很多变种,其效果高低参半。印度的Damodar谷地公司、斯里兰卡的Mahaweli管委会、巴西的圣佛兰西斯谷开发委员会、西班牙的水利开发联合体是其他的一些例子。这些权力机构一般对地方需求的反应极慢,并常常由于侵犯了其他政府机构和行业管理机构职能而出现的官僚主义矛盾而被削弱。

  一些这类权力机构接受了涵盖多个领域、流域范围的、多重功能的授权,但没有被赋予相应的法律、政治或行政权力去实现它们。它们一般都最终成为专注于工程建设和大坝管理的机构(大部分用于水力发电和防洪)。这样的例子包括印度的Damodar谷地公司(Saha 1979)、尼日利亚的流域开发权力机构(Adams 1985)、中国的河流委员会(Millington 2000)。一些权力机构设立的初衷就是为了确保区域的基础设施开发 (墨西哥早期的流域委员会),另外一些机构则坚持下来成为很有权力的管理者/运行者(印度尼西亚的Brantas流域,中国的塔里木河流域),而其他的则萎缩或局限于解决某一个问题的机构,或者蜕变为范围狭窄、资金来源不定的毫无权力的平行机构(A. Dourojeanni,个人交流)。
- 流域理事会或委员会的重点在于政策制定、流域范围的规划、水资源配置和信息管理,其利益攸关方的参与程度不一。它们一般都被赋予管理水资源(配置用水许可、界定税率、谈判水的配置、界定排放标准)以及有时规划未来发展的权力,但并不参与运行或建设。这类例子包括美国的特拉华河理事会、澳大利亚的Murray-Darling河理事会、英国的水资源权力机构和法国的de l'eau机构。
- 协调委员会属于跨政策领域的、容纳公共和私人利益攸关方的、整合决策过程的协商式决策机构。它们并不是严格意义上的组织,但把来自不同机构和用水部门的利益攸关方聚集在一起。它们的任务是协调、冲突解决、审议对水资源的配置或管理。这样的例子包括墨西哥的流流域协调委员会(Wester, Scott, and Burton 2005), 南非的流域管理建议机构(Waalewijn,

Wester, and von Straaten 2005),津巴布韦的小流域理事会(Jaspers 2001),巴西的流域协调委员会和用户理事会(Lemos and Oliveira 2004)以及美国的几条河流的理事会。

- 国际河流理事会也需要被归入另一类,因为协调活动是在国家间而不是利益攸关方之间进行的,还因为这类机构的政治性较强。它们往往是作为河流沿岸国家签订条约的一部分而建立起来的,或者是为了共同管理共有河流大坝而建立的(如塞内加尔、Volta或赞比西河)(Barrows 1998;见下文)。它们通过协商和合作解决水资源冲突,但也会负责维护共同的数据库。它们的工作往往会以具体的协议为结果。

从治理的角度看,流域管理的制度安排可以沿着两条轴线分布,一条是对国家驱动的和利益攸关方驱动的功能的区分,另一条是集权式、分权式模式的对立(图16.5)。这样就会产生4种不同的流域治理模式:单一中心的(国家驱动、集权的);分权的(国家驱动、分权的);协调的(利益攸关方驱动、集权的);多中心的(利益攸关方驱动、分权的)。单一中心模式下是由流域权力机构或行业部门管理流域。而多中心模式下,现有组织、各级政府和利益攸关方的动议等行动都必须在流域或亚流域范围内进行协调。

流域水平上的综合管理倾向于采用单一中心模式,因为这种模式意味着某种程度的在数据收集和管理、水资源配置决定、决策权上的权力集中,从而可以内化第三方效应并处理用户间和跨流域的相互作用关系。这样做会强化国家的控制并与整合所有利益攸关方的价值和利益背道而驰。分权、用户和利益攸关

图 16.5 河流流域治理的类型

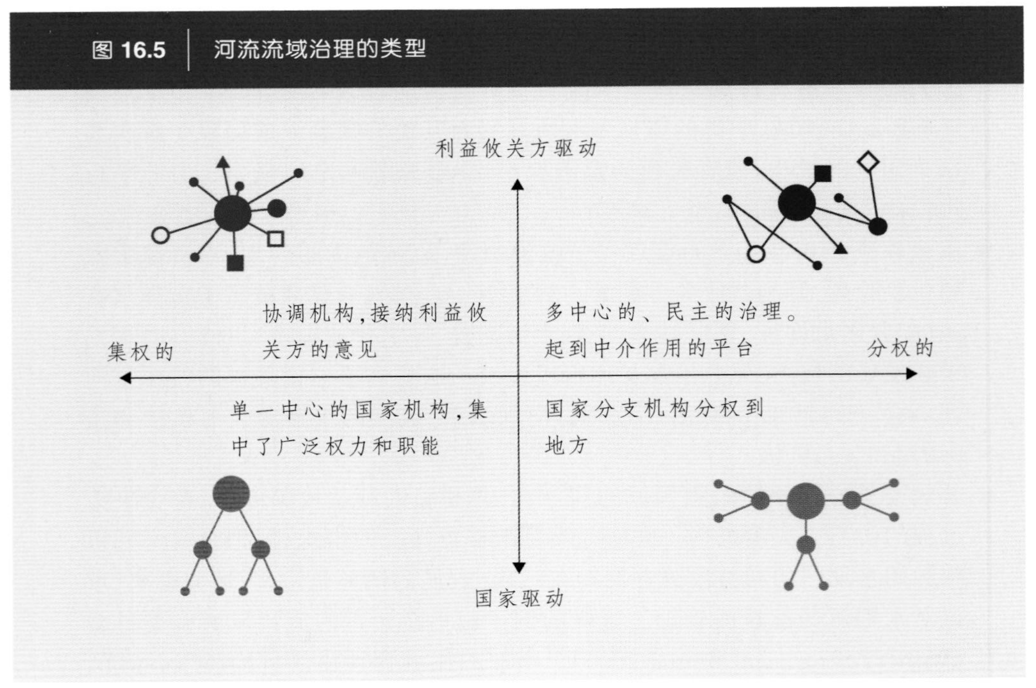

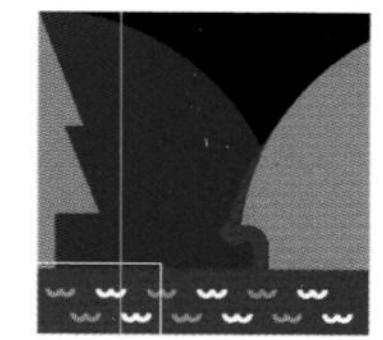

方的参与、上游小流域社区地方社区的管理、实施补贴的原则等都和多中心治理有关。这就对某些制度安排的界定和涌现提出了挑战。这些制度上的安排是为了确保水资源的利用与资源有效性和生态系统完整性相一致,且能平衡上下游之间的相互关系,并承认利益攸关方具有不对称的权力结构。

多种中心模式有助于形成反应更加敏锐的治理过程并改善部门之间的关联度,因为协调是在利益攸关方、机构和负责政策部门的其他管辖机构之间进行的。但决策也会因此变得冗长,协调成本会很高,参与的管辖机构的政治上的变化会阻挠协议的达成。多中心的和多层次的治理寻求的是调和利益攸关方的价值和目标,通过确保信息能够被所有利益攸关方共享以及冲突行为能被提前制止且议题被充分讨论的方式(Svendsen, Wester, and Molle 2005; Schlager and Blomquist 2000)。这必须要求有一种民主辩论的文化氛围,以及权力不过度失衡,但随着流域面积的扩大更难做到这一点。

> 大约有 158 条国际河流缺乏任何形式的合作管理框架。

荷兰和美国普遍采取的流域治理方式是没有单一中心管理者的流域管理(Schlager and Blomquist 2000)。在美国管理流域的正式机构很少见,决策权力主要分散于各种联邦和州立机构和部门。协调工作是经由多种多样的委员会和工作组通过将利益攸关方与各种讨论和决策论坛相联系的方式完成的。立法和谈判达成具有法律约束力的协议是制定政策和具体实践的重要手段,法院系统也参与到解决争议和矛盾的日常工作中。因此说,那种更加分散的组织系统也可以有效地管理流域,如果它们能被适合的程序、规则和其他制度紧密结合在一起的话。

管理跨国界流域的挑战和趋势。对于那些国际河流, 与在一国之内的一样,协作与合作的需求也在日益增长。全世界263条跨国界河流的流域面积占全球陆地面积的45%以上。这些国际流域内居住着全球40%的人口,流量占全球河流总流量的60%(Wolf 2002)。在整个20世纪一共签订了145个就国际河流的非航运利用的条约(Wolf 1998),其中大部分是两个国家之间的双边条约,即便在那些被3个或以上国家分享的河流。极少有条约处理水资源配置问题,只有1/5的条约具有强制执行的机制,只有1/2具有某种程度的监测条款(Wolf 1998)。跨界国际河流具有功能性制度安排的典型例子有:多瑙河、易北河和莱茵河(污染和航运);科罗拉多河、恒河、印度河和尼罗河(水资源配置的安排);湄公河、尼日尔河、塞内加尔河和乍得湖流域(合作管理的协议)。

尽管取得了上述成就, 但还有158条国际河流缺乏任何形式的合作管理框架(Wolf 2002)。虽然没有签订条约,但这些国家还是受到管辖分享的淡水资源的习惯性国际法的约束。《1997年联合国国际水道非航运利用公约》确立了两项主要原则:“平等地和合理地利用”以及不对邻国造成“明显损害”的义务。但直到2003年3月为止,只有12个国家加入了公约,远远低于应该加入公约的35个国家的数量(Giordano and Wolf 2003)。

就国际流域的水资源分享达成协议十分困难。大部分条约都忽略了水资源配置这一问题, 而即便处理了配置问题的条约也常常是按照固定数量分配的

(Giordano and Wolf 2003)。沿岸国家的关系往往植根于更直接的、更有影响力的邻国之间的历史政治关系之上。在一个共享流域中,对领土主权的情感往往压倒了领土完整性的理念,并从而引发了以国家开发和脱贫名义而采取的单边行动。在谈判加陷入僵局时,引入一些与水无关的问题——如贸易,或者与另外一个流域有关的问题往往会有助于谈判进行下去,就如同2002年莫桑比克、南非和斯威士兰就Incomati和马普托流域的水资源分享成功达成协议那样(van der Zaag and Carmo Vaz 2003)。

未来的流域管理会在两种水资源范式限定的范围内寻求程度不同的表现形式:水资源开发策略和生态系统策略。

在跨国界河流管理中反复出现的抱怨是:对流域组织的有限授权导致不能实现有效的联合管理。但是人们不禁要问:如果流域机构只是"田纳西管委会(TVA)"那样的基础设施建设的辅助者而不是能确保公平和可持续地在所有用户间(不仅仅是在不同国家间)配置水资源的管制机构的话,那么把执行权力提升至超出沿岸国家管辖权之后是否就肯定能提高管理的有效性?由于其在透明性、可问责性和代表多重利益攸关方的代表性上千疮百孔的历史记录,在多边组织中进一步的集权并不是解决问题的途径。今后努力的重点应放在经由谈判达成满足"公平的、合理的利用"原则的水资源配置条约。

在很多跨界流域协定中一个引人注目的缺失就是缺乏监测和执行机制。也许通过遥感技术进行监测将是使得各方建立互信的强有力手段。数据共享,无论是遥感数据、水文监测网数据还是国家数据库,都是实现合作和跨界水资源管理的基本条件。对水文学以及水资源所带来的效益的复杂性一无所知或一知半解都会对公平利用国际河流水资源协议的达成造成障碍。

强调利益攸关方的参与实际上暴露了在国家间达成的水资源协议中缺乏公众的参与,协议常常是在谈判背后的范围狭窄的参与者团体和利益之间达成的。像湄公河流域管理委员会这样的流域机构还保持着和公民社会最低限度的联系,或者对水资源竞争和冲突的关键方面参与。而用水户代表能在一个国家的范围内讨论规划和配置问题的新型的流域委员会、平台和论坛则提供了一种十分必要的深化肤浅的国家间协议的可能性——这是十分重要的制衡力量。赞比西流域就是一种真正的——尽管是昂贵的——意在发展使所有8个沿岸国家都能积极参与的流域管理战略的可贵尝试。

缓解压力:流域治理的响应战略

未来的流域管理会在两种水资源范式限定的范围内寻求程度不同的表现形式:水资源开发策略和生态系统策略。开发策略的重点在于征服自然并通过基础设施开发控制水资源为人类服务。而生态系统策略则致力于促进水循环和水生生态系统完整性的恢复和保持。公认的一点是,如果想转型为两种策略之间平衡的战略,就必须要做出政治上的抉择,这种平衡的策略是对生态系统给予更多的关注并在水资源的开发和管理之间做出权衡。对正在闭合的流域来说,继续强调供给方的策略只会加剧对水资源的压力。用我们已经拥有的东西

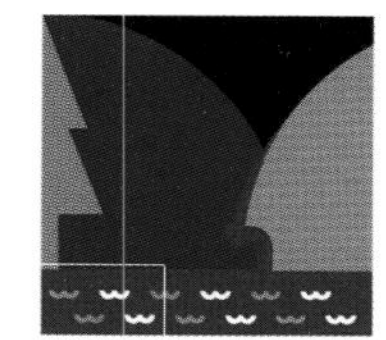

做得更好对选择更明智的应对流域闭合的策略以取代传统工程策略，对从生态系统可持续和确保公平性的角度配置稀缺的水资源，对能保证实现这些目标的治理模式的产生，对在复杂性之间增加和多种世界观的条件下管理水资源都具有深远意义。本节指出了一些未来前进的方向并对上述的4个问题的解决提出了建议。

开发并保育水资源

> 得到补贴的项目越来越多地造成了经济扭曲以及用水动机不能反映供水的真实成本的问题，更不用说其造成的其他社会和环境成本了。

正如前面讨论过的，建设更多的基础设施以抽取更多的水资源对决策者和政客来说是很有吸引力的选项，即便这是一种十分昂贵的应对缺水的方法。在包括非洲撒哈拉以南地区在内的一些国家，通过增加蓄水以提高对水资源时间上的调控以及扩大生产性用水常被认为是必要的。在正在闭合的流域，动员额外水资源的成本会急剧上涨，因为只有那些偏远地区才有未经开发的水资源可用。由于现有的水资源用途和用量已经很高，这样进行动员极易增加对环境的压力和影响。

跨流域调水是另外一个重新打开已经闭合流域的方法，可以带来大量的水。这会改善受水流域的供需平衡状况，但它也常常意味着对供水流域造成的直接影响以及长期的放弃机会所造成的巨大损失；还会促使在低回报活动中的过多用水以及对受水和供水流域生态造成的显著影响（Davies，Thoms，and Meador 1992）。这种调水造成的具体问题是和淡水规模成比例的，但这些问题几乎都被秘密地掩盖了，并且这类工程都是强烈政治意志的结果而没有充分经过公众的公开讨论。

所有的蓄水和调水工程，无论是开放流域（避免犯过去的错误）或是在已经闭合的流域（需要处理日益增加的相互关联性），都不同程度上面临着相同的挑战。这类工程必须建立在对它们所造成的水文和生态影响以及对水管理和取水权的彻底了解的基础上，建设决策必须有很多备选方案（见世界大坝委员会确定的权利和风险原则，WCD 2000）。必须对那些源于水利官僚机构的工程项目加大审查力度和公开程度，因为这些官僚机构追求永远固化其地位，还因为有些国家也会追求形象工程政绩，政客会追求选票，私人运营商会追求经济收益。

水资源开发或跨流域调水的成本应该被充分核计，要保证利益受损者得到充分补偿。得到补贴的项目在过去被认为是合理的，但它们却越来越多地造成了经济扭曲以及用水动机不能反映供水的真实成本的问题，更不用说其造成的其他社会和环境成本了。这些项目的政治逻辑应该被更高程度的经济严密性和更加严格的环境影响评价所制衡。这些工具目前只取得了适度的成功，即便在一些发达国家，如果没有足够的公开度和审查的话，对其使用也很有限。但最近对西班牙Ebro河调水工程的冻结就说明了：在政治支持下，经济理性和环境保护主义就会制衡那些支持这类工程的力量（Embid 2003）。决策者亟须彻底了解造成流域被过度开发的机制，以及开发过程造成的消极后果。

对闭合流域的水资源过度开发的另外一个响应策略主要围绕着对需水的

管理。尽管真实节水的空间会随着流域闭合而逐渐降低,但这并不能阻碍识别真实节水潜力以及认定与资源保育相关的水资源再配置潜力的努力。城市输水系统的跑冒滴漏损失通常高达40%。尽管这些从管网中损失的水也许会回归到地下含水层并被再次利用,但对这些以昂贵代价处理过的自来水应该尽可能地加以保护。户外生活用水和工业用水也有很大的节水潜力(Gleick 2000)。灌溉管理不善会增加非生产性损失(如在漫长的水稻整地期间的蒸发损失;见本书第14章有关水稻的论述),而排水水质会退化甚至会流入汇(如盐化的地下含水层)而变得不可回收利用。有些经由地下含水层的回归流有一定的时间滞后性,不可能立即被再利用。而再利用需要水泵的抽取作业,也会增加总体成本。因此,每一种情况都需要进行单个分析,对水流的通量和路径有彻底的了解。

水平衡通常只考虑地表水。如果想了解更全面的情况，就需要借助于水资源收支解析、水质评价、生态系统策略以及类似手段。

理解水文和生态上的相互关联性需要付出比想象中更多的努力。水平衡通常只考虑地表水。如果想了解更全面的情况，就需要借助于水资源收支解析、水质评价、生态系统策略以及类似手段。由于随着流域的闭合流域管理越来越类似一种零和博弈，所以识别干预手段——特别是保育措施——造成的隐含的空间上的资源再获取以及对环境造成的最终影响就显得尤为重要。农业利用污水也是提高流域有益用水的一种途径，并且还是一种有前途的方法(见本书第11章有关劣质水的论述)。总的来说,需求管理和保育措施是正在闭合中流域的重要响应策略，但它们有可能造成的普遍的流域水平的第三方效应也应被充分考察。

水资源配置:分担成本、分享收益

作为一种分享稀缺资源的机制,水资源配置是正在闭合中流域需要处理的核心问题。但分享“水馅饼”常常混淆于对静态土地划分和分配那样更具体的问题。水资源配置的特点是其时间和空间上变异性和不确定性的可变水平。在中期到长期时段内,水文型态会由于基于温度、土地利用和径流模式的改变而变化;在短期时段内则反映了季节性降雨模式的变异。气候变异会安随着干旱程度和气候变化而增加。配置也是空间分布的,必须按照几个不同的嵌套层次界定,而水文循环的本质又决定了嵌套层次的相互依赖性。配置安排因此必须在流域内几个不同层次上进行,主要是在部门间和大宗用户间进行(但也可在灌区内进行),而且必须将时间变异考虑在内。

有3种配置模式得到了普遍认可 (Dinar, Rosegrant, and Meinzen-Dick 1997)。第一种,国家根据一定规则从行政管理上配置水资源,而这些规则也许是、也许不是那么透明和明确的。配置有时在总体水平上大致按体积进行,多种(常常也是模糊的)机制被用来在缺水时期降低取水量。第二种,一群用户内部可以保证配置的进行。这种情况在更小规模的系统中更为常见(例如,印度的水窖,中东的坎儿井),但用户也可以用这种方式管理更大规模的系统。第三种,水资源可以通过市场的可交易权进行,如澳大利亚和智利所做的。水权是上述3种配置方式后面的核心问题,不管是事实水权还是收益权,还是法律规

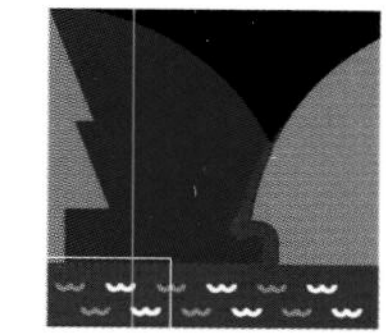

定更严格的所有权。

上述3种模式不一定相互排斥。例如,市场就需要国家参与到执法或控制环境外部性的工作中,尽管用户也许还不得不分享大宗配置的水资源。每一种模式在其对公平性、经济效益和环境可持续性上都有其前提条件和优缺点(Meinzen-Dick and Rosegrant 1977)。市场由于其假定的非个人性和中性而往往被认为提供了将水资源配置到更高价值用途上的有效途径,并同时限制了资源被有权力的集团攫取。失衡的政治或社会权力、缺乏问责和透明度、执法能力较弱的弱政府都会阻碍公平市场秩序的运行,正如这些因素也会扭曲行政或集体配置的后果一样。那些有能力把这些负面因素置于合理控制下的社会更有可能成功地配置或管理和资源,不管是通过市场(澳大利亚),还是公共机构(法国)和人民团体(中国台湾地区)。总的来说,配置机制不应该建立在意识形态的喜好之上,而应该建基于对每一种环境和情况的充分了解之上。

配置机制不应该建立在意识形态的喜好之上,而应该建基于对每一种环境和情况的充分了解之上。

人们在考虑由水资源共享机制引起的混乱和冲突的时候,很容易将求助于国家建立水资源的所有权体系作为解决问题的出路。寄希望于为所有用户或用户群体界定由国家核准的水权就会被把混乱和冲突的局面转变成一系列明确数字所界定的供需数量的清楚明白的局面。很多咨询报告、国家水资源政策甚或水法都强调规范化的水权的重要性,但它们却都忽略了这种使这种制度安排行之有效的前提条件。

- 对这种资源的充分的知识(特别是地表水-地下水相互作用,回归流,水量和水质的交互作用的知识)以及对现有用户的充分了解。
- 控制有效调水和取水以及防止用水增加的手段。
- 从体积上分享水资源的技术能力,以及在缺水年调整分享水量的能力。

应该优先建立基于收益权界定的季节性取水权,无论是在灌区内还是在流域内的大宗用户之间,而不是马上建立正式的水权体系。这些取水权可以是灵活的,可以在用户参下进行谈判,这也许是迈向建立期望中的可交易的或在缺水时有补偿的正式水权的第一步。

目前,水资源配置的主要趋势是:从自然中调水给农业;从农业中调水给城市用水(Meinzen-Dick and Rosegrant 1997;Molle and Berkoff 2005)。第一种调水需要被制止或扭转,而第二类调水还将继续进行但需要解决所造成的后果。环境最易成为最终的输家。环境流量的定义是谈判的起点,并且在强制情况下可以将环境纳入配置范围。在正常年份,平均配置通常很少引起问题。但是在干旱时期,工业和城市用水的不可压缩的需求就显得特别突出,农业和生态用水就会受到挤压并成为系统中余水的用户。对这种紧急情况的出现预先做出预案而不是隐瞒某些用户会比其他用户收到更大影响的事实应该包括建立临时补偿机制这样的措施。

一种理想的地表水水资源配置机制应该包括3个部分:保证人类和环境(如南非)基本需求的保留量;满足穷人的生产性用水的保留量;包括城市和农业用水在内的生产性用水的保留量。在前两部分得到满足后,基于周年用量的按比例(或按其他原则)配置将决定其他生产性用途的可用水量。在任何情况下,设计和执行社会——而不仅仅是官僚机构——核准的配置原则和优先领域都必须要求在与决策权力对话的论坛中所有利益攸关方都有代表参与。更一般地说,水资源对地方利益攸关方来说的价值是不一样的,不总是适合用经济评价方法确定;但对这些价值的考量应该放在决策的中心位置。

> 流域治理是有关政府、公民社会和市场在决策和管制中以适当的组合出现并发挥作用的过程。

流域治理的挑战

流域治理是有关政府、公民社会和市场在决策和管制中以适当的组合出现并发挥作用的过程。综合流域治理除了对在水资源规划和配置上更大的控制权、严密性和开放度上的要求外,如前所述,还要求恰当的治理。这就带来两方面的挑战:一是要保证包括环境在内的所有利益攸关方都能发出自己的声音;二是在流域内协调用水和政策。

尽管利益攸关方的参与被频频当做实现有效水管理的关键手段而广为宣扬(Rogers and Hall 2003),流域管理中利益攸关方的参与并不是直接的,把穷人包括在内并实现实质上的攸关方的代表权在实践中被证明是难以捉摸的(Wester, Merrey, and de Lange 2003)。在流域的管理中强调参与会把注意力从现实中人与人之间真实的社会和经济差异,以及重新分配资源、取水权和机会的需要上转移出去。不应对挑战,这就不可能发生,而致力于社会平等的决策者需要设计能够加强流域管理中弱势群体代表性并加强他们能力的机制。

利益攸关方的平台,无论是流域理事会,还是小流域管理机构,还是小流域委员会,都可以通过赋予多种参与者的发言权而使流域管理变得更加民主化。但更多地还要依靠能够衍生流域管理制度的体制和制度,因为很多可以控制水资源的任务、权利、技术和物质上的基础设施都已到位。利益攸关方的层次和受教育水平不同,获取资源和政治支持的程度不一,对自然和社会功能的理念不同,经常操不同的语言(Edmunds and Wollenberg 2001)。如果在创立新的规则、角色和权利的时候不考虑这些差异,这种制度就会很容易演变成偏向那些识字的以及可以获取法律体系和把不平等和权力差异制度化群体的特权,而不会给予弱势群体任何发言权(Wester and Warner 2002)。

尽管由于在一个相当体量的流域实现综合管理的复杂性极易导致集权化和技术之上主义的盛行,但是参与却意味着辅助性(决策和管理权下放到最适宜的下层)和小规模的运行,鼓励人民创造性地思考与他们的生活密切相关的问题(Green and Warner 1999)。但辅助性也会对综合管理起到反作用,如果地方用户做出了不顾跨尺度的空间、生态和社会的相互关联性的决定的话。小流域治理可以通过在空间上相互关联的群体实现,但必须保证与其他尺度的联系和协调。因此在大流域的管理中就要引入分层的代表和管理系统,地方上的行动要置于技术和政治机构的规范管制和监管(或直接支持)之下。

这种对流域治理模式的识别帮助我们确认了两种不同的流域管理的组织和安排。当水资源丰富且管理不是必需的时候,一个能够担负起规划、设计、建

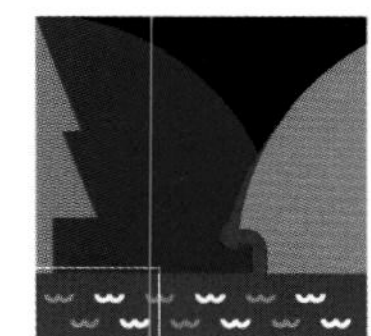

设水资源开发基础设施的强有力的民用工程机构将会是有用的和有效的。但经验证明,在流域闭合的后期阶段,这样的大型民用工程组织(以及农业或其他部门机构)并不适合应对流域治理的挑战。它们在政治谈判或与主要的利益攸关方互动方面缺乏经验,还缺少处理复杂、背景庞杂问题和多种价值观的经验。还有,它们倾向于采取一种基于继续基础工程建设开发的既得利益的保守立场,这就与关注生态系统的利益攸关方的立场相对立。那些具有不愿意放弃权力的强大的民用工程组织的国家将会面临密集的谈判和斗争后才能建立适合承担上述复杂任务的可接受的流域协调形式的情况。但当建设规模缩小且社会价值发生改变时,趋势很有可能转向追随澳大利亚和美国的方式,在这两个国家工程机构已经演变成环境保护机构。

> 单个机构不可能很好地管理那些面临着社会价值冲突和资源压力这样复杂问题的流域。

决策者不应该从水资源综合管理中推论出:流域管理需要一个强有力的集权机构。单个机构不可能很好地管理那些面临着社会价值冲突和资源压力这样复杂问题的流域。流域治理中嵌套或多中心模式——其中用户和社区组织、各级政府以及利益攸关方得到动议都能在流域水平上进行协调——会表现得更好,尤其是在参与和民主实践执行得很好的环境下特别有效(见第5章有关政策和制度的论述)。迈向可持续的流域管理需要更加重视对流域治理中协作性关系的开发、管理和维护,这需要建立在现有组织、习惯性做法和行政管理结构的基础上。

结论

对流域和流域组织的重视不应该转移决策者对很多具有更广阔经济和政治背景的外部事件或变化对流域用水的巨大影响的注意力。例如,进出口关税的变化会改变作物种植的选择以及用水量。进口由耗水作物制成的食物相当于进口虚拟水资源,但其他一些因素如粮食安全和地缘政治因素也会为这种选择打上烙印。气候变化对资源变异性会使冲突恶化。社会偏好会随时间改变,导致政治平衡的改变。生态系统的动态变化很难理解,变化常常是非线性的,需要对其进行适应性的管理。换句话说,基于流域的安排和更广泛的政策必须保持灵活性并有能力容纳变化的局势。

在思考流域治理面临的挑战时,非常清楚的一点是:在贫困普遍的地方,流域治理更多地需要采取开发的路径。在最低程度上,流域管理战略应该给出解决水资源获取不平衡问题,以及为穷人建立得到认可的有保障的取水权的详细机制。尽管富裕国家流域管理的制度安排还有很多需要学习之处,但这些制度在低收入国家不会以相同方式运行。因为这些低收入国家的农业主要是小农户农业,制度薄弱,财政和人力资源不足,社会严重不公,极端贫困。在明确发展中国家进行流域管理制度改革的出发点的基础上,水资源管理只能部分地解决上述问题。

评审人

审稿编辑:Paul Appasamy and Jean Boroto.

评审人:Charles Abernethy, Luna Baharathi, Mohammed Bazza, Seleshi Bekele, Ger Bergkamp, Deborah Bossio, Cate Brown, David Coates, Declan Conway, Mark Giordano, Line J. Gordon, Molly Hellmuth, Chu Thai Hoanh, Ramaswamy R. Iyer, Eiman Karar, Bruce Lankford, Monirul Mirza, Marcus Moench, David Molden, James Nachbaur, Andreas Neef, Malcolm Newson, Lekan Oyebande, Krishna C. Prasad, Wim van der Hoek, Sergio Vargas, Jeroen Warner, Saskia Werners, Dennis Wichelns, Yunpeng Xue, and Margareet Zwarteveen.

注解

1. 这个定义和闭合流域的水文学定义不同,闭合流域是指没有水量排入海洋,但还有少量水排入内海、湖泊或其他沟渠。

2. 对流域发展轨迹的概念化模型是由Keller, Keller, and Davids (1998), Keller (2000), Turton and Ohlsson (1999), Ohlsson and Turton (1999)首先提出的,后来又进一步被Molden and others (2005) and Molle(2003)所发展。

3. 流域内的周年总可再生水量的定义是指:流域中的总径流量加上地下含水层的安全开采量。而地下水安全开采量的定义则是指地下水抽取量对地下水平均蓄水量和基流造成的后果是可接受的。

参考文献

Abernethy, C. 2005. "Financing River Basin Organizations." In M. Svendsen, ed., *Irrigation and River Basin Management: Options for Governance and Institutions.* Wallingford, UK: CABI Publishing.

ACC/ISGWR (United Nations Administrative Coordination Council Inter-Secretariat Group on Water Resources). 1992. "The Dublin Statement and Report of the Conference." Prepared for the International Conference on Water and the Environment: Development Issues for the 21st Century, 26–31 January, Dublin.

Adams, W.M. 1985. "River Basin Planning in Nigeria." *Applied Geography* 5 (4): 297–308.

Allan, J.A. 2003. "Virtual Water—The Water, Food, and Trade Nexus: Useful Concept or Misleading Metaphor?" *Water International* 28 (1): 4–11.

———. 2004. "Beyond the Watershed: Avoiding the Dangers of Hydro-centricity and Informing Water Policy." Paper presented at the Israel-Palestine Center for Research and Information Conference on Middle East Water, October 10–14, Antalya, Turkey. [www.ipcri.org/watconf/papers/allan.pdf].

Badenoch, N. 2002. *Transboundary Environmental Governance: Principles and Practice in Mainland Southeast Asia.* Washington, D.C.: World Resources Institute.

Bakker, K. 1999. "The Politics of Hydropower: Developing the Mekong." *Political Geography* 18 (2): 209–32.

Barbier, E.B., and J.R. Thompson. 1998. "The Value of Water: Floodplain versus Large-Scale Irrigation Benefits in Northern Nigeria." *Ambio* 27 (6): 434–40.

Barham, E. 2001. "Ecological Boundaries as Community Boundaries: The Politics of Watersheds." *Society & Natural Resources* 14 (3): 181–91.

Barker, R., and F. Molle. 2004. *Evolution of Irrigation in South and Southeast Asia.* Comprehensive Assessment of Water Management in Agriculture Research Report 5. Colombo: International Water Management Institute. [www.iwmi.

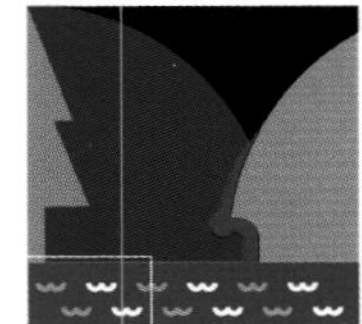

cgiar.org/assessment/files/pdf/publications/ResearchReports/CARR5.pdf]

Barker, R., C. Scott, C. de Fraiture, and U. Amarasinghe. 2000. "Global Water Shortages and the Challenge Facing Mexico." *Water Resources Development* 16 (4): 525–42.

Barrows, C.J. 1998. "River Basin Development Planning and Management: A Critical Review. *World Development* 26 (1): 171–86.

Berkoff, J. 2003. "China: The South-North Water Transfer Project—Is It Justified?" *Water Policy* 5 (1): 1–28.

Bhattarai, M., D. Pant, and D. Molden. 2002. "Socio-Economics and Hydrological Impacts of Intersectoral and Interbasin Water Transfer Decisions: Melamchi Water Transfer Project in Nepal." Asian Institute of Technology. Paper presented at "Asian Irrigation in Transition—Responding to the Challenges Ahead," 22–23 April, Bangkok.

Biswas, A.K. 2004. "Integrated Water Resources Management: A Reassessment." *Water International* 29 (2): 248–56.

Biswas, A.K., O. Varis, and C. Tortajada. 2005. *Integrated Water Resources Management in South and Southeast Asia.* New Delhi: Oxford University Press.

Both ENDS and Gomukh. 2005. *River Basin Management: A Negotiated Approach.* Amsterdam: Both ENDS. [www.bothends.org/strategic/RBM-Boek.pdf].

Braga, B.P.F. 2000. "The Management of Urban Water Conflicts in the Metropolitan Region of São Paulo." *Water International* 25 (2): 208–213.

Brown, C.A., and J.M. King. 2002. "Environmental Flows: Requirements and Assessment." In R. Hirji, P. Johnson, P. Maro, and T. Matiza Chiuta, eds., *Defining and Mainstreaming Environmental Sustainability in Water Resources Management in Southern Africa.* Maseru, Lesotho; Harare, Zimbabwe; Washington, D.C.: Southern African Development Community, World Conservation Union, Southern Africa Research and Documentation Centre, and World Bank.

Burt, C.M., D.J. Howes, and A. Mutziger, A. 2001. "Evaporation Estimates for Irrigated Agriculture in California." ITRC Paper P 01-002. Irrigation Training and Research Center, San Luis Obispo, Calif.

Castro-Ruíz, J.L. 2004. "El revestimiento del Canal Todo Americano y la oferta de agua urbana en el valle de Mexicali: escenarios futuros." In V. Sánchez Munguía, coord., *El revestimiento del Canal Todo Americano: la competicion o cooperacion por el agua en la frontera Mexico-Estados Unidos.* Mexico City: Playa y Valdez.

CBD (Convention on Biological Diversity). 2000. Conference of the Parties to the Convention on Biological Diversity, May 2000 [www.biodiv.org/programmes/cross-cutting/ecosystem/default.asp].

CGER (Commission on Geosciences, Environment, and Resources). 1992. "California's Imperial Valley: A 'Win-Win' Transfer?" In *Water Transfers in the West: Efficiency, Equity, and the Environment.* Washington, D.C.: National Academy Press.

Chenoweth, J., S. Ewing, and J. Bird. 2002. "Procedures for Ensuring Community Involvement in Multi-Jurisdictional River Basins: A Comparison of the Murray-Darling and Mekong River Basins." *Environmental Management* 29 (4): 497–509.

CLUFR (Center for Land Use and Forestry Research, University of Newcastle). 2005. *From the Mountain to the Tap: How Land Use and Water Management can Work for the Rural Poor.* London: UK Department for International Development.

Cortez-Lara, A.A. 2004. "El revestimiento del Canal Todo Americano y el Valle de Mexicali: ¿equilibrio estatico de mercado ó equilibrio de Nash?" In V. Sánchez Munguía, coord., *El revestimiento del Canal Todo Americano: la competicion o cooperacion por el agua en la frontera mexico-Estados Unidos.* Mexico City: Playa y Valdez.

Cortez-Lara, A.A., and M.R. García-Acevedo. 2000. "The Lining of the All-American Canal: The Forgotten Voices." *Natural Resources Journal* 40 (2): 261–79.

Courcier, R.; J-P Venot, and F. Molle. 2006. *Historical Transformations of the Lower Jordan River Basin: Changes in Water Use and Projections (1950–2025).* Comprehensive Assessment of Water Management in Agriculture Research Report 9. Colombo: International Water Management Institute. [www.iwmi.cgiar.org/assessment/files/pdf/publications/ResearchReports/CARR9.pdf]

Davies, B., M. Thoms, and M. Meador. 1992. "An Assessment of the Ecological Impacts of Inter-Basin Water Transfers, and Their Threats to River Basin Integrity and Conservation." *Aquatic Conservation: Marine and Freshwater Ecosystems* 2 (4): 325–49.

Dinar, A., M.W. Rosegrant, and R. Meinzen-Dick. 1997. "Water Allocation Mechanisms: Principles and Examples." Policy Research Working Paper 1779. World Bank, Washington, D.C.

Doolette, J.B., and W.B. Magrath, eds. 1990. *Watershed Development in Asia: Strategies and Technologies.* World Bank Technical Paper 127. Washington, D.C.: World Bank.

Edmunds, D., and E. Wollenberg. 2001. "A Strategic Approach to Multistakeholder Negotiations." *Development and Change* 32 (2): 231–53.

Ekbladh, D. 2002. "'Mr. TVA': Grass-Root Development, David Lilienthal, and the Rise and Fall of the Tennessee Valley Authority as a Symbol for U.S. Overseas Development, 1933–1973." *Diplomatic History* 26 (3): 335–74.

Embid, A. 2003. "The Transfer from the Ebro Basin to the Mediterranean Basins as a Decision of the 2001 National Hydrological Plan: The Main Problems Posed." *Water Resources Development* 19 (3): 399–411.

EU (European Union). 2000. "Directive 2000/60/ec of the European Parliament and of the Council of 23 October 2000 Establishing a Framework for Community Action in the Field of Water Policy." *Official Journal of the European Communities* 43 (L327): 1–72. [europa.eu.int/eur-lex/pri/en/oj/dat/2000/l_327/l_32720001222en00010072.pdf].

FAO (Food and Agriculture Organization) and CIFOR (Center for International Forestry Research). 2005. *Forests and Floods: Drowning in Fiction or Thriving on Facts.* RAP Publication 2005/03. Bogor Barat, Indonesian, and Bangkok, Thailand.

Farrington, J., C. Turton, and A.J. James, eds. 1999. *Participatory Watershed Development: Challenges for the Twenty-First Century.* New Delhi : Oxford University Press.

Feuillette, S. 2001. "Vers une gestion de la demande sur une nappe en accès libre : exploration des interactions ressources usages par les systèmes multi-agents ; application à la nappe de Kairouan, Tunisie Centrale." Ph.D. thesis. Université Montpellier II, Montpellier, France.

Flatters, F., and T. Horbulyk. 1995. "Economic Perspectives on Water Conflicts in Thailand." *TDRI Quarterly* 10 (3): 3–10.

Forsyth, T. 1996. "Science, Myth, and Knowledge: Testing Himalayan Environmental Degradation Northern Thailand." *Geoforum* 27 (3): 375–92.

Fraval, P., J.-C. Bader, L.K. Mané, H. David-Benz, J.P. Lamagat, and O.D. Diagne. 2002. "The Quest for Integrated and Sustainable Water Management in the Senegal River Valley." Paper presented at the 5th Inter-Regional Conference on Environment and Water ENVIROWATER 2002, November 5–8, Ouagadougou, Burkina Faso.

García-Mollá, M. 2000. "Análisis de la influencia de los costes en el consumo de agua en la agricultura valenciana: Caracterización de las entidades asociativas para riego." Ph.D. thesis. Universidad Politecnica de Valencia, Department of Economics and Social Sciences, Valencia, Spain.

Garrido, A. 2002. "Transition to Full-Cost Pricing of Irrigation Water for Agriculture in OECD Countries." COM/ENV/EPOC/AGR/CA(2001)62/FINAL. Organisation for Economic Co-operation and Development, Paris.

Giordano, M.A., and A.T. Wolf. 2003. "Sharing Waters: Post-Rio International Water Management." *Natural Resources Forum* 27 (2): 163–71.

Gleick, P.H. 2000. "The Changing Water Paradigm: A Look at Twenty-First Century Water Resources Development." *Water International* 25 (1): 127–38

Green, C., and J.F. Warner. 1999. "Flood Management: Towards a New Paradigm." Paper presented at the 9th Stockholm Water Symposium, 9–12 August, Stockholm.

Hirsch, P., and A. Wyatt. 2004. "Negotiating Local Livelihoods: Scales of Conflict in the Se San River Basin." *Asia Pacific Viewpoint* 45 (1): 51–68.

Jaspers, F.G.W. 2001. "The New Water Legislation of Zimbabwe and South Africa— Comparison and Legal and Institutional Reform." *International Environmental Agreements: Politics, Law, and Economics* 1 (3): 305–25

Jensen, J.R. 1996. "Introduction to Danida Workshop on Watershed Development." In J.R. Jensen, S.L. Seth, T. Sawhney, and P. Kumar, eds., *Proceedings of Danida's International Workshop on Watershed Development.* WDCU Publication 1. New Delhi: Danida Watershed Development Coordination Unit.

Joy, K.J., and S. Paranjape. 2004. "Watershed Development Review: Issues and Prospects." CISED Technical Report. Center for Interdisciplinary Studies in Environment and Development, Bangalore, India.

Kaika, M. 2003. "The Water Framework Directive: A New Directive for a Changing Social, Political, and Economic European Framework." *European Planning Studies* 11 (3): 299–316.

Keller, J. 2000. "Reengineering Irrigation to Meet Growing Freshwater Demands." Proceedings of the 4th Decennial Symposium of the American Society of Agricultural Engineers. American Society of Agricultural Engineers, St. Joseph, Mich.

Keller, J., A. Keller, and G. Davids. 1998. "River Basin Development Phases and Implications of Closure." *Journal of Applied Irrigation Science* 33 (2): 145–64.

Kenney, D.S. 1997. "Resource Management at the Watershed Level: An Assessment of the Changing Federal Role in the Emerging Era of Community-Based Watershed Management." University of Colorado School of Law, Natural Resources Law Center, Boulder, Colo.

Kerr, J., G. Pangare, and V.L. Pangare. 2002. "Watershed Development Projects in India: An Evaluation." Research Report 127. International Food Policy Research Institute, Washington, D.C.

Klare, M.T. 2001. "The New Geography of Conflict." *Foreign Affairs* 80 (4): 49–61.

Lane, M.B., G.T. McDonald, and T. Morrison. 2004. "Decentralisation and Environmental Management in Australia: A Comment on the Prescriptions of the Wentworth Group." *Australian Geographical Studies* 42 (1): 103–15.

Lemos, M.C., and J.L.F. Oliveira. 2004. "Can Water Reform Survive Politics? Institutional Change and River Basin Management in Ceará, Northeast Brazil." *World Development* 32 (12): 2121–37.

Lilienthal, D.E. 1944. *TVA: Democracy on the March.* New York and London: Harper and Brothers Publishers.

Loeve, R., L. Hong, B. Dong, G. Mao, C.D. Chen, D. Dawe, and R. Barker. 2003. "Long-Term Trends in Agricultural Water Productivity and Intersectoral Water Allocations in Zhanghe, Hubei, China, and in Kaifeng, Henan, China." Prepared for the Asian Regional Workshop "Sustainable Development of Water Resources and Management and Operation of Participatory Irrigation Organizations," 10–12 November, Taipei, Taiwan.

Long, N., and J.D. van der Ploeg. 1989. "Demythologizing Planned Intervention: An Actor Perspective." *Sociologia Ruralis* 29 (3/4): 226–49.

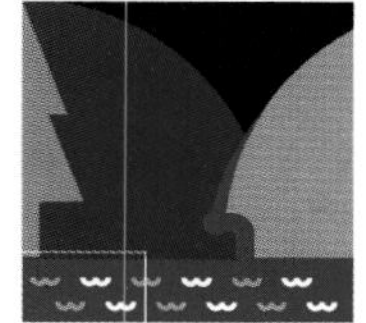

McCully, P. 1996. *Silenced Rivers: The Ecology and Politics of Large Dams.* London: Zed Books.
Meinzen-Dick, R.S., and M.W. Rosegrant. 1997. "Alternative Allocation Mechanisms for Intersectoral Water Management." In J. Richter, P. Wolff, H. Franzen, and F. Heim, eds., *Strategies for Intersectoral Water Management in Developing Countries—Challenges and Consequences for Agriculture.* Feldafing, Germany: Deutsche Stiftung für internationale Entwicklung, Zentralstelle für Ernährung und Landwirtschaft.
Millington, P. 2000. *River Basin Management: Its Role in Major Water Infrastructure Projects.* Thematic Review V.3. Cape Town: World Commission on Dams.
Mitchell, Bruce. 1990. "Integrated Water Management." In: Bruce Mitchell, ed., *Integrated Water Management: International Experiences and Perspectives.* London and New York: Belhaven Press.
Moench, M., A. Dixit, M. Janakarajan, S. Rathore, and S. Mudrakartha. 2003. *The Fluid Mosaic: Water Governance in the Context of Variability, Uncertainty, and Change.* Katmandu: Water Conservation Foundation.
Mohieldeen, Y. 1999. "Responses to Water Scarcity: Social Adaptive Capacity and the Role of Environmental Information; A Case Study from Ta'iz, Yemen." Occasional Paper 23. University of London, School of Oriental and African Studies, Water Issues Study Group, London.
Molden, D., R. Sakthivadivel, M. Samad, and M. Burton. 2005. "Phases of River Basin Development: The Need for Adaptive Institutions." In M. Svendsen, ed., *Irrigation and River Basin Management: Options for Governance and Institutions.* Wallingford, UK: CABI Publishing.
Molle, F. 2003. *Development Trajectories of River Basins: A Conceptual Framework.* Research Report 72. Colombo: International Water Management Institute. [www.iwmi.cgiar.org/pubs/pub072/Report72.pdf].
———. 2004. "Technical and Institutional Responses to Basin Closure in the Chao Phraya River Basin, Thailand." *Water International* 29 (1): 70–80.
———. 2006. *Planning and Managing Water Resources at the River Basin Level: Emergence and Evolution of a Concept.* Comprehensive Assessment of Water Management in Agriculture. Research Report 16. Colombo: International Water Management Institute.
Molle, F., and J. Berkoff. 2005. *Cities versus Agriculture: Revisiting Intersectoral Water Transfers, Potential Gains, and Conflicts.* Comprehensive Assessment Research Report 10. Colombo: International Water Management Institute.
Molle, F., C. Chompadist, T. Srijantr, and J. Keawkulaya. 2001. "Dry-Season Water Allocation and Management in the Chao Phraya Basin." Research Report 8. Institut de Recherche pour le Développement, Paris, and Kasetsart University, DORAS Centre, Bankok.
Molle, F., A. Mamanpoush, and M. Miranzadeh. 2004. *Robbing Yadullah's Water to Irrigate Saeid's Garden: Hydrology and Water Rights in a Village of Central Iran.* Research Report 80. Colombo: International Water Management Institute.
Mollinga, P.P., and A. Bolding. 2004. *The Politics of Irrigation Reform: Contested Policy Formulation and Implementation in Asia, Africa, and Latin America.* Aldershot, UK: Ashgate.
Moss, T. 2004. "The Governance of Land Use in River Basins: Prospects for Overcoming Problems of Institutional Interplay with the EU Water Framework Directive." *Land Use Policy* 21 (1): 85–94.
Narcy, J.B., and L. Mermet. 2003. "Nouvelles justifications pour une gestion spatiale de l'eau." *Natures, Sciences, Sociétés* 11 (2): 135–45.
Newson, M. 1997. *Land, Water, and Development: Sustainable Management of River Basin Systems.* 2nd ed. London: Routledge.
Ohlsson, L., and A.R. Turton. 1999. "The Turning of a Screw: Social Resource Scarcity as a Bottle-Neck in Adaptation to Water Scarcity." Occasional Paper 19. University of London, School of Oriental and African Studies, Water Issues Study Group, London.
Omernik, J.M., and R.G. Bailey. 1997. "Distinguishing between Watersheds and Ecoregions." *Journal of the American Water Resources Association* 33 (5): 935–49.
Ren, M., and H.J. Walker. 1998. "Environmental Consequences of Human Activity on the Yellow River and Its Delta, China." *Physical Geography* 19 (5): 421–32.
Rogers, P., and A.W. Hall. 2003. "Effective Water Governance." TEC Background Papers 7. Global Water Partnership, Stockholm.
Ryder, G. 2005. "Negotiating Riparian Recovery: Applying BC Hydro Water Use Planning Experience in the Transboundary Se San River Basin." Paper presented at the International Symposium on the Role of Water Sciences in Transboundary River Basin Management, Ubon Ratchathani, 10–12 March, Thailand.
Saha, S.K. 1979. "River Basin Planning in the Damodar Valley of India." *Geographical Review* 69 (3): 273–87.
Saha, S.K., and C.J. Barrows. 1981. "Introduction." In S.K. Saha and C.J. Barrow, eds., *River Basin Planning: Theory and Practice.* New York: John Wiley & Sons.
Schlager, E., and W. Blomquist. 2000. "Local Communities, Policy Prescriptions, and Watershed Management in Arizona, California, and Colorado." Paper presented at the Eighth Conference of the International Association for the Study of Common Property, 31 May–4 June, Bloomington, Indiana.
Scott, J.C. 1998. *Seeing Like a State: How Certain Schemes to Improve the Human Condition Have Failed.* Yale Agrarian Studies Series. New Haven, Conn.: Yale University Press.

Scudder, T. 1989. "The African Experience with River Basin Development." *Natural Resources Forum* 13 (2): 139–48.

Seckler, D. 1996. "The New Era of Water Resources Management: From 'Dry' to 'Wet' Water Savings." IIMI Research Report 1. International Irrigation Management Institute, Colombo, Sri Lanka.

Sneddon, C. 2002. "Water Conflicts and River Basins: The Contradictions of Comanagement and Scale in Northeast Thailand." *Society and Natural Resources* 15 (8): 725–41.

Sophocleous, M. 2002. "Interactions between Groundwater and Surface Water: The State of the Science." *Hydrogeology Journal* 10 (2): 52–67.

Starr, J.R. 1991. "Water Wars." *Foreign Policy* 82: 17–36.

Svendsen, M., and P. Wester. 2005. "Managing River Basins: Lessons from Experience." In M. Svendsen, ed., *Irrigation and River Basin Management: Options for Governance and Institutions.* Wallingford, UK: CABI Publishing.

Svendsen, M., P. Wester, and F. Molle. 2005. "Managing River Basins: An Institutional Perspective." In M. Svendsen, ed., *Irrigation and River Basin Management: Options for Governance and Institutions.* Wallingford, UK: CABI Publishing.

Swatuk, L.A. 2005a. "Whose Values Matter Most? Water and Resource Governance in the Okavango River Basin." Paper presented at the conference "Value of Water—Different Approaches in Transboundary Water Management," March 10–11, Koblenz, Germany.

———. 2005b. "Political Challenges to Implementing IWRM in Southern Africa." *Physics and Chemistry of the Earth* 30 (11–16): 872–80.

Teclaff, L.A. 1996. "Evolution of the River Basin Concept in National and International Water Law." *Natural Resources Journal* 36 (2): 359–91.

Thatte, C.D. 2005. "Sabarmati River Basin: Problems and Prospects for Integrated Water Resource Management." In A.K. Biswas, O. Varis, and C. Tortajada, eds., *Integrated Water Resources Management in South and Southeast Asia.* Delhi: Oxford University Press.

Tiffen, M., R. Purcell, F. Gichuki, C. Gachene, and J. Gatheru. 1996. "National Soil and Water Conservation Programme." SIDA Evaluation 96/25. Swedish International Development Cooperation Agency, Department for Natural Resources and the Environment, Stockholm.

协调主编、主编及审稿编辑

Safwat Abdel-Dayem

Emeritus Professor at the National Water Research Center of Egypt. Formerly World Bank Senior Drainage Advisor (1998–2005); Chairman of the Egyptian Drainage Authority (1997–98) and Director of the Drainage Research Institute, Egypt (1992–97); Honorary Vice President of the International Commission on Irrigation and Drainage; and member of the Governing Board of the Arab Water Council. Water resources management specialist, with a major interest in land drainage.

Paul Appasamy

Professor and Head of the Centre of Excellence in Environmental Economics, Madras School of Economics, India. Has been engaged in research in water and urban environmental studies in India since obtaining his PhD in urban and regional planning at the University of Michigan, United States, in 1983. His recent research has focused on the environmental aspects of water management, urban and rural water supply, and basin management.

Fatma Attia

Professor Emeritus, National Water Research Center of Egypt, and Director of the Water Boards Project. Was Deputy Chair of the National Water Research Center of Egypt; First Under-Secretary, Head of the Groundwater Sector, Ministry of Water Resources and Irrigation; and Director of the Research Institute for Groundwater of the National Water Research Center of the Egyptian Ministry of Public Works and Water Resources, among other positions. Her research focuses on the institutional development of systems and organizational structures to suit cultural and working conditions in Egypt and the management of water resources, with special emphasis on groundwater and wadi systems. Has a PhD in groundwater hydrology.

Akissa Bahri

Joined the International Water Management Institute in 2005 as Director for Africa. Has been working for the National Research Institute for Agricultural Engineering, Water, and Forestry of Tunisia, where she was in charge of research management in agricultural water use. An agronomy engineer with PhD degrees from universities in France and Sweden, she has been involved in policy and legislative issues regarding water reuse and land application of sewage sludge and is a member of different international scientific committees. Has also worked on agricultural uses of marginal-quality water and sewage sludge and their impacts on the environment.

Randolph Barker

Professor Emeritus, Cornell University. Served as head of the Economics Department, International Rice Research Institute, during 1966–78. Was a principal researcher at the International Water Management Institute during 1995–2004.

Christophe Béné

Senior Advisor on Small-Scale Fisheries and Development for the WorldFish Center. Has 15 years of experience in research and management of aquatic resources in developing countries. His work focuses on socioeconomic and policy issues related to the contribution of small-scale fisheries and aquaculture to the livelihoods of rural populations, with an emphasis on poverty reduction, governance, and rural development. Has recently been involved in several Food and Agriculture Organization of the United Nations expert consultations on poverty issues in small-scale fisheries.

Malcolm C.M. Beveridge

Discipline Director for Aquaculture and Genetic Improvement at the WorldFish Center. An aquatic ecologist by training, has worked extensively in the tropics, particularly on the environmental impacts of aquaculture. He left the University of Stirling, Scotland, in 2001 to become Director of the Fisheries Research Services Freshwater Fisheries Laboratory in Pitlochry, Scotland. Joined WorldFish in 2006 and is based in Cairo. Is also a visiting Research Fellow at Imperial College, London.

Prem S. Bindraban

Educated in theoretical production ecology, has worked on the interface between plant physiology and breeding using comprehensive systems approaches such as modeling. Has calculated world food production potentials and the associated requirement of land, water, and nutrients, including environmental implications. Is involved in projects on water for food and ecosystems. As an Associate Study Director made a substantial contribution to the strategic plan on the role of science and technology in harnessing agricultural productivity in Sub-Saharan Africa at the request of UN Secretary-General Kofi Annan.

Jean Boroto

Consultant to government departments, development agencies, and research institutions. Previously served as the Water Expert for the Global Water Partnership, Southern Africa, and as Director of Project Planning at the Department of Water Affairs and Forestry in South Africa. A Democratic Republic of the Congo–born water engineer, has worked for 17 years in the management of water resources.

Deborah Bossio

Senior Researcher at the International Water Management Institute. A soil scientist with a broad background in soil fertility, sustainable agriculture, soil ecology, nutrient cycling, and soil carbon dynamics, with a particular interest in the environmental impacts of different land-use systems and the ecosystems services they provide. Has more than 10 years of professional experience working in East Africa, South America, and the United States, where she has done research on sustainable farming systems, indigenous soil fertility maintenance, trace gas fluxes, and carbon and nutrient cycling at various scales.

Bas Bouman

Senior Scientist at the International Rice Research Institute (IRRI), Los Banos, the Philippines, and Theme Leader, Crop Water Productivity (2004–006) of the Consultative Group on International Agricultural Research Challenge Program on Water and Food. His main field of work is water management in rice production systems, with an emphasis on the development of water-saving technologies to mitigate water scarcity. Before moving to IRRI, worked 2 years in Costa Rica on quantitative land-use analysis and 10 years at Plant Research International (and its predecessors) as an agroecologist developing remote sensing-based technologies for crop growth

Randall E. Brummett

Senior Scientist with the WorldFish Center in Africa. Has been working on sustainable aquatic resource management in developing countries for more than 30 years. His project portfolio includes commercial aquaculture, capture fisheries management, sport and aquarium fisheries, integrated farming systems, and conservation biology. His development and promotion of action and participatory research protocols has contributed to a new impact-oriented focus for the national research systems in many of the countries in which he has worked.

Jacob Burke

Senior Water Policy Officer at the Land and Water Division of the Food and Agriculture Organization of the United Nations (FAO). Before joining FAO Headquarters in Rome in 2000, was a technical adviser in groundwater at the United Nations Secretariat in New York. Has more than 25 years of groundwater management experience in the Africa, Asia, and the Middle East.

Gina E. Castillo

Policy Advisor at Oxfam Novib. With a PhD in anthropology, works on the right to a sustainable livelihood. Has done research on a variety of livelihood issues, including water. In her spare time, she practices urban agriculture on her balcony.

David Coates

Program Officer at the Secretariat of the Convention on Biological Diversity in Montreal, Canada. Is responsible for inland waters, the ecosystem approach, and mainstreaming of relevant issues into other program areas, particularly agriculture, and is the focal point for the Ramsar Convention. Previously worked on diverse environment and water management issues in Africa and South and Southeast Asia. His main interest is the contribution of aquatic biodiversity to sustainable development.

William Critchley

Head of the Natural Resource Management Section of the Centre for International Cooperation at Vrije University in Amsterdam. Began his working life in 1973 as a volunteer agriculturalist in Kenya, where he worked for 13 years under a series of projects and programs. With a PhD in soil and water conservation he travels globally supporting and evaluating projects, teaching and supervising students, and writing.

Rebecca D'Cruz

Executive Director of Aonyx Environmental, a natural resources management consultancy based in Kuching, Sarawak, Malaysia. Has extensive experience in wetlands conservation and wise use, ranging from policy development and strategic planning to site assessment, monitoring and management planning, training, and communications. Other posts include Co-Chair of the Wetlands Synthesis, and co-lead author of the chapter on inland waters for the Millennium Ecosystem Assessment.

Charlotte de Fraiture

Senior Researcher and Head of the Global Change and Environment group at the International Water Management Institute (IWMI), based in Colombo. Working for IWMI since 1996, has been involved in research projects related to watershed development, irrigation performance and irrigation management transfer. Over the past four years has been working primarily on modeling scenarios of global water and food supply and demand.

Pay Drechsel

Principal Scientist at the International Water Management Institute (IWMI), leading the research theme Agriculture, Water and Cities. Is based in IWMI's Africa Office in Ghana and has nearly 20 years of working experience as an environmental scientist, especially in urban and rural Sub-Saharan Africa. Is on the steering committee of Urban Harvest (Consultative Group on International Agricultural Research) and is a board member of the Resource Centres on Urban Agriculture and Food Security Foundation. Is involved in adapting and implementing the new World Health Organization guidelines for the safe use of wastewater, excreta, and graywater in agriculture.

Patrick Dugan

Deputy Director General of the WorldFish Center. Has more than 25 years of experience in research and management of aquatic ecosystems, working primarily in Africa, Asia, and Latin America.

Malin Falkenmark

Senior Scientific Adviser at the Stockholm International Water Institute. Her interests are interdisciplinary, with a focus on regional differences; linkages among land, water, and ecosystems; and the crucial role of the global water cycle as the bloodstream of the biosphere, deeply involved in human life support and in generating environmental side effects of human activities. Has been awarded the International Hydrology Prize, the Volvo Environment Prize, and the International Water Resources Association's 2005 Crystal Drop Award.

Jean-Marc Faurès

Senior Water Resources Management Officer at the Land and Water Division of the Food and Agriculture Organization of the United Nations. An agricultural engineer specializing in water resources management, he has spent most of his career working on issues related to improved productivity of water in agriculture, with an emphasis on the Mediterranean region. In close collaboration with national governments, works on the analysis and policy implications of agricultural water use and water demand management. Also participates in global perspective studies on the impact of irrigated agriculture on water scarcity and intersectoral competition for water.

C. Max Finlayson

A wetland ecologist with the International Water Management Institute, with research and management experience covering environmental protection, multiple land and water uses, and the provision of multiple ecosystem services in support of human well-being. Has participated in international assessments, including the Millennium Ecosystem Assessment, that have promoted the concept of ecosystem services and the interconnectedness of human well-being and ecological change. Has participated on the Scientific and Technical Panel of the Ramsar Convention on Wetlands and provided scientific support and advice to nongovernmental groups and community-based organizations.

Karen Franken

Water Resources Management Officer at the Land and Water Division of the Food and Agriculture Organization of the United Nations (FAO) and Coordinator of the AQUASTAT Programme, FAO's global information system on water and agriculture. Worked for 20 years as an irrigation engineer and water resources development and management officer in different countries and regions, more than 15 of them in Africa.

Kim Geheb

With a PhD from the University of Sussex, Brighton, United Kingdom, is currently Research Coordinator for the Mekong River Commission, based in Vientiane, Lao PDR. A natural resource management specialist, with most of his experience gained in East Africa and Southeast Asia. His main experience and interest have been the development of research-based management systems for fisheries, wildlife, water, and river basins.

Habiba Gitay

Researcher and a Senior Lecturer for 10 years at the Australian National University, where she remains a Visiting Fellow. Since 2002 has been an independent consultant providing technical advice and leading capacity development initiatives on adaptation and natural resource management. An ecologist who has worked in many ecosystems in many parts of the world, with an emphasis on the effect of disturbances such as fire, grazing, and climate change. Has been a coordinating lead author in various science policy assessments, including the Intergovernmental Panel on Climate Change and the Millennium Ecosystem Assessment.

Line J. Gordon

Assistant Professor at Stockholm Resilience Center, Stockholm University. Her research addresses interactions among freshwater, food, and ecosystem services, focusing primarily on how agricultural changes in water flows alter the resilience of agricultural landscapes and trigger regime shifts in ecosystems at various scales. Does fieldwork in the drylands of Sub-Saharan Africa and models global hydrological change. Is an associate member of the Resilience Alliance, a member of the Swedish National Committee for the International Geosphere-Biosphere Program, World Climate Research Program, and a subject editor of the journal *Ecology and Society.*

John Gowing

Reader in Agricultural Water Management at the School of Agriculture, Food, and Rural Development in Newcastle University, United Kingdom. His professional experience spans 30 years of work on land and water resources development in Africa, Asia, and the Middle East. Originally from an engineering background with an interest in design and management of irrigation and drainage systems. More recent work has pushed out the discipline boundaries to embrace all aspects of water management in agriculture.

Munir A. Hanjra

An international development economist with more than 15 years of experience in research and development in socioeconomic issues, land and water resources management, rural-agricultural development policy analysis, agricultural productivity growth, rural poverty alleviation, pro-poor intervention strategies, impact assessment of rural-agricultural development interventions, poverty mapping, environmental sustainability and equity analysis, and the economics of information technology, agribiotechnology, nanotechnology, and global climate change. Has lived and worked in Australia, Canada, Pakistan, and Sri Lanka and has project-related experience in Africa and Asia. He is currently affiliated with the International Centre of Water for Food Security, Charles Sturt University, Australia.

Richard Harwood

Professor and C.S. Mott Chair of Sustainable Agriculture Emeritus at Michigan State University, United States. A production systems agronomist and ecologist with 15 years of systems research and project management in tropical Asia and more than 20 years in the Midwestern United States. Recently completed nine years of service on the Technical Advisory Committee and Science Council of the Consultative Group on International Agricultural Research, where his specialty was integrated natural resources management in production systems. He serves on the Science Advisory Panel to the International Livestock Research Institute and on the Board of Winrock International.

Nuhu Hatibu

Founding Regional Coordinator of the Soil and Water Management Research Network (SWMnet) for East and Central Africa. A professor at Sokoine University of Agriculture in Tanzania, where he founded and led the Soil and Water Management Research Group, which is credited with research and promotion of rainwater harvesting, making it a central water management strategy in Tanzania. Also at Sokoine University provided research leadership as Dean of one of the largest Faculties of Agriculture in East and Southern Africa. Has experience in project development and management, knowledge management, and strategy formulation. Since 1987 has planned and coordinated implementation of several action-oriented research-for-development projects. Has published a book, 12 book chapters, and more than 20 papers in international refereed journals.

Phil Hirsch

Associate Professor of Geography at the School of Geosciences, University of Sydney and Director of the Australian Mekong Resource Centre. Has more than 25 years of experience working on rural development and environment issues in Southeast Asia and has published widely. Has been engaged in a number of collaborative research projects on water governance in Cambodia, Thailand, and the wider Mekong Region.

Elizabeth Humphreys

Recently commenced as Theme Leader for Improving Crop Water Productivity in the Challenge Program on Water and Food, based at the International Rice Research Institute in the Philippines. Was a research scientist for 21 years with the Commonwealth Scientific and Industrial Research Organisation, Australia, undertaking field-based research to increase the land and water productivity of irrigated crops, especially rice-based systems in Australia and South Asia.

Maliha H. Hussein

Works as an independent development consultant leading diverse teams covering a wide range of development projects and sectors. An economist with a broad range of sectoral experience including agriculture, irrigation, forestry, water, microfinance, rural development, health, and education. Was a career diplomat with the Pakistan Foreign Service and worked with the Aga Khan Rural Support Programme in the high mountain areas of Pakistan. Has an MSc in agricultural economics from Michigan State University, United States, and a certificate in international law, economics, and politics from Oxford University, United Kingdom.

Eiman Karar

Director of Water Resources Management at the Water Research Commission of South Africa. Obtained her post-graduate qualifications in Sudan and has good experience in the region. Has more than 15 years of experience in water management in South Africa as well. As a registered professional natural scientist, has worked with the South African Water Affairs Department for five years as the National Director for Water Management Institutional Governance.

Eric Kemp-Benedict

Senior Scientist at the Stockholm Environment Institute. Has been involved with sustainability scenarios at the global level since 1997, when he began working with the Global Scenario Group. Has a PhD in physics and a degree in education. His current work focuses on scenario analysis as a tool for sustainability planning at scales ranging from local to global.

Jacob W. Kijne

Former Director of Research of the International Water Management institute (IWMI) and now a part-time consultant on water management issues. Based on his fieldwork for IWMI in Pakistan, has written on the link between irrigation system management and the prevalence of salinity. Was an editor of *Water Productivity in Agriculture: Limits and Opportunities for Improvement,* published jointly in 2006 by the Comprehensive Assessment of Water Management in Agriculture and CABI Publishing.

Jan Lundqvist

Professor in the Department of Water and Environmental Studies, Linköping University, Sweden, and has a part-time assignment at the Stockholm International Water Institute, where he chairs the Scientific Program Committee. Trained as a social scientist, he has been involved in interdisciplinary research and training activities for some 25 years. Has extensive experience in research and policy-related work in Africa, Asia, and the Middle East. His main current interest is in the dynamic interplay between consumption trends and implication for production orientation and what happens in this chain.

Bancy Mati

Regional Facilitator for the Improved Management of Agricultural Water in Eastern and Southern Africa program of the Soil Water Management Network (SWMNet), and Professor of Soil and Water Engineering at Jomo Kenyatta University of Agriculture and Technology, Kenya. Is a member of the Steering Committees of the Global Water Partnership and Nile–IWRM Net and serves on the Advisory Board of the International Rainwater

Harvesting Alliance. Has been a part-time researcher with the International Water Management Institute. Is also a corporate member of the Institution of Engineers of Kenya and a former member of the Council of IEK.

Peter McCornick

Asia Director and Principal Researcher with the International Water Management Institute based in Sri Lanka. Is a water resources engineer with more than 27 years of experience in research, implementation, teaching, and capacity building in the water and agricultural sectors throughout Africa, Asia, the Middle East, and North America.

Ruth Meinzen-Dick

Senior Research Fellow at the International Food Policy Research Institute and Coordinator of the Consultative Group on International Agricultural Research Systemwide Program on Collective Action and Property Rights. Is a development sociologist who has done extensive interdisciplinary research and has published widely on water policy, land and water rights, local organizations, gender analysis, and the impact of agricultural research on poverty in Africa and Asia.

Douglas J. Merrey

Director for Research at the Southern African Food, Agriculture, and Natural Resources Policy Analysis Network. A social anthropologist by training, during 20 years at the International Water Management institute (IWMI) held increasingly senior positions including Deputy Director General (Programs). As Director for Africa established IWMI's well regarded African program. His research area is institutional arrangements and policies for water resources management, especially for irrigation. Has experience in numerous African and Asian countries.

Paramjit Singh Minhas

Assistant Director General, Irrigation Water Management, Indian Council of Agricultural Research, New Delhi. Has 28 years of research experience with a specialization in soil physics, irrigation water quality management, and reclamation of salt-affected lands. His scientific contributions have led to a better understanding of soil-water-plant interactions in saline environments and development of management strategies for the judicious use of marginal-quality water.

A.K. Misra

Senior Scientist, Livestock Production and Management, at the Central Research Institute for Dryland Agriculture, Hyderabad, India. His main areas of research are livestock development, farming system research, and natural resources management. Has a PhD in animal nutrition from the Indian Veterinary Research Institute, Izatnagar. Has been a consultant on livestock development and forage production to many national and international organizations such as the UK Department for International Development, World Bank, and the state government of Andhra Pradesh, India.

David Molden

Deputy Director General, Research, at the International Water Management Institute and Coordinator of the Comprehensive Assessment for Water Management in Agriculture. His passion for water issues was sparked while helping villagers organize to develop a drinking water well in Lesotho. With a PhD from Colorado State University, United States, and specialties in groundwater hydrology and irrigation, has since developed broader interests in integrating social and technical aspects of water management. Has lived and worked closely with local communities and governments in Botswana, Egypt, India, Lesotho, and Nepal.

François Molle

Senior Researcher at the Institut de Recherche pour le Développement, France, he holds a joint appointment with the International Water Management Institute. Has experience in Africa, Asia, and South America on irrigation and river basin management and now focuses his research on water policy and governance issues.

Peter P. Mollinga

Senior Researcher at the Centre for Development Studies (ZEF) in Bonn, Germany, and Convenor of the South Asia Consortium for Interdisciplinary Water Resources Studies, based in Hyderabad, India. Was Associate Professor at the Irrigation and Water Engineering group at Wageningen Agricultural University, the Netherlands. Has worked on irrigation management and reform and the politics of water. Is involved in land- and water-management research in Afghanistan, India, and Uzbekistan and previously in China. His academic interest lies in the integration of natural and social science perspectives through the interdisciplinary study of water resources.

Joke Muylwijk

Executive Director of the Gender and Water Alliance. An agrarian sociologist with a gender specialization. Has experience in broad areas of agriculture and environment. Lived and worked in East African and Asian countries for many years; was a lecturer in Wageningen Agricultural University, the Netherlands; and was an advisor on the social aspects of development cooperation for the Netherlands in India.

Regassa E. Namara

Research Scientist at the International Water Management Institute. Has a PhD from the University of Goettingen, Germany. His expertise includes agricultural economics, economics of agricultural water management, socioeconomics of rural development, and research and development impact evaluations.

Theib Y. Oweis

Director of Research Program, Water and Drought Management, at the International Center for Agricultural Research in the Dry Areas, Aleppo, Syria. As an irrigation engineer, has been involved with agriculture and irrigation since 1972, with experience managing water under scarcity especially in the dry areas of the world and with a special focus on Central and West

Asia and North Africa. Has extensive experience in water harvesting, supplemental irrigation, agricultural water productivity, integrated water resources management, and education.

Don Peden

Researcher with the International Livestock Research Institute (ILRI) in Addis Ababa, Ethiopia. Currently leads ILRI's research on sustaining water productivity of livestock systems with a focus on Sub-Saharan Africa. Has a PhD in range management and systems ecology from Colorado State University, United States. Has conducted research on livestock, wildlife, agricultural water management, and agroforestry in Africa and Canada with the government of the Republic of Kenya, Canada's International Development Research Centre (IDRC), and ILRI. Has worked closely with the Comprehensive Assessment of Water Management in Agriculture and the Challenge Program on Water and Food.

Manzoor Qadir

Has a joint appointment with the International Water Management Institute and the International Center for Agricultural Research in the Dry Areas to work on multidisciplinary projects addressing assessment and management of marginal-quality water resources. Was Associate Professor at the University of Agriculture, Faisalabad, Pakistan, and Visiting Professor at the Justus Liebig University, Giessen, Germany. Is a fellow of the Alexander von Humboldt Foundation and serves on the editorial boards of *Agricultural Water Management* and the *Journal of Plant Nutrition and Soil Science.*

Liqa Raschid-Sally

An environmental engineer with the International Water Management Institute. Has worked extensively on wastewater management and reuse in developing countries. "It's funny how you don't think of the value of wastewater, till you see people actually using it and fighting over it," she says.

Helle Munk Ravnborg

Senior Researcher at the Danish Institute for International Studies. Was a Research Fellow at the International Center for Tropical Agriculture, Colombia. Has a PhD in environmental planning and social studies. Her current research focuses on access to water and water-related conflict and cooperation from a poverty perspective.

Johan Rockström

Associate Professor in Natural Resources Management and Executive Director of the Stockholm Environment Institute (SEI). Director of the Stockholm Resilience Centre, a joint research initiative by SEI, the Swedish Royal Academy of Sciences, and Stockholm University. Has more than 15 years of experience in integrated agricultural water management in developing countries, with more than 50 scientific publications in areas related to water, agriculture, and sustainability. Has extensive experience with on-farm participatory research on upgrading rainfed agriculture in developing countries and has pioneered the concepts of green and blue water management for sustainable livelihoods.

Claudia Sadoff

Lead Economist with the World Bank, currently on external service as an Economic Advisor on joint appointment to the International Water Management Institute and the World Conservation Union (IUCN). Areas of expertise are development and natural resource economics, with an emphasis on international waters and the dynamics of water, wealth, and poverty.

Lisa Schipper

Her research focuses on adaptation to climate change. Has worked in El Salvador and Ethiopia, examining the underlying causes of vulnerability to floods and droughts. Has a PhD in development studies from the University of East Anglia/Tyndall Centre for Climate Change Research, United Kingdom. Completed a post-doctoral fellowship at the International Water Management Institute in 2007, which focused on the Comprehensive Assessment of Water Management in Agriculture.

David Seckler

Emeritus Professor of Resource Economics at Colorado State University, United States, and Director of Winrock Water, a research and informational website in water resources. Former Director General of the International Water Management Institute. Has worked for the Ford Foundation in India and the US Agency for International Development in Indonesia. Has published 3 books and more than 50 papers and has 3 patents in irrigation technology and waste recycling.

Mahendra Shah

Senior Scientist and Coordinator of United Nations Relations at the International Institute for Applied Systems Analysis. Engaged in work on sustainable agricultural development and integrated social, environmental, climate change, and economic policy analysis; international negotiations; and Millennium Development Goals. Served as Executive Secretary to the Third Consultative Group on International Agricultural Research System Review, Senior Advisor to the Secretary General of the United Nations Conference on Environment and Development, Director of the UN Office of the Coordinator for Afghanistan, and Director of the UN Office for Emergency Operations in Africa. Has a PhD from the University of Cambridge, United Kingdom, and started his career at the University of Nairobi and the Kenya Ministry of Economic Planning.

Tushaar Shah

Principal Researcher at the International Water Management Institute. Former Director of the Institute of Rural Management at Anand, India. Trained as an economist and public policy specialist, over the past 20 years his main research interests have been in water institutions and policies in South Asia, particularly Bangladesh, India, Nepal, Pakistan, and Sri Lanka. Has conducted extensive studies on groundwater governance in this region and in the North China Plains. Has also explored groundwater management models in China, Mexico, and Spain to distill practical lessons for improving groundwater management in

South Asia. Received the Outstanding Scientist award from the Consultative Group of International Agricultural Research in 2002.

Laurence Smith

Senior Lecturer in the Centre for Environmental Policy at Imperial College London. As an economist he specializes in natural resource management, rural development, agricultural sector policy, and water resources. Has extensive experience in research and advisory work in about a dozen developing countries, with particular expertise in South Asia.

Miguel Solanes

Has worked as a water lawyer with the United Nations Global Water Partnership and on various advisory missions. Has published on water law and governance, interactions between law and economics, regulation of water utilities, structural elements in water services sustainability, international investment law, and water and water-related services. Has law degrees from universities in Argentina and the United States.

Pasquale Steduto

Chief of the Water Development and Management Unit in the Land and Water Division of the Food and Agriculture Organization of the United Nations. Has been working for more than 20 years on crop-water relations and ecophysiology, with an emphasis on agricultural water-use efficiency and water productivity. Has written many scientific publications and book chapters. Has a PhD in soil-plant-water relations from the University of California, Davis, United States.

Vellyil Vasu Sugunan

Assistant Director General of the Indian Council of Agricultural Research, New Delhi. With 34 years of research and research management experience in inland aquatic ecosystems, is noted for his contributions to reservoir ecosystems and fisheries. Served as the Theme Leader of the Consultative Group on Agricultural Research Challenge Program on Water and Food, Andre Mayer Fellow of the Food and Agriculture Organization of the United Nations, and the Director of the Central Inland Fisheries Research Institute, Calcutta, India. He has written 6 books and 124 papers and has received many prestigious national and international awards.

Mark Svendsen

An independent consultant with more than 30 years of experience in irrigation and water resource management. Has worked in 26 countries in Africa, Asia, and North and South America and holds degrees in physics, water resource systems engineering, and soil and water engineering.

Girma Tadesse

Research Officer in Environment and the International Livestock Research Institute in Addis Ababa, Ethiopia. Has a PhD in soil and water management and ample on the ground experience with water, food, and livestock issues.

To Phuc Tuong

Division Head, Crop and Environmental Sciences Division, International Rice Research Institute. Is a soil and water engineer with a wide and varied research experiences in water management for agriculture, problem soil amelioration, and environmental management. Was a member of the Steering Committee of the Comprehensive Assessment of Water Management in Agriculture until December 2002 and Leader of Theme 1: Improving Crop Water Productivity of the Challenge Program on Water for Food during 2001–03. He is a member of the editorial boards of *Irrigation Science Journal* and *Paddy and Water Environment Journal.*

Hugh Turral

Theme Leader for Basin Water Management at the International Water Management Institute. As a water resources and irrigation engineer has worked on development projects for agriculture (9 years) and in research (16 years), with long-term experience in Australia, Asia, and Europe. Research interests cover technical, environmental, institutional, and economic aspects of water, agriculture, and development, including surface water and groundwater, modeling, and applications of remote sensing.

Domitille Vallée

During 2002–06 coordinated the Dialogue on Water, Food, and the Environment at the International Water Management Institute and was deeply involved in facilitating the assessment process of the Comprehensive Assessment of Water Management in Agriculture. Holds degrees in environmental technology, agronomy, and water and forestry management. Has focused on environmental impact assessment, monitoring and evaluation of pressures on the environment, and solutions for mitigating them in Africa, Europe (particularly the Mediterranean region), the Middle East, and South America.

Godert van Lynden

Senior Researcher in sustainable land management at World Soil Information in Wageningen, the Netherlands, where he focuses on Africa, Asia, and Europe. A physical geographer with expertise in soil degradation and soil conservation, he has worked as General Manager, Summit Nepal Trekking (tourism); as Assistant Professional Officer for the Food and Agriculture Organization of the United Nations (FAO), Soil and Water Conservation in Togo; Assistant Professional Officer at FAO; and Information Officer at Asia Soil Conservation Network in Indonesia.

Karen Villholth

A groundwater specialist with a background in physical, chemical, and numerical sciences and with broad knowledge and experience in groundwater research and management from professional work in Africa, America, Asia, and Europe. Her interests and recent assignments span from research on tsunami impacts on groundwater to large-scale interdisciplinary capacity-building programs on groundwater management in Asia.

Linden Vincent
Professor of Irrigation and Water Engineering at Wageningen University, the Netherlands. Previous appointments include Research Fellow with the Irrigation Management Network at the Overseas Development Institute in London. Has a strong interest in interdisciplinary research in irrigation and water management and is currently involved in research programs studying the relationships between irrigation technology and institutions in water management, the evolution of irrigation design concepts and choices in different ecological and agrarian contexts, and water scarcity.

Suhas Wani
Regional Theme Coordinator for the GT-Agroecosystems theme in Asia in the International Crops Research Institute for the Semi-Arid Tropics, Patancheru, India, with expertise in the area of integrated watershed management, carbon sequestration, and soil biology in the semiarid tropics. Has 30 years of experience and has published more than 200 articles in national and international journals.

Robert Wasson
Deputy Vice Chancellor for Research at Charles Darwin University, Northern Territory, Austrailia. As a geomorphologist he has specialized in analysis of the impact of land use on soils and river catchment processes in Australia, India, Indonesia, New Zealand, Pakistan, and Timor-Leste. Has also contributed to the development of transdisciplinary research methods.

Robin L. Welcomme
Senior Research Advisor in Imperial College, London, where he works on inland fisheries management, river fisheries, and inland water biodiversity. With a PhD from Makerere College, University of East Africa, he began his scientific career in 1963 working on Lake Victoria and later in Benin. In 1971 he joined the Food and Agriculture Organization of the United Nations as a Fishery Resources Officer and later became Chief of Inland Fishery Resources and Aquaculture Service.

Phillipus Wester
Assistant Professor of Water Reforms at the Irrigation and Water Engineering Group, Wageningen University, the Netherlands. Trained as an interdisciplinary water management researcher, he has studied water governance processes in Bangladesh, Mexico, the Netherlands, Pakistan, and Senegal. His current research focuses on river basin governance and environmental and institutional change processes.

Dennis Wichlens
Professor of Economics at Hanover College, in Indiana, United States, and Joint Editor-in-Chief of the international journal *Agricultural Water Management.* Has studied the economics of agriculture, irrigation, and drainage for many years. Also works on poverty, food security, and international development.

作者与评审人和交叉学科评审人所属机构的隶属关系

所属机构的隶属关系

Authors and reviewers participating in the Comprehensive Assessment of Water Management in Agriculture are affiliated with numerous organizations worldwide. These organizations have contributed to the assessment through their support of their staff. This involvement does not necessarily mean an endorsement of the results of the assessment.

Africa Rice Centre (WARDA); Ankara University Faculty of Agriculture; Aonyx Environmental; ARD Inc; Argentina University; Arid Land Agricultural Research Center; Asian Institute of Technology, Bankok; Australia Centre for International Agricultural Research; Brazilian Agricultural Research Corporation (EMBRAPA); British Geological Survey; Central American Freshwater Action Network; Central Soil Salinity Research Institute; Central University of Technology, Free State; Centre de Cooperation Internationale en Recherche Agronomique pour le Developpement; Centre for Development and Environment (Switzerland); Centre for Development Research, University of Bonn (ZEF); Centre for Development Studies (India); Centre for Environment, Agriculture and Development (South Africa); Centre for Policy Research, (India); Centre for Tropical Veterinary Medicine, University of Edinburgh; Centre for Water and Climate, Alterra; Centro Internacional de la Papa, Lima; Charles Darwin University; China National Rice Research Institute; Chinese Academy of Sciences; Chinese National Committee on Irrigation and Drainage; Columbia University; Commonwealth Scientific and Industrial Research Organization; Compagnie d'Aménagement des Coteaux de Gascogne; Consultative Group on International Agricultural Research (CGIAR) Challenge Program on Water and Food; Cornell University; Cranfield University; Danish Institute for International Studies; Deakin University; Ecoagriculture Partners; Environment and Natural Resource Management; Environment Canada.

Environment Liaison Centre International; Federal Ministry of Environment, Nigeria; Fisheries Department, Kenya; Food Agriculture and Natural Resource Policy Analysis Network; Food and Agriculture Organization of the United Nations (FAO); Foundation for Australian Agricultural Women; FutureWater; Gender and Water Alliance; German Technical Cooperation Agency (GTZ); Global Water Partnership (GWP); Global Water Policy Project; Gomukh Trust; Griffith University; Hanover College; Imperial College, London; Inland Water Resources and Aquaculture Service; Institut de Recherche pour le Développement (IRD); Institut National Agronomique de Tunisie; Institute of Environment Policy and Rural Development; Institute Hassan II; Institute for Social and Environmental Transition; Institute for Water and Watersheds; Institutional and Social Innovations in the Management of Mediterranean Irrigation (MEDA-ISIIMM); Instituto Mexicano de Tecnología del Agua; Instituto Nacional Reforma y Desarrollo Agrario; Integrated Coastal Zone Management; International Association for Ecology; International Atomic Energy Agency (IAEA); International Center for Agricultural Research in the Dry Areas (ICRISAT); International Center for Biosaline Agriculture; International Center for Soil Fertility and Agricultural Development; International Center for Tropical Agriculture (CIAT); International Commission on Irrigation and Drainage (ICID); International Development Enterprises (IDE); International Development Research Centre (IDRC); International Food Policy Research Institute (IFPRI); International Fund for Agricultural Development (IFAD); International Institute for Applied Systems Analysis (IIASA); International Livestock Research Institute (ILRI); International Maize and Wheat Improvement Center (CIMMYT); International Plant Genetic Resources Institute (IPGRI); International Rice Research Institute (IRRI); International Secretariat of the Dialogue on Water and Climate (DWC); International Water Management Institute (IWMI); Iowa State University; ISRIC World Soil Information;

Jawaharlal Nehru University; Jomo Kenyatta University of Agriculture and Technology; Kent University; Khon Kaen University; King's College, London; Kinki University; Lanka Jalani, Sri Lanka National Water Partnership; Latin American Council of Peace Research; Linköping University; Livestock Production and Management at the Central Research Institute for Dryland Agriculture, Iran; Madras School of Economics; Mediterranean Agronomic Institute of Bari; Mekelle University; Mekong River Commission (MRC); Melkassa Agricultural Research Center; Michigan State University; Ministry of Public Works, Chile; Ministry of the Environment and Spatial Planning, Slovenia; National Agricultural University of Ukraine; National Association of Professional Environmentalists, Uganda; National Center for Atmospheric Research, Colorado; National University of Mexico; National Water Research Center, South Africa; Natural Heritage Institute, California; Oxfam Novib; Polytechnic University of Madrid; Raasta Development Consultants; Research Centre for Agricultural and Forest Environment, Polish Academy of Sciences; Royal Institute of Technology, Stockholm; School of Development Studies, University of East Anglia.

Secretariat of the Convention on Biological Diversity; Smallholder Flood Plains Development Programme, Malawi; Soil and Water Management Research Network (SWMNet); Sokoine University of Agriculture; Southern Waters; Stockholm Environment Institute (SEI); Stockholm International Water Institute (SIWI); Stockholm University; Sultan Qaboos University; SwedPower AB; Thailand Water Resources Association; Tropical Soil Biology and Fertility Institute; United Nations Educational, Scientific and Cultural Organization, Institute for Water Education (UNESCO-IHE); United Nations System Network on Rural Development and Food Security; United States Agency for International Development (USAID); Universidad de Chile; Universidad de Los Andes, Bogota; University of Agriculture, Faisalabad, Pakistan; University of Botswana; University of Bradford; University of California, Santa Barbara; University of Copenhagen; University for Development Studies (Ghana); University of Hohenheim; University of Lagos; University of Malawi; University of Natural Resources and Applied Life Sciences, Vienna; University of Newcastle; University of Sussex; University of Sydney; University of Tamil Nadu; University of Toronto; University of Wyoming; University of Zimbabwe; Uppsala University; Vrije Universiteit, Amsterdam; Wageningen University; Water Research Commission, South Africa; Wetlands and Coastal Habitats Program, Nova Scotia; Wetlands International; Winrock International India; World Conservation Union (IUCN); World Water Council; WorldFish Center; World Wildlife Fund International (WWF); Wychwood Economic Consulting Limited; Yellow River Conservancy Commission (YRCC).

交叉学科评审人

Review teams were formed to assist the chapter writing teams with cross-cutting issues of gender, health, and climate change. In addition, a team of Latin American specialists reviewed chapter key messages from a regional perspective. Also, Margaret Catley-Carlson, Alexander Müller, and Frank Rijsberman provided additional review comments and input on the summary.

健康

Priyanie Amerasinghe, Eline Boelee, Olivier Briet, Jeroen Ensink, Flemming Konradsen, and Wim van der Hoek

性别

Maria Angelica Algeria, Meena Bilgi, Jane Dowling, Violet Matiru, Joke Muylwijk, Shaheen Khan Qabooliyo, Farhana Sultana, Pranita Udas, Juana Vera, Samyuktha Varma, and Barabara van Koppen

气候

Declan Conway, Molly Helmuth, C.T. Hoanh, Kathleen Miller, Monirul Mirza, Lisa Schipper, and Saskia Werners

拉丁美洲专家

(organized by Freshwater Action Network Central America and coordinated by Jorge Mora Portuguez)

René Barreno, Jeannette de Noack, Norma Ferris, Marta Franco, Lourdes García, Josè Guevara, Raul López, Freddy Miranda, Jorge Mora Portuguez, Renè Orellana, Mariana Sell, Alejandra Salazar, and Mario Sotomayor

索　引

B

保持水的流动　449
保护并补偿穷人　430
保护土地和保护水资源的关系　505
保育水资源　478
保育土地资源　523
滨海和微咸水地带　451
不同的时间和空间尺度　49

C

采取综合流域的视角来理解水分生产力的权衡　289
草业市场链　467
成本回收、水资源收费和可持续性　360
城市化和人口迁徙　80
创造实现水分生产力提高的条件　294
从高人口密度中创造机会　531,548
从流域到"问题域"　203
促进创新和适应性接纳的新努力　330
促进农业景观的多重功能　528
促进人类发展的水资源和畜牧业　461
促进性别平等　166
促进雨水管理投资的策略　331

D

当前的缺水状况　62
地方水平上的响应措施　84
地下水灌溉的全球趋势　381
地下水灌溉和农村贫困　394
地下水需求管理　399
独特的生态系统服务功能　482
短缺水之外的新挑战　12
对地方经济的贡献　441
对动物和水资源之间的交互关系进行综合管理　470
对国民经济的贡献　440
对全球经济的贡献　439
对水稻环境的生态服务功能进行评价　508
对畜牧产品的需求　470
对增加性别权力的贡献　443

F

反应选择　521
防止陆地和水生生态系统的退化　167
非农业用水　96
非洲撒哈拉以南地区：通过增加灌溉并投资于运输和治理来实现雨养农业的升级　128

G

改变对灌溉的管理方法　32
改进对咸水和碱水的管理　432
改善对水资源的治理　176
改善对咸水和碱水的管理　422
改善对渔业的评价　454
改善生计努力的综合证据　333
改善饲料来源　473
改造灌溉系统以适应部门间的竞争　369
改造过去的系统以适应未来的需要　357
干旱和半干旱地区的农业需求　389
根据灌溉体系的类型决定投资优先领域　353
更好地管理稻田　510
公共灌溉系统的整体效能　357
关键趋势及其驱动力　58
关注小农户农业　522
管理地下水的供给　395

管理多样化的农业生态系统　23
管理灌溉对人类健康和自然环境的影响　366
灌溉的经济效益和成本　346
灌溉对健康的影响　366
灌溉对自然环境的影响　367
灌溉环境下的水稻　497
灌溉开发的趋势　341
灌溉农业能贡献什么　16
灌溉投资的新时代　347
灌溉系统的多样性　344
灌溉系统的类型　372
灌溉系统的效率和水的回用　516
灌溉需求管理的工具　371
灌溉中的节水和水分利用率　369
国家政府的响应　84

H

河流及与之相连的湿地　449
河流流域的相互关联性和复杂性　566
河流流域简介　557
河流流域开发和管理　537,555
洪水易感环境下的水稻　498
湖泊和水库　451
缓解贫困　506
获取便宜的钻井技术、水泵和电力　387

J

加强对基础设施和制度能力的建设　432
加强穷人在影响他们福利决策中的话语权　164
加强区域政策和制度　432
加强水资源治理　164
建立适应内陆渔业的部门间的政策架构　456
建立污水的产权制度　429
降低贫困人口对气候冲击和其他灾害的脆弱度　168
降低水资源造成的贫困　168
经济协同效应的优势　445
精心制定改革策略　34
景观水平上的选项　516
巨大的水资源压力　541

K

开发并保育水资源　583
开发适应内陆渔业的部门间政策框架　437
开放、闭合、正在闭合的流域　47
可持续的地下水管理的前景　395
可持续地管理地下水　31
扩大灌溉面积　112
扩大投资和政策领域的挑战　316

L

利用好劣质水资源　32
利用土地和水资源满足未来的粮食和纤维需求　14
良好的政策和机制环境　25
粮食供给和需求　91
粮食生产用水　96
劣质水利用的应对方案和管理策略　418
劣质水应用的影响　414
流域闭合和面临的其他水挑战　559
流域治理的挑战　586
流域治理的响应战略　582
流域治理和管理的趋势　556
陆地生态系统　125,243

M

贸易能够缓解缺水状况吗　119
贸易在缓解淡水资源压力方面的潜力　16
媒介生物性疾病　505
牧业市场链　485

N

内陆渔业和水产养殖　437,438
南亚:提高灌溉和雨养农业的效能　130
农村人口生存的压力　389
农田尺度和灌溉系统尺度用水之间的关系　517
农业到底用了多少水资源　5
农业的转型　81
农业地下水利用的规模　383
农业和牧业利用地下水中的性别和平等问题　394
农业和生态系统　230
农业水管理及其影响贫困的传播途径　152
农业水源和水流　43
农业中的绿水和蓝水利用　67
农作系统、水资源和生计　149

P

贫困和水问题概况　148

贫困和营养缺乏现象依旧　63
贫困人群饲养的牲畜在哪里　447
贫穷和生计　518,537
评估并培育多重效益　248
评估权衡以及相应工具　251
评价水稻环境的生态服务价值　489

Q

启动制度和政策改革的触发因素　193
全球地下水灌溉的分类及其影响　390
全球和区域范围的响应　85
全球农业地下水利用强度最高的地区　384
缺乏对水管理的重视导致机会丧失　309
确保穷人拥有保证的获取水的权力　169

R

人口和水稻经济的变化　496
人口结构驱动力　517
人类福利和生态服务　231
人类需要多少新增的粮食　13
容纳新的投资方式　454

S

三种多样性　204
社会和环境成本　83
社会经济影响　390
生计的概念　45
生态系统变化和生物多样性丧失的驱动力　65
生态系统和生态系统服务功能　45
生物物理驱动力　537
牲畜水分生产力和性别　484
牲畜水分生产力及动物肉和奶中虚拟水含量的估算　482
牲畜养殖者及其牲畜　466
实施综合性的可持续土地管理解决方案　542
实现土地和水分生产力的双提高　2
实行经济激励机制　429
市场驱动的高强度地下水灌溉农业　393
输水和排水　278
水、畜牧业和人类发展　445,463
水稻:养活数十亿人口的作物　491
水稻的生产和消费　493
水稻独特的生态服务功能　501
水稻对地表水污染的影响　503
水稻对环境的影响　502
水稻对盐渍化的影响　504
水稻和健康　485
水稻环境　496
水稻价格下降　495
水稻经济学　493
水稻生长环境　478
水稻生态系统的调节服务　501
水稻生态系统的提供服务功能　501
水稻生态系统的文化服务功能　502
水稻生态系统的支撑服务功能　501
水稻用水和水分生产力　498
水分生产力框架　272
水管理规划的影响　453
水污染　531
水资源和畜牧业管理　443
水资源面临的巨大压力　559
水资源配置:分享成本、分享收益　584

T

提高动物生产力　477
提高农业景观的多功能性　547
提高输水的水分生产力　284
提高水分生产力的途径　280
提高小农户的生产力以及减少饥饿和贫困　163
提高畜牧业的水分生产力　287
提高渔业和水产养殖业的水分生产力　288
提高蒸散量的水分生产力　280
提供足量的饮用水　480
提升灌溉系统效能　114
提升农业技术并改善管理措施　246
提升雨养农业能够满足未来的粮食需求吗　103
投资的类型　352
投资的优先领域　295
投资于雨养农业的水管理　318
土地退化的关键因素　507,525
土地退化对劳动力的影响　520,539
土地退化对人类健康的影响　519,538
土壤侵蚀和沙化　512
土壤侵蚀和淤积　529
土壤退化的驱动力　532

W

网箱式水产养殖 446
为何要投资灌溉 29
为什么以前的改革模式大部分都失败了 33
未来投资灌溉的理由 349
未能成功地对改革作出回应 194
温室气体 503
污水对人类健康、环境和经济的影响 414
污水——降低风险 418
污水——在实现生计目标的同时要最小化其带来的风险 409

X

咸水和碱水——对它们的利用随着淡水竞争激烈而增加 413
咸水和碱水——对土壤、种植作物的种类选择以及产量的影响 417
需要多少新增的水资源 13
需要何种投资 31
需要权衡的主要关系 35
畜牧生产体系 465
畜牧水分生产力和性别 465
畜牧业从业农民和他们畜养的牲畜 449
畜牧业和集约化农业 469
畜牧业水分生产力 452
畜牧业水管理和改善治理的整合 467
选择干预和响应的方式 50

Y

盐分易感环境下的水稻 498
养分耗竭和土壤的化学退化 529
养活快速增长的城市人口的压力 388
养活亿万人口的水稻 473
易受胁迫影响的环境 514,517
应用畜牧水分生产力的原则 485
应用整体性方法分析农业生态系统 325
应用综合的方法处理水、农业和其他生态系统 246
应用综合方法解决可持续土地管理问题 523
应用综合方法提高单位水量的价值 288
有机质流失和土壤的物理退化 509,527
与个人和组织广泛协商 430
与劣质水相关的政策和制度 428
雨养环境下的水稻 497
雨养混合作物—牲畜体系 485
雨养农业的水管理需要新的大规模投资 315
雨养农业需要的主要水投资 305

Z

在粮食安全、经济发展、脱贫和环境可持续性方面取得的收益 82
在生产之上:灌溉的多种功能 347
蒸腾、生物量和单产 276
正在涌现出的问题 133
正在涌现的力量 10
政策行动 3,4,19,22,24,26,29,32,34
政府的角色变化 363
支撑农村的增长并减少贫困 364
支撑性研究、开发和推广 431
支撑资源基础,保护环境 506
支持生计的多样化 177
制度改革和未来水管理的前景 358
治理流域的反应选择 563
重点放在小农户农业 541
转向精准灌溉和节水技术 400
综合提高牲畜与水资源管理与治理水平 486

译后记

历经两年的工作，这本*Water for Food, Water for Life:A Comprehensive Assessment of Water Managemen in Agriculture*终于完成了全部翻译、编辑、审校工作，即将出版。此时，我们作为译者，还有一些话要说。

我们第一次看到这本书，是在其出版之初的2008年。工作之余，利用将近一年的时间把这本书一字一句通读了一遍，在很多地方做了眉批，并对很多极有启发性的关键段落信手译出。读完全书，我们深感该书的综合性、权威性和经典性，及其对中国水资源的开发利用和管理，尤其是可持续发展视角下的农业水管理具有的重要参考价值，当时就萌生了翻译此书的念头。那么，翻译这本书的必要性和意义是什么呢？

首先，可持续发展已经上升为我国新时期发展的国家战略之一。随着人口增长、经济发展、城市化加快，人民的生活水平提高了、膳食结构改变了、对优质食物的需求增加了。同时，近30年的集约化农业生产在提供高产作物和农产品的同时，也带来了耕地质量退化、农用化学品过量使用造成的大范围水源污染、集约化畜禽养殖对土壤—水—环境的破坏等生态和环境问题。如何破解不断增长的食物需求和可持续发展之间的矛盾成为我国面临的重大挑战。中国的粮食安全是全球关注的问题，在几乎所有的中国粮食安全研究中，研究者都一致强调中国水资源短缺是威胁中国粮食安全最为重要的问题。因此，水和粮是一个相互依存、相互影响的问题。一方面，水资源的短缺威胁到灌溉农业的有效灌溉量，从而影响到粮食产量和粮食安全；另一方面，粮食生产又消耗大量的水，由于水分利用效率的低下，在耗水的同时造成水资源的紧缺。从这个意义上说，水和粮的关系是一个互为因果的关系。因此，解决粮食安全问题必须首先解决农业水资源尤其是种植业水资源短缺的问题。而本书的关键议题就是water for food（粮食用水、食物用水）和water for life（生态、生活用水）。因此，本书对我国解决粮食安全和水安全问题，实现粮食—生态—水的共赢具有重要参考价值。

其次，传统观点认为节水农业会在保证粮食产量稳定增长、满足消费需求的前提下减少农业用水消耗，从而明显节约农业水资源。实际上，节水农业在相当长的时期内远不能达到如此神奇的效果，在粮食总产量基数已然很大的情况下，大面积的粮食增产肯定会增加耗水量，用水量必然相应增加。即使在水分生产力提高的情况下，粮食增产对水资源需求的增长也是刚性的、不可减少的。因此，现阶段提高水利用率及其生产力在解决中国水问题中是第一位的，而不是技术手段和措施。我国节水灌溉面积在总灌溉面积中的比例已经从2000年的27.6%显著增长到2011年的43.1%。而在粮食主产区，这个比例已经超过了50%。因此，下一阶段的主攻方向不仅是进一步提高节水灌溉面积的比例，更要从管理上提高灌溉系统的效能。而在这方面，本书提供了极有参考价值的思路和具体途径。

第三，技术应用已造成生态环境退化，因此如何更好地采用技术，管理在其中发挥的作用越来越大。在我国，这样的例子比比皆是。华北地区是我国粮食重要的主产区，也是最缺水的地区。但海河的水资源开发利用率已经高达123.9%，人均水资源量不足全国的1/4。华北地区“有河皆干、有水皆污”。同时，该地区也是地下水超采最为严重的地区。据估算，河北省农业灌溉用水中地下水占80%以上。长期过度开采，造成地下水位快速下降，黑龙港区地下水位以每年2米左右的速度下降。目前，京津冀全区域漏斗区面积呈逐步扩大态势，据《中国水资源公报》报告，2011年年末，北京市深层漏斗面积约1000平方公里，天津市深层漏斗面积高达12 000平方公里，河北省浅层漏斗面积达3500平方公里。而在西北旱区，大型灌区开发所造成的盐渍化已经造成了绿洲农业的退化。这些都是沉重的生态环境代价。而本书的核心议题和关键词之一就是如何在water for food和water for life之间做出权衡(tradeoff)。

再谈谈本书标题的翻译。副标题 (a Comprehensive Assessment of Water Management in Agriculture)，可直译为“农业水管理的综合评估”，这也是本书来源于2003年启动的国际农业用水综合评估项目的名称。由于评估的时间尺度是前后50年，即：在总结评估前50年全球农业用水和管理的基础上提出未来50年粮食安全、生态安全和水资源安全的应对策略和解决方案。因此，我们把副标题译为“未来农业用水对策方案及综合评估”。但正标题的翻译就颇费一番周折了。Water for Food, Water for Life的英文原文十分简洁明了，并且具有一定的英文韵律。即便意译成功，音译上也很难传达原文的韵律，同时也很难用简洁的中文将其丰富的内涵表达出来。因为这里的food有“粮食”和“食物”的意思，粮食的范围较为明确，但是，本书的“食物”则不仅包括粮食，还包括蔬、果、肉、奶，以及水产品，这正是本书的评估范围。乍看起来，译成“食物之水”更为准确。而water for life在本书中不仅指的是支撑自然生态系统的用水，还包括人类生产和生活用水，所以译成“生命用水”似乎更为贴切。但在正文里，更多出现的是“生活用水”、“生产用水”，以及近些年才出现的“生态(或环境)用水”的概念和词汇。因此，直译成“生命用水” 会使读者误解原书标题的内涵。由于以上原因，我们决定意译。综观全书，虽然它的出发点是对全球农业用水和管理进行综合评估，但其视角和覆盖范围却远远超出农业，是立足于农业水管理(因为农业是人类最大的用水部门)来分析、考察整个用水部门(生产、生活、生态)之间的整体关系和复杂联系，其核心观点是从农业用水出发，协调解决人类在可持续发展方面与水有关的共性问题(人类发展、生态文明、扶贫开发)。因此，我们最终将该书标题定为《水与可持续发展——未来农业用水对策方案及综合评估》。这样处理后，主副标题不但体现了该书核心理念(可持续发展)，还体现了其出发点和归宿(在综合评估的基础上提出全球未来农业用水的对策方案)。

在本书的策划、翻译、编辑、审校和出版过程中，得到了很多人的帮助和协助。首先，感谢国际水资源研究所前所长、国际山地研究中心主任大卫·莫登(David Molden)博士对本书翻译出版工作的支持；感谢中国农业大学石元春院士对本书的推荐和支持；感谢天津科技翻译出版有限公司万家祯编审、天津市农业科学院程奕研究员，本书中文版出版工作的启动和他们的联系、协调工作密不可分，在此表示感谢！在翻译过程中，中国农业大学资源与环境学院资源环境科学专业2010级的黄至颖同学、阎秋如同学参与了本书第4章和第5章图表和框的翻译工作，环境科学专业2010级汪琦同学参与了本书第6章和第7章的图表和框的翻译工作，在此表示感谢！在本书的审校过程中，一些关键的植物学和生态学专业词汇的翻译得到了中国农业大学土壤和水科学系张洪军副教授的指导和帮助，特在此致谢！最后，特别要感谢天津科技翻译出版有限公司的领导和本书的责任编辑及相关出版人员，真诚感谢他们优质高效的工作！

这是一本好书，期望它能真正为我国所用！

李保国　黄峰

2014年10月19日于中国农业大学